U0183117

数学机械化丛书　15

自然数的紧化延伸机器证明系统

郁文生　窦国威　著

科学出版社

北　京

内 容 简 介

数系的扩充始终贯穿于数学理论的发展之中. 本书利用交互式定理证明工具 Coq, 在 Morse-Kelley 公理化集合论形式化系统下, 给出中国科学技术大学汪芳庭教授在其《数学基础》中采用算术超滤分数构造实数的机器证明系统, 包括超滤空间与算术超滤的基本概念、超滤变换以及用算术超滤构造算术模型的形式化实现, 完成实数模型的形式化构建, 并且给出滤子扩张原则和连续统假设蕴含非主算术超滤存在的形式化验证. 在我们开发的系统中, 全部定理无例外地给出 Coq 的机器证明代码, 所有形式化过程已被 Coq 验证, 并在计算机上运行通过, 充分体现了基于 Coq 的数学定理机器证明具有可读性、交互性和智能性的特点, 其证明过程规范、严谨、可靠. 该系统可方便地推广到非标准分析理论的形式化构建.

本书可作为数学与计算机科学、信息科学相关专业的高年级本科生或研究生教学用书, 也可供从事人工智能相关科研工作者学习参考.

图书在版编目(CIP)数据

自然数的紧化延伸机器证明系统/郁文生, 窦国威著. —北京: 科学出版社, 2024.5

(数学机械化丛书)

ISBN 978-7-03-077545-0

Ⅰ.①自⋯ Ⅱ.①郁⋯ ②窦⋯ Ⅲ.①机器证明 Ⅳ.①TP181

中国国家版本馆 CIP 数据核字(2024)第 013768 号

责任编辑: 王丽平 李香叶 / 责任校对: 彭珍珍
责任印制: 张 伟 / 封面设计: 陈 敬

科 学 出 版 社 出版
北京东黄城根北街 16 号
邮政编码: 100717
http://www.sciencep.com
北京建宏印刷有限公司印刷
科学出版社发行 各地新华书店经销
*
2024 年 5 月第 一 版 开本: 720×1000 1/16
2024 年 5 月第一次印刷 印张: 37 1/2
字数: 756 000
定价: 288.00 元
(如有印装质量问题, 我社负责调换)

"数学机械化丛书"前言[①]

十六七世纪以来, 人类历史上经历了一场史无前例的技术革命, 出现了各种类型的机器, 取代各种形式的体力劳动, 使人类进入一个新时代. 几百年后的今天, 电子计算机已可开始有条件地代替一部分特定的脑力劳动, 因而人类已面临另一场更宏伟的技术革命, 处在又一个新时代的前夕. 数学是一种典型的脑力劳动, 它在这一场新的技术革命中, 无疑将扮演一个重要的角色. 为了了解数学在当前这场革命中所扮演的角色, 就应对机器的作用, 以及作为数学的脑力劳动的方式, 进行一定的分析.

1. 什么是数学的机械化

不论是机器代替体力劳动, 或是计算机代替某种脑力劳动, 其所以成为可能, 关键在于所需代替的劳动已经 "机械化", 也就是说已实现了刻板化或规格化. 正因为割麦、刈草、纺纱、织布的动作已经是机械化、刻板化了的, 因而可据此造出割麦机、刈草机、纺纱机、织布机来. 也正因为加减乘除开方等运算这一类脑力劳动, 几千年来就已经是机械地刻板地进行的, 才有可能使得 17 世纪的法国数学家 Pascal, 利用齿轮传动造出了第一台机械计算机——加法机, 并由 Leibniz 改进成为也能进行乘法的机器. 数学问题的机械化, 就要求在运算或证明过程中, 每前进一步之后, 都有一个确定的、必须选择的下一步, 这样沿着一条有规律的、刻板的道路, 一直达到结论.

在中小学数学的范围里, 就有着不少已经机械化了的课题. 除了四则、开方等运算外, 解线性联立方程组就是一个很好的例子. 在中学用的数学课本中, 往往介绍解线性方程组的各种 "消去法", 其求解过程是一个按一定程序进行的计算过程, 也就是一种机械的、刻板的过程. 根据这一过程编成程序, 由电子计算机付诸实施, 就可以不仅机器化而且达到自动化, 在几分钟甚至几秒钟之内求出一个未知数多至上百个的线性方程组的解答来, 这在手工计算几乎是不可能的. 如果用手工计算, 即使是解只有三四个未知数的方程组, 也将是烦琐而令人厌烦的. 现代化的国防、经济建设中, 大量出现的例如网络一类的问题, 往往可归结为求解很多未知数

[①] 20 世纪七八十年代之交, 我尝试用计算机证明几何定理取得成功, 由此提出了数学机械化的设想. 先后在一些通俗报告与写作中, 解释数学机械化的意义与前景, 例如 1978 年发表于《自然辩证法通讯》的 "数学机械化问题" 以及 1980 年发表于《百科知识》的 "数学的机械化". 二文都重载于 1995 年由山东教育出版社出版的《吴文俊论数学机械化》一书. 经过 20 多年众多学者的努力, 数学机械化在各个方面都取得了丰富多彩的成就, 并已出版了多种专著, 汇集成现在的数学机械化丛书. 现据 1980 年的《百科知识》的 "数学的机械化" 一文, 稍加修改并作增补, 以代丛书前言.

的线性方程组. 这使得已经机械化了的线性方程解法在四个现代化中起着一种重要作用.

即使是不专门研究数学的人们, 也大都知道, 数学的脑力劳动有两种主要形式: 数值计算与定理证明 (或许还应包括公式推导, 但这终究是次要的). 著名的数理逻辑学家美国洛克菲勒大学教授王浩先生在一篇有名的《向机械化数学前进》的文章中, 曾列举了这两种数学脑力劳动的若干不同之点. 我们可以简略而概括地把它们对比一下:

计算	证明
易	难
繁	简
刻板	灵活
枯燥	美妙

计算, 如已经提到过的加、减、乘、除、开方与解线性方程组, 其所以虽繁而易, 根本原因正在于它已经机械化. 而证明的巧而难, 是大家都深有体会的, 其根本原因也正在于它并没有机械化. 例如, 我们在中学初等几何定理的证明中, 就经常要依靠诸如直观、洞察、经验以及其他一些模糊不清的原则, 去寻找捷径.

2. 从证明的机械化到机器证明

一个值得提出的问题是: 定理的证明是不是也能像计算那样机械化, 因而把巧而难的证明, 化为计算那样虽繁而易的劳动呢? 事实上, 这一证明机械化的设想, 并不始自今日, 它早就为 17 世纪时的大哲学家、大思想家和大数学家 Descartes 和 Leibniz 所具有. 只是直到 19 世纪末, Hilbert (德国数学家, 1862~1943) 等创立并发展了数理逻辑以来, 这一设想才有了明确的数学形式. 又由于 20 世纪 40 年代电子计算机的出现, 才使这一设想的实现有了现实可能性.

从 20 世纪二三十年代以来, 数理逻辑学家们对于定理证明机械化的可能性进行了大量的理论探讨, 他们的结果大都是否定的. 例如 Gödel 等的一条著名定理就说, 即使看来最简单的初等数论这一范围, 它的定理证明的机械化也是不可能的. 另一方面, 1950 年波兰数学家 Tarski 则证明了初等几何 (以及初等代数) 这一范围的定理证明, 却是可以机械化的. 只是 Tarski 的结果近于例外, 在初等几何及初等代数以外的大量结果都是反面的, 即机械化是不可能的. 1956 年以来美国开始了利用电子计算机做证明定理的尝试. 1959 年王浩先生设计了一个机械化方法, 用计算机证明了 Russell 等著的《数学原理》这一经典著作中的几百条定理, 只用了 9 分钟, 在数学与数理逻辑学界引起了轰动. 一时间, 机器证明的前景似乎非常乐观. 例如 1958 年时就有人曾经预测: 在 10 年之内计算机将发现并证明一个重要的数学新定理. 还有人认为, 如果这样, 则不仅许多著名哲学家与数学家如 Peano、Whitehead、Russell、Hilbert 以及 Turing 等人的梦想得以实现, 而且计算将成为科学的皇后, 人类的主人!

然而, 事情的发展却并不如预期那样美好. 尽管在 1976 年, 美国的 Haken 等人在高速计算机上用了 1200 小时的计算时间, 解决了数学家们 100 多年来所未能解决的一个著名难题——四色问题, 因此而轰动一时, 但是, 这只能说明计算机作为定理证明的辅助工具有着巨大潜力, 还不能认为这样的证明就是一种真正的机器证明. 用王浩先生的说法, Haken 等关于四色定理的证明是一种使用计算机的特例机证, 它只适用于四色这一特殊的定理, 这与所谓基础机器证明之能适用于一类定理者有别. 后者才真正体现了机械化定理证明, 进而实现机器证明的实质. 另一方面, 在真正的机械化证明方面, 虽然 Tarski 在理论上早已证明了初等几何的定理证明是能机械化的, 还提出了据以造判定机也即是证明机的设想, 但实际上他的机械化方法非常繁, 繁到不可收拾, 因而远远不是切实可行的. 1976 年时, 美国做了许多在计算机上证明定理的实验, 在 Tarski 的初等几何范围内, 用计算机所能证明的只是一些近于同义反复的 "儿戏式" 的 "定理". 因此, 有些专家曾经发出过这样悲观的论调: 如果专依靠机器, 则再过 100 年也未必能证明出多少有意义的新定理来.

3. 一条切实可行的道路

1976 年冬, 我们开始了定理证明机械化的研究. 1977 年春取得了初步成果, 证明初等几何主要一类定理的证明可以机械化. 在理论上说来, 我们的结果已包括在 Tarski 的定理之中. 但与 Tarski 的结果不同, 我们的机械化方法是切实可行的, 即使用手算, 依据机械化的方法逐步进行, 虽然繁复, 也可以证明一些艰深的定理.

我们的方法主要分两步, 第一步是引进坐标, 然后把需证定理中的假设与终结部分都用坐标间的代数关系来表示. 我们所考虑的定理局限于这些代数关系都是多项式等式关系的范围, 例如平行、垂直、相交、距离等关系都是如此. 这一步可以叫做几何的代数化. 第二步是通过代表假设的多项式关系把终结多项式中的坐标逐个消去, 如果消去的结果为零, 即表明定理正确, 否则再作进一步检查. 这一步完全是代数的, 即用多项式的消元法来验证.

上述两步都可以机械与刻板地进行. 根据我们的机械化方法编成程序, 以在计算机上实现机器证明, 并无实质上的困难. 事实上数学所某些同志以及国外的王浩先生都曾在计算机上试行过. 我们自己也曾在国产的长城 203 台式机上证明了像 Simson 线那样不算简单的定理. 1978 年初我们又证明了初等微分几何中主要的一类定理证明也可以机械化. 而且这种机械化方法也是切实可行的, 并据此用手算证明了不算简单的一些定理.

从我们的工作中可以看出, 定理的机械化证明, 往往极度繁复, 与通常既简且妙的证明形成对照, 这种以量的复杂来换取质的困难, 正是利用计算机所需要的.

在电子计算机如此发展的今天, 把我们的机械化方法在计算机上实现不仅不难, 而且有一台微型的台式机也就够了. 就像我们曾经使用过的长城 203, 它的存数最多只能到 234 个 10 进位的 12 位数, 就已能用以证明 Simson 线那样的定理. 随着超大规模集成电路与其他技术的出现与改进, 微型机将愈来愈小型化而内存却愈来愈大, 功能愈来愈多, 自动化的程度也愈来愈高. 进入 21 世纪以后, 这一类方便的小型机器将为广大群众普遍使用. 它们不仅将成为证明一些不很简单的定理的武器, 而且还可用以发现并证明一些艰深的定理, 而这种定理的发现与证明, 在数学研究手工业式的过去, 将是不可想象的. 这里我们应该着重指出, 我们并不鼓励以后人们将使用计算机来证明甚至发现一些有趣的几何定理. 恰恰相反, 我们希望人们不再从事这种虽然有趣却即是对数学甚至几何学本身也已意义不大的工作, 而把自己从这种工作中解放出来, 把自己的聪明才智与创造能力贯注到更有意义的脑力劳动上去.

还应该指出, 目前我们所能证明的定理, 局限于已经发现的机械化方法的范围, 例如初等几何与初等微分几何之内. 而如何超出与扩大这些机械化的范围, 则是今后需要探索的长期的理论性工作.

4. 历史的启示与中国古代数学

我们发现几何定理证明的机械化方法是在 1976 年至 1977 年之间. 约在两年之后我们发现早在 1899 年出版的 Hilbert 的经典名著《几何基础》中, 就有着一条真正的正面的机械化定理: 初等几何中只涉及从属与平行关系的定理证明可以机械化. 当然, 原来的叙述并不是以机械化的语言来表达的, 也许就连 Hilbert 本人也并没有对这一定理的机械化意义有明确的认识, 自然更不见得有其他人提到过这一定理的机械化内容. Hilbert 是以公理化的典范而著称于世的, 但我认为, 该书更重要处, 是在于提供了一条从公理化出发, 通过代数化以到达机械化的道路. 自然, 处于 Hilbert 以及其后数学的一张纸一支笔的手工作业时代里, 公理化的思想与方法得到足够的重视与充分的发展, 而机械化的方向与意义受到数学家的忽视是完全可以理解的. 但电子计算机已日益普及, 因而烦琐而重复的计算已成为不足道的事情, 机械化的思想应比公理化思想受到更大重视, 似乎是合乎实际的.

其次应该着重指出, 我们从事机械化定理证明工作获得成果之前, 对 Tarski 的已有工作并无接触, 更没有想到 Hilbert 的《几何基础》会与机械化有任何关系. 我们是在中国古代数学的启发之下提出问题并想出解决办法来的.

说起来道理也很简单: 中国的古代数学基本上是一种机械化的数学. 四则运

算与开方的机械化算法由来已久. 汉初完成的《九章算术》中, 对开平、立方与解线性联立方程组的机械化过程, 都有详细说明. 宋代更发展到高次代数方程求数值解的机械化算法.

总之, 各个数学领域都有定理证明的问题, 并不限于初等几何或微分几何. 这种定理证明肇始于古希腊的 Euclid 传统, 现已成为近代纯粹数学或核心数学的主流. 与之相异, 中国的古代学者重视的是各种问题特别是来自实际要求的具体问题的解决. 各种问题的已知数据与要求的数据之间, 很自然地往往以多项式方程的形式出现. 因之, 多项式方程的求解问题, 也就自然成为中国古代数学家研究的中心问题. 从秦汉以来, 所研究的方程由简到繁, 不断有所前进, 有所创新. 到宋元时期, 更出现了一个思想与方法的飞跃: 天元术的创立.

"天元术" 到元代朱世杰时又发展成四元术, 所引入的天元、地元、人元、物元实际上相当于近代的未知元或未知数. 将这些未知元作为通常的已知数那样加减乘除, 就可得到与近代多项式和有理函数相当的概念与相应的表达形式和运算法则. 一些几何性质与关系很容易转化成这种多项式或有理函数的形式及其关系. 这使得过去依题意列方程这种无法可循需要高度技巧的工作从此变成轻而易举. 朱世杰 1303 年的《四元玉鉴》又给出了解任意多至四个未知元的多项式方程组的方法. 这里限于 4 个未知元只是由于所使用的计算工具 (算筹和算板) 的限制. 实质上他解方程的思想路线与方法完全可以适用于任意多的未知元.

不问可知, 在当时的具体条件下, 朱世杰的方法有许多缺陷. 首先, 当时还没有复数的概念, 因之朱世杰往往限于求出 (正) 实值. 这无可厚非, 甚至在 17 世纪 Descartes 的时代也还往往如此. 此外朱世杰在方法上也未臻完善. 尽管如此, 朱世杰的思想路线与方法步骤是完全正确的, 我们在 20 世纪 70 年代之末, 遵循朱世杰的思想与方法的基本实质, 采用美国数学家 Ritt 在 1932 年、1950 年关于微分方程代数研究书中所提供的某些技术, 得出了解任意复多项式方程组的一般算法, 并给出了全部复数解的具体表达形式. 此后又得出了实系数时求实解的方法, 为重要的优化问题提供了一个具体的方法.

由于多种问题往往自然导致多项式方程组的求解, 因而我们解方程的一般方法可被应用于形形式式的问题. 这些问题可以来自数学自身, 也可以来自其他自然科学或工程技术. 在本丛书的第一本书, 吴文俊的《数学机械化》一书中, 可以看到这些应用的实例. 在工程技术方面的应用, 在本丛书中已有高小山的《几何自动作图与智能 CAD》与陈发来和冯玉瑜的《代数曲面造型》两本专著. 上述解多项式方程组的一般方法已推广至微分方程的情形. 许多应用以及相应论著正在酝酿之中.

5. 未来的技术革命与时代的使命

宋元时代天元术与四元术的创造, 把许多问题特别是几何问题转化成代数方程与方程组的求解问题. 这一方法用于几何可称为几何的代数化. 12 世纪的刘益将新法与 "古法" 比较, 称 "省功数倍", 这可以说是减轻脑力劳动使数学走上机械化的道路的一项伟大的成就.

与天元术的创造相伴, 宋元时代的数学又引进了相当于现代多项式的概念, 建立了多项式的运算法则和消元法的有关代数工具, 使几何代数化的方法得到了系统的发展, 见于宋元时代幸以保存至今的杨辉、李冶、朱世杰的许多著作之中. 几何的代数化是解析几何的前身, 这些创造使我国古代数学达到了又一个高峰. 可以说, 当时我国已到达了解析几何与微积分的大门, 具备了创立这些数学关键领域的条件, 但是各种原因使我们数学的雄伟步伐就在这些大门之前停顿下来. 几百年的停顿, 使我们这个古代的数学大国在近代变成了数学上的纯粹入超国家. 然而, 我国古代机械化与代数化的光辉思想和伟大成就是无法磨灭的. 本人关于数学机械化的研究工作, 就是在这些思想与成就启发之下的产物, 它是我国自《九章算术》以迄宋元时期数学的直接继承.

恩格斯曾经指出, 枪炮的出现消除了体力上的差别, 使中世纪的骑士阶级从此销声匿迹, 为欧洲从封建时代进入到资本主义时代准备了条件. 近年有些计算机科学家指出, 个人用计算机的出现, 其冲击作用可与枪炮的出现相比. 枪炮使人们在体力上难分强弱, 而个人用计算机将使人们在智力上难分聪明愚鲁. 又有人对数学的未来提出看法, 认为计算机的出现, 将使数学现在一张纸一支笔的方法, 在历史的长河中, 无异于石器时代的手工方法. 今天的数学家们, 不得不面对计算机的挑战, 但是, 也不必妄自菲薄. 大量繁复的事情交给计算机去做了, 人脑将仍然从事富有创造性的劳动.

我国在体力劳动的机械化革命中曾经掉队, 以致造成现在的落后状态. 在当前新的一场脑力劳动的机械化革命中, 我们不能重蹈覆辙. 数学是一种典型的脑力劳动, 它的机械化有着许多其他类型脑力劳动所不及的有利条件. 它的发扬与实现对我国的数学家是一种时代的使命. 我国古代数学的光辉, 鼓舞着我们为实现数学的机械化, 在某种意义上也可以说是真正的现代化而勇往直前.

吴文俊

2002 年 6 月于北京

前　言

　　数学史上最令人惊奇的事实之一, 是实数系的逻辑基础竟迟至 19 世纪后叶才建立起来. 自然数理论公理体系的建立更是基于 Dedekind 总结出的五条基本性质、以 Peano 发表于 1889 年《算术原理——用一种新方法展现》为标志.

　　数系的扩充始终贯穿于数学理论的发展之中. 历史上, 对实数完备性的深刻认识体现在分析算术化的过程之中, 而分析算术化的过程与克服数学史上著名的三次危机, 即无理数的发现、分析的严密化、集合论中悖论的消解是密切相关的.

　　另一方面, 历史不断会出现惊人相似的一幕. 对于非标准实数本质的认识, 是人们 20 世纪现代数学时期对数系研究的最新成果. 在 Robinson 的名著 *Non-Standard Analysis* 的序言中曾引用 Gödel 的话: "算术从整数开始进而通过有理数、负数、无理数等等把数系扩大. 但是, 在实数之后, 下一个十分自然的步骤, 即引入无限小, 竟被完全忽略了. 我认为, 在未来的世纪里, 人们会把这看作数学史上的一件大怪事, 就是在发明了微积分三百年之后, 第一个精确的无限小理论才发展起来." 在实数中引入 "理想元素" 的实无穷小恰是三百年前 Leibniz 在发明微积分时的最初设想, 但因当时违背传统、暂不合逻辑而未被接受. 古典分析建立在否认无限小存在的数域上. 非标准分析则是在确立了包含无限小元素的某种数域的前提下进行严谨论述的. 非标准分析成功地解决了三百年前涉及无限小的古老悖论, 也使古希腊人想用分数表示实数的思想得以实现. 对于无限——实无限, 数学从最初的回避 (初等数学时期) 到被迫面对 (古典分析时期), 直到如今的积极主动研究 (现代数学时期), 经历了漫长而艰辛的探索思考过程. Gödel认为: "我们有充分的理由相信, 以这种或那种形式表示的非标准分析, 将成为未来的分析学." 我国著名数学家吴文俊院士也曾说: "非标准分析才是真正的标准分析."

　　从数系的扩充角度来看非标准分析, 其要害是承认实无穷小和实无穷大, 其基础理论是超实数理论. 超实数域是实数域的一个扩张, 它包括了实无穷小和实无穷大. 绝大多数涉及超实数理论的非标准分析文献, 都是用超幂方法给出超实数域的一个模型. 这种扩充是在承认已建立有标准的实数模型的基础上进行的.

　　中国科学技术大学汪芳庭教授在其《数学基础》中独辟蹊径, 以算术超滤模型代替超幂模型, 采用算术超滤分数构造实数, 使方法更为直接、简洁, 让 "无穷大自然数" 以算术超滤身份直接进入了数学, 而且这一构造方法与古典分析中从整数到有理数的扩充方法达到了完全统一!

　　关于对 "滤子" 和 "超滤" 等基本概念, 汪芳庭教授在其专著《算术超滤——自然数的紧化延伸》的前言中有几段形象的说明, 有助于读者对这些概念进行深入理解, 内容如下:

　　"自然数集上的一个滤子 (filter), 就是自然数性质 (关系) 的一种相容组合. 其实, 使用 '滤子' 一词, 不如使用 '关系网' 一词更加妥帖. 超滤, 实际上是 '极大关系网'. 一个主超滤, 就是一个自然数所具有的一切性质 (关系) 的总和. '非主超滤' 即无具体自然数与之对应的 '极大关系网'.

　　"有句名言: '人的本质 …… 是一切社会关系的总和.' (马克思:《关于费尔巴哈的提纲》, 1845 年) 在有此话的半个多世纪后, 随着集合论诞生, 超滤 (极大关系网) 的概念出现了. 20 世纪 30 年代, 人们对自然数本质的这种认识方式与之前对人的本质的一种认识方式达到了相同的哲学高度.

　　"超滤空间是离散自然数空间的一种紧化."

　　近年来, 随着计算机科学的迅猛发展, 特别是证明辅助工具 Coq 的出现, 数学定理的计算机形式化证明取得了长足的进展. Coq 的基本原理是归纳构造演算, 是一个交互式定理证明与程序开发系统, 可用于描述定理内容、验证定理证明. Coq 的交互式编译环境, 使用户以人机对话的方式一问一答, 可以边设计、边修改, 使证明中的疏漏及时得到补证. 进入 21 世纪, 随着 "四色定理"、"有限单群分类定理" 及 "Kepler 猜想" 等一系列著名数学难题形式化证明的实现, 各种计算机证明辅助工具在学术界得到了广泛认可.

　　1998 年菲尔兹奖获得者 Gowers、2002 年菲尔兹奖获得者 Voevodsky、2006 年菲尔兹奖获得者 Tao、2010 年菲尔兹奖获得者 Villani 和 2018 年菲尔兹奖获得者 Scholze 都大力倡导发展可信数学. 1987 年沃尔夫奖和 2005 年阿贝尔奖获得者 Lax 认为 "(高速计算机) 对于应用数学和纯粹数学的影响可以与望远镜对天文学和显微镜对生物学的影响相比拟". 著名数学家和计算机专家 Wiedijk 甚至认为当前正在进行的形式化数学是一次数学革命.

　　应当指出, 在数学定理机器证明方面, 1960 年, 美籍华裔著名数理逻辑学家王浩基于名为 "自然演绎" 的逻辑系统编写了一个程序, 仅用几分钟时间就机器证明了 Whitehead 和 Russell 著名的 *Principia Mathematica* 中的 350 多个纯谓词演算定理, 并提出应将诸如 Landau 的数系、Hardy-Wright 的数论、Hardy 的微积分、Veblen-Young 的射影几何、Bourbaki 出版的书卷等数学教材作为纲领, 机器验证所有证明并保证细节的严谨性. 20 世纪 70 年代, 由中国数学家吴文俊院士开创的 "吴方法" 的研究在国际上是独具特色和领先的. 吴文俊院士早年留学法国, 深受布尔巴基学派的影响, 在拓扑学领域取得了举世瞩目的成果, 晚年致力于数学定理机器证明的研究, 并提出了数学机械化纲领. 吴先生开创的定理机器证明 "吴方法" 主要基于多项式代数方法, 依赖符号计算和数值计算, 有完备的算法, 但算法复杂性高, 在变量或参数过多的情况下, 受硬件物理条件限制. 形式化证明主要基于逻辑的推理, 通过人机交互, 可将人的智慧和机器的智能结合起来. 将计算机辅助证明工具 Coq 和基于符号数值混合计算的多项式代数方法结合, 是非常有吸引力的研究课题. 实现拓扑学的机器证明也是吴文俊院士的一个夙愿.

本书的主要贡献是: 利用交互式定理证明工具 Coq, 在 Morse-Kelley 公理化集合论形式化系统下, 给出汪芳庭教授在其 《数学基础》 中采用算术超滤分数构造实数的机器证明系统, 包括超滤空间与算术超滤的基本概念、超滤变换以及用算术超滤构造算术模型的形式化实现, 自然包含标准实数模型, 并且给出滤子扩张原则和连续统假设蕴含完成实数模型的形式化构建. 在我们开发的系统中, 全部定理无例外地给出 Coq 的机器证明代码, 所有形式化过程已被 Coq 验证, 并在计算机上运行通过, 充分体现基于 Coq 的数学定理机器证明具有可读性、交互性和智能性的特点, 其证明过程规范、严谨、可靠. 该系统可方便地推广到非标准分析理论的形式化构建.

本书可供集合拓扑、数论、数理逻辑、数学基础、数学教育与数学哲学及计算机科学、信息科学相关专业的高年级本科生、研究生、教学与研究人员学习参考, 也可供从事人工智能相关科研工作者参考.

本书成稿后, 曾送请中国科学院成都分院张景中院士、中国科学院数学与系统科学研究院刘卓军研究员、中国科学院信息工程研究所林东岱研究员, 以及中国科学技术大学汪芳庭教授批评指正, 特别地, 刘卓军研究员还将本书推荐至 "数学机械化丛书" 编委会. 感谢丛书主编、中国科学院数学与系统科学研究院高小山研究员同意将本书收入该丛书. 感谢中国矿业大学 (北京) 杨克虎教授曾为本书出版给予的帮助和支持.

本书还得到科学出版社王丽平副编审的大力支持, 出版社相关人员专业认真的工作和努力使本书得以顺利出版, 谨此致谢.

　　本书合作者是在读研究生, 在完成本书的多次深入讨论中, 他对数学思想的领会, 对科学理性、美感的感悟, 都有了极大的提高, 他为实现本书中的证明代码付出了艰辛的努力, 程序完成过程中的个中滋味, 体会深刻, 相信读者在理解、运行本书定理机器证明的过程中会有切身的认识.

　　正在本课题组学习的研究生: 严升、郭达凯、陈思、张启萌、赵佩硕、高畅、冷姝锟、刘江昊、王启明、周艳文、陈宁、陈妍、季婷婷、郁榴苗、张娜、崔洛萍和吉祥等, 在提供材料、验证算例及校对文稿等方面给予帮助, 一并致谢.

　　感谢在撰写本书过程中所有曾给予作者支持和鼓励的同志和单位, 希望本书的出版将无愧于这些支持和帮助.

　　最后, 感谢国家自然科学基金委对本课题 (No.61936008) 的资助.

　　作者水平有限, 书中不当之处在所难免, 挚诚欢迎批评指正, 以期今后改进.

郁文生

2023 年 2 月

基 本 符 号

逻辑符号

$\sim$	否定 (非)
$\vee$	析取 (或)
$\wedge$	合取 (与)
$\Longrightarrow$	蕴涵
$\Longleftrightarrow$	等价
$=$	等词

量词符号

$\exists$	存在量词
$\forall$	全称量词

基本数学常项符号

$\in$	属于
$\{\cdots : \cdots\}$	类

集合符号

x 是集 $\Longleftrightarrow (\exists y, x \in y).$

$x = y \Longleftrightarrow (\forall z, z \in x \Longleftrightarrow z \in y).$

$x \cup y = \{z : z \in x \vee z \in y\}.$

$x \cap y = \{z : z \in x \wedge z \in y\}.$

$x \notin y \Longleftrightarrow (\sim (x \in y)).$

$\neg x = \{y : y \notin x\}.$

$x \sim y = x \cap (\neg y).$

$x \neq y \Longleftrightarrow \sim (x = y).$

$0 = \{x : x \neq x\}.$

$\mathcal{U} = \{x : x = x\}.$

$\bigcup x = \{z : \exists y, z \in y \wedge (y \in x)\}.$

$\bigcap x = \{z : \forall y, y \in x \Longrightarrow z \in y\}.$

$x \subset y \Longleftrightarrow (\forall z, z \in x \Longrightarrow z \in y).$

$x \subsetneq y \Longleftrightarrow x \subset y \wedge x \neq y.$

$2^x = \{y : y \subset x\}.$

$\{x\} = \{z : x \in \mathcal{U} \Longrightarrow z = x\}.$

$\{xy\} = \{x\} \cup \{y\}.$

$(x, y) = \{\{x\}\{xy\}\}.$

z 的 1st 坐标 $= \bigcap\bigcap z.$

z 的 2nd 坐标 $= (\bigcap\bigcup z) \cup ((\bigcup\bigcup z) \sim (\bigcup\bigcap z)).$

r 是关系 $\Longleftrightarrow (\forall z \in r, \exists x, \exists y, z = (x, y)).$

$r \circ s = \{u : \exists x, \exists y, \exists z, u = (x, z), (x, y) \in s \wedge (y, z) \in r\}.$

$r^{-1} = \{(x, y) : (y, x) \in r\}.$

f 是函数 $\Longleftrightarrow f$ 是关系 $\wedge (\forall x, \forall y, \forall z, ((x, y) \in f \wedge (x, z) \in f) \Longrightarrow y = z).$

f 的定义域 $= \{x : \exists y, (x, y) \in f\}.$

f 的值域 $= \{y : \exists x, (x, y) \in f\}.$

$f(x) = \bigcap\{y : (x, y) \in f\}.$

$x \times y = \{(u, v) : u \in x \wedge v \in y\}.$

$y^x = \{f : f$ 是函数 $\wedge (f$ 的定义域 $= x) \wedge (f$ 的值域 $\subset y)\}.$

f 在 x 上 $\Longleftrightarrow f$ 是函数 $\wedge x = f$ 的定义域.

f 到 $y \Longleftrightarrow f$ 是函数 $\wedge f$ 的值域 $\subset y.$

f 到 y 上 $\Longleftrightarrow f$ 是函数 $\wedge f$ 的值域 $= y.$

$xry \Longleftrightarrow (x, y) \in r.$

r 连接 $x \Longleftrightarrow \forall u \in x, \forall v \in x, urv \vee vru \vee u = v.$

r 在 x 中是传递的 $\Longleftrightarrow (\forall u \in x, \forall v \in x, \forall w \in x, urv \wedge vrw \Longrightarrow urw).$

r 在 x 中是非对称的 $\Longleftrightarrow (\forall u \in x, \forall v \in x, urv \Longrightarrow \sim vru).$

z 是 x 的 r-首元 $\Longleftrightarrow z \in x \wedge (\forall y \in x \Longrightarrow \sim yrz).$

r 良序 $x \Longleftrightarrow r$ 连接 $x \wedge (\forall y \subset x \wedge y \neq 0 \Longrightarrow \exists z,\ z$ 是 y 的 r-首元$).$

y 是 x 的 r-截片 $\Longleftrightarrow y \subset x \wedge r$ 良序 $x \wedge (\forall u \in x, \forall v \in y, urv \Longrightarrow u \in y).$

f 是 r-s 保序的 $\Longleftrightarrow f$ 是函数, r 良序 f 的定义域, s 良序 f 的值域 $\wedge (\forall u \in f$ 的定义域, $\forall v \in f$ 的定义域, $urv \Longrightarrow f(u)sf(v)).$

f 是 1-1 函数 $\Longleftrightarrow f$ 与 f^{-1} 都是函数.

f 在 x 和 y 中 r-s 保序 $\iff r$ 良序 x, s 良序 y, f 是 r-s 保序, f 的定义域是 x 的 r-截片, f 的值域是 y 的 s-截片.

$E = \{(x, y) : x \in y\}$.

x 是充满的 $\iff (y \in x \implies y \subset x)$.

x 是序 $\iff E$ 连接 $x \wedge x$ 是充满的.

$R = \{x : x$ 是序$\}$.

x 是序数 $\iff x \in R$.

$x < y \iff x \in y$.

$x \leqslant y \iff x \in y \vee x = y$.

$x + 1 = x \cup \{x\}$.

$f | x = f \cap (x \times \mathcal{U})$.

x 是整数 $\iff x$ 是序 $\wedge E^{-1}$ 良序 x.

x 是 y 的一个 E-末元 $\iff x$ 是 y 的一个 E^{-1}-首元.

$\omega = \{x : x$ 是整数$\}$.

c 是选择函数 $\iff c$ 是函数 $\wedge (\forall x \in c$ 的定义域, $c(x) \in x)$.

n 是套 $\iff (x \in n \wedge y \in n \implies x \subset y \vee y \subset x)$.

$x \approx y \iff (\exists f, f$ 是 1-1 函数, f 的定义域 $= x$, f 的值域 $= y)$.

x 是基数 $\iff x$ 是序数 $\wedge ((\forall y, y \in R, y < x) \implies \sim (x \approx y))$.

$C = \{x : x$ 是基数$\}$.

$P = \{(x, y) : x \approx y \wedge y \in C\}$.

x 是有限的 $\iff P(x) \in \omega$.

$\max[x, y] = x \cup y$.

$$\ll = \{z : \exists (u, v) \in R \times R, \exists (x, y) \in R \times R, z = ((u, v), (x, y)),$$
$$(\max[u, v] < \max[x, y]) \vee (\max[u, v] = \max[x, y] \wedge u < x)$$
$$\vee (\max[u, v] = \max[x, y] \wedge u = x \wedge v < y)\}.$$

目　　录

表 目 录

图 目 录

第 1 章 引　　言

人工智能研究是当前科技发展的热点和前沿方向, 夯实人工智能基础理论尤为重要, 数学定理机器证明是人工智能基础理论的深刻体现, 参见文献 [3-7, 9, 11-12, 15-16, 19, 25, 27, 29, 57, 63-65, 72-74, 80, 112, 115, 139, 152, 156, 160-162, 164, 172, 175-176, 185-186].

1.1　概　　述

1.1.1　证明辅助工具 Coq

近年来随着计算机科学的迅猛发展, 特别是证明辅助工具 Coq、Isabelle、HOL 及 Lean 等[8,18,35,66,79,87,97,120,122,139,159] 的出现, 数学定理的计算机形式化证明, 取得了长足的进展[12,27,63-65,72-74,80,96,175-176,186]. Coq 是一个交互式定理证明与程序开发系统平台, 是一个用于描述定理内容、验证定理证明的计算机工具. 这些定理可能涉及普通数学、证明理论或程序验证等[18,35,97,122] 多方面. 在推理和编程方面, Coq 都拥有足够强大的表达能力, 从构造简单的项, 执行简单的证明, 直至建立完整的理论, 学习复杂的算法等, 对学习者的能力有着不同层次的要求[18,35,97,122].

Coq 是一个交互式的编译环境[18,35,97,122], 用户以人机对话的方式一问一答, 用户可以边设计、边修改, 使证明中的疏漏及时得到补证. Coq 系统的基本原理是归纳构造演算[18,35,97,122], 是一个形式化系统. Coq 支持自动推理程序. Coq 通过命令式程序进行逻辑推导, 可以利用已证命题进行自动推理. Coq 中的归纳类型扩展了传统程序设计语言中有关类型定义的概念, 类似于大多数函数式程序设计语言中的递归类型定义[18,35,97,122]. Coq 有一支强大的全职研发队伍, 支持开源.

目前, Coq 已成为数学定理证明与计算逻辑领域的一个重要工具[2,9,30,122,156]. 2005 年, 国际著名计算机专家 Gonthier[63] 和 Werner 成功基于 Coq 给出了著名的 “四色定理” 的计算机证明, 进而, Gonthier 等又经过六年努力, 于 2012 年完成对 “有限单群分类定理” 的机器验证 (该证明过程约有 4300 个定义和 15000 条定理, 约 170000 行 Coq 代码)[12,64-65], 使得证明辅助工具 Coq 在学术界被广泛认可. 2015 年, Hales 等又在 HOL Light 和 Isabelle/HOL[66,120] 上完成了对 “Kepler 猜想” 的机器验证[80]. 2021 年 6 月的早些时候, 德国著名数学家 Scholze 宣布, 专用计算机软件帮助他成功检验了"凝聚态数学" (condensed mathematics) 理论证明的核心部分[27]. 2023 年 12 月, 由 Tao 发起的对多项式 Freiman-Ruzsa 猜想的形式化证明项目也取得了成功[139]. Wiedijk 在文章 [159] 中指出, 全球各相关研究团队计划或已经完成包括 Gödel 第一不完备性定理、Jordan 曲线定理、素数定理以及 Fermat 大定理等在内的 100 个著名数学定理的计算机形式化证明. 这些成果使得证明辅助工具 Coq、Isabelle、HOL 及 Lean 等[8,18,35,66,79,87,97,120,122,159]在学术界的影响日益增强.

1.1.2　形式化数学

关于形式化数学, 在 20 世纪初对于数学基础的深入讨论中受到重视, 对整个 20 世纪数学的发展产生了深远的影响, 参见文献 [1, 20, 26, 39, 44-45, 49-51, 68-71, 83, 89-90, 93, 98, 100, 102, 104-106, 118, 131, 140, 146, 150, 155, 176, 179, 182], 虽然有时也饱受过于 "形式" 的诟病[45,83,102,105,129,141], 但 20 世纪 90 年代, 特别是进入 21 世纪以来, 随着计算机形式化工具的出现, 尤其是上述一系列著名数学难题形式化证明的实现, 使得形式化数学与形式化证明辅助工具的结合在学术界得到极大重视.

著名数学家和计算机专家 Wiedijk 认为当前正在进行的形式化数学是一次数学革命, 他在文章 [159] 中指出, "数学历史上发生过三次革命. 第一次是公元前 3 世纪, 古希腊数学家 Euclid《几何原本》引入数学证明方法; 第二次是 19 世纪 Cauchy 等引入 '严格' 数学方法, 以及后来的数理逻辑和集合论; 第三次就是当前正在进行的形式化数学"[29,159]. 2002 年菲尔兹奖获得者 Gowers[67] 和 Voevodsky[145]、2010 年菲尔兹奖获得者 Villani[144]、2018 年菲尔兹奖获得者 Scholze[27]以及 1987 年沃尔夫奖和 2005 年阿贝尔奖获得者 Lax[95] 都大力倡导发展可信数学. Gowers 在文章 [67] 中指出, "21 世纪计算机在证明定理的过程中会起到巨大作用, 理论数学研究的模式将会彻底改观, 计算机的作用有可能超出我们现在的想象", 甚至预测 "2099 年之前, 计算机或许可完成所有重要的数学证明. 计算机会提出猜想、找到证明. 而数学家的工作, 是试着去理解和运用其中的一些结果"[67,110]. Lax 认为 "(高速计算机) 对于应用数学和纯粹数学的影响可以与望远镜对天文学和显微镜对生物学的影响相比拟[95]".

当今数学论证变得如此复杂, 而计算机软件能够检查卷帙浩繁的数学证明的正确性, 人类的大脑无法跟上数学不断增长的复杂性, 计算机检验将是唯一的解决方案[144-145]. 今后, 每一本严谨的数学专著, 甚至每一篇数学论文, 都可由计算机检验其细节的正确性, 这正发展为一种趋势. 英国帝国理工学院的数学教授 Buzzard 在剑桥举办的一次研讨会上表示: 证明是一种很高的标准, 我们不需要数学家像机器一样工作, 而是可以要他们去使用机器①! 辅助证明软件能解决数学

---

① 纯数学陷入了危机? 见: https://www.yidianzixun.com/article/0LcoBB7s?appid&s.

研究前沿的抽象理论问题, 它们或将在数学中发挥更重要的作用[27].

关于数学定理的形式化证明, 必然涉及国际著名的布尔巴基 (Bourbaki) 学派[20-23]. 布尔巴基是一群以法国人为主的数学家的共同名字, 他们的思想对于 20 世纪中叶以来的数学发展具有深刻影响[102,105,150]. 该学派提出数学结构的概念, 并用此概念统一现代数学[20,102,105,150]. 按照布尔巴基学派的观点, 数学中有三大母结构, 即序结构[23]、代数结构[21]和拓扑结构[22]. 基于这三种结构相互交融形成了现代数学的主体内容. 利用交互式定理证明工具 Coq, 可以完整构建这三大母结构的机器证明系统, 在此方面国内外都开始进行了一些有益的研究工作, 参考文献 [9, 13, 46, 53, 72-74, 76-77, 96, 111, 133-137, 154, 156, 163, 175-178, 186].

1.1.3 Morse-Kelley 公理化集合论系统

对于数学理论的形式化来说, 公理化集合论的形式化实现尤为重要, 因为它是现代数学的基础[23,102,105-106,150]. 19 世纪末与 20 世纪初, 朴素集合论[26,44,81,98,130,143,166]中一些悖论[26,44,90,98,102,105,150,155]的发现, 使集合论之公理化研究成为必要[17,42,44,50-51,100,103,118,138,146,182]. 公理化集合论的出发点就是给出一组集合应该满足的公理, 在此基础上研究集合的性质. 集合论里普遍采用的公理体系是 ZFC 和 NBG 系统, 前者由 Zermelo-Fraenkel (ZF) 集合论公理加上选择公理 (Axiom of choice, AC) 构成, 后者以 von Neumann, Bernays 和 Gödel 三位数学家名字的首字母命名, 其中提出 "真类" 的概念, 并将真类作为某些集合或类的元素. 详细介绍可见 [17, 42, 44, 49-51, 99-100, 116-117, 123, 125-127, 142, 146, 167-168, 179-180, 182, 189].

选择公理是集合论里有关映射存在性的一条公理, 最早于 1904 年由 Zermelo 提出, 并用于对良序定理的证明[179]. 选择公理在现代数学中有很重要的作用, 与许多深刻的数学结论有着十分密切的联系. 没有选择公理, 我们甚至无法知道两个集合能否比较元素的多少、任何一族非空集的积是否非空、线性空间是否一定有一组基、任何一族紧致空间的积是否紧致、环是否一定有极大理想······[123,168,180]. 选择公理有几十甚至上百个等价的形式[99,123,125-126,167].

2015 年以来, 本书作者团队在北京邮电大学开始了基于 Coq 的 "公理化集合论"、"近世代数基础" 和 "一般拓扑学" 形式化系统的研发, 对布尔巴基数学学派强调的现代数学三大母结构形式化系统的机器实现进行了有意义的探索尝试[52-56,133-137,170-171,174-176,178]. 我们基于 Coq 开发的 "公理化集合论" 形式化系统, 以 Kelley[103] 的 Morse-Kelley 公理化集合论体系为依据. Morse-Kelley (MK) 公理化集合论体系的思想最早由王浩提出[151], 1955 年在 Kelley 的《一般拓扑学》[103] 中正式发表, 此后在 1965 年由 Morse[118] 给出了自己的版本. Kelley 在文献 [103] 明确指出, "他的公理体系是 Skolem 和 Morse 体系的变形, 且更接近于由 Gödel 所系统叙述的 Hilbert-Bernays-von Neumann 体系", "同时构造了序数和基数, 定义了非负整数, 并把 Peano 公设当作定理给予了证明", 并且实数也可以由 "整数类是一个集" 和 "利用归纳法在整数上定义一个函数是可能的" 事实, 以及 Peano 公设和无限性公理来构造[103,106]. 该公理化可 "用来迅速而又自然地给出一个数学基础, 其中摆脱了明显的悖论. 由于这个缘故, 有限的公理体系被遗弃, 而把整个理论建筑在 8 个公理和 1 个公理图示之上 (也就是说, 在某种指定的形式下的一切语句都被认作公理)"[103]. 这充分说明了 Morse-Kelley 公理体系的简洁、严谨和优美, 而且在此基础上, 现代数学的拓扑学和代数学理论可方便、快速地形式化构建, 事实上, Kelley 也正是在其名著《一般拓扑学》[103] 中发表他的公理集合论体系的. 该公理体系相当于承认存在比集合更广之类, 与 ZFC 公理体系和 NBG 公理体系无矛盾, 参见文献 [17, 42, 44, 49-51, 99-100, 116-117, 123, 125-127, 142, 146, 167-168, 179-180, 182, 189]. NBG 系统是 ZF 系统的保守扩展. 而MK 系统是 ZFC 系统的一个真扩展. Dieudonné[43], Mendelson[116], Monk[117] 及Rubin[127] 等数学家均认为, MK 系统较 ZFC 系统和 NBG 系统应用起来更为便利.图 1.1 是 Kelley《分析基础》的《一般拓扑学》的英文版和中文版封面.

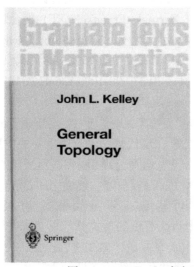

图 1.1　　Kelley《一般拓扑学》的英文版和中文版封面

我们曾在文献 [176] 中利用交互式定理证明工具 Coq, 首次实现了 Morse-Kelley 公理化集合论形式化系统, 并在 Morse-Kelley 公理化集合论形式化系统下, 给出选择公理与它的几个著名等价命题间等价性的机器证明, 这些命题包括Tukey 引理、Hausdorff 极大原则、极大原则、Zorn 引理、良序定理及 Zermelo假定等. 关于 ZFC 集合论的形式化工作, 可参考近期 Zhang 的工作[186], 其中系

统地实现了文献 [44] 的全部形式化.

1.1.4 关于数系的扩充

数学史上最令人惊奇的事实之一, 是实数系的逻辑基础竟迟至 19 世纪后叶才建立起来[105]. 而自然数理论公理体系的建立更是基于 Dedekind 总结出的五条基本性质[90,150]、以 Peano 发表于 1889 年的《算术原理——用一种新方法展现》为标志[104].

数系的扩充始终贯穿于数学理论的发展之中[105]. 历史上, 对实数完备性的深刻认识体现在分析算术化的过程之中[106,150], 而分析算术化的过程与克服数学史上著名的三次危机, 即无理数的发现、分析的严密化、集合论中悖论的消解[155] 是密切相关的[105].

另一方面, 历史不断会出现惊人相似的一幕. 对于非标准实数本质的认识, 是人们 20 世纪现代数学时期对数系研究的最新成果. 在 Robinson 的名著 *Nonstandard Analysis* 的序言中曾引用 Gödel 的话[124]: "算术从整数开始进而通过有理数、负数、无理数等等把数系扩大. 但是, 在实数之后, 下一个十分自然的步骤, 即引入无限小, 竟被完全忽略了. 我认为, 在未来的世纪里, 人们会把这看作数学史上的一件大怪事, 就是在发明了微积分三百年之后, 第一个精确的无限小理论才发展起来." 在实数中引入 "理想元素" 的实无穷小恰是三百年前 Leibniz 在发明微积分时的最初设想, 但因当时违背传统、暂不合逻辑而未被接受[150]. 古典分析建立在否认无限小存在的数域上. 非标准分析则是在确立了包含有无限小元素的某种数域的前提下进行严谨论述的. 非标准分析成功地解决了三百年前涉及无限小的古老悖论[169], 也使古希腊人想用分数表示实数的思想得以实现[147]. 对于无限——实无限, 数学从最初的回避 (初等数学时期) 到被迫面对 (古典分析时期), 直到如今的积极主动研究 (现代数学时期), 经历了漫长而艰辛的探索思考过程[150]. Gödel 认为[124]: "我们有充分的理由相信, 以这种或那种形式表示的非标准分析, 将成为未来的分析学." 我国著名数学家吴文俊院士也曾说[37]: "非标准分析才是真正的标准分析."

从数系的扩充角度来看非标准分析, 其要害是承认实无穷小和实无穷大, 其基础理论是超实数理论. 超实数域是实数域的一个扩张, 它包括了实无穷小和实无穷大[28]. 绝大多数涉及超实数理论的非标准分析文献, 都是用超幂方法给出超实数域的一个模型. 这种扩充是在承认已建立有标准的实数模型的基础上进行的.

中国科学技术大学汪芳庭教授在其《数学基础》[150] 中独辟蹊径, 以算术超滤模型代替超幂模型, 采用算术超滤分数构造实数, 使方法更为直接、简洁, 让 "无穷大自然数" 以算术超滤身份直接进入了数学, 而且这一构造方法与古典分析中从整数到有理数的扩充方法达到了完全统一! 汪芳庭教授采用的方法[147,150] 本质上是将超幂方法限定于自然数集, 这也与非标准分析中从实数集到超实数集的扩充方法达到完全一致, 不仅有利于深入理解 "滤子" 和 "超滤" 等基本概念, 也为今后非标准分析的形式化实现奠定基础.

关于对 "滤子" 和 "超滤" 等基本概念, 汪芳庭教授在其专著《算术超滤——自然数的紧化延伸》[149] 的前言中有几段形象的说明, 有助于读者对这些概念的深入理解, 特引如下.

"自然数集上的一个滤子 (filter), 就是自然数性质 (关系) 的一种相容组合. 其实, 使用 '滤子' 一词, 不如使用 '关系网' 一词更加妥帖. 超滤, 实际上是 '极大关系网'. 一个主超滤, 就是一个自然数所具有的一切性质 (关系) 的总和. '非主超滤' 即无具体自然数与之对应的 '极大关系网'. [149]

"有句名言: '人的本质 ······ 是一切社会关系的总和.'(马克思: 《关于费尔巴哈的提纲》, 1845 年) 在有此话的半个多世纪后, 随着集合论诞生, 超滤 (极大关系网) 的概念出现了. 20 世纪 30 年代, 人们对自然数本质的这种认识方式与之前对人的本质的一种认识方式达到了相同的哲学高度. [149]

"超滤空间是离散自然数空间的一种紧化." [149]

德国著名数学家 Landau 发表于 1929 年的《分析基础》[106], 从 Peano 五条公设 [104] 出发, 依次构造了自然数、分数、分割、实数和复数, 并建立了 Dedekind 实数完备性定理, 即 Dedekind 基本定理, 从而迅速而自然地给出数学分析的坚实基础 [106].

图 1.2 是 Landau《分析基础》的德文-英文版和中文版封面.

图 1.2　Landau《分析基础》的德文-英文版和中文版封面

　　20 世纪 70 年代, van Benthem Jutting[16] 基于 Automath 软件平台[24,41,119,158] 完成 Landau《分析基础》[106] 的全部形式化实现. 这是数学理论计算机形式化领域里程碑式的工作, 影响深远.

　　Automath[16,24,41,119,158] 是为了实现数学的表示, 1970 年由荷兰 Eindhoven 大学 de Brujin 教授设计的基于 λ 类型[113-114] 理论的数学定理证明器, 与基于归纳构造演算的现代类型理论[9,18,30,35,97,122,156] 存在较大差异. 基于 Automath[24,41,119,158] 完成的 Landau《分析基础》[106] 形式化代码[16], 目前看来, 在可读性方面也很难令人满意[158].

　　2011 年, 德国 Saarland 大学著名教授 Brown[24] 提出, 将 van Benthem Jutting[16] 基于 Automath[24,41,119,158] 完成的 Landau《分析基础》[106] 形式化代码用计算机忠实 "翻译" 成 Coq 代码的构想, 这项 "翻译" 主要是针对 Landau《分析基础》中公理、定义和定理的形式化描述而言的, 针对定理机器证明代码的 "翻译" 难度较大, 尚未见报道, 相关的研究似仍在进行中. 2011 年, Smolka 和 Brown 指导的学生 Hornung[96] 还给出了基于 Coq 的 Landau《分析基础》[106] 前四章形式化代码的一个版本. 早期关于实数理论形式化的工作还包括: Chirimar 和 Howe[31] 基于 Nuprl 利用 Cauchy 序列定义实数[33], Harrison[85-86] 基于 Isabelle/HOL 对实数的构造[66,120], Ciaffaglione 和 Di Gianantonio[32] 基于 Coq 直接用无穷序列表达实数, 以及 Geuvers 和 Niqui[58] 基于 Coq 利用 Cauchy 完备性构造实数等.

　　我们在文献 [175] 中利用交互式定理证明工具 Coq, 在朴素集合论的基础上, 从 Peano 五条公设出发, 完整实现 Landau 著名的《分析基础》中实数理论的形式化系统, 可以自然地给出数学分析的坚实基础. 在分析基础形式化系统下, 进而给出 Dedekind 实数完备性定理与它的几个著名等价命题间等价性的机器证明, 进一步给出闭区间上连续函数的重要性质的机器证明. 另外, 还给出张景中院士[184] 提出的第三代微积分——即不用极限的微积分——的形式化系统实现. 最近, 我们又完成了基于 Morse-Kelley 公理化集合论下《分析基础》的形式化实现, 并且给出了实数公理化系统的形式化验证[174].

　　应当指出, 在数学定理机器证明方面, 1960 年, 美籍华裔著名数理逻辑学家王浩基于名为 "自然演绎" 的逻辑系统, 编写了一个程序仅用几分钟时间, 就机器证明了 Whitehead 和 Russell 著名的 *Principia Mathematica* 中的所有 350 多个纯谓词演算定理, 并提出应将诸如 Landau 的数系、Hardy-Wright 的数论、Hardy 的微积分、Veblen-Young 的射影几何、Bourbaki 出版的书卷等数学教材作为纲领、机器验证所有证明并保证细节的严谨性[108,152]. 20 世纪 70 年代, 由中国数学家吴文俊院士开创的 "吴方法" 的研究在国际上是独具特色和领先的. 吴文俊院士早年留学法国, 深受布尔巴基学派的影响, 在拓扑学领域取得了举世瞩目的成

果, 晚年致力于数学定理机器证明的研究, 并提出了数学机械化纲领. 吴先生开创
的定理机器证明 "吴方法" 主要基于多项式代数方法, 依赖符号计算和数值计算,
有完备的算法, 但算法复杂性高, 在变量或参数过多的情况下, 受硬件物理条件限
制. 形式化证明主要基于逻辑的推理, 人机交互, 可将人的智慧和机器的智能结合
起来. 将计算机辅助证明工具 Coq 和基于符号数值混合计算的多项式代数方法结
合, 是非常有吸引力的研究课题. 实现拓扑学的机器证明也是吴文俊院士的一个
夙愿.

1.1.5　本书结构安排

　　本书利用交互式定理证明工具 Coq, 在 Morse-Kelley 公理化集合论形式化系
统下, 给出中国科学技术大学汪芳庭教授在其《数学基础》中采用算术超滤分数
构造实数的机器证明系统, 包括超滤空间与算术超滤的基本概念、超滤变换以及
用算术超滤构造算术模型的形式化实现, 完成实数模型的形式化构建, 并且给出
滤子扩张原则和连续统假设蕴含非主算术超滤存在的形式化验证. 在我们开发的
系统中, 全部定理无例外地给出 Coq 的机器证明代码, 所有形式化过程已被 Coq
验证, 并在计算机上运行通过, 充分体现了基于 Coq 的数学定理机器证明具有可
读性、交互性和智能性的特点, 其证明过程规范、严谨、可靠. 该系统可方便地推
广到非标准分析理论的形式化构建.

　　图 1.3 是汪芳庭《数学基础》的两个版本封面.

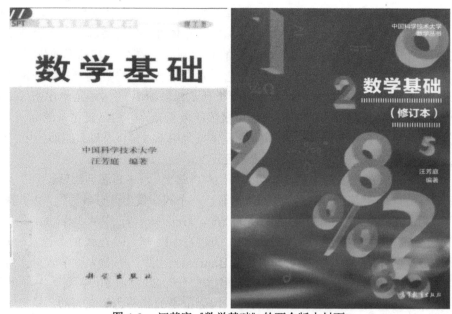

图 1.3　汪芳庭《数学基础》的两个版本封面

需要说明的是, 本书中的 Morse-Kelley 公理化集合论形式化系统, 是作者团队对《公理化集合论机器证明系统》的修订版, 在这一版中, 对 Coq 代码进行了系统的优化, Morse-Kelley 公理化集合论形式化系统部分的代码较原先减少了一半以上, 在此基础上, 实现汪芳庭《数学基础》中用算术超滤分数构造实数的形式化构建, 另外, 增加了一个 Coq 指令说明, 使本书更方便使用.

本书结构安排如下: 第 1 章给出背景知识的介绍和初等逻辑的预备知识等; 第 2 章给出 Morse-Kelley 公理化集合论的形式化实现; 第 3 章给出滤子构造超有理数的形式化系统实现; 第 4 章通过对超有理数的一个子集进行等价分类给出一个实数理论的形式化系统实现; 第 5 章给出滤子扩张原则和连续统假设蕴含非主算术超滤存在的形式化验证; 第 6 章总结我们的结果并给出相关注记; 最后, 附录部分给出本书中用到的所有 Coq 基本指令与术语的简要说明, 列出本系统中定义的集成策略, 并给出公理化集论和实数公理化形式系统的结构化表述[75], 使本书更方便使用.

书中一般在相关定义、公理和定理的人工描述之后, 一并给出其精确的 Coq 描述代码, 所有定理的证明过程均通过 Coq 8.13.2 代码完成.

1.2 基本 Coq 指令清单及逻辑预备知识

在给出 Morse-Kelley 公理化集合论的完整形式化构建之前, 本节给出一些证明过程中常会用到的基本 Coq 指令及它们的简要用法说明, 这些指令在使用过程中, 根据字面词义是可读的, 也是容易理解的, 各指令的详细功能也可参见文献 [18, 35, 97, 122]. 主要指令清单见表 1.1.

一些初等逻辑的实用知识是必要的, 虽然并不需要熟悉形式逻辑理论, 但正如 Kelley[103] 指出, "无论如何, 对数学体系本质的理解 (在技术意义下) 有助于弄清和推进某些研讨". 我们遵循古典二值逻辑: 任何命题只允许 "真" 或 "假" 的情形而没有其他情形. 由于 Coq 可以基于一个非常精简的逻辑——最小命题逻辑[91,148]——实现推理技术[18], 我们需要默认 "**排中律**" 成立①. 为完整起见, 首先列出常用的初等逻辑运算符号以及本书中用到基本的逻辑性质, 这里, 采用了文献 [148] 中的一些表述方式.

通用的初等逻辑运算符号 " $\sim$ " 表示**否定**, 亦即关系词非; 符号 " $\Longrightarrow$ " 表示**蕴含**.

通用的初等逻辑运算符号 " $\wedge$ " 表示**逻辑合取**, 亦即关系词与; 符号 " $\vee$ " 表示**逻辑析取**, 亦即关系词或; 符号 " $\Longleftrightarrow$ " 表示**等价**.

---

① 正如 Hilbert 所说, "禁止数学家使用排中律就像禁止天文学家使用望远镜及拳击家使用自己的拳头一样", 参见文献 [92, 94, 150, 165].

符号 "∃" 表示**存在量词** (符号 "∃ " 表示**存在唯一**). 符号 "∀" 表示**全称量词**.

表 1.1　书中涉及常用 Coq 指令简表

Coq 指令	用法
forall/exists	任意/存在量词
level	优先级
binder	将变量绑定在函数表达式中
associativity	声明符号的结合方向
format	声明符号表达式的格式
type_scope	Type 类型辖域
fun	函数指令
intro/intros	引入目标中的条件
destruct	拆分指定条件中的逻辑运算符
split	拆分目标中间的合取式
pose proof	将已经证明的命题放进假设中
apply/eapply	应用指定条件
unfold	将定义展开
rewrite H/< − H	将 H 的右边/左边当作左边/右边代入目标
repeat	重复执行策略或指令
subst	替换相应参数
elim	消去, 对条件进行分解
left/right	证明析取式左边/右边的目标
generalize	引入假设条件
assert/cut	指定一个新的假设条件并证明
auto/tauto/eauto	自动证明策略
goal	目标
idtac	无操作策略
match	模式匹配
end	匹配模式结束

在上述记号中, " ∨ " 和 " ∧ " 可由 " ∼ " 和 " ⟹ " 给出; " ⟺ " 可由 " ⟹ " 和 " ∧ " 给出; "∀" 可由 " ∼ " 和 "∃" 给出[148]. 事实上,

$$(A \vee B) \ 即 \ ((\sim A) \implies B),$$
$$(A \wedge B) \ 即 \ (\sim (A \implies (\sim B))),$$
$$(A \iff B) \ 即 \ (A \implies B) \wedge (B \implies A),$$
$$((\forall x)A) \ 即 \ (\sim ((\exists x)(\sim A))),$$

这里, A 和 B 是命题, x 是变元.

　　在我们的系统中, 首先按 Coq 库中的通用格式引入的一些数学符号[18], 包括任意量词、存在量词以及标准的 λ **演算**表示法[113-114], 其 Coq 代码如下:

```
Notation "∀ x .. y , P" := (forall x, .. (forall y, P) ..)
  (at level 200, x binder, y binder, right associativity,
  format "'[' ∀ x .. y ']' , P") : type_scope.

Notation "∃ x .. y , P" := (exists x, .. (exists y, P) ..)
  (at level 200, x binder, y binder, right associativity,
  format "'[' ∃ x .. y ']' , P") : type_scope.

Notation "'λ' x .. y , t" := (fun x => .. (fun y => t) ..)
  (at level 200, x binder, y binder, right associativity,
  format "'[' λ x .. y ']' , t").
```

　　"排中律" 以如下公理形式给出:

　　公理 1.1(排中律)　　P 是命题, 则 $P \vee \sim P$ 成立.

　　其 Coq 代码如下:

```
Axiom classic : ∀ P, P \/ ~P.
```

　　基于 "排中律", 容易得到本书中常用的一些基本逻辑性质如下, 其中 P 和 Q 均为命题.

　　性质 1.1　　$(\sim P \Longrightarrow P) \Longrightarrow P$.

　　性质 1.2　　$\sim (\sim P) \Longleftrightarrow P$.

　　性质 1.3　　$(\sim (P \wedge Q) \Longleftrightarrow (\sim P) \vee (\sim Q)) \wedge (\sim (P \vee Q) \Longleftrightarrow (\sim P) \wedge (\sim Q))$.

　　性质 1.4　　$(P \Longrightarrow Q) \Longrightarrow (\sim Q \Longrightarrow \sim P)$.

　　上述基本逻辑性质的 Coq 代码描述如下:

```
Proposition peirce : ∀ P, (~P -> P) -> P.

Proposition NNPP : ∀ P, ~~P <-> P.

Proposition notandor : ∀ P Q,
  (~(P /\ Q) <-> (~P) \/ (~Q)) /\ (~(P \/ Q) <-> (~P) /\ (~Q)).

Proposition inp : ∀ {P Q: Prop}, (P -> Q) -> (~Q -> ~P).
```

　　上述基本逻辑性质的证明均已在 Coq 中完成, 我们也给出它们的验证代码. 在验证过程中, 为了表达更为简洁, 我们适当地引进了一些策略, 即将 Coq 的若干命令组合在一起, 这些策略在上下文中是容易理解的, 这一点需提醒读者注意. 这些性质, 可以直接调用, 对我们的系统来说, 逻辑上已经足够了.

　　本节初等逻辑预备知识的完整 Coq 代码如下:

```
(** Pre_MK_Logic *)

(* 引进记号 *)

Notation "∀ x .. y , P" := (forall x, .. (forall y, P) ..)
  (at level 200, x binder, y binder, right associativity,
```

```
  format "'[' ∀ x .. y ']' , P") : type_scope.

Notation "∃ x .. y , P" := (exists x, .. (exists y, P) ..)
  (at level 200, x binder, y binder, right associativity,
  format "'[' ∃ x .. y ']' , P") : type_scope.

Notation "'λ' x .. y , t" := (fun x => .. (fun y => t) ..)
  (at level 200, x binder, y binder, right associativity,
  format "'[' λ' x .. y ']' , t").


(* 初等逻辑模块 *)

Module Logic.

Axiom classic : ∀ P, P \/ ~P.

Proposition peirce : ∀ P, (~P -> P) -> P.
Proof.
  intros; destruct (classic P); auto.
Qed.

Proposition NNPP : ∀ P, ~~P <-> P.
Proof.
  split; intros; destruct (classic P); tauto.
Qed.

Proposition notandor : ∀ P Q,
  (~(P /\ Q) <-> (~P) \/ (~Q)) /\ (~(P \/ Q) <-> (~P) /\ (~Q)).
Proof.
  intros; destruct (classic P); tauto.
Qed.

Proposition inp : ∀ {P Q : Prop}, (P -> Q) -> (~Q -> ~P).
Proof.
  intros; intro; auto.
Qed.


(* 一些简单的策略 *)

Ltac New H := pose proof H.

Ltac TF P := destruct (classic P).

Ltac Absurd := apply peirce; intros.


(* 批处理条件或目标中"与"和"或"策略 *)

Ltac deand :=
  match goal with
  | H: ?a /\ ?b |- _ => destruct H; deand
  | _ => idtac
  end.

Ltac deor :=
```

```
  match goal with
  | H: ?a \/ ?b |- _ => destruct H; deor
  | _ => idtac
  end.

Ltac deandG :=
  match goal with
  |- ?a /\ ?b => split; deandG
  | _ => idtac
  end.

End Logic.
Export Logic.
```

本节代码存为 Pre_MK_Logic.v 文件, 其中出现的一些 Coq 术语是标准的[18,35,97,122], 在以后各章节中也会经常用到, 这些术语仅从字面上也可理解其基本含义. 常用 Coq 术语简单列表见表 1.2, 为方便读者, 本书附录部分还给出本系统中涉及的所有 Coq 基本指令与术语的简要说明, 各指令的详细功能可参阅 [18, 35, 97, 122].

表 1.2 书中涉及常用 Coq 术语的基本含义

Coq 术语	基本定义
Notation	引入记号
Module/Section	开启一个新模块
Implicit Argument	隐式参量
Parameter/Variable	全局变量/局部变量
Inductive/Fixpoint	归纳/递归
Definition/Defined	定义/定义毕
Hypothesis/Axiom	假设/公理
Theorem/Lemma/Fact	定理/引理/事实
Proposition/Corollary	命题/推论
Ltac	组合执行若干命令, 形成一个策略
Export/Import	导入库文件
Require	加载模块或库
Hint	证明策略管理命令
End	结束本模块
Prop	命题基本类型
Type	类型
Proof/Qed	证明/证毕

另外, 代码中的 "(* ······ *)", 是为便于理解, 插入代码中的注释内容. 我们约定代码第一行 "(** ······ *)" 中的注释内容为相应的文件名. 代码中的 Notation 命令是按 Coq 库中的通用格式引入的一些数学符号[18], 包括**全称量词**、**存在量词**以及标准的 λ **演算**表示法[113-114]. 通过 Ltac 引进了一些策略, 将 Coq 的

若干命令集成在一起, 这些策略在上下文中是容易理解的. 代码中的 deand、deor 和 deandG 是批处理条件或目标中 "与" 和 "或" 策略. 为方便读者理解运行代码, 书末附录部分列出了本书用到的所有 Coq 基本指令与术语的简要说明, 并列出本系统中定义的所有集成策略.

至此, 本系统的预备知识已经足够了.

第 2 章　Morse-Kelley 公理化集合论的形式化系统实现

本章内给出基于 Coq 的 Morse-Kelley 公理化集合论体系的完整形式化系统实现, 包括对 Kelley 在文献 [103] 该体系中 8 个公理 (含选择公理) 和 1 个公理图示以及全部 181 条定义或定理的 Coq 描述. 全部定理无例外地给出 Coq 的计算机机器证明代码, 所有形式化过程已被 Coq 验证.

书中一般在相关定义、公理和定理的人工描述之后, 一并给出其精确的 Coq 描述代码, 而所有定理的 Coq 证明代码紧随对应定理描述之后. 为方便起见, 所有定义、公理和定理的序号及人工描述与 Kelley 文献 [103] 一致, 定理证明过程中增加的辅助引理将另行编号. 另外, 为使代码简洁流畅, 在 Coq 证明过程中适当地增加了一些注释内容和批命令策略, 这在上下文中是容易理解的.

2.1　分类公理图式

首先, 用 Coq 的 "Require Export" 指令读入本系统的预备逻辑知识, 再声明一个在系统中描述元素和集合概念的 "类", 在 Coq 形式化中定义为 "Class", 用类型 "Type" 表示. 另外, 定义几个基本的常项. 第一个是 "∈", 读作 "属于". 因为本系统中不区分元素和集合的类型, 统一用 "Class" 来表示. 通过 "Notation" 在 Coq 中添加相应数学符号, 增强代码可读性.

形式化定义如下:

```
(** MK_All *)

(* 读入库文件 *)

Require Export Pre_MK_Logic.

(* 分类公理图式 *)

(* 定义初始"类"(Class), 元素和集合的类型都是Class *)

Parameter Class : Type.

(* ∈: 属于 x y : In x y *)
```

```
Parameter In : Class -> Class -> Prop.
```

```
Notation "x ∈ y" := (In x y) (at level 70).
```

相等恒用于在逻辑上同一事物的两个名字, 除了通常的相等公理外, 还要假定一个代换规则, 特别在一个定理中, 用一个对象代替与它相等的对象, 结果仍是一个定理. 此外有下面的 "外延公理 I".

外延公理 I (I Axiom of extent)　　$x = y \Longleftrightarrow (\forall z, z \in x \Longleftrightarrow z \in y)$.

```
Axiom AxiomI : ∀ x y, x = y <-> (∀ z, z ∈ x <-> z ∈ y).
```

```
Ltac eqext := apply AxiomI; split; intros.
```

有人曾尝试用外延公理 I 作为相等的定义, 从而减去一条公理, 省略所有关于相等的逻辑前提, 这是完全可以办到的. 但是, 对于等式, 这时再也没有无限制的代换规则了, 且必须假设一条公理[103]: 若 $x \in z, y = x$, 则 $y \in z$.

定义 2.1　　x 是集 $\Longleftrightarrow (\exists y, x \in y)$.

```
Definition Ensemble x := ∃ y, x ∈ y.
```

```
Hint Unfold Ensemble.
```

2.2　分类公理图式 (续)

引入第二个常项是分类符号 "$\{\cdots : \cdots\}$", 读作 "{ 所有 $\cdots$ 的集使得 $\cdots$ }."

```
(* 分类公理图式续 *)
```

```
(* {⋯:⋯} *)
```

```
Parameter Classifier : ∀ P: Class -> Prop, Class.
```

```
Notation "\{ P \}" := (Classifier P) (at level 0).
```

分类公理图式 II (II Classification axiom-scheme)　　$\beta \in \{\alpha : P(\alpha)\} \Longleftrightarrow (\beta$ 是集 $\land P(\beta))$, 这里 $P(\cdot)$ 是一个适定的公式.

```
Axiom AxiomII : ∀ b P, b ∈ \{ P \} <-> Ensemble b /\ (P b).
```

```
Ltac appA2G := apply AxiomII; split; eauto.
```

```
Ltac appA2H H := apply AxiomII in H as [].
```

这里需要说明的是, 每次应用分类公理图式 II 时都因公式 P 的不同而具有不同意义, 这实际包含了无限条的公理, 而 "适定的公式" 是指, 该公式适合[103]:

(a) 对于下面的每一个用变元替换 "α" 和 "β" 所得的结果是一个公式:

$$\alpha = \beta, \quad \alpha \in \beta.$$

(b) 对于下面的每一个用变元替换 "α" 和 "β" 与用公式替换 "A" 和 "B" 所得的结果是一个公式:

$$A \Longrightarrow B; \quad A \Longleftrightarrow B; \quad \sim A;$$
$$A \wedge B; \quad A \vee B;$$
$$\forall \alpha, A; \quad \exists \alpha, A;$$
$$\beta \in \{\alpha : A\}; \quad \{\alpha : A\} \in \beta; \quad \{\alpha : A\} \in \{\beta : B\}.$$

从 (a) 中原始公式开始, 按 (b) 中所允许的构造, 递归地构造出来的均为公式. 本系统中所有的公式均为适定的.

定义 2.1 和分类公理图式 II 对于消除朴素集合论中明显的逻辑悖论是关键的.

可以看到, 利用简单通用的数学逻辑符号 "$\sim$" 和 "$\Longrightarrow$", 加上常项符号 "$\in$"、"$=$" 和 "$\{\cdots : \cdots\}$", 通过若干条公理, 即可构建起整个公理化集合论的形式化系统, 从而为现代数学理论构筑了坚实的基础. 正如文献 [61] 开篇指出, "目的是引进集合和函数的概念. 没有这些概念, 我们在数学上什么也不能做. 反之, 使用这些概念, 我们能够做一切".

2.3 类的初等代数

定义 2.2 $x \cup y = \{z : z \in x \vee z \in y\}$.

```
(* 类的初等代数 *)

Definition Union x y := \{ λ z, z ∈ x \/ z ∈ y \}.

Notation "x ∪ y" := (Union x y) (at level 65, right associativity).
```

定义 2.3 $x \cap y = \{z : z \in x \wedge z \in y\}$.

```
Definition Intersection x y := \{ λ z, z ∈ x /\ z ∈ y \}.

Notation "x ∩ y" := (Intersection x y) (at level 60, right associativity).
```

定义 2.2 和定义 2.3 是说, 类 $x \cap y$ 是 x 与 y 的**交**; 类 $x \cup y$ 是 x 与 y 的**并**.

定理 2.4 $z \in x \cup y \Longleftrightarrow (z \in x \vee z \in y); \quad z \in x \cap y \Longleftrightarrow (z \in x \wedge z \in y)$.

```
Theorem MKT4 : ∀ x y z, z ∈ x \/ z ∈ y <-> z ∈ (x ∪ y).
Proof.
  split; intros; [destruct H; appA2G|appA2H H]; auto.
Qed.

Theorem MKT4' : ∀ x y z, z ∈ x /\ z ∈ y <-> z ∈ (x ∩ y).
Proof.
  split; intros; [destruct H; appA2G|appA2H H]; auto.
Qed.

Ltac deHun :=
  match goal with
```

```
  | H: ?c ∈ ?a∪?b |- _ => apply MKT4 in H as []; deHun
  | _ => idtac
  end.

Ltac deGun :=
  match goal with
  | |- ?c ∈ ?a∪?b => apply MKT4; deGun
  | _ => idtac
  end.

Ltac deHin :=
  match goal with
  | H: ?c ∈ ?a∩?b |- _ => apply MKT4' in H as []; deHin
  | _ => idtac
  end.

Ltac deGin :=
  match goal with
  | |- ?c ∈ ?a∩?b => apply MKT4'; split; deGin
  | _ => idtac
  end.
```

定理 2.5　$x \cup x = x$;　$x \cap x = x$.

```
Theorem MKT5 : ∀ x, x ∪ x = x.
Proof.
  intros; eqext; deGun; deHun; auto.
Qed.

Theorem MKT5' : ∀ x, x ∩ x = x.
Proof.
  intros; eqext; deHin; deGin; auto.
Qed.
```

定理 2.6　$x \cup y = y \cup x$;　$x \cap y = y \cap x$.

```
Theorem MKT6 : ∀ x y, x ∪ y = y ∪ x.
Proof.
  intros; eqext; deHun; deGun; auto.
Qed.

Theorem MKT6' : ∀ x y, x ∩ y = y ∩ x.
Proof.
  intros; eqext; deHin; deGin; auto.
Qed.
```

定理 2.7　$(x \cup y) \cup z = x \cup (y \cup z)$;　$(x \cap y) \cap z = x \cap (y \cap z)$.

```
Theorem MKT7 : ∀ x y z, (x ∪ y) ∪ z = x ∪ (y ∪ z).
Proof.
  intros; eqext; deHun; deGun; auto;
  [right|right|left|left]; deGun; auto.
Qed.

Theorem MKT7' : ∀ x y z, (x ∩ y) ∩ z = x ∩ (y ∩ z).
Proof.
  intros; eqext; deGin; deHin; auto.
Qed.
```

　　上面定理说明交与并在通常意义下的交换律和结合律成立, 下面是分配律.

定理 2.8　$x \cap (y \cup z) = (x \cap y) \cup (x \cap z)$;　$x \cup (y \cap z) = (x \cup y) \cap (x \cup z)$.

```
Theorem MKT8 : ∀ x y z, x ∩ (y ∪ z) = (x ∩ y) ∪ (x ∩ z).
Proof.
  intros; eqext; deHin; deHun; deGun; deGin; [left|right|..];
  deHin; deHun; deGun; deGin; auto.
Qed.

Theorem MKT8' : ∀ x y z, x ∪ (y ∩ z) = (x ∪ y) ∩ (x ∪ z).
Proof.
  intros; eqext; deHin; deHun; deGin; repeat deGun; deHin; auto.
  right; deGin; auto.
Qed.
```

定义 2.9 $x \notin y \Longleftrightarrow (\sim x \in y)$.

```
Definition NotIn x y := ~ x ∈ y.

Notation "x ∉ y" := (NotIn x y) (at level 10).
```

定义 2.10 $\neg\, x = \{y : y \notin x\}$.

```
Definition Complement x := \{ λ y, y ∉ x \}.

Notation "¬ x" := (Complement x) (at level 5, right associativity).
```

类 $\neg\, x$ 是 x 的**余**.

定理 2.11 $\neg\,(\neg\, x) = x$.

```
Theorem MKT11: ∀ x, ¬ (¬ x) = x.
Proof.
  intros; eqext.
  - appA2H H. Absurd. elim H0. appA2G.
  - appA2G. intro. appA2H H0; auto.
Qed.
```

定理 2.12(De Morgan 律) $\neg\,(x \cup y) = (\neg\, x) \cap (\neg\, y)$; $\neg\,(x \cap y) = (\neg\, x) \cup (\neg\, y)$.

```
Theorem MKT12 : ∀ x y, ¬ (x ∪ y) = (¬ x) ∩ (¬ y).
Proof.
  intros; eqext.
  - appA2H H; deGin; appA2G; intro; apply H0; deGun; auto.
  - deHin. appA2H H; appA2H H0. appA2G. intro. deHun; auto.
Qed.

Theorem MKT12' : ∀ x y, ¬ (x ∩ y) = (¬ x) ∪ (¬ y).
Proof.
  intros. rewrite <- (MKT11 x), <- (MKT11 y), <- MKT12.
  repeat rewrite MKT11; auto.
Qed.
```

定义 2.13 $x \sim y = x \cap (\neg\, y)$.

```
Definition Setminus x y := x ∩ (¬ y).

Notation "x ∼ y" := (Setminus x y) (at level 50,
  left associativity).

Fact setminP : ∀ z x y, z ∈ x -> ~z ∈ y -> z ∈ x ∼ y.
Proof.
  intros. appA2G. split; auto. appA2G.
```

```
Qed.

Hint Resolve setminP.

Fact setminp : ∀ z x y, z ∈ x ∼ y -> z ∈ x ∧ ∼z ∈ y.
Proof.
 intros. appA2H H. destruct H0. appA2H H1; auto.
Qed.
```

类 $x \sim y$ 是 x 与 y 之**差**, 或者 y 相对于 x 的**余**.

定理 2.14　$x \cap (y \sim z) = (x \cap y) \sim z$.

```
Theorem MKT14 : forall x y z, x ∩ (y ∼ z) = (x ∩ y) ∼ z.
Proof.
 intros; unfold Setminus; rewrite MKT7'; auto.
Qed.
```

在文献 [103] 中, 定义 2.15 中首次出现了字符 "$\neq$", 但未加说明, 在定义 2.85 才给出, 定理 2.35 中也用到了该字符. 为逻辑上的严密性, 在此补充定义如下.

定义 (不等于)　$x \neq y \iff \sim (x = y)$.

```
Definition Inequality (x y :Class) := ∼ (x = y).

Notation "x ≠ y" := (Inequality x y) (at level 70).
```

定义 2.15　$0 = \{x : x \neq x\}$.

```
Definition ∅ := \{ λ x, x ≠ x \}.
```

类 0 为**空类**, 或者**零**.

定理 2.16　$x \notin 0$.

```
Theorem MKT16 : ∀ x, x ∉ ∅.
Proof.
 intros; intro. apply AxiomII in H; destruct H; auto.
Qed.

Ltac emf :=
  match goal with
   H: ?a ∈ ∅
   |- _ => destruct (MKT16 H)
  end.

Ltac eqE := eqext; try emf; auto.

Ltac feine z := destruct (@ MKT16 z).
```

定理 2.17　$0 \cup x = x$;　$0 \cap x = 0$.

```
Theorem MKT17 : ∀ x, ∅ ∪ x = x.
Proof.
 intros; eqext; deHun; deGun; auto; emf.
Qed.

Theorem MKT17' : ∀ x, ∅ ∩ x = ∅.
Proof.
 intros. eqE. deHin; auto.
Qed.
```

定义 2.18 $\mathcal{U} = \{x : x = x\}$.

```
Definition U := \{ λ x, x = x \}.
```

类 $\mathcal{U}$ 是**全域**.

定理 2.19 $x \in \mathcal{U} \Longleftrightarrow x$ 是集.

```
Theorem MKT19 : ∀ x, x ∈ U <-> Ensemble x.
Proof.
  split; intros; eauto. appA2G.
Qed.

Theorem MKT19a : ∀ x, x ∈ U -> Ensemble x.
Proof.
  intros. apply MKT19; auto.
Qed.

Theorem MKT19b : ∀ x, Ensemble x -> x ∈ U.
Proof.
  intros. apply MKT19; auto.
Qed.

Hint Resolve MKT19a MKT19b.
```

定理 2.20 $x \cup \mathcal{U} = \mathcal{U}$; $\quad x \cap \mathcal{U} = x$.

```
Theorem MKT20 : ∀ x, x ∪ U = U.
Proof.
  intros; eqext; deHun; deGun; eauto.
Qed.

Theorem MKT20' : ∀ x, x ∩ U = x.
Proof.
  intros; eqext; deHin; deGin; eauto.
Qed.
```

定理 2.21 $\neg\, 0 = \mathcal{U}$; $\quad \neg\, \mathcal{U} = 0$.

```
Theorem MKT21 : ¬ ∅ = U.
Proof.
  eqext; appA2G. apply MKT16.
Qed.

Theorem MKT21' : ¬ U = ∅.
Proof.
  rewrite <- MKT11, MKT21; auto.
Qed.
```

定义 2.22 $\bigcap x = \{z : \forall y, y \in x \Longrightarrow z \in y\}$.

```
Definition Element_I x := \{ λ z, ∀ y, y ∈ x -> z ∈ y \}.

Notation "∩ x" := (Element_I x) (at level 66).
```

定义 2.23 $\bigcup x = \{z : \exists y, z \in y \wedge (y \in x)\}$.

```
Definition Element_U x := \{ λ z, ∃ y, z ∈ y /\ y ∈ x \}.

Notation "∪ x" := (Element_U x) (at level 66).
```

　　类 $\bigcap x$ 是 x 的**元的交**; 类 $\bigcup x$ 是 x 的**元的并**. 这与定义 2.2 和定义 2.3 是不同的.

　　另外, 关于一个族中元之交 (或并) 的约束变项的记号, 在本系统中不需要. 当然可以引进新的记号表示有 "约束变项族" 中元之交 (或并), 但这需要先对 "约束变项族" 的意义解释清楚.

　　定理 2.24　　$\bigcap 0 = \mathcal{U}$;　$\bigcup 0 = 0$.

```
Theorem MKT24 : ⋂ ∅ = 𝒰.
Proof.
  eqext; appA2G; intros; emf.
Qed.
```

```
Theorem MKT24' : ⋃ ∅ = ∅.
Proof.
  eqE. appA2H H; destruct H0 as [? []]. emf.
Qed.
```

　　定义 2.25[①]　　$x \subset y \iff (\forall z, z \in x \implies z \in y)$.

```
Definition Included x y := ∀ z, z ∈ x -> z ∈ y.
```

```
Notation "x ⊂ y" := (Included x y) (at level 70).
```

　　一个类 x 是 y 的一个**子类**, 或者说 x **被包含于** y 中, 或者说 y **包含** x 当且仅当 $x \subset y$. $\subset$ 和 $\in$ 不可混淆, 例如, $0 \subset 0$ 但 $0 \in 0$ 不真.

　　定理 2.26　　$0 \subset x$;　$x \subset \mathcal{U}$.

```
Theorem MKT26 : ∀ x, ∅ ⊂ x.
Proof.
  unfold Included; intros; emf.
Qed.
```

```
Theorem MKT26' : ∀ x, x ⊂ 𝒰.
Proof.
  unfold Included; intros; eauto.
Qed.
```

```
Theorem MKT26a : ∀ x, x ⊂ x.
Proof.
  unfold Included; intros; auto.
Qed.
```

```
Hint Resolve MKT26 MKT26' MKT26a.
```

```
Fact ssubs : ∀ {a b z}, z ⊂ a ~ b -> z ⊂ a.
Proof.
  unfold Included; intros. apply H in H0. appA2H H0; tauto.
Qed.
```

```
Hint Immediate ssubs.
```

```
Fact esube : ∀ {z}, z ⊂ ∅ -> z = ∅.
```

---

　　① 有些书中用符号 "⊆" 表示 "包含于", 而用符号 "⊂" 表示 "真包含于", 与这里的符号稍有区别, 本书中用符号 "⊂" 表示 "包含于", 用符号 "⫋" 表示 "真包含于", 即 $x \subsetneqq y \iff x \subset y \wedge x \neq y$.

```
Proof.
  intros. eqE.
Qed.
```

定理 2.27 $x = y \iff (x \subset y) \wedge (y \subset x)$.

```
Theorem NKT27 : ∀ x y, (x ⊂ y /\ y ⊂ x) <-> x = y.
Proof.
  split; intros; subst; [destruct H; eqext|split]; auto.
Qed.
```

定理 2.28 $(x \subset y) \wedge (y \subset z) \implies x \subset z$.

```
Theorem MKT28 : ∀ x y z, x ⊂ y /\ y ⊂ z -> x ⊂ z.
Proof.
  unfold Included; intros; auto.
Qed.
```

定理 2.29 $x \subset y \iff x \cup y = y$.

```
Theorem MKT29 : ∀ x y, x ∪ y = y <-> x ⊂ y.
Proof.
  split; unfold Included; intros;
  [rewrite <- H; deGun|eqext; deGun; deHun]; auto.
Qed.
```

定理 2.30 $x \subset y \iff x \cap y = x$.

```
Theorem MKT30 : ∀ x y, x ∩ y = x <-> x ⊂ y.
Proof.
  split; unfold Included; intros;
  [rewrite <- H in H0; deHin|eqext; deGin; deHin]; auto.
Qed.
```

定理 2.31 $x \subset y \implies (\bigcup x \subset \bigcup y) \wedge (\bigcap y \subset \bigcap x)$.

```
Theorem MKT31 : ∀ x y, x ⊂ y -> (∪ x ⊂ ∪ y) /\ (∩ y ⊂ ∩ x).
Proof.
  split; red; intros; appA2H H0; [destruct H1 as [? []]|]; appA2G.
Qed.
```

定理 2.32 $x \in y \implies (x \subset \cup y) \wedge (\cap y \subset x)$.

```
Theorem MKT32 : ∀ x y, x ∈ y -> (x ⊂ ∪ y) /\ (∩ y ⊂ x).
Proof.
  split; red; intros; [appA2G|appA2H H0; auto].
Qed.
```

2.4 集的存在性

子集公理 III (III Axiom of subsets) x 是集 $\implies (\exists y, y$ 是集, $\forall z, z \subset x$ $\implies z \in y)$.

```
(* 集的存在性 *)


Axiom AxiomIII : ∀ x, Ensemble x -> ∃ y, Ensemble y
  /\ (∀ z, z ⊂ x -> z ∈ y).
```

定理 2.33　x 是集 $\wedge\, (z \subset x) \Longrightarrow z$ 是集.

```
Theorem MKT33 : ∀ x z, Ensemble x -> z ⊂ x -> Ensemble z.
Proof.
  intros. destruct (AxiomIII H) as [y []]; eauto.
Qed.
```

定理 2.34　$0 = \bigcap \mathcal{U};\quad \mathcal{U} = \bigcup \mathcal{U}.$

```
Theorem MKT34 : ∅ = ∩ U.
Proof.
  eqE. appA2H H. apply H0. appA2G. eapply MKT33; eauto.
Qed.
```

```
Theorem MKT34' : U = ∪ U.
Proof.
  eqext; eauto. destruct (@ AxiomIII z) as [y []]; eauto. appA2G.
Qed.
```

定理 2.35　$x \neq 0 \Longrightarrow \bigcap x$ 是集.

```
Lemma NEexE : ∀ x, x ≠ ∅ <-> ∃ z, z ∈ x.
Proof.
split; intros.
  - Absurd. elim H; eqext; try emf. elim H0; eauto.
  - intro; subst. destruct H. emf.
Qed.
```

```
Ltac NEele H := apply NEexE in H as [].
```

```
Theorem MKT35 : ∀ x, x ≠ ∅ -> Ensemble (∩ x).
Proof.
  intros. NEele H. eapply MKT33; eauto. apply MKT32; auto.
Qed.
```

定义 2.36　$2^x = \{ y : y \subset x \}.$

```
Definition PowerClass x := \{ λ y, y ⊂ x \}.
```

```
Notation "pow( x )" := (PowerClass x) (at level 0,
  right associativity).
```

定理 2.37　$\mathcal{U} = 2^{\mathcal{U}}.$

```
Theorem MKT37 : U = pow( U ).
Proof.
  eqext; appA2G; eauto.
Qed.
```

定理 2.38　x 是集 $\Longrightarrow 2^x$ 是集 $\wedge\, (\forall y, y \subset x \Longleftrightarrow y \in 2^x).$

```
Theorem MKT38a : ∀ x, Ensemble x -> Ensemble pow(x).
Proof.
  intros. destruct (AxiomIII H) as [? []]. eapply MKT33; eauto.
  red; intros. appA2H H2; auto.
Qed.
```

```
Theorem MKT38b : ∀ x, Ensemble x -> (∀ y, y ⊂ x <-> y ∈ pow(x)).
Proof.
  split; intros; [appA2G; eapply MKT33; eauto|appA2H H0; auto].
Qed.
```

定理 2.39　$\mathcal{U}$ 不是集.

```
Lemma Lemma_N : ~ Ensemble \{ λ x, x ∉ x \}.
Proof.
  TF (\{ λ x, x ∉ x \} ∈ \{ λ x, x ∉ x \}).
  - New H. appA2H H; auto.
  - intro. apply H, AxiomII; auto.
Qed.

Theorem MKT39 : ~ Ensemble 𝒰.
Proof.
  intro. apply Lemma_N. eapply MKT33; eauto.
Qed.
```

　　定理 2.39 表明全域 $\mathcal{U}$ 确是类而不是一个集. 这里, 先构造了一个类 $R = \{x : x \notin x\}$, 然后利用分类公理图式 II 证明类 R 不是一个集, 此即上面为证定理 2.39 而引进的引理的结论. 可以看到, 若分类公理图式 II 中不包含 "是集" 的限制, 则导致一个明显的矛盾结果: $R \in R \iff R \notin R$. 这是著名的 Russell 悖论.

　　至此, 虽然集的存在性在目前已指明的公理基础上尚不能证明, 但证明了存在不是集的类.

　　利用后面的正则性公理将容易推出 $R = \mathcal{U}$, 这也提供了全域 $\mathcal{U}$ 不是集的另一种证法.

定义 2.40　$\{x\} = \{z : x \in \mathcal{U} \implies z = x\}$.

```
Definition Singleton x := \{ λ z, x ∈ 𝒰 -> z = x \}.
Notation "[ x ]" := (Singleton x) (at level 0, right associativity).

Fact singlex : ∀ x, Ensemble x -> x ∈ [x].
Proof.
  intros. appA2G.
Qed.

Hint Resolve singlex.
```

　　单点 x 是 $\{x\}$.

定理 2.41　x 是集 $\implies (\forall y, y \in \{x\} \iff y = x)$.

```
Theorem MKT41 : ∀ x, Ensemble x -> (∀ y, y ∈ [x] <-> y = x).
Proof.
  split; intros; [appA2H H0; auto|subst; appA2G].
Qed.

Ltac eins H := apply MKT41 in H; subst; eauto.
```

定理 2.42　x 是集 $\implies \{x\}$ 是集.

```
Theorem MKT42 : ∀ x, Ensemble x -> Ensemble [x].
Proof.
  intros. New (MKT38a H). eapply MKT33; eauto.
  red; intros. eins H1. appA2G.
Qed.
```

定理 2.43　$\{x\} = \mathcal{U} \iff x$ 不是集.

```
Theorem MKT43 : ∀ x, [x] = 𝒰 <-> ~ Ensemble x.
Proof.
  split; intros.
  - intro. apply MKT39. rewrite <- H; auto.
  - eqext; eauto. appA2G; intro; elim H; auto.
Qed.
```

由定理 2.43 容易看出, 定理 2.42 的逆命题也是成立的. 为方便应用, 补充证明代码如下:

```
Theorem MKT42' : ∀ x, Ensemble [x] -> Ensemble x.
Proof.
  intros. Absurd. apply MKT43 in H0. elim MKT39. rewrite <- H0; auto.
Qed.
```

定理 2.44　x 是集 $\Longrightarrow \bigcap\{x\} = x \wedge \bigcup\{x\} = x$;　x 不是集 $\Longrightarrow \bigcap\{x\} = 0 \wedge \bigcup\{x\} = \mathcal{U}$.

```
Theorem MKT44 : ∀ x, Ensemble x -> ∩ [x] = x /\ ∪ [x] = x.
Proof.
  split; intros; eqext; try appA2G.
  - appA2H H0. apply H1; auto.
  - intros. eins H1.
  - appA2H H0. destruct H1 as[? []]. eins H2; subst; auto.
Qed.
```

```
Theorem MKT44' : ∀ x, ~ Ensemble x -> ∩ [x] = ∅ /\ ∪ [x] = 𝒰.
Proof.
  intros. apply MKT43 in H. rewrite H; split; symmetry;
  [apply MKT34|apply MKT34'].
Qed.
```

并集公理 IV (IV Axiom of union)　x 是集 $\wedge$ y 是集 $\Longrightarrow x \cup y$ 是集.

```
Axiom AxiomIV : ∀ {x y}, Ensemble x /\ Ensemble y -> Ensemble (x ∪ y).
```

```
Corollary AxiomIV': ∀ x y, Ensemble (x ∪ y) -> Ensemble x /\ Ensemble y.
Proof.
  split; intros; eapply MKT33; eauto; red; intros; deGun; auto.
Qed.
```

定义 2.45　$\{xy\} = \{x\} \cup \{y\}$.

```
Definition Unordered x y : Class := [x] ∪ [y].
```

```
Notation "[ x | y ]" := (Unordered x y) (at level 0).
```

类 $\{xy\}$ 是一个无序偶.

定理 2.46　x 是集 $\wedge$ y 是集 $\Longrightarrow \{xy\}$ 是集 $\wedge$ $(z \in \{xy\} \iff (z = x \vee z = y))$;　$\{xy\} = \mathcal{U} \iff x$ 不是集 $\vee$ y 不是集.

```
Theorem MKT46a : ∀ {x y}, Ensemble x -> Ensemble y -> Ensemble [x|y].
Proof.
  intros; apply AxiomIV; apply MKT42; auto.
Qed.
```

```
Hint Resolve MKT46a.
```

```
Theorem MKT46b : ∀ {x y}, Ensemble x -> Ensemble y ->(z ∈ [x|y] <-> (z = x \/ z = y)).
Proof.
  split; unfold Unordered; intros.
  - deHun; eins H1.
  - deGun. destruct H1; subst; auto.
Qed.

Theorem MKT46' : ∀ x y, [x|y] = 𝒰 <-> ~ Ensemble x \/ ~ Ensemble y.
Proof.
  split; intros.
  - Absurd. apply notandor in H0 as []. elim MKT39.
    rewrite <- H. apply MKT46a; apply NNPP; auto.
  - unfold Unordered; destruct H; apply MKT43 in H;
    rewrite H; [rewrite MKT6|]; apply MKT20.
Qed.
```

定理 2.47 x 是集 $\land y$ 是集 $\implies (\bigcap\{xy\} = x \cap y \land \bigcup\{xy\} = x \cup y;$ x 不是集 $\lor y$ 不是集 $\implies \bigcap\{xy\} = 0 \land \bigcup\{xy\} = \mathcal{U})$.

```
Theorem MKT47a : ∀ x y, Ensemble x -> Ensemble y -> (∩ [x|y] = x ∩ y).
Proof.
  intros; unfold Unordered; eqext; appA2H H1; appA2G.
  - split; apply H2; deGun; auto.
  - destruct H2; intros. deHun; eins H4.
Qed.

Theorem MKT47b : ∀ x y, Ensemble x -> Ensemble y -> (∪ [x|y] = x ∪ y).
Proof.
  intros; unfold Unordered; eqext; appA2H H1; appA2G.
  - destruct H2 as [? []]. deHun; eins H3.
  - destruct H2; [exists x|exists y]; split; auto;
    apply MKT46b; auto.
Qed.

Theorem Theorem47': ∀ x y, ~ Ensemble x \/ ~ Ensemble y -> (∩ [x|y] = ∅) /\ (∪ [x|y] = 𝒰).
Proof.
  intros. apply MKT46' in H. rewrite H; split; symmetry;
  [apply MKT34|apply MKT34'].
Qed.
```

2.5 序偶: 关系

定义 2.48 $(x,y) = \{\{x\}\{xy\}\}$.

```
(* 序偶: 关系 *)

Definition Ordered x y : Class := [ [x] | [x|y]].

Notation "[ x , y ]" := (Ordered x y) (at level 0).
```

类 (x,y) 是一**序偶**.

定理 2.49 (x,y) 是集 $\iff x$ 是集 $\land y$ 是集; (x,y) 不是集 $\implies (x,y) = \mathcal{U}$.

```
Theorem MKT49a : ∀ {x y}, Ensemble x -> Ensemble y -> Ensemble [x,y].
Proof.
  intros; unfold Ordered, Unordered.
```

```
  apply AxiomIV; [|apply MKT42, AxiomIV]; auto.
Qed.

Theorem Theorem49b : ∀ x y, Ensemble [x,y] <-> Ensemble x /\ Ensemble y.
Proof.
  intros. apply AxiomIV' in H as [].
  apply MKT42', AxiomIV' in H0 as []. split; apply MKT42'; auto.
Qed.

Theorem MKT49c1 : ∀ {x y}, Ensemble [x,y] -> Ensemble x.
Proof.
  intros. apply MKT49b in H; tauto.
Qed.

Theorem MKT49c2 : ∀ {x y}, Ensemble [x,y] -> Ensemble y.
Proof.
  intros. apply MKT49b in H; tauto.
Qed.

Ltac ope1 :=
  match goal with
   H: Ensemble [?x,?y]
   |- Ensemble ?x => eapply MKT49c1; eauto
  end.

Ltac ope2 :=
  match goal with
   H: Ensemble [?x,?y]
   |- Ensemble ?y => eapply MKT49c2; eauto
  end.

Ltac ope3 :=
  match goal with
   H: [?x,?y] ∈ ?z
   |- Ensemble ?x => eapply MKT49c1; eauto
  end.

Ltac ope4 :=
  match goal with
   H: [?x,?y] ∈ ?z
   |- Ensemble ?y => eapply MKT49c2; eauto
  end.

Ltac ope := try ope1; try ope2; try ope3; try ope4.

Theorem Theorem49' : ∀ x y, ~ Ensemble [x,y] -> [x,y] = 𝒰.
Proof.
  intros. apply MKT46'. apply notandor; intros [].
  apply H, AxiomIV; apply MKT42; auto.
Qed.

Fact subcp1 : ∀ x y, x ⊂ x ∪ y.
Proof.
  unfold Included; intros. deGun; auto.
Qed.

Hint Resolve subcp1.
```

定理 2.50　x 是集 $\wedge$ y 是集 $\implies (\bigcup(x,y) = \{xy\}) \wedge (\bigcap(x,y) = \{x\}) \wedge$

$(\bigcup\bigcap(x,y)=x) \wedge (\bigcap\bigcap(x,y)=x) \wedge (\bigcup\bigcup(x,y)=x\cup y) \wedge (\bigcap\bigcup(x,y)=x\cap y);$
x 不是集 $\vee$ y 不是集 $\implies (\bigcup\bigcap(x,y)=0) \wedge (\bigcap\bigcap(x,y)=\mathcal{U}) \wedge (\bigcup\bigcup(x,y)=\mathcal{U})$
$\wedge (\bigcap\bigcup(x,y)=0).$

```
Lemma Lemma50a : ∀ x y, Ensemble x -> Ensemble y -> ∪ [x,y] = [x|y].
Proof.
  intros; unfold Ordered. rewrite MKT47b; auto.
  apply MKT29; unfold Unordered; auto.
Qed.
```

```
Lemma Lemma50b : ∀ x y, Ensemble x -> Ensemble y -> ∩ [x,y] = [x].
Proof.
  intros; unfold Ordered. rewrite MKT47a; auto.
  apply MKT30; unfold Unordered; auto.
Qed.
```

```
Theorem MKT50 : ∀ x y, Ensemble x /\ Ensemble y
  -> (∪[x,y] = [x|y]) /\ (∩[x,y] = [x]) /\ (∪(∩[x,y]) = x)
  /\ (∩(∩[x,y]) = x) /\ (∪(∪[x,y]) = x∪y) /\ (∩(∪[x,y]) = x∩y).
Proof.
  repeat split; intros; repeat rewrite Lemma50a;
  repeat rewrite Lemma50b; auto;
  [apply MKT44|apply MKT44|apply MKT47b|apply MKT47a]; auto.
Qed.
```

```
Lemma Lemma50' : ∀ x y, ~Ensemble x \/~ Ensemble y ->~ Ensemble [x] \/~ Ensemble [x | y].
Proof.
 intros. elim H; intros.
 - left; apply MKT43 in H0; auto. rewrite H0; apply MKT39; auto.
 - right; apply MKT46' in H; auto. rewrite H; apply MKT39; auto.
Qed.
```

```
Theorem MKT50' : ∀ {x y}, ~ Ensemble x \/ ~ Ensemble y
  -> (∪(∩[x,y]) = ∅) /\ (∩(∩[x,y]) = 𝒰)
  /\ (∪(∪[x,y]) = 𝒰) /\ (∩(∪[x,y]) = ∅).
Proof.
  intros. apply Lemma50', MKT47' in H as []. unfold Ordered.
  repeat rewrite H; repeat rewrite H0; repeat split;
  [apply MKT24'|apply MKT24|rewrite <- MKT34'|rewrite MKT34]; auto.
Qed.
```

定义 2.51 z 的 1st 坐标 $= \bigcap\bigcap z.$

```
Definition First z := ∩ ∩ z.
```

定义 2.52 z 的 2nd 坐标 $= (\bigcap\bigcup z)\cup((\bigcup\bigcup z) \sim (\bigcup\bigcap z)).$

```
Definition Second z := (∩ ∪ z) ∪ (∪ ∪ z) ~ (∪ ∩ z).
```

定理 2.53 $\mathcal{U}$ 的 2nd 坐标 $= \mathcal{U}.$

```
Theorem MKT53 : Second 𝒰 = 𝒰.
Proof.
  intros; unfold Second, Setminus.
  repeat rewrite <- MKT34'; repeat rewrite <- MKT34.
  rewrite MKT24', MKT17, MKT21, MKT5'; auto.
Qed.
```

定理 2.54　x 是集 $\wedge$ y 是集 $\implies$ $((x,y)$ 的 1st 坐标 $= x) \wedge ((x,y)$ 的 2nd 坐标 $= y);$　x 不是集 $\vee$ y 不是集 $\implies$ $((x,y)$ 的 1st 坐标 $= \mathcal{U}) \wedge ((x,y)$ 的 2nd 坐标 $= \mathcal{U})$.

```
Theorem MKT54a : ∀ x y, Ensemble x -> Ensemble y -> First [x,y] = x.
Proof.
  intros; unfold First. apply MKT50; auto.
Qed.

Theorem MKT54b : ∀ x y, Ensemble x -> Ensemble y -> Second [x,y] = y.
Proof.
  intros; unfold Second. New (MKT50 H H0). deand.
  rewrite H6, H5, H3. eqext.
  - appA2H H7. deor; [appA2H H8; tauto|].
    apply setminp in H8 as []. appA2H H8; tauto.
  - appA2G. TF (z ∈ x); [left; appA2G|].
    right. apply setminP; auto. appA2G.
Qed.

Theorem MKT54' : ∀ x y, ~ Ensemble x \/ ~ Ensemble y
  -> First [x,y] = U /\ Second [x,y] = U.
Proof.
  intros. New (MKT50' H). deand. unfold First, Second; split; auto.
  rewrite H3, H2, H0, MKT17. unfold Setminus.
  rewrite MKT6', MKT20'. apply MKT21.
Qed.
```

定理 2.55　x 是集 $\wedge$ y 是集 $\implies ((x,y) = (u,v) \iff (x = u) \wedge (y = v))$.

```
Theorem MKT55 : ∀ x y u v, Ensemble x /\ Ensemble y -> ([x,y] = [u,v] <-> x = u /\ y = v).
Proof.
  split; intros; [|destruct H1; subst; auto].
  assert (Ensemble [x,y]); auto.
  rewrite H1 in H2. apply MKT49b in H2 as [].
  rewrite <- (MKT54a x y), H1, <- (MKT54b x y), H1, MKT54a, MKT54b;
  auto.
Qed.

Fact Pins : ∀ a b c d, Ensemble c -> Ensemble d -> [a,b] ∈ [[c,d]] -> a = c /\ b = d.
Proof.
  intros. eins H1. symmetry in H1. apply MKT55 in H1 as []; auto.
Qed.

Ltac pins H := apply Pins in H as []; subst; eauto.

Fact Pinfus : ∀ a b f x y, Ensemble x -> Ensemble y
  -> [a,b] ∈ (f∪[[x,y]]) -> [a,b] ∈ f \/ (a = x /\ b = y).
Proof.
  intros. deHun; auto. pins H1.
Qed.

Ltac pinfus H := apply Pinfus in H as [?|[]]; subst; eauto.

Ltac eincus H := apply AxiomII in H as [_ [H|H]]; try eins H; auto.
```

定理 2.55 是关于序偶的重要性质. 这里定理的内容相比文献 [103] 的对应描述要更广泛些.

定义 2.56　r 是关系 $\iff (\forall z \in r, \exists x, \exists y, z = (x,y))$.

```
Definition Relation r := ∀ z, z ∈ r -> ∃ x y, z = [x,y].
```

一个**关系**是一个类, 它的元为序偶.

定义 2.57 $r \circ s = \{u : \exists x, \exists y, \exists z, u = (x,z), (x,y) \in s \land (y,z) \in r\}.$

```
(* { (x,y) : ... } *)

Notation " \{\ P \}\ " := \{ λ z, ∃ x y, z = [x,y] /\ P x y \}(at level 0).

Ltac PP H a b := apply AxiomII in H as [? [a [b []]]]; subst.

Fact AxiomII' : ∀ a b P, [a,b] ∈ \{\ P \}\ <-> Ensemble [a,b] /\ (P a b).
Proof.
  split; intros.
  - PP H x y. apply MKT55 in H0 as []; subst; auto; ope.
  - destruct H. appA2G.
Qed.

Ltac appoA2G := apply AxiomII'; split; eauto.

Ltac appoA2H H := apply AxiomII' in H as [].

Definition Composition r s := \{\ λ x z, ∃ y, [x,y] ∈ s /\ [y,z] ∈ r \}\.

Notation "r ∘ s" := (Composition r s) (at level 50).

Definition Composition r s := \{ λ u, ∃ x y z, u = [x,z] /\ [x,y] ∈ s /\ [y,z] ∈ r \}.
```

类 $r \circ s$ 是 r 与 s **合成**.

这里, 为了避免过多的记号, 引进了符号 "$\{(x,y) : \cdots\}$": $\{(x,y) : \cdots\} = \{u : \exists x, \exists z, u = (x,z) \land \cdots\}$, 于是 $r \circ s = \{(x,z) : \exists y, (x,y) \in s \land (y,z) \in r\}$. 特别注意, 这里只是为了记号方便, 仅对类中的元是有序偶时, 才可应用上述性质和策略.

定理 2.58 $(r \circ s) \circ t = r \circ (s \circ t).$

```
Theorem MKT58 : ∀ r s t, (r ∘ s) ∘ t = r ∘ (s ∘ t).
Proof.
intros; eqext.
  - PP H a b. destruct H1 as [? []]. appoA2H H1.
    destruct H2 as [? []]. appoA2G. exists x0; split; auto.
    appoA2G. apply MKT49a; ope.
  - PP H a b. destruct H1 as [? []]. appoA2H H0.
    destruct H2 as [? []]. appoA2G. exists x0; split; auto.
    appoA2G. apply MKT49a; ope.
Qed.
```

定理 2.59 $r \circ (s \cup t) = (r \circ s) \cup (r \circ t);\quad r \circ (s \cap t) \subset (r \circ s) \cap (r \circ t).$

```
Theorem MKT59 : ∀ r s t, Relation r /\ Relation s
  -> r ∘ (s ∪ t) = (r ∘ s) ∪ (r ∘ t) /\ r ∘ (s ∩ t) ⊂ (r ∘ s) ∩ (r ∘ t).
Proof.
  split; try red; intros; try eqext.
  - PP H1 a b. destruct H3 as [? []]. deHun;
    deGun; [left|right]; appoA2G.
  - deHun; PP H1 a b; destruct H3 as [? []]; appoA2G;
    exists x; split; auto; deGun; auto.
  - PP H1 a b. destruct H3 as [? []]. deHin. deGin; appoA2G.
Qed.
```

定义 2.60　$r^{-1} = \{(x,y) : (y,x) \in r\}$.

```
Definition Inverse r := \{\ λ x y, [y,x] ∈ r \}\.
```

```
Notation "r⁻¹" := (Inverse r)(at level 5).
```

如果 r 是一个关系, r^{-1} 叫做关于 r 的 "逆关系".

```
Fact invp1 : ∀ a b f, [b,a] ∈ f⁻¹ <-> [a,b] ∈ f.
Proof.
  split; intros; [appoA2H H; tauto|appoA2G; apply MKT49a; ope].
Qed.
```

```
Fact uiv : ∀ a b, (a ∪ b)⁻¹ = a⁻¹ ∪ b⁻¹.
Proof.
  intros. eqext.
  - PP H x y. deHun; apply invp1 in H0; deGun; auto.
  - deHun; PP H x y; appoA2G; deGun; auto.
Qed.
```

```
Fact iiv : ∀ a b, (a ∩ b)⁻¹ = a⁻¹ ∩ b⁻¹.
Proof.
  intros. eqext.
  - PP H x y. deHin; deGin; apply invp1; auto.
  - deHin; PP H x y. apply invp1; deGin; [|apply invp1]; auto.
Qed.
```

```
Fact siv : ∀ a b, Ensemble a -> Ensemble b -> [[a,b]]⁻¹ = [[b,a]].
Proof.
  intros. eqext.
  - PP H1 x y. pins H3.
  - eins H1. appoA2G.
Qed.
```

定理 2.61　r 是关系, $(r^{-1})^{-1} = r$.

```
Theorem MKT61 : ∀ r, Relation r -> (r⁻¹)⁻¹ = r.
Proof.
  intros; eqext.
  - PP H0 a b. appoA2H H2; auto.
  - New H0. apply H in H0 as [? [?]]; subst. appoA2G.
    apply invp1; auto.
Qed.
```

注意, 定理 2.61 必须添加 "r 是关系" 这一条件, 除非已默认或约定满足该条件. 若 r 不是关系, 容易举出反例, 结论显然不成立, 例如, 可取 $r = \{(b,a),c\}$, 此时 $r^{-1} = \{(a,b)\}$, 而 $(r^{-1})^{-1} = \{(b,a)\} \neq r$.

定理 2.62　$(r \circ s)^{-1} = s^{-1} \circ r^{-1}$.

```
Theorem MkT62 : ∀ r s, (r ∘ s)⁻¹ = (s⁻¹) ∘ (r⁻¹).
Proof.
  intros; eqext.
  - PP H a b. appoA2H H1. destruct H1 as [? []].
    appoA2G. exists x. split; appoA2G; apply MKT49a; ope.
  - PP H a b. destruct H1 as [? []]. appoA2H H0. appoA2H H1.
    apply invp1. appoA2G. apply MKT49a; ope.
Qed.
```

2.6　函　　数

定义 2.63　f 是函数 $\Longleftrightarrow f$ 是关系 $\wedge\ (\forall x, \forall y, \forall z, ((x,y) \in f \wedge (x,z) \in f)$ $\Longrightarrow y = z)$.

```
(* 函数 *)

Definition Function f := Relation f /\ (∀ x y z, [x,y] ∈ f /\ [x,z] ∈ f -> y = z).
```

函数, 也称为**映射**, 是一个满足单值性的关系.

定理 2.64　f 是函数 $\wedge\ g$ 是函数 $\Longrightarrow f \circ g$ 是函数.

```
Fact PisRel : ∀ P, Relation \{\ P \}\.
Proof.
  unfold Relation; intros. PP H a b; eauto.
Qed.

Theorem MKT64 : ∀ f g, Function f /\ Function g -> Function (f ∘ g).
Proof.
  split; intros; unfold Composition; auto. appoA2H H1. appoA2H H2.
  destruct H3 as [? []], H4 as [? []], H0.
  apply H with x0; auto. rewrite (H7 x x0 x1); auto.
Qed.
```

定义 2.65　f 的定义域 $= \{x : \exists y, (x,y) \in f\}$.

```
Definition Domain f := \{ λ x, ∃ y, [x,y] ∈ f \}.

Notation "dom( f )" := (Domain f)(at level 5).

Corollary Property_dom : ∀ x y f, [x,y] ∈ f -> x ∈ dom(f).
Proof.
  intros. appA2G. ope.
Qed.
```

定义 2.66　f 的值域 $= \{y : \exists x, (x,y) \in f\}$.

```
Definition Range f := \{ λ y, ∃ x, [x,y] ∈ f \}.

Notation "ran( f )" := (Range f)(at level 5).

Corollary Property_ran : ∀ x y f, [x,y] ∈ f -> y ∈ ran(f).
Proof.
  intros. appA2G. ope.
Qed.

Fact deqri : ∀ f, dom(f) = ran(f⁻¹).
Proof.
  intros; eqext; apply AxiomII in H as [? [? ]];
  [apply invp1 in H0|apply -> invp1 in H0]; appA2G.
Qed.

Fact reqdi : ∀ f, ran(f) = dom(f⁻¹).
Proof.
  intros; eqext; apply AxiomII in H as [? [? ]];
  [apply invp1 in H0|apply -> invp1 in H0]; appA2G.
Qed.
```

```
Fact subdom : ∀ {x y}, x ⊂ y -> dom(x) ⊂ dom(y).
Proof.
  unfold Included; intros. appA2H H0. destruct H1. appA2G.
Qed.

Fact undom : ∀ f g, dom(f ∪ g) = dom(f) ∪ dom(g).
Proof.
  intros; eqext.
  - appA2H H. destruct H0. deHun; deGun; [left|right]; appA2G.
  - deHun; apply AxiomII in H as [? []];
    appA2G; exists x; deGun; auto.
Qed.

Fact unran : ∀ f g, ran(f ∪ g) = ran(f) ∪ ran(g).
Proof.
  intros; eqext.
  - appA2H H. destruct H0. deHun; deGun; [left|right]; appA2G.
  - deHun; apply AxiomII in H as [? []];
    appA2G; exists x; deGun; auto.
Qed.

Fact domor : ∀ u v, Ensemble u -> Ensemble v -> dom([[u,v]]) = [u].
Proof.
  intros; eqext.
  - appA2H H1. destruct H2. pins H2.
  - eins H1. appA2G.
Qed.

Fact ranor : ∀ u v, Ensemble u -> Ensemble v -> ran([[u,v]]) = [v].
Proof.
  intros; eqext.
  - appA2H H1. destruct H2. pins H2.
  - eins H1. appA2G.
Qed.

Fact fupf : ∀ f x y, Function f -> Ensemble x -> Ensemble y
  -> ~ x ∈ dom(f) -> Function (f ∪ [[x,y]]).
Proof.
  repeat split; try red; intros.
  - destruct H. deHun; auto. eins H3.
  - pinfus H3; pinfus H4; [eapply H; eauto|..];
    elim H2; eapply Property_dom; eauto.
Qed.

Fact dos1 : ∀ {f x} y, Function f -> [x,y] ∈ f
  -> dom(f ∼ [[x,y]]) = dom(f) ∼ [x].
Proof.
  intros. eqext; appA2H H1; destruct H2.
  - apply setminp in H2 as []. New H2. apply Property_dom in H2.
    apply setminP; auto. intro. eins H5; ope.
    eapply H in H0; eauto. subst. elim H3; eauto.
  - appA2H H2. appA2H H3. destruct H4. appA2G. exists x0.
    apply setminP; auto. intro. pins H6; ope.
Qed.

Fact ros1 : ∀ {f x y}, Function f⁻¹ -> [x,y] ∈ f
  -> ran(f ∼ [[x,y]]) = ran(f) ∼ [y].
Proof.
  intros. eqext; appA2H H1; destruct H2.
```

```
   - apply setminp in H2 as []. New H2. apply Property_ran in H2.
     apply setminP; auto. intro. eins H5; ope.
     New HO. apply invp1 in HO. apply invp1 in H4.
     eapply H in HO; eauto. subst. elim H3; eauto.
   - appA2H H2. appA2H H3. destruct H4. appA2G. exists x0.
     apply setminP; auto. intro. pins H6; ope.
Qed.
```

定理 2.67 $\mathcal{U}$ 的定义域 $= \mathcal{U}$; $\mathcal{U}$ 的值域 $= \mathcal{U}$.

```
Theorem MKT67a : dom(𝒰) = 𝒰.
Proof.
  eqext; eauto. appA2G. exists z. appA2G.
Qed.
```

```
Theorem MKT67b : ran(𝒰) = 𝒰.
Proof.
  eqext; eauto. appA2G. exists z. appA2G.
Qed.
```

定义 2.68 $f(x) = \bigcap\{y : (x,y) \in f\}$.

```
Definition Value f x := ⋂ \{ λ y, [x,y] ∈ f \}.
```

```
Notation "f [ x ]" := (Value f x)(at level 5).
```

如果 z 属于 f 的每个元的第二个坐标, 而 f 的第一个坐标是 x, 则 $z \in f(x)$.

类 $f(x)$ 是 f 在 x 处的**值**, 或者在 f 的映射下 x 的**象**. 应该注意, 如果 x 是 f 的定义域的一个子集, $f(x)$ 并不等于 $\{y : \exists z, z \in x \wedge y = f(z)\}$.

特别地, 当 f 是一个函数时, 根据单点的定义及定理 2.44, 容易看出, $f(x)$ 与通常意义下的函数值是一致的.

定理 2.69 $x \notin f$ 的定义域 $\Longrightarrow f(x) = \mathcal{U}$; $x \in f$ 的定义域 $\Longrightarrow f(x) \in \mathcal{U}$.

```
Theorem MKT69a : ∀ {x f}, x ∉ dom(f) -> f[x] = 𝒰.
Proof.
  intros. unfold Value. rewrite <- MKT24. f_equal.
  eqext; try emf. appA2H HO. elim H. eapply Property_dom; eauto.
Qed.
```

```
Theorem MKT69b : ∀ {x f}, x ∈ dom(f) -> f[x] ∈ 𝒰.
Proof.
  intros. appA2H H. destruct HO. apply MKT19, MKT35, NEexE.
  exists x0. appA2G. ope.
Qed.
```

```
Theorem MKT69a' : ∀ {x f}, f[x] = 𝒰 -> x ∉ dom(f).
Proof.
  intros. intro. elim MKT39. New (MKT69b HO). rewrite <- H ; eauto.
Qed.
```

```
Theorem MKT69b' : ∀ {x f}, f[x] ∈ 𝒰 -> x ∈ dom(f).
Proof.
  intros. Absurd. apply MKT69a in HO. rewrite HO in H.
  elim MKT39; eauto.
Qed.
```

上面的定理并不要求 f 是一个函数.

```
Corollary Property_Fun : ∀ y f x, Function f -> [x,y] ∈ f -> y = f[x].
Proof.
  intros; destruct H. eqext.
  - appA2G; intros. appA2H H3. rewrite (H1 _ _ _ H4 H0); auto.
  - appA2H H2. apply H3. appA2G. ope.
Qed.

Lemma uvinf : ∀ z a b f, ~ a ∈ dom(f) -> Ensemble a -> Ensemble b
  -> (z ∈ dom(f) -> (f ∪ [[a,b]])[z] = f[z]).
Proof.
  intros; eqext; appA2H H3; appA2G; intros.
  - apply H4. appA2H H5. appA2G. deGun; auto.
  - apply H4; appA2H H5. appA2G. pinfus H6. tauto.
Qed.

Lemma uvinp : ∀ a b f, ~ a ∈ dom(f) -> Ensemble a -> Ensemble b
  -> (f ∪ [[a,b]])[a] = b.
Proof.
  intros; apply AxiomI; split; intros.
  - appA2H H2. apply H3. appA2G. deGun; auto.
  - appA2G; intros. appA2H H3. pinfus H4. elim H.
    eapply Property_dom; eauto.
Qed.

Fact Einr : ∀ {f z}, Function f -> z ∈ ran(f) -> ∃ x, x ∈ dom(f) /\ z = f[x].
Proof.
  intros. appA2H H0. destruct H1. New H1. apply Property_dom in H1.
  apply Property_Fun in H2; eauto.
Qed.

Ltac einr H := New H; apply Einr in H as [? []]; subst; auto.
```

定理 2.70 f 是函数 $\implies f = \{(x,y) : y = f(x)\}$.

```
Theorem MKT70 : ∀ f, Function f -> f = \{\ λ x y, y = f[x] \}\.
Proof.
  intros; eqext.
  - New H0. apply H in H0 as [? [?]]. subst. appoA2G.
    apply Property_Fun; auto.
  - PP H0 a b. apply MKT49b in H0 as [].
    apply MKT19, MKT69b' in H1. appA2H H1. destruct H2.
    rewrite <- (Property_Fun x); auto.
Qed.


(* 值的性质一 *)


Corollary Property_Value : ∀ {f x}, Function f -> x ∈ dom(f) -> [x,f[x]] ∈ f.
Proof.
  intros. rewrite MKT70; auto. New (MKT69b H0). appoA2G.
Qed.

Fact subval : ∀ {f g}, f ⊂ g -> Function f -> Function g
  -> ∀ u, u ∈ dom(f) -> f[u] = g[u].
Proof.
  intros. apply Property_Fun, H, Property_Value; auto.
Qed.


(* 值的性质二 *)
```

```
Corollary Property_Value' : ∀ f x, Function f -> f[x] ∈ ran(f) -> [x,f[x]] ∈ f.
Proof.
  intros. rewrite MKT70; auto. appoA2G. apply MKT49a; eauto.
  exists dom(f). apply MKT69b', MKT19; eauto.
Qed.

Corollary Property_dm : ∀ {f x}, Function f -> x ∈ dom(f) -> f[x] ∈ ran(f).
Proof.
  intros. apply Property_Value in H0; auto. appA2G. ope.
Qed.
```

定理 2.71　f 是函数 $\wedge$ g 是函数 $\Longrightarrow (f = g \Longleftrightarrow (\forall x, f(x) = g(x)))$.

```
Theorem MKT71 : ∀ f g, Function f -> Function g -> (f = g <-> ∀ x, f[x] = g[x]).
Proof.
  split; intros; subst; auto.
  rewrite (MKT70 f), (MKT70 g); auto. eqext; PP H2 a b; appoA2G.
Qed.
```

如果 $f(x)$ 被定义为以 x 为第一坐标的 f 之元的第二个坐标的并, 定理 2.71 不真. 因为这时如果 $y \in \mathcal{U}$ 且 $y \notin f$ 的定义域, 则 $f(y) = 0$. 而且, 如果 $g = f \cup \{(y,0)\}$, 则对于每个 $x, g(x) = f(x)$, 但是 f 不等于 g[103].

代换公理 V (V Axiom of substitution)　f 是函数 $\wedge$ f 的定义域是集 $\Longrightarrow$ f 的值域是集.

```
Axiom AxiomV : ∀ f, Function f -> Ensemble dom(f) -> Ensemble ran(f).
```

合并公理 VI (VI Axiom of amalgamation)　x 是集 $\Longrightarrow \bigcup x$ 是集.

```
Axiom AxiomVI : ∀ x, Ensemble x -> Ensemble (⋃ x).
```

上面的两个公理① 进一步描述了所有集的类.

定义 2.72　$x \times y = \{(u,v) : u \in x \wedge v \in y\}$.

```
Definition Cartesian x y : Class := \{\ λ u v, u ∈ x /\ v ∈ y \}\.

Notation "x × y" := (Cartesian x y)(at level 2, right associativity).

Ltac xo :=
  match goal with
  |- Ensemble ([?a, ?b]) => try apply MKT49a
  end.

Ltac rxo := eauto; repeat xo; eauto.
```

类 $x \times y$ 是 x 与 y 的 "笛卡儿乘积".

定理 2.73　u 是集 $\wedge$ y 是集 $\Longrightarrow \{u\} \times y$ 是集.

```
Lemma Ex_Lemma73 : ∀ {u y}, Ensemble u -> Ensemble y
  -> let f:= \{\ λ w z, w ∈ y /\ z = [u,w] \}\ in Function f
  /\ dom(f) = y /\ ran(f) = [u] × y.
Proof.
  repeat split; intros; auto.
```

---

① 这两个公理也可以用一个公理来代替: 如果 f 是一个函数同时 f 的定义域是一个集, 则 $\bigcup(f$ 的值域) 是一个集. 要想以此得到公理 V 和公理 VI, 可以如下进行: 关于公理 V, 对给定的 f, 构造一个元如 $(x, \{f(x)\})$ 的新函数; 对于公理 VI, 对给定的 x 研究其元都是形如 (u, u) 且 u 在 x 中的函数[103].

```
  - appoA2H H1; appoA2H H2. deand. subst. auto.
  - eqext.
    + appA2H H1. destruct H2. appoA2H H2; tauto.
    + appA2G. exists [u,z]. appoA2G; rxo.
  - eqext.
    + appA2H H1. destruct H2. appoA2H H2.
      destruct H3. subst. appoA2G.
    + appA2G. PP H1 a b. destruct H3. eins H2.
      exists b. appoA2G.
Qed.
```

Theorem MKT73 : ∀ u y, Ensemble u -> Ensemble y -> Ensemble ([u] × y).
```
Proof.
  intros. New (Ex_Lemma73 H H0). destruct H1, H2.
  rewrite <- H2 in H0. rewrite <- H3. apply AxiomV; auto.
Qed.
```

定理 2.74　x 是集 $\wedge$ y 是集 $\Longrightarrow$ $x \times y$ 也是集.

Lemma Ex_Lemma74 : ∀ x y, Ensemble x -> Ensemble y
 -> let f:= \{\ λ u z, u ∈ x /\ z = [u] × y \}\ in Function f /\
dom(f) = x /\ ran(f) = \{ λ z, (∃ u, u ∈ x /\ z = [u] × y) \}.
```
Proof.
  repeat split; intros; auto.
  - appoA2H H1; appoA2H H2. deand. subst. auto.
  - eqext.
    + appA2H H1. destruct H2. appoA2H H2; tauto.
    + appA2G. exists [z] × y. appoA2G; rxo. apply MKT73; eauto.
  - eqext.
    + appA2H H1. destruct H2. appoA2H H2.
      destruct H3. subst. appA2G.
    + appA2G. appA2H H1. destruct H2 as [? []]. exists x0. appoA2G.
Qed.
```

Lemma Lemma74 : ∀ x y, Ensemble x /\ Ensemble y
 -> ⋃\{ λ z, (∃ u, u ∈ x /\ z = [u] × y) \} = x × y.
```
Proof.
  intros; eqext.
  - appA2H H1. destruct H2. deand. appA2H H3.
    destruct H4. deand. subst.
    PP H2 a b. deand. eins H5. subst. appoA2G.
  - PP H1 a b. deand. appA2G. exists [a] × y. split; try appoA2G.
    appA2G; rxo. apply MKT73; eauto.
Qed.
```

Theorem MKT74 : ∀ {x y}, Ensemble x /\ Ensemble y -> Ensemble x × y.
```
Proof.
  intros. New (Ex_Lemma74 H H0). destruct H1, H2.
  rewrite <- Lemma74, <- H3; auto. rewrite <- H2 in H.
  apply AxiomVI, AxiomV; auto.
Qed.
```

定理 2.75　f 是函数 $\wedge$ f 的定义域是集 $\Longrightarrow$ f 是集.

Theorem MKT75 : ∀ f, Function f -> Ensemble dom(f) -> Ensemble f.
```
Proof.
  intros. New (MKT74 H0 (AxiomV H H0)). eapply MKT33; eauto.
  red; intros. New H2. apply H in H2 as [? []]. subst.
  appoA2G; split; [eapply Property_dom|eapply Property_ran]; eauto.
Qed.
```

```
Fact fdme : ∀ {f}, Function f -> Ensemble f -> Ensemble dom(f).
Proof.
  intros. set (g:=\{\ λ u v, u ∈ f /\ v = First u \}\).
  assert (Function g).
  { unfold g; split; intros; auto.
    appoA2H H1. appoA2H H2. destruct H3, H4; subst; auto. }
  assert (dom(g) = f).
  { eqext.
    - appA2H H2. destruct H3. appoA2H H3; tauto.
    - appA2G. exists (First z). appA2G. rxo. New H2.
      apply H in H2 as [? []]. subst. rewrite MKT54a; ope. }
  assert (ran(g) = dom(f)).
  { eqext.
    - appA2H H3. destruct H4. appoA2H H4. destruct H5. subst z.
      New H5. apply H in H5 as [? []]. subst x.
      rewrite MKT54a; ope. eapply Property_dom; eauto.
    - appA2H H3. destruct H4. appA2G. exists [z,x]. appoA2G.
      split; auto. rewrite MKT54a; ope; auto. }
  rewrite <- H3. rewrite <- H2 in H0. apply AxiomV; auto.
Qed.

Fact frne : ∀ {f}, Function f -> Ensemble f -> Ensemble ran(f).
Proof.
  intros. apply AxiomV; [|apply fdme]; auto.
Qed.
```

定义 2.76 $y^x = \{f : f$ 是函数 $\wedge (f$ 的定义域 $= x) \wedge (f$ 的值域 $\subset y)\}$.

```
Definition Exponent y x :=
  \{ λ f, (Function f /\ dom(f) = x /\ ran(f) ⊂ y) \}.
```

定理 2.77 x 是集 $\wedge y$ 是集 $\Longrightarrow y^x$ 也是集.

```
Theorem MKT77 : ∀ x y, Ensemble x -> Ensemble y -> Ensemble (Exponent y x).
Proof.
  intros. apply MKT33 with (x:=(pow(x × y))).
  - apply MKT38a, MKT74; auto.
  - red; intros. apply MKT38b; [apply MKT74; auto|].
    red; intros. appA2H H1. deand. New H2.
    apply H3 in H2 as [? []]. subst.
    New (Property_dom H6). New (Property_ran H6). appoA2G.
Qed.
```

定义 2.78 f 在 x 上 $\Longleftrightarrow f$ 是函数 $\wedge x = f$ 的定义域.

```
Definition On f x := (Function f /\ dom(f) = x).
```

定义 2.79 f 到 $y \Longleftrightarrow f$ 是函数 $\wedge f$ 的值域 $\subset y$.

```
Definition To f y := Function f /\ ran(f) ⊂ y.
```

定义 2.80 f 到 y 上 $\Longleftrightarrow f$ 是函数 $\wedge f$ 的值域 $= y$.

```
Definition Onto f y := Function f /\ ran(f) = y.
```

2.7 良 序

本节的许多结果在展开整数、序数与基数等理论研究中是不必要的. 而它们被包含在这里是因为自身是很有趣的, 并且这些方法是今后要用到的构造法的一种简化形式.

(* 良序 *)

定义 2.81　　$xry \Longleftrightarrow (x, y) \in r$.

Definition Rrelation x r y := [x,y] ∈ r.

如果 xry, 则 x 是 r-**关系于** y, 或者 x 是 r-**前于** y.

定义 2.82　　r 连接 $x \Longleftrightarrow \forall u \in x, \forall v \in x, urv \vee vru \vee u = v$.

Definition Connect r x := ∀ u v, u ∈ x /\ v ∈ x
 -> (Rrelation u r v) \/ (Rrelation v r u) \/ (u = v).

定义 2.83　　r 在 x 中是传递的 $\Longleftrightarrow (\forall u \in x, \forall v \in x, \forall w \in x, urv \wedge vrw \Longrightarrow urw)$.

Definition Transitive r x := ∀ u v w, (u ∈ x /\ v ∈ x /\ w ∈ x
 /\ Rrelation u r v /\ Rrelation v r w) -> Rrelation u r w.

如果 x 在 r 中是 "**传递**" 的, 则称 "r **序** x", 如果 u 与 v 属于 x 并且 r 序 x, 特别有术语 "ur-**前于** v".

定义 2.84　　r 在 x 中是非对称的 $\Longleftrightarrow (\forall u \in x, \forall v \in x, urv \Longrightarrow \sim vru)$.

Definition Asymmetric r x := ∀ u v, u ∈ x -> v ∈ x -> Rrelation u r v -> ∼ Rrelation v r u.

Fact Property_Asy : ∀ {r x u}, Asymmetric r x -> u ∈ x -> ∼ Rrelation u r u.
Proof.
  intros; intro; eapply H; eauto.
Qed.

x 在 r 中是 "**是非对称**" 的, 如果 u 与 v 属于 x 并且 ur-前于 v, 则 v 非 r-前于 u.

定义 2.85 (不等于) 在之前已经使用, 在定义 2.15 之前已给出. 为与文献 [103] 一致, 仍给出下面的定义及其 Coq 形式化描述.

定义 2.85(不等于)　　$x \neq y \Longleftrightarrow \sim (x = y)$.

Definition Inequality (x y: Class) := ∼ (x = y) .

Notation "x ≠ y" := (Inequality x y) (at level 70).

定义 2.86　　z 是 x 的 r-首元 $\Longleftrightarrow z \in x \wedge (\forall y \in x \Longrightarrow \sim yrz)$.

Definition FirstMember z r x := z ∈ x /\ (∀ y, y ∈ x -> ∼ Rrelation y r z).

定义 2.87　　r 良序 $x \Longleftrightarrow r$ 连接 $x \wedge (\forall y \subset x \wedge y \neq 0 \Longrightarrow \exists z,\ z$ 是 y 的 r-首元).

Definition WellOrdered r x := Connect r x
 /\ (∀ y, y ⊂ x /\ y ≠ ∅ -> ∃ z, FirstMember z r y).

Corollary wosub : ∀ x r y, WellOrdered r x -> y ⊂ x -> WellOrdered r y.
Proof.
  unfold WellOrdered, Connect; intros; destruct H; split; intros.
  - apply H; auto.
  - destruct (H1 _ (MKT28 H2 H0) H3) as [z []].
    exists z; split; auto.
Qed.

定理 2.88 r 良序 $x \Longrightarrow r$ 在 x 中是传递的 $\wedge\, r$ 在 x 中是非对称的.

```
Theorem MKT88a : ∀ r x, WellOrdered r x -> Asymmetric r x.
Proof.
  intros * []. red; intros; intro.
  assert ([u | v] ⊂ x).
  { red; intros. apply MKT46b in H5 as []; subst; eauto. }
  assert ([u | v] ≠ ∅).
  { apply NEexE; exists u. apply MKT46b; eauto. }
  destruct (H0 _ H5 H6) as [z []].
  apply MKT46b in H7 as []; subst; eauto;
  [apply (H8 v)|apply (H8 u)]; auto; apply MKT46b; eauto.
Qed.

Theorem MKT88b : ∀ r x, WellOrdered r x -> Transitive r x.
Proof.
Proof.
  intros. New (MKT88a H). destruct H. red; intros.
  destruct (H _ _ H2 H4) as [?|[?|?]]; auto.
  - assert ([u] ∪ [v] ∪ [w] ⊂ x). { red; intros. deHun; eins H8. }
    assert ([u] ∪ [v] ∪ [w] ≠ ∅).
    { apply NEexE; exists u. deGun. eauto. }
    destruct (H1 _ H8 H9) as [z []]. deHun; eins H10;
    [destruct (H11 w)|destruct (H11 u)|destruct (H11 v)]; auto.
    + deGun. right. deGun. eauto.
    + deGun. eauto.
    + deGun. right. deGun. eauto.
  - subst; destruct (H0 _ _ H2 H3); auto.
Qed.
```

定义 2.89 y 是 x 的 r-截片 $\Longleftrightarrow y \subset x \wedge r$ 良序 $x \wedge (\forall u \in x, \forall v \in y,\ urv \Longrightarrow u \in y)$.

```
Definition rSection y r x := y ⊂ x /\ WellOrdered r x
  /\ (∀ u v, (u ∈ x /\ v ∈ y /\ Rrelation u r v) -> u ∈ y).
```

定义 2.89 是说, x 的一个子集 y 是 x 的一个 "r-**截片**" 是指 r 良序 x, 同时没有 $x \sim y$ 的元 r-前于 y 的元.

定理 2.90 $n \neq 0 \wedge n$ 的每个元是 x 的 r-截片 $\Longrightarrow \bigcup n$ 是 x 的 r-截片 $\wedge$ $\bigcap n$ 是 x 的 r-截片.

```
Theorem MKT90 : ∀ n x r, n ≠ ∅ /\ (∀ y, y ∈ n -> rSection y r x)
  -> rSection (⋃n) r x /\ rSection (⋂n) r x.
Proof.
  intros. NEele H. New H. apply H0 in H as [? []].
  split; split; try split; auto; try red; intros.
  - appA2H H4; auto.
  - appA2G; intros. New H7. appA2H H5. apply H9 in H8.
    destruct (H0 _ H7) as [? []]. eapply H12; eauto.
  - appA2H H4. destruct H5 as [? []]. apply (H0 _ H6); auto.
  - appA2H H5. destruct H7 as [? []], (H0 _ H8) as [? []]. appA2G.
Qed.
```

定理 2.91 y 是 x 的 r-截片 $\wedge y \neq x \Longrightarrow \exists v \in x, y = \{u : u \in x \wedge urv\}$.

```
Theorem MKT91 : ∀ x y r, rSection y r x /\ y ≠ x
  -> (∃ v, v ∈ x /\ y = \{ λ u, u ∈ x /\ Rrelation u r v \}).
Proof.
```

```
intros. assert (∃ v, FirstMember v r (x ∼ y)).
{ apply H.
  - red; intros. apply MKT4' in H1; tauto.
  - intro. apply H0. destruct H. apply MKT27; split; auto.
    red; intros. Absurd. feine z. rewrite <- H1; auto. }
destruct H1 as [v []]. apply MKT4' in H1 as [].
exists v; split; auto. destruct H as [? []]. eqext.
- appA2G. split; auto. destruct H4. New (H4 _ _ H1 (H _ H6)).
  apply AxiomII in H3 as []. deor; auto.
  + elim H9. eapply H5; eauto.
  + subst. elim H9; auto.
- appA2H H6. deand. Absurd. destruct (H2 z); auto.
Qed.
```

定理 2.92　x 和 y 是 z 的 r-截片 $\Longrightarrow x \subset y \vee y \subset x$.

```
Theorem MKT92 : ∀ x y z r, rSection x r z /\ rSection y r z -> x ⊂ y \/ y ⊂ x.
Proof.
  intros. TF (x ⊂ y); auto.
  right; red; intros. destruct H, H0, H3, H4.
  assert (∃ z1,z1 ∈ x /\ ∼(z1 ∈ y)).
  { Absurd. elim H1. red; intros. Absurd. elim H7; eauto. }
  destruct H7 as [z1 []]. apply H5 with z1; auto. destruct H3.
  New (H3 _ _ (H0 _ H2) (H _ H7)). deor; auto.
  - elim H8. eapply H6; eauto.
  - subst. elim H8; auto.
Qed.
```

定义 2.93　f 是 r-s 保序的 $\Longleftrightarrow f$ 是函数, r 良序 f 的定义域, s 良序 f 的值域 $\wedge (\forall u \in f$ 的定义域, $\forall v \in f$ 的定义域, $urv \Longrightarrow f(u)sf(v))$.

```
Definition Order_Pr f r s := Function f /\ WellOrdered r dom(f)
  /\ WellOrdered s ran(f) /\ (∀ u v, u ∈ dom(f) /\ v ∈ dom(f)
  /\ Rrelation u r v -> Rrelation f[u] s f[v]).
```

定理 2.94　x 为 y 的 r-截片 $\wedge f$ 是在 x 上到 y 的 r-r 保序函数 $\Longrightarrow \forall u \in x$, $\sim f(u)ru$.

```
Theorem MKT94 : ∀ {x r y f}, rSection x r y /\ Order_Pr f r r
  /\ On f x /\ To f y -> (∀ u, u ∈ x -> ∼ Rrelation f[u] r u).
Proof.
  intros; intro. destruct H, H5, H5, H0, H8, H9, H1, H2 as [_].
  assert (u∈\{λ u, u∈x /\ Rrelation f[u] r u\} ). { appA2G. }
  assert (∃ z, FirstMember z r \{λ u, u∈x /\ Rrelation f[u] r u\}).
  { apply H7; [|apply NEexE]; eauto.
    red; intros. apply AxiomII in H13 as [? []]; auto. }
  destruct H13 as [v []]. appA2H H13. deand. subst x.
  assert (f[v] ∈ y). { apply H2, Property_dm; auto. }
  New (H6 _ _ H11 H15 H16). New (H10 _ _ H17 H15 H16).
  apply H14 with f[v]; auto. appA2G.
Qed.
```

于是, r-r 保序函数在一个 r-截片上不能把其定义域的元映成一个 r-前趋.

定理 2.94 的证明是依据使定理不成立的首元的研究. 这种证明叫**归纳法证明**.

定义 2.95　f 是 1-1 函数 $\Longleftrightarrow f$ 与 f^{-1} 都是函数.

Definition Function1_1 f := Function f /\ Function (f^{-1}).

定理 2.96　f 是 r-s 保序的 $\Longrightarrow$ f 是 1-1 函数 $\wedge$ f^{-1} 是 s-r 保序的.

Lemma f11vi : $\forall$ f u, Function f -> Function f^{-1} -> Function f
-> Function f^{-1} -> u $\in$ ran(f) -> f[(f^{-1})[u]] = u.
Proof.
　intros. rewrite reqdi in H1. apply Property_Value in H1; auto.
　apply -> invp1 in H1; auto. apply Property_Fun in H1; auto.
Qed.

Lemma f11inj : $\forall$ f a b, Function f -> Function f^{-1} -> a $\in$ dom(f)
-> b $\in$ dom(f) -> f[a] = f[b] -> a = b.
Proof.
　intros. destruct H0. eapply H4 with f[a]; apply invp1;
　[|rewrite H3]; apply Property_Value; auto.
Qed.

Lemma f11iv : $\forall$ f u, Function f -> Function f^{-1} -> u $\in$ dom(f) -> (f^{-1})[f[u]] = u.
Proof.
　intros. apply Property_Value, invp1, Property_Fun in H1; auto.
Qed.

Fact f11pa : $\forall$ {f x y}, Function1_1 f -> [x,y] $\in$ f -> Function1_1 (f $\sim$ [[x,y]]).
Proof.
　intros * [] ?. repeat split; try red; intros.
　- appA2H H2. apply H; tauto.
　- apply setminp in H2. apply setminp in H3. deand. eapply H; eauto.
　- PP H2 a b; eauto.
　- appoA2H H2. appoA2H H3. apply setminp in H4.
　　apply setminp in H5. deand. eapply H0; apply invp1; eauto.
Qed.

Fact f11pb : $\forall$ f x y, Function1_1 f -> Ensemble x -> Ensemble y
-> $\sim$ x $\in$ dom(f) -> $\sim$ y $\in$ ran(f) -> Function1_1 (f $\cup$ [[x,y]]).
Proof.
　intros. destruct H. split.
　- apply fupf; auto.
　- rewrite reqdi in H3. rewrite uiv. rewrite siv; auto.
　apply fupf; auto.
Qed.

Theorem MKT96a : $\forall$ f r s, Order_Pr f r s -> Function1_1 f.
Proof.
　intros. destruct H as [? [? []]].
　split; auto; split; try red; intros.
　- PP H3 a b. eauto.
　- apply ->invp1 in H3. apply -> invp1 in H4. New H3. New H4.
　　apply Property_Fun in H3; apply Property_Fun in H4;
　　subst; auto. New (Property_dom H5). New (Property_dom H6).
　　New (Property_ran H6). destruct H0.
　　New (H0 _ _ H3 H7). deor; auto.
　　+ New (H2 _ _ H3 H7 H10). rewrite <- H4 in H11.
　　　destruct (MKT88a H1 _ _ H8 H8 H11); auto.
　　+ New (H2 _ _ H7 H3 H10). rewrite <- H4 in H11.
　　　destruct (MKT88a H1 _ _ H8 H8 H11); auto.
Qed.

Theorem MKT96b : $\forall$ f r s, Order_Pr f r s -> Order_Pr (f^{-1}) s r.

Proof.
  intros. destruct (MKT96a H) as [_]. red in H. deand.
  red. rewrite <- deqri, <- reqdi. deandG; auto. intros.
  New H4. New H5. destruct H1. einr H7. einr H8.
  rewrite f11iv, f11iv; auto. apply MKT88a in H2.
  New (H1 _ _ H7 H8). deor; subst; auto.
  - New (H3 _ _ H8 H7 H12). destruct (H2 f[x] f[x0]); auto.
  - destruct (H2 f[x0] f[x0]); auto.
Qed.

Theorem MKT96 : ∀ f r s, Order_Pr f r s
  -> Function1_1 f /\ Order_Pr (f^{-1}) s r.
Proof.
  split; intros; [eapply MKT96a|apply MKT96b]; eauto.
Qed.

定理 2.97　f 与 g 是 r-s 保序的, f 的定义域与 g 的定义域均为 x 的 r-截片, f 的值域与 g 的值域均为 y 的 s-截片 $\Longrightarrow f \subset g \vee g \subset f$.

Lemma Lemma97a : ∀ f g u r s x y, Order_Pr f r s -> Order_Pr g r s
  -> rSection dom(f) r x -> rSection dom(g) r x -> rSection ran(f) s y
  -> rSection ran(g) s y -> FirstMember u r (\{ λ a,
    a ∈ (dom(f) ∩ dom(g)) /\ f[a] <> g[a] \})
  -> Rrelation f[u] s g[u] -> False.
Proof.
  intros. New H0. apply MKT96b in H as G.
  destruct H as [H _], H0 as [H0], H8, H9, H3, H11, H4, H5, H13.
  appA2H H5. deand. deHin. New H16; New H18.
  apply Property_dm in H16; apply Property_dm in H18; auto.
  New (H15 _ _ (H3 _ H16) H18 H6). apply AxiomII in H21 as [_ [v]].
  New (Property_dom H21). apply Property_Fun in H21;
  auto. rewrite H21 in H6.
  assert (Rrelation v r u).
  { apply MKT96b in H7 as [? [_ [_ ?]]]. New H22.
    apply Property_dm in H22; auto. rewrite reqdi in H22, H18.
   New (H23 _ _ H22 H18 H6). do 2 rewrite f11iv in H25; auto. }
  destruct H1 as [? []], H2 as [? []]. New (H25 _ _ (H2 _ H22) H19 H23).
  apply (H14 v); auto. appA2G. split; deGin; auto.
  intro. rewrite <- H21 in H29. destruct G as [? _].
  eapply f11inj in H29; eauto. subst.
  eapply Property_Asy; eauto. apply MKT88a; auto.
Qed.

Lemma Lemma97b : ∀ f g, Function f -> Function g
  -> (∀ a, a ∈ (dom(f) ∩ dom(g)) -> f[a] = g[a]) -> dom(f) ⊂ dom(g) -> f ⊂ g.
Proof.
  intros. apply MKT30 in H2. rewrite H2 in H1. red; intros.
  New H3. rewrite MKT70 in H3; auto. PP H3 a b.
  apply Property_dom in H4. rewrite H1 in *; auto.
  rewrite MKT70; auto. appoA2G.
Qed.

Theorem MKT97 : ∀ f g r s x y, Order_Pr f r s /\ Order_Pr g r s
  -> rSection dom(f) r x /\ rSection dom(g) r x
  -> rSection ran(f) s y /\ rSection ran(g) s y -> f ⊂ g \/ g ⊂ f.
Proof.
 intros. TF (∀ a, a ∈ (dom(f) ∩ dom(g)) -> f[a] = g[a]).
  - destruct H, H0, (MKT92 H1 H2); apply Lemma97b in H8; auto.
   intros. rewrite H5; auto. rewrite MKT6'; auto.

```
- assert (\{ λ a, a ∈ (dom(f) ∩ dom(g)) /\ f[a] <> g[a] \} <> ∅).
  { intro. apply H5; intros. Absurd. feine a.
    rewrite <- H6. appA2G. }
  assert (\{ λ a, a ∈ (dom( f) ∩ dom( g)) /\ f [a] <> g [a] \}
    ⊂ dom(f)).
  { red; intros. apply AxiomII in H7 as [? []]. deHin; auto. }
  inversion H1 as [? [[_ ?]] _]].
  destruct (H9 _ (MKT28 H7 H8) H6) as [u].
  inversion H10. apply AxiomII in H11 as [_ []]. deHin.
  inversion H as [? _]. inversion H0 as [? _].
  apply Property_dm in H11; apply Property_dm in H14; auto.
  inversion H3 as [? [[? _] _]]. inversion H4 as [? _].
  destruct (H18 f[u] g[u]) as [?|[?|?]]; auto; try tauto;
  eapply Lemma97a in H20; eauto; try tauto. destruct H10.
  apply AxiomII in H10 as [? []]. rewrite MKT6'. split; intros.
  + appA2G.
  + apply AxiomII in H24 as [? []]. apply H12; appA2G.
Qed.
```

定义 2.98 f 在 x 和 y 中 r-s 保序 $\Longleftrightarrow r$ 良序 x, s 良序 y, f 是 r-s 保序, f 的定义域是 x 的 r-截片, f 的值域是 y 的 s-截片.

```
Definition Order_PXY f x y r s := WellOrdered r x /\ WellOrdered s y
  /\ Order_Pr f r s /\ rSection dom(f) r x /\ rSection ran(f) s y.
```

按照定理 2.97, 如果 f 和 g 在 x 和 y 中都是 r-s 保序的, 则 $f \subset g$ 或者 $g \subset f$.

定理 2.99 r 良序 x, s 良序 $y \Longrightarrow \exists f$, f 是函数, f 在 x 和 y 中 r-s 保序, (f 的定义域 $= x$) $\lor$ (f 的值域 $= y$).

```
Lemma Lemma99c : ∀ y r x a b, rSection y r x -> a ∈ y -> ∼ b ∈ y
  -> b ∈ x -> Rrelation a r b.
Proof.
  intros * [? [[]]]; intros. New (H0 _ _ (H _ H3) H5). deor; auto.
  - elim H4. eapply H2; eauto.
  - subst; tauto.
Qed.

Theorem MKT99 : ∀ r s x y, WellOrdered r x /\ WellOrdered s y
  -> ∃ f, Function f /\ Order_PXY f x y r s /\ ((dom(f) = x) \/ (ran(f) = y)).
Proof.
  intros. set (f:=\{\ λ u v, u ∈ x /\ (∃ g, Function g
    /\ Order_PXY g x y r s /\ u ∈ dom(g) /\ [u,v] ∈ g ) \}\).
  assert (Function f).
  { split; intros; unfold f; auto.
    apply AxiomII' in H1 as [? [? [g1]]].
    apply AxiomII' in H2 as [? [? [g2]]]. deand. red in H7, H10.
    deand. destruct (MKT97 H18 H14 H19 H15 H20 H16);
    [eapply H6|eapply H4]; eauto. }
  assert (rSection dom(f) r x).
  { split; [|split]; try red; intros; auto.
    - apply AxiomII in H2 as [? []]. appoA2H H3. tauto.
    - apply AxiomII in H3 as [? []].
      apply AxiomII' in H5 as [? [? [g]]].
      deand. inversion H8. deand. destruct H14, H16.
      New (H17 _ _ H2 H9 H4). appA2G. exists g[u]. New H18. New H18.
      apply Property_dm in H18; apply Property_Value in H19; auto.
```

```
      appoA2G; repeat split; rxo. }
assert (rSection ran(f) s y).
{ split; [|split]; try red; intros; auto.
  - apply AxiomII in H3 as [? []].
    apply AxiomII' in H4 as [? [? [g]]].
    deand. apply Property_ran, H7 in H9. auto.
  - apply AxiomII in H4 as [? []].
    apply AxiomII' in H6 as [? [? [g]]].
    deand. inversion H9. deand. destruct H16 as [? []].
    apply Property_ran in H11. New (H18 _ _ H3 H11 H5).
    apply AxiomII in H19 as [? [z]]. New H20.
    apply Property_dom in H20.
    New H20. apply Property_Value in H20; auto.
    apply Property_Fun in H21; auto. subst. destruct H15.
    appA2G. exists z. appoA2G. split; eauto. }
assert (Order_PXY f x y r s).
{ red; deandG; auto. destruct H2 as [? []], H3 as [? []].
  red; deandG; try eapply wosub; eauto; intros.
  apply Property_Value in H8; apply Property_Value in H9; auto.
  apply AxiomII' in H8 as [_ [? [?]]].
  apply AxiomII' in H9 as [_ [? [?]]]. deand.
  destruct H13 as [_ [_ [? []]]], H16 as [_ [_ [? []]]].
  apply Property_Fun in H15; apply Property_Fun in H18; auto.
  rewrite H18, H15. destruct (MKT97 H13 H16 H19 H21 H20 H22).
  - New (subdom H23). rewrite (subval H23); auto. apply H16; auto.
  - New (subdom H23). rewrite (subval H23); auto.
    apply H13; auto. }
exists f. deandG; auto. Absurd. apply notandor in H5 as [].
assert (∃ u, FirstMember u r (x ∼ dom(f))).
{ apply H2; red; intros.
  - apply AxiomII in H7; tauto.
  - intro. apply H5. destruct H2. eqext; auto. Absurd.
    feine z. rewrite <- H7. auto. }
assert (∃ u, FirstMember u s (y ∼ ran(f))).
{ apply H3; red; intros.
  - apply AxiomII in H8; tauto.
  - intro. apply H6. destruct H3. eqext; auto. Absurd.
    feine z. rewrite <- H8. auto. }
destruct H7 as [u []], H8 as [v []].
apply AxiomII in H7 as [? []]. apply AxiomII in H8 as [? []].
apply AxiomII in H12 as [_ ]. apply AxiomII in H14 as [_ ].
elim H12. appA2G. exists v.
appoA2G. split; auto. exists (f ∪ [[u,v]]).
assert (Function (f ∪[[u,v]])). { apply fupf; auto. }
assert (rSection dom(f ∪ [[u,v]]) r x).
{ rewrite undom. destruct H2 as [? []].
  red; deandG; auto; try red; intros; auto.
  - deHun; auto. rewrite domor in H18; auto. eins H18.
  - deGun; deHun.
    + left. apply H17 in H20; auto.
    + rewrite domor in H19; auto. eins H19.
      TF (u0 ∈ dom( f)); auto. elim (H9 u0); auto. }
assert (rSection ran(f ∪ [[u,v]]) s y).
{ rewrite unran. destruct H3 as [? []].
  red; deandG; auto; try red; intros; auto.
  - deHun; auto. rewrite ranor in H19; auto. eins H19.
  - deGun; deHun.
    + left. apply H18 in H21; auto.
    + rewrite ranor in H20; auto. eins H20.
```

```
      TF (u0 ∈ ran(f)); auto. elim (H10 u0); auto. }
  inversion H16 as [? []]. inversion H17 as [? []].
  deandG; auto; try red; deandG; auto; try red; deandG; auto.
  - eapply wosub; eauto.
  - eapply wosub; eauto.
  - intros. rewrite undom, domor in H24, H25; auto. deHun.
    + rewrite uvinf, uvinf; auto. apply H4; auto.
    + eins H24. destruct H2 as [? []]. elim H12. eapply H27; eauto.
    + eins H25. rewrite (uvinp u), (uvinf u0); auto.
      eapply (Lemma99c ran(f)); eauto. apply Property_dm; auto.
    + eins H24. eins H25. rewrite uvinp; auto. elim (H9 u); auto.
  - rewrite undom, domor; auto. deGun. right. auto.
  - deGun. auto.
Qed.
```

在某种情况下, 可以确定定理 2.99 结论中的两种结果会出现哪一种, 因为如果 x 是集而 y 不是集, 则根据代换公理 V, f 的值域 $= y$ 是不可能的.

定理 2.100　r 良序 x, s 良序 y, x 是集, y 不是集 $\Longrightarrow \exists f$, f 是函数, f 在 x 和 y 中保序, f 的定义域 $= x$.

```
Theorem MKT100 : ∀ r s x y, WellOrdered r x /\ WellOrdered s y -> Ensemble x -> ~ Ensemble y
  -> ∃ f, Function f /\ Order_PXY f x y s /\ dom(f) = x.
Proof.
  intros. destruct (MKT99 H H0) as [f]. deand.
  exists f; deandG; destruct H5; auto. subst.
  destruct H4 as [_ [_ [_ [H4 _]]]]. destruct H4. elim H2.
  apply AxiomV; auto. eapply MKT33; eauto.
Qed.

Theorem MKT100' : ∀ r s x y, WellOrdered r x /\ WellOrdered s y
  -> Ensemble x -> ~ Ensemble y
  -> ∀ f, Function f /\ Order_PXY f x y r s /\ dom(f) = x
  -> ∀ g, Function g /\ Order_PXY g x y r s /\ dom(g) = x -> f = g.
Proof.
  intros. deand; subst. apply MKT71; auto; intros. TF (x ∈ dom(f)).
  - destruct H4 as [_ [_ [? []]]], H6 as [_ [_ [? []]]].
    destruct (MKT97 H4 H6 H9 H11 H10 H12);
    [symmetry; rewrite <- H5 in H7|]; apply subval; auto.
  - rewrite (@ MKT69a x); auto. rewrite <- H5 in H7.
    rewrite MKT69a; auto.
Qed.
```

2.8　序

正则性公理 VII (VII Axiom of regularity)　$x \neq 0 \Longrightarrow (\exists y, y \in x, x \cap y = 0)$.

```
(* 序 *)

Axiom AxiomVII : ∀ x, x ≠ ∅ -> ∃ y, y ∈ x /\ x ∩ y = ∅.
```

定理 2.101　$x \notin x$.

```
Theorem MKT101 : ∀ x, x ∉ x.
Proof.
  intros; intro.
```

```
  assert ([x] ≠ ∅). { apply NEexE; exists x; eauto. }
  apply AxiomVII in H0 as [? []]. eins H0. feine x.
  rewrite <- H1. appA2G.
Qed.
```

定理 2.102　$\sim (x \in y \land y \in x)$.

```
Theorem MKT102 : ∀ x y, ∼ (x ∈ y /\ y ∈ x).
Proof.
  intros. assert (x ∈ [x|y]) by appA2G.
  assert (y ∈ [x|y]) by appA2G.
  assert ([x|y] ≠ ∅). { apply NEexE; eauto. }
  apply AxiomVII in H3 as [? []].
  apply MKT46b in H3 as []; subst; eauto;
  [feine y|feine x]; rewrite <- H4; appA2G.
Qed.
```

定义 2.103　$E = \{(x,y) : x \in y\}$.

```
Definition E := \{\ λ x y, x ∈ y \}\.
```

类 E 是 "E-关系". 若 $x \in y$ 同时 y 不是一个集, 则由定理 2.54 知, $(x,y) = \mathcal{U}$ 且 $(x,y) \notin E$.

定理 2.104　E 不是集.

```
Lemma cirin3f : ∀ x y z, x ∈ y -> y ∈ z -> z ∈ x -> False.
Proof.
  intros. assert (x ∈ [x|y] ∪ [z]). { appA2G. left. appA2G. }
  assert (y ∈ [x|y] ∪ [z]). { appA2G. left. appA2G. }
  assert (z ∈ [x|y] ∪ [z]). { appA2G. }
  assert ([x|y] ∪ [z] ≠ ∅). { apply NEexE; eauto. }
  apply AxiomVII in H5 as [? []]. apply MKT4 in H5 as [].
  - apply MKT46b in H5 as []; subst; eauto;
    [feine z|feine x]; rewrite <- H6; appA2G.
  - eins H5. feine y; rewrite <- H6; appA2G.
Qed.

Theorem MK104 : ∼ Ensemble E.
Proof.
  intro. assert (E ∈ [E]) by appA2G.
  assert ([E] ∈ [E, [E]]) by appA2G.
  assert ([E, [E]] ∈ E) by appoA2G. eapply cirin3f; eauto.
Qed.
```

定义 2.105　x 是充满的 $\Longleftrightarrow (y \in x \Longrightarrow y \subset x)$.

```
Definition Full x := ∀ m, m ∈ x -> m ⊂ x.
```

x 是 "充满的" 当且仅当每个 x 的元的元是 x 的元.

定义 2.106　x 是序 $\Longleftrightarrow E$ 连接 $x \land x$ 是充满的.

```
Definition Ordinal x := Connect E x /\ Full x.
```

x 是 "序", 当且仅当已给 x 的两个元一个是另一个的元, 并且每一个 x 的元的元属于 x.

定理 2.107　x 是序 $\Longrightarrow E$ 良序 x.

```
Theorem MKT107 : ∀ {x}, Ordinal x -> WellOrdered E x.
Proof.
  intros ? []; split; auto; intros. apply AxiomVII in H2 as [? []].
  exists x0; red; split; intros; auto. intro. appoA2H H5.
  feine y0. rewrite <- H3. appA2G.
Qed.
```

定理 2.108　x 是序, $y \subset x, y \neq x, y$ 是充满的 $\Longrightarrow y \in x$.

```
Theorem MKT108 : ∀ x y, Ordinal x -> y ⊂ x -> y ≠ x -> Full y -> y ∈ x.
Proof.
  intros. New (MKT107 H).
  assert (rSection y E x). { red; intros. deandG; auto. intros.
    appoA2H H6. eapply H2; eauto. }
  New (MKT91 H4 H1). destruct H5 as [? []].
  assert (x0 = \{ λ u, u ∈ x /\ Rrelation u E x0 \}).
  { eqext.
    - appA2G; split; [eapply H; eauto| appoA2G; rxo].
    - appA2H H7. deand. appoA2H H9. auto. }
  rewrite H6, <- H7; auto.
Qed.
```

定理 2.109　x 是序 $\wedge y$ 是序 $\Longrightarrow y \subset x \vee x \subset y$.

```
Lemma Lemma109 : ∀ {x y}, Ordinal x -> Ordinal y -> ((x ∩ y) = x) \/ ((x ∩ y) ∈ x).
Proof.
  intros. TF ((x ∪ y) = x); auto. right. apply MKT108; auto.
  - apply MKT30. rewrite MKT6', <- MKT7', MKT5'; auto.
  - destruct H, H0. unfold Full, Included in *; intros.
    deHin. deGin; eauto.
Qed.

Theorem MKT109 : ∀ {x y}, Ordinal x -> Ordinal y -> x ⊂ y \/ y ⊂ x.
Proof.
  intros. destruct (Lemma109 H H0), (Lemma109 H0 H);
  try apply MKT30 in H1; try apply MKT30 in H2; auto.
  rewrite MKT6' in H2. elim (MKT101 (x ∩ y)); deGin; auto.
Qed.
```

定理 2.110　x 是序 $\wedge y$ 是序 $\Longrightarrow y \in x \vee x \in y \vee x = y$.

```
Theorem MKT110 : ∀ {x y}, Ordinal x -> Ordinal y -> x ∈ y \/ y ∈ x \/ x = y.
Proof.
  intros. TF (x = y); auto. inversion H. inversion H0.
  destruct (MKT109 H H0); eapply MKT108 in H6; eauto.
Qed.

Corollary Th110ano : ∀ {x y}, Ordinal x -> Ordinal y -> x ∈ y \/ y ⊂ x.
Proof.
  intros. New (MKT110 H H0). deor; subst; auto.
  right. red; intros. eapply H; eauto.
Qed.
```

定理 2.111　x 是序 $\wedge y \in x \Longrightarrow y$ 是序.

```
Theorem MKT111 : ∀ x y, Ordinal x /\ y ∈ x -> Ordinal y.
Proof.
  intros. inversion H.
  split; unfold Connect, Full, Included in *; intros; eauto.
  apply MKT107, MKT88b in H. red in H.
  assert (Rrelation z E y).
```

```
{ New (H2 _ H0 _ H3). New (H2 _ H5 _ H4).
  apply (H z m y); auto; appoA2G; rxo. }
 appoA2H H5; auto.
Qed.
```

定义 2.112　$R = \{x : x \text{ 是序} \}$.

```
Definition R := \{ λ x, Ordinal x \}.
```

定理 2.113①　R 是序但不是集.

```
Lemma Lemma113 : ∀ u v, Ensemble u -> Ensemble v -> Ordinal u
 /\ Ordinal v -> (Rrelation u E v \/ Rrelation v E u \/ u = v).
Proof.
 intros. New (MKT110 H1 H2).
 deor; auto; [left|right; left]; appoA2G.
Qed.
```

```
Theorem MKT113a : Ordinal R.
Proof.
 split; red; unfold Included; intros.
 - appA2H H; appA2H H0. apply Lemma113; auto.
 - appA2H H. appA2G. eapply MKT111; eauto.
Qed.
```

```
Theorem MKT113b : ∼ Ensemble R.
Proof.
 intro. elim (MKT101 R). appA2G. apply MKT113a.
Qed.
```

```
Hint Resolve MKT113a MKT113b.
```

由定理 2.110, R 是仅有的非集的序.
定理 2.114　R 的每一个 E-截片是序.

```
Theorem MKT114 : ∀ x, rSection x E R -> Ordinal x.
Proof.
 intros. TF (x = R); subst; auto.
 New (MKT91 H H0). destruct H1 as [? []].
 assert (x0 = \{ λ u, u ∈' R /\ Rrelation u E x0 \}).
 { eqext.
   - appA2G; split; try appoA2G; rxo.
     appA2H H1. appA2G; eauto. eapply MKT111; eauto.
   - appA2H H3. deand. appoA2H H5. auto. }
 rewrite H3, <- H2 in H1. appA2H H1; auto.
Qed.
```

```
Corollary Property114 : ∀ x, Ordinal x -> rSection x E R.
Proof.
 intros. red; deandG; [|apply MKT107; auto|]; try red; intros.
 - appA2G. eapply MKT111; eauto.
 - appoA2H H2. appA2H H0. eapply H; eauto.
Qed.
```

定义 2.115　x 是序数 $\Longleftrightarrow x \in R$.

```
Definition Ordinal_Number x := x ∈ R.
```

---

① 这个定理实质上是 Burali-Forti 悖论的叙述——在历史上是直观集合论的第一个悖论[103].

注意, 这里 "**序数**" 的概念不要与定义 2.106 中的 "序" 混淆. 因为序数属于 R, 所以序数一定是序且是集.

定义 2.116 $x < y \Longleftrightarrow x \in y$.

```
Definition Less x y := x ∈ y.
```

```
Notation "x ≺ y" := (Less x y)(at level 67, left associativity).
```

定义 2.117 $x \leqslant y \Longleftrightarrow x \in y \vee x = y$.

```
Definition LessEqual x y : Prop := x ∈ y \/ x = y.
```

```
Notation "x ⪯ y" := (LessEqual x y)(at level 67, left associativity).
```

定理 2.118 $x \text{ 是序} \wedge y \text{ 是序} \Longrightarrow (x \subset y \Longleftrightarrow x \leqslant y)$.

```
Theorem TMK118 : ∀ x y, Ordinal x -> Ordinal y -> (x ⊂ y <-> x ⪯ y).
Proof.
  split; red; intros.
  - New (MKT110 H H0). deor; auto.
    New (H1 _ H2). destruct (MKT101 _ H3).
  - destruct H1; subst; auto. eapply H0; eauto.
Qed.
```

定理 2.119 $x \text{ 是序} \Longrightarrow x = \{y : y \in R \wedge y < x\}$.

```
Theorem MKT119 : ∀ x, Ordinal x -> x = \{ λ y, y ∈ R /\ y ≺ x \}.
Proof.
  intros; eqext.
  - appA2G; split; auto. appA2G. eapply MKT111; eauto.
  - appA2H H0. tauto.
Qed.
```

定理 2.120 $x \subset R \Longrightarrow (\bigcup x) \text{ 是序}$.

```
Theorem MKT120 : ∀ x, x ⊂ R -> Ordinal (⋃ x).
Proof.
  intros; split; red; unfold Included; intros.
  - appA2H H0. appA2H H1. destruct H2 as [? []], H3 as [? []].
    New (H _ H4). New (H _ H5). appA2H H6. appA2H H7.
    eapply MKT111 in H2; eapply MKT111 in H3; eauto.
    apply Lemma113; auto.
  - appA2H H0. destruct H2 as [? []].
    appA2G. exists x0. split; auto.
    New (H _ H3). appA2H H4. eapply H5; eauto.
Qed.
```

可以看到, 如果 x 是 R 的子集, 则序 $\bigcup x$ 是大于等于 x 的每个元的第一个序, 同时 $\bigcup x$ 是一个集当且仅当 x 为一个集.

定理 2.121 $x \subset R \wedge x \neq 0 \Longrightarrow (\bigcap x) \in x$.

```
Lemma Lemma121 : ∀ x, x ⊂ R /\ x ≠ ∅ -> FirstMember (⋂ x) E x.
Proof.
  intros. New H. New (MKT107 MKT113a).
  apply H2 in H as [? []]; auto.
  assert (⋂x = x0).
  { eqext; [appA2H H4; auto|]. appA2G; intros.
    New (H1 _ H). New (H1 _ H5). appA2H H6. appA2H H7.
```

```
  New (MKT110 H8 H9). deor; subst; auto.
   - eapply H9; eauto.
   - elim (H3 y); auto. appoA2G. }
  subst; split; auto.
Qed.

Theorem MKT121 : ∀ x, x ⊂ R ∧ x ≠ ∅ -> (∩ x) ∈ x.
Proof.
  intros. apply Lemma121; auto.
Qed.
```

诚然, 若 $x \subset R$, 则 $\bigcap x$ 是 x 的 E-首元.

定义 2.122　$x+1 = x \cup \{x\}$.

```
Definition PlusOne x := x ∪ [x].
```

定理 2.123　$x \in R \implies x+1$ 是 $\{y : y \in R \land x < y\}$ 的 E-首元.

```
Lemma Lemma123 : ∀ x, x ∈ R -> (PlusOne x) ∈ R.
Proof.
  intros; appA2H H; appA2G; [apply AxiomIV; auto|].
  split; red; unfold Included; intros.
  - eincus H1; eincus H2.
    + destruct H0; auto.
    + left. appoA2G.
    + right. left. appoA2G.
  - eincus H1.
    + appA2G. left. eapply H0; eauto.
    + appA2G.
Qed.

Hint Resolve Lemma123.

Theorem MKT123 : ∀ x, x ∈ R
 -> FirstMember (PlusOne x) E (\{ λ y, (y ∈ R ∧ x ≺ y) \}).
Proof.
  intros; split; intros.
  - appA2G; split; auto. appA2G.
  - intro. appoA2H H1. appA2H H0. destruct H3. eincus H2.
    + eapply MKT102; eauto.
    + eapply MKT101; eauto.
Qed.
```

定理 2.124　$x \in R \implies \bigcup(x+1) = x$.

```
Theorem MKT124 : ∀ x, x ∈ R -> ∪ (PlusOne x) = x.
Proof.
  intros; eqext.
  - appA2H H0. destruct H1 as [? []]. eincus H2.
    appA2H H. eapply H3; eauto.
  - appA2G. exists x. split; auto. appA2G.
Qed.
```

定义 2.125　$f|x = f \cap (x \times \mathcal{U})$.

```
Definition Restriction f x : Class := f ∩ (x × U).

Notation "f | ( x )" := (Restriction f x)(at level 30).
```

这个定义仅只在 f 是一个关系时才使用, 在这种情况下, $f|x$ 是一个关系同时称为 f 在 x 上的 "**限制**".

定理 2.126 f 是函数 $\Longrightarrow$ $f|x$ 是函数, $(f|x)$ 的定义域 $= x \cap (f$ 的定义域$)$, $(\forall y \in (f|x)$ 的定义域$, (f|x)(y) = f(y))$.

```
Theorem MKT126a : ∀ f x, Function f -> Function (f|(x)).
Proof.
 split; try red; intros; destruct H.
  - appA2H H0. destruct H2; auto.
  - appA2H H0. appA2H H1. destruct H3, H4. eapply H2; eauto.
Qed.

Theorem MKT126b : ∀ f x, Function f -> dom(f|(x)) = x ∩ dom(f).
Proof.
  intros; eqext; appA2H H0; destruct H1.
  - appA2H H1. destruct H2. appoA2H H3. destruct H4.
    apply Property_dom in H2. appA2G.
  - appA2H H2. destruct H3. appA2G; exists x0; appA2G.
    split; auto. appoA2G; split; auto. apply MKT19; ope.
Qed.

Theorem MKT126c : ∀ f x, Function f -> (∀ y, y ∈ dom(f|(x))
  -> (f|(x))[y] = f[y]).
Proof.
  intros. apply subval; auto; [|apply MKT126a]; auto.
  red; intros. appA2H H1. tauto.
Qed.

Corollary frebig : ∀ f x, Function f -> dom(f) ⊂ x -> f|(x) = f.
Proof.
  intros; eqext.
  - appA2H H1; tauto.
  - appA2G; split; auto. New H1. apply H in H1 as [? [?]].
    subst. New H2. apply Property_dom in H2.
    appoA2G; split; auto. apply MKT19; ope.
Qed.

Corollary fresub : ∀ f h, Function f -> Function h
  -> h ⊂ f -> f|(dom(h)) = h.
Proof.
  intros; eqext.
  - appA2H H2. destruct H3. PP H4 a b. destruct H6. New H5.
    eapply subval in H5; eauto. apply Property_Fun in H3; auto.
    subst. rewrite <- H5. apply Property_Value; auto.
  - appA2G; split; auto. New H2. apply H0 in H2 as [? []]. subst.
    appoA2G. split; [eapply Property_dom; eauto|apply MKT19; ope].
Qed.

Corollary fuprv : ∀ f x y z, Ensemble x -> Ensemble y -> ∼ x ∈ z
  -> (f∪[[x,y]])|(z) = f|(z).
Proof.
  intros. unfold Restriction. rewrite MKT6, MKT6'.
  rewrite (MKT6' f), MKT8. apply MKT29. red; intros.
  deHin. eins H3. appoA2H H2. destruct H3. elim H1; auto.
Qed.
```

定理 2.127 $(f$ 是函数, f 的定义域是序, $(\forall u \in f$ 的定义域, $f(u) = g(f|u)))$

$\wedge$ (h 是函数, h 的定义域是序, ($\forall u \in h$ 的定义域, $h(u) = g(h|u)$)) $\Longrightarrow$ ($h \subset f$) $\vee$ ($f \subset h$).

```
Theorem MKT127 : ∀ {f h g}, Function f -> Ordinal dom(f)
 -> (∀ u0, u0 ∈ dom(f) -> f[u0] = g[f|(u0)]) -> Function h
 -> Ordinal dom(h) -> (∀ u1, u1 ∈ dom(h) -> h[u1] = g[h|(u1)])
 -> h ⊂ f \/ f ⊂ h.
Proof.
  intros. TF (∀ a, a ∈ (dom(f) ∪ dom(h)) -> f[a] = h[a]).
  - destruct (MKT109 H3 H0); apply Lemma97b in H6; auto.
    rewrite MKT6'; auto; intros. symmetry; auto.
  - assert (∃ u,
      FirstMember u E \{\ λ a, a ∈ dom(f) ∩ dom(h) /\ f[a] <> h[a]\}).
    { apply (MKT107 MKT113a); red; intros.
      - appA2H H6. destruct H7. deHin. appA2G. eapply MKT111; eauto.
      - intro. apply H5; intros. Absurd. feine a.
        rewrite <- H6; appA2G. }
    destruct H6 as [u []]. appA2H H6. destruct H8. deHin. elim H9.
    assert (f|(u) = h|(u)).
    { eqext; appA2H H11; destruct H12.
      - appA2G; split; auto; rewrite MKT70 in H12; auto.
        PP H12 a b. rewrite MKT70; auto. appoA2G. Absurd.
        appoA2H H13. destruct H15. elim (H7 a); try appoA2G.
        appA2G; split; auto. deGin; [eapply H0|eapply H3]; eauto.
      - appA2G; split; auto; rewrite MKT70 in H12; auto.
        PP H12 a b. rewrite MKT70; auto. appoA2G. Absurd.
        appoA2H H13. destruct H15. elim (H7 a); try appoA2G.
        appA2G; split; auto. deGin; [eapply H0|eapply H3]; eauto. }
    rewrite H1, H4, H11; auto.
Qed.
```

定理 2.128　对于每一个 g 存在唯一的函数 f 使得 f 的定义域是序, 并且对每一个序数 x 有 $f(x) = g(f|x)$.

```
Theorem MKT128a: ∀ g, ∃ f, Function f /\ Ordinal dom(f)
  /\ (∀ x, Ordinal_Number x -> f[x] = g[f|(x)]).
Proof.
  intros.
  set (f := \{\ λ u v, u ∈ R /\ (∃ h, Function h /\ Ordinal dom(h)
    /\ (∀ z, z ∈ dom(h) -> h[z] = g[h|(z)] ) /\ [u,v] ∈ h ) \}\).
  assert (Function f).
  { split; [unfold f; auto|]; intros. appoA2H H. appoA2H H0.
    destruct H1 as [? [h1]], H2 as [? [h2]]. deand.
    destruct (MKT127 H3 H8 H9 H4 H5 H6);
    [eapply H3|eapply H4]; eauto. }
  assert (Ordinal dom(f)).
  { apply MKT114; unfold rSection; deandG; intros.
    - red; intros. appA2H H0. destruct H1. appoA2H H1; tauto.
    - apply MKT107, MKT113a.
    - appA2H H1. destruct H3. appoA2H H3.
      destruct H4 as [? [h]]. deand. apply Property_dom in H8.
      appoA2H H2. eapply H6 in H9; eauto.
      apply Property_Value in H9; auto.
      appA2G. exists h[u]. appoA2G. split; eauto. }
  assert (K1: ∀ x, x ∈ dom(f) -> f[x] = g[f|(x)]); intros.
  { appA2H H1. destruct H2. appoA2H H2.
    destruct H3 as [? [h]]. deand.
    assert (h ⊂ f); try red; intros.
    { New H8. rewrite MKT70 in H8; auto. PP H8 a b. New H9.
```

```
    apply Property_dom in H9. apply MKT111 in H9; auto.
    appoA2G; split; [appA2G;ope|eauto]. }
  apply Property_dom in H7. rewrite <- (subval H8), H6; auto.
  f_equal. eqext; appA2H H9; destruct H10; appA2G; split; auto.
  New H10. apply H in H10 as [? []]. subst. appoA2H H11.
  destruct H11. eapply H5 in H11; eauto.
  rewrite MKT70 in H12; auto. appoA2H H12. subst.
  erewrite <- subval; eauto. apply Property_Value; auto. }
exists f. deandG; auto. intros. TF (x ∈ dom(f)); auto.
assert (K2: ∀ z, ~ z ∈ dom(f) -> Ordinal z -> f|(z) = f); intros.
{ destruct (Th110ano H4 H0); try tauto. apply frebig; auto. }
rewrite K2, MKT69a; auto; [|appA2H H1; auto]. TF(f ∈ dom(g)).
- assert (∃ y, FirstMember y E (R ~ dom(f))).
  { apply (MKT107 MKT113a); red; intros.
    - appA2H H4; tauto.
    - intro. feine x. rewrite <- H4. auto. }
  destruct H4 as [y []]. apply MKT4' in H4 as []. appA2H H6.
  apply MKT69b in H3; auto. set (h:=f⋃[[y,g[f]]]).
  assert (h ⊂ f); try red; intros.
  { appA2H H8. deor; auto. eins H9. appoA2G. split; auto.
    assert (Function h). { apply fupf; auto. }
    assert (Ordinal dom(h)).
    { apply MKT114; unfold rSection, h; deandG; intros.
      - red; intros. rewrite undom in H10. deHun.
        + appA2G. eapply MKT111; eauto.
        + rewrite domor in H10; auto. eins H10.
      - apply MKT107, MKT113a.
      - rewrite undom in H11|-*. deGun. deHun.
        + left. appoA2H H12. eapply H0; eauto.
        + rewrite domor in H11; auto. eins H11. appoA2H H12.
          left. Absurd. destruct (H5 u). auto. appoA2G. }
    exists h. deandG; auto; try appA2G; unfold h; intros.
    rewrite undom in H11; auto. deHun.
    - rewrite uvinf; eauto. unfold f. rewrite fuprv, K1; auto.
      intro. apply H7. eapply H0; eauto.
    - rewrite domor in H11; auto. eins H11. rewrite uvinp; auto.
      appA2H H4. rewrite fuprv, K2; auto. apply MKT101. }
  elim H7. eapply subdom; eauto. appA2G. exists g[f]. appA2G.
- rewrite MKT69a; auto.
Qed.


Lemma Lemma128 : ∀ f h, Function f -> Function h -> Ordinal dom(f)
  -> Ordinal dom(h)-> (∀ x, Ordinal_Number x -> f[x] = g[f|(x)])
  -> (∀ x, Ordinal_Number x -> h[x] = g[h|(x)]) -> h ⊂ f -> h = f.
Proof.
  intros. New (MKT110 H1 H2). deor.
  - New ((subdom H5) _ H6). destruct (MKT101 _ H7).
  - assert (Ordinal_Number dom(h)). { appA2G. }
    New (H3 _ H7). New (H4 _ H7). New (MKT101 dom(h)).
    apply MKT69a in H10. apply MKT69b in H6.
    rewrite fresub in H8; rewrite fresub in H9; auto.
    rewrite H8, <- H9, H10 in H6. elim MKT39; eauto.
  - apply MKT71; auto; intros. TF (x ∈ dom(h)).
    + apply subval; auto.
    + rewrite (@ MKT69a x); auto. rewrite <- H6 in H7.
      rewrite MKT69a; auto.
Qed.


Theorem MKT128b : ∀ g, ∀ f, Function f /\ Ordinal dom(f)
```

```
   /\ (∀ x, Ordinal_Number x -> f[x] = g[f|(x)])
   -> ∀ h, Function h /\ Ordinal dom(h)
   /\ (∀ x, Ordinal_Number x -> h[x] = g[h|(x)]) -> f = h.
Proof.
  intros. deand.
  assert (∀ u, u ∈ dom(f) -> f[u] = g[f|(u)]); intros.
  { apply H4; appA2G. eapply MKT111 in H5; eauto. }
  assert (∀ u, u ∈ dom(h) -> h[u] = g[h|(u)]); intros.
  { apply H2; appA2G. eapply MKT111 in H6; eauto. }
  destruct (MKT127 H H3 H5 H0 H1 H6); [symmetry|];
  eapply Lemma128; eauto.
Qed.
```

定理 2.128 是说, 已给 g 可能求得一个在序上唯一的函数 f, 使得对于每个序数 $x, f(x) = g(f|x)$, 于是, 值 $f(x)$ 完全由 g 和 f 在 x 前面的序数处的值所决定. 这个定理的应用即是用 "**超限归纳法来定义一个函数**". 它的证明, 包括定理 2.127 的证明, 类似于定理 2.99.

在定理 2.128 中, 如果 f 的定义域不是 R, 则对于每个使得 f 的定义域 $\leqslant x$ 的序数 $x, g(f) = \mathcal{U}$ 且 $f(x) = \mathcal{U}$. 如果 $g(0) = \mathcal{U}$, 则 $f = 0$.

2.9　非负整数

在本节中定义非负整数, 并且 Peano 公设将作为定理推出. 实数可以利用这些公理由整数和下面两点事实来构造[106]: 非负整数类是一个集 (定理 2.138), 同时利用归纳法在整数上定义一个函数是可能的 (这个事实可以作为定理 2.128 的一个系推出) (本书作者团队已完成文献 [106] 中 301 条定理的形式化证明: 文献 [175] 是基于类型论的, 文献 [174] 中给出了 Morse-Kelley 公理化集合论下的《分析基础》的完整形式化系统实现, 并且给出了实数公理化系统的形式化验证. 本书以下两章将给出汪芳庭《数学基础》中用算术超滤分数构造实数的形式化构建). 此外还需要下面的无限性公理.

无限性公理 VIII (VIII Axiom of infinity)　　$\exists y, y$ 是集 $\Longrightarrow 0 \in y \wedge (x \in y \Rightarrow x \cup \{x\} \in y)$.

```
(* 非负整数 *)

Axiom AxiomVIII : ∃ y, Ensemble y /\ ∅ ∈ y
  /\ (∀ x, x ∈ y -> (x ∪ [x]) ∈ y).
```

特别地, 0 为一个集, 因为 0 被包含在一个集内.

```
Fact EnEm : Ensemble ∅.
Proof.
  destruct AxiomVIII as [? [? []]]. eauto.
Qed.

Hint Resolve EnEm.
```

```
Fact powEm : pow(∅) = [∅].
Proof.
  eqext.
  - apply MKT38b, esube in H; subst; auto.
  - eins H. apply MKT38b; auto.
Qed.
```

定义 2.129 x 是非负整数 $\Longleftrightarrow x$ 是序 $\wedge\ E^{-1}$ 良序 x.

```
Definition Integer x := Ordinal x /\ WellOrdered (E⁻¹) x.
```

定义 2.130 x 是 y 的一个 E-末元 $\Longleftrightarrow x$ 是 y 的一个 E^{-1}-首元.

```
Definition LastMember x E y := FirstMember x (E⁻¹) y.
```

定义 2.131 $\omega = \{x : x \text{ 是非负整数}\}$.

```
Definition ω := \{ λ x, Integer x \}.
```

定理 2.132 一个非负整数的元是一个非负整数.

```
Theorem MKT132 : ∀ x y, Integer x -> y ∈ x
  -> Integer y.
Proof.
  intros. destruct H. split; [eapply MKT111; eauto|].
  split; unfold Connect; intros.
  - apply H1; eapply H; eauto.
  - apply H in H0. apply H1; auto. eapply MKT28; eauto.
Qed.
```

定理 2.133 $y \in R \wedge x$ 是 y 的一个 E-末元 $\Longleftrightarrow y = x + 1$.

```
Theorem MKT133 : ∀ x y, y ∈ R /\ LastMember x E y -> y = PlusOne x.
Proof.
  intros. destruct H0. appA2H H. eqext.
  - appA2G. New H0. New H3.
    apply MKT111 in H0; apply MKT111 in H3; auto.
    New (MKT110 H0 H3); deor; auto.
    + destruct (H1 _ H5). appoA2G; rxo. appoA2G; rxo.
    + subst. right. eauto.
  - appA2H H3. destruct H4.
    + eapply H2; eauto.
    + eins H4.
Qed.
```

定理 2.134 $x \in \omega \Longrightarrow x + 1 \in \omega$.

```
Theorem MKT134 : ∀ {x}, x ∈ ω -> (PlusOne x) ∈ ω.
Proof.
 intros. appA2H H. destruct H0. appA2G; [|split].
  - apply AxiomIV; auto.
  - assert (x ∈ R). { appA2G.}
    apply Lemma123 in H2. appA2H H2; auto.
  - destruct H1. split; unfold Connect; intros.
    + eincus H3; eincus H4.
      * right. left. appoA2G. appoA2G.
      * left. appoA2G. appoA2G.
    + TF (x ∈ y).
      * exists x; split; auto; intros; intro.
        appoA2H H7. appoA2H H8. apply H3 in H6. eincus H6;
```

```
        [eapply MKT102|eapply MKT101]; eauto.
    * apply H2; auto. red; intros. New H6.
      apply H3 in H6. eincus H6. tauto.
Qed.

Hint Resolve MKT134.
```

定理 2.135　　$0 \in \omega$ 并且 $(x \in \omega \Longrightarrow 0 \neq x + 1)$.

```
Theorem MKT135: ∅ ∈ ω /\ (x ∈ ω -> ∅ ≠ PlusOne x).
Proof.
  split; intros.
  - appA2G. split; red; split; try red; intros; try emf.
    elim H0. apply MKT27; auto.
  - intro. feine x. rewrite H0. appA2G.
Qed.

Theorem MKT135a : ∅ ∈ ω.
Proof.
  appA2G. split; red; split; try red; intros; try emf.
  elim H0. apply MKT27; auto.
Qed.

Theorem MKT135b: ∀ x, x ∈ ω -> ∅ ≠ PlusOne x.
Proof.
  intros; intro. feine x. rewrite H0. appA2G.
Qed.
```

也就是说, 0 不是非负整数的后继.

定理 2.136　　x 和 y 均为 ω 的元, 且 $x + 1 = y + 1 \Longrightarrow x = y$.

```
Theorem MKT136 : ∀ x y, x ∈ ω /\ y ∈ ω -> PlusOne x = PlusOne y -> x = y.
Proof.
  intros. appA2H H. appA2H H0. destruct H2, H3.
  rewrite <- MKT124, <- (MKT124 x), H1; auto; appA2G.
Qed.
```

下面的定理是 "**数学归纳法原理**".

定理 2.137　　$(x \subset \omega \wedge 0 \in x \wedge (u \in x \Longrightarrow u + 1 \in x)) \Longrightarrow x = \omega$.

```
Corollary Property_ω : Ordinal ω.
Proof.
  split; red; unfold Included; intros.
  - appA2H H. appA2H H0. destruct H1, H2. apply Lemma113; auto.
  - appA2H H. appA2G. eapply MKT132; eauto.
Qed.

Theorem MKT137 : ∀ x, x ⊂ ω -> ∅ ∈ x
  -> (∀ u, u ∈ x -> (PlusOne u) ∈ x) -> x = ω.
Proof.
  intros. Absurd.
  assert (∃ y, FirstMember y E (ω ~ x)).
  { apply (@ MKT107 ω); auto; red; intros.
    - appA2H H3; tauto.
    - intro. apply H2. eqext; auto. Absurd. feine z.
      rewrite <- H3; auto. }
  destruct H3 as [y []]. appA2H H3.
  destruct H5. appA2H H6. appA2H H5.
  assert (∃ u, FirstMember u E⁻¹ y).
```

```
{ apply H8; auto. intro. subst. contradiction. }
destruct H9 as [u]. inversion H9 as [].
assert (u ∈ x).
{ Absurd. eapply MKT132 in H8; eauto.
  destruct (H4 u); [|appoA2G]. appA2G; split; appA2G. }
destruct H8. eapply MKT133 in H9; [|appA2G]. subst.
apply H1 in H12. elim H7; auto.
Qed.
```

定理 2.134—定理 2.137 均为关于非负整数的 Peano 公设. 下面证明 ω 是一个集.

定理 2.138 $\omega \in R$.

```
Theorem MKT138 : ω ∈ R.
Proof.
  appA2G. destruct (AxiomVIII) as [? [? []]].
  eapply MKT33; eauto. apply MKT30. apply MKT137; intros.
  - red; intros. appA2H H2; tauto.
  - appA2G.
  - appA2H H2. destruct H3. New (MKT134 H3). appA2G.
Qed.
```

常见的 "数学归纳法原理" 及 "第二数学归纳法原理" 叙述 ① 如下 [181].

定理 (数学归纳法原理)   设有一个与非负整数 n 有关的命题. 如果 (i) 当 $n = 0$ 时命题成立; (ii) 假设 $n = k$ 时命题成立, 则 $n = k + 1$ 时命题也成立, 那么这个命题对于一切非负整数 n 都成立.

定理 (第二数学归纳法原理)   设有一个与非负整数 n 有关的命题. 如果 (i) 当 $n = 0$ 时命题成立; (ii) 假设命题对于一切小于 k 的非负整数来说成立, 则命题对于 k 也成立, 那么这个命题对于一切非负整数 n 都成立.

它们的证明是通过所谓的 "**最小数原理**" 来完成的 [181].

定理 (最小数原理)   非负整数集的任意一个非空子集 S 必含有一个最小数, 也就是这样一个数 $a \in S$, 对于任意 $x \in S$ 都有 $a \leqslant x$.

补充它们的 Coq 描述及形式化证明如下:

```
Theorem MiniMember_Principle : ∀ S, S ⊂ ω /\ S ≠ ∅
  -> ∃ a, a ∈ S /\ (∀ c, c ∈ S -> a ⪯ c).
Proof.
  intros. apply (MKT107 Property_W) in H0 as [a []]; auto.
  exists a; split; auto; intros. unfold LessEqual.
  New H0. apply H in H0. eapply MKT111 in H0; eauto.
  New H2. apply H in H2. eapply MKT111 in H2; eauto.
  New (MKT110 H0 H2). deor; auto. destruct (H1 c H4). appoA2G; rxo.
Qed.

Definition En_S P := \{ λ x, x ∈ ω /\ ~ (P x) \}.

Theorem Mathematical_Induction : ∀ (P: Class -> Prop), P ∅
  -> (∀ k, k ∈ ω /\ P k -> P (PlusOne k)) -> (∀ n, n ∈ ω -> P n).
Proof.
```

---

① 注意, 这里的数学归纳法原理、第二数学归纳法原理及最小数原理叙述都是针对非负整数集 ω 的.

```
intros. intros.
assert (\{∀ x, x ∈ ω /\ P x \} = ω).
{ apply MKT137; try red; intros.
  - appA2H H2; tauto.
  - appA2G.
  - appA2H H2. destruct H3. appA2G. }
rewrite <- H2 in H1. appA2H H1; tauto.
Qed.

Ltac MI x := apply Mathematical_Induction with (n := x); auto; intros.

Fact caseint : ∀ {x}, x ∈ ω
 -> x = ∅ \/ ∃ v, v ∈ W /\ x = PlusOne v.
Proof.
 intros. MI x. destruct H1 as [|[? []]]; subst; eauto.
Qed.

Theorem The_Second_Mathematical_Induction : ∀ (P: Class -> Prop),
 P ∅ -> (∀ k, k ∈ ω /\ (∀ j, j ∈ k -> P j) -> P k)
 -> (∀ n, n ∈ ω -> P n).
Proof.
 intros. apply H0; auto; intros. generalize dependent m. MI n.
 - red in H2. emf.
 - eincus H4; eauto.
Qed.
```

2.10　选 择 公 理

定义 2.139　c 是选择函数 $\iff c$ 是函数 $\wedge (\forall x \in c$ 的定义域, $c(x) \in x)$.

```
(* 选择公理 *)

Definition ChoiceFunction c := Function c /\ (∀ x, x ∈ dom(c) -> c[x] ∈ x).
```

下面是 **Zermelo** 假定的一个强化形式, 或称为**选择公理**.

选择公理 IX (IX Axiom of choice)　*存在选择函数 c, 它的定义域是 $\mathcal{U} \sim \{0\}$.*

```
Axiom AxiomIX : ∃ c, ChoiceFunction c /\ dom(c) = U ~ [∅].
```

函数 c 从每个非空集中选取一个元.

定理 2.140　x 是集 $\Longrightarrow (\exists f, f$ 是 1-1 函数, f 的值域 $= x, f$ 的定义域是一个序数).

```
Fact f2Pf : ∀ {f} P, let g:= \{\ λ u v, v = f[P u] \}\ in Function f
 -> (∀ h, Ensemble h -> g[h] = f[P h]).
Proof.
 intros. eqext.
 - appA2G. intros. appA2H H2. appA2H H1. apply H4. appA2G.
   apply Property_Fun in H3; auto. subst. appoA2G.
 - appA2G. intros. appA2H H2. appA2H H1. apply H4. appA2G.
   appoA2H H3. subst. apply Property_Value, MKT69b'; auto.
Qed.

Fact c2fp : ∀ {x c g P f}, Ensemble x -> dom(c) = U ~ [∅]
 -> (∀ x, x ∈ dom(c) -> c[x] ∈ x)
```

```
   -> (∀ h, Ensemble h -> g[h] = c[P h])
   -> (∀ x, Ordinal_Number x -> f[x] = g[f|(x)])
   -> Function f -> Ordinal dom(f) -> (∀ u, u ∈ dom(f)
   -> Ensemble (P (f|(u))) -> f[u] ∈ (P (f|(u)))).
Proof.
   intros. assert (Ordinal_Number u).
   { appA2G. eapply MKT111; eauto. }
   assert (Ensemble (f|(u))).
   { apply MKT75; [apply MKT126a|rewrite MKT126b]; auto.
     apply (MKT33 u); eauto. red; intros. appA2H H9. tauto. }
   rewrite H3, H2; auto. apply H1. rewrite H0. appA2G. split; auto.
   appA2G. intro. eins H10. New H6.
   apply MKT69b in H6. rewrite H3, H2 in H6; auto.
   apply MKT69b' in H6. rewrite H10, H0 in H6.
   appA2H H6. destruct H12. appA2H H13. apply H14; auto.
Qed.

Theorem MKT140 : ∀ x, Ensemble x
  -> ∃ f, Function1_1 f /\ ran(f) = x /\ Ordinal_Number dom(f).
Proof.
   intros. destruct AxiomIX as [c [[]]].
   New (f2Pf (λ u, x ∼ ran(u)) H0). simpl in H3.
   set (g := \{\ λ u v, v = c[x ∼ ran(u)] \}\) in *.
   destruct (MKT128a g) as [f]. deand.
   assert (∀ u, u ∈ dom(f) -> f[u] ∈ (x ∼ ran(f|(u)))).
   { intros. apply (c2fp H H2 H1 H3 H6 H4 H5); auto.
     apply (MKT33 x); auto. red; intros. appA2H H8. tauto. }
   assert (Function1_1 f).
   { split; auto; split; try red; intros.
     - PP H8 a b; eauto.
     - appoA2H H8. appoA2H H9. New H10. New H11.
       apply Property_Fun in H10; apply Property_Fun in H11; auto.
       subst. New H12. New H13.
       apply Property_dom in H12; apply Property_dom in H13.
       New (H7 _ H12). appA2H H15. destruct H16. appA2H H17.
       New (H7 _ H13). appA2H H19. destruct H20. appA2H H21. New H13.
       apply MKT111 in H12; apply MKT111 in H13; auto.
       New (MKT110 H12 H13). deor; auto.
       + elim H22; appA2G. exists y. appA2G; rxo. rewrite H11 in H10.
         split; auto. appoA2G.
       + elim H18; appA2G. exists z. appA2G; rxo.
         split; auto. appoA2G. }
   assert (ran(f) ⊂ x).
   { red; intros. appA2H H9. destruct H10. New H10.
     apply Property_Fun in H11; subst; auto.
     apply Property_dom in H10. apply H7 in H10.
     appA2H H10; tauto. }
   assert (Ordinal_Number dom(f)).
   { destruct H8. appA2G. rewrite deqri. apply AxiomV; auto.
     rewrite <- reqdi. eapply MKT33; eauto. }
   exists f; deandG; auto. apply MKT27; split; auto.
   red; intros. New H10. appA2H H12. apply MKT75 in H12; auto.
   apply H6 in H10. rewrite fresub in H10; auto. Absurd.
   rewrite MKT69a, H3 in H10; [|auto|apply MKT101].
   elim MKT39. rewrite H10. exists (x ∼ ran(f)). apply H1.
   assert (Ensemble (x ∼ ran(f))). { apply (MKT33 x); eauto. }
   rewrite H2. apply setminP; auto. intro. eins H16.
   feine z; rewrite <- H16; auto.
Qed.
```

定义 2.141　n 是套 $\Longleftrightarrow (x \in n \wedge y \in n \Longrightarrow x \subset y \vee y \subset x)$.

```
Definition Nest n := ∀ x y, x ∈ n /\ y ∈ n -> x ⊂ y \/ y ⊂ x.
```

定理 2.142　$(n$ 是套 $\wedge\ n$ 的每一个元是套$) \Longrightarrow \bigcup n$ 是套.

```
Theorem MKT142 : ∀ n, Nest n /\ (∀ m, m ∈ n -> Nest m) -> Nest (⋃ n).
Proof.
  intros; red; intros. appA2H H1. appA2H H2. unfold Nest in H0.
  destruct H3 as [? []], H4 as [? []], (H _ _ H5 H6); eauto.
Qed.
```

下面的定理是 "**Hausdorff 极大原则**"，它断言在任何集中极大套的存在性. 这个证明与定理 2.140 的证明有密切关系.

定理 2.143　x 是集 $\Longrightarrow (\exists n, n$ 是套, $n \subset x, m$ 是套, $m \subset x, n \subset m \Longrightarrow m = n)$.

```
Theorem MKT143 : ∀ x, Ensemble x -> ∃ n, (Nest n /\ n ⊂ x)
  /\ (∀ m, Nest m -> m ⊂ x /\ n ⊂ m -> m = n).
Proof.
  intros. destruct AxiomIX as [c [[]]].
  New (f2Pf (λ u, \{ λ m, Nest m /\ m ⊂ x /\
    (∀ p, p ∈ ran(u) -> p ⊂ m /\ p <> m) \}) H0). simpl in H3.
  set (g := \{\ λ u v, v = c[\{ λ m, Nest m /\ m ⊂ x /\
    (∀ p, p ∈ ran(u) -> p ⊂ m /\ p <> m) \}] \}\) in *.
  destruct (MKT128a g) as [f]. deand.
  assert (∀ u, Ensemble \{ λ m, Nest m /\ m ⊂ x /\
    (∀ p, p ∈ ran(f|(u)) -> p ⊂ m /\ p <> m) \}) as G; intros.
  { apply (MKT33 pow(x)); [apply MKT38a; auto|].
    red; intros. appA2H H7. apply MKT38b; tauto. }
  assert (∀ u, u ∈ dom(f) -> Nest f[u] /\ f[u] ⊂ x ).
  { intros. apply (c2fp H H2 H1 H3 H6 H4 H5) in H7;
  [appA2H H7; tauto|auto]. }
  assert (∀ u v, u ∈ dom(f) -> v ∈ dom(f) -> u ∈ v ->
    f[u] ⊂ f[v] /\ f[u] <> f[v]); intros.
  { apply (c2fp H H2 H1 H3 H6 H4 H5) in H9; auto. appA2H H9. deand.
    apply H13. apply Property_Value in H8; auto.
    appA2G; ope. exists u.
    appA2G. split; auto. appoA2G; split; auto. apply MKT19; ope. }
  exists (⋃ran(f)). deandG; try red; intros.
  - appA2H H9. appA2H H10. destruct H11 as [? []], H12 as [? []].
    appA2H H13. appA2H H14. destruct H15, H16. New H15. New H16.
    apply Property_Fun in H15;
    apply Property_Fun in H16; subst; auto.
    apply Property_dom in H17; apply Property_dom in H18.
    New H17. New H18. destruct (H7 _ H17), (H7 _ H18). deand.
    apply MKT111 in H17; apply MKT111 in H18; auto.
    New (MKT110 H17 H18). deor; subst; auto.
    + destruct (H8 _ _ H15 H16 H23); auto.
    + destruct (H8 _ _ H16 H15 H23); auto.
  - appA2H H9. destruct H10 as [? []]. appA2H H11. destruct H12.
    New H12. apply Property_Fun in H12; subst; auto.
    apply Property_dom in H13. eapply H7; eauto.
  - assert (Function f⁻¹).
    { split; try red; intros.
      - PP H12 a b; eauto.
      - appoA2H H12. appoA2H H13. New H14. New H15.
        apply Property_Fun in H14;
```

```
      apply Property_Fun in H15; auto.
      subst. apply Property_dom in H16.
      apply Property_dom in H17. New H16. New H17.
      apply MKT111 in H14; apply MKT111 in H18; auto.
      New (MKT110 H14 H18). deor; auto.
      + New (H8 _ _ H16 H17 H19). destruct H20, H21; auto.
      + New (H8 _ _ H17 H16 H19). destruct H20, H21; auto.}
   assert (ran(f) ⊂ pow(x)).
   { red; intros. appA2H H13. destruct H14. New H14.
     apply Property_Fun in H14; subst; auto.
     apply Property_dom in H15. apply H7 in H15. destruct H15.
     apply MKT38b; auto. }
   assert (Ordinal_Number dom(f)).
   { appA2G. rewrite deqri. apply AxiomV; auto. rewrite <- reqdi.
     apply (MKT33 pow(x)); auto. apply MKT38a; auto. }
   assert (Ensemble f). { apply MKT75; auto. appA2H H14; auto.}
   Absurd. apply H6 in H14. rewrite frebig, H3 in H14.
   rewrite MKT69a in H14; [|apply MKT101]. symmetry in H14.
   apply MKT69a' in H14. elim H14. rewrite H2.
   rewrite <- (fresub f f); auto. apply setminP; auto.
   intro. eins H17. feine m. rewrite <- H17, frebig; auto.
   appA2G; [apply (MKT33 x)|]; deandG; auto. split; red; intros.
   + apply H11. appA2G.
   + subst. elim H16. apply MKT27; split; [apply MKT32|]; auto.
Qed.
```

2.11　　基　　　数

定义 2.144　　$x \approx y \Longleftrightarrow (\exists f, f$ 是 1-1 函数, f 的定义域 $= x$, f 的值域 $= y)$.

```
(* 基数 *)

Definition Equivalent x y := ∃ f, Function1_1 f /\ dom(f) = x /\ ran(f) = y.

Notation "x ≈ y" := (Equivalent x y) (at level 70).
```

如果 $x \approx y$, 则称 x "**等势于**" y, 或者 x 与 y 是 "**等势的**".

定理 2.145　　$x \approx x$.

```
Fact eqvp : ∀ {x y}, Ensemble y -> x ≈ y -> Ensemble x.
Proof.
  intros. destruct H0 as [? [[] []]]. deand. subst.
  rewrite reqdi in H. rewrite deqri. apply AxiomV; auto.
Qed.

Theorem MKT145 : ∀ x, x ≈ x.
Proof.
  intros. exists (\{\ λ u v, u ∈ x /\ u = v \}\). deandG.
  - repeat split; auto; intros.
    + appoA2H H. appoA2H H0. destruct H1, H2. subst. auto.
    + red; intros. PP H a b. eauto.
    + appoA2H H. appoA2H H0. appoA2H H1. appoA2H H2.
      destruct H3, H4. subst. auto.
  - eqext.
    + appA2H H. destruct H0. appoA2H H0. tauto.
    + appA2G. exists z. appoA2G; rxo.
```

```
  - eqext.
    + appA2H H. destruct H0. appoA2H H0. destruct H1. subst; auto.
    + appA2G. exists z. appoA2G; rxo.
Qed.
```

Hint Resolve MKT145.

定理 2.146　$x \approx y \implies y \approx x$.

```
Theorem MKT146 : ∀ x y, x ≈ y -> y ≈ x.
Proof.
  intros. destruct H as [f]. deand. exists f⁻¹. deandG.
  - destruct H. inversion H. split; auto. rewrite MKT61; auto.
  - rewrite <- reqdi; auto.
  - rewrite <- deqri; auto.
Qed.
```

定理 2.147　$x \approx y \land y \approx z \implies x \approx z$.

```
Theorem MKT147 : ∀ x y z, x ≈ y -> y ≈ z -> x ≈ z.
Proof.
  intros. destruct H as [f1], H0 as [f2]. deand.
  exists (f2 ∘ f1). deandG; subst.
  - destruct H, H0. split; [|rewrite MKT62]; apply MKT64; auto.
  - eqext.
    + appA2H H2. destruct H3. appoA2H H3. destruct H4, H4.
      eapply Property_dom; eauto.
    + appA2H H2. destruct H3. New (Property_ran H3).
      rewrite <- H1 in H4. appA2H H4. destruct H5.
      appA2G. exists x0. appoA2G. xo; ope.
  - eqext.
    + appA2H H2. destruct H3. appoA2H H3. destruct H4, H4.
      eapply Property_ran; eauto.
    + appA2H H2. destruct H3. New (Property_dom H3).
      rewrite H1 in H4. appA2H H4. destruct H5.
      appA2G. exists x0. appoA2G. xo; ope.
Qed.
```

定义 2.148　x 是基数 $\iff$ x 是序数 $\land ((\forall y, y \in R, y < x) \implies \sim (x \approx y))$.

Definition Cardinal_Number x := Ordinal_Number x ∧ (∀ y, y ∈ R -> y ≺ x -> ∼ (x ≈ y)).

也就是说, 一个 "**基数**" 是一个序数, 而它不等势于任何较小的序数.

定义 2.149　$C = \{x : x$ 是基数$\}$.

Definition C := \{ λ x, Cardinal_Number x \}.

定理 2.150　E 良序 C.

```
Theorem MKT150 : WellOrdered E C.
Proof.
  split; try red; intros.
  - appA2H H. appA2H H0. destruct H1, H2. appA2H H1. appA2H H2.
    apply Lemma113; auto.
  - apply (wosub R E y); auto; [apply (MKT107 MKT113a)|].
    red; intros. apply H in H1. appA2H H1.
    destruct H2. appA2H H2. appA2G.
Qed.
```

定义 2.151　$P = \{(x, y) : x \approx y \land y \in C\}$.

Definition P := \{\ λ x y, x ≈ y /\ y ∈ C \}\.

  类 P 是由所有使得 x 是一个集且 y 是等势于 x 的基数之偶对 (x,y) 所组成的. 对于每一个集 x, 基数 $P(x)$ 是 "x 的势" 或者 "x 的基数".

  定理 2.152 P 是函数 $\wedge$ P 的定义域 $=\mathcal{U} \wedge$ P 的值域 $= C$.

Theorem MKT152a : Function P.
Proof.
 unfold P; split; intros; auto.
 appoA2H H. appoA2H H0. destruct H1, H2. appA2H H3. appA2H H4.
 destruct H5, H6. New H5. New H6. appA2H H5. appA2H H6.
 apply MKT146 in H2. eapply MKT147 in H1; eauto.
 New (MKT110 H11 H12); deor; auto.
 - destruct (H8 y); auto.
 - apply MKT146 in H1. destruct (H7 z); auto.
Qed.

Theorem MKT152b : dom(P) = $\mathcal{U}$.
Proof.
 eqext; eauto. New H. apply MKT19, MKT140 in H as [f]. deand.
 set (S := \{ λ x, x ≈ z /\ Ordinal x \}).
 assert (∃ z, FirstMember z E S).
 { apply (wosub R E S); auto; [apply (MKT107 MKT113a)|..].
  - red; intros. appA2H H3. destruct H4. appA2G.
  - appA2H H2. apply NEexE. exists dom(f). appA2G.
  unfold Equivalent; eauto. }
 destruct H3 as [w []]. appA2H H3. destruct H5. appA2G.
 exists w. appoA2G. apply MKT146 in H5. split; auto.
 appA2G; split; red; intros; [appA2G|]. apply (H4 y); [|appoA2G].
 appA2H H7. eapply MKT147, MKT146 in H9; eauto. appA2G.
Qed.

Theorem MKT152 : ran(P) = C.
Proof.
 eqext; appA2H H.
 + destruct H0. appoA2H H0. tauto.
 + appA2G. exists z. appoA2G. split; [auto|appA2G].
Qed.

Corollary Property_PClass : ∀ x, Ensemble x -> P[x] ∈ C.
Proof.
 intros. rewrite <- MKT152c. apply Property_dm; auto.
 rewrite MKT152b; auto.
Qed.

Hint Resolve Property_PClass.

  定理 2.153 x 是集 $\Longrightarrow$ $P(x) \approx x$.

Theorem MKT153 : ∀ {x}, Ensemble x -> P[x] ≈ x.
Proof.
 intros. apply MKT19 in H. rewrite <- MKT152b in H.
 apply Property_Value in H; auto. appoA2H H. destruct H0.
 apply MKT146; auto.
Qed.

Hint Resolve MKT153.

Fact pveqv : ∀ x y, Ensemble y -> P[x] = y -> x ≈ y.

```
Proof.
  intros. rewrite <- H0. apply MKT146, MKT153.
  rewrite <- H0 in H. apply MKT19, MKT69b' in H; eauto.
Qed.

Fact carE : ∀ {x}, P[x] = ∅ -> x = ∅.
Proof.
  intros. eqE. apply pveqv in H as [f [[][]]]; auto. subst.
  feine f[z]. rewrite <- H3. apply Property_dm; auto.
Qed.
```

定理 2.154　x 和 y 均是集 $\Longrightarrow (P(x) = P(y) \iff x \approx y)$.

```
Theorem MKT154 : ∀ x y, Ensemble x /\ Ensemble y -> (P[x] = P[y] <-> x ≈ y).
Proof.
  split; intros.
  - New (MKT153 H0). apply (MKT147 P[y]); auto.
    rewrite <- H1. apply MKT146, MKT153; auto.
  - assert ([x, P[y]] ∈ P).
    { appoA2G; split; auto. eapply MKT147; eauto.
      apply MKT146, MKT153; auto. }
    apply Property_Fun in H2; auto.
Qed.
```

定理 2.155　$P(P(x)) = P(x)$.

```
Theorem MKT155 : ∀ x, P[P[x]] = P[x].
Proof.
  intros. TF (x ∈ dom(P)).
  - apply MKT154; eauto. apply MKT19, MKT69b; auto.
  - rewrite (@ MKT69a x); auto. apply MKT69a.
    intro. apply MKT39; eauto.
Qed.
```

定理 2.156　x 是集 $\land P(x) = x \iff x \in C$.

```
Theorem MKT156 : ∀ x, (Ensemble x /\ P[x] = x) <-> x ∈ C.
Proof.
  split; intros.
  - destruct H. rewrite <- H0, <- MKT152c.
    apply Property_dm; auto. rewrite MKT152b; auto.
  - split; eauto. appA2H H. destruct H0. appA2H H0.
    apply Property_PClass in H. appA2H H.
    destruct H3. appA2H H3. New (MKT110 H5 H2); deor; auto.
    + destruct (H1 P[x]); auto; [appA2G|]. apply MKT146; auto.
    + destruct (H4 x); auto. appA2G.
Qed.
```

定理 2.157　$y \in R \land x \subset y \Longrightarrow P(x) \leqslant y$.

```
Theorem MKT157 : ∀ x y, y ∈ R /\ x ⊂ y -> P[x] ⪯ y.
Proof.
  intros. appA2H H. New (MKT33 _ _ H H0).
  assert (WellOrdered E x). { eapply wosub; eauto.
  apply MKT107, H1. }
  New (MKT107 MKT113a). New (Property_PClass H2).
  destruct (MKT100 H3 H4 H2 MKT113b) as [f]. deand. subst.
  red in H7. deand. apply MKT96 in H9 as [[_]].
  assert (On f⁻¹ ran(f)). { red. rewrite reqdi; auto. }
  assert (To f⁻¹ R).
```

```
  { red; split; auto. rewrite <- deqri. red; intros.
    appA2G. eapply MKT111; eauto. }
  New (MKT94 H11 H12 H13 H14).
  assert (ran(f) ⊂ y).
  { red; intros. einr H16. New H17. apply H11 in H18.
    apply H15 in H17. rewrite f11iv in H17; auto.
    appA2H H18. New (H0 _ H16). apply MKT111 in H20; auto.
    New (MKT110 H20 H19). deor.
    - elim H17; appoA2G.
    - apply H0 in H16. eapply H1; eauto.
    - rewrite <- H21; auto. } apply MKT114 in H11.
  assert (ran(f) ⪯ y).
  { red. TF (ran(f) = y); auto. left. eapply MKT108;
  auto. apply H11. }
  appA2H H5. destruct H18. appA2H H18.
  assert (dom(f) ≈ ran(f)). { red; exists f;
  split; split; auto. }
  New (MKT110 H1 H20). deor; red; auto.
  assert (ran(f) ∈ P[dom(f)]).
  { destruct H17; subst; auto. eapply H20; eauto. }
  destruct (H19 ran(f)); auto; [appA2G|].
  New (MKT153 H2). eapply MKT147; eauto.
Qed.
```

定理 2.158　　$(y \text{ 是集} \wedge x \subset y) \implies P(x) \leqslant P(y)$.

```
Theorem MKT158 : ∀ {x y}, Ensemble y /\ x ⊂ y -> P[x] ⪯ P[y].
Proof.
  intros. TF (Ensemble y).
- assert (Ensemble x). { apply MKT33 in H; auto. }
  New (MKT146 (MKT153 H0)). destruct H2 as [f [[] []]]. subst.
  assert (ran(f|(x)) ⊂ P[dom(f)]).
  { red; intros. rewrite <- H5. appA2H H4. destruct H6.
    appA2H H6. destruct H7. eapply Property_ran; eauto. }
  assert (x ≈ ran(f|(x))).
  { exists (f|(x)); deandG; [split|..]; auto.
    - apply MKT126a; auto.
    - split; try red; intros.
      + PP H6 a b. eauto.
      + appoA2H H6. appoA2H H7. appA2H H8. appA2H H9.
        destruct H10, H11. eapply H3; apply invp1; eauto.
    - rewrite MKT126b; auto. apply MKT30; auto. }
  New (Property_PClass H0). appA2H H7. destruct H8. appA2H H8.
  New (MKT33 _ _ H7 H4). apply MKT154 in H6; auto.
  apply MKT157 in H4; [|appA2G]. rewrite <- H6 in H4; auto.
- TF (Ensemble x).
  + rewrite (@ MKT69a y); [|intro; eauto]. left.
    apply MKT69b. rewrite MKT152b; auto.
  + rewrite MKT69a, MKT69a; red; auto; intro; eauto.
Qed.
```

定理 2.159　　$(x \text{ 和 } y \text{ 均是集}, u \subset x, v \subset y, x \approx v, y \approx u) \implies x \approx y$.

```
Theorem MKT159 : ∀ x y u v, Ensemble x -> Ensemble y -> u ⊂ x -> v
⊂ y -> x ≈ v -> y ≈ u -> x ≈ y.
Proof.
  intros. New (MKT158 H1). New (MKT158 H2).
  apply MKT33 in H1; apply MKT33 in H2; auto.
  apply MKT154 in H3; apply MKT154 in H4; auto.
  rewrite <- H3 in H6. rewrite <- H4 in H5. apply MKT154; auto.
```

```
apply Property_PClass in H; apply Property_PClass in H0.
appA2H H. appA2H H0. destruct H7, H8. appA2H H7. appA2H H8.
apply MKT27; split; apply MKT118; auto.
Qed.
```

定理 2.160　f 是函数 $\Longrightarrow P(f$ 的值域$) \leqslant P(f$ 的定义域$)$.

```
Theorem MKT160 : ∀ {f}, Function f -> P[ran(f)] ⪯ P[dom(f)].
Proof.
  intros. destruct AxiomIX as [c [[]]].
  assert (∀ y, y ∈ ran(f) -> \{ λ x, y = f[x] \} ∈ dom(c)).
  { intros. assert (Ensemble \{ λ x, y = f[x] \}).
    { New (fdme H H0). apply (MKT33 dom(f)); auto. red; intros.
      appA2H H6. rewrite H7 in H4. apply MKT69b'; eauto. }
    rewrite H3. appA2G. split; auto. appA2G. intro.
    eins H6. einr H4. feine x. rewrite <- H6. appA2G. }
  set (g := \{\ λ u v, u ∈ ran(f)
   /\ v = c[\{ λ x, u = f[x] \}] \}\).
  assert (dom(g) = ran(f)).
  { eqext; appA2H H5; destruct H6.
    - appoA2H H6; tauto.
    - New H6. apply Property_Fun in H6; subst; auto.
      apply Property_ran in H7. appA2G.
      exists c[\{ λ y, f[x] = f[y] \}]. appoA2G. rxo. }
  assert (ran(g) ⊂ dom(f)).
  { red; intros. appA2H H6. destruct H7. appoA2H H7.
    destruct H8. subst. New H8. apply H4, H2 in H8.
    appA2H H8. rewrite H10 in H9.
    apply Property_Value', Property_dom in H9; auto. }
  assert (dom(g) ≈ ran(g)).
  { exists g; deandG; auto; repeat split; unfold g;
    auto; try red; intros.
    - appoA2H H7. appoA2H H8. destruct H9, H10. subst; auto.
    - PP H7 a b; eauto.
    - appoA2H H7. appA2H H8. appoA2H H9. appoA2H H10.
      destruct H11, H12. apply H4, H2 in H11; apply H4, H2 in H12.
      subst. appA2H H11. appA2H H12. rewrite H13, H15, H14; auto. }
  apply MKT158 in H6. New (frne H H0). rewrite <- H5 in H8.
  inversion H7 as [? [[]]]. deand. New H8. rewrite <- H11 in H13.
  apply AxiomV in H13; auto. rewrite H12 in H13.
  apply MKT154 in H7; auto. rewrite <- H7, H5 in H6; auto.
Qed.
```

这里的定理 2.160 较文献 [103] 中的对应定理条件要广泛一些, 原定理中的 "f 是集" 这一条件可以去掉.

定理 2.161　x 是集 $\Longrightarrow P(x) < P(2^x)$.

```
Theorem MKT161 : ∀ {x}, Ensemble x -> P[x] ≺ P[pow(x)].
Proof.
  intros. set (g := \{\ λ u v, u ∈ x /\ v = [u] \}\).
  assert (ran(g) = \{ λ v, ∃ u, u ∈ x /\ v = [u] \}).
  { eqext.
    - appA2H H0. destruct H1. appoA2H H1. destruct H2; subst. appA2G.
    - appA2H H0. destruct H1 as [? []]. subst. appA2G.
      exists x0. appoA2G. }
  assert (x ≈ \{ λ v, ∃ u, u ∈ x /\ v = [u] \}).
  { red; exists \{\ λ u v, u ∈ x /\ v = [u] \}\.
    repeat split; auto; try red; try eqext; intros.
    - appoA2H H1. appoA2H H2. destruct H3, H4. subst; auto.
```

```
  - PP H1 a b. eauto.
  - appoA2H H1. appoA2H H2. appoA2H H3. appoA2H H4.
    destruct H5, H6.
      subst. apply MKT41; eauto. rewrite <- H8. appA2G.
  - appA2H H1. destruct H2. appoA2H H2; tauto.
  - appA2G. exists [z]. appoA2G; rxo. } rewrite <- H0 in H1.
assert (ran(g) ⊂ pow(x)).
{ rewrite H0; red; intros. appA2H H2. destruct H3 as [? []].
  subst. apply MKT38b; auto. red; intros. eins H4. }
New (MKT38a H). New H3. eapply MKT33 in H3; eauto.
apply MKT158 in H2. apply MKT154 in H1; auto.
rewrite <- H1 in H2. destruct H2; red; auto.
apply MKT154 in H2; auto. destruct H2 as [f [[]]]. deand.
assert (\{λ v, v ∈ x /\ v ∉ f[v]\} ∈ ran(f)).
{ rewrite H7. apply MKT38b; auto. red; intros.
  appA2H H8. tauto. }
einr H8. TF (x0 ∈ f[x0]); New H6.
- rewrite <- H10 in H6. appA2H H6. destruct H12. elim H13; auto.
- elim H6. rewrite <- H10. appA2G.
Qed.
```

定理 2.162 C 不是集.

```
Theorem MKT162 : ~ Ensemble C.
Proof.
  intro. apply AxiomVI in H. New H. apply MKT161 in H0.
  apply MKT38a, Property_PClass, MKT32 in H as [? _].
  apply MKT158 in H. rewrite MKT155 in H. destruct H.
  - eapply MKT102; eauto.
  - rewrite H in H0. eapply MKT101; eauto.
Qed.
```

上面定理的证明就其结构而言类似于 Russell 悖论.

定理 2.163 $(x \in \omega,\ y \in \omega,\ x+1 \approx y+1) \implies x \approx y$.

```
Lemma Lemma163a : ∀ {x y}, Ensemble x -> ~ x ∈ y -> y = (y ∪ [x]) ~ [x].
Proof.
  intros; eqext.
  - apply setminP; [appA2G|]. intro. eins H2.
  - apply setminp in H1 as []. deHun; tauto.
Qed.

Lemma Lemma163b : ∀ {x y}, x ∈ y -> y = (y ~ [x]) ∪ [x].
Proof.
  intros; eqext.
  - appA2G. TF (z ∈ [x]); auto.
  - deHun.
    + appA2H H0; tauto.
    + eins H0.
Qed.

Lemma Lemma163c : ∀ {x y z}, x ~ y ~ z = x ~ z ~ y.
Proof.
  intros. unfold Setminus. now rewrite MKT7', MKT7', (MKT6' ¬ y).
Qed.

Theorem MKT163 : ∀ x y, x ∈ ω -> y ∈ ω -> (PlusOne x) ≈ (PlusOne y) -> x ≈ y.
Proof.
  intros. destruct H1 as [f [? []]].
```

```
assert (x ∈ dom(f)). { rewrite H2. appA2G. }
assert (y ∈ ran(f)). { rewrite H3. appA2G. }
appA2H H4. appA2H H5. destruct H6, H7. TF (x = x1).
- eapply H1 in H6; eauto. subst.
  exists (f ~ [[x1, y]]). deandG.
 + apply f11pa; auto.
 + destruct H1. rewrite dos1; auto. rewrite H2.
   unfold PlusOne. rewrite <- Lemma163a; eauto. apply MKT101.
 + destruct H1. rewrite ros1; auto. rewrite H3.
   unfold PlusOne. rewrite <- Lemma163a; eauto. apply MKT101.
- exists ((f ~ [[x, x0]] ~ [[x1, y]]) ∪ [[x1, x0]]). deandG.
 + destruct (f11pa H1 H6). apply f11pb; ope.
  * apply f11pa; [apply f11pa; auto|]. apply setminP; auto.
    intro. pins H11; ope.
  * rewrite dos1; ope; auto.
    { destruct H1. rewrite dos1; auto. intro.
      apply setminp in H12 as []. apply H13; eauto. }
    { apply setminP; auto. intro. pins H11; ope. }
  * rewrite ros1; ope; auto.
    { destruct H1. rewrite ros1; auto. intro.
      apply setminp in H12 as []. apply setminp in H12 as [].
      apply H14; eauto. }
    { apply setminP; auto. intro. pins H11; ope. }
 + rewrite undom, domor; ope. rewrite dos1.
  * destruct H1. rewrite <- Lemma163b, dos1; auto. rewrite H2.
    unfold PlusOne. rewrite <- Lemma163a; eauto. apply MKT101.
    rewrite dos1; auto. apply setminP; auto.
    eapply Property_dom; eauto. intro. eins H10.
  * apply f11pa; auto.
  * apply setminP; auto. intro. pins H9; ope.
 + rewrite unran, ranor; ope. rewrite ros1.
  * destruct H1. rewrite ros1; auto. rewrite Lemma163c.
    rewrite <- Lemma163b, H3.
    unfold PlusOne. rewrite <- Lemma163a; eauto. apply MKT101.
    apply setminP; auto.
    eapply Property_ran; eauto. intro. eins H10.
    apply H8. eapply H9; apply invp1; eauto.
  * apply f11pa; auto.
  * apply setminP; auto. intro. pins H9; ope.
Qed.
```

定理 2.164　　$\omega \subset C$.

```
Theorem MKT164 : ω ⊂ C.
Proof.
 New MKT113a. New MKT138. red; intros. MI z.
 - appA2G. split; [appA2G|intros; red in H3; emf]. New MKT135a.
   apply MKT111 in H1; apply MKT111 in H2; auto.
 - appA2H H3. destruct H4. appA2H H4.
   assert ((PlusOne k) ∈ ω). { apply MKT134; auto. }
   appA2G. split; red; intros.
  + appA2G. apply MKT111 in H0; apply MKT111 in H7; auto.
  + assert (y ∈ ω). { appA2H H7. appA2G.
      eapply MKT132; eauto. }
    destruct (caseint H11) as [?|[n []]]; subst.
   * destruct H10 as [f [[] []]]. feine f[k]. rewrite <- H14.
     apply Property_dm; auto. rewrite H13. appA2G.
   * apply MKT163 in H10; auto. destruct (H5 n); auto.
     { appA2G. apply MKT111 in H0; apply MKT111 in H12; auto. }
     { appA2H H9. deor.
```

```
    - eapply H6; eauto. appA2G.
    - eins H13. appA2G. }
Qed.
```

定理 2.165　　$\omega \in C$.

```
Theorem MKT165: ω ∈ C.
Proof.
  New MKT138. appA2G. split; auto. intros. intro.
  New (MKT134 H1). New H. appA2H H.
  assert (y ⊂ PlusOne y). { red; intros. appA2G. }
  assert (PlusOne y ⊂ W).
  { red; intros. apply MKT134 in H1.
    apply MKT111 in H1; auto. eapply H5; eauto. }
  apply MKT158 in H6. apply MKT158 in H7.
  apply MKT154 in H2; eauto.
  assert (P[PlusOne y] = P[y]).
  { destruct H6, H7; auto; rewrite H2 in *.
    - destruct (MKT102 _ _ H6 H7).
    - rewrite H7 in H6. destruct (MKT101 _ H6). }
  apply MKT164 in H3. appA2H H3. destruct H9.
  apply MKT154 in H8; eauto. destruct (H10 y); auto. appA2G.
Qed.
```

定义 2.166　　x 是有限的 $\Longleftrightarrow$ $P(x) \in \omega$.

```
Definition Finite x := P[x] ∈ ω.

Corollary Property_Finite : ∀ {x}, Finite x -> Ensemble x.
Proof.
  intros. assert (Ensemble P[x]) by eauto.
  apply MKT19, MKT69b' in H0; eauto.
Qed.

Lemma finsub : ∀ {A B}, Finite A -> B ⊂ A -> Finite B.
Proof.
  unfold Finite; intros. destruct (MKT158 H0).
  - New MKT138. appA2H H2. eapply H3; eauto.
  - rewrite H1; auto.
Qed.

Lemma finsin : ∀ z, Ensemble z -> Finite ([z]).
Proof.
  intros. assert ([z] ≈ [∅]).
  { exists ([[z,∅]]). deandG.
    - split; [|rewrite siv]; try apply opisf; auto.
    - apply domor; auto.
    - apply ranor; auto. }
  apply MKT154 in H0; auto. New (MKT134 MKT135a).
  unfold PlusOne in H1. rewrite MKT17 in H1. New H1. red.
  apply MKT164, MKT156 in H1 as []. rewrite H0, H3; auto.
Qed.

Lemma finue : ∀ {x z}, Finite x -> Ensemble z -> ~ z ∈ x
  -> P[x ∪ [z]] = PlusOne P[x].
Proof.
  intros. New (Property_Finite H). New (MKT153 H2). New H3.
  apply eqvp in H3; auto. apply MKT146 in H4 as [f [? []]].
  red in H. New (MKT134 H). apply MKT164 in H7.
  symmetry. apply Property_Fun; auto. appoA2G; [|split; auto].
```

```
  - rxo. apply AxiomIV; auto.
  - exists (f ∪ [[z, P[x]]]). deandG; subst.
    + apply f11pb; auto. rewrite H6. apply MKT101.
    + rewrite undom, domor; auto.
    + rewrite unran, ranor, H6; auto.
Qed.
```

Fact **finse** : ∀ f {y u z}, P[y] = PlusOne u -> u ∈ W -> Function f
-> Function f⁻¹ -> dom(f) = y -> ran(f) = PlusOne u -> z ∈ y
-> P[y ∼ [z]] = u.
```
Proof.
  intros. assert (Finite (y ∼ [z])).
  { apply MKT134 in H0. rewrite <- H in H0.
    eapply finsub; eauto. }
  rewrite (Lemma163b H5), finue in H; eauto.
  - apply MKT136 in H; auto.
  - intro. apply setminp in H7 as []. apply H8; eauto.
Qed.
```

定理 2.167　　x 是有限的 $\iff$ ($\exists\, r,\ r$ 良序 $x,\ r^{-1}$ 也良序 x).

Lemma **Lem167a** : ∀ r x f, WellOrdered r P[x] -> Function1_1 f -> dom(f) = x ->
ran(f) = P[x] -> WellOrdered \{\ λ u v, Rrelation f[u] r f[v] \}\ x.
```
Proof.
  intros. destruct H, H0. split; try red; intros.
  - subst. New H5. New H6.
    apply Property_dm in H5; apply Property_dm in H6; auto.
    rewrite H2 in H5, H6. New (H _ _ H5 H6). deor.
    + left. appoA2G; rxo.
    + right; left. appoA2G; rxo.
    + right; right. apply (f11inj f); auto.
  - assert (ran(f|(y)) ⊂ P[x]).
    { red; intros. rewrite <- H2. appA2H H7. destruct H8.
      appA2H H8. destruct H9. eapply Property_ran; eauto. }
    assert (ran(f|(y)) ≠ ∅).
    { NEele H6. apply NEexE. New H6. apply H5 in H6.
      rewrite <- H1 in H6. appA2H H6. destruct H9.
      exists x1. appA2G; ope. exists x0. appA2G. split; auto.
      appoA2G. split; eauto. apply MKT19; ope. }
    destruct (H3 _ H7 H8) as [? []]. appA2H H9. destruct H11.
    appA2H H11. destruct H12. appoA2H H13. destruct H14.
    exists x1; split; auto. intros; intro. appoA2H H17.
    apply Property_Fun in H12; subst; auto. eapply H10; eauto.
    New H16. apply H5 in H16. apply Property_dm in H16; auto.
    New H16. apply Property_Value' in H12; auto.
    appA2G. exists y0. appA2G. split; auto. appoA2G.
Qed.
```

Lemma **lem167b** : ∀ {f r}, ω ⊂ ran(f) -> WellOrdered r⁻¹ dom(f) -> Order_Pr f r E -> False.
```
Proof.
  intros. destruct H0.
  set (S := \{ λ u, ∃ w, w ∈ ω /\ [u, w] ∈ f \}).
  assert (S ⊂ dom(f)).
  { red; intros. appA2H H3. destruct H4 as [? []].
    eapply Property_dom; eauto. }
  assert (S ≠ ∅).
  { New MKT135a. New H4. apply H in H4. appA2H H4.
    destruct H6. apply NEexE. exists x. appA2G; ope. }
  destruct (H2 _ H3 H4) as [z []]. appA2H H5.
  destruct H7 as [w []]. apply MKT134 in H7. New H7.
```

```
    apply H in H9. appA2H H9. destruct H10.
    assert (x ∈ S). { appA2G; ope. }
    destruct (H6 x); auto. appoA2G. apply MKT96 in H1 as [_ []].
    apply invp1 in H8; apply invp1 in H10.
    assert (w ∈ dom(f⁻¹)). { eapply Property_dom; eauto. }
    assert (PlusOne w ∈ dom(f⁻¹)). { eapply Property_dom; eauto. }
    assert (Rrelation w E (PlusOne w)). { appoA2G. appA2G. }
    apply Property_Fun in H8; apply Property_Fun in H10; auto.
    apply H12 in H15; subst; auto.
Qed.

Theorem MKT167 : ∀ x, Finite x <-> ∃ r, WellOrdered r x /\ WellOrdered (r⁻¹) x.
Proof.
  split; intros.
  - New H. appA2H H. destruct H1. apply MKT107 in H1.
    apply Property_Finite, MKT153, MKT146 in H0.
    destruct H0 as [f [? []]].
    exists (\{\ λ u v, Rrelation f[u] E f[v] \}\); split.
    + apply lem167a; auto.
    + assert ((\{\ λ u v, Rrelation f[u] E f[v] \}\)⁻¹
        = \{\ λ u v, Rrelation f[u] E⁻¹ f[v] \}\).
      { eqext; PP H5 a b; appoA2G; appoA2H H7.
        - appA2G. red in H6. rxo; ope.
        - appoA2G. rxo; ope. }
      rewrite H5. apply lem167a; auto.
  - destruct H as [r []]. New (MKT107 MKT113a).
    destruct (MKT99 H H1) as [f]. deand. destruct H3. deand.
    destruct H4; subst.
    + apply MKT114 in H8. New MKT165.
      appA2H H4. destruct H9. appA2H H9.
      destruct (Th110ano H8 H11). deor.
      * apply MKT96 in H6 as [[_ ?]]. rewrite reqdi in H12.
        assert (Ensemble f⁻¹). { apply MKT75; eauto. }
        assert (P[dom(f⁻¹)] = dom(f⁻¹)).
        { apply MKT156. apply MKT164; auto. }
        rewrite <- H15 in H12. rewrite deqri. red.
        destruct (MKT160 H6 H14);
        [eapply H11; eauto|rewrite H16; auto].
      * destruct (lem167b H12 H0 H6).
    + assert (W ⊂ ran(f)).
      { rewrite H4. red; intros. appA2H H9. destruct H10. appA2G. }
      assert (WellOrdered r⁻¹ dom(f)).
      { destruct H7. eapply wosub; eauto. }
      destruct (lem167b H9 H10 H6).
Qed.
```

　　下面这些关于 "**有限集**" 的定理都能对集的势进行归纳证明, 或者通过构造一个良序再应用定理 2.167 加以证明.

　　定理 2.168　x 和 y 均有限 $\Longrightarrow$ $x \cup y$ 也是有限的.

```
Lemma Lemma168 : ∀ {x y r s}, WellOrdered r x -> WellOrdered s y
  -> WellOrdered \{\ λ u v, (u ∈ x /\ v ∈ x /\ Rrelation u r v)
  \/ (u ∈ (y ~ x) /\ v ∈ (y ~ x) /\ Rrelation u s v)
  \/ (u ∈ x /\ v ∈ (y ~ x)) \}\ (x ∪ y).
Proof.
  intros. repeat split; try red; intros.
  - destruct H. deHun.
```

```
    + New (H _ _ H1 H2); deor; auto; [left|right; left]; appoA2G.
    + TF (u ∈ x).
      * New (H _ _ H4 H2); deor; auto; [left|right; left]; appoA2G.
      * right; left. appoA2G; rxo.
    + TF (v ∈ x).
      * New (H _ _ H1 H4); deor; auto; [left|right; left]; appoA2G.
      * left. appoA2G; rxo.
    + destruct H0. TF (u ∈ x); TF (v ∈ x).
      * New (H _ _ H5 H6); deor; auto; [left|right; left]; appoA2G.
      * left. appoA2G; rxo.
      * right; left. appoA2G; rxo.
      * New (H0 _ _ H1 H2); deor; auto.
        -- left; appoA2G. right; left; auto.
        -- right; left; appoA2G. right; left; auto.
  - TF (\{ λ z, z ∈ y0 /\ z ∈ x \} = ∅).
    + assert (y0 ⊂ y).
      { red; intros. New H4. apply H1 in H4. deHun; auto.
        feine z. rewrite <- H3. appA2G. }
      apply H0 in H4 as [z []]; auto. exists z. split; auto.
      red; intros. appoA2H H7. deor; deand.
      * feine z. rewrite <- H3. appA2G.
      * apply (H5 y1); auto.
      * feine y1. rewrite <- H3. appA2G.
    + assert (\{ λ z, z ∈ y0 /\ z ∈ x \} ⊂ x).
      { red; intros. appA2H H4. tauto. }
      apply H in H4 as [z []]; auto. appA2H H4. destruct H6.
      exists z. split; auto. red; intros. appoA2H H9. deor; deand.
      * apply (H5 y1); auto. appA2G.
      * apply setminp in H11 as []. auto.
      * apply setminp in H11 as []. auto.
Qed.

Theorem MKT168 : ∀ x y, Finite x /\ Finite y -> Finite (x ∪ y).
Proof.
  intros. apply MKT167 in H as [r []].
  apply MKT167 in H0 as [s []]. apply MKT167.
  exists (\{\ λ u v, (u ∈ x /\ v ∈ x /\ Rrelation u r v)
    \/ (u ∈ (y ~ x) /\ v ∈ (y ~ x) /\ Rrelation u s v)
    \/ (u ∈ x /\ v ∈ (y ~ x)) \}\). split.
  - apply Lemma168; auto.
  - split; try red; intros.
    + destruct (Lemma168 H H0). New (H5 _ _ H3 H4). deor; auto.
      * right; left. appoA2G; rxo.
      * left. appoA2G; rxo.
    + TF (\{ λ z, z ∈ y0 /\ z ∈ (y ~ x) \} = ∅).
      * destruct (Lemma168 H1 H2) as [_ ?], (H6 _ H3 H4) as [z []].
        exists z. split; auto. red; intros.
        appoA2H H10. appoA2H H11. deor; deand.
        -- elim (H8 _ H9). apply invp1 in H14. appoA2G.
        -- elim (H8 _ H9). apply invp1 in H14. appoA2G.
        -- feine y1. rewrite <- H5. appA2G.
      * assert (\{ λ z, z ∈ y0 /\ z ∈ (y ~ x)\} ⊂ y).
        { red; intros. appA2H H6. destruct H7. appA2H H8. tauto. }
        apply H2 in H6 as [z []]; auto. appA2H H6. destruct H8.
        exists z. split; auto. red; intros.
        appoA2H H11. appoA2H H12. deor; deand.
        -- apply setminp in H9 as []. auto.
        -- apply (H7 y1); appA2G.
        -- apply setminp in H9 as []. auto.
```

Qed.

定理 2.169　x 有限且 x 的每个元有限 $\Longrightarrow$ $\bigcup x$ 也有限.

```
Lemma Lemma169 : ∀ x y, ⋃(x ∪ y) = (⋃x) ∪ (⋃y).
Proof.
  intros. eqext; appA2H H.
  - destruct H0 as [? []]. appA2G. deHun; [left|right]; appA2G.
  - destruct H0; appA2H H0; destruct H1 as [? []]; appA2G;
    exists x0; split; try appA2G; auto.
Qed.
Theorem MKT169 : ∀ x, Finite x -> (∀ z, z∈x -> Finite z) -> Finite (⋃ x).
Proof.
  intros. assert (\{λ u, u ∈ ω /\ ∀ y, P[y] = u
  -> (∀ z, z ∈ y -> Finite z) -> Finite (⋃y) \} = ω).
  { clear H H0. apply MKT137; try red; intros.
    - appA2H H. tauto.
    - appA2G; split; auto. intros. New (carE H).
      subst. red. rewrite MKT24', H; auto.
    - appA2H H. deand. New (MKT134 H0). appA2G.
      split; auto. intros. New H3.
      apply pveqv in H3; eauto. destruct H3 as [f [[][]]].
      assert (f⁻¹[u] ∈ y).
      { rewrite <- H7, deqri. apply Property_dm; auto.
        rewrite <- reqdi, H8. appA2G. }
      rewrite (Lemma163b H9), Lemma169. apply MKT168.
      + apply H1; intros.
        * apply (finse f); auto.
        * apply H4. appA2H H10. tauto.
      + destruct (@ MKT44 f⁻¹[u]); eauto. rewrite H11. auto. }
  red in H. rewrite <- H1 in H. appA2H H.
  destruct H2. apply H3; auto.
Qed.
```

定理 2.170　x 和 y 均有限 $\Longrightarrow$ $x \times y$ 也有限.

```
Theorem MKT170 : ∀ x y, Finite x /\ Finite y -> Finite (x × y).
Proof.
  intros. TF (y = ∅).
  { assert ((x × ∅) = ∅).
    { eqext; try emf. PP H2 a b. destruct H4. emf. }
    subst; rewrite H2; auto. }
  rewrite <- Lemma74; try apply Property_Finite; auto.
  apply MKT169; intros.
  - assert (x ≈ \{λ z, ∃ u, u ∈ x /\ z = [u] × y \}).
    { exists (\{\ λ u v, u ∈ x /\ v = [u] × y \}).
      repeat split; auto; try red; try eqext; intros.
      - appoA2H H2. appoA2H H3. destruct H4, H5; subst; auto.
      - PP H2 a b; eauto.
      - appoA2H H2. appoA2H H3. appoA2H H4. appoA2H H5.
        destruct H6, H7; subst; auto. NEele H1.
        assert ([y0, x0] ∈ [y0] × y). { appA2G. rxo. }
        rewrite H9 in H8. appoA2H H8. destruct H10. eins H10.
      - appA2H H2. destruct H3. appoA2H H3. tauto.
      - appA2G. exists [z] × y. appoA2G. rxo.
        apply MKT74; eauto. apply Property_Finite; auto.
      - appoA2H H2. destruct H3.
        appoA2H H3. destruct H4. subst. appA2G.
      - appA2H H2. destruct H3, H3. subst.
        appA2G. exists x0. appoA2G. }
```

```
     New (Property_Finite H). New (eqvp H3 (MKT146 H2)).
     unfold Finite in *. apply MKT154 in H2; auto.
     rewrite <- H2; auto.
   - appA2H H2. destruct H3 as [w []]; subst.
     assert (y ≈ ([w] × y)).
     { exists (\{\ λ u v, u ∈ y /\ v = [w, u] \}\).
       repeat split; auto; try red; try eqext; intros.
       - appoA2H H4. appoA2H H5. destruct H6, H7; subst; auto.
       - PP H4 a b; eauto.
       - appoA2H H4. appoA2H H5. appoA2H H6. appoA2H H7.
         destruct H8, H9. subst. apply MKT55 in H11 as []; eauto.
       - appA2H H4. destruct H5. appoA2H H5. tauto.
       - appA2G. exists [w,z]. appoA2G. rxo.
       - appA2H H4. destruct H5.
         appoA2H H5. destruct H6. subst. appoA2G.
       - PP H4 a b. destruct H6. eins H5.
         appA2G. exists b. appoA2G. }
     New (Property_Finite H0). New (eqvp H5 (MKT146 H4)).
     unfold Finite in *. apply MKT154 in H4; auto.
     rewrite <- H4; auto.
Qed.
```

定理 2.171　x 有限 $\Longrightarrow$ 2^x 也有限.

```
Lemma Lemma171 : ∀ {x y}, y ∈ x -> pow(x) = pow(x ∼ [y]) ∪ (\{ λ z, z ⊂ x /\ y ∈ z \}).
Proof.
  intros; eqext; appA2H H0.
  - appA2G. TF (y ∈ z).
    + right. appA2G.
    + left. appA2G. red; intros.
      apply setminP; auto. intro. eins H4.
  - destruct H1; appA2H H1; appA2G. tauto.
Qed.
```

```
Theorem MKT171 : ∀ x, Finite x -> Finite pow(x).
Proof.
  intros.
  assert (\{ λ u, u ∈ ω /\ ∀ y, P[y] = u -> Finite pow(y) \} = ω).
  { clear H. apply MKT137; try red; intros.
    - appA2H H. tauto.
    - appA2G; split; auto. intros. New (carE H). subst.
      rewrite powEm. apply finsin; auto.
    - appA2H H. deand. New (MKT134 H0). appA2G. split; auto.
      intros. New H3. rename H4 into G.
      apply pveqv in H3 as [f [[][]]]; eauto.
      assert (f⁻¹[u] ∈ y).
      { rewrite <- H5, deqri. apply Property_dm; auto.
        rewrite <- reqdi, H6. appA2G. } rewrite (Lemma171 H7).
      assert (Finite pow(y ∼ [f⁻¹[u]])).
      { red. apply H1, (finse f); auto. } apply MKT168; auto.
      assert (pow(y ∼ [f⁻¹[u]]) ≈ \{ λ z, z ⊂ y /\ f⁻¹[u] ∈ z \}).
      { exists \{\ λ v w, v ∈ pow(y ∼ [f⁻¹[u]]) /\ w = v ∪ [f⁻¹[u]] \}\.
        repeat split; auto; try red; try eqext; intros.
        - appoA2H H9. appoA2H H10. deand; subst; auto.
        - PP H9 a b; eauto.
        - appoA2H H9. appoA2H H10. appoA2H H11. appoA2H H12.
          deand; subst; auto. appA2H H13. appA2H H14. eqext.
          + assert (z0 ∈ z ∪ [f⁻¹[u]]). { rewrite <- H15. appA2G. }
            apply H13 in H17. apply setminp in H17 as [].
```

```
        deHun; tauto.
      + assert (z0 ∈ y0 ∪ [f⁻¹[u]]). { rewrite H15. appA2G. }
        apply H16 in H17. apply setminp in H17 as [].
        deHun; tauto.
    - appA2H H9. destruct H10. appoA2H H10. tauto.
    - appA2G. exists (z ∪ [f⁻¹[u]]). appoA2G. rxo.
      apply AxiomIV; eauto.
    - appA2H H9. destruct H10. appoA2H H10.
      destruct H11. subst. appA2H H11.
      appA2G; split; try red; intros; [deHun|appA2G].
      + apply H11 in H12. appA2H H12. tauto.
      + eins H12.
    - appA2H H9. deand. subst.
      appA2G. exists (z ∼ [f⁻¹[u]]).
      assert (Ensemble (z ∼ [f⁻¹[u]])). { eapply MKT33; eauto. }
      appoA2G; split; [|apply Lemma163b; auto].
      appA2G. red; intros. apply setminp in H12 as [].
      apply setminP; auto. }
  New (Property_Finite H8).
  assert (Ensemble \{ λ z, z ⊂ y /\ f⁻¹[u] ∈ z \}).
  { apply MKT146 in H9. eapply eqvp; eauto. }
  apply MKT154 in H9; auto. red. rewrite <- H9; auto. }
red in H. rewrite <- H0 in H. appA2H H.
destruct H1. apply H2; auto.
Qed.
```

定理 2.172 x 有限 $\wedge$ $y \subset x$ $\wedge$ $P(y) = P(x)$ $\implies$ $x = y$.

```
Theorem MKT172 : ∀ x y, Finite x -> y ⊂ x -> P[y] = P[x] -> x = y.
Proof.
  intros. Absurd. assert (x <> ∅).
  { intro. subst. apply H2. apply MKT27; split; auto. }
  assert (∃ z, z ∈ x /\ ∼ z ∈ y).
  { Absurd. elim H2. apply MKT27; split; auto.
    red; intros. Absurd. elim H4; eauto. }
  destruct H4 as [z []]. assert (Ensemble z) by eauto.
  New (finsub H H0). New (finue H7 H6 H5). red in H7.
  assert (y ∪ [z] ⊂ x).
  { red; intros. deHun; auto. eins H9. }
  apply MKT158 in H9. rewrite H8, <- H1 in H9.
  assert (P[y] ≺ PlusOne P[y]). { appA2G. } destruct H9.
  - destruct (MKT102 _ _ H9 H10).
  - rewrite H9 in H10. destruct (MKT101 _ H10).
Qed.
```

定理 2.172 是关于有限集不能等势于它的真子集的性质, 实际上, 它描述了有限集的特征.

定理 2.173 x 是集且非有限 $\implies$ $(\exists\, y,\ y \subset x,\ y \neq x,\ x \approx y)$.

```
Theorem MKT173 : ∀ x, Ensemble x /\ ∼ Finite x -> (∃ y, y ⊂ x /\ y <> x /\ x ∼ y).
Proof.
  intros. apply MKT19 in H. rewrite <- MKT152b in H.
  apply Property_Value in H; auto. appoA2H H. destruct H1.
  assert (ω ⊂ P[x]).
  { appA2H H2. destruct H3. appA2H H3. New MKT138.
    appA2H H6. destruct (Th110ano H5 H7); auto. elim H0; auto. }
  New H1. apply MKT146 in H1 as [f [[] []]].
  assert (x ∼ [f[∅]] <> x).
```

```
{ intro. assert (f[∅] ∈ x).
  { subst. apply Property_dm; auto. rewrite H6. auto. }
  rewrite <- H8 in H9. apply setminp in H9 as []. eauto. }
assert (K1 : ∀ x, x ∈ ω -> x ∈ dom(f)).
{ intros. subst. rewrite H6; auto. }
assert (K2 : ∀ x, x ∈ ω -> f[x] ∈ ran(f)).
{ intros. apply Property_dm; auto. }
exists (x ~ [f[∅]]). deandG; eauto. eapply MKT147; eauto.
exists \{\ λ u v, u ∈ P[x] /\ ((u ∈ ω -> v = f[PlusOne u])
  /\ (~ u ∈ ω -> v = f[u])) \}\. rewrite <- H6.
repeat split; auto; try red; try eqext; intros.
- appoA2H H9. appoA2H H10. deand. TF (x0 ∈ ω).
  + rewrite H13, H15; auto.
  + rewrite H14, H16; auto.
- PP H9 a b; eauto.
- appoA2H H9. appoA2H H10. appoA2H H11. appoA2H H12. deand.
  TF (y ∈ ω); TF (z ∈ ω).
  + apply H17 in H19 as ?. apply H15 in H20 as ?. subst.
    apply f11inj in H22; auto. apply MKT136; auto.
  + apply H17 in H19 as ?. rewrite H16 in H21; auto.
    apply f11inj in H21; auto. subst. elim H20; auto.
  + apply H15 in H20 as ?. rewrite H18 in H21; auto.
    apply f11inj in H21; auto. subst. elim H19; auto.
  + apply H16 in H20 as ?. rewrite H18 in H21; auto.
    apply f11inj in H21; subst; auto.
- appA2H H9. destruct H10. appoA2H H10. tauto.
- appA2G. TF (z ∈ ω).
  + exists f[PlusOne z]. appoA2G; rxo.
    deandG; auto. intros. tauto.
  + New H9. apply Property_dm in H9; auto.
    exists f[z]. appoA2G; rxo. deandG; auto. intro. tauto.
- appA2H H9. destruct H10. appoA2H H10. deand. TF (x0 ∈ ω).
  + rewrite H12; auto. apply setminP; subst; auto. intro.
    eins H7. apply f11inj in H7; auto. eapply MKT135b; eauto.
  + rewrite H13; auto. subst. New H11.
    apply Property_dm in H11; auto. apply setminP; auto. intro.
    eins H15. apply f11inj in H15; subst; auto.
- apply setminp in H9 as []. appA2G. subst. einr H9. TF (x ∈ ω).
  + destruct (caseint H11) as [?|[n []]];
    subst; [elim H10; eauto|].
    exists n. appoA2G; rxo. deandG; auto. intro. tauto.
  + exists x. appoA2G; rxo. deandG; auto. intro. tauto.
Qed.
```

定理 2.174　　$x \in (R \sim \omega) \implies P(x+1) = P(x)$.

```
Theorem MKT174 : ∀ x, x ∈ (R ~ ω) -> P[PlusOne x] = P[x].
Proof.
  intros. apply setminp in H as [].
  assert (x ⊂ (PlusOne x)). { red; intros. appA2G. }
  assert (~ Finite x).
  { intro; apply H0. assert (x ∈ C).
    { appA2G. split; auto. intros. intro. apply MKT154 in H5; eauto.
      appA2H H. apply H6 in H4 as ?. apply MKT172 in H7; auto.
      subst. destruct (MKT101 _ H4). }
    apply MKT156 in H3 as []. rewrite <- H4; auto. }
  apply MKT173 in H2 as [y]; eauto. deand.
  assert (∃ z, z ∈ x /\ ~ z ∈ y).
  { Absurd. elim H3. apply MKT27; split; auto. red; intros.
    Absurd. elim H5. eauto. }
```

```
destruct H5 as [z []], H4 as [f [? []]].
assert (PlusOne x ≈ y ∪ [z]).
{ exists (f ∪ [[x, z]]). subst. deandG.
  - apply f11pb; eauto. apply MKT101.
  - rewrite undom, domor; eauto.
  - rewrite unran, ranor; eauto. }
assert (y ∪ [z] ⊂ x). { red; intros. deHun; auto. eins H10. }
apply MKT158 in H10. apply MKT158 in H1.
apply MKT33 in H2 as ?; eauto.
apply MKT154 in H9; eauto; [|apply AxiomIV; eauto].
rewrite <- H9 in H10. destruct H1, H10; auto.
destruct (MKT102 _ _ H1 H10).
Qed.
```

定义 2.175　$\max[x, y] = x \cup y$.

```
Definition Max x y := x ∪ y.
```

定义 2.176　$\ll = \{z : \exists(u, v) \in R \times R, \exists(x, y) \in R \times R, z = ((u, v), (x, y)),$
$(\max[u, v] < \max[x, y]) \vee (\max[u, v] = \max[x, y] \wedge u < x) \vee (\max[u, v] = \max[x, y] \wedge$
$u = x \wedge v < y)\}$.

```
Definition LessLess := \{ λ a b, ∃ u v x y, [u, v] ∈ (R × R) /\ [x, y] ∈ (R × R)
  /\ a = [u, v] /\ b = [x, y] /\ ((Max u v ≺ Max x y) \/ (Max u v = Max x y /\ u ≺ x)
  \/ (Max u v = Max x y /\ u = x /\ v ≺ y)) \}.
```

```
Notation "≪" := (LessLess) (at level 0, no associativity).
```

定理 2.177　$\ll$ 良序 $R \times R$.

```
Lemma Lemma177a : ∀ {a b}, a ∈ R -> b ∈ R -> Max a b = a \/ Max a b = b.
Proof.
  intros. appA2H H. appA2H H0. destruct (MKT109 H1 H2); unfold Max;
  apply MKT29 in H3; [|rewrite MKT6 in H3]; auto.
Qed.
```

```
Lemma Lemma177b : ∀ {a b}, a ∈ R -> b ∈ R -> Max a b ∈ R.
Proof.
  intros. destruct (Lemma177a H H0); rewrite H1; auto.
Qed.
```

```
Lemma Lemma177c : ∀ P a b c d, Ensemble ([a,b]) -> Ensemble ([c,d])
  -> Rrelation ([a, b]) \{\ λ a b, ∃ u v x y, a = [u,v] /\ b = [x,y]
  /\ P u v x y \}\ ([c, d]) <-> P a b c d.
Proof.
  split; intros.
  - appoA2H H1. destruct H2, H2, H2, H2, H2, H3.
    apply MKT55 in H2 as []; apply MKT55 in H3 as []; ope.
    subst; auto.
  - appA2G. exists [a,b], [c,d]; split; auto. exists a,b,c,d; auto.
Qed.
```

```
Theorem MKT177 : WellOrdered ≪ (R × R).
Proof.
  assert (K1 : ∀ j k l, j ∈ l -> k ∈ l -> [j, k] ∈ l × l).
  { intros. appA2G; rxo. }
  split; try red; intros.
  - PP H a b. PP H0 c d. deand. New (Lemma177b H1 H3). appA2H H5.
    New (Lemma177b H2 H4). appA2H H7. New (MKT110 H6 H8). deor.
```

```
+ right. left. apply Lemma177c; auto.
+ left. apply Lemma177c; auto.
+ New H1. New H2. appA2H H1. appA2H H2.
  New (MKT110 H12 H13). deor; subst.
  * right. left. apply Lemma177c; auto 6.
  * left. apply Lemma177c; auto 6.
  * New H3. New H4. appA2H H3. appA2H H4.
    New (MKT110 H16 H17). deor; subst; auto.
    { right. left. apply lem177c; auto 7. }
    { left. apply lem177c; auto 7. }
- NEele H0. New H0. apply H in H1. PP H1 a b. destruct H3.
  set (s1 := \{ λ z, ∃ a b, [a,b] ∈ y /\ z = Max a b \}).
  assert (s1 ⊂ R).
  { red; intros. appA2H H4. destruct H5 as [? [? []]]. subst.
    apply H in H5. appoA2H H5. apply Lemma177b; tauto. }
  assert (s1 <> ∅).
  { apply NEexE. destruct (Lemma177a H2 H3);
    [exists a|exists b]; appA2G. }
  apply (MKT107 MKT113a) in H4 as [u []]; auto.
  appA2H H4. destruct H7 as [? [? []]]. subst.
  set (s2 := \{ λ a, ∃ b, [a, b] ∈ y /\ Max a b = Max x x0 \}).
  assert (s2 ⊂ R).
  { red; intros. appA2H H8. destruct H9 as [? []].
    apply H in H9. appoA2H H9. tauto. }
  assert (s2 <> ∅).
  { New H7. apply H in H7. appoA2H H7. destruct H10. apply NEexE.
    exists x; appA2G. }
  apply (MKT107 MKT113a) in H9 as [u []]; auto.
  appA2H H9. destruct H11 as [? []].
  set (s3 := \{ λ b, ∃ a, [a, b] ∈ y
    /\ Max a b = Max x x0 /\ a = u \}).
  assert (s3 ⊂ R).
  { red; intros. appA2H H13. destruct H14 as [? [? []]].
    apply H in H14. appoA2H H14. tauto. }
  assert (s3 <> ∅).
  { New H7. apply H in H7. appoA2H H7. destruct H15. apply NEexE.
    exists x1; appA2G. ope. }
  apply (MKT107 MKT113a) in H14 as [v []]; auto. appA2H H14.
  destruct H16 as [? [? []]]. subst. exists ([u,v]); split; auto.
  unfold not; intros. New H18. apply H in H18. PP H18 p q.
  apply Lemma177c in H19; rxo. deand; deor; deand.
  + apply (H6 (Max p q)); [appA2G|appoA2G]. rewrite <- H17; auto.
  + apply (H10 p); [appA2G|appoA2G]; ope.
    rewrite <- H17, <- H23; eauto.
  + apply (H15 q); [appA2G|appoA2G]. rewrite <- H17, <- H23; eauto.
Qed.
```

定理 2.178 $\quad (u,v) \ll (x,y) \Longrightarrow (u,v) \in (\max[x,y]+1) \times (\max[x,y]+1)$.

```
Lemma Lemma178a : ∀ {a b}, a ∈ R -> b ∈ R -> a ∈ PlusOne (Max a b).
Proof.
  intros. destruct (Lemma177a H H0); rewrite H1; appA2G.
  apply MKT29 in H1. appA2H H. appA2H H0.
  destruct (Th110ano H2 H3); auto. right.
  apply MKT41; eauto. apply MKT27; auto.
Qed.

Lemma Lemma178b : ∀ u v x y, u ∈ R -> v ∈ R -> x ∈ R -> y ∈ R
  -> Max u v ≺ Max x y \/ Max u v = Max x y
  -> PlusOne (Max u v) ⊂ PlusOne (Max x y).
```

Proof.
　unfold Included; intros. New (Lemma177b H H0).
　New (Lemma177b H1 H2). appA2H H5. appA2H H6.
　destruct H3; try rewrite <- H3; eincus H4; try appA2G.
　left. eapply H8; eauto.
Qed.

Theorem MKT178 : ∀ u v x y, Rrelation ([u, v]) ≪ ([x, y])
　-> [u, v] ∈ ((PlusOne (Max x y)) × (PlusOne (Max x y))).
Proof.
　intros. red in H. New H. apply Lemma177c in H; ope. deand.
　appoA2H H. appoA2H H1. deand. New (Lemma178a H6 H3).
　rewrite MKT6 in H7. New (Lemma178a H3 H6).
　deor; deand; appoA2G; split; apply (Lemma178b u v); auto.
Qed.

定理 2.179 $\quad x \in C \sim \omega \Longrightarrow P(x \times x) = P(x).$

Fact le179 : ∀ x, x ∈ R -> P[x] ∈ ω -> P[x] = x.
Proof.
　intros. apply MKT156. appA2G. split; auto. intros.
　intro. apply MKT154 in H3; eauto. appA2H H. New H2.
　apply H4 in H2. apply MKT172 in H2; auto. subst.
　eapply MKT101; eauto.
Qed.

Fact t69r : ∀ f x, Function f -> Ensemble f[x] -> f[x] ∈ ran(f).
Proof.
　intros. apply MKT19, MKT69b' in H0. apply Property_dm; auto.
Qed.

Fact CsubR : C ⊂ R.
Proof.
　red; intros. appA2H H. destruct H0. auto.
Qed.

Hint Resolve CsubR.

Fact plusoneEns : ∀ z, Ensemble z -> Ensemble (PlusOne z).
Proof.
　intros. apply AxiomIV; auto.
Qed.

Hint Resolve plusoneEns.

Fact pclec : ∀ {x}, x ∈ R -> P[x] ⪯ x.
Proof.
　intros. appA2H H. New H. apply Property_PClass in H. appA2H H.
　destruct H2. appA2H H2. red. New (MKT110 H4 H0). deor; auto.
　apply H3 in H5; [|appA2G]. elim H5. apply MKT153; auto.
Qed.

Lemma Lemma179a : ∀ x y, Ensemble x -> Ensemble y -> P[x × y] = P[(P[x]) × (P[y])].
Proof.
　intros. New H. New H0. apply MKT153, MKT146 in H1 as [f].
　apply MKT153, MKT146 in H2 as [g]. deand.
　New (Property_PClass H). New (Property_PClass H0).
　apply MKT154; try apply MKT74; eauto.
　exists \{\ λ u v, ∃ a b, u = [a, b] /\ v = [f[a], g[b]] \}\.
　repeat split; auto; try red; intros.

```
  - appoA2H H9. appoA2H H10. destruct H11, H11, H12, H12. deand.
    subst. apply MKT49b in H9 as [].
    apply MKT55 in H12 as []; subst; ope; auto.
  - PP H9 a b; eauto.
  - appoA2H H9. appoA2H H10. appoA2H H11. appoA2H H12.
    destruct H13, H13, H14, H14. deand. subst.
    apply MKT49b in H9 as []. New H3. rewrite H15 in H9.
    apply MKT55 in H15 as []; ope. destruct H1, H2.
    apply f11inj in H13; apply f11inj in H14; subst; auto;
    apply MKT69b'; apply MKT19; ope.
  - eqext.
    + appA2H H9. destruct H10. appoA2H H10. destruct H11, H11, H11.
      subst. appoA2G. apply MKT49b in H10 as [].
      split; apply MKT69b'; apply MKT19; ope.
    + PP H9 a b. deand. appA2G. exists ([f[a], g[b]]). appoA2G.
      rxo; apply MKT19; apply MKT69b; auto.
  - destruct H1, H2. eqext.
    + appA2H H11. destruct H12. appoA2H H12. destruct H13, H13, H13.
      subst. appoA2G. apply MKT49b in H12 as [].
      rewrite <- H4, <- H6. split;
      apply t69r; ope; auto.
    + PP H11 a b. deand. appA2G. rewrite <- H4, <- H6 in *.
      einr H3. einr H5. exists [x, x0]. appoA2G. rxo.
Qed.

Lemma Lemma179b : ∀ z x, x ∈ C -> z ∈ R -> P[z] ∈ x -> z ∈ x.
Proof.
  intros. New H. appA2H H. apply Property_PClass in H. appA2H H.
  destruct H3. appA2H H3. apply MKT156 in H2 as []. appA2H H0.
  rewrite <- H7 in H1. New (MKT110 H8 H6). deor; auto.
  - apply H8, MKT158 in H9. destruct H9.
    + destruct (MKT102 _ _ H1 H9).
    + rewrite H9 in H1. destruct (MKT101 _ H1).
  - subst. destruct (MKT101 _ H1).
Qed.

Theorem MKT179 : ∀ x, x ∈ (C ~ ω) -> P[x × x] = x.
Proof.
  intros. Absurd.
  assert (\{ λ x, x ∈ (C ~ ω) /\ P[x × x] <> x \} <> ∅).
  { apply NEexE. exists x. appA2G. }
  assert (\{ λ x, x ∈ (C ~ ω) /\ P[x × x] <> x \} ⊂ C).
  { red; intros. appA2H H2. destruct H3. appA2H H3. tauto. }
  apply MKT150 in H2 as [z []]; auto. appA2H H2. deand.
  assert (Ensemble z × z). { apply MKT74; eauto. }
  apply setminp in H4 as [].
  assert (WellOrdered ≈ z × z).
  { apply (wosub R × R); [apply MKT177|]. red; intros. PP H8 a b.
    destruct H10. appA2H H4. destruct H11. appA2H H11.
    appoA2G; split; appA2G; eapply MKT111; eauto. }
  destruct (MKT100 H8 (MKT107 MKT113a)) as [f]; auto. deand.
  rewrite <- H11 in H6. elim H5. New H4. apply MKT156 in H4 as [].
  pattern z at 3. rewrite <- H13. red in H10. deand.
  assert (Ensemble ran(f)). { apply AxiomV; auto. }
  apply MKT27; split.
  - assert (ran(f) ⊂ z).
    { red; intros. einr H19. New H19.
      rewrite H11 in H19. PP H19 u v. deand.
      apply MKT96 in H15 as ?. destruct H24 as [[_]].
```

```
set (d := \{\ λ a b, Rrelation ([a, b]) ≈ ([u, v])
 /\ [a, b] ∈ dom(f) \}\).
assert (d ≈ f[[u, v]]).
{ assert (Function (f|(d))). { apply MKT126a; auto. }
  assert (dom(f|(d)) = d). { rewrite MKT126b; auto.
  apply MKT30. red; intros. PP H27 a b. tauto. }
  exists (f|(d)). deandG; [split|..]; auto.
  - split; try red; intros; [PP H28 a b; eauto|].
    appoA2H H28. appoA2H H29. appA2H H30. appA2H H31.
    deand. eapply H24; apply invp1; eauto.
  - eqext.
    + einr H28. rewrite MKT126c in *; auto.
      rewrite H27 in H28. PP H28 a b. deand.
      apply H15 in H30; auto. appoA2H H30; auto.
    + apply MKT114 in H17. apply H17 in H28 as ?; auto.
      einr H29. New H29. rewrite H11 in H29. PP H29 a b. deand.
      apply Property_Value' in H30 as ?; auto. appA2G.
      exists [a,b]. appA2G. split; auto.
      appoA2G. split; eauto. appoA2G. split; auto.
      rewrite reqdi in H20, H30. eapply H25 in H20; eauto.
      * rewrite f11iv, f11iv in H20; auto.
      * appoA2G. rxo. }
assert (d ⊂ (PlusOne (Max u v)) × ((PlusOne (Max u v)))).
{ red; intros. PP H27 a b. apply MKT178; tauto. }
assert ((Max u v) ∈ z).
{ appA2H H12. destruct H28. appA2H H28.
  apply MKT111 in H22 as ?; apply MKT111 in H23 as ?; auto.
  assert (u ∈ R) by appA2G. assert (v ∈ R) by appA2G.
  destruct (Lemma177a H33 H34); rewrite H35; auto. }
assert (P[Max u v] ∈ z) as G1.
{ apply CsubR in H12. appA2H H12. New H29.
  eapply MKT111 in H29; eauto.
  assert ((Max u v) ∈ R) by appA2G.
  destruct (pclec H31); [eapply H30|rewrite H32]; eauto. }
apply MKT33 in H27 as ?; [|apply MKT74; apply AxiomIV; eauto].
apply MKT154 in H26; eauto. apply MKT158 in H27.
rewrite H26 in H27. TF (P[Max u v] ∈ ω).
- assert (Finite (PlusOne (Max u v))).
  { red; unfold PlusOne; rewrite finue; eauto. apply MKT101. }
  eapply MKT170 in H31; eauto. red in H31.
  assert (P[f[[u, v]]] ∈ ω).
  { destruct H27; [|rewrite H27; auto].
    New MKT138. appA2H H32. eapply H33; eauto. }
  apply H17 in H20. rewrite <- (le179 f[[u, v]]); auto.
  New MKT138. appA2H H33. apply Property114 in H34.
  appA2H H12. destruct H35.
  eapply Lemma99c in H34; eauto. appoA2H H34; auto.
- assert (Ensemble (Max u v)) by eauto.
  apply Property_PClass in H31. appA2H H31. destruct H32.
  assert (P[Max u v] ∈ (R ~ ω)). { apply setminP; auto. }
  assert (P[(P[(Max u v)]) × (P[(Max u v)])] = P[(Max u v)]).
  { Absurd. destruct (H3 (P[Max u v])).
    - appA2G. split; auto. apply setminP; auto.
      apply Property_PClass; eauto.
    - appoA2G. }
  rewrite Lemma179a, MKT174, H35 in H27; eauto.
  assert (P[f[[u, v]]] ∈ z).
  { destruct H27; [|rewrite H27; auto].
    apply CsubR in H12. appA2H H12. eapply H36; eauto. }
```

```
      eapply Lemma179b; eauto. apply H17; auto. apply setminP.
    + New (CsubR _ H12). eapply MKT113a; eauto.
    + intro. apply H30. New H36.
      apply MKT164, MKT156 in H36 as []. rewrite H38; auto. }
  assert (dom(f) ≈ ran(f)).
  { apply MKT96 in H15 as []. exists f; auto. }
  apply MKT154 in H20; auto. apply MKT158 in H19.
  rewrite <- H20, H11 in H19. red; intros.
  + destruct H19.
    * assert (Ordinal P[z]).
      { apply Property_PClass, CsubR in H2. appA2H H2. auto. }
      eapply H22; eauto.
    * rewrite <- H19; auto.
- set (g:= \{\ λ u v, u ∈ z /\ v = [u, u] \}\).
  assert (Function g).
  { split; unfold g; auto. intros. appoA2H H19. appoA2H H20.
    deand. subst; auto. }
   assert (Function1_1 \{\ λ u v, u ∈ z /\ v = [u, u] \}\).
  { split; auto. split; try red; intros.
    - PP H20 a b; eauto.
    - appoA2H H20. appoA2H H21. appoA2H H22. appoA2H H23. deand.
      subst; auto. apply MKT55 in H26 as []; subst; eauto. }
  assert (dom(g) = z).
  { eqext.
    + appA2H H21. destruct H22. appoA2H H22. tauto.
    + appA2G. exists [z0,z0]; appoA2G. rxo. }
  assert (ran(g) ⊂ z × z).
  { red; intros. appA2H H22. destruct H23. appoA2H H23. deand.
    rewrite H25. appoA2G; rxo. }
  assert (dom(g) ≈ ran(g)). { exists g; auto. }
  apply MKT154 in H23; auto. apply MKT158 in H22.
  rewrite <- H23, H21 in H22. red; intros.
  + destruct H22.
    * assert (Ordinal P[z × z]).
      { New (MKT74 H2 H2). apply Property_PClass, CsubR in H25.
        appA2H H25. auto. } eapply H25; eauto.
    * rewrite <- H22; auto.
  + rewrite H21; auto.
  + New (MKT74 H2 H2). eapply MKT33; eauto.
Qed.
```

定理 2.180 $(x \in C, y \in C, x \neq 0 \wedge y \neq 0, x \notin \omega \vee y \notin \omega) \Longrightarrow P(x \times y) = \max[P(x), P(y)]$.

```
Fact wh1 : ∀ {x y}, Ensemble x -> y <> ∅ -> P[y] ⊂ P[x] -> P[x] ⪯ P[y × x].
Proof.
  intros. NEele H0. set (f:= \{\ λ u v, u ∈ x /\ v = [x0, u] \}\).
  assert (Function f).
  { split; unfold f; auto. intros. appoA2H H2. appoA2H H3.
    deand. subst; auto. }
  assert (Function1_1 \{\ λ u v, u ∈ x /\ v = [x0, u] \}\).
  { split; auto. split; try red; intros.
    - PP H3 a b; eauto.
    - appoA2H H3. appoA2H H4. appoA2H H5. appoA2H H6. deand.
      subst; auto. apply MKT55 in H9 as []; subst; eauto. }
  assert (dom(f) = x).
  { eqext.
    + appA2H H4. destruct H5. appoA2H H5. tauto.
    + appA2G. exists [x0,z]; appoA2G. rxo. }
```

```
  assert (ran(f) ⊂ y × x).
  { red; intros. appA2H H5. destruct H6. appoA2H H6. deand.
    rewrite H8. appoA2G; rxo. }
  assert (dom(f) ≈ ran(f)). { exists f; auto. }
  apply MKT154 in H6; auto. apply MKT158 in H5.
  rewrite <- H6, H4 in H5. auto.
  - rewrite H4; auto.
  - apply MKT33 in H5; eauto. apply MKT74; auto.
    assert (Ensemble P[y]).
    { apply Property_PClass in H. eapply MKT33;
      try apply H1; eauto. }
    apply MKT19, MKT69b' in H8; eauto.
Qed.

Fact wh2 : ∀ x y, x ⊂ y -> x × y ⊂ y × y.
Proof.
  unfold Included; intros. PP H0 a b. destruct H2. appoA2G.
Qed.

Fact wh3 : ∀ x y, Ensemble x -> Ensemble y -> P[x × y] = P[y × x].
Proof.
  intros. apply MKT154; try apply MKT74; auto.
  exists (\{\ λ u v, u ∈ x × y /\ v = [Second u, First u] \}\).
  deandG; [split; split; auto|..]; try red; intros.
  - appoA2H H1. appoA2H H2. deand. subst; auto.
  - PP H1 a b. eauto.
  - appoA2H H1. appoA2H H2. appoA2H H3. appoA2H H4. deand. subst.
    PP H5 a b. PP H6 c d. deand.
    do 2 rewrite MKT54a, MKT54b in H7; eauto.
    apply MKT55 in H7 as []; subst; eauto.
  - eqext.
    + appA2H H1. destruct H2. appoA2H H2. tauto.
    + appA2G. exists [Second z, First z]. appoA2G. rxo.
      * PP H1 a b. destruct H3. rewrite MKT54b; eauto.
      * PP H1 a b. destruct H3. rewrite MKT54a; eauto.
  - eqext.
    + appA2H H1. destruct H2. appoA2H H2. destruct H3. subst.
      PP H3 a b. destruct H5. rewrite MKT54a, MKT54b;
      eauto. appoA2G. rxo.
    + appA2G. PP H1 a b. destruct H3. exists [b,a].
      appoA2G; [rxo|split]; [appoA2G; rxo|].
      rewrite MKT54a, MKT54b; eauto.
Qed.

Theorem MKT180a : ∀ x y, x ∈ C -> y ∈ C -> y ∉ ω -> x ≠ ∅
  -> P[x] ⊂ P[y] -> P[x × y] = Max P[x] P[y].
Proof.
  intros. assert (y ∈ (C ~ ω)) by auto. New H4.
  apply MKT179 in H4. assert (Ensemble y) by eauto.
  New (wh1 H6 H2 H3). apply wh2 in H3 as ?. apply MKT158 in H8.
  rewrite <- Lemma179a, <- Lemma179a in H8; eauto. New (MKT179 H5).
  unfold Max. apply MKT29 in H3. rewrite H3. rewrite H9 in *.
  apply MKT156 in H0 as []. rewrite H10 in *.
  destruct H7, H8; auto. destruct (MKT102 _ _ H7 H8).
Qed.

Theorem MKT180b : ∀ x y, x ∈ C -> y ∈ C -> y ∉ ω -> x ≠ ∅
  -> y ≠ ∅ -> P[x × y] = Max P[x] P[y].
Proof.
```

```
intros. assert (P[x] ⊂ P[y] \/ P[y] ⊂ P[x]).
{ New H. New H0. apply MKT156 in H as [].
  apply MKT156 in H0 as []. rewrite H6, H7. apply CsubR in H4.
  apply CsubR in H5. appA2H H4. appA2H H5. apply MKT109; auto. }
destruct H4.
- apply MKT180a; auto.
- unfold Max. rewrite wh3, MKT6; eauto. apply MKT180a; auto.
  intro. apply H1. New H. New H0. apply MKT156 in H as [].
  apply MKT156 in H0 as []. rewrite H8, H9 in *.
  appA2H H6. appA2H H7. destruct H10, H11.
  appA2H H10. appA2H H11. apply MKT118 in H4 as []; subst; auto.
  New MKT138. appA2H H16. eapply H17; eauto.
Qed.

Theorem MKT180 : ∀ x y, x ∈ C -> y ∈ C -> x ∉ ω -> y ∉ ω
 -> x ≠ ∅ -> y ≠ ∅ -> P[x × y] = Max P[x] P[y].
Proof.
  intros. destruct H1.
- unfold Max. rewrite wh3, MKT6; eauto. apply MKT180b; auto.
- apply MKT180b; auto.
Qed.
```

这里定理 2.180 的叙述与文献 [103] 有所不同, 增加了条件 "$x \neq 0 \wedge y \neq 0$", 这是在我们机器证明过程中发现的[176].

$C \sim \omega$ 的元被称为 "**无限基数**", 或者 "**超穷基数**".

定理 2.181　　*存在唯一的 $<$-$<$ 保序函数以 R 为定义域, 并以 $C \sim \omega$ 为值域.*

```
Theorem MKT181a : ∃ f, Order_Pr f E E /\ dom(f) = R /\ ran(f) = C ∼ ω.
Proof.
  New (MKT107 MKT113a). assert ((C ∼ ω) ⊂ R).
{ red; intros. apply setminp in H0 as [].
  appA2H H0; destruct H2. auto. }
apply wosub with (r := E) in H0; auto.
destruct (MKT99 H H0) as [f ]. deand. red in H2. deand.
exists f. destruct H3; deandG; auto; Absurd.
- eapply MKT91 in H8 as [v []]; eauto.
  assert (Ensemble ran(f)).
  { rewrite H9. eapply (MKT33 v); eauto. red; intros.
    appA2H H10. deand. appoA2H H12. auto. }
  rewrite reqdi in H10. rewrite deqri in H3.
  apply MKT96 in H5 as [[]]. apply AxiomV in H10; auto.
  rewrite H3 in H10. destruct (MKT113b H10).
- eapply MKT91 in H8 as [v []]; eauto.
  assert (Ensemble dom(f)).
  { rewrite H9. eapply (MKT33 v); eauto. red; intros.
    appA2H H10. deand. appoA2H H12. auto. }
  destruct H5. apply AxiomV in H10; auto. rewrite H3 in H10.
  elim MKT162. rewrite <- (wh4 W); [|apply MKT164].
  New MKT138. appA2H H12. apply AxiomIV; auto.
Qed.

Theorem MKT181b : ∀ f g, Order_Pr f E E -> Order_Pr g E E
 -> dom(f) = R -> dom(g) = R -> ran(f) = C ∼ ω -> ran(g) = C ∼ ω
 -> f = g.
Proof.
  intros. inversion H; inversion H0. deand.
  assert (rSection dom(f) E R).
  { rewrite H1. apply Property114, MKT113a. }
```

```
assert (rSection dom(g) E R).
{ rewrite H2. apply Property114, MKT113a. }
assert (rSection ran(f) E (C ~ ω)).
{ rewrite H3. red. deandG; auto. rewrite <- H3; auto. }
assert (rSection ran(g) E (C ~ ω)).
{ rewrite H4. red. deandG; auto. rewrite <- H4; auto. }
apply MKT71; auto; intros. TF (x ∈ dom(f)).
- destruct (MKT97 H H0 H13 H14 H15 H16);
  [|symmetry; rewrite H1, <- H2 in H17]; apply subval; auto.
- rewrite (@ MKT69a x); auto. rewrite H1, <- H2 in H17.
  rewrite MKT69a; auto.
Qed.
```

这个唯一的 $<$-$<$ 保序函数的存在性由前面的定理所保证, 它通常用 $\aleph$ 来表示. 于是, $\aleph(0)$ (或者 $\aleph_0$) 为 ω. 紧接的下一个基数 $\aleph_1$ 也用 Ω 来表示. 因此它是第一个不可数序数. 由于 $P(2^{\aleph_0}) > \aleph_0$ 推得 $P(2^{\aleph_0}) \geqslant \aleph_1$. 这两个基数的相等是极有吸引力的猜测, 它被称为 "**连续统假设**". 广义连续统假设是这样叙述的: 如果 x 是一个序数, 则 $P(2^{\aleph_x}) = \aleph_{x+1}$. 此假设既不能被证明也不能被否定. 我们将在本书第 5 章利用连续统假设证明 "**非主算术超滤**" 的存在性.

Gödel 曾证明如下的一致性定理[59-60].

定理 (Gödel 一致性定理)　　如果在连续统假设的基础上产生了一个矛盾, 则矛盾也可以在不假定连续统假设的情况下被找到. 对广义连续统假设和选择公理也是一样的.

1966 年, Cohen 证明了如下的相容性与独立性定理[14,34].

定理 (Cohen 相容性与独立性定理)　　连续统假设 (以及广义连续统假设和选择公理) 与一般的集合论公理是相容并独立的.

我们当然可以继续对 Gödel 一致性定理[59-60] 和 Cohen 相容性与独立性定理[14,34] 进行形式化证明实现, 国外也有一些相关的尝试工作, 但我们不准备展开了, 因为这需要引入一些新的概念和方法, 而就一般的数学基础来说, 上面已经完成的 Morse-Kelley 公理化系统已经足够了.

第 3 章　滤子构造超有理数的形式化系统实现

本章及第 4 章内容是本书的主体, 我们将利用交互式定理证明工具 Coq, 以汪芳庭所著的《数学基础》(修订本)[150] 为理论依据, 形式化实现利用算术超滤构造实数的完整过程. 我们从 Morse-Kelley 公理化集合论出发, 对书中构造实数过程所用到的定义和定理无例外地给出了形式化的描述和证明, 其中依次建立了滤子、超滤、算术超滤、非标准自然数、非标准整数、非标准实数以及标准实数等, 最终在标准实数集上证明了实数完备性定理. 全部定理无例外地给出 Coq 的计算机机器证明代码, 所有形式化过程已被 Coq 验证, 并在计算机上运行通过.

书中在定义、公理和定理的人工描述之后, 一并给出其精确的 Coq 描述代码, 所有定理的 Coq 证明代码紧随对应定理之后. 为了清晰展现实数构造过程的逻辑完整性和严谨性, 考虑到代码的简洁、可读及流畅性, 在 Coq 证明过程中适当地增加了一些注释内容和批命令策略, 这在上下文中是容易理解的.

3.1　Peano 算术的适当展开

在第 2 章已经建立的 Morse-Kelley 公理化集合论形式化系统中, 已有了针对一般 "类" 的 "后继" 的概念 (定义 2.122), 构建了非负整数集 ω, 并且 Peano 五条公设可以作为定理得到.

构造实数的过程中不可避免地需要非负整数的运算性质, 本节补充 Peano 算术的一些性质, 这些性质是熟知的. 本节的工作是实现 Morse-Kelley 公理化集合论下非负整数集 ω 的算术性质形式化验证.

Coq 标准库中已有基于类型论的自然数构造, 但本系统基于公理化集合论, 不需用 Coq 自带的自然数类型. 下面的代码首先关闭了 Coq 自带的自然数辖域, 同时导入了我们已经形式化建立好的 Morse-Kelley 公理化集合论系统, 新开启了一个非负整数集 ω 上的辖域, 并在此辖域中引进了 "0" "1" "2" 三个符号, 分别代表集合论中的非负整数 $0, 1, 2$.

```
(** alge_operation *)

Close Scope nat_scope.

Require Export MK_All.

Declare Scope ω_scope.
```

```
Delimit Scope ω_scope with ω.
Open Scope ω_scope.

Notation "0" := ∅ : ω_scope.

Notation "1" := [∅] : ω_scope.

Notation "2" := ([∅] ∪ [[∅]]) : ω_scope.
```

　　显然: $0, 1, 2$ 都属于 ω.

```
Fact in_ω_0 : 0 ∈ ω.
Proof.
  destruct MKT135; auto.
Qed.

Fact in_ω_1 : 1 ∈ ω.
Proof.
  pose proof in_ω_0. apply MKT134 in H.
  replace 1 with (PlusOne 0); auto. apply MKT17.
Qed.

Fact in_ω_2 : 2 ∈ ω.
Proof.
  pose proof in_ω_1. pose proof H. apply MKT134 in H; auto.
Qed.
```

3.1.1 加法和乘法

　　为在 Morse-Kelley 公理化集合论下给出非负整数加法的合理定义 (不利用 Coq 固有的 Inductive 和 Fixpoint 归纳机制), 给出针对非负整数集 ω 的 "**递归定理**", 它们可以作为超限递归定理 2.128 (MKT128) 的一个推论或类似定理 2.128 (MKT128) 的证明得到. 自然数的加法、乘法等许多运算的定义都以这个定理为依据.

　　定理 3.1(ω 上的递归定理)　　给定集合 a, 设 $x \in a$, $\forall h \in a^a$, 即 h 是定义域为 a、值域包含于 a 的函数, 存在唯一的函数 $f \in a^\omega$, 即 f 的定义域为 ω、值域包含于 a, $f(0) = x$ 且 $\forall n \in \omega$, 有 $f(n') = h(f(n))$, 这里 n' 表示 n 的后继, 即 $n' = \text{PlusOne } n$.

```
Theorem Recursion : ∀ x a h, Ensemble a
  -> Function h -> dom(h) = a -> ran(h) ⊂ a -> x ∈ a
  -> (exists ! f, Function f /\ dom(f) = ω /\ ran(f) ⊂ a
  /\ f[0] = x /\ (∀ n, n ∈ ω -> f[PlusOne n] = h[(f[n])])).
Proof.
  intros. set (Ind r := r ⊂ (ω × a) /\ [0,x] ∈ r
  /\ (∀ n x, n ∈ ω -> x ∈ a -> [n,x] ∈ r -> [(PlusOne n),h[x]] ∈ r)).
  set (f := \{\ λ u v, [u,v] ∈ (ω × a) /\ (∀ r, Ind r -> [u,v] ∈ r) \}\).
  assert (Ensemble x); eauto. destruct MKT135.
  assert (Ensemble 0); eauto.
  assert (∀ r, Ind r -> f ⊂ r).
  { unfold Included; intros. apply AxiomII in H9
    as [_[x1[y1[H9[]]]]]. rewrite H9; auto. }
  assert ([0,x] ∈ f).
  { apply AxiomII'. assert (Ensemble ([0,x])); auto. repeat
```

```
      split; [|apply AxiomII'|intros]; auto. destruct H10; tauto. }
assert (Ind f).
{ repeat split; unfold Included; intros; auto.
  - apply AxiomII in H10 as [_[x1[y1[H10[]]]]]. rewrite H10; auto.
  - pose proof H10. apply MKT134 in H13. pose proof H11.
    rewrite <-H1 in H14. apply Property_Value,Property_ran in H14;
    auto. assert (Ensemble ([(PlusOne n),(h[x0])])).
    { apply MKT49a; eauto. } apply AxiomII'; repeat split; intros;
    auto. apply AxiomII'; split; auto. pose proof H16.
    apply H8 in H16. apply H16 in H12.
    destruct H17 as [_[]]. apply H18; auto. }
assert (∀ m, m ∈ ω -> exists ! x, x ∈ a /\ [m,x] ∈ f).
{ apply Mathematical_Induction.
  - exists x. split; auto. intros x1 []. apply NNPP; intro.
    set(f' := f ~ [[0,x1]]). assert (Ind f').
    { repeat split; unfold Included; intros.
      - destruct H10. apply MKT4' in H14 as []; auto.
      - apply MKT4'; split; auto. apply AxiomII; split; auto.
        intro. apply MKT41 in H14; eauto. apply MKT55 in H14
        as []; auto.
      - apply MKT4' in H16 as []. destruct H10 as [H10[]].
        apply H19 in H16; auto. apply MKT4'; split; auto.
        apply AxiomII; split; eauto. intro.
        apply MKT41 in H20; eauto.
        assert (Ensemble ([(PlusOne n),(h[x0])])); eauto.
        apply MKT49b in H21 as []. apply MKT55 in H20 as []; auto.
        elim (H6 n); auto. }
    apply H8 in H14. apply H14 in H12. apply MKT4' in H12 as [_].
    apply AxiomII in H12 as []. elim H15. apply MKT41; eauto.
  - intros m H11 [x0[[]]]. assert (h[x0] ∈ a).
    { apply H2,(@ Property_ran x0),Property_Value;
      [ |rewrite H1]; auto. }
    pose proof H11. apply MKT134 in H16. exists (h[x0]).
    assert ([(PlusOne m),(h[x0])] ∈ f).
    { destruct H10 as [H10[]]. apply H18; auto. }
    repeat split; auto. intros x1 []. apply NNPP; intro.
    set(f' := f ~ [[(PlusOne m),x1]]).
    assert (Ind f').
    { repeat split; unfold Included; intros.
      - apply MKT4' in H21 as []. destruct H10; auto.
      - apply MKT4'; split; auto. apply AxiomII; split;
        eauto. intro. apply MKT41 in H21; eauto.
        apply MKT55 in H21 as []; auto. elim (H6 m); auto.
      - apply MKT4' in H23 as []. destruct H10 as [H10[]].
        pose proof H23. apply H26 in H23; auto. apply MKT4';
        split; auto. apply AxiomII; split; eauto. intro.
        apply MKT41 in H28; eauto.
        assert (Ensemble ([(PlusOne n),(h[x2])])); eauto.
        apply MKT49b in H29 as []. apply MKT55 in H28 as []; auto.
        apply MKT136 in H28; auto. rewrite H28 in H27.
        assert (x0 = x2). { apply H14; auto. }
        elim H20. rewrite H32; auto. }
    apply H8 in H21. apply H21 in H19. apply MKT4' in H19 as [_].
    apply AxiomII in H19 as []. elim H22. apply MKT41; eauto. }
assert (Function f).
{ split; unfold Relation; intros.
  apply AxiomII in H12 as [_[x1[y1[]]]]; eauto.
  assert (x0 ∈ ω /\ y ∈ a /\ z ∈ a) as [H14[]].
  { apply AxiomII' in H12 as [_[]].
```

```
    apply AxiomII' in H13 as [_[]].
    apply AxiomII' in H12 as [_[]].
    apply AxiomII' in H13 as [_[]]; auto. }
  pose proof H14. apply H11 in H17 as [x1[_]].
  assert (x1 = y /\ x1 = z) as []. { split; apply H17; auto. }
  rewrite <-H18,<-H19; auto. }
assert (∀ m, m ∈ ω -> ∃ y, [m,y] ∈ f).
{ apply Mathematical_Induction; eauto. intros m H13 [].
  destruct H10 as [H10[]]. apply H16 in H14; eauto.
  apply AxiomII' in H14 as [_[]]. apply AxiomII' in H14; tauto. }
assert (dom(f) = ω).
{ apply AxiomI; split; intros.
  - apply AxiomII in H14 as [_[]]. apply AxiomII' in H14 as [_[]].
    apply AxiomII' in H14; tauto.
  - apply AxiomII; split; eauto. }
assert (ran(f) ⊂ a).
{ unfold Included; intros. apply AxiomII in H15 as [_[]].
  apply AxiomII' in H15 as [_[]]. apply AxiomII' in H15; tauto. }
assert (∀ n, n ∈ ω -> f[PlusOne n] = h[f[n]]).
{ intros. destruct H10 as [H10[]]. pose proof H16.
  rewrite <-H14 in H16. apply Property_Value in H16; auto.
  pose proof H16. apply Property_ran in H16. apply (H18 n) in H20;
  auto. pose proof H20. apply Property_dom,Property_Value in H21;
  auto. destruct H12. eapply H22; eauto. }
assert (f[0] = x).
{ pose proof H9. apply Property_dom,Property_Value in H17; auto.
  destruct H12. apply (H18 0); auto. }
exists f. split; auto. intros f1 [H18[H19[H20[]]]].
apply MKT71; auto. intros. destruct (classic (x0 ∈ ω)).
- generalize dependent x0. apply Mathematical_Induction.
  rewrite H17,H21; auto. intros. pose proof H23.
  apply H22 in H23. apply H16 in H25. rewrite H23,H25,H24; auto.
- pose proof H23. rewrite <-H14 in H23. rewrite <-H19 in H24.
  apply MKT69a in H23; apply MKT69a in H24. rewrite H23,H24; auto.
Qed.
```

在定理 3.1 中, 若令 $a = \omega$, $x = m \in \omega$, 并取由下式定义的 h:

$$h(n) = n'.$$

按定理 3.1 的结论, 存在唯一的函数 f, f 的定义域为 ω、值域包含于 ω, 且

$$f(0) = m \qquad (\text{注意: } x \text{ 取为 } m),$$

$$f(n') = h(f(n)) = (f(n))'.$$

于是, 有下面的定理.

定理 3.2 (定义 3.1) 对每个非负整数 m, 对应都有唯一的函数 $f_m \in \omega^\omega$ 满足

1) $f_m(0) = m$;

2) $f_m(n') = (f_m(n))'$.

这里 n' 表示 n 的后继. 这个唯一的函数 f_m 称为**加法函数**, 通常 $f_m(n)$ 记为 $+(m,n)$ 或 $m + n$, 于是有

1′) $m + 0 = m$;

2′) $m + n' = (m + n)'$.

定理 3.2 保证了非负整数集上的加法合理性.

```
Theorem Pre_PlusFunction : ∀ m, m ∈ ω -> exists ! f,
    Function f /\ dom(f) = ω /\ ran(f) ⊂ ω
    /\ f[0] = m /\ (∀ n, n ∈ ω -> f[PlusOne n] = PlusOne (f[n])).
Proof.
  intros. assert (Function (\{\ λ u v, u ∈ ω /\ v = PlusOne u \}\)).
  { split; intros. unfold Relation; intros. apply AxiomII in H0 as
    [H0[u[v[H1[]]]]]; eauto. apply AxiomII' in H0 as [H0[]].
    apply AxiomII' in H1 as [H1[]]. rewrite H3,H5; auto. }
  apply (Recursion m ω _) in H0 as [f[[H0[H1[H2[]]]]]]; auto.
  - exists f. split; auto. split; auto. repeat split; auto.
    + intros. pose proof H6 as H6'. apply H4 in H6.
      rewrite H6. apply AxiomI; split; intros.
      * apply AxiomII in H7 as []. apply H8.
        assert (Ensemble (PlusOne f[n])).
        { rewrite <-H1 in H6'. apply Property_Value,Property_ran,
          H2,MKT134 in H6'; eauto. }
        apply AxiomII; split; auto. apply AxiomII'.
        assert (f[n] ∈ ω).
        { rewrite <-H1 in H6'. apply Property_Value,
          Property_ran,H2 in H6'; auto. }
        split; auto. apply MKT49a; eauto.
      * apply AxiomII; split. eauto. intros. apply AxiomII in
        H8 as []. apply AxiomII' in H9 as [H9[]]. rewrite H11; auto.
    + intros g [H6[H7[H8[]]]]. apply H5; split; auto.
      repeat split; auto. intros. pose proof H11 as H11'.
      apply H10 in H11. rewrite H11. apply AxiomI; split; intros.
      * apply AxiomII; split. eauto. intros. apply AxiomII in H13
        as []. apply AxiomII' in H14 as [H14[]]. rewrite H16; auto.
      * apply AxiomII in H12 as []. apply H13. apply AxiomII.
        assert (Ensemble (PlusOne g[n])).
        { rewrite <-H7 in H11'. apply Property_Value,Property_ran,
          H8,MKT134 in H11'; eauto. }
        split; auto. apply AxiomII'.
        assert (g[n] ∈ ω).
        { rewrite <-H7 in H11'. apply Property_Value,
          Property_ran,H8 in H11'; auto. }
        split; auto. apply MKT49a; eauto.
  - pose proof MKT138; eauto.
  - apply AxiomI; split; intros.
    apply AxiomII in H1 as [H1[y]]. apply AxiomII' in H2 as [H2[]];
    auto. apply AxiomII; split. eauto. exists (PlusOne z).
    apply AxiomII'. split; auto. apply MKT49a; eauto.
  - unfold Included; intros. apply AxiomII in H1 as [H1[]]. apply
    AxiomII' in H2 as [H2[]]. apply MKT134 in H3. rewrite H4; auto.
Qed.
```

(* 以下推论为加法函数具有唯一性的集合论语言表述 *)

```
Corollary PlusFunction_uni : ∀ m, m ∈ ω -> ∃ f, Ensemble f /\ (\{ λ f, Function f
    /\ dom(f) = ω /\ ran(f) ⊂ ω /\ m ∈ ω /\ f[0] = m
    /\ (∀ n, n ∈ ω -> f[PlusOne n] = PlusOne f[n]) \}) = [f].
Proof.
  intros. pose proof H as H'. apply Pre_PlusFunction in H
  as [f[[H[H0[H1[]]]]]]. exists f.
```

```
assert (Ensemble f).
{ apply MKT75; auto. rewrite H0. pose proof (MKT138); eauto. }
split; auto. apply AxiomI; split; intros.
- apply AxiomII in H6 as [H6[H7[H8[H9[H10[]]]]]].
  apply MKT41; auto. symmetry. apply H4; auto.
- apply MKT41 in H6; auto. rewrite H6. apply AxiomII.
  destruct H. repeat split; auto.
Qed.
```

(* 加法函数和加法的定义 *)

```
Definition PlusFunction m := ⋂(\{ λ f, Function f /\ dom(f) = ω /\ ran(f) ⊂ ω /\ m ∈ ω
  /\ f[0] = m
  /\ (∀ n, n ∈ ω -> f[PlusOne n] = PlusOne f[n]) \}).
```

```
Definition Plus m n := (PlusFunction m)[n].
```

```
Notation "m + n" := (Plus m n) : ω_scope.
```

   显而易见, ω 上定义的加法对 ω 是封闭的.

```
Fact ω_Plus_in_ω : ∀ m n, m ∈ ω -> n ∈ ω -> (m + n) ∈ ω.
Proof.
  intros. unfold Plus. pose proof H as H'.
  apply PlusFunction_uni in H as [f[]].
  assert (f ∈ [f]). { apply MKT41; auto. }
  assert ((PlusFunction m) = f).
  { unfold PlusFunction. rewrite H1. apply MKT44; auto. }
  rewrite H3. rewrite <-H1 in H2.
  apply AxiomII in H2 as [H2[H4[H5[]]]].
  assert (f[n] ∈ ran(f)).
  { apply (@ Property_ran n),Property_Value; auto.
    rewrite H5; auto. } apply H6; auto.
Qed.
```

   与加法完全一致, 在定理 3.1 中, 若令 $a = \omega, x = 0 \in \omega$, 对任意 $m \in \omega$, 取由下式定义的 h:

$$h(n) = n + m.$$

按定理 3.1 的结论, 存在唯一的函数 f, f 的定义域为 ω、值域包含于 ω, 且

$$f(0) = 0 \qquad (\text{注意: } x \text{ 取为 } 0),$$

$$f(n') = h(f(n)) = f(n) + m.$$

   于是, 有下面的定理.

   定理 3.3(定义 3.2)   对每个非负整数 m, 都对应有唯一的函数 $f_m \in \omega^{\omega}$ 满足

   1) $f_m(0) = 0$.

   2) $f_m(n') = f_m(n) + m$.

这里 n' 表示 n 的后继. 这个唯一的函数 f_m 称为**乘法函数**, 通常 $f_m(n)$ 记为

$\cdot (m, n)$ 或 $m \cdot n$, 于是, 有

　　$1')$ $m \cdot 0 = m$.

　　$2')$ $m \cdot n' = m \cdot n + m$.

定理 3.3 保证了非负整数集上的乘法合理性.

```
Theorem Pre_MultiFunction : ∀ m, m ∈ ω -> (exists ! f, Function f /\ dom(f) = ω
  /\ ran(f) ⊂ ω
  /\ f[0] = 0 /\ (∀ n, n ∈ ω -> f[PlusOne n] = f[n] + m)).
Proof.
  intros. assert (Function (\{\ λ u v, u ∈ ω /\ v = u + m \}\)).
  { split; intros. unfold Relation; intros. apply AxiomII in H0 as
    [H0[u[v[H1[]]]]]; eauto. apply AxiomII' in H0 as [H0[]].
    apply AxiomII' in H1 as [H1[]]. rewrite H3,H5; auto. }
  apply (Recursion 0 ω _) in H0 as [f[[H0[H1[H2[]]]]]]; auto.
  - exists f. split; auto. split; auto. repeat split; auto.
    + intros. pose proof H6 as H6'. apply H4 in H6.
      rewrite H6. apply AxiomI; split; intros.
      * apply AxiomII in H7 as []. apply H8.
        assert (Ensemble (f[n] + m)).
        { assert ((f[n] + m) ∈ ω).
          { apply ω_Plus_in_ω; auto. apply H2,(@ Property_ran n),
            Property_Value; auto. rewrite H1; auto. } eauto. }
        apply AxiomII; split; auto. apply AxiomII'.
        assert (f[n] ∈ ω).
        { apply H2,(@ Property_ran n),Property_Value; auto.
          rewrite H1; auto. } split; auto. apply MKT49a; eauto.
      * apply AxiomII; split. eauto. intros. apply AxiomII in
        H8 as []. apply AxiomII' in H9 as [H9[]]. rewrite H11; auto.
    + intros g [H6[H7[H8[]]]]. apply H5. split; auto.
      repeat split; auto. intros. pose proof H11 as H11'.
      apply H10 in H11. rewrite H11. apply AxiomI; split; intros.
      * apply AxiomII; split. eauto. intros. apply AxiomII in H13
        as []. apply AxiomII' in H14 as [H14[]]. rewrite H16; auto.
      * apply AxiomII in H12 as []. apply H13. apply AxiomII.
        assert (Ensemble (g[n] + m)).
        { assert ((g[n] + m) ∈ ω).
          { apply ω_Plus_in_ω; auto. apply H8,(@ Property_ran n),
            Property_Value; auto. rewrite H7; auto. } eauto. }
        split; auto. apply AxiomII'.
        assert (g[n] ∈ ω).
        { rewrite <-H7 in H11'. apply Property_Value,
          Property_ran,H8 in H11'; auto. }
        split; auto. apply MKT49a; eauto.
  - pose proof MKT138; eauto.
  - apply AxiomI; split; intros.
    apply AxiomII in H1 as [H1[y]]. apply AxiomII' in H2 as [H2[]];
    auto. apply AxiomII; split. eauto. exists (z + m).
    apply AxiomII'. split; auto. apply MKT49a;
    assert ((z + m) ∈ ω). { apply ω_Plus_in_ω; auto. } eauto.
  - unfold Included; intros. apply AxiomII in H1 as [H1[]]. apply
    AxiomII' in H2 as [H2[]]. rewrite H4. apply ω_Plus_in_ω; auto.
Qed.
```

(* 以下推论为乘法函数具有唯一性的集合论语言表述 *)

```
Corollary MultiFunction_uni : ∀ m, m ∈ ω -> ∃ f, Ensemble f /\ \{ λ f, Function f
  /\ dom(f) = ω /\ ran(f) ⊂ ω /\ m ∈ ω /\ f[0] = 0
  /\ (∀ n, n ∈ ω -> f[PlusOne n] = f[n] + m) \} = [f].
```

```
Proof.
  intros. pose proof H as H'. apply Pre_MultiFunction in H
  as [f[[H[H0[H1[]]]]]]. exists f.
  assert (Ensemble f).
  { apply MKT75; auto. rewrite H0. pose proof (MKT138); eauto. }
  split; auto. apply AxiomI; split; intros.
  - apply AxiomII in H6 as [H6[H7[H8[H9[H10[]]]]]].
    apply MKT41; auto. symmetry. apply H4; auto.
  - apply MKT41 in H6; auto. rewrite H6. apply AxiomII.
    destruct H. repeat split; auto.
Qed.

(* 乘法函数和乘法的定义 *)

Definition MultiFunction m := ⋂(\{ λ f, Function f /\ dom(f) = ω /\ ran(f)
⊂ ω /\ m ∈ ω /\ f[0] = 0 /\ (∀ n, n ∈ ω -> f[PlusOne n] = f[n] + m) \}).

Definition Mult m n := (MultiFunction m)[n].

Notation "m · n" := (Mult m n)(at level 10) : ω_scope.
```

显而易见, ω 上定义的乘法对 ω 是封闭的.

```
Corollary ω_Mult_in_ω : ∀ m n, m ∈ ω -> n ∈ ω -> (m · n) ∈ ω.
Proof.
  intros. unfold Mult. pose proof H as H'.
  apply MultiFunction_uni in H as [f[]].
  assert (f ∈ [f]). { apply MKT41; auto. }
  assert ((MultiFunction m) = f).
  { unfold MultiFunction. rewrite H1. apply MKT44; auto. }
  rewrite H3. rewrite <-H1 in H2.
  apply AxiomII in H2 as [H2[H4[H5[]]]].
  assert (f[n] ∈ ran(f)).
  { apply (@ Property_ran n),Property_Value; auto.
    rewrite H5; auto. } apply H6; auto.
Qed.
```

3.1.2 代数运算性质

本小节给出 ω 上部分代数运算性质的证明, 这些性质在文献 [106,150,175] 中是作为 Peano 公设的推论给出的. 本系统基于 Morse-Kelley 公理化集合论已经将 Peano 公设作为定理证明, 并且 ω 上序结构的相关性质也已自然验证通过, 这里不再重复.

定理 3.4 (ω 上的加法运算性质)　ω 上定义的加法满足下列性质:

1) $m + 0 = m$.

2) $m + n' = (m + n)'$.

3) $0 + m = m$.

4) $m' + n = (m + n)'$.

5) 交换律: $m + n = n + m$.

6) 结合律: $(m+n)+k = m+(n+k)$.

7) 消去律: $m+n = m+k \implies n = k$.

8) 保序性: $(m+n) \in (m+k) \iff n \in k$.

9) 保序性推论: $n \in m \iff$ 存在唯一非负整数 k, 使得 $n+k = m$,

其中, n' 表示 n 的后继 (注意: 在 Morse-Kelley 公理化集合论中将 ω 上的序关系定义为 $\in$ 关系).

```
(* m + 0 = m *)

Fact Plus_Property1_a : ∀ m, m ∈ ω -> m + 0 = m.
Proof.
  intros. apply AxiomI; split; intros.
  - apply AxiomII in H0 as []. apply H1. apply AxiomII; split.
    eauto. apply AxiomII. destruct MKT135. split.
    apply MKT49a; eauto. intros. apply AxiomII
    in H4 as [H4[H5[H6[H7[H8[]]]]]]. rewrite <-H9.
    apply Property_Value; auto. rewrite H6; auto.
  - apply AxiomII; split. eauto. intros. apply AxiomII in H1 as [].
    apply AxiomII in H2 as []. pose proof H as H'.
    apply Pre_PlusFunction in H as [f[[H[H4[H5[]]]]]].
    assert ([0,y] ∈ f).
    { apply H3. apply AxiomII. destruct H. repeat split; auto. apply
      MKT75. split; auto. rewrite H4. pose proof MKT138; eauto. }
    pose proof H9 as H9'. apply Property_dom,Property_Value in H9;
    auto. assert (f[0] = y). { destruct H. apply (H10 0); auto. }
    rewrite <-H10,H6; auto.
Qed.

(* m + n' = (m + n)' *)

Fact Plus_Property2_a : ∀ m n, m ∈ ω -> n ∈ ω
  -> m + (PlusOne n) = PlusOne (m + n).
Proof.
  intros. pose proof H as H'. apply PlusFunction_uni in H as [f[]].
  assert (f ∈ [f]). { apply MKT41; auto. }
  rewrite <-H1 in H2. apply AxiomII in H2 as [H2[H3[H4[H5[H6[]]]]]].
  apply MKT44 in H2 as []. unfold Plus,PlusFunction. rewrite H1,
  H2. apply H8; auto.
Qed.

(* 0 + m = m *)

Fact Plus_Property1_b : ∀ m, m ∈ ω -> 0 + m = m.
Proof.
  destruct MKT135. apply Mathematical_Induction.
  - apply Plus_Property1_a; auto.
  - intros. rewrite Plus_Property2_a; auto. rewrite H2; auto.
Qed.

(* m' + n = (m + n)' *)

Fact Plus_Property2_b : ∀ m n, m ∈ ω -> n ∈ ω
  -> (PlusOne m) + n = PlusOne (m + n).
Proof.
  intros. generalize dependent n. apply Mathematical_Induction.
  - rewrite Plus_Property1_a,Plus_Property1_a; auto.
```

```
  - intros. rewrite Plus_Property2_a,Plus_Property2_a; auto.
    rewrite H1; auto.
Qed.
```

(* 交换律 *)

```
Fact Plus_Commutation : ∀ m n, m ∈ ω -> n ∈ ω -> m + n = n + m.
Proof.
  intros. generalize dependent n. apply Mathematical_Induction.
  - rewrite Plus_Property1_a,Plus_Property1_b; auto.
  - intros. rewrite Plus_Property2_a,Plus_Property2_b,H1; auto.
Qed.
```

(* 结合律 *)

```
Fact Plus_Association : ∀ m n k, m ∈ ω -> n ∈ ω -> k ∈ ω
  -> (m + n) + k = m + (n + k).
Proof.
  intros. generalize dependent m. apply Mathematical_Induction.
  - rewrite Plus_Property1_b,Plus_Property1_b; auto.
    apply ω_Plus_in_ω; auto.
  - intros. rewrite Plus_Property2_b,Plus_Property2_b,
    Plus_Property2_b; try apply ω_Plus_in_ω; auto.
    rewrite H2; auto.
Qed.
```

(* 消去律 *)

```
Fact Plus_Cancellation : ∀ m n k, m ∈ ω -> n ∈ ω -> k ∈ ω
  -> m + n = m + k <-> n = k.
Proof.
  intros. generalize dependent m. apply Mathematical_Induction.
  - rewrite Plus_Property1_b,Plus_Property1_b; auto. split; auto.
  - intros. rewrite Plus_Property2_b,Plus_Property2_b; auto.
    split; intros. apply H2. apply MKT136 in H3; try apply
    ω_Plus_in_ω; auto. apply H2 in H3. rewrite H3; auto.
Qed.
```

(* 保序性 *)

(* 引理表明 m 与 n 的序关系与它们各自后继的序关系保持一致 *)

```
Lemma Plus_PrOrder_Lemma : ∀ m n, m ∈ ω -> n ∈ ω -> (PlusOne m) ∈ (PlusOne n) <-> m ∈ n.
Proof.
  split; intros.
  - apply MKT4 in H1 as [].
    + apply AxiomII in H0 as [H0[[]]]. apply H3 in H1. apply H1.
      apply MKT4; right. apply MKT41; eauto.
    + apply MKT41 in H1; eauto. rewrite <-H1.
      apply MKT4; right. apply MKT41; eauto.
  - apply MKT4. destruct (classic (LastMember m E n)).
    + right. assert (n = PlusOne m).
      { apply MKT133; auto. apply AxiomII
        in H0 as [H0[]]. apply AxiomII; auto. }
      apply MKT41; eauto.
    + left. assert (Ordinal n /\ Ordinal (PlusOne m)) as [].
      { apply MKT134,AxiomII in H as [H[]].
        apply AxiomII in H0 as [H0[]]; auto. }
      apply (@ MKT110 n _) in H4 as [H4|[|]]; auto.
```

```
      apply MKT4 in H4 as []. elim (MKT102 m n); auto.
      apply MKT41 in H4; eauto. rewrite H4 in H1.
      elim (MKT101 m); auto. elim H2. split; auto. intros. intro.
      apply AxiomII' in H6 as []. apply AxiomII' in H7 as [].
      rewrite H4 in H5. apply MKT4 in H5 as [].
      elim (MKT102 m y); auto. apply MKT41 in H5; eauto.
      rewrite H5 in H8. elim (MKT101 m); auto.
Qed.
```

Fact **Plus_PrOrder** : ∀ m n k, m ∈ ω -> n ∈ ω -> k ∈ ω -> (m + n) ∈ (m + k) <-> n ∈ k.
Proof.
```
  intros. generalize dependent m. apply Mathematical_Induction.
  - rewrite Plus_Property1_b,Plus_Property1_b; auto. split; auto.
  - intros. rewrite Plus_Property2_b,Plus_Property2_b; auto.
    split; intros. apply H2. apply Plus_PrOrder_Lemma; try apply
    ω_Plus_in_ω; auto. apply H2 in H3. apply Plus_PrOrder_Lemma;
    try apply ω_Plus_in_ω; auto.
Qed.
```

(* 保序性推论 *)

Corollary **Plus_PrOrder_Corollary** : ∀ m n, m ∈ ω -> n ∈ ω
 -> n ∈ m <-> (exists ! k, k ∈ ω /\ 0 ∈ k /\ n + k = m).
Proof.
```
  split.
  - generalize dependent m.
    set (P := fun x => ∀ m, m ∈ ω -> x ∈ m
      -> exists ! k, k ∈ ω /\ 0 ∈ k /\ x + k = m).
    assert (∀ n, n ∈ ω -> P n).
    { apply Mathematical_Induction; unfold P; intros.
      - exists m. repeat split; auto.
        rewrite Plus_Property1_b; auto. intros x1 [H2[]].
        rewrite Plus_Property1_b in H4; auto.
      - pose proof H2. apply AxiomII in H4 as [H4[H5[]]].
        assert (m ⊂ m /\ m <> 0) as [].
        { split; unfold Included; intros; auto. intro.
          rewrite H8 in H3. elim (@ MKT16 (PlusOne k)); auto. }
        apply H7 in H8 as [m0]; auto. clear H9.
        assert (m ∈ R /\ LastMember m0 E m) as [].
        { split; auto. apply AxiomII in H2 as [H2[]].
          apply AxiomII; auto. }
        apply MKT133 in H10; auto.
        clear H5 H6 H7 H8 H9. rewrite H10 in H3.
        assert (∀ m, m ∈ ω -> PlusOne m = m + 1).
        { intros. replace 1 with (PlusOne 0).
          rewrite Plus_Property2_a,Plus_Property1_a;
          destruct MKT135; auto. unfold PlusOne. apply MKT17. }
        assert (m0 ∈ ω).
        { assert (m0 ∈ m).
          { rewrite H10. apply MKT4; right; apply MKT41; auto.
            apply (MKT33 (PlusOne m0)). rewrite <-H10; auto.
            unfold Included; intros; apply MKT4; auto. }
          pose proof MKT138. apply AxiomII in H7 as [H7[]].
          apply H9 in H2. apply H2; auto. }
        pose proof in_ω_1. rewrite H5,H5,Plus_Commutation,
        (Plus_Commutation m0) in H3; auto. apply Plus_PrOrder
        in H3; auto. apply H1 in H6 as [k0[[H6[]]]]; auto.
        exists k0. repeat split; auto.
        rewrite Plus_Property2_b,H10,H9; auto. intros x1 [H12[]].
```

```
        rewrite Plus_Property2_b in H14; auto. rewrite H10 in H14.
        apply MKT136 in H14; auto. apply ω_Plus_in_ω; auto.
        rewrite <-H9. apply ω_Plus_in_ω; auto. }
    apply H in H0; auto.
  - intros [k[[H1[]]]].
    assert (∀ m, m ∈ ω -> (m + k) ∉ m /\ m + k <> m).
    { intros. assert ((m0 + 0) ∈ (m0 + k)).
      { apply Plus_PrOrder; destruct MKT135; auto. }
      rewrite Plus_Property1_a in H6; auto. split; intro.
      elim (MKT102 m0 (m0 + k)); auto.
        rewrite H7 in H6. elim (MKT101 m0); auto. }
    assert (Ordinal m /\ Ordinal n) as [].
    { apply AxiomII in H as [H[]];
      apply AxiomII in H0 as [H0[]]; auto. }
    apply (@ MKT110 _ n) in H6 as [H6|[]]; auto. clear H7.
    assert ((k + m) ∈ (k + n)). { apply Plus_PrOrder; auto. }
    rewrite Plus_Commutation,(Plus_Commutation _ n),H3 in H7; auto.
    apply H5 in H as []; contradiction. rewrite H6 in H3.
    apply H5 in H0. destruct H0; contradiction.
Qed.
```

定理 3.5 (ω 上的乘法运算性质) ω 上定义的乘法满足下列性质.

1) $m \cdot 0 = 0$.

2) $m \cdot n' = (m \cdot n) + m$.

3) $0 \cdot m = 0$.

4) $m' \cdot n = (m \cdot n) + n$.

5) 交换律: $m \cdot n = n \cdot m$.

6) 分配律: $m \cdot (n + k) = (m \cdot n) + (m \cdot k)$.

7) 结合律: $(m \cdot n) \cdot k = m \cdot (n \cdot k)$.

8) 消去律: $m \cdot n = m \cdot k \wedge m \neq 0 \implies n = k$.

9) 保序性: 若 $m \neq 0$, 则有 $(m \cdot n) \in (m \cdot k) \implies n \in k$.

其中, n' 表示 n 的后继 (注意: 在 Morse-Kelley 公理化集合论中将 ω 上的序关系定义为 ∈ 关系).

```
(* m · 0 = 0 *)

Fact Mult_Property1_a : ∀ m, m ∈ ω -> m · 0 = 0.
Proof.
  intros. apply AxiomI; split; intros.
  - apply AxiomII in H0 as []. apply H1. destruct MKT135.
    apply AxiomII; split. eauto. apply AxiomII; split.
    apply MKT49a; eauto. intros. apply AxiomII in H4 as
    [H4[H5[H6[H7[H8[]]]]]]. replace ([0,0]) with ([0,y[0]]).
    apply Property_Value; auto. rewrite H6; auto. rewrite H9; auto.
  - pose proof (@ MKT16 z). contradiction.
Qed.

(* m · n' = (m · n) + m *)

Fact Mult_Property2_a : ∀ m n, m ∈ ω -> n ∈ ω
  -> m · (PlusOne n) = (m · n) + m.
Proof.
```

```
  intros. unfold Mult. pose proof H.
  apply MultiFunction_uni in H1 as [f[]].
  assert ((MultiFunction m) = f).
  { unfold MultiFunction. rewrite H2. apply MKT44; auto. }
  rewrite H3. assert (f ∈ [f]). { apply MKT41; auto. }
  rewrite <-H2 in H4. apply AxiomII in H4 as [H4[H5[H6[H7[H8[]]]]]].
  rewrite H10; auto.
Qed.

(* 0 · m = 0 *)

Fact Mult_Property1_b : ∀ m, m ∈ ω -> 0 · m = 0.
Proof.
  destruct MKT135. apply Mathematical_Induction.
  - rewrite Mult_Property1_a; auto.
  - intros. rewrite Mult_Property2_a; auto.
    rewrite H2,Plus_Property1_a; auto.
Qed.

(* m' · n = (m · n) + n *)

Fact Mult_Property2_b : ∀ m n, m ∈ ω -> n ∈ ω -> (PlusOne m) · n = (m · n) + n.
Proof.
  intros. generalize dependent n. apply Mathematical_Induction.
  - repeat rewrite Mult_Property1_a; auto.
    rewrite Plus_Property1_a; auto.
  - intros. rewrite Mult_Property2_a,Mult_Property2_a,H1,
    Plus_Property2_a,Plus_Property2_a,Plus_Association,
    Plus_Association,(Plus_Commutation k);
    try apply ω_Plus_in_ω; try apply ω_Mult_in_ω; auto.
Qed.

(* 交换律 *)

Fact Mult_Commutation : ∀ m n, m ∈ ω -> n ∈ ω -> m · n = n · m.
Proof.
  intros. generalize dependent m. apply Mathematical_Induction.
  - rewrite Mult_Property1_a,Mult_Property1_b; auto.
  - intros. rewrite Mult_Property2_a,Mult_Property2_b,H1; auto.
Qed.

(* 分配律 *)

Fact Mult_Distribution : ∀ m n k, m ∈ ω -> n ∈ ω -> k ∈ ω
  -> m · (n + k) = (m · n) + (m · k).
Proof.
  intros. generalize dependent m. apply Mathematical_Induction.
  - rewrite Mult_Property1_b,Mult_Property1_b,Mult_Property1_b,
    Plus_Property1_b; auto. apply ω_Plus_in_ω; auto.
  - intros. rewrite Mult_Property2_b,Mult_Property2_b,
    Mult_Property2_b,H2,(Plus_Association _ n),
    <-(Plus_Association n),(Plus_Commutation n (k0 · k)),
    (Plus_Association _ n),<-(Plus_Association (k0 · n));
    try apply ω_Plus_in_ω; try apply ω_Mult_in_ω; auto.
Qed.

(* 结合律 *)

Fact Mult_Association : ∀ m n k, m ∈ ω -> n ∈ ω -> k ∈ ω
```

```
  -> (m · n) · k = m · (n · k).
Proof.
  intros. generalize dependent m. apply Mathematical_Induction.
  - rewrite Mult_Property1_b,Mult_Property1_b,Mult_Property1_b;
    try apply ω_Mult_in_ω; auto.
  - intros. rewrite Mult_Property2_b,Mult_Property2_b,<-H2,
    (Mult_Commutation _ k),Mult_Distribution,
    (Mult_Commutation k),(Mult_Commutation k);
    try apply ω_Plus_in_ω; try apply ω_Mult_in_ω; auto.
Qed.
```

(* 消去律 *)

(* 引理表明了非零元相乘不为零 *)

```
Lemma Mult_Cancellation_Lemma : ∀ m n, m ∈ ω -> n ∈ ω
  -> m <> 0 -> m · n = 0 -> n = 0.
Proof.
  intros. pose proof MKT138. pose proof H. pose proof H0.
  apply AxiomII in H4 as [H4[H6[]]].
  apply AxiomII in H5 as [H5[H9[]]].
  assert (m ⊂ m /\ m <> 0) as []. { split; auto. }
  apply H8 in H12 as [m0]; auto. clear H13.
  assert (m = PlusOne m0).
  { apply MKT133; auto. apply AxiomII; auto. }
  assert (m0 ∈ ω).
  { apply AxiomII in H3 as [H3[]]. apply H15 in H. apply H.
    rewrite H13. apply MKT4; right. apply MKT41; auto.
    apply (MKT33 m); auto. unfold Included; intros.
    rewrite H13. apply MKT4; auto. }
  rewrite H13,Mult_Property2_b in H2; auto. apply NNPP; intro.
  assert (n ⊂ n /\ n <> 0) as []. { split; auto. }
  apply H11 in H16 as [n0]; auto. clear H17.
  assert (n = PlusOne n0).
  { apply MKT133; auto. apply AxiomII; auto. }
  assert (n0 ∈ ω).
  { apply AxiomII in H3 as [H3[]]. apply H19 in H0. apply H0.
    rewrite H17. apply MKT4; right. apply MKT41; auto.
    apply (MKT33 n); auto. unfold Included; intros.
    rewrite H17. apply MKT4; auto. }
  assert ((m0 · n) ∈ ω). { apply ω_Mult_in_ω; auto. }
  rewrite H17,Plus_Property2_a in H2; auto. destruct MKT135.
  assert (((m0 · (PlusOne n0)) + n0) ∈ ω).
  { rewrite <-H17. apply ω_Plus_in_ω; auto. }
  apply H21 in H22; auto. rewrite <-H17; auto.
Qed.

Fact Mult_Cancellation : ∀ m n k, m ∈ ω -> n ∈ ω -> k ∈ ω
  -> m <> 0 -> m · n = m · k -> n = k.
Proof.
  intros. generalize dependent n.
  set (p := fun x => ∀ k n, k ∈ ω -> n ∈ ω -> x <> 0
    -> x · n = x · k -> n = k).
  assert (∀ x, x ∈ ω -> p x).
  { apply Mathematical_Induction. unfold p. intros; elim H4; auto.
    unfold p. intros m0 H3. intros. generalize dependent k.
    set (p1 := fun x => ∀ k, k ∈ ω
      -> (PlusOne m0) · x = (PlusOne m0) · k -> x = k).
    assert (∀ x, x ∈ ω -> p1 x).
```

```
{ apply Mathematical_Induction. unfold p1. intros.
  rewrite Mult_Property1_a in H8. symmetry in H8.
  apply (Mult_Cancellation_Lemma (PlusOne m0)) in H8; auto.
  apply MKT134; auto. intros n0 H1 H8. unfold p1 in *. intros.
  set (p2 := fun x => (PlusOne m0) · (PlusOne n0)
    = (PlusOne m0) · x -> (PlusOne n0) = x).
  assert (∀ x, x ∈ ω -> p2 x).
  { apply Mathematical_Induction. unfold p2; intros.
    rewrite Mult_Property1_a in H11; auto. apply
    (Mult_Cancellation_Lemma (PlusOne m0)) in H11; auto. intros.
    assert (((PlusOne m0) · n0) ∈ ω
      /\ ((PlusOne m0) · k1) ∈ ω) as [].
    { split; apply ω_Mult_in_ω; try apply MKT134; auto. }
    unfold p2 in *. intros. rewrite Mult_Property2_a,
    Mult_Property2_a,Plus_Commutation,
    (Plus_Commutation _ (PlusOne m0)) in H15; auto.
    apply Plus_Cancellation in H15; auto.
    apply H8 in H15; auto. rewrite H15; auto. }
  apply H11; auto. }
  intros. apply H1; auto. }
  intros. apply (H0 m); auto.
Qed.

(* 保序性 *)

Fact Mult_PrOrder : ∀ m n k, m ∈ ω -> n ∈ ω -> k ∈ ω
  -> m <> 0 -> (m · n) ∈ (m · k) <-> n ∈ k.
Proof.
  pose proof Plus_PrOrder_Lemma. split; intros.
  assert (k <> 0).
  { intro. rewrite H5 in H4. rewrite Mult_Property1_a in H4; auto.
    elim (@ MKT16 (m · n)); auto. }
  - generalize dependent n. generalize dependent k.
    set (q := (fun a => ∀ n k, k ∈ ω -> k <> 0 -> a <> 0
      -> n ∈ ω -> (a · n) ∈ (a · k) -> n ∈ k)).
    assert (∀ a, a ∈ ω -> q a).
    { apply Mathematical_Induction. unfold q; intros.
      elim H4; auto. intros k H1 H2. unfold q in *. intros.
      rewrite Mult_Property2_b,Mult_Property2_b in H8; auto.
      generalize dependent k0.
      set (q1 := (fun a => ∀ k0, k0 ∈ ω -> k0 <> 0
        -> ((k · a) + a) ∈ ((k · k0) + k0) -> a ∈ k0)).
      assert (∀ a, a ∈ ω -> q1 a).
      { apply Mathematical_Induction.
        unfold q1; intros. destruct MKT135.
        assert (Ordinal k0 /\ Ordinal 0) as [].
        { apply AxiomII in H4 as [H4[]].
          apply AxiomII in H9 as [H9[]]; auto. }
        apply (@ MKT110 k0 0) in H11 as [H11|[|]];
        try contradiction; auto; clear H12. elim (@ MKT16 k0); auto.
        intros k1 H4 H5. unfold q1 in *. intros.
        set (q2 := fun a => ((k · (PlusOne k1)) + (PlusOne k1))
          ∈ ((k · a) + a) -> a <> 0 -> (PlusOne k1) ∈ a).
        assert (∀ a, a ∈ ω -> q2 a).
        { apply Mathematical_Induction. unfold q2; intros.
          elim H12; auto. intros k2 H11 H12.
          unfold q2 in *; intros. apply (H k1 k2); auto.
          assert ((PlusOne k) ∈ ω /\ (PlusOne k1) ∈ ω
            /\ (PlusOne k2) ∈ ω) as [H15[]].
```

```
        { repeat split; apply MKT134; auto. }
        assert (((PlusOne k) · k1) ∈ ω
         /\ ((PlusOne k) · k2) ∈ ω) as [].
        { split; apply ω_Mult_in_ω; auto. }
        rewrite <-Mult_Property2_b,<-Mult_Property2_b in H13; auto.
        rewrite Mult_Property2_a,Mult_Property2_a in H13; auto.
        rewrite Plus_Commutation,(Plus_Commutation _ (PlusOne k))
        in H13; auto. apply Plus_PrOrder in H13; auto.
        assert (k2 <> 0).
        { intro. rewrite H20 in H13. rewrite Mult_Property1_a
          in H13; auto. elim (@ MKT16 ((PlusOne k) · k1)); auto. }
        rewrite Mult_Property2_b,Mult_Property2_b in H13; auto. }
      apply H11 in H8. apply H8; auto. }
    apply H4 in H7; auto. }
  apply H1 in H0; auto.
- set (q := fun a => a <> 0 -> n ∈ k -> (a · n) ∈ (a · k)).
  assert (∀ a, a ∈ ω -> q a).
  { apply Mathematical_Induction. unfold q; intros.
    elim H5; auto. intros k0 H5 H6. unfold q in *; intros.
    rewrite Mult_Property2_b,Mult_Property2_b; auto.
    destruct (classic (k0 = 0)).
    - rewrite H9,Mult_Property1_b,Mult_Property1_b,
      Plus_Property1_b,Plus_Property1_b; auto.
    - assert ((k0 · n) ∈ ω /\ (k0 · k) ∈ ω) as [].
      { split; apply ω_Mult_in_ω; auto. }
      assert (((k0 · n) + n) ∈ ((k0 · k) + n)).
      { rewrite Plus_Commutation,(Plus_Commutation _ n); auto.
        apply Plus_PrOrder; auto. }
      assert (((k0 · k) + n) ∈ ((k0 · k) + k)).
      { apply Plus_PrOrder; auto. }
      assert (((k0 · k) + k) ∈ ω). { apply ω_Plus_in_ω; auto. }
      apply AxiomII in H14 as [H14[[]]]. apply H16 in H13.
      apply H13; auto. }
  apply H5 in H0; auto.
Qed.
```

3.1.3 偶数和奇数

在 3.2 节证明某个滤子的相关性质时会用偶数和奇数的一些性质, 本节补充非负整数集中偶数和奇数的概念及相关性质, 尽管这些概念和性质是人人熟知的, 我们也给出它们完整的形式化描述和验证.

定义 3.3(偶数) m 是偶数 $\iff \exists k,\ k \in \omega \wedge m = 2 \cdot k$.

```
Definition Even m := ∃ k, k ∈ ω /\ m = 2 · k.
```

用 ω_E 表示偶数集.

```
Definition ω_E := \{ λ u, Even u \}.
```

```
(* 偶数类是一个集 *)

Corollary ω_E_is_Set : Ensemble (ω_E).
Proof.
  apply (MKT33 ω). pose proof MKT138; eauto.
  unfold Included; intros. apply AxiomII in H as [H[m[]]].
  rewrite H1. apply ω_Mult_in_ω; try apply in_ω_2; auto.
Qed.
```

定义 3.4(奇数)　m 是奇数 $\Longleftrightarrow \exists k,\ k \in \omega \ \wedge\ m = 2 \cdot k + 1.$

```
Definition Odd m := ∃ k, k ∈ ω /\ m = (2 · k) + 1.
```

用 ω_O 表示奇数集.

```
Definition ω_O := \{ λ u, Odd u \}.
```

```
(* 奇数类是一个集 *)
```

```
Corollary ω_O_is_Set : Ensemble (ω_O).
Proof.
  apply (MKT33 ω). pose proof MKT138; eauto.
  unfold Included; intros. apply AxiomII in H as [H[m[]]].
  rewrite H1. apply ω_Plus_in_ω; try apply in_ω_1; auto.
  apply ω_Mult_in_ω; try apply in_ω_2; auto.
Qed.
```

定理 3.6(偶数和奇数的性质)　ω 上的偶数集 ω_E 和奇数集 ω_O 满足下列性质:

　　1) $\omega\_E \subset \omega \ \wedge\ \omega\_E \neq \omega.$

　　2) $\omega\_E \approx \omega.$

　　3) $\omega\_O \subset \omega \ \wedge\ \omega\_O \neq \omega.$

　　4) $\omega\_O \approx \omega.$

　　5) $\omega\_E \approx \omega\_O.$

　　6) $\omega\_E \cup \omega\_O = \omega.$

　　7) $\omega\_E \cap \omega\_O = \varnothing.$

　　8) $\omega \sim \omega\_E = \omega\_O.$

　　9) $\omega \sim \omega\_O = \omega\_E.$

```
(* 偶数集是 ω 的真子集且与其等势 *)
```

```
Fact ω_E_properSubset_ω : ω_E ⊂ ω /\ ω_E <> ω.
Proof.
  split. unfold Included; intros. apply AxiomII in H as [H[x[]]].
  rewrite H1. apply ω_Mult_in_ω; auto. in_ω_2.
  intro. pose proof in_ω_1. rewrite <-H in H0.
  apply AxiomII in H0 as [H0[x[]]]. destruct (classic (x=0)).
  rewrite H3,Mult_Property1_a in H2.
  assert (0 ∈ 1). { rewrite H3 in H1. apply MKT41; eauto. }
  rewrite H2 in H4. pose proof (@ MKT16 0); auto. apply in_ω_2.
  assert (1 ∈ (2 · x)).
  { pose proof in_ω_2. pose proof in_ω_1. pose proof in_ω_0.
    assert (1 ∈ 2). { apply MKT4. right. apply MKT41; auto. }
    assert (1 = PlusOne 0). { unfold PlusOne. rewrite MKT17; auto. }
    assert (x ∈ (2 · x)).
    { apply (Mult_PrOrder x) in H7; auto. rewrite H8,
      Mult_Property2_a,Mult_Property1_a,Plus_Property1_b,
      Mult_Commutation in H7; rewrite <-H8 in H7; auto.
      rewrite <-H8; auto. }
    rewrite <-H2 in H9. apply MKT41 in H9; auto. elim H3; auto. }
  rewrite <-H2 in H4. elim (MKT101 1); auto.
Qed.
```

```
Fact ω_E_Equivalent_ω : ω_E ≈ ω.
Proof.
  apply MKT146. unfold Equivalent.
  set (f := \{\ λ u v, u ∈ ω /\ v = 2 · u \}\).
  exists f. repeat split.
  - unfold Relation; intros.
    apply AxiomII in H as [H[a[b[]]]]; eauto.
  - intros. apply AxiomII' in H as [H[]].
    apply AxiomII' in H0 as [H0[]]. rewrite H2,H4; auto.
  - unfold Relation; intros.
    apply AxiomII in H as [H[a[b[]]]]; eauto.
  - intros. apply AxiomII' in H as []. apply AxiomII' in H0 as [].
    apply AxiomII' in H1 as [H1[]]. apply AxiomII' in H2 as [H2[]].
    rewrite H4 in H6. pose proof in_ω_1. pose proof in_ω_2.
    assert (2 <> 0).
    { destruct MKT135. assert (0 ∈ 2).
      { apply MKT4; left. apply MKT41; eauto. }
      intro. rewrite H12 in H11. pose proof (@ MKT16 0); auto. }
    apply (Mult_Cancellation 2); auto.
  - apply AxiomI; split; intros.
    + apply AxiomII in H as [H[]].
      apply AxiomII' in H0 as [H0[]]; auto.
    + apply AxiomII; split. eauto. exists (2 · z).
      apply AxiomII'; split; auto. apply MKT49a; eauto.
      assert ((2 · z) ∈ ω).
      { apply ω_Mult_in_ω; auto. apply in_ω_2. } eauto.
  - apply AxiomI; split; intros.
    + apply AxiomII in H as [H[]]. apply AxiomII' in H0 as [H0[]].
      apply AxiomII; split; auto. unfold Even; eauto.
    + apply AxiomII in H as [H[x[]]]. apply AxiomII; split; auto.
      exists x. apply AxiomII'; split; auto. apply MKT49a; eauto.
Qed.

(* 奇数集是 ω 的真子集且与其等势 *)

Fact ω_O_properSubset_ω : ω_O ⊂ ω /\ ω_O <> ω.
Proof.
  split. unfold Included; intros. apply AxiomII in H as [H[x[]]].
  rewrite H1. apply ω_Plus_in_ω; try apply ω_Mult_in_ω; auto.
  apply in_ω_2. apply in_ω_1. intro. destruct MKT135.
  pose proof H0 as Ha. rewrite <-H in H0.
  apply AxiomII in H0 as [H0[x[]]].
  assert (1 = PlusOne 0). { unfold PlusOne. rewrite MKT17; auto. }
  assert ((2 · x) ∈ ω). { apply ω_Mult_in_ω; auto. apply in_ω_2. }
  rewrite H4,Plus_Property2_a,Plus_Property1_a in H3;
  try rewrite <-H4; auto. apply H1 in H5. rewrite <-H4 in H3; auto.
Qed.

Fact ω_O_Equivalent_ω : ω_O ≈ ω.
Proof.
  set (f := \{\ λ u v, u ∈ ω /\ v = (2 · u) + 1 \}\).
  apply MKT146. exists f. repeat split; intros.
  - unfold Relation; intros.
    apply AxiomII in H as [H[a[b[]]]]; eauto.
  - apply AxiomII' in H as [H[]].
    apply AxiomII' in H0 as [H0[]]. rewrite H2,H4; auto.
  - unfold Relation; intros.
    apply AxiomII in H as [H[a[b[]]]]; eauto.
```

```
  - apply AxiomII' in H as []. apply AxiomII' in H0 as [].
    apply AxiomII' in H1 as [H1[]]. apply AxiomII' in H2 as [H2[]].
    pose proof in_ω_1; pose proof in_ω_2.
    assert ((2 · y) ∈ ω). { apply ω_Mult_in_ω; auto. }
    assert ((2 · z) ∈ ω). { apply ω_Mult_in_ω; auto. }
    rewrite H4 in H6. rewrite Plus_Commutation,
    (Plus_Commutation _ 1) in H6; auto.
    apply Plus_Cancellation,Mult_Cancellation in H6; auto. intro.
    assert (0 ∈ 2).
    { apply MKT4; left. rewrite H11 in H8. apply MKT41; eauto. }
    rewrite H11 in H12. pose proof (@ MKT16 0); auto.
  - apply AxiomI; split; intros.
    + apply AxiomII in H as [H[]].
      apply AxiomII' in H0 as [H0[]]; auto.
    + apply AxiomII; split. eauto. exists ((2 · z) + 1).
      apply AxiomII'. split; auto. apply MKT49a; eauto.
      pose proof in_ω_1; pose proof in_ω_2.
      assert ((((2 · z) + 1) ∈ ω)).
      { apply ω_Plus_in_ω; auto. apply ω_Mult_in_ω; auto. } eauto.
  - apply AxiomI; split; intros.
    + apply AxiomII in H as [H[]]. apply AxiomII' in H0 as [H0[]].
      apply AxiomII; split; auto. exists x; auto.
    + apply AxiomII in H as [H[x[]]]. apply AxiomII; split; auto.
      exists x. apply AxiomII'; split; auto. apply MKT49a; eauto.
Qed.
```

(* 偶数集与奇数集等势 *)

```
Fact ω_O_Equivalent_ω_E : ω_O ≈ ω_E.
Proof.
  pose proof ω_E_Equivalent_ω; pose proof ω_O_Equivalent_ω.
  apply (MKT147 ω); auto. apply MKT146; auto.
Qed.
```

(* 偶数集并奇数集等于ω *)

```
Fact ω_E_Union_ω_O : ω_E ∪ ω_O = ω.
Proof.
  apply AxiomI; split; intros.
  - pose proof ω_E_properSubset_ω; pose proof ω_O_properSubset_ω.
    destruct H0,H1. apply MKT4 in H as [];[apply H0|apply H1];auto.
  - generalize dependent z. apply Mathematical_Induction.
    + apply MKT4; left. destruct MKT135.
      apply AxiomII; split. eauto. exists 0. split; auto.
      rewrite Mult_Property1_a; try apply in_ω_2; auto.
    + intros. apply MKT4 in H0 as [].
      * apply MKT4; right. apply AxiomII in H0 as [H0[x[]]].
        apply AxiomII; split. apply MKT134 in H; eauto.
        exists x. split; auto. replace ((2 · x) + 1)
        with ((2 · x) + (PlusOne 0)). rewrite Plus_Property2_a,
        Plus_Property1_a; try rewrite <-H2; auto.
        destruct MKT135. unfold PlusOne. rewrite MKT17; auto.
      * apply MKT4; left. apply AxiomII in H0 as [H0[x[]]].
        apply AxiomII; split. apply MKT134 in H; eauto.
        assert ((2 · x) ∈ ω).
        { pose proof in_ω_2. apply ω_Mult_in_ω; auto. }
        pose proof in_ω_1; pose proof in_ω_2.
        rewrite H2,<-Plus_Property2_a; auto. replace (PlusOne 1)
        with (2 · 1). rewrite <-Mult_Distribution; auto.
```

```
    exists (x + 1); split; auto. apply ω_Plus_in_ω; auto.
    replace (PlusOne 1) with 2; auto.
    assert (PlusOne 0 = 1).
    { unfold PlusOne. rewrite MKT17; auto. }
    rewrite <-H6,Mult_Property2_a,Mult_Property1_a,
    Plus_Property1_b; try rewrite H6; auto.
Qed.

(* 偶数集交奇数集为空 *)

Fact ω_E_Intersection_ω_0 : ω_E ∩ ω_0 = ∅.
Proof.
  set (A := \{ λ u, u ∈ (ω_E ∩ ω_0) \}).
  destruct (classic (A = 0)).
  - apply NNPP; intro. apply NEexE in H0 as [].
    assert (x ∈ A). { apply AxiomII; eauto. }
    rewrite H in H1. pose proof (@ MKT16 x); auto.
  - assert (A ⊂ ω).
    { unfold Included; intros. apply AxiomII in H0 as [].
      apply MKT4' in H1 as []. apply AxiomII in H1 as [H1[x[]]].
      rewrite H4. apply ω_Mult_in_ω; try apply in_ω_2; auto. }
    assert (WellOrdered E A).
    { apply (wosub ω); auto. pose proof MKT138.
      apply AxiomII in H1 as []. apply MKT107; auto. }
    destruct H1. assert (A ⊂ A /\ A <> 0) as []. { split; auto. }
    apply H2 in H3 as [x[]]; auto. clear H4.
    apply AxiomII in H3 as []. apply MKT4' in H4 as [].
    assert (1 = PlusOne 0).
    { unfold PlusOne. rewrite MKT17; auto. }
    destruct MKT135. destruct (classic (x=0)).
    + rewrite H10 in H6. apply AxiomII in H6 as [H6[m[]]].
      assert (((2 · m)) ∈ ω).
      { apply ω_Mult_in_ω; try apply in_ω_2; auto. }
      rewrite H7,Plus_Property2_a,Plus_Property1_a in H12;
      try rewrite <-H7; auto. rewrite <-H7 in H12.
      apply H9 in H13. contradiction.
    + assert (x ∈ ω).
      { apply AxiomII in H4 as [H4[x0[]]]. rewrite H12.
        apply ω_Mult_in_ω; try apply in_ω_2; auto. }
      pose proof H11 as Ha. apply AxiomII in H11 as [H11[H12[]]].
      assert (x ⊂ x /\ x <> 0) as []. { split; auto. }
      apply H14 in H15 as [x0]; auto. clear H16.
      assert (x = PlusOne x0).
      { apply MKT133; auto. apply AxiomII; auto. }
      assert (x0 ∈ x).
      { rewrite H16. apply MKT4; right. apply MKT41; auto.
        apply (MKT33 (x)); auto. unfold Included; intros.
        rewrite H16. apply MKT4; auto. }
      assert (x0 ∈ ω).
      { pose proof MKT138. apply AxiomII in H18 as [H18[]].
        eapply H20; eauto. }
      assert (x = x0 + 1).
      { rewrite H7. rewrite Plus_Property2_a,
        Plus_Property1_a; auto. }
      pose proof in_ω_1; pose proof in_ω_2.
      assert (x0 ∈ ω_E).
      { apply AxiomII; split. eauto. apply AxiomII in H6
        as [H6[m[]]]. rewrite H23 in H19.
        assert ((2 · m) ∈ ω). { apply ω_Mult_in_ω; auto. }
```

```
          rewrite Plus_Commutation,(Plus_Commutation _ 1)
          in H19; auto. apply Plus_Cancellation in H19; auto.
          exists m; auto. }
       assert (x0 ∈ ω_0).
       { apply AxiomII in H4 as [H4[m[]]].
         destruct (classic (m = 0)).
         - rewrite H25 in H24. rewrite Mult_Property1_a in H24; auto.
           rewrite H24 in H16. apply H9 in H18. contradiction.
         - pose proof H23 as Hb. apply AxiomII in Hb as [H26[H27[]]].
           assert (m ⊂ m /\ m <> 0) as []. { split; auto. }
           apply H29 in H30 as [m0]; auto. clear H31.
           assert (m = PlusOne m0).
           { apply MKT133; auto. apply AxiomII; auto. }
           assert (m0 ∈ ω).
           { destruct H30. pose proof MKT138. apply AxiomII in H33
             as [H33[]]. apply H35 in H23. apply H23; auto. }
           assert (m = m0 + 1).
           { rewrite H7,Plus_Property2_a,Plus_Property1_a; auto. }
           rewrite H33,Mult_Distribution in H24; auto.
           assert ((2 · m0) ∈ ω). { apply ω_Mult_in_ω; auto. }
           replace (2 · 1) with (1 + 1) in H24.
           rewrite H19,<-Plus_Association in H24; auto.
           assert (((2 · m0) + 1) ∈ ω). { apply ω_Plus_in_ω; auto. }
           rewrite Plus_Commutation,(Plus_Commutation _ 1) in H24;
           auto. apply Plus_Cancellation in H24; auto.
           apply AxiomII; split. eauto. exists m0; auto.
           rewrite H7. rewrite Plus_Property2_a,Plus_Property1_a;
           try rewrite <-H7; auto.
           rewrite H7,Mult_Property2_a,Mult_Property1_a,
           Plus_Property1_b; try rewrite <-H7; auto. }
       assert (x0 ∈ A).
       { apply AxiomII; split. eauto. apply MKT4'; auto. }
       apply H5 in H24. elim H24. apply AxiomII'; split; auto.
       apply MKT49a; eauto.
Qed.

(* 偶数集与奇数集互补 *)

Fact ω_Setminus_ω_E : ω ~ ω_E = ω_0.
Proof.
  apply AxiomI; split; intros.
  - apply MKT4' in H as []. rewrite <-ω_E_Union_ω_0 in H.
    apply MKT4 in H as []; auto. apply AxiomII in H0 as [].
    contradiction.
  - destruct ω_0_properSubset_ω. apply MKT4'; split.
    apply H0; auto. apply AxiomII; split; eauto. intro.
    pose proof ω_E_Intersection_ω_0.
    assert (z ∈ 0). { rewrite <-H3. apply MKT4'; auto. }
    pose proof (@ MKT16 z); auto.
Qed.

Fact ω_Setminus_ω_0 : ω ~ ω_0 = ω_E.
Proof.
  apply AxiomI; split; intros.
  - apply MKT4' in H as []. rewrite <-ω_E_Union_ω_0 in H.
    apply MKT4 in H as []; auto. apply AxiomII in H0 as [].
    contradiction.
  - destruct ω_E_properSubset_ω. apply MKT4'; split.
    apply H0; auto. apply AxiomII; split; eauto. intro.
```

```
  pose proof ω_E_Intersection_ω_0.
  assert (z ∈ 0). { rewrite <-H3. apply MKT4'; auto. }
  pose proof (@ MKT16 z); auto.
Qed.
```

3.2 滤子与超滤

首先导入 3.1 节代码.

```
(** filter *)
```

```
Require Export alge_operation.
```

滤子是 ω 的子集族, 即 ω 幂集的子集. 从自然数性质的角度理解, 一个 ω 上的滤子本质上就是自然数某些性质的相容组合, 滤子实际上通过某种相容性将 ω 的一些子集组合起来, 让这些原本互相独立的子集之间产生了相互关系, 所以 "滤子" 一词也可以理解为 "关系网". 滤子的具体定义如下:

定义 3.5(滤子)　设 ω 的子集族 $F \subset 2^\omega (= \{y : y \subset \omega\})$ 满足下面的条件:

1) $\emptyset \notin F$, $\omega \in F$;

2) 若 $a, b \in F$, 则 $a \cap b \in F$ (对交封闭);

3) 若 $a \subset b \subset \omega$ 且 $a \in F$, 则 $b \in F$ (大集性质).

那么 F 叫做 ω 上的滤子.

```
Definition Filter_On_ω F := F ⊂ pow(ω) /\ ∅ ∉ F /\ ω ∈ F
 /\ (∀ a b, a ∈ F -> b ∈ F -> (a ∩ b) ∈ F)
 /\ (∀ a b, a ⊂ b -> b ⊂ ω -> a ∈ F -> b ∈ F).
```

```
(* ω上的滤子是集 *)
```

```
Corollary Filter_is_Set : ∀ F, Filter_On_ω F -> Ensemble F.
Proof.
  intros. apply (MKT33 pow(ω)). apply MKT38a.
  pose proof MKT138; eauto. destruct H; auto.
Qed.
```

超滤相对应于自然数性质的一种极大相容组合 ("极大关系网"). 滤子 F 具有极大性是指: 若滤子 G 包含 F, 则必有 $G = F$, 也就是说滤子 F 无法再扩张成更大的滤子了.

超滤的极大性有两种描述方式, 分别对应两个略有不同但实际等价的定义.

定义 3.6 (超滤)　如果 ω 上的滤子 F 满足以下条件:

$$\forall a, a \subset \omega, a \in F \vee (\omega \sim a) \in F, \quad (极大性)$$

那么 F 叫做 ω 上的超滤.

```
Definition ultraFilter_On_ω F := Filter_On_ω F
 /\ (∀ a, a ⊂ ω -> a ∈ F \/ (ω ∼ a) ∈ F).
```

定义 3.7(极大滤子) 如果 ω 上的滤子 F 满足以下条件:

$$G \text{ 是 } \omega \text{ 上的滤子}, \text{ 若} F \subset G, \text{则有} G = F, \quad (\text{极大性})$$

那么 F 叫做 ω 上的极大滤子.

```
Definition maxFilter_On_ω F := Filter_On_ω F /\ (∀ G, Filter_On_ω G -> F ⊂ G -> G = F).
```

可以证明, 超滤与极大滤子相互等价.

```
Corollary ultraFilter_Equ_maxFilter : ∀ F, ultraFilter_On_ω F <-> maxFilter_On_ω F.
Proof.
  intros F0. split; intros.
 - split. destruct H; auto. intros.
   destruct (classic (G = F0)); auto.
   assert (G ~ F0 <> ∅).
   { intro. elim H2. apply AxiomI; split; intros. apply NNPP; intro.
     assert (z ∈ (G ~ F0)).
     { apply MKT4'. split; auto. apply AxiomII; split; eauto. }
     rewrite H3 in H6. pose proof (@ MKT16 z).
     contradiction. apply H1; auto. }
   apply NEexE in H3 as [a]. apply MKT4' in H3 as [].
   apply AxiomII in H4 as []. destruct H as [[H[H6[H7[]]]]].
   assert (a ⊂ ω).
   { destruct H0 as []. apply H0 in H3.
     apply AxiomII in H3; tauto. }
   apply H10 in H11. destruct H11; try contradiction.
   apply H1 in H11. destruct H0 as [H0[H12[H13[]]]].
   assert ((a ∩ (ω ~ a)) ∈ G). { apply H14; auto. }
   replace (a ∩ (ω ~ a)) with ∅ in H16. contradiction.
   apply AxiomI; split; intros.
   pose proof (@ MKT16 z). contradiction.
   apply MKT4' in H17 as []. apply MKT4' in H18 as [].
   apply AxiomII in H19 as []. contradiction.
 - destruct H. split. auto. intros.
   apply NNPP; intro. apply notandor in H2 as [].
   assert (∀ b, b ∈ F0 -> a ∩ b <> ∅).
   { intros. intro. assert (b ⊂ (ω ~ a)).
     { unfold Included; intros. destruct H as []. apply H in H4.
       apply AxiomII in H4 as []. apply MKT4'. split.
       apply H8 in H6; auto. apply AxiomII; split; eauto.
       intro. assert (z ∈ ∅). rewrite <-H5. apply MKT4'; auto.
       pose proof (@ MKT16 z). contradiction. }
     destruct H as [H7[H8[H9[]]]]. elim H3.
     eapply H10; repeat split; eauto. }
   assert (Filter_On_ω (\{ λ u, u ∈ F0 \/ (∃ v, v ∈ F0
   /\ (u = a ∩ v \/ ((a ∩ v) ⊂ u /\ u ⊂ ω))) \})).
   { destruct H as [H[H5[H6[]]]]. repeat split; intros.
     - unfold Included; intros. apply AxiomII in H9 as [H9[]].
       apply H; auto. destruct H10 as [v[]]. destruct H11.
       apply AxiomII. split; auto. unfold Included; intros.
       rewrite H11 in H12. apply MKT4' in H12 as []. apply H1; auto.
       destruct H11. apply AxiomII; split; auto.
     - intro. apply AxiomII in H9 as [H9[]]. contradiction.
       destruct H10 as [v]. destruct H10. destruct H11.
       apply H4 in H10. rewrite H11 in H10. contradiction.
       apply H4,NEexE in H10 as []. destruct H11.
       apply H11 in H10. pose proof (@ MKT16 x). contradiction.
```

```
  - apply AxiomII; split. eauto. left; auto.
  - apply AxiomII in H9 as []. apply AxiomII in H10 as [].
    assert (Ensemble (a0 ∩ b)).
    { apply (MKT33 a0). auto. unfold Included; intros.
      apply MKT4' in H13; tauto. }
    apply AxiomII. split; auto. destruct H11,H12.
    + left. apply H7; auto.
    + destruct H12 as [v[]]. destruct H14. right.
      exists (a0 ∩ v). split. apply H7; auto. left.
      rewrite H14. rewrite <-MKT7'. rewrite (MKT6' a0 a).
      rewrite MKT7'. auto. right. exists (a0 ∩ v). split.
      apply H7; auto. right. split; unfold Included; intros.
      apply MKT4' in H15 as []. apply MKT4' in H16 as [].
      apply MKT4'; split; auto. destruct H14. apply H14.
      apply MKT4'; auto. destruct H14. apply MKT4' in H15 as [].
      apply H16; auto.
    + destruct H11 as [v[]]. destruct H14. right. exists (v ∩ b).
      split. apply H7; auto. left. rewrite H14,MKT7'; auto.
      right. exists (v ∩ b). split. apply H7; auto. right.
      split; unfold Included; intros. apply MKT4' in H15 as [].
      apply MKT4' in H16 as []. apply MKT4'. split; auto.
      destruct H14. apply H14,MKT4'; auto. destruct H14.
      apply MKT4' in H15 as []. apply H16; auto.
    + destruct H11 as [m[]]. destruct H12 as [n[]].
      destruct H14,H15.
      * right. exists (m ∩ n). split. apply H7; auto. left.
        rewrite H14,H15. rewrite (MKT6' a m),MKT7',
        <-(MKT7' a a n),MKT5',<-MKT7',(MKT6' m a),MKT7'. auto.
      * right. exists (m ∩ n). split. apply H7; auto.
        right. split; unfold Included; intros.
        rewrite <-MKT7',<-H14 in H16. apply MKT4' in H16 as [].
        apply MKT4'; split; auto. destruct H15. apply H15.
        apply MKT4'; split; auto. rewrite H14 in H16.
        apply MKT4' in H16; tauto. destruct H15.
        apply MKT4' in H16 as []. apply H17; auto.
      * right. exists (m ∩ n). split. apply H7; auto.
        right. split; unfold Included; intros.
        apply MKT4' in H16 as []. apply MKT4' in H17 as [].
        apply MKT4'; split. destruct H14. apply H14.
        apply MKT4'; auto. rewrite H15. apply MKT4'; auto.
        destruct H14. apply MKT4' in H16 as []. apply H17; auto.
      * destruct H14,H15. right. exists (m ∩ n). split.
        apply H7; auto. right. split; unfold Included; intros.
        apply MKT4' in H18 as []. apply MKT4' in H19 as [].
        apply MKT4'; split. apply H14,MKT4'; auto. apply H15,
        MKT4'; auto. apply H16. apply MKT4' in H18; tauto.
  - apply AxiomII in H11 as []. apply AxiomII; split.
    apply (MKT33 ω); eauto. destruct H12.
    + left. apply (H8 a0 b); auto.
    + destruct H12 as [v[]]. destruct H13.
      * right. exists v. split; auto. right. rewrite <-H13; auto.
      * right. exists v. split; auto. right. split; auto.
        destruct H13. eapply MKT28; eauto. }
assert ((\{ λ u, u ∈ F0 \/ (∃ v, v ∈ F0
 /\ (u = a ∩ v \/ ((a ∩ v) ⊂ u /\ u ⊂ ω))) \}) = F0).
{ apply H0; auto. unfold Included; intros.
  apply AxiomII; split. eauto. left; auto. }
destruct H as [H[H7[]]].
assert ((a ∩ ω) ∈ (\{ λ u, u ∈ F0 \/ (∃ v, v ∈ F0
```

```
            /\ (u = a ∩ v \/ ((a ∩ v) ⊂ u /\ u ⊂ ω))) \} ~ F0)).
   { apply MKT4'; split. apply AxiomII; split; eauto.
     apply (MKT33 ω); eauto. unfold Included; intros.
     apply MKT4' in H10; tauto. apply AxiomII; split.
     apply (MKT33 ω); eauto. unfold Included; intros.
     apply MKT4' in H10; tauto. intro. destruct H9. elim H2.
     apply (H11 (a ∩ ω) a); auto. unfold Included; intros.
     apply MKT4' in H12; tauto. }
   apply MKT4' in H10 as []. rewrite H6 in H10.
   apply AxiomII in H11 as []. contradiction.
Qed.
```

例 3.1　单点集 $\{\omega\}$ 满足滤子定义 3.5 中的条件 1) — 3), 故是一个滤子; 但不满足定义 3.6 的极大性条件, 故不是超滤.

```
Example Example1 : Filter_On_ω ([ω]) /\ ~ ultraFilter_On_ω ([ω]).
Proof.
  pose proof MKT138. repeat split.
  - unfold Included; intros. apply MKT41 in H0; eauto.
    apply AxiomII; split. rewrite H0; eauto. rewrite H0.
    unfold Included; intros; auto.
  - intro. apply MKT41 in H0; eauto. destruct MKT135.
    rewrite <-H0 in H1. pose proof (@ MKT16 ∅). contradiction.
  - apply MKT41; eauto.
  - intros. apply MKT41 in H0; eauto. apply MKT41 in H1; eauto.
    rewrite H0,H1. rewrite MKT5'. apply MKT41; eauto.
  - intros. apply MKT41 in H2; eauto. rewrite H2 in H0.
    apply MKT41; eauto. apply MKT27; auto.
  - intro. destruct H0 as []. destruct MKT135. clear H3.
    assert ([∅] ⊂ ω).
    { unfold Included; intros.
      apply MKT41 in H3; eauto. rewrite H3; auto. }
    apply H1 in H3 as []. apply MKT41 in H3; eauto.
    apply MKT134 in H2. unfold PlusOne in H2. rewrite MKT17 in H2.
    rewrite H3 in H2. pose proof (MKT101 ω). contradiction.
    apply MKT41 in H3; eauto. rewrite <-H3 in H2.
    apply MKT4' in H2 as []. apply AxiomII in H4 as [].
    elim H5. apply MKT41; auto.
Qed.
```

定理 3.7　设 F 是 ω 上的超滤, 且 $a_1 \cup a_2 = a \in F$, 则 $a_1 \in F$ 或 $a_2 \in F$.

```
Theorem FT1 : ∀ F a1 a2, ultraFilter_On_ω F -> (a1 ∪ a2) ∈ F -> a1 ∈ F \/ a2 ∈ F.
Proof.
  intros F0 a1 a2. intros. destruct H as [[H[H1[H2[]]]]].
  assert ((ω ~ (a1 ∪ a2)) ∉ F0).
  { intro. assert (((a1 ∪ a2) ∩ (ω ~ (a1 ∪ a2))) ∈ F0).
    apply H3; auto. unfold Setminus in H7.
    rewrite (MKT6' ω _),<-MKT7' in H7.
    replace ((a1 ∪ a2) ∩ (¬ (a1 ∪ a2))) with ∅ in H7.
    rewrite MKT17' in H7. contradiction.
    apply AxiomI; split; intros.
    pose proof (@ MKT16 z). contradiction.
    apply MKT4' in H8 as []. apply AxiomII in H9 as [].
    contradiction. }
  replace (ω ~ (a1 ∪ a2)) with ((ω ~ a1) ∩ (ω ~ a2)) in H6.
  assert ((ω ~ a1) ∉ F0 \/ (ω ~ a2) ∉ F0).
  { apply NNPP; intro. apply notandor in H7 as [].
    apply (NNPP ((ω ~ a1) ∈ F0)) in H7.
    apply (NNPP ((ω ~ a2) ∈ F0)) in H8.
```

```
    elim H6. apply H3; auto. }
  assert (a1 ⊂ ω /\ a2 ⊂ ω) as [].
  { apply H in H0. apply AxiomII in H0 as []. split.
    assert (a1 ⊂ (a1 ∪ a2)). unfold Included; intros.
    apply MKT4; auto. eapply MKT28; eauto.
    assert (a2 ⊂ (a1 ∪ a2)). unfold Included; intros.
    apply MKT4; auto. eapply MKT28; eauto. }
  apply H5 in H8; apply H5 in H9. destruct H7;[destruct H8;
  [auto|contradiction]|destruct H9;[auto|contradiction]].
  apply AxiomI; split; intros.
  - apply MKT4' in H7 as []. apply MKT4' in H7 as [].
    apply MKT4' in H8 as []. apply MKT4'. split; auto.
    apply AxiomII; split. eauto. intro.
    apply AxiomII in H9 as []; apply AxiomII in H10 as [].
    apply MKT4 in H11 as []; contradiction.
  - apply MKT4' in H7 as []. apply AxiomII in H8 as [].
    apply MKT4'; split. apply MKT4'; split; auto.
    apply AxiomII; split; auto. intro. elim H9. apply MKT4; auto.
    apply MKT4'; split; auto. apply AxiomII; split; auto.
    intro; elim H9. apply MKT4; auto.
Qed.
```

定理 3.8 设 F 是 ω 上的超滤, 且 $a_1 \cup a_2 \cup \cdots \cup a_n = a \in F$, 则有
$$a_1 \in F \vee a_2 \in F \vee \cdots \vee a_n \in F.$$

```
(* 引理表明 m+1 个元的集合可表示为 m 个元的集合和单点集合的并 *)

Lemma FT1_Corollary_Lemma : ∀ m A, m ∈ ω -> P[A] = PlusOne m
  -> ∃ B b, P[B] = m /\ b ∉ B /\ A = B ∪ [b].
Proof.
  intros. assert ((PlusOne m) ∈ ω). { apply MKT134,H. }
  assert (Finite A). { rewrite <-H0 in H1; auto. }
  assert (Ensemble A). { apply Property_Finite,H2. }
  pose proof in_ω_0. assert (A <> 0).
  { intro. assert (P[0] = 0). { apply MKT164,MKT156 in H4; tauto. }
    rewrite H5,H6 in H0. destruct MKT135. elim (H8 m); auto. }
  assert (A ≈ PlusOne m).
  { apply MKT154; try split; eauto. rewrite H0.
    symmetry. apply MKT156,MKT164,H1. }
  apply NEexE in H5 as []. set (B := A ~ [x]).
  assert (x ∉ B).
  { intro. apply MKT4' in H7 as []. apply AxiomII
    in H8 as []. elim H9. apply MKT41; auto. }
  assert (A = B ∪ [x]).
  { apply AxiomI; split; intros.
    - apply MKT4. destruct (classic (z = x)).
      + right. apply MKT41; eauto.
      + left. apply MKT4'; split; auto. apply AxiomII; split;
        eauto. intro. apply MKT41 in H10; eauto.
    - apply MKT4 in H8 as []. apply MKT4' in H8; tauto.
      apply MKT41 in H8; eauto. rewrite H8; auto. }
  assert (P[B] = m).
  { replace m with (P[m]); try apply MKT156,MKT164,H.
    apply MKT154; try split; eauto. apply
    (MKT33 A); auto. unfold Included; intros. rewrite H8.
    apply MKT4; auto. destruct H6 as [f[[][]]].
    destruct (classic (f[x] = m)).
    - set (f1 := f ~ [[x,f[x]]]). exists f1.
```

```
assert (Function1_1 f1).
{ repeat split; unfold Relation; intros.
  - apply MKT4' in H13 as []. rewrite MKT70 in H13; auto.
    apply AxiomII in H13 as [_[a[b[]]]]; eauto.
  - apply MKT4' in H13 as []. apply MKT4' in H14 as [].
    destruct H6. apply (H17 x0); auto.
  - apply AxiomII in H13 as [_[a[b[]]]]; eauto.
  - apply AxiomII' in H13 as []. apply AxiomII' in H14 as [].
    apply MKT4' in H15 as []. apply MKT4' in H16 as [].
    destruct H9. apply (H19 x0); apply AxiomII'; auto. }
split; auto. destruct H13. split; apply AxiomI; split; intros.
+ apply AxiomII in H15 as [H15[]]. apply MKT4' in H16 as [].
  pose proof H16. apply Property_dom in H16.
  rewrite H10 in H16. apply AxiomII in H17 as [].
  apply MKT4'; split; auto. apply AxiomII; split; auto. intro.
  apply MKT41 in H20; eauto. elim H19. rewrite <-H10 in H5.
  apply Property_Value in H5; auto. apply MKT41; eauto.
  apply MKT49b in H17 as []. apply MKT55; auto. split; auto.
  destruct H6. apply (H22 x); auto. rewrite <-H20; auto.
+ apply AxiomII; split; eauto.
  assert (z ∈ A). { rewrite H8. apply MKT4; auto. }
  assert (z <> x). { intro. rewrite H17 in H15; auto. }
  exists f[z]. apply MKT4'; split.
  apply Property_Value; auto. rewrite H10; auto.
  rewrite <-H10 in H16. apply Property_Value in H16; auto.
  apply AxiomII; split; eauto. intro. rewrite <-H10 in H5.
  apply Property_Value in H5; auto. apply MKT41 in H18; eauto.
  assert (Ensemble ([z,f[z]])); eauto.
  apply MKT49b in H19 as []. apply MKT55 in H18 as []; auto.
+ apply AxiomII in H15 as [H15[]]. apply MKT4' in H16 as [].
  pose proof H16. apply Property_ran in H16.
  rewrite H11 in H16. apply MKT4 in H16 as []; auto.
  apply MKT41 in H16; eauto.
  apply AxiomII in H17 as []. elim H19. rewrite <-H10 in H5.
  apply Property_Value in H5; auto. apply MKT41; eauto.
  rewrite H16,<-H12. rewrite H12,<-H16. apply MKT55; auto.
  apply MKT49b in H17; tauto. split; auto. pose proof H16.
  rewrite H16,<-H12 in H18. destruct H9.
  apply (H21 f[x]); apply AxiomII'; auto;
  rewrite H12,<-H16; apply MKT49a; auto.
  apply MKT49b in H17; tauto. apply Property_dom in H5; eauto.
+ apply AxiomII; split; eauto.
  assert (z ∈ ran(f)). { rewrite H11. apply MKT4; auto. }
  apply AxiomII in H16 as [H16[]]. exists x0.
  apply MKT4'; split; auto. apply AxiomII; split; eauto.
  intro. pose proof H5. rewrite <-H10 in H19.
  apply Property_Value in H19; auto. apply MKT41 in H18; eauto.
  apply MKT55 in H18 as []; eauto. rewrite H20,H12 in H15.
  elim (MKT101 m); auto. assert (Ensemble ([x0,z])); eauto.
  apply MKT49b in H21; tauto.
- set (f1 := ((f ∼ [[x,f[x]]]) ∼ [[f⁻¹[m],m]])
      ∪ [[f⁻¹[m],f[x]]]).
  exists f1. assert (Function1_1 f1).
  { pose proof H5. rewrite <-H10 in H13. apply Property_Value,
    Property_ran in H13; auto. assert (m ∈ ran(f)).
    { rewrite H11. apply MKT4. right. apply MKT41; eauto. }
    rewrite reqdi in H14. apply Property_Value,Property_ran
    in H14; auto. repeat split; unfold Relation; intros.
    - apply MKT4 in H15 as []. repeat apply MKT4' in H15 as [].
```

```
  rewrite MKT70 in H15; auto. apply AxiomII in H15 as
  [_[x0[y0[]]]]; eauto. apply MKT41 in H15; eauto.
  apply MKT49a; eauto.
- apply MKT4 in H15 as []; apply MKT4 in H16 as [];
  repeat apply MKT4' in H15 as []; repeat apply MKT4'
  in H16 as [].
  + destruct H6. apply (H21 x0); auto.
  + apply AxiomII in H17 as []. elim H19. apply MKT41.
    apply MKT49a; eauto. apply MKT49b in H17 as [].
    apply MKT55; auto. pose proof H16.
    apply AxiomII in H16 as [H16 _].
    apply MKT41 in H21; try (apply MKT49a; eauto).
    apply MKT49b in H16 as []. apply MKT55 in H21 as [];
    auto. split; auto. rewrite MKT70 in H15; auto.
    apply AxiomII' in H15 as []. rewrite H24,H21,f11vi; auto.
    rewrite H11. apply MKT4; right; apply MKT41; eauto.
  + pose proof H15. apply AxiomII in H15 as [H15 _].
    apply MKT41 in H19; try (apply MKT49a; eauto).
    apply MKT49b in H15 as [].
    apply MKT55 in H19 as []; auto.
    apply AxiomII in H17 as []. elim H22. apply MKT41.
    apply MKT49a; eauto. apply MKT55; auto.
    assert (Ensemble ([x0,z])); eauto.
    apply MKT49b in H23; tauto. split; auto.
    rewrite MKT70 in H16; auto. apply AxiomII' in H16 as [].
    rewrite H23,H19,f11vi; auto. rewrite H11.
    apply MKT4; right; apply MKT41; eauto.
  + pose proof H15; pose proof H16.
    apply AxiomII in H17 as [H17 _].
    apply AxiomII in H18 as [H18 _].
    apply MKT41 in H15; try (apply MKT49a; eauto).
    apply MKT41 in H16; try (apply MKT49a; eauto).
    apply MKT49b in H17 as []; apply MKT49b in H18 as [].
    apply MKT55 in H15; apply MKT55 in H16; auto.
    destruct H15,H16. rewrite H21,H22; auto.
- apply AxiomII in H15 as [_[x0[y0[]]]]; eauto.
- apply AxiomII' in H15 as []; apply AxiomII' in H16 as [].
  apply MKT4 in H17 as []; apply MKT4 in H18 as [];
  repeat apply MKT4' in H17 as [];
  repeat apply MKT4' in H18 as [].
  + assert ([x0,y] ∈ f⁻¹ /\ [x0,z] ∈ f⁻¹) as [].
    { split; apply AxiomII'; auto. }
    destruct H9. apply (H25 x0); auto.
  + apply MKT41 in H18; try (apply MKT49a; eauto).
    apply MKT49b in H16 as []. apply MKT55 in H18 as [];
    auto. pose proof H17. pose proof H5.
    apply Property_dom in H23. rewrite <-H10 in H24.
    rewrite MKT70 in H17; auto. apply AxiomII' in H17 as [].
    assert (y = x).
    { rewrite <-(f11iv f),<-(f11iv f y),<-H25,<-H22; auto. }
    apply AxiomII in H20 as []. elim H27. apply MKT41.
    apply MKT49a; eauto. apply MKT55; eauto.
  + apply MKT41 in H17; try (apply MKT49a; eauto).
    apply MKT49b in H15 as [].
    apply MKT55 in H17 as []; auto. pose proof H18.
    apply Property_dom in H23. rewrite MKT70 in H18; auto.
    apply AxiomII' in H18 as [].
    assert (x = z).
    { rewrite <-(f11iv f),<-(f11iv f x),<-H22,<-H24; auto.
```

```
                rewrite H10; auto. }
           apply AxiomII in H20 as []. elim H26. apply MKT41.
           apply MKT49a; eauto. apply MKT55; eauto.
         + apply MKT41,MKT55 in H17 as [];
           apply MKT41,MKT55 in H18 as [];
           try (apply MKT49a; eauto); apply MKT49b in H15 as [];
           apply MKT49b in H16 as []; auto. rewrite H17,H18; auto. }
    split; auto. destruct H13.
    assert (m ∈ ran(f)).
    { rewrite H11. apply MKT4; right; apply MKT41; eauto. }
    assert ((f⁻¹)[m] ∈ dom(f)).
    { rewrite reqdi in H15. apply Property_Value,Property_ran
      in H15; auto. rewrite <-deqri in H15; auto. }
    assert (x ∈ dom(f)). { rewrite H10; auto. }
    assert (f[x] ∈ ran(f)).
    { apply Property_Value,Property_ran in H17; auto. }
    split; apply AxiomI; split; intros.
    + apply AxiomII in H19 as [H19[y]]. apply MKT4 in H20 as [].
      * repeat apply MKT4' in H20 as []. apply MKT4'; split.
        apply Property_dom in H20. rewrite <-H10; auto.
        apply AxiomII; split; auto. intro.
        apply MKT41 in H23; eauto. apply AxiomII in H22 as [].
        elim H24. apply MKT41; try (apply MKT49a; eauto).
        apply MKT49b in H22 as []. apply MKT55; eauto. split; auto.
        rewrite MKT70 in H20; auto. apply AxiomII' in H20 as [].
        rewrite H26,H23; auto.
      * assert (Ensemble ([z,y])); eauto. apply MKT41 in H20;
        try (apply MKT49a; eauto). apply MKT49b in H21 as [].
        apply MKT55 in H20 as []; auto. apply MKT4'; split.
        rewrite H20,<-H10; auto. apply AxiomII; split; auto.
        intro. apply MKT41 in H24; eauto. rewrite H24 in H20.
        elim H12. rewrite H20,f11vi; auto.
    + apply MKT4' in H19 as []. rewrite <-H10 in H19.
      destruct (classic (z = (f⁻¹)[m])).
      * apply AxiomII; split; eauto. exists (f[x]).
        apply MKT4; right. apply MKT41. apply MKT49a; eauto.
        apply MKT55; eauto.
      * apply AxiomII; split; eauto. exists (f[z]).
        apply MKT4; left. pose proof H19.
        apply Property_Value in H22; auto.
        assert (Ensemble ([z,f[z]])); eauto.
        apply MKT49b in H23 as []. apply MKT4'; split.
        apply MKT4'; split; auto. apply AxiomII; split; eauto.
        intro. apply MKT41 in H25; try (apply MKT49a; eauto).
        apply MKT55 in H25 as []; auto. apply AxiomII in H20 as [].
        elim H27. rewrite <-H25. apply MKT41; auto.
        apply AxiomII; split; eauto. intro. apply MKT41 in H25;
        try (apply MKT49a; eauto). apply MKT55 in H25 as []; auto.
    + apply AxiomII in H19 as [H19[x0]]. apply MKT4 in H20 as [].
      * repeat apply MKT4' in H20 as []. pose proof H20.
        apply Property_ran in H20. rewrite H11 in H20.
        apply MKT4 in H20 as []; auto. apply MKT41 in H20; eauto.
        assert ([z,x0] ∈ f⁻¹).
        { apply AxiomII'; split; auto.
          assert (Ensemble ([x0,z])); eauto.
          apply MKT49b in H24 as []. apply MKT49a; auto. }
        rewrite MKT70 in H24; auto. apply AxiomII' in H24 as [].
        apply AxiomII in H21 as []. elim H26.
        apply MKT41; try (apply MKT49a; eauto).
```

```
        apply MKT49b in H21 as []. apply MKT55; auto.
        rewrite <-H20; auto.
      * assert (Ensemble ([x0,z])); eauto.
        apply MKT41 in H20; try (apply MKT49a; eauto).
        apply MKT49b in H21 as []. apply MKT55 in H20 as []; auto.
        rewrite <-H23,H11 in H18. apply MKT4 in H18 as []; auto.
        apply MKT41 in H18; eauto. rewrite H18 in H23.
        elim H12; auto.
    + assert (z ∈ ran(f)). { rewrite H11. apply MKT4; auto. }
      apply AxiomII in H20 as [H20[]]. apply AxiomII; split; auto.
      destruct (classic (z = f[x])).
      * exists ((f⁻¹)[m]). apply MKT4; right. apply MKT41;
        try (apply MKT49a; eauto). apply MKT55; eauto.
      * assert (Ensemble ([x0,z])); eauto.
        apply MKT49b in H23 as []. exists x0. apply MKT4; left.
        apply MKT4'; split. apply MKT4'; split; auto.
        apply AxiomII; split; eauto. intro. apply MKT41 in H25;
        try (apply MKT49a; eauto). apply MKT55 in H25 as []; auto.
        apply AxiomII; split; eauto. intro.
        apply MKT41 in H25; try (apply MKT49a; eauto).
        apply MKT55 in H25 as []; try apply MKT49a; eauto.
        rewrite H26 in H19. elim (MKT101 m); auto. }
  eauto.
Qed.

Corollary FT1_Corollary : ∀ F A, ultraFilter_On_ω F -> Finite A
  -> ⋃A ∈ F -> ∃ a, a ∈ A /\ a ∈ F.
Proof.
  intros. set (Q := fun n => ∀ B, P[B] = n -> ⋃B ∈ F -> ∃a, a ∈ B /\ a ∈ F).
  assert (∀ n, n ∈ ω -> Q n).
  { apply Mathematical_Induction.
    - unfold Q; intros. assert (B = 0).
      { assert (P[0] = 0).
        { pose proof in_ω_0. pose proof MKT152a.
          pose proof MKT152b. pose proof MKT152c.
          assert (0 ∈ dom(P)).
          { rewrite H6. apply MKT19. eauto. }
          apply Property_Value in H8; auto. destruct H5.
          apply (H9 0); auto. apply AxiomII'; repeat split.
          apply MKT49a; eauto. apply MKT145.
          apply MKT164,H4. }
        pose proof in_ω_0. rewrite <-H4 in H2. apply MKT154 in H2;
        try split; eauto; try apply Property_Finite.
        apply AxiomI; split; intros; elim (@ MKT16 z); auto.
        destruct H2 as [f[[] []]]. rewrite <-H8 in H6.
        apply Property_Value,Property_ran in H6.
        rewrite H9 in H6. elim (@ MKT16 (f[z])); auto.
        rewrite <-H4,<-H2 in H5; auto. }
      rewrite H4,MKT24' in H3. destruct H as [[H[]]]. elim H5; auto.
    - intros. unfold Q; intros. pose proof H4.
      apply FT1_Corollary_Lemma in H6 as [B'[a[H6[]]]]; auto.
      assert (Ensemble a).
      { apply NNPP; intro. apply MKT43 in H9. rewrite H9,MKT20 in H8.
        rewrite H8,<-MKT34' in H5. elim MKT39; eauto. }
      assert (⋃B = (⋃B') ∪ a).
      { apply AxiomI; split; intros.
        - apply AxiomII in H10 as [H10[x[]]]. rewrite H8 in H12.
          apply MKT4 in H12 as [].
          + apply MKT4; left. apply AxiomII; split; eauto.
```

```
      + apply MKT4; right. apply MKT41 in H12; auto.
        rewrite <-H12; auto.
     - apply AxiomII; split; eauto. apply MKT4 in H10 as [].
      + apply AxiomII in H10 as [H10[x[]]]. exists x.
        split; auto. rewrite H8. apply MKT4; auto.
       + exists a. split; auto. rewrite H8. apply MKT4; right.
          apply MKT41; auto. }
     rewrite H10 in H5. apply FT1 in H5 as []; auto.
    + apply H3 in H5 as [x[]]; auto. exists x. split; auto.
      rewrite H8. apply MKT4; auto.
    + exists a. split; auto. rewrite H8. apply MKT4; right.
      apply MKT41; auto. }
  apply H2 in H0. apply H0; auto.
Qed.
```

超滤进一步可以分为自由超滤和主超滤.

定义 3.8 (自由超滤)　如果 ω 上的超滤 F 满足以下条件:

$$\omega \text{ 的任意有限子集 } \notin F,$$

那么 F 叫做 ω 上的自由超滤.

```
Definition free_ultraFilter_On_ω F := ultraFilter_On_ω F
 /\ (∀ a, a ⊂ ω -> Finite a -> a ∉ F).
```

(* 自由超滤中的元素都是无限集 *)

```
Corollary free_ultraFilter_infinite : ∀ F, free_ultraFilter_On_ω F
 -> (∀ x, x ∈ F -> ~ Finite x).
Proof.
  intros. intro. destruct H. destruct H as [[H[H3[H4[]]]]].
  pose proof H0. apply H in H8. apply AxiomII in H8 as [].
  eapply H2; eauto.
Qed.
```

在进一步讨论自由超滤的性质之前, 引进一个特殊的滤子 $F_\sigma = \{a \subset \omega : \omega \sim a$ 是有限集}. F_σ 由 ω 的所有 "余有限" 子集 (即 $\omega \sim a$ 为有限集的子集 a) 组成. 该滤子称为 **Fréchet 滤子**. F_σ 与自由超滤有密切关系.

```
Definition Fσ := \{ λ a, a ⊂ ω /\ Finite (ω ~ a) \}.
```

可以证明, F_σ 是滤子, 同时 F_σ 满足定义 3.8 中的性质, 即 ω 的任意有限子集 $\notin F_\sigma$, 但 F_σ 不是超滤, 当然更不是自由超滤.

(* 引理: 空集是有限集 *)

```
Lemma Finite_∅ : Finite ∅.
Proof.
  pose proof in_ω_0. pose proof H. apply MKT164,MKT156 in H as [].
  rewrite <-H1 in H0; auto.
Qed.
```

(* F_σ 是一个滤子但不是超滤, 同时 ω 的任意有限集不在F_σ中 *)

```coq
Corollary Fσ_is_just_Filter : Filter_On_ω Fσ /\ ~ ultraFilter_On_ω Fσ
  /\ (∀ a, a ⊂ ω -> Finite a -> a ∉ Fσ).
Proof.
  assert (Filter_On_ω Fσ).
  { repeat split; intros.
    - unfold Included; intros. apply AxiomII; split.
      eauto. apply AxiomII in H as [H[]]; auto.
    - intro. apply AxiomII in H as [H[]].
      assert (ω ~ ∅ = ω).
      { apply AxiomI; split; intros. apply MKT4' in H2 as []; auto.
        apply MKT4'; split; auto. apply AxiomII; split. eauto.
        intro. pose proof (@ MKT16 z). contradiction. }
      rewrite H2 in H1. pose proof MKT138.
      assert (ω ∈ ω).
      { pose proof MKT165. apply MKT156 in H4 as [].
        unfold Finite in H1. rewrite H5 in H1; auto. }
      pose proof (MKT101 ω); auto.
    - pose proof MKT138. apply AxiomII; split. eauto.
      split. unfold Included; intros; auto. replace (ω ~ ω) with ∅.
      apply Finite_∅. apply AxiomI; split; intros.
      pose proof (@ MKT16 z); contradiction.
      apply AxiomII in H0 as [H0[]].
      apply AxiomII in H2 as []. contradiction.
    - apply AxiomII in H as [H[]]. apply AxiomII in H0 as [H0[]].
      apply AxiomII. repeat split. apply (MKT33 a); auto.
      unfold Included; intros. apply MKT4' in H5; tauto.
      unfold Included; intros. apply MKT4' in H5 as [].
      apply H1; auto. replace (ω ~ (a ∩ b)) with ((ω ~ a) ∪ (ω ~ b)).
      apply MKT168; auto. apply AxiomI; split; intros.
      apply MKT4 in H5 as []; apply MKT4' in H5 as [];
      apply AxiomII in H6 as []; apply MKT4'; split; auto;
      apply AxiomII; split; auto; intro;
      apply MKT4' in H8 as []; auto.
      apply MKT4' in H5 as []. apply AxiomII in H6 as [].
      destruct (classic (z ∈ a)).
      assert (z ∉ b). { intro. elim H7. apply MKT4'; auto. }
      apply MKT4; right. apply MKT4'; split; auto.
      apply AxiomII; auto. left.
      apply MKT4'; split; auto. apply AxiomII; auto.
    - apply AxiomII; split. apply (MKT33 ω); auto.
      pose proof MKT138. eauto. split; auto.
      assert ((ω ~ b) ⊂ (ω ~ a)).
      { unfold Included; intros. apply MKT4' in H2 as [].
        apply AxiomII in H3 as []. apply MKT4'; split; auto.
        apply AxiomII; split; auto. intro. apply H in H5.
        contradiction. }
      apply MKT158 in H2. apply AxiomII in H1 as [H1[]].
      destruct H2. pose proof MKT138. apply AxiomII in H5 as [H5[]].
      eapply H7; eauto. unfold Finite. rewrite H2; auto. }
  split; auto. split; intro.
  - destruct H0 as [].
    destruct ω_E_properSubset_ω. apply H1 in H2 as [].
    + apply AxiomII in H2 as [H2[]]. rewrite ω_Setminus_ω_E in H5.
      pose proof ω_O_Equivalent_ω. apply MKT154 in H6.
      unfold Finite in H5. rewrite H6 in H5. pose proof MKT165.
      apply MKT156 in H7 as []. rewrite H8 in H5.
      elim (MKT101 ω); auto. apply Property_Finite; auto.
      pose proof MKT165; eauto.
    + rewrite ω_Setminus_ω_E in H2. apply AxiomII in H2 as [H2[]].
```

```
      pose proof ω_E_Equivalent_ω. rewrite ω_Setminus_ω_0 in H5.
      apply MKT154 in H6. unfold Finite in H5.
      rewrite H6 in H5. pose proof MKT165. apply MKT156 in H7 as [].
      rewrite H8 in H5. elim (MKT101 ω); auto.
      apply Property_Finite; auto. pose proof MKT165; eauto.
  - intros. intro. apply AxiomII in H2 as [H2[]].
    assert (Finite ω).
    { replace ω with ((ω ~ a) ∪ a). apply MKT168; auto.
      apply AxiomI; split; intros. apply MKT4 in H5 as [].
      apply MKT4' in H5; tauto. apply H3; auto. apply MKT4.
      destruct (classic (z ∈ a)). auto. left.
      apply MKT4'; split; auto. apply AxiomII; split; eauto. }
    assert (ω ∈ ω).
    { pose proof MKT165. apply MKT156 in H6 as [].
      unfold Finite in H5. rewrite H7 in H5; auto. }
    pose proof (MKT101 ω). contradiction.
Qed.
```

下面的定理表明自由超滤和 Fréchet 滤子之间的直接关联.

定理 3.9   设 F 是超滤, 则 F 是自由超滤当且仅当 $F_\sigma \subset F$.

```
Theorem FT2 : ∀ F, ultraFilter_On_ω F
  -> free_ultraFilter_On_ω F <-> F_σ ⊂ F.
Proof.
  split; intros.
  - destruct H0 as [[[H0[H1[H2[]]]]]]. unfold Included; intros.
    apply AxiomII in H7 as [H7[]]. apply H5 in H8 as []; auto.
    apply H6 in H9. contradiction. unfold Included; intros.
    apply MKT4' in H10; tauto.
  - split; auto. intros. intro.
    assert ((ω ~ a) ∈ F_σ).
    { apply AxiomII. pose proof MKT138. repeat split.
      apply (MKT33 ω). eauto. unfold Included; intros.
      apply MKT4' in H5; tauto. unfold Included; intros.
      apply MKT4' in H5; tauto. replace (ω ~ (ω ~ a)) with a; auto.
      apply AxiomI; split; intros. apply MKT4'; split.
      apply H1; auto. apply AxiomII; split. eauto. intro.
      apply MKT4' in H6 as []. apply AxiomII in H7 as []; auto.
      apply MKT4' in H5 as []. apply AxiomII in H6 as [].
      apply NNPP; intro. elim H7. apply MKT4'; split; auto.
      apply AxiomII; auto. }
    apply H0 in H4. destruct H as [[H[H5[H6[]]]]].
    assert ((a ∩ (ω ~ a)) ∈ F). { apply H7; auto. }
    replace (a ∩ (ω ~ a)) with ∅ in H10; auto.
    apply AxiomI; split; intros.
    pose proof (@ MKT16 z). contradiction.
    apply MKT4' in H11 as []. apply MKT4' in H12 as [].
    apply AxiomII in H13 as []. contradiction.
Qed.
```

定义 3.9(主超滤)   任意 $n \in \omega$, 下面的集合:

$$\{a : a \subset \omega \wedge n \in a\}$$

记为 F_n. 不难证明, 每个非负整数 n 对应的 F_n 都是一个超滤, 这类可以与自然数建立起对应关系的超滤 F_n 称为主超滤.

```
Definition F n := \{ λ a, a ⊂ ω /\ n ∈ a \}.
```

(* 以下两个推论表明了定义中的参数 n 需是一个非负整数 *)

```
Corollary Fn_Corollary1 : ∀ n, F n = ∅ <-> n ∉ ω.
Proof.
  split; intros. intro. pose proof H0 as H'. apply MKT134 in H'.
  assert ((PlusOne n) ∈ (F n)).
 { apply AxiomII; split. eauto. split. pose proof MKT138.
   apply AxiomII in H1 as [H1[]]. unfold Included; intros.
   eapply H3; eauto. unfold PlusOne. apply MKT4; right.
   apply MKT41; eauto. }
  rewrite H in H1. pose proof (@ MKT16 (PlusOne n)). contradiction.
  apply AxiomI; split; intros. apply AxiomII in H0 as [H0[]].
  apply H1 in H2. contradiction. elim (@ MKT16 z); auto.
Qed.

Corollary Fn_Corollary2 : ∀ n, ultraFilter_On_ω (F n) <-> n ∈ ω.
Proof.
  split; intros.
  - apply NNPP; intro. apply Fn_Corollary1 in H0. rewrite H0 in H.
    destruct H as [[H[H1[]]]]. pose proof (@ MKT16 ω). contradiction.
  - repeat split; intros.
    + unfold Included; intros. apply AxiomII in H0 as [H0[]].
      apply AxiomII; split; auto.
    + intro. apply AxiomII in H0 as [H0[]].
      pose proof (@ MKT16 n). contradiction.
    + pose proof MKT138. apply AxiomII; split. eauto. split; auto.
    + apply AxiomII in H0 as [H0[]]. apply AxiomII in H1 as [H1[]].
      apply AxiomII. repeat split. apply (MKT33 ω).
      pose proof MKT138. eauto. unfold Included; intros.
      apply MKT4' in H6 as []. apply H4; auto.
      unfold Included; intros. apply MKT4' in H6 as [].
      apply H4; auto. apply MKT4'; auto.
    + apply AxiomII. apply AxiomII in H2 as [H2[]]. apply H0 in H4.
      split; auto. apply (MKT33 ω); auto. pose proof MKT138. eauto.
    + destruct (classic (n ∈ a)).
      * left. apply AxiomII; split; auto. apply (MKT33 ω); auto.
        pose proof MKT138. eauto.
      * right. apply AxiomII; repeat split. apply (MKT33 ω).
        pose proof MKT138. eauto. unfold Included; intros.
        apply MKT4' in H2; tauto. unfold Included; intros. apply
        MKT4' in H2; tauto. apply MKT4'. split; auto. apply
        AxiomII; split; eauto.
Qed.
```

例 3.2a 两个不同的非负整数必定对应各自不同的主超滤, 即 $m \neq n$ 当且仅当 $F_m \neq F_n$.

```
Example Example2_a : ∀ n m, n ∈ ω -> m ∈ ω -> n <> m <-> F n <> F m.
Proof.
  intros. split; intros; intro.
  - assert ([n] ∈ (F n)).
    { apply AxiomII. repeat split. apply MKT42; eauto.
      unfold Included; intros. apply MKT41 in H3; eauto.
      rewrite H3; auto. apply MKT41; eauto. }
    assert (~ [n] ∈ (F m)).
    { intro. apply AxiomII in H4 as [H4[]].
      apply MKT41 in H6; eauto. }
```

```
    rewrite H2 in H3. contradiction.
  - elim H1. apply AxiomI; split; intros; apply AxiomII
    in H3 as [H3[]]. apply AxiomII. repeat split; auto.
    rewrite <-H2; auto. apply AxiomII.
    repeat split; auto. rewrite H2; auto.
Qed.
```

特别地, $F_0 \neq F_1$.

```
Fact N'0_isn't_N'1 : F 0 <> F 1.
Proof.
  destruct MKT135; pose proof in_ω_1.
  apply (Example2_a 0 1); auto. intro.
  assert (0 ∈ 1). { apply MKT41; eauto. }
  rewrite <-H2 in H3. pose proof (@ MKT16 ∅); auto.
Qed.
```

例 3.2b　对于任意非负整数 n 和 ω 的子集 $a, a \in F_n$ 当且仅当 $n \in a$.

```
Example Example2_b : ∀ a n, a ⊂ ω -> n ∈ ω -> a ∈ (F n) <-> n ∈ a.
Proof.
  intros. split; intros.
  - apply AxiomII in H1 as [H1[]]; auto.
  - apply AxiomII. split; auto. apply (MKT33 ω); auto.
    pose proof MKT138. eauto.
Qed.
```

下面的定理表明, 超滤恰好可以分为自由超滤和主超滤两类.

定理 3.10　每个主超滤都不是自由超滤, 每个非自由超滤一定是某个主超滤.

```
Theorem FT3_a : ∀ n, n ∈ ω -> ultraFilter_On_ω (F n) /\ ~ free_ultraFilter_On_ω (F n).
Proof.
  intros. split. apply Fn_Corollary2; auto. intro. destruct H0.
  assert (Ensemble n). eauto.
  assert ([n] ⊂ ω).
  { unfold Included; intros.
    apply MKT41 in H3; eauto. rewrite H3; auto. }
  apply finsin in H2. apply H1 in H2; auto. elim H2. apply AxiomII.
  repeat split; auto. apply MKT42; eauto. apply MKT41; eauto.
Qed.
```

```
Theorem FT3_b : ∀ F0, ultraFilter_On_ω F0
  -> ~ free_ultraFilter_On_ω F0 -> (∃ n, n ∈ ω /\ F0 = F n).
Proof.
  intros. assert (∃ a, a ∈ F0 /\ Finite a) as [a[]].
  { apply NNPP; intro. elim H0. split;
    auto. intros. intro. elim H1. eauto. }
  assert ((ω ~ a) ∉ F0).
  { destruct H as [[H[H3[H4[]]]]]. intro.
    assert ((a ∩ (ω ~ a)) ∈ F0).
    apply H5; auto. replace (a ∩ (ω ~ a)) with ∅ in H9; auto.
    apply AxiomI; split; intros. elim (@ MKT16 z); auto.
    apply MKT4' in H10 as []. apply MKT4' in H11 as [].
    apply AxiomII in H12 as []. contradiction. }
  assert (ω ~ a = ∩(\{ λ u, ∃ n, n ∈ a /\ u = ω ~ [n] \})).
  { apply AxiomI; split; intros.
    - apply AxiomII; split. eauto. intros.
      apply AxiomII in H5 as [H5[n[]]].
```

```
    assert ((ω ∼ a) ⊂ (ω ∼ [n])).
    { unfold Included; intros. apply MKT4' in H8 as [].
      apply AxiomII in H9 as []. apply MKT4'; split; auto.
      apply AxiomII; split; auto. intro. apply MKT41 in H11; eauto.
      rewrite <-H11 in H6; auto. }
    apply H8 in H4. rewrite H7; auto.
  - apply AxiomII in H4 as []. destruct (classic (a = ∅)).
    rewrite H6 in H1. destruct H as [[H[H7[H8[]]]]].
    contradiction. apply NEexE in H6 as [n].
    assert ((ω ∼ [n]) ∈ \{ λ u, ∃ n, n ∈ a /\ u = ω ∼ [n] \}).
    { apply AxiomII; split; eauto. pose proof MKT138.
      apply (MKT33 ω); eauto. }
    apply H5 in H7. destruct H as [[]]. apply H in H1.
    assert (z ∈ ω). { apply MKT4' in H7; tauto. }
    apply AxiomII in H1 as []. apply NNPP; intro.
    assert (z ∈ a).
    { apply NNPP; intro. elim H12.
      apply MKT4'; split; auto. apply AxiomII; auto. }
    assert ((ω ∼ [z]) ∈ \{ λ u, ∃ n, n ∈ a /\ u = ω ∼ [n] \}).
    { apply AxiomII; split; eauto. pose proof MKT138.
      apply (MKT33 ω); eauto. }
    apply H5 in H14. apply MKT4' in H14 as [].
    apply AxiomII in H15 as []. elim H16. apply MKT41; auto. }
assert (∃ u, u ∈ \{ λ u, ∃ n, n ∈ a /\ u = ω ∼ [n] \}
 /\ u ∉ F0).
{ apply NNPP; intro.
  assert (∀ u, u ∈ \{ λ u, ∃ n, n ∈ a /\ u = ω ∼ [n] \}
   -> u ∈ F0).
  { intros. apply AxiomII in H6 as [H6[n[]]]. apply NNPP; intro.
    elim H5. exists u. split; auto. apply AxiomII; split; eauto. }
  assert (Ensemble a). eauto. apply MKT153 in H7.
  destruct H7 as [f[H7[]]].
  set (p n := n ∈ P[a]
   -> ∩(\{ λ u, ∃ m, m ⪯ n /\ u = ω ∼ [f[m]] \}) ∈ F0).
  assert (∀ n, n ∈ ω -> p n).
  { apply Mathematical_Induction.
    - unfold p; intros.
      assert (∩(\{ λ u, ∃ m, m ⪯ 0 /\ u = ω ∼ [f[m]] \})
       = ω ∼ [f[∅]]).
    { apply AxiomI; split; intros. apply AxiomII in H11 as [].
      apply H12. apply AxiomII; split. apply (MKT33 ω).
      pose proof MKT138. eauto. unfold Included; intros.
      apply MKT4' in H13; tauto. exists 0.
      unfold LessEqual; auto. apply AxiomII; split. eauto.
      intros. apply AxiomII in H12 as [H12[x[[|]]]].
      elim (@ MKT16 x); auto. rewrite H14,H13; auto. }
    rewrite H11. apply H6. apply AxiomII; split. apply (MKT33 ω).
    pose proof MKT138; eauto. unfold Included; intros.
    apply MKT4' in H12; tauto. exists f[0]. split; auto.
    rewrite <-H9. apply (@ Property_ran 0),Property_Value.
    destruct H7; auto. rewrite H8; auto.
    - unfold p; intros.
      assert (∩(\{ λ u, ∃ m, m ⪯ (PlusOne k) /\ u = ω ∼ [f[m]] \})
       = (∩(\{ λ u, ∃ m, m ⪯ k /\ u = ω ∼ [f[m]] \}))∩ (ω ∼ [f[PlusOne k]])).
    { apply AxiomI; split; intros. apply AxiomII in H13 as [].
      apply MKT4'; split. apply AxiomII. split; auto. intros.
      apply AxiomII in H15 as [H15[x[]]]. apply H14.
      apply AxiomII. split; auto. exists x. split; auto.
      unfold LessEqual. left. apply MKT4. destruct H16; auto.
```

```
      right. apply MKT41; auto. apply (MKT33 (PlusOne k)).
      eauto. unfold Included; intros. apply MKT4; auto.
      apply H14. apply AxiomII; split. apply (MKT33 ω).
      pose proof MKT138; eauto. unfold Included; intros.
      apply MKT4' in H15; tauto. exists (PlusOne k).
      split; auto. unfold LessEqual; auto.
      apply MKT4' in H13 as []. apply AxiomII in H13 as [].
      apply AxiomII in H14 as [H14[]].
      apply AxiomII; split; auto. intros.
      apply AxiomII in H18 as [H18[x[]]]. destruct H19.
      apply H15. apply AxiomII; split; auto. exists x.
      split; auto. apply AxiomII in H19 as [H19[]].
      unfold LessEqual; auto. apply MKT41 in H21. rewrite H21.
      unfold LessEqual; auto. apply (MKT33 (PlusOne k)). eauto.
      unfold Included; intros. apply MKT4; auto.
      rewrite <-H19 in H17. rewrite H20.
      apply MKT4'; split; auto. }
    rewrite H13. destruct H as [[H[H14[H15[]]]]].
    apply H16; auto. apply H11. apply AxiomII in H2 as [_[[]]].
    apply H19 in H12. apply H12. apply MKT4; right.
    apply MKT41; eauto. apply H6. apply AxiomII; split.
    apply (MKT33 ω). pose proof MKT138. eauto.
    unfold Included; intros. apply MKT4' in H19; tauto.
    exists (f[PlusOne k]). split; auto. rewrite <-H8 in H12.
    apply Property_Value,Property_ran in H12.
    rewrite <-H9; auto. destruct H7; auto. }
  pose proof H2 as H2'. apply AxiomII in H2 as [H2[H11[]]].
  assert (P[a] ⊂ P[a] /\ P[a] <> ∅) as [].
  { split. unfold Included; intros; auto. intro.
    assert (a = ∅).
    { apply NNPP; intro. apply NEexE in H15 as [].
      rewrite <-H9,reqdi in H15.
      apply Property_Value,Property_ran in H15.
      rewrite <-deqri,H8,H14 in H15.
      pose proof (@ MKT16 (f⁻¹)[x]); auto. destruct H7; auto. }
    destruct H as [[H[]]]. rewrite H15 in H1. contradiction. }
  apply H13 in H14 as [m]; auto. clear H15.
  assert (P[a] = PlusOne m).
  { apply MKT133; auto. apply AxiomII; auto. }
  destruct H14. apply H10 in H14.
  assert (ω ~ a = ⋂(\{ λ u, ∃ m0, m0 ⪯ m /\ u = ω ~ [f[m0]] \})).
  { rewrite H4. apply AxiomI; split; intros.
    - apply AxiomII in H17 as []. apply AxiomII; split; auto.
      intros. apply AxiomII in H19 as [H19[x[]]].
      apply H18,AxiomII; split; auto. exists (f[x]). split; auto.
      rewrite <-H9. apply (@ Property_ran x),Property_Value.
      destruct H7; auto. rewrite H8,H15. apply MKT4.
      destruct H20; auto. right. apply MKT41; auto.
      apply (MKT33 (PlusOne m)). rewrite <-H15; auto.
      unfold Included; intros. apply MKT4; auto.
    - apply AxiomII in H17 as []. apply AxiomII; split; auto.
      intros. apply AxiomII in H19 as [H19[x[]]]. apply H18.
      apply AxiomII; split; auto. exists (f⁻¹[x]). destruct H7.
      rewrite <-H9 in H20. rewrite f11vi; auto. split; auto.
      rewrite reqdi in H20. apply Property_Value,Property_ran
      in H20; auto. rewrite <-deqri,H8,H15 in H20.
      unfold LessEqual. apply MKT4 in H20 as []; auto.
      apply MKT41 in H20; auto. apply (MKT33 (PlusOne m)).
      rewrite <-H15; auto. unfold Included; intros. }
```

```
    apply MKT4; auto. }
  rewrite <-H17 in H14. contradiction. pose proof MKT138.
  apply AxiomII in H17 as [_[]]. apply H18 in H14; auto. }
destruct H5 as [x[]]. apply AxiomII in H5 as [H5[n[]]].
destruct H as [[H[H9[H10[]]]]]. apply H,AxiomII in H1 as [].
assert ([n] ⊂ ω).
{ unfold Included; intros. apply MKT41 in H15; eauto.
  rewrite <-H15 in H7. apply H14; auto. }
apply H13 in H15 as [].
- exists n. split. apply H14; auto. apply AxiomI; split; intros.
  + assert (([n] ∩ z) ∈ F0). { apply H11; auto. }
    apply AxiomII. apply H,AxiomII in H16 as [].
    repeat split; auto. destruct (classic ([n] ∩ z = ∅)).
    rewrite H19 in H17. contradiction.
    assert ([n] ∩ z = [n]).
    { apply AxiomI; split; intros. apply MKT4' in H20; tauto.
      apply MKT4'; split; auto. apply NNPP; intro. elim H19.
      apply AxiomI; split; intros. apply MKT4' in H22 as [].
      apply MKT41 in H20; eauto. apply MKT41 in H22; eauto.
      rewrite H20 in H21; rewrite H22 in H23.
      contradiction. pose proof (@ MKT16 z1). contradiction. }
    assert (n ∈ [n]). { apply MKT41; eauto. }
    rewrite <-H20 in H21. apply MKT4' in H21; tauto.
  + apply AxiomII in H16 as [H16[]]. apply (H12 ([n]) z); auto.
    unfold Included; intros. apply MKT41 in H19; eauto.
    rewrite H19; auto.
- rewrite H8 in H6. contradiction.
Qed.
```

3.3 超滤变换

导入 3.2 节代码.

```
(** ultrafilter_conversion *)
```

```
Require Export filter.
```

由于需要引进新的符号, 开启一个新的辖域: 滤子辖域.

```
Declare Scope filter_scope.
Delimit Scope filter_scope with fi.
Open Scope filter_scope.
```

首先补充一些函数的相关性质.

定义 3.10(象集) 若 f 是函数, a 包含于 f 的定义域, 则 a 在 f 下的象集[1]为

$$f\lceil a\rfloor = \{u : \exists x, u = f(x) \land x \in a\}.$$

```
Definition ImageSet f a := \{ λ u, ∃ x, u = f[x] /\ x ∈ a \}.
```

```
Notation "f ⌈ a ⌋" := (ImageSet f a)(at level 5) : filter_scope.
```

---

[1] 注意: 这里引进的符号与文献 [150] 稍有不同, 主要是为了避免与代码中的符号冲突.

定义 3.11(原象集)　若 f 是函数, a 包含于 f 的值域, 则 a 在 f 下的原象集为

$$f^{-1}\lceil a\rfloor = \{u : u \in f \text{ 的定义域} \land f(u) \in a\}.$$

```
Definition PreimageSet f a := \{ λ u, u ∈ dom(f) /\ f[u] ∈ a \}.
```

```
Notation "f ⁻¹⌈ a ⌋" := (PreimageSet f a)(at level 5) : filter_scope.
```

注意, 为了方便应用, 代码描述的象集和原象集较人工描述更一般些, 这可以从下面的简单性质中看出.

```
Corollary ImageSet_Corollary : ∀ f a, Function f -> a ∩ dom(f) <> ∅ <-> f⌈a⌋ <> ∅.
Proof.
  split; intros.
 - intro. elim H0. apply AxiomI; split; intros.
  + apply MKT4' in H2 as []. 
    assert (f[z] ∈ f⌈a⌋).
    { apply AxiomII. apply Property_Value,Property_ran
      in H3; auto. split; eauto. }
    rewrite H1 in H4. elim (@ MKT16 f[z]); auto.
  + elim (@ MKT16 z); auto.
 - intro. elim H0. apply AxiomI; split; intros; elim
  (@ MKT16 z); auto. apply AxiomII in H2 as [H2[x[]]].
  assert (x ∈ (a ∩ dom(f))).
  { apply MKT4'; split; auto. apply NNPP; intro.
    apply MKT69a in H5. rewrite H3,H5 in H2. elim
    MKT39; auto. }
  rewrite H1 in H5. elim (@ MKT16 x); auto.
Qed.
```

```
Corollary PreimageSet_Corollary : ∀ f a, Function f -> a ∩ ran(f) <> ∅ <-> f⁻¹⌈a⌋ <> ∅.
Proof.
  split; intros.
 - intro. elim H0.
   apply AxiomI; split; intros; elim (@ MKT16 z); auto.
   apply MKT4' in H2 as []. apply AxiomII in H3 as [H3[]].
   assert (x ∈ f⁻¹⌈a⌋).
   { apply AxiomII. pose proof H4.
     apply Property_dom,Property_Value in H5; auto.
     assert (z = f[x]). { destruct H. apply (H6 x); auto. }
     rewrite H6 in H2. apply Property_dom in H4. split; eauto. }
   rewrite H1 in H5. elim (@ MKT16 x); auto.
 - intro. elim H0.
   apply AxiomI; split; intros; elim (@ MKT16 z); auto.
   apply AxiomII in H2 as [H2[]].
   assert (f[z] ∈ (a ∩ ran(f))).
   { apply MKT4'; split; auto.
     apply Property_Value,Property_ran in H3; auto. }
   rewrite H1 in H5. elim (@ MKT16 f[z]); auto.
Qed.
```

定理 3.11　f 是函数, a_1 和 a_2 包含于 f 的定义域, b_1 和 b_2 包含于 f 的值域, 则

1) $f^{-1}\lceil b_1 \cup b_2 \rfloor = f^{-1}\lceil b_1 \rfloor \cup f^{-1}\lceil b_2 \rfloor$.

2) $f^{-1}\lceil b_1 \cap b_2 \rfloor = f^{-1}\lceil b_1 \rfloor \cap f^{-1}\lceil b_2 \rfloor$.

3) $f\lceil a_1 \cap a_2\rfloor \subset f\lceil a_1\rfloor \cap f\lceil a_2\rfloor$.

4) $f^{-1}\lceil b_1\rfloor \sim f^{-1}\lceil b_2\rfloor = f^{-1}\lceil b_1 \sim b_2\rfloor$.

5) $(f\lceil a_1\rfloor \sim f\lceil a_2\rfloor) \subset f\lceil a_1 \sim a_2\rfloor$.

6) $a_1 \subset f^{-1}\lceil f\lceil a_1\rfloor\rfloor$.

7) 若 f 为 1-1 函数, 则 $a_1 = f^{-1}\lceil f\lceil a_1\rfloor\rfloor$.

8) $f\lceil f^{-1}\lceil b_1\rfloor\rfloor = b_1$.

```
Fact ImageSet_Property1 : ∀ f a b, f⁻¹⌈a ∪ b⌋ = f⁻¹⌈a⌋ ∪ f⁻¹⌈b⌋.
Proof.
  intros. apply AxiomI; split; intros.
  - apply AxiomII in H as [H[]]. apply MKT4.
    apply MKT4 in H1 as []; [left|right]; apply AxiomII; auto.
  - apply AxiomII; split. eauto. apply MKT4 in H as [].
    apply AxiomII in H as [H[]]. split; auto. apply MKT4; auto.
    apply AxiomII in H as [H[]]. split; auto. apply MKT4; auto.
Qed.

Fact ImageSet_Property2 : ∀ f a b, f⁻¹⌈a ∩ b⌋ = f⁻¹⌈a⌋ ∩ f⁻¹⌈b⌋.
Proof.
  intros. apply AxiomI; split; intros.
  - apply AxiomII in H as [H[]]. apply MKT4' in H1 as [].
    apply MKT4'; split; apply AxiomII; auto.
  - apply MKT4' in H as []. apply AxiomII in H as [H[]].
    apply AxiomII in H0 as [H0[]]. apply AxiomII.
    repeat split; auto. apply MKT4'; auto.
Qed.

Fact ImageSet_Property3 : ∀ f a b, f⌈a ∩ b⌋ ⊂ (f⌈a⌋ ∩ f⌈b⌋).
Proof.
  intros. unfold Included; intros. apply AxiomII in H as [H[x[]]].
  apply MKT4' in H1 as []. apply MKT4'; split. apply AxiomII.
  split; eauto. apply AxiomII. split; eauto.
Qed.

Fact ImageSet_Property4 : ∀ f a b, f⁻¹⌈a ∼ b⌋ = f⁻¹⌈a⌋ ∼ f⁻¹⌈b⌋.
Proof.
  intros. apply AxiomI; split; intros.
  - apply AxiomII in H as [H[]]. apply MKT4' in H1 as [].
    apply AxiomII in H2 as []. apply MKT4'; split.
    apply AxiomII; auto. apply AxiomII. split; auto. intro.
    apply AxiomII in H4 as [H4[]]. contradiction.
  - apply MKT4' in H as []. apply AxiomII in H as [H[]].
    apply AxiomII in H0 as []. apply AxiomII. repeat split; auto.
    apply MKT4'; split; auto. apply AxiomII; split. eauto. intro.
    elim H3. apply AxiomII; auto.
Qed.

Fact ImageSet_Property5 : ∀ f a b, (f⌈a⌋ ∼ f⌈b⌋) ⊂ f⌈a ∼ b⌋.
Proof.
  intros. unfold Included; intros. apply MKT4' in H as [].
  apply AxiomII in H as [H[x[]]]. apply AxiomII in H0 as [].
  apply AxiomII; split; auto. exists x. split; auto. apply MKT4'.
  split; auto. apply AxiomII; split. eauto. intro. elim H3.
  apply AxiomII; split; eauto.
Qed.
```

```
Fact ImageSet_Property6 : ∀ f a, a ⊂ dom(f) -> a ⊂ f⁻¹⌈f⌈a⌋⌋.
Proof.
  intros. unfold Included; intros. apply AxiomII; split. eauto.
  split. apply H; auto. apply AxiomII. split; eauto.
  apply MKT19,MKT69b. apply H; auto.
Qed.

Fact ImageSet_Property7 : ∀ f a, Function1_1 f -> a ⊂ dom(f)-> a = f⁻¹⌈f⌈a⌋⌋.
Proof.
  intros. apply MKT27; split. apply ImageSet_Property6; auto.
  unfold Included; intros. apply AxiomII in H1 as [H1[]].
  apply AxiomII in H3 as [H3[x[]]]. destruct H.
  apply f11inj in H4; try rewrite H4; auto.
Qed.

Fact ImageSet_Property8_a : ∀ f a, f⌈f⁻¹⌈a⌋⌋ ⊂ a.
Proof.
  intros. unfold Included; intros. apply AxiomII in H as [H[x[]]].
  apply AxiomII in H1 as [H1[]]. rewrite H0; auto.
Qed.

Fact ImageSet_Property8_b : ∀ f a, Function f -> a ⊂ ran(f)-> f⌈f⁻¹⌈a⌋⌋ = a.
Proof.
  intros. apply MKT27; split. apply ImageSet_Property8_a.
  unfold Included; intros. apply AxiomII; split. eauto.
  pose proof H1 as H1'. apply H0 in H1.
  apply AxiomII in H1 as [H1[]]. pose proof H2.
  apply Property_dom in H3. apply Property_Value in H3; auto.
  exists x. assert (z = f[x]). { destruct H. apply (H4 x); auto. }
  split; auto. apply AxiomII. apply Property_dom in H2.
  rewrite H4 in H1'. split; eauto.
Qed.
```

　　检查 ω 的子集族是否为超滤, 用下面的定理较为方便.

　　定理 3.12　ω 的子集族 F 若具有以下性质, 则是 ω 上的超滤:

1) $\emptyset \notin F$;

2) 若 $a, b \in F$, 则 $a \cap b \in F$ (对交封闭);

3) 对任意 $a \subset F$, 都有 $a \in F \vee (\omega \sim a) \in F$ (极大性).

```
Theorem FT4 : ∀ F, ultraFilter_On_ω F <-> F ⊂ pow(ω) /\ ∅ ∉ F
  /\ (∀ a b, a ∈ F -> b ∈ F -> (a ∩ b) ∈ F) /\ (∀ a, a ⊂ ω -> a ∈ F \/ (ω ∼ a) ∈ F).
Proof.
  split; intros. destruct H as [[H[H0[H1[]]]]].
  repeat split; auto. destruct H as [H[H0[]]].
  assert (∅ ⊂ ω).
  { unfold Included; intros. pose proof (@ MKT16 z). contradiction. }
  apply H2 in H3 as []; try contradiction. repeat split; auto.
  replace ω with (ω ∼ ∅); auto. apply AxiomI; split; intros.
  apply MKT4' in H4; tauto. apply MKT4'; split; auto.
  apply AxiomII; split; eauto. intro. elim (@ MKT16 z); auto.
  intros. apply NNPP; intro. apply H2 in H5 as []; auto.
  assert ((a ∩ (ω ∼ b)) ∈ F). { apply H1; auto. }
  replace (a ∩ (ω ∼ b)) with ∅ in H8.
  apply AxiomI; split; intros. elim (@ MKT16 z); auto.
  apply MKT4' in H9 as []. apply MKT4' in H10 as [].
  apply AxiomII in H11 as []. elim H12; auto.
Qed.
```

所有超滤组成的类记为 $\beta\omega$:

$$\beta\omega = \{u : u \text{ 是一个超滤}\},$$

可以证明, $\beta\omega$ 是一个集.

```
Definition βω := \{ λ u, ultraFilter_On_ω u \}.
```

```
(* βω是一个集 *)
```

```
Corollary βω_is_Set : Ensemble βω.
Proof.
  apply (MKT33 (pow(pow(ω)))). repeat apply MKT38a.
  pose proof MKT138; eauto. unfold Included; intros.
  apply AxiomII in H as [H[[]]]. apply AxiomII; auto.
Qed.
```

```
Corollary βω_Corollary : ∀ F, F ∈ βω <-> ultraFilter_On_ω F.
Proof.
  split; intros. apply AxiomII in H; tauto.
  apply AxiomII; split; auto. destruct H. apply Filter_is_Set; auto.
Qed.
```

超滤变换是研究 $\beta\omega$ 的一种方式, 该变换可将 $\beta\omega$ 中的一个超滤映射为另一个超滤, 从而让 $\beta\omega$ 这一空间 "动起来".

考察将一个超滤变成另一个超滤的方法. 设 F 是 ω 上的超滤. 取 $f \in \omega^\omega$, 即 f 是定义域为 ω、值域包含于 ω 的函数, 作子集族:

$$G = \{u : u \subset \omega \wedge f^{-1}\lceil u\rfloor \in F\},$$

记 $G = f\langle F \rangle$. 可以证明, G 是 ω 上的超滤.

```
Definition Conversion f F := \{ λ u, u ⊂ ω /\ f⁻¹[u] ∈ F \}.
```

```
Notation "f 〈 F 〉" := (Conversion f F)(at level 5) : filter_scope.
```

定理 3.13(超滤变换)　设 F 是 ω 上的超滤, $f \in \omega^\omega$, 则

$$f\langle F \rangle = G = \{u : u \subset \omega \wedge f^{-1}\lceil u\rfloor \in F\}$$

是 ω 上的超滤.

```
Theorem FT5 : ∀ F f, F ∈ βω -> Function f -> dom(f) = ω -> ran(f) ⊂ ω -> f〈F〉 ∈ βω.
Proof.
  intros. assert (ultraFilter_On_ω 〈F〉).
  { apply FT4. apply AxiomII in H as [H[[H3[H4[H5[]]]]]].
   repeat split; intros.
   - unfold Included; intros.
     apply AxiomII in H9 as [H9[]]. apply AxiomII; auto.
   - intro. apply AxiomII in H9 as [H9[]].
     assert (f⁻¹[∅] = ∅).
     { apply AxiomI; split; intros.
```

```
      apply AxiomII in H12 as [H12[]].
      elim (@ MKT16 f[z]); auto. elim (@ MKT16 z); auto. }
    rewrite H12 in H11. contradiction.
  - apply AxiomII in H9 as [H9[]]. apply AxiomII in H10
    as [H10[]]. apply AxiomII; split. apply (MKT33 a); auto.
    unfold Included; intros. apply MKT4' in H15; tauto. split.
    unfold Included; intros. apply MKT4' in H15 as [].
    apply H11; auto. rewrite ImageSet_Property2. apply H6; auto.
  - destruct (classic (a ∈ f⟨F⟩)); auto.
    assert (f⁻¹⌈a⌋ ⊂ ω).
    { unfold Included; intros.
      apply AxiomII in H11 as [H11[]]. rewrite <-H1; auto. }
    apply H8 in H11 as []. elim H10. apply AxiomII; split; auto.
    apply (MKT33 ω); auto. pose proof MKT138; eauto.
    replace ω with (f⁻¹⌈ω⌋) in H11.
    rewrite <-ImageSet_Property4 in H11. right.
    assert ((ω ∼ a) ⊂ ω).
    { unfold Included; intros. apply MKT4' in H12; tauto. }
    apply AxiomII; split; auto. apply (MKT33 ω); auto.
    pose proof MKT138; eauto. apply AxiomI; split; intros.
    apply AxiomII in H12 as [H12[]]. rewrite <-H1; auto.
    apply AxiomII. rewrite H1. repeat split; eauto.
    rewrite <-H1 in H12. apply Property_Value,Property_ran,H2
    in H12; auto. }
  apply AxiomII; split; auto. destruct H3. apply Filter_is_Set,H3.
Qed.
```

下面的定理说明主超滤经超滤变换后还是主超滤.

定理 3.14 $f \in \omega^\omega$, $f\langle F_n \rangle = F_{f(n)}$.

```
Theorem FT6 : ∀ f n, Function f -> dom(f) = ω -> ran(f) ⊂ ω -> n ∈ ω -> f⟨F n⟩ = F f[n].
Proof.
  intros. apply AxiomI; split; intros.
  - apply AxiomII in H3 as [H3[]]. apply AxiomII in H5 as [H5[]].
    apply AxiomII in H7 as [H7[]]. apply AxiomII; auto.
  - apply AxiomII in H3 as [H3[]]. apply AxiomII; repeat split;
    auto. apply AxiomII. assert (f⁻¹⌈z⌋ ⊂ ω).
    { unfold Included; intros. apply AxiomII
      in H6 as [H6[]]. rewrite <-H0; auto. }
    repeat split; auto. apply MKT33 in H6; auto.
    pose proof MKT138; eauto. apply AxiomII.
    rewrite H0. split; eauto.
Qed.
```

非主超滤经超滤变换后可能退变为主超滤.

定理 3.15 设 f 是定义域为 ω 并且取常值 $m\,(\in \omega)$ 的函数, 则对任意超滤 F, 有 $f\langle F \rangle = F_m$.

```
Theorem FT7 : ∀ F0 f m, F0 ∈ βω -> Function f -> dom(f) = ω
  -> m ∈ ω -> (∀ n, n ∈ ω -> f[n] = m) -> f⟨F0⟩ = F m.
Proof.
  intros. assert (∀ a, a ⊂ ω -> f⁻¹⌈a⌋ ∈ F0 <-> m ∈ a).
  { split; intros.
    - apply NNPP; intro. assert (f⁻¹⌈a⌋ = ∅).
      { apply AxiomI; split; intros. apply AxiomII in H7 as [H7[]].
        rewrite H1 in H8. apply H3 in H8. rewrite H8 in H9.
        contradiction. elim (@ MKT16 z); auto. }
```

```
  rewrite H7 in H5. apply AxiomII in H as [H[[H8[]]]].
  contradiction.
 - assert (f⁻¹⌈a⌋ = ω).
   { apply AxiomI; split; intros. apply AxiomII in H6 as [H6[]].
     rewrite H1 in H7; auto. apply AxiomII. rewrite H1.
     repeat split; eauto. apply H3 in H6. rewrite H6; auto. }
   rewrite H6. apply AxiomII in H as [H[[H7[H8[]]]]]; auto. }
  apply AxiomI; split; intros.
 - apply AxiomII in H5 as [H5[]]. pose proof H6 as H6'.
   apply H4 in H6. apply H6 in H7. apply AxiomII; auto.
 - apply AxiomII in H5 as [H5[]]. apply AxiomII; repeat split;
   auto. apply H4 in H6. apply H6; auto.
Qed.
```

根据定理 3.15, 对于每一个非负整数 n, 都可以构造一个将所有非负整数都映射为 n 的常值函数 f_n, 此时有 $f_n\langle F \rangle = F_n$, 这里 F 是任意一个 ω 上的超滤.

```
Definition Const n := \{\ λ u v, u ∈ ω /\ v = n \}\.

Corollary Constn_is_Function : ∀ n, n ∈ ω
  -> Function (Const n) /\ dom(Const n) = ω /\ ran(Const n) = [n].
Proof.
  repeat split; intros.
 - unfold Relation; intros.
   apply AxiomII in H0 as [H0[x[y[]]]]; eauto.
 - apply AxiomII' in H0 as [H0[]]. apply AxiomII' in H1 as [H1[]].
   rewrite H3,H5; auto.
 - apply AxiomI; split; intros. apply AxiomII in H0 as [H0[]].
   apply AxiomII' in H1 as [H1[]]; auto. apply AxiomII; split;
   eauto. exists n. apply AxiomII'; split; auto.
   apply MKT49a; eauto.
 - apply AxiomI; split; intros. apply AxiomII in H0 as [H0[]].
   apply AxiomII' in H1 as [H1[]]. apply MKT41; eauto.
   apply AxiomII; split; eauto. exists n. apply AxiomII'.
   apply MKT41 in H0; eauto. split; auto.
   rewrite H0. apply MKT49a; eauto.
Qed.

Corollary F_Constn_Fn : ∀ F0 n, F0 ∈ βω -> n ∈ ω -> (Const n)⟨F0⟩ = F n.
Proof.
  intros. apply AxiomII in H as []. apply AxiomI; split; intros.
 - apply AxiomII in H2 as [H2[]]. apply AxiomII; repeat split;
   auto. apply NNPP; intro.
   assert ((Const n)⁻¹⌈z⌋ = ∅).
   { apply AxiomI; split; intros. apply AxiomII in H6 as [H6[]].
     pose proof H0. apply Constn_is_Function in H9 as [H9[]].
     apply Property_Value,Property_ran in H7; auto.
     rewrite H11 in H7. apply MKT41 in H7; eauto. rewrite H7 in H8.
     contradiction. pose proof (@ MKT16 z0). contradiction. }
   rewrite H6 in H4. destruct H1 as [[H1[]]]; auto.
 - apply AxiomII in H2 as [H2[]].
   apply AxiomII; repeat split; auto.
   assert ((Const n)⁻¹⌈z⌋ = ω).
   { apply AxiomI; split; intros. apply AxiomII in H5 as [H5[]].
     pose proof H0. apply Constn_is_Function in H8 as [H8[]].
     rewrite <-H9; auto. apply AxiomII. pose proof H0.
     apply Constn_is_Function in H6 as [H6[]]. rewrite <-H7 in H5.
     repeat split; eauto. apply Property_Value,Property_ran
     in H5; auto. rewrite H8 in H5. apply MKT41 in H5; eauto.
```

```
      rewrite H5; auto. }
    destruct H1 as [[H1[H6[H7[]]]]]. rewrite H5; auto.
Qed.
```

把一个超滤变换成一个主超滤, 不一定非要用常值函数, 对于给定的超滤, 只要函数在该超滤的某个集上取常值, 该函数就把这个超滤变成主超滤.

定理 3.16　设 $F \in \beta\omega$, $f \in \omega^\omega$ 且在 $b \in F$ 上取常值 m (即 $\forall n \in b, f(n) = m$), 则有 $f\langle F \rangle = F_m$.

```
Theorem FT8 : ∀ F0 f m, F0 ∈ βω -> Function f -> dom(f) = ω -> ran(f) ⊂ ω -> m ∈ ω
  -> (∃ b, b ∈ F0 /\ (∀ n, n ∈ b -> f[n] = m)) -> f⟨F0⟩ = F m.
Proof.
  intros. destruct H4 as [b[]].
  apply AxiomII in H as [H[[H6[H7[H8[]]]]]].
  apply AxiomI; split; intros.
  - apply AxiomII in H12 as [H12[]].
    assert ((ω ∼ b) ∉ F0).
    { intro. assert (((ω ∼ b) ∩ b) ∈ F0). { apply H9; auto. }
      replace ((ω ∼ b) ∩ b) with ∅ in H16; auto.
      apply AxiomI; split; intros. elim (@ MKT16 z0); auto.
      apply MKT4' in H17 as []. apply MKT4' in H17 as [].
      apply AxiomII in H19 as []. contradiction. }
    assert (∼ f⁻¹⌈z⌋ ⊂ (ω ∼ b)).
    { intro. elim H15. apply (H10 f⁻¹⌈z⌋ _); auto.
      unfold Included; intros. apply MKT4' in H17; tauto. }
    apply AxiomII; repeat split; auto. apply NNPP; intro. elim H16.
    unfold Included; intros. apply AxiomII in H18 as [H18[]].
    rewrite H1 in H19. apply MKT4'; split; auto.
    apply AxiomII; split; auto. intro. apply H5 in H21.
    rewrite H21 in H20; auto.
  - apply AxiomII in H12 as [H12[]].
    assert (b ⊂ f⁻¹⌈z⌋).
    { unfold Included; intros. apply AxiomII; split. eauto.
      split. apply H6,AxiomII in H4 as []. apply H16 in H15.
      rewrite H1; auto. apply H5 in H15. rewrite H15; auto. }
    assert (f⁻¹⌈z⌋ ∈ F0).
    { apply (H10 b _); auto. unfold Included; intros.
      apply AxiomII in H16 as [H16[]]. rewrite H1 in H17; auto. }
    apply AxiomII; auto.
Qed.
```

下面给出 "两个函数关于某超滤几乎相等" 的概念.

定义 3.12(两个函数关于某超滤几乎相等)　设 $f, g \in \omega^\omega$, $F \in \beta\omega$, 则 f 与 g 关于 F 几乎相等是指

$$\{u : u \in \omega \wedge f(u) = g(u)\} \in F,$$

即 f 与 g 在 F 的某个集上相等, 记为 $f =_F g$.

```
Definition NearlyEqual f F g := Function f /\ Function g
  /\ dom(f) = ω /\ dom(g) = ω /\ ran(f) ⊂ ω /\ ran(g) ⊂ ω
  /\ F ∈ βω /\ \{ λ u, u ∈ ω /\ f[u] = g[u] \} ∈ F.

Notation "f =_F g" := (NearlyEqual f F g)(at level 10, F at level 9) : filter_scope.
```

下面一个定理表明 ω 与 $\beta\omega$ 这两个空间中, 简单等式之间明确存在着联系.

定理 3.17 设 $f, g \in \omega^{\omega}, F \in \beta\omega$, 如果 $f =_F g$, 则 $f\langle F \rangle = g\langle F \rangle$.

```
Theorem FT9 : ∀ f F g, f =_F g -> f⟨F⟩ = g⟨F⟩.
Proof.
  intros. apply NNPP; intro. destruct H as [H[H1[H2[H3[H4[H5[]]]]]]].
  apply AxiomII in H6 as [H6[[H8[H9[H10[]]]]]].
  destruct (classic (f⟨F⟩ ⊂ g⟨F⟩)).
  - assert ((g⟨F⟩ ∼ f⟨F⟩) <> ∅).
    { intro. elim H0. apply AxiomI; split; intros.
      apply H14; auto. apply NNPP; intro.
      assert (z ∈ ∅).
      { rewrite <-H15. apply MKT4'; split; auto.
        apply AxiomII; split; eauto. }
      pose proof (@ MKT16 z); auto. }
    apply NEexE in H15 as [b]. apply MKT4' in H15 as [].
    apply AxiomII in H16 as []. apply AxiomII in H15 as [H15[]].
    assert (f⁻¹⌈b⌋ ∉ F).
  { intro. elim H17. apply AxiomII; split; auto. }
  assert (f⁻¹⌈b⌋ ⊂ ω).
  { unfold Included; intros.
    apply AxiomII in H21 as [H21[]]. rewrite <-H2; auto. }
  apply H13 in H21 as []; auto. replace ω with (f⁻¹⌈ω⌋) in H21.
  rewrite <-ImageSet_Property4 in H21.
  assert ((g⁻¹⌈b⌋ ∩ f⁻¹⌈ω ∼ b⌋ ∩ \{ λ u, u ∈ ω
    /\ f[u] = g[u] \}) ∈ F). { apply H11; auto. }
  replace (g⁻¹⌈b⌋ ∩ f⁻¹⌈ω ∼ b⌋ ∩ \{ λ u, u ∈ ω
    /\ f[u] = g[u] \}) with ∅ in H22; auto.
  apply AxiomI; split; intros. elim (@ MKT16 z); auto.
  apply MKT4' in H23 as []. apply MKT4' in H24 as [].
  apply AxiomII in H23 as [H23[]]. apply AxiomII in H24 as [H24[]].
  apply AxiomII in H25 as [H25[]]. apply MKT4' in H29 as [].
  apply AxiomII in H32 as []. rewrite H31 in H33. contradiction.
  apply AxiomI; split; intros. apply AxiomII in H22 as [H22[]].
  rewrite <-H2; auto. apply AxiomII; split. eauto.
  rewrite <-H2 in H22. split; auto.
  apply Property_Value,Property_ran in H22; auto.
  - assert (∃ b, b ∈ f⟨F⟩ /\ b ∉ g⟨F⟩).
    { destruct (classic (f⟨F⟩ ∼ g⟨F⟩ = ∅)).
      - elim H14. unfold Included; intros. apply NNPP; intro.
        assert (z ∈ (f⟨F⟩ ∼ g⟨F⟩)).
        { apply MKT4'; split; auto. apply AxiomII; split; eauto. }
        rewrite H15 in H18. pose proof (@ MKT16 z); auto.
      - apply NEexE in H15 as []. apply MKT4'
        in H15 as []. apply AxiomII in H16 as []; eauto. }
    destruct H15 as [b[]]. apply AxiomII in H15 as [H15[]].
    assert (g⁻¹⌈b⌋ ∉ F).
    { intro. elim H16. apply AxiomII; split; auto. }
    assert (g⁻¹⌈b⌋ ⊂ ω).
    { unfold Included; intros.
      apply AxiomII in H20 as [H20[]]. rewrite <-H3; auto. }
    apply H13 in H20 as []; auto. replace ω with (g⁻¹⌈ω⌋) in H20.
    rewrite <-ImageSet_Property4 in H20.
    assert ((f⁻¹⌈b⌋ ∩ g⁻¹⌈ω ∼ b⌋ ∩ \{ λ u, u ∈ ω
      /\ f[u] = g[u] \}) ∈ F). { apply H11; auto. }
    replace (f⁻¹⌈b⌋ ∩ g⁻¹⌈ω ∼ b⌋ ∩ \{ λ u, u ∈ ω
      /\ f[u] = g[u] \}) with ∅ in H21; auto.
    apply AxiomI; split; intros. elim (@ MKT16 z); auto.
```

```
apply MKT4' in H22 as []. apply MKT4' in H23 as [].
apply AxiomII in H22 as [H22[]]. apply AxiomII in H23 as [H23[]].
apply AxiomII in H24 as [H24[]]. apply MKT4' in H28 as [].
apply AxiomII in H31 as []. rewrite <-H30 in H32. contradiction.
apply AxiomI; split; intros. apply AxiomII in H21 as [H21[]].
rewrite <-H3; auto. apply AxiomII; split. eauto.
rewrite <-H3 in H21. split; auto.
apply Property_Value,Property_ran in H21; auto.
Qed.
```

3.4　算术超滤及其算术模型

3.4.1　算术超滤

定义 3.13(算术超滤)　设 $f, g \in \omega^{\omega}$, 如果 $F \in \beta\omega$ 满足以下条件:

$$f\langle F \rangle = g\langle F \rangle \Longrightarrow f =_F g,$$

则称 F 为 ω 上的算术超滤.

```
(** arithmetical_ultrafilter *)

Require Export ultrafilter_conversion.

Definition Arithmetical_ultraFilter F0 := F0 ∈ βω
 /\ ∀ f g, Function f -> Function g -> dom(f) = ω -> dom(g) = ω
 -> ran(f) ⊂ ω -> ran(g) ⊂ ω -> f(F0) = g(F0) -> f =F0 g.
```

定理 3.18　设 $f, g \in \omega^{\omega}$, 对任意主超滤 F_m, 下式总成立:

$$f\langle F_m \rangle = g\langle F_m \rangle \Longrightarrow f =_{F_m} g,$$

即任何一个主超滤都是算术超滤.

```
Theorem FT10 : ∀ n, n ∈ ω -> Arithmetical_ultraFilter (F n).
Proof.
 intros. assert ((F n) ∈ βω) as H'.
 { apply Fn_Corollary2 in H. apply AxiomII; split; auto.
   destruct H. apply Filter_is_Set; auto. }
 split; auto. intros. pose proof H0 as Ha; pose proof H1 as Hb.
 destruct H0,H1; repeat split; auto. rewrite FT6,FT6 in H6; auto.
 assert (f[n] = g[n]).
 { apply NNPP; intro. apply Example2_a in H9; auto;
   [rewrite <-H2 in H|rewrite <-H3 in H]; auto;
   apply Property_Value,Property_ran in H; auto. }
 assert (\{ λ u, u ∈ ω /\ f[u] = g[u] \} ⊂ ω).
 { unfold Included; intros. apply AxiomII in H10 as []; tauto. }
 apply AxiomII; repeat split; auto. apply MKT33 with ω; auto.
 pose proof MKT138; eauto. apply AxiomII; split; eauto.
Qed.
```

不是主超滤的算术超滤称为**非主算术超滤**.

定理 3.19 设 $f \in \omega^\omega$, $F0$ 是算术超滤, 则 $f\langle F0 \rangle$ 也为算术超滤, 即任何算术超滤经过超滤变换后还是算术超滤.

```
(* 复合函数取值 *)

Lemma FT11_Lemma1 : ∀ f g a, Function f -> Function g
  -> dom(f) = ω -> dom(g) = ω -> ran(f) ⊂ ω -> ran(g) ⊂ ω
  -> a ∈ ω -> (f ∘ g)[a] = f[g[a]].
Proof.
  intros. apply AxiomI; split; intros.
  - apply AxiomII in H6 as []. apply AxiomII; split; auto. intros.
    apply AxiomII in H8 as []. apply H7,AxiomII; split; auto.
    apply AxiomII'; split. apply MKT49a; eauto. exists (g[a]).
    split; auto. apply Property_Value; auto. rewrite H2; auto.
  - apply AxiomII in H6 as []. apply AxiomII; split; auto. intros.
    apply AxiomII in H8 as []. apply H7,AxiomII; split; auto.
    apply AxiomII' in H9 as [H9[x0[]]]. pose proof H10.
    apply Property_dom,Property_Value in H12; auto.
    replace (g[a]) with x0; auto. destruct H0. apply (H13 a); auto.
Qed.

(* 复合函数取原象集 *)

Lemma FT11_Lemma2 : ∀ f g a, Function f -> Function g
  -> dom(f) = ω -> dom(g) = ω -> ran(f) ⊂ ω -> ran(g) ⊂ ω
  -> a ⊂ ω -> (f ∘ g)⁻¹⌈a⌋ = g⁻¹⌈f⁻¹⌈a⌋⌋.
Proof.
  intros. apply AxiomI; split; intros.
  - apply AxiomII in H6 as [H6[]]. apply AxiomII; split; auto.
    apply AxiomII in H7 as [H7[]]. apply AxiomII' in H9 as
    [H9[x1[]]]. split. apply Property_dom in H10; auto.
    apply AxiomII. pose proof H10 as Ha.
    apply Property_dom,Property_Value in Ha; auto.
    assert (x1 = g[z]). { destruct H0. apply (H12 z); auto. }
    apply Property_dom in H11. rewrite H12 in H11.
    repeat split; eauto. rewrite <-FT11_Lemma1; auto.
    apply Property_dom in H10. rewrite H2 in H10; auto.
  - apply AxiomII in H6 as [H6[]]. apply AxiomII in H8 as [H8[]].
    apply AxiomII; split; auto. rewrite H2 in H7.
    rewrite FT11_Lemma1; auto. split; auto.
    apply AxiomII; split; auto. exists (f[g[z]]).
    apply AxiomII'; split. apply MKT49a; eauto. exists (g[z]).
    split. rewrite <-H2 in H7. apply Property_Value in H7; auto.
    apply Property_Value in H9; auto.
Qed.

(* 复合函数的超滤变换 *)

Lemma FT11_Lemma3 : ∀ F0 f g, F0 ∈ βω -> Function f -> Function g
  -> dom(f) = ω -> dom(g) = ω -> ran(f) ⊂ ω -> ran(g) ⊂ ω -> f⟨g⟨F0⟩⟩ = (f ∘ g)⟨F0⟩.
Proof.
  intros. apply AxiomI; split; intros.
  - apply AxiomII in H6 as [H6[]].
    apply AxiomII in H8 as [H8[]].
    apply AxiomII; repeat split; auto.
    rewrite FT11_Lemma2; auto.
  - apply AxiomII in H6 as [H6[]].
    apply AxiomII; repeat split; auto. apply AxiomII.
```

```
    assert (f⁻¹⌈z⌋ ⊂ ω).
    { unfold Included; intros. apply AxiomII in H9 as [H9[]].
      rewrite <-H2; auto. }
    repeat split; auto. apply (MKT33 ω); auto.
    pose proof MKT138. eauto. rewrite <-FT11_Lemma2; auto.
Qed.

Theorem FT11 : ∀ F0 f, Arithmetical_ultraFilter F0
  -> Function f -> dom(f) = ω -> ran(f) ⊂ ω -> Arithmetical_ultraFilter (f⟨F0⟩).
Proof.
  intros. assert (f⟨F0⟩ ∈ βω) as H'.
  { apply FT5; auto. destruct H; auto. }
  split; auto. intros. pose proof H3 as Ha; pose proof H4 as Hb.
  destruct H3,H4; repeat split; auto. clear H10 H11.
  assert (\{ λ u, u ∈ ω /\ f0[u] = g[u] \} ⊂ ω).
  { unfold Included; intros. apply AxiomII in H10 as []; tauto. }
  apply AxiomII; repeat split; auto. eapply MKT33 with ω; eauto.
  pose proof MKT138; eauto.
  assert (f⁻¹⌈\{ λ u, u ∈ ω /\ f0[u] = g[u] \}⌋
    = \{ λ u, u ∈ ω /\ f0[f[u]] = g[f[u]] \}).
  { apply AxiomI; split; intros.
    - apply AxiomII in H11 as [H11[]].
      apply AxiomII in H13 as [H13[]].
      rewrite H1 in H12. apply AxiomII; auto.
    - apply AxiomII in H11 as [H11[]].
      apply AxiomII; split; auto. rewrite H1. split; auto.
      assert (f[z] ∈ ω).
      { apply H2,(@ Property_ran z),Property_Value; auto.
        rewrite H1; auto. }
      apply AxiomII; repeat split; eauto. }
  assert (f0⟨f⟨F0⟩⟩ = (f0 ∘ f)⟨F0⟩
    /\ g⟨f⟨F0⟩⟩ = (g ∘ f)⟨F0⟩) as [].
  { split; apply FT11_Lemma3; auto; destruct H; auto. }
  rewrite H11. rewrite H12,H13 in H9. destruct H.
  assert ((f0 ∘ f) =_F0 (g ∘ f)).
  { assert (∀f g, Function f -> Function g -> dom( f) = ω
      -> dom(g) = ω -> ran(f) ⊂ ω -> ran(g) ⊂ ω -> dom(f ∘ g) = ω).
    { intros. apply AxiomI; split; intros.
      - apply AxiomII in H21 as [H21[]].
        apply AxiomII' in H22 as [H22[x0[]]].
        apply Property_dom in H23. rewrite <-H18; auto.
      - apply AxiomII; split; eauto. exists (f1[g0[z]]).
        apply AxiomII'. pose proof H21. rewrite <-H18 in H22.
        apply Property_Value in H22; auto. pose proof H22.
        apply Property_ran,H20 in H23. rewrite <-H17 in H23.
        apply Property_Value in H23; auto. split; auto.
        apply Property_ran in H23. apply MKT49a; eauto. }
    assert (∀f g, Function f -> Function g -> dom( f) = ω
      -> dom(g) = ω -> ran(f) ⊂ ω -> ran(g) ⊂ ω -> ran(f ∘ g) ⊂ ω).
    { unfold Included; intros. apply AxiomII in H22 as [H22[]].
      apply AxiomII' in H23 as [H23[x0[]]].
      apply Property_ran,H20 in H25; auto. }
    apply H14; try apply MKT64; auto. }
  destruct H15 as [H15[H16[H17[H18[H19[H20[]]]]]]].
  assert (∀ f g n, Function f -> Function g -> dom(f) = ω
    -> dom(g) = ω -> ran(f) ⊂ ω -> ran(g) ⊂ ω -> n ∈ ω
    -> (f ∘ g)[n] = f[g[n]]).
  { intros. apply AxiomI; split; intros.
    - apply AxiomII in H30 as [].
```

```
    apply AxiomII; split; auto. intros.
    apply AxiomII in H32 as []. apply H31,AxiomII; split; auto.
    apply AxiomII'; split. apply MKT49a; eauto. exists (g0[n]).
    split; auto. apply Property_Value; auto. rewrite H26; auto.
  - apply AxiomII in H30 as [].
    apply AxiomII; split; auto. intros.
    apply AxiomII in H32 as []. apply H31,AxiomII; split; auto.
    apply AxiomII' in H33 as [H33[x0[]]]. pose proof H34.
    apply Property_dom,Property_Value in H36; auto.
    replace (g0[n]) with x0; auto. destruct H24.
    apply (H37 n); auto. }
assert (\{ λ u, u ∈ ω /\ (f0 ∘ f)[u] = (g ∘ f)[u] \}
  = \{ λ u, u ∈ ω /\ f0[f[u]] = g[f[u]] \}).
{ apply AxiomI; split; intros.
  - apply AxiomII in H24 as [H24[]].
    apply AxiomII; repeat split; auto. rewrite <-H23,<-H23; auto.
  - apply AxiomII in H24 as [H24[]].
    apply AxiomII; repeat split; auto. rewrite H23,H23; auto. }
rewrite <-H24; auto.
Qed.
```

对于任意一个算术超滤 $F0$, 进行所有可能的超滤变换, 记

$$^{*}\mathbf{N} = \{u : \exists f, f \in \omega^{\omega} \wedge u = f\langle F0\rangle\},$$

根据定理 3.19, $^{*}\mathbf{N}$ 的任意元仍是一个算术超滤. 每个算术超滤都联系着这样一个 $^{*}\mathbf{N}$.

```
Definition N' F0 := \{ λ u, ∃ f, Function f /\ dom(f) = ω /\ ran(f) ⊂ ω /\ u = f⟨F0⟩ \}.

Corollary N'_is_Set : ∀ F0, F0 ∈ βω -> Ensemble (N' F0).
Proof.
  intros. apply (MKT33 βω). apply βω_is_Set.
  unfold Included; intros.
  apply AxiomII in H0 as [H0[f[H1[H2[]]]]].
  rewrite H4. apply FT5; auto.
Qed.
```

注意, 代码描述中的 $F0$ 并不是一个取定的算术超滤, 而是作为参数构造 $^{*}\mathbf{N}$. 因为不同类型的算术超滤生成的 $^{*}\mathbf{N}$ 也不同. 本系统后续定理的描述和证明会根据实际情况在条件中对 $F0$ 进行限定.

根据 $^{*}\mathbf{N}$ 的构造, 可以证明所有的主超滤都在任意一个 $^{*}\mathbf{N}$ 中.

```
Fact Fn_in_N' : ∀ n F0, F0 ∈ βω -> n ∈ ω -> (F n) ∈ (N' F0).
Proof.
  intros. assert (Ensemble (F n)).
  { apply Filter_is_Set.
    apply Fn_Corollary2 in H0. destruct H0; auto. }
  pose proof H0. apply Constn_is_Function in H2 as [H2[]].
  apply AxiomII; split. eauto. exists (Const n). split; auto.
  split; auto. split. unfold Included; intros. rewrite H4 in H5.
  apply MKT41 in H5; eauto. rewrite H5; auto. symmetry.
  apply F_Constn_Fn; auto.
Qed.
```

图 3.1 总结了滤子各概念之间的关系示意图, 特别地, 本书第 5 章将利用连续统假设证明非主算术超滤存在, 这为我们后面算术模型的构造起着重要的作用.

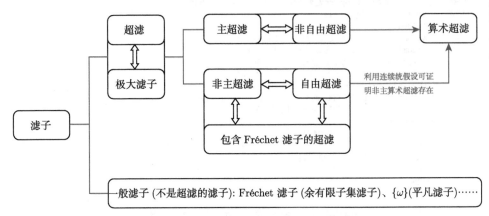

图 3.1   滤子各概念之间的关系示意图

3.4.2   *N 上的序

开启一个新的辖域: *N 辖域. *N 中引入的符号限定在此辖域中.

```
Declare Scope n'_scope.
Delimit Scope n'_scope with n'.
Open Scope n'_scope.
```

定理 3.20(定义 3.14)(*N 上的序)   设 *N 由算术超滤 $F0$ 生成, $u, v \in {}^*\mathbf{N}$, $f, g \in \omega^\omega$, 满足 $u = f\langle F0\rangle, v = g\langle F0\rangle$, 则 u 和 v 的序关系可定义如下:

$$u < v \iff f\langle F0\rangle < g\langle F0\rangle \iff \{n : f(n) < g(n)\} \in F0,$$

其中 $f(n) < g(n)$ 是 ω 上的序关系, 即 $\in$ 关系.

这种序关系的定义是合理的. 首先, $\forall f_1, f_2, g_1, g_2 \in \omega^\omega$, 若

$$u = f_1\langle F0\rangle = f_2\langle F0\rangle, \quad v = g_1\langle F0\rangle = g_2\langle F0\rangle,$$

则有

$$u < v \iff f_1\langle F0\rangle < g_1\langle F0\rangle \iff f_2\langle F0\rangle < g_2\langle F0\rangle,$$

即按上述定义, *N 上的序关系与函数的选取无关.

```
Definition N'_Ord F0 := \{\ λ u v, ∀ f g, Function f -> Function g
  -> dom(f) = ω -> dom(g) = ω -> ran(f) ⊂ ω -> ran(g) ⊂ ω
  -> u = f⟨F0⟩ -> v = g⟨F0⟩ -> \{ λ w, f[w] ∈ g[w] \} ∈ F0 \}\.

Notation "u <_F0 v" := (Rrelation u (N'_Ord F0) v)(at level 10, F0 at level 9) : n'_scope.
```

```
(* 合理性: 序关系与函数的选取无关 *)

Corollary N'_Ord_Reasonable :
 ∀ F0 f1 f2 g1 g2, Arithmetical_ultraFilter F0
 -> Function f1 -> Function f2 -> Function g1 -> Function g2
 -> dom(f1) = ω -> dom(f2) = ω -> dom(g1) = ω -> dom(g2) = ω
 -> ran(f1) ⊂ ω -> ran(f2) ⊂ ω -> ran(g1) ⊂ ω -> ran(g2) ⊂ ω
 -> f1⟨F0⟩ = f2⟨F0⟩ -> g1⟨F0⟩ = g2⟨F0⟩
 -> f1⟨F0⟩ <_F0 g1⟨F0⟩ <-> f2⟨F0⟩ <_F0 g2⟨F0⟩.
Proof.
  intros F0 f1 f2 g1 g2. intros. pose proof H as Ha. destruct H.
  apply H14 in H12; apply H14 in H13; auto.
  clear H0 H1 H2 H3 H4 H5 H6 H7 H8 H9 H10 H11.
  destruct H12 as [H12[H0[H1[H2[H3[H4[]]]]]]].
  destruct H13 as [H13[H7[H8[H9[H10[H11[]]]]]]].
  set (A := \{ λ u, u ∈ ω /\ f1[u] = f2[u] \}).
  set (B := \{ λ u, u ∈ ω /\ g1[u] = g2[u] \}).
  set (C := \{ λ w, f1[w] ∈ g1[w] \}).
  set (D := \{ λ w, f2[w] ∈ g2[w] \}).
  assert ((C ∩ A ∩ B) ⊂ D).
  { unfold Included; intros. apply MKT4' in H17 as [].
    apply MKT4' in H18 as []. apply AxiomII in H17 as [].
    apply AxiomII in H18 as [H18[]].
    apply AxiomII in H19 as [H19[]].
    apply AxiomII. rewrite <-H22,<-H24; auto. }
  assert ((D ∩ A ∩ B) ⊂ C).
  { unfold Included; intros. apply MKT4' in H18 as [].
    apply MKT4' in H19 as []. apply AxiomII in H18 as [].
    apply AxiomII in H19 as [H19[]].
    apply AxiomII in H20 as [H20[]].
    apply AxiomII. rewrite H23,H25; auto. }
  apply AxiomII in H15 as [H15[[H19[H20[H21[]]]]]].
  split; intros; apply N'_Ord_Corollary; auto;
  apply N'_Ord_Corollary in H25; auto.
  - apply (H23 (C ∩ A ∩ B)); repeat split; auto.
    unfold Included; intros. apply AxiomII in H26 as [].
    apply NNPP; intro. rewrite <-H2 in H28. apply MKT69a in H28.
    rewrite H28 in H27. elim MKT39; eauto.
  - apply (H23 (D ∩ A ∩ B)); repeat split; auto.
    unfold Included; intros. apply AxiomII in H26 as [].
    apply NNPP; intro. rewrite <-H1 in H28. apply MKT69a in H28.
    rewrite H28 in H27. elim MKT39; eauto.
Qed.

(* f⟨F0⟩ < g⟨F0⟩ <-> {w : f(w) ∈ g(w)} ∈ F0 *)

Corollary N'_Ord_Corollary : ∀ F0 f g, Arithmetical_ultraFilter F0
  -> Function f -> Function g -> dom(f) = ω
  -> dom(g) = ω -> ran(f) ⊂ ω -> ran(g) ⊂ ω
  -> f⟨F0⟩ <_F0 g⟨F0⟩ <-> \{ λ w, f[w] ∈ g[w] \} ∈ F0.
Proof.
  split; intros.
  - apply AxiomII' in H6 as []. apply H7; auto.
  - assert ((f⟨F0⟩) ∈ βω /\ (g⟨F0⟩) ∈ βω) as [].
    { split; apply FT5; destruct H; auto. }
    apply AxiomII'; split; intros. apply MKT49a; eauto.
    destruct H. apply H17 in H15; apply H17 in H16; auto.
    clear H9 H10 H11 H12 H13 H14.
```

```
destruct H15 as [H9[H10[H11[H12[H13[H14[]]]]]]].
destruct H16 as [H16[H19[H20[H21[H22[H23[]]]]]]].
set (A := \{ λ u, u ∈ ω /\ f[u] = f0[u] \}).
set (B := \{ λ u, u ∈ ω /\ g[u] = g0[u] \}).
set (C := \{ λ w, f[w] ∈ g[w] \}).
assert ((C ∩ A ∩ B) ⊂ \{ λ w, f0[w] ∈ g0[w] \}).
{ unfold Included; intros. apply MKT4' in H26 as [].
  apply MKT4' in H27 as []. apply AxiomII in H26 as [].
  apply AxiomII in H27 as [H27[]].
  apply AxiomII in H28 as [H28[]].
  apply AxiomII; split; auto. rewrite <-H31,<-H33; auto. }
apply AxiomII in H24 as [H24[[H27[H28[H29[]]]]]].
apply (H31 (C ∩ A ∩ B)); repeat split; auto.
unfold Included; intros. apply AxiomII in H33 as [].
apply NNPP; intro. rewrite <-H12 in H35. apply MKT69a in H35.
rewrite H35 in H34. elim MKT39; eauto.
Qed.
```

下面证明按上述定义的 *N 上的关系满足序的性质. F_0 和 F_1 分别是 0 和 1 对应的主超滤, $u, v, w \in {}^*\mathbf{N}$, 则有

1) $F_0 < F_1$.

2) F_0 为 *N 的首元.

3) 反自反性: $\sim u < u$.

4) 传递性: $u < v \land v < w \implies u < w$.

5) 三分律: $u < v \lor v < u \lor u = v$.

```
(* F0 < F1 *)

Fact N'0_lt_N'1 : ∀ F0, Arithmetical_ultraFilter F0 -> (F 0) <F0 (F 1).
Proof.
  intros. pose proof in_ω_0; pose proof in_ω_1.
  apply Constn_is_Function in H0 as [H0[]].
  apply Constn_is_Function in H1 as [H1[]].
  pose proof in_ω_0; pose proof in_ω_1.
  assert (ran(Const 0) ⊂ ω /\ ran(Const 1) ⊂ ω) as [].
  { split; [rewrite H3|rewrite H5]; unfold Included; intros;
    apply MKT41 in H8; eauto; rewrite H8; auto. }
  pose proof in_ω_0; pose proof in_ω_1.
  apply (F_Constn_Fn F0) in H10; [ |destruct H]; auto.
  apply (F_Constn_Fn F0) in H11; [ |destruct H]; auto.
  rewrite <-H10,<-H11. apply N'_Ord_Corollary; auto.
  assert (\{ λ w, (Const 0)[w] ∈ (Const 1)[w] \} = ω).
  { apply AxiomI; split; intros.
    - apply AxiomII in H12 as []. apply NNPP; intro.
      rewrite <-H2 in H14. apply MKT69a in H14.
      rewrite H14 in H13. elim MKT39; eauto.
    - apply AxiomII; split; eauto. pose proof H12.
      rewrite <-H2 in H12. rewrite <-H4 in H13.
      apply Property_Value,Property_ran in H12; auto.
      apply Property_Value,Property_ran in H13; auto.
      rewrite H3 in H12. rewrite H5 in H13.
      apply MKT41 in H12; eauto. apply MKT41 in H13; eauto.
      rewrite H12,H13. apply MKT41; eauto. }
  destruct H. rewrite H12. apply AxiomII in H as [H[[]]]; tauto.
```

Qed.

(* F_0 为首元 *)

Fact N'0_is_FirstMember : ∀ F0 u, Arithmetical_ultraFilter F0
  -> u ∈ (N' F0) -> ~ u <_{F0} (F 0).
Proof.
  intros. intro. apply AxiomII' in H1 as [].
  apply AxiomII in H0 as [H0[f[H3[H4[]]]]].
  pose proof in_ω_0. eapply Fn_in_N' in H7; destruct H; eauto.
  pose proof in_ω_0. apply (F_Constn_Fn F0) in H; auto.
  pose proof in_ω_0. apply Constn_is_Function in H8 as [H8[]].
  pose proof H3. apply (H2 f (Const 0)) in H11; auto.
  assert (\{ λ w, f [w] ∈ (Const 0)[w] \} = 0).
  { apply AxiomI; split; intros; elim (@ MKT16 z); auto.
    apply AxiomII in H12 as []. destruct (classic (z ∈ ω)).
    rewrite <-H9 in H14. apply Property_Value,Property_ran
    in H14; auto. rewrite H10 in H14.
    apply MKT41 in H14; pose proof in_ω_0; eauto.
    rewrite H14 in H13. elim (@ MKT16 (f[z])); auto.
    rewrite <-H4 in H14. apply MKT69a in H14.
    rewrite H14 in H13. elim MKT39; eauto. }
  rewrite H12 in H11. apply AxiomII in i as [i[[H13[]]]]; auto.
  unfold Included; intros. rewrite H10 in H12.
  apply MKT41 in H12; pose proof in_ω_0; eauto. rewrite H12; auto.
Qed.

(* 反自反性 *)

Fact N'_Ord_irReflex_weak : ∀ F0 u, F0 ∈ βω -> u ∈ (N' F0) -> ~ u <_{F0} u.
Proof.
  intros; intro. apply AxiomII in H0 as [H0[f[H2[H3[]]]]].
  apply AxiomII' in H1 as [].
  assert (\{ λ w, f[w] ∈ f[w] \} ∈ F0). { apply H6; auto. }
  assert (\{ λ w, f[w] ∈ f[w] \} = ∅).
  { apply AxiomI; split; intros. apply AxiomII in H8 as [].
    pose proof (MKT101 (f[z])). contradiction.
    elim (@ MKT16 z); auto. }
  rewrite H8 in H7. apply AxiomII in H as [H[[H9[]]]].
  contradiction.
Qed.

(* 反自反性的强化表述 *)

Fact N'_Ord_irReflex : ∀ F0 u v, Arithmetical_ultraFilter F0
  -> u ∈ (N' F0) -> v ∈ (N' F0) -> u = v -> ~ u <_{F0} v.
Proof.
  intros. intro. apply AxiomII in H0 as [H0[f1[H4[H5[]]]]].
  apply AxiomII in H1 as [H1[f2[H8[H9[]]]]]. rewrite H7,H11 in H3.
  apply N'_Ord_Corollary in H3; auto. rewrite H7,H11 in H2.
  destruct H. apply H12 in H2; auto.
  clear H4 H5 H6 H7 H8 H9 H10 H11.
  destruct H2 as [H2[H4[H5[H6[H7[H8[]]]]]]].
  assert (\{ λ u, u ∈ ω /\ f1[u] = f2[u] \}
    ∩ \{ λ w, f1[w] ∈ f2[w] \} = ∅).
  { apply AxiomI; split; intros. apply MKT4' in H11 as [].
    apply AxiomII in H11 as [H11[]]. apply AxiomII in H13 as [].
    rewrite H15 in H16. pose proof (MKT101 (f2[z])).
    contradiction. elim (@ MKT16 z); auto. }

```
  assert (∅ ∈ F0).
  { rewrite <-H11. apply AxiomII in H9 as [H9[[H13[H14[H15[]]]]]].
    apply H16; auto. }
  apply AxiomII in H9 as [H9[[H14[]]]]; auto.
Qed.
```

(* 传递性 *)

```
Fact N'_Ord_Trans : ∀ F0 u v w, F0 ∈ βω -> u ∈ (N' F0)
 -> v ∈ (N' F0) -> w ∈ (N' F0) -> u <_F0 v -> v <_F0 w -> u <_F0 w.
Proof.
  intros. apply AxiomII in H0 as [H0[f[H5[H6[]]]]].
  apply AxiomII in H1 as [H1[f1[H9[H10[]]]]].
  apply AxiomII in H2 as [H2[f2[H13[H14[]]]]].
  apply AxiomII' in H3 as []. apply AxiomII' in H4 as [].
  apply AxiomII'; split. apply MKT49a; auto. intros.
  assert (\{ λ w, f0[w] ∈ f1[w] \} ∈ F0). { apply H17; auto. }
  assert (\{ λ w, f1[w] ∈ g[w] \} ∈ F0). { apply H18; auto. }
  assert (\{ λ w, f0[w] ∈ f1[w] \} ∩ \{ λ w, f1[w] ∈ g[w] \}
    ⊂ \{ λ w, f0[w] ∈ g[w] \}).
  { unfold Included; intros. apply MKT4' in H29 as [].
    apply AxiomII in H29 as []. apply AxiomII in H30 as [].
    apply AxiomII; split; auto. destruct (classic (z ∈ ω)).
   - rewrite <-H22 in H33. apply Property_Value,Property_ran
     in H33; auto. apply H24 in H33. apply AxiomII in H33 as
     [H33[]]. apply H35 in H32. apply H32; auto.
   - rewrite <-H21 in H33. apply MKT69a in H33.
     rewrite H33 in H31. elim MKT39; eauto. }
  apply AxiomII in H as [H[[H30[H31[H32[]]]]]].
  apply (H34 (\{ λ w, f0[w] ∈ f1[w] \} ∩ \{ λ w, f1[w] ∈ g[w] \}));
  repeat split; auto. unfold Included; intros.
  apply AxiomII in H36 as []. destruct (classic (z ∈ ω)); auto.
  rewrite <-H21 in H38. apply MKT69a in H38. rewrite H38 in H37.
  elim MKT39; eauto.
Qed.
```

(* 三分律 *)

```
Fact N'_Ord_Connect : ∀ F0, Arithmetical_ultraFilter F0
  -> Connect (N'_Ord F0) (N' F0).
Proof.
  intros. unfold Connect; intros.
  apply AxiomII in H0 as [H0[f[H2[H3[]]]]].
  apply AxiomII in H1 as [H1[f1[H6[H7[]]]]].
  assert (ω = \{ λ w, f[w] ∈ f1[w] \} ∪ \{ λ w, f1[w] ∈ f[w] \}
    ∪ \{ λ w, w ∈ ω /\ f[w] = f1[w] \}).
  { apply AxiomI; split; intros.
   - pose proof H10. pose proof H11.
     rewrite <-H3 in H10; rewrite <-H7 in H11.
     apply Property_Value,Property_ran,H4 in H10; auto.
     apply Property_Value,Property_ran,H8 in H11; auto.
     assert (Ordinal f[z] /\ Ordinal f1[z]) as [].
     { apply AxiomII in H10 as [H10[]].
       apply AxiomII in H11 as [H11[]]. auto. }
     apply (@ MKT110 _ f1[z]) in H13 as [H13|[]]; auto; clear H14.
    + apply MKT4; left. apply AxiomII; split; eauto.
    + apply MKT4; right. apply MKT4; left.
      apply AxiomII; split; eauto.
    + apply MKT4; right. apply MKT4; right.
```

```
      apply AxiomII; split; eauto.
    - apply MKT4 in H10 as []. apply AxiomII in H10 as [].
      apply NNPP; intro. rewrite <-H3 in H12. apply MKT69a in H12.
      rewrite H12 in H11. elim MKT39; eauto.
      apply MKT4 in H10 as []. apply AxiomII in H10 as [].
      apply NNPP; intro. rewrite <-H7 in H12. apply MKT69a in H12.
      rewrite H12 in H11. elim MKT39; eauto.
      apply AxiomII in H10; tauto. }
  pose proof H as Ha. destruct H. apply AxiomII in H
  as [H[[H12[H13[]]]]]. rewrite H10 in H14. destruct Ha. clear H18.
  apply AxiomII in H17 as []. apply FT1 in H14 as []; auto.
  - left. apply AxiomII'; split. apply MKT49a; auto.
    intros. rewrite H5 in H25. apply H11 in H25; auto.
    rewrite H9 in H26. apply H11 in H26; auto.
    destruct H25 as [H25[H27[H28[H29[H30[H31[]]]]]]].
    destruct H26 as [H26[H34[H35[H36[H37[H38[]]]]]]].
    set (A := \{ λ u, u ∈ ω /\ f[u] = f0[u] \}
      ∩ \{ λ u, u ∈ ω /\ f1[u] = g[u] \}
      ∩ \{ λ w, f[w] ∈ f1[w] \}).
    assert (A ⊂ \{ λ w, f0[w] ∈ g[w] \}).
    { unfold Included; intros. apply MKT4' in H41 as [].
      apply MKT4' in H42 as []. apply AxiomII in H41 as [H41[]].
      apply AxiomII in H42 as [H42[]]. apply AxiomII in H43 as [].
      apply AxiomII; split; auto. rewrite H45,H47 in H48; auto. }
    destruct H15. apply (H42 A); [ | |unfold A]; auto.
    unfold Included; intros. apply AxiomII in H43 as [].
    apply NNPP; intro. rewrite <-H29 in H45.
    apply MKT69a in H45. rewrite H45 in H44. elim MKT39; eauto.
  - apply FT1 in H14 as []; auto.
    + right; left. apply AxiomII'; split. apply MKT49a; auto.
      intros. rewrite H5 in H26; rewrite H9 in H25.
      apply H11 in H25; auto.
      destruct H25 as [H25[H27[H28[H29[H30[H31[]]]]]]].
      apply H11 in H26; auto.
      destruct H26 as [H26[H34[H35[H36[H37[H38[]]]]]]].
      set (A := \{ λ u, u ∈ ω /\ f1[u] = f0[u] \}
        ∩ \{ λ u, u ∈ ω /\ f[u] = g[u] \}
        ∩ \{ λ w, f1[w] ∈ f[w] \}).
      assert (A ⊂ \{ λ w, f0[w] ∈ g[w] \}).
      { unfold Included; intros. apply MKT4' in H41 as [].
        apply MKT4' in H42 as []. apply AxiomII in H41 as [H41[]].
        apply AxiomII in H42 as [H42[]]. apply AxiomII in H43 as [].
        apply AxiomII; split; auto. rewrite H45,H47 in H48; auto. }
      destruct H15. apply (H42 A); [ | |unfold A]; auto.
      unfold Included; intros. apply AxiomII in H43 as [].
      apply NNPP; intro. rewrite <-H29 in H45.
      apply MKT69a in H45. rewrite H45 in H44. elim MKT39; eauto.
    + repeat right. rewrite H5,H9. apply FT9. destruct H2,H6.
      repeat split; auto. apply AxiomII; auto.
  Qed.
```

3.4.3 *N 上的运算

为定义 *N 中的运算, 首先定义函数的运算, 需要引入新的符号, 于是开启一个新的辖域: 函数辖域.

```
Declare Scope fu_scope.
Delimit Scope fu_scope with fu.
Open Scope fu_scope.
```

定理 3.21 (定义 3.15)(函数加法) $f, g \in \omega^\omega$, f 和 g 相加的结果定义如下:

$$f + g = \{(u, v) : u \in \omega \ \wedge \ v = f(u) + g(u)\},$$

其中 $f(u) + g(u)$ 是 ω 上的加法.

在这种定义下, $\forall f, g \in \omega^\omega$,

$$(f + g) \in \omega^\omega,$$

并且

$$\forall u \in \omega, \quad f(u) + g(u) = (f + g)(u).$$

```
Definition Function_Plus f g := \{\ λ u v, u ∈ ω /\ v = f[u] + g[u] \}\.

Notation "f + g" := (Function_Plus f g) : fu_scope.
```

(* 函数相加的结果是函数 *)

```
Corollary Function_Plus_Corollary1 : ∀ f g, Function f
  -> Function g -> dom(f) = ω -> dom(g) = ω -> ran(f) ⊂ ω
  -> ran(g) ⊂ ω -> Function (f + g) /\ dom(f + g) = ω /\ ran(f + g) ⊂ ω.
Proof.
  intros. repeat split; intros.
  - unfold Relation; intros.
    apply AxiomII in H5 as [H5[x[y[H6[]]]]]; eauto.
  - apply AxiomII' in H5 as [H5[]]. apply AxiomII' in H6 as [H6[]].
    rewrite H8,H10; auto.
  - apply AxiomI; split; intros. apply AxiomII in H5 as [H5[]].
    apply AxiomII' in H6 as []; tauto. apply AxiomII; split; eauto.
    exists (f[z] + g[z])%ω. apply AxiomII'; split; auto.
    assert (f[z] ∈ ω /\ g[z] ∈ ω) as [].
    { split; [rewrite <-H1 in H5|rewrite <-H2 in H5];
      apply Property_Value,Property_ran in H5; auto. }
    assert ((f[z] + g[z]) ∈ ω)%ω. { apply ω_Plus_in_ω; auto. }
    apply MKT49a; eauto.
  - unfold Included; intros. apply AxiomII in H5 as [H5[]].
    apply AxiomII' in H6 as [H6[]]. rewrite H8.
    apply ω_Plus_in_ω; [rewrite <-H1 in H7|rewrite <-H2 in H7];
    apply Property_Value,Property_ran in H7; auto.
Qed.
```

(* (f + g)[n] = f[n] + g[n] *)

```
Corollary Function_Plus_Corollary2 : ∀ f g n, Function f
  -> Function g -> dom(f) = ω -> dom(g) = ω -> ran(f) ⊂ ω
  -> ran(g) ⊂ ω -> (f + g)[n] = (f[n] + g[n])%ω.
Proof.
  intros. destruct (classic (n ∈ ω)).
  - apply AxiomI; split; intros.
    + apply AxiomII in H6 as []. apply H7. apply AxiomII.
      assert ((f[n] + g[n]) ∈ ω)%ω.
      { apply ω_Plus_in_ω; [rewrite <-H1 in H5|rewrite <-H2 in H5];
        apply Property_Value,Property_ran in H5; auto. }
```

```
      split; eauto. apply AxiomII'; split; auto.
      apply MKT49a; eauto.
    + apply AxiomII; split; eauto. intros.
      apply AxiomII in H7 as [].
      apply AxiomII' in H8 as [H8[]]. rewrite H10; auto.
  - apply (Function_Plus_Corollary1 f g) in H as [H[]]; auto.
    pose proof H5. rewrite <-H6 in H5. apply MKT69a in H5.
    rewrite H5. unfold Plus. rewrite <-H2 in H8.
    apply MKT69a in H8. rewrite H8.
    assert (∼ 𝒰 ∈ dom(PlusFunction f[n])).
    { intro. elim MKT39. eauto. }
    apply MKT69a in H9. rewrite H9; auto.
Qed.
```

定理 3.22 (定义 3.16)(函数乘法) $f, g \in \omega^{\omega}$, f 和 g 相乘的结果定义如下:

$$f \cdot g = \{(u, v) : u \in \omega \ \wedge \ v = f(u) \cdot g(u)\},$$

其中 $f(u) \cdot g(u)$ 是 ω 上的乘法.

在这种定义下, $\forall f, g \in \omega^{\omega}$,

$$(f \cdot g) \in \omega^{\omega},$$

并且

$$\forall u \in \omega, \quad f(u) \cdot g(u) = (f \cdot g)(u).$$

```
Definition Function_Mult f g := \{\ λ u v, u ∈ ω
 /\ v = f[u] · g[u] \}\.

Notation "f · g" := (Function_Mult f g)(at level 10) : fu_scope.

(* 函数相乘的结果是函数 *)

Corollary Function_Mult_Corollary1 : ∀ f g, Function f
  -> Function g -> dom(f) = ω -> dom(g) = ω -> ran(f) ⊂ ω
  -> ran(g) ⊂ ω -> Function (f · g) /\ dom(f · g) = ω /\ ran(f · g) ⊂ ω.
Proof.
  intros. assert (∀ z, z ∈ ω -> (f[z] · g[z]) ∈ ω)%ω as H'.
  { intros. apply ω_Mult_in_ω;
    [rewrite <-H1 in H5|rewrite <-H2 in H5];
    apply Property_Value,Property_ran in H5; auto. }
  repeat split; intros.
  - unfold Relation; intros.
    apply AxiomII in H5 as [H5[x[y[H7[]]]]]; eauto.
  - apply AxiomII' in H5 as [H5[]].
    apply AxiomII' in H6 as [H6[]]. rewrite H8,H10; auto.
  - apply AxiomI; split; intros. apply AxiomII in H5 as [H5[]].
    apply AxiomII' in H6 as []; tauto. apply AxiomII; split; eauto.
    exists (f[z] · g[z])%ω. apply AxiomII'; split; auto.
    apply MKT49a; eauto.
  - unfold Included; intros. apply AxiomII in H5 as [H5[]].
    apply AxiomII' in H6 as [H6[]]. rewrite H8. apply H'; auto.
Qed.
```

```
(* (f · g)[n] = f[n] · g[n] *)

Corollary Function_Mult_Corollary2 : ∀ f g n, Function f
 -> Function g -> dom(f) = ω -> dom(g) = ω -> ran(f) ⊂ ω
 -> ran(g) ⊂ ω -> (f · g)[n] = (f[n] · g[n])%ω.
Proof.
  intros. destruct (classic (n ∈ ω)).
  - apply AxiomI; split; intros.
    + apply AxiomII in H6 as []. apply H7. apply AxiomII.
      assert ((f[n] · g[n]) ∈ ω)%ω.
      { apply ω_Mult_in_ω;
        [rewrite <-H1 in H5|rewrite <-H2 in H5];
        apply Property_Value,Property_ran in H5; auto. }
      split; eauto. apply AxiomII'; split; auto.
      apply MKT49a; eauto.
    + apply AxiomII; split; eauto. intros.
      apply AxiomII in H7 as [].
      apply AxiomII' in H8 as [H8[]]. rewrite H10; auto.
  - apply (Function_Mult_Corollary1 f g) in H as [H[]]; auto.
    pose proof H5. rewrite <-H6 in H5. apply MKT69a in H5.
    rewrite H5. unfold Mult. rewrite <-H2 in H8.
    apply MKT69a in H8. rewrite H8.
    assert (∼ 𝒰 ∈ dom(MultiFunction f[n])).
    { intro. elim MKT39. eauto. }
    apply MKT69a in H9. rewrite H9; auto.
Qed.
```

定理 3.23 (定义 3.17)(*N 上的加法)　设 *N 由算术超滤 $F0$ 生成, $u, v \in$ *N, $f, g \in \omega^\omega$, 满足 $u = f\langle F0 \rangle, v = g\langle F0 \rangle$, 则 u 和 v 相加的结果如下:

$$u + v = f\langle F0 \rangle + g\langle F0 \rangle = (f+g)\langle F0 \rangle,$$

其中 $f + g$ 是函数加法.

这种加法定义是合理的. $\forall f_1, f_2, g_1, g_2 \in \omega^\omega$, 若

$$u = f_1\langle F0 \rangle = f_2\langle F0 \rangle, \quad v = g_1\langle F0 \rangle = g_2\langle F0 \rangle,$$

则 $u + v$ 有唯一结果:

$$u + v = f_1\langle F0 \rangle + g_1\langle F0 \rangle = f_2\langle F0 \rangle + g_2\langle F0 \rangle,$$

即按上述定义, *N 上加法的结果唯一且与函数的选取无关.

```
Definition N'_Plus F0 u v := ⋂(\{ λ a, ∀ f g, Function f
 -> Function g -> dom(f) = ω -> dom(g) = ω -> ran(f) ⊂ ω
 -> ran(g) ⊂ ω -> u = f⟨F0⟩ -> v = g⟨F0⟩-> a = (f + g)⟨F0⟩ \}).

Notation "u +F0 v" := (N'_Plus F0 u v)(at level 10, F0 at level 9) : n'_scope.

(* 合理性: 加法的结果唯一且与函数的选取无关 *)
```

```
Lemma N'_Plus_Reasonable_Lemma : ∀ F0 f g g1, Function f
 -> Function g -> Function g1 -> dom(f) = ω -> dom(g) = ω
 -> dom(g1) = ω -> ran(f) ⊂ ω -> ran(g) ⊂ ω -> ran(g1) ⊂ ω
 -> g <> g1 -> Arithmetical_ultraFilter F0 -> g⟨F0⟩ = g1⟨F0⟩
 -> (f + g)⟨F0⟩ = (f + g1)⟨F0⟩.
Proof.
  intros. apply FT9. unfold NearlyEqual.
  pose proof H0 as Ha; pose proof H1 as Hb.
  apply (Function_Plus_Corollary1 f g) in H0 as [H0[]]; auto.
  apply (Function_Plus_Corollary1 f g1) in H1 as [H1[]]; auto.
  destruct H0,H1. repeat split; auto. destruct H9; auto.
  destruct H9. apply H17 in H10; auto.
  destruct H10 as [H10[H18[H19[H20[H21[H22[]]]]]]].
  assert (\{ λ u, u ∈ ω /\ g[u] = g1[u] \}
   = \{ λ u, u ∈ ω /\ (f + g)[u] = (f + g1)[u] \}).
  { assert (∀ z, z ∈ ω -> f[z] ∈ ω /\ g[z] ∈ ω /\ g1[z] ∈ ω).
    { intros. repeat split;
      [rewrite <-H2 in H25|rewrite <-H3 in H25|rewrite <-H4 in H25];
      apply Property_Value,Property_ran in H25; auto. }
    apply AxiomI; split; intros. apply AxiomII in H26 as [H26[]].
    apply AxiomII; repeat split; auto. rewrite
    Function_Plus_Corollary2,Function_Plus_Corollary2; auto.
    apply H25 in H27 as [H27[]]. apply Plus_Cancellation; auto.
    apply AxiomII in H26 as [H26[]].
    apply AxiomII; repeat split; auto.
    rewrite Function_Plus_Corollary2,Function_Plus_Corollary2
    in H28; auto. apply H25 in H27 as [H27[]].
    apply Plus_Cancellation in H28; auto. }
  rewrite <-H25; auto.
Qed.

Corollary N'_Plus_Reasonable : ∀ F0 u v, Arithmetical_ultraFilter F0
  -> u ∈ (N' F0) -> v ∈ (N' F0) -> ∃ a, Arithmetical_ultraFilter a
  /\ [a] = \{ λ a, ∀ f g, Function f -> Function g -> dom(f) = ω
  -> dom(g) = ω -> ran(f) ⊂ ω -> ran(g) ⊂ ω -> u = f⟨F0⟩
  -> v = g⟨F0⟩ -> a = (f + g)⟨F0⟩ \}.
Proof.
  intros. apply AxiomII in H0 as [H0[h1[H2[H3[]]]]].
  apply AxiomII in H1 as [H1[h2[H6[H7[]]]]].
  exists ((h1 + h2)⟨F0⟩).
  assert (Arithmetical_ultraFilter (h1 + h2) ⟨F0⟩).
  { apply (Function_Plus_Corollary1 h1 h2)
    in H2 as [H2[]]; auto. apply FT11; auto. }
  split; auto. apply AxiomI; split; intros.
  - apply MKT41 in H11. apply AxiomII; split; intros.
    destruct H10. rewrite H11; eauto. rewrite H11.
    assert ((h1 + h2)⟨F0⟩ = (h1 + g)⟨F0⟩).
    { destruct (classic (h2 = g)). rewrite H20; auto. apply
      N'_Plus_Reasonable_Lemma; auto. rewrite H9 in H19; auto. }
    assert ((h1 + g)⟨F0⟩ = (f + g)⟨F0⟩).
    { destruct (classic (h1 = f)). rewrite H21; auto.
      assert (∀ z, z ∈ ω -> f[z] ∈ ω /\ g[z] ∈ ω /\ h1[z] ∈ ω).
      { intros. repeat split. rewrite <-H14 in H22.
        apply Property_Value,Property_ran in H22; auto.
        rewrite <-H15 in H22. apply Property_Value,
        Property_ran in H22; auto. rewrite <-H3 in H22.
        apply Property_Value,Property_ran in H22; auto. }
      assert (f + g = g + f).
      { apply AxiomI; split; intros; apply AxiomII in H23
```

```
       as [H23[x[y[H24[]]]]]; apply AxiomII; split; auto;
       exists x,y; repeat split; auto; apply H22 in H25
       as [H25[]]; rewrite Plus_Commutation; auto. }
    assert (Function_Plus h1 g = Function_Plus g h1).
    { apply AxiomI; split; intros; apply AxiomII in H24
      as [H24[x[y[H25[]]]]]; apply AxiomII; split; auto;
      exists x,y; repeat split; auto; apply H22 in H26
      as [H26[]]; rewrite Plus_Commutation; auto. }
    rewrite H23,H24. apply N'_Plus_Reasonable_Lemma; auto.
    rewrite H5 in H18; auto. }
    rewrite H20,H21; auto. destruct H10; eauto.
  - apply AxiomII in H11 as []. destruct H10. apply MKT41; eauto.
Qed.

(* f⟨F0⟩ + g⟨F0⟩ = (f + g)⟨F0⟩ *)

Corollary N'_Plus_Corollary : ∀ F0 f g, Arithmetical_ultraFilter F0
 -> Function f -> Function g -> dom(f) = ω -> dom(g) = ω
 -> ran(f) ⊂ ω -> ran(g) ⊂ ω -> f⟨F0⟩ +_F0 g⟨F0⟩ = (f + g)⟨F0⟩.
Proof.
  intros.
  assert (Arithmetical_ultraFilter ((f + g)⟨F0⟩)).
  { apply(Function_Plus_Corollary1 f g) in H0
    as [H0[]]; auto. apply FT11; auto. }
  assert ([(f + g)⟨F0⟩] = \{ λ a, ∀f0 g4, Function f0
   -> Function g4 -> dom( f0) = ω -> dom(g4) = ω -> ran(f0) ⊂ ω
   -> ran(g4) ⊂ ω -> f⟨F0⟩ = f0⟨F0⟩ -> g⟨F0⟩ = g4⟨F0⟩
   -> a = (f0 + g4)⟨F0⟩ \}).
  { apply AxiomI; split; intros.
    - apply MKT41 in H7. apply AxiomII; split; intros.
      destruct H6. rewrite <-H7 in H6. eauto. rewrite H7.
      assert ((f + g)⟨F0⟩ = (f + g4)⟨F0⟩).
      { destruct (classic (g = g4)). rewrite H16; auto.
        apply N'_Plus_Reasonable_Lemma; auto. }
      assert ((f + g4)⟨F0⟩ = (f0 + g4)⟨F0⟩).
      { destruct (classic (f = f0)). rewrite H17; auto.
      assert (∀ z, z ∈ ω -> f[z] ∈ ω /\ f0[z] ∈ ω /\ g4[z] ∈ ω).
      { intros. repeat split. rewrite <-H2 in H18.
        apply Property_Value,Property_ran in H18; auto.
        rewrite <-H10 in H18. apply Property_Value,
        Property_ran in H18; auto. rewrite <-H11 in H18.
        apply Property_Value,Property_ran in H18; auto. }
      assert (f + g4 = g4 + f).
      { apply AxiomI; split; intros; apply AxiomII in H19
        as [H19[x[y[H20[]]]]]; apply AxiomII; split; auto;
        exists x,y; repeat split; auto; apply H18 in H21
        as [H21[]]; rewrite Plus_Commutation; auto. }
      assert (f0 + g4 = g4 + f0).
      { apply AxiomI; split; intros; apply AxiomII in H20
        as [H20[x[y[H21[]]]]]; apply AxiomII; split; auto;
        exists x,y; repeat split; auto; apply H18 in H22
        as [H22[]]; rewrite Plus_Commutation; auto. }
      rewrite H19,H20. apply N'_Plus_Reasonable_Lemma; auto. }
      rewrite H16,H17; auto. destruct H6; eauto.
    - apply AxiomII in H7 as []. destruct H6. apply MKT41; eauto. }
  unfold N'_Plus. rewrite <-H7. apply MKT44. destruct H6; eauto.
Qed.
```

　　　*N 上定义的加法对 *N 是封闭的.

```
Fact N'_Plus_in_N' : ∀ F0 u v, Arithmetical_ultraFilter F0
 -> u ∈ (N' F0) -> v ∈ (N' F0) -> (u +_F0 v) ∈ (N' F0).
Proof.
  intros. apply AxiomII in H0 as [H0[f[H2[H3[]]]]].
  apply AxiomII in H1 as [H1[g[H6[H7[]]]]]. rewrite H5,H9.
  rewrite N'_Plus_Corollary; auto.
  apply (Function_Plus_Corollary1 f g) in H2 as [H2[]]; auto.
  assert (Arithmetical_ultraFilter ((f + g)⟨F0⟩)).
  { apply FT11; auto. }
  destruct H12. apply AxiomII; split; eauto.
Qed.
```

定理 3.24 (定义 3.18)(*N 上的乘法) 设 *N 由算术超滤 $F0$ 生成, $u, v \in$ *N, $f, g \in \omega^\omega$, 满足 $u = f\langle F0 \rangle, v = g\langle F0 \rangle$, 则 u 和 v 相乘的结果如下:

$$u \cdot v = f\langle F0 \rangle \cdot g\langle F0 \rangle = (f \cdot g)\langle F0 \rangle,$$

其中 $f \cdot g$ 是函数乘法.

这种乘法定义是合理的. $\forall f_1, f_2, g_1, g_2 \in \omega^\omega$, 若

$$u = f_1\langle F0 \rangle = f_2\langle F0 \rangle, \quad v = g_1\langle F0 \rangle = g_2\langle F0 \rangle,$$

则 $u \cdot v$ 有唯一结果:

$$u \cdot v = f_1\langle F0 \rangle \cdot g_1\langle F0 \rangle = f_2\langle F0 \rangle \cdot g_2\langle F0 \rangle,$$

即按上述定义, *N 上乘法的结果唯一且与函数的选取无关.

```
Definition N'_Mult F0 u v := ⋂(\{ λ a, ∀ f g, Function f
 -> Function g -> dom(f) = ω -> dom(g) = ω -> ran(f) ⊂ ω
 -> ran(g) ⊂ ω -> u = f⟨F0⟩ -> v = g⟨F0⟩ -> a = (f · g)⟨F0⟩ \}).
```

```
Notation "u ·_F0 v" :=(N'_Mult F0 u v)(at level 10, F0 at level 9) : n'_scope.
```

```
(* 合理性：乘法的结果唯一且与函数的选取无关 *)
```

```
Lemma N'_Mult_Reasonable_Lemma : ∀ F0 f g g1, Function f
 -> Function g -> Function g1 -> dom(f) = ω -> dom(g) = ω
 -> dom(g1) = ω -> ran(f) ⊂ ω -> ran(g) ⊂ ω -> ran(g1) ⊂ ω
 -> g <> g1 -> Arithmetical_ultraFilter F0 -> g⟨F0⟩ = g1⟨F0⟩
 -> (f · g)⟨F0⟩ = (f · g1)⟨F0⟩.
Proof.
  intros. apply FT9. unfold NearlyEqual.
  pose proof H0 as Ha; pose proof H1 as Hb.
  apply (Function_Mult_Corollary1 f g) in H0 as [H0[]]; auto.
  apply (Function_Mult_Corollary1 f g1) in H1 as [H1[]]; auto.
  destruct H0,H1. repeat split; auto. destruct H9; auto.
  destruct H9. apply H17 in H10; auto.
  destruct H10 as [H10[H18[H19[H20[H21[H22[]]]]]]].
  assert (\{ λ u, u ∈ ω /\ g[u] = g1[u] \})
   ⊂ \{ λ u, u ∈ ω /\ (f · g)[u] = (f · g1)[u] \}).
  { assert (∀ z, z ∈ ω -> f[z] ∈ ω /\ g[z] ∈ ω /\ g1[z]∈ ω).
```

```
    { intros. repeat split;
      [rewrite <-H2 in H25|rewrite <-H3 in H25|rewrite <-H4 in H25];
      apply Property_Value,Property_ran in H25; auto. }
    unfold Included; intros. apply AxiomII in H26 as [H26[]].
    apply AxiomII; repeat split; auto. rewrite
    Function_Mult_Corollary2,Function_Mult_Corollary2; auto.
    rewrite H28; auto. }
  apply AxiomII in H9 as [H9[[H26[H27[H28[]]]]]].
  apply (H30 (\{ λ u, u ∈ ω /\ g[u] = g1[u] \})); repeat split;
  auto. unfold Included; intros. apply AxiomII in H32; tauto.
Qed.

Corollary N'_Mult_Reasonable : ∀ F0 u v, Arithmetical_ultraFilter F0
  -> u ∈ (N' F0) -> v ∈ (N' F0) -> ∃ a, Arithmetical_ultraFilter a
  /\ [a] = \{ λ a, ∀ f g, Function f -> Function g -> dom(f) = ω
  -> dom(g) = ω -> ran(f) ⊂ ω -> ran(g) ⊂ ω -> u = f⟨F0⟩
  -> v = g⟨F0⟩ -> a = (f · g)⟨F0⟩ \}.
Proof.
  intros. apply AxiomII in H0 as [H0[h1[H2[H3[]]]]].
  apply AxiomII in H1 as [H1[h2[H6[H7[]]]]].
  exists ((h1 · h2)⟨F0⟩).
  assert (Arithmetical_ultraFilter (h1 · h2)⟨F0⟩).
  { apply (Function_Mult_Corollary1 h1 h2) in H2
    as [H2[]]; auto. apply FT11; auto. }
  split; auto. apply AxiomI; split; intros.
  - apply MKT41 in H11. apply AxiomII; split; intros.
    destruct H10. rewrite H11; eauto. rewrite H11.
    assert ((h1 · h2)⟨F0⟩ = (h1 · g)⟨F0⟩).
    { destruct (classic (h2 = g)). rewrite H20; auto. apply
      N'_Mult_Reasonable_Lemma; auto. rewrite H9 in H19; auto. }
    assert ((h1 · g)⟨F0⟩ = (f · g)⟨F0⟩).
    { destruct (classic (h1 = f)). rewrite H21; auto.
      assert (∀ z, z ∈ ω -> f[z] ∈ ω /\ g[z] ∈ ω /\ h1[z] ∈ ω).
      { intros. repeat split. rewrite <-H14 in H22.
        apply Property_Value,Property_ran in H22; auto.
        rewrite <-H15 in H22. apply Property_Value,
        Property_ran in H22; auto. rewrite <-H3 in H22.
        apply Property_Value,Property_ran in H22; auto. }
      assert (f · g = g · f).
      { apply AxiomI; split; intros; apply AxiomII in H23
        as [H23[x[y[H24[]]]]]; apply AxiomII; split; auto;
        exists x,y; repeat split; auto; apply H22 in H25
        as [H25[]]; rewrite Mult_Commutation; auto. }
      assert (h1 · g = g · h1).
      { apply AxiomI; split; intros; apply AxiomII in H24
        as [H24[x[y[H25[]]]]]; apply AxiomII; split; auto;
        exists x,y; repeat split; auto; apply H22 in H26
        as [H26[]]; rewrite Mult_Commutation; auto. }
      rewrite H23,H24. apply N'_Mult_Reasonable_Lemma; auto.
      rewrite H5 in H18; auto. }
    rewrite H20,H21; auto. destruct H10; eauto.
  - apply AxiomII in H11 as []. destruct H10. apply MKT41; eauto.
Qed.

(* f⟨F0⟩ · g⟨F0⟩ = (f · g)⟨F0⟩ *)

Corollary N'_Mult_Corollary : ∀ F0 f g, Arithmetical_ultraFilter F0
  -> Function f -> Function g -> dom(f) = ω -> dom(g) = ω
  -> ran(f) ⊂ ω -> ran(g) ⊂ ω -> f⟨F0⟩ ·F0 g⟨F0⟩ = (f · g)⟨F0⟩.
```

```
Proof.
  intros. assert (Arithmetical_ultraFilter ((f · g)⟨F0⟩)).
  { apply (Function_Mult_Corollary1 f g) in H0
    as [H0[]]; auto. apply FT11; auto. }
  assert ([(f · g)⟨F0⟩] = \{ λ a, ∀f0 g4, Function f0
    -> Function g4 -> dom(f0) = ω -> dom(g4) = ω -> ran(f0) ⊂ ω
    -> ran(g4) ⊂ ω -> f⟨F0⟩ = f0⟨F0⟩ -> g⟨F0⟩ = g4⟨F0⟩
    -> a = (f0 · g4)⟨F0⟩ \}).
  { apply AxiomI; split; intros.
    - apply MKT41 in H7. apply AxiomII; split; intros.
      destruct H6. rewrite <-H7 in H6. eauto. rewrite H7.
      assert ((f · g)⟨F0⟩ = (f · g4)⟨F0⟩).
      { destruct (classic (g = g4)). rewrite H16; auto.
        apply N'_Mult_Reasonable_Lemma; auto. }
      assert ((f · g4)⟨F0⟩ = (f0 · g4)⟨F0⟩).
      { destruct (classic (f = f0)). rewrite H17; auto.
        assert (∀ z, z ∈ ω -> f[z] ∈ ω /\ f0[z] ∈ ω /\ g4[z] ∈ ω).
        { intros. repeat split; [rewrite <-H2 in H18|
          rewrite <-H10 in H18|rewrite <-H11 in H18];
          apply Property_Value,Property_ran in H18; auto. }
        assert (f · g4 = g4 · f).
        { apply AxiomI; split; intros; apply AxiomII in H19
          as [H19[x[y[H20[]]]]]; apply AxiomII; split; auto;
          exists x,y; repeat split; auto; apply H18 in H21
          as [H21[]]; rewrite Mult_Commutation; auto. }
        assert (f0 · g4 = g4 · f0).
        { apply AxiomI; split; intros; apply AxiomII in H20
          as [H20[x[y[H21[]]]]]; apply AxiomII; split; auto;
          exists x,y; repeat split; auto; apply H18 in H22
          as [H22[]]; rewrite Mult_Commutation; auto. }
        rewrite H19,H20. apply N'_Mult_Reasonable_Lemma; auto. }
      rewrite H16,H17; auto. destruct H6; eauto.
    - apply AxiomII in H7 as []. destruct H6. apply MKT41; eauto. }
  unfold N'_Mult. rewrite <-H7. apply MKT44. destruct H6; eauto.
Qed.
```

*N 上定义的乘法对 *N 是封闭的.

```
Fact N'_Mult_in_N' : ∀ F0 u v, Arithmetical_ultraFilter F0
  -> u ∈ (N' F0) -> v ∈ (N' F0) -> (u ·F0 v) ∈ (N' F0).
Proof.
  intros. apply AxiomII in H0 as [H0[f[H2[H3[]]]]].
  apply AxiomII in H1 as [H1[g[H6[H7[]]]]]. rewrite H5,H9.
  rewrite N'_Mult_Corollary; auto.
  apply (Function_Mult_Corollary1 f g) in H2 as [H2[]]; auto.
  assert (Arithmetical_ultraFilter ((f · g)⟨F0⟩)).
  { apply FT11; auto. }
  destruct H12. apply AxiomII; split; eauto.
Qed.
```

定理 3.25 (*N 上加法的性质) *N 由算术超滤 $F0$ 生成，$u,v,w \in$ *N. F_0 是 0 对应的主超滤. *N 上定义的加法满足下列性质.

1) $u + F_0 = u$.

2) 交换律：$u + v = v + u$.

3) 结合律：$(u + v) + w = u + (v + w)$.

4) 消去律：$u + v = u + w \implies v = w$.

5) 保序性: $u < v \iff (w + u) < (w + v)$.

6) 保序性推论: $u < v \iff$ 存在唯一 w 使得 $u + w = v$.

```
(* u + F₀ = u *)

Fact N'_Plus_Property : ∀ F0 u, Arithmetical_ultraFilter F0
  -> u ∈ (N' F0) -> u +_F0 (F 0) = u.
Proof.
  intros. apply AxiomII in H0 as [H0[f[H1[H2[]]]]]. rewrite H4.
  assert ((Const 0)⟨F0⟩ = F 0).
  { apply F_Constn_Fn; destruct H,MKT135; auto. }
  rewrite <-H5. destruct MKT135. clear H7.
  apply Constn_is_Function in H6 as [H6[]].
  rewrite N'_Plus_Corollary; auto.
  assert (∀ z, z ∈ ω -> f[z] ∈ ω ).
  { intros. rewrite <-H2 in H9.
    apply Property_Value,Property_ran in H9; auto. }
  assert (∀ z, z ∈ ω -> f[z] + (Const 0)[z] = f[z])%ω.
  { intros. assert ((Const 0)[z] = 0).
    { rewrite <-H7 in H10. apply Property_Value,Property_ran
      in H10; auto. rewrite H8 in H10. destruct MKT135.
      apply MKT41 in H10; eauto. }
    rewrite H11,Plus_Property1_a; auto. }
  assert ((f + (Const 0)) = f).
  { apply AxiomI; split; intros. apply AxiomII in H11 as
    [H11[x[y[H12[]]]]]. rewrite H10 in H14; auto.
    rewrite <-H2 in H13. apply Property_Value in H13; auto.
    rewrite H12,H14; auto. apply AxiomII; split; eauto.
    pose proof H1. apply MKT70 in H12. pose proof H11.
    rewrite H12 in H11. apply AxiomII in H11 as [H11[x[y[]]]].
    exists x,y. rewrite H14 in H13. split; auto. apply
    Property_dom in H13. rewrite H2 in H13. rewrite H10; auto. }
  rewrite H11; auto. unfold Included; intros. rewrite H8 in H9.
  destruct MKT135. apply MKT41 in H9; eauto.
  rewrite H9; auto.
Qed.

(* 交换律 *)

Fact N'_Plus_Commutation : ∀ F0 u v, Arithmetical_ultraFilter F0
  -> u ∈ (N' F0) -> v ∈ (N' F0) -> u +_F0 v = v +_F0 u.
Proof.
  intros. apply AxiomII in H0 as [H0[f[H2[H3[]]]]].
  apply AxiomII in H1 as [H1[g[H6[H7[]]]]].
  assert (∀ z, z ∈ ω -> (f[z] ∈ ω ∧ g[z] ∈ ω)).
  { intros. split; [rewrite <-H3 in H10|rewrite <-H7 in H10];
    apply Property_Value,Property_ran in H10; auto. }
  rewrite H5,H9,N'_Plus_Corollary,N'_Plus_Corollary; auto.
  assert (f + g = g + f).
  { apply AxiomI; split; intros; apply AxiomII in H11
    as [H11[x[y[H12[]]]]]; apply AxiomII; split; eauto;
    exists x,y; repeat split; auto; apply H10 in H13 as
    []; rewrite Plus_Commutation; auto. }
  rewrite H11; auto.
Qed.

(* 结合律 *)

Fact N'_Plus_Association : ∀ F0 u v w, Arithmetical_ultraFilter F0
```

```
-> u ∈ (N' F0) -> v ∈ (N' F0) -> w ∈ (N' F0)
-> (u +_F0 v) +_F0 w = u +_F0 (v +_F0 w).
Proof.
  intros. apply AxiomII in H0 as [H0[f1[H3[H4[]]]]].
  apply AxiomII in H1 as [H1[f2[H7[H8[]]]]].
  apply AxiomII in H2 as [H2[f3[H11[H12[]]]]].
  assert (∀ z, z ∈ ω -> f1[z] ∈ ω /\ f2[z] ∈ ω /\ f3[z] ∈ ω).
  { intros. repeat split;
    [rewrite <-H4 in H15|rewrite <-H8 in H15|rewrite <-H12 in H15];
    apply Property_Value,Property_ran in H15; auto. }
  pose proof H3; pose proof H11.
  apply (Function_Plus_Corollary1 f1 f2) in H3 as [H3[]]; auto.
  apply (Function_Plus_Corollary1 f2 f3) in H11 as [H11[]]; auto.
  rewrite H6,H10,H14,N'_Plus_Corollary,N'_Plus_Corollary,
  N'_Plus_Corollary,N'_Plus_Corollary; auto.
  assert ((f1 + f2) + f3 = f1 + (f2 + f3)).
  { apply AxiomI; split; intros; apply AxiomII in H22 as
    [H22[x[y[H23[]]]]]; apply AxiomII; split; auto; exists x,y;
    repeat split; auto; rewrite Function_Plus_Corollary2; auto;
    rewrite Function_Plus_Corollary2 in H25; auto; apply H15
    in H24 as [H24[]]; try rewrite <-Plus_Association; auto.
    rewrite Plus_Association; auto. }
  rewrite H22; auto.
Qed.

(* 消去律 *)

Fact N'_Plus_Cancellation : ∀ F0 u v w, Arithmetical_ultraFilter F0
  -> u ∈ (N' F0) -> v ∈ (N' F0) -> w ∈ (N' F0) -> u +_F0 v = u +_F0 w -> v = w.
Proof.
  intros. apply AxiomII in H0 as [H0[f1[H4[H5[]]]]].
  apply AxiomII in H1 as [H1[f2[H8[H9[]]]]].
  apply AxiomII in H2 as [H2[f3[H12[H13[]]]]].
  assert (∀ z, z ∈ ω -> f1[z] ∈ ω /\ f2[z] ∈ ω /\ f3[z] ∈ ω).
  { intros. repeat split;
    [rewrite <-H5 in H16|rewrite <-H9 in H16|rewrite <-H13 in H16];
    apply Property_Value, Property_ran in H16; auto. }
  rewrite H7,H11,H15,N'_Plus_Corollary,N'_Plus_Corollary in H3;
  auto. pose proof H4; pose proof H4.
  apply (Function_Plus_Corollary1 f1 f2) in H17 as [H17[]]; auto.
  apply (Function_Plus_Corollary1 f1 f3) in H18 as [H18[]]; auto.
  destruct H. apply H23 in H3; auto. clear H17 H18 H19 H20 H21 H22.
  destruct H3 as [H3[H17[H18[H19[H20[H21[]]]]]]].
  assert (\{ λ u, u ∈ ω /\ f2[u] = f3[u] \} ∈ F0).
  { apply AxiomII in H22 as [H22[[H25[H26[H27[]]]]]].
    apply (H29 (\{ λ u, u ∈ ω /\ (f1 + f2)[u]
      = (f1 + f3)[u] \})); repeat split; auto.
    unfold Included; intros. apply AxiomII in H31 as [H31[]].
    rewrite Function_Plus_Corollary2,Function_Plus_Corollary2
    in H33; auto. pose proof H32.
    apply Plus_Cancellation in H33; apply H16 in H32; try tauto.
    apply AxiomII; auto. unfold Included; intros.
    apply AxiomII in H31; tauto. }
  assert (NearlyEqual f2 F0 f3).
  { destruct H8,H12. repeat split; auto. }
  apply FT9 in H26. rewrite H11,H15; auto.
Qed.

(* 保序性 *)
```

```
Fact N'_Plus_PrOrder : ∀ F0 u v w, Arithmetical_ultraFilter F0
  -> u ∈ (N' F0) -> v ∈ (N' F0) -> w ∈ (N' F0)
  -> u <_F0 v <-> (w +_F0 u) <_F0 (w +_F0 v).
Proof.
  split; intros.
  - pose proof H0 as Ha; pose proof H1 as Hb; pose proof H2 as Hc.
    apply AxiomII in H0 as [H0[f1[H4[H5[]]]]].
    apply AxiomII in H1 as [H1[f2[H8[H9[]]]]].
    apply AxiomII in H2 as [H2[f3[H12[H13[]]]]].
    apply AxiomII' in H3 as []. pose proof H4.
    apply (H16 f1 f2) in H17; auto.
    assert ((w +_F0 u) ∈ (N' F0)). { apply N'_Plus_in_N'; auto. }
    assert ((w +_F0 v) ∈ (N' F0)). { apply N'_Plus_in_N'; auto. }
    apply AxiomII'; split. apply MKT49a; eauto.
    intros. pose proof H4; pose proof H8.
    apply (Function_Plus_Corollary1 f3 f1) in H28 as [H28[]]; auto.
    apply (Function_Plus_Corollary1 f3 f2) in H29 as [H29[]]; auto.
    rewrite H7,H15,N'_Plus_Corollary in H26; auto.
    rewrite H11,H15,N'_Plus_Corollary in H27; auto.
    destruct H. apply H34 in H26; apply H34 in H27; auto.
    destruct H26 as [H26[H35[H36[H37[H38[H39[]]]]]]].
    destruct H27 as [H27[H42[H43[H44[H45[H46[]]]]]]].
    assert (\{ λ w, f1[w] ∈ f2[w] \}
      ⊂ \{ λ w, (f3 + f1)[w] ∈ (f3 + f2)[w] \}).
    { unfold Included; intros. apply AxiomII in H49 as [].
      apply AxiomII; split; auto. rewrite Function_Plus_Corollary2,
      Function_Plus_Corollary2; auto.
      assert (z ∈ ω).
      { apply NNPP; intro. rewrite <-H5 in H51. apply MKT69a in H51.
        rewrite H51 in H50. elim MKT39; eauto. }
      assert (∀ f, Function f -> dom( f) = ω
        -> ran( f) ⊂ ω -> f[z] ∈ ω).
      { intros. rewrite <-H53 in H51.
        apply Property_Value,Property_ran in H51; auto. }
      apply Plus_PrOrder; auto. }
    apply AxiomII in H40 as [H40[[H50[H51[H52[]]]]]].
    assert (\{ λ w, (f3 + f1) [w] ∈ (f3 + f2) [w] \} ∈ F0).
    { apply (H54 (\{ λ w, f1[w] ∈ f2[w] \})); repeat split; auto.
      unfold Included; intros. apply AxiomII in H56 as [].
      apply NNPP; intro. rewrite <-H30 in H58. apply MKT69a in H58.
      rewrite H58 in H57. elim MKT39; eauto. }
    assert ((\{ λ u, u ∈ ω /\ (f3 + f1)[u] = f[u] \}
      ∩ \{ λ u, u ∈ ω /\ (f3 + f2)[u] = g[u] \}
      ∩ \{ λ w, (f3 + f1)[w] ∈ (f3 + f2)[w] \})
      ⊂ \{ λ w, f[w] ∈ g[w] \}).
    { unfold Included; intros. apply MKT4' in H57 as [].
      apply MKT4' in H58 as []. apply AxiomII in H57 as [H57[]].
      apply AxiomII in H58 as [H58[]]. apply AxiomII in H59 as [].
      rewrite H61,H63 in H64. apply AxiomII; auto. }
    apply (H54 (\{ λ u, u ∈ ω /\ (f3 + f1)[u] = f[u] \}
      ∩ \{ λ u, u ∈ ω /\ (f3 + f2)[u] = g[u] \}
      ∩ \{ λ w, (f3 + f1)[w] ∈ (f3 + f2)[w] \}));
    repeat split; auto. unfold Included; intros. apply AxiomII
    in H58 as []. apply NNPP; intro. rewrite <-H22 in H60.
    apply MKT69a in H60. rewrite H60 in H59. elim MKT39; eauto.
  - apply AxiomII in H0 as [H0[f1[H4[H5[]]]]].
    apply AxiomII in H1 as [H1[f2[H8[H9[]]]]].
    apply AxiomII in H2 as [H2[f3[H12[H13[]]]]].
```

```
      rewrite H7,H11,H15 in *. clear dependent u. clear dependent v.
      clear dependent w. rewrite N'_Plus_Corollary,N'_Plus_Corollary
      in H3; auto. pose proof H12; pose proof H12.
      apply (Function_Plus_Corollary1 f3 f1) in H7 as [H7[]]; auto.
      apply (Function_Plus_Corollary1 f3 f2) in H11 as [H11[]]; auto.
      apply N'_Ord_Corollary in H3; auto.
      apply N'_Ord_Corollary; auto.
      set (A := \{ λ w, (f3 + f1)[w] ∈ ((f3 + f2)[w]) \}).
      destruct H. apply AxiomII in H as [H[[H20[H21[H22[]]]]]].
      apply (H24 A); repeat split; auto; unfold Included; intros.
      apply AxiomII in H26 as []. rewrite Function_Plus_Corollary2,
      Function_Plus_Corollary2 in H27; auto.
      assert (∀ z, z ∈ ω -> f1[z] ∈ ω /\ f2[z] ∈ ω /\ f3[z] ∈ ω).
      { intros. repeat split. rewrite <-H5 in H28.
        apply Property_Value,Property_ran,H6 in H28; auto.
        rewrite <-H9 in H28.
        apply Property_Value,Property_ran,H10 in H28; auto.
        rewrite <-H13 in H28.
        apply Property_Value,Property_ran,H14 in H28; auto. }
      apply AxiomII; split; auto.
      assert (z ∈ ω).
      { apply NNPP; intro. unfold Plus in H27.
        rewrite <-H5 in H29. apply MKT69a in H29.
        assert (~ f1[z] ⊂ dom(PlusFunction f3[z])).
        { intro. rewrite H29 in H30. elim MKT39; eauto. }
        apply MKT69a in H30. rewrite H30 in H27. elim MKT39; eauto. }
      apply H28 in H29 as [H29[]]. apply Plus_PrOrder in H27; auto.
      apply AxiomII in H26 as []. apply NNPP; intro.
      rewrite <-H5 in H28. apply MKT69a in H28.
      rewrite H28 in H27. elim MKT39; eauto.
Qed.

Open Scope ω_scope.

(* 保序性推论 *)

Corollary N'_Plus_PrOrder_Corollary : ∀ F0 u v, Arithmetical_ultraFilter F0
  -> u ∈ (N' F0) -> v ∈ (N' F0) -> u <_{F0} v <-> exists ! w, w ∈ (N' F0)
  /\ (F 0) <_{F0} w /\ u +_{F0} w = v.
Proof.
  split; intros.
  - apply AxiomII in H0 as [H0[f1[H3[H4[]]]]].
    apply AxiomII in H1 as [H1[f2[H7[H8[]]]]].
    rewrite H6,H10 in H2. apply N'_Ord_Corollary in H2; auto.
    set (A := \{ λ w, f1[w] ∈ f2[w] \}).
    set (f3 := \{\ λ u v, u ∈ ω
      /\ ((~ u ∈ A /\ u = v) \/ (u ∈ A /\ v = ∩(\{ λ a, a ∈ ω
      /\ 0 ∈ a /\ f1[u] + a = f2[u] \}))) \}\).
    assert (Function f3).
    { split; intros.
      - unfold Relation; intros.
        apply AxiomII in H11 as [H11[x[y[]]]]; eauto.
      - apply AxiomII' in H11 as [H11[]].
        apply AxiomII' in H12 as [H12[]].
        destruct H14,H16,H14,H16; try contradiction;
        try rewrite H17,H18; try rewrite H17 in H18; auto. }
    assert (dom(f3) = ω).
    { apply AxiomI; split; intros.
      - apply AxiomII in H12 as [H12[y]].
```

```
      apply AxiomII' in H13; tauto.
   - apply AxiomII; split; eauto. destruct (classic (z ∈ A)).
     + exists (⋂(\{ λ a, a ∈ ω /\ 0 ∈ a
       /\ f1[z] + a = f2[z] \})).
       apply AxiomII'; repeat split; auto. apply MKT49a; eauto.
       apply AxiomII in H13 as []. apply Plus_PrOrder_Corollary
       in H14 as [k[[H14[]]]].
       assert ([k] = \{ λ a, a ∈ ω /\ 0 ∈ a
       /\ f1[z] + a = f2[z] \}).
       { apply AxiomI; split; intros.
         - apply MKT41 in H18; eauto.
           apply AxiomII; split; rewrite H18; eauto.
         - apply AxiomII in H18 as []. apply MKT41; eauto.
           symmetry. apply H17; auto. }
       rewrite <-H18. destruct (@ MKT44 k); eauto.
       rewrite H19; eauto. rewrite <-H8 in H12.
       apply Property_Value,Property_ran,H9 in H12; auto.
       rewrite <-H4 in H12.
       apply Property_Value,Property_ran,H5 in H12; auto.
     + exists z. apply AxiomII'; repeat split; auto.
       apply MKT49a; eauto. }
assert (ran(f3) ⊂ ω).
{ unfold Included; intros. apply AxiomII in H13 as [H13[x]].
  apply AxiomII' in H14 as [H14[]]. destruct H16,H16; auto.
  - rewrite <-H17; auto.
  - apply AxiomII in H16 as [].
    apply Plus_PrOrder_Corollary in H18 as [k[[H18[]]]].
    assert ([k] = \{ λ a, a ∈ ω /\ 0 ∈ a
    /\ f1[x] + a = f2[x] \}).
    { apply AxiomI; split; intros.
      - apply MKT41 in H22; eauto.
        apply AxiomII; rewrite H22; split; eauto.
      - apply AxiomII in H22 as []. apply H21 in H23.
        rewrite <-H23. apply MKT41; eauto. }
    rewrite <-H22 in H17. destruct (@ MKT44 k); eauto.
    rewrite H17,H23; auto. rewrite <-H8 in H15.
    apply Property_Value,Property_ran,H9 in H15; auto.
    rewrite <-H4 in H15.
    apply Property_Value,Property_ran,H5 in H15; auto. }
exists (f3⟨F0⟩).
assert (f3⟨F0⟩ ∈ (N' F0)).
{ apply AxiomII; split; eauto. destruct H.
  apply (FT5 F0 f3) in H; eauto. }
assert ((F 0) <_F0 f3⟨F0⟩).
{ pose proof in_ω_0. apply Constn_is_Function in H15 as [H15[]].
  assert (ran(Const 0) ⊂ ω).
  { unfold Included; intros. rewrite H17 in H18.
    pose proof in_ω_0. apply MKT41 in H18; eauto.
    rewrite H18; auto. }
  pose proof in_ω_0. eapply Fn_in_N' in H19; destruct H; eauto.
  pose proof in_ω_0 as H20. apply (F_Constn_Fn F0) in H20; auto.
  rewrite <-H20. apply N'_Ord_Corollary; auto. split; auto.
  assert (A ⊂ \{ λ w, (Const 0)[w] ∈ f3[w] \}).
  { unfold Included; intros. apply AxiomII; split; eauto.
    assert (z ∈ ω).
    { apply NNPP; intro. rewrite <-H4 in H21.
      apply MKT69a in H21. apply AxiomII in H as [].
      rewrite H21 in H22. elim MKT39; eauto. }
    assert (f3[z] = ⋂(\{ λ a, a ∈ ω /\ 0 ∈ a
```

```
      /\ (f1[z]) + a = f2[z] \})).
    { pose proof H. apply AxiomII in H as [].
      rewrite <-H12 in H21. apply Property_Value in H21; auto.
      apply AxiomII' in H21 as [H21[H24[[]|[]]]];
      try contradiction; auto. }
    apply AxiomII in H as [].
    apply Plus_PrOrder_Corollary in H23 as [k[[H23[]]]].
    assert ([k] = \{ λ a, a ∈ ω /\ 0 ∈ a
      /\ f1[z] + a = f2[z] \}).
    { apply AxiomI; split; intros. apply MKT41 in H27; eauto.
      rewrite H27. apply AxiomII; split; eauto.
      apply AxiomII in H27 as []. apply H26 in H28.
      rewrite H28. apply MKT41; auto. }
    rewrite <-H27 in H22. destruct (@ MKT44 k); eauto.
    rewrite H22,H28. assert ((Const 0)[z] = 0).
    { rewrite <-H16 in H21. apply Property_Value,Property_ran
      in H21; auto. rewrite H17 in H21. pose proof in_ω_0.
      apply MKT41 in H21; eauto.
      rewrite H30; auto. rewrite <-H8 in H21.
      apply Property_Value,Property_ran,H9 in H21; auto.
      rewrite <-H4 in H21.
      apply Property_Value,Property_ran,H5 in H21; auto. }
    apply AxiomII in i as [i[[H21[H22[H23[]]]]]].
    apply (H25 A); repeat split; auto. unfold Included; intros.
    apply AxiomII in H27 as []. apply NNPP; intro.
    rewrite <-H16 in H29. apply MKT69a in H29.
    rewrite H29 in H28. elim MKT39; eauto. }
  assert (u +_F0 f3⟨F0⟩ = v).
  { rewrite H6,H10. rewrite N'_Plus_Corollary; auto.
    pose proof H3. apply (Function_Plus_Corollary1 f1 f3)
    in H16 as [H16[]]; auto. apply FT9. split; auto.
    split; auto. repeat split; auto. destruct H; auto.
    assert (A ⊂ \{ λ u0, u0 ∈ ω
      /\ ((f1 + f3)[u0] = f2[u0])%fu \}).
    { unfold Included; intros. pose proof H19 as H19'.
      apply AxiomII in H19 as [].
      assert (z ∈ ω).
      { apply NNPP; intro. rewrite <-H4 in H21.
        apply MKT69a in H21. rewrite H21 in H20.
        elim MKT39; eauto. }
      apply AxiomII; repeat split; auto.
      rewrite Function_Plus_Corollary2; auto.
      rewrite <-H12 in H21. apply Property_Value in H21; auto.
      apply AxiomII' in H21 as [H21[H22[[]|[]]]];
      try contradiction.
      apply Plus_PrOrder_Corollary in H20 as [k[[H20[]]]].
      assert ([k] = \{ λ a, a ∈ ω /\ 0 ∈ a
        /\ f1[z] + a = f2[z] \}).
      { apply AxiomI; split; intros. apply MKT41 in H28; eauto.
        rewrite H28. apply AxiomII; split; eauto.
        apply MKT41; eauto. apply AxiomII in H28 as [].
        apply H27 in H29; auto. }
      rewrite <-H28 in H24. destruct (@ MKT44 k); eauto.
      rewrite H29 in H24. rewrite H24; auto. rewrite <-H8 in H22.
      apply Property_Value,Property_ran,H9 in H22; auto.
      rewrite <-H4 in H22. apply Property_Value,Property_ran,H5
      in H22; auto. }
    destruct H. apply AxiomII in H as [H[[H21[H22[H23[]]]]]].
    apply (H25 A); repeat split; auto. unfold Included; intros.
```

```
      apply AxiomII in H27; tauto. }
    repeat split; auto. intros x [H17[]]. rewrite <-H16 in H19.
    apply N'_Plus_Cancellation in H19; auto.
    apply AxiomII; split; eauto.
  - destruct H2 as [w[[H2[]]]].
    apply AxiomII in H0 as [H0[f1[H6[H7[]]]]].
    apply AxiomII in H1 as [H1[f2[H10[H11[]]]]].
    apply AxiomII in H2 as [H2[f3[H14[H15[]]]]].
    rewrite H9,H13,H17 in *. rewrite N'_Plus_Corollary in H4; auto.
    apply N'_Ord_Corollary; auto. pose proof in_ω_0.
    apply Constn_is_Function in H18 as [H18[]].
    assert (1 ⊂ ω).
    { unfold Included; intros. pose proof in_ω_0.
      apply MKT41 in H21; eauto. rewrite H21; auto. }
    rewrite <-H20 in H21. pose proof in_ω_0.
    eapply Fn_in_N' in H22; destruct H; eauto.
    pose proof in_ω_0 as H23. apply (F_Constn_Fn F0) in H23; auto.
    rewrite <-H23 in H3. apply N'_Ord_Corollary in H3; auto;
    try split; auto. pose proof H6.
    apply (Function_Plus_Corollary1 f1 f3) in H as [H[]]; auto.
    apply n in H4; auto. clear H10 H11 H12 H H24 H25.
    destruct H4 as [H4[H10[H11[H12[H24[H25[]]]]]]].
    set (A := \{ λ w, (Const 0)[w] ∈ f3[w] \}).
    set (B := \{ λ u, u ∈ ω /\ ((f1 + f3)[u] = f2[u])%fu \}).
    assert ((A ∩ B) ⊂ \{ λ w0, f1[w0] ∈ f2[w0] \}).
    { unfold Included; intros. apply MKT4' in H27 as [].
      apply AxiomII in H27 as []. apply AxiomII in H28 as [H28[]].
      rewrite Function_Plus_Corollary2 in H31; auto.
      apply AxiomII; split; auto. apply Plus_PrOrder_Corollary.
      rewrite <-H12 in H30.
      apply Property_Value,Property_ran,H25 in H30; auto.
      rewrite <-H7 in H30.
      apply Property_Value,Property_ran,H8 in H30; auto.
      exists (f3[z]). repeat split; auto. rewrite <-H15 in H30.
      apply Property_Value,Property_ran,H16 in H30; auto.
      rewrite <-H19 in H30.
      apply Property_Value,Property_ran in H30; auto.
      rewrite H20 in H30.
      pose proof in_ω_0. apply MKT41 in H30; eauto.
      rewrite H30 in H29; auto. intros x [H32[]].
      rewrite <-H31 in H34. apply Plus_Cancellation in H34; auto.
      rewrite <-H7 in H30.
      apply Property_Value,Property_ran,H8 in H30; auto.
      rewrite <-H15 in H30.
      apply Property_Value,Property_ran,H16 in H30; auto. }
    apply AxiomII in H as [H[[H28[H29[H30[]]]]]].
    apply (H32 (A ∩ B)); repeat split; auto.
    unfold Included; intros. apply AxiomII in H34 as [].
    apply NNPP; intro. rewrite <-H7 in H36. apply MKT69a in H36.
    rewrite H36 in H35. elim MKT39; eauto.
Qed.
```

定理 3.26(*N 上乘法的性质)　*N 由算术超滤 $F0$ 生成, $u, v, w \in$ *N. F_0 和 F_1 分别是 0 和 1 对应的主超滤. *N 上定义的乘法满足下列性质.

　　1) $u \cdot F_0 = F_0$.

　　2) $u \cdot F_1 = u$.

　　3) $u \cdot v = F_0 \implies u = F_0 \vee v = F_0$.

4) 交换律: $u \cdot v = v \cdot u$.

5) 结合律: $(u \cdot v) \cdot w = u \cdot (v \cdot w)$.

6) 分配律: $u \cdot (v + w) = u \cdot v + u \cdot w$.

7) 消去律: $w \cdot u = w \cdot v \wedge w \neq F_0 \implies u = v$.

8) 保序性: $u < v \iff w \cdot u < w \cdot v$, 其中 $w \neq F_0$.

```
Open Scope fu_scope.

(* u · F₀ = F₀ *)

Fact N'_Mult_Property1 : ∀ F0 u, Arithmetical_ultraFilter F0
  -> u ∈ (N' F0) -> u ·F0 (F 0) = F 0.
Proof.
  intros. apply AxiomII in H0 as [H0[f[H1[H2[]]]]]. rewrite H4.
  assert ((Const 0)⟨F0⟩ = F 0).
  { apply F_Constn_Fn; destruct H,MKT135; auto. }
  rewrite <-H5. pose proof in_ω_0. apply Constn_is_Function
  in H6 as [H6[]]. rewrite N'_Mult_Corollary; auto.
  assert (∀ z, z ∈ ω -> f[z] ∈ ω ).
  { intros. rewrite <-H2 in H9.
    apply Property_Value,Property_ran in H9; auto. }
  assert (∀ z, z ∈ ω -> f[z] · (Const 0)[z] = 0)%ω.
  { intros. assert ((Const 0)[z] = 0).
    { rewrite <-H7 in H10. apply Property_Value,Property_ran
      in H10; auto. rewrite H8 in H10. destruct MKT135.
      apply MKT41 in H10; eauto. }
    rewrite H11,Mult_Property1_a; auto. }
  assert ((f · (Const 0)) = Const 0).
  { apply AxiomI; split; intros. apply AxiomII in H11 as
    [H11[x[y[H12[]]]]]. rewrite H10 in H14; auto. rewrite
    <-H2 in H13. apply Property_Value in H13; auto. rewrite
    H12. apply AxiomII'; repeat split; auto. rewrite <-H12;
    auto. apply Property_dom in H13 in H13; auto.
    apply AxiomII in H11 as [H11[x[y[H12[]]]]]. rewrite H12
    in *. apply AxiomII'; repeat split; auto. rewrite H10; auto. }
  rewrite H11; auto. unfold Included; intros. rewrite H8 in H9.
  destruct MKT135. apply MKT41 in H9; eauto. rewrite H9; auto.
Qed.

(* u · F₁ = u *)

Fact N'_Mult_Property2 : ∀ F0 u, Arithmetical_ultraFilter F0
  -> u ∈ (N' F0) -> u ·F0 (F 1) = u.
Proof.
  intros. apply AxiomII in H0 as [H0[f[H1[H2[]]]]].
  rewrite H4. assert ((Const 1)⟨F0⟩ = (F 1)).
  { apply F_Constn_Fn. destruct H; auto. apply in_ω_1. }
  rewrite <-H5. pose proof in_ω_1. apply Constn_is_Function
  in H6 as [H6[]]. rewrite N'_Mult_Corollary; auto.
  assert (∀ z, z ∈ ω -> f[z] ∈ ω ).
  { intros. rewrite <-H2 in H9.
    apply Property_Value,Property_ran in H9; auto. }
  assert (∀ z, z ∈ ω -> Mult (f[z]) ((Const 1)[z]) = f[z]).
  { intros. assert ((Const 1)[z] = 1).
    { rewrite <-H7 in H10. apply Property_Value,Property_ran
      in H10; auto. rewrite H8 in H10. destruct MKT135.
```

```
      apply MKT41 in H10; eauto. }
    rewrite H11. replace 1 with (PlusOne 0). destruct MKT135.
    rewrite Mult_Property2_a,Mult_Property1_a,Plus_Property1_b;
    auto. unfold PlusOne. apply MKT17. }
  assert ((f · (Const 1)) = f).
  { apply AxiomI; split; intros. apply AxiomII in H11 as
    [H11[x[y[H12[]]]]]. rewrite H10 in H14; auto.
    rewrite <-H2 in H13. apply Property_Value in H13; auto.
    rewrite H12,H14; auto. apply AxiomII; split; eauto.
    pose proof H1. apply MKT70 in H12. pose proof H11.
    rewrite H12 in H11. apply AxiomII in H11 as [H11[x[y[]]]].
    exists x,y. rewrite H14 in H13. split; auto. apply
    Property_dom in H13. rewrite H2 in H13. rewrite H10; auto. }
  rewrite H11; auto. unfold Included; intros. rewrite H8 in H9.
  pose proof in_ω_1. apply MKT41 in H9; eauto. rewrite H9; auto.
Qed.

(* 若u · v = F0,则u,v必有一个为F0 *)

Fact N'_Mult_Property3 : ∀ F0 u v, Arithmetical_ultraFilter F0
  -> u ∈ (N' F0) -> v ∈ (N' F0) -> u ·_F0 v = F 0 -> u = F 0 \/ v = F 0.
Proof.
  intros. intros. apply AxiomII in H0 as [H0[f1[H3[H4[]]]]].
  apply AxiomII in H1 as [H1[f2[H7[H8[]]]]]. rewrite H6,H10 in H2.
  rewrite N'_Mult_Corollary in H2; auto. pose proof H3.
  apply (Function_Mult_Corollary1 f1 f2) in H11 as [H11[]]; auto.
  pose proof in_ω_0. apply Constn_is_Function in H14 as [H14[]].
  assert (ran(Const 0) ⊂ ω).
  { unfold Included; intros. rewrite H16 in H17. pose proof in_ω_0.
    apply MKT41 in H17; eauto. rewrite H17; auto. }
  pose proof in_ω_0. eapply Fn_in_N' in H18; destruct H; eauto.
  pose proof in_ω_0 as H19. apply (F_Constn_Fn F0) in H19; auto.
  rewrite <-H19 in H2. apply n in H2; auto.
  clear H11 H12 H13 H14 H15 H17.
  destruct H2 as [H2[H[H11[H12[H13[H14[]]]]]]].
  set (A := \{ λ u, u ∈ ω /\ (f1 · f2)[u] = (Const 0)[u] \}).
  set (B := \{ λ u, u ∈ ω /\ f1[u] = (Const 0)[u] \}).
  set (C := \{ λ u, u ∈ ω /\ f2[u] = (Const 0)[u] \}).
  assert (A ⊂ (B ∪ C)).
  { unfold Included; intros. apply AxiomII in H20 as [H20[]].
    rewrite Function_Mult_Corollary2 in H22; auto.
    assert ((Const 0)[z] = 0).
    { rewrite <-H12 in H21. apply Property_Value,Property_ran
      in H21; auto. rewrite H16 in H21. pose proof in_ω_0.
      apply MKT41 in H21; eauto. }
    rewrite H23 in H22.
    assert (f1[z] ∈ ω /\ f2[z] ∈ ω) as [].
    pose proof H21. rewrite <-H4 in H21. rewrite <-H8 in H24.
    apply Property_Value,Property_ran,H5 in H21;
    apply Property_Value,Property_ran,H9 in H24; auto. apply MKT4.
    destruct (classic (f1[z] = 0)); [left|right; apply
    Mult_Cancellation_Lemma in H22; auto]; apply AxiomII;
    rewrite H23; auto. }
  apply AxiomII in H15 as [H15[[H21[H22[H23[]]]]]].
  assert ((B ∪ C) ∈ F0).
  { apply (H25 A); repeat split; auto. unfold Included; intros.
    apply MKT4 in H27. destruct H27; apply AxiomII in H27; tauto. }
  rewrite H6,H10,<-H19. apply FT1 in H27.
  destruct H27; [left|right]; apply FT9; split; auto;
```

```
  split; auto; repeat split; auto.
  apply AxiomII in i; tauto.
Qed.

(* 交换律 *)

Fact N'_Mult_Commutation : ∀ F0 u v, Arithmetical_ultraFilter F0
  -> u ∈ (N' F0) -> v ∈ (N' F0) -> u ·F0 v = v ·F0 u.
Proof.
  intros. apply AxiomII in H0 as [H0[f[H2[H3[]]]]].
  apply AxiomII in H1 as [H1[g[H6[H7[]]]]].
  assert (∀ z, z ∈ ω -> (f[z] ∈ ω /\ g[z] ∈ ω)).
  { intros. split; [rewrite <-H3 in H10|rewrite <-H7 in H10];
    apply Property_Value,Property_ran in H10; auto. }
  rewrite H5,H9,N'_Mult_Corollary,N'_Mult_Corollary; auto.
  assert (f · g = g · f).
  { apply AxiomI; split; intros; apply AxiomII in H11
    as [H11[x[y[H12[]]]]]; apply AxiomII; split; eauto;
    exists x,y; repeat split; auto; apply H10 in H13 as [];
    rewrite Mult_Commutation; auto. }
  rewrite H11; auto.
Qed.

(* 结合律 *)

Fact N'_Mult_Association : ∀ F0 u v w, Arithmetical_ultraFilter F0
  -> u ∈ (N' F0) -> v ∈ (N' F0) -> w ∈ (N' F0)
  -> (u ·F0 v) ·F0 w = u ·F0 (v ·F0 w).
Proof.
  intros. apply AxiomII in H0 as [H0[f1[H3[H4[]]]]].
  apply AxiomII in H1 as [H1[f2[H7[H8[]]]]].
  apply AxiomII in H2 as [H2[f3[H11[H12[]]]]].
  assert (∀ z, z ∈ ω -> (f1[z] ∈ ω /\ f2[z] ∈ ω /\ f3[z] ∈ ω)).
  { intros. repeat split;
    [rewrite <-H4 in H15|rewrite <-H8 in H15|rewrite <-H12 in H15];
    apply Property_Value,Property_ran in H15; auto. }
  pose proof H3; pose proof H11.
  apply (Function_Mult_Corollary1 f1 f2) in H3 as [H3[]]; auto.
  apply (Function_Mult_Corollary1 f2 f3) in H11 as [H11[]]; auto.
  rewrite H6,H10,H14,N'_Mult_Corollary,N'_Mult_Corollary,
  N'_Mult_Corollary,N'_Mult_Corollary; auto.
  assert ((f1 · f2) · f3 = f1 · (f2 · f3)).
  { apply AxiomI; split; intros; apply AxiomII in H22
    as [H22[x[y[H23[]]]]]; apply AxiomII; split; auto; exists x,y;
    repeat split; auto; rewrite Function_Mult_Corollary2; auto;
    rewrite Function_Mult_Corollary2 in H25; auto; apply H15
    in H24 as [H24[]]; try rewrite <-Mult_Association; auto.
    rewrite Mult_Association; auto. }
  rewrite H22; auto.
Qed.

(* 分配律 *)

Fact N'_Mult_Distribution : ∀ F0 u v w, Arithmetical_ultraFilter F0
  -> u ∈ (N' F0) -> v ∈ (N' F0) -> w ∈ (N' F0)
  -> u ·F0 (v +F0 w) = (u ·F0 v) +F0 (u ·F0 w).
Proof.
  intros. apply AxiomII in H0 as [H0[f1[H3[H4[]]]]].
  apply AxiomII in H1 as [H1[f2[H7[H8[]]]]].
```

```
apply AxiomII in H2 as [H2[f3[H11[H12[]]]]].
assert (∀ z, z ∈ ω -> f1[z] ∈ ω /\ f2[z] ∈ ω /\ f3[z] ∈ ω).
{ intros. repeat split;
  [rewrite <-H4 in H15|rewrite <-H8 in H15|rewrite <-H12 in H15];
  apply Property_Value,Property_ran in H15; auto. }
pose proof H3; pose proof H7; pose proof H11.
apply (Function_Mult_Corollary1 f1 f2) in H16 as [H16[]]; auto.
apply (Function_Mult_Corollary1 f1 f3) in H18 as [H18[]]; auto.
apply (Function_Plus_Corollary1 f2 f3) in H17 as [H17[]]; auto.
rewrite H6,H10,H14. rewrite N'_Plus_Corollary,N'_Mult_Corollary,
N'_Mult_Corollary,N'_Mult_Corollary,N'_Plus_Corollary; auto.
assert (f1 · (f2 + f3) = (f1 · f2) + (f1 · f3)).
{ apply AxiomI; split; intros; apply AxiomII in H25 as
  [H25[x[y[H26[]]]]]; apply AxiomII; split; auto; exists x,y;
  repeat split; auto; try rewrite Function_Plus_Corollary2
  in H28; auto; try rewrite Function_Mult_Corollary2,
  Function_Mult_Corollary2; auto; apply H15 in H27 as [H27[]];
  try rewrite <-Mult_Distribution; auto.
  rewrite Function_Mult_Corollary2,Function_Mult_Corollary2
  in H28; auto.
  rewrite Function_Plus_Corollary2,Mult_Distribution; auto. }
rewrite H25; auto.
Qed.

(* 消去律 *)

Fact N'_Mult_Cancellation : ∀ F0 w u v, Arithmetical_ultraFilter F0
 -> w ∈ (N' F0) -> u ∈ (N' F0) -> v ∈ (N' F0) -> w <> F 0
 -> w ·F0 u = w ·F0 v -> u = v.
Proof.
  intros. apply AxiomII in H0 as [H0[f0[H5[H6[]]]]].
  apply AxiomII in H1 as [H1[f1[H9[H10[]]]]].
  apply AxiomII in H2 as [H2[f2[H13[H14[]]]]].
  rewrite H8,H12,H16 in *. rewrite N'_Mult_Corollary,
  N'_Mult_Corollary in H4; auto. apply FT9. split; auto.
  split; auto. repeat split; auto. destruct H; auto.
  pose proof H5; pose proof H5.
  apply (Function_Mult_Corollary1 f0 f1) in H17 as [H17[]]; auto.
  apply (Function_Mult_Corollary1 f0 f2) in H18 as [H18[]]; auto.
  destruct H. apply H23 in H4; auto. clear H17 H18 H19 H20 H21 H22.
  destruct H4 as [H4[H17[H18[H19[H20[H21[]]]]]]]. pose proof in_ω_0.
  apply Constn_is_Function in H25 as [H25[]].
  assert (1 ⊂ ω).
  { pose proof in_ω_0. unfold Included; intros.
    apply MKT41 in H29; eauto. rewrite H29; auto. }
  rewrite <-H27 in H28. pose proof in_ω_0.
  eapply Fn_in_N' in H29; eauto. pose proof in_ω_0.
  apply (F_Constn_Fn F0) in H30; auto. rewrite <-H30 in H3.
  assert (~ \{ λ u0, u0 ∈ ω /\ f0[u0] = (Const 0)[u0] \} ∈ F0).
  { intro. elim H3. apply FT9. split;
    auto. split; auto. repeat split; auto. }
  apply AxiomII in H22 as [H22[[H32[H33[H34[]]]]]].
  set (A := \{ λ u, u ∈ ω /\ (f0 · f1)[u] = (f0 · f2)[u] \}).
  set (B := \{ λ u0, u0 ∈ ω /\ f0[u0] = (Const 0)[u0] \}).
  set (C := \{ λ u0, u0 ∈ ω /\ f0[u0] <> (Const 0)[u0] \}).
  assert (B ⊂ ω).
  { unfold Included; intros. apply AxiomII in H38; tauto. }
  assert (∀ z, z ∈ ω -> (Const 0)[z] = 0).
  { intros. rewrite <-H26 in H39.
```

```
  apply Property_Value,Property_ran in H39; auto.
  rewrite H27 in H39. pose proof in_ω_0.
  apply MKT41 in H39; eauto. }
apply H37 in H38 as []; try contradiction.
assert ((ω ~ B) = C).
{ apply AxiomI; split; intros.
  - apply MKT4' in H40 as []. apply AxiomII in H41 as [].
    apply AxiomII; repeat split; auto. intro. elim H42.
    apply AxiomII; auto.
  - apply AxiomII in H40 as [H40[]]. apply MKT4'; split; auto.
    apply AxiomII; split; auto. intro. apply AxiomII in H43
    as [H43[]]; auto. }
rewrite H40 in H38. clear H40.
assert ((A ∩ C) ⊂ \{ λ u0, u0 ∈ ω /\ f1[u0] = f2[u0] \}).
{ unfold Included; intros. apply MKT4' in H40 as [].
  apply AxiomII in H40 as [H40[]].
  apply AxiomII in H41 as [H41[]].
  apply AxiomII; repeat split; auto. rewrite H39 in H45; auto.
  rewrite Function_Mult_Corollary2,Function_Mult_Corollary2
  in H43; auto. apply Mult_Cancellation in H43; auto.
  rewrite <-H6 in H42.
  apply Property_Value,Property_ran,H7 in H42; auto.
  rewrite <-H10 in H42.
  apply Property_Value,Property_ran,H11 in H42; auto.
  rewrite <-H14 in H42.
  apply Property_Value,Property_ran,H15 in H42; auto. }
apply (H36 (A ∩ C)); repeat split; auto. unfold Included; intros.
apply AxiomII in H41; tauto.
Qed.
```

(* 保序性 *)

```
Fact N'_Mult_PrOrder : ∀ F0 u v w, Arithmetical_ultraFilter F0
  -> u ∈ (N' F0) -> v ∈ (N' F0) -> w ∈ (N' F0) -> w <> F 0
  -> u <_F0 v <-> (w ·_F0 u) <_F0 (w ·_F0 v).
Proof.
  split; intros.
  - pose proof H0 as Ha; pose proof H1 as Hb; pose proof H2 as Hc.
    apply AxiomII in H0 as [H0[f1[H5[H6[]]]]].
    apply AxiomII in H1 as [H1[f2[H9[H10[]]]]].
    apply AxiomII in H2 as [H2[f3[H13[H14[]]]]].
    apply AxiomII' in H4 as [].
    pose proof H5. apply (H17 f1 f2) in H18; auto.
    assert ((w ·_F0 u) ∈ (N' F0)). { apply N'_Mult_in_N'; auto. }
    assert ((w ·_F0 v) ∈ (N' F0)). { apply N'_Mult_in_N'; auto. }
    apply AxiomII'; split. apply MKT49a; eauto.
    intros. pose proof H5; pose proof H9.
    apply (Function_Mult_Corollary1 f3 f1) in H29 as [H29[]]; auto.
    apply (Function_Mult_Corollary1 f3 f2) in H30 as [H30[]]; auto.
    rewrite H8,H16,N'_Mult_Corollary in H27; auto.
    rewrite H12,H16,N'_Mult_Corollary in H28; auto.
    destruct H. apply H35 in H27; apply H35 in H28; auto.
    destruct H27 as [H27[H36[H37[H38[H39[H40[]]]]]]].
    destruct H28 as [H28[H43[H44[H45[H46[H47[]]]]]]].
    assert ((\{ λ w, f1[w] ∈ f2[w] \}
      ∩ \{ λ w, w ∈ ω /\ f3[w] <> ∅ \})
      ⊂ \{ λ w, (f3 · f1)[w] ∈ (f3 · f2)[w] \}).
    { unfold Included; intros. apply MKT4' in H50 as [].
      apply AxiomII in H50 as []. apply AxiomII in H51 as [H51[]].
```

```
    apply AxiomII; split; auto. rewrite Function_Mult_Corollary2,
    Function_Mult_Corollary2; auto.
    assert (∀ f, Function f -> dom(f) = ω
      -> ran(f) ⊂ ω -> f[z] ∈ ω).
    { intros. rewrite <-H56 in H53.
      apply Property_Value,Property_ran in H53; auto. }
    apply Mult_PrOrder; auto. }
  apply AxiomII in H41 as [H41[[H51[H52[H53[]]]]]].
  assert ((\{ λ w, f1[w] ∈ f2[w] \}
    ∩ \{ λ w, w ∈ ω /\ f3[w] <> ∅ \}) ∈ F0).
  { apply H54; auto.
    assert (\{ λ w, w ∈ ω /\ f3[w] <> ∅ \} ⊂ ω).
    { unfold Included; intros. apply AxiomII in H57; tauto. }
    apply H56 in H57 as []; auto.
    assert (ω ~ \{ λ w, w ∈ ω /\ f3[w] <> ∅ \}
      = \{ λ w, w ∈ ω /\ f3[w] = ∅ \}).
    { apply AxiomI; split; intros. apply MKT4' in H58 as [].
      apply AxiomII in H59 as []. apply AxiomII; repeat split;
      auto. apply NNPP; intro. elim H60. apply AxiomII; auto.
      apply AxiomII in H58 as [H58[]]. apply MKT4'; split;
      auto. apply AxiomII; split; auto. intro. apply AxiomII
      in H61 as [H61[]]. contradiction. }
    rewrite H58 in H57.
    assert (\{ λ w, w ∈ ω /\ f3[w] = ∅ \}
      = \{ λ w, w ∈ ω /\ f3[w] = (Const 0)[w] \}).
    { apply AxiomI; split; intros.
      apply AxiomII in H59 as [H59[]].
      apply AxiomII; repeat split; auto. destruct MKT135.
      apply Constn_is_Function in H62 as [H62[]].
      rewrite <-H64 in H60.
      apply Property_Value,Property_ran in H60; auto.
      rewrite H65 in H60. apply MKT41 in H60.
      rewrite H60,H61; auto. destruct MKT135. eauto.
      apply AxiomII in H59 as [H59[]]. apply AxiomII;
      repeat split; auto. destruct MKT135.
      apply Constn_is_Function in H62 as [H62[]].
      rewrite <-H64 in H60.
      apply Property_Value,Property_ran in H60; auto.
      rewrite H65 in H60. destruct MKT135.
      apply MKT41 in H60; eauto. rewrite H61,H60; auto. }
    rewrite H59 in H57. clear H58 H59.
    assert (f3 =_F0 (Const 0)).
    { destruct MKT135. apply Constn_is_Function in H58 as [H58[]].
      split; auto. split; auto. repeat split; auto.
      unfold Included; intros. rewrite H61 in H62.
      destruct MKT135. apply MKT41 in H62; eauto.
      rewrite H62; auto. }
    apply FT9 in H58. destruct MKT135. rewrite F_Constn_Fn
    in H58; auto. elim H3; rewrite H16; auto. }
  assert (\{ λ w, (f3 · f1)[w] ∈ (f3 · f2)[w] \} ∈ F0).
  { apply (H55 (\{ λ w, f1[w] ∈ f2[w] \}
    ∩ \{ λ w, w ∈ ω /\ f3[w] <> ∅ \})); repeat split; auto.
    unfold Included; intros. apply AxiomII in H58 as [].
    apply NNPP; intro. rewrite <-H31 in H60.
    apply MKT69a in H60. rewrite H60 in H59. elim MKT39; eauto. }
  assert (\{ λ u, u ∈ ω /\ (f3 · f1)[u] = f[u] \}
    ∩ \{ λ u, u ∈ ω /\ (f3 · f2)[u] = g[u] \}
    ∩ \{ λ w, (f3 · f1)[w] ∈ (f3 · f2)[w] \}
    ⊂ \{ λ w, f[w] ∈ g[w] \}).
```

```
{ unfold Included; intros. apply MKT4' in H59 as [].
  apply MKT4' in H60 as []. apply AxiomII in H59 as [H59[]].
  apply AxiomII in H60 as [H60[]]. apply AxiomII in H61 as [].
  rewrite H63,H65 in H66. apply AxiomII; auto. }
apply (H55 (\{ λ u, u ∈ ω /\ (f3 · f1)[u] = f[u] \}
  ∩ \{ λ u, u ∈ ω /\ (f3 · f2)[u] = g[u] \}
  ∩ \{ λ w, (f3 · f1)[w] ∈ (f3 · f2)[w] \}));
repeat split; auto. unfold Included; intros.
apply AxiomII in H60 as []. apply NNPP; intro.
rewrite <-H23 in H62. apply MKT69a in H62.
rewrite H62 in H61. elim MKT39; eauto.
- apply AxiomII in H0 as [H0[f1[H5[H6[]]]]].
apply AxiomII in H1 as [H1[f2[H9[H10[]]]]].
apply AxiomII in H2 as [H2[f3[H13[H14[]]]]].
rewrite H8,H12,H16 in *.
rewrite N'_Mult_Corollary,N'_Mult_Corollary in H4; auto.
pose proof H13; pose proof H13.
apply (Function_Mult_Corollary1 f3 f1) in H17 as [H17[]]; auto.
apply (Function_Mult_Corollary1 f3 f2) in H18 as [H18[]]; auto.
apply N'_Ord_Corollary in H4; auto.
apply N'_Ord_Corollary; auto.
set (A := \{ λ w, (f3 · f1)[w] ∈ (f3 · f2)[w] \}).
assert (A ⊂ \{ λ w0, f1[w0] ∈ f2[w0] \}).
{ unfold Included; intros. apply AxiomII in H23 as [].
  assert (z ∈ ω).
  { apply NNPP; intro. rewrite <-H19 in H25.
    apply MKT69a in H25. rewrite H25 in H24.
    elim MKT39; eauto. }
  rewrite Function_Mult_Corollary2,Function_Mult_Corollary2
  in H24; auto. apply AxiomII; split; auto.
  apply Mult_PrOrder in H24; auto. rewrite <-H14 in H25.
  apply Property_Value,Property_ran,H15 in H25; auto.
  rewrite <-H6 in H25.
  apply Property_Value,Property_ran,H7 in H25; auto.
  rewrite <-H10 in H25.
  apply Property_Value,Property_ran,H11 in H25; auto. intro.
  rewrite H27,(Mult_Property1_b (f2[z])) in H24.
  elim (@ MKT16 (0 · f1[z])%ω); auto. rewrite <-H10 in H25.
  apply Property_Value,Property_ran,H11 in H25; auto. }
destruct H. apply AxiomII in H as [H[[H25[H26[H27[]]]]]].
apply (H29 A); repeat split; auto. unfold Included; intros.
apply AxiomII in H31 as []. apply NNPP; intro.
rewrite <-H6 in H33. apply MKT69a in H33.
rewrite H33 in H32. elim MKT39; eauto.
Qed.
```

3.4.4 ω 嵌入 *N

不难看出, 任意一个算术超滤对应的 *N 都与 ω 具有相同的序性质和运算性质, 并且 *N 的这些性质是由 ω 的相应性质导出的. 事实上, 在 *N 中可以找到与 ω 结构完全相同的子集, 我们记为 *N_N. 这可以从下面的定理得到.

定理 3.27 对任意一个 *N, ω 可以同构嵌入 *N, 具体来说, 对于集合

$$*N_N = \{u : u\text{是一个主超滤}\},$$

有 $^*\mathbf{N_N} \subset {}^*\mathbf{N}$, 同时可以构造一个定义域为 ω、值域为 $^*\mathbf{N_N}$ 的 1-1 函数

$$\varphi = \{(u,v) : u \in \omega \ \wedge \ v = F_u\},$$

$\forall m, n \in \omega$, $\forall h \in \omega^\omega$, 满足如下性质.

1) $\varphi(0) = F_0 \ \wedge \ \varphi(1) = F_1$.

2) 序保持: $m < n \Longleftrightarrow \varphi(m) < \varphi(n)$.

3) 加法保持: $\varphi(m+n) = \varphi(m) + \varphi(n)$.

4) 乘法保持: $\varphi(m \cdot n) = \varphi(m) \cdot \varphi(n)$.

5) 函数取值保持: $\varphi(h(m)) = h\langle\varphi(m)\rangle$.

φ 的以上性质说明, φ 是 ω 到 $^*\mathbf{N_N}$ 的保序、保运算的 1-1 函数. 至此, 我们说 ω 与 $^*\mathbf{N_N}$ 同构, 并说 φ 将 ω 同构嵌入 $^*\mathbf{N}$.

```
Definition N'_N := \{ λ u, ∃ m, m ∈ ω /\ u = F m \}.
```

(* $^*\mathbf{N_N}$ 是一个集 *)

```
Corollary N'_N_is_Set : Ensemble (N'_N).
Proof.
  apply (MKT33 βω). apply βω_is_Set. unfold Included; intros.
  apply AxiomII in H as [H[n[]]]. apply AxiomII; split; auto.
  rewrite H1. apply Fn_Corollary2; auto.
Qed.
```

(* $^*\mathbf{N_N}$ 是$^*\mathbf{N}$的子集 *)

```
Corollary N'_N_Subset_N' : ∀ F0, Arithmetical_ultraFilter F0 -> N'_N ⊂ (N' F0).
Proof.
  intros. unfold Included; intros. apply AxiomII in H0 as [H0[m[]]].
  apply (Fn_in_N' _ F0) in H1. rewrite H2; auto. destruct H; auto.
Qed.
```

(* 主超滤都在$^*\mathbf{N_N}$中 *)

```
Corollary Fn_in_N'_N : ∀ n, n ∈ ω -> (F n) ∈ N'_N.
Proof.
  intros. pose proof H. apply Fn_Corollary2 in H. destruct H.
  apply Filter_is_Set in H. apply AxiomII; split; eauto.
Qed.
```

```
Open Scope ω_scope.
```

```
Definition φ := \{\ λ u v, u ∈ ω /\ v = F u \}\.
```

(* φ是定义域为ω, 值域为$^*\mathbf{N_N}$的 1-1 函数 *)

```
Corollary φ_is_Function : Function1_1 φ /\ dom(φ) = ω /\ ran(φ) = N'_N.
Proof.
  assert (Function1_1 φ).
  { repeat split; unfold Relation; intros; try destruct H.
    - apply AxiomII in H as [H[x[y[]]]]; eauto.
    - apply AxiomII' in H as [H[]].
      apply AxiomII' in H0 as [H0[]]. rewrite H2,H4; auto.
```

```
  - apply AxiomII in H as [H[x[y[]]]]; eauto.
  - apply AxiomII' in H as []. apply AxiomII' in H1 as [H1[]].
    apply AxiomII' in H0 as []. apply AxiomII' in H4 as [H4[]].
    apply NNPP; intro. apply Example2_a in H7; auto.
    rewrite H3 in H6; auto. }
split; auto. destruct H. split; apply AxiomI; split; intros.
- apply AxiomII in H1 as [H1[]]. apply AxiomII' in H2; tauto.
- apply AxiomII; split; eauto. exists (F z).
  apply AxiomII'; split; auto. pose proof H1.
  apply Fn_Corollary2 in H2 as [].
  apply Filter_is_Set in H2. apply MKT49a; eauto.
- apply AxiomII in H1 as [H1[]].
  apply AxiomII' in H2 as [H2[]]. apply AxiomII; split; eauto.
- apply AxiomII in H1 as [H1[x[]]]. apply AxiomII; split; auto.
  exists x. apply AxiomII'; split; auto. apply MKT49a; eauto.
Qed.
```

```
Corollary φ_0 : φ[0] = F 0.
Proof.
  destruct φ_is_Function as [[][]]. pose proof in_ω_0.
  rewrite <-H1 in H3. apply Property_Value,AxiomII' in H3; tauto.
Qed.
```

```
Corollary φ_1 : φ[1] = F 1.
Proof.
  destruct φ_is_Function as [[][]]. pose proof in_ω_1.
  rewrite <-H1 in H3. apply Property_Value,AxiomII' in H3; tauto.
Qed.
```

(* φ 对序保持 *)

```
Corollary φ_PrOrder : ∀ F0 m n, Arithmetical_ultraFilter F0
  -> m ∈ ω -> n ∈ ω -> m ∈ n <-> φ[m] <_F0 φ[n].
Proof.
  destruct φ_is_Function as [[][]]. split; intros.
  - assert (φ[m] = F m /\ Ensemble (F m)) as [].
    { rewrite <-H1 in H4. apply Property_Value in H4; auto.
      apply AxiomII' in H4 as [H4[]]. split; auto. rewrite
      H8 in H4. apply MKT49b in H4; tauto. }
    assert (φ[n] = F n /\ Ensemble (F n)) as [].
    { rewrite <-H1 in H5. apply Property_Value in H5; auto.
      apply AxiomII' in H5 as [H5[]]. split; auto. rewrite
      H10 in H5. apply MKT49b in H5; tauto. }
    apply AxiomII'; split.
    rewrite H7,H9; apply MKT49a; auto. intros.
    assert ((Const m)⟨F0⟩ = F m /\ (Const n)⟨F0⟩ = F n) as [].
    { destruct H3. split; apply F_Constn_Fn; auto. }
    rewrite H7,<-H19 in H17. rewrite H9,<-H20 in H18. destruct H3.
    pose proof H4; pose proof H5. apply Constn_is_Function in H22
    as [H22[]]. apply Constn_is_Function in H23 as [H23[]].
    assert (ran(Const n) ⊂ ω /\ ran(Const m) ⊂ ω) as [].
    { split; unfold Included; intros; try rewrite H25 in H28;
      try rewrite H27 in H28; apply MKT41 in H28; eauto;
      try rewrite H28; auto. }
    apply H21 in H17; apply H21 in H18; auto.
    destruct H17 as [H17[H30[H31[H32[H33[H34[]]]]]]].
    destruct H18 as [H18[H37[H38[H39[H40[H41[]]]]]]].
    assert (\{ λ u, u ∈ ω /\ (Const m)[u] = f[u] \}
      = \{ λ u, u ∈ ω /\ m = f[u] \}).
```

```
{ apply AxiomI; split; intros. apply AxiomII in H44 as [H44[]].
  apply AxiomII; repeat split; auto. rewrite <-H24 in H45.
  apply Property_Value,Property_ran in H45; auto.
  rewrite H25 in H45. apply MKT41 in H45; eauto.
  rewrite H45 in H46; auto. apply AxiomII in H44 as [H44[]].
  apply AxiomII; repeat split; auto. rewrite <-H46.
  rewrite <-H24 in H45. apply Property_Value,Property_ran
  in H45; auto. rewrite H25 in H45. apply MKT41 in H45; eauto. }
assert (\{ λ u, u ∈ ω /\ (Const n)[u] = g[u] \}
= \{ λ u, u ∈ ω /\ n = g[u] \}).
{ apply AxiomI; split; intros. apply AxiomII in H45 as [H45[]].
  apply AxiomII; repeat split; auto. rewrite <-H26 in H46.
  apply Property_Value,Property_ran in H46; auto.
  rewrite H27 in H46. apply MKT41 in H46; eauto.
  rewrite H46 in H47; auto. apply AxiomII in H45 as [H45[]].
  apply AxiomII; repeat split; auto. rewrite <-H47.
  rewrite <-H26 in H46. apply Property_Value,Property_ran
  in H46; auto. rewrite H27 in H46. apply MKT41 in H46; eauto. }
rewrite H44 in H36. rewrite H45 in H43. clear H44 H45.
assert (ω = \{ λ u, u ∈ ω /\ m ∈ n \}).
{ apply AxiomI; split; intros. apply AxiomII; split;
  eauto. apply AxiomII in H44; tauto. }
assert ((\{ λ u, u ∈ ω /\ m = f[u] \}
∩ \{ λ u, u ∈ ω /\ n = g[u] \}
∩ \{ λ u, u ∈ ω /\ m ∈ n \}) ⊂ \{ λ w, f[w] ∈ g[w] \}).
{ unfold Included; intros. apply MKT4' in H45 as [].
  apply MKT4' in H46 as [].
  apply AxiomII in H45 as [H45[]].
  apply AxiomII in H46 as [H46[]].
  apply AxiomII in H47 as [H47[]].
  apply AxiomII; split; auto. rewrite <-H49,<-H51; auto. }
rewrite <-H44 in H45.
apply AxiomII in H35 as [H35[[H46[H47[H48[]]]]]].
apply (H50 (\{ λ u, u ∈ ω /\ m = f[u] \}
∩ \{ λ u, u ∈ ω /\ n = g[u] \} ∩ ω)) ; auto.
repeat split; auto. unfold Included; intros.
apply AxiomII in H52 as []. apply NNPP; intro.
rewrite <-H13 in H54. apply MKT69a in H54.
rewrite H54 in H53. elim MKT39; eauto.
- apply AxiomII' in H6 as [].
  assert (\{ λ w, (Const m)[w] ∈ (Const n)[w] \} ∈ F0).
  { assert (∀ m, m ∈ ω -> φ[m] = (Const m)⟨F0⟩).
    { intros. destruct H3. rewrite F_Constn_Fn; auto.
      pose proof H8. apply Constn_is_Function in H10 as [H10[]].
      rewrite <-H1 in H8. apply Property_Value in H8; auto.
      apply AxiomII' in H8; tauto. }
    pose proof H4; pose proof H5.
    apply Constn_is_Function in H9 as [H9[]].
    apply Constn_is_Function in H10 as [H10[]].
    apply H7; auto. unfold Included; intros.
    rewrite H12 in H15. apply MKT41 in H15; eauto.
    rewrite H15; auto. unfold Included; intros.
    rewrite H14 in H15. apply MKT41 in H15; eauto.
    rewrite H15; auto. }
  assert (∀ m n, m ∈ ω -> n ∈ ω -> (Const m)[n] = m).
  { intros. pose proof H9.
    apply Constn_is_Function in H9 as [H9[]].
    rewrite <-H12 in H10.
    apply Property_Value,Property_ran in H10; auto.
```

```
    rewrite H13 in H10. apply MKT41 in H10; eauto. }
  assert (\{ λ w, (Const m)[w] ∈ (Const n)[w] \}
    ⊂ \{ λ w, w ∈ ω /\ m ∈ n \}).
  { unfold Included; intros. apply AxiomII in H10 as [].
    destruct (classic (z ∈ ω)). pose proof H12. pose proof H12.
    apply (H9 m z) in H12; auto. apply (H9 n z) in H13; auto.
    rewrite H12,H13 in H11. apply AxiomII; auto.
    apply Constn_is_Function in H4 as [H4[]].
    rewrite <-H13 in H12. apply MKT69a in H12.
    rewrite H12 in H11. elim MKT39; eauto. }
  destruct H3. apply AxiomII in H3 as [H3[[H12[H13[H14[]]]]]].
  assert (\{ λ u, u ∈ ω /\ m ∈ n \} ∈ F0).
  { apply (H16 (\{ λ w, (Const m)[w] ∈ (Const n)[w] \}));
    repeat split; auto. unfold Included; intros.
    apply AxiomII in H18; tauto. }
  apply NNPP; intro.
  assert (\{ λ u, u ∈ ω /\ m ∈ n \} = ∅).
  { apply AxiomI; split; intros; elim (@ MKT16 z); auto.
    apply AxiomII in H20 as [H20[]]. contradiction. }
  rewrite H20 in H18. contradiction.
Qed.

(* φ 对加法保持 *)

Corollary φ_PrPlus : ∀ F0 m n, Arithmetical_ultraFilter F0
  -> m ∈ ω -> n ∈ ω -> φ[m + n] = φ[m] +_{F0} φ[n].
Proof.
  intros. assert (∀ m, m ∈ ω -> φ[m] = F m).
  { intros. destruct φ_is_Function as [H4[]]. rewrite <-H3 in H2.
    destruct H4. apply Property_Value in H2; auto.
    apply AxiomII' in H2; tauto. }
  assert (∀ m, m ∈ ω -> (Const m)⟨F0⟩ = F m).
  { intros. destruct H. apply F_Constn_Fn; auto. }
  assert (∀ m n, m ∈ ω -> n ∈ ω -> (Const m)[n] = m) as Ha.
  { intros. pose proof H4. apply Constn_is_Function in H4 as [H4[]].
    rewrite <-H7 in H5. apply Property_Value,Property_ran in H5;
    auto. rewrite H8 in H5. apply MKT41 in H5; eauto. }
  rewrite H2,H2,H2; try apply ω_Plus_in_ω; auto.
  rewrite <-(H3 m),<-(H3 n); auto. pose proof H0; pose proof H1.
  apply Constn_is_Function in H4 as [H4[]].
  apply Constn_is_Function in H5 as [H5[]].
  rewrite N'_Plus_Corollary; auto. all:swap 1 2.
  unfold Included; intros. rewrite H7 in H10.
  apply MKT41 in H10; eauto. rewrite H10; auto. all:swap 1 2.
  unfold Included; intros. rewrite H9 in H10.
  apply MKT41 in H10; eauto. rewrite H10; auto.
  assert (((Const m) + (Const n))%fu = (Const (m + n))).
  { apply AxiomI; split; intros.
    - apply AxiomII in H10 as [H10[x[y[H11[]]]]].
      apply AxiomII; split; auto. exists x,y. repeat split; auto.
      rewrite Ha,Ha in H13; auto.
    - apply AxiomII in H10 as [H10[x[y[H11[]]]]].
      apply AxiomII; split; auto. exists x,y. repeat split; auto.
      rewrite Ha,Ha; auto. }
  rewrite H10. symmetry. apply H3,ω_Plus_in_ω; auto.
Qed.

(* φ 对乘法保持 *)
```

```
Corollary φ_PrMult : ∀ F0 m n, Arithmetical_ultraFilter F0
 -> m ∈ ω -> n ∈ ω -> φ[m · n] = φ[m] ·_F0 φ[n].
Proof.
  intros. assert (∀ m, m ∈ ω -> φ[m] = F m).
  { intros. destruct φ_is_Function as [H4[]]. rewrite <-H3 in H2.
    destruct H4. apply Property_Value in H2; auto.
    apply AxiomII' in H2; tauto. }
  assert (∀ m, m ∈ ω -> (Const m)⟨F0⟩ = F m).
  { intros. destruct H. apply F_Constn_Fn; auto. }
  assert (∀ m n, m ∈ ω -> n ∈ ω -> (Const m)[n] = m) as Ha.
  { intros. pose proof H4. apply Constn_is_Function in H4 as [H4[]].
    rewrite <-H7 in H5. apply Property_Value,Property_ran in H5;
    auto. rewrite H8 in H5. apply MKT41 in H5; eauto. }
  rewrite H2,H2,H2; try apply ω_Mult_in_ω; auto.
  rewrite <-(H3 m),<-(H3 n); auto. pose proof H0; pose proof H1.
  apply Constn_is_Function in H4 as [H4[]].
  apply Constn_is_Function in H5 as [H5[]].
  rewrite N'_Mult_Corollary; auto. all:swap 1 2.
  unfold Included; intros. rewrite H7 in H10.
  apply MKT41 in H10; eauto. rewrite H10; auto.
  all:swap 1 2. unfold Included; intros. rewrite H9 in H10.
  apply MKT41 in H10; eauto. rewrite H10; auto.
  assert ((((Const m) · (Const n))%fu = Const (m · n)).
  { apply AxiomI; split; intros.
    - apply AxiomII in H10 as [H10[x[y[H11[]]]]].
      apply AxiomII; split; auto. exists x,y.
      repeat split; auto. rewrite Ha,Ha in H13; auto.
    - apply AxiomII in H10 as [H10[x[y[H11[]]]]].
      apply AxiomII; split; auto. exists x,y.
      repeat split; auto. rewrite Ha,Ha; auto. }
  rewrite H10. symmetry. apply H3,ω_Mult_in_ω; auto.
Qed.
```

(* φ 对函数的复合取值保持 *)

```
Corollary φ_PrComposition : ∀ F0 m h, Arithmetical_ultraFilter F0
 -> m ∈ ω -> Function h -> dom(h) = ω -> ran(h) ⊂ ω -> φ[h[m]] = h⟨φ[m]⟩.
Proof.
  intros. assert (∀ m, m ∈ ω -> φ[m] = F m).
  { intros. destruct φ_is_Function as [H5[]]. rewrite <-H6 in H4.
    destruct H5. apply Property_Value in H4; auto.
    apply AxiomII' in H4; tauto. }
  assert (∀ m, m ∈ ω -> (Const m)⟨F0⟩ = F m).
  { intros. destruct H. apply F_Constn_Fn; auto. }
  assert (∀ m, m ∈ ω -> h[m] ∈ ω).
  { intros. rewrite <-H2 in H6. apply Property_Value,
    Property_ran in H6; auto. }
  rewrite H4,H4; auto. symmetry. apply FT6; auto.
Qed.
```

定理 3.27 表明 ω 和 $^*\mathbf{N_N}$ 在各自序和运算的定义下具有完全相同的结构, 因此 $^*\mathbf{N_N}$ 对 $^*\mathbf{N}$ 上定义的运算封闭.

(* $^*\mathbf{N_N}$ 对加法封闭 *)

```
Fact N'_N_Plus_in_N'_N : ∀ F0 u v, Arithmetical_ultraFilter F0
 -> u ∈ N'_N -> v ∈ N'_N -> (u +_F0 v) ∈ N'_N.
Proof.
```

```
intros. pose proof H0; pose proof H1.
apply (N'_N_Subset_N' F0) in H2;
apply (N'_N_Subset_N' F0) in H3; auto.
pose proof H. apply (N'_Plus_in_N' F0 u v) in H4; auto.
apply AxiomII; split; eauto. apply AxiomII in H0 as [H0[m[]]].
apply AxiomII in H1 as [H1[n[]]]. pose proof H5; pose proof H7.
apply Constn_is_Function in H9 as [H9[]].
apply Constn_is_Function in H10 as [H10[]].
pose proof H5; pose proof H7. pose proof H.
apply (F_Constn_Fn F0) in H15; apply (F_Constn_Fn F0) in H16;
destruct H17; auto. clear H18. exists (m + n).
assert (ran(Const m) ⊂ ω /\ ran(Const n) ⊂ ω) as [].
{ rewrite H12,H14. split; unfold Included; intros;
  apply MKT41 in H18; eauto; rewrite H18; auto. }
assert ((m + n) ∈ ω). { apply ω_Plus_in_ω; auto. }
pose proof H20. apply Constn_is_Function in H21 as [H21[]].
pose proof H20. apply (F_Constn_Fn F0) in H24; auto.
assert (ran(Const (m + n)) ⊂ ω).
{ rewrite H23. unfold Included; intros.
  apply MKT41 in H25; eauto. rewrite H25; auto. }
split; auto. rewrite <-H24,H6,H8,<-H15,<-H16,N'_Plus_Corollary;
auto. pose proof H9. apply (Function_Plus_Corollary1 _ (Const n))
in H26 as [H26[]]; auto.
assert (((Const m) + (Const n))%fu = Const (m + n)).
{ apply MKT71; auto. intros. destruct (classic (x ∈ ω)).
  - rewrite Function_Plus_Corollary2; auto.
    pose proof H29. pose proof H29. rewrite <-H11 in H29.
    rewrite <-H13 in H30. rewrite <-H22 in H31.
    apply Property_Value,Property_ran in H29;
    apply Property_Value,Property_ran in H30;
    apply Property_Value,Property_ran in H31; auto.
    rewrite H12 in H29. rewrite H14 in H30. rewrite H23 in H31.
    apply MKT41 in H29; apply MKT41 in H30; apply MKT41 in H31;
    eauto. rewrite H29,H30,H31; auto.
  - pose proof H29. rewrite <-H22 in H29. rewrite <-H27 in H30.
    apply MKT69a in H29; apply MKT69a in H30.
    rewrite H29,H30; auto. }
rewrite H29; auto.
Qed.
```

(* *N_N 对乘法封闭 *)

```
Fact N'_N_Mult_in_N'_N : ∀ F0 u v, Arithmetical_ultraFilter F0
  -> u ∈ N'_N -> v ∈ N'_N -> (u ·F0 v) ∈ N'_N.
Proof.
  intros. pose proof H0; pose proof H1.
  apply (N'_N_Subset_N' F0) in H2;
  apply (N'_N_Subset_N' F0) in H3; auto.
  pose proof H. apply (N'_Mult_in_N' F0 u v) in H4; auto.
  apply AxiomII; split; eauto. apply AxiomII in H0 as [H0[m[]]].
  apply AxiomII in H1 as [H1[n[]]]. pose proof H5; pose proof H7.
  apply Constn_is_Function in H9 as [H9[]].
  apply Constn_is_Function in H10 as [H10[]].
  pose proof H5; pose proof H7. pose proof H.
  apply (F_Constn_Fn F0) in H15; apply (F_Constn_Fn F0) in H16;
  destruct H17; auto. clear H18. exists (m · n).
  assert (ran(Const m) ⊂ ω /\ ran(Const n) ⊂ ω) as [].
  { rewrite H12,H14. split; unfold Included; intros;
    apply MKT41 in H18; eauto; rewrite H18; auto. }
```

```
assert ((m · n) ∈ ω). { apply ω_Mult_in_ω; auto. }
pose proof H20. apply Constn_is_Function in H21 as [H21[]].
pose proof H20. apply (F_Constn_Fn F0) in H24; auto.
assert (ran(Const (m · n)) ⊂ ω).
{ rewrite H23. unfold Included; intros.
  apply MKT41 in H25; eauto. rewrite H25; auto. }
split; auto. rewrite <-H24,H6,H8,<-H15,<-H16,N'_Mult_Corollary;
auto. pose proof H9. apply (Function_Mult_Corollary1 _ (Const n))
in H26 as [H26[]]; auto.
assert (((Const m) · (Const n))%fu = Const (m · n)).
{ apply MKT71; auto. intros. destruct (classic (x ∈ ω)).
  - rewrite Function_Mult_Corollary2; auto.
    pose proof H29. pose proof H29. rewrite <-H11 in H29.
    rewrite <-H13 in H30. rewrite <-H22 in H31.
    apply Property_Value,Property_ran in H29;
    apply Property_Value,Property_ran in H30;
    apply Property_Value,Property_ran in H31; auto.
    rewrite H12 in H29. rewrite H14 in H30. rewrite H23 in H31.
    apply MKT41 in H29; apply MKT41 in H30; apply MKT41 in H31;
    eauto. rewrite H29,H30,H31; auto.
  - pose proof H29. rewrite <-H22 in H29. rewrite <-H27 in H30.
    apply MKT69a in H29; apply MKT69a in H30.
    rewrite H29,H30; auto. }
rewrite H29; auto.
Qed.
```

下面的定理表明, 当 *N 由非主算术超滤生成时, *N_N 真包含在 *N 中.

定理 3.28　设 *N 由算术超滤 F0 生成, 当 F0 是主超滤时, *N = *N_N; 而当 F0 是非主算术超滤时, *N_N ⊊ *N.

```
Theorem N'_Fn_Equ_N'_N : ∀ n, n ∈ ω -> N' (F n) = N'_N.
Proof.
  intros. apply AxiomI; split; intros.
  - apply AxiomII in H0 as [H0[f[H1[H2[]]]]].
    apply AxiomII; split; auto. rewrite FT6 in H4; auto.
    exists (f[n]). split; auto. rewrite <-H2 in H.
    apply Property_Value,Property_ran in H; auto.
  - apply AxiomII in H0 as [H0[m[]]]. apply AxiomII; split; auto.
    set (f := \{\ λ u v, u ∈ ω /\ v = m \}\). exists f.
    assert (Function f).
    { split; intros. unfold Relation; intros.
      apply AxiomII in H3 as [H3[x[y[]]]]; eauto.
      apply AxiomII' in H3 as [H3[]].
      apply AxiomII' in H4 as [H4[]]. rewrite H6,H8; auto. }
    assert (dom(f) = ω).
    { apply AxiomI; split; intros. apply AxiomII in H4 as [H4[]].
      apply AxiomII' in H5; tauto. apply AxiomII; split; eauto.
      exists m. apply AxiomII'; split; auto. apply MKT49a; eauto. }
    assert (ran(f) ⊂ ω).
    { unfold Included; intros. apply AxiomII in H5 as [H5[]].
      apply AxiomII' in H6 as [H6[]]. rewrite H8; auto. }
    split; auto. repeat split; auto. rewrite H2; symmetry.
    apply FT7; auto. apply Fn_Corollary2 in H.
    apply AxiomII; split; auto. apply Filter_is_Set.
    destruct H; auto. intros. rewrite <-H4 in H6.
    apply Property_Value in H6; auto. apply AxiomII' in H6; tauto.
Qed.
```

```
Theorem N'_N_properSubset_N' : ∀ F0, Arithmetical_ultraFilter F0
 -> (∀ n, F0 <> F n) -> N'_N ⊂ (N' F0) /\ N'_N <> (N' F0).
Proof.
 split.
 - unfold Included; intros. apply AxiomII in H1 as [H1[m[]]].
   apply (Fn_in_N' _ F0) in H2. rewrite H3; auto. destruct H; auto.
 - intro. set (f := \{\ λ u v, u ∈ ω /\ v = u \}\).
   assert (Function f).
   { split; intros. unfold Relation; intros. apply AxiomII in H2
     as [H2[x[y[]]]]; eauto. apply AxiomII' in H2 as [H2[]].
     apply AxiomII' in H3 as [H3[]]. rewrite H5,H7; auto. }
   assert (dom(f) = ω).
   { apply AxiomI; split; intros. apply AxiomII in H3 as [H3[]].
     apply AxiomII' in H4; tauto. apply AxiomII; split; eauto.
     exists z. apply AxiomII'; split; auto. apply MKT49a; eauto. }
   assert (ran(f) ⊂ ω).
   { unfold Included; intros. apply AxiomII in H4 as [H4[]].
     apply AxiomII' in H5 as [H5[]]. rewrite H7; auto. }
   assert (f⟨F0⟩ = F0).
   { assert (∀ z, z ⊂ ω -> f⁻¹⌈z⌉ = z).
     { intros. apply AxiomI; split; intros.
       apply AxiomII in H6 as [H6[]].
       apply Property_Value,AxiomII' in H7 as [H7[]]; auto.
       rewrite < II10; auto. apply AxiomII; split; eauto.
       pose proof H6. apply H5 in H6. rewrite <-H3 in H6.
       split; auto. apply Property_Value,AxiomII'
       in H6 as [H6[]]; auto. rewrite H9; auto. }
     apply AxiomI; split; intros.
     - apply AxiomII in H6 as [H6[]]. rewrite <-(H5 z); auto.
     - apply AxiomII; split; eauto. destruct H.
       apply AxiomII in H as [H[[]]]. pose proof H6.
       apply H8,AxiomII in H6 as []. split; auto.
       rewrite H5; auto. }
   assert (F0 ∈ (N' F0)).
   { destruct H. apply AxiomII; split; eauto. }
   rewrite <-H1 in H6. apply AxiomII in H6 as [H6[m[]]].
   elim (H0 m); auto.
Qed.
```

定理 3.28 表明只有非主算术超滤才能对 ω 有实质性的扩张. 可以看到, 这种扩张后的 *N 引进了 "无穷大数", 即可将通常的标准数集扩张为一种非标准数集.

定理 3.29 对于非主算术超滤生成的 *N, 记 *$\mathbf{N_N}$ 相对于 *N 的余集为

$$\mathbf{N}_\infty = {}^*\mathbf{N} \sim {}^*\mathbf{N_N},$$

则

$$\forall t \in \mathbf{N}_\infty, \ \forall F_n \in {}^*\mathbf{N_N} \implies F_n < t.$$

```
Definition N∞ F0 := (N' F0) ~ N'_N.

Lemma FT12_Lemma1 : ∀ x y, Finite x -> x ≈ y -> Finite y.
Proof.
 intros. apply MKT154 in H0. unfold Finite in *.
 rewrite H0 in H; auto. apply Property_Finite in H; auto.
```

```
destruct H0 as [f[[][]]]. pose proof H.
apply Property_Finite in H5. rewrite <-H3 in H5.
apply AxiomV in H5; auto. rewrite <-H4; auto.
Qed.
```

Lemma **FT12_Lemma2** : $\forall$ n f, n $\in$ ω -> Function f -> dom(f) = n -> Finite (ran(f)).
Proof.

```
  intros. set (A x := \{ λ u, [u,x] ∈ f \}).
  assert (∀ x, x ∈ ran(f) -> A x <> 0).
  { intros. apply AxiomII in H2 as [H2[]].
    assert (x0 ∈ (A x)).
    { apply AxiomII; split; auto.
      apply Property_dom in H3. eauto. }
    intro. rewrite H5 in H4. elim (@ MKT16 x0); auto. }
  assert (∀ x, (A x) ⊂ n).
  { unfold Included; intros. apply AxiomII in H3 as [].
    apply Property_dom in H4. rewrite <-H1; auto. }
  assert (∀ x, x ∈ ran(f) -> ∃ a, FirstMember a E (A x)).
  { intros. assert (WellOrdered E n).
    { pose proof MKT138. apply AxiomII in H5 as [].
      apply (wosub ω). apply MKT107; auto. destruct H6.
      apply H7; auto. }
    assert (WellOrdered E (A x)) as []. { apply (wosub n); auto. }
    apply H7; [unfold Included|apply H2]; auto. }
  set (B := \{ λ u, ∃ x, [u,x] ∈ f /\ FirstMember u E (A x) \}).
  set (h := \{\ λ u v, u ∈ B /\ v = f[u] \}\).
  assert (Function1_1 h).
  { repeat split; unfold Relation; intros.
    - apply AxiomII in H5 as [_[x[y[]]]]; eauto.
    - apply AxiomII' in H5 as [_[]].
      apply AxiomII' in H6 as [_[]]. rewrite H7,H8; auto.
    - apply AxiomII in H5 as [_[x[y[]]]]; eauto.
    - apply AxiomII' in H5 as [_]. apply AxiomII' in H6 as [_].
      apply AxiomII' in H5 as [_[]]. apply AxiomII' in H6 as [_[]].
      apply AxiomII in H5 as [_[z1[H5[]]]].
      apply AxiomII in H6 as [_[z2[H6[]]]].
      pose proof H5; pose proof H6.
      apply Property_dom,Property_Value in H13;
      apply Property_dom,Property_Value in H14; auto.
      assert (z1 = f[y] /\ z2 = f[z]) as [].
      { destruct H0. split; [apply (H15 y)|apply (H15 z)]; auto. }
      assert (z1 = z2). { rewrite H15,H16,<-H7,<-H8; auto. }
      apply Property_dom in H5; apply Property_dom in H6.
      rewrite H1 in H5,H6. pose proof MKT138. apply AxiomII
      in H18 as [_[]]. apply H19 in H. apply H in H5; apply H in H6.
      assert (Ordinal y /\ Ordinal z) as [].
      { apply AxiomII in H5 as [_[]].
        apply AxiomII in H6 as [_[]]; auto. }
      apply (@ MKT110 y z) in H20 as [|[]]; auto; clear H21.
      rewrite <-H17 in H12. apply H12 in H9. elim H9.
      apply AxiomII'; split; auto. apply MKT49a; eauto.
      rewrite H17 in H10. apply H10 in H11. elim H11.
      apply AxiomII'; split; auto. apply MKT49a; eauto. }
  assert (B ⊂ dom(f)).
  { unfold Included; intros. apply AxiomII in H6 as [_[x[]]].
    apply Property_dom in H6; auto. }
  assert (dom(h) = B /\ ran(h) = ran(f)) as [].
  { split; apply AxiomI; split; intros.
    - apply AxiomII in H7 as [_[]]. apply AxiomII' in H7; tauto.
```

```
  - apply AxiomII; split; eauto. exists (f[z]).
    apply AxiomII'; split; auto. apply MKT49a; eauto.
    apply H6 in H7.
    apply Property_Value,Property_ran in H7; eauto.
  - apply AxiomII in H7 as [_[]]. apply AxiomII' in H7 as [H7[]].
    rewrite H9. apply H6 in H8.
    apply Property_Value,Property_ran in H8; auto.
  - apply AxiomII; split; eauto. pose proof H7.
    apply H4 in H7 as [a]. exists a.
    apply AxiomII'; repeat split. destruct H7.
    apply MKT49a; eauto. destruct H7. apply AxiomII; split; eauto.
    exists z. repeat split; auto. apply AxiomII in H7; tauto.
    destruct H7. apply AxiomII in H7 as [_]. pose proof H7.
    apply Property_dom,Property_Value in H10; auto.
    destruct H0. apply (H11 a); auto. }
  assert (B ≈ ran(f)). { exists h; auto. }
  apply (FT12_Lemma1 B); auto. apply (@ finsub dom(f)); auto.
  rewrite H1. unfold Finite. pose proof H. apply MKT164,MKT156
  in H10 as []. rewrite H11; auto.
Qed.

Theorem FT12 : ∀F0 t n, Arithmetical_ultraFilter F0
  -> (∀ m, F0 <> F m) -> t ∈ (N∞ F0) -> n ∈ ω -> (F n) <_F0 t.
Proof.
  intros. pose proof H2.
  apply (F_Constn_Fn F0) in H2; [ |destruct H]; auto.
  pose proof H3. eapply Fn_in_N' in H3; [ |destruct H]; eauto.
  pose proof H4. apply Constn_is_Function in H4 as [H4[]].
  assert (ran(Const n) ⊂ ω).
  { unfold Included; intros. rewrite H7 in H8.
    apply MKT41 in H8; eauto. rewrite H8; auto. }
  assert (∀ m, m ∈ ω -> (Const n)[m] = n).
  { intros. rewrite <-H6 in H9. apply Property_Value in H9; auto.
    apply AxiomII' in H9; tauto. }
  pose proof H1. apply MKT4' in H10 as [H10 _]. pose proof H10.
  apply AxiomII in H10 as [_[f[H10[H12[]]]]]. pose proof H1.
  apply MKT4' in H15 as [_]. apply AxiomII in H15 as [_].
  assert ((F n) ∈ (N' F0) /\ t ∈ (N' F0)) as []; auto.
  apply (N'_Ord_Connect _ H _ t) in H16 as [H16|[]]; auto;
  clear H17; rewrite <-H2,H14 in H16.
  - apply N'_Ord_Corollary in H16; auto.
    set (A x := \{ λ w, x ∈ ω /\ f[w] = x \}).
    set (B := ⋃(\{ λ w, ∃ u, u ∈ ω /\ u ∈ n /\ w = A u \})).
    assert (B = \{ λ w, f[w] ∈ ((Const n)[w]) \}).
    { apply AxiomI; split; intros.
      - apply AxiomII in H17 as [_[a]]].
        apply AxiomII in H18 as [H18[x[H19[]]]].
        rewrite H21 in H17. apply AxiomII in H17 as [H17[]].
        apply AxiomII; split; auto. rewrite H9,H23; auto.
        apply NNPP; intro. rewrite <-H12 in H24.
        apply MKT69a in H24. rewrite <-H23,H24 in H20.
        elim MKT39; eauto.
      - apply AxiomII in H17 as [].
        assert (z ∈ ω).
        { apply NNPP; intro. rewrite <-H12 in H19.
          apply MKT69a in H19. rewrite H19 in H18.
          elim MKT39; eauto. }
        rewrite H9 in H18; auto. apply AxiomII; split; auto.
        assert (f[z] ∈ ω).
```

```
    { pose proof MKT138. apply AxiomII in H20 as [_[]].
      apply H21 in H5. apply H5; auto. }
    exists (A (f[z])). split. apply AxiomII; auto.
    assert (Ensemble (A f[z])).
    { apply (MKT33 ω). pose proof MKT138; eauto.
      unfold Included; intros. apply AxiomII in H21 as [_[]].
      apply NNPP; intro. rewrite <-H12 in H23.
      apply MKT69a in H23. rewrite <-H22,H23 in H18.
      elim MKT39; eauto. }
    apply AxiomII; split; eauto. }
set (h := \{\ λ u v, u ∈ n /\ v = A u \}\).
assert (Function h).
{ split; unfold Relation; intros.
  - apply AxiomII in H18 as [_[x[y[]]]]; eauto.
  - apply AxiomII' in H18 as [_[]].
    apply AxiomII' in H19 as [_[]]. rewrite H20,H21; auto. }
assert (∀ x, Ensemble x -> Ensemble (A x)).
{ intros. apply (MKT33 ω). pose proof MKT138; eauto.
  unfold Included; intros. apply AxiomII in H20 as [_[]].
  apply NNPP; intro. rewrite <-H12 in H22. apply MKT69a in H22.
  rewrite <-H21,H22 in H19. elim MKT39; auto. }
assert (dom(h) = n).
{ apply AxiomI; split; intros.
  - apply AxiomII in H20 as [_[]]. apply AxiomII' in H20; tauto.
  - apply AxiomII; split; eauto. exists (A z).
    apply AxiomII'; split; auto. apply MKT49a; eauto. }
assert (ran(h) = \{ λ w, ∃ u, u ∈ ω /\ u ∈ n /\ w = A u \}).
{ apply AxiomI; split; intros.
  - apply AxiomII in H21 as [H21[]].
    apply AxiomII' in H22 as [_[]].
    apply AxiomII; split; auto. exists x.
    split; auto. pose proof MKT138.
    apply AxiomII in H24 as [_[]]. eapply H25; eauto.
  - apply AxiomII in H21 as [H21[x[H22[]]]].
    apply AxiomII; split; auto. exists x.
    apply AxiomII'; split; auto. apply MKT49a; eauto. }
assert (Finite (\{ λ w, ∃ u, u ∈ ω /\ u ∈ n /\ w = A u \})).
{ rewrite <-H21. apply (FT12_Lemma2 n h); auto. }
apply (FT1_Corollary F0) in H22 as [D[]];[|destruct H;
apply AxiomII in H as [[]]|unfold B in H17; rewrite H17]; auto.
apply AxiomII in H22 as [H22[x[H24[]]]]. pose proof H24.
apply (FT8 F0 f x) in H27; auto; [|destruct H|]; auto.
rewrite H14,H27 in H15. elim H15.
apply Fn_in_N'_N; auto. exists D. split; intros; auto.
rewrite H26 in H28. apply AxiomII in H28; tauto.
- rewrite H14,<-H16,H2 in H15. elim H15.
  apply Fn_in_N'_N; auto.
Qed.
```

　　我们看到, $\mathbf{N}_\infty$ 的元素都是无穷大数, 即比任何非负整数 F_n 都大的数; 关于非负整数通常的运算, 它们与非负整数性质相同. *$\mathbf{N}$ 的形象是

$$0, 1, 2, \cdots, n, \cdots, \tau, \tau + 1, \cdots,$$

这里 $\tau \in \mathbf{N}_\infty$.

3.5 *N 扩张到 *Z

前面建立了含有 "无穷大数" 的非标准非负整数集 *N, 本节将 *N 扩张成为非标准整数集 *Z.

首先补充 "等价" 和 "分类" 的相关定义与性质.

3.5.1 等价关系与分类

定义 3.19(等价关系) 设 $R \subset a \times a$, R 若满足下面三个条件, 就叫做 a 上的等价关系:

1) $\forall x \in a$ 都有 xRx. (自反性)

2) $\forall x, y \in a$, 若 xRy, 则 yRx. (对称性)

3) $\forall x, y, z \in a$, 若 $xRy \wedge yRz$, 则 xRz. (传递性)

```
(** N'_to_Z' *)

Require Export arithmetical_ultrafilter.

Definition Reflexivity R a := ∀ x, x ∈ a -> Rrelation x R x.

Definition Symmetry R a := ∀ x y, x ∈ a -> y ∈ a
  -> Rrelation x R y -> Rrelation y R x.

Definition Transitivity R a := ∀ x y z, x ∈ a -> y ∈ a -> z ∈ a
  -> Rrelation x R y -> Rrelation y R z -> Rrelation x R z.

Definition equRelation R a := R ⊂ a × a
  /\ Reflexivity R a /\ Symmetry R a /\ Transitivity R a.
```

根据等价关系的定义显然有: 任意集 a 上的恒等关系 ($\{(x, x) : x \in a\}$) 是 a 上的等价关系. 在 Morse-Kelley 公理化集合论下, a 可以是任意一个类.

```
Example Example_equR : ∀ a, equRelation (\{\ λ u v, u ∈ a
  /\ v ∈ a /\ u = v \}\) a.
Proof.
  repeat split; intros.
  - unfold Included; intros. apply AxiomII in H
    as [H[x[y[H0[H1[]]]]]]. apply AxiomII; split; eauto.
  - unfold Reflexivity; intros. apply AxiomII'; repeat split; auto.
    apply MKT49a; eauto.
  - unfold Symmetry; intros. apply AxiomII' in H1 as [H1[H2[]]].
    apply AxiomII'; repeat split; auto.
    apply MKT49a; apply MKT49b in H1; tauto.
  - unfold Transitivity; intros. apply AxiomII' in H2 as [H2[H4[]]].
    apply AxiomII' in H3 as [H3[H7[]]].
    apply AxiomII'; repeat split; auto. apply MKT49b in H2 as [].
    apply MKT49b in H3 as []. apply MKT49a; auto.
    rewrite H6,H9; auto.
Qed.
```

定义 3.20(等价类)　　设 R 为 a 上的等价关系, 任取 $x \in a$, 则下面的类:

$$\{u : u \in a \land uRx\},$$

即所有与 x 满足 R 关系的元组成的类, 称为 a 上关于 R 的 x 的等价类.

```
Definition equClass x R a := \{ λ u, u ∈ a /\ Rrelation u R x \}.
```

定理 3.30　　设 R 为 a 上的等价关系, 任取 $x, y \in a$, xRy 当且仅当 x 的等价类和 y 的等价类相等.

```
Theorem equClassT1: ∀ R a x y, equRelation R a -> x ∈ a -> y ∈ a
 -> Rrelation x R y <-> equClass x R a = equClass y R a.
Proof.
  split; intros.
  - destruct H as [H[H3[]]]. apply AxiomI; split; intros; apply
    AxiomII in H6 as [H6[]]; apply AxiomII; repeat split; auto.
    + apply (H5 z x y); auto.
    + apply H4 in H2; auto. apply (H5 z y x); auto.
  - assert (x ∈ (equClass y R a)).
    { rewrite <-H2. apply AxiomII.
      destruct H as [H[H3[]]]. split; eauto. }
    apply AxiomII in H3; tauto.
Qed.
```

定理 3.31　　设 R 为 a 上的等价关系, 任取 $x, y \in a$, 如果 x 的等价类和 y 的等价类不相等, 那么这两个等价类的交为空集.

```
Theorem equClassT2 : ∀ R a x y, equRelation R a -> x ∈ a -> y ∈ a
 -> equClass x R a <> equClass y R a
 <-> (equClass x R a) ∩ (equClass y R a) = ∅.
Proof.
  split; intros.
  - apply NNPP; intro. apply NEexE in H3 as [z].
    apply MKT4' in H3 as []. apply AxiomII in H3 as [H3[]].
    apply AxiomII in H4 as [H4[]]. pose proof H as H'.
    destruct H as [H[H9[]]]. apply H10 in H6; auto.
    apply (H11 x z y),(equClassT1 R a x y) in H8; auto.
  - intro. rewrite H3,MKT5' in H2. elim (@ MKT16 y).
    rewrite <-H2. apply AxiomII. destruct H as [H[]].
    repeat split; eauto.
Qed.
```

定义 3.21(分类或剖分)　　集 a 的子集族为 P, 即 $P \subset 2^a$, 若满足

1) $\bigcup P = a$.

2) $\emptyset \notin P \land \forall b, c \in P, b \neq c \Longrightarrow b \cap c = \emptyset$,

则 P 叫做集 a 的分类或剖分.

```
Definition Partition P a := P ⊂ pow(a) /\ ∅ ∉ P /\ ⋃P = a
 /\ (∀ x y, x ∈ P -> y ∈ P -> x <> y -> x ∩ y = ∅).
```

定义 3.22(商集)　　R 为集 a 上的等价关系, 关于 R 的所有等价类组成的集记为

$$a/R = \{u : \exists x, x \in a \land u \text{是} x \text{关于} R \text{的等价类}\},$$

称为 a 关于 R 的商集.

```
Definition QuotientSet a R := \{ λ u, ∃ x, x ∈ a /\ u = equClass x R a \}.

Declare Scope ec_scope.
Delimit Scope ec_scope with ec.
Open Scope ec_scope.

Notation "a / R" := (QuotientSet a R) : ec_scope.
```

定理 3.32 a/R 是 a 的一个剖分.

```
Theorem equClassT3 : ∀ a R, Ensemble a -> equRelation R a -> Partition (a/R) a.
Proof.
  intros. pose proof H.
  destruct H0 as [H0[H2[]]]. repeat split; intros.
  - unfold Included; intros. apply AxiomII in H5 as [H5[x[]]].
    rewrite H7. apply AxiomII.
    assert ((equClass x R a) ⊂ a).
    { unfold Included; intros. apply AxiomII in H8; tauto. }
    split; auto. apply (MKT33 a); auto.
  - intro. apply AxiomII in H5 as [H5[x[]]]. elim (@ MKT16 x).
    rewrite H7. apply AxiomII; repeat split; eauto.
  - apply AxiomI; split; intros.
    + apply AxiomII in H5 as [H5[x[]]]. apply AxiomII in H7
      as [H7[x0[]]]. rewrite H9 in H6. apply AxiomII in H6; tauto.
    + apply AxiomII; split; eauto. exists (equClass z R a).
      split. apply AxiomII; repeat split; auto. apply
      AxiomII. split; eauto. apply (MKT33 a); auto. unfold
      Included; intros. apply AxiomII in H6; tauto.
  - apply AxiomII in H5 as [H5[x1[]]].
    apply AxiomII in H6 as [H6[x2[]]].
    rewrite H9 in *. rewrite H11 in *.
    apply equClassT2; repeat split; auto.
Qed.
```

3.5.2 *N × *N 的一个重要分类

从 *N 向 *Z 扩张的过程就是利用等价分类的思想, 对 *N 的笛卡儿乘积 *N × *N 进行剖分.

首先建立 *N × *N 上的一个等价关系.

对于由某一算术超滤 $F0$ 确定的 *N, 定义 *N × *N 上的一个关系如下:

$$R = \{((m,n),(p,q)) : m,n,p,q \in {}^{*}\mathbf{N} \land m+q = n+p\},$$

其中 $m+q = n+p$ 是 *N 上的加法.

```
Definition R_N' F0 := \{\ λ u v, ∃ m n p q, m ∈ (N' F0)
  /\ n ∈ (N' F0) /\ p ∈ (N' F0) /\ q ∈ (N' F0) /\ u = [m,n]
  /\ v = [p,q] /\ m +F0 q = n +F0 p \}\.
```

可以证明, R 为 *N × *N 上的等价关系.

```
Corollary R_N'_is_equRelation : ∀ F0, Arithmetical_ultraFilter F0
  -> equRelation (R_N' F0) (N' F0)×(N' F0).
Proof.
```

```
intros F0 H'. repeat split; intros.
- unfold Included; intros. apply AxiomII in H
  as [H[u[v[H0[m[n[p[q[H1[H2[H3[H4[H5[]]]]]]]]]]]]]].
  rewrite H0 in *. apply AxiomII'; split; auto.
  rewrite H5,H6. split; apply AxiomII'; split;
  try apply MKT49a; eauto.
- unfold Reflexivity; intros. apply AxiomII in H
  as [H[m[n[H0[]]]]]. apply AxiomII; split.
  apply MKT49a; auto. exists [m,n],[m,n].
  rewrite H0. split; auto. exists m,n,m,n.
  repeat split; auto. apply N'_Plus_Commutation; auto.
- unfold Symmetry; intros.
  apply AxiomII in H as [H[x0[y0[H2[]]]]].
  apply AxiomII in H0 as [H0[x1[y1[H5[]]]]]. rewrite H2,H5 in *.
  apply AxiomII' in H1
  as [H1[m[n[p[q[H8[H9[H10[H11[H12[]]]]]]]]]]].
  rewrite H12,H13 in *. apply AxiomII'; split.
  apply MKT49a; apply MKT49b in H1; tauto. exists p,q,m,n.
  repeat split; auto. rewrite N'_Plus_Commutation,
  (N'_Plus_Commutation F0 q); auto.
- unfold Transitivity; intros.
  apply AxiomII in H as [H[x0[y0[H4[]]]]].
  apply AxiomII in H0 as [H0[x1[y1[H7[]]]]].
  apply AxiomII in H1 as [H1[x2[y2[H10[]]]]].
  apply AxiomII' in H2
  as [H2[m0[n0[p0[q0[H13[H14[H15[H16[H17[]]]]]]]]]]].
  apply AxiomII' in H3
  as [H3[m1[n1[p1[q1[H20[H21[H22[H23[H24[]]]]]]]]]]].
  rewrite H4,H7,H10 in *. apply AxiomII'; split.
  apply MKT49a; auto. exists m0,n0,p1,q1. repeat split; auto.
  rewrite H18 in H24. apply MKT55 in H24 as []; eauto.
  rewrite H24,H27 in H19.
  assert ((m0 +_F0 n1) +_F0 (m1 +_F0 q1)
    = (n0 +_F0 m1) +_F0 (n1 +_F0 p1)).
  { rewrite H19,H26; auto. }
  rewrite (N'_Plus_Commutation F0 m0) in H28; auto. rewrite
  N'_Plus_Association in H28; try apply N'_Plus_in_N'; auto.
  rewrite (N'_Plus_Commutation F0 (n0 +_F0 m1)),
  (N'_Plus_Association F0 n1),(N'_Plus_Commutation F0 m0),
  (N'_Plus_Association F0 m1),<-(N'_Plus_Association F0 n1),
  (N'_Plus_Commutation F0 n0),(N'_Plus_Commutation F0 p1),
  <-(N'_Plus_Association F0 n1),<-(N'_Plus_Association F0 n1 _ _),
  (N'_Plus_Association F0 _ _ p1),(N'_Plus_Commutation F0 _ m0)
  in H28; try apply N'_Plus_in_N'; auto.
  apply N'_Plus_Cancellation in H28;
  try apply N'_Plus_in_N'; auto.
Qed.
```

将 u 关于 R 的等价类记为 $[u]$，显然有

$$\forall m,n,p,q \in {}^*\mathbf{N},\ [(m,n)] = [(p,q)] \iff m+q = n+p.$$

```
Declare Scope z'_scope.
Delimit Scope z'_scope with z'.
Open Scope z'_scope.

Notation "\[ u \]_F0 " := (equClass u (R_N' F0) (N' F0)×(N' F0))
  (at level 5, u at level 0, F0 at level 0) : z'_scope.
```

```
Corollary R_N'_Corollary : ∀ F0 m n p q, Arithmetical_ultraFilter F0
 -> m ∈ (N' F0) -> n ∈ (N' F0) -> p ∈ (N' F0) -> q ∈ (N' F0)
 -> \[[m,n]\]_F0 = \[[p,q]\]_F0 <-> m +_F0 q = n +_F0 p.
Proof.
 split; intros.
 - apply equClassT1 in H4; try apply R_N'_is_equRelation; auto.
   apply AxiomII' in H4
   as [H4[m0[n0[p0[q0[H5[H6[H7[H8[H9[]]]]]]]]]]].
   apply MKT55 in H9 as []; eauto. apply MKT55 in H10 as []; eauto.
   rewrite H9,H10,H12,H13; auto.
   apply AxiomII'; split; try apply MKT49a; eauto.
   apply AxiomII'; split; try apply MKT49a; eauto.
 - apply equClassT1; try apply R_N'_is_equRelation; auto;
   try apply AxiomII'; try split; try apply MKT49a;
   try apply MKT49a; eauto. exists p,q,m,n; repeat split; auto.
   rewrite N'_Plus_Commutation,(N'_Plus_Commutation F0 q); auto.
Qed.
```

*N × *N 在 R 下的商集就是 ***Z**:

$$*Z = (*N × *N)/R = \{u : u \text{ 是关于 } R \text{ 的等价类}\}.$$

```
Definition Z' F0 := (N' F0)×(N' F0) / (R_N' F0).
```

```
Corollary Z'_is_Set : ∀ F0, F0 ∈ βω -> Ensemble (Z' F0).
Proof.
 intros. apply (MKT33 (pow((N' F0)×(N' F0)))).
 apply MKT38a,MKT74; apply N'_is_Set; auto.
 unfold Included; intros. apply AxiomII in H0 as [H0[x[]]].
 apply AxiomII; split; auto. rewrite H2.
 unfold Included; intros. apply AxiomII in H3; tauto.
Qed.
```

```
Corollary Z'_Corollary1 : ∀ F0 u, Arithmetical_ultraFilter F0
 -> u ∈ (Z' F0) -> ∃ m n, m ∈ (N' F0) /\ n ∈ (N' F0) /\ u = \[[m,n]\]_F0.
Proof.
 intros. apply AxiomII in H0 as [H0[x[]]]. apply AxiomII in H1
 as [H1[m[n[H3[]]]]]. rewrite H3 in H2. eauto.
Qed.
```

```
Corollary Z'_Corollary2 : ∀ F0 m n, Arithmetical_ultraFilter F0
 -> m ∈ (N' F0) -> n ∈ (N' F0) -> \[[m,n]\]_F0 ∈ (Z' F0).
Proof.
 intros.
 assert (Ensemble (\[[m,n]\]_F0)).
 { apply (MKT33 ((N' F0)×(N' F0))).
   apply MKT74; apply N'_is_Set; destruct H; auto.
   unfold Included; intros. apply AxiomII in H2; tauto. }
 apply AxiomII; split; auto. exists ([m,n]). split; auto.
 apply AxiomII'; split; auto. apply MKT49a; eauto.
Qed.
```

对于某一算术超滤 $F0$ 确定的 ***Z**, $\forall u \in$ ***Z** 都可以找到 $m, n \in$ ***N** 使得 $u = [(m, n)]$. 策略 "inZ'" 可以为条件 $u \in$ ***Z** 中的 u 自动赋予指定的变量 m 和 n.

```
Ltac inZ' H m n := apply Z'_Corollary1 in H as [m[n[?[]]]]; auto.
```

*Z 中还有两个重要的特殊元素 *Z_0 和 *Z_1:

$$^*Z_0 = \{(u,v) : u,v \in {}^*\mathbf{N} \wedge u = v\} = [(F_0, F_0)],$$

$$^*Z_1 = \{(u,v) : u,v \in {}^*\mathbf{N} \wedge u = v + F_1\} = [(F_1, F_0)],$$

它们分别是 *$\mathbf{Z}$ 中的 0 元 (相对加法的单位元) 和 1 元 (相对乘法的单位元), 显然 *$Z_0 \neq {}^*Z_1$, 这里 F_0 和 F_1 分别是 0 和 1 对应的主超滤, 亦即是 *$\mathbf{N}$ 中的 0 元和 1 元.

```
Definition Z'0 F0 := \{\ λ u v, u ∈ (N' F0) /\ v ∈ (N' F0) /\ u = v \}\.

Definition Z'1 F0 := \{\ λ u v, v ∈ (N' F0) /\ u = v +_{F0} (F 1) \}\.

Corollary Z'0_Corollary : ∀ F0, Arithmetical_ultraFilter F0
  -> Z'0 F0 = \[[(F 0),(F 0)]\]_{F0}.
Proof.
  intros. assert ((F 0) ∈ (N' F0)).
  { destruct MKT135.
    eapply Fn_in_N' in H0; destruct H; eauto. }
  apply AxiomI; split; intros.
  - apply AxiomII in H1 as [H1[u[v[H2[H3[]]]]]]. rewrite H2,H5 in *.
    apply AxiomII; repeat split; try apply AxiomII'; try split;
    try apply MKT49a; try apply MKT49a; eauto.
    exists v,v,(F 0),(F 0). repeat split; auto.
  - apply AxiomII in H1 as [H1[]].
    apply AxiomII in H2 as [H2[x[y[H4[]]]]]. rewrite H4 in *.
    apply AxiomII' in H3
    as [H3[m[n[p[q[H7[H8[H9[H10[H11[]]]]]]]]]]]].
    apply MKT55 in H12 as []; try split; eauto.
    rewrite <-H12,<-H14 in H13. rewrite <-H12 in H9.
    rewrite (N'_Plus_Commutation F0 m),(N'_Plus_Commutation F0 n)
    in H13; auto. apply N'_Plus_Cancellation in H13; auto.
    apply MKT55 in H11 as []; try apply MKT49; eauto.
    rewrite H11,H15,H13. apply AxiomII'; split;
    try apply MKT49a; eauto.
Qed.

Corollary Z'0_in_Z' : ∀ F0, Arithmetical_ultraFilter F0 -> (Z'0 F0) ∈ (Z' F0).
Proof.
  intros. pose proof in_ω_0. rewrite Z'0_Corollary; auto.
  apply Z'_Corollary2; auto; apply Fn_in_N'; destruct H; auto.
Qed.

Global Hint Resolve Z'0_in_Z' : Z'.

Corollary Z'1_Corollary : ∀ F0, Arithmetical_ultraFilter F0 -> Z'1 F0 = \[[(F 1),(F 0)]\]_{F0}.
Proof.
  intros. assert ((F 0) ∈ (N' F0)).
  { destruct MKT135.
    eapply Fn_in_N' in H0; destruct H; eauto. }
```

```
assert ((F 1) ∈ (N' F0)) as H0a.
{ pose proof in_ω_1.
  eapply Fn_in_N' in H1; destruct H; eauto. }
apply AxiomI; split; intros.
- apply AxiomII in H1 as [H1[u[v[H2[]]]]]. rewrite H2,H4 in *.
  apply AxiomII; repeat split; try apply AxiomII'; try repeat
  split; auto. apply N'_Plus_in_N'; auto. apply MKT49a; auto.
  apply MKT49a; eauto. exists (v +_F0 (F 1)),v,(F 1),(F ∅).
  repeat split; auto. apply N'_Plus_in_N'; auto.
  apply N'_Plus_Property; try apply N'_Plus_in_N'; auto.
- apply AxiomII in H1 as [H1[]].
  apply AxiomII in H2 as [H2[x[y[H4[]]]]]. rewrite H4 in *.
  apply AxiomII' in H3
  as [H3[m[n[p[q[H7[H8[H9[H10[H11[]]]]]]]]]]].
  apply MKT55 in H12 as []; try split; eauto.
  rewrite <-H12,<-H14 in H13. rewrite N'_Plus_Property in H13;
  auto. apply MKT55 in H11 as []; try apply MKT49; eauto.
  rewrite H11,H15,H13. apply AxiomII'; split;
  try apply MKT49a; eauto. rewrite <-H13; eauto.
Qed.

Corollary Z'1_in_Z' : ∀ F0, Arithmetical_ultraFilter F0 -> (Z'1 F0) ∈ (Z' F0).
Proof.
  intros. pose proof in_ω_0. pose proof in_ω_1.
  rewrite Z'1_Corollary; auto. apply Z'_Corollary2;
  auto; apply Fn_in_N'; destruct H; auto.
Qed.

Global Hint Resolve Z'1_in_Z' : Z'.

Fact Z'0_isn't_Z'1 : ∀ F0, Arithmetical_ultraFilter F0 -> Z'0 F0 <> Z'1 F0.
Proof.
  intros; intro. pose proof in_ω_0; pose proof in_ω_1.
  eapply Fn_in_N' in H1; eapply Fn_in_N' in H2; destruct H; eauto.
  assert ([(F 1),(F 0)] ∈ (Z'0 F0)).
  { rewrite H0. apply AxiomII'; repeat split;
    try apply MKT49a; eauto.
    rewrite N'_Plus_Commutation,N'_Plus_Property; try split; auto. }
  apply AxiomII' in H as [H3[H4[]]]. elim N'0_isn't_N'1; auto.
Qed.

Fact Z'1_in_Z'_noZero : ∀ F0, Arithmetical_ultraFilter F0
  -> (Z'1 F0) ∈ ((Z' F0) ∼ [Z'0 F0]).
Proof.
  intros. pose proof H. apply Z'1_in_Z' in H0.
  apply MKT4'; split; auto. apply AxiomII; split; eauto.
  intro. apply MKT41 in H1. elim (Z'0_isn't_Z'1 F0); auto.
  apply Z'0_in_Z' in H; eauto.
Qed.

Global Hint Resolve Z'1_in_Z'_noZero : Z'.
```

图 3.2 是 *N × *N 通过等价关系 R 进行分类得到 *Z 的示意图.

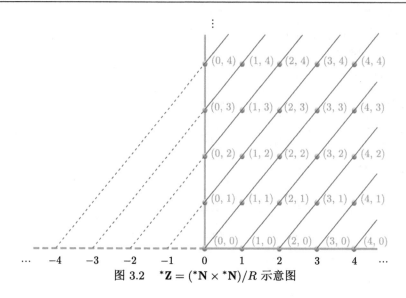

图 3.2　$^{*}\mathbf{Z} = (^{*}\mathbf{N} \times {^{*}}\mathbf{N})/R$ 示意图

3.5.3 $^{*}\mathbf{Z}$ 上的序

定理 3.33 (定义 3.23)$(^{*}\mathbf{Z}$ 上的序)　设 $^{*}\mathbf{N}$ 和 $^{*}\mathbf{Z}$ 由算术超滤 $F0$ 生成，$u, v \in {^{*}}\mathbf{Z}$ 且 $u = [(m, n)], v = [(p, q)](m, n, p, q \in {^{*}}\mathbf{N})$，则 u 和 v 的序关系可定义如下：

$$u < v \iff [(m, n)] < [(p, q)] \iff m + q < n + p,$$

其中 $m + q < n + p$ 是 $^{*}\mathbf{N}$ 上的序关系和加法.

这种序关系的定义是合理的. 首先，$\forall m, m_1, n, n_1, p, p_1, q, q_1 \in {^{*}}\mathbf{Z}$，若

$$u = [(m, n)] = [(m_1, n_1)], \quad v = [(p, q)] = [(p_1, q_1)],$$

则有

$$u < v \iff m + q < n + p \iff m_1 + q_1 < n_1 + p_1,$$

即按上述定义，$^{*}\mathbf{Z}$ 上的序关系与等价类代表的选取无关.

```
Definition Z'_Ord F0 := \{\ λ u v, ∀ m n p q, m ∈ (N' F0)
 -> n ∈ (N' F0) -> p ∈ (N' F0) -> q ∈ (N' F0)
 -> u = \[[m,n]\]_{F0} -> v = \[[p,q]\]_{F0} -> (m +_{F0} q) <_{F0} (n +_{F0} p) \}\.

Notation "u <_{F0} v" := (Rrelation u (Z'_Ord F0) v)(at level 10, F0 at level 9) : z'_scope.

(* 合理性：序关系与等价类代表的选取无关 *)

Corollary Z'_Ord_reasonable :
 ∀ F0 m n p q m1 n1 p1 q1, Arithmetical_ultraFilter F0
 -> m ∈ (N' F0) -> n ∈ (N' F0) -> p ∈ (N' F0) -> q ∈ (N' F0)
 -> m1 ∈ (N' F0) -> n1 ∈ (N' F0) -> p1 ∈ (N' F0) -> q1 ∈ (N' F0)
```

```
    -> \[[m,n]\]_{F0} = \[[m1,n1]\]_{F0} -> \[[p,q]\]_{F0} = \[[p1,q1]\]_{F0}
    -> ((m +_{F0} q) <_{F0} (n +_{F0} p) <-> (m1 +_{F0} q1) <_{F0} (n1 +_{F0} p1))%n'.
Proof.
 Open Scope n'_scope.
 intros. apply R_N'_Corollary in H8;
 apply R_N'_Corollary in H9; auto.
 assert ((m +_{F0} q) +_{F0} (n1 +_{F0} p1)
   = (n +_{F0} p) +_{F0} (m1 +_{F0} q1)).
 { rewrite N'_Plus_Association,N'_Plus_Association,
   <-(N'_Plus_Association F0 q),<-(N'_Plus_Association F0 p),
   (N'_Plus_Commutation F0 q),(N'_Plus_Commutation F0 p),
   N'_Plus_Association,N'_Plus_Association,
   <-(N'_Plus_Association F0 m),
   <-(N'_Plus_Association F0 n),H8,H9;
   try apply N'_Plus_in_N'; auto. }
 split; intros.
 - assert (((n +_{F0} p) +_{F0} (m1 +_{F0} q1))
     <_{F0} ((n +_{F0} p) +_{F0} (n1 +_{F0} p1))).
   { rewrite <-H10,N'_Plus_Commutation,
     (N'_Plus_Commutation F0 (n +_{F0} p));
     try apply N'_Plus_PrOrder; try apply N'_Plus_in_N'; auto. }
   apply N'_Plus_PrOrder in H12; try apply N'_Plus_in_N'; auto.
 - assert (((m +_{F0} q) +_{F0} (m1 +_{F0} q1))
     <_{F0} ((n +_{F0} p) +_{F0} (m1 +_{F0} q1))).
   { rewrite <-H10; try apply N'_Plus_PrOrder;
     try apply N'_Plus_in_N'; auto. }
   rewrite N'_Plus_Commutation,
   (N'_Plus_Commutation F0 (n +_{F0} p)) in H12;
   try apply N'_Plus_PrOrder in H12; try apply N'_Plus_in_N'; auto.
 Close Scope n'_scope.
Qed.

(* [(m,n)] < [(p,q)] <-> m + q < n + p *)

Corollary Z'_Ord_Corollary :
 ∀ F0 m n p q, Arithmetical_ultraFilter F0
 -> m ∈ (N' F0) -> n ∈ (N' F0) -> p ∈ (N' F0) -> q ∈ (N' F0)
 -> \[[m,n]\]_{F0} <_{F0} \[[p,q]\]_{F0} <-> ((m +_{F0} q) <_{F0} (n +_{F0} p))%n'.
Proof.
 Open Scope n'_scope.
 split; intros.
 - apply AxiomII' in H4 as []. apply H5; auto.
 - apply AxiomII'; split. apply MKT49a;
   apply (MKT33 (N' F0)×(N' F0)); try apply MKT74;
   try split; try apply N'_is_Set; auto;
   unfold Included; intros; apply AxiomII in H6; tauto.
   intros. apply R_N'_Corollary in H9;
   apply R_N'_Corollary in H10; auto.
   assert (((n +_{F0} m0) +_{F0} ((p +_{F0} q0) +_{F0} (m +_{F0} q)))
     <_{F0} ((m +_{F0} n0) +_{F0} ((q +_{F0} p0) +_{F0} (n +_{F0} p)))).
   { rewrite H9,H10.
     apply N'_Plus_PrOrder; try apply N'_Plus_in_N';
     try apply N'_Plus_in_N'; auto.
     apply N'_Plus_PrOrder; try apply N'_Plus_in_N';
     try apply N'_Plus_in_N'; auto. }
   rewrite (N'_Plus_Commutation F0 n),
   (N'_Plus_Commutation F0 m n0),(N'_Plus_Commutation F0 p),
   (N'_Plus_Commutation F0 q),N'_Plus_Association,
   (N'_Plus_Association F0 n0),<-(N'_Plus_Association F0 n),
```

```
        <-(N'_Plus_Association F0 n),<-(N'_Plus_Association F0 m),
        <-(N'_Plus_Association F0 m),(N'_Plus_Commutation F0 n q0),
        (N'_Plus_Commutation F0 m p0),(N'_Plus_Association F0 q0),
        (N'_Plus_Association F0 q0),<-(N'_Plus_Association F0 m0),
        (N'_Plus_Association F0 p0),(N'_Plus_Association F0 p0),
        <-(N'_Plus_Association F0 n0),
        (N'_Plus_Commutation F0 (n0 +F0 p0)),
        N'_Plus_Commutation,(N'_Plus_Commutation F0 n p),
        (N'_Plus_Commutation F0 (p +F0 n)) in H11;
      try apply N'_Plus_in_N'; try apply N'_Plus_in_N'; auto.
      apply N'_Plus_PrOrder in H11; try apply N'_Plus_in_N';
      try apply N'_Plus_in_N'; auto.
    Close Scope n'_scope.
Qed.
```

下面证明按上述定义的 *Z 上的关系满足序的性质. 设 $u, v, w \in$ *Z, 则有

1) $^*Z_0 < {}^*Z_1$.

2) 反自反性: $\sim u < u$.

3) 传递性: $u < v \wedge v < w \implies u < w$.

4) 三分律: $u < v \ \vee \ v < u \ \vee \ u = v$.

```
(* *Z0 < *Z1 *)

Fact Z'0_lt_Z'1 : ∀ F0, Arithmetical_ultraFilter F0 -> (Z'0 F0) <F0 (Z'1 F0).
Proof.
  intros.
  assert ((Z'0 F0) ∈ (Z' F0) /\ (Z'1 F0) ∈ (Z' F0)) as [].
  { split. apply Z'0_in_Z'; auto. apply Z'1_in_Z'; auto. }
  rewrite Z'0_Corollary,Z'1_Corollary; auto.
  pose proof in_ω_0; pose proof in_ω_1.
  apply (Fn_in_N' _ F0) in H2; [ |destruct H]; auto.
  apply (Fn_in_N' _ F0) in H3; [ |destruct H]; auto.
  apply Z'_Ord_Corollary; auto.
  rewrite N'_Plus_Property,N'_Plus_Commutation,N'_Plus_Property;
  auto. apply N'0_lt_N'1; auto.
Qed.

Global Hint Resolve Z'0_lt_Z'1 : Z'.

(* 反自反性 *)

Fact Z'_Ord_irReflex : ∀ F0 u v, Arithmetical_ultraFilter F0
  -> u ∈ (Z' F0) -> v ∈ (Z' F0) -> u = v -> ∼ u <F0 v.
Proof.
  Open Scope n'_scope.
  intros. apply AxiomII in H0 as [H0[x[]]].
  apply AxiomII in H3 as [H3[m[n[H5[]]]]].
  apply AxiomII in H1 as [H1[y[]]].
  apply AxiomII in H8 as [H8[p[q[H10[]]]]].
  rewrite H4,H9,H5,H10 in *. apply R_N'_Corollary in H2; auto.
  intro. apply Z'_Ord_Corollary in H13; auto. rewrite H2 in H13.
  elim (N'_Ord_irReflex_weak F0 (n +F0 p));
  try apply N'_Plus_in_N'; auto. destruct H; auto.
  Close Scope n'_scope.
Qed.
```

(* 传递性 *)

```
Fact Z'_Ord_Trans : ∀ F0 u v w, Arithmetical_ultraFilter F0
  -> u ∈ (Z' F0) -> v ∈ (Z' F0) -> w ∈ (Z' F0) -> u <_F0 v -> v <_F0 w -> u <_F0 w.
Proof.
  Open Scope n'_scope.
  intros. apply AxiomII in H0 as [H0[x[]]].
  apply AxiomII in H5 as [H5[m[n[H7[]]]]].
  apply AxiomII in H1 as [H1[y[]]].
  apply AxiomII in H10 as [H10[p[q[H12[]]]]].
  apply AxiomII in H2 as [H2[z[]]].
  apply AxiomII in H15 as [H15[j[k[H17[]]]]].
  rewrite H6,H11,H16,H7,H12,H17 in *.
  apply Z'_Ord_Corollary in H3; auto.
  apply Z'_Ord_Corollary in H4; auto. apply Z'_Ord_Corollary; auto.
  assert (∀ a b c d, a ∈ (N' F0) -> b ∈ (N' F0) -> c ∈ (N' F0)
    -> d ∈ (N' F0) -> a <_F0 b -> c <_F0 d
    -> (a +_F0 c) <_F0 (b +_F0 d)).
  { intros. assert ((a +_F0 d) <_F0 (b +_F0 d)).
    { rewrite N'_Plus_Commutation,(N'_Plus_Commutation F0 b); auto.
      apply N'_Plus_PrOrder; auto. }
    assert ((a +_F0 c) <_F0 (a +_F0 d)).
    { apply N'_Plus_PrOrder; auto. }
    apply (N'_Ord_Trans F0 _ (a +_F0 d));
    try apply N'_Plus_in_N'; auto; destruct H; auto. }
  apply (H20 (m +_F0 q) (n +_F0 p)) in H4;
  try apply N'_Plus_in_N'; auto. clear H20.
  rewrite N'_Plus_Association,N'_Plus_Association,
  <-(N'_Plus_Association F0 q),<-(N'_Plus_Association F0 p),
  (N'_Plus_Commutation F0 q),<-(N'_Plus_Association F0 m),
  <-(N'_Plus_Association F0 n),(N'_Plus_Commutation F0 m),
  (N'_Plus_Commutation F0 n),(N'_Plus_Association F0 _ _ k),
  (N'_Plus_Association F0 _ _ j) in H4;
  try apply N'_Plus_in_N'; auto.
  apply N'_Plus_PrOrder in H4; try apply N'_Plus_in_N'; auto.
  Close Scope n'_scope.
Qed.
```

(* 三分律 *)

```
Fact Z'_Ord_Connect : ∀ F0, Arithmetical_ultraFilter F0
  -> Connect (Z'_Ord F0) (Z' F0).
Proof.
  Open Scope n'_scope.
  intros. unfold Connect; intros. apply AxiomII in H0 as [H0[x[]]].
  apply AxiomII in H2 as [H2[m[n[H4[]]]]].
  apply AxiomII in H1 as [H1[y[]]].
  apply AxiomII in H7 as [H7[p[q[H9[]]]]].
  rewrite H3,H8,H4,H9 in *.
  assert ((m +_F0 q) ∈ (N' F0) /\ (n +_F0 p) ∈ (N' F0)) as [].
  { split; apply N'_Plus_in_N'; auto. }
  apply (N'_Ord_Connect F0 H _ (n +_F0 p)) in H12; auto;
  clear H13. destruct H12 as [H12|[|]];
  [left|right; left|right; right]; try apply Z'_Ord_Corollary;
  try apply R_N'_Corollary; auto.
  rewrite N'_Plus_Commutation,(N'_Plus_Commutation F0 q); auto.
  Close Scope n'_scope.
Qed.
```

3.5.4　*Z 上的运算

定理 3.34 (定义 3.24)(*Z 上的加法)　设 ***N** 和 ***Z** 由算术超滤 $F0$ 生成, $u, v \in$ ***Z** 并且 $u = [(m,n)], v = [(p,q)](m,n,p,q \in$ ***N**), 则 u 和 v 相加的结果定义如下:

$$u + v = [(m,n)] + [(p,q)] = [(m+p, \ n+q)].$$

其中 $m+p$ 和 $n+q$ 是 ***N** 上的加法.

这种加法定义是合理的. $\forall m, m_1, n, n_1, p, p_1, q, q_1 \in$ ***Z**, 若

$$u = [(m,n)] = [(m_1,n_1)], \quad v = [(p,q)] = [(p_1,q_1)],$$

则 $u+v$ 有唯一结果:

$$u + v = [(m,n)]_{F0} + [(p,q)]_{F0} = [(m_1,n_1)]_{F0} + [(p_1,q_1)]_{F0},$$

即按上述定义, ***Z** 上加法的结果唯一且与等价类代表的选取无关.

```
Definition Z'_Plus F0 u v := ⋂(\{ λ a, ∀ m n p q, m ∈ (N' F0)
 -> n ∈ (N' F0) -> p ∈ (N' F0) -> q ∈ (N' F0)
 -> u = \[[m,n]\]_{F0} -> v = \[[p,q]\]_{F0}
 -> a = \[[(m +_{F0} p)%n',(n +_{F0} q)%n']\]_{F0} \}).
```

```
Notation "u +_{F0} v" := (Z'_Plus F0 u v)(at level 10, F0 at level 9) : z'_scope.
```

```
(* 合理性：加法的结果唯一且与等价类代表的选取无关 *)
```

```
Corollary Z'_Plus_reasonable : ∀ F0 u v, Arithmetical_ultraFilter F0
 -> u ∈ (Z' F0) -> v ∈ (Z' F0) -> ∃ a, a ∈ (Z' F0) /\ [a]
   = \{ λ a, ∀ m n p q, m ∈ (N' F0)
   -> n ∈ (N' F0) -> p ∈ (N' F0) -> q ∈ (N' F0)
   -> u = \[[m,n]\]_{F0} -> v = \[[p,q]\]_{F0}
   -> a = \[[(m +_{F0} p)%n',(n +_{F0} q)%n']\]_{F0} \}.
Proof.
  Open Scope n'_scope.
  intros. apply AxiomII in H0 as [H0[x[]]].
  apply AxiomII in H1 as [H1[y[]]].
  apply AxiomII in H2 as [H2[x0[y0[H6[]]]]].
  apply AxiomII in H4 as [H4[x1[y1[H9[]]]]].
  rewrite H6,H9 in *. exists (\[[(x0 +_{F0} x1),(y0 +_{F0} y1)]\]_{F0}).
  assert (\[[(x0 +_{F0} x1),(y0 +_{F0} y1)]\]_{F0} ∈ (Z' F0)).
  { apply Z'_Corollary2; try apply N'_Plus_in_N'; auto. }
  split; auto. apply AxiomI; split; intros.
  - apply MKT41 in H13; eauto. apply AxiomII; split.
    rewrite H13; eauto. intros. rewrite H13.
    apply R_N'_Corollary; try apply N'_Plus_in_N'; auto.
    rewrite H3 in H18. rewrite H5 in H19.
    apply R_N'_Corollary in H18; auto.
    apply R_N'_Corollary in H19; auto.
    rewrite N'_Plus_Association,<-(N'_Plus_Association F0 x1),
    (N'_Plus_Commutation F0 x1),N'_Plus_Association,
    <-N'_Plus_Association,(N'_Plus_Association F0 y0),
```

```
    <-(N'_Plus_Association F0 y1),(N'_Plus_Commutation F0 y1),
    (N'_Plus_Association F0 _ _ p),<-(N'_Plus_Association F0 y0);
    try apply N'_Plus_in_N'; auto. rewrite H18,H19; auto.
  - apply AxiomII in H13 as []. apply MKT41; eauto.
    Close Scope n'_scope.
Qed.

(* [(m,n)] + [(p,q)] = [(m + p,n + q)] *)

Corollary Z'_Plus_Corollary :
 ∀ F0 m n p q, Arithmetical_ultraFilter F0
 -> m ∈ (N' F0) -> n ∈ (N' F0) -> p ∈ (N' F0) -> q ∈ (N' F0)
 -> \[[m,n]\]_F0 +_F0 \[[p,q]\]_F0 = \[[(m +_F0 p)%n',(n +_F0 q)%n']\]_F0.
Proof.
  intros.
  assert (\[[m,n]\]_F0 ∈ (Z' F0)).
  { apply Z'_Corollary2; auto. }
  assert (\[[p,q]\]_F0 ∈ (Z' F0)).
  { apply Z'_Corollary2; auto. } pose proof H.
  apply (Z'_Plus_reasonable F0 (\[[m,n]\]_F0) (\[[p,q]\]_F0))
  in H6 as [a[]]; auto. unfold Z'_Plus. rewrite <-H7.
  apply AxiomII in H6 as [H6[x[]]].
  apply AxiomII in H8 as [H8[x0[y0[H10[]]]]]. rewrite H10 in H9.
  assert (a ∈ [a]). { apply MKT41; auto. }
  rewrite H7 in H13. clear H7. apply AxiomII in H13 as []. apply
  (H13 m n p q) in H0; auto. rewrite <-H0. apply MKT44; auto.
Qed.
```

** *Z 上定义的加法对 *Z 是封闭的.**

```
Fact Z'_Plus_in_Z' : ∀ F0 u v, Arithmetical_ultraFilter F0
 -> u ∈ (Z' F0) -> v ∈ (Z' F0) -> (u +_F0 v) ∈ (Z' F0).
Proof.
  intros. pose proof H. apply (Z'_Plus_reasonable F0 u v) in H2
  as [a[]]; auto. assert (a ∈ [a]). { apply MKT41; eauto. }
  rewrite H3 in H4. clear H3. apply AxiomII in H4 as [].
  apply AxiomII in H0 as [H0[x[]]].
  apply AxiomII in H1 as [H1[y[]]].
  apply AxiomII in H5 as [H5[x0[y0[H9[]]]]].
  apply AxiomII in H7 as [H7[x1[y1[H12[]]]]].
  rewrite H9,H12 in *. pose proof H6.
  apply (H4 x0 y0 x1 y1) in H15; auto.
  rewrite H6,H8,Z'_Plus_Corollary; auto. rewrite <-H15; auto.
Qed.

Global Hint Resolve Z'_Plus_in_Z' : Z'.
```

定理 3.35 (定义 3.25)(*Z 上的乘法) 设 *N 和 *Z 由算术超滤 $F0$ 生成，$u, v \in {}^*Z$ 且 $u = [(m,n)], v = [(p,q)](m,n,p,q \in {}^*N)$，则 u 和 v 相乘的结果定义如下：

$$u \cdot v = [(m,n)] \cdot [(p,q)] = [((m \cdot p) + (n \cdot q),\ (m \cdot q) + (n \cdot p))],$$

其中 $m \cdot p + n \cdot q$ 和 $m \cdot q + n \cdot p$ 分别是 *N 上的乘法和加法.

　　这种乘法定义是合理的. $\forall m, m_1, n, n_1, p, p_1, q, q_1 \in {}^*\mathbf{Z}$, 若

$$u = [(m,n)] = [(m_1,n_1)], \quad v = [(p,q)] = [(p_1,q_1)],$$

则 $u \cdot v$ 有唯一结果:

$$u \cdot v = [(m,n)] \cdot [(p,q)] = [(m_1,n_1)] \cdot [(p_1,q_1)],$$

即按上述定义, ${}^*\mathbf{Z}$ 上乘法的结果唯一且与等价类代表的选取无关.

```
Definition Z'_Mult F0 u v := ⋂(\{ λ a, ∀ m n p q, m ∈ (N' F0)
 -> n ∈ (N' F0) -> p ∈ (N' F0) -> q ∈ (N' F0)
 -> u = \[[m,n]\]_{F0} -> v = \[[p,q]\]_{F0}
 -> a = \[[((m ·_{F0} p) +_{F0} (n ·_{F0} q))%n',
 ((m ·_{F0} q) +_{F0} (n ·_{F0} p))%n']\]_{F0} \}).

Notation "u ·_{F0} v" := (Z'_Mult F0 u v)(at level 10, F0 at level 9) : z'_scope.

(* 合理性：乘法的结果唯一且与等价类代表的选取无关 *)

Corollary Z'_Mult_reasonable : ∀ F0 u v, Arithmetical_ultraFilter F0
 -> u ∈ (Z' F0) -> v ∈ (Z' F0) -> ∃ a, a ∈ (Z' F0) /\ [a]
 = \{ λ a, ∀ m n p q, m ∈ (N' F0) -> n ∈ (N' F0) -> p ∈ (N' F0)
 -> q ∈ (N' F0) -> u = \[[m,n]\]_{F0} -> v = \[[p,q]\]_{F0}
 -> a = \[[((m ·_{F0} p) +_{F0} (n ·_{F0} q))%n',((m ·_{F0} q) +_{F0} (n ·_{F0} p))%n']\]_{F0} \}.
Proof.
  Open Scope n'_scope.
  intros. apply AxiomII in H0 as [H0[x[]]].
  apply AxiomII in H1 as [H1[y[]]].
  apply AxiomII in H2 as [H2[x0[y0[H6[]]]]].
  apply AxiomII in H4 as [H4[x1[y1[H9[]]]]]. rewrite H6,H9 in *.
  set (A := \[[((x0 ·_{F0} x1) +_{F0} (y0 ·_{F0} y1)),
  ((x0 ·_{F0} y1) +_{F0} (y0 ·_{F0} x1))]\]_{F0}).
  assert (Ensemble ([((x0 ·_{F0} x1) +_{F0} (y0 ·_{F0} y1)),
  (x0 ·_{F0} y1) +_{F0} (y0 ·_{F0} x1)])) as Ha.
  { pose proof H7; pose proof H8. apply MKT49a;
  apply (N'_Mult_in_N' F0 x0 x1) in H7;
  apply (N'_Mult_in_N' F0 y0 y1) in H8;
  apply (N'_Mult_in_N' F0 x0 y1) in H12;
  apply (N'_Mult_in_N' F0 y0 x1) in H13; eauto.
  apply (N'_Plus_in_N' F0 _ (y0 ·_{F0} y1)) in H7; eauto.
  apply (N'_Plus_in_N' F0 _ (y0 ·_{F0} x1)) in H12; eauto. }
  exists A. assert (A ∈ (Z' F0)).
  { assert (A ⊂ (N' F0)×(N' F0)).
  { unfold Included; intros. apply AxiomII in H12; tauto. }
  apply AxiomII; split. apply (MKT33 (N' F0)×(N' F0)); auto.
  apply MKT74; apply N'_is_Set; destruct H; auto.
  exists ([((x0 ·_{F0} x1) +_{F0} (y0 ·_{F0} y1)),
  ((x0 ·_{F0} y1) +_{F0} (y0 ·_{F0} x1))]). split; auto.
  apply AxiomII'; repeat split; try apply N'_Plus_in_N';
  try apply N'_Mult_in_N'; auto. }
  split; auto. apply AxiomI; split; intros.
  - apply MKT41 in H13; eauto. apply AxiomII; split.
  rewrite H13; eauto. intros. rewrite H13.
  apply R_N'_Corollary; try apply N'_Plus_in_N'; try apply
```

```
N'_Mult_in_N'; auto. rewrite H3 in H18. rewrite H5 in H19.
apply R_N'_Corollary in H18; auto.
apply R_N'_Corollary in H19; auto.
assert ((((x1 ·F0 (x0 +F0 n)) +F0 (y1 ·F0 (y0 +F0 m)))
    +F0 ((m ·F0 (x1 +F0 q)) +F0 (n ·F0 (y1 +F0 p)))
  = ((x1 ·F0 (y0 +F0 m)) +F0 (y1 ·F0 (x0 +F0 n)))
    +F0 ((m ·F0 (y1 +F0 p)) +F0 (n ·F0 (x1 +F0 q)))).
{ rewrite H18,H19; auto. }
rewrite N'_Mult_Distribution,N'_Mult_Distribution,
N'_Mult_Distribution,N'_Mult_Distribution,
N'_Mult_Distribution,N'_Mult_Distribution in H20; auto.
assert ((((x1 ·F0 x0) +F0 (x1 ·F0 n))
    +F0 ((y1 ·F0 y0) +F0 (y1 ·F0 m)))
  = (((x1 ·F0 x0) +F0 (y1 ·F0 y0))
    +F0 ((x1 ·F0 n) +F0 (y1 ·F0 m)))).
{ rewrite N'_Plus_Association,<-(N'_Plus_Association F0
  (x1 ·F0 n)),(N'_Plus_Commutation F0 (x1 ·F0 n)),
  N'_Plus_Association,<-(N'_Plus_Association F0 (x1 ·F0 x0));
  try apply N'_Plus_in_N'; try apply N'_Mult_in_N'; auto. }
assert ((((m ·F0 x1) +F0 (m ·F0 q))
    +F0 ((n ·F0 y1) +F0 (n ·F0 p)))
  = (((m ·F0 q) +F0 (n ·F0 p))
    +F0 ((m ·F0 x1) +F0 (n ·F0 y1)))).
{ rewrite (N'_Plus_Commutation F0 (m ·F0 x1)),
  (N'_Plus_Commutation F0 (n ·F0 y1)),N'_Plus_Association,
   <-(N'_Plus_Association F0 (m ·F0 x1)),
  (N'_Plus_Commutation F0 (m ·F0 x1)),N'_Plus_Association,
   <-(N'_Plus_Association F0 (m ·F0 q));
  try apply N'_Plus_in_N'; try apply N'_Mult_in_N'; auto. }
assert ((((x1 ·F0 y0) +F0 (x1 ·F0 n))
    +F0 ((y1 ·F0 x0) +F0 (y1 ·F0 n)))
  = (((x1 ·F0 y0) +F0 (y1 ·F0 x0))
    +F0 ((x1 ·F0 m) +F0 (y1 ·F0 n)))).
{ rewrite N'_Plus_Association,
   <-(N'_Plus_Association F0 (x1 ·F0 m)),
  (N'_Plus_Commutation F0 (x1 ·F0 m)),N'_Plus_Association,
   <-(N'_Plus_Association F0 (x1 ·F0 y0));
  try apply N'_Plus_in_N'; try apply N'_Mult_in_N'; auto. }
assert ((((m ·F0 y1) +F0 (m ·F0 p))
    +F0 ((n ·F0 x1) +F0 (n ·F0 q)))
  = (((m ·F0 p) +F0 (n ·F0 q))
    +F0 ((m ·F0 y1) +F0 (n ·F0 x1)))).
{ rewrite (N'_Plus_Commutation F0 (m ·F0 y1)),
  (N'_Plus_Commutation F0 (n ·F0 x1)),N'_Plus_Association,
   <-(N'_Plus_Association F0 (m ·F0 y1)),
  (N'_Plus_Commutation F0 (m ·F0 y1)),N'_Plus_Association,
   <-(N'_Plus_Association F0 (m ·F0 p));
  try apply N'_Plus_in_N'; try apply N'_Mult_in_N'; auto. }
rewrite H21,H22,H23,H24 in H20. clear H21 H22 H23 H24.
rewrite N'_Plus_Association,
(N'_Plus_Association F0 ((x1 ·F0 y0) +F0 (y1 ·F0 x0))),
<-(N'_Plus_Association F0 ((x1 ·F0 n) +F0 (y1 ·F0 m))),
<-(N'_Plus_Association F0 ((x1 ·F0 m) +F0 (y1 ·F0 n))),
(N'_Plus_Commutation F0 ((x1 ·F0 n) +F0 (y1 ·F0 m))),
(N'_Plus_Commutation F0 ((x1 ·F0 m) +F0 (y1 ·F0 n))),
(N'_Plus_Association F0 ((m ·F0 q) +F0 (n ·F0 p))),
(N'_Plus_Association F0 ((m ·F0 p) +F0 (n ·F0 q))),
<-(N'_Plus_Association F0 ((x1 ·F0 x0) +F0 (y1 ·F0 y0))),
```

```coq
        <-(N'_Plus_Association F0 ((x1 ·_{F0} y0) +_{F0} (y1 ·_{F0} x0))),
      N'_Plus_Commutation,
      (N'_Plus_Commutation F0 (((x1 ·_{F0} y0) +_{F0} (y1 ·_{F0} x0))
        +_{F0} ((m ·_{F0} p) +_{F0} (n ·_{F0} q)))) in H20;
      try apply N'_Plus_in_N'; try apply N'_Plus_in_N';
      try apply N'_Mult_in_N'; auto.
      assert ((((x1 ·_{F0} n) +_{F0} (y1 ·_{F0} m))
        +_{F0} ((m ·_{F0} x1) +_{F0} (n ·_{F0} y1)))
      = (((x1 ·_{F0} m) +_{F0} (y1 ·_{F0} n))
        +_{F0} ((m ·_{F0} y1) +_{F0} (n ·_{F0} x1)))).
      { rewrite N'_Plus_Commutation,
        (N'_Plus_Commutation F0 (x1 ·_{F0} n)),
        (N'_Mult_Commutation F0 m),(N'_Mult_Commutation F0 n),
        (N'_Mult_Commutation F0 y1 m),(N'_Mult_Commutation F0 x1 n);
        try apply N'_Plus_in_N'; try apply N'_Mult_in_N'; auto. }
      rewrite H21 in H20. clear H21.
      apply N'_Plus_Cancellation in H20; try apply N'_Plus_in_N';
      try apply N'_Plus_in_N'; try apply N'_Mult_in_N'; auto.
      rewrite (N'_Mult_Commutation F0 x0),(N'_Mult_Commutation F0 y0),
      (N'_Mult_Commutation F0 x0),(N'_Mult_Commutation F0 y0),
      (N'_Plus_Commutation F0 (y1 ·_{F0} x0));
      try apply N'_Mult_in_N'; auto.
    - apply AxiomII in H13 as []. apply MKT41; eauto.
    Close Scope n'_scope.
Qed.

(* [(m,n)] · [(p,q)] = [(m·p + n·q,m·q + n·p)] *)

Corollary Z'_Mult_Corollary :
  ∀ F0 m n p q, Arithmetical_ultraFilter F0
  -> m ∈ (N' F0) -> n ∈ (N' F0) -> p ∈ (N' F0)
  -> q ∈ (N' F0)
  -> \[[m,n]\]_{F0} ·_{F0} \[[p,q]\]_{F0}
    = \[[((m ·_{F0} p) +_{F0} (n ·_{F0} q))%n',((m ·_{F0} q) +_{F0} (n ·_{F0} p))%n']\]_{F0}.
Proof.
  intros.
  assert (\[[m,n]\]_{F0} ∈ (Z' F0)).
  { apply Z'_Corollary2; auto. }
  assert (\[[p,q]\]_{F0} ∈ (Z' F0)).
  { apply Z'_Corollary2; auto. } pose proof H.
  apply (Z'_Mult_reasonable F0 (\[[m,n]\]_{F0}) (\[[p,q]\]_{F0}))
  in H6 as [a[]]; auto. unfold Z'_Mult. rewrite <-H7.
  apply AxiomII in H6 as [H6[x[]]].
  apply AxiomII in H8 as [H8[x0[y0[H10[]]]]]. rewrite H10 in H9.
  assert (a ∈ [a]). { apply MKT41; auto. }
  rewrite H7 in H13. clear H7. apply AxiomII in H13 as []. apply
  (H13 m n p q) in H0; auto. rewrite <-H0. apply MKT44; auto.
Qed.
```

*Z 上定义的乘法对 *Z 是封闭的.

```coq
Fact Z'_Mult_in_Z' : ∀ F0 u v, Arithmetical_ultraFilter F0
  -> u ∈ (Z' F0) -> v ∈ (Z' F0) -> (u ·_{F0} v) ∈ (Z' F0).
Proof.
  intros. pose proof H. apply (Z'_Mult_reasonable F0 u v) in H2
  as [a[]]; auto. assert (a ∈ [a]). { apply MKT41; eauto. }
  rewrite H3 in H4. clear H3. apply AxiomII in H4 as [].
  apply AxiomII in H0 as [H0[x[]]]. apply AxiomII in H1
  as [H1[y[]]]. apply AxiomII in H5 as [H5[x0[y0[H9[]]]]].
  apply AxiomII in H7 as [H7[x1[y1[H12[]]]]]. rewrite H9,H12 in *.
  pose proof H6. apply (H4 x0 y0 x1 y1) in H15; auto.
```

```
rewrite H6,H8,Z'_Mult_Corollary; auto. rewrite <-H15; auto.
Qed.
```

```
Global Hint Resolve Z'_Mult_in_Z' : Z'.
```

定理 3.36 (*Z 上加法的性质) 设 *N 和 *Z 由算术超滤 $F0$ 生成, $u, v, w \in$ *Z, $m, n \in$ *N. *Z$_0$ 是 *Z 中的 0. *Z 上定义的加法满足下列性质.

1) $u + $*Z$_0 = u$.

2) 交换律: $u + v = v + u$.

3) 结合律: $(u + v) + w = u + (v + w)$.

4) 消去律: $u + v = u + w \implies v = w$.

5) 保序性: $u < v \iff (w + u) < (w + v)$.

6) 保序性推论: $u < v \iff$ 存在唯一 w 使得 $u + w = v$.

7) 存在负元: 存在唯一 $u_0 \in$ *Z 使得 $u + u_0 = $*Z$_0$.

8) 负元推论: $[(m, n)] + u = $*Z$_0 \implies u = [(n, m)]$.

```
(* u + *Z0 = u *)

Fact Z'_Plus_Property : ∀ F0 u, Arithmetical_ultraFilter F0
  -> u ∈ (Z' F0) -> u +_F0 (Z'0 F0) = u.
Proof.
  intros. apply AxiomII in H0 as [H0[x[]]].
  apply AxiomII in H1 as [H1[x0[y0[H3[]]]]].
  rewrite H3 in *. clear dependent x. destruct MKT135.
  pose proof H as Ha. eapply Fn_in_N' in H3; destruct H; eauto.
  rewrite H2,Z'0_Corollary,Z'_Plus_Corollary; auto.
  apply R_N'_Corollary; try apply N'_Plus_in_N'; auto.
  rewrite N'_Plus_Property,N'_Plus_Property,
  N'_Plus_Commutation; auto.
Qed.

(* 交换律 *)

Fact Z'_Plus_Commutation : ∀ F0 u v, Arithmetical_ultraFilter F0
  -> u ∈ (Z' F0) -> v ∈ (Z' F0) -> u +_F0 v = v +_F0 u.
Proof.
  Open Scope n'_scope.
  intros. apply AxiomII in H0 as [H0[x[]]].
  apply AxiomII in H2 as [H2[x0[y0[H4[]]]]].
  apply AxiomII in H1 as [H1[y[]]].
  apply AxiomII in H7 as [H7[x1[y1[H9[]]]]].
  rewrite H4,H9 in *. rewrite H3,H8.
  rewrite Z'_Plus_Corollary,Z'_Plus_Corollary; auto.
  assert (x0 +_F0 x1 = x1 +_F0 x0).
  { apply N'_Plus_Commutation; auto. }
  assert (y0 +_F0 y1 = y1 +_F0 y0).
  { apply N'_Plus_Commutation; auto. }
  rewrite H12,H13; auto.
  Close Scope n'_scope.
Qed.

(* 结合律 *)
```

```
Fact Z'_Plus_Association : ∀ F0 u v w, Arithmetical_ultraFilter F0
 -> u ∈ (Z' F0) -> v ∈ (Z' F0) -> w ∈ (Z' F0)
 -> (u +_F0 v) +_F0 w = u +_F0 (v +_F0 w).
Proof.
  Open Scope n'_scope.
  intros. apply AxiomII in H0 as [H0[a[]]].
  apply AxiomII in H3 as [H3[x0[y0[H5[]]]]].
  apply AxiomII in H1 as [H1[b[]]].
  apply AxiomII in H8 as [H8[x1[y1[H10[]]]]].
  apply AxiomII in H2 as [H2[c[]]].
  apply AxiomII in H13 as [H13[x2[y2[H15[]]]]].
  rewrite H4,H9,H14 in *. rewrite H5,H10,H15,Z'_Plus_Corollary,
  Z'_Plus_Corollary,Z'_Plus_Corollary,Z'_Plus_Corollary;
  try apply N'_Plus_in_N'; auto.
  assert ((x0 +_F0 x1) +_F0 x2 = x0 +_F0 (x1 +_F0 x2)).
  { apply N'_Plus_Association; auto. }
  assert ((y0 +_F0 y1) +_F0 y2 = y0 +_F0 (y1 +_F0 y2)).
  { apply N'_Plus_Association; auto. }
  rewrite H18,H19; auto.
  Close Scope n'_scope.
Qed.
```

(* 消去律 *)

```
Fact Z'_Plus_Cancellation : ∀ F0 u v w, Arithmetical_ultraFilter F0
 -> u ∈ (Z' F0) -> v ∈ (Z' F0) -> w ∈ (Z' F0)
 -> u +_F0 v = u +_F0 w -> v = w.
Proof.
  intros. apply AxiomII in H0 as [H0[a[]]].
  apply AxiomII in H4 as [H4[x0[y0[H6[]]]]].
  apply AxiomII in H1 as [H1[b[]]].
  apply AxiomII in H9 as [H9[x1[y1[H11[]]]]].
  apply AxiomII in H2 as [H2[c[]]].
  apply AxiomII in H14 as [H14[x2[y2[H16[]]]]].
  rewrite H5,H10,H15 in *. rewrite H6,H11,H16 in *.
  rewrite Z'_Plus_Corollary,Z'_Plus_Corollary in H3; auto.
  apply R_N'_Corollary in H3; try apply N'_Plus_in_N'; auto.
  apply R_N'_Corollary; auto.
  rewrite N'_Plus_Association,N'_Plus_Association,
  <-(N'_Plus_Association F0 x1),<-(N'_Plus_Association F0 y1),
  (N'_Plus_Commutation F0 x1),(N'_Plus_Commutation F0 y1),
  N'_Plus_Association,N'_Plus_Association,
  <-(N'_Plus_Association F0 x0),<-(N'_Plus_Association F0 y0),
  (N'_Plus_Commutation F0 x0) in H3; try apply N'_Plus_in_N'; auto.
  apply N'_Plus_Cancellation in H3; try apply N'_Plus_in_N'; auto.
Qed.
```

(* 保序性 *)

```
Fact Z'_Plus_PrOrder : ∀ F0 u v w, Arithmetical_ultraFilter F0
 -> u ∈ (Z' F0) -> v ∈ (Z' F0) -> w ∈ (Z' F0)
 -> u <_F0 v <-> (w +_F0 u) <_F0 (w +_F0 v).
Proof.
  intros. apply AxiomII in H0 as [H0[x[]]].
  apply AxiomII in H3 as [H3[m[n[H5[]]]]].
  apply AxiomII in H1 as [H1[y[]]].
  apply AxiomII in H8 as [H8[p[q[H10[]]]]].
```

```
apply AxiomII in H2 as [H2[z[]]].
apply AxiomII in H13 as [H13[j[k[H15[]]]]].
rewrite H4,H9,H14,H5,H10,H15 in *. split; intros.
- apply Z'_Ord_Corollary in H18; auto.
  rewrite Z'_Plus_Corollary,Z'_Plus_Corollary; auto.
  apply Z'_Ord_Corollary; auto; try apply N'_Plus_in_N'; auto.
  rewrite N'_Plus_Association,N'_Plus_Association,
  <-(N'_Plus_Association F0 m),<-(N'_Plus_Association F0 n),
  (N'_Plus_Commutation F0 m),(N'_Plus_Commutation F0 n),
  N'_Plus_Association,N'_Plus_Association,
  <-(N'_Plus_Association F0 j),<-(N'_Plus_Association F0 k),
  (N'_Plus_Commutation F0 j); try apply N'_Plus_in_N'; auto.
  apply N'_Plus_PrOrder; try apply N'_Plus_in_N'; auto.
- apply Z'_Ord_Corollary; auto.
  rewrite Z'_Plus_Corollary,Z'_Plus_Corollary in H18; auto.
  apply Z'_Ord_Corollary in H18; auto;
  try apply N'_Plus_in_N'; auto.
  rewrite N'_Plus_Association,N'_Plus_Association,
  <-(N'_Plus_Association F0 m),<-(N'_Plus_Association F0 n),
  (N'_Plus_Commutation F0 m),(N'_Plus_Commutation F0 n),
  N'_Plus_Association,N'_Plus_Association,
  <-(N'_Plus_Association F0 j),<-(N'_Plus_Association F0 k),
  (N'_Plus_Commutation F0 j) in H18;
  try apply N'_Plus_in_N'; auto.
  apply N'_Plus_PrOrder in H18; try apply N'_Plus_in_N'; auto.
Qed.

(* 保序性推论 *)

Corollary Z'_Plus_PrOrder_Corollary :
  ∀ F0 u v, Arithmetical_ultraFilter F0 -> u ∈ (Z' F0)
  -> v ∈ (Z' F0) -> u <_F0 v <-> exists ! w, w ∈ (Z' F0)
  /\ (Z'0 F0) <_F0 w /\ u +_F0 w = v.
Proof.
  Open Scope n'_scope.
  intros. apply AxiomII in H0 as [H0[x[]]].
  apply AxiomII in H2 as [H2[m[n[H4[]]]]].
  apply AxiomII in H1 as [H1[y[]]].
  apply AxiomII in H7 as [H7[p[q[H9[]]]]].
  rewrite H4,H3,H9,H8 in *. split; intros.
  - apply Z'_Ord_Corollary in H12; auto.
    apply N'_Plus_PrOrder_Corollary in H12 as [a[[H12[]]]];
    try apply N'_Plus_in_N'; auto.
    exists \[[a,(F 0)]\]_F0.
    pose proof H; pose proof in_ω_0.
    eapply Fn_in_N' in H17; destruct H16; eauto.
    clear i n0. repeat split.
    + apply AxiomII; split. apply (MKT33 (N' F0)×(N' F0)).
      apply MKT74; apply N'_is_Set; destruct H; auto.
      unfold Included; intros. apply AxiomII in H16; tauto.
      exists ([a,F 0]). split; auto.
      apply AxiomII'; split; try apply MKT49a; eauto.
    + rewrite Z'0_Corollary; auto. apply Z'_Ord_Corollary; auto.
      rewrite N'_Plus_Property,N'_Plus_Commutation,
      N'_Plus_Property; auto.
    + rewrite Z'_Plus_Corollary; auto. apply R_N'_Corollary;
      try apply N'_Plus_in_N'; try apply N'_Plus_in_N'; auto.
      rewrite N'_Plus_Property,N'_Plus_Association,
      (N'_Plus_Commutation F0 a),<-N'_Plus_Association; auto.
```

```
    + intros x0 [H16[]]. apply AxiomII in H16 as [H16[z[]]].
      apply AxiomII in H20 as [H20[j[k[H22[]]]]].
      rewrite H21,H22 in *. rewrite Z'_Plus_Corollary in H19; auto.
      apply R_N'_Corollary in H19; try apply N'_Plus_in_N'; auto.
      apply R_N'_Corollary; auto.
      rewrite (N'_Plus_Commutation F0 _ j),N'_Plus_Property; auto.
      rewrite (N'_Plus_Association F0 n),(N'_Plus_Commutation F0 k),
      <-(N'_Plus_Association F0 n) in H19; auto.
      rewrite <-H14 in H19.
      rewrite N'_Plus_Association,(N'_Plus_Commutation F0 j),
      <-(N'_Plus_Association F0 m),(N'_Plus_Association F0 _ a)
      in H19; try apply N'_Plus_in_N'; auto.
      apply N'_Plus_Cancellation in H19;
      try apply N'_Plus_in_N'; auto.
    - destruct H12 as [z[[H12[]]]]. apply Z'_Ord_Corollary; auto.
      apply AxiomII in H12 as [H12[z0[]]].
      apply AxiomII in H16 as [H16[j[k[H18[]]]]].
      rewrite H17,H18 in *. rewrite Z'_Plus_Corollary in H14; auto.
      apply R_N'_Corollary in H14; try apply N'_Plus_in_N'; auto.
      pose proof H; pose proof in_ω_0.
      eapply Fn_in_N' in H22; destruct H21; eauto. clear i n0.
      assert (k <_F0 j).
      { rewrite Z'0_Corollary in H13; auto.
        apply Z'_Ord_Corollary in H13; auto.
        rewrite N'_Plus_Commutation,(N'_Plus_Commutation F0 _ j),
        N'_Plus_Property,N'_Plus_Property in H13; auto. }
      rewrite (N'_Plus_Commutation F0 m),(N'_Plus_Commutation F0 n),
      N'_Plus_Association,N'_Plus_Association in H14; auto.
      assert ((m +_F0 q) ∈ (N' F0) /\ (n +_F0 p) ∈ (N' F0)) as [].
      { split; apply N'_Plus_in_N'; auto. }
      apply (N'_Ord_Connect F0 H _ (n +_F0 p)) in H23 as [H23|[|]];
      auto; clear H24.
    + apply (N'_Plus_PrOrder F0 _ _ k) in H23;
      try apply N'_Plus_in_N'; auto. rewrite <-H14,
      (N'_Plus_Commutation F0 j),(N'_Plus_Commutation F0 k) in H23;
      try apply N'_Plus_in_N'; auto.
      apply N'_Plus_PrOrder in H23; try apply N'_Plus_in_N'; auto.
      apply (N'_Ord_Trans F0 k j k) in H23; destruct H; auto.
      elim (N'_Ord_irReflex_weak F0 k); auto.
    + rewrite (N'_Plus_Commutation F0 j),(N'_Plus_Commutation F0 k),
      H23 in H14; try apply N'_Plus_in_N'; auto. apply
      N'_Plus_Cancellation in H14; try apply N'_Plus_in_N'; auto.
      rewrite H14 in H21. elim (N'_Ord_irReflex F0 k k); auto.
  Close Scope n'_scope.
Qed.

(* 存在负元 *)

Fact Z'_neg : ∀ F0 u, Arithmetical_ultraFilter F0 -> u ∈ (Z' F0)
  -> (exists ! v, v ∈ (Z' F0) /\ (u +_F0 v) = (Z'0 F0)).
Proof.
  intros. pose proof H0 as Ha.
  apply AxiomII in H0 as [H0[a[]]].
  apply AxiomII in H1 as [H1[x[y[H3[]]]]].
  rewrite H3 in *. clear dependent a.
  exists (\[[y,x]\]_F0).
  assert (\[[y,x]\]_F0 ∈ (Z' F0)).
  { apply Z'_Corollary2; auto. }
  assert (u +_F0 \[[y,x]\]_F0 = Z'0 F0).
```

```
{ rewrite H2,Z'_Plus_Corollary; auto. rewrite Z'0_Corollary; auto.
  pose proof in_ω_0. eapply Fn_in_N' in H6; destruct H; eauto.
  apply R_N'_Corollary; try apply N'_Plus_in_N';
  try split; auto. rewrite N'_Plus_Property,N'_Plus_Property,
  N'_Plus_Commutation; try apply N'_Plus_in_N'; try split; auto. }
repeat split; auto. intros v [].
assert (\[[y,x]\]_F0 = (u +_F0 \[[y,x]\]_F0) +_F0 v).
{ rewrite Z'_Plus_Association,(Z'_Plus_Commutation F0 _ v),
  <-Z'_Plus_Association,H8,Z'_Plus_Commutation,Z'_Plus_Property;
  auto. apply Z'0_in_Z'; auto. }
assert (v = (u +_F0 \[[y,x]\]_F0) +_F0 v).
{ rewrite H6,Z'_Plus_Commutation,Z'_Plus_Property; auto.
  apply Z'0_in_Z'; auto. }
rewrite H10,<-H9; auto.
Qed.

(* 负元推论 *)

Fact Z'_neg_Corollary : ∀ F0 m n u, Arithmetical_ultraFilter F0
  -> m ∈ (N' F0) -> n ∈ (N' F0) -> u ∈ (Z' F0)
  -> \[[m,n]\]_F0 +_F0 u = Z'0 F0 -> u = \[[n,m]\]_F0.
Proof.
  intros. apply AxiomII in H2 as [H2[x[]]].
  apply AxiomII in H4 as [H4[a[b[H6[]]]]]. rewrite H5,H6 in *.
  rewrite Z'_Plus_Corollary,Z'0_Corollary in H3; auto.
  pose proof in_ω_0. pose proof H.
  eapply Fn_in_N' in H9; destruct H10; eauto. clear i n0.
  apply R_N'_Corollary in H3; try apply N'_Plus_in_N'; auto.
  rewrite N'_Plus_Property,N'_Plus_Property in H3;
  try apply N'_Plus_in_N'; auto. apply R_N'_Corollary; auto.
  rewrite N'_Plus_Commutation,(N'_Plus_Commutation F0 b); auto.
Qed.
```

定理 3.37(*Z 上乘法的性质) 设 *N 和 *Z 由算术超滤 $F0$ 生成, $u, v, w \in {}^*Z$, $m, n \in {}^*N$. *Z_0 和 *Z_1 是 *Z 中的 0 和 1. *Z 上定义的乘法满足下列性质.

1) $u \cdot {}^*Z_0 = {}^*Z_0$.

2) $u \cdot {}^*Z_1 = u$.

3) $u \cdot v = {}^*Z_0 \to u = {}^*Z_0 \vee v = {}^*Z_0$.

4) 交换律: $u \cdot v = v \cdot u$.

5) 结合律: $(u \cdot v) \cdot w = u \cdot (v \cdot w)$.

6) 分配律: $u \cdot (v + w) = (u \cdot v) + (u \cdot w)$.

7) 消去律: $w \cdot u = w \cdot v \wedge w \neq {}^*Z_0 \implies u = v$.

8) 保序性: $u < v \iff (w \cdot u) < (w \cdot v)$, 其中 $w \neq {}^*Z_0$.

```
(* u · *Z_0 = *Z_0 *)

Fact Z'_Mult_Property1 : ∀ F0 u, Arithmetical_ultraFilter F0
  -> u ∈ (Z' F0) -> u ·_F0 (Z'0 F0) = Z'0 F0.
Proof.
  intros. apply AxiomII in H0 as [H0[x[]]].
  apply AxiomII in H1 as [H1[x0[y0[H3[]]]]].
  rewrite H3 in *. clear dependent x.
```

```
 pose proof in_ω_0. pose proof H as Ha.
 eapply Fn_in_N' in H3; destruct H; eauto.
 rewrite H2,Z'0_Corollary,Z'_Mult_Corollary; auto.
 apply R_N'_Corollary; try apply N'_Plus_in_N';
 try apply N'_Mult_in_N'; auto.
Qed.

(* u · *Z₁ = u *)

Fact Z'_Mult_Property2 : ∀ F0 u, Arithmetical_ultraFilter F0
 -> u ∈ (Z' F0) -> u ·_F0 (Z'1 F0) = u.
Proof.
 intros. apply AxiomII in H0 as [H0[x[]]].
 apply AxiomII in H1 as [H1[x0[y0[H3[]]]]].
 rewrite H3 in *. clear dependent x. destruct MKT135.
 pose proof in_ω_1. pose proof H as Ha.
 destruct Ha as [Ha Hb]. clear Hb.
 eapply Fn_in_N' in H3; eauto. eapply Fn_in_N' in H7; eauto.
 rewrite H2,Z'1_Corollary,Z'_Mult_Corollary; auto.
 apply R_N'_Corollary; try apply N'_Plus_in_N';
 try apply N'_Mult_in_N'; auto.
 rewrite N'_Mult_Property1,N'_Mult_Property1,N'_Mult_Property2,
 N'_Mult_Property2,N'_Plus_Property,(N'_Plus_Commutation F0 (F 0)),
 N'_Plus_Property,N'_Plus_Commutation; auto.
Qed.

(* 若 u · v = *Z₀,则 u,v 必有一个为 *Z₀ *)

Fact Z'_Mult_Property3 : ∀ F0 u v, Arithmetical_ultraFilter F0
 -> u ∈ (Z' F0) -> v ∈ (Z' F0) -> u ·_F0 v = (Z'0 F0)
 -> u = (Z'0 F0) \/ v = (Z'0 F0).
Proof.
 Open Scope n'_scope.
 intros. apply AxiomII in H0 as [H0[x[]]].
 apply AxiomII in H3 as [H3[m[n[H5[]]]]].
 apply AxiomII in H1 as [H1[y[]]].
 apply AxiomII in H8 as [H8[p[q[H10[]]]]].
 rewrite H4,H9,H5,H10 in *.
 rewrite Z'_Mult_Corollary in H2; auto.
 rewrite Z'0_Corollary in *; auto.
 pose proof in_ω_0. pose proof H.
 eapply Fn_in_N' in H13; destruct H14; eauto. clear i n0.
 apply R_N'_Corollary in H2; try apply N'_Plus_in_N';
 try apply N'_Mult_in_N'; auto.
 rewrite N'_Plus_Property,N'_Plus_Property in H2;
 try apply N'_Plus_in_N'; try apply N'_Mult_in_N'; auto.
 assert (∀ a b c d, a ∈ (N' F0) -> b ∈ (N' F0) -> c ∈ (N' F0)
  -> d ∈ (N' F0) -> (a ·_F0 c) +_F0 (b ·_F0 d)
  = (a ·_F0 d) +_F0 (b ·_F0 c) -> ~ (a <_F0 b /\ c <_F0 d)).
 { intros. intro. destruct H19.
  apply N'_Plus_PrOrder_Corollary in H19 as [i[[H19[]]]]; auto.
  apply N'_Plus_PrOrder_Corollary in H20 as [j[[H20[]]]]; auto.
  rewrite <-H22,<-H25 in H18.
  rewrite N'_Mult_Distribution,
  N'_Mult_Distribution,N'_Plus_Association in H18;
  try apply N'_Mult_in_N'; try apply N'_Plus_in_N'; auto.
  apply N'_Plus_Cancellation in H18; try apply N'_Plus_in_N';
  try apply N'_Mult_in_N'; try apply N'_Plus_in_N'; auto.
  rewrite (N'_Mult_Commutation F0 _ c),
```

```
(N'_Mult_Commutation F0 _ j),
N'_Mult_Distribution,N'_Mult_Distribution,
(N'_Plus_Commutation F0 (a ·F0 j)) in H18;
  try apply N'_Plus_in_N'; try apply N'_Mult_in_N'; auto.
  apply N'_Plus_Cancellation in H18; try apply N'_Plus_in_N';
  try apply N'_Mult_in_N'; auto.
  rewrite (N'_Mult_Commutation F0 a j) in H18; auto.
  assert (j ·F0 a = (j ·F0 a) +F0 (F 0)).
  { rewrite N'_Plus_Property; try apply N'_Mult_in_N'; auto. }
  assert ((j ·F0 a) +F0 (j ·F0 i)
    = (j ·F0 a) +F0 (F 0)). { rewrite <-H27; auto. }
  apply N'_Plus_Cancellation in H28;
  try apply N'_Mult_in_N'; auto.
  apply N'_Mult_Property3 in H28; auto. destruct H28;
  [rewrite <-H28 in H24;elim (N'_Ord_irReflex_weak F0 j)|
   rewrite <-H28 in H21;elim (N'_Ord_irReflex_weak F0 i)];
  destruct H; auto. }
assert (m ∈ (N' F0) /\ n ∈ (N' F0)) as []; auto.
apply (N'_Ord_Connect _ H m n) in H15; auto; clear H16.
assert (p ∈ (N' F0) /\ q ∈ (N' F0)) as []; auto.
apply (N'_Ord_Connect _ H p q) in H16; auto; clear H17.
destruct H15 as [H15|[|]].
- destruct H16 as [H16|[|]].
  + elim (H14 m n p q); auto.
  + elim (H14 m n q p); auto.
  + right. apply R_N'_Corollary; auto.
    rewrite N'_Plus_Property,N'_Plus_Property; auto.
- destruct H16 as [H16|[|]].
  + elim (H14 n m p q); auto. rewrite N'_Plus_Commutation,
    (N'_Plus_Commutation F0 (n ·F0 q));
    try apply N'_Mult_in_N'; auto.
  + elim (H14 n m q p); auto. rewrite N'_Plus_Commutation,
    (N'_Plus_Commutation F0 (n ·F0 p));
    try apply N'_Mult_in_N'; auto.
  + right. apply R_N'_Corollary; auto.
    rewrite N'_Plus_Property,N'_Plus_Property; auto.
- left. apply R_N'_Corollary; auto.
  rewrite N'_Plus_Property,N'_Plus_Property; auto.
Close Scope n'_scope.
Qed.

(* 交换律 *)

Fact Z'_Mult_Commutation : ∀ F0 u v, Arithmetical_ultraFilter F0
  -> u ∈ (Z' F0) -> v ∈ (Z' F0) -> u ·F0 v = v ·F0 u.
Proof.
  intros. apply AxiomII in H0 as [H0[x[]]]. apply AxiomII in H2
  as [H2[x0[y0[H4[]]]]]. apply AxiomII in H1 as [H1[y[]]].
  apply AxiomII in H7 as [H7[x1[y1[H9[]]]]]. rewrite H4,H9 in *.
  rewrite H3,H8. rewrite Z'_Mult_Corollary,Z'_Mult_Corollary; auto.
  rewrite (N'_Mult_Commutation F0 x0 x1),
  (N'_Mult_Commutation F0 y0 y1),(N'_Mult_Commutation F0 x0 y1),
  (N'_Mult_Commutation F0 y0 x1),(N'_Plus_Commutation F0
  (y1 ·F0 x0)%n'); try apply N'_Mult_in_N'; auto.
Qed.

(* 结合律 *)

Fact Z'_Mult_Association : ∀ F0 u v w, Arithmetical_ultraFilter F0
```

```
    -> u ∈ (Z' F0) -> v ∈ (Z' F0) -> w ∈ (Z' F0)
    -> (u ·_F0 v) ·_F0 w = u ·_F0 (v ·_F0 w).
Proof.
  Open Scope n'_scope.
  intros. apply AxiomII in H0 as [H0[a[]]].
  apply AxiomII in H3 as [H3[x0[y0[H5[]]]]].
  apply AxiomII in H1 as [H1[b[]]].
  apply AxiomII in H8 as [H8[x1[y1[H10[]]]]].
  apply AxiomII in H2 as [H2[c[]]].
  apply AxiomII in H13 as [H13[x2[y2[H15[]]]]].
  rewrite H4,H9,H14 in *. rewrite H5,H10,H15,Z'_Mult_Corollary,
  Z'_Mult_Corollary,Z'_Mult_Corollary,Z'_Mult_Corollary;
  try apply N'_Plus_in_N'; try apply N'_Mult_in_N'; auto.
  assert (((((x0 ·_F0 x1) +_F0 (y0 ·_F0 y1)) ·_F0 x2)
    +_F0 (((x0 ·_F0 y1) +_F0 (y0 ·_F0 x1)) ·_F0 y2))
  = ((x0 ·_F0 ((x1 ·_F0 x2) +_F0 (y1 ·_F0 y2)))
    +_F0 (y0 ·_F0 ((x1 ·_F0 y2) +_F0 (y1 ·_F0 x2))))).
  { rewrite (N'_Mult_Commutation F0 _ x2),
    (N'_Mult_Commutation F0 _ y2),
    (N'_Plus_Commutation F0 (x1 ·_F0 y2)),N'_Mult_Distribution,
    N'_Mult_Distribution,N'_Mult_Distribution,N'_Mult_Distribution,
    (N'_Mult_Commutation F0 x2),(N'_Mult_Commutation F0 x2),
    (N'_Mult_Commutation F0 y2),(N'_Mult_Commutation F0 y2),
    N'_Plus_Association,
    <-(N'_Plus_Association F0 ((y0 ·_F0 y1) ·_F0 x2)),
    (N'_Plus_Commutation F0 ((y0 ·_F0 y1) ·_F0 x2)),
    (N'_Plus_Association F0 ((x0 ·_F0 y1) ·_F0 y2)),
    <-(N'_Plus_Association F0 ((x0 ·_F0 x1) ·_F0 x2)),
    (N'_Mult_Association F0 x0),(N'_Mult_Association F0 x0),
    (N'_Mult_Association F0 y0),(N'_Mult_Association F0 y0);
    try apply N'_Plus_in_N'; try apply N'_Mult_in_N';
    try apply N'_Mult_in_N'; auto. }
  assert (((((x0 ·_F0 x1) +_F0 (y0 ·_F0 y1)) ·_F0 y2)
    +_F0 (((x0 ·_F0 y1) +_F0 (y0 ·_F0 x1)) ·_F0 x2))
  = ((x0 ·_F0 ((x1 ·_F0 y2) +_F0 (y1 ·_F0 x2)))
    +_F0 (y0 ·_F0 ((x1 ·_F0 x2) +_F0 (y1 ·_F0 y2))))).
  { rewrite (N'_Mult_Commutation F0 _ y2),
    (N'_Mult_Commutation F0 _ x2),
    (N'_Plus_Commutation F0 (x1 ·_F0 x2)),N'_Mult_Distribution,
    N'_Mult_Distribution,N'_Mult_Distribution,N'_Mult_Distribution,
    (N'_Mult_Commutation F0 y2),(N'_Mult_Commutation F0 y2),
    (N'_Mult_Commutation F0 x2),(N'_Mult_Commutation F0 x2),
    N'_Plus_Association,
    <-(N'_Plus_Association F0 ((y0 ·_F0 y1) ·_F0 y2)),
    (N'_Plus_Commutation F0 ((y0 ·_F0 y1) ·_F0 y2)),
    (N'_Plus_Association F0 ((x0 ·_F0 y1) ·_F0 x2)),
    <-(N'_Plus_Association F0 ((x0 ·_F0 x1) ·_F0 y2)),
    (N'_Mult_Association F0 x0),(N'_Mult_Association F0 x0),
    (N'_Mult_Association F0 y0),(N'_Mult_Association F0 y0);
    try apply N'_Plus_in_N'; try apply N'_Mult_in_N';
    try apply N'_Mult_in_N'; auto. }
  rewrite H18,H19; auto.
  Close Scope n'_scope.
Qed.

(* 分配律 *)

Fact Z'_Mult_Distribution : ∀ F0 u v w, Arithmetical_ultraFilter F0
  -> u ∈ (Z' F0) -> v ∈ (Z' F0) -> w ∈ (Z' F0)
```

```
            -> u ·F0 (v +F0 w) = (u ·F0 v) +F0 (u ·F0 w).
Proof.
  Open Scope n'_scope.
  intros. apply AxiomII in H0 as [H0[a[]]].
  apply AxiomII in H3 as [H3[x0[y0[H5[]]]]].
  apply AxiomII in H1 as [H1[b[]]].
  apply AxiomII in H8 as [H8[x1[y1[H10[]]]]].
  apply AxiomII in H2 as [H2[c[]]].
  apply AxiomII in H13 as [H13[x2[y2[H15[]]]]].
  rewrite H4,H9,H14 in *.
  rewrite H5,H10,H15,Z'_Plus_Corollary,Z'_Mult_Corollary,
  Z'_Mult_Corollary,Z'_Mult_Corollary,Z'_Plus_Corollary;
  try apply N'_Plus_in_N'; try apply N'_Mult_in_N'; auto.
  rewrite N'_Mult_Distribution,N'_Mult_Distribution,
  N'_Mult_Distribution,N'_Mult_Distribution,
  (N'_Plus_Association F0 (x0 ·F0 x1)),
  <-(N'_Plus_Association F0 (x0 ·F0 x2)),
  (N'_Plus_Commutation F0(x0 ·F0 x2)),
  (N'_Plus_Association F0 (y0 ·F0 y1)),
  <-(N'_Plus_Association F0 (x0 ·F0 x1)),
  (N'_Plus_Association F0 (x0 ·F0 y1)),
  <-(N'_Plus_Association F0 (x0 ·F0 y2)),
  (N'_Plus_Commutation F0 (x0 ·F0 y2)),
  (N'_Plus_Association F0 (y0 ·F0 x1)),
  <-(N'_Plus_Association F0 (x0 ·F0 y1));
  try apply N'_Plus_in_N'; try apply N'_Mult_in_N'; auto.
  Close Scope n'_scope.
Qed.

(* 消去律 *)

Fact Z'_Mult_Cancellation : ∀ F0 m n k, Arithmetical_ultraFilter F0
  -> m ∈ (Z' F0) -> n ∈ (Z' F0) -> k ∈ (Z' F0) -> m <> Z'0 F0
  -> m ·F0 n = m ·F0 k -> n = k.
Proof.
  Open Scope n'_scope.
  intros. apply AxiomII in H0 as [H0[a[]]].
  apply AxiomII in H5 as [H5[x0[y0[H7[]]]]].
  apply AxiomII in H1 as [H1[b[]]].
  apply AxiomII in H10 as [H10[x1[y1[H12[]]]]].
  apply AxiomII in H2 as [H2[c[]]].
  apply AxiomII in H15 as [H15[x2[y2[H17[]]]]].
  rewrite H6,H7,H11,H12,H16,H17 in *.
  rewrite Z'_Mult_Corollary,Z'_Mult_Corollary in H4; auto.
  apply R_N'_Corollary in H4; try apply N'_Plus_in_N';
  try apply N'_Mult_in_N'; auto. apply R_N'_Corollary; auto.
  rewrite N'_Plus_Association,N'_Plus_Association,
  <-(N'_Plus_Association F0 (y0 ·F0 y1)),
  <-(N'_Plus_Association F0 (y0 ·F0 x1)),
  (N'_Plus_Commutation F0 (y0 ·F0 y1)),
  (N'_Plus_Commutation F0 (y0 ·F0 x1)),
  N'_Plus_Association,N'_Plus_Association,
  <-(N'_Plus_Association F0 (x0 ·F0 x1)),
  <-(N'_Plus_Association F0 (x0 ·F0 y1)),
  <-N'_Mult_Distribution,<-N'_Mult_Distribution,
  <-N'_Mult_Distribution,<-N'_Mult_Distribution in H4;
  try apply N'_Plus_in_N'; try apply N'_Mult_in_N'; auto.
  assert (∀ A B, A ∈ (N' F0) -> B ∈ (N' F0)
    -> (x0 ·F0 A) +F0 (y0 ·F0 B)
```

```coq
  = (x0 ·_F0 B) +_F0 (y0 ·_F0 A) -> ~ A <_F0 B).
{ intros. intro.
  apply N'_Plus_PrOrder_Corollary in H23 as [C[[H24[]]]]; auto.
  rewrite <-H25 in H22.
  rewrite N'_Mult_Distribution,N'_Mult_Distribution,
  N'_Plus_Association in H22; try apply N'_Mult_in_N'; auto.
  apply N'_Plus_Cancellation in H22;
  try apply N'_Plus_in_N'; try apply N'_Mult_in_N'; auto.
  rewrite (N'_Plus_Commutation F0 (x0 ·_F0 C)) in H22;
  try apply N'_Mult_in_N'; auto. apply N'_Plus_Cancellation
  in H22; try apply N'_Mult_in_N'; auto.
  rewrite N'_Mult_Commutation,(N'_Mult_Commutation F0 x0)
  in H22; auto. pose proof in_ω_0; pose proof H.
  eapply Fn_in_N' in H27; destruct H28; eauto. clear i n0.
  apply N'_Mult_Cancellation in H22; auto. elim H3.
  rewrite Z'0_Corollary; auto. apply R_N'_Corollary; auto.
  rewrite N'_Plus_Property,N'_Plus_Property; auto. intro.
  rewrite <-H28 in H23. elim (N'_Ord_irReflex_weak F0 C);
  destruct H; auto. }
assert ((x1 +_F0 y2) ∈ (N' F0) /\ (y1 +_F0 x2) ∈ (N' F0)) as [].
{ split; apply N'_Plus_in_N'; auto. }
apply (N'_Ord_Connect F0 H _ (y1 +_F0 x2)) in H21; auto.
destruct H21 as [H21|[]];
[elim (H20 (x1 +_F0 y2) (y1 +_F0 x2))|
 elim (H20 (y1 +_F0 x2) (x1 +_F0 y2))|];
try apply N'_Plus_in_N'; auto.
Close Scope n'_scope.
Qed.

(* 保序性 *)

Fact Z'_Mult_PrOrder : ∀ F0 u v w, Arithmetical_ultraFilter F0
  -> u ∈ (Z' F0) -> v ∈ (Z' F0) -> w ∈ (Z' F0) -> (Z'0 F0) <_F0 w
  -> u <_F0 v <-> (w ·_F0 u) <_F0 (w ·_F0 v).
Proof.
  Open Scope n'_scope.
  intros. apply AxiomII in H0 as [H0[x[]]].
  apply AxiomII in H4 as [H4[m[n[H6[]]]]].
  apply AxiomII in H1 as [H1[y[]]].
  apply AxiomII in H9 as [H9[p[q[H11[]]]]].
  apply AxiomII in H2 as [H2[z[]]].
  apply AxiomII in H14 as [H14[j[k[H16[]]]]].
  rewrite H5,H10,H15,H6,H11,H16 in *.
  rewrite Z'0_Corollary in H3.
  pose proof in_ω_0; pose proof H.
  eapply Fn_in_N' in H19; destruct H20; eauto. clear i n0.
  apply Z'_Ord_Corollary in H3; auto.
  rewrite (N'_Plus_Commutation F0 _ k),(N'_Plus_Commutation F0 _ j),
  N'_Plus_Property,N'_Plus_Property in H3; auto.
  apply N'_Plus_PrOrder_Corollary in H3 as [e[[H3[]]]]; auto.
  rewrite <-H21. split; intros.
  - apply Z'_Ord_Corollary in H23; auto.
    rewrite Z'_Mult_Corollary,Z'_Mult_Corollary;
    try apply N'_Plus_in_N'; auto.
    apply Z'_Ord_Corollary; try apply N'_Plus_in_N';
    try apply N'_Mult_in_N'; try apply N'_Plus_in_N'; auto.
    rewrite (N'_Mult_Commutation F0 _ m),
    (N'_Mult_Commutation F0 _ q),
    (N'_Mult_Commutation F0 (k +_F0 e) n),
```

```
(N'_Mult_Commutation F0 (k +_{F0} e) p),
N'_Mult_Distribution,N'_Mult_Distribution,
N'_Mult_Distribution,N'_Mult_Distribution,
(N'_Plus_Commutation F0 _ (k ·_{F0} n)),
(N'_Plus_Association F0 (k ·_{F0} n)),
(N'_Plus_Association F0 _ (k ·_{F0} m)),
(N'_Plus_Association F0 (n ·_{F0} k)),
(N'_Mult_Commutation F0 k n); try apply N'_Plus_in_N';
try apply N'_Plus_in_N'; try apply N'_Plus_in_N';
try apply N'_Mult_in_N'; auto.
apply N'_Plus_PrOrder; try apply N'_Plus_in_N'; try apply
N'_Plus_in_N'; try apply N'_Plus_in_N'; try apply N'_Plus_in_N';
try apply N'_Mult_in_N'; auto.
rewrite <-(N'_Plus_Association F0 (n ·_{F0} e)),
(N'_Plus_Commutation F0 (n ·_{F0} e)),
(N'_Plus_Association F0 (m ·_{F0} k)),
(N'_Plus_Association F0 (k ·_{F0} m)),
(N'_Mult_Commutation F0 m k); try apply N'_Plus_in_N';
try apply N'_Plus_in_N'; try apply N'_Mult_in_N'; auto.
apply N'_Plus_PrOrder; try apply N'_Plus_in_N';
try apply N'_Plus_in_N'; try apply N'_Plus_in_N';
try apply N'_Mult_in_N'; auto.
rewrite N'_Plus_Association,N'_Plus_Association,
(N'_Plus_Commutation F0 (q ·_{F0} e)),
(N'_Plus_Commutation F0 (p ·_{F0} e)),
<-(N'_Plus_Association F0 (q ·_{F0} k)),
<-(N'_Plus_Association F0 (p ·_{F0} k)),
<-(N'_Plus_Association F0 (m ·_{F0} e)),
<-(N'_Plus_Association F0 (n ·_{F0} e)),
(N'_Plus_Commutation F0 (m ·_{F0} e)),
(N'_Plus_Commutation F0 (n ·_{F0} e)),
(N'_Plus_Association F0 _ (m ·_{F0} e) _),
(N'_Plus_Association F0 _ (n ·_{F0} e) _),
(N'_Plus_Commutation F0 (q ·_{F0} k)),
(N'_Mult_Commutation F0 k p),(N'_Mult_Commutation F0 q k);
try apply N'_Plus_in_N'; try apply N'_Mult_in_N'; auto.
apply N'_Plus_PrOrder; try apply N'_Plus_in_N';
try apply N'_Mult_in_N'; auto.
rewrite (N'_Mult_Commutation F0 m),(N'_Mult_Commutation F0 q),
(N'_Mult_Commutation F0 n),(N'_Mult_Commutation F0 p),
<-N'_Mult_Distribution,<-N'_Mult_Distribution; auto.
apply N'_Mult_PrOrder; try apply N'_Plus_in_N'; auto. intro.
rewrite <-H24 in H20. elim (N'_Ord_irReflex F0 e e); auto.
- apply Z'_Ord_Corollary; auto.
rewrite Z'_Mult_Corollary,Z'_Mult_Corollary in H23;
try apply N'_Plus_in_N'; auto. apply Z'_Ord_Corollary in H23;
try apply N'_Plus_in_N'; try apply N'_Mult_in_N';
try apply N'_Plus_in_N'; auto.
rewrite (N'_Mult_Commutation F0 _ m),
(N'_Mult_Commutation F0 _ q),
(N'_Mult_Commutation F0 (k +_{F0} e) n),
(N'_Mult_Commutation F0 (k +_{F0} e) p),
N'_Mult_Distribution,N'_Mult_Distribution,
N'_Mult_Distribution,N'_Mult_Distribution,
(N'_Plus_Commutation F0 _ (k ·_{F0} n)),
(N'_Plus_Association F0 (k ·_{F0} n)),
(N'_Plus_Association F0 _ (k ·_{F0} m)),
(N'_Plus_Association F0 (n ·_{F0} k)),
(N'_Mult_Commutation F0 k n) in H23; try apply N'_Plus_in_N';
```

```
     try apply N'_Plus_in_N'; try apply N'_Plus_in_N';
     try apply N'_Mult_in_N'; auto.
     apply N'_Plus_PrOrder in H23; try apply N'_Plus_in_N';
     try apply N'_Plus_in_N'; try apply N'_Plus_in_N';
     try apply N'_Plus_in_N'; try apply N'_Mult_in_N'; auto.
     rewrite <-(N'_Plus_Association F0 (n ·F0 e)),
     (N'_Plus_Commutation F0 (n ·F0 e)),
     (N'_Plus_Association F0 (m ·F0 k)),
     (N'_Plus_Association F0 (k ·F0 m)),
     (N'_Mult_Commutation F0 m k) in H23; try apply N'_Plus_in_N';
     try apply N'_Plus_in_N'; try apply N'_Mult_in_N'; auto.
     apply N'_Plus_PrOrder in H23; try apply N'_Plus_in_N';
     try apply N'_Plus_in_N'; try apply N'_Plus_in_N';
     try apply N'_Mult_in_N'; auto. rewrite N'_Plus_Association,
     N'_Plus_Association,(N'_Plus_Commutation F0 (q ·F0 e)),
     (N'_Plus_Commutation F0 (p ·F0 e)),
     <-(N'_Plus_Association F0 (q ·F0 k)),
     <-(N'_Plus_Association F0 (p ·F0 k)),
     <-(N'_Plus_Association F0 (m ·F0 e)),
     <-(N'_Plus_Association F0 (n ·F0 e)),
     (N'_Plus_Commutation F0 (m ·F0 e)),
     (N'_Plus_Commutation F0 (n ·F0 e)),
     (N'_Plus_Association F0 _ (m ·F0 e) _),
     (N'_Plus_Association F0 _ (n ·F0 e) _),
     (N'_Plus_Commutation F0 (q ·F0 k)),
     (N'_Mult_Commutation F0 k p),(N'_Mult_Commutation F0 q k)
     in H23; try apply N'_Plus_in_N'; try apply N'_Mult_in_N'; auto.
     apply N'_Plus_PrOrder in H23; try apply N'_Plus_in_N';
     try apply N'_Mult_in_N'; auto. rewrite
     (N'_Mult_Commutation F0 m),(N'_Mult_Commutation F0 q),
     (N'_Mult_Commutation F0 n),(N'_Mult_Commutation F0 p),
     <-N'_Mult_Distribution,<-N'_Mult_Distribution in H23; auto.
     apply N'_Mult_PrOrder in H23; try apply N'_Plus_in_N'; auto.
     intro. rewrite <-H25 in H20.
     elim (N'_Ord_irReflex F0 e e); auto.
  Close Scope n'_scope.
Qed.
```

关于 $^*\mathbf{Z}$ 上的序和运算, 补充一些显然成立且在后文需要用到的性质:

1) $\forall a, b \in (^*\mathbf{Z} \sim \{^*\mathbf{Z}_0\}),\ a \cdot b \in (^*\mathbf{Z} \sim \{^*\mathbf{Z}_0\})$.

2) $\forall a, b \in {}^*\mathbf{Z},\ {}^*\mathbf{Z}_0 < a, b \implies {}^*\mathbf{Z}_0 < a \cdot b$.

3) $\forall a \in (^*\mathbf{Z} \sim \{^*\mathbf{Z}_0\}),\ {}^*\mathbf{Z}_0 < a \cdot a$.

4) $\forall a, b \in {}^*\mathbf{Z},\ {}^*\mathbf{Z}_0 < a \wedge b < {}^*\mathbf{Z}_0 \implies a \cdot b < {}^*\mathbf{Z}_0$.

5) $\forall a, b \in {}^*\mathbf{Z},\ {}^*\mathbf{Z}_0 < a \cdot b \implies (^*\mathbf{Z}_0 < a, b) \vee (a, b < {}^*\mathbf{Z}_0)$.

6) $\forall a, b \in {}^*\mathbf{Z},\ a \cdot b < {}^*\mathbf{Z}_0 \implies (^*\mathbf{Z}_0 < a \wedge b < {}^*\mathbf{Z}_0) \vee (^*\mathbf{Z}_0 < b \wedge a < {}^*\mathbf{Z}_0)$.

7) $\forall a \in {}^*\mathbf{Z},\ {}^*\mathbf{Z}_0 < a \implies {}^*\mathbf{Z}_1 = a \vee {}^*\mathbf{Z}_1 < a$.

```
Fact Z'_add_Property1 : ∀ F0 u v, Arithmetical_ultraFilter F0
  -> u ∈ ((Z' F0) ∼ [Z'0 F0]) -> v ∈ ((Z' F0) ∼ [Z'0 F0])
  -> (u ·F0 v) ∈ ((Z' F0) ∼ [Z'0 F0]).
Proof.
  intros. apply MKT4'. apply MKT4' in H0 as [].
  apply MKT4' in H1 as []. split. apply Z'_Mult_in_Z'; auto.
  apply AxiomII; split. apply (Z'_Mult_in_Z' F0 u v) in H0;
  eauto. pose proof H. apply Z'0_in_Z' in H4. intro.
```

```
  apply MKT41 in H5; eauto. apply Z'_Mult_Property3 in H5; auto.
  apply AxiomII in H2 as []. apply AxiomII in H3 as [].
  destruct H5; [elim H6|elim H7]; apply MKT41; eauto.
Qed.

Global Hint Resolve Z'_add_Property1 : Z'.

Fact Z'_add_Property2 : ∀ F0 a b, Arithmetical_ultraFilter F0
  -> a ∈ (Z' F0) -> b ∈ (Z' F0) -> (Z'0 F0) <_F0 a
  -> (Z'0 F0) <_F0 b -> (Z'0 F0) <_F0 (a ·_F0 b).
Proof.
  intros. replace (Z'0 F0) with (a ·_F0 (Z'0 F0)).
  apply Z'_Mult_PrOrder; auto with Z'.
  rewrite Z'_Mult_Property1; auto.
Qed.

Global Hint Resolve Z'_add_Property2 : Z'.

Fact Z'_add_Property3 : ∀ F0 b, Arithmetical_ultraFilter F0
  -> b ∈ ((Z' F0) ~ [Z'0 F0]) -> (Z'0 F0) <_F0 (b ·_F0 b).
Proof.
  intros. assert (b ∈ Z' F0 /\ b <> Z'0 F0) as [].
  { apply MKT4' in H0 as []. apply AxiomII in H1 as [].
    split; auto. intro. elim H2. apply Z'0_in_Z' in H.
    apply MKT41; eauto. }
  assert ((F 0) ∈ (N' F0)).
  { apply Fn_in_N'; try apply in_ω_0. destruct H; auto. }
  assert ((Z'0 F0) ∈ (Z' F0) /\ b ∈ (Z' F0)) as [].
  { split; auto with Z'. }
  apply (Z'_Ord_Connect F0 H _ b) in H4 as [H4|[|]]; auto; clear H5.
  - replace (Z'0 F0) with (b ·_F0 (Z'0 F0)).
    apply Z'_Mult_PrOrder; auto with Z'.
    rewrite Z'_Mult_Property1; auto.
  - pose proof H. apply Z'0_in_Z' in H5.
    apply Z'_Plus_PrOrder_Corollary in H4 as [b0[[H4[]]_]]; auto.
    assert (b ·_F0 (b +_F0 b0) = b ·_F0 (Z'0 F0)).
    { rewrite H7; auto. }
    rewrite Z'_Mult_Distribution,Z'_Mult_Property1,
    Z'_Plus_Commutation,(Z'_Mult_Commutation F0 b b0) in H8;
    auto with Z'.
    assert (b0 ·_F0 (b +_F0 b0) = b0 ·_F0 (Z'0 F0)).
    { rewrite H7; auto. }
    rewrite Z'_Mult_Distribution,Z'_Mult_Property1 in H9; auto.
    assert ((b0 ·_F0 b) ∈ Z' F0); auto with Z'.
    apply Z'_neg in H10 as [x[_]]; auto.
    assert (x = b ·_F0 b /\ x = b0 ·_F0 b0) as [].
    { split; apply H10; split; auto with Z'. }
    rewrite <-H11,H12. apply Z'_add_Property2; auto.
  - elim H2; auto.
Qed.

Global Hint Resolve Z'_add_Property3 : Z'.

Fact Z'_add_Property4 : ∀ F0 a b, Arithmetical_ultraFilter F0
  -> a ∈ (Z' F0) -> b ∈ (Z' F0) -> (Z'0 F0) <_F0 a
  -> b <_F0 (Z'0 F0) -> (a ·_F0 b) <_F0 (Z'0 F0).
Proof.
  intros. pose proof H3. apply Z'_Plus_PrOrder_Corollary in H4
  as [b0[[H4[]]]]; auto with Z'.
```

```
   assert (a ·_F0 (b +_F0 b0) = a ·_F0 (Z'0 F0)).
   { rewrite H6; auto. }
   rewrite Z'_Mult_Property1,Z'_Mult_Distribution in H8; auto.
   assert ((Z'0 F0) <_F0 (a ·_F0 b0)); auto with Z'.
   assert ((a ·_F0 b) ∈ (Z' F0) /\ (Z'0 F0) ∈ (Z' F0)) as [].
   { split; auto with Z'. }
   apply (Z'_Ord_Connect F0 H _ (Z'0 F0)) in H10 as [H10|[]];
   auto; clear H11.
   - apply (Z'_Plus_PrOrder F0 _ _ (a ·_F0 b)) in H9; auto with Z'.
     rewrite Z'_Plus_Property in H9; auto with Z'.
     rewrite H8 in H9; auto.
   - rewrite H10,Z'_Plus_Commutation,
     Z'_Plus_Property in H8; auto with Z'. rewrite H8 in H9.
     elim (Z'_Ord_irReflex F0 (Z'0 F0) (Z'0 F0)); auto with Z'.
Qed.

Global Hint Resolve Z'_add_Property4 : Z'.

Fact Z'_add_Property5 : ∀ F0 a b, Arithmetical_ultraFilter F0
  -> a ∈ (Z' F0) -> b ∈ (Z' F0) -> (Z'0 F0) <_F0 (a ·_F0 b)
  -> ((Z'0 F0) <_F0 a /\ (Z'0 F0) <_F0 b)
     \/ (a <_F0 (Z'0 F0) /\ b <_F0 (Z'0 F0)).
Proof.
  intros.
  assert ((Z'0 F0) ∈ (Z' F0) /\ a ∈ (Z' F0)) as [].
  { split; auto with Z'. }
  apply (Z'_Ord_Connect F0 H _ a) in H3; auto; clear H4.
  assert ((Z'0 F0) ∈ (Z' F0) /\ b ∈ (Z' F0)) as [].
  { split; auto with Z'. }
  apply (Z'_Ord_Connect F0 H _ b) in H4; auto; clear H5.
  destruct H3 as [H3|[]].
  - destruct H4 as [H4|[]]; auto.
    + apply (Z'_add_Property4 F0 a b) in H3; auto.
      apply (Z'_Ord_Trans F0 _ _ (Z'0 F0)) in H2; auto with Z'.
      elim (Z'_Ord_irReflex F0 (Z'0 F0) (Z'0 F0)); auto with Z'.
    + rewrite <-H4,Z'_Mult_Property1 in H2; auto.
      elim (Z'_Ord_irReflex F0 (Z'0 F0) (Z'0 F0)); auto with Z'.
  - destruct H4 as [H4|[]]; auto.
    + apply (Z'_add_Property4 F0 b a) in H3; auto.
      rewrite Z'_Mult_Commutation in H2; auto.
      apply (Z'_Ord_Trans F0 _ _ (Z'0 F0)) in H2; auto with Z'.
      elim (Z'_Ord_irReflex F0 (Z'0 F0) (Z'0 F0)); auto with Z'.
    + rewrite <-H4,Z'_Mult_Property1 in H2; auto.
      elim (Z'_Ord_irReflex F0 (Z'0 F0) (Z'0 F0)); auto with Z'.
  - rewrite <-H3,Z'_Mult_Commutation,Z'_Mult_Property1 in H2;
    auto with Z'.
    elim (Z'_Ord_irReflex F0 (Z'0 F0) (Z'0 F0)); auto with Z'.
Qed.

Global Hint Resolve Z'_add_Property5 : Z'.

Fact Z'_add_Property6 : ∀ F0 a b, Arithmetical_ultraFilter F0
  -> a ∈ (Z' F0) -> b ∈ (Z' F0) -> (a ·_F0 b) <_F0 (Z'0 F0)
  -> ((Z'0 F0) <_F0 a /\ b <_F0 (Z'0 F0))
     \/ (a <_F0 (Z'0 F0) /\ (Z'0 F0) <_F0 b).
Proof.
  intros.
  assert ((Z'0 F0) ∈ (Z' F0) /\ a ∈ (Z' F0)) as [].
  { split; auto with Z'. }
```

```
apply (Z'_Ord_Connect F0 H _ a) in H3; auto; clear H4.
assert ((Z'0 F0) ∈ (Z' F0) /\ b ∈ (Z' F0)) as [].
{ split; auto with Z'. }
apply (Z'_Ord_Connect F0 H _ b) in H4; auto; clear H5.
destruct H3 as [H3|[]].
- destruct H4 as [H4|[]]; auto.
  + apply (Z'_add_Property2 F0 a b) in H3; auto.
    apply (Z'_Ord_Trans F0 _ _ (Z'0 F0)) in H3; auto with Z'.
    elim (Z'_Ord_irReflex F0 (Z'0 F0) (Z'0 F0)); auto with Z'.
  + rewrite <-H4,Z'_Mult_Property1 in H2; auto.
    elim (Z'_Ord_irReflex F0 (Z'0 F0) (Z'0 F0)); auto with Z'.
- destruct H4 as [H4|[]]; auto.
  + apply Z'_Plus_PrOrder_Corollary in H3 as [a0[[H3[]]]];
    apply Z'_Plus_PrOrder_Corollary in H4 as [b0[[H4[]]]];
    auto with Z'. clear H7 H10.
    assert (a ·F0 b = a0 ·F0 b0).
    { assert (a ·F0 (b +F0 b0) = b0 ·F0 (a +F0 a0)).
      { rewrite H9,H6,Z'_Mult_Property1,Z'_Mult_Property1; auto. }
      rewrite Z'_Mult_Distribution,Z'_Mult_Distribution,
      Z'_Plus_Commutation,Z'_Mult_Commutation,
      (Z'_Mult_Commutation _ b0 a0) in H7; auto with Z'.
      apply Z'_Plus_Cancellation in H7; auto with Z'. }
    pose proof H3. apply (Z'_add_Property2 F0 a0 b0)
    in H3; auto. rewrite H7 in H2.
    apply (Z'_Ord_Trans F0 _ _ (Z'0 F0)) in H3; auto with Z'.
    elim (Z'_Ord_irReflex F0 (Z'0 F0) (Z'0 F0)); auto with Z'.
  + rewrite <-H4,Z'_Mult_Property1 in H2; auto.
    elim (Z'_Ord_irReflex F0 (Z'0 F0) (Z'0 F0)); auto with Z'.
- rewrite <-H3,Z'_Mult_Commutation,Z'_Mult_Property1 in H2;
  auto with Z'.
  elim (Z'_Ord_irReflex F0 (Z'0 F0) (Z'0 F0)); auto with Z'.
Qed.

Global Hint Resolve Z'_add_Property6 : Z'.

Fact Z'_add_Property7 : ∀ F0 a, Arithmetical_ultraFilter F0
  -> a ∈ (Z' F0) -> (Z'0 F0) <F0 a
  -> (Z'1 F0) <F0 a \/ (Z'1 F0) = a.
Proof.
  intros. pose proof H0. apply (Z'_Ord_Connect F0 H (Z'1 F0))
  in H2 as [|[|]]; auto with Z'. inZ' H0 m n.
  rewrite Z'0_Corollary,H4 in H1; auto.
  rewrite Z'1_Corollary,H4 in H2; auto.
  pose proof H. destruct H5 as [H5 _].
  apply Z'_Ord_Corollary in H1,H2; try apply Fn_in_N'; auto;
  [ |apply in_ω_1]. rewrite N'_Plus_Commutation,
  N'_Plus_Property,N'_Plus_Commutation,N'_Plus_Property
  in H1; try apply Fn_in_N'; auto.
  rewrite N'_Plus_Property in H2; auto.
  apply N'_Plus_PrOrder_Corollary in H1 as [x[[H1[]]_]]; auto.
  rewrite <-H7 in H2. apply N'_Plus_PrOrder in H2;
  try apply Fn_in_N',in_ω_1; auto. clear H7.
  pose proof in_ω_0; pose proof in_ω_1.
  apply (F_Constn_Fn F0) in H7,H8; auto.
  apply AxiomII in H1 as [H1[f[H9[H10[]]]]].
  rewrite <-H7,H12 in H6. rewrite <-H8,H12 in H2.
  pose proof in_ω_0; pose proof in_ω_1.
  apply Constn_is_Function in H13 as [H13[]], H14 as [H14[]].
  assert (ran(Const 0) ⊂ ω /\ ran(Const 1) ⊂ ω) as [].
```

```
{ rewrite H16,H18. split; unfold Included; intros;
  apply MKT41 in H19; try rewrite H19; auto. apply in_ω_1. }
apply N'_Ord_Corollary in H2,H6; auto.
assert (\{ λ w, f[w] ∈ (Const 1)[w] \}
 ∩ \{ λ w, (Const 0)[w] ∈ f[w] \} = ∅).
{ apply AxiomI; split; intros; elim (@ MKT16 z); auto.
  apply MKT4' in H21 as []. apply AxiomII in H21 as [];
  apply AxiomII in H22 as [].
  assert (z ∈ ω).
  { apply NNPP; intro. rewrite <-H15 in H25. apply MKT69a in H25.
    rewrite H25 in H24. elim MKT39. eauto. }
  assert ((Const 1)[z] = 1).
  { pose proof in_ω_1. rewrite <-H17 in H25.
    apply Property_Value,Property_ran in H25; auto.
    rewrite H18 in H25. apply MKT41 in H25; eauto. }
  assert ((Const 0)[z] = 0).
  { pose proof in_ω_0. rewrite <-H15 in H25.
    apply Property_Value,Property_ran in H25; auto.
    rewrite H16 in H25. apply MKT41 in H25; eauto. }
  rewrite H26 in H23. rewrite H27 in H24.
  apply MKT41 in H23; eauto. rewrite H23 in H24.
  elim (@ MKT16 0); auto. }
apply AxiomII in H5 as [H5[[H22[H23[H24[]]]]]].
elim H23. rewrite <-H21. apply H25; auto.
Qed.

Global Hint Resolve Z'_add_Property7 : Z'.
```

3.5.5　*N 嵌入 *Z

　　定理 3.38　对任意一个 *N, *N 可以同构嵌入扩张后的 *Z, 具体来说, 对于集合:

$$*Z_{*N} = \{[(m, F_0)] : m \in {}^*N\},$$

有 *Z$_{*N}$ ⊊ *Z, 同时可以构造一个定义域为 *N, 值域为 *Z$_{*N}$ 的 1-1 函数:

$$\varphi_1 = \{(u, v) : u \in {}^*N \land v = [(u, F_0)]\},$$

∀m, n ∈ *N, 满足如下性质.

　　1) $\varphi_1(F_0) = {}^*Z_0 \land \varphi_1(F_1) = {}^*Z_1$.

　　2) 序保持: $m < n \iff \varphi_1(m) < \varphi_1(n)$.

　　3) 加法保持: $\varphi_1(m + n) = \varphi_1(m) + \varphi_1(n)$.

　　4) 乘法保持: $\varphi_1(m \cdot n) = \varphi_1(m) \cdot \varphi_1(n)$.

　　φ_1 的以上性质说明, φ_1 是 *N 到 *Z$_{*N}$ 的保序、保运算的 1-1 函数. 至此, 我们说 *N 与 *Z$_{*N}$ 同构, 并说 φ_1 将 *N 同构嵌入 *Z.

```
Definition Z'_N' F0 := \{ λ u, ∃ m, m ∈ (N' F0) /\ u = \[[m,(F 0)]\]_F0 \}.
```

(* *Z$_{*N}$ 是一个集 *)

```
Corollary Z'_N'_is_Set : ∀ F0, F0 ∈ βω -> Ensemble (Z'_N' F0).
```

```
Proof.
  intros. apply (MKT33 (Z' F0)). apply Z'_is_Set; auto.
  unfold Included; intros. apply AxiomII in H0 as [H0[x[]]].
  apply AxiomII; split; auto. exists [x,(F 0)]. split; auto.
  apply AxiomII'. pose proof in_ω_0. eapply Fn_in_N' in H3; eauto.
  repeat split; auto. apply MKT49a; eauto.
Qed.
```

(* *Z*N 是*Z 的真子集 *)

```
Corollary Z'_N'_properSubset_Z' : ∀ F0, Arithmetical_ultraFilter F0
  -> (Z'_N' F0) ⊂ (Z' F0) /\ (Z'_N' F0) <> (Z' F0).
Proof.
  split.
  - unfold Included; intros. apply AxiomII in H0 as [H0[x[]]].
    apply AxiomII; split; auto. exists ([x, F 0]). split; auto.
    apply AxiomII'. pose proof in_ω_0. eapply Fn_in_N' in H3;
    destruct H; eauto. split; auto. apply MKT49a; eauto.
  - intro. assert ((F 0) ∈ (N' F0) /\ (F 1) ∈ (N' F0)) as [].
    { pose proof in_ω_0; pose proof in_ω_1. eapply Fn_in_N' in H1;
      eapply Fn_in_N' in H2; destruct H; eauto. }
    assert (\[[(F 0),(F 1)]\]_F0 ∈ (Z' F0)).
    { apply AxiomII; split. apply (MKT33 (N' F0)×(N' F0)).
      apply MKT74; apply N'_is_Set; destruct H; auto.
      unfold Included; intros. apply AxiomII in H3; tauto.
      exists ([(F 0),(F 1)]). split; auto.
      apply AxiomII'; split; auto. apply MKT49a; eauto. }
    rewrite <-H0 in H3. apply AxiomII in H3 as [H3[m[]]].
    apply R_N'_Corollary in H5; auto. pose proof H.
    apply N'_Ord_Connect in H6.
    pose proof in_ω_0; pose proof in_ω_1.
    apply Constn_is_Function in H7 as [H7[]];
    apply Constn_is_Function in H8 as [H8[]].
    assert (ran(Const 0) ⊂ ω /\ ran(Const 1) ⊂ ω) as [].
    { rewrite H10,H12. pose proof in_ω_0; pose proof in_ω_1.
      split; unfold Included; intros; apply MKT41 in H15; eauto;
      rewrite H15; auto. }
    assert ((F 0) ∈ (N' F0) /\ m ∈ (N' F0)) as []; auto.
    apply (H6 _ m) in H15 as [H15|[|]]; auto; clear H16.
    + apply (N'_Plus_PrOrder F0 _ _ (F 0)) in H15; auto.
      rewrite H5 in H15. rewrite N'_Plus_Commutation,
      (N'_Plus_Commutation F0 _ m) in H15; auto.
      apply N'_Plus_PrOrder in H15; auto.
      assert ((Const 0)⟨F0⟩ = F 0 /\ (Const 1)⟨F0⟩ = F 1) as [].
      { split; apply F_Constn_Fn; destruct H;
        try apply in_ω_0; try apply in_ω_1; auto. }
      rewrite <-H16,<-H17 in H15.
      apply N'_Ord_Corollary in H15; auto.
      assert (\{ λ w, (Const 1)[w] ∈ (Const 0)[w] \} = 0).
      { apply AxiomI; split; intros; elim (@ MKT16 z); auto.
        apply AxiomII in H18 as []. destruct (classic (z ∈ ω)).
        - pose proof H20. rewrite <-H9 in H20; rewrite <-H11 in H21.
          apply Property_Value,Property_ran in H20;
          apply Property_Value,Property_ran in H21; auto.
          rewrite H12 in H21. rewrite H10 in H20.
          pose proof in_ω_0; pose proof in_ω_1.
          apply MKT41 in H20; apply MKT41 in H21; eauto.
          rewrite H20,H21 in H19. elim (@ MKT16 1); auto.
        - rewrite <-H11 in H20. apply MKT69a in H20.
```

```
                  rewrite H20 in H19. elim MKT39; eauto. }
             rewrite H18 in H15. destruct H.
             apply AxiomII in H as [H[[H20[]]]]; auto.
       + pose proof H4. apply AxiomII in H16 as [H16[f[H17[H18[]]]]].
             assert ((Const 0)⟨F0⟩ = F 0).
             { apply F_Constn_Fn; destruct H; auto; apply in_ω_0. }
             rewrite H20,<-H21 in H15. apply N'_Ord_Corollary in H15; auto.
             assert (\{ λ w, f[w] ∈ (Const 0)[w] \} = 0).
             { apply AxiomI; split; intros; elim (@ MKT16 z); auto.
               apply AxiomII in H22 as []. destruct (classic (z ∈ ω)).
               - rewrite <-H9 in H24. apply Property_Value,Property_ran
                 in H24; auto. rewrite H10 in H24.
                 apply MKT41 in H24; pose proof in_ω_0; eauto.
                 rewrite H24 in H23. elim (@ MKT16 (f[z])); auto.
               - rewrite <-H18 in H24. apply MKT69a in H24.
                 rewrite H24 in H23. elim MKT39; eauto. }
             rewrite H22 in H15. destruct H.
             apply AxiomII in H as [H[[H24[]]]]; auto.
       + rewrite H15 in H5. rewrite (N'_Plus_Commutation F0 (F 1))
             in H5; auto. apply N'_Plus_Cancellation in H5; auto.
             rewrite H5 in H15. elim N'0_isn't_N'1; auto.
Qed.

Definition φ1 F0 := \{\ λ u v, u ∈ (N' F0) /\ v = \[[u,(F 0)]\]_F0 \}\.

(* φ1 是定义域为*N,值域为*Z*N 的 1-1 函数 *)

Corollary φ1_is_Function : ∀ F0, Arithmetical_ultraFilter F0
  -> Function1_1 (φ1 F0) /\ dom(φ1 F0) = (N' F0) /\ ran(φ1 F0) = (Z'_N' F0).
Proof.
 intros. assert (Function1_1 (φ1 F0)).
 { repeat split; unfold Relation; intros; try destruct H0.
   - apply AxiomII in H0 as [H0[x[y[]]]]; eauto.
   - apply AxiomII' in H0 as [H0[]].
     apply AxiomII' in H1 as [H1[]]. rewrite H3,H5; auto.
   - apply AxiomII in H0 as [H0[x[y[]]]]; eauto.
   - apply AxiomII' in H0 as []. apply AxiomII' in H2 as [H2[]].
     apply AxiomII' in H1 as []. apply AxiomII' in H5 as [H5[]].
     rewrite H4 in H7. pose proof in_ω_0.
     eapply Fn_in_N' in H8; destruct H; eauto.
     apply R_N'_Corollary in H7; try split; auto.
     rewrite N'_Plus_Commutation in H7; try split; auto.
     apply N'_Plus_Cancellation in H7; try split; auto. }
 split; auto. destruct H0. split; apply AxiomI; split; intros.
 - apply AxiomII in H2 as [H2[]]. apply AxiomII' in H3; tauto.
 - apply AxiomII; split; eauto. exists (\[[z,(F 0)]\]_F0).
   apply AxiomII'; split; auto. apply MKT49a; eauto.
   apply (MKT33 (N' F0)×(N' F0)).
   apply MKT74; apply N'_is_Set; destruct H; auto.
   unfold Included; intros. apply AxiomII in H3; tauto.
 - apply AxiomII in H2 as [H2[]].
   apply AxiomII' in H3 as [H3[]]. apply AxiomII; split; eauto.
 - apply AxiomII in H2 as [H2[x[]]]. apply AxiomII; split; auto.
   exists x. apply AxiomII'; split; auto. apply MKT49a; eauto.
Qed.

Corollary φ1_N'0 : ∀ F0, Arithmetical_ultraFilter F0 -> (φ1 F0)[F 0] = Z'0 F0.
Proof.
 intros. pose proof H. apply φ1_is_Function in H0 as [[][]].
```

```
  assert ((F 0) ∈ (N' F0)).
  { apply Fn_in_N',in_ω_0; destruct H; auto. }
  rewrite <-H2 in H4. apply Property_Value,AxiomII' in H4
  as [_[_]]; auto. rewrite Z'0_Corollary; auto.
Qed.

Corollary φ1_N'1 : ∀ F0, Arithmetical_ultraFilter F0 -> (φ1 F0)[F 1] = Z'1 F0.
Proof.
  intros. pose proof H. apply φ1_is_Function in H0 as [[][]].
  assert ((F 1) ∈ (N' F0)).
  { apply Fn_in_N',in_ω_1; destruct H; auto. }
  rewrite <-H2 in H4. apply Property_Value,AxiomII' in H4
  as [_[_]]; auto. rewrite Z'1_Corollary; auto.
Qed.

(* φ1 对序保持 *)

Corollary φ1_PrOrder : ∀ F0 m n, Arithmetical_ultraFilter F0
  -> m ∈ (N' F0) -> n ∈ (N' F0)
  -> (m <_F0 n)%n' <-> (φ1 F0)[m] <_F0 (φ1 F0)[n].
Proof.
  intros. pose proof H. apply φ1_is_Function in H2 as [[][]].
  assert ((F 0) ∈ (N' F0)).
  { pose proof in_ω_0.
    eapply Fn_in_N' in H6; destruct H; eauto; tauto. }
  assert ((φ1 F0)[m] = \[[m,(F 0)]\]_F0
  /\ Ensemble ((φ1 F0)[m])) as [].
  { rewrite <-H4 in H0. apply Property_Value in H0; auto.
    apply AxiomII' in H0 as [H0[]]. split; auto.
    apply MKT49b in H0; tauto. }
  assert ((φ1 F0)[n] = \[[n,(F 0)]\]_F0
  /\ Ensemble ((φ1 F0)[n])) as [].
  { rewrite <-H4 in H1. apply Property_Value in H1; auto.
    apply AxiomII' in H1 as [H1[]]. split; auto.
    apply MKT49b in H1; tauto. }
  split; intros.
  - apply AxiomII'; split. apply MKT49a; auto.
    intros. rewrite H7 in H16; rewrite H9 in H17.
    apply R_N'_Corollary in H16; apply R_N'_Corollary in H17; auto.
    rewrite (N'_Plus_Commutation F0 _ m0),N'_Plus_Property in H16;
    rewrite (N'_Plus_Commutation F0 _ p),N'_Plus_Property in H17;
    auto.
    assert (((n0 +_F0 q) +_F0 m) <_F0 ((n0 +_F0 q) +_F0 n))%n'.
    { apply N'_Plus_PrOrder; try apply N'_Plus_in_N'; auto. }
    rewrite N'_Plus_Association,N'_Plus_Association,
    (N'_Plus_Commutation F0 q),<-(N'_Plus_Association F0 n0),
    (N'_Plus_Commutation F0 n0),(N'_Plus_Commutation F0 q),H16,H17
    in H18; auto.
  - apply AxiomII' in H11 as [].
    assert ((m +_F0 (F 0)) <_F0 ((F 0) +_F0 n))%n'.
    { apply H12; auto. }
    rewrite N'_Plus_Commutation in H13; auto.
    apply N'_Plus_PrOrder in H13; auto.
Qed.

(* φ1 对加法保持 *)

Corollary φ1_PrPlus : ∀ F0 m n, Arithmetical_ultraFilter F0
  -> m ∈ (N' F0) -> n ∈ (N' F0)
```

```
-> (φ1 F0)[(m +_F0 n)%n'] = (φ1 F0)[m] +_F0 (φ1 F0)[n].
Proof.
  intros. pose proof H. apply φ1_is_Function in H2 as [[][]].
  assert ((m +_F0 n)%n' ∈ (N' F0)). { apply N'_Plus_in_N'; auto. }
  rewrite <-H4 in H6,H0,H1. apply Property_Value in H6;
  apply Property_Value in H0; apply Property_Value in H1; auto.
  apply AxiomII' in H0 as [H0[]]. apply AxiomII' in H1 as [H1[]].
  apply AxiomII' in H6 as [H6[]]. rewrite H8,H10,H12.
  clear H8 H10 H12. rewrite Z'_Plus_Corollary; auto;
  try apply Fn_in_N'; try apply in_ω_0; destruct H; auto.
  rewrite N'_Plus_Property; auto; try apply Fn_in_N';
  try apply in_ω_0; try split; auto.
Qed.
```

(* φ1对乘法保持 *)

```
Corollary φ1_PrMult : ∀ F0 m n, Arithmetical_ultraFilter F0
  -> m ∈ (N' F0) -> n ∈ (N' F0)
  -> (φ1 F0)[(m ·_F0 n)%n'] = (φ1 F0)[m] ·_F0 (φ1 F0)[n].
Proof.
  intros. pose proof H. apply φ1_is_Function in H2 as [[][]].
  assert ((m ·_F0 n)%n' ∈ (N' F0)). { apply N'_Mult_in_N'; auto. }
  rewrite <-H4 in H6,H0,H1. apply Property_Value in H6;
  apply Property_Value in H0; apply Property_Value in H1; auto.
  apply AxiomII' in H0 as [H0[]]. apply AxiomII' in H1 as [H1[]].
  apply AxiomII' in H6 as [H6[]]. rewrite H8,H10,H12.
  clear H8 H10 H12. rewrite Z'_Mult_Corollary; auto;
  try apply Fn_in_N'; try apply in_ω_0; destruct H; auto.
  rewrite (N'_Mult_Commutation F0 (F 0) n),N'_Mult_Property1,
  N'_Mult_Property1,N'_Mult_Property1,N'_Plus_Property,
  N'_Plus_Property; try split; auto; apply Fn_in_N';
  try apply in_ω_0; auto.
Qed.
```

定理 3.38 表明 *N 和 *Z_*N 在各自序和运算的定义下具有完全相同的结构. 下面的定理则反映了 *Z ∼ *Z_*N 的性质.

定理 3.39 *N 和 *Z 由算术超滤 F0 生成, 则

1) $*\mathbf{Z} \sim *\mathbf{Z}_{*\mathbf{N}} = \{[(F_0, m)] : m \neq 0 \land m \in *\mathbf{N}\}$.

2) $\forall u, u \in (*\mathbf{Z} \sim *\mathbf{Z}_{*\mathbf{N}}) \iff u < *\mathbf{Z}_0$.

3) $\forall u \in (*\mathbf{Z}_{*\mathbf{N}} \sim \{*\mathbf{Z}_0\})$, 存在唯一 $u_0 \in (*\mathbf{Z} \sim *\mathbf{Z}_{*\mathbf{N}})$ 且 $u + u_0 = *\mathbf{Z}_0$.

4) $\forall u \in (*\mathbf{Z} \sim *\mathbf{Z}_{*\mathbf{N}})$, 存在唯一 $u_0 \in (*\mathbf{Z}_{*\mathbf{N}} \sim \{*\mathbf{Z}_0\})$ 且 $u + u_0 = *\mathbf{Z}_0$.

```
Fact Z'_N'_Property1 : ∀ F0, Arithmetical_ultraFilter F0
  -> (Z' F0) ∼ (Z'_N' F0) = \{ λ u, ∃ m, m ∈ (N' F0) /\ m <> F0
  /\ u = \[[(F 0),m)]\]_F0 \}.
Proof.
  intros. pose proof in_ω_0; pose proof H.
  eapply Fn_in_N' in H0; destruct H1; eauto.
  clear i n. apply AxiomI; split; intros.
  - apply MKT4' in H1 as []. apply AxiomII; split; eauto.
    apply AxiomII in H1 as [H1[x[]]].
    apply AxiomII in H3 as [H3[m[n[H5[]]]]]. rewrite H4,H5 in *.
    assert (m ∈ (N' F0) /\ n ∈ (N' F0)) as []; auto.
    apply (N'_Ord_Connect F0 H m n) in H8 as []; auto; clear H9.
    + apply N'_Plus_PrOrder_Corollary in H8 as [a[[H8[]]]]; auto.
```

```
    exists a. repeat split; auto. intro. rewrite <-H12 in H9.
    elim (N'_Ord_irReflex F0 a a); auto.
    apply R_N'_Corollary; auto. rewrite N'_Plus_Property; auto.
  + apply AxiomII in H2 as []. elim H9.
    apply AxiomII; split; auto. destruct H8.
    * apply N'_Plus_PrOrder_Corollary in H8 as [a[[H8[]]]]; auto.
      exists a. split; auto. apply R_N'_Corollary; auto.
      rewrite N'_Plus_Property; auto.
    * exists (F 0). split; auto. apply R_N'_Corollary; auto.
      rewrite N'_Plus_Property,N'_Plus_Property; auto.
- apply AxiomII in H1 as [H1[n[H2[]]]]. apply MKT4'; split.
  + apply AxiomII; split; auto. exists ([F 0,n]). split; auto.
    apply AxiomII'; split; auto. apply MKT49a; eauto.
  + apply AxiomII; split; auto. intro.
    apply AxiomII in H5 as [H5[x[]]].
    rewrite H4 in H7. apply R_N'_Corollary in H7; auto.
    rewrite N'_Plus_Property in H7; auto.
    assert ((F 0) ∈ (N' F0) /\ n ∈ (N' F0)) as []; auto.
    apply (N'_Ord_Connect F0 H _ n) in H8 as [H8|[|]]; auto;
    clear H9; elim (N'O_is_FirstMember F0 n); auto.
    assert (((F 0) ∈ (N' F0) /\ x ∈ (N' F0))) as []; auto.
    apply (N'_Ord_Connect F0 H _ x) in H9 as [H9|[|]]; auto;
    clear H10; elim (N'O_is_FirstMember F0 x); auto.
    * apply (N'_Plus_PrOrder F0 _ _ n) in H9; auto.
      apply (N'_Plus_PrOrder F0 _ _ (F 0)) in H8; auto.
      rewrite N'_Plus_Property,N'_Plus_Commutation in H8; auto.
      apply (N'_Ord_Trans F0 (F 0)) in H9; try apply
      N'_Plus_in_N'; auto; destruct H; auto. rewrite <-H7 in H9.
      elim (N'_Ord_irReflex_weak F0 (F 0)); auto.
    * rewrite H7,<-H9,N'_Plus_Property in H8; auto.
      elim (N'_Ord_irReflex F0 n n); auto.
Qed.

Fact Z'_N'_Property2 : ∀ F0 u, Arithmetical_ultraFilter F0
  -> u ∈ (Z' F0) -> u ∈ ((Z' F0) ~ (Z'_N' F0)) <-> u <_F0 (Z'O F0).
Proof.
  intros. pose proof in_ω_0; pose proof H.
  eapply Fn_in_N' in H1; destruct H2; eauto.
  clear i n. pose proof H0 as Ha.
  apply AxiomII in H0 as [H0[x[]]].
  apply AxiomII in H2 as [H2[m[n[H4[]]]]].
  rewrite H3,H4 in *. split; intros.
  - apply MKT4' in H7 as []. apply AxiomII in H8 as [].
    rewrite Z'O_Corollary; auto. apply Z'_Ord_Corollary; auto.
    rewrite N'_Plus_Property,N'_Plus_Property; auto.
    assert (m ∈ (N' F0) /\ n ∈ (N' F0)) as []; auto.
    apply (N'_Ord_Connect F0 H m n) in H10 as []; auto; clear H11.
    elim H9. apply AxiomII; split; auto. destruct H10.
    + apply N'_Plus_PrOrder_Corollary in H10 as [a[[H10[]]]]; auto.
      exists a. split; auto. apply R_N'_Corollary; auto.
      rewrite N'_Plus_Property; auto.
    + exists (F 0). split; auto. apply R_N'_Corollary; auto.
      rewrite N'_Plus_Property,N'_Plus_Property; auto.
  - apply MKT4'; split; auto. apply AxiomII; split; auto.
    intro. rewrite Z'O_Corollary in H7; auto.
    apply Z'_Ord_Corollary in H7; auto.
    rewrite N'_Plus_Property,N'_Plus_Property in H7; auto.
    apply AxiomII in H8 as [H8[a[]]].
    apply R_N'_Corollary in H10; auto.
```

```
        rewrite N'_Plus_Property in H10; auto. rewrite H10 in H7.
        assert ((n +_F0 a) <_F0 (n +_F0 (F 0)))%n'.
        { rewrite N'_Plus_Property; auto. }
        apply N'_Plus_PrOrder in H11; auto.
        elim (N'0_is_FirstMember F0 a); auto.
Qed.

Fact Z'_N'_Property3 : ∀ F0 u, Arithmetical_ultraFilter F0
  -> u ∈ ((Z'_N' F0) ~ [Z'0 F0])
  -> exists ! u0, u0 ∈ ((Z' F0) ~ (Z'_N' F0)) /\ u +_F0 u0 = Z'0 F0.
Proof.
  intros. assert (u ∈ (Z' F0)).
  { apply MKT4' in H0 as []. apply Z'_N'_properSubset_Z'; auto. }
  assert ((F 0) ∈ (N' F0)).
  { apply Fn_in_N',in_ω_0; auto; destruct H; auto. }
  assert ((Z'0 F0) <_F0 u).
  { apply MKT4' in H0 as []. apply AxiomII in H0 as [_[m[]]].
    rewrite H4,Z'0_Corollary; auto. apply Z'_Ord_Corollary; auto.
    rewrite N'_Plus_Property,N'_Plus_Commutation,N'_Plus_Property;
    auto. pose proof H0. apply N'0_is_FirstMember in H0; auto.
    pose proof H2. apply (N'_Ord_Connect F0 H _ m) in H6
    as [H6|[]]; auto. elim H0; auto.
    rewrite H4,<-H6,<-Z'0_Corollary in H3; auto.
    apply AxiomII in H3 as []. elim H7. apply MKT41; auto. }
  pose proof H1. apply Z'_neg in H4 as [u0[[]]]; auto.
  exists u0. repeat split; auto. rewrite Z'_N'_Property1; auto.
  - apply AxiomII; split; eauto. apply MKT4' in H0 as [].
    apply AxiomII in H0 as [_[m[]]]. exists m. repeat split; auto.
    intro. rewrite H8,H9,<-Z'0_Corollary in H3; auto.
    elim (Z'_Ord_irReflex F0 (Z'0 F0) (Z'0 F0)); auto with Z'.
    apply Z'_neg_Corollary; auto. rewrite <-H8; auto.
  - intros u1 []. rewrite <-H5 in H8.
    apply Z'_Plus_Cancellation in H8; auto.
    apply MKT4' in H7; tauto.
Qed.

Fact Z'_N'_Property4 : ∀ F0 u, Arithmetical_ultraFilter F0
  -> u ∈ ((Z' F0) ~ (Z'_N' F0))
  -> exists ! u0, u0 ∈ ((Z'_N' F0) ~ [Z'0 F0]) /\ u +_F0 u0 = Z'0 F0.
Proof.
  intros. assert (u ∈ (Z' F0)). { apply MKT4' in H0; tauto. }
  assert ((F 0) ∈ (N' F0)).
  { apply Fn_in_N',in_ω_0; auto; destruct H; auto. }
  assert (u <_F0 (Z'0 F0)).
  { rewrite Z'_N'_Property1 in H0; auto.
    apply AxiomII in H0 as [_[m[H0[]]]]. pose proof H0.
    apply N'0_is_FirstMember in H5; auto. pose proof H2.
    apply (N'_Ord_Connect F0 H _ m) in H6 as [H6|[]]; auto.
    rewrite H4,Z'0_Corollary; auto. apply Z'_Ord_Corollary; auto.
    rewrite N'_Plus_Property,N'_Plus_Property; auto.
    elim H5; auto. elim H3; auto. }
  pose proof H1. apply Z'_neg in H4 as [u0[[]]]; auto.
  exists u0. repeat split; auto.
  - apply MKT4'; split. apply AxiomII; split; eauto.
    rewrite Z'_N'_Property1 in H0; auto.
    apply AxiomII in H0 as [_[m[H0[]]]]. exists m.
    split; auto. apply Z'_neg_Corollary; auto. rewrite <-H8; auto.
    apply AxiomII; split; eauto. intro. apply MKT41 in H7.
    rewrite H7,Z'_Plus_Property in H5; auto. rewrite <-H5 in H3.
```

```
      elim (Z'_Ord_irReflex F0 u u); auto. eauto with Z'.
    - intros u1 []. rewrite <-H5 in H8.
      apply Z'_Plus_Cancellation in H8; auto.
      apply MKT4' in H7 as []. apply Z'_N'_properSubset_Z'; auto.
Qed.
```

定理 3.39 表明, $^*\mathbf{Z}_{*\mathbf{N}}$ 和 $^*\mathbf{Z}$ 的关系与通常非负整数集和整数集的关系一致, 并且, 当生成 $^*\mathbf{N}$ 的算术超滤 $F0$ 为一个非主算术超滤时, $^*\mathbf{Z}$ 会伴随 $^*\mathbf{N}$ 一起引入无穷大数.

为说明 $^*\mathbf{Z}$ 中的无穷大数, 我们记

$$^*\mathbf{Z}_{\mathbf{Z}} = \{[(m,n)] : m, n \in {}^*\mathbf{N}_{\mathbf{N}}\}.$$

```
Definition Z'_Z F0 := \{ λ u, ∃ m n, m ∈ N'_N /\ n ∈ N'_N /\ u = \[[m,n]\]_F0 \}.

Corollary Z'_Z_Subset_Z' : ∀ F0, Arithmetical_ultraFilter F0
  -> (Z'_Z F0) ⊂ (Z' F0).
Proof.
  intros. unfold Included; intros.
  apply AxiomII in H0 as [H0[m[n[H1[]]]]].
  apply AxiomII; split; auto. exists [m,n]. split; auto.
  apply AxiomII'; split. apply MKT49a; eauto.
  split; apply N'_N_Subset_N'; auto.
Qed.

Corollary Z'_Z_is_Set : ∀ F0, Arithmetical_ultraFilter F0 -> Ensemble (Z'_Z F0).
Proof.
  intros. apply (MKT33 (Z' F0));
  [apply Z'_is_Set; destruct H|apply Z'_Z_Subset_Z']; auto.
Qed.
```

$^*\mathbf{Z}_0$ 和 $^*\mathbf{Z}_1$ 都是 $^*\mathbf{Z}_{\mathbf{Z}}$ 中的元.

```
Fact Z'0_in_Z'_Z : ∀ F0, Arithmetical_ultraFilter F0 -> (Z'0 F0) ∈ (Z'_Z F0).
Proof.
  intros. apply AxiomII; split; eauto with Z'.
  exists (F 0),(F 0). repeat split; try apply Fn_in_N'_N; auto.
  rewrite Z'0_Corollary; auto.
Qed.

Fact Z'1_in_Z'_Z : ∀ F0, Arithmetical_ultraFilter F0 -> (Z'1 F0) ∈ (Z'_Z F0).
Proof.
  intros. apply AxiomII; split; eauto with Z'.
  exists (F 1),(F 0). repeat split; try apply Fn_in_N'_N; auto.
  apply in_ω_1. rewrite Z'1_Corollary; auto.
Qed.
```

$^*\mathbf{Z}_{\mathbf{Z}}$ 对 $^*\mathbf{Z}$ 上定义的运算封闭.

```
Fact Z'_Z_Plus_in_Z'_Z : ∀ F0 u v, Arithmetical_ultraFilter F0
  -> u ∈ (Z'_Z F0) -> v ∈ (Z'_Z F0) -> (u +_F0 v) ∈ (Z'_Z F0).
Proof.
  intros. pose proof H0; pose proof H1.
  apply Z'_Z_Subset_Z' in H2; apply Z'_Z_Subset_Z' in H3; auto.
  pose proof H. apply (Z'_Plus_in_Z' F0 u v) in H4; auto.
```

```
  apply AxiomII; split; eauto.
  apply AxiomII in H0 as [H0[x[x1[H5[]]]]].
  apply AxiomII in H1 as [H1[y[y1[H8[]]]]].
  exists (x +_F0 y)%n',(x1 +_F0 y1)%n'.
  rewrite H7,H10,Z'_Plus_Corollary;
  try apply N'_N_Subset_N'; auto.
  repeat split; try apply N'_N_Plus_in_N'_N; auto.
Qed.


Fact Z'_Z_Mult_in_Z'_Z : ∀ F0 u v, Arithmetical_ultraFilter F0
  -> u ∈ (Z'_Z F0) -> v ∈ (Z'_Z F0) -> (u ·_F0 v) ∈ (Z'_Z F0).
Proof.
  intros. pose proof H0; pose proof H1.
  apply Z'_Z_Subset_Z' in H2; apply Z'_Z_Subset_Z' in H3; auto.
  pose proof H. apply (Z'_Mult_in_Z' F0 u v) in H4; auto.
  apply AxiomII; split; eauto.
  apply AxiomII in H0 as [H0[x[x1[H5[]]]]].
  apply AxiomII in H1 as [H1[y[y1[H8[]]]]].
  exists ((x ·_F0 y) +_F0 (x1 ·_F0 y1))%n',
  ((x ·_F0 y1) +_F0 (x1 ·_F0 y))%n'.
  rewrite H7,H10,Z'_Mult_Corollary;
  try apply N'_N_Subset_N'; auto.
  repeat split; try apply N'_N_Plus_in_N'_N;
  try apply N'_N_Mult_in_N'_N; auto.
Qed.
```

定理 3.40　设 $^*\mathbf{Z}$ 由算术超滤 $F0$ 生成，当 $F0$ 是主超滤时，$^*\mathbf{Z} = {}^*\mathbf{Z_Z}$；而当 $F0$ 是非主算术超滤时，$^*\mathbf{Z_Z} \subsetneqq {}^*\mathbf{Z}$。

```
Theorem Z'_Z_Fn_Equ_Z' : ∀ n, n ∈ ω -> Z'_Z (F n) = Z' (F n).
Proof.
  intros. pose proof H. apply FT10 in H0.
  apply AxiomI; split; intros.
  - apply Z'_Z_Subset_Z'; auto.
  - apply AxiomII in H1 as [H1[u[]]]. apply AxiomII in H2
    as [H2[x[y[H4[]]]]]. rewrite N'_Fn_Equ_N'_N in H5,H6; auto.
    apply AxiomII; split; auto. exists x,y. unfold N'_N.
    repeat split; auto. rewrite <-H4; auto.
Qed.


Theorem Z'_Z_properSubset_Z' : ∀ F0, Arithmetical_ultraFilter F0
  -> (∀ n, F0 <> F n) -> (Z'_Z F0) ⊂ (Z' F0) /\ (Z'_Z F0) <> (Z' F0).
Proof.
  split. apply Z'_Z_Subset_Z'; auto. intro. pose proof H.
  apply N'_N_properSubset_N' in H2 as []; auto.
  assert (N∞ F0 <> ∅).
  { intro. elim H3. apply AxiomI; split; intros; auto.
    apply NNPP; intro. assert (z ∈ (N∞ F0)).
    { apply MKT4'; split; auto. apply AxiomII; split; eauto. }
    rewrite H4 in H7. elim (@ MKT16 z); auto. }
  apply NEexE in H4 as [t]. apply MKT4' in H4 as [].
  apply AxiomII in H5 as [].
  assert ((F 0) ∈ (N' F0)).
  { pose proof in_ω_0.
    apply (Fn_in_N' _ F0) in H7; destruct H; auto. }
  assert (\[[t,(F 0)]\]_F0 ∈ (Z' F0)).
  { apply Z'_Corollary2; auto. }
  rewrite <-H1 in H8. apply AxiomII in H8 as [H8[x[y[H9[]]]]].
  apply R_N'_Corollary in H11; auto.
```

```
rewrite (N'_Plus_Commutation F0 _ x),N'_Plus_Property in H11;
auto. pose proof H9; pose proof H10.
apply (N'_N_Subset_N' F0) in H12;
apply (N'_N_Subset_N' F0) in H13; auto.
assert (t ∈ (N∞ F0)).
{ apply MKT4'; split; auto. apply AxiomII; auto. }
apply AxiomII in H9 as [H9[m[]]].
apply AxiomII in H10 as [H10[n[]]].
assert ((F 0) <_F0 t)%n'. { apply FT12; auto. }
assert (y ∈ (N' F0) /\ x ∈ (N' F0)) as []; auto.
apply (N'_Ord_Connect F0 H y x) in H20 as []; auto; clear H21.
- assert (x <_F0 t)%n'. { rewrite H16. apply FT12; auto. }
  apply (N'_Plus_PrOrder F0 _ _ y) in H21; auto.
  rewrite (N'_Plus_Commutation F0 y t),H11 in H21; auto.
  assert ((x +_F0 y) <_F0 (x +_F0 (F 0)))%n'.
  { rewrite N'_Plus_Property,N'_Plus_Commutation; auto. }
  apply N'_Plus_PrOrder in H22. rewrite H18 in H22.
  pose proof H. pose proof φ_is_Function as [[][]].
  pose proof in_ω_0. rewrite <-H26 in H17,H28.
  apply Property_Value in H17; apply Property_Value in H28; auto.
  apply AxiomII' in H17 as [_[]]. apply AxiomII' in H28 as [_[]].
  rewrite <-H29,<-H30 in H22. apply φ_PrOrder in H22; auto.
  elim (@ MKT16 n); auto.
- apply (N'_Plus_PrOrder F0 _ _ y) in H19; auto.
  rewrite N'_Plus_Property,N'_Plus_Commutation,H11 in H19; auto.
  destruct H20. apply (N'_Ord_Trans F0 y) in H20; auto.
  elim (N'_Ord_irReflex F0 y y); auto. destruct H; auto.
  rewrite H20 in H19. elim (N'_Ord_irReflex F0 x x); auto.
Qed.
```

定理 3.41   对于非主算术超滤生成的 *Z, $\forall u \in$ *Z_Z, $\forall t \in$ (*Z $\sim$ *Z_Z) 有 $t < u \lor u < t$.

```
(* *N_N 在 φ1 下的象集 *)

Lemma Z'_infinity_Lemma1 : ∀ F0, Arithmetical_ultraFilter F0
  -> (φ1 F0)⌈N'_N⌉ = \{ λ u, u ∈ (Z'_Z F0)
    /\ ((Z'0 F0) = u \/ (Z'0 F0) <_F0 u) \}.
Proof.
  intros. pose proof H. apply φ1_is_Function in H as [[][]].
  assert ((F 0) ∈ N'_N).
  { apply Fn_in_N'_N,in_ω_0; destruct H0; auto. }
  pose proof H4. apply (N'_N_Subset_N' F0) in H5; auto.
  apply AxiomI; split; intros.
  - apply AxiomII in H6 as [H6[m[]]].
    apply AxiomII; repeat split; eauto.
    + apply AxiomII; split; eauto. pose proof H8.
      apply (N'_N_Subset_N' F0) in H9; auto.
      rewrite <-H2 in H9. apply Property_Value in H9; auto.
      apply AxiomII' in H9 as [_[_]]. exists m,(F 0).
      rewrite H7. repeat split; auto.
    + apply (N'_N_Subset_N' F0) in H8; auto.
      pose proof H5. apply (N'_Ord_Connect F0 H0 _ m) in H9
      as [H9|[|]]; auto.
      * apply φ1_PrOrder in H9; auto.
        rewrite <-H7,φ1_N'0 in H9; auto.
      * apply N'0_is_FirstMember in H8; [elim H8| ]; auto.
      * rewrite <-H9,φ1_N'0 in H7; auto.
  - apply AxiomII in H6 as [_[]]. apply AxiomII; split; eauto.
```

```
     destruct H7.
   + exists (F 0). split; auto. rewrite φ1_N'0; auto.
   + apply AxiomII in H6 as [_[m[n[H6[]]]]].
     rewrite H9,Z'0_Corollary in H7; auto.
     pose proof H6; pose proof H8.
     apply (N'_N_Subset_N' F0) in H10,H11; auto.
     apply Z'_Ord_Corollary in H7; auto.
     rewrite N'_Plus_Commutation,N'_Plus_Property,
     N'_Plus_Commutation,N'_Plus_Property in H7; auto.
     apply N'_Plus_PrOrder_Corollary in H7 as [x[[H7[]]_]]; auto.
     exists x. split.
     * rewrite <-H2 in H7. apply Property_Value,AxiomII'
       in H7 as [_[]]; auto. rewrite H9,H14.
       apply R_N'_Corollary; auto. rewrite N'_Plus_Property; auto.
     * destruct (classic (∀ k, F0 <> F k)).
       -- apply NNPP; intro. assert (x ∈ (N∞ F0)).
          { apply MKT4'; split; auto.
            apply AxiomII; split; eauto. }
          apply AxiomII in H6 as [_[a[]]]. apply (FT12 F0 x a)
          in H16; auto. rewrite <-H17,<-H13 in H16. pose proof H11.
          apply N'0_is_FirstMember in H11; auto. elim H11.
          apply (N'_Plus_PrOrder F0 _ _ x); auto.
          rewrite N'_Plus_Property,N'_Plus_Commutation; auto.
       -- assert (∃ k, F0 = F k) as [k].
          { apply NNPP; intro. elim H14. intros.
            intro. elim H15; eauto. }
          destruct (classic (k ∈ ω)).
          rewrite <-(N'_Fn_Equ_N'_N k),<-H15; auto.
          apply Fn_Corollary1 in H16. destruct H0.
          apply AxiomII in H0 as [_[[_[_[]]]]].
          elim (@ MKT16 ω). rewrite <-H16,<-H15; auto.
Qed.
```

(* *N∞ 在 φ1 下的象集 *)

```
Lemma Z'_infinity_Lemma2 : ∀ F0, Arithmetical_ultraFilter F0
 -> (φ1 F0)⌈N∞ F0⌉ = \{ λ u, u ∈ ((Z' F0) ~ (Z'_Z F0)) /\ (Z'0 F0) <F0 u \}.
Proof.
   intros. pose proof H. apply φ1_is_Function in H0 as [[][]].
   assert ((F 0) ∈ N'_N).
   { apply Fn_in_N'_N,in_ω_0; destruct H0; auto. }
   pose proof H4. apply (N'_N_Subset_N' F0) in H5; auto.
   apply AxiomI; split; intros.
   - apply AxiomII in H6 as [H6[m[]]].
     apply AxiomII; repeat split; eauto.
     + apply MKT4'; split.
       * apply MKT4' in H8 as []. rewrite <-H2 in H8.
         apply Property_Value,Property_ran in H8; auto.
         rewrite H3 in H8. apply Z'_N'_properSubset_Z'; auto.
         rewrite H7; auto.
       * apply AxiomII; split; eauto. intro.
         pose proof H9. apply Z'_Z_Subset_Z' in H10; auto.
         pose proof H. apply Z'0_in_Z' in H11; auto.
         pose proof H11. apply (Z'_Ord_Connect F0 H z)
         in H12 as [H12|]; auto.
         -- rewrite H7,<-φ1_N'0 in H12; auto.
            apply MKT4' in H8 as []. apply φ1_PrOrder in H12; auto.
            apply N'0_is_FirstMember in H8; auto.
         -- assert (z ∈ (φ1 F0)⌈N'_N⌉).
```

```
          { rewrite Z'_infinity_Lemma1; auto. apply AxiomII;
            repeat split; eauto. destruct H12; auto. }
          apply AxiomII in H13 as [_[x[]]]. rewrite H7 in H13.
          apply MKT4' in H8 as []. apply f11inj in H13;
          try rewrite H2; auto; try apply (N'_N_Subset_N' F0);
          auto; subst. apply AxiomII in H15 as [_]; auto.
      + destruct (classic (∀ n, F0 <> F n)).
        * pose proof H8. apply MKT4' in H8 as [H8 _].
          apply (FT12 F0 m 0) in H10; auto.
          apply φ1_PrOrder in H10; auto.
          rewrite <-φ1_N'0,H7; auto.
        * assert (∃ k, F0 = F k) as [k].
          { apply NNPP; intro. elim H9. intros.
            intro. elim H10; eauto. }
          destruct (classic (k ∈ ω)).
          assert ((N∞ F0) = ∅).
          { apply AxiomI; split; intros; elim (@ MKT16 z0); auto.
            apply MKT4' in H12 as []. apply AxiomII in H13 as [_].
            elim H13. rewrite <-(N'_Fn_Equ_N'_N k),<-H10; auto. }
          rewrite H12 in H8. elim (@ MKT16 m); auto.
          apply Fn_Corollary1 in H11. destruct H.
          apply AxiomII in H as [_[[_[_[]]]]].
          elim (@ MKT16 ω). rewrite <-H11,<-H10; auto.
  - apply AxiomII in H6 as [H6[]]. apply AxiomII; split; auto.
    assert (z ∈ Z'_N' F0).
    { apply NNPP; intro. assert (z ∈ (Z' F0 ~ Z'_N' F0)).
      { apply MKT4' in H7 as []. apply MKT4'; split; auto.
        apply AxiomII; split; auto. }
      rewrite Z'_N'_Property1 in H10; auto.
      apply AxiomII in H10 as [_[x[H10[]]]].
      rewrite Z'0_Corollary,H12 in H8; auto.
      apply Z'_Ord_Corollary in H8; auto.
      rewrite N'_Plus_Property,N'_Plus_Commutation,N'_Plus_Property
      in H8; auto. apply N'0_is_FirstMember in H10; auto. }
    pose proof H9. rewrite <-H3 in H10. apply Einr in H10 as [x[]];
    auto. exists x. split; auto. apply MKT4'; split.
    rewrite <-H2; auto. apply AxiomII; split; eauto.
    intro. apply Property_Value,AxiomII' in H10 as [_[]]; auto.
    apply MKT4' in H7 as []. apply AxiomII in H14 as [_].
    elim H14. apply AxiomII; split; auto. rewrite H11; eauto.
Qed.

Theorem Z'_infinity : ∀ F0 u t, Arithmetical_ultraFilter F0
  -> (∀ n, F0 <> F n) -> u ∈ (Z'_Z F0) -> t ∈ ((Z' F0) ~ (Z'_Z F0))
  -> t <_{F0} u \/ u <_{F0} t.
Proof.
  intros. pose proof H. apply φ1_is_Function in H3 as [[][]].
  pose proof H. apply Z'0_in_Z' in H7; auto.
  assert (t ∈ (Z' F0)). { apply MKT4' in H2; tauto. }
  assert ((F 0) ∈ (N' F0)).
  { apply Fn_in_N',in_ω_0; destruct H; auto. }
  pose proof H. apply Z'_infinity_Lemma1 in H10; auto.
  pose proof H. apply Z'_infinity_Lemma2 in H11; auto.
  assert (∀ t0 u0, t0 ∈ ((Z' F0) ~ (Z'_Z F0))
    -> u0 ∈ (Z'_Z F0) -> (Z'0 F0) <_{F0} t0
    -> (Z'0 F0) <_{F0} u0 -> u0 <_{F0} t0).
  { intros. assert (t0 ∈ (φ1 F0)⌈N∞ F0⌋).
    { rewrite H11. apply AxiomII; split; eauto. }
    apply AxiomII in H16 as [_[m[]]].
```

```
    assert (u0 ∈ (φ1 F0)⌈N'_N⌋).
    { rewrite H10. apply AxiomII; repeat split; eauto. }
    apply AxiomII in H18 as [_[n[]]].
    apply AxiomII in H19 as [_[x[]]]. pose proof H17.
    apply (FT12 F0 m x) in H17; auto. rewrite <-H20 in H17.
    apply φ1_PrOrder in H17; auto. rewrite H18,H16; auto.
    rewrite H20. apply Fn_in_N'; destruct H; auto.
    apply MKT4' in H21; tauto. }
  pose proof H1. apply Z'_Z_properSubset_Z' in H13; auto.
  pose proof H7. apply (Z'_Ord_Connect F0 H t) in H14
  as [H14|[|]]; auto.
  - pose proof H7. apply (Z'_Ord_Connect F0 H u) in H15
    as [H15|[|]]; auto.
    + apply Z'_Plus_PrOrder_Corollary in H14
      as [t0[[H14[]]_]]; auto.
      apply Z'_Plus_PrOrder_Corollary in H15
      as [u0[[H15[]]_]]; auto.
      assert (u0 <_F0 t0).
      { apply H12; auto.
        - apply MKT4'; split; auto. apply AxiomII;
          split; eauto. intro. apply MKT4' in H2 as [].
          apply AxiomII in H21 as []. elim H22.
          apply AxiomII in H20 as [_[m[n[H20[]]]]].
          rewrite Z'_Plus_Commutation,H24 in H17; auto.
          apply Z'_neg_Corollary in H17; try apply
          N'_N_Subset_N'; auto. apply AxiomII; split; eauto.
        - apply AxiomII in H1 as [_[m[n[H1[]]]]].
          rewrite H21 in H19. apply Z'_neg_Corollary in H19;
          try apply N'_N_Subset_N'; auto.
          apply AxiomII; split; eauto. }
      apply (Z'_Plus_PrOrder F0 _ _ t) in H20; auto.
      rewrite H17 in H20. apply (Z'_Plus_PrOrder F0 _ _ u)
      in H20; auto with Z'. rewrite Z'_Plus_Property,
      (Z'_Plus_Commutation F0 t),<-Z'_Plus_Association,H19,
      Z'_Plus_Commutation,Z'_Plus_Property in H20; auto.
    + apply (Z'_Ord_Trans F0 t) in H15; auto.
    + rewrite <-H15 in H14; auto.
  - pose proof H7. apply (Z'_Ord_Connect F0 H u) in H15
    as [H15|[|]]; auto.
    + apply (Z'_Ord_Trans F0 _ _ t) in H15; auto.
    + rewrite <-H15 in H14; auto.
  - apply MKT4' in H2 as []. apply AxiomII in H15 as [_].
    elim H15. rewrite Z'0_Corollary in H14; auto.
    apply AxiomII; split; eauto. exists (F 0),(F 0).
    repeat split; auto; apply Fn_in_N'_N; destruct H; auto.
Qed.
```

　　$^*\mathbf{Z} \sim {}^*\mathbf{Z_Z}$ 的元素都是无穷大数, 它们大于或小于任何整数; $^*\mathbf{Z}$ 与整数具有相同的运算性质. $^*\mathbf{Z}$ 的形象是

$$\cdots, -(\tau+1), -\tau, \cdots, n, \cdots, -2, -1, 0, 1, 2, \cdots, n, \cdots, \tau, \tau+1, \cdots,$$

这里 $\tau \in ({}^*\mathbf{Z}_{*\mathbf{N}} \sim {}^*\mathbf{Z_Z})$.

　　本节从 $^*\mathbf{N}$ 扩充到 $^*\mathbf{Z}$ 的过程如果限定在通常非负整数集上, 即可得到通常的整数集[150].

3.6 *Z 扩张到 *Q

本节考虑 $^*\mathbf{Z} \times (^*\mathbf{Z} \sim \{^*Z_0\})$ 的一个分类, 可以将 $^*\mathbf{Z}$ 扩张成为 $^*\mathbf{Q}$, 这个步骤类似于通常整数到有理数的扩充[106,147,150,175], 但这里的 $^*\mathbf{Q}$ 不仅继承了无穷大数, 还引入了无穷小数, 具有更复杂的内部结构, 是一种超有理数模型.

3.6.1 $^*\mathbf{Z} \times (^*\mathbf{Z} \sim \{^*Z_0\})$ 的一个重要分类

首先给出 $^*\mathbf{Z} \times (^*\mathbf{Z} \sim \{^*Z_0\})$ 上的一个等价关系.

```
(** Z'_to_Q' *)

Require Export N'_to_Z'.

Definition Z'_De F0 := (Z' F0) × ((Z' F0) ∼ [Z'0 F0]).

Corollary Z'_De_is_Set : ∀ F0, F0 ∈ βω -> Ensemble (Z'_De F0).
Proof.
  intros. apply MKT74; try apply Z'_is_Set; auto.
  apply (MKT33 (Z' F0)); try apply Z'_is_Set; auto.
  unfold Included; intros. apply MKT4' in H0; tauto.
Qed.
```

对于由算术超滤 $F0$ 确定的 $^*\mathbf{Z}$, 定义 $^*\mathbf{Z} \times (^*\mathbf{Z} \sim \{^*Z_0\})$ 上的一个关系如下:

$$R = \{((a,b),(c,d)) : (a,b),(c,d) \in (^*\mathbf{Z} \times (^*\mathbf{Z} \sim \{^*Z_0\})) \wedge a \cdot d = b \cdot c\},$$

其中 $a \cdot d$ 和 $b \cdot c$ 是 $^*\mathbf{Z}$ 上的乘法.

```
Definition R_Z' F0 := \{\ λ u v, ∃ a b c d, a ∈ (Z' F0)
  /\ b ∈ ((Z' F0) ∼ [Z'0 F0]) /\ c ∈ (Z' F0)
  /\ d ∈ ((Z' F0) ∼ [Z'0 F0]) /\ u = [a,b] /\ v = [c,d]
  /\ a ·F0 d = b ·F0 c \}\.
```

可以证明, R 为 $^*\mathbf{Z} \times (^*\mathbf{Z} \sim \{^*Z_0\})$ 上的等价关系.

为简化证明代码, 引入两个简单策略: Z'split 和 Z'split1, 可分别从 $u \in (^*\mathbf{Z} \sim \{^*Z_0\})$ 和 $u \in (^*\mathbf{Z_Z} \sim \{^*Z_0\})$ 得到 $u \in {}^*\mathbf{Z}$ 且 $u \neq {}^*Z_0$.

```
Lemma Z'split_Lemma : ∀ F0 u, Arithmetical_ultraFilter F0
  -> u ∈ ((Z' F0) ∼ [Z'0 F0]) -> u ∈ (Z' F0) /\ u <> Z'0 F0.
Proof.
  intros. apply MKT4' in H0 as [].
  apply AxiomII in H1 as []. split; auto. intro; elim H2.
  apply MKT41; auto. apply Z'0_in_Z' in H; eauto.
Qed.

Ltac Z'split H := pose proof H as HH;
  apply Z'split_Lemma in HH as []; auto.

Lemma Z'split1_Lemma : ∀ F0, Arithmetical_ultraFilter F0
  -> ((Z'_Z F0) ∼ [Z'0 F0]) ⊂ ((Z' F0) ∼ [Z'0 F0]).
Proof.
  intros. unfold Included; intros. apply MKT4' in H0 as [].
  apply MKT4'; split; auto. apply Z'_Z_Subset_Z'; auto.
```

```
Qed.

Ltac Z'split1 H H1 := pose proof H as H1;
  apply Z'split1_Lemma in H1; auto; Z'split H1.

(* R 是一个等价关系 *)

Fact R_Z'_is_equRelation : ∀ F0, Arithmetical_ultraFilter F0
  -> equRelation (R_Z' F0) (Z'_De F0).
Proof.
  intros. repeat split.
  - unfold Included; intros. apply AxiomII in H0
    as [H0[u[v[H1[a[b[c[d[H2[H3[H4[H5[H6[]]]]]]]]]]]]]].
    rewrite H1 in *. apply AxiomII'; split; auto.
    rewrite H6,H7. split; apply AxiomII'; split;
    try apply MKT49a; eauto.
  - unfold Reflexivity; intros. apply AxiomII in H0
    as [H0[m[n[H1[]]]]]. apply AxiomII; split.
    apply MKT49a; auto. exists [m,n],[m,n]. rewrite H1.
    split; auto. exists m,n,m,n. repeat split; auto.
    apply Z'_Mult_Commutation; auto. apply MKT4' in H3; tauto.
  - unfold Symmetry; intros.
    apply AxiomII in H0 as [H0[x0[y0[H3[]]]]].
    apply AxiomII in H1 as [H1[x1[y1[H6[]]]]].
    rewrite H3,H6 in *. apply AxiomII' in H2
    as [H2[a[b[c[d[H9[H10[H11[H12[H13[]]]]]]]]]]].
    rewrite H13,H14 in *. apply AxiomII'; split.
    apply MKT49a; apply MKT49b in H2; tauto.
    exists c,d,a,b. repeat split; auto.
    rewrite Z'_Mult_Commutation,(Z'_Mult_Commutation F0 d);
    apply MKT4' in H10; apply MKT4' in H12; auto; try tauto.
  - unfold Transitivity; intros.
    apply AxiomII in H0 as [H0[x0[y0[H5[]]]]].
    apply AxiomII in H1 as [H1[x1[y1[H8[]]]]].
    apply AxiomII in H2 as [H2[x2[y2[H11[]]]]].
    apply AxiomII' in H3
    as [H3[a0[b0[c0[d0[H14[H15[H16[H17[H18[]]]]]]]]]]].
    apply AxiomII' in H4
    as [H4[a1[b1[c1[d1[H21[H22[H23[H24[H25[]]]]]]]]]]].
    rewrite H5,H8,H11 in *. apply AxiomII';split.
    apply MKT49a; auto. exists a0,b0,c1,d1. repeat split; auto.
    rewrite H19 in H25. apply MKT55 in H25 as []; try split; eauto.
    rewrite H25,H28 in H20.
    assert ((a0 ·F0 b1) ·F0 (a1 ·F0 d1)
      = (b0 ·F0 a1) ·F0 (b1 ·F0 c1)).
    { rewrite H20,H27; auto. }
    Z'split H15. Z'split H22. Z'split H24.
    rewrite (Z'_Mult_Commutation F0 a1),
    (Z'_Mult_Commutation F0 b1),Z'_Mult_Association,
    Z'_Mult_Association,<-(Z'_Mult_Association F0 b1),
    <-(Z'_Mult_Association F0 a1),(Z'_Mult_Commutation F0 b1),
    (Z'_Mult_Commutation F0 a1),Z'_Mult_Association,
    Z'_Mult_Association,<-(Z'_Mult_Association F0 a0),
    <-(Z'_Mult_Association F0 b0),(Z'_Mult_Commutation F0 b1),
    Z'_Mult_Commutation,(Z'_Mult_Commutation F0 (b0 ·F0 c1))
    in H29; auto with Z'.
    destruct (classic (a1 = Z'0 F0)).
    + rewrite H36,Z'_Mult_Commutation,Z'_Mult_Property1 in H27;
      auto with Z'. symmetry in H27.
```

```
      apply Z'_Mult_Property3 in H27 as []; try contradiction; auto.
      rewrite H36,Z'_Mult_Property1 in H20; auto.
      apply Z'_Mult_Property3 in H20 as []; try contradiction; auto.
      rewrite H20,H27,Z'_Mult_Commutation,Z'_Mult_Property1,
      Z'_Mult_Property1; auto with Z'.
    + apply Z'_Mult_Cancellation in H29; auto with Z'. intro.
      apply Z'_Mult_Property3 in H37 as []; auto.
Qed.
```

将 $u \in (^*\mathbf{Z} \sim \{^*Z_0\})$ 关于 R 的等价类记为 $[u]$, 显然有

$$\forall (a,b),(c,d) \in (^*\mathbf{Z} \times (^*\mathbf{Z} \sim \{^*Z_0\})), \ [(a,b)] = [(c,d)] \iff a \cdot d = b \cdot c.$$

```
Declare Scope q'_scope.
Delimit Scope q'_scope with q'.
Open Scope q'_scope.

Notation "\[ u \]_F0 " := (equClass u (R_Z' F0) (Z'_De F0))
  (at level 5, u at level 0, F0 at level 0) : q'_scope.

Corollary R_Z'_Corollary :
 ∀ F0 a b c d, Arithmetical_ultraFilter F0
 -> a ∈ (Z' F0) -> b ∈ ((Z' F0) ~ [Z'0 F0])
 -> c ∈ (Z' F0) -> d ∈ ((Z' F0) ~ [Z'0 F0])
 -> \[[a,b]\]_F0 = \[[c,d]\]_F0 <-> a ·_F0 d = b ·_F0 c.
Proof.
  split; intros.
  - apply equClassT1 in H4; try apply R_Z'_is_equRelation; auto.
    apply AxiomII' in H4
    as [H4[a0[b0[c0[d0[H5[H6[H7[H8[H9[]]]]]]]]]]].
    apply MKT55 in H9 as []; try split; eauto.
    apply MKT55 in H10 as []; try split; eauto.
    rewrite H9,H10,H12,H13; auto.
    apply AxiomII'; split; try apply MKT49a; eauto.
    apply AxiomII'; split; try apply MKT49a; eauto.
  - apply equClassT1; try apply R_Z'_is_equRelation; auto;
    try apply AxiomII'; try split; try apply MKT49a;
    try apply MKT49a; eauto.
    exists c,d,a,b; repeat split; auto. Z'split H1. Z'split H3.
    rewrite Z'_Mult_Commutation,(Z'_Mult_Commutation F0 d); auto.
Qed.
```

$^*\mathbf{Z} \times (^*\mathbf{Z} \sim \{^*Z_0\})$ 在 R 下的商集就是 $^*\mathbf{Q}$:
$$^*\mathbf{Q} = (^*\mathbf{Z} \times (^*\mathbf{Z} \sim \{^*Z_0\}))/R = \{u : u \text{ 是关于} R \text{的等价类}\}.$$

```
Definition Q' F0 := (Z'_De F0) / (R_Z' F0).

Corollary Q'_is_Set : ∀ F0, F0 ∈ βω -> Ensemble (Q' F0).
Proof.
  intros. apply (MKT33 (pow(Z'_De F0)));
  try apply MKT38a,Z'_De_is_Set; auto. unfold Included; intros.
  apply AxiomII in H0 as [H0[x[]]]. apply AxiomII; split; auto.
  rewrite H2. unfold Included; intros. apply AxiomII in H3; tauto.
Qed.

Corollary Q'_Corollary1 : ∀ F0 u, Arithmetical_ultraFilter F0
  -> u ∈ (Q' F0) -> ∃ a b, a ∈ (Z' F0)
```

```
    /\ b ∈ (Z' F0 ~ [Z'0 F0]) /\ b ∈ (Z' F0)
    /\ b <> Z'0 F0 /\ u = \[[a,b]\]_F0.
Proof.
  intros. apply AxiomII in H0 as [H0[x[]]].
  apply AxiomII in H1 as [H1[a[b[H3[]]]]].
  exists a,b. rewrite H2,H3.
  repeat split; auto; apply MKT4' in H5 as []; auto.
  intro. apply AxiomII in H6 as []. elim H8.
  apply MKT41; auto. apply Z'0_in_Z' in H. eauto.
Qed.

Corollary Q'_Corollary2 : ∀ F0 a b, Arithmetical_ultraFilter F0
  -> a ∈ (Z' F0) -> b ∈ (Z' F0 ~ [Z'0 F0]) -> \[[a,b]\]_F0 ∈ (Q' F0).
Proof.
  intros. assert (Ensemble (\[[a,b]\]_F0)).
  { apply (MKT33 (Z'_De F0)). apply MKT74.
    apply Z'_is_Set; destruct H; auto.
    apply (MKT33 (Z' F0)).
    apply Z'_is_Set; destruct H; auto.
    unfold Included; intros. apply MKT4' in H2; tauto.
    unfold Included; intros. apply AxiomII in H2; tauto. }
  apply AxiomII; split; auto. exists ([a,b]). split; auto.
  apply AxiomII'; split; auto. apply MKT49a; eauto.
Qed.
```

对于某一算术超滤 $F0$ 确定的 $^*\mathbf{Q}$, $\forall u \in {}^*\mathbf{Q}$ 都可以找到 $(a,b) \in ({}^*\mathbf{Z} \times ({}^*\mathbf{Z} \sim \{{}^*Z_0\}))$ 使得 $u = [(a,b)]$. 策略 inQ' 可以为条件 $u \in {}^*\mathbf{Q}$ 中的 u 自动赋予指定的变量 a 和 b.

```
Ltac inQ' H a b := apply Q'_Corollary1 in H as [a[b[?[?[?[]]]]]]; auto.
```

$^*\mathbf{Q}$ 中的 0 元和 1 元记为 $^*Q_0$ 和 $^*Q_1$:

$$^*Q_0 = \{(u,v) : u = {}^*Z_0 \wedge v \in ({}^*\mathbf{Z} \sim \{{}^*Z_0\})\} = [({}^*Z_0, {}^*Z_1)],$$

$$^*Q_1 = \{(u,v) : v \in ({}^*\mathbf{Z} \sim \{{}^*Z_0\}) \wedge u = v\} = [({}^*Z_1, {}^*Z_1)],$$

$^*Z_0$ 和 $^*Z_1$ 分别是 $^*\mathbf{Z}$ 中的 0 元和 1 元.

```
Definition Q'0 F0 := \{\ λ u v, u = (Z'0 F0) /\ v ∈ ((Z' F0) ~ [Z'0 F0]) \}\.

Definition Q'1 F0 := \{\ λ u v, v ∈ ((Z' F0) ~ [Z'0 F0])/\ u = v \}\.

Corollary Q'0_Corollary : ∀ F0, Arithmetical_ultraFilter F0
  -> Q'0 F0 = \[[(Z'0 F0),(Z'1 F0)]\]_F0.
Proof.
  intros. apply AxiomI; split; intros.
  - apply AxiomII in H0 as [H0[a[b[H1[]]]]].
    Z'split H3. apply AxiomII; split; auto. rewrite H1,H2. split.
    + apply AxiomII'; repeat split; auto with Z'.
      rewrite <-H2,<-H1; auto.
    + apply AxiomII'; split. apply MKT49a. rewrite <-H2,<-H1; auto.
      pose proof H. apply Z'0_in_Z' in H. apply Z'1_in_Z' in H6.
      apply MKT49a; eauto. exists (Z'0 F0),b,(Z'0 F0),(Z'1 F0).
      repeat split; auto with Z'. rewrite Z'_Mult_Commutation,
```

```
    Z'_Mult_Property1,Z'_Mult_Property1; auto with Z'.
  - apply AxiomII in H0 as [H0[]].
    apply AxiomII in H1 as [H1[x[y[H3[]]]]]. rewrite H3 in *.
    apply AxiomII' in H2 as [H2[a[b[c[d[H6[H7[H8[H9[H10[]]]]]]]]]]].
    apply MKT55 in H10 as []; apply MKT49b in H0 as []; auto.
    apply MKT55 in H11 as []; apply MKT49b in H2 as [];
    apply MKT49b in H16 as []; auto. apply AxiomII'; split; auto.
    rewrite H13. split; auto. rewrite <-H10,<-H11,<-H15,
    Z'_Mult_Property1,Z'_Mult_Property2 in H12; auto with Z'.
    apply MKT4' in H7; tauto.
Qed.

Corollary Q'0_in_Q' : ∀ F0, Arithmetical_ultraFilter F0 -> (Q'0 F0) ∈ (Q' F0).
Proof.
  intros. pose proof H; pose proof H; pose proof H.
  apply Q'0_Corollary in H0. apply Z'0_in_Z' in H1.
  apply Z'1_in_Z' in H2. rewrite H0. apply Q'_Corollary2; auto.
  apply MKT4'; split; auto. apply AxiomII; split; eauto. intro.
  apply MKT41 in H3; eauto. elim (Z'0_isn't_Z'1 F0); auto.
Qed.

Global Hint Resolve Q'0_in_Q' : Q'.

Corollary Q'1_Corollary : ∀ F0, Arithmetical_ultraFilter F0
  -> Q'1 F0 = \[[(Z'1 F0),(Z'1 F0)]\]_{F0}.
Proof.
  intros. pose proof H. apply Z'1_in_Z' in H0.
  apply AxiomI; split; intros.
  - apply AxiomII in H1 as [H1[u[v[H2[]]]]]. rewrite H2,H4 in *.
    Z'split H3. apply AxiomII; repeat split; try apply AxiomII';
    auto. split. apply MKT49a; auto. apply MKT49a; eauto.
    exists v,v,(Z'1 F0),(Z'1 F0). repeat split; auto.
    apply MKT4'; split; auto. apply AxiomII; split; eauto.
    intro. apply MKT41 in H7. elim (Z'0_isn't_Z'1 F0); auto.
    apply Z'0_in_Z' in H; eauto.
  - apply AxiomII in H1 as [H1[]].
    apply AxiomII in H2 as [H2[x[y[H4[]]]]]. rewrite H4 in *.
    apply AxiomII' in H3
    as [H3[a[b[c[d[H7[H8[H9[H10[H11[]]]]]]]]]]].
    apply MKT55 in H12 as []; try split; eauto.
    rewrite <-H12,<-H14 in H13. Z'split H8.
    rewrite Z'_Mult_Property2,Z'_Mult_Property2 in H13; auto.
    rewrite H11,H13 in *. apply AxiomII'; auto.
Qed.

Corollary Q'1_in_Q' : ∀ F0, Arithmetical_ultraFilter F0 -> (Q'1 F0) ∈ (Q' F0).
Proof.
  intros. pose proof H; pose proof H; pose proof H.
  apply Q'1_Corollary in H0. apply Z'0_in_Z' in H1.
  apply Z'1_in_Z' in H2. rewrite H0. apply Q'_Corollary2; auto.
  apply MKT4'; split; auto. apply AxiomII; split; eauto. intro.
  apply MKT41 in H3; eauto. elim (Z'0_isn't_Z'1 F0); auto.
Qed.
```

```
Global Hint Resolve Q'1_in_Q' : Q'.

Fact Q'0_isn't_Q'1 : ∀ F0, Arithmetical_ultraFilter F0 -> Q'0 F0 <> Q'1 F0.
Proof.
  intros; intro. rewrite Q'0_Corollary,Q'1_Corollary in H0; auto.
  apply R_Z'_Corollary in H0; auto with Z'.
  rewrite Z'_Mult_Property2,Z'_Mult_Property2 in H0; auto with Z'.
  elim (Z'0_isn't_Z'1 F0); auto.
Qed.
```

图 3.3 是 $^*\mathbf{Z} \times (^*\mathbf{Z} \sim \{^*\mathbf{Z}_0\})$ 通过等价关系 R 进行分类得到 $^*\mathbf{Q}$ 的示意图.

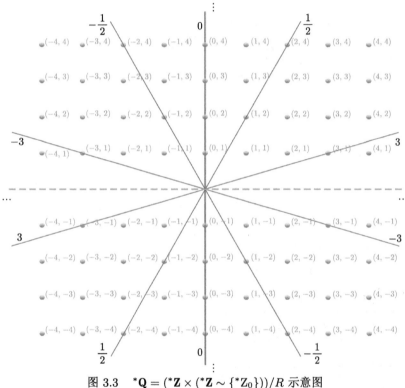

图 3.3 $^*\mathbf{Q} = (^*\mathbf{Z} \times (^*\mathbf{Z} \sim \{^*\mathbf{Z}_0\}))/R$ 示意图

3.6.2 $^*\mathbf{Q}$ 上的序

定理 3.42 (定义 3.26)($^*\mathbf{Q}$ 上的序)   设 $^*\mathbf{Z}$ 和 $^*\mathbf{Q}$ 由算术超滤 $F0$ 生成, $u, v \in {}^*\mathbf{Q}$ 并且 $u = [(a,b)], v = [(c,d)]$, 其中 $(a,b),(c,d) \in (^*\mathbf{Z} \times (^*\mathbf{Z} \sim \{^*\mathbf{Z}_0\}))$ 且 $^*\mathbf{Z}_0 < b, ^*\mathbf{Z}_0 < d$, 则 u 和 v 的序关系可定义如下:

$$u < v \iff [(a,b)] < [(c,d)] \iff a \cdot d < b \cdot c,$$

其中 $a \cdot d < b \cdot c$ 是 *Z 上的序关系和乘法.

这种序关系的定义是合理的, 首先, $\forall (a,b), (a_1,b_1), (c,d), (c_1,d_1) \in ({}^*\mathbf{Z} \times ({}^*\mathbf{Z} \sim \{{}^*\mathbf{Z}_0\}))$, 其中 ${}^*Z_0 < b, b_1, d, d_1$, 若

$$u = [(a,b)] = [(a_1,b_1)], \quad v = [(c,d)] = [(c_1,d_1)],$$

则有

$$u < v \iff a \cdot d < b \cdot c \iff a_1 \cdot d_1 < b_1 \cdot c_1,$$

即按上述定义, *Q 上的序关系与等价类代表的选取无关.

```
Definition Q'_Ord F0 := \{\ λ u v, ∀ a b c d, a ∈ (Z' F0)
 -> b ∈ ((Z' F0) ∼ [Z'0 F0])
 -> c ∈ (Z' F0) -> d ∈ ((Z' F0) ∼ [Z'0 F0])
 -> (Z'0 F0) <_F0 b -> (Z'0 F0) <_F0 d
 -> u = \[[a,b]\]_F0 -> v = \[[c,d]\]_F0
 -> (a ·_F0 d) <_F0 (b ·_F0 c) \}\.

Notation "u <_F0 v" := (Rrelation u (Q'_Ord F0) v)
 (at level 10, F0 at level 9) : q'_scope.

(* 合理性: 序关系与等价类代表的选取无关 *)

Corollary Q'_Ord_reasonable :
 ∀ F0 a b c d a1 b1 c1 d1, Arithmetical_ultraFilter F0
 -> a ∈ (Z' F0) -> b ∈ ((Z' F0) ∼ [Z'0 F0])
 -> c ∈ (Z' F0) -> d ∈ ((Z' F0) ∼ [Z'0 F0])
 -> a1 ∈ (Z' F0) -> b1 ∈ ((Z' F0) ∼ [Z'0 F0])
 -> c1 ∈ (Z' F0) -> d1 ∈ ((Z' F0) ∼ [Z'0 F0])
 -> \[[a,b]\]_F0 = \[[a1,b1]\]_F0
 -> \[[c,d]\]_F0 = \[[c1,d1]\]_F0
 -> ((Z'0 F0) <_F0 b)%z' -> ((Z'0 F0) <_F0 d)%z'
 -> ((Z'0 F0) <_F0 b1)%z' -> ((Z'0 F0) <_F0 d1)%z'
 -> ((a ·_F0 d) <_F0 (b ·_F0 c)
    <-> (a1 ·_F0 d1) <_F0 (b1 ·_F0 c1))%z'.
Proof.
  intros. Z'split H1; Z'split H3; Z'split H5; Z'split H7.
  apply R_Z'_Corollary in H8; auto.
  apply R_Z'_Corollary in H9; auto.
  assert ((b1 ·_F0 d1) ·_F0 (a ·_F0 d)
    = (b ·_F0 d) ·_F0 (a1 ·_F0 d1)).
  { rewrite Z'_Mult_Association,Z'_Mult_Association,
    <-(Z'_Mult_Association F0 d1),<-(Z'_Mult_Association F0 d),
    (Z'_Mult_Commutation F0 d1),(Z'_Mult_Commutation F0 d),
    Z'_Mult_Association,Z'_Mult_Association,
    <-(Z'_Mult_Association F0 b1),<-(Z'_Mult_Association F0 b),
    (Z'_Mult_Commutation F0 b1),(Z'_Mult_Commutation F0 d1),H8;
    auto with Z'. }
  assert ((b1 ·_F0 d1) ·_F0 (b ·_F0 c)
    = (b ·_F0 d) ·_F0 (b1 ·_F0 c1)).
  { rewrite Z'_Mult_Association,Z'_Mult_Association,
    <-(Z'_Mult_Association F0 d1),<-(Z'_Mult_Association F0 d),
    (Z'_Mult_Commutation F0 d1),(Z'_Mult_Commutation F0 d),
    Z'_Mult_Association,Z'_Mult_Association,
    <-(Z'_Mult_Association F0 b1),<-(Z'_Mult_Association F0 b),
```

```
      (Z'_Mult_Commutation F0 b1),(Z'_Mult_Commutation F0 d1),H9;
      auto with Z'. }
    split; intros.
  - apply (Z'_Mult_PrOrder F0 _ _ (b1 ·_F0 d1)) in H24;
    auto with Z'. rewrite H22,H23 in H24.
    apply Z'_Mult_PrOrder in H24; auto with Z'.
  - apply (Z'_Mult_PrOrder F0 _ _ (b ·_F0 d))
    in H24; auto with Z'. rewrite <-H23,<-H22 in H24.
    apply Z'_Mult_PrOrder in H24; auto with Z'.
Qed.

(* [(a,b)] < [(c,d)] <-> a · d < b · c *)

Corollary Q'_Ord_Corollary :
  ∀ F0 a b c d, Arithmetical_ultraFilter F0
  -> a ∈ (Z' F0) -> b ∈ ((Z' F0) ~ [Z'0 F0])
  -> c ∈ (Z' F0) -> d ∈ ((Z' F0) ~ [Z'0 F0])
  -> ((Z'0 F0) <_F0 b)%z' -> ((Z'0 F0) <_F0 d)%z'
  -> \[[a,b]\]_F0 <_F0 \[[c,d]\]_F0
    <-> ((a ·_F0 d) <_F0 (b ·_F0 c))%z'.
Proof.
  split; intros.
  - apply AxiomII' in H6 as []. apply H7; auto.
  - assert (\[[a,b]\]_F0 ∈ (Q' F0)). { apply Q'_Corollary2; auto. }
    assert (\[[c,d]\]_F0 ∈ (Q' F0)). { apply Q'_Corollary2; auto. }
    apply AxiomII'; split. apply MKT49a; eauto.
    intros. apply R_Z'_Corollary in H15; auto.
    apply R_Z'_Corollary in H16; auto.
    Z'split H1. Z'split H3. Z'split H10. Z'split H12.
    assert ((b0 ·_F0 d0) ·_F0 (a ·_F0 d)
      = (b ·_F0 d) ·_F0 (a0 ·_F0 d0)).
    { rewrite Z'_Mult_Association,Z'_Mult_Association,
      <-(Z'_Mult_Association F0 d0),<-(Z'_Mult_Association F0 d),
      (Z'_Mult_Commutation F0 d0),(Z'_Mult_Commutation F0 d),
      Z'_Mult_Association,Z'_Mult_Association,
      <-(Z'_Mult_Association F0 b0),<-(Z'_Mult_Association F0 b),
      (Z'_Mult_Commutation F0 b0),(Z'_Mult_Commutation F0 d0),H15;
      auto with Z'. }
    assert ((b0 ·_F0 d0) ·_F0 (b ·_F0 c)
      = (b ·_F0 d) ·_F0 (b0 ·_F0 c0)).
    { rewrite Z'_Mult_Association,Z'_Mult_Association,
      <-(Z'_Mult_Association F0 d0),<-(Z'_Mult_Association F0 d),
      (Z'_Mult_Commutation F0 d0),(Z'_Mult_Commutation F0 d),
      Z'_Mult_Association,Z'_Mult_Association,
      <-(Z'_Mult_Association F0 b0),<-(Z'_Mult_Association F0 b),
      (Z'_Mult_Commutation F0 b0),(Z'_Mult_Commutation F0 d0),H16;
      auto with Z'. }
    apply (Z'_Mult_PrOrder F0 _ _ (b ·_F0 d)); auto with Z'.
    rewrite <-H25,<-H26. apply Z'_Mult_PrOrder; auto with Z'.
Qed.
```

按上述定义, $\forall (a,b),(c,d) \in (^*\mathbf{Z} \times (^*\mathbf{Z} \sim \{^*\mathbf{Z}_0\}))$, 对 $[(a,b)]$ 和 $[(c,d)]$ 进行序关系的比较必须有 $^*\mathbf{Z}_0 < b, ^*\mathbf{Z}_0 < d$ 的条件. 然而在实际证明过程中, b,d 通常不会有这种限定, 因此引入策略 Q'alt. 对任意指定的 $x \in (^*\mathbf{Z} \sim \{^*\mathbf{Z}_0\})$, 该策略可将 $[(a,b)]$ 替换为 $[(x \cdot a, x \cdot b)]$. 于是, $[(a,b)]$ 可换为 $[(b \cdot a, b \cdot b)]$, $[(c,d)]$ 可换为 $[(d \cdot c, d \cdot d)]$, 显然有 $^*\mathbf{Z}_0 < b \cdot b, ^*\mathbf{Z}_0 < d \cdot d$.

```
Open Scope z'_scope.

Fact Q'_equClass_alter : ∀ F0 a b c, Arithmetical_ultraFilter F0
  -> a ∈ (Z' F0) -> b ∈ ((Z' F0) ∼ [Z'O F0])
  -> c ∈ ((Z' F0) ∼ [Z'O F0])
  -> (\[[a,b]\]_{F0} = \[[(c ·_{F0} a),(c ·_{F0} b)]\]_{F0})%q'.
Proof.
  intros. Z'split H1. Z'split H2.
  apply R_Z'_Corollary; auto with Z'.
  rewrite <-Z'_Mult_Association,(Z'_Mult_Commutation F0 b),
  (Z'_Mult_Commutation F0 a c); auto with Z'.
Qed.

Ltac Q'altH H a b x := try rewrite (Q'_equClass_alter _ a b x) in H; auto with Z'.

Ltac Q'alt a b x := try rewrite (Q'_equClass_alter _ a b x); auto with Z'.

Close Scope z'_scope.
```

下面证明按上述定义的 *Q 上的关系满足序的性质. 设 $u, v, w \in {}^*\mathbf{Q}$, 则有

1) $^*Q_0 < {}^*Q_1$.

2) 反自反性: $\sim u < u$.

3) 传递性: $u < v \wedge v < w \rightarrow u < w$.

4) 三分律: $u < v \vee v < u \vee u = v$.

```
(* *Q_0 < *Q_1 *)

Fact Q'O_lt_Q'1 : ∀ F0, Arithmetical_ultraFilter F0 -> (Q'O F0) <_{F0} (Q'1 F0).
Proof.
  intros. rewrite Q'O_Corollary,Q'1_Corollary; auto.
  apply Q'_Ord_Corollary; auto with Z'.
  rewrite Z'_Mult_Property2,Z'_Mult_Property2; auto with Z'.
Qed.

Global Hint Resolve Q'O_lt_Q'1 : Q'.

(* 反自反性 *)

Fact Q'_Ord_irReflex : ∀ F0 u v, Arithmetical_ultraFilter F0
  -> u ∈ (Q' F0) -> v ∈ (Q' F0) -> u = v -> ∼ u <_{F0} v.
Proof.
  Open Scope z'_scope.
  intros. inQ' H0 a b. inQ' H1 c d. rewrite H6,H10 in *.
  Q'altH H2 a b b. Q'altH H2 c d d. Q'alt a b b. Q'alt c d d.
  apply R_Z'_Corollary in H2; auto with Z'. intro.
  apply Q'_Ord_Corollary in H11; auto with Z'. rewrite H2 in H11.
  elim (Z'_Ord_irReflex F0 ((b ·_{F0} b) ·_{F0} (d ·_{F0} c))
  ((b ·_{F0} b) ·_{F0} (d ·_{F0} c))); auto with Z'.
  Close Scope z'_scope.
Qed.

(* 传递性 *)

Fact Q'_Ord_Trans : ∀ F0 u v w, Arithmetical_ultraFilter F0
  -> u ∈ (Q' F0) -> v ∈ (Q' F0) -> w ∈ (Q' F0) -> u <_{F0} v
  -> v <_{F0} w -> u <_{F0} w.
Proof.
```

```
Open Scope z'_scope.
 intros. inQ' H0 a b. inQ' H1 c d. inQ' H2 e f. Q'altH H8 a b b.
 Q'altH H12 c d d. Q'altH H16 e f f. rewrite H8,H12,H16 in *.
 apply Q'_Ord_Corollary in H3; auto with Z'.
 apply Q'_Ord_Corollary in H4; auto with Z'.
 apply Q'_Ord_Corollary; auto with Z'.
 apply (Z'_Mult_PrOrder F0 _ _ (f ·F0 f)) in H3; auto with Z'.
 apply (Z'_Mult_PrOrder F0 _ _ (b ·F0 b)) in H4; auto with Z'.
 rewrite <-(Z'_Mult_Association F0 (b ·F0 b)),
 (Z'_Mult_Commutation F0 _ (f ·F0 f)) in H4; auto with Z'.
 apply (Z'_Ord_Trans F0 ((f ·F0 f) ·F0 ((b ·F0 a)
  ·F0 (d ·F0 d)))) in H4; auto with Z'.
 rewrite (Z'_Mult_Commutation F0 (b ·F0 a)),
 <-(Z'_Mult_Association F0 (f ·F0 f)),
 <-(Z'_Mult_Association F0 (b ·F0 b)),
 (Z'_Mult_Commutation F0 (f ·F0 f)),
 (Z'_Mult_Commutation F0 (b ·F0 b)),
 (Z'_Mult_Association F0 (d ·F0 d)),
 (Z'_Mult_Association F0 (d ·F0 d)),
 (Z'_Mult_Commutation F0 (f ·F0 f)) in H4; auto with Z'.
 apply Z'_Mult_PrOrder in H4; auto with Z'.
 Close Scope z'_scope.
Qed.

(* 三分律 *)

Fact Q'_Ord_Connect : ∀ F0, Arithmetical_ultraFilter F0
 -> Connect (Q'_Ord F0) (Q' F0).
Proof.
 Open Scope z'_scope.
 intros. unfold Connect; intros. inQ' H0 a b. inQ' H1 c d.
 Q'altH H5 a b b. Q'altH H9 c d d. rewrite H5,H9.
 assert (((b ·F0 a) ·F0 (d ·F0 d)) ∈ (Z' F0)
  /\ ((d ·F0 c) ·F0 (b ·F0 b)) ∈ (Z' F0)) as [].
 { split; auto with Z'. }
 apply (Z'_Ord_Connect F0 H _ ((d ·F0 c) ·F0 (b ·F0 b)))
 in H10; auto; clear H11. destruct H10 as [H10|[|]];
 [left|right; left|repeat right]; try apply Q'_Ord_Corollary;
 try apply R_Z'_Corollary; auto with Z'.
 - rewrite (Z'_Mult_Commutation F0 (b ·F0 b)); auto with Z'.
 - rewrite (Z'_Mult_Commutation F0 (d ·F0 d)); auto with Z'.
 - rewrite (Z'_Mult_Commutation F0 (b ·F0 b)); auto with Z'.
 Close Scope z'_scope.
Qed.
```

3.6.3　*Q 上的运算

定理 3.43 (定义 3.27)(*Q 上的加法)　设 $^*\mathbf{Z}$ 和 $^*\mathbf{Q}$ 由算术超滤 $F0$ 生成, $u, v \in {}^*\mathbf{Q}$ 并且 $u = [(a,b)], v = [(c,d)]$, 其中 $(a,b),(c,d) \in ({}^*\mathbf{Z} \times ({}^*\mathbf{Z} \sim \{{}^*\mathbf{Z}_0\}))$, 则 u 和 v 相加的结果定义如下:

$$u + v = [(a,b)] + [(c,d)] = [((a \cdot d) + (b \cdot c)\ ,\ b \cdot d)],$$

其中 $(a \cdot d) + (b \cdot c)$ 和 $b \cdot d$ 分别是 $^*\mathbf{Z}$ 上的加法和乘法.

这种加法定义是合理的. $\forall (a,b), (a_1,b_1), (c,d), (c_1,d_1) \in ({}^*\mathbf{Z} \times ({}^*\mathbf{Z} \sim \{{}^*\mathbf{Z}_0\}))$, 若

$$u = [(a,b)] = [(a_1,b_1)], \quad v = [(c,d)] = [(c_1,d_1)],$$

则 $u+v$ 有唯一结果:

$$u + v = [(a,b)] + [(c,d)] = [(a_1,b_1)] + [(c_1,d_1)],$$

即按上述定义, ${}^*\mathbf{Q}$ 上加法的结果唯一且与等价类代表的选取无关.

```
Definition Q'_Plus F0 u v := ⋂(\{ λ w,
 ∀ a b c d, a ∈ (Z' F0) -> b ∈ ((Z' F0) ~ [Z'0 F0])
 -> c ∈ (Z' F0) -> d ∈ ((Z' F0) ~ [Z'0 F0])
 -> u = \[[a,b]\]_F0 -> v = \[[c,d]\]_F0
 -> w = \[[((a ·_F0 d) +_F0 (b ·_F0 c))%z',(b ·_F0 d)%z']\]_F0 \}).

Notation "u +_F0 v" := (Q'_Plus F0 u v)
 (at level 10, F0 at level 9) : q'_scope.

(* 合理性: *Q上加法的结果唯一且与等价类代表的选取无关 *)

Corollary Q'_Plus_reasonable : ∀ F0 u v, Arithmetical_ultraFilter F0
 -> u ∈ (Q' F0) -> v ∈ (Q' F0) -> ∃ w, w ∈ (Q' F0) /\ [w]
  = \{ λ w, ∀ a b c d, a ∈ (Z' F0) -> b ∈ ((Z' F0) ~ [Z'0 F0])
  -> c ∈ (Z' F0) -> d ∈ ((Z' F0) ~ [Z'0 F0])
  -> u = \[[a,b]\]_F0 -> v = \[[c,d]\]_F0
  -> w = \[[((a ·_F0 d) +_F0 (b ·_F0 c))%z',(b ·_F0 d)%z']\]_F0 \}.
Proof.
  intros. inQ' H0 a b. inQ' H1 c d.
  exists (\[[((a ·_F0 d) +_F0 (b ·_F0 c))%z',(b ·_F0 d)%z']\]_F0).
  assert ((\[[((a ·_F0 d) +_F0 (b ·_F0 c))%z',
  (b ·_F0 d)%z']\]_F0) ∈ (Q' F0)).
  { apply Q'_Corollary2; auto with Z'. }
  split; auto. apply AxiomI; split; intros.
  - apply MKT41 in H11; eauto. apply AxiomII; split.
    rewrite H11; eauto. intros. rewrite H11.
    Z'split H13. Z'split H15.
    assert ((b ·_F0 d) ∈ ((Z' F0) ~ [Z'0 F0])
     /\ (b0 ·_F0 d0) ∈ ((Z' F0) ~ [Z'0 F0]))%z' as [].
    { split; auto with Z'. }
    apply R_Z'_Corollary; auto with Z'. rewrite H5 in H16.
    rewrite H9 in H17. apply R_Z'_Corollary in H16; auto.
    apply R_Z'_Corollary in H17; auto.
    rewrite Z'_Mult_Commutation,Z'_Mult_Distribution,
    Z'_Mult_Distribution,(Z'_Mult_Commutation F0 (b0 ·_F0 d0)%z'),
    (Z'_Mult_Commutation F0 (b0 ·_F0 d0)%z'),
    (Z'_Mult_Commutation F0 a),Z'_Mult_Association,
    <-(Z'_Mult_Association F0 a),H16,Z'_Mult_Association,
    <-(Z'_Mult_Association F0 d),(Z'_Mult_Commutation F0 d),
    (Z'_Mult_Association F0 b c),(Z'_Mult_Commutation F0 b0),
    <-(Z'_Mult_Association F0 c),H17,(Z'_Mult_Association F0 d c0),
    <-(Z'_Mult_Association F0 b),(Z'_Mult_Commutation F0 c0);
    auto with Z'.
  - apply AxiomII in H11 as []. apply MKT41; eauto.
Qed.
```

```
(* [(a,b)] + [(c,d)] = [(a·d + b·c , b·d)] *)
```

Corollary Q'_Plus_Corollary : ∀ F0 a b c d, Arithmetical_ultraFilter F0
 -> a ∈ (Z' F0) -> b ∈ ((Z' F0) ∼ ([Z'0 F0]))
 -> c ∈ (Z' F0) -> d ∈ ((Z' F0) ∼ ([Z'0 F0]))
 -> \[[a,b]\]$_{F0}$ +$_{F0}$ \[[c,d]\]$_{F0}$
  = \[[((a ·$_{F0}$ d) +$_{F0}$ (b ·$_{F0}$ c))%z',(b ·$_{F0}$ d)%z']\]$_{F0}$.
Proof.
 intros.
 assert (\[[a,b]\]$_{F0}$ ∈ (Q' F0)).
 { apply Q'_Corollary2; auto. }
 assert (\[[c,d]\]$_{F0}$ ∈ (Q' F0)).
 { apply Q'_Corollary2; auto. } pose proof H.
 apply (Q'_Plus_reasonable F0 (\[[a,b]\]$_{F0}$)
 (\[[c,d]\]$_{F0}$)) in H6 as [x[]]; auto.
 unfold Q'_Plus. rewrite <-H7. pose proof H6. inQ' H8 a0 b0.
 assert (x ∈ [x]). { apply MKT41; eauto. }
 rewrite H7 in H13. clear H7. apply AxiomII in H13 as [].
 apply (H13 a b c d) in H0; auto. rewrite <-H0. apply MKT44; auto.
Qed.
```

　　　　**\*Q** 上定义的加法对 **\*Q** 是封闭的.

Fact Q'_Plus_in_Q' : ∀ F0 u v, Arithmetical_ultraFilter F0
 -> u ∈ (Q' F0) -> v ∈ (Q' F0) -> (u +$_{F0}$ v) ∈ (Q' F0).
Proof.
 intros. pose proof H.
 apply (Q'_Plus_reasonable F0 u v) in H2 as [x[]]; auto.
 assert (x ∈ [x]). { apply MKT41; eauto. }
 rewrite H3 in H4. clear H3. apply AxiomII in H4 as [].
 inQ' H0 a b. inQ' H1 c d. rewrite H8,H12. pose proof H0.
 apply (H4 a b c d) in H13; auto. rewrite Q'_Plus_Corollary; auto.
 rewrite <-H13; auto.
Qed.

Global Hint Resolve Q'_Plus_in_Q' : Q'.

　　**定理 3.44 (定义 3.28)(\*Q 上的乘法)**　设 \*Z 和 \*Q 由算术超滤 $F0$ 生成,
$u, v \in$ \*Q 并且 $u = [(a,b)], v = [(c,d)]$, 其中 $(a,b), (c,d) \in ($\*Z$\times ($\*Z$\sim \{$\*Z$_0\}))$,
则 $u$ 和 $v$ 相乘的结果定义如下:

$$u \cdot v = [(a,b)] \cdot [(c,d)] = [(a \cdot c , b \cdot d)],$$

其中 $a \cdot c$ 和 $b \cdot d$ 是 \*Z 上的乘法.

　　这种乘法定义是合理的. $\forall (a,b), (a_1, b_1), (c,d), (c_1, d_1) \in ($\*Z$\times ($\*Z$\sim \{$\*Z$_0\}))$,
若

$$u = [(a,b)] = [(a_1, b_1)], \quad v = [(c,d)] = [(c_1, d_1)],$$

则 $u \cdot v$ 有唯一结果:

$$u \cdot v = [(a,b)] \cdot [(c,d)] = [(a_1, b_1)] \cdot [(c_1, d_1)],$$
```

即按上述定义, *Q 上乘法的结果唯一且与等价类代表的选取无关.

```
Definition Q'_Mult F0 u v := ⋂(\{ λ w,
 ∀ a b c d, a ∈ (Z' F0) -> b ∈ ((Z' F0) ∼ [Z'0 F0])
 -> c ∈ (Z' F0) -> d ∈ ((Z' F0) ∼ [Z'0 F0])
 -> u = \[[a,b]\]_{F0} -> v = \[[c,d]\]_{F0}
 -> w = \[[(a ·_{F0} c)%z',(b ·_{F0} d)%z']\]_{F0} \}).

Notation "u ·_{F0} v" := (Q'_Mult F0 u v)
 (at level 10, F0 at level 9) : q'_scope.

(* 合理性：*Q乘法的结果唯一且与等价类代表的选取无关 *)

Fact Q'_Mult_reasonable : ∀ F0 u v, Arithmetical_ultraFilter F0
 -> u ∈ (Q' F0) -> v ∈ (Q' F0) -> ∃ w, w ∈ (Q' F0) /\ [w]
 = \{ λ w, ∀ a b c d, a ∈ (Z' F0) -> b ∈ ((Z' F0) ∼ [Z'0 F0])
 -> c ∈ (Z' F0) -> d ∈ ((Z' F0) ∼ [Z'0 F0])
 -> u = \[[a,b]\]_{F0} -> v = \[[c,d]\]_{F0}
 -> w = \[[(a ·_{F0} c)%z',(b ·_{F0} d)%z']\]_{F0} \}.
Proof.
 intros. inQ' H0 a b. inQ' H1 c d.
 set (A := \[[(a ·_{F0} c)%z',(b ·_{F0} d)%z']\]_{F0}).
 assert (A ∈ (Q' F0)). { apply Q'_Corollary2; auto with Z'. }
 exists A. split; auto. apply AxiomI; split; intros.
 - apply MKT41 in H11; eauto. rewrite H11.
   apply AxiomII; split; eauto. intros.
   rewrite H5 in H16. rewrite H9 in H17.
   apply R_Z'_Corollary in H16; auto.
   apply R_Z'_Corollary in H17; auto.
   apply R_Z'_Corollary; auto with Z'. Z'split H13. Z'split H15.
   rewrite Z'_Mult_Association,Z'_Mult_Association,
   <-(Z'_Mult_Association F0 c),<-(Z'_Mult_Association F0 d),
   (Z'_Mult_Commutation F0 c),(Z'_Mult_Commutation F0 d),
   Z'_Mult_Association,Z'_Mult_Association,
   <-(Z'_Mult_Association F0 a),<-(Z'_Mult_Association F0 b);
   auto with Z'. rewrite H16,H17; auto.
 - apply AxiomII in H11 as []. apply MKT41; eauto.
Qed.

(* [(a,b)] · [(c,d)] = [(a·c , b·d)] *)

Corollary Q'_Mult_Corollary :
 ∀ F0 a b c d, Arithmetical_ultraFilter F0
 -> a ∈ (Z' F0) -> b ∈ ((Z' F0) ∼ [Z'0 F0])
 -> c ∈ (Z' F0) -> d ∈ ((Z' F0) ∼ [Z'0 F0])
 -> \[[a,b]\]_{F0} ·_{F0} \[[c,d]\]_{F0}
 = \[[(a ·_{F0} c)%z',(b ·_{F0} d)%z']\]_{F0}.
Proof.
 intros. assert (\[[a,b]\]_{F0} ∈ (Q' F0)).
 { apply Q'_Corollary2; auto. }
 assert (\[[c,d]\]_{F0} ∈ (Q' F0)).
 { apply Q'_Corollary2; auto. } pose proof H.
 apply (Q'_Mult_reasonable F0 (\[[a,b]\]_{F0})
 (\[[c,d]\]_{F0})) in H6 as [w[]]; auto.
 unfold Q'_Mult. rewrite <-H7. destruct (@ MKT44 w); eauto.
 rewrite H8. assert (w ∈ [w]). { apply MKT41; eauto. }
 rewrite H7 in H10. apply AxiomII in H10 as []. apply H11; auto.
Qed.
```

   *Q 上定义的乘法对 *Q 是封闭的.

```
Fact Q'_Mult_in_Q' : ∀ F0 u v, Arithmetical_ultraFilter F0
  -> u ∈ (Q' F0) -> v ∈ (Q' F0) -> (u ·_F0 v) ∈ (Q' F0).
Proof.
  intros. pose proof H.
  apply (Q'_Mult_reasonable F0 u v) in H2 as [w[]]; auto.
  assert (w ∈ [w]). { apply MKT41; eauto. }
  rewrite H3 in H4. clear H3. apply AxiomII in H4 as [].
  inQ' H0 a b. inQ' H1 c d. rewrite H8,H12. pose proof H0.
  apply (H4 a b c d) in H13; auto.
  rewrite Q'_Mult_Corollary; auto. rewrite <-H13; auto.
Qed.

Global Hint Resolve Q'_Mult_in_Q' : Q'.
```

定理 3.45(*$\mathbf{Q}$ 上加法的性质)　设 *$\mathbf{Z}$ 和 *$\mathbf{Q}$ 由算术超滤 $F0$ 生成, $u, v, w \in$ *$\mathbf{Q}$, $(a, b), (a_0, b) \in$ (*$\mathbf{Z} \times$ (*$\mathbf{Z} \sim \{$*$Z_0\}$)). *Q_0 和 *Z_0 分别是 *$\mathbf{Q}$ 和 *$\mathbf{Z}$ 中的 0. *$\mathbf{Q}$ 上定义的加法满足下列性质.

1) $u +$*$Q_0 = u$.

2) 交换律: $u + v = v + u$.

3) 结合律: $(u + v) + w = u + (v + w)$.

4) 消去律: $u + v = u + w \implies v = w$.

5) 保序性: $u < v \iff (w + u) < (w + v)$.

6) 保序性推论: $u < v \iff$ 存在唯一 w 使得 $u + w = v$.

7) 存在负元: 存在唯一 $u_0 \in$ *$\mathbf{Q}$ 使得 $u + u_0 =$ *Q_0.

8) 负元推论: $[(a, b)] + u =$ *$Q_0 \wedge a + a_0 =$ *$Z_0 \implies u = [(a_0, b)]$.

```
(* u + *Q_0 = u *)

Fact Q'_Plus_Property : ∀ F0 u, Arithmetical_ultraFilter F0
  -> u ∈ (Q' F0) -> u +_F0 (Q'0 F0) = u.
Proof.
  intros. inQ' H0 a b.
  rewrite H4,Q'0_Corollary,Q'_Plus_Corollary; auto with Z'.
  apply R_Z'_Corollary; auto with Z'.
  rewrite Z'_Mult_Property2,Z'_Mult_Property2,Z'_Mult_Property1,
  Z'_Plus_Property,Z'_Mult_Commutation; auto with Z'.
Qed.

(* 交换律 *)

Fact Q'_Plus_Commutation : ∀ F0 u v, Arithmetical_ultraFilter F0
  -> u ∈ (Q' F0) -> v ∈ (Q' F0) -> u +_F0 v = v +_F0 u.
Proof.
  intros. inQ' H0 a b. inQ' H1 c d.
  rewrite H5,H9,Q'_Plus_Corollary,Q'_Plus_Corollary; auto.
  rewrite (Z'_Mult_Commutation F0 a),(Z'_Mult_Commutation F0 b),
  (Z'_Mult_Commutation F0 b),Z'_Plus_Commutation; auto with Z'.
Qed.

(* 结合律 *)

Fact Q'_Plus_Association : ∀ F0 u v w, Arithmetical_ultraFilter F0
```

```
-> u ∈ (Q' F0) -> v ∈ (Q' F0) -> w ∈ (Q' F0)
-> (u +_F0 v) +_F0 w = u +_F0 (v +_F0 w).
Proof.
 Open Scope z'_scope.
 intros. inQ' H0 a b. inQ' H1 c d. inQ' H2 m n.
 rewrite H6,H10,H14,Q'_Plus_Corollary,Q'_Plus_Corollary,
 Q'_Plus_Corollary,Q'_Plus_Corollary; auto with Z'.
 apply R_Z'_Corollary; auto with Z'.
 rewrite (Z'_Mult_Commutation F0 _ n),
 (Z'_Mult_Distribution F0 n),(Z'_Mult_Distribution F0 b),
 (Z'_Mult_Commutation F0 n),(Z'_Mult_Commutation F0 n),
 (Z'_Plus_Association F0 ((a ·_F0 d) ·_F0 n)),
 (Z'_Mult_Association F0 a),(Z'_Mult_Association F0 b),
 (Z'_Mult_Association F0 b),(Z'_Mult_Association F0 b),
 (Z'_Mult_Commutation F0 (b ·_F0 (d ·_F0 n))); auto with Z'.
 Close Scope z'_scope.
Qed.

(* 消去律 *)

Fact Q'_Plus_Cancellation : ∀ F0 u v w, Arithmetical_ultraFilter F0
 -> u ∈ (Q' F0) -> v ∈ (Q' F0) -> w ∈ (Q' F0)
 -> u +_F0 v = u +_F0 w -> v = w.
Proof.
 Open Scope z'_scope.
 intros. inQ' H0 a b. inQ' H1 c d. inQ' H2 m n.
 rewrite H7,H11,H15 in *.
 rewrite Q'_Plus_Corollary,Q'_Plus_Corollary in H3; auto.
 apply R_Z'_Corollary in H3; auto with Z'.
 apply R_Z'_Corollary; auto.
 rewrite (Z'_Mult_Commutation F0 _ (b ·_F0 n)),
 Z'_Mult_Distribution,Z'_Mult_Distribution,
 (Z'_Mult_Commutation F0 a),(Z'_Mult_Association F0 b),
 <-(Z'_Mult_Association F0 n),(Z'_Mult_Commutation F0 n),
 (Z'_Mult_Association F0 d),<-(Z'_Mult_Association F0 b),
 (Z'_Mult_Commutation F0 n) in H3; auto with Z'.
 apply Z'_Plus_Cancellation in H3; auto with Z'.
 rewrite Z'_Mult_Association,Z'_Mult_Association,
 <-(Z'_Mult_Association F0 n),<-(Z'_Mult_Association F0 d),
 (Z'_Mult_Commutation F0 n),(Z'_Mult_Commutation F0 d),
 Z'_Mult_Association,Z'_Mult_Association,
 <-(Z'_Mult_Association F0 b b),<-(Z'_Mult_Association F0 b b),
 (Z'_Mult_Commutation F0 n) in H3; auto with Z'.
 apply Z'_Mult_Cancellation in H3; auto with Z'.
 assert ((b ·_F0 b) ∈ (Z' F0 ∼ [Z'0 F0])); auto with Z'.
 Z'split H16.
 Close Scope z'_scope.
Qed.

(* 保序性 *)

Fact Q'_Plus_PrOrder : ∀ F0 u v w, Arithmetical_ultraFilter F0
 -> u ∈ (Q' F0) -> v ∈ (Q' F0) -> w ∈ (Q' F0)
 -> u <_F0 v <-> (w +_F0 u) <_F0 (w +_F0 v).
Proof.
 Open Scope z'_scope.
 intros. inQ' H0 a b. inQ' H1 c d. inQ' H2 e f. Q'altH H6 a b b.
 Q'altH H10 c d d. Q'altH H14 e f f. rewrite H6,H10,H14.
 set (A := b ·_F0 a). set (B := b ·_F0 b).
```

```
set (C := d ·F0 c). set (D := d ·F0 d).
set (M := f ·F0 e). set (N := f ·F0 f).
assert (N ∈ ((Z' F0) ∼ [Z'0 F0]) /\ B ∈ ((Z' F0) ∼ [Z'0 F0])
 /\ D ∈ ((Z' F0) ∼ [Z'0 F0])) as [Ha[Hb Hc]].
{ repeat split; unfold N,B,D; auto with Z'. }
split; intros; try rewrite Q'_Plus_Corollary;
try rewrite Q'_Plus_Corollary;
try rewrite Q'_Plus_Corollary in H15;
try rewrite Q'_Plus_Corollary in H15;
try apply Q'_Ord_Corollary; unfold A,B,C,D,M,N; auto with Z'.
- apply Q'_Ord_Corollary in H15; unfold A,B,C,D; auto with Z'.
  replace (b ·F0 a) with A; replace (b ·F0 b) with B;
  replace (d ·F0 c) with C; replace (d ·F0 d) with D;
  replace (f ·F0 f) with N; replace (f ·F0 e) with M; auto.
  rewrite (Z'_Mult_Commutation F0 _ (N ·F0 D)),
  Z'_Mult_Distribution,Z'_Mult_Distribution,
  Z'_Mult_Association,<-(Z'_Mult_Association F0 D M B),
  (Z'_Mult_Commutation F0 _ B),<-(Z'_Mult_Association F0 N B),
  (Z'_Mult_Commutation F0 D M); unfold A,B,C,D,M,N; auto with Z'.
  apply Z'_Plus_PrOrder; auto with Z'.
  replace (b ·F0 a) with A; replace (b ·F0 b) with B;
  replace (d ·F0 c) with C; replace (d ·F0 d) with D;
  replace (f ·F0 f) with N; replace (f ·F0 e) with M; auto.
  rewrite Z'_Mult_Association,Z'_Mult_Association,
  <-(Z'_Mult_Association F0 D),<-(Z'_Mult_Association F0 B),
  (Z'_Mult_Commutation F0 D),(Z'_Mult_Commutation F0 B),
  Z'_Mult_Association,Z'_Mult_Association,
  <-(Z'_Mult_Association F0 N),<-(Z'_Mult_Association F0 N),
  (Z'_Mult_Commutation F0 D); unfold A,B,C,D,M,N; auto with Z'.
  apply Z'_Mult_PrOrder; auto with Z'.
- apply Q'_Ord_Corollary in H15; unfold A,B,C,D,M,N; auto with Z'.
  rewrite (Z'_Mult_Commutation F0 _ (N ·F0 D)),
  Z'_Mult_Distribution,Z'_Mult_Distribution,Z'_Mult_Association,
  <-(Z'_Mult_Association F0 D M B),(Z'_Mult_Commutation F0 _ B),
  <-(Z'_Mult_Association F0 N B),(Z'_Mult_Commutation F0 D M)
  in H15; unfold A,B,C,D,M,N; auto with Z'.
  apply Z'_Plus_PrOrder in H15; unfold A,B,C,D,M,N; auto with Z'.
  rewrite Z'_Mult_Association,Z'_Mult_Association,
  <-(Z'_Mult_Association F0 D),<-(Z'_Mult_Association F0 B),
  (Z'_Mult_Commutation F0 D),(Z'_Mult_Commutation F0 B),
  Z'_Mult_Association,Z'_Mult_Association,
  <-(Z'_Mult_Association F0 N),<-(Z'_Mult_Association F0 N),
  (Z'_Mult_Commutation F0 D) in H15;
  unfold A,B,C,D,M,N; auto with Z'.
  apply Z'_Mult_PrOrder in H15; unfold A,B,C,D,M,N; auto with Z'.
  Close Scope z'_scope.
Qed.

(* 保序性推论 *)

Corollary Q'_Plus_PrOrder_Corollary :
 ∀ F0 u v, Arithmetical_ultraFilter F0 -> u ∈ (Q' F0)
 -> v ∈ (Q' F0) -> u <F0 v <-> exists ! w, w ∈ (Q' F0)
  /\ (Q'0 F0) <F0 w /\ u +F0 w = v.
Proof.
 Open Scope z'_scope.
 intros. inQ' H0 a b. inQ' H1 c d.
 Q'altH H5 a b b. Q'altH H9 c d d. rewrite H5,H9.
 set (A := b ·F0 a). set (B := b ·F0 b).
```

```
  set (C := d ·F0 c). set (D := d ·F0 d). split; intros.
- apply Q'_Ord_Corollary in H10; unfold A,B,C,D; auto with Z'.
  apply Z'_Plus_PrOrder_Corollary in H10 as [w[[H10[]]]];
  unfold A,B,C,D; auto with Z'.
  exists (\[[w,(B ·F0 D)%z']\]F0)%q'.
  assert (\[[w,(B ·F0 D)%z']\]F0 ∈ (Q' F0))%q'.
  { apply Q'_Corollary2; unfold A,B,C,D; auto with Z'. }
  assert ((Q'0 F0) <F0 \[[w,(B ·F0 D)%z']\]F0)%q'.
  { rewrite Q'0_Corollary; auto.
    apply Q'_Ord_Corollary; unfold A,B,C,D; auto with Z'.
    rewrite Z'_Mult_Commutation,Z'_Mult_Property1,
    Z'_Mult_Commutation,Z'_Mult_Property2; auto with Z'. }
  assert (\[[A,B]\]F0 +F0 \[[w,(B ·F0 D)%z']\]F0
    = \[[C,D]\]F0)%q'.
  { rewrite Q'_Plus_Corollary,<-(Z'_Mult_Association F0 A),
    (Z'_Mult_Commutation F0 A B),Z'_Mult_Association,
    <-Z'_Mult_Distribution,H12,<-Z'_Mult_Association,
    <-Z'_Mult_Association; Q'alt C D (B ·F0 B);
    unfold A,B,C,D; auto with Z'. }
  repeat split; auto. intros x [H17[]].
  replace (b ·F0 a) with A in H19;
  replace (b ·F0 b) with B in H19;
  replace (d ·F0 c) with C in H19;
  replace (d ·F0 d) with D in H19; auto.
  rewrite <-H16 in H19. apply Q'_Plus_Cancellation in H19; auto.
  apply Q'_Corollary2; unfold A,B; auto with Z'.
- destruct H10 as [w[[H10[]]]].
  apply (Q'_Plus_PrOrder F0 _ _ (\[[A,B]\]F0)%q') in H11; auto.
  rewrite H12,Q'_Plus_Property in H11; auto.
  apply Q'_Corollary2; unfold A,B; auto with Z'.
  apply Q'0_in_Q'; auto.
  apply Q'_Corollary2; unfold A,B; auto with Z'.
  Close Scope z'_scope.
Qed.

(* 存在负元 *)

Fact Q'_neg : ∀ F0 u, Arithmetical_ultraFilter F0 -> u ∈ (Q' F0)
  -> exists ! v, v ∈ (Q' F0) /\ u +F0 v = Q'0 F0.
Proof.
  intros. inQ' H0 a b. pose proof H0.
  apply Z'_neg in H5 as [a0[[]]]; auto.
  assert (\[[a0,b]\]F0 ∈ (Q' F0)).
  { apply Q'_Corollary2; auto. }
  assert (u +F0 \[[a0,b]\]F0 = Q'0 F0).
  { rewrite H4,Q'0_Corollary,Q'_Plus_Corollary,Z'_Mult_Commutation,
    <-Z'_Mult_Distribution,H6,Z'_Mult_Property1; auto.
    apply R_Z'_Corollary; auto with Z'.
    rewrite Z'_Mult_Property2,Z'_Mult_Property1; auto with Z'. }
  exists (\[[a0,b]\]F0).
  repeat split; auto. intros x []. inQ' H10 c d.
  rewrite H15. apply R_Z'_Corollary; auto.
  rewrite H4,H15,Q'_Plus_Corollary in *; auto.
  rewrite <-H9 in H11. apply R_Z'_Corollary in H11; auto with Z'.
  rewrite (Z'_Mult_Commutation F0 _ (b ·F0 b)%z'),
  Z'_Mult_Distribution,Z'_Mult_Distribution,
  (Z'_Mult_Association F0 b b),<-(Z'_Mult_Association F0 b a d),
  (Z'_Mult_Commutation F0 b a),(Z'_Mult_Association F0 a b d),
  <-(Z'_Mult_Association F0 b a),(Z'_Mult_Commutation F0 b a),
```

```
(Z'_Mult_Commutation F0 (a ·F0 b)%z') in H11; auto with Z'.
apply Z'_Plus_Cancellation in H11; auto with Z'.
rewrite (Z'_Mult_Association F0 b d),
<-(Z'_Mult_Association F0 d b),(Z'_Mult_Commutation F0 d b),
(Z'_Mult_Association F0 b d a0),<-(Z'_Mult_Association F0 b),
(Z'_Mult_Commutation F0 d a0) in H11; auto with Z'.
apply Z'_Mult_Cancellation in H11; auto with Z'. intro.
apply Z'_Mult_Property3 in H16 as []; auto.
Qed.

(* 负元推论 *)

Fact Q'_neg_Corollary : ∀ F0 a a0 b u, Arithmetical_ultraFilter F0
 -> a ∈ (Z' F0) -> a0 ∈ (Z' F0) -> b ∈ ((Z' F0) ∼ [Z'0 F0])
 -> u ∈ (Q' F0) -> (a +F0 a0)%z' = Z'0 F0
 -> \[[a,b]\]F0 +F0 u = Q'0 F0 -> u = \[[a0,b]\]F0.
Proof.
  Open Scope z'_scope.
  intros. inQ' H3 c d. rewrite H9 in *.
  rewrite Q'_Plus_Corollary,Q'0_Corollary in H5; auto.
  Z'split H2. Z'split H6.
  apply R_Z'_Corollary in H5; auto; auto with Z'.
  apply R_Z'_Corollary; auto.
  rewrite Z'_Mult_Property2,Z'_Mult_Property1 in H5; auto with Z'.
  assert (d ·F0 (a +F0 a0) = d ·F0 (Z'0 F0)).
  { rewrite H4; auto. }
  rewrite Z'_Mult_Distribution,Z'_Mult_Property1,<-H5,
  (Z'_Mult_Commutation F0 d a),(Z'_Mult_Commutation F0 b c)
  in H14; auto. apply Z'_Plus_Cancellation in H14; auto with Z'.
  Close Scope z'_scope.
Qed.
```

定理 3.46(*$*\mathbf{Q}$ 上乘法的性质*)　设 $*\mathbf{Z}$ 和 $*\mathbf{Q}$ 由算术超滤 $F0$ 生成, $u,v,w \in *\mathbf{Q}, (a,b) \in (*\mathbf{Z} \times (*\mathbf{Z} \sim \{*\mathbf{Z}_0\}))$. $*\mathbf{Q}_0$ 和 $*\mathbf{Q}_1$ 分别是 $*\mathbf{Q}$ 中的 0 和 1. $*\mathbf{Z}_0$ 是 $*\mathbf{Z}$ 中的 0. $*\mathbf{Q}$ 上定义的乘法满足下列性质.

1) $u \cdot *\mathbf{Q}_0 = *\mathbf{Q}_0$.

2) $u \cdot *\mathbf{Q}_1 = u$.

3) $u \cdot v = *\mathbf{Q}_0 \implies u = *\mathbf{Q}_0 \vee v = *\mathbf{Q}_0$.

4) 交换律: $u \cdot v = v \cdot u$.

5) 结合律: $(u \cdot v) \cdot w = u \cdot (v \cdot w)$.

6) 分配律: $u \cdot (v + w) = (u \cdot v) + (u \cdot w)$.

7) 消去律: $w \cdot u = w \cdot v \wedge w \neq *\mathbf{Q}_0 \implies u = v$.

8) 保序性: $u < v \iff (w \cdot u) < (w \cdot v)$, 其中 $w \neq *\mathbf{Q}_0$.

9) 存在逆元: 存在唯一 $u_1 \in *\mathbf{Q}$ 使得 $u \cdot u_1 = *\mathbf{Q}_1$.

10) 逆元推论: $[(a,b)] \cdot u = *\mathbf{Q}_1 \wedge a \neq *\mathbf{Z}_0 \implies u = [(b,a)]$.

```
(* u · *Q0 = *Q0 *)

Fact Q'_Mult_Property1 : ∀ F0 u, Arithmetical_ultraFilter F0
 -> u ∈ (Q' F0) -> u ·F0 (Q'0 F0) = (Q'0 F0).
```

```
Proof.
  intros. inQ' H0 a b.
  rewrite H4,Q'0_Corollary,Q'_Mult_Corollary; auto with Z'.
  apply R_Z'_Corollary; auto with Z'.
  rewrite Z'_Mult_Property1,Z'_Mult_Property2,Z'_Mult_Property2,
  Z'_Mult_Property1; auto with Z'.
Qed.
```

(* u · *Q₁ = u *)

```
Fact Q'_Mult_Property2 : ∀ F0 u, Arithmetical_ultraFilter F0
  -> u ∈ (Q' F0) -> u ·_F0 (Q'1 F0) = u.
Proof.
  intros. inQ' H0 a b. rewrite H4,Q'1_Corollary,Q'_Mult_Corollary;
  auto with Z'. apply R_Z'_Corollary; auto with Z'. rewrite
  Z'_Mult_Property2,Z'_Mult_Property2,Z'_Mult_Commutation;
  auto with Z'.
Qed.
```

(* 若u · v = *Q₀,则u,v中必有一个为*Q₀ *)

```
Fact Q'_Mult_Property3 : ∀ F0 u v, Arithmetical_ultraFilter F0
  -> u ∈ (Q' F0) -> v ∈ (Q' F0) -> u ·_F0 v = (Q'0 F0)
  -> u = (Q'0 F0) \/ v = (Q'0 F0).
Proof.
  intros. inQ' H0 a b. inQ' H1 c d. rewrite H6,H10 in *.
  rewrite Q'_Mult_Corollary,Q'0_Corollary in *; auto.
  apply R_Z'_Corollary in H2; auto with Z'.
  rewrite Z'_Mult_Property2,Z'_Mult_Property1 in H2; auto with Z'.
  apply Z'_Mult_Property3 in H2; auto. destruct H2; [left|right];
  apply R_Z'_Corollary; auto with Z';
  rewrite Z'_Mult_Property2,Z'_Mult_Property1; auto.
Qed.
```

(* 交换律 *)

```
Fact Q'_Mult_Commutation : ∀ F0 u v, Arithmetical_ultraFilter F0
  -> u ∈ (Q' F0) -> v ∈ (Q' F0) -> u ·_F0 v = v ·_F0 u.
Proof.
  Open Scope z'_scope.
  intros. inQ' H0 a b. inQ' H1 c d. rewrite H5,H9.
  rewrite Q'_Mult_Corollary,Q'_Mult_Corollary; auto.
  apply R_Z'_Corollary; auto with Z'.
  rewrite (Z'_Mult_Commutation F0 a),(Z'_Mult_Commutation F0 d),
  (Z'_Mult_Commutation F0 (c ·_F0 a)); auto with Z'.
  Close Scope z'_scope.
Qed.
```

(* 结合律 *)

```
Fact Q'_Mult_Association : ∀ F0 u v w, Arithmetical_ultraFilter F0
  -> u ∈ (Q' F0) -> v ∈ (Q' F0) -> w ∈ (Q' F0)
  -> (u ·_F0 v) ·_F0 w = u ·_F0 (v ·_F0 w).
Proof.
  Open Scope z'_scope.
  intros. inQ' H0 a b. inQ' H1 c d. inQ' H2 m n.
  rewrite H6,H10,H14. rewrite Q'_Mult_Corollary,
  Q'_Mult_Corollary,Q'_Mult_Corollary,Q'_Mult_Corollary;
  auto with Z'. apply R_Z'_Corollary; auto with Z'.
```

```
rewrite (Z'_Mult_Association F0 a),(Z'_Mult_Association F0 b),
(Z'_Mult_Commutation F0 (a ·_F0 (c ·_F0 m))); auto with Z'.
  Close Scope z'_scope.
Qed.
```

(* 分配律 *)

```
Fact Q'_Mult_Distribution : ∀ F0 u v w, Arithmetical_ultraFilter F0
  -> u ∈ (Q' F0) -> v ∈ (Q' F0) -> w ∈ (Q' F0)
  -> u ·_F0 (v +_F0 w) = (u ·_F0 v) +_F0 (u ·_F0 w).
Proof.
  Open Scope z'_scope.
  intros. inQ' H0 a b. inQ' H1 c d. inQ' H2 m n. rewrite H6,H10,H14.
  rewrite Q'_Plus_Corollary,Q'_Mult_Corollary,Q'_Mult_Corollary,
  Q'_Mult_Corollary,Q'_Plus_Corollary; auto with Z'.
  apply R_Z'_Corollary; auto with Z'; auto with Z'.
  rewrite (Z'_Mult_Association F0 a c),
  (Z'_Mult_Association F0 b d (a ·_F0 m)%z'),
  <-(Z'_Mult_Association F0 c),<-(Z'_Mult_Association F0 d),
  (Z'_Mult_Commutation F0 c b),(Z'_Mult_Commutation F0 d a),
  (Z'_Mult_Association F0 b c),(Z'_Mult_Association F0 a d),
  <-(Z'_Mult_Association F0 a b),<-(Z'_Mult_Association F0 b a),
  (Z'_Mult_Commutation F0 a b),<-Z'_Mult_Distribution,
  (Z'_Mult_Association F0 b a),
  <-(Z'_Mult_Association F0 (b ·_F0 (d ·_F0 n))%z' b _),
  <-(Z'_Mult_Association F0 b d n),(Z'_Mult_Association F0 _ n),
  (Z'_Mult_Commutation F0 n b); try apply Z'_Mult_Commutation;
  auto with Z'.
  Close Scope z'_scope.
Qed.
```

(* 消去律 *)

```
Fact Q'_Mult_Cancellation : ∀ F0 w u v, Arithmetical_ultraFilter F0
  -> w ∈ (Q' F0) -> u ∈ (Q' F0) -> v ∈ (Q' F0) -> w <> Q'0 F0
  -> w ·_F0 u = w ·_F0 v <-> u = v.
Proof.
  split; intros.
  - inQ' H0 a b. inQ' H1 c d. inQ' H2 m n.
    assert (a ∈ (Z' F0 ~ [Z'0 F0])).
    { pose proof H. apply Z'0_in_Z' in H17.
      apply MKT4'; split; auto. apply AxiomII; split; eauto.
      intro. apply MKT41 in H18; eauto. elim H3.
      rewrite H8,H18,Q'0_Corollary; auto.
      apply R_Z'_Corollary; auto with Z'.
      rewrite Z'_Mult_Property2,Z'_Mult_Property1; auto. }
    Z'split H17. rewrite H8,H12,H16 in *.
    rewrite Q'_Mult_Corollary,Q'_Mult_Corollary in H4; auto.
    apply R_Z'_Corollary in H4; auto with Z'.
    apply R_Z'_Corollary; auto.
    rewrite Z'_Mult_Association,Z'_Mult_Association,
    <-(Z'_Mult_Association F0 c),<-(Z'_Mult_Association F0 d),
    (Z'_Mult_Commutation F0 c),(Z'_Mult_Commutation F0 d),
    Z'_Mult_Association,Z'_Mult_Association,
    <-(Z'_Mult_Association F0 a),<-(Z'_Mult_Association F0 b),
    (Z'_Mult_Commutation F0 a) in H4; auto with Z'.
    apply Z'_Mult_Cancellation in H4; auto with Z'. intro.
    apply Z'_Mult_Property3 in H20 as []; auto.
  - rewrite H4; auto.
```

```
Qed.

(* 保序性 *)

Fact Q'_Mult_PrOrder : ∀ F0 u v w, Arithmetical_ultraFilter F0
  -> u ∈ (Q' F0) -> v ∈ (Q' F0) -> w ∈ (Q' F0)
  -> (Q'0 F0) <_F0 w -> u <_F0 v <-> (w ·_F0 u) <_F0 (w ·_F0 v).
Proof.
  Open Scope z'_scope.
  intros. inQ' H0 a b. inQ' H1 c d. inQ' H2 e f.
  Q'altH H7 a b b. Q'altH H11 c d d. Q'altH H15 e f f.
  rewrite H7,H11,H15. rewrite H15 in H3.
  set (A := b ·_F0 a). set (B := b ·_F0 b).
  set (C := d ·_F0 c). set (D := d ·_F0 d).
  set (M := f ·_F0 e). set (N := f ·_F0 f).
  rewrite Q'0_Corollary in H3; auto.
  apply Q'_Ord_Corollary in H3; auto with Z'.
  rewrite Z'_Mult_Commutation,(Z'_Mult_Commutation F0 (Z'1 F0)),
  Z'_Mult_Property1,Z'_Mult_Property2 in H3; auto with Z'.
  split; intros.
  - apply Q'_Ord_Corollary in H16; unfold A,B,C,D; auto with Z'.
    rewrite Q'_Mult_Corollary,Q'_Mult_Corollary;
    unfold A,B,C,D,M,N; auto with Z'.
    apply Q'_Ord_Corollary; auto with Z'.
    replace (b ·_F0 a) with A; replace (b ·_F0 b) with B;
    replace (d ·_F0 c) with C; replace (d ·_F0 d) with D;
    replace (f ·_F0 f) with N; replace (f ·_F0 e) with M;
    auto. rewrite Z'_Mult_Association,Z'_Mult_Association,
    (Z'_Mult_Commutation F0 A),(Z'_Mult_Commutation F0 B),
    Z'_Mult_Association,Z'_Mult_Association,
    <-(Z'_Mult_Association F0 M),<-(Z'_Mult_Association F0 N),
    (Z'_Mult_Commutation F0 D),(Z'_Mult_Commutation F0 N),
    (Z'_Mult_Commutation F0 C); unfold A,B,C,D,M,N; auto with Z'.
    apply Z'_Mult_PrOrder; auto with Z'.
  - apply Q'_Ord_Corollary; unfold A,B,C,D; auto with Z'.
    rewrite Q'_Mult_Corollary,Q'_Mult_Corollary in H16;
    unfold A,B,C,D,M,N; auto with Z'.
    apply Q'_Ord_Corollary in H16; unfold A,B,C,D,M,N; auto with Z'.
    rewrite Z'_Mult_Association,Z'_Mult_Association,
    (Z'_Mult_Commutation F0 A),(Z'_Mult_Commutation F0 B),
    Z'_Mult_Association,Z'_Mult_Association,
    <-(Z'_Mult_Association F0 M),<-(Z'_Mult_Association F0 N),
    (Z'_Mult_Commutation F0 D),(Z'_Mult_Commutation F0 N),
    (Z'_Mult_Commutation F0 C) in H16;
    unfold A,B,C,D,M,N; auto with Z'.
    apply Z'_Mult_PrOrder in H16; unfold A,B,C,D,M,N; auto with Z'.
  Close Scope z'_scope.
Qed.

(* 存在逆元 *)

Fact Q'_inv : ∀ F0 u, Arithmetical_ultraFilter F0
  -> u ∈ (Q' F0) -> u <> Q'0 F0 -> exists ! u1, u1 ∈ (Q' F0)
  /\ u1 <> Q'0 F0 /\ u ·_F0 u1 = Q'1 F0.
Proof.
  intros. inQ' H0 a b. assert (a <> Z'0 F0).
  { intro. elim H1. rewrite H5,H6,Q'0_Corollary; auto.
    apply R_Z'_Corollary; auto with Z'.
    rewrite Z'_Mult_Property1,Z'_Mult_Property2; auto with Z'. }
```

```
assert (a ∈ (Z' F0 ∼ [Z'0 F0])).
{ apply MKT4'; split; auto. apply AxiomII; split; eauto.
  intro. apply MKT41 in H7; auto. apply Z'0_in_Z' in H; eauto. }
assert (\[[b,a]\]_{F0} ∈ (Q' F0)).
{ apply Q'_Corollary2; auto. }
assert (\[[b,a]\]_{F0} <> Q'0 F0).
{ intro. rewrite Q'0_Corollary in H9; auto.
  apply R_Z'_Corollary in H9; auto with Z'.
  rewrite Z'_Mult_Property1,Z'_Mult_Property2 in H9; auto. }
assert (u ·_{F0} \[[b,a]\]_{F0} = Q'1 F0).
{ rewrite H5,Q'_Mult_Corollary,Q'1_Corollary; auto.
  apply R_Z'_Corollary; auto; auto with Z'.
  rewrite Z'_Mult_Property2,Z'_Mult_Property2,
  Z'_Mult_Commutation; auto with Z'. }
exists (\[[b,a]\]_{F0}).
repeat split; auto. intros x [H11[]]. inQ' H11 c d.
rewrite H17. apply R_Z'_Corollary; auto. rewrite H17,<-H10,H5,
Q'_Mult_Corollary,Q'_Mult_Corollary in H13; auto.
apply R_Z'_Corollary in H13; auto with Z'. rewrite
Z'_Mult_Commutation,(Z'_Mult_Commutation F0 (b ·_{F0} d)%z'),
(Z'_Mult_Commutation F0 a b) in H13; auto with Z'.
apply Z'_Mult_Cancellation in H13; auto with Z'. intro.
apply Z'_Mult_Property3 in H18 as []; auto.
Qed.

(* 逆元推论 *)

Fact Q'_inv_Corollary : ∀ F0 a b u, Arithmetical_ultraFilter F0
  -> a ∈ ((Z' F0) ∼ [Z'0 F0]) -> b ∈ ((Z' F0) ∼ [Z'0 F0])
  -> u ∈ (Q' F0) -> \[[a,b]\]_{F0} ·_{F0} u = Q'1 F0
  -> u = \[[b,a]\]_{F0}.
Proof.
  intros. inQ' H2 c d. Z'split H0. Z'split H1. rewrite H7 in *.
  rewrite Q'_Mult_Corollary,Q'1_Corollary in H3; auto.
  apply R_Z'_Corollary in H3; auto with Z'.
  rewrite Z'_Mult_Property2,Z'_Mult_Property2 in H3; auto with Z'.
  apply R_Z'_Corollary; auto.
  rewrite Z'_Mult_Commutation,(Z'_Mult_Commutation F0 d); auto.
Qed.
```

定理 3.47 (定义 3.29)(*$\mathbf{Q}$ 上的减法)　设 $u, v, w \in {}^*\mathbf{Q}$, 且 $u + w = v$, 则 v 减 u 定义为 $v - u = w$.

这种减法的定义是合理的. $\forall u, v \in {}^*\mathbf{Q}$, 存在唯一 $w \in {}^*\mathbf{Q}$ 使得 $u + w = v$, 即按上述定义, 减法的结果唯一.

```
Definition Q'_Minus F0 v u := ⋂(\{ λ w, w ∈ (Q' F0) /\ u +_{F0} w = v \}).

Notation "u -_{F0} v" := (Q'_Minus F0 u v)(at level 10, F0 at level 9) : q'_scope.

(* 合理性：减法的结果唯一 *)

Corollary Q'_Minus_reasonable :
  ∀ F0 u v, Arithmetical_ultraFilter F0
  -> u ∈ (Q' F0) -> v ∈ (Q' F0)
  -> exists ! w, w ∈ (Q' F0) /\ u +_{F0} w = v.
Proof.
  intros. assert (u ∈ (Q' F0) /\ v ∈ (Q' F0)) as []; auto.
  apply (Q'_Ord_Connect F0 H u v) in H2 as [H2|[]]; auto; clear H3.
```

```
  - apply Q'_Plus_PrOrder_Corollary in H2 as [x[[H2[]]]]; auto.
    exists x. repeat split; auto. intros x' []. rewrite <-H4 in H7.
    apply Q'_Plus_Cancellation in H7; auto.
  - apply Q'_Plus_PrOrder_Corollary in H2 as [x[[H2[]]]]; auto.
    pose proof H2. apply Q'_neg in H6 as [x0[[]]]; auto.
    exists x0. repeat split; auto.
    rewrite <-H4,Q'_Plus_Association,H7,Q'_Plus_Property; auto.
    intros x' []. rewrite <-H4,Q'_Plus_Association in H10; auto.
    assert (v +_{F0} (x +_{F0} x') = v +_{F0} (Q'0 F0)).
    { rewrite Q'_Plus_Property; auto. }
    apply Q'_Plus_Cancellation in H11; auto.
    apply Q'_Plus_in_Q'; auto. apply Q'0_in_Q'; auto.
  - exists (Q'0 F0). pose proof H. apply Q'0_in_Q' in H3.
    repeat split; auto. rewrite Q'_Plus_Property; auto.
    intros x []. rewrite H2 in H5.
    assert (v +_{F0} x = v +_{F0} (Q'0 F0)).
    { rewrite Q'_Plus_Property; auto. }
    apply Q'_Plus_Cancellation in H6; auto.
Qed.

(* u + w = v <-> v - u = w *)

Corollary Q'_Minus_Corollary :
  ∀ F0 u v, Arithmetical_ultraFilter F0
  -> u ∈ (Q' F0) -> w ∈ (Q' F0) -> v ∈ (Q' F0)
  -> u +_{F0} w = v <-> v -_{F0} u = w.
Proof.
  split; intros.
  - assert (\{ λ w, w ∈ (Q' F0) /\ u +_{F0} w = v \} = [w]).
    { apply AxiomI; split; intros. apply AxiomII in H4 as [].
      apply (Q'_Minus_reasonable F0 u v) in H0 as [x[[]]]; auto.
      apply MKT41; eauto.
      assert (x = w). { apply H7; auto. }
      assert (x = z). { apply H7; auto. }
      rewrite <-H8,<-H9; auto. apply MKT41 in H4; eauto.
      rewrite H4. apply AxiomII; split; eauto. }
    unfold Q'_Minus. rewrite H4. destruct (@ MKT44 w); eauto.
  - assert (∃ a, Ensemble a /\
    [a] = \{ λ x, x ∈ (Q' F0) /\ u +_{F0} x = v \}).
    { pose proof H0. apply (Q'_Minus_reasonable F0 u v) in H4
      as [x[[]]]; auto. exists x. split; eauto.
      apply AxiomI; split; intros. apply MKT41 in H7; eauto.
      rewrite H7. apply AxiomII; split; eauto.
      apply AxiomII in H7 as [H7[]]. apply MKT41; eauto.
      symmetry. apply H6; auto. }
    destruct H4 as [x[]]. unfold Q'_Minus in H3. rewrite <-H5 in H3.
    destruct (@ MKT44 x); auto. rewrite H6 in H3.
    assert (x ∈ [x]). { apply MKT41; auto. }
    rewrite H5 in H8. apply AxiomII in H8 as [H8[]].
    rewrite <-H3; auto.
Qed.
```

**   *Q 上定义的减法对 *Q 封闭.**

```
Fact Q'_Minus_in_Q' : ∀F0 v u, Arithmetical_ultraFilter F0
  -> v ∈ (Q' F0) -> u ∈ (Q' F0) -> (v -_{F0} u) ∈ (Q' F0).
Proof.
  intros. pose proof H0. apply (Q'_Minus_reasonable F0 u) in H2
  as [x[[]]]; auto. apply Q'_Minus_Corollary in H3; auto.
  rewrite H3; auto.
```

Qed.

Global Hint Resolve Q'_Minus_in_Q' : Q'.

定理 3.48 (定义 3.30)(*$\mathbf{Q}$ 上的除法)　设 $u, v, w \in {}^*\mathbf{Q}, u \cdot w = v$ 且 $u \neq {}^*\mathbf{Q}_0$,
则 v 除以 u 定义为 $v/u = w$.

这种除法的定义是合理的. $\forall u (\neq {}^*\mathbf{Q}_0), v \in {}^*\mathbf{Q}$, 存在唯一 $w \in {}^*\mathbf{Q}$ 使得
$u \cdot w = v$, 即按上述定义, 除法的结果唯一.

```
Definition Q'_Divide F0 v u := ⋂(\{ λ w, w ∈ (Q' F0)
  /\ u <> Q'0 F0 /\ u ·F0 w = v \}).
```

```
Notation "v /F0 u" := (Q'_Divide F0 v u)(at level 10, F0 at level 9) : q'_scope.
```

(* 合理性: 除法的结果唯一 *)

```
Corollary Q'_Divide_reasonable :
 ∀ F0 u v, Arithmetical_ultraFilter F0
 -> u ∈ (Q' F0) -> v ∈ (Q' F0) -> u <> Q'0 F0
 -> exists ! w, w ∈ (Q' F0) /\ u ·F0 w = v.
Proof.
  intros. pose proof H0. apply Q'_inv in H3 as [w[[H3[]]]]; auto.
  exists (w ·F0 v). repeat split; auto with Q'.
  - rewrite <-Q'_Mult_Association,H5,Q'_Mult_Commutation,
    Q'_Mult_Property2; auto with Q'.
  - intros x []. rewrite <-H8,<-Q'_Mult_Association,
    (Q'_Mult_Commutation F0 w),H5,Q'_Mult_Commutation,
    Q'_Mult_Property2; auto with Q'.
Qed.
```

(* u · w = v <-> v / u = w *)

```
Corollary Q'_Divide_Corollary :
 ∀ F0 u w v, Arithmetical_ultraFilter F0
 -> u ∈ (Q' F0) -> u <> Q'0 F0 -> w ∈ (Q' F0) -> v ∈ (Q' F0)
 -> u ·F0 w = v <-> v /F0 u = w.
Proof.
  split; intros.
  - assert (\{ λ x, x ∈ (Q' F0) /\ u <> Q'0 F0 /\ u ·F0 x = v \}
    = [w]).
    { apply AxiomI; split; intros.
      - apply AxiomII in H5 as [_[H5[]]]. rewrite <-H4 in H7.
        apply MKT41; eauto. apply (Q'_Mult_Cancellation F0 u); auto.
      - apply AxiomII; split; eauto. apply MKT41 in H5; eauto.
        subst; auto. }
    unfold Q'_Divide. rewrite H5. apply MKT44; eauto.
  - assert (∃ a, Ensemble a /\ [a] = \{ λ x, x ∈ (Q' F0)
    /\ u <> Q'0 F0 /\ u ·F0 x = v \}) as [a[]].
    { pose proof H0. apply (Q'_Divide_reasonable F0 u v) in H5
      as [a[[]]]; auto. exists a. split; eauto.
      apply AxiomI; split; intros.
      - apply MKT41 in H8; eauto. rewrite H8.
        apply AxiomII; split; eauto.
      - apply AxiomII in H8 as [_[H8[]]].
        apply MKT41; eauto. rewrite <-H6 in H10.
        apply Q'_Mult_Cancellation in H10; auto. }
    unfold Q'_Divide in H4. rewrite <-H6 in H4.
    assert (a ∈ [a]). { apply MKT41; auto. }
```

```
    rewrite H6 in H7. apply AxiomII in H7 as [_[H7[]]].
    apply MKT44 in H5 as [H5 _]. rewrite <-H4,H5; auto.
Qed.
```

***Q 上定义的除法对 *Q 封闭.**

```
Fact Q'_Divide_in_Q' : ∀F0 v u, Arithmetical_ultraFilter F0
  -> v ∈ (Q' F0) -> u ∈ (Q' F0) -> u <> Q'0 F0 -> (v /F0 u) ∈ (Q' F0).
Proof.
    intros. pose proof H1. apply (Q'_Divide_reasonable F0 u v)
    in H3 as [w[[]]]; auto. apply Q'_Divide_Corollary in H4; auto.
    rewrite H4; auto.
Qed.
```

```
Global Hint Resolve Q'_Divide_in_Q' : Q'.
```

定理 3.49(*Q 上减法和除法的性质) 设 $u, v, w \in {}^*\mathbf{Q}$, ${}^*\mathbf{Q}_0$ 是 ${}^*\mathbf{Q}$ 中的 0. ${}^*\mathbf{Q}$ 上定义的减法和除法满足下列性质.

1) $u - u = {}^*\mathbf{Q}_0$.

2) $u - {}^*\mathbf{Q}_0 = u$.

3) $u/u = {}^*\mathbf{Q}_1$, 其中 $u \neq {}^*\mathbf{Q}_0$.

4) $u/{}^*\mathbf{Q}_1 = u$.

5) $u \cdot (v/u) = v$, 其中 $u \neq {}^*\mathbf{Q}_0$.

6) 加法和减法的结合律: $(u + v) - w = u + (v - w)$.

7) 乘法和除法的结合律: $(u \cdot v)/w = u \cdot (v/w)$, 其中 $w \neq {}^*\mathbf{Q}_0$.

8) 乘法对减法的分配律: $u \cdot (v - w) = (u \cdot v) - (u \cdot w)$.

9) 除法对加法的分配律: $(u + v)/w = (u/w) + (v/w)$, 其中 $w \neq {}^*\mathbf{Q}_0$.

10) 分数的乘方运算: $(u \cdot u)/(v \cdot v) = (u/v) \cdot (u/v)$, 其中 $v \neq {}^*\mathbf{Q}_0$.

```
(* u - u = *Q₀ *)

Fact Q'_Minus_Property1 : ∀F0 u, Arithmetical_ultraFilter F0
  -> u ∈ (Q' F0) -> u -F0 u = Q'0 F0.
Proof.
    intros. apply Q'_Minus_Corollary; auto with Q'.
    rewrite Q'_Plus_Property; auto.
Qed.
```

```
(* u - *Q₀ = u *)

Fact Q'_Minus_Property2 : ∀F0 u, Arithmetical_ultraFilter F0
  -> u ∈ (Q' F0) -> u -F0 (Q'0 F0) = u.
Proof.
    intros. apply Q'_Minus_Corollary; auto with Q'.
    rewrite Q'_Plus_Commutation,Q'_Plus_Property; auto with Q'.
Qed.
```

```
(* u / u = *Q₁ *)

Fact Q'_Divide_Property1 : ∀F0 u, Arithmetical_ultraFilter F0
  -> u ∈ (Q' F0) -> u <> Q'0 F0 -> u /F0 u = Q'1 F0.
```

```
Proof.
  intros. apply Q'_Divide_Corollary; auto with Q'.
  rewrite Q'_Mult_Property2; auto.
Qed.
```

(* u / *Q₁ = u *)

```
Fact Q'_Divide_Property2 : ∀F0 u, Arithmetical_ultraFilter F0
  -> u ∈ (Q' F0) -> u /_{F0} (Q'1 F0) = u.
Proof.
  intros. apply Q'_Divide_Corollary; auto with Q'.
  intro. elim (Q'0_isn't_Q'1 F0); auto.
  rewrite Q'_Mult_Commutation,Q'_Mult_Property2; auto with Q'.
Qed.
```

(* u · (v / u) = v *)

```
Fact Q'_Divide_Property3 : ∀F0 v u, Arithmetical_ultraFilter F0
  -> v ∈ (Q' F0) -> u ∈ (Q' F0) -> u <> Q'0 F0 -> u ·_{F0} (v /_{F0} u) = v.
Proof.
  intros. apply Q'_Divide_Corollary; auto.
  apply Q'_Divide_in_Q; auto.
Qed.
```

(* 加减法的混合运算结合律 *)

```
Fact Q'_Mix_Association1 : ∀F0 u v w, Arithmetical_ultraFilter F0
  -> u ∈ (Q' F0) -> v ∈ (Q' F0) -> w ∈ (Q' F0)
  -> (u +_{F0} v) -_{F0} w = u +_{F0} (v -_{F0} w).
Proof.
  intros. assert ((u +_{F0} v) ∈ (Q' F0)).
  { apply Q'_Plus_in_Q'; auto. } pose proof H.
  apply (Q'_Minus_reasonable F0 w (u +_{F0} v)) in H4
  as [x[[]]]; auto. pose proof H.
  apply (Q'_Minus_reasonable F0 w v) in H7 as [y[[]]]; auto.
  apply Q'_Minus_Corollary in H5; auto. rewrite H5,<-H8.
  assert ((w +_{F0} y) -_{F0} w = y).
  { apply Q'_Minus_Corollary; auto. apply Q'_Plus_in_Q'; auto. }
  rewrite H10. rewrite <-H8 in H5.
  apply Q'_Minus_Corollary in H5; try apply Q'_Plus_in_Q'; auto.
  rewrite <-Q'_Plus_Association,(Q'_Plus_Commutation F0 u w),
  Q'_Plus_Association in H5; auto. apply Q'_Plus_Cancellation in H5;
  try apply Q'_Plus_in_Q'; auto. apply Q'_Plus_in_Q'; auto.
Qed.
```

(* 乘除法的混合运算结合律 *)

```
Fact Q'_Mix_Association2 : ∀F0 u v w, Arithmetical_ultraFilter F0
  -> u ∈ (Q' F0) -> v ∈ (Q' F0) -> w ∈ (Q' F0) -> w <> Q'0 F0
  -> u ·_{F0} (v /_{F0} w) = (u ·_{F0} v) /_{F0} w.
Proof.
  intros. apply (Q'_Mult_Cancellation F0 w); auto.
  apply Q'_Mult_in_Q',Q'_Divide_in_Q'; auto.
  apply Q'_Divide_in_Q'; auto. apply Q'_Mult_in_Q'; auto.
  rewrite Q'_Divide_Property3; auto with Q'.
  rewrite <-Q'_Mult_Association,(Q'_Mult_Commutation _ w),
  Q'_Mult_Association,Q'_Divide_Property3; auto;
  apply Q'_Divide_in_Q'; auto.
Qed.
```

(* 乘法对减法的分配律 *)

```
Fact Q'_Mult_Distribution_Minus :
 ∀F0 u v w, Arithmetical_ultraFilter F0
 -> u ∈ (Q' F0) -> v ∈ (Q' F0) -> w ∈ (Q' F0)
 -> u ·F0 (v −F0 w) = (u ·F0 v) −F0 (u ·F0 w).
Proof.
 intros. pose proof H.
 apply (Q'_Minus_reasonable F0 w v) in H3 as [x[[]]]; auto.
 pose proof H4. apply Q'_Minus_Corollary in H6; auto.
 rewrite H6,<-H4. rewrite Q'_Mult_Distribution,
 Q'_Plus_Commutation,Q'_Mix_Association1;
 try apply Q'_Mult_in_Q'; auto.
 assert ((u ·F0 w) −F0 (u ·F0 w) = Q'0 F0).
 { apply Q'_Minus_Corollary; try apply Q'_Mult_in_Q'; auto.
   apply Q'0_in_Q'; auto. rewrite Q'_Plus_Property;
   try apply Q'_Mult_in_Q'; auto. }
 rewrite H7,Q'_Plus_Property; try apply Q'_Mult_in_Q'; auto.
Qed.
```

(* 除法对加法的分配律 *)

```
Fact Q'_Divide_Distribution :
 ∀ F0 u v w, Arithmetical_ultraFilter F0
 -> u ∈ (Q' F0) -> v ∈ (Q' F0) -> w ∈ (Q' F0) -> w <> Q'0 F0
 -> (u +F0 v) /F0 w = (u /F0 w) +F0 (v /F0 w).
Proof.
 intros. apply (Q'_Mult_Cancellation F0 w); auto with Q'.
 rewrite Q'_Divide_Property3,Q'_Mult_Distribution,
 Q'_Divide_Property3,Q'_Divide_Property3; auto with Q'.
Qed.
```

(* 分数的乘方运算 *)

```
Fact Q'_Frac_Square :
 ∀ F0 u v, Arithmetical_ultraFilter F0
 -> u ∈ (Q' F0) -> v ∈ (Q' F0) -> v <> Q'0 F0
 -> (u ·F0 u) /F0 (v ·F0 v) = (u /F0 v) ·F0 (u /F0 v).
Proof.
 intros. assert ((v ·F0 v) <> (Q'0 F0)).
 { intro. apply Q'_Mult_Property3 in H3 as []; auto. }
 apply (Q'_Mult_Cancellation F0 v); auto with Q'.
 rewrite <-Q'_Mult_Association,Q'_Divide_Property3; auto with Q'.
 apply (Q'_Mult_Cancellation F0 v); auto with Q'.
 rewrite <-Q'_Mult_Association,Q'_Divide_Property3; auto with Q'.
 rewrite <-Q'_Mult_Association,(Q'_Mult_Commutation F0 v),
 Q'_Mult_Association,Q'_Divide_Property3; auto with Q'.
Qed.
```

*Q 上的绝对值可以利用函数定义.

定理 3.50 (定义 3.31)(*Q 上的绝对值) 设 *Q 由算术超滤 $F0$ 生成, 对于下面的类:

$$\{(u,v) : u \in {}^*\mathbf{Q} \wedge (({}^*Q_0 < u \wedge v = {}^*Q_0 - u)$$

$$\vee \, (^*Q_0 < u \wedge v = u) \vee (^*Q_0 = u = v))\},$$

该类为一个函数, 其定义域为 $^*\mathbf{Q}$, 值域包含于 $^*\mathbf{Q}$. $\forall u \in {}^*\mathbf{Q}$, u 的绝对值定义为该函数下的象, 记为 $|u|$.

```
Definition Q'_Abs F0 := \{\ λ u v, u ∈ (Q' F0)
 /\ ((u <F0 (Q'0 F0) /\ v = (Q'0 F0) −F0 u)
  \/ (u = Q'0 F0 /\ v = Q'0 F0)
  \/ ((Q'0 F0) <F0 u /\ v = u)) \}\.

Notation "| u |F0 " := ((Q'_Abs F0)[u])
 (at level 5, u at level 0, F0 at level 0) : q'_scope.

Corollary Q'Abs_Corollary : ∀ F0, Arithmetical_ultraFilter F0
 -> Function (Q'_Abs F0) /\ dom(Q'_Abs F0) = Q' F0
  /\ ran(Q'_Abs F0) ⊂ (Q' F0).
Proof.
  intros. assert (Function (Q'_Abs F0)).
  { split.
   - unfold Relation; intros.
     apply AxiomII in H0 as [H0[x[y[]]]]. eauto.
   - intros. apply AxiomII' in H0 as [H0[]].
     apply AxiomII' in H1 as [H1[]]. destruct H3,H5.
     + destruct H3,H5. rewrite H6,H7; auto.
     + destruct H3,H5; destruct H5. rewrite <-H5 in H3.
       elim (Q'_Ord_irReflex F0 x x); auto.
       apply (Q'_Ord_Trans F0 x _) in H3; auto.
       elim (Q'_Ord_irReflex F0 x x); auto. apply Q'0_in_Q'; auto.
     + destruct H3; destruct H3; destruct H5. rewrite <-H3 in H5.
       elim (Q'_Ord_irReflex F0 x x); auto.
       apply (Q'_Ord_Trans F0 x _ x) in H5; auto.
       elim (Q'_Ord_irReflex F0 x x); auto. apply Q'0_in_Q'; auto.
     + destruct H3,H5; destruct H3,H5; rewrite H6,H7; auto. }
  split; auto. split.
  - apply AxiomI; split; intros.
    + apply AxiomII in H1 as [H1[y]]. apply AxiomII' in H2; tauto.
    + apply AxiomII; split; eauto.
      pose proof H. apply Q'0_in_Q' in H2.
      assert (z ∈ (Q' F0) /\ (Q'0 F0) ∈ (Q' F0)) as []; auto.
      apply (Q'_Ord_Connect F0 H z (Q'0 F0)) in H3 as [H3|[]];
      auto; clear H4.
      * exists (Q'_Minus F0 (Q'0 F0) z).
        apply AxiomII'; repeat split; auto.
        apply (Q'_Minus_in_Q' F0 _ z) in H2; auto.
        apply MKT49a; eauto.
      * exists z. apply AxiomII'; repeat split; auto.
        apply MKT49a; eauto.
      * exists z. apply AxiomII'; repeat split; auto.
        apply MKT49a; eauto.
  - unfold Included; intros. apply AxiomII in H1 as [H1[]].
    pose proof H. apply Q'0_in_Q' in H3. apply AxiomII' in H2
    as [H2[H4[H5|[]]]]; destruct H5.
    + rewrite H6. apply Q'_Minus_in_Q'; auto.
    + rewrite H6; auto.
    + rewrite H6; auto.
Qed.

Corollary Q'Abs_in_Q' : ∀ F0 u, Arithmetical_ultraFilter F0
```

```
   -> u ∈ (Q' F0) -> |u|_F0 ∈ (Q' F0).
Proof.
  intros. apply Q'Abs_Corollary in H as [H[]]. rewrite <-H1 in H0.
  apply Property_Value,Property_ran in H0; auto.
Qed.

Global Hint Resolve Q'Abs_in_Q' : Q'.
```

定理 3.51(*Q 上绝对值的性质)   设 *Q 由算术超滤 $F0$ 生成, $u, v \in$ *Q, *$\mathbf{Q}_0$ 是 *Q 中的 0 元. 关于 u 和 v 的绝对值满足下列性质.

1) *$Q_0 < u \implies |u| = u$.

2) *$Q_0 = u \iff |u| = $ *Q_0.

3) $u < $ *$Q_0 \implies |u| = $ *$Q_0 - u$.

4) *$Q_0 < |u| \vee$ *$Q_0 = |u|$.

5) $u < |u| \vee u = |u|$.

6) 对乘法保持: $|u \cdot v| = |u| \cdot |v|$.

7) 三角不等式: $|u + v| < (|u| + |v|) \vee |u + v| = |u| + |v|$.

8) 互为负元的绝对值相同: $u + v = $ *$Q_0 \implies |u| = |v|$.

```
(* *Q_0 < u -> |u| = u *)

Fact mt_Q'0_Q'Abs : ∀ F0 u, Arithmetical_ultraFilter F0
  -> u ∈ (Q' F0) -> (Q'0 F0) <_F0 u -> |u|_F0 = u.
Proof.
  intros. pose proof H. apply Q'Abs_Corollary in H2 as [H2[]].
  rewrite <-H3 in H0. apply Property_Value in H0; auto.
  pose proof H. apply Q'0_in_Q' in H5.
  apply AxiomII' in H0 as [H0[H6[H7|[]]]]; destruct H7; auto.
  - apply (Q'_Ord_Trans F0 u _ u) in H7; auto.
    elim (Q'_Ord_irReflex F0 u u); auto.
  - rewrite <-H7 in H1. elim (Q'_Ord_irReflex F0 u u); auto.
Qed.

(* |u| = *Q_0 <-> u = *Q_0 *)

Fact eq_Q'0_Q'Abs : ∀ F0 u, Arithmetical_ultraFilter F0
  -> u ∈ (Q' F0) -> |u|_F0 = Q'0 F0 <-> u = Q'0 F0.
Proof.
  intros. pose proof H. apply Q'0_in_Q' in H1. pose proof H.
  apply Q'Abs_Corollary in H2 as [H2[]]. rewrite <-H3 in H0.
  apply Property_Value,AxiomII' in H0 as [H0[]]; auto.
  split; intros; destruct H6 as [H6|[]]; destruct H6; auto.
  - rewrite H8 in H7. apply Q'_Minus_Corollary in H7; auto.
    rewrite Q'_Plus_Property in H7; auto.
  - rewrite H8 in H7; auto.
  - rewrite H8. apply Q'_Minus_Corollary; auto.
    rewrite Q'_Plus_Property; auto.
  - rewrite <-H7; auto.
Qed.

(* u < *Q_0 -> |u| = *Q_0 - u *)
```

```
Fact lt_Q'0_Q'Abs : ∀ F0 u, Arithmetical_ultraFilter F0
 -> u ∈ (Q' F0) -> u <_F0 (Q'0 F0) -> |u|_F0 = (Q'0 F0) −_F0 u.
Proof.
  intros. pose proof H. apply Q'0_in_Q' in H2. pose proof H.
  apply Q'Abs_Corollary in H3 as [H3[]]. rewrite <-H4 in H0.
  apply Property_Value,AxiomII' in H0 as [H0[]]; auto.
  destruct H7 as [H7|[]]; destruct H7; auto.
  - rewrite <-H7 in H1. elim (Q'_Ord_irReflex F0 u u); auto.
  - apply (Q'_Ord_Trans F0 u _ u) in H1; auto.
    elim (Q'_Ord_irReflex F0 u u); auto.
Qed.

(* *Q_0 = |u| \/ *Q_0 < |u| *)

Fact Q'0_le_Q'Abs :
 ∀ F0 u, Arithmetical_ultraFilter F0 ->
 u ∈ (Q' F0) -> |u|_F0 ∈ (Q' F0) /\
 (|u|_F0 = Q'0 F0 \/ (Q'0 F0) <_F0 |u|_F0).
Proof.
  intros. pose proof H. apply Q'Abs_Corollary in H1 as [H1[]].
  assert (|u|_F0 ∈ (Q' F0)).
  { rewrite <-H2 in H0.
    apply Property_Value,Property_ran,H3 in H0; auto. }
  split; auto. pose proof H. apply Q'0_in_Q' in H5.
  assert ((Q'0 F0) ∈ (Q' F0) /\ u ∈ (Q' F0)) as []; auto.
  apply (Q'_Ord_Connect F0 H _ u) in H6 as [H6|[]]; auto; clear H7.
  - right. pose proof H6. apply mt_Q'0_Q'Abs in H6; auto.
    rewrite H6. apply H7.
  - pose proof H6. apply lt_Q'0_Q'Abs in H7; auto.
    apply Q'_Plus_PrOrder_Corollary in H6 as [u0[[H6[]]]]; auto.
    right. rewrite H7. apply Q'_Minus_Corollary in H9; auto.
    rewrite H9. apply H8.
  - left. symmetry in H6. apply eq_Q'0_Q'Abs in H6; auto.
Qed.

(* u = |u| \/ u < |u| *)

Fact Self_le_Q'Abs : ∀ F0 u, Arithmetical_ultraFilter F0
 -> u ∈ (Q' F0) -> u = |u|_F0 \/ u <_F0 |u|_F0.
Proof.
  intros. pose proof H0.
  apply Q'0_le_Q'Abs in H1 as []; auto.
  pose proof H. apply Q'0_in_Q' in H3.
  assert ((Q'0 F0) ∈ (Q' F0) /\ u ∈ (Q' F0)) as []; auto.
  apply (Q'_Ord_Connect F0 H _ u) in H4 as [H4|[]]; auto; clear H5.
  - apply mt_Q'0_Q'Abs in H4; auto.
  - destruct H2. apply (eq_Q'0_Q'Abs F0 u) in H2; auto.
    rewrite <-H2 in H4. elim (Q'_Ord_irReflex F0 u u); auto.
    apply (Q'_Ord_Trans F0 u) in H2; auto.
  - pose proof H4. symmetry in H4.
    apply eq_Q'0_Q'Abs in H4; auto. rewrite H5 in H4; auto.
Qed.

(* |u · v| = |u| · |v| *)

Fact Q'Abs_PrMult : ∀ F0 u v, Arithmetical_ultraFilter F0
 -> u ∈ (Q' F0) -> v ∈ (Q' F0)
 -> |u ·_F0 v|_F0 = |u|_F0 ·_F0 |v|_F0.
Proof.
```

```
intros. pose proof H; pose proof H.
apply Q'O_in_Q' in H2; apply Q'1_in_Q' in H3; auto.
assert ((Q'O FO) ∈ (Q' FO) /\ u ∈ (Q' FO)) as []; auto.
apply (Q'_Ord_Connect FO H _ u) in H4; auto; clear H5.
assert ((Q'O FO) ∈ (Q' FO) /\ v ∈ (Q' FO)) as []; auto.
apply (Q'_Ord_Connect FO H _ v) in H5; auto; clear H6.
destruct H4 as [H4|[]].
- destruct H5 as [H5|[]].
  + pose proof H5. apply (Q'_Mult_PrOrder _ _ _ u) in H6; auto.
    rewrite Q'_Mult_Property1 in H6; auto.
    apply mt_Q'O_Q'Abs in H6; try apply Q'_Mult_in_Q'; auto.
    apply mt_Q'O_Q'Abs in H4; apply mt_Q'O_Q'Abs in H5; auto.
    rewrite H4,H5,H6; auto.
  + pose proof H5. apply (Q'_Mult_PrOrder _ _ _ u) in H6; auto.
    rewrite Q'_Mult_Property1 in H6; auto.
    apply lt_Q'O_Q'Abs in H6; try apply Q'_Mult_in_Q'; auto.
    pose proof H5. apply lt_Q'O_Q'Abs in H7; auto.
    apply mt_Q'O_Q'Abs in H4; auto. rewrite H4,H6,H7.
    rewrite Q'_Mult_Distribution_Minus,Q'_Mult_Property1; auto.
  + rewrite <-H5,Q'_Mult_Property1; auto. symmetry in H5.
    pose proof H5. apply eq_Q'O_Q'Abs in H5; auto.
    rewrite <-H6,H5,Q'_Mult_Property1; auto.
    apply Q'Abs_in_Q'; auto.
- destruct H5 as [H5|[]].
  + pose proof H4. apply (Q'_Mult_PrOrder _ _ _ v) in H6; auto.
    rewrite Q'_Mult_Property1 in H6; auto.
    apply lt_Q'O_Q'Abs in H6; try apply Q'_Mult_in_Q'; auto.
    pose proof H4. apply lt_Q'O_Q'Abs in H7; auto.
    apply mt_Q'O_Q'Abs in H5; auto.
    rewrite Q'_Mult_Commutation,H5,H6,H7; auto.
    rewrite (Q'_Mult_Commutation FO _ v),
    Q'_Mult_Distribution_Minus,Q'_Mult_Property1; auto.
    rewrite <-H7. apply Q'Abs_in_Q'; auto.
  + assert ((Q'O FO) <_{F0} (u ·_{F0} v)).
    { pose proof H5.
      apply Q'_Plus_PrOrder_Corollary in H6 as [v0[[H6[]]]]; auto.
      apply (Q'_Mult_PrOrder _ _ _ v0) in H4; auto.
      rewrite Q'_Mult_Property1 in H4; auto. pose proof H8.
      apply Q'_Minus_Corollary in H10; auto.
      rewrite <-H10,Q'_Mult_Commutation,
      Q'_Mult_Distribution_Minus,Q'_Mult_Property1 in H4;
      try apply Q'_Minus_in_Q'; auto.
      apply (Q'_Plus_PrOrder _ _ _ (u ·_{F0} v)) in H4;
      try apply Q'_Mult_in_Q'; auto.
      rewrite Q'_Plus_Property,<-Q'_Mix_Association1,
      Q'_Plus_Property in H4; try apply Q'_Mult_in_Q'; auto.
      assert ((u ·_{F0} v) -_{F0} (u ·_{F0} v) = Q'O FO).
      { apply Q'_Minus_Corollary; try apply Q'_Mult_in_Q'; auto.
        rewrite Q'_Plus_Property; try apply Q'_Mult_in_Q'; auto. }
      rewrite H11 in H4; auto. apply Q'_Minus_in_Q';
      try apply Q'_Mult_in_Q'; auto. }
    apply lt_Q'O_Q'Abs in H4; apply lt_Q'O_Q'Abs in H5; auto.
    apply mt_Q'O_Q'Abs in H6; try apply Q'_Mult_in_Q'; auto.
    rewrite H4,H5,H6,Q'_Mult_Distribution_Minus,
    Q'_Mult_Property1,(Q'_Mult_Commutation _ ((Q'O FO) -_{F0} u)),
    Q'_Mult_Distribution_Minus,Q'_Mult_Property1,
    Q'_Mult_Commutation; try apply Q'_Minus_in_Q'; auto.
    symmetry. apply Q'_Minus_Corollary; try apply Q'_Minus_in_Q';
    try apply Q'_Mult_in_Q'; auto.
```

```
      rewrite Q'_Plus_Commutation,<-Q'_Mix_Association1,
      Q'_Plus_Property; try apply Q'_Mult_in_Q'; auto.
      apply Q'_Minus_Corollary; try apply Q'_Mult_in_Q'; auto.
      rewrite Q'_Plus_Property; try apply Q'_Mult_in_Q'; auto.
      apply Q'_Minus_in_Q'; try apply Q'_Mult_in_Q'; auto.
    + rewrite <-H5,Q'_Mult_Property1; auto. symmetry in H5.
      pose proof H5. apply eq_Q'0_Q'Abs in H5; auto.
      rewrite <-H6,H5,Q'_Mult_Property1; auto.
      apply Q'Abs_in_Q'; auto.
  - clear H5. rewrite <-H4,Q'_Mult_Commutation,Q'_Mult_Property1;
    auto. symmetry in H4. pose proof H4.
    apply eq_Q'0_Q'Abs in H4; auto.
    rewrite <-H5,H4,Q'_Mult_Commutation,Q'_Mult_Property1;
    auto; apply Q'Abs_in_Q'; auto.
Qed.

(* |u + v| = |u| + |v| \/ |u + v| < |u| + |v| *)

Fact Q'Abs_inEqu : ∀ F0 u v, Arithmetical_ultraFilter F0
  -> u ∈ (Q' F0) -> v ∈ (Q' F0)
  -> |u +_{F0} v|_{F0} = |u|_{F0} +_{F0} |v|_{F0}
    \/ |u +_{F0} v|_{F0} <_{F0} (|u|_{F0} +_{F0} |v|_{F0}).
Proof.
  intros. pose proof H. apply Q'0_in_Q' in H2.
  pose proof H. apply (Q'_Plus_in_Q' F0 u v) in H3; auto.
  assert (u ∈ (Q' F0) /\ (Q'0 F0) ∈ (Q' F0)) as []; auto.
  apply (Q'_Ord_Connect F0 H u (Q'0 F0)) in H4; auto; clear H5.
  assert (v ∈ (Q' F0) /\ (Q'0 F0) ∈ (Q' F0)) as []; auto.
  apply (Q'_Ord_Connect F0 H v (Q'0 F0)) in H5; auto; clear H6.
  assert ((u +_{F0} v) ∈ (Q' F0) /\ (Q'0 F0) ∈ (Q' F0)) as []; auto.
  apply (Q'_Ord_Connect F0 H _ (Q'0 F0)) in H6; auto; clear H7.
  destruct H6 as [H6|[]].
  - assert (∀ a b, a ∈ (Q' F0) -> b ∈ (Q' F0) -> (a +_{F0} b)
      <_{F0} (Q'0 F0) -> a <_{F0} (Q'0 F0) -> (Q'0 F0) <_{F0} b
      -> |a +_{F0} b|_{F0} <_{F0} (|a|_{F0} +_{F0} |b|_{F0})).
    { intros. pose proof H9.
      apply lt_Q'0_Q'Abs in H12; try apply Q'_Plus_in_Q'; auto.
      pose proof H10. apply lt_Q'0_Q'Abs in H13; auto.
      pose proof H11. apply mt_Q'0_Q'Abs in H14; auto.
      rewrite H12,H13,H14.
      apply (Q'_Plus_PrOrder _ _ _ (a +_{F0} b));
      try apply Q'_Plus_in_Q'; try apply Q'_Minus_in_Q'; auto.
      apply Q'_Plus_in_Q'; auto.
      rewrite <-Q'_Mix_Association1,Q'_Plus_Property,
      <-Q'_Plus_Association,<-Q'_Mix_Association1,
      Q'_Plus_Property,(Q'_Plus_Commutation F0 a b),
      (Q'_Mix_Association1 _ b a a); try apply Q'_Plus_in_Q';
      try apply Q'_Minus_in_Q'; auto.
      assert (a -_{F0} a = Q'0 F0
        /\ (b +_{F0} a) -_{F0} (b +_{F0} a) = Q'0 F0) as [].
      { split; rewrite Q'_Minus_Property1; auto with Q'. }
      rewrite H15,H16. rewrite Q'_Plus_Property; auto.
      pose proof H11. apply (Q'_Plus_PrOrder _ _ _ b) in H17; auto.
      rewrite Q'_Plus_Property in H17; auto.
      apply (Q'_Ord_Trans _ _ b _); auto.
      apply Q'_Plus_in_Q'; auto. }
    pose proof H6 as H6'. apply lt_Q'0_Q'Abs in H6; auto.
    destruct H4 as [H4|[]].
    + pose proof H4 as H4'. apply lt_Q'0_Q'Abs in H4; auto.
```

```
  destruct H5 as [H5|[]].
  * apply lt_Q'0_Q'Abs in H5; auto. rewrite H4,H5,H6.
    left. apply Q'_Minus_Corollary; auto.
    apply Q'_Plus_in_Q'; try apply Q'_Minus_in_Q'; auto.
    rewrite <-Q'_Plus_Association,
    <-(Q'_Mix_Association1 _ _ _ u),Q'_Plus_Property,
    (Q'_Plus_Commutation _ u v),Q'_Mix_Association1,
    <-Q'_Mix_Association1,Q'_Plus_Property,
    Q'_Plus_Commutation,Q'_Mix_Association1; auto;
    try apply Q'_Plus_in_Q'; try apply Q'_Minus_in_Q'; auto.
    assert (u −F0 u = Q'0 F0 /\ v −F0 v = Q'0 F0) as [].
    { split; rewrite Q'_Minus_Property1; auto with Q'. }
    rewrite H8,H9,Q'_Plus_Property; auto.
  * right. apply H7; auto.
  * left. pose proof H5.
    apply eq_Q'0_Q'Abs in H8; auto.
    rewrite H8,H5,Q'_Plus_Property,Q'_Plus_Property; auto.
    apply Q'Abs_in_Q'; auto.
+ pose proof H4. apply mt_Q'0_Q'Abs in H8; auto.
  destruct H5 as [H5|[]].
  * right. rewrite Q'_Plus_Commutation,
    (Q'_Plus_Commutation _ (|u|F0));
    try apply Q'Abs_in_Q'; auto. apply H7; auto.
    rewrite Q'_Plus_Commutation; auto.
  * apply (Q'_Plus_PrOrder _ _ _ u) in H5; auto.
    rewrite Q'_Plus_Property in H5; auto.
    apply (Q'_Ord_Trans F0 (Q'0 F0)),
    (Q'_Ord_Trans F0 _ _ (Q'0 F0)) in H5; auto.
    elim (Q'_Ord_irReflex F0 (Q'0 F0) (Q'0 F0)); auto.
  * apply (Q'_Plus_PrOrder _ _ _ v) in H4; auto.
    rewrite H5,Q'_Plus_Property,Q'_Plus_Commutation,
    Q'_Plus_Property in H4; auto.
    rewrite H5,Q'_Plus_Property in H6'; auto.
    apply (Q'_Ord_Trans _ _ _ u) in H6'; auto.
    elim (Q'_Ord_irReflex F0 u u); auto.
+ left. pose proof H4. apply eq_Q'0_Q'Abs in H8; auto.
  rewrite H8,H4,Q'_Plus_Commutation,Q'_Plus_Property,
  Q'_Plus_Commutation,Q'_Plus_Property; auto;
  apply Q'Abs_in_Q'; auto.
- pose proof H3. apply mt_Q'0_Q'Abs in H7; auto.
  rewrite H7. destruct H4 as [H4|[]].
  + pose proof H4. apply lt_Q'0_Q'Abs in H8; auto.
    pose proof H4. apply Q'_Plus_PrOrder_Corollary in H9 as
    [u0[[H9[]]_]]; auto. apply Q'_Minus_Corollary in H11; auto.
    destruct H5 as [H5|[]].
    * apply (Q'_Plus_PrOrder _ _ _ u) in H5; auto.
      rewrite Q'_Plus_Property in H5; auto.
      apply (Q'_Ord_Trans F0 _ _ (Q'0 F0)),
      (Q'_Ord_Trans F0 (Q'0 F0)) in H5; auto.
      elim (Q'_Ord_irReflex F0 (Q'0 F0) (Q'0 F0)); auto.
    * right. apply mt_Q'0_Q'Abs in H5; auto.
      rewrite H5,H8,H11,Q'_Plus_Commutation,
      (Q'_Plus_Commutation F0 _ v); auto.
      apply Q'_Plus_PrOrder; auto.
      apply (Q'_Ord_Trans _ _ (Q'0 F0)); auto.
    * right. pose proof H5.
      apply eq_Q'0_Q'Abs in H12; auto.
      rewrite H12,H5,Q'_Plus_Property,Q'_Plus_Property; auto.
      rewrite H8,H11. apply (Q'_Ord_Trans _ _ (Q'0 F0)); auto.
```

```
          apply Q'Abs_in_Q'; auto.
  + pose proof H4. apply mt_Q'O_Q'Abs in H8; auto.
    rewrite H8. destruct H5 as [H5|[]].
    * pose proof H5. apply lt_Q'O_Q'Abs in H9; auto.
      pose proof H5. apply Q'_Plus_PrOrder_Corollary in H5
      as [v0[[H5[]]_]]; auto. right.
      apply Q'_Minus_Corollary in H12; auto. rewrite H9,H12.
      apply Q'_Plus_PrOrder; auto.
      apply (Q'_Ord_Trans _ _ (Q'O FO)); auto.
    * apply mt_Q'O_Q'Abs in H5; auto.
      left. rewrite H5; auto.
    * pose proof H5. apply eq_Q'O_Q'Abs in H9; auto.
      left. rewrite H9,H5; auto.
  + left. pose proof H4. apply eq_Q'O_Q'Abs in H8; auto.
    rewrite <-H7,H8,H4,Q'_Plus_Commutation,Q'_Plus_Property,
    Q'_Plus_Commutation,Q'_Plus_Property;
    try apply Q'Abs_in_Q'; auto.
  - pose proof H6. apply eq_Q'O_Q'Abs in H7; auto.
    rewrite H7. pose proof H0; pose proof H1.
    apply Q'O_le_Q'Abs in H8 as []; apply Q'O_le_Q'Abs in H9 as [];
    auto. destruct H10,H11.
    + left. rewrite H10,H11. rewrite Q'_Plus_Property; auto.
    + right. rewrite H10,Q'_Plus_Commutation,Q'_Plus_Property; auto.
    + right. rewrite H11,Q'_Plus_Property; auto.
    + right. apply (Q'_Plus_PrOrder _ _ _ (|u|_F0)) in H11; auto.
      rewrite Q'_Plus_Property in H11; auto.
      apply (Q'_Ord_Trans FO (Q'O FO)) in H11; auto.
      apply Q'_Plus_in_Q'; auto.
Qed.

(* 互为负元的绝对值相同 *)

Fact neg_Q'Abs_Equ : ∀ F0 u v, Arithmetical_ultraFilter F0
  -> u ∈ (Q' F0) -> v ∈ (Q' F0) -> u +_F0 v = Q'O F0 -> |u|_F0 = |v|_F0.
Proof.
  intros. pose proof H. apply Q'O_in_Q' in H3.
  assert ((Q'O F0) ∈ (Q' F0) /\ u ∈ (Q' F0)) as []; auto.
  apply (Q'_Ord_Connect F0 H _ u) in H4; auto; clear H5.
  assert ((Q'O F0) ∈ (Q' F0) /\ v ∈ (Q' F0)) as []; auto.
  apply (Q'_Ord_Connect F0 H _ v) in H5; auto; clear H6.
  assert (∀ a b, a ∈ (Q' F0) -> b ∈ (Q' F0)
    -> a +_F0 b = Q'O F0 -> (Q'O F0) <_F0 a
    -> b <_F0 (Q'O F0) -> |a|_F0 = |b|_F0) as Ha.
  { intros. pose proof H9. apply mt_Q'O_Q'Abs in H9; auto.
    pose proof H10. apply lt_Q'O_Q'Abs in H10; auto.
    apply Q'_Plus_PrOrder_Corollary in H12 as [b0[[H12[]]]]; auto.
    assert (b0 = a).
    { apply H15; repeat split; auto.
      rewrite Q'_Plus_Commutation; auto. }
    clear H15. apply Q'_Minus_Corollary in H14; auto.
    rewrite H9,<-H16,<-H14,H10; auto. }
  destruct H4 as [H4|[]].
  - pose proof H4. apply mt_Q'O_Q'Abs in H6; auto.
    rewrite H6. destruct H5 as [H5|[]].
    + apply (Q'_Plus_PrOrder _ _ _ u) in H5; auto.
      rewrite H2,Q'_Plus_Property in H5; auto.
      apply (Q'_Ord_Trans _ _ _ u) in H5; auto.
      elim (Q'_Ord_irReflex FO u u); auto.
    + rewrite <-H6. apply Ha; auto.
```

```
  + rewrite <-H5,Q'_Plus_Property in H2; auto.
    rewrite <-H2 in H4. elim (Q'_Ord_irReflex F0 u u); auto.
 - pose proof H4. apply lt_Q'0_Q'Abs in H6; auto.
   rewrite H6. destruct H5 as [H5|[]].
   + rewrite <-H6. symmetry. apply Ha; auto.
     rewrite Q'_Plus_Commutation; auto.
   + apply (Q'_Plus_PrOrder F0 _ _ u) in H5; auto.
     rewrite Q'_Plus_Property in H5; auto.
     apply (Q'_Ord_Trans F0 _ _ (Q'0 F0)) in H5; auto.
     rewrite H2 in H5. elim (Q'_Ord_irReflex F0 (Q'0 F0) (Q'0 F0));
     auto. apply Q'_Plus_in_Q'; auto.
   + rewrite <-H5,Q'_Plus_Property in H2; auto.
     rewrite <-H2 in H4. elim (Q'_Ord_irReflex F0 u u); auto.
 - rewrite <-H4,Q'_Plus_Commutation,Q'_Plus_Property in H2; auto.
   rewrite <-H4,H2; auto.
Qed.
```

3.6.4 *N 和 *Z 嵌入 *Q

定理 3.52 对任意一个 *Z, *Z 可以同构嵌入扩张后的 *Q. 具体来说, 对于集合:

$$*\mathbf{Q}_{*\mathbf{Z}} = \{[(m, *\mathbf{Z}_1)] : m \in *\mathbf{Z}\},$$

有 $*\mathbf{Q}_{*\mathbf{Z}} \subsetneq *\mathbf{Q}$, 同时可以构造一个定义域为 *Z, 值域为 $*\mathbf{Q}_{*\mathbf{Z}}$ 的 1-1 函数:

$$\varphi_2 = \{(u, v) : u \in *\mathbf{Z} \wedge v = [(u, *\mathbf{Z}_1)]\},$$

$\forall a, b \in *\mathbf{Z}$, 满足如下性质.

1) $\varphi_2(*\mathbf{Z}_0) = *\mathbf{Q}_0 \wedge \varphi_2(*\mathbf{Z}_1) = *\mathbf{Q}_1$.
2) 序保持: $a < b \Longleftrightarrow \varphi_2(a) < \varphi_2(b)$.
3) 加法保持: $\varphi_2(a + b) = \varphi_2(a) + \varphi_2(b)$.
4) 乘法保持: $\varphi_2(a \cdot b) = \varphi_2(a) \cdot \varphi_2(b)$.

φ_2 的以上性质说明, φ_2 是 *Z 到 $*\mathbf{Q}_{*\mathbf{Z}}$ 的保序、保运算的 1-1 函数. 至此, 我们说 *Z 与 $*\mathbf{Q}_{*\mathbf{Z}}$ 同构, 并说 φ_2 将 *Z 同构嵌入 *Q.

```
Definition Q'_Z' F0 := \{ λ u, ∃ m, m ∈ (Z' F0) /\ u = \[[m,(Z'1 F0)]\]_{F0} \}.
```

(* $*\mathbf{Q}_{*\mathbf{Z}}$ 是一个集 *)

```
Corollary Q'_Z'_is_Set : ∀ F0, Arithmetical_ultraFilter F0
  -> Ensemble (Q'_Z' F0).
Proof.
 intros. apply (MKT33 (Q' F0)). apply Q'_is_Set.
 destruct H; auto. unfold Included; intros.
 apply AxiomII in H0 as [H0[x[]]]. apply AxiomII; split; auto.
 exists [x,(Z'1 F0)]. split; auto. apply AxiomII'.
 repeat split; auto with Z'. apply MKT49a; eauto.
 apply Z'1_in_Z' in H. eauto.
Qed.
```

(* $*\mathbf{Q}_{*\mathbf{Z}}$ 是 *Q 的真子集 *)

Corollary Q'_Z'_properSubset_Q' : ∀ F0, Arithmetical_ultraFilter F0
 -> (Q'_Z' F0) ⊂ (Q' F0) /\ (Q'_Z' F0) <> (Q' F0).
Proof.
 Open Scope z'_scope.
 intros. assert ((Q'_Z' F0) ⊂ (Q' F0)).
 { unfold Included; intros. apply AxiomII in H0 as [H0[a[]]].
   rewrite H2. apply Q'_Corollary2; auto with Z'. }
 assert ((F 0) ∈ (N' F0) /\ (F 1) ∈ (N' F0) /\ (F 2) ∈ (N' F0)).
 { pose proof in_ω_0. pose proof in_ω_1. pose proof in_ω_2.
   destruct H. eapply Fn_in_N' in H2; eauto.
   eapply Fn_in_N' in H1; eauto. eapply Fn_in_N' in H3; eauto. }
 destruct H1 as [Ha[Hb Hc]]. split; auto. intro.
 assert (\[[F 2,F 0]\]$_{F0}$ ∈ (Z' F0 ~ [Z'0 F0])).
 { assert (\[[F 2,F 0]\]$_{F0}$ ∈ (Z' F0)).
   { apply Z'_Corollary2; auto. apply
   apply MKT4'; split; auto. apply AxiomII; split; eauto.
   intro. apply MKT41 in H3. rewrite Z'0_Corollary in H3; auto.
   apply R_N'_Corollary in H3; auto. rewrite N'_Plus_Property,
   N'_Plus_Property in H3; auto.
   pose proof in_ω_0; pose proof in_ω_2.
   assert (0 <> 2).
   { intro. assert (0 ∈ 2). apply AxiomII; split; eauto.
     rewrite <-H6 in H7. elim (@ MKT16 0); auto. }
   apply Example2_a in H6; auto. apply Z'0_in_Z' in H; eauto. }
 assert (\[[(Z'1 F0),(\[[F 2,F 0]\]%z']\]$_{F0}$ ∈ (Q' F0))%q'.
 { apply Q'_Corollary2; auto with Z'. }
 rewrite <-H1 in H3. apply AxiomII in H3 as [_[a[]]].
 apply R_Z'_Corollary in H4; auto with Z'.
 rewrite Z'_Mult_Property2 in H4; auto with Z'.
 set (two := (\[[F 2,F 0]\]$_{F0}$)).
 pose proof H. pose proof H.
 apply Z'0_in_Z' in H5. apply Z'1_in_Z' in H6.
 assert ((Z'0 F0) <$_{F0}$ (Z'1 F0)); auto with Z'.
 assert ((Z'1 F0) <$_{F0}$ (two)).
 { rewrite Z'1_Corollary; auto. apply Z'_Ord_Corollary; auto.
   rewrite (N'_Plus_Commutation F0 (F 0)),N'_Plus_Property,
   N'_Plus_Property; auto. pose proof in_ω_1. pose proof in_ω_2.
   apply Constn_is_Function in H8 as [H8[]].
   apply Constn_is_Function in H9 as [H9[]].
   pose proof in_ω_1; pose proof in_ω_2. pose proof H as [].
   eapply Fn_in_N' in H14; eapply Fn_in_N' in H15; eauto.
   pose proof in_ω_1; pose proof in_ω_2.
   apply (F_Constn_Fn F0) in H18; auto.
   apply (F_Constn_Fn F0) in H19; auto.
   clear H16 H17 H14 H15.
   assert (ran(Const 1) ⊂ ω /\ ran(Const 2) ⊂ ω) as [].
   { rewrite H11,H13. pose proof in_ω_1; pose proof in_ω_2.
     split; unfold Included; intros; apply MKT41 in H16; eauto;
     rewrite H16; auto. }
   rewrite <-H18,<-H19. apply N'_Ord_Corollary; auto.
   assert (\{ λ w, (Const 1)[w] ∈ (Const 2)[w] \} = ω).
   { apply AxiomI; split; intros.
     - apply AxiomII in H16 as []. apply NNPP; intro.
       rewrite <-H10 in H20. apply MKT69a in H20.
       rewrite H20 in H17. elim MKT39; eauto.
     - apply AxiomII; split; eauto. pose proof H16.
       rewrite <-H10 in H16; rewrite <-H12 in H17.
       apply Property_Value,Property_ran in H16;

```
        apply Property_Value,Property_ran in H17; auto.
        rewrite H11 in H16; rewrite H13 in H17.
        pose proof in_ω_1; pose proof in_ω_2.
        apply MKT41 in H16; apply MKT41 in H17; eauto.
        rewrite H16,H17. apply MKT4; right. apply MKT41; eauto. }
      rewrite H16. destruct H. apply AxiomII in H as [H[[]]]; tauto. }
  Z'split H2. assert ((Z'0 F0) <_F0 a).
  { assert ((Z'0 F0) ∈ (Z' F0) /\ a ∈ (Z' F0)) as []; auto.
    apply (Z'_Ord_Connect F0 H _ a) in H11 as [H11|[]]; auto;
    clear H12. apply (Z'_Mult_PrOrder F0 _ _ two) in H11; auto.
    rewrite Z'_Mult_Property1 in H11; auto. unfold two in H11.
    rewrite <-H4 in H11.
    apply (Z'_Ord_Trans F0 (Z'0 F0)) in H11; auto.
    elim (Z'_Ord_irReflex F0 (Z'0 F0) (Z'0 F0)); auto. clear H12.
    apply (Z'_Ord_Trans F0 (Z'0 F0)) in H8; auto. rewrite <-H11,
    Z'_Mult_Property1 in H4; auto. elim (Z'0_isn't_Z'1 F0); auto. }
  apply (Z'_Mult_PrOrder F0 _ _ two) in H8; auto.
  rewrite Z'_Mult_Property2,Z'_Mult_Commutation in H8; auto.
  unfold two in H8. rewrite <-H4 in H8. clear H9 H10.
  apply AxiomII in H3 as [H3[x[]]].
  apply AxiomII in H9 as [H9[m[n[H12[]]]]].
  rewrite H10,H12,Z'1_Corollary in H8; auto.
  rewrite H10,H12,Z'0_Corollary in H11; auto.
  apply Z'_Ord_Corollary in H8; apply Z'_Ord_Corollary in H11; auto.
  rewrite N'_Plus_Property in H8; auto.
  rewrite N'_Plus_Commutation,N'_Plus_Property,
  N'_Plus_Commutation,N'_Plus_Property in H11; auto.
  apply AxiomII in H13 as [H13[f1[H15[H16[]]]]].
  apply AxiomII in H14 as [H14[f2[H19[H20[]]]]].
  pose proof in_ω_1. apply Constn_is_Function in H23 as [H23[]].
  pose proof in_ω_1. pose proof H.
  eapply Fn_in_N' in H26; destruct H27; eauto.
  clear n0 H26. pose proof in_ω_1.
  assert (ran(Const 1) ⊂ ω).
  { unfold Included; intros. rewrite H25 in H27.
    apply MKT41 in H27; eauto. rewrite H27; auto. }
  rewrite H18,H22 in H8,H11.
  pose proof in_ω_1. apply (F_Constn_Fn F0) in H28; auto.
  rewrite <-H28,N'_Plus_Corollary in H8; auto. pose proof H23.
  apply (Function_Plus_Corollary1 f2) in H29 as [H29[]]; auto.
  apply N'_Ord_Corollary in H8; apply N'_Ord_Corollary in H11; auto.
  set (A := \{ λ w, f1[w] ∈ ((f2 + (Const 1))[w])%fu \}).
  set (B := \{ λ w, f2[w] ∈ f1[w] \}).
  assert (A ∩ B = 0).
  { apply AxiomI; split; intros; elim (@ MKT16 z); auto.
    apply MKT4' in H32 as []. apply AxiomII in H32 as [].
    apply AxiomII in H33 as [].
    rewrite Function_Plus_Corollary2 in H34; auto.
    assert (z ∈ ω).
    { apply NNPP; intro. rewrite <-H20 in H36.
      apply MKT69a in H36. rewrite H36 in H35. elim MKT39; eauto. }
    assert (f1[z] ∈ ω /\ f2[z] ∈ ω).
    { pose proof H36. rewrite <-H16 in H36. rewrite <-H20 in H37.
      apply Property_Value,Property_ran,H17 in H36; auto.
      apply Property_Value,Property_ran,H21 in H37; auto. }
    assert ((Const 1)[z] = PlusOne 0).
    { rewrite <-H24 in H36.
      apply Property_Value,Property_ran in H36; auto.
      rewrite H25 in H36. apply MKT41 in H36; eauto.
```

```
    rewrite H36. unfold PlusOne. rewrite MKT17; auto. }
    pose proof in_ω_0. rewrite H39,Plus_Property2_a,Plus_Property1_a
    in H34; auto. apply MKT4 in H34 as [].
    elim (MKT102 (f1[z]) (f2[z])); auto.
    apply MKT41 in H34; eauto. rewrite H34 in H35.
    elim (MKT101 (f2[z])); auto. }
  apply AxiomII in i as [i[[H33[H34[H35[]]]]]].
  elim H34. rewrite <-H32. apply H36; auto.
  Close Scope z'_scope.
Qed.
```

Definition φ2 F0 := \{\ λ u v, u ∈ (Z' F0) /\ v = \[[u,(Z'1 F0)]\]_{F0} \}\.

(* φ2 是定义域为 *Z 值域为 *Q_*z 的 1-1 函数 *)

Corollary φ2_is_Function : ∀ F0, Arithmetical_ultraFilter F0
  -> Function1_1 (φ2 F0) /\ dom(φ2 F0) = (Z' F0) /\ ran(φ2 F0) = (Q'_Z' F0).
Proof.
  intros. assert (Function1_1 (φ2 F0)).
  { repeat split; unfold Relation; intros; try destruct H0.
    - apply AxiomII in H0 as [H0[x[y[]]]]; eauto.
    - apply AxiomII' in H0 as [H0[]]. apply AxiomII'
      in H1 as [H1[]]. rewrite H3,H5; auto.
    - apply AxiomII in H0 as [H0[x[y[]]]]; eauto.
    - apply AxiomII' in H0 as []. apply AxiomII' in H2 as [H2[]].
      apply AxiomII' in H1 as []. apply AxiomII' in H5 as [H5[]].
      rewrite H4 in H7. apply R_Z'_Corollary in H7; auto with Z'.
      rewrite Z'_Mult_Property2,Z'_Mult_Commutation,
      Z'_Mult_Property2 in H7; auto with Z'. }
  split; auto. destruct H0. split; apply AxiomI; split; intros.
  - apply AxiomII in H2 as [H2[]]. apply AxiomII' in H3; tauto.
  - apply AxiomII; split; eauto.
    exists (\[[z,(Z'1 F0)]\]_{F0}).
    apply AxiomII'; split; auto. apply MKT49a; eauto.
    assert (\[[z,(Z'1 F0)]\]_{F0} ∈ (Q' F0)).
    { apply Q'_Corollary2; auto with Z'. } eauto.
  - apply AxiomII in H2 as [H2[]]. apply AxiomII'
    in H3 as [H3[]]. apply AxiomII; split; eauto.
  - pose proof H2. apply AxiomII; split; eauto.
    apply AxiomII in H3 as [_[a[]]]. exists a.
    apply AxiomII'; split; auto. apply MKT49a; eauto.
Qed.

Corollary φ2_Z'0 : ∀ F0, Arithmetical_ultraFilter F0
  -> (φ2 F0)[Z'0 F0] = Q'0 F0.
Proof.
  intros. pose proof H. apply φ2_is_Function in H0 as [[][]].
  pose proof H. apply Z'0_in_Z' in H4. rewrite <-H2 in H4.
  apply Property_Value,AxiomII' in H4 as [_[]]; auto.
  rewrite H5,Q'0_Corollary; auto.
Qed.

Corollary φ2_Z'1 : ∀ F0, Arithmetical_ultraFilter F0
  -> (φ2 F0)[Z'1 F0] = Q'1 F0.
Proof.
  intros. pose proof H. apply φ2_is_Function in H0 as [[][]].
  pose proof H. apply Z'1_in_Z' in H4. rewrite <-H2 in H4.
  apply Property_Value,AxiomII' in H4 as [_[]]; auto.
  rewrite H5,Q'1_Corollary; auto.
```
```

Qed.

(* φ_2 对序保持 *)

Corollary $\varphi2$_PrOrder : ∀ F0 a b, Arithmetical_ultraFilter F0
  -> a ∈ (Z' F0) -> b ∈ (Z' F0)
  -> (a $<_{F0}$ b)%z' <-> ($\varphi2$ F0)[a] $<_{F0}$ ($\varphi2$ F0)[b].
Proof.
  intros. pose proof H. apply $\varphi2$_is_Function in H2 as [[][]].
  assert (($\varphi2$ F0)[a] = \[[a,(Z'1 F0)]\]$_{F0}$).
  { rewrite <-H4 in H0. apply Property_Value in H0; auto.
    apply AxiomII' in H0; tauto. }
  assert (($\varphi2$ F0)[b] = \[[b,(Z'1 F0)]\]$_{F0}$).
  { rewrite <-H4 in H1. apply Property_Value in H1; auto.
    apply AxiomII' in H1; tauto. }
  rewrite H6,H7. clear H6 H7. split; intros.
  - apply Q'_Ord_Corollary; auto with Z'.
    rewrite Z'_Mult_Property2,Z'_Mult_Commutation,
    Z'_Mult_Property2; auto with Z'.
  - apply Q'_Ord_Corollary in H6; auto with Z'.
    rewrite Z'_Mult_Property2,Z'_Mult_Commutation,
    Z'_Mult_Property2 in H6; auto with Z'.
Qed.

(* φ_2 对加法保持 *)

Corollary $\varphi2$_PrPlus : ∀ F0 a b, Arithmetical_ultraFilter F0
  -> a ∈ (Z' F0) -> b ∈ (Z' F0)
  -> ($\varphi2$ F0)[(a $+_{F0}$ b)%z'] = ($\varphi2$ F0)[a] $+_{F0}$ ($\varphi2$ F0)[b].
Proof.
  intros. pose proof H. apply $\varphi2$_is_Function in H2 as [[][]].
  assert (($\varphi2$ F0)[a] = \[[a,(Z'1 F0)]\]$_{F0}$).
  { rewrite <-H4 in H0. apply Property_Value in H0; auto.
    apply AxiomII' in H0; tauto. }
  assert (($\varphi2$ F0)[b] = \[[b,(Z'1 F0)]\]$_{F0}$).
  { rewrite <-H4 in H1. apply Property_Value in H1; auto.
    apply AxiomII' in H1; tauto. }
  rewrite H6,H7. rewrite Q'_Plus_Corollary,Z'_Mult_Property2,
  Z'_Mult_Property2,Z'_Mult_Commutation,Z'_Mult_Property2;
  auto with Z'. assert ((a $+_{F0}$ b) ∈ (Z' F0))%z'; auto with Z'.
  rewrite <-H4 in H8. apply Property_Value in H8; auto.
  apply AxiomII' in H8; tauto.
Qed.

(* φ_2 对乘法保持 *)

Corollary $\varphi2$_PrMult : ∀ F0 a b, Arithmetical_ultraFilter F0
  -> a ∈ (Z' F0) -> b ∈ (Z' F0)
  -> ($\varphi2$ F0)[(a $\cdot_{F0}$ b)%z'] = ($\varphi2$ F0)[a] $\cdot_{F0}$ ($\varphi2$ F0)[b].
Proof.
  intros. pose proof H. apply $\varphi2$_is_Function in H2 as [[][]].
  assert (($\varphi2$ F0)[a] = \[[a,(Z'1 F0)]\]$_{F0}$).
  { rewrite <-H4 in H0. apply Property_Value in H0; auto.
    apply AxiomII' in H0; tauto. }
  assert (($\varphi2$ F0)[b] = \[[b,(Z'1 F0)]\]$_{F0}$).
  { rewrite <-H4 in H1. apply Property_Value in H1; auto.
    apply AxiomII' in H1; tauto. }
  rewrite H6,H7. rewrite Q'_Mult_Corollary,Z'_Mult_Property2;
  auto with Z'. assert ((a $\cdot_{F0}$ b) ∈ (Z' F0))%z'; auto with Z'.

```
 rewrite <-H4 in H8. apply Property_Value in H8; auto.
 apply AxiomII' in H8; tauto.
Qed.
```

定理 3.53　　对任意一个 $^*\mathbf{N}$, $^*\mathbf{N}$ 可以同构嵌入扩张后的 $^*\mathbf{Q}$. 具体来说, 对于集合:

$$^*\mathbf{Q}_{^*\mathbf{N}} = \{u : u \in {}^*\mathbf{Q}_{^*\mathbf{Z}} \wedge {}^*\mathbf{Q}_0 \leqslant u\},$$

有 $^*\mathbf{Q}_{^*\mathbf{N}} \subsetneq {}^*\mathbf{Q}_{^*\mathbf{Z}}$ 且 $^*\mathbf{Q}_{^*\mathbf{N}} \subsetneq {}^*\mathbf{Q}$, 同时可以构造一个定义域为 $^*\mathbf{N}$, 值域为 $^*\mathbf{Q}_{^*\mathbf{N}}$ 的 1-1 函数:

$$\varphi_3 = \varphi_2 \circ \varphi_1,$$

$\forall m, n \in {}^*\mathbf{N}$, 满足如下性质.

　　1) $\varphi_3(F_0) = {}^*Q_0 \ \wedge \ \varphi_3(F_1) = {}^*Q_1$.

　　2) 序保持: $m < n \Longleftrightarrow \varphi_3(m) < \varphi_3(n)$.

　　3) 加法保持: $\varphi_3(m + n) = \varphi_3(m) + \varphi_3(n)$.

　　4) 乘法保持: $\varphi_3(m \cdot n) = \varphi_3(m) \cdot \varphi_3(n)$.

　　φ_3 的以上性质说明, φ_3 是 $^*\mathbf{N}$ 到 $^*\mathbf{Q}_{^*\mathbf{N}}$ 的保序、保运算的 1-1 函数. 至此, 我们说 $^*\mathbf{N}$ 与 $^*\mathbf{Q}_{^*\mathbf{N}}$ 同构, 并说 φ_3 将 $^*\mathbf{N}$ 同构嵌入 $^*\mathbf{Q}$.

```
Definition Q'_N' F0 := \{ λ u, u ∈ (Q'_Z' F0) /\ (Q'0 F0 = u \/ (Q'0 F0) <_F0 u) \}.
```

(* $^*\mathbf{Q}_{^*\mathbf{N}}$ 是一个集 *)

```
Corollary Q'_N'_is_Set : ∀ F0, Arithmetical_ultraFilter F0
 -> Ensemble (Q'_N' F0).
Proof.
 intros. apply (MKT33 (Q'_Z' F0)). apply Q'_Z'_is_Set; auto.
 unfold Included; intros. apply AxiomII in H0; tauto.
Qed.
```

(* $^*\mathbf{Q}_{^*\mathbf{N}}$ 是 $^*\mathbf{Q}_{^*\mathbf{Z}}$ 的真子集 *)

```
Corollary Q'_N'_properSubset_Q'_Z' :
 ∀ F0, Arithmetical_ultraFilter F0
 -> (Q'_N' F0) ⊂ (Q'_Z' F0) /\ (Q'_N' F0) <> (Q'_Z' F0).
Proof.
 split.
 - unfold Included; intros. apply AxiomII in H0; tauto.
 - intro. pose proof H. apply Q'1_in_Q' in H1.
  pose proof H1. apply Q'_neg in H2 as [x[[]_]]; auto.
  pose proof H. apply Z'1_in_Z' in H4.
  pose proof H4. apply Z'_neg in H5 as [u[[]_]]; auto.
  set (v := \[[u,Z'1 F0]\]_F0).
  assert (v ∈ (Q' F0)).
  { apply Q'_Corollary2; auto with Z'. }
  assert ((Q'1 F0) +_F0 v = Q'0 F0).
  { unfold v. rewrite Q'1_Corollary,Q'_Plus_Corollary,
   Z'_Mult_Property2,Z'_Mult_Commutation,Z'_Mult_Property2,
   H6,Q'0_Corollary; auto with Z'. }
  rewrite <-H3 in H8. apply Q'_Plus_Cancellation in H8; auto.
```

```
    assert (x <_F0 (Q'0 F0)).
    { pose proof H. apply Q'0_in_Q' in H9. pose proof H.
      apply Q'0_lt_Q'1,(Q'_Plus_PrOrder F0 _ _ x) in H10; auto.
      rewrite Q'_Plus_Property,Q'_Plus_Commutation,H3 in H10;
      auto. }
    assert (x ∈ (Q'_Z' F0)).
    { rewrite <-H8. apply AxiomII; split; eauto. }
    rewrite <-H0 in H10. apply AxiomII in H10 as [_[_[]]].
    rewrite H10 in H9. elim (Q'_Ord_irReflex F0 x x); auto.
    pose proof H. apply Q'0_in_Q' in H11.
    apply (Q'_Ord_Trans F0 x) in H10; auto.
    elim (Q'_Ord_irReflex F0 x x); auto.
Qed.

(* *Q*_N 是*Q 的真子集 *)

Corollary Q'_N'_properSubset_Q' : ∀ F0, Arithmetical_ultraFilter F0
  -> (Q'_N' F0) ⊂ (Q' F0) /\ (Q'_N' F0) <> (Q' F0).
Proof.
  split.
  - unfold Included; intros. apply Q'_Z'_properSubset_Q',
    Q'_N'_properSubset_Q'_Z'; auto.
  - intro. pose proof H. apply Q'_Z'_properSubset_Q' in H1 as [].
    pose proof H. apply Q'_N'_properSubset_Q'_Z' in H3 as [].
    elim H2. rewrite H0 in H3. apply AxiomI; split; auto.
Qed.

Definition φ3 F0 := (φ2 F0) ∘ (φ1 F0).

(* φ3 是定义域为*N,值域包含于*Q 的 1-1 函数 *)

Corollary φ3_is_Function : ∀ F0, Arithmetical_ultraFilter F0
  -> Function1_1 (φ3 F0) /\ dom(φ3 F0) = N' F0 /\ ran(φ3 F0) ⊂ (Q' F0).
Proof.
  intros. pose proof H. apply φ1_is_Function in H0 as [[][]].
  pose proof H. apply φ2_is_Function in H4 as [[][]].
  assert (Function1_1 (φ3 F0)) as [].
  { split. apply MKT64; auto. unfold φ3.
    rewrite MKT62. apply MKT64; auto. }
  split; auto. split; auto. pose proof H.
  apply Z'_N'_properSubset_Z' in H10 as [H10 _].
  rewrite <-H3,<-H6 in H10.
  split; try (apply AxiomI; split; intros).
  - apply AxiomII in H11 as [H11[y]].
    apply AxiomII' in H12 as [H12[u[]]].
    apply Property_dom in H13. rewrite H2 in H13; auto.
  - apply AxiomII; split; eauto. rewrite <-H2 in H11.
    apply Property_Value in H11; auto. pose proof H11.
    apply Property_ran,H10,Property_Value in H12; auto.
    pose proof H11. apply Property_ran in H13.
    pose proof H12. apply Property_ran in H14.
    exists (((φ2 F0)[(φ1 F0)[z]]). apply AxiomII'; split; eauto.
    apply MKT49a; eauto. apply Property_dom in H11. eauto.
  - unfold Included; intros. apply AxiomII in H11 as [H11[]].
    apply AxiomII' in H12 as [H12[u[]]]. apply Property_ran in H14.
    rewrite H7 in H14. apply Q'_Z'_properSubset_Q'; auto.
Qed.

Lemma φ3_Lemma : ∀ F0 M, Arithmetical_ultraFilter F0
```

```
    -> M ∈ (N' F0) -> (φ2 F0)[(φ1 F0)[M]] = (φ3 F0)[M].
Proof.
  intros. pose proof H. apply φ1_is_Function in H1 as [[][]].
  pose proof H. apply Z'_N'_properSubset_Z' in H5 as [H5 _].
  pose proof H. apply φ2_is_Function in H6 as [[][]].
  pose proof H. apply Q'_Z'_properSubset_Q' in H10 as [H10 _].
  rewrite <-H3 in H0. apply Property_Value in H0; auto.
  pose proof H0. apply Property_ran in H11. rewrite H4 in H11.
  apply H5 in H11. rewrite <-H8 in H11.
  apply Property_Value in H11; auto.
  pose proof H11. apply Property_ran in H12.
  assert ([M,(φ2 F0)[(φ1 F0)[M]]] ∈ (φ3 F0)).
  { apply AxiomII'; split; eauto. apply Property_dom in H0.
    apply MKT49a; eauto. }
  pose proof H. apply φ3_is_Function in H14 as [[][]].
  apply Property_dom in H0. rewrite H3,<-H16 in H0.
  apply Property_Value in H0; auto. destruct H14.
  apply (H18 M); auto.
Qed.


Corollary φ3_N'0 : ∀ F0, Arithmetical_ultraFilter F0 -> (φ3 F0)[F 0] = Q'0 F0.
Proof.
  intros. pose proof in_ω_0. pose proof H.
  apply (Fn_in_N' _ F0) in H0; destruct H1; auto.
  clear H1 H2. rewrite <-φ3_Lemma; auto.
  pose proof H. apply φ1_is_Function in H1 as [[][]].
  pose proof H. apply φ2_is_Function in H5 as [[][]].
  rewrite <-H3 in H0. apply Property_Value in H0; auto.
  pose proof H0. apply Property_ran in H9. rewrite H4 in H9.
  apply Z'_N'_properSubset_Z' in H9; auto. rewrite <-H7 in H9.
  apply Property_Value in H9; auto. apply AxiomII' in H0 as [H0[]].
  apply AxiomII' in H9 as [H9[]].
  rewrite H11,<-Z'0_Corollary,<-Q'0_Corollary in H13; auto.
  rewrite H11,<-Z'0_Corollary; auto.
Qed.


Corollary φ3_N'1 : ∀ F0, Arithmetical_ultraFilter F0 -> (φ3 F0)[F 1] = Q'1 F0.
Proof.
  intros. pose proof in_ω_1. pose proof H.
  apply (Fn_in_N' _ F0) in H0; destruct H1; auto.
  clear H1 H2. rewrite <-φ3_Lemma; auto.
  pose proof H. apply φ1_is_Function in H1 as [[][]].
  pose proof H. apply φ2_is_Function in H5 as [[][]].
  rewrite <-H3 in H0. apply Property_Value in H0; auto.
  pose proof H0. apply Property_ran in H9. rewrite H4 in H9.
  apply Z'_N'_properSubset_Z' in H9; auto. rewrite <-H7 in H9.
  apply Property_Value in H9; auto. apply AxiomII' in H0 as [H0[]].
  apply AxiomII' in H9 as [H9[]].
  rewrite H11,<-Z'1_Corollary,<-Q'1_Corollary in H13; auto.
  rewrite H11,<-Z'1_Corollary; auto.
Qed.


(* φ3 对序保持 *)

Corollary φ3_PrOrder : ∀ F0 M N, Arithmetical_ultraFilter F0
  -> M ∈ (N' F0) -> N ∈ (N' F0)
  -> (M <_F0 N)%n' <-> (φ3 F0)[M] <_F0 (φ3 F0)[N].
Proof.
  intros. pose proof H. apply φ1_is_Function in H2 as [[][]].
```

```
    pose proof H0. apply (φ1_PrOrder F0 M N) in H6; auto.
    pose proof H. apply φ2_is_Function in H7 as [[][]].
    pose proof H0; pose proof H1. rewrite <-H4 in H11,H12.
    apply Property_Value,Property_ran in H11; auto.
    apply Property_Value,Property_ran in H12; auto.
    rewrite H5 in H11,H12. pose proof H.
    apply Z'_N'_properSubset_Z' in H13 as [H13 _].
    apply H13 in H11; apply H13 in H12. pose proof H11.
    apply (φ2_PrOrder F0 _ ((φ1 F0)[N])) in H11; auto.
    rewrite (φ3_Lemma F0 M),(φ3_Lemma F0 N) in H11; auto.
    split; intros; [apply H11,H6|apply H6,H11]; auto.
Qed.

(* φ3 对加法保持 *)

Corollary φ3_PrPlus : ∀ F0 M N, Arithmetical_ultraFilter F0
    -> M ∈ (N' F0) -> N ∈ (N' F0) -> (φ3 F0)[(M +_F0 N)%n']
    = (φ3 F0)[M] +_F0 (φ3 F0)[N].
Proof.
    intros. pose proof H. apply φ3_is_Function in H2 as [[][]].
    pose proof H0. apply (φ1_PrPlus F0 M N) in H6; auto.
    pose proof H. apply φ1_is_Function in H7 as [[][]].
    pose proof H0; pose proof H1. rewrite <-H9 in H11,H12.
    apply Property_Value,Property_ran in H11; auto.
    apply Property_Value,Property_ran in H12; auto.
    rewrite H10 in H11,H12. pose proof H.
    apply Z'_N'_properSubset_Z' in H13 as [H13 _].
    apply H13 in H11; apply H13 in H12. pose proof H11.
    apply (φ2_PrPlus F0 _ ((φ1 F0)[N])) in H14; auto.
    rewrite <-H6,(φ3_Lemma F0 M),(φ3_Lemma F0 N),
    φ3_Lemma in H14; auto. apply N'_Plus_in_N'; auto.
Qed.

(* φ3 对乘法保持 *)

Corollary φ3_PrMult : ∀ F0 M N, Arithmetical_ultraFilter F0
    -> M ∈ (N' F0) -> N ∈ (N' F0) -> (φ3 F0)[(M ·_F0 N)%n']
    = (φ3 F0)[M] ·_F0 (φ3 F0)[N].
Proof.
    intros. pose proof H. apply φ3_is_Function in H2 as [[][]].
    pose proof H0. apply (φ1_PrMult F0 M N) in H6; auto.
    pose proof H. apply φ1_is_Function in H7 as [[][]].
    pose proof H0; pose proof H1. rewrite <-H9 in H11,H12.
    apply Property_Value,Property_ran in H11; auto.
    apply Property_Value,Property_ran in H12; auto.
    rewrite H10 in H11,H12. pose proof H.
    apply Z'_N'_properSubset_Z' in H13 as [H13 _].
    apply H13 in H11; apply H13 in H12. pose proof H11.
    apply (φ2_PrMult F0 _ ((φ1 F0)[N])) in H14; auto.
    rewrite <-H6,(φ3_Lemma F0 M),(φ3_Lemma F0 N),
    φ3_Lemma in H14; auto. apply N'_Mult_in_N'; auto.
Qed.

(* φ3 的值域为 *Q_*N *)

Corollary φ3_ran : ∀ F0, Arithmetical_ultraFilter F0
    -> ran(φ3 F0) = Q'_N' F0.
Proof.
    intros. pose proof H. apply φ3_is_Function in H0 as [[][]].
```

```
pose proof H. apply φ1_is_Function in H4 as [[][]].
pose proof H. apply φ2_is_Function in H8 as [[][]].
pose proof H as []. pose proof in_ω_0.
apply (Fn_in_N' _ F0) in H14; auto.
clear H12 H13. apply AxiomI; split; intros.
- apply AxiomII in H12 as [H12[]]. pose proof H13.
  apply Property_dom,Property_Value in H15; auto.
  assert (z = (φ3 F0)[x]). { destruct H0. apply (H16 x); auto. }
  apply Property_dom in H13. pose proof H13. rewrite H2 in H13.
  rewrite H2,<-H6 in H17. apply Property_Value in H17; auto.
  pose proof H17. apply Property_ran in H18. rewrite H7 in H18.
  apply Z'_N'_properSubset_Z' in H18; auto. rewrite <-H10 in H18.
  apply Property_Value in H18; auto.
  rewrite φ3_Lemma,<-H16 in H18; auto.
  apply Property_ran in H18. rewrite H11 in H18.
  apply AxiomII; repeat split; auto.
  assert ((F 0) ∈ (N' F0) /\ x ∈ (N' F0)) as []; auto.
  apply (N'_Ord_Connect F0 H _ x) in H19 as [H19|[]];
  auto; clear H20.
  + apply φ3_PrOrder in H19; auto. rewrite <-φ3_N'0,H16; auto.
  + elim (N'0_is_FirstMember F0 x); auto.
  + rewrite <-H19,φ3_N'0 in H16; auto.
- apply AxiomII in H12 as [H12[]]. pose proof H13.
  rewrite <-H11,reqdi in H16. apply Property_Value in H16; auto.
  apply AxiomII' in H16 as [].
  assert ((((φ2 F0)⁻¹)[z]) ∈ (Z'_N' F0)).
  { apply Property_dom in H17.
    rewrite H10 in H17. apply NNPP; intro.
    assert ((((φ2 F0)⁻¹)[z]) ∈ ((Z' F0) ~ (Z'_N' F0))).
    { apply MKT4'; split; auto. apply AxiomII; split; eauto. }
    apply Z'_N'_Property2 in H19; auto. apply φ2_PrOrder in H19;
    auto with Z'. rewrite f11vi in H19; try rewrite H11; auto.
    assert ((φ2 F0)[Z'0 F0] = Q'0 F0).
    { pose proof H. apply Z'0_in_Z' in H20.
      rewrite <-H10 in H20. apply Property_Value in H20; auto.
      apply AxiomII' in H20 as [_[]].
      rewrite H21,Q'0_Corollary; auto. }
    rewrite H20 in H19. apply Q'_Z'_properSubset_Q' in H13; auto.
    pose proof H. apply Q'0_in_Q' in H21. destruct H15.
    rewrite H15 in H19. elim (Q'_Ord_irReflex F0 z z); auto.
    apply (Q'_Ord_Trans F0 z) in H15; auto.
    elim (Q'_Ord_irReflex F0 z z); auto. }
  rewrite <-H7,reqdi in H18. apply Property_Value in H18; auto.
  apply AxiomII' in H18 as []. pose proof H19.
  apply Property_dom in H20. apply AxiomII; split; auto.
  exists (((φ1 F0)⁻¹)[((φ2 F0)⁻¹)[z]]).
  apply AxiomII'; split; eauto.
Qed.
```

*Q_0 为 *Q_{*N} 中的首元, 也即最小元.

```
Fact Q'_N'_Q'0_is_FirstMember: ∀ F0 u, Arithmetical_ultraFilter F0
  -> u ∈ (Q'_N' F0) -> u <> Q'0 F0 -> (Q'0 F0) <_F0 u.
Proof.
  intros. pose proof H. apply Q'0_in_Q' in H2.
  pose proof H0. apply Q'_N'_properSubset_Q' in H3; auto.
  pose proof H2. apply (Q'_Ord_Connect F0 H _ u) in H4
  as [|[|]]; auto.
  - apply AxiomII in H0 as [_[H0[]]]; auto.
    rewrite H5 in H4. elim (Q'_Ord_irReflex F0 u u); auto.
```

```
- elim H1; auto.
Qed.
```

　　定理 3.52 和定理 3.53 分别找到了 *Q 中具有无穷大数的整数集 *Q*z 和非负整数集 *Q*N. 当然, 这种引入无穷大数的扩张需要生成 *Q 的算术超滤 $F0$ 为一个非主算术超滤.

　　本节从 *Z 扩充到 *Q 的过程如果限定在通常整数集上, 即可得到通常的有理数集[150], 但得不到通常的实数集. 第 4 章将从 *Q 的一个重要子集出发, 构造出通常的实数集.

第 4 章　什么是实数

4.1　*Q 中的整数和有理数

第 3 章已通过 *Z 扩张得到 *Q, 并将 *N 和 *Z 同构嵌入 *Q, 从而找到 *Q 中含有无穷大数的非负整数集 *Q*N 和整数集 *Q*Z. 本节将找出 *Q 中通常意义下的标准数集: 非负整数集、整数集和有理数集.

4.1.1　非负整数集

*Q 中的非负整数集通过同构嵌入的方式得到.

我们已经利用 φ 将 ω 同构嵌入 *N, 利用 φ_1 将 *N 同构嵌入 *Z, 利用 φ_2 将 *Z 同构嵌入 *Q, 于是, 利用 φ, φ_1 和 φ_2 三者的复合:

$$\varphi_4 = \varphi_2 \circ (\varphi_1 \circ \varphi),$$

即可将 ω 同构嵌入 *Q.

```
(** N_Z_Q_in_Q' *)

Require Export Z'_to_Q'.

Definition φ4 F0 := (φ2 F0) ∘ ((φ1 F0) ∘ φ).
```

这里的利用 φ_4 将 ω 同构嵌入 *Q 是指, φ_4 是一个定义域为 ω, 值域包含于 *Q 的 1-1 函数且满足如下性质.

1) 序保持: $m < n \Longleftrightarrow \varphi_4(m) < \varphi_4(n)$.

2) 加法保持: $\varphi_4(m + n) = \varphi_4(m) + \varphi_4(n)$.

3) 乘法保持: $\varphi_4(m \cdot n) = \varphi_4(m) \cdot \varphi_4(n)$.

4) $\varphi_4(0) = {}^*Q_0 \ \wedge \ \varphi_4(1) = {}^*Q_1$,

其中 $m, n \in \omega$.

```
(* φ4 是定义为 ω, 值域包含于*Q 的 1-1 函数 *)

Corollary φ4_is_Function : ∀ F0, Arithmetical_ultraFilter F0
  -> Function1_1 (φ4 F0) /\ dom(φ4 F0) = ω /\ ran(φ4 F0) ⊂ (Q' F0).
Proof.
  intros. destruct φ_is_Function as [H0[]].
  pose proof H. apply N'_N_Subset_N' in H3.
  pose proof H. apply φ1_is_Function in H4 as [H4[]].
  pose proof H. apply Z'_N'_properSubset_Z' in H7 as [].
```

```
pose proof H. apply φ2_is_Function in H9 as [H9[]].
pose proof H. apply Q'_Z'_properSubset_Q' in H12 as [].
destruct H0,H4,H9.
assert (Function1_1 (φ4 F0)) as [].
{ split. repeat apply MKT64; auto. unfold φ4.
  repeat (rewrite MKT62; apply MKT64); auto. }
split. split; auto. split.
- apply AxiomI; split; intros.
  + apply Property_Value in H19; auto.
    apply AxiomII' in H19 as [H19[y[]]].
    apply AxiomII' in H20 as [H20[y1[]]].
    apply AxiomII' in H22; tauto.
  + rewrite <-H1 in H19. apply Property_Value in H19; auto.
    pose proof H19. apply Property_ran in H20. rewrite H2 in H20.
    apply H3 in H20. rewrite <-H5 in H20.
    apply Property_Value in H20; auto. pose proof H20.
    apply Property_ran in H21. rewrite H6 in H21. apply H7 in H21.
    rewrite <-H10 in H21. apply Property_Value in H21; auto.
    assert ([z,(φ2 F0)[(φ1 F0)[φ[z]]]] ∈ (φ4 F0)).
    { apply AxiomII'; split. apply Property_dom in H19.
      apply Property_ran in H21. apply MKT49a; eauto.
      exists ((φ1 F0)[φ[z]]). split; auto.
      apply AxiomII'; split; eauto. apply Property_dom in H19.
      apply Property_ran in H20. apply MKT49a; eauto. }
    apply Property_dom in H22; auto.
- unfold Included; intros. apply AxiomII in H19 as [H19[]].
  apply AxiomII' in H20 as [H20[y[]]]. apply Property_ran in H22.
  rewrite H11 in H22; auto.
Qed.

Lemma φ4_Lemma : ∀ F0 m, Arithmetical_ultraFilter F0
  -> m ∈ ω -> (φ2 F0)[(φ1 F0)[φ[m]]] = (φ4 F0)[m].
Proof.
  intros. destruct φ_is_Function as [H1[]].
  pose proof H. apply N'_N_Subset_N' in H4.
  pose proof H. apply φ1_is_Function in H5 as [H5[]].
  pose proof H. apply Z'_N'_properSubset_Z' in H8 as [].
  pose proof H. apply φ2_is_Function in H10 as [H10[]].
  pose proof H. apply Q'_Z'_properSubset_Q' in H13 as [].
  destruct H1,H5,H10. rewrite <-H2 in H0.
  apply Property_Value in H0; auto. pose proof H0.
  apply Property_ran in H18. rewrite H3 in H18. apply H4 in H18.
  rewrite <-H6 in H18. apply Property_Value in H18; auto.
  pose proof H18. apply Property_ran in H19. rewrite H7 in H19.
  apply H8 in H19. rewrite <-H11 in H19.
  apply Property_Value in H19; auto.
  assert ([m,(φ2 F0)[(φ1 F0)[φ[m]]]] ∈ (φ4 F0)).
  { apply AxiomII'; split. apply Property_dom in H0.
    apply Property_ran in H19. apply MKT49a; eauto.
    exists ((φ1 F0)[φ[m]]). split; auto.
    apply AxiomII'; split; eauto. apply Property_dom in H0.
    apply Property_ran in H18. apply MKT49a; eauto. }
  apply Property_dom in H0. rewrite H2 in H0. pose proof H.
  apply φ4_is_Function in H21 as [H21[]]. rewrite <-H22 in H0.
  destruct H21. apply Property_Value in H0; auto.
  destruct H21. apply (H25 m); auto.
Qed.

(* φ4 对序保持 *)
```

```
Corollary φ4_PrOrder : ∀ F0 m n, Arithmetical_ultraFilter F0
  -> m ∈ ω -> n ∈ ω -> m ∈ n <-> (φ4 F0)[m] <_F0 (φ4 F0)[n].
Proof.
  intros. pose proof H. apply φ4_is_Function in H2 as [H2[]].
  pose proof H0. apply (φ_PrOrder F0 m n) in H5; auto.
  destruct φ_is_Function as [H6[]].
  pose proof H0 as Ha; pose proof H1 as Hb. rewrite <-H7 in H0,H1.
  destruct H6. apply Property_Value,Property_ran in H0; auto.
  apply Property_Value,Property_ran in H1; auto. pose proof H.
  apply N'_N_Subset_N' in H10. rewrite H8 in H0,H1.
  apply H10 in H0. apply H10 in H1. pose proof H0.
  apply (φ1_PrOrder F0 _ (φ[n])) in H11; auto. pose proof H.
  apply φ1_is_Function in H12 as [H12[]]. rewrite <-H13 in H0,H1.
  destruct H12. apply Property_Value,Property_ran in H0; auto.
  apply Property_Value, Property_ran in H1; auto. pose proof H.
  apply Z'_N'_properSubset_Z' in H16 as []. rewrite H14 in H0,H1.
  apply H16 in H0; apply H16 in H1. pose proof H0.
  apply (φ2_PrOrder F0 _ ((φ1 F0)[φ[n]])) in H18; auto.
  rewrite (φ4_Lemma F0 m),(φ4_Lemma F0 n) in H18; auto.
  split; intros; try apply H18,H11,H5; auto; apply H5,H11,H18; auto.
Qed.
```

(* φ4 对加法保持 *)

```
Corollary φ4_PrPlus : ∀ F0 m n, Arithmetical_ultraFilter F0
  -> m ∈ ω -> n ∈ ω -> (φ4 F0)[m + n] = (φ4 F0)[m] +_F0 (φ4 F0)[n].
Proof.
  intros. pose proof H. apply φ4_is_Function in H2 as [H2[]].
  pose proof H0. apply (φ_PrPlus F0 m n) in H5; auto.
  destruct φ_is_Function as [H6[]].
  pose proof H0 as Ha; pose proof H1 as Hb.
  rewrite <-H7 in H0,H1. destruct H6.
  apply Property_Value,Property_ran in H0; auto.
  apply Property_Value,Property_ran in H1; auto.
  pose proof H. apply N'_N_Subset_N' in H10.
  rewrite H8 in H0,H1. apply H10 in H0. apply H10 in H1.
  pose proof H0. apply (φ1_PrPlus F0 _ (φ[n])) in H11; auto.
  pose proof H. apply φ1_is_Function in H12 as [H12[]].
  rewrite <-H13 in H0,H1. destruct H12.
  apply Property_Value,Property_ran in H0; auto.
  apply Property_Value,Property_ran in H1; auto. pose proof H.
  apply Z'_N'_properSubset_Z' in H16 as []. rewrite H14 in H0,H1.
  apply H16 in H0; apply H16 in H1. pose proof H0.
  apply (φ2_PrPlus F0 _ ((φ1 F0)[φ[n]])) in H18; auto.
  rewrite (φ4_Lemma F0 m),(φ4_Lemma F0 n) in H18; auto.
  rewrite <-H18,<-H11,<-H5,(φ4_Lemma F0 (m + n)); auto.
  apply ω_Plus_in_ω; auto.
Qed.
```

(* φ4 对乘法保持 *)

```
Corollary φ4_PrMult : ∀ F0 m n, Arithmetical_ultraFilter F0
  -> m ∈ ω -> n ∈ ω -> (φ4 F0)[m · n] = (φ4 F0)[m] ·_F0 (φ4 F0)[n].
Proof.
  intros. pose proof H. apply φ4_is_Function in H2 as [H2[]].
  pose proof H0. apply (φ_PrMult F0 m n) in H5; auto.
  destruct φ_is_Function as [H6[]].
  pose proof H0 as Ha; pose proof H1 as Hb. rewrite <-H7 in H0,H1.
```

```
  destruct H6. apply Property_Value,Property_ran in H0; auto.
  apply Property_Value,Property_ran in H1; auto. pose proof H.
  apply N'_N_Subset_N' in H10. rewrite H8 in H0,H1.
  apply H10 in H0. apply H10 in H1. pose proof H0.
  apply (φ1_PrMult F0 _ (φ[n])) in H11; auto. pose proof H.
  apply φ1_is_Function in H12 as [H12[]]. rewrite <-H13 in H0,H1.
  destruct H12. apply Property_Value,Property_ran in H0; auto.
  apply Property_Value,Property_ran in H1; auto. pose proof H.
  apply Z'_N'_properSubset_Z' in H16 as []. rewrite H14 in H0,H1.
  apply H16 in H0; apply H16 in H1. pose proof H0.
  apply (φ2_PrMult F0 _ ((φ1 F0)[φ[n]])) in H18; auto.
  rewrite (φ4_Lemma F0 m),(φ4_Lemma F0 n) in H18; auto.
  rewrite <-H18,<-H11,<-H5,(φ4_Lemma F0 (m · n)); auto.
  apply ω_Mult_in_ω; auto.
Qed.

Corollary φ4_0 : ∀ F0, Arithmetical_ultraFilter F0 -> (φ4 F0)[0] = Q'0 F0.
Proof.
  intros. pose proof in_ω_0. rewrite <-φ4_Lemma; auto.
  destruct φ_is_Function as [[][]].
  pose proof H. apply φ1_is_Function in H5 as [[][]].
  pose proof H. apply φ2_is_Function in H9 as [[][]].
  rewrite <-H3 in H0. apply Property_Value in H0; auto.
  pose proof H0. apply Property_ran in H13. rewrite H4 in H13.
  eapply N'_N_Subset_N' in H13; eauto. rewrite <-H7 in H13.
  apply Property_Value in H13; auto. pose proof H13.
  apply Property_ran in H14. rewrite H8 in H14.
  apply Z'_N'_properSubset_Z' in H14; auto. rewrite <-H11 in H14.
  apply Property_Value in H14; auto. apply AxiomII' in H0 as [H0[]].
  rewrite H16 in H13. apply AxiomII' in H13 as [H13[]].
  rewrite <-Z'0_Corollary in H18; auto. rewrite H16,H18 in H14.
  apply AxiomII' in H14 as [H14[]].
  rewrite H16,H18,Q'0_Corollary; auto.
Qed.

Corollary φ4_1 : ∀ F0, Arithmetical_ultraFilter F0 -> (φ4 F0)[1] = Q'1 F0.
Proof.
  intros. pose proof in_ω_1. rewrite <-φ4_Lemma; auto.
  destruct φ_is_Function as [[][]].
  pose proof H. apply φ1_is_Function in H5 as [[][]].
  pose proof H. apply φ2_is_Function in H9 as [[][]].
  rewrite <-H3 in H0. apply Property_Value in H0; auto.
  pose proof H0. apply Property_ran in H13. rewrite H4 in H13.
  eapply N'_N_Subset_N' in H13; eauto. rewrite <-H7 in H13.
  apply Property_Value in H13; auto. pose proof H13.
  apply Property_ran in H14. rewrite H8 in H14.
  apply Z'_N'_properSubset_Z' in H14; auto. rewrite <-H11 in H14.
  apply Property_Value in H14; auto. apply AxiomII' in H0 as [H0[]].
  rewrite H16 in H13. apply AxiomII' in H13 as [H13[]].
  rewrite <-Z'1_Corollary in H18; auto. rewrite H16,H18 in H14.
  apply AxiomII' in H14 as [H14[]].
  rewrite H16,H18,Q'1_Corollary; auto.
Qed.
```

*Q 中的非负整数集定义为上述 1-1 函数 φ_4 的值域, 记为 *$\mathbf{Q_N}$.

```
Definition Q'_N F0 := ran(φ4 F0).

Corollary Q'_N_Subset_Q' : ∀ F0, Arithmetical_ultraFilter F0 -> (Q'_N F0) ⊂ (Q' F0).
Proof.
```

```
unfold Included; intros. unfold Q'_N in H0.
  pose proof H. apply φ4_is_Function in H1 as [[][]]; auto.
Qed.
```

对任意一个算术超滤 $F0$ 生成的 $^{*}\mathbf{Q}$, 关于 $^{*}\mathbf{Q_N}$ 有如下结论.

1) $^{*}Q_0 \in {}^{*}\mathbf{Q_N} \wedge {}^{*}Q_1 \in {}^{*}\mathbf{Q_N}$.

2) 运算封闭: $\forall m, n \in {}^{*}\mathbf{Q_N}, (m+n) \in {}^{*}\mathbf{Q_N} \wedge (m \cdot n) \in {}^{*}\mathbf{Q_N}$.

3) $^{*}\mathbf{Q}$ 上定义的序对 $^{*}\mathbf{Q_N}$ 良序.

4) $^{*}Q_0$ 为 $^{*}\mathbf{Q_N}$ 中的首元, 即最小元.

```
Fact Q'0_in_Q'_N : ∀ F0, Arithmetical_ultraFilter F0 -> (Q'0 F0) ∈ (Q'_N F0).
Proof.
  intros. pose proof H. apply φ4_is_Function in H0 as [[][]].
  pose proof H. apply φ4_0 in H4.
  pose proof in_ω_0. rewrite <-H2 in H5.
  apply Property_Value,Property_ran in H5; auto.
  rewrite <-H4; auto.
Qed.

Fact Q'1_in_Q'_N : ∀ F0, Arithmetical_ultraFilter F0 -> (Q'1 F0) ∈ (Q'_N F0).
Proof.
  intros. pose proof H. apply φ4_is_Function in H0 as [[][]].
  pose proof H. apply φ4_1 in H4.
  pose proof in_ω_1. rewrite <-H2 in H5.
  apply Property_Value,Property_ran in H5; auto.
  rewrite <-H4; auto.
Qed.

(* 加法封闭 *)

Fact Q'_N_Plus_in_Q'_N : ∀ F0 u v, Arithmetical_ultraFilter F0
  -> u ∈ (Q'_N F0) -> v ∈ (Q'_N F0) -> (u +_F0 v) ∈ (Q'_N F0).
Proof.
  intros. pose proof H. apply φ4_is_Function in H2 as [[][]].
  assert (u ∈ (ran(φ4 F0)) /\ v ∈ (ran(φ4 F0))) as []; auto.
  rewrite reqdi in H6,H7.
  apply Property_Value,Property_ran in H6;
  apply Property_Value,Property_ran in H7; auto.
  rewrite <-deqri,H4 in H6,H7. pose proof H.
  apply (φ4_PrPlus F0 (((φ4 F0)⁻¹)[u]) (((φ4 F0)⁻¹)[v])) in H8;
  auto. rewrite f11vi,f11vi in H8; auto.
  apply (ω_Plus_in_ω (((φ4 F0)⁻¹)[u])) in H7; auto.
  rewrite <-H4 in H7. apply Property_Value,Property_ran in H7; auto.
  rewrite <-H8; auto.
Qed.

(* 乘法封闭 *)

Fact Q'_N_Mult_in_Q'_N : ∀ F0 u v, Arithmetical_ultraFilter F0
  -> u ∈ (Q'_N F0) -> v ∈ (Q'_N F0) -> (u ·_F0 v) ∈ (Q'_N F0).
Proof.
  intros. pose proof H. apply φ4_is_Function in H2 as [[][]].
  assert (u ∈ (ran(φ4 F0)) /\ v ∈ (ran(φ4 F0))) as []; auto.
  rewrite reqdi in H6,H7.
  apply Property_Value,Property_ran in H6;
  apply Property_Value,Property_ran in H7; auto.
  rewrite <-deqri,H4 in H6,H7. pose proof H.
```

```
apply (φ4_PrMult F0 (((φ4 F0)⁻¹)[u]) (((φ4 F0)⁻¹)[v])) in H8;
auto. rewrite f11vi,f11vi in H8; auto.
apply (ω_Mult_in_ω (((φ4 F0)⁻¹)[u])) in H7; auto.
rewrite <-H4 in H7. apply Property_Value,Property_ran in H7; auto.
rewrite <-H8; auto.
Qed.

(* *Q_N 的良序性 *)

Fact Q'_Ord_WellOrder_Q'_N : ∀ F0, Arithmetical_ultraFilter F0
 -> WellOrdered (Q'_Ord F0) (Q'_N F0).
Proof.
  split; intros.
  - unfold Connect; intros. apply Q'_Ord_Connect; auto;
    apply Q'_N_Subset_Q'; auto.
  - assert (WellOrdered E ω) as [_ H2].
    { apply MKT107. pose proof MKT138. apply AxiomII in H2; tauto. }
    pose proof H. apply φ4_is_Function in H3 as [[][]].
    assert (ω = (φ4 F0)⁻¹⌜Q'_N F0⌟).
    { apply AxiomI; split; intros.
      - apply AxiomII; repeat split; eauto. rewrite H5; auto.
        rewrite <-H5 in H7. apply Property_Value,Property_ran
        in H7; auto.
      - apply AxiomII in H7 as ⌊H7[]⌋. rewrite <-H5; auto. }
    assert ((φ4 F0)⁻¹⌜y⌟ ⊂ ω /\ (φ4 F0)⁻¹⌜y⌟ <> 0).
    { split.
      - unfold Included; intros. apply AxiomII in H8 as [_[]].
        rewrite H5 in H8; auto.
      - apply PreimageSet_Corollary; auto. intro.
        elim H1. apply AxiomI; split; intros. pose proof H9.
        apply H0 in H10. assert (z ∈ (y ∩ (Q'_N F0))).
        { apply MKT4'; auto. }
        rewrite <-H8; auto. elim (@ MKT16 z); auto. }
    destruct H8. apply H2 in H8 as [x[]]; auto; clear H9.
    exists ((φ4 F0)[x]). split.
    + apply AxiomII in H8; tauto.
    + intros. assert ((((φ4 F0)⁻¹)[y0] ∈ (φ4 F0)⁻¹⌜y⌟).
      { pose proof H9 as H9'. apply H0 in H9.
        unfold Q'_N in H9. rewrite reqdi in H9.
        apply Property_Value,Property_ran in H9; auto.
        rewrite <-deqri in H9. apply AxiomII; repeat split; eauto.
        rewrite f11vi; auto. }
      pose proof H11. apply H10 in H11. intro. elim H11.
      apply AxiomII'; split. apply MKT49a; eauto.
      apply (φ4_PrOrder F0); auto. apply AxiomII in H12 as [_[]].
      rewrite <-H5; auto. apply AxiomII in H8 as [_[]].
      rewrite <-H5; auto. rewrite f11vi; auto.
Qed.

(* *Q_0 为最小元 *)

Fact Q'_N_Q'0_is_FirstMember : ∀ F0 u, Arithmetical_ultraFilter F0
 -> u ∈ ((Q'_N F0) ~ [Q'0 F0]) -> (Q'0 F0) <_F0 u.
Proof.
  intros. apply MKT4' in H0 as [].
  pose proof H. apply φ4_is_Function in H2 as [[][]].
  assert (u ∈ (ran(φ4 F0))); auto. rewrite reqdi in H6.
  apply Property_Value,Property_ran in H6; auto.
  rewrite <-deqri,H4 in H6. pose proof in_ω_0.
```

```
assert (Ordinal 0 /\ Ordinal (((φ4 F0)⁻¹)[u])) as [].
{ apply AxiomII in H6 as [H6[]];
  apply AxiomII in H7 as [H7[]]; auto. }
apply (@ MKT110 0 (((φ4 F0)⁻¹)[u])) in H8 as [H8|[]];
auto; clear H9.
- apply (φ4_PrOrder F0) in H8; auto.
  rewrite f11vi in H8; auto. rewrite φ4_0 in H8; auto.
- elim (@ MKT16 ((φ4 F0)⁻¹)[u]); auto.
- pose proof H. apply φ4_0 in H9.
  rewrite H8,f11vi in H9; auto. apply AxiomII in H1 as [].
  elim H10. apply MKT41; auto. rewrite <-H9; auto.
Qed.
```

定理 4.1　设 $^*\mathbf{Q}$ 由算术超滤 $F0$ 生成, 当 $F0$ 是主超滤时, $^*\mathbf{Q}_{*\mathbf{N}} = {}^*\mathbf{Q}_{\mathbf{N}}$; 而当 $F0$ 是非主算术超滤时, $^*\mathbf{Q}_{\mathbf{N}} \subsetneq {}^*\mathbf{Q}_{*\mathbf{N}}$.

```
Theorem Q'_N'_Fn_Equ_Q'_N : ∀ n, n ∈ ω -> Q'_N' (F n) = Q'_N (F n).
Proof.
  intros. pose proof H. apply FT10 in H0.
  destruct φ_is_Function as [[][]].
  pose proof H0. apply φ3_is_Function in H5 as [[][]].
  pose proof H0. apply φ4_is_Function in H9 as [[][]].
  pose proof H0. apply φ3_ran in H13.
  assert (N' (F n) = N'_N). { apply N'_Fn_Equ_N'_N; auto. }
  apply AxiomI; split; intros.
  - pose proof H15. rewrite <-H13 in H15.
    rewrite <-H13,reqdi in H16.
    apply Property_Value,Property_ran in H16; auto.
    rewrite <-deqri,H7,H14,<-H4 in H16.
    pose proof H16. rewrite reqdi in H17.
    apply Property_Value,Property_ran in H17; auto.
    rewrite <-deqri,H3 in H17. pose proof H17. rewrite <-H11 in H18.
    apply Property_Value,Property_ran in H18; auto.
    rewrite <-φ4_Lemma,f11vi,φ3_Lemma,f11vi in H18; auto.
    rewrite H14,<-H4; auto.
  - pose proof H15. unfold Q'_N in H16. rewrite reqdi in H16.
    apply Property_Value,Property_ran in H16; auto.
    rewrite <-deqri,H11 in H16. pose proof H16. rewrite <-H3 in H17.
    apply Property_Value,Property_ran in H17; auto.
    rewrite H4 in H17. apply (N'_N_Subset_N' (F n)) in H17;
    auto. rewrite <-H7 in H17. pose proof H17.
    apply Property_Value,Property_ran in H18; auto.
    rewrite H13,<-φ3_Lemma,φ4_Lemma,f11vi in H18; auto.
    rewrite <-H7; auto.
Qed.

Lemma Q'_N_properSubset_Q'_N'_Lemma : ∀ f1 f2 x, Function f1
  -> Function f2 -> (f1 ∘ f2)[x] = f1[f2[x]].
Proof.
  intros. assert (Function (f1 ∘ f2)). { apply MKT64; auto. }
  assert (dom(f1 ∘ f2) ⊂ dom(f2)).
  { unfold Included; intros. apply AxiomII in H2 as [H2[]].
    apply AxiomII' in H3 as [H3[y[]]].
    apply Property_dom in H4; auto. }
  assert (dom(f1 ∘ f2) = f2⁻¹⌈ran(f2) ∩ dom(f1)⌋).
  { apply AxiomI; split; intros.
    - apply AxiomII in H3 as [H3[]].
      apply AxiomII' in H4 as [H4[y[]]].
      apply AxiomII; split; auto. split.
```

```
    apply Property_dom in H5; auto. pose proof H5.
    apply Property_dom,Property_Value in H7; auto.
    apply MKT4'; split. apply Property_ran in H7; auto.
    rewrite MKT70 in H5; auto. apply AxiomII' in H5 as [].
    rewrite <-H8. apply Property_dom in H6; auto.
  - apply AxiomII in H3 as [H3[]]. apply MKT4' in H5 as [].
    apply AxiomII; split; auto. exists (f1[f2[z]]).
    apply Property_Value in H6; auto. pose proof H6.
    apply Property_ran in H7. apply AxiomII'; split.
    apply MKT49a; eauto. exists f2[z]. split; auto.
    apply Property_Value; auto. }
destruct (classic (x ∈ dom(f1 ∘ f2))).
- pose proof H4. apply Property_Value in H4; auto.
  rewrite H3 in H5. apply AxiomII in H5 as [H5[]].
  apply MKT4' in H7 as []. apply Property_Value in H6;
  apply Property_Value in H8; auto. destruct H1.
  apply (H9 x); auto. pose proof H8. apply Property_ran in H10.
  apply AxiomII'; split; eauto.
- destruct (classic (x ∈ dom(f2))).
  + pose proof H5. apply Property_Value,Property_ran in H6; auto.
    assert (∼ f2[x] ∈ dom(f1)).
    { intro. elim H4. rewrite H3.
      apply AxiomII; repeat split; eauto. apply MKT4'; auto. }
    apply MKT69a in H4; apply MKT69a in H7. rewrite H4,H7; auto.
  + apply MKT69a in H4; apply MKT69a in H5.
    assert (∼ f2[x] ∈ dom(f1)).
    { intro. rewrite H5 in H6. elim MKT39. eauto. }
    apply MKT69a in H6. rewrite H4,H6; auto.
Qed.

Theorem Q'_N_properSubset_Q'_N' : ∀ F0, Arithmetical_ultraFilter F0
  -> (∀ n, F0 <> F n) -> (Q'_N F0) ⊂ (Q'_N' F0) /\ (Q'_N F0) <> (Q'_N' F0).
Proof.
  intros. destruct φ_is_Function as [[][]].
  pose proof H. apply φ3_is_Function in H5 as [[][]].
  pose proof H. apply φ4_is_Function in H9 as [[][]].
  pose proof H. apply φ3_ran in H13.
  split; unfold Included; intros.
  - pose proof H14. unfold Q'_N in H15. rewrite reqdi in H15.
    apply Property_Value,Property_ran in H15; auto.
    rewrite <-deqri,H11 in H15. pose proof H15. rewrite <-H3 in H16.
    apply Property_Value,Property_ran in H16; auto.
    rewrite H4 in H16. apply (N'_N_Subset_N' F0) in H16; auto.
    rewrite <-H7 in H16. pose proof H16.
    apply Property_Value,Property_ran in H17; auto.
    rewrite H13,<-φ3_Lemma,φ4_Lemma,f11vi in H17; auto.
    rewrite <-H7; auto.
  - pose proof H. apply N'_N_properSubset_N' in H14 as []; auto.
    assert ((N∞ F0) <> 0).
    { intro. elim H15. apply AxiomI; split; intros; auto.
      apply NNPP; intro. assert (z ∈ (N∞ F0)).
      { apply MKT4'; split; [ |apply AxiomII; split]; eauto. }
      rewrite H16 in H19. elim (@ MKT16 z); auto. }
    apply NEexE in H16 as []. apply MKT4' in H16 as [].
    rewrite <-H7 in H16. pose proof H16.
    apply Property_Value,Property_ran in H18; auto.
    rewrite H13 in H18. pose proof H18. intro.
    rewrite <-H20 in H19. unfold Q'_N in H19. rewrite reqdi in H19.
    apply Property_Value,Property_ran in H19; auto.
```

```
    rewrite <-deqri,H11 in H19. pose proof H19. rewrite <-H3 in H21.
    apply Property_Value,Property_ran in H21; auto.
    unfold φ4 in H21. rewrite MKT62,MKT62,MKT58,<-MKT62 in H21.
    rewrite Q'_N_properSubset_Q'_N'_Lemma in H21; auto.
    replace (((φ2 F0) ∘ (φ1 F0))⁻¹) with ((φ3 F0)⁻¹) in H21; auto.
    rewrite (f11iv (φ3 F0)) in H21; auto.
    assert (∼ x ∈ ran(φ)).
    { intro. rewrite H4 in H22. apply AxiomII in H17 as []; auto. }
    rewrite reqdi in H22. apply MKT69a in H22.
    assert (∼ (φ⁻¹)[x] ∈ dom(φ)).
    { intro. rewrite H22 in H23. elim MKT39; eauto. }
    apply MKT69a in H23. rewrite H23 in H21. elim MKT39. eauto.
Qed.
```

根据以上定理, 显然, 对任意算术超滤都有 $^*\mathbf{Q_N} \subset {^*\mathbf{Q}_{*\mathbf{N}}}$.

```
Fact Q'_N_Subset_Q'_N' : ∀ F0, Arithmetical_ultraFilter F0
 -> (Q'_N F0) ⊂ (Q'_N' F0).
Proof.
 intros. destruct (classic (∀ n, F0 <> F n)).
 - apply Q'_N_properSubset_Q'_N'; auto.
 - assert (∃ m, F0 = F m) as [m].
   { apply NNPP; intro. elim H0; intro. intro. elim H1; eauto. }
   destruct (classic (m ∈ ω)).
   + rewrite H1,Q'_N'_Fn_Equ_Q'_N; unfold Included; auto.
   + apply Fn_Corollary1 in H2. rewrite H1,H2 in H.
     destruct H. apply AxiomII in H as [_[[_[_[]]]]].
     elim (@ MKT16 ω); auto.
Qed.
```

4.1.2　整数集

如 $^*\mathbf{Q_N}$ $^*\mathbf{Q}$ 中的整数集也可以通过同构嵌入得到.

我们已经利用 φ_2 将 $^*\mathbf{Z}$ 同构嵌入 $^*\mathbf{Q}$, 于是, $^*\mathbf{Z}_Z$ 在 φ_2 下的象集就是 $^*\mathbf{Q}$ 中的整数集, 记为 $^*\mathbf{Q_Z}$.

```
Definition Q'_Z F0 := (φ2 F0)⌈Z'_Z F0⌋.

Corollary Q'_Z_Subset_Q' : ∀ F0, Arithmetical_ultraFilter F0
 -> (Q'_Z F0) ⊂ (Q' F0).
Proof.
 intros. unfold Included; intros. apply AxiomII in H0 as [H0[x[]]].
 pose proof H. apply φ2_is_Function in H3 as [[] []].
 apply Z'_Z_Subset_Z' in H2; auto. rewrite <-H5 in H2.
 apply Property_Value,Property_ran in H2; auto.
 rewrite <-H1,H6 in H2. apply Q'_Z'_properSubset_Q'; auto.
Qed.
```

事实上, 有 $^*\mathbf{Q_Z} = \{[(a, {^*\mathbf{Z}_1})] : a \in {^*\mathbf{Z}_Z}\}$.

```
Corollary Q'_Z_Corollary : ∀ F0, Arithmetical_ultraFilter F0
 -> Q'_Z F0 = \{ λ u, ∃ a, a ∈ (Z'_Z F0)
 /\ u = \[[a,(Z'1 F0)]\]_{F0} \}.
Proof.
 intros. pose proof H. apply φ2_is_Function in H0 as [[][]].
 apply AxiomI; split; intros.
 - apply AxiomII in H4 as [H4[x[]]]. apply AxiomII; split; auto.
   exists x. split; auto. apply Z'_Z_Subset_Z' in H6; auto.
```

```
    rewrite <-H2 in H6. apply Property_Value,AxiomII' in H6
    as [_[]]; auto. rewrite <-H7,H5; auto.
  - apply AxiomII in H4 as [H4[x[]]]. apply AxiomII; split; auto.
    exists x. split; auto. apply Z'_Z_Subset_Z' in H5; auto.
    rewrite <-H2 in H5. apply Property_Value,AxiomII' in H5
    as [_[]]; auto. rewrite H7,H6; auto.
Qed.
```

对任意一个算术超滤 $F0$ 生成的 *$\mathbf{Q}$, 关于 *$\mathbf{Q_Z}$ 有如下结论.

1) *$Q_0 \in$ *$\mathbf{Q_Z}$ $\wedge$ *$Q_1 \in$ *$\mathbf{Q_Z}$.

2) 运算封闭: $\forall u, v \in$ *$\mathbf{Q_Z}, (u+v) \in$ *$\mathbf{Q_Z} \wedge (u \cdot v) \in$ *$\mathbf{Q_Z} \wedge (u-v) \in$ *$\mathbf{Q_Z}$.

3) *$\mathbf{Q_N} = \{u : u \in$ *$\mathbf{Q_Z} \wedge ($*$Q_0 = u \vee$*$Q_0 < u)\}$.

4) $\{u : u \in$ *$\mathbf{Q_Z} \wedge u <$ *$Q_0\} = \{u : u \in$ *$\mathbf{Q} \wedge \exists v \in ($*$\mathbf{Q_N} \sim \{$*$Q_0\}), u + v =$ *$Q_0\}$.

```
Fact Q'0_in_Q'_Z : ∀ F0, Arithmetical_ultraFilter F0 -> (Q'0 F0) ∈ (Q'_Z F0).
Proof.
  intros. apply AxiomII; split; eauto with Q'.
  exists (Z'0 F0). split. rewrite φ2_Z'0; auto.
  apply Z'0_in_Z'_Z; auto.
Qed.

Fact Q'1_in_Q'_Z : ∀ F0, Arithmetical_ultraFilter F0 -> (Q'1 F0) ∈ (Q'_Z F0).
Proof.
  intros. apply AxiomII; split; eauto with Q'.
  exists (Z'1 F0). split. rewrite φ2_Z'1; auto.
  apply Z'1_in_Z'_Z; auto.
Qed.

(* 加法封闭 *)

Fact Q'_Z_Plus_in_Q'_Z : ∀ F0 u v, Arithmetical_ultraFilter F0
  -> u ∈ (Q'_Z F0) -> v ∈ (Q'_Z F0) -> (u +F0 v) ∈ (Q'_Z F0).
Proof.
  intros. pose proof H0; pose proof H1.
  apply Q'_Z_Subset_Q' in H2; apply Q'_Z_Subset_Q' in H3; auto.
  pose proof H. apply (Q'_Plus_in_Q' F0 u v) in H4; auto.
  rewrite Q'_Z_Corollary; auto. apply AxiomII; split; eauto.
  rewrite Q'_Z_Corollary in H0,H1; auto.
  apply AxiomII in H0 as [H0[x[]]].
  apply AxiomII in H1 as [H1[y[]]].
  exists (x +F0 y)%z'. split.
  - apply Z'_Z_Plus_in_Z'_Z; auto.
  - rewrite H6,H8,Q'_Plus_Corollary,Z'_Mult_Property2,
    Z'_Mult_Commutation,Z'_Mult_Property2,Z'_Mult_Property2;
    auto with Z'; apply Z'_Z_Subset_Z'; auto.
Qed.

(* 乘法封闭 *)

Fact Q'_Z_Mult_in_Q'_Z : ∀ F0 u v, Arithmetical_ultraFilter F0
  -> u ∈ (Q'_Z F0) -> v ∈ (Q'_Z F0) -> (u ·F0 v) ∈ (Q'_Z F0).
Proof.
  intros. pose proof H0; pose proof H1.
  apply Q'_Z_Subset_Q' in H2; apply Q'_Z_Subset_Q' in H3; auto.
  pose proof H. apply (Q'_Mult_in_Q' F0 u v) in H4; auto.
```

```
  rewrite Q'_Z_Corollary; auto. apply AxiomII; split; eauto.
  rewrite Q'_Z_Corollary in H0,H1; auto.
  apply AxiomII in H0 as [H0[x[]]].
  apply AxiomII in H1 as [H1[y[]]].
  exists (x ·F0 y)%z'. split.
  - apply Z'_Z_Mult_in_Z'_Z; auto.
  - rewrite H6,H8,Q'_Mult_Corollary,Z'_Mult_Property2;
    auto with Z'; apply Z'_Z_Subset_Z'; auto.
Qed.

Lemma Q'_Z_Minus_in_Q'_Z_Lemma1 :
  ∀ F0 m n, Arithmetical_ultraFilter F0
  -> m ∈ N'_N -> n ∈ N'_N -> (m <F0 n)%n'
  -> (exists ! k, k ∈ N'_N /\ (F 0) <F0 k /\ m +F0 k = n)%n'.
Proof.
  intros. apply AxiomII in H0 as [H0[a[]]].
  apply AxiomII in H1 as [H1[b[]]].
  pose proof φ_is_Function as [[][]]. rewrite <-H9 in H3,H5.
  apply Property_Value in H3; apply Property_Value in H5; auto.
  apply AxiomII' in H3 as [_[]]. apply AxiomII' in H5 as [_[]].
  pose proof H2. rewrite H4,H6,<-H11,<-H12 in H2.
  apply φ_PrOrder in H2; auto.
  apply Plus_PrOrder_Corollary in H2 as [c[[H2[]]]]; auto.
  exists (φ[c]). pose proof in_ω_0. rewrite <-H9 in H2,H17.
  apply Property_Value in H2; apply Property_Value in H17; auto.
  apply AxiomII' in H2 as [_[]]. apply AxiomII' in H17 as [_[]].
  apply (φ_PrOrder F0) in H14; auto. rewrite H19 in H14.
  rewrite <-H15 in H12. rewrite (φ_PrPlus F0) in H12; auto.
  rewrite H11,<-H4,H15,<-H6 in H12.
  assert (φ[c] ∈ N'_N).
  { rewrite H18. apply Fn_in_N'_N; auto. }
  repeat split; auto. intros x [H21[]]. rewrite <-H12 in H23.
  apply N'_Plus_Cancellation in H23; try apply N'_N_Subset_N';
  auto. rewrite H4. apply Fn_in_N'_N; auto.
Qed.

Lemma Q'_Z_Minus_in_Q'_Z_Lemma2 :
  ∀ F0 u v, Arithmetical_ultraFilter F0
  -> u ∈ (Z'_Z F0) -> v ∈ (Z'_Z F0)
  -> exists ! w, w ∈ (Z'_Z F0) /\ (u +F0 w = v)%z'.
Proof.
  intros. pose proof H0; pose proof H1.
  pose proof H0; pose proof H1.
  apply Z'_Z_Subset_Z' in H4; apply Z'_Z_Subset_Z' in H5; auto.
  apply AxiomII in H0 as [H0[x[y[H6[]]]]].
  apply AxiomII in H1 as [H1[x1[y1[H9[]]]]].
  pose proof H6; pose proof H7; pose proof H9; pose proof H10.
  apply (N'_N_Subset_N' F0) in H12;
  apply (N'_N_Subset_N' F0) in H13;
  apply (N'_N_Subset_N' F0) in H14;
  apply (N'_N_Subset_N' F0) in H15; auto.
  assert (u ∈ (Z' F0) /\ v ∈ (Z' F0)) as []; auto.
  apply (Z'_Ord_Connect F0 H u v) in H16 as [H16|[]];
  auto; clear H17; rewrite H8,H11 in H16;
  try apply Z'_Ord_Corollary in H16; auto.
  - apply Q'_Z_Minus_in_Q'_Z_Lemma1 in H16 as [a[[H16[]]]];
    try apply N'_N_Plus_in_N'_N; auto.
    set (A := (\[[a,(F 0)]\]F0)%z'). exists A.
    assert (Ensemble A).
```

```
  { apply (MKT33 (N' F0)×(N' F0)).
    apply MKT74; apply N'_is_Set; destruct H; auto.
    unfold Included; intros. apply AxiomII in H20; tauto. }
  assert (A ∈ (Z'_Z F0)).
  { apply AxiomII; split; auto. exists a,(F 0).
    repeat split; auto. apply Fn_in_N'_N; auto. }
  assert (u +_F0 A = v)%z'.
  { pose proof H16. apply (N'_N_Subset_N' F0) in H22; auto.
    pose proof in_ω_0. apply Fn_in_N'_N in H23.
    pose proof H23. apply (N'_N_Subset_N' F0) in H23; auto.
    unfold A.
    rewrite H8,H11,Z'_Plus_Corollary,N'_Plus_Property; auto.
    apply R_N'_Corollary; auto. apply N'_Plus_in_N'; auto.
    rewrite N'_Plus_Association,(N'_Plus_Commutation F0 a),
    <-N'_Plus_Association,H18; auto. }
  repeat split; auto. intros k []. rewrite <-H22 in H24. apply
  Z'_Plus_Cancellation in H24; auto; apply Z'_Z_Subset_Z'; auto.
- apply Q'_Z_Minus_in_Q'_Z_Lemma1 in H16 as [a[[H16[]]]];
  try apply N'_N_Plus_in_N'_N; auto.
  set (A := (\[[(F 0),a]\]_F0)%z'). exists A.
  assert (Ensemble A).
  { apply (MKT33 (N' F0)×(N' F0)).
    apply MKT74; apply N'_is_Set; destruct H; auto.
    unfold Included; intros. apply AxiomII in H20; tauto. }
  assert (A ∈ (Z'_Z F0)).
  { apply AxiomII; split; auto. exists (F 0),a.
    repeat split; auto. apply Fn_in_N'_N; auto. }
  assert (u +_F0 A = v)%z'.
  { pose proof H16. apply (N'_N_Subset_N' F0) in H22; auto.
    pose proof in_ω_0. apply Fn_in_N'_N in H23.
    pose proof H23. apply (N'_N_Subset_N' F0) in H23; auto.
    unfold A.
    rewrite H8,H11,Z'_Plus_Corollary,N'_Plus_Property; auto.
    apply R_N'_Corollary; auto. apply N'_Plus_in_N'; auto.
    rewrite N'_Plus_Commutation,(N'_Plus_Commutation F0 _ x1),
    <-N'_Plus_Association,H18; auto. apply N'_Plus_in_N'; auto. }
  repeat split; auto. intros k []. rewrite <-H22 in H24. apply
  Z'_Plus_Cancellation in H24; auto; apply Z'_Z_Subset_Z'; auto.
- exists (Z'0 F0).
  assert ((Z'0 F0) ∈ (Z'_Z F0)).
  { pose proof H. apply Z'0_in_Z' in H17.
    apply AxiomII; split; eauto.
    assert ((F 0) ∈ N'_N). { apply Fn_in_N'_N,in_ω_0. }
    exists (F 0),(F 0). repeat split; auto.
    rewrite Z'0_Corollary; auto. }
  assert (u +_F0 (Z'0 F0) = v)%z'.
  { rewrite Z'_Plus_Property; auto. rewrite H8,H11; auto. }
  repeat split; auto. intros k []. rewrite <-H18 in H20. apply
  Z'_Plus_Cancellation in H20; auto; apply Z'_Z_Subset_Z'; auto.
Qed.

(* 减法封闭 *)

Fact Q'_Z_Minus_in_Q'_Z : ∀ F0 u v, Arithmetical_ultraFilter F0
  -> u ∈ (Q'_Z F0) -> v ∈ (Q'_Z F0) -> (u -_F0 v) ∈ (Q'_Z F0).
Proof.
  intros. pose proof H0; pose proof H1.
  apply Q'_Z_Subset_Q' in H2; apply Q'_Z_Subset_Q' in H3; auto.
  pose proof H0; pose proof H1.
```

```
    rewrite Q'_Z_Corollary in H4,H5; auto.
    apply AxiomII in H4 as [_[x[]]].
    apply AxiomII in H5 as [_[y[]]]. pose proof H.
    apply (Q'_Z_Minus_in_Q'_Z_Lemma2 F0 y x) in H8 as [a[[]_]]; auto.
    set (b := \[[a, Z'1 F0]\]_F0).
    assert (b ∈ (Q' F0)).
    { apply Q'_Corollary2; auto with Z'. apply Z'_Z_Subset_Z'; auto. }
    assert (u −_F0 v = b).
    { apply Q'_Minus_Corollary; auto. unfold b.
      rewrite H6,H7,Q'_Plus_Corollary,Z'_Mult_Property2,
      Z'_Mult_Property2,Z'_Mult_Commutation,Z'_Mult_Property2,H9;
      auto with Z'; try apply Z'_Z_Subset_Z'; auto. }
    rewrite H11. rewrite Q'_Z_Corollary; auto.
    apply AxiomII; split; eauto.
Qed.

Fact Q'_N_Equ_Q'_Z_me_Q'0 : ∀ F0, Arithmetical_ultraFilter F0
  -> Q'_N F0 = \{ λ u, u ∈ (Q'_Z F0)
    /\ (Q'0 F0 = u \/ (Q'0 F0) <_F0 u) \}.
Proof.
  intros. apply AxiomI; split; intros.
  - apply AxiomII; repeat split; eauto.
    + apply AxiomII in H0 as [H0[]]. apply AxiomII; split; auto.
      pose proof H. apply φ4_is_Function in H2 as [[][]].
      pose proof H1. apply Property_dom in H6. rewrite H4 in H6.
      pose proof H6. rewrite <-H4 in H7.
      apply Property_Value in H7; auto.
      pose proof H. apply (φ4_Lemma F0 x) in H8; auto.
      pose proof φ_is_Function as [[][]]. pose proof H6.
      rewrite <-H11 in H13. apply Property_Value in H13; auto.
      pose proof H13. apply Property_ran in H13.
      apply AxiomII' in H14 as [_[_ H14]].
      pose proof H. apply φ1_is_Function in H15 as [[][]].
      rewrite H12 in H13. apply (N'_N_Subset_N' F0) in H13;
      auto. rewrite <-H17 in H13. apply Property_Value in H13; auto.
      pose proof H13. apply Property_ran in H13. rewrite H18 in H13.
      apply AxiomII' in H19 as [_[_ H19]]. pose proof H.
      apply φ2_is_Function in H20 as [[][]].
      apply Z'_N'_properSubset_Z' in H13; auto.
      rewrite <-H22 in H13. pose proof H13 as H13'.
      apply Property_Value in H13; auto.
      apply AxiomII' in H13 as [_[_ H13]].
      assert (z = (φ4 F0)[x]). { destruct H2. apply (H24 x); auto. }
      exists ((φ1 F0)[φ[x]]). rewrite H24,<-H8,H13,H19,H14;
      split; auto. apply AxiomII; split. rewrite <-H14,<-H19.
      eauto. exists (F x),(F 0).
      repeat split; try apply Fn_in_N'_N; auto.
    + destruct (classic (z = Q'0 F0)); auto.
      assert (z ∈ ((Q'_N F0) ∼ [Q'0 F0])).
      { apply MKT4'; split; auto. apply AxiomII; split; eauto.
        intro. pose proof H. apply Q'0_in_Q' in H3.
        apply MKT41 in H2; eauto. }
      apply Q'_N_Q'0_is_FirstMember in H2; auto.
  - apply AxiomII in H0 as [H0[]].
    rewrite Q'_Z_Corollary in H1; auto.
    apply AxiomII in H1 as [_[x[]]]. pose proof H1.
    apply Z'_Z_Subset_Z' in H1; auto.
    apply AxiomII in H4 as [H4[M[N[H5[]]]]].
    apply AxiomII in H5 as [H5[m[]]].
```

```
apply AxiomII in H6 as [H6[n[]]].
pose proof φ_is_Function as [[][]].
pose proof H. apply φ1_is_Function in H16 as [[][]].
pose proof H. apply φ2_is_Function in H20 as [[][]].
pose proof H. apply φ4_is_Function in H24 as [[][]].
destruct H2.
+ rewrite H3,Q'0_Corollary in H2; auto.
  apply R_Z'_Corollary in H2; auto with Z'.
  rewrite Z'_Mult_Property2,Z'_Mult_Commutation,
  Z'_Mult_Property2 in H2; auto with Z'. apply AxiomII; split;
  auto. rewrite <-H2 in H3. exists 0. pose proof in_ω_0.
  rewrite <-H14 in H28. apply Property_Value in H28; auto.
  pose proof H28. apply Property_ran in H29. rewrite H15 in H29.
  apply (N'_N_Subset_N' F0) in H29; auto.
  rewrite <-H18 in H29. apply Property_Value in H29; auto.
  pose proof H29. apply Property_ran in H30. rewrite H19 in H30.
  apply Z'_N'_properSubset_Z' in H30; auto.
  rewrite <-H22 in H30. apply Property_Value in H30; auto.
  apply AxiomII' in H30 as [_[_ H30]].
  apply AxiomII' in H28 as [_[_ H28]].
  apply AxiomII' in H29 as [_[_ H29]].
  rewrite φ4_Lemma,H29,H28,<-Z'0_Corollary,<-H3
  in H30; auto; try apply in_ω_0. rewrite <-H30.
  apply Property_Value; auto. rewrite H26. apply in_ω_0.
+ rewrite H3,Q'0_Corollary in H2; auto.
  apply Q'_Ord_Corollary in H2; auto with Z'.
  rewrite Z'_Mult_Property2,Z'_Mult_Commutation,
  Z'_Mult_Property2 in H2; auto with Z'.
  rewrite H7,Z'0_Corollary in H2; auto.
  assert (M ∈ (N' F0) /\ N ∈ (N' F0)) as [].
  { rewrite H9,H11. split; apply N'_N_Subset_N';
    try apply Fn_in_N'_N; auto. }
  apply Z'_Ord_Corollary in H2; auto;
  try apply N'_N_Subset_N'; try apply Fn_in_N'_N;
  try apply in_ω_0; auto.
  rewrite N'_Plus_Commutation,N'_Plus_Property,
  N'_Plus_Commutation,N'_Plus_Property in H2; auto;
  try apply N'_N_Subset_N'; try apply Fn_in_N'_N;
  try apply in_ω_0; auto.
  apply N'_Plus_PrOrder_Corollary in H2 as [A[[H2[]]_]]; auto.
  assert (M ∈ N'_N /\ N ∈ N'_N /\ A ∈ N'_N) as [H32[]].
  { rewrite H9,H11. repeat split;
    try apply Fn_in_N'_N; auto.
    destruct (classic (∀ w, F0 <> F w)).
    - apply NNPP; intro. assert (A ∈ ((N' F0) ~ N'_N)).
      { apply MKT4'; split; auto. apply AxiomII; split; eauto. }
      apply (FT12 F0 A m) in H34; auto. rewrite <-H9 in H34.
      rewrite <-H31,N'_Plus_Commutation in H34; auto.
      replace ((A +_F0 N) <_F0 A)%n' with
      ((A +_F0 N) <_F0 (A +_F0 (F 0)))%n' in H34.
      apply N'_Plus_PrOrder in H34; auto;
      try apply N'_N_Subset_N'; try apply Fn_in_N'_N;
      try apply in_ω_0; auto. pose proof in_ω_0.
      rewrite H11 in H34. pose proof H10.
      apply Constn_is_Function in H35 as [H35[]].
      apply Constn_is_Function in H36 as [H36[]].
      pose proof H10. pose proof in_ω_0. pose proof H.
      apply (F_Constn_Fn F0) in H41;
      apply (F_Constn_Fn F0) in H42; destruct H43; auto.
```

```
          clear H44. rewrite <-H41,<-H42 in H34.
          assert (ran(Const 0) ⊂ ω /\ ran(Const n) ⊂ ω) as [].
          { rewrite H38,H40. pose proof in_ω_0.
            split; unfold Included; intros; apply MKT41 in H45;
            eauto; rewrite H45; auto. }
          apply N'_Ord_Corollary in H34; auto.
          assert (\{ λ w,(Const n)[w] ∈ (Const 0)[w] \} = 0).
          { apply AxiomI; split; intros; elim (@ MKT16 z0); auto.
            apply AxiomII in H46 as [].
            assert (z0 ∈ ω).
            { apply NNPP; intro. rewrite <-H39 in H48. apply MKT69a
              in H48. rewrite H48 in H47. elim MKT39; eauto. }
            pose proof H48. rewrite <-H37 in H48.
            rewrite <-H39 in H49.
            apply Property_Value,Property_ran in H48;
            apply Property_Value,Property_ran in H49; auto.
            rewrite H38 in H48. rewrite H40 in H49.
            pose proof in_ω_0. apply MKT41 in H48;
            apply MKT41 in H49; eauto. rewrite H48,H49 in H47.
            elim (@ MKT16 n); auto. }
          rewrite H46 in H34. apply AxiomII in H43
          as [H43[[H47[]]]]; auto. rewrite N'_Plus_Property; auto.
        - assert (∃ w, F0 = F w) as [w].
          { apply NNPP; intro. elim H32.
            intros; intro. elim H33; eauto. }
          destruct (classic (w ∈ ω)).
          + rewrite <-(N'_Fn_Equ_N'_N w); auto.
            rewrite <-H33; auto.
          + apply Fn_Corollary1 in H34. rewrite H33,H34 in H.
            destruct H. apply AxiomII in H as [_[[_[_[]]]]].
            elim (@ MKT16 ω); auto. }
      assert ((F 0) ∈ (N' F0)).
      { apply Fn_in_N'. destruct H; auto. apply in_ω_0. }
      assert (x = \[[A,(F 0)]\]_{F0}%z'.
      { rewrite H7. apply R_N'_Corollary; auto.
        rewrite N'_Plus_Property; auto. } clear H7.
      pose proof H34. apply AxiomII in H7 as [_[a[]]].
      apply AxiomII; split; auto. exists a. pose proof H7.
      rewrite <-H14 in H38. apply Property_Value in H38; auto.
      pose proof H38. apply Property_ran in H39. rewrite H15 in H39.
      apply (N'_N_Subset_N' F0) in H39; auto.
      rewrite <-H18 in H39. apply Property_Value in H39; auto.
      pose proof H39. apply Property_ran in H40. rewrite H19 in H40.
      apply Z'_N'_properSubset_Z' in H40; auto.
      rewrite <-H22 in H40. apply Property_Value in H40; auto.
      apply AxiomII' in H40 as [_[_ H40]].
      apply AxiomII' in H39 as [_[_ H39]].
      apply AxiomII' in H38 as [_[_ H38]].
      rewrite φ4_Lemma,H39,H38,<-H37,<-H36,<-H3 in H40; auto.
      rewrite <-H40. apply Property_Value; auto. rewrite H26; auto.
Qed.

Fact Q'_N_neg_Equ_Q'_Z_lt_Q'0 : ∀ F0, Arithmetical_ultraFilter F0
  -> \{ λ u, u ∈ (Q'_Z F0) /\ u <_{F0} (Q'0 F0) \}
    = \{ λ u, u ∈ (Q' F0) /\ ∃ v, v ∈ ((Q'_N F0) ~ [Q'0 F0]) /\ u +_{F0} v = Q'0 F0 \}.
Proof.
  intros. apply AxiomI; split; intros.
  - apply AxiomII in H0 as [H0[]].
    apply AxiomII; repeat split; auto. apply Q'_Z_Subset_Q'; auto.
```

```
  pose proof H1. apply Q'_Z_Subset_Q' in H3; auto.
  pose proof H3. apply Q'_neg in H4 as [z0[[]_]]; auto.
  exists z0. split; auto. apply MKT4'; split.
  + rewrite Q'_N_Equ_Q'_Z_me_Q'0.
    apply AxiomII; split; eauto. rewrite <-H5 in H2.
    assert ((z +_F0 (Q'0 F0)) <_F0 (z +_F0 z0)).
    { rewrite Q'_Plus_Property; auto. }
    apply Q'_Plus_PrOrder in H6; try apply Q'0_in_Q'; auto.
    split; auto. rewrite Q'_Z_Corollary; auto.
    apply AxiomII; split; eauto. pose proof H1.
    rewrite Q'_Z_Corollary in H7; auto.
    apply AxiomII in H7 as [_[u[]]]. pose proof H7.
    apply Z'_Z_Subset_Z' in H9; auto. pose proof H9.
    apply Z'_neg in H10 as [u0[[]_]]; auto.
    assert (z0 = \[[u0,(Z'1 F0)]\]_F0).
    { apply (Q'_neg_Corollary F0 u u0 _ z0); auto with Z'.
      rewrite <-H8; auto. }
    exists u0. split; auto.
    apply AxiomII in H7 as [_[M[N[H7[]]]]].
    assert (u0 = \[[N,M]\]_F0)%z'.
    { apply Z'_neg_Corollary; auto; try apply N'_N_Subset_N';
      auto. rewrite <-H14; auto. }
    apply AxiomII; split; eauto.
  + apply AxiomII; split; eauto. intro. pose proof H.
    apply Q'0_in_Q' in H7. apply MKT41 in H6; eauto.
    rewrite H6,Q'_Plus_Property in H5; auto.
    rewrite <-H5 in H2. elim (Q'_Ord_irReflex F0 z z); auto.
- apply AxiomII in H0 as [H0[H1[x[]]]]. apply MKT4' in H2 as [].
  pose proof H2. apply Q'_N_Subset_Q' in H5; auto.
  pose proof H2. rewrite Q'_N_Equ_Q'_Z_me_Q'0 in H6; auto.
  apply AxiomII in H6 as [_[]]. apply AxiomII; repeat split; auto.
  + rewrite Q'_Plus_Commutation in H3; auto.
    apply Q'_Minus_Corollary in H3; auto with Q'.
    rewrite <-H3. apply Q'_Z_Minus_in_Q'_Z; auto.
    apply Q'0_in_Q'_Z; auto.
  + destruct H7.
    * rewrite H7 in H4. apply AxiomII in H4 as [].
      elim H8. apply MKT41; eauto.
    * rewrite <-H3 in H7. apply (Q'_Plus_PrOrder F0 _ _ x);
      try apply Q'0_in_Q'; auto. rewrite Q'_Plus_Commutation,
      Q'_Plus_Property; auto.
Qed.
```

根据以上性质可知，*Q$_N$ 是 *Q$_Z$ 的真子集.

```
Fact Q'_N_properSubset_Q'_Z : ∀ F0, Arithmetical_ultraFilter F0
  -> (Q'_N F0) ⊂ (Q'_Z F0) /\ (Q'_N F0) <> (Q'_Z F0).
Proof.
  intros. split.
  - unfold Included; intros.
    rewrite Q'_N_Equ_Q'_Z_me_Q'0 in H0; auto.
    apply AxiomII in H0; tauto.
  - intro. pose proof H. apply Q'1_in_Q'_N in H1.
    pose proof H. apply Q'1_in_Q' in H2.
    pose proof H2. apply Q'_neg in H3 as [a[[]_]]; auto.
    assert (a ∈ \{ λ u, u ∈ (Q' F0)
      /\ ∃ v, v ∈ ((Q'_N F0) ~ [Q'0 F0]) /\ u +_F0 v = Q'0 F0 \}).
    { apply AxiomII; repeat split; eauto. exists (Q'1 F0).
      split. apply MKT4'; split; auto.
      apply AxiomII; split; eauto. intro. pose proof H.
```

```
    apply Q'0_in_Q' in H6. apply MKT41 in H5; eauto.
    elim (Q'0_isn't_Q'1 F0); auto.
    rewrite Q'_Plus_Commutation; auto. }
  rewrite <-Q'_N_neg_Equ_Q'_Z_lt_Q'0 in H5; auto.
  apply AxiomII in H5 as [H5[]].
  rewrite <-H0,Q'_N_Equ_Q'_Z_me_Q'0 in H6; auto.
  apply AxiomII in H6 as [_[H8[]]].
  + rewrite H6 in H7. elim (Q'_Ord_irReflex F0 a a); auto.
  + apply (Q'_Ord_Trans F0 a) in H6; try apply Q'0_in_Q'; auto.
    elim (Q'_Ord_irReflex F0 a a); auto.
Qed.
```

定理 4.2 设 $^*\mathbf{Q}$ 由算术超滤 $F0$ 生成, 当 $F0$ 是主超滤时, $^*\mathbf{Q}_{^*\mathbf{Z}} = {}^*\mathbf{Q}_{\mathbf{Z}}$; 当 $F0$ 是非主算术超滤时, $^*\mathbf{Q}_{\mathbf{Z}} \subsetneq {}^*\mathbf{Q}_{^*\mathbf{Z}}$.

```
Theorem Q'_Z'_Fn_Equ_Q'_Z : ∀ n, n ∈ ω -> Q'_Z' (F n) = Q'_Z (F n).
Proof.
  intros. pose proof H. apply FT10 in H0.
  apply AxiomI; split; intros.
  - apply AxiomII in H1 as [H1[x[]]].
    rewrite Q'_Z_Corollary; auto. apply AxiomII; split; auto.
    exists x. split; auto. rewrite Z'_Z_Fn_Equ_Z'; auto.
  - rewrite Q'_Z_Corollary in H1; auto.
    apply AxiomII in H1 as [H1[x[]]].
    apply AxiomII; split; auto. exists x. split; auto.
    rewrite <-Z'_Z_Fn_Equ_Z'; auto.
Qed.

Theorem Q'_Z_properSubset_Q'_Z' : ∀ F0, Arithmetical_ultraFilter F0
  -> (∀ n, F0 <> F n) -> (Q'_Z F0) ⊂ (Q'_Z' F0) /\ (Q'_Z F0) <> (Q'_Z' F0).
Proof.
  split.
  - unfold Included; intros. rewrite Q'_Z_Corollary in H1; auto.
    apply AxiomII in H1 as [H1[x[]]]. apply AxiomII; split; eauto.
    exists x. split; auto. apply Z'_Z_Subset_Z'; auto.
  - pose proof H. apply Z'_Z_properSubset_Z' in H1 as []; auto.
    assert ((Z' F0) ~ (Z'_Z F0) <> ∅).
    { intro. elim H2. apply AxiomI; split; intros.
      apply H1; auto. apply NNPP; intro. elim (@ MKT16 z).
      rewrite <-H3. apply MKT4'; split; auto.
      apply AxiomII; split; eauto. } apply NEexE in H3 as [].
    set (u := \[[x,(Z'1 F0)]\]_F0). assert (u ∈ (Q' F0)).
    { apply Q'_Corollary2; auto. apply MKT4' in H3; tauto.
      apply MKT4'; split; eauto with Z'.
      apply AxiomII; split; eauto with Z'. intro.
      apply MKT41 in H4; eauto with Z'.
      elim (Z'0_isn't_Z'1 F0); auto. }
    assert (u ∈ (Q'_Z' F0)).
    { apply AxiomII; split; eauto. exists x. split; auto.
      apply MKT4' in H3; tauto. }
    intro. rewrite <-H6 in H5. rewrite Q'_Z_Corollary in H5; auto.
    apply AxiomII in H5 as [_[y[]]]. unfold u in H7.
    apply MKT4' in H3 as []. apply R_Z'_Corollary in H7;
    auto with Z'. rewrite Z'_Mult_Property2,Z'_Mult_Commutation,
    Z'_Mult_Property2 in H7; auto with Z'.
    apply AxiomII in H8 as []. elim H9. rewrite H7; auto.
Qed.
```

根据以上定理, 显然, 对任意算术超滤都有 $^*\mathbf{Q}_{\mathbf{Z}} \subset {}^*\mathbf{Q}_{^*\mathbf{Z}}$.

```
Fact Q'_Z_Subset_Q'_Z' : ∀ F0, Arithmetical_ultraFilter F0 -> (Q'_Z F0) ⊂ (Q'_Z' F0).
Proof.
  intros. destruct (classic (∀ n, F0 <> F n)).
  - apply Q'_Z_properSubset_Q'_Z'; auto.
  - assert (∃ m, F0 = F m) as [m].
    { apply NNPP; intro. elim H0; intro. intro. elim H1; eauto. }
    destruct (classic (m ∈ ω)).
    + rewrite H1,Q'_Z'_Fn_Equ_Q'_Z; unfold Included; auto.
    + apply Fn_Corollary1 in H2. rewrite H1,H2 in H.
      destruct H. apply AxiomII in H as [_[[_[_[]]]]].
      elim (@ MKT16 ω); auto.
Qed.
```

4.1.3 有理数集

类似 *Z 到 *Q 的过程, 按照同样的等价关系分类, *Q 中的标准有理数集是从 *Z_Z 出发得到的结果, 记为 *Q_Q.

$$*Q_Q = \{[(a,b)] : a \in {}^*Z_Z \wedge b \in ({}^*Z_Z \sim \{{}^*Z_0\})\}.$$

```
Definition Q'_Q F0 := \{ λ u, ∃ a b, a ∈ (Z'_Z F0)
  /\ b ∈ ((Z'_Z F0) ∼ [Z'0 F0]) /\ u = \[[a,b]\]_F0 \}.

Corollary Q'_Q_Subset_Q' : ∀ F0, Arithmetical_ultraFilter F0
  -> (Q'_Q F0) ⊂ (Q' F0).
Proof.
  intros. unfold Included; intros.
  apply AxiomII in H0 as [H0[x[x0[H1[]]]]].
  rewrite H3. Z'split1 H2 H4. apply Q'_Corollary2; auto.
  apply Z'_Z_Subset_Z'; auto.
Qed.
```

对任意一个算术超滤 $F0$ 生成的 *Q, 关于 *Q_Z 有如下结论.

1) *$Q_0 \in {}^*Q_Q \wedge {}^*Q_1 \in {}^*Q_Q$.

2) 运算封闭: $\forall u, v \in {}^*Q_Q, (u+v) \in {}^*Q_Q \wedge (u \cdot v) \in {}^*Q_Q \wedge (u-v) \in {}^*Q_Q; (u/v) \in {}^*Q_Q \ (v \neq {}^*Q_0)$.

3) *$Q_Q = \{a/b : a \in {}^*Q_Z \wedge b \in ({}^*Q_Z \sim \{{}^*Q_0\})\}$.

4) $\forall v \in {}^*Q_Z, \forall u \in ({}^*Q_Z \sim \{{}^*Q_0\}), v/u \in {}^*Q_Q$.

```
Fact Q'0_in_Q'_Q : ∀ F0, Arithmetical_ultraFilter F0 -> (Q'0 F0) ∈ (Q'_Q F0).
Proof.
  intros. apply AxiomII; split; eauto with Q'.
  exists (Z'0 F0),(Z'1 F0). split. apply Z'0_in_Z'_Z; auto.
  split. apply MKT4'; split. apply Z'1_in_Z'_Z; auto.
  apply AxiomII; split. eauto with Z'. intro.
  apply MKT41 in H0; eauto with Z'. elim (Z'0_isn't_Z'1 F0); auto.
  rewrite Q'0_Corollary; auto.
Qed.

Fact Q'1_in_Q'_Q : ∀ F0, Arithmetical_ultraFilter F0 -> (Q'1 F0) ∈ (Q'_Q F0).
Proof.
  intros. apply AxiomII; split; eauto with Q'.
  exists (Z'1 F0),(Z'1 F0). split. apply Z'1_in_Z'_Z; auto.
```

```
  split. apply MKT4'; split. apply Z'1_in_Z'_Z; auto.
  apply AxiomII; split. eauto with Z'. intro.
  apply MKT41 in H0; eauto with Z'. elim (Z'0_isn't_Z'1 F0); auto.
  rewrite Q'1_Corollary; auto.
Qed.

(* 加法封闭 *)

Fact Q'_Q_Plus_in_Q'_Q : ∀ F0 u v, Arithmetical_ultraFilter F0
  -> u ∈ (Q'_Q F0) -> v ∈ (Q'_Q F0) -> (u +_F0 v) ∈ (Q'_Q F0).
Proof.
  intros. pose proof H0; pose proof H1.
  apply Q'_Q_Subset_Q' in H2; apply Q'_Q_Subset_Q' in H3; auto.
  pose proof H. apply (Q'_Plus_in_Q' F0 u v) in H4; auto.
  apply AxiomII; split; eauto.
  apply AxiomII in H0 as [H0[x[y[H5[]]]]].
  apply AxiomII in H1 as [H1[x1[y1[H8[]]]]].
  exists ((x ·_F0 y1) +_F0 (y ·_F0 x1))%z',(y ·_F0 y1)%z'.
  Z'split1 H6 H11. Z'split1 H9 H14. repeat split.
  - apply MKT4' in H6 as []. apply MKT4' in H9 as [].
    apply Z'_Z_Plus_in_Z'_Z; try apply Z'_Z_Mult_in_Z'_Z; auto.
  - apply MKT4'; split. apply MKT4' in H9 as [].
    apply MKT4' in H6 as []. apply Z'_Z_Mult_in_Z'_Z; auto.
    assert ((y ·_F0 y1)%z' ∈ (Z' F0)).
    { apply Z'_Mult_in_Z'; auto. }
    apply AxiomII; split; eauto. intro. pose proof H.
    apply Z'0_in_Z' in H19. apply MKT41 in H18; eauto.
    apply Z'_Mult_Property3 in H18 as []; auto.
  - rewrite H7,H10,Q'_Plus_Corollary; auto;
    try apply Z'_Z_Subset_Z'; auto.
Qed.

(* 乘法封闭 *)

Fact Q'_Q_Mult_in_Q'_Q : ∀ F0 u v, Arithmetical_ultraFilter F0
  -> u ∈ (Q'_Q F0) -> v ∈ (Q'_Q F0) -> (u ·_F0 v) ∈ (Q'_Q F0).
Proof.
  intros. pose proof H0; pose proof H1.
  apply Q'_Q_Subset_Q' in H2; apply Q'_Q_Subset_Q' in H3; auto.
  pose proof H. apply (Q'_Mult_in_Q' F0 u v) in H4; auto.
  apply AxiomII; split; eauto.
  apply AxiomII in H0 as [H0[x[y[H5[]]]]].
  apply AxiomII in H1 as [H1[x1[y1[H8[]]]]].
  exists (x ·_F0 x1)%z',(y ·_F0 y1)%z'.
  Z'split1 H6 H11. Z'split1 H9 H14. repeat split.
  - apply Z'_Z_Mult_in_Z'_Z; auto.
  - apply MKT4'; split. apply MKT4' in H9 as [].
    apply MKT4' in H6 as []. apply Z'_Z_Mult_in_Z'_Z; auto.
    assert ((y ·_F0 y1)%z' ∈ (Z' F0)).
    { apply Z'_Mult_in_Z'; auto. }
    apply AxiomII; split; eauto. intro. pose proof H.
    apply Z'0_in_Z' in H19. apply MKT41 in H18; eauto.
    apply Z'_Mult_Property3 in H18 as []; auto.
  - rewrite H7,H10,Q'_Mult_Corollary; auto;
    try apply Z'_Z_Subset_Z'; auto.
Qed.

(* 减法封闭 *)
```

```
Fact Q'_Q_Minus_in_Q'_Q : ∀ F0 u v, Arithmetical_ultraFilter F0
 -> u ∈ (Q'_Q F0) -> v ∈ (Q'_Q F0) -> (u −_F0 v) ∈ (Q'_Q F0).
Proof.
  intros. pose proof H0; pose proof H1.
  apply Q'_Q_Subset_Q' in H2; apply Q'_Q_Subset_Q' in H3; auto.
  apply AxiomII in H0 as [H0[x[y[H4[]]]]].
  apply AxiomII in H1 as [H1[x1[y1[H7[]]]]].
  pose proof H4; pose proof H7.
  apply Z'_Z_Subset_Z' in H10; apply Z'_Z_Subset_Z' in H11; auto.
  Z'split1 H5 H12. Z'split1 H8 H15.
  apply MKT4' in H18 as [H18 _]. apply MKT4' in H19 as [H19 _].
  Q'altH H6 x y y1. Q'altH H9 x1 y1 y. set (a := (y1 ·_F0 x)%z').
  set (b := (y1 ·_F0 y)%z'). set (c := (y ·_F0 x1)%z').
  assert (u = \[[a,b]\]_F0); auto.
  assert (v = \[[c,b]\]_F0).
  { rewrite H9,(Z'_Mult_Commutation F0 y y1); auto. }
  assert (a ∈ (Z'_Z F0)). { apply Z'_Z_Mult_in_Z'_Z; auto. }
  assert (b ∈ (Z'_Z F0)). { apply Z'_Z_Mult_in_Z'_Z; auto. }
  assert (c ∈ (Z'_Z F0)). { apply Z'_Z_Mult_in_Z'_Z; auto. }
  assert (b ∈ (Z'_Z F0 ~ [Z'0 F0])).
  { apply MKT4'; split; auto. apply AxiomII; split; eauto.
    intro. pose proof H. apply Z'0_in_Z' in H26.
    apply MKT41 in H25; eauto.
    apply Z'_Mult_Property3 in H25 as []; auto. }
  clear H4 H5 H6 H7 H8 H9 H10 H11 H12 H13 H14 H15 H16 H17 H18 H19.
  pose proof H22; pose proof H23; pose proof H24.
  apply Z'_Z_Subset_Z' in H4; apply Z'_Z_Subset_Z' in H5;
  apply Z'_Z_Subset_Z' in H6; auto. Z'split1 H25 H7. pose proof H.
  apply (Q'_Z_Minus_in_Q'_Z_Lemma2 F0 c a) in H10 as [w[[]_]]; auto.
  pose proof H10. apply Z'_Z_Subset_Z' in H12; auto.
  set (k := \[[w,b]\]_F0).
  assert (k ∈ (Q' F0)). { apply Q'_Corollary2; auto. }
  assert (k ∈ (Q'_Q F0)). { apply AxiomII; split; eauto. }
  replace k with (u −_F0 v) in H14; auto.
  apply Q'_Minus_Corollary; auto. unfold k.
  rewrite H20,H21,Q'_Plus_Corollary,(Z'_Mult_Commutation F0 c),
  <-Z'_Mult_Distribution,<-(Q'_equClass_alter F0 _ _ b),H11; auto.
  apply Z'_Plus_in_Z'; auto.
Qed.

(* 除法封闭 *)

Fact Q'_Q_Divide_in_Q'_Q : ∀ F0 u v, Arithmetical_ultraFilter F0
 -> u ∈ (Q'_Q F0) -> v ∈ (Q'_Q F0) -> v <> Q'0 F0 -> (u /_F0 v) ∈ (Q'_Q F0).
Proof.
  intros. pose proof H0; pose proof H1.
  apply Q'_Q_Subset_Q' in H3; apply Q'_Q_Subset_Q' in H4; auto.
  apply AxiomII in H0 as [H0[x[y[H5[]]]]].
  apply AxiomII in H1 as [H1[x1[y1[H8[]]]]].
  assert (x1 ∈ ((Z'_Z F0) ~ [Z'0 F0])).
  { apply MKT4'; split; auto. apply AxiomII; split; eauto.
    intro. apply MKT41 in H11; eauto with Z'. elim H2.
    rewrite H10,H11,Q'0_Corollary; auto.
    apply R_Z'_Corollary; auto with Z'. Z'split1 H9 H12.
    rewrite Z'_Mult_Property2,Z'_Mult_Property1; auto with Z'.
    Z'split1 H9 H12. } set (v1 := \[[y1, x1]\]_F0).
  assert (v1 ∈ (Q' F0)).
  { apply Q'_Corollary2; auto. Z'split1 H9 H12.
    apply Z'split1_Lemma; auto. }
```

```
  assert (v ·_{F0} v1 = Q'1 F0).
  { rewrite H10. unfold v1. rewrite Q'_Mult_Corollary; auto;
    Z'split1 H11 H13; Z'split1 H9 H16. rewrite Q'1_Corollary; auto.
    apply R_Z'_Corollary; auto with Z'.
    rewrite Z'_Mult_Property2,Z'_Mult_Property2,Z'_Mult_Commutation;
    auto with Z'. }
  assert (u /_{F0} v = u ·_{F0} v1).
  { apply Q'_Divide_Corollary; auto with Q'.
    rewrite (Q'_Mult_Commutation F0 u),<-Q'_Mult_Association,H13,
    Q'_Mult_Commutation,Q'_Mult_Property2; auto with Q'. }
  rewrite H14. apply Q'_Q_Mult_in_Q'_Q; auto; [rewrite H7|];
  apply AxiomII; split; eauto. rewrite <-H7; auto.
  exists y1,x1. split; auto. apply MKT4' in H9; tauto.
Qed.

Fact Q'_Q_Equ_Q'_Z_Div : ∀ F0, Arithmetical_ultraFilter F0
 -> Q'_Q F0 = \{ λ u, u ∈ (Q' F0) /\ ∃ a b, a ∈ (Q'_Z F0)
   /\ b ∈ ((Q'_Z F0) ~ [Q'0 F0]) /\ u = a /_{F0} b \}.
Proof.
  intros. apply AxiomI; split; intros.
  - apply AxiomII; repeat split; eauto.
    apply Q'_Q_Subset_Q'; auto.
    apply AxiomII in H0 as [H0[x[y[H1[]]]]].
    exists (\[[x,(Z'1 F0)]\]_{F0}),
    (\[[y,(Z'1 F0)]\]_{F0}).
    pose proof H1. apply Z'_Z_Subset_Z' in H4; auto. Z'split1 H2 H5.
    assert (\[[y,(Z'1 F0)]\]_{F0} ∈ (Q' F0)).
    { apply Q'_Corollary2; auto with Z'. }
    assert (\[[x,(Z'1 F0)]\]_{F0} ∈ (Q' F0)).
    { apply Q'_Corollary2; auto with Z'. }
    repeat split.
    + rewrite Q'_Z_Corollary; auto. apply AxiomII; split; eauto.
    + apply MKT4'; split. rewrite Q'_Z_Corollary; auto.
      apply AxiomII; split; eauto. exists y. split; auto.
      apply MKT4' in H2; tauto. apply AxiomII; split; eauto.
      intro. pose proof H. apply Q'0_in_Q' in H11.
      apply MKT41 in H10; eauto. rewrite Q'0_Corollary in H10; auto.
      apply R_Z'_Corollary in H10; auto with Z'.
      rewrite Z'_Mult_Property2,Z'_Mult_Property1 in H10;
      auto with Z'.
    + symmetry. apply (Q'_Divide_Corollary F0 _ z); auto.
      intro. rewrite Q'0_Corollary in H10; auto.
      apply R_Z'_Corollary in H10; auto with Z'.
      rewrite Z'_Mult_Property2,Z'_Mult_Property1 in H10;
      auto with Z'. rewrite H3. apply Q'_Corollary2; auto.
      rewrite H3,Q'_Mult_Corollary; auto with Z'.
      rewrite (Z'_Mult_Commutation F0 _ y),Z'_Mult_Property2;
      auto with Z'. apply R_Z'_Corollary; auto with Z'.
      rewrite Z'_Mult_Property2; auto with Z'.
  - apply AxiomII in H0 as [H0[H1[a[b[H2[]]]]]].
    pose proof H3. apply MKT4' in H5 as [].
    pose proof H5. rewrite Q'_Z_Corollary in H7; auto.
    apply AxiomII in H7 as [H7[y[]]].
    pose proof H2. rewrite Q'_Z_Corollary in H10; auto.
    apply AxiomII in H10 as [H10[x[]]].
    apply AxiomII; split; auto. exists x,y. repeat split; auto.
    + apply MKT4'; split; auto. apply AxiomII; split; eauto.
      intro. pose proof H. apply Z'0_in_Z' in H14.
      apply MKT41 in H13; eauto. rewrite H13 in H9.
```

```
      apply AxiomII in H6 as []. elim H15. pose proof H.
      apply Q'0_in_Q' in H16. apply MKT41; eauto.
      rewrite H9,Q'0_Corollary; auto.
    + inQ' H1 u v. pose proof H8. apply Z'_Z_Subset_Z' in H17; auto.
      symmetry in H4. apply Q'_Divide_Corollary in H4;
      try (rewrite H16; apply Q'_Corollary2);
      try apply Q'_Z_Subset_Q'; auto.
      rewrite H12,H9,H16,Q'_Mult_Corollary,
      (Z'_Mult_Commutation F0 _ v),Z'_Mult_Property2 in H4;
      auto with Z'. apply Z'_Z_Subset_Z' in H11; auto.
      apply R_Z'_Corollary in H4; auto with Z'.
      rewrite Z'_Mult_Property2 in H4; auto with Z'.
      rewrite H16. apply R_Z'_Corollary; auto.
      apply MKT4'; split; auto. apply AxiomII; split; eauto.
      intro. pose proof H. apply Z'0_in_Z' in H19.
      apply MKT41 in H18; eauto. rewrite H18 in H9.
      rewrite <-Q'0_Corollary in H9; auto. rewrite <-H9 in H6.
      apply AxiomII in H6 as []. elim H20. apply MKT41; eauto.
      rewrite Z'_Mult_Commutation; auto. apply AxiomII in H6 as [].
      intro. elim H19. apply Q'0_in_Q' in H. apply MKT41; eauto.
Qed.
```

(* 整数相除得到有理数 *)

```
Fact Q'_Z_Divide_in_Q'_Q : ∀F0 v u, Arithmetical_ultraFilter F0
  -> v ∈ (Q'_Z F0) -> u ∈ (Q'_Z F0) -> u <> Q'0 F0 -> (v /F0 u) ∈ (Q'_Q F0).
Proof.
  intros. pose proof H0. pose proof H1.
  apply Q'_Z_Subset_Q' in H3; apply Q'_Z_Subset_Q' in H4; auto.
  pose proof H3. apply (Q'_Divide_in_Q' F0 v u) in H5; auto.
  rewrite Q'_Q_Equ_Q'_Z_Div; auto. apply AxiomII; repeat split;
  eauto. exists v,u. repeat split; auto. apply MKT4'; split; auto.
  apply AxiomII; split; eauto. intro. apply Q'0_in_Q' in H.
  apply MKT41 in H6; eauto.
Qed.
```

根据以上性质可知, *Q_Z 是 *Q_Q 的真子集.

```
Fact Q'_Z_properSubset_Q'_Q : ∀ F0, Arithmetical_ultraFilter F0
  -> (Q'_Z F0) ⊂ (Q'_Q F0) /\ (Q'_Z F0) <> (Q'_Q F0).
Proof.
  intros. assert ((Z'1 F0) ∈ (Z'_Z F0 ~ [Z'0 F0])).
  { pose proof H. apply Z'1_in_Z' in H0. apply MKT4'; split.
    apply AxiomII; split; eauto. exists (F 1),(F 0).
    pose proof in_ω_0; pose proof in_ω_1.
    rewrite Z'1_Corollary; auto. repeat split; auto;
    apply Fn_in_N'_N; auto. apply AxiomII; split; eauto.
    intro. pose proof H. apply Z'0_in_Z' in H2.
    apply MKT41 in H1; eauto. elim (Z'0_isn't_Z'1 F0); auto. }
  split.
  - unfold Included; intros. rewrite Q'_Z_Corollary in H1; auto.
    apply AxiomII in H1 as [H1[x[]]].
    apply AxiomII; repeat split; auto. exists x,(Z'1 F0).
    repeat split; auto.
  - intro. set (two := ((Z'1 F0) +F0 (Z'1 F0))%z').
    assert (two ∈ ((Z'_Z F0) ~ [Z'0 F0])).
    { assert (two ∈ (Z' F0)). unfold two. auto with Z'.
      assert (two ∈ (Z'_Z F0)).
      { apply AxiomII; split; eauto.
        exists ((F 1) +F0 (F 1))%n',((F 0) +F0 (F 0))%n'.
```

```coq
    unfold two. pose proof in_ω_0; pose proof in_ω_1;
    pose proof H. destruct H5 as [H5 _]. rewrite
    Z'1_Corollary,Z'_Plus_Corollary; try apply Fn_in_N'; auto.
    repeat split; try apply N'_N_Plus_in_N'_N;
    try apply Fn_in_N'_N; auto. }
  apply MKT4'; split; auto. apply AxiomII; split; eauto.
  intro. pose proof H. apply Z'0_in_Z' in H5.
  apply MKT41 in H4; eauto. pose proof H.
  apply Z'0_lt_Z'1 in H6. pose proof H6.
  apply (Z'_Plus_PrOrder F0 _ _ (Z'1 F0)) in H7; auto with Z'.
  unfold two in H4. rewrite Z'_Plus_Property,H4 in H7; auto
  with Z'. apply (Z'_Ord_Trans F0 (Z'0 F0)) in H7; auto with Z'.
  elim (Z'_Ord_irReflex F0 (Z'0 F0) (Z'0 F0)); auto with Z'. }
set (dw := \[[(Z'1 F0),two]\]_F0).
Z'split1 H2 H3.
assert (dw ∈ (Q' F0)).
{ apply Q'_Corollary2; auto with Z'. }
assert (dw ∈ (Q'_Q F0)).
{ apply AxiomII; split; eauto. exists (Z'1 F0),two.
  repeat split; auto. apply MKT4' in H0; tauto. }
assert ((Z'0 F0) <_F0 two)%z'.
{ unfold two.
  apply (Z'_Ord_Trans F0 _ (Z'1 F0)); auto with Z'.
  pose proof H. apply Z'0_lt_Z'1 in H8.
  apply (Z'_Plus_PrOrder F0 _ _ (Z'1 F0)) in H8; auto with Z'.
  rewrite Z'_Plus_Property in H8; auto with Z'. }
assert ((Q'0 F0) <_F0 dw).
{ rewrite Q'0_Corollary; auto. unfold dw.
  apply Q'_Ord_Corollary; auto with Z'.
  rewrite Z'_Mult_Commutation,Z'_Mult_Property1,
  Z'_Mult_Property2; auto with Z'. }
assert (dw <_F0 (Q'1 F0)).
{ unfold dw. rewrite Q'1_Corollary; auto.
  apply Q'_Ord_Corollary; auto with Z'.
  rewrite Z'_Mult_Property2,Z'_Mult_Property2; auto with Z'.
  replace (Z'1 F0) with ((Z'1 F0) +_F0 (Z'0 F0))%z'.
  unfold two. apply Z'_Plus_PrOrder; auto with Z'.
  apply Z'_Plus_Property; auto with Z'. }
rewrite <-H1 in H7.
assert (dw ∈ (Q'_N F0)).
{ rewrite Q'_N_Equ_Q'_Z_me_Q'0; auto.
  apply AxiomII; repeat split; eauto. }
pose proof H. apply φ4_is_Function in H12 as [[][]].
assert (dw ∈ (ran(φ4 F0))); auto. rewrite reqdi in H16.
apply Property_Value,Property_ran in H16; auto.
rewrite <-deqri,H14 in H16.
assert (dw = (φ4 F0)[(((φ4 F0)^-1)[dw]]]). { rewrite f11vi; auto. }
rewrite H17,<-φ4_0 in H9; auto. rewrite H17,<-φ4_1 in H10; auto.
pose proof in_ω_0; pose proof in_ω_1.
apply φ4_PrOrder in H9; apply φ4_PrOrder in H10; auto.
apply MKT41 in H10; eauto. rewrite H10 in H9.
elim (@ MKT16 0); auto.
Qed.
```

4.2   *Q 中的无穷

前面对 *N 和 *Z 的分析可以看到, 在非主算术超滤下, 二者都在通常意义的数集中引入了某种形式的 "实无穷", 即实际存在而非以无限逼近的方式得到的无穷. 由 *Z 扩充而来的 *Q 也含有这样的实无穷. 不同的是, *Q 不仅含有无穷大数, 还引入了无穷小数.

4.2.1   Archimedes 子集与无穷大

*Q 中的元素有两种, 一种其绝对值比任何非负整数都大, 如

$$\sigma, \, -\frac{3\sigma}{2}, \frac{\sigma}{100}, \cdots \, (\sigma \in (^*\mathbf{Q}_{^*\mathbf{Z}} \sim {}^*\mathbf{Q}_\mathbf{Z})).$$

另一种叫做 *Q 的有限元素, 它们形成了 *Q 的一个重要子集:

$$\mathbf{Q}_< = \{u : u \in {}^*\mathbf{Q} \wedge \exists k \in {}^*\mathbf{Q}_\mathbf{N}, \, |u| = k \vee |u| < k\}.$$

$\mathbf{Q}_<$ 称为 *Q 的 Archimedes 子集. 这是因为 $\mathbf{Q}_<$ 的每个元素 x 都具有的性质:

$$\exists k \in {}^*\mathbf{Q}_\mathbf{N}, \quad |x| = k \vee |x| < k$$

称为 **Archimedes 性**. 这一性质意味着量的有限可测性, 因此 $\mathbf{Q}_<$ 中的元是 *Q 中的有限元.

```
(** finity_and_infinity_in_Q' *)

Definition Q'_< F0 := \{ λ u, u ∈ (Q' F0)
 /\ ∃ k, k ∈ (Q'_N F0) /\ (|u|_F0 = k \/ |u|_F0 <_F0 k) \}.

Corollary Q'_<_Subset_Q' : ∀ F0, (Q'_< F0) ⊂ (Q' F0).
Proof.
  unfold Included; intros. apply AxiomII in H; tauto.
Qed.

Corollary Q'_<_is_Set : ∀ F0, F0 ∈ βω -> Ensemble (Q'_< F0).
Proof.
  intros. apply (MKT33 (Q' F0)). apply Q'_is_Set; auto.
  apply Q'_<_Subset_Q'.
Qed.
```

对任意一个算术超滤 $F0$ 生成的 *Q, 关于 $\mathbf{Q}_<$ 有如下结论.

1) $^*Q_0 \in \mathbf{Q}_< \ \wedge \ ^*Q_1 \in \mathbf{Q}_<$.

2) 运算封闭: $\forall u, v \in \mathbf{Q}_<, \, (u+v) \in \mathbf{Q}_< \wedge (u \cdot v) \in \mathbf{Q}_< \wedge (u-v) \in \mathbf{Q}_<$.

```
Fact Q'0_in_Q'_< : ∀ F0, Arithmetical_ultraFilter F0 -> (Q'0 F0) ∈ (Q'_< F0).
Proof.
  intros. pose proof H. apply Q'0_in_Q' in H0.
```

```
    apply AxiomII; repeat split; eauto. exists (Q'0 F0). split.
  - pose proof H. apply φ4_is_Function in H1 as [[][]].
    replace (Q'_N F0) with (ran(φ4 F0)); auto.
    rewrite <-φ4_0; auto. apply (@ Property_ran 0),Property_Value;
    auto. rewrite H3. apply in_ω_0.
  - left. apply eq_Q'0_Q'Abs; auto.
Qed.

Global Hint Resolve Q'0_in_Q'< : Q'.

Fact Q'1_in_Q'< : ∀ F0, Arithmetical_ultraFilter F0 -> (Q'1 F0) ∈ (Q'< F0).
Proof.
  intros. pose proof H. apply Q'1_in_Q' in H0.
  apply AxiomII; repeat split; eauto. exists (Q'1 F0). split.
  - pose proof H. apply φ4_is_Function in H1 as [[][]].
    replace (Q'_N F0) with (ran(φ4 F0)); auto.
    rewrite <-φ4_1; auto. apply (@ Property_ran 1),Property_Value;
    auto. rewrite H3. apply in_ω_1.
  - left. apply mt_Q'0_Q'Abs; auto.
    rewrite Q'0_Corollary,Q'1_Corollary; auto.
    apply Q'_Ord_Corollary; auto with Z'.
    rewrite Z'_Mult_Property2,Z'_Mult_Property2; auto with Z'.
Qed.

Global Hint Resolve Q'1_in_Q'< : Q'.

(* 加法封闭 *)

Fact Q'<_Plus_in_Q'< : ∀ F0 u v, Arithmetical_ultraFilter F0
  -> u ∈ (Q'< F0) -> v ∈ (Q'< F0) -> (u +F0 v) ∈ (Q'< F0).
Proof.
  intros. apply AxiomII in H0 as [H0[H2[m[]]]].
  apply AxiomII in H1 as [H1[H5[n[]]]]. pose proof H.
  apply (Q'_Plus_in_Q' F0 u v) in H8; auto.
  apply AxiomII; repeat split; eauto. pose proof H.
  apply (Q'Abs_inEqu F0 u v) in H9; auto.
  assert ((m +F0 n) ∈ (Q'_N F0)).
  { pose proof H. apply φ4_is_Function in H10 as [[][]].
    assert (m ∈ (ran(φ4 F0)) /\ n ∈ (ran(φ4 F0))) as []; auto.
    rewrite reqdi in H14,H15. apply Property_Value,Property_ran
    in H14; apply Property_Value,Property_ran in H15; auto.
    rewrite <-deqri,H12 in H14,H15. pose proof H14.
    apply (φ4_PrPlus F0 _ (((φ4 F0)⁻¹)[n])) in H16; auto.
    rewrite f11vi,f11vi in H16; auto. pose proof H14.
    apply (ω_Plus_in_ω _ (((φ4 F0)⁻¹)[n])) in H17; auto.
    rewrite <-H12 in H17.
    apply Property_Value,Property_ran in H17; auto.
    rewrite H16 in H17; auto. }
  exists (m +F0 n). split; auto. pose proof H3; pose proof H6.
  apply Q'_N_Subset_Q' in H11; apply Q'_N_Subset_Q' in H12; auto.
  assert (((|u|F0) +F0 (|v|F0) = m +F0 n
    \/ ((|u|F0) +F0 (|v|F0)) <F0 (m +F0 n)).
  { destruct H4,H7.
    - rewrite H4,H7; auto.
    - rewrite H4. right. apply Q'_Plus_PrOrder; auto.
      apply Q'Abs_in_Q'; auto.
    - rewrite H7. right. rewrite Q'_Plus_Commutation,
      (Q'_Plus_Commutation F0 _ n); auto.
      apply Q'_Plus_PrOrder; auto. apply Q'Abs_in_Q'; auto.
```

```
    apply Q'Abs_in_Q'; auto.
  - apply (Q'_Plus_PrOrder F0 _ _ m) in H7;
    try apply Q'Abs_in_Q'; auto.
    apply (Q'_Plus_PrOrder F0 _ _ (|v|_F0)) in H4;
    try apply Q'Abs_in_Q'; auto.
    rewrite Q'_Plus_Commutation in H7;
    try apply Q'Abs_in_Q'; auto.
    right. apply (Q'_Ord_Trans F0 _ ((|v|_F0) +_F0 m));
    try apply Q'_Plus_in_Q'; try apply Q'Abs_in_Q'; auto.
    rewrite Q'_Plus_Commutation; try apply Q'Abs_in_Q'; auto. }
  destruct H9,H13.
  - rewrite H9,H13; auto.
  - rewrite H9; auto.
  - rewrite <-H13; auto.
  - right. apply (Q'_Ord_Trans F0 _ ((|u|_F0) +_F0 (|v|_F0)));
    try apply Q'_Plus_in_Q'; try apply Q'Abs_in_Q';
    try apply Q'Abs_in_Q'; auto.
Qed.

Global Hint Resolve Q'_<_Plus_in_Q'_< : Q'.

(* 乘法封闭 *)

Fact Q'_<_Mult_in_Q'_< : ∀ F0 u v, Arithmetical_ultraFilter F0
  -> u ∈ (Q'_< F0) -> v ∈ (Q'_< F0) -> (u ·_F0 v) ∈ (Q'_< F0).
Proof.
  intros. apply AxiomII in H0 as [H0[H2[m[]]]].
  apply AxiomII in H1 as [H1[H5[n[]]]].
  pose proof H. apply (Q'_Mult_in_Q' F0 u v) in H8; auto.
  apply AxiomII; repeat split; eauto. pose proof H.
  apply (Q'Abs_PrMult F0 u v) in H9; auto.
  assert ((m ·_F0 n) ∈ (Q'_N F0)).
  { pose proof H. apply φ4_is_Function in H10 as [[][]].
    assert (m ∈ (ran(φ4 F0)) /\ n ∈ (ran(φ4 F0))) as []; auto.
    rewrite reqdi in H14,H15.
    apply Property_Value,Property_ran in H14;
    apply Property_Value,Property_ran in H15; auto.
    rewrite <-deqri,H12 in H14,H15. pose proof H14.
    apply (φ4_PrMult F0 _ (((φ4 F0)⁻¹)[n])) in H16; auto.
    rewrite f11vi,f11vi in H16; auto. pose proof H14.
    apply (ω_Mult_in_ω _ (((φ4 F0)⁻¹)[n])) in H17; auto.
    rewrite <-H12 in H17. apply Property_Value,Property_ran in H17;
    auto. rewrite H16 in H17; auto. }
  exists (m ·_F0 n). split; auto. pose proof H3; pose proof H6.
  apply Q'_N_Subset_Q' in H11; apply Q'_N_Subset_Q' in H12; auto.
  assert (∀ w, w ∈ (Q'_N F0) -> Q'0 F0 -> (Q'0 F0) <_F0 w).
  { intros. pose proof H. apply Q'0_in_Q' in H15.
    pose proof H13. apply Q'_N_Subset_Q' in H13; auto.
    assert ((Q'0 F0) ∈ (Q' F0) /\ w ∈ (Q' F0)) as []; auto.
    apply (Q'_Ord_Connect F0 H _ w) in H17 as [H17|[]]; auto;
    clear H18; elim H14; auto. pose proof H.
    apply φ4_is_Function in H18 as [[][]].
    assert (w ∈ (ran(φ4 F0))); auto. rewrite reqdi in H22.
    apply Property_Value,Property_ran in H22; auto.
    rewrite <-deqri,H20 in H22.
    assert (w = (φ4 F0)[((φ4 F0)⁻¹)[w]]). { rewrite f11vi; auto. }
    rewrite H23,<-φ4_0 in H17; auto. apply φ4_PrOrder in H17; auto.
    elim (@ MKT16 (((φ4 F0)⁻¹)[w])); auto. }
  destruct H4,H7.
```

```
    - left. rewrite H9,H4,H7; auto.
    - destruct (classic (m = Q'0 F0)). left. rewrite H9,H4,H14,
      Q'_Mult_Commutation,Q'_Mult_Property1,Q'_Mult_Commutation,
      Q'_Mult_Property1; try apply Q'Abs_in_Q'; try apply Q'0_in_Q';
      auto. right. apply (Q'_Mult_PrOrder F0 _ _ m) in H7; auto.
      rewrite H9,H4; auto. apply Q'Abs_in_Q'; auto.
    - destruct (classic (n = Q'0 F0)). left. rewrite H9,H7,H14,
      Q'_Mult_Property1,Q'_Mult_Property1; try apply Q'Abs_in_Q';
      auto. right. apply (Q'_Mult_PrOrder F0 _ _ n) in H4;
      try apply Q'Abs_in_Q'; auto.
      rewrite Q'_Mult_Commutation,(Q'_Mult_Commutation F0 n) in H4;
      try apply Q'Abs_in_Q'; auto. rewrite H9,H7; auto.
    - pose proof H; pose proof H.
      apply (Q'0_le_Q'Abs F0 u) in H14 as [];
      apply (Q'0_le_Q'Abs F0 v) in H15 as []; auto.
      assert ((Q'0 F0) <_F0 m /\ (Q'0 F0) <_F0 n) as [].
      { split.
        - destruct H16. rewrite <-H16; auto.
          apply (Q'_Ord_Trans F0 _ (|u|_F0)); auto.
          apply Q'0_in_Q'; auto.
        - destruct H17. rewrite <-H17; auto.
          apply (Q'_Ord_Trans F0 _ (|v|_F0)); auto.
          apply Q'0_in_Q'; auto. }
      apply (Q'_Mult_PrOrder F0 _ _ m) in H7; auto. destruct H17.
    + rewrite H17,Q'_Mult_Property1 in H7; auto. right.
      rewrite H9,H17,Q'_Mult_Property1; auto.
    + apply (Q'_Mult_PrOrder F0 _ _ (|v|_F0)) in H4; auto.
      rewrite Q'_Mult_Commutation,(Q'_Mult_Commutation F0 _ m)
      in H4; auto. right. rewrite H9.
      apply (Q'_Ord_Trans F0 _ (m ·_F0 (|v|_F0)));
      try apply Q'_Mult_in_Q'; auto.
Qed.

Global Hint Resolve Q'<_Mult_in_Q'< : Q'.

(* 减法封闭 *)

Fact Q'<_Minus_in_Q'< : ∀ F0 u v, Arithmetical_ultraFilter F0
  -> u ∈ (Q'< F0) -> v ∈ (Q'< F0) -> (u -_F0 v) ∈ (Q'< F0).
Proof.
  intros.
  assert (u ∈ (Q' F0) /\ v ∈ (Q' F0)) as [].
  { apply Q'<_Subset_Q' in H0;
    apply Q'<_Subset_Q' in H1; auto. }
  pose proof H. apply (Q'_Minus_in_Q' F0 u v) in H4; auto.
  assert (|u -_F0 v|_F0 = (|u|_F0) +_F0 (|v|_F0)
    \/ (|u -_F0 v|_F0) <_F0 ((|u|_F0) +_F0 (|v|_F0))).
  { pose proof H3.
    apply Q'_neg in H5 as [v0[[]]]; auto. clear H7.
    assert (u -_F0 v = u +_F0 v0).
    { apply Q'_Minus_Corollary; try apply Q'_Plus_in_Q'; auto.
      rewrite <-Q'_Plus_Association,(Q'_Plus_Commutation F0 v),
      Q'_Plus_Association,H6,Q'_Plus_Property; auto. }
    assert (|v|_F0 = |v0|_F0). { apply neg_Q'Abs_Equ; auto. }
    rewrite H7,H8. apply Q'Abs_inEqu; auto. }
  apply AxiomII in H0 as [H0[H6[k1[]]]].
  apply AxiomII in H1 as [H1[H9[k2[]]]].
  apply AxiomII; repeat split; eauto. exists (k1 +_F0 k2).
  assert (k1 ∈ (Q' F0) /\ k2 ∈ (Q' F0)) as [].
```

```
{ split; try apply Q'_N_Subset_Q'; auto. }
assert ((k1 +_F0 k2) ∈ (Q'_N F0)).
{ apply Q'_N_Plus_in_Q'_N; auto. }
assert ((|u|_F0) +_F0 (|v|_F0) = k1 +_F0 k2
  \/ ((|u|_F0) +_F0 (|v|_F0)) <_F0 (k1 +_F0 k2)).
{ destruct H8,H11.
  - rewrite H8,H11; auto.
  - right. rewrite H8. apply Q'_Plus_PrOrder; auto.
    apply Q'Abs_in_Q'; auto.
  - right. rewrite H11,Q'_Plus_Commutation,
    (Q'_Plus_Commutation F0 k1); try apply Q'Abs_in_Q'; auto.
    apply Q'_Plus_PrOrder; try apply Q'Abs_in_Q'; auto.
  - right. apply (Q'_Plus_PrOrder F0 _ _ k1) in H11;
    try apply Q'Abs_in_Q'; auto.
    apply (Q'_Ord_Trans F0 _ (k1 +_F0 (|v|_F0)));
    try apply Q'_Plus_in_Q'; try apply Q'Abs_in_Q'; auto.
    rewrite Q'_Plus_Commutation,(Q'_Plus_Commutation F0 k1);
    try apply Q'Abs_in_Q'; auto. apply Q'_Plus_PrOrder;
    try apply Q'Abs_in_Q'; auto. }
  split; auto. destruct H5,H15.
  - rewrite H5,H15; auto.
  - right. rewrite H5; auto.
  - right. rewrite <-H15; auto.
  - right. apply (Q'_Ord_Trans F0 _ ((|u|_F0) +_F0 (|v|_F0)));
    try apply Q'_Plus_in_Q'; try apply Q'Abs_in_Q'; auto.
Qed.

Global Hint Resolve Q'<_Minus_in_Q'< : Q'.
```

上节建立的标准数集中的元应当满足 Archimedes 性. 事实上, *Q_N 和 *Q_Z 是 $Q_<$ 的真子集, 而 *Q_Q 是 $Q_<$ 的子集.

```
Fact Q'_N_properSubset_Q'< : ∀ F0, Arithmetical_ultraFilter F0
  -> (Q'_N F0) ⊂ (Q'< F0) /\ (Q'_N F0) <> (Q'< F0).
Proof.
  split.
  - unfold Included; intros. pose proof H0.
    apply Q'_N_Subset_Q' in H1; auto.
    apply AxiomII; repeat split; eauto.
    exists z. split; auto.
    destruct (classic (z = Q'0 F0)).
    + pose proof H2. apply eq_Q'0_Q'Abs in H2; auto.
      rewrite H2; auto.
    + assert (z ∈ ((Q'_N F0) ~ [Q'0 F0])).
      { apply MKT4'; split; auto. apply AxiomII; split; eauto.
        intro. pose proof H. apply Q'0_in_Q' in H4.
        apply MKT41 in H3; eauto. }
      apply Q'_N_Q'0_is_FirstMember,mt_Q'0_Q'Abs in H3; auto.
  - intro. pose proof H. apply Q'0_in_Q' in H1.
    pose proof H. apply Q'1_in_Q' in H2.
    set (A := ((Z'1 F0) +_F0 (Z'1 F0))%z').
    assert ((Z'0 F0) <_F0 A)%z'.
    { pose proof H. apply Z'0_lt_Z'1 in H3. pose proof H3.
      apply (Z'_Plus_PrOrder F0 _ _ (Z'1 F0)) in H4; auto with Z'.
      rewrite Z'_Plus_Property in H4; auto with Z'.
      apply (Z'_Ord_Trans F0 (Z'0 F0)) in H4; auto with Z'. }
    assert (A ∈ (Z' F0 ~ [Z'0 F0])).
    { apply MKT4'; split; [unfold A| ]; auto with Z'.
      apply AxiomII; split. pose proof H. apply
```

```
      (Z'_Plus_in_Z' F0 (Z'1 F0) (Z'1 F0)) in H4; auto with Z'.
      eauto. intro. apply MKT41 in H4. rewrite H4 in H3.
      elim (Z'_Ord_irReflex F0 (Z'0 F0) (Z'0 F0)); auto with Z'.
      pose proof H. apply Z'0_in_Z' in H6; eauto. }
    set (a := \[[(Z'1 F0),A]\]_F0).
    assert (a ∈ (Q' F0)). { apply Q'_Corollary2; auto with Z'. }
    assert ((Q'0 F0) <_F0 a).
    { rewrite Q'0_Corollary; auto. apply Q'_Ord_Corollary;
      auto with Z'. rewrite Z'_Mult_Commutation,Z'_Mult_Property1,
      Z'_Mult_Property2; unfold A; auto with Z'. }
    assert (a <_F0 (Q'1 F0)).
    { rewrite Q'1_Corollary; auto.
      apply Q'_Ord_Corollary; auto with Z'.
      rewrite Z'_Mult_Property2,Z'_Mult_Property2; unfold A;
      auto with Z'. pose proof H. apply Z'0_lt_Z'1 in H7.
      apply (Z'_Plus_PrOrder _ _ _ (Z'1 F0)) in H7; auto with Z'.
      rewrite Z'_Plus_Property in H7; auto with Z'. }
    assert ((Q'0 F0) ∈ (Q'_N F0)).
    { pose proof in_ω_0. pose proof H.
      apply φ4_is_Function in H9 as [[][]]. rewrite <-H11 in H8.
      apply Property_Value,Property_ran in H8; auto.
      rewrite φ4_0 in H8; auto. }
    assert ((Q'1 F0) ∈ (Q'_N F0)).
    { pose proof in_ω_1. pose proof H.
      apply φ4_is_Function in H10 as [[][]]. rewrite <-H12 in H9.
      apply Property_Value,Property_ran in H9; auto.
      rewrite φ4_1 in H9; auto. }
    assert (a ∈ (Q'_< F0)).
    { apply AxiomII; repeat split; eauto. exists (Q'1 F0).
      split; auto. right. pose proof H. apply mt_Q'0_Q'Abs in H5;
      auto. rewrite H5; auto. }
    rewrite <-H0 in H10. pose proof H.
    apply φ4_is_Function in H11 as [[][]].
    pose proof H. apply φ4_0 in H15.
    pose proof H. apply φ4_1 in H16.
    assert (a ∈ (ran(φ4 F0))); auto. rewrite reqdi in H17.
    apply Property_Value,Property_ran in H17; auto.
    rewrite <-deqri,H13 in H17.
    assert ((φ4 F0)[(((φ4 F0)⁻¹)[a]] = a). { rewrite f11vi; auto. }
    rewrite <-H15,<-H18 in H6. rewrite <-H16,<-H18 in H7.
    pose proof in_ω_0; pose proof in_ω_1.
    apply φ4_PrOrder in H6; apply φ4_PrOrder in H7; auto.
    apply MKT41 in H7; eauto. rewrite H7 in H6.
    elim (@ MKT16 0); auto.
Qed.

Fact Q'_Z_properSubset_Q'_< : ∀ F0, Arithmetical_ultraFilter F0
  -> (Q'_Z F0) ⊂ (Q'_< F0) /\ (Q'_Z F0) <> (Q'_< F0).
Proof.
  split.
  - unfold Included; intros.
    pose proof H0. rewrite Q'_Z_Corollary in H0; auto.
    apply AxiomII in H0 as [H0[x[]]].
    pose proof H2. apply Z'_Z_Subset_Z' in H4; auto.
    assert (z ∈ (Q' F0)).
    { rewrite H3. apply Q'_Corollary2; auto with Z'. }
    apply AxiomII; repeat split; auto.
    assert ((Q'0 F0) ∈ (Q' F0) /\ z ∈ (Q' F0)) as [].
    { split; try apply Q'0_in_Q'; auto. }
```

```
  apply (Q'_Ord_Connect F0 H _ z) in H6 as [H6|[]];
  auto; clear H7.
+ pose proof H6. apply mt_Q'0_Q'Abs in H7; auto.
  rewrite H7. exists z. split; auto.
  rewrite Q'_N_Equ_Q'_Z_me_Q'0; auto. apply AxiomII; auto.
+ assert (z ∈ \{ λ u, u ∈ (Q'_Z F0) /\ u <_F0 (Q'0 F0) \}).
  { apply AxiomII; auto. }
  rewrite Q'_N_neg_Equ_Q'_Z_lt_Q'0 in H7; auto.
  apply AxiomII in H7 as [H7[H8[z0[]]]].
  pose proof H9. apply Q'_N_Q'0_is_FirstMember in H9; auto.
  apply lt_Q'0_Q'Abs in H6; auto. apply MKT4' in H11 as [H11 _].
  apply Q'_Minus_Corollary in H10; try apply Q'0_in_Q'; auto.
  rewrite H10 in H6. exists z0. split; auto.
  apply Q'_N_Subset_Q'; auto.
+ exists z. symmetry in H6. pose proof H6.
  apply eq_Q'0_Q'Abs in H6; auto.
  rewrite H6,H7. split; auto. apply Q'0_in_Q'_N; auto.
- intro. set (two := ((Z'1 F0) +_F0 (Z'1 F0))%z').
  assert (two ∈ ((Z' F0) ∼ [Z'0 F0])).
  { assert (two ∈ (Z' F0)). { unfold two; auto with Z'. }
    apply MKT4'; split; auto. apply AxiomII; split; eauto.
    intro. pose proof H. apply Z'0_in_Z' in H3.
    apply MKT41 in H2; eauto. pose proof H.
    apply Z'0_lt_Z'1 in H4. pose proof H4.
    apply (Z'_Plus_PrOrder F0 _ _ (Z'1 F0)) in H5;
    auto with Z'. unfold two in H2.
    rewrite Z'_Plus_Property,H2 in H5; auto with Z'.
    apply (Z'_Ord_Trans F0 (Z'0 F0)) in H5; auto with Z'.
    elim (Z'_Ord_irReflex F0 (Z'0 F0) (Z'0 F0)); auto with Z'. }
  set (dw := \[[(Z'1 F0),two]\]_F0).
  Z'split H1. assert ((Z'0 F0) <_F0 two)%z'.
  { unfold two. apply (Z'_Ord_Trans F0 _ (Z'1 F0)); auto with Z'.
    pose proof H. apply Z'0_lt_Z'1 in H4.
    apply (Z'_Plus_PrOrder F0 _ _ (Z'1 F0)) in H4; auto with Z'.
    rewrite Z'_Plus_Property in H4; auto with Z'. }
  assert (dw ∈ (Q' F0)). { apply Q'_Corollary2; auto with Z'. }
  assert ((Q'0 F0) <_F0 dw).
  { rewrite Q'0_Corollary; auto. unfold dw.
    apply Q'_Ord_Corollary; auto with Z'.
    rewrite Z'_Mult_Commutation,Z'_Mult_Property1,
    Z'_Mult_Property2; auto with Z'. }
  assert (dw <_F0 (Q'1 F0)).
  { unfold dw. rewrite Q'1_Corollary; auto.
    apply Q'_Ord_Corollary; auto with Z'.
    rewrite Z'_Mult_Property2,Z'_Mult_Property2; auto with Z'.
    replace (Z'1 F0) with ((Z'1 F0) +_F0 (Z'0 F0))%z'.
    unfold two. apply Z'_Plus_PrOrder; auto with Z'.
    apply Z'_Plus_Property; auto with Z'. }
  assert (dw ∈ (Q'_< F0)).
  { apply AxiomII; repeat split; eauto. exists (Q'1 F0).
    apply mt_Q'0_Q'Abs in H6; auto. rewrite H6.
    split; auto. apply Q'1_in_Q'_N; auto. }
  rewrite <-H0 in H8.
  assert (dw ∈ (Q'_N F0)).
  { rewrite Q'_N_Equ_Q'_Z_me_Q'0; auto.
    apply AxiomII; repeat split; eauto. }
  pose proof H. apply φ4_is_Function in H10 as [[] []].
  assert (dw ∈ (ran(φ4 F0))); auto. rewrite reqdi in H14.
  apply Property_Value,Property_ran in H14; auto.
```

```
    rewrite <-deqri,H12 in H14.
    assert (dw = (φ4 F0)[((φ4 F0)⁻¹)[dw]]).
    { rewrite f11vi; auto. }
    rewrite H15,<-φ4_0 in H6; auto.
    rewrite H15,<-φ4_1 in H7; auto.
    pose proof in_ω_0; pose proof in_ω_1.
    apply φ4_PrOrder in H6; apply φ4_PrOrder in H7; auto.
    apply MKT41 in H7; eauto. rewrite H7 in H6.
    elim (@ MKT16 0); auto.
Qed.

Fact Q'_Q_Subset_Q'< : ∀ F0, Arithmetical_ultraFilter F0 -> (Q'_Q F0) ⊂ (Q'< F0).
Proof.
  Open Scope z'_scope.
  unfold Included. intros F0 H q H0.
  pose proof H0. apply Q'_Q_Subset_Q' in H1; auto.
  apply AxiomII in H0 as [H0[u[v[H2[]]]]].
  apply AxiomII; repeat split; auto.
  pose proof H2. apply Z'_Z_Subset_Z' in H5; auto.
  Z'split1 H3 H6. Q'altH H4 u v v.
  set (V2 := (v ·F0 v)). set (U := (v ·F0 u)).
  assert ((Z'0 F0) <F0 V2). unfold V2. auto with Z'.
  assert (V2 ∈ (Z'_Z F0 ~ [Z'0 F0])).
  { assert (V2 ∈ (Z'_Z F0)).
    { apply MKT4' in H3 as []. apply Z'_Z_Mult_in_Z'_Z; auto. }
    apply MKT4'; split; auto. apply AxiomII; split; eauto.
    intro. pose proof H. apply Z'0_in_Z' in H12.
    apply MKT41 in H11; eauto. rewrite H11 in H9.
    elim (Z'_Ord_irReflex F0 (Z'0 F0) (Z'0 F0)); auto. }
  Z'split1 H10 H11. apply MKT4' in H3 as [H3 _].
  assert (U ∈ (Z'_Z F0)). { apply Z'_Z_Mult_in_Z'_Z; auto. }
  pose proof H14. apply Z'_Z_Subset_Z' in H15; auto.
  assert (U ∈ (Z' F0) /\ (Z'0 F0) ∈ (Z' F0)) as [].
  { split; auto with Z'. }
  apply (Z'_Ord_Connect F0 H _ (Z'0 F0)) in H16 as [];
  auto; clear H17.
  - pose proof H16. apply Z'_Plus_PrOrder_Corollary in H17
    as [U0[[H17[]]]]; auto with Z'.
    assert (U0 ∈ (Z'_Z F0)).
    { apply AxiomII in H14 as [_[M[N[H14[]]]]].
      set (U1 := (\[[N,M]\]F0)%n'). assert (Ensemble U1).
      { apply (MKT33 ((N' F0)×(N' F0))).
        apply MKT74; apply N'_is_Set; destruct H; auto.
        unfold Included; intros. apply AxiomII in H23; tauto. }
      assert (U +F0 U1 = Z'0 F0).
      { unfold U1. rewrite H22,Z'_Plus_Corollary,
        N'_Plus_Commutation,Z'0_Corollary;
        try apply N'_N_Subset_N'; auto.
        apply R_N'_Corollary; try apply N'_Plus_in_N';
        try apply Fn_in_N'; try apply in_ω_0;
        try apply N'_N_Subset_N'; auto; destruct H; auto. }
      assert (U1 ∈ (Z'_Z F0)). { apply AxiomII; split; eauto. }
      assert (U0 = U1).
      { apply H20. repeat split; auto. apply Z'_Z_Subset_Z'; auto.
        apply (Z'_Plus_PrOrder F0 _ _ U); auto.
        apply Z'0_in_Z'; auto. apply Z'_Z_Subset_Z'; auto.
        rewrite Z'_Plus_Property,H24; auto. }
      rewrite H26; auto. }
    set (qa := (\[[U0,(Z'1 F0)]\]F0)%q').
```

```
assert (qa ∈ (Q' F0)). { apply Q'_Corollary2; auto with Z'. }
assert (qa ∈ (Q'_Z F0)).
{ rewrite Q'_Z_Corollary; auto. apply AxiomII; split; eauto. }
assert ((Q'0 F0) <_F0 qa)%q'.
{ rewrite Q'0_Corollary; auto.
  apply Q'_Ord_Corollary; auto with Z'.
  rewrite Z'_Mult_Commutation,Z'_Mult_Property1,
  Z'_Mult_Commutation,Z'_Mult_Property2; auto with Z'. }
exists qa. split.
+ rewrite Q'_N_Equ_Q'_Z_me_Q'0; auto.
  apply AxiomII; split; eauto.
+ assert (|q|_F0 = \[[U0,V2]\]_F0)%q'.
  { assert (\[[U0,V2]\]_F0 = (Q'0 F0) −_F0 q)%q'.
    { symmetry. apply Q'_Minus_Corollary;
      try apply Q'0_in_Q'; auto. apply Q'_Corollary2; auto.
      rewrite H4,Q'_Plus_Corollary,Q'0_Corollary; auto with Z'.
      apply R_Z'_Corollary; auto with Z'.
      rewrite Z'_Mult_Property1,Z'_Mult_Property2; auto with Z'.
      replace (v ·_F0 u) with U; auto.
      replace (v ·_F0 v) with V2; auto.
      rewrite Z'_Mult_Commutation,<-Z'_Mult_Distribution,
      H19,Z'_Mult_Property1; auto. }
    rewrite H25. apply lt_Q'0_Q'Abs; auto.
    rewrite H4,Q'0_Corollary; auto.
    replace (v ·_F0 u) with U; auto.
    replace (v ·_F0 v) with V2; auto.
    apply Q'_Ord_Corollary; auto with Z'.
    rewrite Z'_Mult_Property2,Z'_Mult_Property1; auto. }
  rewrite H25. pose proof H9.
  apply Z'_add_Property7 in H26 as []; auto.
  * right. apply Q'_Ord_Corollary; auto with Z'.
    rewrite (Z'_Mult_Commutation F0 V2); auto.
    apply Z'_Mult_PrOrder; auto. apply Z'1_in_Z'; auto.
  * left. apply R_Z'_Corollary; auto with Z'.
    rewrite Z'_Mult_Property2,<-H26,Z'_Mult_Commutation,
    Z'_Mult_Property2; auto with Z'.
- assert (|q|_F0 = q).
  { destruct H16. apply mt_Q'0_Q'Abs; auto.
    rewrite H4,Q'0_Corollary; auto.
    apply Q'_Ord_Corollary; auto with Z'.
    rewrite Z'_Mult_Commutation,Z'_Mult_Property1,
    Z'_Mult_Commutation,Z'_Mult_Property2; auto with Z'.
    assert (q = Q'0 F0).
    { rewrite H4,Q'0_Corollary; auto.
      apply R_Z'_Corollary; auto with Z'.
      rewrite Z'_Mult_Property2,Z'_Mult_Property1; auto. }
    pose proof H17. apply eq_Q'0_Q'Abs in H17; auto.
    rewrite H17; auto. }
  set (qa := (\[[U,(Z'1 F0)]\]_F0)%q').
  assert (qa ∈ (Q' F0)). { apply Q'_Corollary2; auto with Z'. }
  assert (qa ∈ (Q'_Z F0)).
  { rewrite Q'_Z_Corollary; auto. apply AxiomII; split; eauto. }
  assert ((Q'0 F0 = qa \/ (Q'0 F0) <_F0 qa))%q'.
  { destruct H16. right. rewrite Q'0_Corollary; auto.
    apply Q'_Ord_Corollary; auto with Z'.
    rewrite Z'_Mult_Commutation,Z'_Mult_Property1,
    Z'_Mult_Commutation,Z'_Mult_Property2; auto with Z'.
    left. unfold qa. rewrite Q'0_Corollary,H16; auto. }
  exists qa. split.
```

```
    + rewrite Q'_N_Equ_Q'_Z_me_Q'0; auto.
      apply AxiomII; split; eauto.
    + rewrite H17. pose proof H9.
      apply Z'_add_Property7 in H21 as []; auto.
      * destruct H16. right. rewrite H4.
        apply Q'_Ord_Corollary; auto with Z'.
        rewrite (Z'_Mult_Commutation F0 _ U); auto.
        apply Z'_Mult_PrOrder; auto. apply Z'1_in_Z'; auto.
        left. unfold qa. rewrite H4,H16.
        replace (v ·F0 u) with U; auto. rewrite H16.
        apply R_Z'_Corollary; auto with Z'.
        rewrite Z'_Mult_Property2,Z'_Mult_Property1; auto with Z'.
      * left. rewrite H4. unfold qa. unfold V2 in H21.
        rewrite <-H21; auto.
  Close Scope z'_scope.
Qed.
```

定理 4.3　设 $^{*}\mathbf{Q}$ 由算术超滤 $F0$ 生成, 当 $F0$ 是主超滤时, $^{*}\mathbf{Q_Q} = \mathbf{Q}_<$; 当 $F0$ 是非主算术超滤时, $^{*}\mathbf{Q_Q} \subsetneq \mathbf{Q}_<$.

```
Lemma Q'_Q_Fn_Equ_Q'<_Lemma :
  ∀ F0 u, Arithmetical_ultraFilter F0 -> u ∈ ((Q'_N F0) ~ [Q'0 F0])
  -> Q'1 F0 = u \/ (Q'1 F0) <F0 u.
Proof.
  intros. pose proof H0.
  apply Q'_N_Q'0_is_FirstMember in H0; auto.
  pose proof H; pose proof H.
  apply Q'0_in_Q' in H2; apply Q'1_in_Q' in H3.
  apply MKT4' in H1 as [H1 _].
  assert (u ∈ (Q' F0)).
  { apply Q'<_Subset_Q',Q'_N_properSubset_Q'<; auto. }
  assert ((Q'1 F0) ∈ (Q' F0) /\ u ∈ (Q' F0)) as []; auto.
  apply (Q'_Ord_Connect F0 H _ u) in H5 as [H5|[]]; auto; clear H6.
  pose proof H. apply φ4_is_Function in H6 as [[][]].
  assert (u ∈ (ran(φ4 F0))); auto. rewrite reqdi in H10.
  apply Property_Value,Property_ran in H10; auto.
  assert (u = (φ4 F0)[((φ4 F0)⁻¹)[u]]). { rewrite f11vi; auto. }
  rewrite <-φ4_0,H11 in H0; rewrite <-φ4_1,H11 in H5; auto.
  rewrite <-deqri,H8 in H10. pose proof in_ω_0; pose proof in_ω_1.
  apply φ4_PrOrder in H0; apply φ4_PrOrder in H5; auto.
  apply MKT41 in H5; eauto. rewrite H5 in H0.
  elim (@ MKT16 0); auto.
Qed.

Theorem Q'_Q_Fn_Equ_Q'< : ∀ n, n ∈ ω -> Q'_Q (F n) = Q'< (F n).
Proof.
  intros. pose proof H. apply FT10 in H0.
  apply AxiomI; split; intros.
  - rewrite Q'_Q_Equ_Q'_Z_Div in H1; auto.
    apply AxiomII in H1 as [H1[H2[a[b[H3[]]]]]].
    apply MKT4' in H4 as []. pose proof H3; pose proof H4.
    apply Q'_Z_Subset_Q' in H7,H8; auto.
    assert (b <> (Q'0 (F n))).
    { intro. apply AxiomII in H6 as []. elim H10.
      apply MKT41; eauto with Q'. }
    apply AxiomII; repeat split; auto. pose proof H7.
    apply Q'0_le_Q'Abs in H10 as [_]; auto.
    exists (|a|Fn). split.
    + rewrite Q'_N_Equ_Q'_Z_me_Q'0; auto. apply AxiomII;
```

```
  repeat split; [ | |destruct H10]; eauto with Q'.
  pose proof H7. apply (Q'_Ord_Connect (F n) H0 (Q'0 (F n)))
  in H7 as [H7|[]]; auto with Q'. apply mt_Q'0_Q'Abs in H7;
  auto. rewrite H7; auto. apply lt_Q'0_Q'Abs in H7; auto.
  rewrite H7. apply Q'_Z_Minus_in_Q'_Z; auto.
  apply Q'0_in_Q'_Z; auto. symmetry in H7.
  apply eq_Q'0_Q'Abs in H7; auto. rewrite H7.
  apply Q'0_in_Q'_Z; auto.
+ apply (Q'_Mult_Cancellation (F n) b) in H5; auto with Q'.
  rewrite Q'_Divide_Property3 in H5; auto. pose proof H0.
  apply (Q'Abs_PrMult _ b z) in H11; auto. rewrite H5 in H11.
  destruct (Q'_Ord_Connect (F n) H0 (|z|_{F_n}) (|a|_{F_n}))
  as [H12|[]] ; auto with Q'.
  replace (|z|_{F_n}) with ((|z|_{F_n}) ·_{F_n} (Q'1 (F n)))
  in H12. rewrite H11,Q'_Mult_Commutation in H12; auto with Q'.
  destruct (classic (|z|_{F_n} = Q'0 (F n))).
  rewrite H13. apply Q'0_le_Q'Abs in H7 as [_[]]; auto.
  apply Q'_Mult_PrOrder in H12; auto with Q'.
  assert ((|b|_{F_n}) ∈ ((Q'_N (F n)) ∼ [Q'0 (F n)])).
  { apply MKT4'; split. rewrite Q'_N_Equ_Q'_Z_me_Q'0; auto.
    apply AxiomII; repeat split; eauto with Q'.
    destruct (Q'_Ord_Connect _ H0 (Q'0 (F n)) b)
    as [H14|[|]]; auto with Q'.
    - apply mt_Q'0_Q'Abs in H14; auto. rewrite H14; auto.
    - apply lt_Q'0_Q'Abs in H14; auto. rewrite H14.
      apply Q'_Z_Minus_in_Q'_Z; auto. apply Q'0_in_Q'_Z; auto.
    - symmetry in H14. apply eq_Q'0_Q'Abs in H14; auto.
      rewrite H14. apply Q'0_in_Q'_Z; auto.
    - apply Q'0_le_Q'Abs in H8 as [_[]]; auto.
    - apply AxiomII; split; eauto with Q'. intro.
      apply MKT41 in H14; eauto with Q'.
      apply (eq_Q'0_Q'Abs _ b) in H14; auto. }
  apply Q'_Q_Fn_Equ_Q'_<_Lemma in H14 as []; auto.
  rewrite <-H14 in H12. elim (Q'_Ord_irReflex (F n)
  (Q'1 (F n)) (Q'1 (F n))); auto with Q'.
  apply (Q'_Ord_Trans (F n) _ _ (Q'1 (F n))) in H14;
  auto with Q'. elim (Q'_Ord_irReflex (F n)
  (Q'1 (F n)) (Q'1 (F n))); auto with Q'. clear H14.
  pose proof H2. apply Q'0_le_Q'Abs in H14 as [_[]]; auto.
  elim H13; auto. rewrite Q'_Mult_Property2; auto with Q'.
- apply AxiomII; split; eauto. apply NNPP; intro.
  assert (∀ a b, a ∈ (Z'_Z (F n))
    -> b ∈ ((Z'_Z (F n)) ∼ [Z'0 (F n)]) -> z <> \[[a,b]\]_{F_n}).
  { intros. intro. elim H2; eauto. } clear H2.
  apply Q'_<_Subset_Q',AxiomII in H1 as [H1[x[]]].
  apply AxiomII in H2 as [H2[a1[b1[H5[]]]]]. rewrite H5 in H4.
  rewrite Z'_Z_Fn_Equ_Z' in H3; auto. elim (H3 a1 b1); auto.
Qed.

Theorem Q'_Q_properSubset_Q'_< : ∀ F0, Arithmetical_ultraFilter F0
 -> (∀ n, F0 <> F n) -> (Q'_Q F0) ⊂ (Q'_< F0) /\ (Q'_Q F0) <> (Q'_< F0).
Proof.
  split. apply Q'_Q_Subset_Q'_<; auto. intro.
  pose proof H. apply φ3_is_Function in H2 as [[][]].
  pose proof H. apply N'_N_properSubset_N' in H6 as []; auto.
  assert (N_∞ F0 <> ∅).
  { intro. elim H7. apply AxiomI; split; intros; auto.
    apply NNPP; intro. elim (@ MKT16 z). rewrite <-H8.
    apply MKT4'; split; auto. apply AxiomII; split; eauto. }
```

```
apply NEexE in H8 as [t]. pose proof H8. apply MKT4' in H9
as [H9 _]. pose proof H9. rewrite <-H4 in H10.
apply Property_Value,Property_ran in H10; auto.
pose proof H. apply φ3_ran in H11. rewrite H11 in H10,H5.
assert (t <> F 0).
{ intro. apply (FT12 F0 t 0) in H8; auto.
  rewrite <-H12 in H8. elim (N'_Ord_irReflex F0 t t); auto. }
assert ((φ3 F0)[t] <> (Q'0 F0)).
{ intro. rewrite <-φ3_N'0 in H13; auto. elim H12.
  apply f11inj in H13; auto; rewrite H4; auto.
  apply Fn_in_N'; destruct H; auto. }
set (t1 := (Q'1 F0) /_F0 (φ3 F0)[t]).
assert (t1 ∈ (Q' F0)). { unfold t1. auto with Q'. }
assert ((Q'0 F0) <_F0 (φ3 F0)[t]).
{ rewrite <-φ3_N'0; auto. apply φ3_PrOrder; auto.
  apply Fn_in_N'; destruct H; auto. apply FT12; auto. }
assert ((Q'0 F0) <_F0 t1).
{ apply (Q'_Mult_PrOrder F0 _ _ (φ3 F0)[t]); auto with Q'.
  unfold t1. rewrite Q'_Mult_Property1,Q'_Divide_Property3;
  auto with Q'. }
assert (t1 ∈ (Q'_< F0)).
{ apply AxiomII; repeat split; eauto. exists (Q'1 F0).
  split. apply Q'1_in_Q'_N; auto. apply mt_Q'0_Q'Abs in H16; auto.
  rewrite H16. right. apply (Q'_Mult_PrOrder F0 _ _ (φ3 F0)[t]);
  auto with Q'. unfold t1. rewrite Q'_Divide_Property3,
  Q'_Mult_Property2; auto with Q'. rewrite <-φ3_N'1; auto.
  apply φ3_PrOrder; auto. apply Fn_in_N'; destruct H; auto.
  apply in_ω_1. apply FT12; auto. apply in_ω_1. }
rewrite <-H1 in H17. rewrite Q'_Q_Equ_Q'_Z_Div in H17; auto.
apply AxiomII in H17 as [_[H17a[b[H18[]]]]]. unfold t1 in H20.
pose proof H18. apply Q'_Z_Subset_Q' in H21; auto.
pose proof H19. apply MKT4' in H22 as [H22 _].
apply Q'_Z_Subset_Q' in H22; auto.
assert (b <> (Q'0 F0)).
{ intro. apply MKT4' in H19 as []. apply AxiomII in H24 as [_].
  elim H24. apply MKT41; eauto with Q'. }
apply (Q'_Mult_Cancellation F0 (φ3 F0)[t]) in H20; auto with Q'.
rewrite Q'_Divide_Property3 in H20; auto with Q'.
apply (Q'_Mult_Cancellation F0 b) in H20; auto with Q'.
rewrite Q'_Mult_Property2,<-Q'_Mult_Association,
(Q'_Mult_Commutation F0 b),Q'_Mult_Association,
Q'_Divide_Property3 in H20; auto with Q'.
assert (a <> (Q'0 F0)).
{ intro. rewrite H24,Q'_Mult_Property1 in H20; auto. }
pose proof H. apply (Q'Abs_PrMult F0 (φ3 F0)[t] a) in H25; auto.
rewrite <-H20 in H25.
assert ((Q'0 F0) <_F0 |b|_F0).
{ pose proof H. apply (Q'0_le_Q'Abs F0 b) in H26 as [_[]]; auto.
  apply (eq_Q'0_Q'Abs F0 b) in H26; auto. elim H23; auto. }
assert ((Q'0 F0) <_F0 |a|_F0).
{ pose proof H. apply (Q'0_le_Q'Abs F0 a) in H27 as [_[]]; auto.
  apply (eq_Q'0_Q'Abs F0 a) in H27; auto. rewrite H27,
  Q'_Mult_Property1 in H20; auto. elim H23; auto. }
pose proof H15. apply mt_Q'0_Q'Abs in H15; auto.
rewrite H15 in H25.
assert (|b|_F0 ∈ (Q' F0) /\ |a|_F0 ∈ (Q' F0)) as [].
{ split; apply Q'Abs_in_Q'; auto. }
pose proof H29. apply (Q'_Ord_Connect F0 H _ (φ3 F0)[t]) in H31
as [H31|]; auto.
```

```
- replace ((φ3 F0)[t]) with ((φ3 F0)[t] ·_F0 (Q'1 F0)) in H31.
  rewrite H25 in H31. apply Q'_Mult_PrOrder in H31; auto with Q'.
  assert (|a|_F0 ∈ ((Q'_N F0) ∼ [Q'0 F0])).
  { apply MKT4'; split. rewrite Q'_N_Equ_Q'_Z_me_Q'0; auto.
    apply AxiomII; repeat split; eauto. pose proof H21.
    apply (Q'_Ord_Connect F0 H (Q'0 F0)) in H32 as [H32|[|]];
    auto with Q'.
    - apply mt_Q'0_Q'Abs in H32; auto. rewrite H32; auto.
    - apply lt_Q'0_Q'Abs in H32; auto. rewrite H32.
      apply Q'_Z_Minus_in_Q'_Z; auto. apply Q'0_in_Q'_Z; auto.
    - symmetry in H32. apply eq_Q'0_Q'Abs in H32; auto.
      rewrite H32. apply Q'0_in_Q'_Z; auto.
    - apply AxiomII; split; eauto. intro. apply MKT41 in H32;
      eauto with Q'. apply (eq_Q'0_Q'Abs F0 a) in H32; auto. }
  apply Q'_Q_Fn_Equ_Q'_<_Lemma in H32 as []; auto.
  rewrite H32 in H31. elim (Q'_Ord_irReflex F0 (|a|_F0) (|a|_F0));
  auto. apply (Q'_Ord_Trans F0 _ _ (Q'1 F0)) in H32; auto with Q'.
  elim (Q'_Ord_irReflex F0 (Q'1 F0) (Q'1 F0)); auto with Q'.
  apply Q'_Mult_Property2; auto.
- assert (|b|_F0 ∈ (Q'_N F0)).
  { rewrite Q'_N_Equ_Q'_Z_me_Q'0; auto. apply AxiomII;
    repeat split; eauto. pose proof H22. apply MKT4' in H19
    as [H19 _]. apply (Q'_Ord_Connect F0 H (Q'0 F0)) in H32
    as [H32|[|]]; auto with Q'.
    - apply mt_Q'0_Q'Abs in H32; auto. rewrite H32; auto.
    - apply lt_Q'0_Q'Abs in H32; auto. rewrite H32.
      apply Q'_Z_Minus_in_Q'_Z; auto. apply Q'0_in_Q'_Z; auto.
    - symmetry in H32. apply eq_Q'0_Q'Abs in H32; auto.
      rewrite H32. apply Q'0_in_Q'_Z; auto. }
  pose proof H. apply φ1_is_Function in H33 as [[] []].
  pose proof H. apply φ2_is_Function in H37 as [[] []].
  pose proof H. apply φ4_is_Function in H41 as [[] []].
  destruct φ_is_Function as [[][]]. unfold Q'_N in H32.
  rewrite reqdi in H32. apply Property_Value in H32; auto.
  apply AxiomII' in H32 as [_]. apply AxiomII' in H32
  as [_[y[]]]. apply AxiomII' in H32 as [_[y1[]]].
  assert ([(| b |_F0),y1] ∈ (φ3 F0)⁻¹).
  { apply AxiomII'; split. apply MKT49a; eauto.
    apply (@ MKT49c1 y1 y); eauto. apply AxiomII'; split; eauto.
    apply MKT49a; eauto. assert (Ensemble ([y1,y])); eauto.
    apply MKT49b in H51; tauto. }
  apply Property_ran in H32. rewrite H48 in H32.
  pose proof H51. apply Property_dom in H51.
  rewrite <-reqdi in H51. apply Property_Fun in H52; auto.
  pose proof H32. apply AxiomII in H53 as [_[n[]]].
  pose proof H53. apply (FT12 F0 t n) in H55; auto.
  apply φ3_PrOrder in H55; auto.
  rewrite <-H54,H52,f11vi in H55; auto. destruct H31.
  apply (Q'_Ord_Trans F0 _ _ (|b|_F0)) in H55; auto with Q'.
  elim (Q'_Ord_irReflex F0 (|b|_F0) (|b|_F0)); auto.
  rewrite <-H31 in H55.
  elim (Q'_Ord_irReflex F0 (|b|_F0) (|b|_F0)); auto.
  rewrite <-H54; auto.
Qed.
```

定理 4.4　设 *Q 由算术超滤 $F0$ 生成, 当 $F0$ 是主超滤时, $\mathbf{Q}_< = {}^*\mathbf{Q}$; 当 $F0$ 是非主算术超滤时, $\mathbf{Q}_< \subsetneq {}^*\mathbf{Q}$.

```
Open Scope z'_scope.
```

```
Lemma Q'_<_Fn_Equ_Q'_Lemma :
  ∀ F0 a a0 b b0, Arithmetical_ultraFilter F0
  -> a ∈ (Z' F0) -> a0 ∈ (Z' F0)
  -> b ∈ ((Z' F0) ∼ [Z'0 F0]) -> b0 ∈ ((Z' F0) ∼ [Z'0 F0])
  -> a +_F0 a0 = Z'0 F0 -> b +_F0 b0 = Z'0 F0
  -> (\[[a,b]\]_F0 = \[[a0,b0]\]_F0)%q'.
Proof.
  intros. Z'split H2. Z'split H3. apply R_Z'_Corollary; auto.
  assert (a ·_F0 (b +_F0 b0) = a ·_F0 (Z'0 F0)).
  { rewrite H5; auto. }
  assert (b ·_F0 (a +_F0 a0) = b ·_F0 (Z'0 F0)).
  { rewrite H4; auto. }
  rewrite Z'_Mult_Property1 in H10,H11; auto.
  rewrite <-H10,Z'_Mult_Distribution,Z'_Mult_Distribution,
  Z'_Mult_Commutation in H11; auto.
  apply Z'_Plus_Cancellation in H11; auto with Z'.
Qed.

Close Scope z'_scope.

Theorem Q'_<_Fn_Equ_Q' : ∀ m, m ∈ ω -> Q'_< (F m) = Q' (F m).
Proof.
  intros. assert (Arithmetical_ultraFilter (F m)).
  { apply FT10; auto. }
  apply AxiomI; split; intros.
  - apply AxiomII in H1; tauto.
  - apply AxiomII; repeat split; eauto. inQ' H1 a b.
    set (A := | (\[[a,(Z'1 (F m))]\]_Fm) |_Fm). exists A.
    assert ((\[[a,(Z'1 (F m))]\]_Fm) ∈ (Q' (F m))).
    { apply Q'_Corollary2; auto with Z'. }
    assert (A ∈ (Q' (F m))).
    { apply Q'Abs_Corollary in H0 as [H0[]]. rewrite <-H7 in H6.
      apply Property_Value,Property_ran in H6; auto. }
    assert (A ∈ (Q'_N (F m))).
    { rewrite Q'_N_Equ_Q'_Z_me_Q'0; auto. apply AxiomII; split;
      eauto. split. all:swap 1 2. apply Q'0_le_Q'Abs
      in H6 as [H6[]]; auto. rewrite Q'_Z_Corollary; auto.
      apply AxiomII; split; eauto. rewrite Z'_Z_Fn_Equ_Z'; auto.
      assert ((Z'0 (F m)) ∈ (Z' (F m)) /\ a ∈ (Z' (F m))) as [].
      { split; auto with Z'. }
      apply (Z'_Ord_Connect (F m) H0 _ a) in H8 as [H8|[]];
      auto; clear H9.
      - assert ((Q'0 (F m)) <_Fm (\[[a,(Z'1 (F m))]\]_Fm)).
        { rewrite Q'0_Corollary; auto.
          apply Q'_Ord_Corollary; auto with Z'.
          rewrite Z'_Mult_Property2,Z'_Mult_Commutation,
          Z'_Mult_Property2; auto with Z'. }
        exists a. split; auto. apply mt_Q'0_Q'Abs in H9; auto.
      - pose proof H8. apply Z'_Plus_PrOrder_Corollary in H8
        as [a0[[H8|[]]]]; auto with Z'. clear H12. exists a0.
        repeat split; auto.
        assert ((\[[a,(Z'1 (F m))]\]_Fm) <_Fm (Q'0 (F m))).
        { rewrite Q'0_Corollary; auto. apply Q'_Ord_Corollary;
          auto with Z'. rewrite Z'_Mult_Property2,
          Z'_Mult_Property1; auto with Z'. }
        apply lt_Q'0_Q'Abs in H12; auto. symmetry in H12.
        apply Q'_Minus_Corollary in H12; auto.
        apply (Q'_neg_Corollary _ a a0 _) in H12; auto with Z'.
```

```
      apply Q'0_in_Q'; auto.
   - exists a. repeat split; auto. rewrite <-H8.
     rewrite <-Q'0_Corollary; auto.
     apply eq_Q'0_Q'Abs; auto.
     rewrite <-H8,Q'0_Corollary; auto. }
 split; auto. assert (z ∈ (Q' (F m))).
 { rewrite H5. apply Q'_Corollary2; auto. }
 assert ((Q'0 (F m)) ∈ (Q' (F m))). { apply Q'0_in_Q'; auto. }
 assert ((Q'0 (F m)) ∈ (Q' (F m)) /\ z ∈ (Q' (F m)))
 as []; auto. apply (Q'_Ord_Connect (F m) H0 _ z) in H11
 as [H11|[]]; auto; clear H12.
 + assert ((Z'0 (F m)) <_Fm (a ·_Fm b))%z'.
   { rewrite Q'0_Corollary,H5 in H11; Q'altH H11 a b b.
     apply Q'_Ord_Corollary in H11; auto with Z'.
     rewrite Z'_Mult_Commutation,Z'_Mult_Property1,
     Z'_Mult_Commutation,Z'_Mult_Property2,
     Z'_Mult_Commutation in H11; auto with Z'. }
   apply Z'_add_Property5 in H12 as []; auto; destruct H12.
   * assert (A = \[[a,(Z'1 (F m))]\]_Fm).
     { apply mt_Q'0_Q'Abs; auto. rewrite Q'0_Corollary; auto.
       apply Q'_Ord_Corollary; auto with Z'.
       rewrite Z'_Mult_Property2,Z'_Mult_Commutation,
       Z'_Mult_Property2; auto with Z'. }
     apply mt_Q'0_Q'Abs in H11; auto.
     rewrite H11,H5. pose proof H13 as H13'.
     apply Z'_add_Property7 in H13 as []; auto.
     -- right. rewrite H14.
        apply Q'_Ord_Corollary; auto with Z'.
        rewrite (Z'_Mult_Commutation _ b a); auto.
        apply Z'_Mult_PrOrder; auto with Z'.
     -- left. rewrite <-H13; auto.
   * pose proof H12; pose proof H13.
     apply Z'_Plus_PrOrder_Corollary in H14
     as [a0[[H14[]]]]; auto with Z'. clear H18.
     apply Z'_Plus_PrOrder_Corollary in H15
     as [b0[[H15[]]]]; auto with Z'. clear H20.
     assert (b0 ∈ ((Z' (F m)) ~ [Z'0 (F m)])).
     { apply MKT4'; split; auto. apply AxiomII; split. eauto.
       intro. apply MKT41 in H20. rewrite <-H20 in H18.
       elim (Z'_Ord_irReflex (F m) b0 b0); auto.
       apply Z'0_in_Z' in H0. eauto. }
     assert (z = \[[a0, b0]\]_Fm).
     { rewrite H5. apply Q'_<_Fn_Equ_Q'_Lemma; auto. }
     apply mt_Q'0_Q'Abs in H11; auto. rewrite H11.
     assert (A = \[[a0,(Z'1 (F m))]\]_Fm).
     { assert (\[[a,(Z'1 (F m))]\]_Fm
       +_Fm \[[a0,(Z'1 (F m))]\]_Fm = (Q'0 (F m))).
       { rewrite Q'_Plus_Corollary,Z'_Mult_Property2,
         Z'_Mult_Property2,Z'_Mult_Commutation,
         Z'_Mult_Property2,H17,Q'0_Corollary; auto with Z'. }
       apply Q'_Minus_Corollary in H22; auto. rewrite <-H22.
       apply lt_Q'0_Q'Abs; auto. rewrite Q'0_Corollary; auto.
       apply Q'_Ord_Corollary; auto with Z'.
       rewrite Z'_Mult_Property2,Z'_Mult_Property1; auto with Z'.
       apply Q'_Corollary2; auto with Z'. } pose proof H18.
     apply Z'_add_Property7 in H18 as []; auto.
     -- right. rewrite H21,H22.
        apply Q'_Ord_Corollary; auto with Z'.
        rewrite (Z'_Mult_Commutation _ b0 a0); auto.
```

```
    apply Z'_Mult_PrOrder; auto with Z'.
    -- left. rewrite H21,H22,H18; auto.
+ assert ((b ·_{F_m} a) <_{F_m} (Z'0 (F m)))%z'.
  { Q'altH H5 a b b. rewrite H5,Q'0_Corollary in H11; auto.
    apply Q'_Ord_Corollary in H11; auto with Z'.
    rewrite Z'_Mult_Property2,Z'_Mult_Property1 in H11;
    auto with Z'. }
  apply Z'_add_Property6 in H12 as []; auto; destruct H12.
  * pose proof H13. apply Z'_Plus_PrOrder_Corollary in H14
    as [a0[[H14[]]]]; auto with Z'. clear H17.
    assert (|z|_{F_m} = \[[a0,b]\]_{F_m}).
    { apply lt_Q'0_Q'Abs in H11; auto. rewrite H11.
      apply Q'_Minus_Corollary; auto. apply Q'_Corollary2; auto.
      rewrite H5,Q'_Plus_Corollary,Z'_Mult_Commutation,
      <-Z'_Mult_Distribution,H16,Z'_Mult_Property1,
      Q'0_Corollary; auto. apply R_Z'_Corollary; auto with Z'.
      rewrite Z'_Mult_Property2,Z'_Mult_Property1;
      auto with Z'. }
    assert (A = \[[a0,(Z'1 (F m))]\]_{F_m}).
    { assert (\[[a,(Z'1 (F m))]\]_{F_m} <_{F_m} (Q'0 (F m))).
      { rewrite Q'0_Corollary; auto.
        apply Q'_Ord_Corollary; auto with Z'.
        rewrite Z'_Mult_Property2,Z'_Mult_Property1;
        auto with Z'. }
      apply lt_Q'0_Q'Abs in H18; auto. unfold A.
      rewrite H18. apply Q'_Minus_Corollary; auto;
      try apply Q'_Corollary2; auto with Z'.
      rewrite Q'_Plus_Corollary,Q'0_Corollary; auto with Z'.
      apply R_Z'_Corollary; auto with Z'.
      rewrite (Z'_Mult_Commutation _ a),
      <-Z'_Mult_Distribution,H16,Z'_Mult_Property1,
      Z'_Mult_Property1,Z'_Mult_Property2; auto with Z'. }
    pose proof H12. apply Z'_add_Property7 in H19 as []; auto.
    -- right. rewrite H17,H18.
      apply Q'_Ord_Corollary; auto with Z'.
      rewrite (Z'_Mult_Commutation _ b); auto.
      apply Z'_Mult_PrOrder; auto with Z'.
    -- left. rewrite H17,H18. rewrite H19; auto.
  * pose proof H12. apply Z'_Plus_PrOrder_Corollary in H14
    as [b0[[H14[]]]]; auto with Z'. clear H17.
    assert (b0 ∈ (Z' (F m) ~ [Z'0 (F m)])).
    { apply MKT4'; split; auto. apply AxiomII; split; eauto.
      intro. apply MKT41 in H17. rewrite <-H17 in H15.
      elim (Z'_Ord_irReflex (F m) b0 b0); auto.
      apply Z'0_in_Z' in H0; eauto. }
    assert (|z|_{F_m} = \[[a,b0]\]_{F_m}).
    { apply lt_Q'0_Q'Abs in H11; auto. rewrite H11.
      apply Q'_Minus_Corollary; auto. apply Q'_Corollary2; auto.
      rewrite H5,Q'_Plus_Corollary,(Z'_Mult_Commutation _ _ a),
      <-Z'_Mult_Distribution,Z'_Plus_Commutation,H16,
      Z'_Mult_Property1,Q'0_Corollary; auto.
      apply R_Z'_Corollary; auto with Z'.
      rewrite Z'_Mult_Property2,Z'_Mult_Property1;
      auto with Z'. }
    assert (A = \[[a,(Z'1 (F m))]\]_{F_m}).
    { assert ((Q'0 (F m)) <_{F_m} (\[[a,(Z'1 (F m))]\]_{F_m})).
      { rewrite Q'0_Corollary; auto.
        apply Q'_Ord_Corollary; auto with Z'.
        rewrite Z'_Mult_Property2,Z'_Mult_Commutation,
```

```
          Z'_Mult_Property2; auto with Z'. }
        apply mt_Q'0_Q'Abs in H19; auto. }
      pose proof H15. apply Z'_add_Property7 in H15 as []; auto.
      -- right. rewrite H18,H19.
        apply Q'_Ord_Corollary; auto with Z'.
        rewrite (Z'_Mult_Commutation _ b0); auto.
        apply Z'_Mult_PrOrder; auto with Z'.
      -- left. rewrite H18,H19. rewrite H15; auto.
    + assert (|z|_Fm = Q'0 (F m)).
      { symmetry in H11. apply eq_Q'0_Q'Abs in H11; auto. }
      rewrite H5,Q'0_Corollary in H11; auto.
      apply R_Z'_Corollary in H11; auto with Z'.
      rewrite Z'_Mult_Commutation,Z'_Mult_Property1,
      Z'_Mult_Commutation,Z'_Mult_Property2 in H11; auto with Z'.
      left. unfold A. rewrite H12,<-H11,Q'0_Corollary; auto.
      pose proof H0. apply Q'0_Corollary in H13. symmetry in H13.
      apply eq_Q'0_Q'Abs in H13; auto. rewrite H13,Q'0_Corollary;
      auto. apply Q'_Corollary2; auto with Z'.
Qed.

Theorem Q'<_properSubset_Q' : ∀ F0, Arithmetical_ultraFilter F0
  -> (∀ m, F0 <> (F m)) -> (Q'< F0) ⊂ (Q' F0) /\ (Q'< F0) <> (Q' F0).
Proof.
  split. apply Q'<_Subset_Q'. intro.
  assert (∃ t, t ∈ (N∞ F0)) as [t].
  { assert (N'_N ⊂ (N' F0) /\ N'_N <> (N' F0)) as [].
    { apply N'_N_properSubset_N'; auto. }
    assert ((N∞ F0) <> 0).
    { intro. elim H3. apply AxiomI; split; intros.
      apply H2; auto. apply NNPP; intro.
      assert (z ∈ 0).
      { rewrite <-H4. apply MKT4'; split; auto.
        apply AxiomII; split; eauto. }
      elim (@ MKT16 z); auto. }
    apply NEexE in H4; auto. }
  assert (∀ n, n ∈ ω -> (F n) <F0 t)%n'.
  { intros. apply FT12; auto. }
  assert (∀ n, n ∈ ω
    -> (φ2 F0)[(φ1 F0)[F n]] <F0 (φ2 F0)[(φ1 F0)[t]]).
  { intros. pose proof H. apply φ1_is_Function in H5 as [[][]].
    pose proof H. apply φ2_is_Function in H9 as [[][]].
    assert (t ∈ (N' F0) /\ (F n) ∈ (N' F0)) as [].
    { apply MKT4' in H2 as []. split; auto.
      apply Fn_in_N'; destruct H; auto. }
    apply H3,φ1_PrOrder in H4; auto. rewrite <-H7 in H13,H14.
    apply Property_Value,Property_ran in H13; auto.
    apply Property_Value,Property_ran in H14; auto.
    rewrite H8 in H13,H14. pose proof H.
    apply Z'_N'_properSubset_Z' in H15 as [].
    apply H15 in H13; apply H15 in H14.
    apply φ2_PrOrder in H4; auto. }
  assert (((φ2 F0)[(φ1 F0)[t]]) ∈ (Q' F0)).
  { apply MKT4' in H2 as [].
    pose proof H. apply φ1_is_Function in H6 as [[][]].
    pose proof H. apply φ2_is_Function in H10 as [[][]].
    rewrite <-H8 in H2. apply Property_Value,
    Property_ran in H2; auto. rewrite H9 in H2.
    pose proof H. apply Z'_N'_properSubset_Z' in H14 as [].
    apply H14 in H2. rewrite <-H12 in H2.
```

```
      apply Property_Value,Property_ran in H2; auto.
      rewrite H13 in H2. pose proof H.
      apply Q'_Z'_properSubset_Q' in H16 as []. apply H16; auto. }
  rewrite <-H1 in H5. apply AxiomII in H5 as [H5[H6[k[]]]].
  assert (∃ m, m ∈ ω ⋀ k = (φ2 F0)[(φ1 F0)[F m]]) as [m[]].
  { pose proof H. apply φ4_is_Function in H9 as [[][]].
    assert (k ∈ (ran(φ4 F0))); auto. rewrite reqdi in H13.
    apply Property_Value,Property_ran in H13; auto.
    rewrite <-deqri,H11 in H13. exists (((φ4 F0) ⁻¹)[k]).
    split; auto. destruct φ_is_Function as [[][]].
    rewrite <-H16 in H13. apply Property_Value in H13; auto.
    apply AxiomII' in H13 as [H13[]]. rewrite <-H19.
    pose proof H. apply φ1_is_Function in H20 as [[][]].
    pose proof H. apply φ1_is_Function in H24 as [[][]].
    rewrite φ4_Lemma,f11vi; auto. }
  apply H4 in H9. rewrite <-H10 in H9. pose proof H.
  apply (Self_le_Q'Abs F0 ((φ2 F0)[(φ1 F0)[t]])) in H11; auto.
  assert (k <_{F0} (Q'_Abs F0)[(φ2 F0)[(φ1 F0)[t]]]).
  { destruct H11. rewrite <-H11; auto.
    apply (Q'_Ord_Trans F0 k) in H11; auto.
    apply φ4_is_Function in H7; auto. apply Q'Abs_in_Q'; auto. }
  apply φ4_is_Function in H7; auto. destruct H8.
  - rewrite H8 in H12. elim (Q'_Ord_irReflex F0 k k); auto.
  - apply (Q'_Ord_Trans F0 k) in H8; auto.
    elim (Q'_Ord_irReflex F0 k k); auto. apply Q'Abs_in_Q'; auto.
Qed.
```

定理 4.5　对于非主算术超滤生成的 $*\mathbf{Q}$, $\forall u \in \mathbf{Q}_<, t \in (*\mathbf{Q} \sim \mathbf{Q}_<)$, $u < |t|$.

```
Theorem Q'_<_lt_Q'Abs_others : ∀ F0 t, Arithmetical_ultraFilter F0
  -> (∀ m, F0 <> (F m)) -> t ∈ (Q' F0)
  -> t ∈ ((Q' F0) ~ (Q'_< F0))
     <-> (∀ u, u ∈ (Q'_< F0) -> u <_{F0} (|t|_{F0})).
Proof.
  split; intros.
  - apply MKT4' in H2 as []. apply AxiomII in H4 as [].
    apply AxiomII in H3 as [H3[H6[x[]]]].
    assert (|t|_{F0} ∈ (Q' F0)). { apply Q'Abs_in_Q'; auto. }
    assert (u ∈ (Q' F0) ⋀ |t|_{F0} ∈ (Q' F0)) as []; auto.
    apply (Q'_Ord_Connect F0 H _ (|t|_{F0})) in H10 as []; auto;
    clear H11. elim H5. apply AxiomII; repeat split; auto.
    exists x. split; auto. pose proof H.
    apply (Self_le_Q'Abs F0 u) in H11; auto.
    destruct H11.
    + rewrite <-H11 in H8. destruct H8. rewrite H8 in H10.
      destruct H10; auto. destruct H10.
      apply (Q'_Ord_Trans F0 _ _ x) in H10; auto.
      apply φ4_is_Function; auto. rewrite H10 in H8; auto.
    + assert (|t|_{F0} <_{F0} |u|_{F0}).
      { destruct H10. apply (Q'_Ord_Trans F0 _ u _); auto.
        apply Q'Abs_in_Q'; auto. rewrite <-H10; auto. }
      destruct H8. rewrite H8 in H12; auto.
      apply (Q'_Ord_Trans F0 _ _ x) in H12; auto.
      apply Q'Abs_in_Q'; auto. apply φ4_is_Function; auto.
  - apply MKT4'; split; auto. apply AxiomII; split; eauto.
    intro. apply AxiomII in H3 as [H3[H4[x[]]]].
    pose proof H5. apply Q'_N_Subset_Q' in H5; auto.
    assert (x ∈ (Q'_< F0)).
    { apply AxiomII; repeat split; eauto. exists x.
      split; auto. rewrite Q'_N_Equ_Q'_Z_me_Q'0 in H7; auto.
```

```
      apply AxiomII in H7 as [_[_[]]]. symmetry in H7.
      pose proof H7. apply eq_Q'0_Q'Abs in H7; auto.
      rewrite H7; auto. apply mt_Q'0_Q'Abs in H7; auto. }
    apply H2 in H8. destruct H6.
  + rewrite H6 in H8. elim (Q'_Ord_irReflex F0 x x); auto.
  + apply (Q'_Ord_Trans F0 _ _ x) in H8; auto.
    elim (Q'_Ord_irReflex F0 x x); auto. apply Q'Abs_in_Q'; auto.
Qed.
```

定理 4.5 表明, $\mathbf{Q}_<$ 以外的元素不具备 Archimedes 性, 是 *$\mathbf{Q}$ 中的**无穷大数**.
对非主算术超滤 $F0$ 生成的 *$\mathbf{Q}$, 关于无穷大子集 $(*\mathbf{Q} \sim \mathbf{Q}_<)$ 有如下结论.

1) 无穷大加有限保持无穷大: $\forall u \in (*\mathbf{Q} \sim \mathbf{Q}_<), v \in \mathbf{Q}_<, (u+v) \in (*\mathbf{Q} \sim \mathbf{Q}_<)$.

2) 保持无穷大推论: $\forall u, v \in *\mathbf{Q}, (u + v) \in (*\mathbf{Q} \sim \mathbf{Q}_<) \implies u \in (*\mathbf{Q} \sim \mathbf{Q}_<) \vee v \in (*\mathbf{Q} \sim \mathbf{Q}_<)$.

3) 乘法封闭: $\forall u, v \in (*\mathbf{Q} \sim \mathbf{Q}_<), (u \cdot v) \in (*\mathbf{Q} \sim \mathbf{Q}_<)$.

```
(* 无穷大加有限保持无穷大 *)
Fact infinity_Plus_finity : ∀ F0 u v, Arithmetical_ultraFilter F0
  -> (∀ m, F0 <> F m) -> u ∈ ((Q' F0) ∼ (Q'_< F0))
  -> v ∈ (Q'_< F0) -> (u +_F0 v) ∈ ((Q' F0) ∼ (Q'_< F0)).
Proof.
  intros. assert (u ∈ (Q' F0) /\ v ∈ (Q' F0)) as [].
  { apply MKT4' in H1 as []. apply Q'_<_Subset_Q' in H2; auto. }
  pose proof H3. apply Q'_<_lt_Q'Abs_others in H5 as []; auto.
  clear H6. assert ((Q'0 F0) ∈ (Q' F0) /\ u ∈ (Q' F0)) as [].
  { split; auto with Q'. }
  apply (Q'_Ord_Connect F0 H _ u) in H6; auto; clear H7.
  assert ((Q'0 F0) ∈ (Q' F0) /\ v ∈ (Q' F0)) as [].
  { split; auto with Q'. }
  apply (Q'_Ord_Connect F0 H _ v) in H7; auto; clear H8.
  assert (Q'0 F0 <> u).
  { intro. apply MKT4' in H1 as []. apply AxiomII in H9 as [];
    eauto. elim H10. rewrite <-H8. apply Q'0_in_Q'_<; auto. }
  destruct (classic (Q'0 F0 = v)). rewrite <-H9,Q'_Plus_Property;
  auto. apply Q'_<_lt_Q'Abs_others; auto with Q'. intros.
  assert (u0 ∈ (Q' F0)). { apply Q'_<_Subset_Q'; auto. }
  destruct H6 as [H6|[]]; destruct H7 as [H7|[]]; try contradiction.
  - assert ((Q'0 F0) <_F0 (u +_F0 v)).
    { apply (Q'_Plus_PrOrder F0 _ _ u) in H7; auto with Q'.
      rewrite Q'_Plus_Property in H7; auto.
      apply (Q'_Ord_Trans F0 _ u); auto with Q'. }
    apply mt_Q'0_Q'Abs in H6;
    apply mt_Q'0_Q'Abs in H7;
    apply mt_Q'0_Q'Abs in H12; auto with Q'. rewrite H12.
    assert ((u0 -_F0 v) ∈ (Q'_< F0)).
    { apply Q'_<_Minus_in_Q'_<; auto. }
    apply H5 in H13; auto. rewrite H6 in H13.
    apply (Q'_Plus_PrOrder F0 _ _ v) in H13; auto with Q'.
    rewrite Q'_Plus_Commutation; auto.
    replace u0 with (v +_F0 (u0 -_F0 v)); auto.
    apply Q'_Minus_Corollary; auto with Q'.
  - pose proof H6. apply mt_Q'0_Q'Abs in H12; auto.
    pose proof H7. apply lt_Q'0_Q'Abs in H13; auto.
    pose proof H7. apply Q'_Plus_PrOrder_Corollary in H14
    as [v1[[H14[]]]]; auto with Q'. clear H17.
```

```
      assert ((Q'0 F0) −F0 v = v1).
      { apply Q'_Minus_Corollary; auto with Q'. } rewrite H17 in H13.
      assert (v1 ∈ (Q'< F0)).
      { rewrite <-H17. apply Q'<_Minus_in_Q'<; auto with Q'. }
      assert ((Q'0 F0) <F0 (u +F0 v)).
      { rewrite <-H16,(Q'_Plus_Commutation F0 u); auto.
        apply Q'_Plus_PrOrder; auto. rewrite <-H12. apply H5; auto. }
      apply mt_Q'0_Q'Abs in H19; auto with Q'. rewrite H19.
      assert ((v1 +F0 u0) ∈ (Q'< F0)). auto with Q'.
      apply H5 in H20; auto. rewrite H12 in H20.
      apply (Q'_Plus_PrOrder F0 _ _ v) in H20; auto with Q'.
      rewrite <-Q'_Plus_Association,H16,Q'_Plus_Commutation,
      Q'_Plus_Property,Q'_Plus_Commutation in H20; auto with Q'.
    - assert ((u +F0 v) <F0 (Q'0 F0)).
      { apply H5 in H2; auto. apply lt_Q'0_Q'Abs in H6;
        auto. rewrite H6 in H2.
        apply (Q'_Plus_PrOrder F0 _ _ u) in H2; auto with Q'.
        rewrite <-Q'_Mix_Association1,Q'_Plus_Property in H2;
        auto with Q'. replace (Q'0 F0) with (u −F0 u); auto.
        apply Q'_Minus_Corollary; auto with Q'.
        rewrite Q'_Plus_Property; auto with Q'. }
      apply lt_Q'0_Q'Abs in H12; auto with Q'. rewrite H12.
      replace ((Q'0 F0) −F0 (u +F0 v))
      with (((Q'0 F0) −F0 u) −F0 v).
      assert ((v +F0 u0) ∈ (Q'< F0)). auto with Q'.
      apply H5 in H13; auto. apply lt_Q'0_Q'Abs in H6; auto.
      rewrite H6 in H13. apply (Q'_Plus_PrOrder F0 _ _ v);
      auto with Q'. replace (v +F0 (((Q'0 F0) −F0 u) −F0 v))
      with ((Q'0 F0) −F0 u); auto.
      + symmetry. apply Q'_Minus_Corollary; auto with Q'.
      + symmetry. apply Q'_Minus_Corollary; auto with Q'.
        rewrite <-Q'_Mix_Association1,<-Q'_Mix_Association1,
        Q'_Plus_Property,Q'_Plus_Commutation,Q'_Mix_Association1,
        Q'_Minus_Property1,Q'_Plus_Property; auto with Q'.
        apply Q'_Minus_Property1; auto.
    - assert ((u +F0 v) <F0 (Q'0 F0)).
      { apply (Q'_Plus_PrOrder F0 _ _ u) in H7; auto with Q'.
        rewrite Q'_Plus_Property in H7; auto.
        apply (Q'_Ord_Trans F0 _ u); auto with Q'. }
      apply lt_Q'0_Q'Abs in H12; auto with Q'.
      assert ((v +F0 u0) ∈ (Q'< F0)). { auto with Q'. }
      apply H5 in H13; auto. apply (Q'_Plus_PrOrder F0 _ _ v);
      auto with Q'. rewrite H12.
      replace (v +F0 ((Q'0 F0) −F0 (u +F0 v)))
      with (|u|F0); auto. symmetry.
      apply Q'_Minus_Corollary; auto with Q'. symmetry.
      apply Q'_Minus_Corollary; auto with Q'.
      rewrite <-Q'_Mix_Association1,Q'_Plus_Association,
      (Q'_Plus_Commutation F0 v),<-Q'_Plus_Association,
      Q'_Mix_Association1,Q'_Minus_Property1,Q'_Plus_Property;
      auto with Q'. apply Q'_Minus_Corollary; auto with Q'.
      apply lt_Q'0_Q'Abs in H6; auto.
Qed.

(* 保持无穷大推论 *)

Fact infinity_Plus_finity_Corollary :
  ∀ F0 u v, Arithmetical_ultraFilter F0 -> (∀ m, F0 <> F m)
  -> u ∈ (Q' F0) -> v ∈ (Q' F0)
```

```
  -> (u +_F0 v) ∈ ((Q' F0) ~ (Q'_< F0))
  -> u ∈ ((Q' F0) ~ (Q'_< F0)) \/ v ∈ ((Q' F0) ~ (Q'_< F0)).
Proof.
  intros. apply NNPP; intro. apply notandor in H4 as [].
  assert (u ∈ (Q'_< F0)).
  { apply NNPP; intro. elim H4. apply MKT4'; split; auto.
    apply AxiomII; split; eauto. }
  assert (v ∈ (Q'_< F0)).
  { apply NNPP; intro. elim H5. apply MKT4'; split; auto.
    apply AxiomII; split; eauto. }
  apply MKT4' in H3 as []. apply AxiomII in H8 as [].
  elim H9. auto with Q'.
Qed.

(* 乘法封闭 *)

Fact infinity_Mult_infinity :
  ∀ F0 u v, Arithmetical_ultraFilter F0 -> (∀ m, F0 <> F m)
  -> u ∈ ((Q' F0) ~ (Q'_< F0)) -> v ∈ ((Q' F0) ~ (Q'_< F0))
  -> (u ·_F0 v) ∈ ((Q' F0) ~ (Q'_< F0)).
Proof.
  intros. pose proof H1; pose proof H2.
  apply MKT4' in H3 as [H3 _]. apply MKT4' in H4 as [H4 _].
  apply Q'_<_lt_Q'Abs_others; auto with Q'. intros.
  pose proof H5. apply Q'_<_Subset_Q' in H5; auto.
  apply (Q'_<_lt_Q'Abs_others F0 u) in H6; auto. pose proof H.
  apply Q'1_in_Q'_<,(Q'_<_lt_Q'Abs_others F0 v) in H7; auto.
  apply (Q'_Mult_PrOrder F0 _ _ (|u|_F0)) in H7; auto with Q'.
  rewrite Q'_Mult_Property2,<-Q'Abs_PrMult in H7; auto with Q'.
  apply (Q'_Ord_Trans F0 u0) in H7; auto with Q'. pose proof H.
  apply Q'0_in_Q'_<,(Q'_<_lt_Q'Abs_others F0 u) in H9; auto.
Qed.
```

4.2.2　无穷小

*Q 的另一重要子集是

$$\mathbf{I} = \{u : u \in {}^*\mathbf{Q} \ \wedge \ \forall k \in ({}^*\mathbf{Q_N} \sim \{{}^*\mathbf{Q_0}\}), |u| < {}^*\mathbf{Q_1}/k\}.$$

I 中的元素叫做**无穷小数**.

```
Definition I F0 := \{ λ u, u ∈ (Q' F0)
  /\ (∀ k, k ∈ ((Q'_N F0) ~ [Q'0 F0]) -> (|u|_F0) <_F0 ((Q'1 F0) /_F0 k)) \}.

Corollary I_Subset_Q' : ∀ F0, (I F0) ⊂ (Q' F0).
Proof.
  unfold Included; intros. apply AxiomII in H; tauto.
Qed.

Corollary I_is_Set : ∀ F0, F0 ∈ βω -> Ensemble (I F0).
Proof.
  intros. apply (MKT33 (Q' F0));
  [apply Q'_is_Set|apply I_Subset_Q']; auto.
Qed.
```

无穷小数具有 Archimedes 性, 即 $\mathbf{I} \subsetneq \mathbf{Q_<}$. 显然 *Q_0 是一个无穷小.

```
Fact I_properSubset_Q'_< : ∀ F0, Arithmetical_ultraFilter F0
```

```
    -> (I F0) ⊂ (Q'< F0) /\ (I F0) <> (Q'< F0).
Proof.
  intros. assert ((Q'1 F0) ∈ (Q'_N F0 ~ [Q'0 F0])).
  { pose proof in_ω_1. pose proof H.
    apply φ4_is_Function in H1 as [[][]]. rewrite <-H3 in H0.
    apply Property_Value,Property_ran in H0; auto.
    rewrite φ4_1 in H0; auto. apply MKT4'; split; auto.
    apply AxiomII; split; eauto. intro. apply MKT41 in H5;
    eauto with Q'. elim (Q'0_isn't_Q'1 F0); auto. }
  pose proof H0. apply MKT4' in H0 as []. split.
  - unfold Included; intros. apply AxiomII in H3 as [H3[]].
    apply AxiomII; repeat split; auto.
    exists (Q'1 F0). split; auto. apply H5 in H1.
    apply (Q'_Mult_PrOrder F0 _ _ (Q'1 F0)) in H1; auto with Q'.
    rewrite Q'_Divide_Property2,Q'_Mult_Commutation,
    Q'_Mult_Property2,Q'_Mult_Property2 in H1; auto with Q'.
    rewrite Q'_Divide_Property2; auto with Q'.
  - intro. assert ((Q'0 F0) <_F0 (Q'1 F0)).
    { apply Q'_N_Q'0_is_FirstMember in H1; auto. }
     assert ((Q'1 F0) ∈ (Q'< F0)).
    { pose proof H0. apply Q'_N_Subset_Q' in H5; auto.
      apply AxiomII; repeat split; eauto. exists (Q'1 F0).
      split; auto. apply mt_Q'0_Q'Abs in H4; auto. }
    rewrite <-H3 in H5. apply AxiomII in H5 as [H5[]].
    apply H7 in H1. rewrite (mt_Q'0_Q'Abs F0 (Q'1 F0)),
    Q'_Divide_Property2 in H1; auto with Q'.
    elim (Q'_Ord_irReflex F0 (Q'1 F0) (Q'1 F0)); auto.
Qed.

Fact Q'0_in_I : ∀ F0, Arithmetical_ultraFilter F0
  -> (Q'0 F0) ∈ (I F0).
Proof.
  intros. apply AxiomII; repeat split; eauto with Q'.
  intros. replace (|Q'0 F0|_F0) with (Q'0 F0).
  assert (k <> (Q'0 F0)).
  { intro. apply MKT4' in H0 as []. apply AxiomII in H2 as [].
    elim H3. apply MKT41; eauto with Q'. }
  pose proof H0. apply MKT4' in H2 as [H2 _].
  apply Q'_N_Subset_Q' in H2; auto.
  apply Q'_N_Q'0_is_FirstMember in H0; auto.
  apply (Q'_Mult_PrOrder F0 _ _ k); auto with Q'.
  rewrite Q'_Mult_Property1,Q'_Divide_Property3; auto with Q'.
  symmetry. apply eq_Q'0_Q'Abs; auto with Q'.
Qed.

Global Hint Resolve Q'0_in_I : Q'.
```

定理 4.6　设 **I** 由算术超滤 $F0$ 生成, 当 $F0$ 是主超滤时, $\mathbf{I} = \{{}^*Q_0\}$; 当 $F0$ 是非主算术超滤时, $\{{}^*Q_0\} \subsetneqq \mathbf{I}$.

```
Theorem I_Fn_Equ_Q'0_Singleton : ∀ n, n ∈ ω
  -> I (F n) = [Q'0 (F n)].
Proof.
  intros. pose proof H. apply FT10 in H0.
  apply AxiomI; split; intros.
  - apply AxiomII in H1 as [H1[]].
    destruct (classic (z = Q'0 (F n))).
    + apply MKT41; eauto with Q'.
    + assert (|z|_Fn <> Q'0 (F n)).
```

```
  { intro. apply (eq_Q'0_Q'Abs _ z) in H5; auto. }
  assert ((Q'0 (F n)) <_{F_n} (|z|_{F_n})).
  { apply Q'0_le_Q'Abs in H2 as [H2[]]; auto. elim H5; auto. }
  pose proof H5. apply Q'_inv in H7 as [z1[[H7[]]_]];
  auto with Q'.
  assert (∀ k, k ∈ (Q'_N (F n)) -> k <_{F_n} z1).
  { intros. destruct (classic (k = Q'0 (F n))).
    - apply Q'_Divide_Corollary in H9; auto with Q'.
      rewrite <-H9,H11. apply
      (Q'_Mult_PrOrder (F n) _ _ (|z|_{F_n})); auto with Q'.
      rewrite Q'_Divide_Property3,Q'_Mult_Property1;
      eauto with Q'.
    - assert (k ∈ (Q'_N (F n) ~ [Q'0 (F n)])).
      { apply MKT4'; split; auto. apply AxiomII; split; eauto.
        intro. apply MKT41 in H12; eauto with Q'. }
      pose proof H12. apply H3 in H12.
      apply Q'_N_Q'0_is_FirstMember in H13; auto.
      apply Q'_N_Subset_Q' in H10; auto.
      apply (Q'_Mult_PrOrder (F n) _ _ k) in H12; auto with Q'.
      rewrite Q'_Divide_Property3 in H12; auto with Q'.
      rewrite Q'_Mult_Commutation,<-H9 in H12; auto with Q'.
      apply Q'_Mult_PrOrder in H12; auto with Q'. }
  rewrite <-Q'<_Fn_Equ_Q' in H7; auto. apply AxiomII in H7
  as [H7[H11[x[]]]]. pose proof H12. apply H10 in H14.
  assert (|z1|_{F_n} <_{F_n} z1).
  { destruct H13. rewrite H13; auto.
    apply (Q'_Ord_Trans _ _ _ z1) in H13; auto.
    apply Q'Abs_in_Q'; auto. apply Q'_N_Subset_Q' in H12; auto. }
  pose proof H0. apply (Self_le_Q'Abs _ z1) in H16 as []; auto.
  rewrite <-H16 in H15. elim (Q'_Ord_irReflex (F n) z1 z1); auto.
  apply (Q'_Ord_Trans _ _ _ z1) in H16; auto with Q'.
  elim (Q'_Ord_irReflex (F n) z1 z1); auto.
  - apply MKT41 in H1; eauto with Q'. rewrite H1; auto with Q'.
Qed.

Theorem Q'0_Singleton_properSubset_I :
  ∀ F0, Arithmetical_ultraFilter F0 -> (∀ n, F0 <> F n)
  -> [Q'0 F0] ⊂ (I F0) /\ [Q'0 F0] <> (I F0).
Proof.
  intros. split. unfold Included; intros. apply MKT41 in H1;
  try rewrite H1; eauto with Q'. intro.
  assert ((Q' F0) ~ (Q'< F0) <> 0).
  { intro. pose proof H. apply Q'<_properSubset_Q' in H3 as [];
    auto. elim H4. apply AxiomI; split; intros; auto.
    apply NNPP; intro. elim (@ MKT16 z). rewrite <-H2.
    apply MKT4'; split; auto. apply AxiomII; split; eauto. }
  apply NEexE in H2 as [t]. pose proof H2.
  apply MKT4' in H3 as [H3 _].
  assert (t <> (Q'0 F0)).
  { intro. apply MKT4' in H2 as []. apply AxiomII in H5 as [].
    elim H6. rewrite H4; eauto with Q'. }
  pose proof H3. apply Q'_inv in H5 as [t1[[H5[]]_]]; auto.
  assert (t1 ∈ (I F0)).
  { apply AxiomII; repeat split; eauto. intros.
    pose proof H3. apply Q'0_le_Q'Abs in H9 as [_[]]; auto.
    apply (eq_Q'0_Q'Abs F0 t) in H9; auto. elim H4; auto.
    assert (k <> (Q'0 F0)).
    { intro. apply MKT4' in H8 as [_]. apply AxiomII in H8 as [].
      elim H11. apply MKT41; eauto with Q'. }
```

```
     pose proof H8. apply MKT4' in H11 as [H11 _].
     pose proof H11. apply Q'_N_Subset_Q' in H11; auto.
     apply Q'_N_Q'0_is_FirstMember in H8; auto.
     apply (Q'_Mult_PrOrder F0 _ _ (|t|_F0)); auto with Q'.
     rewrite <-Q'Abs_PrMult,H7,(mt_Q'0_Q'Abs F0 (Q'1 F0));
     auto with Q'. apply (Q'_Mult_PrOrder F0 _ _ k); auto with Q'.
     rewrite Q'_Mult_Property2,<-Q'_Mult_Association,
     (Q'_Mult_Commutation F0 k),Q'_Mult_Association,
     Q'_Divide_Property3,Q'_Mult_Property2; auto with Q'.
     apply Q'_<_lt_Q'Abs_others; auto.
     apply Q'_N_properSubset_Q'_<; auto. }
   rewrite <-H1 in H8. apply MKT41 in H8; eauto with Q'.
Qed.
```

定理 4.6 表明 **I** 是盒 $*Q_0$ 的非空集, 因此, 可以在任意一个算术超滤下对 **I** 进行讨论. 事实上, 对于任意一个算术超滤 $F0$ 生成的 **I** 有如下结论.

1) 加法封闭: $\forall u, v \in \mathbf{I}, (u + v) \in \mathbf{I}$.

2) 无穷小乘有限保持无穷小: $\forall u \in \mathbf{I}, v \in \mathbf{Q}_<, (u \cdot v) \in \mathbf{I}$.

3) 保持无穷小推论: $\forall u, v \in *\mathbf{Q}, (u \cdot v) \in \mathbf{I} \Longrightarrow u \in \mathbf{I} \vee v \in \mathbf{I}$.

```
(* 加法封闭 *)

Fact I_Plus_in_I : ∀ F0 u v, Arithmetical_ultraFilter F0
  -> u ∈ (I F0) -> v ∈ (I F0) -> (u +_F0 v) ∈ (I F0).
Proof.
  intros. apply AxiomII in H0 as [H0[]].
  apply AxiomII in H1 as [H1[]]. apply AxiomII.
  pose proof H. apply Q'0_in_Q' in H6.
  assert ((u +_F0 v) ∈ (Q' F0)). { apply Q'_Plus_in_Q'; auto. }
  repeat split; eauto. intros.
  assert ((k +_F0 k) ∈ (Q'_N F0 ~ [Q'0 F0])).
  { pose proof H8. apply Q'_N_Q'0_is_FirstMember in H8; auto.
    apply MKT4' in H9 as [H9 _]. apply MKT4'; split.
    apply Q'_N_Plus_in_Q'_N; auto. apply Q'_N_Subset_Q' in H9;
    auto. apply AxiomII; split; eauto with Q'. intro.
    apply MKT41 in H10; eauto. pose proof H8.
    apply (Q'_Plus_PrOrder F0 _ _ k) in H8; auto.
    rewrite Q'_Plus_Property in H8; auto.
    apply (Q'_Ord_Trans F0 (Q'0 F0)) in H8; auto with Q'.
    rewrite H10 in H8.
    elim (Q'_Ord_irReflex F0 (Q'0 F0) (Q'0 F0)); auto. }
  pose proof H9. apply H3 in H9; apply H5 in H10.
  pose proof H. apply Q'1_in_Q' in H11.
  assert (k ∈ (Q' F0)).
  { apply MKT4' in H8 as []. apply Q'_N_Subset_Q' in H8; auto. }
  apply Q'_N_Q'0_is_FirstMember in H8; auto.
  assert (k <> (Q'0 F0)).
  { intro. rewrite H13 in H8.
    elim (Q'_Ord_irReflex F0 (Q'0 F0) (Q'0 F0)); auto. }
  assert ((Q'0 F0) <_ F0 (k +_F0 k)).
  { pose proof H8. apply (Q'_Plus_PrOrder F0 _ _ k) in H14; auto.
    rewrite Q'_Plus_Property in H14; auto.
    apply (Q'_Ord_Trans F0 (Q'0 F0)) in H14; auto with Q'. }
  assert ((k +_F0 k) <> (Q'0 F0)).
  { intro. rewrite H15 in H14.
    elim (Q'_Ord_irReflex F0 (Q'0 F0) (Q'0 F0)); auto. }
  assert (((|u|_F0) +_F0 (|v|_F0)) <_F0
```

```
  (((Q'1 F0) /_{F0} (k +_{F0} k)) +_{F0} ((Q'1 F0) /_{F0} (k +_{F0} k)))).
{ apply (Q'_Plus_PrOrder F0 _ _ (|u|_{F0})) in H10; auto with Q'.
  apply (Q'_Ord_Trans F0 _ (|u|_{F0} +_{F0} ((Q'1 F0)
    /_{F0} (k +_{F0} k)))); auto with Q'.
  rewrite Q'_Plus_Commutation; auto with Q'.
  apply Q'_Plus_PrOrder; auto with Q'. }
replace ((Q'1 F0) /_{F0} k) with (((Q'1 F0) /_{F0} (k +_{F0} k))
  +_{F0} (Q'1 F0) /_{F0} (k +_{F0} k))).
- pose proof H. apply (Q'Abs_inEqu F0 u v) in H17 as []; auto.
  rewrite H17; auto.
  apply (Q'_Ord_Trans F0 _ (|u|_{F0} +_{F0} |v|_{F0})); auto with Q'.
- apply (Q'_Mult_Cancellation F0 (k +_{F0} k)); auto with Q'.
  rewrite Q'_Mult_Distribution,Q'_Divide_Property3,
  Q'_Mult_Commutation,Q'_Mult_Distribution,Q'_Mult_Commutation,
  Q'_Divide_Property3; auto with Q'.
Qed.

Global Hint Resolve I_Plus_in_I : Q'.

(* 无穷小乘有限保持无穷小 *)

Fact I_Mult_in_I : ∀ F0 u v, Arithmetical_ultraFilter F0
  -> u ∈ (I F0) -> v ∈ (Q'_< F0) -> (u ·_{F0} v) ∈ (I F0).
Proof.
  intros. apply AxiomII in H0 as [H0[]].
  apply AxiomII in H1 as [H1[H4[k[]]]].
  apply AxiomII; repeat split; eauto with Q'. intros.
  assert (k ∈ (Q' F0) /\ k0 ∈ (Q' F0)) as [].
  { apply MKT4' in H7 as []. split; apply Q'_N_Subset_Q'; auto. }
  assert (k0 <> (Q'0 F0)).
  { intro. apply MKT4' in H7 as []. apply AxiomII in H11 as [].
    elim H12. apply MKT41; eauto with Q'. }
  destruct (classic (k = Q'0 F0)).
  - assert (|v|_{F0} = Q'0 F0).
    { rewrite H11 in H6. destruct H6; auto. pose proof H4.
      apply Q'0_le_Q'Abs in H12 as [_[]]; auto.
      apply (Q'_Ord_Trans F0 _ _ (Q'0 F0)) in H12; auto with Q'.
      elim (Q'_Ord_irReflex F0 (Q'0 F0) (Q'0 F0)); auto with Q'. }
    rewrite Q'Abs_PrMult,H12,Q'_Mult_Property1; auto with Q'.
    apply Q'_N_Q'0_is_FirstMember in H7; auto.
    apply (Q'_Mult_PrOrder F0 _ _ k0); auto with Q'.
    rewrite Q'_Mult_Property1,Q'_Divide_Property3; auto with Q'.
  - assert ((k ·_{F0} k0) ∈ (Q'_N F0 ~ [Q'0 F0])).
    { apply MKT4'; split. apply MKT4' in H7 as [].
      apply Q'_N_Mult_in_Q'_N; auto. intro. apply AxiomII; split;
      eauto with Q'. intro. apply MKT41 in H12; eauto with Q'.
      apply Q'_Mult_Property3 in H12 as []; auto. }
    assert ((k ·_{F0} k0) <> (Q'0 F0)).
    { intro. apply MKT4' in H12 as [_]. apply AxiomII in H12 as [].
      elim H14. apply MKT41; eauto with Q'. }
    pose proof H12. apply H3 in H12. apply Q'_N_Q'0_is_FirstMember
    in H7,H14; auto. rewrite (Q'Abs_PrMult F0 u v); auto.
    apply (Q'_Mult_PrOrder F0 _ _ (k ·_{F0} k0)) in H12; auto with Q'.
    rewrite Q'_Divide_Property3 in H12; auto with Q'.
    apply (Q'_Mult_PrOrder F0 _ _ k0); auto with Q'.
    rewrite Q'_Divide_Property3; auto with Q'. destruct H6.
    + rewrite H6,(Q'_Mult_Commutation F0 _ k),<-Q'_Mult_Association,
      (Q'_Mult_Commutation F0 k0); auto with Q'.
    + pose proof H4. apply Q'0_le_Q'Abs in H15 as [_[]]; auto.
```

```
      rewrite H15,Q'_Mult_Property1,Q'_Mult_Property1; auto with Q'.
      pose proof H12. apply (Q'_Mult_PrOrder F0 _ _ (|v|_F0))
      in H12; auto with Q'.
      rewrite Q'_Mult_Property2 in H12; auto with Q'.
      apply (Q'_Ord_Trans F0 _ _ k) in H12; auto with Q'.
      apply (Q'_Ord_Trans F0 _ _ k) in H15; auto with Q'.
      apply (Q'_Mult_PrOrder F0 _ _ k); auto with Q'. rewrite
      <-Q'_Mult_Association,(Q'_Mult_Commutation F0 (|u|_F0)),
      <-Q'_Mult_Association,(Q'_Mult_Commutation F0 _ (|v|_F0)),
      Q'_Mult_Association,Q'_Mult_Property2; auto with Q'.
Qed.

Global Hint Resolve I_Mult_in_I : Q'.

(* 保持无穷小推论 *)

Fact I_Mult_in_I_Corollary : ∀ F0 u v, Arithmetical_ultraFilter F0
  -> u ∈ (Q' F0) -> v ∈ (Q' F0) -> (u ·_F0 v) ∈ (I F0) -> u ∈ (I F0) \/ v ∈ (I F0).
Proof.
  intros. apply NNPP; intro. apply notandor in H3 as [].
  apply AxiomII in H2 as [H2[]].
  assert (∃ m, m ∈ (Q'_N F0 ~ [Q'0 F0])
    /\ ~ |u|_F0 <_F0 ((Q'1 F0) /_F0 m)) as [m[]].
  { apply NNPP; intros. intro. elim H3.
    apply AxiomII; repeat split; eauto. intros.
    apply NNPP; intro. elim H7. exists k. auto. }
  assert (∃ m, m ∈ (Q'_N F0 ~ [Q'0 F0])
    /\ ~ |v|_F0 <_F0 ((Q'1 F0) /_F0 m)) as [n[]].
  { apply NNPP; intros. intro. elim H4.
    apply AxiomII; repeat split; eauto. intros.
    apply NNPP; intro. elim H9. exists k. auto. }
  assert (m ∈ (Q' F0) /\ n ∈ (Q' F0)) as [].
  { apply MKT4' in H7 as []; apply MKT4' in H9 as [].
    split; apply Q'_N_Subset_Q'; auto. }
  pose proof H. apply Q'0_in_Q' in H13.
  pose proof H. apply Q'1_in_Q' in H14.
  assert (m <> (Q'0 F0) /\ n <> (Q'0 F0)) as [].
  { apply MKT4' in H7 as [_], H9 as [_].
    apply AxiomII in H7 as [_], H9 as [_].
    split; intro; [elim H7|elim H9]; apply MKT41; eauto with Q'. }
  assert ((m ·_F0 n) ∈ (Q'_N F0 ~ [Q'0 F0])
    /\ (Q'0 F0) <_F0 m /\ (Q'0 F0) <_F0 n) as [H17[]].
  { split; [ |apply Q'_N_Q'0_is_FirstMember in H7,H9]; auto.
    apply MKT4'; split. apply Q'_N_Mult_in_Q'_N; auto. apply AxiomII; split;
    eauto with Q'. intro. apply MKT41 in H17; eauto with Q'.
    apply Q'_Mult_Property3 in H17 as []; auto. }
  assert (((Q'1 F0) /_F0 m) <_F0 (|u|_F0)
    \/ ((Q'1 F0) /_F0 m) = (|u|_F0)).
  { destruct (Q'_Ord_Connect F0 H ((Q'1 F0) /_F0 m) (|u|_F0))
    as [H20|[]]; auto with Q'. elim H8; auto. }
  assert (((Q'1 F0) /_F0 n) <_F0 (|v|_F0)
    \/ ((Q'1 F0) /_F0 n) = (|v|_F0)).
  { destruct (Q'_Ord_Connect F0 H ((Q'1 F0) /_F0 n) (|v|_F0))
    as [H21|[]]; auto with Q'. elim H10; auto. }
  assert ((Q'0 F0) <_F0 |u|_F0).
  { pose proof H. apply (Q'0_le_Q'Abs F0 u) in H22 as [H22[]]; auto.
    apply (eq_Q'0_Q'Abs F0 u) in H23; auto. elim H3. rewrite H23.
    apply Q'0_in_I; auto. }
```

```
assert ((Q'0 F0) <_{F0} |v|_{F0}).
{ pose proof H. apply (Q'0_le_Q'Abs F0 v) in H23 as [H23[]]; auto.
  apply (eq_Q'0_Q'Abs F0 v) in H24; auto. elim H4. rewrite H24.
  apply Q'0_in_I; auto. }
assert ((m ·_{F0} n) <> (Q'0 F0)).
{ intro. apply MKT4' in H17 as []. apply AxiomII in H25 as [].
  elim H26. apply MKT41; eauto with Q'. }
pose proof H17. apply Q'_N_Q'0_is_FirstMember in H7,H9,H17; auto.
apply H6 in H25. pose proof H.
apply (Q'_Mult_PrOrder F0 _ _ (m ·_{F0} n)) in H25; auto with Q'.
rewrite Q'_Divide_Property3 in H25; auto with Q'.
apply (Q'Abs_PrMult _ u v) in H26; auto. destruct H20,H21.
- apply (Q'_Mult_PrOrder F0 _ _ m) in H20; auto with Q'.
  apply (Q'_Mult_PrOrder F0 _ _ n) in H21; auto with Q'.
  rewrite Q'_Divide_Property3 in H20,H21; auto with Q'.
  apply (Q'_Mult_PrOrder F0 _ _ (m ·_{F0} |u|_{F0})) in H21;
  auto with Q'. rewrite Q'_Mult_Property2 in H21; eauto with Q'.
  apply (Q'_Ord_Trans F0 (Q'1 F0)) in H21; auto with Q'.
  rewrite Q'_Mult_Association,<-(Q'_Mult_Association F0 (|u|_{F0})),
  (Q'_Mult_Commutation F0 _ n),<-Q'_Mult_Association,
  <-Q'_Mult_Association,Q'_Mult_Association,<-H26 in H21;
  auto with Q'.
  apply (Q'_Ord_Trans F0 (Q'1 F0)) in H25; auto with Q'.
  elim (Q'_Ord_irReflex F0 (Q'1 F0)); auto.
  apply (Q'_Ord_Trans F0 _ (Q'1 F0)); auto with Q'.
- apply (Q'_Mult_PrOrder F0 _ _ m) in H20; auto with Q'.
  rewrite Q'_Divide_Property3 in H20; auto with Q'.
  apply (Q'_Ord_Trans F0 _ _ (m ·_{F0} |u|_{F0})) in H25;
  auto with Q'. rewrite Q'_Mult_Association in H25; auto with Q'.
  apply Q'_Mult_PrOrder in H25; auto with Q'.
  rewrite H26,<-Q'_Mult_Association,(Q'_Mult_Commutation F0 n),
  Q'_Mult_Association,<-H21,Q'_Divide_Property3,
  Q'_Mult_Property2 in H25; auto with Q'.
  elim (Q'_Ord_irReflex F0 (|u|_{F0}) (|u|_{F0})); auto with Q'.
- apply (Q'_Mult_PrOrder F0 _ _ n) in H21; auto with Q'.
  rewrite Q'_Divide_Property3 in H21; auto with Q'.
  apply (Q'_Ord_Trans F0 _ _ (n ·_{F0} |v|_{F0})) in H25;
  auto with Q'. rewrite (Q'_Mult_Commutation F0 m),
  Q'_Mult_Association in H25; auto with Q'.
  apply Q'_Mult_PrOrder in H25; auto with Q'.
  rewrite H26,<-Q'_Mult_Association,<-H20,Q'_Divide_Property3,
  Q'_Mult_Commutation,Q'_Mult_Property2 in H25; auto with Q'.
  elim (Q'_Ord_irReflex F0 (|v|_{F0}) (|v|_{F0})); auto with Q'.
- apply Q'_Divide_Corollary in H20,H21; auto with Q'.
  rewrite H26,Q'_Mult_Association,<-(Q'_Mult_Association F0 n),
  (Q'_Mult_Commutation F0 n),(Q'_Mult_Association F0 (|u|_{F0})),
  <-(Q'_Mult_Association F0 m),H20,H21,Q'_Mult_Property2 in H25;
  auto with Q'.
  elim (Q'_Ord_irReflex F0 (Q'1 F0) (Q'1 F0)); auto.
Qed.
```

定理 4.7 设 *Q 由非主算术超滤 $F0$ 生成，$\forall u,v \in {}^*\mathbf{Q}$，若 $u \cdot v = {}^*Q_1$，则

1) $u \in (\mathbf{I} \sim \{{}^*Q_0\}) \implies v \in ({}^*\mathbf{Q} \sim \mathbf{Q}_<)$.

2) $u \in ({}^*\mathbf{Q} \sim \mathbf{Q}_<) \implies v \in (\mathbf{I} \sim \{{}^*Q_0\})$.

```
Theorem I_inv_Property1 : ∀ F0 u v, Arithmetical_ultraFilter F0
 -> (∀ n, F0 <> F n) -> u ∈ ((I F0) ~ [Q'0 F0]) -> v ∈ (Q' F0)
 -> u ·_{F0} v = Q'1 F0 -> v ∈ ((Q' F0) ~ (Q'_< F0)).
```

Proof.
```
  intros. apply MKT4' in H1 as [].
  assert (u ∈ (Q' F0)). { apply I_Subset_Q' in H1; auto. }
  pose proof H. apply Q'0_in_Q' in H6.
  pose proof H. apply Q'1_in_Q' in H7.
  apply MKT4'; split; auto. apply AxiomII; split; eauto.
  intro. apply AxiomII in H8 as [H8[H9[x[]]]].
  apply AxiomII in H1 as [H1[]].
  assert ((Q'0 F0) <_F0 (Q'1 F0)).
  { rewrite Q'0_Corollary,Q'1_Corollary; auto.
    apply Q'_Ord_Corollary; auto with Z'.
    rewrite Z'_Mult_Property2,Z'_Mult_Property2; auto with Z'. }
  apply mt_Q'0_Q'Abs in H14; auto.
  rewrite <-H3,Q'Abs_PrMult,H3 in H14; auto.
  assert (∀ k, k ∈ (Q'_N F0) -> k <_F0 (|v|_F0)).
  { assert ((Q'0 F0) <_F0 (|v|_F0)).
    { pose proof H2. apply Q'0_le_Q'Abs in H15 as [H15[]]; auto.
      rewrite H16,Q'_Mult_Property1 in H14; auto.
      elim (Q'0_isn't_Q'1 F0); auto. apply Q'Abs_in_Q'; auto. }
    assert ((Q'0 F0) <_F0 (|u|_F0)).
    { pose proof H5. apply Q'0_le_Q'Abs in H16 as [H16[]]; auto.
      rewrite H17,Q'_Mult_Commutation,Q'_Mult_Property1 in H14;
      auto; try apply Q'Abs_in_Q'; auto.
      elim (Q'0_isn't_Q'1 F0); auto. }
    intros. destruct (classic (k = Q'0 F0)). rewrite H18; auto.
    assert (k ∈ (Q'_N F0 ~ [Q'0 F0])).
    { apply MKT4'; split; auto. apply AxiomII; split; eauto.
      intro. apply MKT41 in H19; eauto. }
    pose proof H19. apply Q'_N_Q'0_is_FirstMember in H20; auto.
    apply H13 in H19. pose proof H17. apply Q'_N_Subset_Q' in H17;
    auto. apply (Q'_Mult_PrOrder _ _ _ (|u|_F0)); auto with Q'.
    rewrite H14; auto. apply (Q'_Mult_PrOrder _ _ _ k) in H19;
    auto with Q'. rewrite Q'_Divide_Property3,Q'_Mult_Commutation
    in H19; auto with Q'. }
  assert (x ∈ (Q' F0)). { apply Q'_N_Subset_Q' in H10; auto. }
  apply H15 in H10. destruct H11; try rewrite H11 in H10;
  try apply (Q'_Ord_Trans F0 _ _ x) in H10; auto with Q';
  elim (Q'_Ord_irReflex F0 x x); auto.
Qed.
```

Theorem I_inv_Property2 : ∀ F0 u v, Arithmetical_ultraFilter F0
-> (∀ n, F0 <> F n) -> u ∈ ((Q' F0) ~ (Q'_< F0)) -> v ∈ (Q' F0)
-> u ·_F0 v = Q'1 F0 -> v ∈ ((I F0) ~ [Q'0 F0]).
Proof.
```
  intros. assert (u ∈ (Q' F0)). { apply MKT4' in H1; tauto. }
  pose proof H; pose proof H.
  apply Q'0_in_Q' in H5; apply Q'1_in_Q' in H6.
  assert (u <> Q'0 F0 /\ v <> Q'0 F0) as [].
  { split; intro; rewrite H7 in H3; try rewrite Q'_Mult_Property1
    in H3; try rewrite Q'_Mult_Commutation,Q'_Mult_Property1 in H3;
    auto; elim (Q'0_isn't_Q'1 F0); auto. }
  assert ((Q'0 F0) <_F0 (Q'1 F0)); auto with Q'.
  apply mt_Q'0_Q'Abs in H9; auto.
  rewrite <-H3,Q'Abs_PrMult,H3 in H9; auto.
  pose proof H; pose proof H.
  apply (Q'0_le_Q'Abs _ u) in H10 as [H10[]];
  apply (Q'0_le_Q'Abs _ v) in H11 as [H11[]]; auto;
  try rewrite H12 in H9; try rewrite H13 in H9;
  try rewrite Q'_Mult_Property1 in H9;
```

```
try rewrite Q'_Mult_Commutation,Q'_Mult_Property1 in H9;
auto; pose proof H; apply Q'0_isn't_Q'1 in H14;
try contradiction. clear H14. pose proof H.
apply (Q'_<_lt_Q'Abs_others _ u) in H14; auto.
assert (∀ v, v ∈ (Q'_< F0) -> v <_F0 |u|_F0).
{ apply H14; auto. } clear H14. apply MKT4'; split.
- apply AxiomII; repeat split; eauto. intros.
  pose proof H14. apply MKT4' in H16 as [H16 _].
  assert (k ∈ (Q' F0)). { apply Q'_N_Subset_Q' in H16; auto. }
  assert (k ∈ (Q'_< F0)).
  { apply AxiomII; repeat split; eauto. exists k. split; auto.
    apply Q'_N_Q'0_is_FirstMember,mt_Q'0_Q'Abs in H14; auto. }
  apply H15 in H18. apply (Q'_Mult_PrOrder _ _ _ (|v|_F0))
  in H18; auto. rewrite Q'_Mult_Commutation in H9; auto.
  rewrite H9 in H18; auto.
  assert (k <> (Q'0 F0)).
  { apply MKT4' in H14 as []. apply AxiomII in H19 as [].
    intro. elim H20. apply MKT41; eauto. }
  apply Q'_N_Q'0_is_FirstMember in H14; auto.
  apply (Q'_Mult_PrOrder _ _ _ k); auto with Q'.
  rewrite Q'_Divide_Property3,Q'_Mult_Commutation; auto with Q'.
- apply AxiomII; split; eauto; intro. apply MKT41 in H14; eauto.
Qed.
```

4.3 实数集 **R**

我们已经知道, *$\mathbf{Q}$ 中同时引入了无穷大和无穷小, 具有比通常有理数集更复杂的结构. 本节在 *$\mathbf{Q}$ 的子集 $\mathbf{Q}_<$ 中引入一个等价关系, 对其进行分类, 可以看到, 得到的商集是一个标准的实数模型.

4.3.1 $\mathbf{Q}_<$ 上的一个重要分类

对于由某一算术超滤 $F0$ 确定的 *$\mathbf{Q}$, 定义 $\mathbf{Q}_<$ 上的一个关系如下:

$$R = \{(u,v) : (u,v) \in (\mathbf{Q}_< \times \mathbf{Q}_<) \ \wedge \ (u-v) \in \mathbf{I}\},$$

其中 $u-v$ 是 *$\mathbf{Q}$ 上的减法.

```
(** Q'_to_R *)
Require Export finity_and_infinity_in_Q'.
Definition R_Q' F0 := \{\ λ u v, u ∈ (Q'_< F0) /\ v ∈ (Q'_< F0) /\ (u -_F0 v) ∈ (I F0) \}\.
```

可以证明, R 为 $\mathbf{Q}_<$ 上的等价关系.

```
Corollary R_Q'_is_equRelation : ∀ F0, Arithmetical_ultraFilter F0
  -> equRelation (R_Q' F0) (Q'_< F0).
Proof.
  intros. repeat split; intros.
  - unfold Included; intros.
    apply AxiomII in H0 as [H0[u[v[H1[H2[]]]]]].
    rewrite H1. apply AxiomII'; split; auto. rewrite <-H1; auto.
```

```
 - unfold Reflexivity. intros.
   apply AxiomII'; repeat split; auto. apply MKT49a; eauto.
   assert (x —_F0 x = Q'0 F0).
   { apply Q'_Minus_Corollary; try apply Q'0_in_Q';
     try apply Q'_<_Subset_Q'; auto.
     rewrite Q'_Plus_Property; auto. apply Q'_<_Subset_Q'; auto. }
   rewrite H1. destruct (classic (∀ n, F0 <> F n)).
   + apply Q'0_Singleton_properSubset_I; auto. apply MKT41; auto.
     apply Q'0_in_Q' in H; eauto.
   + assert (∃ n, F0 = F n) as [n].
     { apply NNPP; intro. elim H2. intros. intro. elim H3; eauto. }
     destruct (classic (n ∈ ω)).
     * rewrite H3,I_Fn_Equ_Q'0_Singleton; auto. apply MKT41; auto.
       pose proof H. rewrite <-H3. apply Q'0_in_Q' in H5; eauto.
     * apply Fn_Corollary1 in H4. destruct H.
       apply AxiomII in H as [H[[H6[H7[]]]]].
       rewrite H3,H4 in H8. elim (@ MKT16 ω); auto.
 - unfold Symmetry; intros. apply AxiomII' in H2 as [H2[H3[]]].
   apply AxiomII'; repeat split; auto. apply MKT49a; eauto.
   apply AxiomII in H5 as [H5[]]. apply AxiomII.
   apply Q'_<_Subset_Q' in H0; apply Q'_<_Subset_Q' in H1; auto.
   apply (Q'_Minus_in_Q' _ y x) in H0; auto. repeat split; eauto.
   intros. apply H7 in H8.
   assert (|x —_F0 y|_F0 = |y —_F0 x|_F0).
   { apply Q'_<_Subset_Q' in H3; apply Q'_<_Subset_Q' in H4; auto.
     apply neg_Q'Abs_Equ; try apply Q'_Minus_in_Q'; auto.
     rewrite <-Q'_Mix_Association1,Q'_Plus_Commutation,
     <-Q'_Mix_Association1,Q'_Plus_Commutation,
     Q'_Mix_Association1,Q'_Plus_Commutation,
     Q'_Mix_Association1; try apply Q'_Minus_in_Q'; auto.
     assert (y —_F0 y = Q'0 F0 /\ x —_F0 x = Q'0 F0) as [].
     { split; apply Q'_Minus_Corollary;
       try rewrite Q'_Plus_Property; try apply Q'0_in_Q'; auto. }
     rewrite H9,H10, Q'_Plus_Property; try apply Q'0_in_Q'; auto. }
   rewrite <-H9; auto.
 - unfold Transitivity; intros.
   apply AxiomII' in H3 as [H3[H5[]]].
   apply AxiomII' in H4 as [H4[H8[]]].
   apply AxiomII'; repeat split; auto. apply MKT49a; eauto.
   assert (x —_F0 z = (x —_F0 y) +_F0 (y —_F0 z)).
   { apply Q'_<_Subset_Q' in H0; apply Q'_<_Subset_Q' in H1;
     apply Q'_<_Subset_Q' in H2; auto.
     rewrite <-Q'_Mix_Association1,Q'_Plus_Commutation,
     <-Q'_Mix_Association1,Q'_Plus_Commutation,
     (Q'_Mix_Association1 F0 x y y); auto with Q'.
     assert (y —_F0 y = Q'0 F0).
     { apply Q'_Minus_Corollary; try apply Q'0_in_Q'; auto.
       rewrite Q'_Plus_Property; auto. }
     rewrite H11,Q'_Plus_Property; auto. }
   rewrite H11. auto with Q'.
Qed.
```

将 u 关于 R 的等价类记为 $[u]$, 显然有

$$[u] = [v] \iff (u - v) \in \mathbf{I}.$$

```
Declare Scope r_scope.
Delimit Scope r_scope with r.
```

```
Open Scope r_scope.

Notation "\[ u \]_{F0} " := (equClass u (R_Q' F0) (Q'_< F0))
  (at level 5, u at level 0, F0 at level 0) : r_scope.

Corollary R_Q'_Corollary : ∀ F0 u v, Arithmetical_ultraFilter F0
  -> u ∈ (Q'_< F0) -> v ∈ (Q'_< F0)
  -> \[u\]_{F0} = \[v\]_{F0} <-> (u -_{F0} v) ∈ (I F0).
Proof.
  split; intros.
  - apply equClassT1 in H2; try apply R_Q'_is_equRelation; auto.
    apply AxiomII' in H2; tauto.
  - symmetry. apply equClassT1; try apply R_Q'_is_equRelation; auto.
    apply AxiomII'; repeat split; auto. apply MKT49a; eauto.
Qed.
```

　　$\mathbf{Q}_<$ 在 R 下的商集记为 $\mathbf{R}$:

$$\mathbf{R} = \mathbf{Q}_</R = \{u : u \text{ 是关于 } R \text{ 的等价类}\}.$$

```
Definition R F0 := (Q'_< F0) / (R_Q' F0).

Corollary R_is_Set : ∀ F0, F0 ∈ βω -> Ensemble (R F0).
Proof.
  intros. apply (MKT33 (pow(Q'_< F0))).
  apply MKT38a,Q'_<_is_Set; auto. unfold Included; intros.
  apply AxiomII in H0 as [H0[x[]]].
  apply AxiomII; split; auto. rewrite H2.
  unfold Included; intros. apply AxiomII in H3; tauto.
Qed.

Corollary R_Corollary1 : ∀ F0 u, Arithmetical_ultraFilter F0
  -> u ∈ (R F0) -> ∃ x, x ∈ (Q'_< F0) /\ x ∈ (Q' F0) /\ u = \[x\]_{F0}.
Proof.
  intros. apply AxiomII in H0 as [H0[x[]]]. exists x.
  repeat split; auto. apply Q'_<_Subset_Q'; auto.
Qed.

Corollary R_Corollary2 : ∀ F0 x, Arithmetical_ultraFilter F0
  -> x ∈ (Q'_< F0) -> \[x\]_{F0} ∈ (R F0).
Proof.
  intros. assert (Ensemble (\[x\]_{F0})).
  { apply (MKT33 (Q'_< F0)). apply Q'_<_is_Set; destruct H; auto.
    unfold Included; intros. apply AxiomII in H1; tauto. }
  apply AxiomII; split; eauto.
Qed.
```

　　策略 inR 为条件 $u \in \mathbf{R}$ 中的 u 自动赋予指定的变量 x, 使得 $u = [x]$.

```
Ltac inR H x := apply R_Corollary1 in H as [x[?[]]]; auto.
```

　　$\mathbf{R}$ 中的 0 元和 1 元记为 R_0 和 R_1:

$$\mathrm{R}_0 = [^*\mathrm{Q}_0], \quad \mathrm{R}_1 = [^*\mathrm{Q}_1],$$

$^*\mathrm{Q}_0$ 和 $^*\mathrm{Q}_1$ 分别是 $^*\mathbf{Q}$ 中的 0 元和 1 元. 事实上, 有 $\mathrm{R}_0 = \mathbf{I}$.

Definition R0 F0 := \[Q'0 F0\]$_{F0}$.

Definition R1 F0 := \[Q'1 F0\]$_{F0}$.

Corollary R0_Corollary : ∀ F0, Arithmetical_ultraFilter F0 -> R0 F0 = I F0.
Proof.
  intros. apply AxiomI; split; intros.
  - apply AxiomII in H0 as [H0[]].
    apply AxiomII' in H2 as [H3[H4[]]].
    assert (z = z $-_{F0}$ (Q'0 F0)).
    { symmetry. apply Q'_Minus_Corollary; auto with Q';
      try apply Q'$_<$_Subset_Q'; auto.
      rewrite Q'_Plus_Commutation,Q'_Plus_Property;
      try apply Q'$_<$_Subset_Q'; auto with Q'. }
    rewrite H6; auto.
  - apply AxiomII. repeat split; eauto.
    apply I_properSubset_Q'$_<$; auto.
    apply AxiomII'; repeat split; auto with Q'.
    apply Q'0_in_Q' in H. apply MKT49a; eauto.
    apply I_properSubset_Q'$_<$; auto.
    assert (z $-_{F0}$ (Q'0 F0) = z).
    { apply Q'_Minus_Corollary; auto with Q';
      try apply Q'$_<$_Subset_Q'; try apply I_properSubset_Q'$_<$; auto.
      rewrite Q'_Plus_Commutation,Q'_Plus_Property; auto with Q';
      apply Q'$_<$_Subset_Q'; apply I_properSubset_Q'$_<$; auto. }
    rewrite H1; auto.
Qed.

Fact R0_in_R : ∀ F0, Arithmetical_ultraFilter F0 -> (R0 F0) ∈ (R F0).
Proof.
  intros. apply R_Corollary2; auto with Q'.
Qed.

Global Hint Resolve R0_in_R : R.

Fact R1_in_R : ∀ F0, Arithmetical_ultraFilter F0 -> (R1 F0) ∈ (R F0).
Proof.
  intros. apply R_Corollary2; auto. pose proof H.
  apply Q'1_in_Q' in H0. apply AxiomII; repeat split; eauto.
  exists (Q'1 F0). split.
  - pose proof H. apply φ4_is_Function in H1 as [[][]].
    replace (Q'_N F0) with ran(φ4 F0); auto.
    rewrite <-φ4_1; auto. apply (@ Property_ran 1),Property_Value;
    auto. rewrite H3. apply in_ω_1.
  - left. apply mt_Q'0_Q'Abs; auto with Q'.
Qed.

Global Hint Resolve R1_in_R : R.

Fact R0_isn't_R1 : ∀ F0, Arithmetical_ultraFilter F0 -> R0 F0 <> R1 F0.
Proof.
  intros; intro. symmetry in H0.
  apply R_Q'_Corollary in H0; auto with Q'.
  rewrite Q'_Minus_Property2 in H0; auto with Q'.
  apply AxiomII in H0 as [H0[]].
  assert ((Q'1 F0) ∈ (Q'_N F0 ∼ [Q'0 F0])).
  { apply MKT4'; split. apply Q'1_in_Q'_N; auto.
    apply AxiomII; split; auto. intro.
    apply MKT41 in H3; eauto with Q'.

```
  elim (Q'0_isn't_Q'1 F0); auto. }
 apply H2 in H3. rewrite (mt_Q'0_Q'Abs F0 (Q'1 F0)),
 Q'_Divide_Property2 in H3; auto with Q'.
 elim (Q'_Ord_irReflex F0 (Q'1 F0) (Q'1 F0)); auto.
Qed.

Global Hint Resolve R0_isn't_R1 : R.
```

4.3.2　**R** 上的序

定理 4.8 (定义 4.1) (R 上的序)　设 $\mathbf{Q}_<$ 和 **R** 由算术超滤 $F0$ 生成, $u, v \in \mathbf{R}$ 并且 $u = [x], v = [y]$, 其中 $x, y \in \mathbf{Q}_<$, 则 u 和 v 的序关系可定义如下:

$$u < v \iff [x] < [y] \iff x < y \wedge [x] \neq [y],$$

其中 $x < y$ 是 $\mathbf{Q}_<$ 上的序关系.

这种序关系的定义是合理的, 首先, $\forall x, x_1, y, y_1 \in \mathbf{Q}_<$, 若

$$u = [x] = [x_1], \quad v = [y] = [y_1], \quad u \neq v,$$

则有

$$u < v \iff x < y \iff x_1 < y_1,$$

即按上述定义, **R** 上的序关系与等价类代表的选取无关.

```
Definition R_Ord F0 := \{\ λ u v, u <> v /\ ∀ x y, x ∈ (Q'_< F0)
 -> y ∈ (Q'_< F0) -> u = \[x\]_{F0} -> v = \[y\]_{F0} -> x <_{F0} y \}\.

Notation "u <_{F0} v" := (Rrelation u (R_Ord F0) v)
 (at level 10, F0 at level 9) : r_scope.

(* 合理性: 序关系与等价类代表的选取无关 *)

Open Scope q'_scope.

Fact R_Ord_reasonable : ∀ F0 x x1 y y1, Arithmetical_ultraFilter F0
 -> x ∈ (Q'_< F0) -> x1 ∈ (Q'_< F0)
 -> y ∈ (Q'_< F0) -> y1 ∈ (Q'_< F0)
 -> (\[x\]_{F0} = \[x1\]_{F0})%r -> (\[y\]_{F0} = \[y1\]_{F0})%r
 -> (\[x\]_{F0} <> \[y\]_{F0})%r -> x <_{F0} y <-> x1 <_{F0} y1.
Proof.
 assert (∀ F0 x x1 y y1, Arithmetical_ultraFilter F0
  -> x ∈ (Q'_< F0) -> x1 ∈ (Q'_< F0)
  -> y ∈ (Q'_< F0) -> y1 ∈ (Q'_< F0)
  -> (\[x\]_{F0} = \[x1\]_{F0})%r -> (\[y\]_{F0} = \[y1\]_{F0})%r
  -> (\[x\]_{F0} <> \[y\]_{F0})%r -> x <_{F0} y -> x1 <_{F0} y1).
 { intros. assert (x ∈ (Q' F0) /\ x1 ∈ (Q' F0) /\ y ∈ (Q' F0)
   /\ y1 ∈ (Q' F0)) as [H8[H9[]]].
  { repeat split; try apply Q'_<_Subset_Q'; auto. }
  symmetry in H4. apply R_Q'_Corollary in H4,H5; auto.
  assert (((x1 -_{F0} x) +_{F0} (y -_{F0} y1)) ∈ (I F0)).
  { apply I_Plus_in_I; auto. }
```

```
assert ((x1 −F0 x) +F0 (y −F0 y1))
 = (y −F0 x) +F0 (x1 −F0 y1)).
{ rewrite <-Q'_Mix_Association1,<-Q'_Mix_Association1;
  auto with Q'. apply Q'_Minus_Corollary; auto with Q'.
  rewrite <-Q'_Mix_Association1,Q'_Plus_Commutation,
  Q'_Mix_Association1; auto with Q'.
  rewrite Q'_Minus_Property1,Q'_Plus_Property,
  Q'_Plus_Commutation,<-Q'_Mix_Association1,
  (Q'_Plus_Commutation F0 (x1 −F0 x)),
  <-Q'_Mix_Association1,Q'_Plus_Commutation; auto with Q'. }
rewrite H13 in H12. clear H13.
assert ((Q'0 F0) <F0 (y −F0 x)).
{ apply (Q'_Plus_PrOrder F0 _ _ x); auto with Q'.
  rewrite Q'_Plus_Property,<-Q'_Mix_Association1,
  Q'_Plus_Commutation,Q'_Mix_Association1,Q'_Minus_Property1,
  Q'_Plus_Property; auto. }
assert ((y -_ F0 x) ∉ (I F0)).
{ intro. elim H6. symmetry. apply R_Q'_Corollary; auto. }
set (A := (x1 −F0 y1)).
destruct (Q'_Ord_Connect F0 H A (Q'0 F0)) as [H15|[|]];
unfold A; auto with Q'.
- unfold A in H15. apply (Q'_Plus_PrOrder F0 _ _ y1)
  in H15; auto with Q'. rewrite Q'_Plus_Property,
  <-Q'_Mix_Association1,Q'_Plus_Commutation,Q'_Mix_Association1,
  Q'_Minus_Property1,Q'_Plus_Property in H15; auto.
- assert (∃ k, k ∈ (Q'_N F0 ∼ [Q'0 F0])
  /\ ((Q'1 F0) /F0 k = |y −F0 x|F0
   \/ ((Q'1 F0) /F0 k) <F0 (|y −F0 x|F0))) as [k[]].
  { apply NNPP; intro. elim H14. apply AxiomII; repeat split;
    eauto with Q'. intros. apply NNPP; intro. elim H16.
    exists k. split; auto. destruct (Q'_Ord_Connect F0 H
    (|(y −F0 x)|F0) ((Q'1 F0) /F0 k)) as [H19|[]];
    try contradiction; auto with Q'. apply Q'_Divide_in_Q';
    auto with Q'. apply MKT4' in H17 as [].
    apply Q'_N_Subset_Q'; auto. apply MKT4' in H17 as [_].
    apply AxiomII in H17 as []. intro. elim H19.
    apply MKT41; eauto with Q'. }
  rewrite mt_Q'0_Q'Abs in H17; auto with Q'.
  assert (((Q'1 F0) /F0 k) <F0 ((y −F0 x) +F0 A)).
  { apply (Q'_Plus_PrOrder F0 _ _ (y −F0 x)) in H15;
    auto with Q'. rewrite Q'_Plus_Property in H15;
    auto with Q'. destruct H17. rewrite H17; auto.
    apply (Q'_Ord_Trans F0 _ (y −F0 x)); unfold A;
    auto with Q'. apply Q'_Divide_in_Q'; auto with Q'.
    apply MKT4' in H16 as []. apply Q'_N_Subset_Q'; auto.
    apply MKT4' in H16 as [_]. apply AxiomII in H16 as [].
    intro. elim H18. apply MKT41; eauto with Q'.
    apply Q'_Minus_in_Q'; auto. }
  apply AxiomII in H12 as [_[]]. rewrite mt_Q'0_Q'Abs in H19;
  auto. pose proof H16. apply MKT4' in H20 as [].
  apply Q'_N_Subset_Q' in H20; auto.
  assert (k <> (Q'0 F0)).
  { apply AxiomII in H21 as []. intro. elim H22.
    apply MKT41; eauto with Q'. } clear H21.
  pose proof H16. apply Q'_N_Q'0_is_FirstMember in H21; auto.
  apply H19 in H16. apply (Q'_Ord_Trans F0 ((Q'1 F0) /F0 k))
  in H16; auto with Q'. elim (Q'_Ord_irReflex F0
  ((Q'1 F0) /F0 k) ((Q'1 F0) /F0 k)); auto with Q'.
  apply (Q'_Plus_PrOrder F0 _ _ (y −F0 x)) in H15;
```

```
      unfold A; auto with Q'. rewrite Q'_Plus_Property in H15;
      auto with Q'. apply (Q'_Ord_Trans F0 _ (y −F0 x));
      auto with Q'.
    - unfold A in H15. rewrite H15,Q'_Plus_Property in H12;
      auto with Q'. elim H14; auto. }
  split; intros; [apply (H F0 x x1 y y1)|apply (H F0 x1 x y1 y)];
  auto. intro; elim H7. rewrite H5,H6; auto.
Qed.

Close Scope q'_scope.

(* [x] < [y] <-> x < y /\ [x] <> [y] *)

Corollary R_Ord_Corollary : ∀ F0 x y, Arithmetical_ultraFilter F0
  -> x ∈ (Q'< F0) -> y ∈ (Q'< F0) -> \[x\]F0 <F0 \[y\]F0
  <-> ((x <F0 y)%q' /\ \[x\]F0 <> \[y\]F0).
Proof.
  split; intros.
  - apply AxiomII' in H2 as [H2[]]. split; auto.
  - destruct H2.
    assert (\[x\]F0 ∈ (R F0)). { apply R_Corollary2; auto. }
    assert (\[y\]F0 ∈ (R F0)). { apply R_Corollary2; auto. }
    apply AxiomII'; split. apply MKT49a; eauto. split; intros; auto.
    assert ((x <F0 y)%q' /\ \[x\]F0 <> \[y\]F0) as []; auto.
    apply (R_Ord_reasonable F0 x x0 y y0) in H10; auto.
Qed.
```

下面证明, 上述定义 **R** 上的关系满足序性质.

设 $u, v, w \in \mathbf{R}$, 则

1) $\mathrm{R}_0 < \mathrm{R}_1$.

2) 反自反性: $\sim u < u$.

3) 传递性: $u < v \wedge v < w \implies u < w$.

4) 三分律: $u < v \ \vee \ v < u \ \vee \ u = v$.

```
(* R0 < R1 *)

Fact R0_lt_R1 : ∀ F0, Arithmetical_ultraFilter F0 -> (R0 F0) <F0 (R1 F0).
Proof.
  intros. apply R_Ord_Corollary; auto with Q'. split.
  apply Q'0_lt_Q'1; auto. intro. symmetry in H0.
  apply R_Q'_Corollary in H0; auto with Q'.
  assert ((Q'1 F0) −F0 (Q'0 F0) = Q'1 F0)%q'.
  { rewrite Q'_Minus_Property2; auto with Q'. }
  rewrite H1 in H0. clear H1. pose proof H. apply Q'0_lt_Q'1 in H1.
  pose proof H1. apply mt_Q'0_Q'Abs in H2; auto with Q'.
  apply AxiomII in H0 as [_[]]. rewrite H2 in *. clear H2.
  assert ((Q'1 F0) ∈ (Q'_N F0 ~ [Q'0 F0])).
  { pose proof H. apply Q'0_in_Q' in H2. apply MKT4'; split.
    apply Q'1_in_Q'_N; auto. apply AxiomII; split; eauto.
    intro. apply MKT41 in H4; eauto.
    elim (Q'0_isn't_Q'1 F0); auto. }
  apply H3 in H2. rewrite Q'_Divide_Property2 in H2; auto.
  elim (Q'_Ord_irReflex F0 (Q'1 F0) (Q'1 F0)); auto.
Qed.

Global Hint Resolve R0_lt_R1 : R.
```

(* 反自反性 *)

Fact R_Ord_irReflex : ∀ F0 u v, Arithmetical_ultraFilter F0 -> u = v -> ∼ u $<_{F0}$ v.
Proof.
  intros. intro. apply AxiomII' in H1 as [H1[]]; auto.
Qed.

(* 传递性 *)

Fact R_Ord_Trans : ∀ F0 u v w, Arithmetical_ultraFilter F0
  -> u ∈ (R F0) -> v ∈ (R F0) -> w ∈ (R F0)
  -> u $<_{F0}$ v -> v $<_{F0}$ w -> u $<_{F0}$ w.
Proof.
  Open Scope q'_scope.
  intros. inR H0 x. inR H1 y. inR H2 z. rewrite H6,H8,H10 in *.
  apply R_Ord_Corollary in H3 as [];
  apply R_Ord_Corollary in H4 as []; auto.
  apply R_Ord_Corollary; auto. split.
  - apply (Q'_Ord_Trans F0 x y); auto.
  - assert ((y $-_{F0}$ x) $<_{F0}$ (z $-_{F0}$ x)).
    { pose proof H5. apply Q'_neg in H5 as [x0[[]]]; auto.
      replace (y $-_{F0}$ x) with (y $+_{F0}$ x0).
      replace (z $-_{F0}$ x) with (z $+_{F0}$ x0).
      rewrite Q'_Plus_Commutation,(Q'_Plus_Commutation F0 z); auto.
      apply Q'_Plus_PrOrder; auto. symmetry.
      apply Q'_Minus_Corollary; auto with Q'.
      rewrite <-Q'_Plus_Association,(Q'_Plus_Commutation F0 x),
      Q'_Plus_Association,H14,Q'_Plus_Property; auto.
      symmetry. apply Q'_Minus_Corollary; auto with Q'.
      rewrite <-Q'_Plus_Association,(Q'_Plus_Commutation F0 x),
      Q'_Plus_Association,H14,Q'_Plus_Property; auto. }
    assert ((Q'0 F0) $<_{F0}$ (y $-_{F0}$ x)).
    { pose proof H5. apply Q'_neg in H5 as [x0[[]]]; auto.
      replace (y $-_{F0}$ x) with (y $+_{F0}$ x0).
      rewrite <-H15,Q'_Plus_Commutation,
      (Q'_Plus_Commutation F0 y); auto.
      apply Q'_Plus_PrOrder; auto. symmetry.
      apply Q'_Minus_Corollary; auto with Q'.
      rewrite <-Q'_Plus_Association,(Q'_Plus_Commutation F0 x),
      Q'_Plus_Association,H15,Q'_Plus_Property; auto. }
    assert ((Q'0 F0) $<_{F0}$ (z $-_{F0}$ x)).
    { apply (Q'_Ord_Trans F0 _ (y $-_{F0}$ x)); auto with Q'. }
    apply mt_Q'0_Q'Abs in H14;
    apply mt_Q'0_Q'Abs in H15; auto with Q'.
    assert ((z $-_{F0}$ x) ∉ (I F0)).
    { assert ((y $-_{F0}$ x) ∉ (I F0)).
      { intro. elim H11. symmetry. apply R_Q'_Corollary; auto. }
      intro. elim H16. apply AxiomII in H17 as [H17[]].
      assert ((y $-_{F0}$ x) ∈ (Q' F0)).
      { apply Q'_Minus_in_Q'; auto. }
      apply AxiomII; repeat split; eauto. intros. pose proof H21.
      apply H19 in H21. rewrite H14. rewrite H15 in H21.
      clear H14 H15 H19.
      assert ((Q'0 F0) $<_{F0}$ k).
      { apply Q'_N_Q'0_is_FirstMember; auto. }
      assert (k ∈ (Q' F0)).
      { apply MKT4' in H22 as [].
        apply Q'$<$_Subset_Q',Q'_N_properSubset_Q'$<$; auto. }

```
      apply (Q'_Ord_Trans F0 _ (z −_F0 x)); auto with Q'.
      apply Q'_Divide_in_Q'; auto with Q'.
      intro. apply MKT4' in H22 as []. apply AxiomII in H23 as [].
      elim H24. apply MKT41; eauto with Q'. }
    intro. symmetry in H17. apply R_Q'_Corollary in H17; auto.
  Close Scope q'_scope.
Qed.
```

```
(* 三分律 *)
```

```
Fact R_Ord_Connect : ∀ F0, Arithmetical_ultraFilter F0 -> Connect (R_Ord F0) (R F0).
Proof.
  intros. unfold Connect; intros. inR H0 x. inR H1 y.
  destruct (classic (u = v)); auto.
  assert (x ∈ (Q' F0) /\ y ∈ (Q' F0)) as []; auto.
  apply (Q'_Ord_Connect F0 H x y) in H7 as [H7|[]]; auto; clear H8.
  - left. rewrite H3,H5. apply R_Ord_Corollary; auto.
    rewrite <-H3,<-H5; auto.
  - right; left. rewrite H3,H5. apply R_Ord_Corollary; auto.
    rewrite <-H3,<-H5; auto.
  - rewrite H3,H5,H7 in H6. contradiction.
Qed.
```

$\mathbf{Q}_<$ 上的序与 $\mathbf{R}$ 上的序有如卜关联:

$$\forall x, y \in \mathbf{Q}_<,\ x < y \Longrightarrow [x] < [y] \lor [x] = [y].$$

```
Fact Q'_Ord_to_R_Ord : ∀ F0 x y, Arithmetical_ultraFilter F0
  -> x ∈ (Q'_< F0) -> y ∈ (Q'_< F0) -> (x <_F0 y)%q'
  -> \[x\]_F0 = \[y\]_F0 \/ \[x\]_F0 <_F0 \[y\]_F0.
Proof.
  intros. destruct (classic (\[x\]_F0 = \[y\]_F0)); auto.
  right. apply R_Ord_Corollary; auto.
Qed.
```

4.3.3 R 上的运算

定理 4.9 (定义 4.2) (R 上的加法) 设 $\mathbf{Q}_<$ 和 $\mathbf{R}$ 由算术超滤 $F0$ 生成, $u, v \in \mathbf{R}$ 并且 $u = [x], v = [y]$, 其中 $x, y \in \mathbf{Q}_<$, 则 u 和 v 相加的结果定义如下:

$$u + v = [x] + [y] = [x + y],$$

其中 $x + y$ 是 $\mathbf{Q}_<$ 上的加法.

这种加法定义是合理的. $\forall x, x_1, y, y_1 \in \mathbf{Q}_<$, 若

$$u = [x] = [x_1], \quad v = [y] = [y_1],$$

则 $u + v$ 有唯一结果:

$$u + v = [x] + [y] = [x_1] + [y_1],$$

即按上述定义, **R** 上加法的结果唯一且与等价类代表的选取无关.

```
Definition R_Plus F0 u v := ⋂(\{ λ w, ∀ x y, x ∈ (Q'_< F0)
  -> y ∈ (Q'_< F0) -> u = \[x\]_F0 -> v = \[y\]_F0 -> w = \[(x +_F0 y)%q'\]_F0 \}).

Notation "u +_F0 v" := (R_Plus F0 u v)(at level 10, F0 at level 9) : r_scope.

(* 合理性: 加法的结果唯一且与等价类代表的选取无关 *)

Corollary R_Plus_reasonable : ∀ F0 u v, Arithmetical_ultraFilter F0
  -> u ∈ (R F0) -> v ∈ (R F0) -> ∃ w, w ∈ (R F0) /\ [w]
    = \{ λ w, ∀ x y, x ∈ (Q'_< F0) -> y ∈ (Q'_< F0)
    -> u = \[x\]_F0 -> v = \[y\]_F0 -> w = \[(x +_F0 y)%q'\]_F0 \}.
Proof.
  Open Scope q'_scope. intros. inR H0 x. inR H1 y.
  exists (\[(x +_F0 y)%q'\]_F0)%r.
  assert (\[(x +_F0 y)%q'\]_F0 ∈ (R F0))%r.
  { apply R_Corollary2; try apply Q'_<_Plus_in_Q'_<; auto. }
  split; auto. apply AxiomI; split; intros.
  - apply MKT41 in H7; eauto. apply AxiomII; split.
    rewrite H7; eauto. intros. rewrite H7.
    apply R_Q'_Corollary; try apply Q'_<_Plus_in_Q'_<; auto.
    assert ((x +_F0 y) -_F0 (x0 +_F0 y0)
      = (x -_F0 x0) +_F0 (y -_F0 y0)).
    { apply Q'_<_Subset_Q' in H8; apply Q'_<_Subset_Q' in H9; auto.
      apply (Q'_Plus_Cancellation F0 (x0 +_F0 y0)); auto with Q'.
      rewrite <-Q'_Mix_Association1,
      (Q'_Plus_Commutation F0 (x0 +_F0 y0)),
      Q'_Mix_Association1; auto with Q'.
      assert ((x0 +_F0 y0) -_F0 (x0 +_F0 y0) = Q'0 F0).
      { apply Q'_Minus_Corollary; try rewrite Q'_Plus_Property;
        auto with Q'. }
      rewrite H12. rewrite Q'_Plus_Property,<-Q'_Plus_Association,
      (Q'_Plus_Commutation F0 (x0 +_F0 y0)),<-Q'_Plus_Association,
      (Q'_Plus_Commutation F0 _ x0),<-(Q'_Mix_Association1 F0 x0),
      (Q'_Plus_Commutation F0 _ x),Q'_Mix_Association1; auto with Q'.
      assert (x0 -_F0 x0 = Q'0 F0).
      { apply Q'_Minus_Corollary; try rewrite Q'_Plus_Property;
        auto with Q'. }
      rewrite H13,Q'_Plus_Property,Q'_Plus_Association,
      <-Q'_Mix_Association1,(Q'_Plus_Commutation F0 y0 y),
      Q'_Mix_Association1; auto with Q'.
      assert (y0 -_F0 y0 = Q'0 F0).
      { apply Q'_Minus_Corollary; try rewrite Q'_Plus_Property;
        auto with Q'. }
      rewrite H14,Q'_Plus_Property; auto. }
    pose proof H8; pose proof H9. rewrite H12.
    apply Q'_<_Subset_Q' in H8; apply Q'_<_Subset_Q' in H9; auto.
    apply I_Plus_in_I; auto. rewrite H3 in H10.
    apply R_Q'_Corollary; auto. rewrite H5 in H11.
    apply R_Q'_Corollary; auto.
  - apply AxiomII in H7 as []. apply MKT41; eauto.
  Close Scope q'_scope.
Qed.

(* [x] + [y] = [x + y] *)

Corollary Property_R_Plus : ∀ F0 x y, Arithmetical_ultraFilter F0
  -> x ∈ (Q'_< F0) -> y ∈ (Q'_< F0)
  -> (\[x\]_F0) +_F0 (\[y\]_F0) = \[(x +_F0 y)%q'\]_F0.
```

```
Proof.
  intros. assert (\[x\]_{F0} ∈ (R F0)). { apply R_Corollary2; auto. }
  assert (\[y\]_{F0} ∈ (R F0)). { apply R_Corollary2; auto. }
  pose proof H. apply (R_Plus_reasonable F0 (\[x\]_{F0}) (\[y\]_{F0}))
  in H4 as [u[]]; auto. unfold R_Plus. rewrite <-H5.
  assert (u ∈ [u]). { apply MKT41; eauto. }
  rewrite H5 in H6. clear H5. apply AxiomII in H6 as [].
  assert (u = \[(x +_{F0} y)%q'\]_{F0}). { apply H6; auto. }
  rewrite <-H7. apply MKT44; auto.
Qed.
```

R 上定义的加法对 **R** 是封闭的.

```
Fact R_Plus_in_R : ∀ F0 u v, Arithmetical_ultraFilter F0
  -> u ∈ (R F0) -> v ∈ (R F0) -> (u +_{F0} v) ∈ (R F0).
Proof.
  intros. pose proof H.
  apply (R_Plus_reasonable F0 u v) in H2 as [a[]]; auto.
  assert (a ∈ [a]). { apply MKT41; eauto. }
  rewrite H3 in H4. clear H3. apply AxiomII in H4 as [].
  inR H0 x. inR H1 y. rewrite H6,H8. pose proof H0.
  apply (H4 x y) in H9; auto. rewrite Property_R_Plus,<-H9; auto.
Qed.

Global Hint Resolve R_Plus_in_R : R.
```

定理 4.10 (定义 4.3) (R 上的乘法) 设 $\mathbf{Q}_<$ 和 **R** 由算术超滤 $F0$ 生成, $u, v \in \mathbf{R}$ 并且 $u = [x], v = [y]$, 其中 $x, y \in \mathbf{Q}_<$, 则 u 和 v 相乘的结果定义如下:

$$u \cdot v = [x] \cdot [y] = [x \cdot y],$$

其中 $x \cdot y$ 是 $\mathbf{Q}_<$ 上的乘法.

这种乘法定义是合理的. 对 $\forall x, x_1, y, y_1 \in \mathbf{Q}_<$, 若

$$u = [x] = [x_1], \quad v = [y] = [y_1],$$

则 $u \cdot v$ 有唯一结果:

$$u \cdot v = [x] \cdot [y] = [x_1] \cdot [y_1],$$

即按上述定义, **R** 上乘法的结果唯一且与等价类代表的选取无关.

```
Definition R_Mult F0 u v := ∩(\{ λ w, ∀ x y, x ∈ (Q'_< F0)
  -> y ∈ (Q'_< F0) -> u = \[x\]_{F0} -> v = \[y\]_{F0} -> w = \[(x ·_{F0} y)%q'\]_{F0} \}).

Notation "u ·_{F0} v" := (R_Mult F0 u v)(at level 10, F0 at level 9) : r_scope.

(* 合理性: 乘法的结果唯一且与等价类代表的选取无关 *)

Fact R_Mult_reasonable : ∀ F0 u v, Arithmetical_ultraFilter F0
  -> u ∈ (R F0) -> v ∈ (R F0) -> ∃ w, w ∈ (R F0) /\ [w]
  = \{ λ w, ∀ x y, x ∈ (Q'_< F0) -> y ∈ (Q'_< F0)
  -> u = \[x\]_{F0} -> v = \[y\]_{F0} -> w = \[(x ·_{F0} y)%q'\]_{F0} \}.
Proof.
```

```
Open Scope q'_scope. intros. inR H0 x. inR H1 y.
exists (\[(x ·F0 y)%q'\]F0)%r.
assert (\[(x ·F0 y)%q'\]F0 ∈ (R F0))%r.
{ apply R_Corollary2; try apply Q'<_Mult_in_Q'<; auto. }
split; auto. apply AxiomI; split; intros.
- apply MKT41 in H7; eauto. apply AxiomII; split.
  rewrite H7; eauto. intros. rewrite H7.
  apply R_Q'_Corollary; try apply Q'<_Mult_in_Q'<; auto.
  rewrite H3 in H10; rewrite H5 in H11.
  apply R_Q'_Corollary in H10;
  apply R_Q'_Corollary in H11; auto.
  assert ((x ·F0 y) −F0 (x0 ·F0 y0)
    = (y ·F0 (x −F0 x0)) +F0 (x0 ·F0 (y −F0 y0))).
  { pose proof H8; pose proof H9.
    apply Q'<_Subset_Q' in H12; auto.
    apply Q'<_Subset_Q' in H13; auto.
    rewrite Q'_Mult_Distribution_Minus,
    Q'_Mult_Distribution_Minus,<-Q'_Mix_Association1,
    (Q'_Plus_Commutation F0 _ (x0 ·F0 y)),
    <-Q'_Mix_Association1,(Q'_Plus_Commutation F0 _ (y ·F0 x)),
    Q'_Mix_Association1,(Q'_Mult_Commutation F0 y),
    (Q'_Mult_Commutation F0 y); auto with Q'.
    assert ((x0 ·F0 y) −F0 (x0 ·F0 y) = Q'0 F0).
    { apply Q'_Minus_Corollary; try rewrite Q'_Plus_Property;
      auto with Q'. }
    rewrite H14,Q'_Plus_Property; auto with Q'. }
  rewrite H12. apply I_Plus_in_I; auto;
  try rewrite Q'_Mult_Commutation;
  try apply Q'<_Subset_Q'; auto with Q'.
- apply AxiomII in H7 as []. apply MKT41; eauto.
Close Scope q'_scope.
Qed.

(* [x] · [y] = [x · y] *)

Corollary R_Mult_Corollary : ∀ F0 x y, Arithmetical_ultraFilter F0
 -> x ∈ (Q'< F0) -> y ∈ (Q'< F0)
 -> \[x\]F0 ·F0 \[y\]F0 = \[(x ·F0 y)%q'\]F0.
Proof.
  intros. assert (\[x\]F0 ∈ (R F0)). { apply R_Corollary2; auto. }
  assert (\[y\]F0 ∈ (R F0)). { apply R_Corollary2; auto. }
  pose proof H. apply (R_Mult_reasonable F0 (\[x\]F0) (\[y\]F0))
  in H4 as [u[]]; auto. unfold R_Mult. rewrite <-H5.
  assert (u ∈ [u]). { apply MKT41; eauto. }
  rewrite H5 in H6. clear H5. apply AxiomII in H6 as [].
  assert (u = \[(x ·F0 y)%q'\]F0). { apply H6; auto. }
  rewrite <-H7. apply MKT44; auto.
Qed.
```

R 上定义的乘法对 R 是封闭的.

```
Fact R_Mult_in_R : ∀ F0 u v, Arithmetical_ultraFilter F0
 -> u ∈ (R F0) -> v ∈ (R F0) -> (u ·F0 v) ∈ (R F0).
Proof.
  intros. pose proof H.
  apply (R_Mult_reasonable F0 u v) in H2 as [a[]]; auto.
  assert (a ∈ [a]). { apply MKT41; eauto. }
  rewrite H3 in H4. clear H3. apply AxiomII in H4 as [].
  inR H0 x. inR H1 y. rewrite H6,H8. pose proof H0.
  apply (H4 x y) in H9; auto. rewrite R_Mult_Corollary,<-H9; auto.
```

```
Qed.
```

```
Global Hint Resolve R_Mult_in_R : R.
```

定理 4.11 (**R** 上加法的性质) 设 $\mathbf{Q}_<$ 和 **R** 由算术超滤 $F0$ 生成, $u, v, w \in \mathbf{R}$, $x, x_0 \in \mathbf{Q}_<$. R_0 和 $^*\mathrm{Q}_0$ 分别是 **R** 和 $\mathbf{Q}_<$ 中的 0 元. **R** 上定义的加法满足下列性质.

1) $u + \mathrm{R}_0 = u$.

2) 交换律: $u + v = v + u$.

3) 结合律: $(u + v) + w = u + (v + w)$.

4) 消去律: $u + v = u + w \implies v = w$.

5) 保序性: $u < v \iff (w + u) < (w + v)$.

6) 保序性推论: $u < v \iff$ 存在唯一 w 使得 $u + w = v$.

7) 存在负元: 存在唯一 $u_0 \in \mathbf{R}$ 使得 $u + u_0 = {}^*\mathrm{Q}_0$.

8) 负元推论: $[x] + u = \mathrm{R}_0 \wedge x + x_0 = {}^*\mathrm{Q}_0 \implies u = [x_0]$.

```
(* u + R₀ = u *)
```

```
Fact R_Plus_Property : ∀ F0 u, Arithmetical_ultraFilter F0 -> u∈(R F0) -> u +_F0 (R0 F0)=u.
Proof.
  intros. inR H0 x. unfold R0.
  rewrite H2,Property_R_Plus; auto with Q'.
  apply R_Q'_Corollary; auto with Q'.
  rewrite Q'_Plus_Property; auto. apply R_Q'_Corollary; auto.
Qed.
```

```
(* 交换律 *)
```

```
Fact R_Plus_Commutation : ∀ F0 u v, Arithmetical_ultraFilter F0
  -> u ∈ (R F0) -> v ∈ (R F0) -> u +_F0 v = v +_F0 u.
Proof.
  intros. inR H0 x. inR H1 y.
  rewrite H3,H5,Property_R_Plus,Property_R_Plus; auto.
  rewrite Q'_Plus_Commutation; auto.
Qed.
```

```
(* 结合律 *)
```

```
Fact R_Plus_Association : ∀ F0 u v w, Arithmetical_ultraFilter F0
  -> u ∈ (R F0) -> v ∈ (R F0) -> w ∈ (R F0)
  -> (u +_F0 v) +_F0 w = u +_F0 (v +_F0 w).
Proof.
  intros. inR H0 x. inR H1 y. inR H2 z.
  rewrite H4,H6,H8,Property_R_Plus,Property_R_Plus,
  Property_R_Plus,Property_R_Plus,Q'_Plus_Association; auto with Q'.
Qed.
```

```
(* 消去律 *)
```

```
Fact R_Plus_Cancellation : ∀ F0 u v w, Arithmetical_ultraFilter F0
  -> u ∈ (R F0) -> v ∈ (R F0) -> w ∈ (R F0)
  -> u +_F0 v = u +_F0 w -> v = w.
```

```
Proof.
  intros. inR H0 x. inR H1 y. inR H2 z. rewrite H5,H7,H9 in *.
  rewrite Property_R_Plus,Property_R_Plus in H3; auto.
  apply R_Q'_Corollary in H3; auto with Q'.
  apply R_Q'_Corollary; auto.
  assert ((x +_{F0} y) -_{F0} (x +_{F0} z) = y -_{F0} z)%q'.
  { apply Q'_Minus_Corollary; auto with Q'.
    rewrite Q'_Plus_Association; auto with Q'.
    assert (z +_{F0} (y -_{F0} z) = y)%q'.
    { rewrite <-Q'_Mix_Association1,Q'_Plus_Commutation,
      Q'_Mix_Association1; auto.
      assert (z -_{F0} z = Q'0 F0)%q'.
      { apply Q'_Minus_Corollary; try rewrite Q'_Plus_Property;
        auto with Q'. }
      rewrite H10,Q'_Plus_Property; auto with Q'. }
    rewrite H10; auto. }
  rewrite <-H10; auto.
Qed.

(* 保序性 *)

Fact R_Plus_PrOrder : ∀ F0 u v w, Arithmetical_ultraFilter F0
  -> u ∈ (R F0) -> v ∈ (R F0) -> w ∈ (R F0)
  -> u <_{F0} v <-> (w +_{F0} u) <_{F0} (w +_{F0} v).
Proof.
  intros. inR H0 x. inR H1 y. inR H2 z. rewrite H4,H6,H8.
  rewrite Property_R_Plus,Property_R_Plus; auto.
  assert ((z +_{F0} x) -_{F0} (z +_{F0} y) = x -_{F0} y)%q'.
  { apply Q'_Minus_Corollary; auto with Q'.
    rewrite <-Q'_Mix_Association1,Q'_Plus_Association,
    (Q'_Plus_Commutation F0 y x),<-Q'_Plus_Association,
    Q'_Mix_Association1,Q'_Minus_Property1,Q'_Plus_Property;
    auto with Q'. }
  split; intros.
  - apply R_Ord_Corollary in H10 as []; auto.
    apply R_Ord_Corollary; auto with Q'. split.
    + apply Q'_Plus_PrOrder; auto.
    + intro. elim H11. apply R_Q'_Corollary in H12; auto with Q'.
      apply R_Q'_Corollary; auto with Q'. rewrite <-H9; auto.
  - apply R_Ord_Corollary in H10 as []; auto with Q'.
    apply R_Ord_Corollary; auto. split.
    + apply Q'_Plus_PrOrder in H10; auto.
    + intro. elim H11. apply R_Q'_Corollary in H12; auto.
      apply R_Q'_Corollary; auto with Q'. rewrite H9; auto.
Qed.

(* 保序性推论 *)

Corollary R_Plus_PrOrder_Corollary :
  ∀ F0 u v, Arithmetical_ultraFilter F0
  -> u ∈ (R F0) -> v ∈ (R F0) -> u <_{F0} v
  <-> exists ! w, w ∈ (R F0) /\ (R0 F0) <_{F0} w /\ u +_{F0} w = v.
Proof.
  intros. pose proof H0 as Ha; pose proof H1 as Hb.
  inR H0 x. inR H1 y. split; intros.
  - pose proof H6. rewrite H3,H5 in H7.
    apply R_Ord_Corollary in H7 as []; auto. pose proof H7.
    apply Q'_Plus_PrOrder_Corollary in H9 as [z[[H9[]]]]; auto.
    exists (\[z\]_{F0}).
```

```
  assert (z ∈ (Q'_< F0)).
  { destruct (classic (∀ m, F0 <> F m)).
    - apply NNPP; intro.
      assert (z ∈ ((Q' F0) ∼ (Q'_< F0))).
      { apply MKT4'; split; auto. apply AxiomII; split; eauto. }
      pose proof H9. apply Q'_<_lt_Q'Abs_others in H16 as [];
      auto. clear H17.
      assert (y ∈ ((Q' F0) ∼ (Q'_< F0))).
      { rewrite <-H11,Q'_Plus_Commutation; auto.
        apply infinity_Plus_finity; auto. }
      apply MKT4' in H17 as []. apply AxiomII in H18 as []; auto.
    - assert (∃ m, F0 = F m) as [m].
      { apply NNPP; intro. elim H13; intros.
        intro. elim H14; eauto. }
      destruct (classic (m ∈ ω)).
      + rewrite H14,Q'_<_Fn_Equ_Q',<-H14; auto.
      + apply Fn_Corollary1 in H15. rewrite H14,H15 in H.
        destruct H. apply AxiomII in H as [H[[H17[H18[]]]]].
        elim (@ MKT16 ω); auto. }
  assert (∼ z ∈ (I F0)).
  { intro. apply Q'_Minus_Corollary in H11; auto. rewrite <-H11
    in H14. elim H8. symmetry. apply R_Q'_Corollary; auto. }
  repeat split.
  + apply R_Corollary2; auto.
  + unfold R0. apply R_Ord_Corollary; auto with Q'.
    split; auto. intro. symmetry in H15.
    apply R_Q'_Corollary in H15; auto with Q'.
    rewrite Q'_Minus_Property2 in H15; auto.
  + rewrite H3,Property_R_Plus,H11; auto.
  + intros w [H15[]]. inR H15 z0. rewrite H19. symmetry.
    apply R_Q'_Corollary; auto.
    rewrite H3,H5,H19,Property_R_Plus in H17; auto.
    apply R_Q'_Corollary in H17; auto with Q'.
    rewrite <-H11 in H17. replace (z0 −F0 z)%q'
    with ((x +F0 z0) −F0 (x +F0 z))%q'; auto.
    apply Q'_Minus_Corollary; auto with Q'.
    rewrite <-Q'_Mix_Association1,Q'_Plus_Association,
    (Q'_Plus_Commutation F0 z z0),<-Q'_Plus_Association,
    Q'_Mix_Association1,Q'_Minus_Property1,Q'_Plus_Property;
    auto with Q'.
- destruct H6 as [w[[H6[]]]].
  assert (u ∈ (R F0) /\ v ∈ (R F0)) as [].
  { split; try rewrite H3; try rewrite H5;
    try apply R_Corollary2; auto. }
  apply (R_Ord_Connect F0 H u v) in H10
  as [H10|[]]; auto; clear H11.
  + apply (R_Plus_PrOrder F0 _ _ w) in H10;
    apply (R_Plus_PrOrder F0 _ _ v) in H7;
    try apply R0_in_R; auto. rewrite R_Plus_Property in H7; auto.
    rewrite R_Plus_Commutation,(R_Plus_Commutation F0 w) in H10;
    auto. apply (R_Ord_Trans F0 v) in H10; try apply R_Plus_in_R;
    auto. rewrite H8 in H10. elim (R_Ord_irReflex F0 v v); auto.
  + apply (R_Plus_PrOrder F0 _ _ u) in H7; try apply R0_in_R;
    auto. rewrite R_Plus_Property in H7; auto.
    rewrite H8,H10 in H7. elim (R_Ord_irReflex F0 v v); auto.
Qed.

(* 存在负元 *)
```

```
Fact R_neg_Property1 : ∀ F0 u, Arithmetical_ultraFilter F0
 -> u ∈ (R F0) -> exists ! v, v ∈ (R F0) /\ u +_F0 v = R0 F0.
Proof.
  intros. inR H0 x. pose proof H1.
  apply Q'_neg in H3 as [x0[[]]]; auto. exists (\[x0\]_F0).
  assert (x0 ∈ (Q'_< F0)).
  { apply AxiomII; repeat split; eauto.
    apply AxiomII in H0 as [H0[H6[k[]]]]. exists k.
    assert (|x|_F0 = |x0|_F0)%q'. { apply neg_Q'Abs_Equ; auto. }
    rewrite <-H9; auto. }
  assert (\[x0\]_F0 ∈ (R F0)). { apply R_Corollary2; auto. }
  assert (u +_F0 \[x0\]_F0 = R0 F0).
  { rewrite H2,Property_R_Plus,H4; auto. }
  repeat split; auto. intros x1 []. rewrite <-H8 in H10.
  apply R_Plus_Cancellation in H10; auto.
  rewrite H2. apply R_Corollary2; auto.
Qed.

(* 负元推论 *)

Fact R_neg_Property2 : ∀ F0 x x0 u, Arithmetical_ultraFilter F0
 -> x ∈ (Q'_< F0) -> x0 ∈ (Q'_< F0) -> u ∈ (R F0)
 -> (x +_F0 x0 = Q'0 F0)%q' -> \[x\]_F0 +_F0 u = R0 F0 -> u = \[x0\]_F0.
Proof.
  intros. inR H2 y. rewrite H6 in *.
  rewrite Property_R_Plus in H4; auto.
  apply R_Q'_Corollary in H4;auto with Q'.
  assert ((x +_F0 y) -_F0 (Q'0 F0) = x +_F0 y)%q'.
  { apply Q'_Minus_Corollary;
    try apply Q'_<_Subset_Q'; auto with Q'.
    rewrite Q'_Plus_Commutation,Q'_Plus_Property;
    try apply Q'_<_Subset_Q'; auto with Q'. }
  rewrite H7 in H4.
  assert ((x +_F0 y) -_F0 (x +_F0 x0) = y -_F0 x0)%q'.
  { apply Q'_Minus_Corollary;
    try apply Q'_<_Subset_Q'; auto with Q'.
    rewrite <-Q'_Mix_Association1,(Q'_Plus_Commutation F0 _ y),
    <-Q'_Plus_Association,Q'_Mix_Association1,
    (Q'_Plus_Commutation F0 x);
    try apply Q'_<_Subset_Q'; auto with Q'.
    assert (x0 -_F0 x0 = Q'0 F0)%q'.
    { apply Q'_Minus_Corollary; try apply Q'_Plus_Property;
      try apply Q'_<_Subset_Q'; auto with Q'. }
    rewrite H8,Q'_Plus_Property; try apply Q'_<_Subset_Q';
    auto with Q'. }
  rewrite H3 in H8. apply Q'_Minus_Corollary in H8;
  try apply Q'_<_Subset_Q'; auto with Q'.
  rewrite Q'_Plus_Commutation,Q'_Plus_Property in H8;
  try apply Q'_<_Subset_Q'; auto with Q'.
  apply R_Q'_Corollary; auto. rewrite H8; auto.
Qed.
```

定理 4.12 (R 上乘法的性质)　设 $Q_<$ 和 R 由算术超滤 $F0$ 生成, $u, v, w \in R$, $x, x_1 \in Q_<$. R_0 和 R_1 分别是 R 中的 0 元和 1 元. $*Q_1$ 是 $Q_<$ 中的 1 元. R 上定义的乘法满足下列性质.

　　1) $u \cdot R_0 = R_0$.

　　2) $u \cdot R_1 = u$.

3) $u \cdot v = R_0 \implies u = R_0 \vee v = R_0$.

4) 交换律: $u \cdot v = v \cdot u$.

5) 结合律: $(u \cdot v) \cdot w = u \cdot (v \cdot w)$.

6) 分配律: $u \cdot (v + w) = (u \cdot v) + (u \cdot w)$.

7) 消去律: $w \cdot u = w \cdot v \wedge w \neq R_0 \implies u = v$.

8) 保序性: $u < v \iff (w \cdot u) < (w \cdot v)$, 其中 $R_0 < w$.

9) 存在逆元: $u \neq R_0$, 存在唯一 $u_1 \in \mathbf{R}$ 使得 $u \cdot u_1 = R_1$.

10) 逆元推论: $[x] \cdot u = R_1 \wedge x \cdot x_1 = {}^*Q_1 \implies u = [x1]$.

```
(* u · R₀ = R₀ *)

Fact R_Mult_Property1 : ∀ F0 u, Arithmetical_ultraFilter F0
  -> u ∈ (R F0) -> u ·_F0 (R0 F0) = R0 F0.
Proof.
  intros. inR H0 x. unfold R0. rewrite H2,R_Mult_Corollary;
  auto with Q'. apply R_Q'_Corollary; auto with Q'.
  rewrite Q'_Mult_Property1; auto. apply R_Q'_Corollary;
  auto with Q'.
Qed.

(* u · R₁ = u *)

Fact R_Mult_Property2 : ∀ F0 u, Arithmetical_ultraFilter F0
  -> u ∈ (R F0) -> u ·_F0 (R1 F0) = u.
Proof.
  intros. inR H0 x. unfold R1.
  rewrite H2,R_Mult_Corollary,Q'_Mult_Property2; auto with Q'.
Qed.

(* 若u · v = R₀,则u,v中必有一个为 R₀ *)

Fact R_Mult_Property3 : ∀ F0 u v, Arithmetical_ultraFilter F0
  -> u ∈ (R F0) -> v ∈ (R F0) -> u ·_F0 v = (R0 F0) -> u = R0 F0 \/ v = R0 F0.
Proof.
  intros. inR H0 x. inR H1 y. unfold R0 in *.
  rewrite H4,H6,R_Mult_Corollary in *; auto.
  apply R_Q'_Corollary in H2; auto with Q'.
  rewrite Q'_Minus_Property2 in H2; auto with Q'.
  apply I_Mult_in_I_Corollary in H2 as []; auto;
  [(left)|right]; apply R_Q'_Corollary;
  try rewrite Q'_Minus_Property2; auto with Q'.
Qed.

(* 交换律 *)

Fact R_Mult_Commutation : ∀ F0 u v, Arithmetical_ultraFilter F0
  -> u ∈ (R F0) -> v ∈ (R F0) -> u ·_F0 v = v ·_F0 u.
Proof.
  intros. inR H0 x. inR H1 y.
  rewrite H3,H5,R_Mult_Corollary,R_Mult_Corollary; auto.
  rewrite Q'_Mult_Commutation; auto.
Qed.

(* 结合律 *)
```

```
Fact R_Mult_Association : ∀ F0 u v w, Arithmetical_ultraFilter F0
  -> u ∈ (R F0) -> v ∈ (R F0) -> w ∈ (R F0)
  -> (u ·_F0 v) ·_F0 w = u ·_F0 (v ·_F0 w).
Proof.
  intros. inR H0 x. inR H1 y. inR H2 z.
  rewrite H4,H6,H8,R_Mult_Corollary,R_Mult_Corollary,
  R_Mult_Corollary,R_Mult_Corollary,Q'_Mult_Association;
  auto with Q'.
Qed.

(* 分配律 *)

Fact R_Mult_Distribution : ∀ F0 u v w, Arithmetical_ultraFilter F0
  -> u ∈ (R F0) -> v ∈ (R F0) -> w ∈ (R F0)
  -> u ·_F0 (v +_F0 w) = (u ·_F0 v) +_F0 (u ·_F0 w).
Proof.
  intros. inR H0 x. inR H1 y. inR H2 z.
  rewrite H4,H6,H8,Property_R_Plus,R_Mult_Corollary,
  R_Mult_Corollary,R_Mult_Corollary,Property_R_Plus,
  Q'_Mult_Distribution; auto with Q'.
Qed.

(* 消去律 *)

Fact R_Mult_Cancellation : ∀ F0 w u v, Arithmetical_ultraFilter F0
  -> w ∈ (R F0) -> u ∈ (R F0) -> v ∈ (R F0)
  -> w <> R0 F0 -> w ·_F0 u = w ·_F0 v -> u = v.
Proof.
  intros. inR H0 z. inR H1 x. inR H2 y. rewrite H6,H8,H10 in *.
  rewrite R_Mult_Corollary,R_Mult_Corollary in H4; auto.
  apply R_Q'_Corollary in H4; auto with Q'.
  rewrite <-Q'_Mult_Distribution_Minus in H4; auto.
  apply R_Q'_Corollary; auto.
  apply I_Mult_in_I_Corollary in H4 as []; auto with Q'. elim H3.
  apply R_Q'_Corollary; auto with Q'.
  rewrite Q'_Minus_Property2; auto.
Qed.

(* 保序性 *)

Fact R_Mult_PrOrder : ∀ F0 u v w, Arithmetical_ultraFilter F0
  -> u ∈ (R F0) -> v ∈ (R F0) -> w ∈ (R F0) -> (R0 F0) <_F0 w
  -> u <_F0 v <-> (w ·_F0 u) <_F0 (w ·_F0 v).
Proof.
  intros. inR H0 x. inR H1 y. inR H2 z. rewrite H5,H7,H9 in *.
  rewrite R_Mult_Corollary,R_Mult_Corollary; auto.
  apply R_Ord_Corollary in H3 as []; auto with Q'.
  assert (∼ z ∈ (I F0)).
  { intro. elim H10. symmetry. apply R_Q'_Corollary; auto with Q'.
    rewrite Q'_Minus_Property2; auto. }
  split; intros.
  - apply R_Ord_Corollary in H12 as []; auto.
    apply R_Ord_Corollary; auto with Q'. split.
    + apply Q'_Mult_PrOrder; auto.
    + intro. apply R_Q'_Corollary in H14; auto with Q'.
      rewrite <-Q'_Mult_Distribution_Minus in H14; auto.
      apply I_Mult_in_I_Corollary in H14 as []; auto with Q'.
      elim H13. apply R_Q'_Corollary; auto.
```

```
    - apply R_Ord_Corollary in H12 as []; auto with Q'.
      apply R_Ord_Corollary; auto. split.
    + apply Q'_Mult_PrOrder in H12; auto.
    + intro. apply R_Q'_Corollary in H14; auto.
      elim H13. apply R_Q'_Corollary; auto with Q'.
      rewrite <-Q'_Mult_Distribution_Minus,Q'_Mult_Commutation;
      auto with Q'.
Qed.

(* 存在逆元 *)

Fact R_inv : ∀ F0 u, Arithmetical_ultraFilter F0 -> u ∈ (R F0)
  -> u <> R0 F0 -> exists ! v, v ∈ (R F0) /\ v <> R0 F0 /\ u ·_F0 v = R1 F0.
Proof.
  intros. inR H0 x. assert (x <> Q'0 F0).
  { intro. elim H1. unfold R0. rewrite <-H4; auto. } pose proof H.
  apply (Q'_inv _ x) in H5 as [x1[[H5[]]]]; auto.
  exists (\[x1\]_F0). assert (~ x ∈ (I F0)).
  { intro. elim H1. rewrite H3. unfold R0.
    apply R_Q'_Corollary; auto with Q'.
    rewrite Q'_Minus_Property2; auto. }
  assert (x1 ∈ (Q'_< F0)).
  { destruct (classic (∀ m, F0 <> F m)).
    - apply NNPP; intro.
      assert (x1 ∈ ((Q' F0) ~ (Q'_< F0))).
      { apply MKT4'; split; auto. apply AxiomII; split; eauto. }
      apply (I_inv_Property2 F0 x1 x) in H12; auto.
      apply MKT4' in H12 as []; auto.
      rewrite Q'_Mult_Commutation; auto.
    - assert (∃ m, F0 = F m) as [m].
      { apply NNPP; intro. elim H10.
        intros. intro. elim H11. eauto. }
      destruct (classic (m ∈ ω)).
      + assert (Q'_< (F m) = Q' (F m)).
        { apply Q'_<_Fn_Equ_Q'; auto. }
        rewrite H11,H13,<-H11; auto.
      + apply Fn_Corollary1 in H12. rewrite H11,H12 in H.
        destruct H. apply AxiomII in H as [H[[H14[H15[]]]]].
        elim (@ MKT16 ω); auto. }
  assert (\[x1\]_F0 ∈ (R F0)). { apply R_Corollary2; auto. }
  assert (\[x1\]_F0 <> R0 F0).
  { intro. apply R_Q'_Corollary in H12; auto with Q'.
    rewrite Q'_Minus_Property2 in H12; auto.
    assert ((x ·_F0 x1)%q' ∈ (I F0)).
    { rewrite Q'_Mult_Commutation; auto. auto with Q'. }
    rewrite H7 in H13. apply AxiomII in H13 as [H13[]].
    assert ((Q'1 F0) ∈ (Q'_N F0 ~ [Q'0 F0])).
    { apply MKT4'; split. apply Q'1_in_Q'_N; auto.
      apply AxiomII; split; auto. intro. apply MKT41 in H16.
      elim (Q'0_isn't_Q'1 F0); auto. pose proof H.
      apply Q'0_in_Q' in H18. eauto. }
    apply H15 in H16. rewrite mt_Q'0_Q'Abs,Q'_Divide_Property2
    in H16; auto with Q'.
    elim (Q'_Ord_irReflex F0 (Q'1 F0) (Q'1 F0)); auto. }
  assert (u ·_F0 \[x1\]_F0 = R1 F0).
  { rewrite H3,R_Mult_Corollary,H7; auto. }
  repeat split; auto. intros y [H14[]]. inR H14 y1.
  rewrite H3,H18,R_Mult_Corollary in H16; auto.
  rewrite H3,R_Mult_Corollary in H13; auto. rewrite <-H13 in H16.
```

```
apply R_Q'_Corollary in H16; auto with Q'.
rewrite <-Q'_Mult_Distribution_Minus in H16; auto.
apply I_Mult_in_I_Corollary in H16 as []; auto with Q'.
elim H9; auto. rewrite H18. symmetry. apply R_Q'_Corollary; auto.
Qed.
```

(* 逆元推论 *)

```
Fact R_inv_Corollary : ∀ F0 x1 u, Arithmetical_ultraFilter F0
 -> x ∈ (Q'_< F0) -> x1 ∈ (Q'_< F0) -> u ∈ (R F0)
 -> (x ·_F0 x1 = Q'1 F0)%q' -> \[x\]_F0 ·_F0 u = R1 F0 -> u = \[x1\]_F0.
Proof.
 intros. inR H2 y. rewrite H6. apply R_Q'_Corollary; auto.
 rewrite H6,R_Mult_Corollary in H4; auto. unfold R1 in H4.
 apply R_Q'_Corollary in H4; auto with Q'.
 rewrite <-H3,<-Q'_Mult_Distribution_Minus in H4;
 try apply Q'_<_Subset_Q'; auto.
 apply I_Mult_in_I_Corollary in H4 as [];
 try apply Q'_<_Subset_Q'; auto with Q'.
 destruct (classic (∀ m, F0 <> F m)).
 - apply I_inv_Property1 in H3; try apply Q'_<_Subset_Q'; auto.
   apply MKT4' in H3 as []. apply AxiomII in H8 as [].
   elim H9; auto. apply MKT4'; split; auto.
   apply AxiomII; split; eauto. intro. pose proof H.
   apply Q'0_in_Q' in H9. apply MKT41 in H8; eauto.
   rewrite Q'_Mult_Commutation,H8,Q'_Mult_Property1 in H3;
   try apply Q'_<_Subset_Q'; auto. elim (Q'0_isn't_Q'1 F0); auto.
 - assert (∃ m, F0 = F m) as [m].
   { apply NNPP; intro. elim H7. intros. intro. elim H8; eauto. }
   destruct (classic (m ∈ ω)).
   + rewrite H8,I_Fn_Equ_Q'0_Singleton,<-H8 in H4; auto.
     pose proof H. apply Q'0_in_Q' in H10. apply MKT41 in H4;
     eauto. rewrite Q'_Mult_Commutation,H4,Q'_Mult_Property1 in H3;
     try apply Q'_<_Subset_Q'; auto. elim (Q'0_isn't_Q'1 F0); auto.
   + apply Fn_Corollary1 in H9. rewrite H8,H9 in H. destruct H.
     apply AxiomII in H as [H[[H11[H12[]]]]].
     elim (@ MKT16 ω); auto.
Qed.
```

定理 4.13 (定义 4.4) (R 上的减法) 设 $u, v, w \in \mathbf{R}$, 且 $u + w = v$, 则 v 减 u 定义为 $v - u = w$.

这种减法的定义是合理的. $\forall u, v \in \mathbf{R}$, 存在唯一 $w \in \mathbf{R}$ 使得 $u + w = v$, 即按上述定义, 减法的结果唯一.

```
Definition R_Minus F0 v u := ⋂(\{ λ w, w ∈ (R F0) /\ u +_F0 w = v \}).
```

```
Notation "u -_F0 v" := (R_Minus F0 u v)(at level 10, F0 at level 9) : r_scope.
```

(* 合理性: 减法的结果唯一 *)

```
Corollary R_Minus_reasonable :
 ∀ F0 u v, Arithmetical_ultraFilter F0
 -> u ∈ (R F0) -> v ∈ (R F0)
 -> exists ! u0, u0 ∈ (R F0) /\ u +_F0 u0 = v.
Proof.
 intros. assert (u ∈ (R F0) /\ v ∈ (R F0)) as []; auto.
 apply (R_Ord_Connect F0 H u v) in H2 as [H2|[]]; auto; clear H3.
 - apply R_Plus_PrOrder_Corollary in H2 as [x[[H2[]]]]; auto.
```

```
    exists x. repeat split; auto. intros x' []. rewrite <-H4 in H7.
    apply R_Plus_Cancellation in H7; auto.
  - apply R_Plus_PrOrder_Corollary in H2 as [x[[H2[]]]]; auto.
    pose proof H2. apply R_neg_Property1 in H6 as [x0[[]]]; auto.
    exists x0. repeat split; auto.
    rewrite <-H4,R_Plus_Association,H7,R_Plus_Property; auto.
    intros x' []. rewrite <-H4,R_Plus_Association in H10; auto.
    assert (v +F0 (x +F0 x') = v +F0 (R0 F0)).
    { rewrite R_Plus_Property; auto. }
    apply R_Plus_Cancellation in H11; auto.
    apply R_Plus_in_R; auto. apply R0_in_R; auto.
  - exists (R0 F0). pose proof H. apply R0_in_R in H3.
    repeat split; auto. rewrite R_Plus_Property; auto.
    intros x []. rewrite H2 in H5.
    assert (v +F0 x = v +F0 (R0 F0)).
    { rewrite R_Plus_Property; auto. }
    apply R_Plus_Cancellation in H6; auto.
Qed.

(* u + w = v <-> v - u = w *)

Corollary R_Minus_Corollary :
  ∀ F0 u w v, Arithmetical_ultraFilter F0
  -> u ∈ (R F0) -> w ∈ (R F0) -> v ∈ (R F0)
  -> u +F0 w = v <-> v -F0 u = w.
Proof.
  split; intros.
  - assert (\{ λ w, w ∈ (R F0) /\ u +F0 w = v \} = [w]).
    { apply AxiomI; split; intros. apply AxiomII in H4 as [].
      apply (R_Minus_reasonable F0 u v) in H0 as [x[[]]]; auto.
      apply MKT41; eauto.
      assert (x = w). { apply H7; auto. }
      assert (x = z). { apply H7; auto. }
      rewrite <-H8,<-H9; auto. apply MKT41 in H4; eauto.
      rewrite H4. apply AxiomII; split; eauto. }
    unfold R_Minus. rewrite H4. destruct (@ MKT44 w); eauto.
  - assert (∃ x, Ensemble x /\ [x]
      = \{ λ a, a ∈ (R F0) /\ u +F0 a = v \}).
    { pose proof H0. apply (R_Minus_reasonable F0 u v) in H4
      as [x[[]]]; auto. exists x. split; eauto.
      apply AxiomI; split; intros. apply MKT41 in H7; eauto.
      rewrite H7. apply AxiomII; split; eauto.
      apply AxiomII in H7 as [H7[]]. apply MKT41; eauto.
      symmetry. apply H6; auto. }
    destruct H4 as [x[]]. unfold R_Minus in H3. rewrite <-H5 in H3.
    destruct (@ MKT44 x); auto. rewrite H6 in H3.
    assert (x ∈ [x]). { apply MKT41; auto. }
    rewrite H5 in H8. apply AxiomII in H8 as [H8[]].
    rewrite <-H3; auto.
Qed.
```

R 上定义的减法对 **R** 封闭.

```
Fact R_Minus_in_R : ∀F0 v u, Arithmetical_ultraFilter F0
  -> v ∈ (R F0) -> u ∈ (R F0) -> (v -F0 u) ∈ (R F0).
Proof.
  intros. pose proof H0. apply (R_Minus_reasonable F0 u) in H2
  as [x[[]]]; auto. apply R_Minus_Corollary in H3; auto.
  rewrite H3; auto.
Qed.
```

```
Global Hint Resolve R_Minus_in_R : R.
```

定理 4.14 (定义 4.5) ($\mathbf{R}$ 上的除法)　　设 $u, v, w \in \mathbf{R}, u \cdot w = v$ 且 $u \neq \mathrm{R}_0$,
则 v 除以 u 定义为 $v/u = w$.

这种除法的定义是合理的. $\forall u\, (\neq \mathrm{R}_0), v \in \mathbf{R}$, 存在唯一 $w \in \mathbf{R}$ 使得 $u \cdot w = v$,
即按上述定义, 除法的结果唯一.

```
Definition R_Divide F0 v u := ⋂(\{ λ w, w ∈ (R F0) /\ u <> R0 F0 /\ u ·_F0 w = v \}).

Notation "v /_F0 u" := (R_Divide F0 v u)(at level 10, F0 at level 9) : r_scope.

(* 合理性: 除法的结果唯一 *)

Corollary R_Divide_reasonable :
 ∀ F0 u v, Arithmetical_ultraFilter F0
 -> u ∈ (R F0) -> v ∈ (R F0) -> u <> R0 F0
 -> exists ! w, w ∈ (R F0) /\ u ·_F0 w = v.
Proof.
  intros. pose proof H0. apply R_inv in H3 as [w[[H3[]]]]; auto.
  exists (w ·_F0 v). repeat split; auto with R.
  - rewrite <-R_Mult_Association,H5,R_Mult_Commutation,
    R_Mult_Property2; auto with R.
  - intros x []. rewrite <-H8,<-R_Mult_Association,
    (R_Mult_Commutation F0 w),H5,R_Mult_Commutation,
    R_Mult_Property2; auto with R.
Qed.

(* u · w = v <-> v / u = w *)

Corollary R_Divide_Corollary :
 ∀ F0 u w v, Arithmetical_ultraFilter F0
 -> u ∈ (R F0) -> u <> R0 F0 -> w ∈ (R F0) -> v ∈ (R F0)
 -> u ·_F0 w = v <-> v /_F0 u = w.
Proof.
  split; intros.
  - assert (\{ λ x, x ∈ (R F0) /\ u <> R0 F0 /\ u ·_F0 x = v \} = [w]).
    { apply AxiomI; split; intros.
      - apply AxiomII in H5 as [_[H5[]]]. rewrite <-H4 in H7.
        apply MKT41; eauto. apply (R_Mult_Cancellation F0 u); auto.
      - apply AxiomII; split; eauto. apply MKT41 in H5; eauto.
        subst; auto. }
    unfold R_Divide. rewrite H5. apply MKT44; eauto.
  - assert (∃ a, Ensemble a /\ [a] = \{ λ x, x ∈ (R F0)
    /\ u <> R0 F0 /\ u ·_F0 x = v \}) as [a[]].
    { pose proof H0. apply (R_Divide_reasonable F0 u v) in H5
      as [a[[]]]; auto. exists a. split; eauto.
      apply AxiomI; split; intros.
      - apply MKT41 in H8; eauto. rewrite H8.
        apply AxiomII; split; eauto.
      - apply AxiomII in H8 as [_[H8[]]].
        apply MKT41; eauto. rewrite <-H6 in H10.
        apply R_Mult_Cancellation in H10; auto. }
    unfold R_Divide in H4. rewrite <-H6 in H4.
    assert (a ∈ [a]). { apply MKT41; auto. }
    rewrite H6 in H7. apply AxiomII in H7 as [_[H7[]]].
    apply MKT44 in H5 as [H5 _]. rewrite <-H4,H5; auto.
Qed.
```

R 上定义的除法对 **R** 封闭.

```
Fact R_Divide_in_R : ∀F0 v u, Arithmetical_ultraFilter F0
  -> v ∈ (R F0) -> u ∈ (R F0) -> u <> R0 F0 -> (v /_F0 u) ∈ (R F0).
Proof.
  intros. pose proof H1. apply (R_Divide_reasonable F0 u v)
  in H3 as [w[[]]]; auto. apply R_Divide_Corollary in H4; auto.
  rewrite H4; auto.
Qed.

Global Hint Resolve R_Divide_in_R : R.
```

定理 4.15 (**R** 上减法和除法的性质) 设 $u, v, w \in \mathbf{R}$, R_0 是 **R** 中的 0 元. **R** 上定义的减法满足下列性质.

1) $u - u = R_0$.

2) $u - R_0 = u$.

3) $u\ /\ u = R_1$, 其中 $u \neq R_0$.

4) $u\ /\ R_1 = u$.

5) $u \cdot (v/u) = v$, 其中 $u \neq R_0$.

6) 加法和减法的结合律: $(u + v) - w = u + (v - w)$.

7) 乘法和除法的结合律: $(u \cdot v)/w = u \cdot (v/w)$, 其中 $w \neq R_0$.

8) 乘法对减法的分配律: $u \cdot (v - w) = (u \cdot v) - (u \cdot w)$.

```
(* u - u = R0 *)

Fact R_Minus_Property1 : ∀F0 u, Arithmetical_ultraFilter F0
  -> u ∈ (R F0) -> u -_F0 u = R0 F0.
Proof.
  intros. pose proof H. apply R0_in_R in H1.
  apply R_Minus_Corollary; auto. apply R_Plus_Property; auto.
Qed.

(* u - R0 = u *)

Fact R_Minus_Property2 : ∀F0 u, Arithmetical_ultraFilter F0
  -> u ∈ (R F0) -> u -_F0 (R0 F0) = u.
Proof.
  intros. pose proof H. apply R0_in_R in H1.
  apply R_Minus_Corollary; auto.
  rewrite R_Plus_Commutation,R_Plus_Property; auto.
Qed.

(* u / u = R1 *)

Fact R_Divide_Property1 : ∀F0 u, Arithmetical_ultraFilter F0
  -> u ∈ (R F0) -> u <> R0 F0 -> u /_F0 u = R1 F0.
Proof.
  intros. apply R_Divide_Corollary; auto with R.
  rewrite R_Mult_Property2; auto.
Qed.

(* u / R1 = u *)
```

Fact R_Divide_Property2 : ∀F0 u, Arithmetical_ultraFilter F0
 -> u ∈ (R F0) -> u /_{F0} (R1 F0) = u.
Proof.
　intros. apply R_Divide_Corollary; auto with R.
　intro. elim (R0_isn't_R1 F0); auto.
　rewrite R_Mult_Commutation,R_Mult_Property2; auto with R.
Qed.

(* u · (v / u) = v *)

Fact R_Divide_Property3 : ∀F0 v u, Arithmetical_ultraFilter F0
 -> v ∈ (R F0) -> u ∈ (R F0) -> u <> R0 F0 -> u ·_{F0} (v /_{F0} u) = v.
Proof.
　intros. apply R_Divide_Corollary; auto.
　apply R_Divide_in_R; auto.
Qed.

(* 加法和减法的结合律 *)

Fact R_Mix_Association1 : ∀F0 u v w, Arithmetical_ultraFilter F0
 -> u ∈ (R F0) -> v ∈ (R F0) -> w ∈ (R F0)
 -> (u +_{F0} v) −_{F0} w = u +_{F0} (v −_{F0} w).
Proof.
　intros. assert ((R_Plus F0 u v) ∈ (R F0)).
　{ apply R_Plus_in_R; auto. } pose proof H.
　apply (R_Minus_reasonable F0 w (u +_{F0} v)) in H4 as [x[[]]]; auto.
　pose proof H. apply (R_Minus_reasonable F0 w v) in H7 as [y[[]]];
　auto. apply R_Minus_Corollary in H5; auto. rewrite H5,<-H8.
　assert ((w +_{F0} y) −_{F0} w = y).
　{ apply R_Minus_Corollary; auto. apply R_Plus_in_R; auto. }
　rewrite H10. rewrite <-H8 in H5. apply R_Minus_Corollary in H5;
　try apply R_Plus_in_R; auto.
　rewrite <-R_Plus_Association,(R_Plus_Commutation F0 u w),
　R_Plus_Association in H5; auto.
　apply R_Plus_Cancellation in H5; try apply R_Plus_in_R; auto.
　apply R_Plus_in_R; auto.
Qed.

(* 乘法和除法的结合律 *)

Fact R_Mix_Association2 : ∀F0 u v w, Arithmetical_ultraFilter F0
 -> u ∈ (R F0) -> v ∈ (R F0) -> w ∈ (R F0) -> w <> R0 F0
 -> u ·_{F0} (v /_{F0} w) = (u ·_{F0} v) /_{F0} w.
Proof.
　intros. apply (R_Mult_Cancellation F0 w); auto with R.
　rewrite R_Divide_Property3; auto with R.
　rewrite <-R_Mult_Association,(R_Mult_Commutation _ w),
　R_Mult_Association,R_Divide_Property3; auto;
　apply R_Divide_in_R; auto.
Qed.

(* 乘法对减法的分配律 *)

Fact R_Mult_Distribution_Minus :
 ∀F0 u v w, Arithmetical_ultraFilter F0
 -> u ∈ (R F0) -> v ∈ (R F0) -> w ∈ (R F0)
 -> u ·_{F0} (v −_{F0} w) = (u ·_{F0} v) −_{F0} (u ·_{F0} w).
Proof.

```
intros. pose proof H.
apply (R_Minus_reasonable F0 w v) in H3 as [x[[]]]; auto.
pose proof H4. apply R_Minus_Corollary in H6; auto.
rewrite H6,<-H4. rewrite R_Mult_Distribution,R_Plus_Commutation,
R_Mix_Association1; try apply R_Mult_in_R; auto.
assert ((u ·F0 w) −F0 (u ·F0 w) = R0 F0).
{ apply R_Minus_Corollary; try apply R_Mult_in_R; auto.
  apply R0_in_R; auto. rewrite R_Plus_Property;
  try apply R_Mult_in_R; auto. }
rewrite H7,R_Plus_Property; try apply R_Mult_in_R; auto.
Qed.
```

定理 4.16 (定义 4.6) (**R** 上的绝对值)   设 **R** 由算术超滤 $F0$ 生成, 对于下面的类:

$$\{(u,v) : u \in \mathbf{R} \wedge ((u < \mathrm{R}_0 \wedge v = \mathrm{R}_0 - u) \vee (\mathrm{R}_0 < u \wedge v = u) \vee (\mathrm{R}_0 = u = v))\},$$

该类为一个函数, 其定义域为 **R**, 值域包含于 **R**. $\forall u \in \mathbf{R}$, u 的绝对值定义为该函数下的象, 记为 $|u|$.

```
Definition R_Abs F0 := \{\ λ u v, u ∈ (R F0)
 /\ ((u <F0 (R0 F0) /\ v = (R0 F0) −F0 u )
 \/ (u = R0 F0 /\ v = R0 F0) \/ ((R0 F0) <F0 u /\ v = u)) \}\.

Notation "| u |F0" := (R_Abs F0)[u]
 (at level 5, u at level 0, F0 at level 0) : r_scope.

Corollary RAbs_Corollary : ∀ F0, Arithmetical_ultraFilter F0
 -> Function (R_Abs F0) /\ dom(R_Abs F0) = R F0 /\ ran(R_Abs F0) ⊂ (R F0).
Proof.
 intros. assert (Function (R_Abs F0)).
 { split.
  - unfold Relation; intros.
    apply AxiomII in H0 as [H0[x[y[]]]]; eauto.
  - intros. apply AxiomII' in H0 as [H0[]].
    apply AxiomII' in H1 as [H1[]]. destruct H3,H5.
   + destruct H3,H5. rewrite H6,H7; auto.
   + destruct H3,H5; destruct H5. rewrite <-H5 in H3.
     elim (R_Ord_irReflex F0 x x); auto.
     apply (R_Ord_Trans F0 x _ x) in H3; auto.
     elim (R_Ord_irReflex F0 x x); auto. apply R0_in_R; auto.
   + destruct H3; destruct H3; destruct H5. rewrite <-H3 in H5.
     elim (R_Ord_irReflex F0 x x); auto.
     apply (R_Ord_Trans F0 x _ x) in H5; auto.
     elim (R_Ord_irReflex F0 x x); auto. apply R0_in_R; auto.
   + destruct H3,H5; destruct H3,H5; rewrite H6,H7; auto. }
 split; auto. split.
 - apply AxiomI; split; intros.
  + apply AxiomII in H1 as [H1[y]]. apply AxiomII' in H2; tauto.
  + apply AxiomII; split; eauto. pose proof H.
    apply R0_in_R in H2.
    assert (z ∈ (R F0) /\ (R0 F0) ∈ (R F0)) as []; auto.
    apply (R_Ord_Connect F0 H z (R0 F0)) in H3 as [H3|[]];
    auto; clear H4.
   * exists ((R0 F0) −F0 z).
     apply AxiomII'; repeat split; auto.
     apply (R_Minus_in_R F0 _ z) in H2; auto.
```

```
      apply MKT49a; eauto.
   * exists z. apply AxiomII'; repeat split; auto.
      apply MKT49a; eauto.
   * exists z. apply AxiomII'; repeat split; auto.
      apply MKT49a; eauto.
 - unfold Included; intros. apply AxiomII in H1 as [H1[]].
   pose proof H. apply R0_in_R in H3.
   apply AxiomII' in H2 as [H2[H4[H5|[]]]]; destruct H5;
   rewrite H6; auto. apply R_Minus_in_R; auto.
Qed.
```

```
Corollary RAbs_in_R : ∀ F0 u, Arithmetical_ultraFilter F0 -> u ∈ (R F0) -> |u|_F0 ∈ (R F0).
Proof.
  intros. apply RAbs_Corollary in H as [H[]].
  rewrite <-H1 in H0. apply Property_Value,Property_ran in H0; auto.
Qed.
```

```
Global Hint Resolve RAbs_in_R : R.
```

定理 4.17 (**R** 上绝对值的性质)   设 **R** 由算术超滤 $F0$ 生成, $u, v \in \mathbf{R}$, R_0 是 **R** 中的 0. 关于 u 和 v 的绝对值满足下列性质.

1) $R_0 < u \implies |u| = u$.

2) $R_0 = u \iff |u| = R_0$.

3) $u < R_0 \implies |u| = R_0 - u$.

4) $R_0 = |u| \lor R_0 < |u|$.

5) $u = |u| \lor u < |u|$.

6) 对乘法保持: $|u \cdot v| = |u| \cdot |v|$.

7) 三角不等式: $|u + v| < (|u| + |v|) \ \lor \ |u + v| = |u| + |v|$.

8) 互为负元的绝对值相同: $u + v = R_0 \implies |u| = |v|$.

```
(* R_0 < u -> |u| = u *)
```

```
Fact mt_R0_RAbs : ∀ F0 u, Arithmetical_ultraFilter F0
  -> u ∈ (R F0) -> (R0 F0) <_F0 u -> |u|_F0 = u.
Proof.
  intros. pose proof H. apply RAbs_Corollary in H2 as [H2[]].
  rewrite <-H3 in H0. apply Property_Value in H0; auto.
  pose proof H. apply R0_in_R in H5. apply AxiomII' in H0
  as [H0[H6[H7|[]]]]; destruct H7; auto.
 - apply (R_Ord_Trans F0 u _ u) in H7; auto.
   elim (R_Ord_irReflex F0 u u); auto.
 - rewrite <-H7 in H1. elim (R_Ord_irReflex F0 u u); auto.
Qed.
```

```
(* u = R_0 <-> |u| = R_0 *)
```

```
Fact eq_R0_RAbs : ∀ F0 u, Arithmetical_ultraFilter F0
  -> u ∈ (R F0) -> |u|_F0 = R0 F0 <-> u = R0 F0.
Proof.
  intros. pose proof H. apply R0_in_R in H1. pose proof H.
  apply RAbs_Corollary in H2 as [H2[]]. rewrite <-H3 in H0.
  apply Property_Value,AxiomII' in H0 as [H0[]]; auto.
```

```
split; intros; destruct H6 as [H6|[]]; destruct H6; auto.
- rewrite H8 in H7. apply R_Minus_Corollary in H7; auto.
  rewrite R_Plus_Property in H7; auto.
- rewrite H8 in H7; auto.
- rewrite H8. apply R_Minus_Corollary; auto.
  rewrite R_Plus_Property; auto.
- rewrite <-H7; auto.
Qed.

(* u < R_0 -> |u| = R_0 - u *)

Fact lt_R0_RAbs : ∀ F0 u, Arithmetical_ultraFilter F0
  -> u ∈ (R F0) -> u <_{F0} (R0 F0) -> |u|_{F0} = (R0 F0) -_{F0} u.
Proof.
  intros. pose proof H. apply R0_in_R in H2. pose proof H.
  apply RAbs_Corollary in H3 as [H3[]]. rewrite <-H4 in H0.
  apply Property_Value,AxiomII' in H0 as [H0[]]; auto.
  destruct H7 as [H7|[]]; destruct H7; auto.
  - rewrite <-H7 in H1. elim (R_Ord_irReflex F0 u u); auto.
  - apply (R_Ord_Trans F0 u _ u) in H1; auto.
    elim (R_Ord_irReflex F0 u u); auto.
Qed.

(* R_0 = |u| \/ R_0 < |u| *)

Fact R0_le_RAbs : ∀ F0 u, Arithmetical_ultraFilter F0
  -> u ∈ (R F0) -> |u|_{F0} ∈ (R F0)
  /\ (|u|_{F0} = R0 F0 \/ (R0 F0) <_{F0} |u|_{F0}).
Proof.
  intros. pose proof H. apply RAbs_Corollary in H1 as [H1[]].
  assert (|u|_{F0} ∈ (R F0)).
  { rewrite <-H2 in H0.
    apply Property_Value,Property_ran,H3 in H0; auto. }
  split; auto. pose proof H. apply R0_in_R in H5.
  assert ((R0 F0) ∈ (R F0) /\ u ∈ (R F0)) as []; auto.
  apply (R_Ord_Connect F0 H _ u) in H6 as [H6|[]]; auto; clear H7.
  - right. pose proof H6. apply mt_R0_RAbs in H6; auto.
    rewrite H6. apply H7.
  - pose proof H6. apply lt_R0_RAbs in H7; auto.
    apply R_Plus_PrOrder_Corollary in H6 as [u0[[H6[]]]]; auto.
    right. rewrite H7. apply R_Minus_Corollary in H9; auto.
    rewrite H9. apply H8.
  - left. symmetry in H6. apply eq_R0_RAbs in H6; auto.
Qed.

(* u = |u| \/ u < |u| *)

Fact Self_le_RAbs : ∀ F0 u, Arithmetical_ultraFilter F0
  -> u ∈ (R F0) -> u = |u|_{F0} \/ u <_{F0} |u|_{F0}.
Proof.
  intros. pose proof H0.
  apply R0_le_RAbs in H1 as []; auto.
  pose proof H. apply R0_in_R in H3.
  assert ((R0 F0) ∈ (R F0) /\ u ∈ (R F0)) as []; auto.
  apply (R_Ord_Connect F0 H _ u) in H4 as [H4|[]]; auto; clear H5.
  - apply mt_R0_RAbs in H4; auto.
  - destruct H2. apply (eq_R0_RAbs F0 u) in H2; auto.
    rewrite <-H2 in H4. elim (R_Ord_irReflex F0 u u); auto.
    apply (R_Ord_Trans F0 u) in H2; auto.
```

```
    - pose proof H4. symmetry in H4.
      apply eq_R0_RAbs in H4; auto. rewrite H5 in H4; auto.
Qed.

(* |u · v| = |u| ·· |v| *)

Fact RAbs_PrMult : ∀ F0 u v, Arithmetical_ultraFilter F0
  -> u ∈ (R F0) -> v ∈ (R F0)
  -> |u ·_F0 v|_F0 = |u|_F0 ·_F0 |v|_F0.
Proof.
  intros. pose proof H; pose proof H.
  apply R0_in_R in H2; apply R1_in_R in H3; auto.
  assert ((R0 F0) ∈ (R F0) /\ u ∈ (R F0)) as []; auto.
  apply (R_Ord_Connect F0 H _ u) in H4; auto; clear H5.
  assert ((R0 F0) ∈ (R F0) /\ v ∈ (R F0)) as []; auto.
  apply (R_Ord_Connect F0 H _ v) in H5; auto; clear H6.
  destruct H4 as [H4|[]].
  - destruct H5 as [H5|[]].
    + pose proof H5. apply (R_Mult_PrOrder _ _ _ u) in H6; auto.
      rewrite R_Mult_Property1 in H6; auto.
      apply mt_R0_RAbs in H6; try apply R_Mult_in_R; auto.
      apply mt_R0_RAbs in H4; apply mt_R0_RAbs in H5; auto.
      rewrite H4,H5,H6; auto.
    + pose proof H5. apply (R_Mult_PrOrder _ _ _ u) in H6; auto.
      rewrite R_Mult_Property1 in H6; auto.
      apply lt_R0_RAbs in H6; try apply R_Mult_in_R; auto.
      pose proof H5. apply lt_R0_RAbs in H7; auto.
      apply mt_R0_RAbs in H4; auto. rewrite H4,H6,H7.
      rewrite R_Mult_Distribution_Minus,R_Mult_Property1; auto.
    + rewrite <-H5,R_Mult_Property1; auto. symmetry in H5.
      pose proof H5. apply eq_R0_RAbs in H5; auto.
      rewrite <-H6,H5,R_Mult_Property1; auto. apply RAbs_in_R; auto.
  - destruct H5 as [H5|[]].
    + pose proof H4. apply (R_Mult_PrOrder _ _ _ v) in H6; auto.
      rewrite R_Mult_Property1 in H6; auto.
      apply lt_R0_RAbs in H6; try apply R_Mult_in_R; auto.
      pose proof H4. apply lt_R0_RAbs in H7; auto.
      apply mt_R0_RAbs in H5; auto.
      rewrite R_Mult_Commutation,H5,H6,H7; auto.
      rewrite (R_Mult_Commutation F0 _ v),
      R_Mult_Distribution_Minus,R_Mult_Property1; auto.
      rewrite <-H7. apply RAbs_in_R; auto.
    + assert ((R0 F0) <_F0 (u ·_F0 v)).
      { pose proof H5.
        apply R_Plus_PrOrder_Corollary in H6 as [v0[[H6[]]]]; auto.
        apply (R_Mult_PrOrder _ _ _ v0) in H4; auto.
        rewrite R_Mult_Property1 in H4; auto. pose proof H8.
        apply R_Minus_Corollary in H10; auto.
        rewrite <-H10,R_Mult_Commutation,
        R_Mult_Distribution_Minus,R_Mult_Property1 in H4;
        try apply R_Minus_in_R; auto.
        apply (R_Plus_PrOrder _ _ _ (u ·_F0 v)) in H4;
        try apply R_Mult_in_R; auto.
        rewrite R_Plus_Property,<-R_Mix_Association1,
        R_Plus_Property in H4; try apply R_Mult_in_R; auto.
        assert ((u ·_F0 v) -_F0 (u ·_F0 v) = R0 F0).
        { apply R_Minus_Corollary; try apply R_Mult_in_R; auto.
          rewrite R_Plus_Property; try apply R_Mult_in_R; auto. }
        rewrite H11 in H4; auto.
```

```
      apply R_Minus_in_R; try apply R_Mult_in_R; auto. }
      apply lt_R0_RAbs in H4; apply lt_R0_RAbs in H5; auto.
      apply mt_R0_RAbs in H6; try apply R_Mult_in_R; auto.
      rewrite H4,H5,H6,R_Mult_Distribution_Minus,
      R_Mult_Property1,(R_Mult_Commutation _ ((R0 F0) −_F0 u)),
      R_Mult_Distribution_Minus,R_Mult_Property1,
      R_Mult_Commutation; try apply R_Minus_in_R; auto. symmetry.
      apply R_Minus_Corollary; try apply R_Minus_in_R;
      try apply R_Mult_in_R; auto.
      rewrite R_Plus_Commutation,<-R_Mix_Association1,
      R_Plus_Property; try apply R_Mult_in_R; auto.
      apply R_Minus_Corollary; try apply R_Mult_in_R; auto.
      rewrite R_Plus_Property; try apply R_Mult_in_R; auto.
      apply R_Minus_in_R; try apply R_Mult_in_R; auto.
    + rewrite <-H5,R_Mult_Property1; auto. symmetry in H5.
      pose proof H5. apply eq_R0_RAbs in H5; auto.
      rewrite <-H6,H5,R_Mult_Property1; auto. apply RAbs_in_R; auto.
    - clear H5. rewrite <-H4,R_Mult_Commutation,R_Mult_Property1;
      auto. symmetry in H4. pose proof H4. apply eq_R0_RAbs in H4;
      auto. rewrite <-H5,H4,R_Mult_Commutation,R_Mult_Property1; auto;
      apply RAbs_in_R; auto.
Qed.

(* |u + v| = |u| + |v| \/ |u + v| < |u| + |v| *)

Fact RAbs_inEqu : ∀ F0 u v, Arithmetical_ultraFilter F0
  -> u ∈ (R F0) -> v ∈ (R F0)
  -> |u +_F0 v|_F0 = (|u|_F0 +_F0 |v|_F0)
  \/ |u +_F0 v|_F0 <_F0 (|u|_F0 +_F0 |v|_F0).
Proof.
  intros. pose proof H. apply R0_in_R in H2.
  pose proof H. apply (R_Plus_in_R F0 u v) in H3; auto.
  assert (u ∈ (R F0) /\ (R0 F0) ∈ (R F0)) as []; auto.
  apply (R_Ord_Connect F0 H u (R0 F0)) in H4; auto; clear H5.
  assert (v ∈ (R F0) /\ (R0 F0) ∈ (R F0)) as []; auto.
  apply (R_Ord_Connect F0 H v (R0 F0)) in H5; auto; clear H6.
  assert ((R_Plus F0 u v) ∈ (R F0) /\ (R0 F0) ∈ (R F0)) as [];
  auto. apply (R_Ord_Connect F0 H _ (R0 F0)) in H6; auto; clear H7.
  destruct H6 as [H6|[]].
  - assert (∀ a b, a ∈ (R F0) -> b ∈ (R F0) -> (a +_F0 b)
      <_F0 (R0 F0) -> a <_F0 (R0 F0) -> (R0 F0) <_F0 b
      -> (|a +_F0 b|_F0) <_F0 (|a|_F0 +_F0 |b|_F0)).
    { intros. pose proof H9. apply lt_R0_RAbs in H12;
      try apply R_Plus_in_R; auto. pose proof H10.
      apply lt_R0_RAbs in H13; auto. pose proof H11.
      apply mt_R0_RAbs in H14; auto. rewrite H12,H13,H14.
      apply (R_Plus_PrOrder _ _ _ (a +_F0 b));
      try apply R_Plus_in_R; try apply R_Minus_in_R; auto.
      apply R_Plus_in_R; auto. rewrite <-R_Mix_Association1,
      R_Plus_Property,<-R_Plus_Association,<-R_Mix_Association1,
      R_Plus_Property,(R_Plus_Commutation F0 a b),
      (R_Mix_Association1 _ b a a); try apply R_Plus_in_R;
      try apply R_Minus_in_R; auto.
      assert (a −_F0 a = R0 F0
        /\ (b +_F0 a) −_F0 (b +_F0 a) = R0 F0) as [].
      { split; apply R_Minus_Corollary; try rewrite R_Plus_Property;
        try apply R_Plus_in_R; try apply R_Plus_in_R; auto. }
      rewrite H15,H16. rewrite R_Plus_Property; auto.
      pose proof H11. apply (R_Plus_PrOrder _ _ _ b) in H17; auto.
```

```
    rewrite R_Plus_Property in H17; auto.
    apply (R_Ord_Trans _ _ b _); auto. apply R_Plus_in_R; auto. }
  pose proof H6 as H6'. apply lt_R0_RAbs in H6; auto.
  destruct H4 as [H4|[]].
+ pose proof H4 as H4'. apply lt_R0_RAbs in H4; auto.
  destruct H5 as [H5|[]].
  * apply lt_R0_RAbs in H5; auto. rewrite H4,H5,H6.
    left. apply R_Minus_Corollary; auto. apply R_Plus_in_R;
    try apply R_Minus_in_R; auto.
    rewrite <-R_Plus_Association,<-(R_Mix_Association1 _ _ _ u),
    R_Plus_Property,(R_Plus_Commutation _ u v),
    R_Mix_Association1,<-R_Mix_Association1,R_Plus_Property,
    R_Plus_Commutation,R_Mix_Association1; auto;
    try apply R_Plus_in_R; try apply R_Minus_in_R; auto.
    assert (u −_F0 u = R0 F0 /\ v −_F0 v = R0 F0) as [].
    { split; apply R_Minus_Corollary;
      try rewrite R_Plus_Property; auto. }
    rewrite H8,H9,R_Plus_Property; auto.
  * right. apply H7; auto.
  * left. pose proof H5. apply eq_R0_RAbs in H8; auto.
    rewrite H8,H5,R_Plus_Property,R_Plus_Property; auto.
    apply RAbs_in_R; auto.
+ pose proof H4. apply mt_R0_RAbs in H8; auto.
  destruct H5 as [H5|[]].
  * right. rewrite R_Plus_Commutation,
    (R_Plus_Commutation _ (|u|_F0)); try apply RAbs_in_R; auto.
    apply H7; auto. rewrite R_Plus_Commutation; auto.
  * apply (R_Plus_PrOrder _ _ _ u) in H5; auto.
    rewrite R_Plus_Property in H5; auto.
    apply (R_Ord_Trans F0 _ _ (R0 F0)),(R_Ord_Trans F0 _ _ (R0 F0))
    in H5; auto. elim (R_Ord_irReflex F0 (R0 F0) (R0 F0)); auto.
  * apply (R_Plus_PrOrder _ _ _ v) in H4; auto.
    rewrite H5,R_Plus_Property,R_Plus_Commutation,
    R_Plus_Property in H4; auto.
    rewrite H5,R_Plus_Property in H6'; auto.
    apply (R_Ord_Trans _ _ _ u) in H6'; auto.
    elim (R_Ord_irReflex F0 u u); auto.
+ left. pose proof H4. apply eq_R0_RAbs in H8; auto.
  rewrite H8,H4,R_Plus_Commutation,R_Plus_Property,
  R_Plus_Commutation,R_Plus_Property; auto;
  apply RAbs_in_R; auto.
- pose proof H3. apply mt_R0_RAbs in H7; auto.
  rewrite H7. destruct H4 as [H4|[]].
+ pose proof H4. apply lt_R0_RAbs in H8; auto.
  pose proof H4. apply R_Plus_PrOrder_Corollary in H9
  as [u0[[H9[]]_]]; auto. apply R_Minus_Corollary in H11; auto.
  destruct H5 as [H5|[]].
  * apply (R_Plus_PrOrder _ _ _ u) in H5; auto.
    rewrite R_Plus_Property in H5; auto.
    apply (R_Ord_Trans F0 _ _ (R0 F0)),
    (R_Ord_Trans F0 _ (R0 F0)) in H5; auto.
    elim (R_Ord_irReflex F0 (R0 F0) (R0 F0)); auto.
  * right. apply mt_R0_RAbs in H5; auto.
    rewrite H5,H8,H11,R_Plus_Commutation,
    (R_Plus_Commutation F0 _ v); auto.
    apply R_Plus_PrOrder; auto.
    apply (R_Ord_Trans _ _ (R0 F0)); auto.
  * right. pose proof H5. apply eq_R0_RAbs in H12; auto.
    rewrite H12,H5,R_Plus_Property,R_Plus_Property; auto.
```

```
      rewrite H8,H11. apply (R_Ord_Trans _ _ (R0 F0)); auto.
      apply RAbs_in_R; auto.
    + pose proof H4. apply mt_R0_RAbs in H8; auto.
      rewrite H8. destruct H5 as [H5|[]].
      * pose proof H5. apply lt_R0_RAbs in H9; auto.
        pose proof H5. apply R_Plus_PrOrder_Corollary in H5
        as [v0[[H5[]]_]]; auto. right.
        apply R_Minus_Corollary in H12; auto. rewrite H9,H12.
        apply R_Plus_PrOrder; auto.
        apply (R_Ord_Trans _ _ (R0 F0)); auto.
      * apply mt_R0_RAbs in H5; auto. left. rewrite H5; auto.
      * pose proof H5. apply eq_R0_RAbs in H9; auto.
        left. rewrite H9,H5; auto.
    + left. pose proof H4. apply eq_R0_RAbs in H8; auto.
      rewrite <-H7,H8,H4,R_Plus_Commutation,R_Plus_Property,
      R_Plus_Commutation,R_Plus_Property; try apply RAbs_in_R; auto.
  - pose proof H6. apply eq_R0_RAbs in H7; auto.
    rewrite H7. pose proof H0; pose proof H1.
    apply R0_le_RAbs in H8 as [];
    apply R0_le_RAbs in H9 as []; auto.
    destruct H10,H11.
    + left. rewrite H10,H11. rewrite R_Plus_Property; auto.
    + right. rewrite H10,R_Plus_Commutation,R_Plus_Property; auto.
    + right. rewrite H11,R_Plus_Property; auto.
    + right. apply (R_Plus_PrOrder _ _ _ (|u|_F0)) in H11; auto.
      rewrite R_Plus_Property in H11; auto.
      apply (R_Ord_Trans F0 (R0 F0)) in H11; auto.
      apply R_Plus_in_R; auto.
Qed.

(* 互为负元的绝对值相同 *)

Fact neg_RAbs_equ : ∀ F0 u v, Arithmetical_ultraFilter F0
  -> u ∈ (R F0) -> v ∈ (R F0) -> u +_F0 v = R0 F0 -> |u|_F0 = |v|_F0.
Proof.
  intros. pose proof H. apply R0_in_R in H3.
  assert ((R0 F0) ∈ (R F0) /\ u ∈ (R F0)) as []; auto.
  apply (R_Ord_Connect F0 H _ u) in H4; auto; clear H5.
  assert ((R0 F0) ∈ (R F0) /\ v ∈ (R F0)) as []; auto.
  apply (R_Ord_Connect F0 H _ v) in H5; auto; clear H6.
  assert (∀ a b, a ∈ (R F0) -> b ∈ (R F0) -> a +_F0 b = R0 F0
    -> (R0 F0) <_F0 a -> b <_F0 (R0 F0) -> |a|_F0 = |b|_F0) as G.
  { intros. pose proof H9. apply mt_R0_RAbs in H9; auto.
    pose proof H10. apply lt_R0_RAbs in H10; auto.
    apply R_Plus_PrOrder_Corollary in H12 as [b0[[H12[]]]]; auto.
    assert (b0 = a).
    { apply H15; repeat split; auto.
      rewrite R_Plus_Commutation; auto. }
    clear H15. apply R_Minus_Corollary in H14; auto.
    rewrite H9,<-H16,<-H14,H10; auto. }
  destruct H4 as [H4|[]].
  - pose proof H4. apply mt_R0_RAbs in H6; auto.
    rewrite H6. destruct H5 as [H5|[]].
    + apply (R_Plus_PrOrder _ _ _ u) in H5; auto.
      rewrite H2,R_Plus_Property in H5; auto.
      apply (R_Ord_Trans _ _ _ u) in H5; auto.
      elim (R_Ord_irReflex F0 u u); auto.
    + rewrite <-H6. apply G; auto.
    + rewrite <-H5,R_Plus_Property in H2; auto.
```

```
    rewrite <-H2 in H4. elim (R_Ord_irReflex F0 u u); auto.
  - pose proof H4. apply lt_R0_RAbs in H6; auto.
    rewrite H6. destruct H5 as [H5|[]].
    + rewrite <-H6. symmetry. apply G; auto.
      rewrite R_Plus_Commutation; auto.
    + apply (R_Plus_PrOrder F0 _ _ u) in H5; auto.
      rewrite R_Plus_Property in H5; auto.
      apply (R_Ord_Trans F0 _ _ (R0 F0)) in H5; auto.
      rewrite H2 in H5. elim (R_Ord_irReflex F0 (R0 F0) (R0 F0));
      auto. apply R_Plus_in_R; auto.
    + rewrite <-H5,R_Plus_Property in H2; auto.
      rewrite <-H2 in H4. elim (R_Ord_irReflex F0 u u); auto.
  - rewrite <-H4,R_Plus_Commutation,R_Plus_Property in H2; auto.
    rewrite <-H4,H2; auto.
Qed.
```

4.4　R 中的整数和有理数

在 4.1 节中, 我们找出了 $^*\mathbf{Q}$ 中的非负整数集、整数集和有理数集, 利用这些结果, 寻找 $\mathbf{R}$ 中对应的子集是简洁、直观的. 回顾从 $\mathbf{Q}_<$ 出发构造 $\mathbf{R}$ 的过程, 是利用 "彼此相差无穷小" 作为等价关系进行分类, 不难想象, $^*\mathbf{Q_N}$ 中元的等价类即可视为 $\mathbf{R}$ 中的非负整数, 整数 ($^*\mathbf{Q_Z}$ 的元) 和有理数 ($^*\mathbf{Q_Q}$ 的元) 亦然.

4.4.1　非负整数集

$\mathbf{R}$ 中的非负整数集就是 $\mathbf{Q}_<$ 中所有非负整数 ($^*\mathbf{Q_N}$ 的元) 的等价类组成的集合, 记为 $\mathbf{N}$ (亦即 ω).

$$\mathbf{N} = \{[u] : u \in {}^*\mathbf{Q_N}\}.$$

```
(** N_Z_Q_in_R *)

Definition N F0 := \{ λ u, ∃ n, n ∈ (Q'_N F0) /\ u = \[n\]_F0 \}.

Corollary N_is_Set : ∀ F0, Arithmetical_ultraFilter F0
  -> Ensemble (N F0).
Proof.
  intros. apply (MKT33 (R F0)). apply R_is_Set; destruct H; auto.
  unfold Included; intros. apply AxiomII in H0 as [H0[x[]]].
  rewrite H2. apply R_Corollary2; auto.
  apply Q'_N_properSubset_Q'_<; auto.
Qed.
```

N 是 R 的真子集.

```
Corollary N_properSubset_R : ∀ F0, Arithmetical_ultraFilter F0
  -> (N F0) ⊂ (R F0) /\ (N F0) <> (R F0).
Proof.
  intros; split.
  - unfold Included; intros. apply AxiomII in H0 as [H0[x[]]].
    rewrite H2. apply R_Corollary2; auto.
```

```
    apply Q'_N_properSubset_Q'<; auto.
- intro. pose proof H. apply R1_in_R in H1. unfold R1 in H1.
  pose proof H. apply Q'1_in_Q'_N in H2. pose proof H2.
  apply Q'_N_properSubset_Q' in H3; auto. pose proof H3.
  apply Q'<_Subset_Q' in H4; auto. pose proof H4.
  apply Q'_neg in H5 as [n0[[]_]]; auto.
  assert (n0 ∈ (Q'< F0)).
  { destruct (classic (∀ m, F0 <> F m)).
    - apply NNPP; intro.
      assert (n0 ∈ ((Q' F0) ~ (Q'< F0))).
      { apply MKT4'; split; auto. apply AxiomII; eauto. }
      apply (infinity_Plus_finity _ _ (Q'1 F0)) in H9;
      auto with Q'. rewrite Q'_Plus_Commutation,H6 in H9;
      auto with Q'. apply MKT4' in H9 as []. apply AxiomII
      in H10 as []. elim H11. apply Q'0_in_Q'<; auto.
    - assert (∃ m, F0 = F m) as [m].
      { apply NNPP; intro. elim H7.
        intros; intro. elim H8; eauto. }
      destruct (classic (m ∈ ω)).
      + rewrite H8. rewrite Q'<_Fn_Equ_Q'; auto.
        rewrite <-H8; auto.
      + apply Fn_Corollary1 in H9. rewrite H8,H9 in H.
        destruct H. apply AxiomII in H as [H[[H11[H12[]]]]].
        elim (@ MKT16 ω); auto. }
  assert (\[n0\]_F0 ∈ (R F0)). { apply R_Corollary2; auto. }
  rewrite <-H0 in H8. apply AxiomII in H8 as [H8[m[]]].
  pose proof H9. apply Q'_N_properSubset_Q'< in H11; auto.
  pose proof H11. apply Q'<_Subset_Q' in H12; auto.
  symmetry in H10. apply R_Q'_Corollary in H10; auto.
  assert (m -_F0 n0 = m +_F0 (Q'1 F0))%q'.
  { rewrite Q'_Plus_Commutation in H6.
    apply Q'_Minus_Corollary in H6; auto with Q'.
    rewrite <-H6,<-Q'_Mix_Association1,
    Q'_Plus_Property; auto with Q'. }
  assert (Q'1 F0 = (m +_F0 (Q'1 F0))
  \/ (Q'1 F0) <_F0 (m +_F0 (Q'1 F0)))%q'.
  { destruct (classic (m = Q'0 F0)).
    - left. rewrite H14,Q'_Plus_Commutation,Q'_Plus_Property;
      auto with Q'.
    - assert (m ∈ ((Q'_N F0) ~ [Q'0 F0])).
      { apply MKT4'; split; auto. apply AxiomII; split; eauto.
        intro. apply MKT41 in H15; auto. pose proof H.
        apply Q'0_in_Q' in H17. eauto. }
      apply Q'_N_Q'0_is_FirstMember in H15; auto.
      apply (Q'_Plus_PrOrder F0 _ _ (Q'1 F0)) in H15;
      auto with Q'. rewrite Q'_Plus_Property,Q'_Plus_Commutation
      in H15; auto. }
  assert ((Q'0 F0) <_F0 (m +_F0 (Q'1 F0)))%q'.
  { destruct H14.
    - rewrite <-H14. apply Q'0_lt_Q'1; auto.
    - apply (Q'_Ord_Trans F0 (Q'0 F0)) in H14; auto with Q'. }
  apply mt_Q'0_Q'Abs in H15; auto with Q'.
  apply AxiomII in H10 as [H10[]].
  assert ((Q'1 F0) ∈ (Q'_N F0 ~ [Q'0 F0])).
  { apply MKT4'; split; auto. apply AxiomII; split; eauto.
    intro. pose proof H. apply Q'0_in_Q' in H19.
    apply MKT41 in H18; eauto. elim (Q'0_isn't_Q'1 F0); auto. }
  apply H17 in H18. rewrite H13,H15,Q'_Divide_Property2 in H18;
  auto. destruct H14.
```

```
  + rewrite <-H14 in H18.
    elim (Q'_Ord_irReflex F0 (Q'1 F0) (Q'1 F0)); auto.
  + apply (Q'_Ord_Trans F0 (Q'1 F0)) in H18; auto with Q'.
    elim (Q'_Ord_irReflex F0 (Q'1 F0) (Q'1 F0)); auto.
Qed.
```

定理 4.18　对任意一个算术超滤 $F0$ 生成的 $^*\mathbf{Q_N}$ 和 $\mathbf{N}$, 可以构造一个定义域为 $^*\mathbf{Q_N}$, 值域为 $\mathbf{N}$ 的 1-1 函数:

$$\varphi_n = \{(u,v) : u \in {}^*\mathbf{Q_N} \wedge v = [u]\},$$

$\forall u, v \in {}^*\mathbf{Q_N}$, 满足如下性质.

1) $\varphi_n({}^*\mathbf{Q_0}) = \mathbf{R_0} \wedge \varphi_n({}^*\mathbf{Q_1}) = \mathbf{R_1}$.
2) 序保持: $u < v \Longleftrightarrow \varphi_n(u) < \varphi_n(v)$.
3) 加法保持: $\varphi_n(u+v) = \varphi_n(u) + \varphi_n(v)$.
4) 乘法保持: $\varphi_n(u \cdot v) = \varphi_n(u) \cdot \varphi_n(v)$.

φ_n 的以上性质说明, φ_n 是 $^*\mathbf{Q_N}$ 到 $\mathbf{N}$ 的保序、保运算的 1-1 函数. 至此, 我们说 $^*\mathbf{Q_N}$ 与 $\mathbf{N}$ 同构, 并说 φ_n 将 $^*\mathbf{Q_N}$ 同构嵌入 $\mathbf{R}$.

```
Definition φn F0 := \{\ λ u v, u ∈ (Q'_N F0) /\ v = \[u\]_F0 \}\.
```

(* φ_n是定义域为$^*\mathbf{Q_N}$,值域为 $\mathbf{N}$ 的 1-1 函数 *)

```
Open Scope q'_scope

Lemma φn_is_Function_Lemma1 : ∀ F0 u v, Arithmetical_ultraFilter F0
 -> u ∈ (Q'_N F0) -> v ∈ (Q'_N F0) -> (v <_F0 u)
 -> Q'1 F0 = |u -_F0 v|_F0 \/ (Q'1 F0) <_F0 (|u -_F0 v|_F0).
Proof.
  intros. pose proof H. apply φ4_is_Function in H3 as [[][]].
  assert (u ∈ ran(φ4 F0) /\ v ∈ ran(φ4 F0)) as []; auto.
  rewrite reqdi in H7,H8.
  apply Property_Value,Property_ran in H7;
  apply Property_Value,Property_ran in H8; auto.
  rewrite <-deqri,H5 in H7,H8.
  assert (v = (φ4 F0)[((φ4 F0)⁻¹)[v]]
   /\ u = (φ4 F0)[((φ4 F0)⁻¹)[u]]) as [].
  { split; rewrite f11vi; auto. }
  pose proof H2. rewrite H9,H10 in H11.
  apply φ4_PrOrder in H11; auto.
  apply Plus_PrOrder_Corollary in H11 as [n[[H11[]]_]]; auto.
  pose proof H. apply (φ4_PrPlus F0 (((φ4 F0)⁻¹)[v]) n)
  in H14; auto. rewrite H13,f11vi,f11vi in H14; auto. clear H13.
  assert (((φ4 F0)[n]) ∈ (Q'_N F0)).
  { rewrite <-H5 in H11.
    apply Property_Value,Property_ran in H11; auto. }
  assert ((Q'0 F0) <_F0 ((φ4 F0)[n])).
  { apply (φ4_PrOrder F0) in H12; auto. rewrite φ4_0 in H12; auto. }
  assert (|u -_F0 v|_F0 = (φ4 F0)[n]).
  { assert (u -_F0 v = (φ4 F0)[n]).
    { apply Q'_Minus_Corollary; auto. }
    rewrite H16. apply mt_Q'0_Q'Abs; auto. }
```

```
rewrite H16. pose proof in_ω_0. pose proof in_ω_1.
assert (1 = n \/ 1 ∈ n).
{ assert (Ordinal 1 /\ Ordinal n) as [].
  { apply AxiomII in H18 as [H18[]].
    apply AxiomII in H11 as [H11[]]; auto. }
  apply (@ MKT110 1 n) in H19 as [H19|[]]; auto; clear H20.
  apply MKT41 in H19; eauto. rewrite H19 in H12.
  elim (@ MKT16 0); auto. }
destruct H19.
- left. rewrite <-H19,φ4_1; auto.
- right. apply (φ4_PrOrder F0) in H19; auto.
  rewrite <-φ4_1; auto.
Qed.

Close Scope q'_scope.

Lemma φn_is_Function_Lemma2 : ∀ F0 u v, Arithmetical_ultraFilter F0
 -> u ∈ (Q'_N F0) -> v ∈ (Q'_N F0) -> u <> v -> \[u\]_F0 <> \[v\]_F0.
Proof.
  intros. pose proof H0; pose proof H1.
  apply Q'_N_properSubset_Q'_< in H3;
  apply Q'_N_properSubset_Q'_< in H4; auto.
  pose proof H0; pose proof H1.
  apply Q'_N_properSubset_Q'_<,Q'_<_Subset_Q' in H5;
  apply Q'_N_properSubset_Q'_<,Q'_<_Subset_Q' in H6; auto.
  assert ((Q'1 F0) ∈ ((Q'_N F0) ~ [Q'0 F0])).
  { pose proof H. apply Q'1_in_Q'_N in H7.
    apply MKT4'; split; auto. apply AxiomII; split; eauto.
    intro. pose proof H. apply Q'0_in_Q' in H9.
    apply MKT41 in H8; eauto.
    elim (Q'0_isn't_Q'1 F0); auto. }
  assert (u ∈ (Q' F0) /\ v ∈ (Q' F0)) as []; auto.
  apply (Q'_Ord_Connect F0 H u v) in H8 as [H8|[]];
  try contradiction; auto; clear H9; intro.
  - symmetry in H9. apply R_Q'_Corollary in H9; auto.
    apply AxiomII in H9 as [H9[]]. apply H11 in H7.
    rewrite Q'_Divide_Property2 in H7; auto with Q'.
    pose proof H8. apply φn_is_Function_Lemma1 in H12 as []; auto.
    + rewrite <-H12 in H7.
      elim (Q'_Ord_irReflex F0 (Q'1 F0) (Q'1 F0)); auto with Q'.
    + apply (Q'_Ord_Trans F0 (Q'1 F0)) in H7; auto with Q'.
      elim (Q'_Ord_irReflex F0 (Q'1 F0) (Q'1 F0)); auto with Q'.
  - apply R_Q'_Corollary in H9; auto.
    apply AxiomII in H9 as [H9[]]. apply H11 in H7.
    rewrite Q'_Divide_Property2 in H7; auto with Q'. pose proof H8.
    apply φn_is_Function_Lemma1 in H12 as []; auto.
    + rewrite <-H12 in H7.
      elim (Q'_Ord_irReflex F0 (Q'1 F0) (Q'1 F0)); auto with Q'.
    + apply (Q'_Ord_Trans F0 (Q'1 F0)) in H7; auto with Q'.
      elim (Q'_Ord_irReflex F0 (Q'1 F0) (Q'1 F0)); auto with Q'.
Qed.

Corollary φn_is_Function : ∀ F0, Arithmetical_ultraFilter F0
 -> Function1_1 (φn F0) /\ dom(φn F0) = Q'_N F0 /\ ran(φn F0) = N F0.
Proof.
  intros. assert (Function1_1 (φn F0)).
  { repeat split; intros.
    - unfold Relation; intros.
      apply AxiomII in H0 as [H0[u[v[]]]]; eauto.
```

```
      - apply AxiomII' in H0 as [H2[]];
        apply AxiomII' in H1 as [H1[]]. rewrite H3,H5; auto.
      - unfold Relation; intros.
        apply AxiomII in H0 as [H0[u[v[]]]]; eauto.
      - apply AxiomII' in H0 as []; apply AxiomII' in H1 as [].
        apply AxiomII' in H2 as [H2[]]; apply AxiomII' in H3 as [H3[]].
        destruct (classic (y = z)); auto.
        apply (φn_is_Function_Lemma2 F0) in H8; auto.
        elim H8. rewrite <-H5,<-H7; auto. }
    split; auto. destruct H0. split.
  - apply AxiomI; split; intros.
    + apply AxiomII in H2 as [H2[]]. apply AxiomII' in H3; tauto.
    + apply AxiomII; split. eauto.
      exists (\[z\]_F0). pose proof H.
      apply (R_Corollary2 F0 z) in H3.
      apply AxiomII'; split; auto. apply MKT49a; eauto.
      apply Q'_N_properSubset_Q'_<; auto.
  - apply AxiomI; split; intros.
    + apply AxiomII in H2 as [H2[]]. apply AxiomII' in H3 as [H3[]].
      rewrite H5. apply AxiomII; split; eauto. rewrite <-H5; auto.
    + apply AxiomII; split. eauto. apply AxiomII in H2 as [H2[x[]]].
      exists x. apply AxiomII'; split; auto. apply MKT49a; eauto.
Qed.


Corollary φn_Q'0 : ∀ F0, Arithmetical_ultraFilter F0 -> (φn F0)[Q'0 F0] = R0 F0.
Proof.
  intros. pose proof H. apply φn_is_Function in H0 as [[][]].
  pose proof H. apply Q'0_in_Q'_N in H4; auto.
  rewrite <-H2 in H4. apply Property_Value,AxiomII' in H4
  as [_[]]; auto.
Qed.


Corollary φn_Q'1 : ∀ F0, Arithmetical_ultraFilter F0 -> (φn F0)[Q'1 F0] = R1 F0.
Proof.
  intros. pose proof H. apply φn_is_Function in H0 as [[][]].
  pose proof H. apply Q'1_in_Q'_N in H4; auto.
  rewrite <-H2 in H4. apply Property_Value,AxiomII' in H4
  as [_[]]; auto.
Qed.


(* φn 对序保持 *)


Corollary φn_PrOrder : ∀ F0 u v, Arithmetical_ultraFilter F0
  -> u ∈ (Q'_N F0) -> v ∈ (Q'_N F0)
  -> (u <_F0 v)%q' <-> (φn F0)[u] <_F0 (φn F0)[v].
Proof.
  intros. pose proof H. apply φn_is_Function in H2 as [[][]].
  assert ((φn F0)[u] = \[u\]_F0).
  { rewrite <-H4 in H0. apply Property_Value in H0; auto.
    apply AxiomII' in H0; tauto. }
  assert ((φn F0)[v] = \[v\]_F0).
  { rewrite <-H4 in H1. apply Property_Value in H1; auto.
    apply AxiomII' in H1; tauto. }
  pose proof H0; pose proof H1.
  apply Q'_N_properSubset_Q'_< in H8;
  apply Q'_N_properSubset_Q'_< in H9; auto.
  pose proof H8; pose proof H9.
  apply Q'_<_Subset_Q' in H10; apply Q'_<_Subset_Q' in H11; auto.
  rewrite H6,H7. split; intros.
```

```
 - assert (u <> v).
   { intro. rewrite H13 in H12.
     elim (Q'_Ord_irReflex F0 v v); auto. }
   apply Q'_Ord_to_R_Ord in H12 as []; auto.
   apply (φn_is_Function_Lemma2 F0) in H13; auto;
   try contradiction.
 - apply R_Ord_Corollary in H12; tauto.
Qed.
```

(* φ_n 对加法保持 *)

```
Corollary φn_PrPlus : ∀ F0 u v, Arithmetical_ultraFilter F0
 -> u ∈ (Q'_N F0) -> v ∈ (Q'_N F0)
 -> (φn F0)[(u +_{F0} v)%q'] = (φn F0)[u] +_{F0} (φn F0)[v].
Proof.
  intros. pose proof H. apply (Q'_N_Plus_in_Q'_N F0 u v) in H2;
  auto. pose proof H. apply φn_is_Function in H3 as [[][]].
  rewrite <-H5 in H2. apply Property_Value in H2; auto.
  apply AxiomII' in H2 as [H2[]].
  assert ((φn F0)[u] = \[u\]_{F0}).
  { rewrite <-H5 in H0. apply Property_Value in H0; auto.
    apply AxiomII' in H0; tauto. }
  assert ((φn F0)[v] = \[v\]_{F0}).
  { rewrite <-H5 in H1. apply Property_Value in H1; auto.
    apply AxiomII' in H1; tauto. }
  rewrite H8,H9,H10,Property_R_Plus;
  try apply Q'_N_properSubset_Q'_<; auto.
Qed.
```

(* φ_n 对乘法保持 *)

```
Corollary φn_PrMult : ∀ F0 u v, Arithmetical_ultraFilter F0
 -> u ∈ (Q'_N F0) -> v ∈ (Q'_N F0)
 -> (φn F0)[(u ·_{F0} v)%q'] = (φn F0)[u] ·_{F0} (φn F0)[v].
Proof.
  intros. pose proof H. apply (Q'_N_Mult_in_Q'_N F0 u v) in H2;
  auto. pose proof H. apply φn_is_Function in H3 as [[][]].
  rewrite <-H5 in H2. apply Property_Value in H2; auto.
  apply AxiomII' in H2 as [H2[]].
  assert ((φn F0)[u] = \[u\]_{F0}).
  { rewrite <-H5 in H0. apply Property_Value in H0; auto.
    apply AxiomII' in H0; tauto. }
  assert ((φn F0)[v] = \[v\]_{F0}).
  { rewrite <-H5 in H1. apply Property_Value in H1; auto.
    apply AxiomII' in H1; tauto. }
  rewrite H8,H9,H10,R_Mult_Corollary;
  try apply Q'_N_properSubset_Q'_<; auto.
Qed.
```

对任意一个算术超滤 $F0$ 生成的 **R**, 关于 **N** 有如下结论.

1) $R_0 \in \mathbf{N} \wedge R_1 \in \mathbf{N}$.

2) 运算封闭: $\forall u, v \in \mathbf{N}, (u + v) \in \mathbf{N} \wedge (u \cdot v) \in \mathbf{N}$.

3) **R** 上的序是 **N** 上的良序.

4) R_0 为 **N** 中的首元, 即最小元.

```
Fact R0_in_N : ∀ F0, Arithmetical_ultraFilter F0 -> (R0 F0) ∈ (N F0).
Proof.
```

```
  intros. pose proof H. apply R0_in_R in H0.
  apply AxiomII; split; eauto. exists (Q'0 F0).
  split; auto. apply Q'0_in_Q'_N; auto.
Qed.
```

Global Hint Resolve R0_in_N : R.

Fact R1_in_N : ∀ F0, Arithmetical_ultraFilter F0 -> (R1 F0) ∈ (N F0).
Proof.
```
  intros. pose proof H. apply R1_in_R in H0.
  apply AxiomII; split; eauto. exists (Q'1 F0).
  split; auto. apply Q'1_in_Q'_N; auto.
Qed.
```

Global Hint Resolve R1_in_N : R.

(* 加法封闭 *)

Fact N_Plus_in_N : ∀ F0 u v, Arithmetical_ultraFilter F0
  -> u ∈ (N F0) -> v ∈ (N F0) -> (u +_{F0} v) ∈ (N F0).
Proof.
```
  intros. pose proof H0; pose proof H1.
  apply N_properSubset_R in H2; apply N_properSubset_R in H3; auto.
  apply AxiomII in H0 as [H0[x[]]]. apply AxiomII in H1 as [H1[y[]]].
  pose proof H. apply (R_Plus_in_R F0 u v) in H8.
  apply AxiomII; split; eauto. exists (x +_{F0} y)%q'.
  split. apply Q'_N_Plus_in_Q'_N; auto.
  rewrite H5,H7,Property_R_Plus;
  try apply Q'_N_properSubset_Q'_<; auto.
Qed.
```

Global Hint Resolve N_Plus_in_N : R.

(* 乘法封闭 *)

Fact N_Mult_in_N : ∀ F0 u v, Arithmetical_ultraFilter F0
  -> u ∈ (N F0) -> v ∈ (N F0) -> (u ·_{F0} v) ∈ (N F0).
Proof.
```
  intros. pose proof H0; pose proof H1.
  apply N_properSubset_R in H2; apply N_properSubset_R in H3; auto.
  apply AxiomII in H0 as [H0[x[]]]. apply AxiomII in H1
  as [H1[y[]]]. pose proof H. apply (R_Mult_in_R F0 u v) in H8;
  auto. apply AxiomII; split; eauto. exists (x ·_{F0} y)%q'.
  split. apply Q'_N_Mult_in_Q'_N; auto.
  rewrite H5,H7,R_Mult_Corollary;
  try apply Q'_N_properSubset_Q'_<; auto.
Qed.
```

Global Hint Resolve N_Mult_in_N : R.

(* N 的良序性 *)

Fact R_Ord_WellOrder_N : ∀ F0, Arithmetical_ultraFilter F0
  -> WellOrdered (R_Ord F0) (N F0).
Proof.
```
  split; intros.
  - unfold Connect; intros. apply R_Ord_Connect;
    auto; apply N_properSubset_R; auto.
  - pose proof H. apply Q'_Ord_WellOrder_Q'_N in H2.
```

```
pose proof H. apply φn_is_Function in H3 as [[][]].
assert (Q'_N F0 = (φn F0)⁻¹⌈N F0⌋).
{ apply AxiomI; split; intros.
  - apply AxiomII; repeat split; eauto. rewrite H5; auto.
    rewrite <-H5 in H7. apply Property_Value,Property_ran
    in H7; auto. rewrite <-H6; auto.
  - apply AxiomII in H7 as [H7[]]. rewrite <-H5; auto. }
assert (((φn F0)⁻¹⌈y⌋ ⊂ (Q'_N F0) /\ (φn F0)⁻¹⌈y⌋ <> ∅) as [].
{ split.
  - unfold Included; intros. apply AxiomII in H8 as [_[]].
    rewrite H5 in H8; auto.
  - apply PreimageSet_Corollary; auto. rewrite H6.
    intro. elim H1. apply AxiomI; split; intros.
    pose proof H9. apply H0 in H10.
    assert (z ∈ (y ∩ (N F0))). { apply MKT4'; auto. }
    rewrite <-H8; auto. elim (@ MKT16 z); auto. }
apply H2 in H8 as [x[]]; auto; clear H9.
exists ((φn F0)[x]). split.
+ apply AxiomII in H8; tauto.
+ intros. assert ((((φn F0)⁻¹)[y0] ∈ (φn F0)⁻¹⌈y⌋).
  { pose proof H9 as H9'. apply H0 in H9. rewrite <-H6,reqdi
    in H9. apply Property_Value,Property_ran in H9; auto.
    rewrite <-deqri in H9. apply AxiomII; repeat split; eauto.
    rewrite f11vi; auto. rewrite H6; auto. }
  pose proof H11. apply H10 in H11. intro. elim H11.
  apply (φn_PrOrder F0); auto. apply AxiomII in H12 as [_[]].
  rewrite <-H5; auto. apply AxiomII in H8 as [_[]].
  rewrite <-H5; auto. rewrite f11vi; auto.
  rewrite H6. apply H0; auto.
Qed.

(* R₀ 为最小元 *)

Fact N_R0_is_FirstMember : ∀ F0 u, Arithmetical_ultraFilter F0
 -> u ∈ (N F0) -> u <> (R0 F0) -> (R0 F0) <_F0 u.
Proof.
  intros. pose proof H. apply φn_is_Function in H2 as [[][]].
  pose proof H0. rewrite <-H5 in H6. pose proof H6.
  rewrite reqdi in H6. apply Property_Value,Property_ran in H6;
  auto. rewrite <-deqri,H4 in H6.
  assert (((φn F0)⁻¹)[u] ∈ ((Q'_N F0) ~ [Q'0 F0])).
  { apply MKT4'; split; auto. apply AxiomII; split; eauto.
    intro. apply MKT41 in H8; eauto with Q'. pose proof H.
    apply φn_Q'0 in H9. rewrite <-H8,f11vi in H9; auto. }
  apply Q'_N_Q'0_is_FirstMember in H8; auto.
  apply φn_PrOrder in H8; try apply Q'0_in_Q'_N; auto.
  rewrite φn_Q'0,f11vi in H8; auto.
Qed.
```

4.4.2 整数集

R 中的整数集就是 $\mathbf{Q}_<$ 中所有整数 ($^*\mathbf{Q_z}$ 的元) 的等价类组成的集合, 记为 **Z**.

$$\mathbf{Z} = \{[u] : u \in {}^*\mathbf{Q_z}\}.$$

```
Definition Z F0 := \{ λ u, ∃ z, z ∈ (Q'_Z F0) /\ u = \[z\]_F0 \}.
```

```
Corollary Z_is_Set : ∀ F0, Arithmetical_ultraFilter F0 -> Ensemble (Z F0).
Proof.
  intros. apply (MKT33 (R F0)). apply R_is_Set; destruct H; auto.
  unfold Included; intros. apply AxiomII in H0 as [H0[x[]]].
  rewrite H2. apply R_Corollary2; auto.
  apply Q'_Z_properSubset_Q'<; auto.
Qed.
```

Z 是 R 的真子集.

```
Corollary Z_properSubset_R : ∀ F0, Arithmetical_ultraFilter F0
  -> (Z F0) ⊂ (R F0) /\ (Z F0) <> (R F0).
Proof.
  Open Scope q'_scope.
  intros; split.
  - unfold Included; intros. apply AxiomII in H0 as [H0[x[]]].
    rewrite H2. apply R_Corollary2; auto.
    apply Q'_Z_properSubset_Q'<; auto.
  - intro. set (two := ((Z'1 F0) +_F0 (Z'1 F0))%z').
    assert (two ∈ ((Z' F0) ~ [Z'0 F0])).
    { assert (((Z'1 F0) +_F0 (Z'1 F0))%z' ∈ (Z' F0)); auto with Z'.
      apply MKT4'; split; auto. apply AxiomII; split; eauto.
      intro. pose proof H. apply Z'0_in_Z' in H3.
      apply MKT41 in H2; eauto. pose proof H.
      apply Z'0_lt_Z'1 in H4. pose proof H4.
      apply (Z'_Plus_PrOrder F0 _ _ (Z'1 F0)) in H5;
      auto with Z'. unfold two in H2.
      rewrite Z'_Plus_Property,H2 in H5; auto with Z'.
      apply (Z'_Ord_Trans F0 (Z'0 F0)) in H5; auto with Z'.
      elim (Z'_Ord_irReflex F0 (Z'0 F0) (Z'0 F0)); auto with Z'. }
    set (dw := \[[(Z'1 F0),two]\]_F0). Z'split H1.
    assert ((Z'0 F0) <_F0 two)%z'.
    { unfold two. apply (Z'_Ord_Trans F0 _ (Z'1 F0)); auto with Z'.
      pose proof H. apply Z'0_lt_Z'1 in H4.
      apply (Z'_Plus_PrOrder F0 _ _ (Z'1 F0)) in H4; auto with Z'.
      rewrite Z'_Plus_Property in H4; auto with Z'. }
    assert (dw ∈ (Q' F0)). { apply Q'_Corollary2; auto with Z'. }
    assert ((Q'0 F0) <_F0 dw).
    { rewrite Q'0_Corollary; auto. unfold dw.
      apply Q'_Ord_Corollary; auto with Z'.
      rewrite Z'_Mult_Commutation,Z'_Mult_Property1,
      Z'_Mult_Property2; auto with Z'. }
    assert (dw <_F0 (Q'1 F0)).
    { unfold dw. rewrite Q'1_Corollary; auto.
      apply Q'_Ord_Corollary; auto with Z'.
      rewrite Z'_Mult_Property2,Z'_Mult_Property2; auto with Z'.
      replace (Z'1 F0) with ((Z'1 F0) +_F0 (Z'0 F0))%z'.
      unfold two. apply Z'_Plus_PrOrder; auto with Z'.
      apply Z'_Plus_Property; auto with Z'. }
    assert (dw ∈ (Q'< F0)).
    { apply AxiomII; repeat split; eauto. exists (Q'1 F0).
      apply mt_Q'0_Q'Abs in H6; auto. rewrite H6.
      split; auto. apply Q'1_in_Q'_N; auto. }
    assert (\[dw\]_F0 ∈ (R F0))%r. { apply R_Corollary2; auto. }
    rewrite <-H0 in H9. apply AxiomII in H9 as [H9[x[]]].
    set (qtwo := (Q'1 F0) +_F0 (Q'1 F0)).
    assert (qtwo ∈ (Q' F0)). { unfold qtwo; auto with Q'. }
    assert (qtwo ∈ (Q'_N F0 ~ [Q'0 F0])).
    { apply MKT4'; split. apply Q'_N_Plus_in_Q'_N;
```

```
    try apply Q'1_in_Q'_N; auto. apply AxiomII; split; eauto.
    intro. pose proof H. apply Q'0_in_Q' in H14.
    apply MKT41 in H13; eauto. pose proof H.
    apply Q'0_lt_Q'1 in H15. rewrite <-H13 in H15.
    replace (Q'1 F0) with ((Q'1 F0) +_F0 (Q'0 F0)) in H15.
    unfold qtwo in H15. apply Q'_Plus_PrOrder in H15;
    auto with Q'. pose proof H. apply Q'0_lt_Q'1 in H16.
    apply (Q'_Ord_Trans F0 (Q'1 F0)) in H16; auto with Q'.
    elim (Q'_Ord_irReflex F0 (Q'1 F0) (Q'1 F0)); auto with Q'.
    apply Q'_Plus_Property; auto with Q'. }
assert (dw ·_F0 qtwo = Q'1 F0).
{ unfold qtwo. rewrite Q'_Mult_Distribution,Q'_Mult_Property2;
  auto with Q'. unfold dw. rewrite Q'_Plus_Corollary,
  Z'_Mult_Property2,Z'_Mult_Commutation,Z'_Mult_Property2,
  Q'1_Corollary; auto with Z'. apply R_Z'_Corollary;
  auto with Z'.
  assert (two ·_F0 two = two +_F0 two)%z'.
  { unfold two. rewrite Z'_Mult_Distribution,Z'_Mult_Property2;
    auto with Z'. }
  rewrite H14; auto. }
assert ((Q'0 F0) <_F0 qtwo).
{ apply (Q'_Ord_Trans F0 _ (Q'1 F0)); auto with Q'.
  replace (Q'1 F0) with ((Q'1 F0) +_F0 (Q'0 F0)).
  apply Q'_Plus_PrOrder; auto with Q'.
  apply Q'_Plus_Property; auto with Q'. }
pose proof H10. apply Q'_Z_properSubset_Q'_< in H16; auto.
pose proof H10. apply Q'_Z_Subset_Q' in H17; auto.
assert ((Q'0 F0) <_F0 x).
{ assert ((Q'0 F0) ∈ (Q' F0) /\ x ∈ (Q' F0)) as [].
  { split; auto with Q'. }
  apply (Q'_Ord_Connect F0 H _ x) in H18 as [H18|[]];
  auto; clear H19.
  - pose proof H18. apply Q'_Plus_PrOrder_Corollary in H19
    as [x0[[H19[]]_]]; auto with Q'.
    assert (dw -_F0 x = dw +_F0 x0).
    { apply Q'_Minus_Corollary; auto with Q'.
      rewrite (Q'_Plus_Commutation F0 _ x0),
      <-Q'_Plus_Association,H21,Q'_Plus_Commutation,
      Q'_Plus_Property; auto with Q'. }
    pose proof H20. apply (Q'_Plus_PrOrder F0 _ _ dw) in H23;
    auto with Q'. rewrite Q'_Plus_Property in H23; auto.
    apply (Q'_Ord_Trans F0 (Q'0 F0)) in H23; auto with Q'.
    pose proof H23. apply mt_Q'0_Q'Abs in H24;
    auto with Q'. apply R_Q'_Corollary in H11; auto.
    apply AxiomII in H11 as [_[]]. apply H25 in H13.
    rewrite H22,H24 in H13. rewrite Q'_Mult_Commutation
    in H14; auto. apply Q'_Divide_Corollary in H14;
    auto with Q'. rewrite H14 in H13.
    replace x with (x +_F0 (Q'0 F0)).
    rewrite <-H21. apply Q'_Plus_PrOrder; auto with Q'.
    rewrite H21. apply (Q'_Plus_PrOrder F0 _ _ dw);
    auto with Q'. rewrite Q'_Plus_Property;
    rewrite Q'_Plus_Property; auto. intro. rewrite H27 in H15.
    elim (Q'_Ord_irReflex F0 (Q'0 F0) (Q'0 F0)); auto with Q'.
  - apply R_Q'_Corollary in H11; auto.
    assert (dw -_F0 x = dw).
    { apply Q'_Minus_Corollary; auto.
      rewrite Q'_Plus_Commutation; auto.
      rewrite <-H18. apply Q'_Plus_Property; auto. }
```

```
      rewrite H19 in H11. clear H19.
      apply AxiomII in H11 as [_[]]. apply H19 in H13.
      apply mt_Q'O_Q'Abs in H6; auto. rewrite H6 in H13.
      rewrite Q'_Mult_Commutation in H14; auto.
      apply Q'_Divide_Corollary in H14; auto with Q'.
      rewrite H14 in H13. elim (Q'_Ord_irReflex F0 dw dw); auto.
      intro. rewrite H21 in H15.
      elim (Q'_Ord_irReflex F0 (Q'O F0) (Q'O F0)); auto with Q'. }
  assert (x <_F0 (Q'1 F0)).
  { assert (x ∈ (Q' F0) /\ (Q'1 F0) ∈ (Q' F0)) as [].
    { split; auto with Q'. }
    apply (Q'_Ord_Connect F0 H x (Q'1 F0)) in H19 as [];
    auto; clear H20.
    assert ((Q'O F0) <_F0 (x -_F0 dw)).
    { apply (Q'_Plus_PrOrder F0 _ _ dw); auto with Q'.
      rewrite Q'_Plus_Property,<-Q'_Mix_Association1,
      Q'_Plus_Commutation,Q'_Mix_Association1; auto with Q'.
      replace (dw -_F0 dw) with (Q'O F0).
      rewrite Q'_Plus_Property; auto. destruct H19.
      - apply (Q'_Ord_Trans F0 _ (Q'1 F0)); auto with Q'.
      - rewrite H19; auto.
      - symmetry. apply Q'_Minus_Corollary; auto with Q'.
        apply Q'_Plus_Property; auto. }
    pose proof H20. apply mt_Q'O_Q'Abs in H21; auto with Q'.
    symmetry in H11. apply R_Q'_Corollary in H11; auto.
    apply AxiomII in H11 as [_[]]. apply H22 in H13.
    rewrite H21 in H13. rewrite Q'_Mult_Commutation in H14; auto.
    apply Q'_Divide_Corollary in H14; auto with Q'.
    rewrite H14 in H13. apply (Q'_Plus_PrOrder F0 _ _ (dw))
    in H13; auto. rewrite <-Q'_Mix_Association1,
    (Q'_Plus_Commutation F0 dw),Q'_Mix_Association1,
    Q'_Minus_Property1,Q'_Plus_Property in H13; auto.
    replace (Q'1 F0) with (dw +_F0 dw); auto.
    - unfold dw. rewrite Q'_Plus_Corollary; auto with Z'.
      rewrite Z'_Mult_Property2,Z'_Mult_Commutation,
      Z'_Mult_Property2; auto with Z'. rewrite Q'1_Corollary;
      auto. apply R_Z'_Corollary; auto with Z'.
      rewrite Z'_Mult_Property2,Z'_Mult_Property2; auto with Z'.
      unfold two. rewrite Z'_Mult_Distribution,
      Z'_Mult_Property2; auto with Z'.
    - intro. rewrite H24 in H15.
      elim (Q'_Ord_irReflex F0 (Q'O F0) (Q'O F0)); auto with Q'. }
  assert (x ∈ (Q'_N F0)).
  { rewrite Q'_N_Equ_Q'_Z_me_Q'O; auto.
    apply AxiomII; split; eauto. }
  pose proof H. apply φ4_is_Function in H21 as [[][]].
  assert (x ∈ (ran(φ4 F0))); auto. rewrite reqdi in H25.
  apply Property_Value,Property_ran in H25; auto.
  rewrite <-deqri,H23 in H25.
  assert ((((φ4 F0)[((φ4 F0)^{-1})[x]] = x). { rewrite f11vi; auto. }
  pose proof in_ω_0; pose proof in_ω_1.
  rewrite <-φ4_0,<-H26 in H18; auto. apply φ4_PrOrder in H18;
  auto. rewrite <-φ4_1,<-H26 in H19; auto.
  apply φ4_PrOrder in H19; auto. apply MKT41 in H19; eauto.
  rewrite H19 in H18. elim (@ MKT16 0); auto.
  Close Scope q'_scope.
Qed.
```

定理 4.19　对任意一个算术超滤 $F0$ 生成的 $^*\mathbf{Q_Z}$ 和 $\mathbf{Z}$, 可以构造一个定义

域为 $^*\mathbf{Q_Z}$, 值域为 $\mathbf{Z}$ 的 1-1 函数:

$$\varphi_z = \{(u, v) : u \in {}^*\mathbf{Q_Z} \wedge v = [u]\},$$

$\forall u, v \in {}^*\mathbf{Q_Z}$, 满足如下性质.

    1) $\varphi_z(^*Q_0) = R_0 \ \wedge \ \varphi_z(^*Q_1) = R_1$.

    2) 序保持: $u < v \Longleftrightarrow \varphi_z(u) < \varphi_z(v)$.

    3) 加法保持: $\varphi_z(u + v) = \varphi_z(u) + \varphi_z(v)$.

    4) 乘法保持: $\varphi_z(u \cdot v) = \varphi_z(u) \cdot \varphi_z(v)$.

    φ_z 的以上性质说明, φ_z 是 $^*\mathbf{Q_Z}$ 到 $\mathbf{Z}$ 的保序、保运算的 1-1 函数. 至此, 我们说 $^*\mathbf{Q_Z}$ 与 $\mathbf{Z}$ 同构, 并说 φ_z 将 $^*\mathbf{Q_Z}$ 同构嵌入 **R**.

```
Definition φz F0 := \{\ λ u v, u ∈ (Q'_Z F0) /\ v = \[u\]_F0 \}\.
```

(* φ_z 是定义域为 $^*\mathbf{Q_Z}$, 值域为 $\mathbf{Z}$ 的 1-1 函数 *)

```
Open Scope q'_scope.

Lemma φz_is_Function_Lemma1 : ∀ F0 u v, Arithmetical_ultraFilter F0
  -> u ∈ (Q'_Z F0) -> v ∈ (Q'_Z F0) -> v <_F0 u
  -> Q'1 F0 = |u −_F0 v|_F0 \/ (Q'1 F0) <_F0 |u −_F0 v|_F0.
Proof.
  intros. pose proof H0. pose proof H1.
  apply Q'_Z_Subset_Q' in H3; apply Q'_Z_Subset_Q' in H4; auto.
  assert (|u −_F0 v|_F0 = u −_F0 v).
  { pose proof H2.
    apply Q'_Plus_PrOrder_Corollary in H5 as [x[[H5[]]_]]; auto.
    apply Q'_Minus_Corollary in H7; auto.
    apply mt_Q'0_Q'Abs in H6; auto. rewrite H7; auto. }
  pose proof H; pose proof H.
  apply Q'0_in_Q' in H6; apply Q'1_in_Q' in H7; auto.
  assert ((Q'0 F0) ∈ (Q' F0) /\ u ∈ (Q' F0)) as []; auto.
  apply (Q'_Ord_Connect F0 H _ u) in H8; auto; clear H9.
  assert ((Q'0 F0) ∈ (Q' F0) /\ v ∈ (Q' F0)) as []; auto.
  apply (Q'_Ord_Connect F0 H _ v) in H9; auto; clear H10.
  destruct H8 as [H8|[]].
  - assert (u ∈ (Q'_N F0)).
    { rewrite Q'_N_Equ_Q'_Z_me_Q'0; auto.
      apply AxiomII; split; eauto. }
    assert (Q'1 F0 = u \/ (Q'1 F0) <_F0 u).
    { assert (u = u −_F0 (Q'0 F0)).
      { rewrite Q'_Minus_Property2; auto. }
      pose proof H8. apply mt_Q'0_Q'Abs in H8; auto.
      rewrite <-H8,H11. apply φn_is_Function_Lemma1; auto.
      apply Q'0_in_Q'_N; auto. }
    destruct H9 as [H9|[]].
    + assert (v ∈ (Q'_N F0)).
      { rewrite Q'_N_Equ_Q'_Z_me_Q'0; auto.
        apply AxiomII; split; eauto. }
      apply φn_is_Function_Lemma1; auto.
    + apply Q'_Plus_PrOrder_Corollary in H9 as [v0[[H9[]]_]]; auto.
      assert (u −_F0 v = u +_F0 v0).
      { apply Q'_Minus_Corollary; auto with Q'.
```

```
      rewrite (Q'_Plus_Commutation F0 u),<-Q'_Plus_Association,
      H13,Q'_Plus_Commutation,Q'_Plus_Property; auto. }
    right. rewrite H5,H14. destruct H11.
    * apply (Q'_Plus_PrOrder F0 _ _ u) in H12; auto.
      rewrite Q'_Plus_Property in H12; auto. rewrite H11; auto.
    * apply (Q'_Plus_PrOrder F0 _ _ u) in H12; auto.
      rewrite Q'_Plus_Property in H12; auto.
      apply (Q'_Ord_Trans F0 _ u); auto with Q'.
  + assert (u -_F0 v = u).
    { apply Q'_Minus_Corollary; auto.
      rewrite Q'_Plus_Commutation,<-H9,Q'_Plus_Property; auto. }
    rewrite H5,H12; auto.
- destruct H9 as [H9|[]].
  + apply (Q'_Ord_Trans F0 u),(Q'_Ord_Trans F0 v) in H9; auto.
    elim (Q'_Ord_irReflex F0 v v); auto.
  + assert (u ∈ \{ λ u, u ∈ (Q'_Z F0) /\ u <_F0 (Q'0 F0) \}
      /\ v ∈ \{ λ u, u ∈ (Q'_Z F0) /\ u <_F0 (Q'0 F0) \}).
    { split; apply AxiomII; split; eauto. } destruct H10.
    rewrite Q'_N_neg_Equ_Q'_Z_lt_Q'0 in H10,H11; auto.
    apply AxiomII in H10 as [_[_[u0[]]]].
    apply AxiomII in H11 as [_[_[v0[]]]].
    assert (u0 ∈ (Q'_N F0) /\ v0 ∈ (Q'_N F0)) as [].
    { apply MKT4' in H10 as []; apply MKT4' in H11 as []; auto. }
    pose proof H14; pose proof H15.
    apply Q'_N_properSubset_Q'<,Q'<_Subset_Q' in H14;
    apply Q'_N_properSubset_Q'<,Q'<_Subset_Q' in H15; auto.
    assert (u -_F0 v = v0 -_F0 u0).
    { apply Q'_Minus_Corollary; auto with Q'.
      rewrite <-Q'_Mix_Association1,H13; auto.
      apply Q'_Minus_Corollary; auto.
      rewrite Q'_Plus_Commutation; auto. }
    assert (u0 <_F0 v0).
    { apply (Q'_Plus_PrOrder F0 _ _ v),(Q'_Plus_PrOrder F0 _ _ u);
      auto with Q'. rewrite H13,Q'_Plus_Property,
      (Q'_Plus_Commutation F0 v),<-Q'_Plus_Association,
      H12,Q'_Plus_Commutation,Q'_Plus_Property; auto. }
    rewrite H18. apply φn_is_Function_Lemma1; auto.
  + rewrite H9 in H8. apply (Q'_Ord_Trans F0 v) in H8; auto.
    elim (Q'_Ord_irReflex F0 v v); auto.
- destruct H9 as [H9|[]].
  + rewrite H8 in H9. apply (Q'_Ord_Trans F0 v) in H9; auto.
    elim (Q'_Ord_irReflex F0 v v); auto.
  + assert (v ∈ \{ λ u, u ∈ (Q'_Z F0) /\ u <_F0 (Q'0 F0) \}).
    { apply AxiomII; split; eauto. }
    rewrite Q'_N_neg_Equ_Q'_Z_lt_Q'0 in H10; auto.
    apply AxiomII in H10 as [_[_[v0[]]]]. pose proof H10.
    apply MKT4' in H12 as [H12 _]. pose proof H12.
    apply Q'_N_properSubset_Q'<,Q'<_Subset_Q' in H12; auto.
    apply Q'_N_Q'0_is_FirstMember in H10; auto.
    assert (u -_F0 v = v0 -_F0 (Q'0 F0)).
    { apply Q'_Minus_Corollary; auto with Q'.
      rewrite <-Q'_Mix_Association1,H11; auto.
      apply Q'_Minus_Corollary; auto.
      rewrite <-H8,Q'_Plus_Property; auto. }
    rewrite H14. apply φn_is_Function_Lemma1; auto.
    apply Q'0_in_Q'_N; auto.
  + elim (Q'_Ord_irReflex F0 v u); auto. rewrite <-H8,<-H9; auto.
Qed.
```

```
Close Scope q'_scope.

Lemma φz_is_Function_Lemma2 : ∀ F0 u v, Arithmetical_ultraFilter F0
 -> u ∈ (Q'_Z F0) -> v ∈ (Q'_Z F0) -> u <> v -> \[u\]_F0 <> \[v\]_F0.
Proof.
  intros. pose proof H0; pose proof H1.
  apply Q'_Z_properSubset_Q'_< in H3;
  apply Q'_Z_properSubset_Q'_< in H4; auto.
  pose proof H0; pose proof H1.
  apply Q'_Z_properSubset_Q'_<,Q'_<_Subset_Q' in H5;
  apply Q'_Z_properSubset_Q'_<,Q'_<_Subset_Q' in H6; auto.
  assert ((Q'1 F0) ∈ ((Q'_N F0) ~ [Q'0 F0])).
  { pose proof H. apply Q'1_in_Q'_N in H7.
    apply MKT4'; split; auto. apply AxiomII; split; eauto.
    intro. pose proof H. apply Q'0_in_Q' in H9.
    apply MKT41 in H8; eauto.
    elim (Q'0_isn't_Q'1 F0); auto. }
  assert (u ∈ (Q' F0) /\ v ∈ (Q' F0)) as []; auto.
  apply (Q'_Ord_Connect F0 H u v) in H8 as [H8|[]];
  try contradiction; auto; clear H9; intro.
  - symmetry in H9. apply R_Q'_Corollary in H9; auto.
    apply AxiomII in H9 as [H9[]]. apply H11 in H7.
    rewrite Q'_Divide_Property2 in H7; auto with Q'. pose proof H8.
    apply φz_is_Function_Lemma1 in H12 as []; auto.
    + rewrite <-H12 in H7.
      elim (Q'_Ord_irReflex F0 (Q'1 F0) (Q'1 F0)); auto with Q'.
    + apply (Q'_Ord_Trans F0 (Q'1 F0)) in H7; auto with Q'.
      elim (Q'_Ord_irReflex F0 (Q'1 F0) (Q'1 F0)); auto with Q'.
  - apply R_Q'_Corollary in H9; auto.
    apply AxiomII in H9 as [H9[]]. apply H11 in H7.
    rewrite Q'_Divide_Property2 in H7; auto with Q'. pose proof H8.
    apply φz_is_Function_Lemma1 in H12 as []; auto.
    + rewrite <-H12 in H7.
      elim (Q'_Ord_irReflex F0 (Q'1 F0) (Q'1 F0)); auto with Q'.
    + apply (Q'_Ord_Trans F0 (Q'1 F0)) in H7; auto with Q'.
      elim (Q'_Ord_irReflex F0 (Q'1 F0) (Q'1 F0)); auto with Q'.
Qed.

Corollary φz_is_Function : ∀ F0, Arithmetical_ultraFilter F0
 -> Function1_1 (φz F0) /\ dom(φz F0) = Q'_Z F0 /\ ran(φz F0) = Z F0.
Proof.
  intros. assert (Function1_1 (φz F0)).
  { repeat split; intros.
    - unfold Relation; intros.
      apply AxiomII in H0 as [H0[u[v[]]]]; eauto.
    - apply AxiomII' in H0 as [H2[]];
      apply AxiomII' in H1 as [H1[]]. rewrite H3,H5; auto.
    - unfold Relation; intros.
      apply AxiomII in H0 as [H0[u[v[]]]]; eauto.
    - apply AxiomII' in H0 as []; apply AxiomII' in H1 as [].
      apply AxiomII' in H2 as [H2[]];
      apply AxiomII' in H3 as [H3[]].
      destruct (classic (y = z)); auto.
      apply (φz_is_Function_Lemma2 F0) in H8; auto.
      elim H8. rewrite <-H5,<-H7; auto. }
  split; auto. destruct H0. split.
  - apply AxiomI; split; intros.
    + apply AxiomII in H2 as [H2[]]. apply AxiomII' in H3; tauto.
    + apply AxiomII; split. eauto.
```

```
      exists (\[z\]_{F0}). pose proof H.
      apply (R_Corollary2 F0 z) in H3.
      apply AxiomII'; split; auto. apply MKT49a; eauto.
      apply Q'_Z_properSubset_Q'_<; auto.
  - apply AxiomI; split; intros.
    + apply AxiomII in H2 as [H2[]]. apply AxiomII' in H3 as [H3[]].
      rewrite H5. apply AxiomII; split; eauto. rewrite <-H5; auto.
    + apply AxiomII; split. eauto. apply AxiomII in H2 as [H2[x[]]].
      exists x. apply AxiomII'; split; auto. apply MKT49a; eauto.
Qed.
```

Corollary φz_Q'0 : ∀ F0, Arithmetical_ultraFilter F0 -> (φz F0)[Q'0 F0] = R0 F0.
Proof.
```
  intros. pose proof H. apply φz_is_Function in H0 as [[][]].
  pose proof H. apply Q'0_in_Q'_Z in H4; auto.
  rewrite <-H2 in H4. apply Property_Value,AxiomII' in H4
  as [_[]]; auto.
Qed.
```

Corollary φz_Q'1 : ∀ F0, Arithmetical_ultraFilter F0 -> (φz F0)[Q'1 F0] = R1 F0.
Proof.
```
  intros. pose proof H. apply φz_is_Function in H0 as [[][]].
  pose proof H. apply Q'1_in_Q'_Z in H4; auto.
  rewrite <-H2 in H4. apply Property_Value,AxiomII' in H4
  as [_[]]; auto.
Qed.
```

(* φz 对序保持 *)

Corollary φz_PrOrder : ∀ F0 u v, Arithmetical_ultraFilter F0
  -> u ∈ (Q'_Z F0) -> v ∈ (Q'_Z F0)
  -> (u <_{F0} v)%q' <-> ((φz F0)[u]) <_{F0} ((φz F0)[v]).
Proof.
```
  intros. pose proof H. apply φz_is_Function in H2 as [[][]].
  assert ((φz F0)[u] = \[u\]_{F0}).
  { rewrite <-H4 in H0. apply Property_Value in H0; auto.
    apply AxiomII' in H0; tauto. }
  assert ((φz F0)[v] = \[v\]_{F0}).
  { rewrite <-H4 in H1. apply Property_Value in H1; auto.
    apply AxiomII' in H1; tauto. }
  pose proof H0; pose proof H1.
  apply Q'_Z_properSubset_Q'_< in H8;
  apply Q'_Z_properSubset_Q'_< in H9; auto.
  pose proof H8; pose proof H9.
  apply Q'_<_Subset_Q' in H10; apply Q'_<_Subset_Q' in H11; auto.
  rewrite H6,H7. split; intros.
  - assert (u <> v).
    { intro. rewrite H13 in H12.
      elim (Q'_Ord_irReflex F0 v v); auto. }
    apply Q'_Ord_to_R_Ord in H12 as []; auto.
    apply (φz_is_Function_Lemma2 F0) in H13;
    auto; try contradiction.
  - apply R_Ord_Corollary in H12; tauto.
Qed.
```

(* φz 对加法保持 *)

Corollary φz_PrPlus : ∀ F0 u v, Arithmetical_ultraFilter F0
  -> u ∈ (Q'_Z F0) -> v ∈ (Q'_Z F0)

```
   -> (φz F0)[(u +_F0 v)%q'] = (φz F0)[u] +_F0 (φz F0)[v].
Proof.
  intros. pose proof H.
  apply (Q'_Z_Plus_in_Q'_Z F0 u v) in H2; auto.
  pose proof H. apply φz_is_Function in H3 as [[][]].
  rewrite <-H5 in H2. apply Property_Value in H2; auto.
  apply AxiomII' in H2 as [H2[]].
  assert ((φz F0)[u] = \[u\]_F0).
  { rewrite <-H5 in H0. apply Property_Value in H0; auto.
    apply AxiomII' in H0; tauto. }
  assert ((φz F0)[v] = \[v\]_F0).
  { rewrite <-H5 in H1. apply Property_Value in H1; auto.
    apply AxiomII' in H1; tauto. }
  rewrite H8,H9,H10,Property_R_Plus;
  try apply Q'_Z_properSubset_Q'_<; auto.
Qed.

(* φz 对乘法保持 *)

Corollary φz_PrMult : ∀ F0 u v, Arithmetical_ultraFilter F0
  -> u ∈ (Q'_Z F0) -> v ∈ (Q'_Z F0)
  -> (φz F0)[(u ·_F0 v)%q'] = (φz F0)[u] ·_F0 (φz F0)[v].
Proof.
  intros. pose proof H.
  apply (Q'_Z_Mult_in_Q'_Z F0 u v) in H2; auto.
  pose proof H. apply φz_is_Function in H3 as [[][]].
  rewrite <-H5 in H2. apply Property_Value in H2; auto.
  apply AxiomII' in H2 as [H2[]].
  assert ((φz F0)[u] = \[u\]_F0).
  { rewrite <-H5 in H0. apply Property_Value in H0; auto.
    apply AxiomII' in H0; tauto. }
  assert ((φz F0)[v] = \[v\]_F0).
  { rewrite <-H5 in H1. apply Property_Value in H1; auto.
    apply AxiomII' in H1; tauto. }
  rewrite H8,H9,H10,R_Mult_Corollary;
  try apply Q'_Z_properSubset_Q'_<; auto.
Qed.
```

对任意一个算术超滤 $F0$ 生成的 **R**, 关于 **Z** 有如下结论.

1) $R_0 \in \mathbf{Z} \wedge R_1 \in \mathbf{Z}$.

2) 运算封闭: $\forall u, v \in \mathbf{Z}, (u+v) \in \mathbf{Z} \wedge (u \cdot v) \in \mathbf{Z} \wedge (u-v) \in \mathbf{Z}$.

3) $\mathbf{N} = \{u : u \in \mathbf{Z} \wedge (R_0 = u \vee R_0 < u)\}$.

4) $\{u : u \in \mathbf{Z} \wedge u < R_0\} = \{u : u \in \mathbf{R} \wedge \exists v \in (\mathbf{N} \sim \{R_0\}), u+v = R_0\}$.

```
Fact R0_in_Z : ∀ F0, Arithmetical_ultraFilter F0 -> (R0 F0) ∈ (Z F0).
Proof.
  intros. pose proof H. apply R0_in_R in H0.
  apply AxiomII; split; eauto. exists (Q'0 F0). split; auto.
  apply Q'_N_properSubset_Q'_Z,Q'0_in_Q'_N; auto.
Qed.

Global Hint Resolve R0_in_Z : R.

Fact R1_in_Z : ∀ F0, Arithmetical_ultraFilter F0 -> (R1 F0) ∈ (Z F0).
Proof.
  intros. pose proof H. apply R1_in_R in H0.
  apply AxiomII; split; eauto. exists (Q'1 F0). split; auto.
```

```
  apply Q'_N_properSubset_Q'_Z,Q'1_in_Q'_N; auto.
Qed.

Global Hint Resolve R1_in_Z : R.

(* 加法封闭 *)

Fact Z_Plus_in_Z : ∀ F0 u v, Arithmetical_ultraFilter F0
  -> u ∈ (Z F0) -> v ∈ (Z F0) -> (u +_F0 v) ∈ (Z F0).
Proof.
  intros. pose proof H0; pose proof H1.
  apply Z_properSubset_R in H2; apply Z_properSubset_R in H3; auto.
  apply AxiomII in H0 as [H0[x[]]]. apply AxiomII in H1
  as [H1[y[]]]. pose proof H. apply (R_Plus_in_R F0 u v) in H8;
  auto. apply AxiomII; split; eauto. exists (x +_F0 y)%q'. split.
  apply Q'_Z_Plus_in_Q'_Z; auto. rewrite H5,H7,Property_R_Plus;
  try apply Q'_Z_properSubset_Q'_<; auto.
Qed.

Global Hint Resolve Z_Plus_in_Z : R.

(* 乘法封闭 *)

Fact Z_Mult_in_Z : ∀ F0 u v, Arithmetical_ultraFilter F0
  -> u ∈ (Z F0) -> v ∈ (Z F0) -> (u ·_F0 v) ∈ (Z F0).
Proof.
  intros. pose proof H0; pose proof H1.
  apply Z_properSubset_R in H2; apply Z_properSubset_R in H3; auto.
  apply AxiomII in H0 as [H0[x[]]]. apply AxiomII in H1
  as [H1[y[]]]. pose proof H. apply (R_Mult_in_R F0 u v) in H8;
  auto. apply AxiomII; split; eauto. exists (x ·_F0 y)%q'. split.
  apply Q'_Z_Mult_in_Q'_Z; auto. rewrite H5,H7,R_Mult_Corollary;
  try apply Q'_Z_properSubset_Q'_<; auto.
Qed.

Global Hint Resolve Z_Mult_in_Z : R.

(* 减法封闭 *)

Fact Z_Minus_in_Z : ∀F0 u v, Arithmetical_ultraFilter F0
  -> u ∈ (Z F0) -> v ∈ (Z F0) -> (u -_F0 v) ∈ (Z F0).
Proof.
  intros. pose proof H0; pose proof H1.
  apply AxiomII in H0 as [H0[z1[]]].
  apply AxiomII in H1 as [H1[z2[]]]. pose proof H.
  apply (Q'_Z_Minus_in_Q'_Z F0 z1 z2) in H8; auto.
  set (z := (z1 -_F0 z2)%q').
  apply Z_properSubset_R in H2; apply Z_properSubset_R in H3; auto.
  assert (\[z\]_F0 ∈ (R F0)).
  { apply R_Corollary2; auto.
    apply Q'_Z_properSubset_Q'_<; auto. }
  assert (u -_F0 v = \[z\]_F0).
  { apply R_Minus_Corollary; auto. unfold z.
    rewrite H5,H7,Property_R_Plus,<-Q'_Mix_Association1,
    Q'_Plus_Commutation,Q'_Mix_Association1;
    try apply Q'_Z_Subset_Q'; try apply Q'_Z_properSubset_Q'_<;
    auto. replace (z2 -_F0 z2)%q' with (Q'0 F0).
    rewrite Q'_Plus_Property; auto. apply Q'_Z_Subset_Q'; auto.
    symmetry. apply Q'_Minus_Corollary;
```

```
    try apply Q'_Z_Subset_Q'; auto. pose proof H.
    apply Q'0_in_Q'_N,Q'_N_properSubset_Q'_Z in H10; auto.
    apply Q'_Plus_Property,Q'_Z_Subset_Q'; auto. }
  rewrite H10. apply AxiomII; split; eauto.
Qed.

Global Hint Resolve Z_Minus_in_Z : R.

Fact N_Equ_Z_me_R0 : ∀ F0, Arithmetical_ultraFilter F0
 -> N F0 = \{ λ u, u ∈ (Z F0) /\ (R0 F0 = u \/ (R0 F0) <_{F0} u) \}.
Proof.
  intros. apply AxiomI; split; intros.
  - apply AxiomII; repeat split; eauto.
    + apply AxiomII in H0 as [H0[x[]]].
      apply Q'_N_properSubset_Q'_Z in H1; auto.
      apply AxiomII; split; eauto.
    + pose proof H. apply R0_in_R in H1.
      pose proof H0. apply N_properSubset_R in H2; auto.
      assert ((R0 F0) ∈ (R F0) /\ z ∈ (R F0)) as []; auto.
      apply (R_Ord_Connect F0 H _ z) in H3
      as [H3|[]]; auto; clear H4.
      pose proof H0. apply AxiomII in H4 as [H4[x[]]].
      pose proof H5. apply Q'_N_properSubset_Q'_< in H7; auto.
      pose proof H7. apply Q'_<_Subset_Q' in H8; auto.
      pose proof H. apply Q'0_in_Q'_< in H9. rewrite H6 in H3.
      apply R_Ord_Corollary in H3 as []; auto.
      destruct (classic (x = Q'0 F0)).
      * rewrite <-H11 in H3. elim (Q'_Ord_irReflex F0 x x); auto.
      * assert (x ∈ ((Q'_N F0) ~ [Q'0 F0])).
        { apply MKT4'; split; auto. apply AxiomII; split; eauto.
          intro. apply MKT41 in H12; eauto. }
        apply Q'_N_Q'0_is_FirstMember in H12; auto.
        apply (Q'_Ord_Trans F0 x) in H12; auto.
        elim (Q'_Ord_irReflex F0 x x); auto.
        apply Q'_<_Subset_Q'; auto.
  - apply AxiomII in H0 as [H0[]]. apply AxiomII in H1 as [H1[x[]]].
    apply AxiomII; split; auto. exists x. split; auto.
    rewrite Q'_N_Equ_Q'_Z_me_Q'0; auto.
    apply AxiomII; repeat split; eauto.
    pose proof H3. apply Q'_Z_properSubset_Q'_< in H5; auto.
    pose proof H5. apply Q'_<_Subset_Q' in H6; auto.
    pose proof H. apply Q'0_in_Q' in H7.
    assert ((Q'0 F0) ∈ (Q' F0) /\ x ∈ (Q' F0)) as []; auto.
    apply (Q'_Ord_Connect F0 H _ x) in H8 as [H8|[]]; auto;
    clear H9. destruct H2.
    + rewrite H4 in H2. pose proof H. apply Q'0_in_Q'_< in H9.
      apply R_Q'_Corollary in H2; auto.
      assert (x ∈ \{ λ u, u ∈ (Q'_Z F0) /\ u <_{F0} (Q'0 F0) \})%q'.
      { apply AxiomII; split; eauto. }
      rewrite Q'_N_neg_Equ_Q'_Z_lt_Q'0 in H10; auto.
      apply AxiomII in H10 as [_[_[x0[]]]].
      pose proof H10. apply MKT4' in H12 as [H12 _].
      pose proof H12. apply Q'_N_properSubset_Q'_< in H13; auto.
      pose proof H13. apply Q'_<_Subset_Q' in H14; auto.
      assert ((Q'0 F0) -_{F0} x = x0)%q'.
      { apply Q'_Minus_Corollary; auto. }
      rewrite H15 in H2. apply AxiomII in H2 as [_[_ H2]].
      apply Q'_N_Q'0_is_FirstMember in H10; auto.
      assert (|x0|_{F0} = x0)%q'.
```

```
      { apply mt_Q'0_Q'Abs; auto. }
      assert ((Q'1 F0) ∈ (Q'_N F0 ∼ [Q'0 F0])).
      { pose proof H. apply Q'1_in_Q'_N in H17.
        apply MKT4'; split; auto. apply AxiomII; split; eauto.
        intro. apply MKT41 in H18; eauto.
        elim (Q'0_isn't_Q'1 F0); auto. }
      apply H2 in H17. rewrite H16,Q'_Divide_Property2 in H17;
      auto with Q'. pose proof H. apply φ4_is_Function in H18
      as [[][]]. assert (x0 ∈ (ran(φ4 F0))); auto. rewrite reqdi
      in H22. apply Property_Value,Property_ran in H22; auto.
      rewrite <-deqri,H20 in H22.
      assert (x0 = (φ4 F0)[((φ4 F0)⁻¹)[x0]]). rewrite f11vi; auto.
      rewrite H23,<-φ4_0 in H10; rewrite H23,<-φ4_1 in H17; auto.
      apply φ4_PrOrder in H10; apply φ4_PrOrder in H17;
      try apply in_ω_0; try apply in_ω_1; auto. pose proof in_ω_0.
      apply MKT41 in H17; eauto. rewrite H17 in H10.
      elim (@ MKT16 0); auto.
    + rewrite H4 in H2. apply R_Ord_Corollary in H2 as []; auto.
      apply Q'0_in_Q'_<; auto.
Qed.

Fact N_neg_Equ_Z_lt_R0 : ∀ F0, Arithmetical_ultraFilter F0
  -> \{ λ u, u ∈ (Z F0) /\ u <_F0 (R0 F0) \}
  = \{ λ u, u ∈ (R F0 ) /\ ∃ v, v ∈ ((N F0 ) ∼ [R0 F0]) /\ u +_F0 v = R0 F0 \}.
Proof.
  Open Scope q'_scope.
  intros. apply AxiomI; split; intros.
  - apply AxiomII in H0 as [H0[]].
    apply AxiomII; repeat split; auto.
    apply Z_properSubset_R; auto. apply AxiomII in H1 as [_[x[]]].
    pose proof H1. apply Q'_Z_properSubset_Q'_< in H4; auto.
    pose proof H1. apply Q'_Z_Subset_Q' in H5; auto.
    pose proof H. apply Q'0_in_Q'_< in H6.
    pose proof H. apply Q'0_in_Q' in H7. rewrite H3 in H2.
    apply R_Ord_Corollary in H2 as [H2 _]; auto.
    assert (x ∈ \{ λ u, u ∈ (Q'_Z F0) /\ u <_F0 (Q'0 F0) \}).
    { apply AxiomII; split; eauto. }
    rewrite Q'_N_neg_Equ_Q'_Z_lt_Q'0 in H8; auto.
    apply AxiomII in H8 as [H8[H9[x0[]]]].
    apply MKT4' in H10 as []. pose proof H10.
    apply Q'_N_properSubset_Q'_< in H13; auto. exists (\[x0\]_F0)%r.
    assert (\[x0\]_F0 ∈ (R F0))%r. { apply R_Corollary2; auto. }
    split.
    + apply MKT4'; split. apply AxiomII; split; eauto.
      apply AxiomII; split; eauto. intro. pose proof H.
      apply R0_in_R in H16. apply MKT41 in H15; eauto.
      apply R_Q'_Corollary in H15; auto.
      replace (x0 -_F0 (Q'0 F0)) with x0 in H15.
      apply AxiomII in H15 as [_[]].
      assert ((Q'1 F0) ∈ (Q'_N F0 ∼ [Q'0 F0])).
      { pose proof H. apply Q'1_in_Q'_N in H18.
        apply MKT4'; split; auto. apply AxiomII; split; eauto.
        intro. apply MKT41 in H19; eauto.
        elim (Q'0_isn't_Q'1 F0); auto. }
      apply H17 in H18.
      assert ((Q'0 F0) <_F0 x0).
      { apply (Q'_Plus_PrOrder F0 _ _ x); auto.
        rewrite Q'_Plus_Property,H11; auto. }
      pose proof H19. apply mt_Q'0_Q'Abs in H20; auto.
```

```
      rewrite H20,Q'_Divide_Property2 in H18; auto with Q'.
      pose proof H. apply φ4_is_Function in H21 as [[][]].
      assert (x0 ∈ (ran(φ4 F0))); auto.
      rewrite reqdi in H25. apply Property_Value,Property_ran
      in H25; auto. rewrite <-deqri,H23 in H25.
      assert (x0 = (φ4 F0)[((φ4 F0)⁻¹)[x0]]).
      { rewrite f11vi; auto. }
      rewrite <-φ4_0,H26 in H19; auto.
      rewrite <-φ4_1,H26 in H18; auto.
      apply φ4_PrOrder in H18; apply φ4_PrOrder in H19;
      try apply in_ω_0; try apply in_ω_1; auto.
      pose proof in_ω_0. apply MKT41 in H18; eauto.
      rewrite H18 in H19. elim (@ MKT16 0); auto. symmetry.
      apply Q'<_Subset_Q' in H13; auto.
      apply Q'_Minus_Corollary; auto.
      rewrite Q'_Plus_Commutation, Q'_Plus_Property; auto.
    + rewrite H3,Property_R_Plus,H11; auto.
  - apply AxiomII in H0 as [H0[H1[z0[]]]]. apply MKT4' in H2 as [].
    pose proof H2. apply N_properSubset_R in H5; auto.
    pose proof H2. rewrite N_Equ_Z_me_R0 in H6; auto.
    apply AxiomII in H6 as [_[]]. destruct H7. rewrite H7 in H4.
    apply AxiomII in H4 as []. elim H8. apply MKT41; eauto.
    apply AxiomII; repeat split; auto.
    + inR H1 x. apply AxiomII in H6 as [_[x0[]]]. rewrite H10 in H7.
      apply R_Ord_Corollary in H7 as [H7 _]; try apply Q'0_in_Q'<;
      try apply Q'_Z_properSubset_Q'<; auto. pose proof H6.
      apply Q'_Z_Subset_Q' in H11; auto. pose proof H11.
      apply Q'_neg in H12 as [xf[[]_]]; auto.
      assert (xf ∈ \{ λ u, u ∈ (Q'_Z F0) /\ u <_F0 (Q'0 F0) \}).
      { rewrite Q'_N_neg_Equ_Q'_Z_lt_Q'0; auto.
        apply AxiomII; repeat split; eauto. exists x0.
        rewrite Q'_Plus_Commutation in H13; auto. rewrite <-H14 in H7.
        apply MKT4'; split. rewrite Q'_N_Equ_Q'_Z_me_Q'0; auto.
        apply AxiomII; split; eauto. apply AxiomII; split; eauto.
        intro. pose proof H. apply Q'0_in_Q' in H15.
        apply MKT41 in H14; eauto. rewrite <-H14 in H7.
        elim (Q'_Ord_irReflex F0 x0 x0); auto. }
      apply AxiomII in H14 as [H14[]]. apply AxiomII; split; auto.
      exists xf. split; auto. rewrite H9,H10,Property_R_Plus in H3;
      auto; try apply Q'_Z_properSubset_Q'<; auto. rewrite H9.
      apply R_Q'_Corollary; auto; try apply Q'_Z_properSubset_Q'<;
      auto. pose proof H6. apply Q'_Z_properSubset_Q'< in H17;
      auto. apply R_Q'_Corollary in H3; auto with Q'.
      replace (x -_F0 xf) with ((x +_F0 x0) -_F0 (Q'0 F0));
      auto. apply Q'_Minus_Corollary; auto with Q'.
      rewrite Q'_Plus_Commutation,Q'_Plus_Property; auto with Q'.
      apply Q'_Minus_Corollary; auto with Q'.
      rewrite (Q'_Plus_Commutation F0 x),<-Q'_Plus_Association,
      (Q'_Plus_Commutation F0 xf),H13,Q'_Plus_Commutation,
      Q'_Plus_Property; auto with Q'.
    + apply (R_Plus_PrOrder F0 _ _ z) in H7; try apply R0_in_R;
      auto. rewrite R_Plus_Property,H3 in H7; auto.
  Close Scope q'_scope.
Qed.
```

根据以上性质可知, **N** 是 **Z** 的真子集.

```
Fact N_properSubset_Z : ∀ F0, Arithmetical_ultraFilter F0
  -> (N F0) ⊂ (Z F0) /\ (N F0) <> (Z F0).
Proof.
```

```
  split.
- unfold Included; intros. rewrite N_Equ_Z_me_R0 in H0; auto.
  apply AxiomII in H0; tauto.
- intro. pose proof H. apply R1_in_R in H1.
  pose proof H. apply R0_in_R in H2.
  assert ((R0 F0) <_F0 (R1 F0)).
  { apply R_Ord_Corollary; auto with Q'. split.
    apply Q'0_lt_Q'1; auto. intro. symmetry in H3.
    apply R_Q'_Corollary in H3; auto with Q'.
    pose proof H. apply Q'0_lt_Q'1 in H4.
    replace ((Q'1 F0) −_F0 (Q'0 F0))%q' with (Q'1 F0) in H3.
    apply AxiomII in H3 as [H3[]]. pose proof H.
    apply Q'0_in_Q' in H7.
    assert ((Q'1 F0) ∈ (Q'_N F0 ∼ [Q'0 F0])).
    { pose proof H. apply Q'1_in_Q'_N in H8.
      apply MKT4'; split; auto. apply AxiomII; split; auto.
      intro. apply MKT41 in H9; eauto.
      elim (Q'0_isn't_Q'1 F0); auto. }
    apply H6 in H8. apply mt_Q'0_Q'Abs in H4; auto.
    rewrite H4,Q'_Divide_Property2 in H8; auto.
    elim (Q'_Ord_irReflex F0 (Q'1 F0) (Q'1 F0)); auto.
    rewrite Q'_Minus_Property2; auto with Q'. }
  pose proof H1. apply R_neg_Property1 in H4 as [a[[]_]]; auto.
  assert (a ∈ \{ λ u, u ∈ (R F0) /\ ∃ v, v ∈ ((N F0) ∼ [R0 F0])
    /\ u +_F0 v = R0 F0 \}).
  { apply AxiomII; repeat split; eauto. exists (R1 F0).
    split. pose proof H. apply R1_in_N in H6.
    apply MKT4'; split; auto. apply AxiomII; split; eauto.
    intro. apply MKT41 in H7; eauto. elim (R0_isn't_R1 F0); auto.
    rewrite R_Plus_Commutation; auto. }
  rewrite <-N_neg_Equ_Z_lt_R0 in H6; auto.
  apply AxiomII in H6 as [_ []]. rewrite <-H0 in H6.
  rewrite N_Equ_Z_me_R0 in H6; auto.
  apply AxiomII in H6 as [_ [H6[]]].
  + rewrite H8 in H7. elim (R_Ord_irReflex F0 a a); auto.
  + apply (R_Ord_Trans F0 a) in H8; auto.
    elim (R_Ord_irReflex F0 a a); auto.
Qed.
```

4.4.3 有理数集

R 中的有理数集就是 **Q**$_<$ 中所有有理数 (*$\mathbf{Q_Q}$ 的元) 的等价类组成的集合, 记为 **Q**, 即

$$\mathbf{Q} = \{[u] : u \in {}^*\mathbf{Q_Q}\}.$$

```
Definition Q F0 := \{ λ u, ∃ q, q ∈ (Q'_Q F0) /\ u = \[q\]_F0 \}.

Corollary Q_is_Set : ∀ F0, Arithmetical_ultraFilter F0 -> Ensemble (Q F0).
Proof.
  intros. apply (MKT33 (R F0)). apply R_is_Set; destruct H; auto.
  unfold Included; intros. apply AxiomII in H0 as [H0[x[]]].
  rewrite H2. apply R_Corollary2; auto.
  apply Q'_Q_Subset_Q'_<; auto.
Qed.
```

Q 是 **R** 的子集.

```
Corollary Q_Subset_R : ∀ F0, Arithmetical_ultraFilter F0
 -> (Q F0) ⊂ (R F0).
Proof.
  unfold Included; intros. apply AxiomII in H0 as [H0[x[]]].
  rewrite H2. apply R_Corollary2; auto.
  apply Q'_Q_Subset_Q'<; auto.
Qed.
```

定理 4.20 对任意一个算术超滤 $F0$ 生成的 $^*\mathbf{Q_Q}$ 和 $\mathbf{Q}$, 可以构造一个定义域为 $^*\mathbf{Q_Q}$, 值域为 $\mathbf{Q}$ 的 1-1 函数:

$$\varphi_q = \{(u,v) : u \in {}^*\mathbf{Q_Q} \wedge v = [u]\},$$

$\forall u, v \in {}^*\mathbf{Q_Q}$, 满足如下性质.

1) $\varphi_q(^*Q_0) = R_0 \wedge \varphi_q(^*Q_1) = R_1$.

2) 序保持: $u < v \Longleftrightarrow \varphi_q(u) < \varphi_q(v)$.

3) 加法保持: $\varphi_q(u + v) = \varphi_q(u) + \varphi_q(v)$.

4) 乘法保持: $\varphi_q(u \cdot v) = \varphi_q(u) \cdot \varphi_q(v)$.

φ_q 的以上性质说明, φ_q 是 $^*\mathbf{Q_Q}$ 到 $\mathbf{Q}$ 的保序、保运算的 1-1 函数. 至此, 我们说 $^*\mathbf{Q_Q}$ 与 $\mathbf{Q}$ 同构, 并说 φ_q 将 $^*\mathbf{Q_Q}$ 同构嵌入 **R**.

```
Definition φq F0 := \{\ λ u v, u ∈ (Q'_Q F0) /\ v = \[u\]_F0 \}\.
```

(* φ_q 是定义域为 $^*\mathbf{Q_Q}$, 值域为 $\mathbf{Q}$ 的 1-1 函数 *)

```
Lemma φq_is_Function_Lemma1 : ∀ F0 u, Arithmetical_ultraFilter F0
 -> u ∈ (Q'_Q F0) -> u <> Q'0 F0 -> exists ! v, v ∈ (Q'_Q F0)
 /\ v <> Q'0 F0 /\ (u ·_F0 v)%' = Q'1 F0.
Proof.
  intros. pose proof H0. apply Q'_Q_Subset_Q' in H2; auto.
  pose proof H0. apply AxiomII in H3 as [H3[x[y[H4[]]]]].
  Z'split1 H5 H7. pose proof H5. apply MKT4' in H10 as [H10 _].
  pose proof H. apply Z'0_in_Z' in H11.
  assert (x ∈ (Z'_Z F0 ∼ [Z'0 F0])).
  { apply MKT4'; split; auto. apply AxiomII; split; eauto.
    intro. apply MKT41 in H12; eauto. elim H1.
    rewrite H6,Q'0_Corollary,H12; auto.
    apply R_Z'_Corollary; auto with Z'.
    rewrite Z'_Mult_Property2,Z'_Mult_Property1; auto. }
  Z'split1 H12 H13. pose proof H12. apply MKT4' in H16 as [H16 _].
  set (u1 := (\[[y,x]\]_F0)%'). 
  assert (u1 ∈ (Q' F0)). { apply Q'_Corollary2; auto. }
  assert (u1 ∈ (Q'_Q F0)). { apply AxiomII; split; eauto. }
  assert (u1 <> Q'0 F0).
  { intro. unfold u1 in H19. rewrite Q'0_Corollary in H19; auto.
    apply R_Z'_Corollary in H19; auto with Z'.
    rewrite Z'_Mult_Property2,Z'_Mult_Property1 in H19; auto. }
  assert (u ·_F0 u1 = Q'1 F0)%'.
  { unfold u1. rewrite H6,Q'_Mult_Corollary,Q'1_Corollary,
    Z'_Mult_Commutation; auto. apply R_Z'_Corollary; auto with Z'. }
  exists u1. repeat split; auto. intros w [H21[]].
  rewrite <-H20 in H23. apply Q'_Mult_Cancellation in H23; auto.
  apply Q'_Q_Subset_Q'; auto.
```

Qed.

Lemma φq_is_Function_Lemma2 : $\forall$ F0 a b, Arithmetical_ultraFilter F0
 -> a $\in$ (Q'_Q F0) -> b $\in$ (Q'_Q F0) -> a <> b -> \[a\]$_{F0}$ <> \[b\]$_{F0}$.
Proof.
  intros. pose proof H0; pose proof H1.
  apply Q'_Q_Subset_Q'$_<$ in H3; apply Q'_Q_Subset_Q'$_<$ in H4; auto.
  intro. apply R_Q'_Corollary in H5; auto.
  pose proof H3; pose proof H4.
  apply Q'$_<$_Subset_Q' in H6; apply Q'$_<$_Subset_Q' in H7; auto.
  pose proof H. apply Q'0_in_Q' in H8.
  assert (a $-_{F0}$ b <> Q'0 F0)%q'.
  { intro. apply Q'_Minus_Corollary in H9; auto.
    rewrite Q'_Plus_Property in H9; auto. }
  assert ((a $-_{F0}$ b) $\in$ ((I F0) $\sim$ [Q'0 F0]))%q'.
  { apply MKT4'; split; auto. apply AxiomII; split; eauto.
    intro. apply MKT41 in H10; eauto. }
  assert ((a $-_{F0}$ b) $\in$ (Q'_Q F0))%q'.
  { apply Q'_Q_Minus_in_Q'_Q; auto. } pose proof H11.
  apply φq_is_Function_Lemma1 in H12 as [v[[H12[]]_]]; auto.
  destruct (classic ($\forall$ m, F0 <> F m)).
  - apply I_inv_Property1 in H14; auto; try apply Q'_Q_Subset_Q';
    auto. apply Q'_Q_Subset_Q'$_<$ in H12; auto.
    apply MKT4' in H14 as []. apply AxiomII in H16 as []; auto.
  - assert ($\exists$ n, F0 = F n) as [n].
    { apply NNPP; intro. elim H15. intros; intro. elim H16; eauto. }
    destruct (classic (n $\in$ ω)).
    + rewrite H16,I_Fn_Equ_Q'0_Singleton in H5; auto.
      apply MKT41 in H5. rewrite <-H16 in H5; auto.
      rewrite <-H16. eauto.
    + apply Fn_Corollary1 in H17. rewrite H16,H17 in H.
      destruct H. apply AxiomII in H as [H[[H19[H20[]]]]].
      elim (@ MKT16 ω); auto.
Qed.

Corollary φq_is_Function : $\forall$ F0, Arithmetical_ultraFilter F0
 -> Function1_1 (φq F0) /\ dom(φq F0) = Q'_Q F0 /\ ran(φq F0) = Q F0.
Proof.
  intros. assert (Function1_1 (φq F0)).
  { repeat split; intros.
    - unfold Relation; intros.
      apply AxiomII in H0 as [H0[u[v[]]]]; eauto.
    - apply AxiomII' in H0 as [H2[]];
      apply AxiomII' in H1 as [H1[]]. rewrite H3,H5; auto.
    - unfold Relation; intros.
      apply AxiomII in H0 as [H0[u[v[]]]]; eauto.
    - apply AxiomII' in H0 as []; apply AxiomII' in H1 as [].
      apply AxiomII' in H2 as [H2[]]; apply AxiomII' in H3
      as [H3[]]. destruct (classic (y = z)); auto.
      apply (φq_is_Function_Lemma2 F0) in H8; auto.
      elim H8. rewrite <-H5,<-H7; auto. }
  split; auto. destruct H0. split.
  - apply AxiomI; split; intros.
    + apply AxiomII in H2 as [H2[]]. apply AxiomII' in H3; tauto.
    + apply AxiomII; split. eauto.
      exists (\[z\]$_{F0}$). pose proof H.
      apply (R_Corollary2 F0 z) in H3.
      apply AxiomII'; split; auto. apply MKT49a; eauto.
      apply Q'_Q_Subset_Q'$_<$; auto.

```
 - apply AxiomI; split; intros.
   + apply AxiomII in H2 as [H2[]]. apply AxiomII' in H3 as [H3[]].
     rewrite H5. apply AxiomII; split; eauto. rewrite <-H5; auto.
   + apply AxiomII; split. eauto. apply AxiomII in H2 as [H2[x[]]].
     exists x. apply AxiomII'; split; auto. apply MKT49a; eauto.
Qed.
```

```
Corollary φq_Q'0 : ∀ F0, Arithmetical_ultraFilter F0
  -> (φq F0)[Q'0 F0] = R0 F0.
Proof.
  intros. pose proof H. apply φq_is_Function in H0 as [[][]].
  pose proof H. apply Q'0_in_Q'_Q in H4; auto.
  rewrite <-H2 in H4. apply Property_Value,AxiomII' in H4
  as [_[]]; auto.
Qed.
```

```
Corollary φq_Q'1 : ∀ F0, Arithmetical_ultraFilter F0
  -> (φq F0)[Q'1 F0] = R1 F0.
Proof.
  intros. pose proof H. apply φq_is_Function in H0 as [[][]].
  pose proof H. apply Q'1_in_Q'_Q in H4; auto.
  rewrite <-H2 in H4. apply Property_Value,AxiomII' in H4 as [_[]]; auto.
Qed.
```

(* φ_q 对序保持 *)

```
Corollary φq_PrOrder : ∀ F0 u v, Arithmetical_ultraFilter F0
  -> u ∈ (Q'_Q F0) -> v ∈ (Q'_Q F0)
  -> (u <_{F0} v)%q' <-> (φq F0)[u] <_{F0} (φq F0)[v].
Proof.
  intros. pose proof H. apply φq_is_Function in H2 as [[][]].
  assert ((φq F0)[u] = \[u\]_{F0}).
  { rewrite <-H4 in H0. apply Property_Value in H0; auto.
    apply AxiomII' in H0; tauto. }
  assert ((φq F0)[v] = \[v\]_{F0}).
  { rewrite <-H4 in H1. apply Property_Value in H1; auto.
    apply AxiomII' in H1; tauto. }
  pose proof H0; pose proof H1.
  apply Q'_Q_Subset_Q'_< in H8; apply Q'_Q_Subset_Q'_< in H9; auto.
  pose proof H8; pose proof H9.
  apply Q'_<_Subset_Q' in H10; apply Q'_<_Subset_Q' in H11; auto.
  rewrite H6,H7. split; intros.
  - assert (u <> v).
    { intro. rewrite H13 in H12.
      elim (Q'_Ord_irReflex F0 v v); auto. }
    apply Q'_Ord_to_R_Ord in H12 as []; auto.
    apply (φq_is_Function_Lemma2 F0) in H13; auto;
    try contradiction.
  - apply R_Ord_Corollary in H12; tauto.
Qed.
```

(* φ_q 对加法保持 *)

```
Corollary φq_PrPlus : ∀ F0 u v, Arithmetical_ultraFilter F0
  -> u ∈ (Q'_Q F0) -> v ∈ (Q'_Q F0)
  -> (φq F0)[(u +_{F0} v)%q'] = (φq F0)[u] +_{F0} (φq F0)[v].
Proof.
  intros. pose proof H. apply (Q'_Q_Plus_in_Q'_Q F0 u v) in H2;
  auto. pose proof H. apply φq_is_Function in H3 as [[][]].
```

```
rewrite <-H5 in H2. apply Property_Value in H2; auto.
apply AxiomII' in H2 as [H2[]].
assert ((φq F0)[u] = \[u\]_F0).
{ rewrite <-H5 in H0. apply Property_Value in H0; auto.
  apply AxiomII' in H0; tauto. }
assert ((φq F0)[v] = \[v\]_F0).
{ rewrite <-H5 in H1. apply Property_Value in H1; auto.
  apply AxiomII' in H1; tauto. }
rewrite H8,H9,H10,Property_R_Plus;
try apply Q'_Q_Subset_Q'_<; auto.
Qed.
```

(* φq 对乘法保持 *)

```
Corollary φq_PrMult : ∀ F0 u v, Arithmetical_ultraFilter F0
 -> u ∈ (Q'_Q F0) -> v ∈ (Q'_Q F0)
 -> (φq F0)[(u ·_F0 v)%q'] = (φq F0)[u] ·_F0 (φq F0)[v].
Proof.
  intros. pose proof H. apply (Q'_Q_Mult_in_Q'_Q F0 u v) in H2;
  auto. pose proof H. apply φq_is_Function in H3 as [[][]].
  rewrite <-H5 in H2. apply Property_Value in H2; auto.
  apply AxiomII' in H2 as [H2[]].
  assert ((φq F0)[u] = \[u\]_F0).
  { rewrite <-H5 in H0. apply Property_Value in H0; auto.
    apply AxiomII' in H0; tauto. }
  assert ((φq F0)[v] = \[v\]_F0).
  { rewrite <-H5 in H1. apply Property_Value in H1; auto.
    apply AxiomII' in H1; tauto. }
  rewrite H8,H9,H10,R_Mult_Corollary;
  try apply Q'_Q_Subset_Q'_<; auto.
Qed.
```

对任意一个算术超滤 $F0$ 生成的 **R**, 关于 **Q** 有如下结论.

1) $R_0 \in \mathbf{Q} \wedge R_1 \in \mathbf{Q}$.

2) 运算封闭: $\forall u, v \in \mathbf{Q},\ (u+v) \in \mathbf{Q} \wedge (u \cdot v) \in \mathbf{Q} \wedge (u-v) \in \mathbf{Q};\ (u/v) \in \mathbf{Q}\ (v \neq R_0)$.

3) $\mathbf{Q} = \{a/b : a \in \mathbf{Z} \wedge b \in (\mathbf{Z} \sim \{R_0\})\}$.

4) $\forall v \in \mathbf{Z}, u \in (\mathbf{Z} \sim \{R_0\}),\ v/u \in \mathbf{Q}$.

```
Fact R0_in_Q : ∀ F0, Arithmetical_ultraFilter F0 -> (R0 F0) ∈ (Q F0).
Proof.
  intros. pose proof H. apply R0_in_R in H0.
  apply AxiomII; split; eauto. exists (Q'0 F0). split; auto.
  apply Q'_Z_properSubset_Q'_Q,Q'_N_properSubset_Q'_Z,Q'0_in_Q'_N;
  auto.
Qed.

Global Hint Resolve R0_in_Q : R.

Fact R1_in_Q : ∀ F0, Arithmetical_ultraFilter F0 -> (R1 F0) ∈ (Q F0).
Proof.
  intros. pose proof H. apply R1_in_R in H0.
  apply AxiomII; split; eauto. exists (Q'1 F0). split; auto.
  apply Q'_Z_properSubset_Q'_Q,Q'_N_properSubset_Q'_Z,Q'1_in_Q'_N;
  auto.
Qed.
```

Global Hint Resolve R1_in_Q : R.

(* 加法封闭 *)

Fact Q_Plus_in_Q : ∀ F0 u v, Arithmetical_ultraFilter F0
  -> u ∈ (Q F0) -> v ∈ (Q F0) -> (u +$_{F0}$ v) ∈ (Q F0).
Proof.
  intros. pose proof H0; pose proof H1.
  apply Q_Subset_R in H2; apply Q_Subset_R in H3; auto.
  apply AxiomII in H0 as [H0[x[]]].
  apply AxiomII in H1 as [H1[y[]]].
  pose proof H. apply (R_Plus_in_R F0 u v) in H8; auto.
  apply AxiomII; split; eauto. exists (x +$_{F0}$ y)%q'.
  split. apply Q'_Q_Plus_in_Q'_Q; auto.
  rewrite H5,H7,Property_R_Plus; try apply Q'_Q_Subset_Q'$_<$; auto.
Qed.

Global Hint Resolve Q_Plus_in_Q : R.

(* 乘法封闭 *)

Fact Q_Mult_in_Q : ∀ F0 u v, Arithmetical_ultraFilter F0
  -> u ∈ (Q F0) -> v ∈ (Q F0) -> (u ·$_{F0}$ v) ∈ (Q F0).
Proof.
  intros. pose proof H0; pose proof H1.
  apply Q_Subset_R in H2; apply Q_Subset_R in H3; auto.
  apply AxiomII in H0 as [H0[x[]]].
  apply AxiomII in H1 as [H1[y[]]].
  pose proof H. apply (R_Mult_in_R F0 u v) in H8; auto.
  apply AxiomII; split; eauto. exists (x ·$_{F0}$ y)%q'.
  split. apply Q'_Q_Mult_in_Q'_Q; auto.
  rewrite H5,H7,R_Mult_Corollary; try apply Q'_Q_Subset_Q'$_<$; auto.
Qed.

Global Hint Resolve Q_Mult_in_Q : R.

(* 减法封闭 *)

Fact Q_Minus_in_Q : ∀F0 v u, Arithmetical_ultraFilter F0
  -> v ∈ (Q F0) -> u ∈ (Q F0) -> (v −$_{F0}$ u) ∈ (Q F0).
Proof.
  intros. pose proof H0; pose proof H1.
  apply AxiomII in H0 as [H0[q1[]]].
  apply AxiomII in H1 as [H1[q2[]]]. pose proof H.
  apply (Q'_Q_Minus_in_Q'_Q F0 q1 q2) in H8; auto.
  set (q := (q1 −$_{F0}$ q2)%q').
  apply Q_Subset_R in H2; apply Q_Subset_R in H3; auto.
  assert (\[q\]$_{F0}$ ∈ (R F0)).
  { apply R_Corollary2; auto. apply Q'_Q_Subset_Q'$_<$; auto. }
  assert (v −$_{F0}$ u = \[q\]$_{F0}$).
  { apply R_Minus_Corollary; auto. unfold q.
    rewrite H5,H7,Property_R_Plus,<-Q'_Mix_Association1,
    Q'_Plus_Commutation,Q'_Mix_Association1;
    try apply Q'_Q_Subset_Q'; try apply Q'_Q_Subset_Q'$_<$; auto.
    replace (q2 −$_{F0}$ q2)%q' with (Q'0 F0).
    rewrite Q'_Plus_Property; auto. apply Q'_Q_Subset_Q'; auto.
    symmetry. apply Q'_Minus_Corollary;
    try apply Q'_Q_Subset_Q'; auto. pose proof H.

```
    apply Q'O_in_Q'_N,Q'_N_properSubset_Q'_Z,Q'_Z_properSubset_Q'_Q
    in H10; auto. apply Q'_Plus_Property,Q'_Q_Subset_Q'; auto. }
  rewrite H10. apply AxiomII; split; eauto.
Qed.

Global Hint Resolve Q_Minus_in_Q : R.

(* 除法封闭 *)

Fact Q_Divide_in_Q : ∀ F0 u v, Arithmetical_ultraFilter F0
  -> u ∈ (Q F0) -> v ∈ (Q F0) -> v <> R0 F0 -> (u /_{F0} v) ∈ (Q F0).
Proof.
  intros. pose proof H0; pose proof H1.
  apply Q_Subset_R in H0,H1; auto.
  pose proof H2. apply R_inv in H5 as [v1[[H5[]]_]]; auto.
  replace (u /_{F0} v) with (u ·_{F0} v1).
  - apply Q_Mult_in_Q; auto. apply AxiomII; split; eauto.
    apply AxiomII in H4 as [_[y[]]]. pose proof H4.
    apply Q'_Q_Subset_Q'_< in H9; auto. pose proof H5. inR H10 z.
    rewrite H8,H12,R_Mult_Corollary in H7; auto.
    apply R_Q'_Corollary in H7; auto with Q'.
    destruct (classic (y = Q'O F0)).
    + elim H2. rewrite H8,H13; auto.
    + pose proof H4. apply Q'_Q_Subset_Q' in H14; auto.
      pose proof H13. apply Q'_inv in H15 as [y1[[H15[]]_]]; auto.
      rewrite <-H17,<-Q'_Mult_Distribution_Minus in H7; auto.
      apply I_Mult_in_I_Corollary in H7 as []; auto with Q'.
      * elim H2. rewrite H8; auto. apply R_Q'_Corollary;
        auto with Q'. rewrite Q'_Minus_Property2; auto.
      * exists y1. split. apply Q'_Divide_Corollary in H17;
        auto with Q'. rewrite <-H17. apply Q'_Q_Divide_in_Q'_Q;
        auto. apply Q'1_in_Q'_Q; auto. rewrite H12.
        apply R_Q'_Corollary; auto. apply NNPP; intro.
        assert (y1 ∈ ((Q' F0) ~ (Q'_< F0))).
        { apply MKT4'; split; auto. apply AxiomII; split; eauto. }
        rewrite Q'_Mult_Commutation in H17; auto.
        destruct (classic (∀ n, F0 <> F n)).
        -- apply I_inv_Property2 in H17; auto. elim H2.
           apply MKT4' in H17 as []. rewrite H8; auto.
           apply R_Q'_Corollary; auto with Q'.
           rewrite Q'_Minus_Property2; auto.
        -- assert (∃ n, F0 = F n) as [n].
           { apply NNPP; intro. elim H20.
             intros; intro. elim H21; eauto. }
           destruct (classic (n ∈ ω)). rewrite H21,Q'_<_Fn_Equ_Q'
           in H18; auto. rewrite H21 in H15; auto.
           apply Fn_Corollary1 in H22. destruct H.
           apply AxiomII in H as [_[[H[H24[]]]]].
           rewrite H21,H22 in H25. elim (@ MKT16 ω); auto.
  - symmetry. apply R_Divide_Corollary; auto with R.
    rewrite (R_Mult_Commutation F0 u),<-R_Mult_Association,H7,
    R_Mult_Commutation,R_Mult_Property2; auto with R.
Qed.

Global Hint Resolve Q_Divide_in_Q : R.

Open Scope q'_scope.

Lemma Q_Equ_Z_Div_Lemma : ∀ F0 u, Arithmetical_ultraFilter F0
```

```
-> u ∈ ((Q'_Z F0) ~ [Q'0 F0])
-> Q'1 F0 = |u|_F0 \/ (Q'1 F0) <_F0 |u|_F0.
Proof.
  intros. apply MKT4' in H0 as []. pose proof H.
  apply Q'0_in_Q'_N, Q'_N_properSubset_Q'_Z in H2; auto.
  pose proof H0; pose proof H2. apply Q'_Z_Subset_Q' in H3;
  apply Q'_Z_Subset_Q' in H4; auto.
  assert ((Q'0 F0) ∈ (Q' F0) /\ u ∈ (Q' F0)) as []; auto.
  apply (Q'_Ord_Connect F0 H _ u) in H5 as [H5|[]]; auto; clear H6.
  - assert (u = u -_F0 (Q'0 F0)).
    { symmetry. apply Q'_Minus_Corollary; auto.
      rewrite Q'_Plus_Commutation,Q'_Plus_Property; auto. }
    rewrite H6. apply φz_is_Function_Lemma1; auto.
  - pose proof H5. apply lt_Q'0_Q'Abs in H6; auto.
    apply φz_is_Function_Lemma1 in H5; auto. rewrite <-H6 in H5.
    assert (|(|u|_F0)|_F0 = |u|_F0).
    { apply Q'0_le_Q'Abs in H3 as [H3|[]]; auto.
      - rewrite H7. apply eq_Q'0_Q'Abs; auto.
      - apply mt_Q'0_Q'Abs in H7; auto. }
    rewrite H7 in H5; auto.
  - rewrite H5 in H1. apply AxiomII in H1 as [].
    elim H6. apply MKT41; auto.
Qed.

Close Scope q'_scope.

Fact Q_Equ_Z_Div : ∀ F0, Arithmetical_ultraFilter F0
  -> Q F0 = \{ λ u, u ∈ (R F0) /\ ∃ a b, a ∈ (Z F0)
  /\ b ∈ ((Z F0) ~ ([R0 F0])) /\ u = a /_F0 b \}.
Proof.
  Open Scope q'_scope.
  intros. apply AxiomI; split; intros.
  - apply AxiomII; repeat split; eauto.
    apply Q_Subset_R; auto. apply AxiomII in H0 as [H0[q[]]].
    pose proof H1 as H1a. apply Q'_Q_Subset_Q'_< in H1a; auto.
    pose proof H1a as H1b. apply Q'_<_Subset_Q' in H1b; auto.
    apply AxiomII in H1 as [H1[x[y[H3[]]]]]. pose proof H3.
    apply Z'_Z_Subset_Z' in H6; auto. Z'split1 H4 H7.
    pose proof H4. apply MKT4' in H10 as [H10 _].
    set (a := \[[x,(Z'1 F0)]\]_F0).
    set (b := \[[y,(Z'1 F0)]\]_F0).
    assert (a ∈ (Q' F0)). { apply Q'_Corollary2; auto with Z'. }
    assert (b ∈ (Q' F0)). { apply Q'_Corollary2; auto with Z'. }
    assert (a ∈ (Q'_Z F0) /\ b ∈ (Q'_Z F0)) as [].
    { split; rewrite Q'_Z_Corollary; auto;
      apply AxiomII; split; eauto. }
    assert (b ∈ (Q'_Z F0 ~ [Q'0 F0])).
    { apply MKT4'; split; auto. apply AxiomII; split; eauto.
      intro. pose proof H. apply Q'0_in_Q' in H16.
      apply MKT41 in H15; eauto. unfold b in H15.
      rewrite Q'0_Corollary in H15; auto. apply R_Z'_Corollary
      in H15; auto with Z'. rewrite Z'_Mult_Property2,
      Z'_Mult_Property1 in H15; auto with Z'. }
    pose proof H13; pose proof H14.
    apply Q'_Z_properSubset_Q'_< in H16;
    apply Q'_Z_properSubset_Q'_< in H17; auto.
    set (ra := (\[a\]_F0)%r). set (rb := (\[b\]_F0)%r).
    assert (ra ∈ (R F0)). { apply R_Corollary2; auto. }
    assert (rb ∈ (R F0)). { apply R_Corollary2; auto. }
```

```
assert (ra ∈ (Z F0)). { apply AxiomII; split; eauto. }
assert (rb ∈ (Z F0)). { apply AxiomII; split; eauto. }
assert (rb ∈ (Z F0 ~ [R0 F0])).
{ apply MKT4'; split; auto. apply AxiomII; split; eauto.
  intro. pose proof H. apply R0_in_R in H23.
  apply MKT41 in H22; eauto. unfold rb,R0 in H22.
  apply R_Q'_Corollary in H22; auto with Q'.
  assert (b −_F0 (Q'0 F0) = b).
  { apply Q'_Minus_Corollary; auto with Q'. rewrite
    Q'_Plus_Commutation,Q'_Plus_Property; auto with Q'. }
  rewrite H24 in H22. apply AxiomII in H22 as [_[]].
  assert ((Q'1 F0) ∈ (Q'_N F0 ~ [Q'0 F0])).
  { pose proof H. apply Q'1_in_Q'_N in H26. pose proof H.
    apply Q'0_in_Q'_N in H27. apply MKT4'; split; auto.
    apply AxiomII; split; eauto. intro.
    apply MKT41 in H28; eauto.
    elim (Q'0_isn't_Q'1 F0); auto. }
  apply H25 in H26. rewrite Q'_Divide_Property2 in H26;
  auto with Q'. apply Q_Equ_Z_Div_Lemma in H15 as []; auto.
  - rewrite <-H15 in H26.
    elim (Q'_Ord_irReflex F0 (Q'1 F0) (Q'1 F0)); auto with Q'.
  - apply (Q'_Ord_Trans F0 (Q'1 F0)) in H26; auto with Q'.
    elim (Q'_Ord_irReflex F0 (Q'1 F0) (Q'1 F0)); auto with Q'. }
exists ra,rb. repeat split; auto. unfold ra,rb.
symmetry. apply R_Divide_Corollary; auto. intro.
apply MKT4' in H22 as []. apply AxiomII in H24 as [].
elim H25. apply MKT41; eauto with R. rewrite H2.
apply R_Corollary2; auto. rewrite H2,R_Mult_Corollary; auto.
symmetry. apply R_Q'_Corollary; auto with Q'.
assert (a −_F0 (b ·_F0 q) = Q'0 F0).
{ apply Q'_Minus_Corollary; auto with Q'.
  rewrite Q'_Plus_Property; auto with Q'. unfold a,b.
  rewrite H5,Q'_Mult_Corollary; auto with Z'.
  apply R_Z'_Corollary; auto with Z'.
  rewrite Z'_Mult_Property2,(Z'_Mult_Commutation F0 _ y),
  Z'_Mult_Property2; auto with Z'. }
rewrite H23. pose proof H. apply Q'0_in_Q' in H24.
apply AxiomII; repeat split; eauto. intros.
replace (|Q'0 F0|_F0) with (Q'0 F0). pose proof H25.
apply MKT4' in H25 as []. apply Q'_N_Subset_Q' in H25; auto.
apply Q'_N_Q'0_is_FirstMember in H26; auto.
assert (k <> Q'0 F0).
{ intro. apply AxiomII in H27 as []. elim H29.
  apply MKT41; eauto. }
apply (Q'_Mult_PrOrder F0 _ _ k); auto with Q'.
rewrite Q'_Mult_Property1,Q'_Divide_Property3; auto with Q'.
symmetry. apply eq_Q'0_Q'Abs; auto.
- apply AxiomII in H0 as [H0[H1[a[b[H2[]]]]]].
pose proof H2. apply Z_properSubset_R in H5; auto.
pose proof H1. inR H6 q. apply AxiomII in H2 as [H2[x[]]].
apply MKT4' in H3 as []. pose proof H3.
apply Z_properSubset_R in H12; auto.
apply AxiomII in H3 as [H3[y[]]]. pose proof H9; pose proof H13.
apply Q'_Z_properSubset_Q'_< in H15,H16; auto. pose proof H9;
pose proof H13. rewrite Q'_Z_Corollary in H17,H18; auto.
apply AxiomII in H17 as [H17[x0[]]].
apply AxiomII in H18 as [H18[y0[]]].
set (z0 := \[[x0,y0]\]_F0). pose proof H19; pose proof H21.
apply Z'_Z_Subset_Z' in H23; apply Z'_Z_Subset_Z' in H24; auto.
```

```
    assert (y0 ∈ ((Z' F0) ∼ [Z'0 F0])).
    { apply MKT4'; split; auto. apply AxiomII; split; eauto.
      intro. pose proof H. apply Z'0_in_Z' in H26.
      apply MKT41 in H25; eauto. apply AxiomII in H11 as [].
      elim H27. pose proof H. apply R0_in_R in H28.
      apply MKT41; eauto. rewrite H14,H22,H25,<-Q'0_Corollary;
      auto. }
    assert (z0 ∈ (Q' F0)). { apply Q'_Corollary2; auto. }
    assert (z0 ∈ (Q'_Q F0)).
    { apply AxiomII; split; eauto. exists x0,y0. repeat split; auto.
      apply MKT4' in H25 as []. apply MKT4'; auto. }
    pose proof H27. apply Q'_Q_Subset_Q'< in H28; auto.
    set (w := (\[z0\]_F0)%r). assert (a = b ·_F0 w)%r.
    { unfold w. rewrite H10,H14,R_Mult_Corollary; auto.
      assert (x = y ·_F0 z0).
      { unfold z0. rewrite H20,H22,Q'_Mult_Corollary,
        (Z'_Mult_Commutation F0 _ y0),Z'_Mult_Property2;
        auto with Z'. apply R_Z'_Corollary; auto with Z'.
        rewrite (Z'_Mult_Commutation F0 (Z'1 F0)),
        Z'_Mult_Property2,Z'_Mult_Commutation; auto with Z'. }
      rewrite H29; auto. }
    assert (w ∈ (R F0)). { apply R_Corollary2; auto. }
    assert (w ∈ (Q F0)). { apply AxiomII; split; eauto. }
    symmetry in H29. apply R_Divide_Corollary in H29; auto.
    rewrite H4,H29; auto. intro. apply AxiomII in H11 as [].
    elim H34. apply MKT41; eauto with R.
  Close Scope q'_scope.
Qed.

(* 整数相除得到有理数 *)

Fact Z_Divide_in_Q : ∀F0 v u, Arithmetical_ultraFilter F0
  -> v ∈ (Z F0) -> u ∈ (Z F0) -> u <> R0 F0 -> (v /_F0 u) ∈ (Q F0).
Proof.
  intros. pose proof H0. pose proof H1.
  apply Z_properSubset_R in H3,H4; auto.
  rewrite Q_Equ_Z_Div; auto. apply AxiomII; repeat split;
  eauto with R. exists v,u. repeat split; auto.
  apply MKT4'; split; auto. apply AxiomII; split; eauto. intro.
  apply MKT41 in H5; eauto with R.
Qed.
```

根据以上性质可知, **Z** 是 **Q** 的真子集.

```
Fact Z_properSubset_Q : ∀ F0, Arithmetical_ultraFilter F0
  -> (Z F0) ⊂ (Q F0) /\ (Z F0) <> (Q F0).
Proof.
  Open Scope q'_scope.
  split.
  - unfold Included; intros. apply AxiomII in H0 as [H0[x[]]].
    apply Q'_Z_properSubset_Q'_Q in H1; auto.
    apply AxiomII; split; eauto.
  - intro. pose proof H. apply Q'1_in_Q'_N in H1.
    apply Q'_N_properSubset_Q'_Z in H1; auto.
    pose proof H1. apply Q'_Z_properSubset_Q'< in H2; auto.
    pose proof H2. apply Q'<_Subset_Q' in H3; auto.
    set (two := (Q'1 F0) +_F0 (Q'1 F0)).
    assert (two ∈ (Q'_Z F0)). { apply Q'_Z_Plus_in_Q'_Z; auto. }
    pose proof H4. apply Q'_Z_properSubset_Q'< in H5; auto.
    pose proof H5. apply Q'<_Subset_Q' in H6; auto.
```

```
pose proof H. apply Q'0_in_Q' in H7.
assert (two <> Q'0 F0).
{ pose proof H. apply Q'0_lt_Q'1 in H8; auto. pose proof H8.
  apply (Q'_Plus_PrOrder F0 _ _ (Q'1 F0)) in H9; auto.
  rewrite Q'_Plus_Property in H9; auto.
  apply (Q'_Ord_Trans F0 (Q'0 F0)) in H9; auto. intro.
  unfold two in H10. rewrite H10 in H9.
  elim (Q'_Ord_irReflex F0 (Q'0 F0) (Q'0 F0)); auto. }
pose proof H4. apply Q'_Z_properSubset_Q'_Q in H9; auto.
pose proof H9. apply φq_is_Function_Lemma1 in H10
as [dw[[H10[]]_]]; auto.
pose proof H10. apply Q'_Q_Subset_Q'_< in H13; auto.
pose proof H13. apply Q'_<_Subset_Q' in H14; auto.
set (rdw := (\[dw\]_{F0}%r).
assert (rdw ∈ (R F0)). { apply R_Corollary2; auto. }
assert (rdw ∈ (Q F0)). { apply AxiomII; split; eauto. }
rewrite <-H0 in H16. apply AxiomII in H16 as [H16[x[]]].
pose proof H17. apply Q'_Z_properSubset_Q'_< in H19; auto.
pose proof H19. apply Q'_<_Subset_Q' in H20; auto.
symmetry in H18. apply R_Q'_Corollary in H18; auto.
assert (two ·_{F0} (x -_{F0} dw) ∈ (I F0)).
{ rewrite Q'_Mult_Commutation; auto with Q'. }
rewrite Q'_Mult_Distribution_Minus,H12 in H21; auto.
remember (two ·_{F0} x) as m.
assert (m ∈ (Q'_Z F0)).
{ rewrite Heqm. apply Q'_Z_Mult_in_Q'_Z; auto. }
pose proof H22. apply Q'_Z_properSubset_Q'_Q in H23; auto.
pose proof H23. apply Q'_Q_Subset_Q'_< in H24; auto.
pose proof H24. apply Q'_<_Subset_Q' in H25; auto.
apply AxiomII in H21 as [H21[]].
assert ((Q'1 F0) ∈ (Q'_N F0 ~ [Q'0 F0])).
{ apply MKT4'; split. apply Q'1_in_Q'_N; auto.
  apply AxiomII; split; eauto. intro.
  apply MKT41 in H28; eauto. elim (Q'0_isn't_Q'1 F0); auto. }
apply H27 in H28. rewrite Q'_Divide_Property2 in H28;
auto with Q'.
assert (m ∈ (Q' F0) /\ (Q'1 F0) ∈ (Q' F0)) as []; auto.
apply (Q'_Ord_Connect F0 H m (Q'1 F0)) in H29 as [H29|[]];
auto; clear H30.
+ assert (|m -_{F0} (Q'1 F0)|_{F0} = |(Q'1 F0) -_{F0} m|_{F0}).
  { apply neg_Q'Abs_Equ; auto with Q'.
    rewrite <-Q'_Mix_Association1,Q'_Plus_Commutation,
    <-Q'_Mix_Association1,(Q'_Plus_Commutation F0 _ m),
    Q'_Mix_Association1; auto.
    rewrite Q'_Minus_Property1,Q'_Plus_Property,
    Q'_Minus_Property1; auto. }
  rewrite H30 in H28. apply φz_is_Function_Lemma1
  in H29 as []; auto. rewrite <-H29 in H28.
  elim (Q'_Ord_irReflex F0 (Q'1 F0) (Q'1 F0)); auto.
  apply (Q'_Ord_Trans F0 (Q'1 F0)) in H28; auto with Q'.
  elim (Q'_Ord_irReflex F0 (Q'1 F0) (Q'1 F0)); auto.
+ apply φz_is_Function_Lemma1 in H29 as []; auto.
  rewrite <-H29 in H28.
  elim (Q'_Ord_irReflex F0 (Q'1 F0) (Q'1 F0)); auto.
  apply (Q'_Ord_Trans F0 (Q'1 F0)) in H28; auto with Q'.
  elim (Q'_Ord_irReflex F0 (Q'1 F0) (Q'1 F0)); auto.
+ rewrite Heqm,<-H12 in H29.
  apply Q'_Mult_Cancellation in H29; auto.
  assert ((Q'1 F0) <_{F0} two).
```

```
{ pose proof H. apply Q'0_lt_Q'1 in H30.
  apply (Q'_Plus_PrOrder F0 _ _ (Q'1 F0)) in H30; auto.
  rewrite Q'_Plus_Property in H30; auto. }
pose proof H30. apply (Q'_Ord_Trans F0 (Q'0 F0))
in H31; auto with Q'.
assert ((Q'0 F0) <_F0 dw).
{ apply (Q'_Mult_PrOrder F0 _ _ two); auto. rewrite H12,
  Q'_Mult_Property1; auto. apply Q'0_lt_Q'1; auto. }
assert (dw <_F0 (Q'1 F0)).
{ apply (Q'_Mult_PrOrder F0 _ _ dw) in H30; auto. rewrite
  Q'_Mult_Property2,Q'_Mult_Commutation,H12 in H30; auto. }
assert (x ∈ (Q' F0) /\ (Q'0 F0) ∈ (Q' F0)) as []; auto.
apply (Q'_Ord_Connect F0 H x (Q'0 F0)) in H34 as [H34|[]];
auto; clear H35.
* rewrite H29 in H34.
  apply (Q'_Ord_Trans F0 _ _ dw) in H34; auto.
  elim (Q'_Ord_irReflex F0 dw dw); auto.
* pose proof H34. apply mt_Q'0_Q'Abs in H34; auto.
  apply φz_is_Function_Lemma1 in H35; auto.
  assert (x -_F0 (Q'0 F0) = x).
  { apply Q'_Minus_Corollary; auto.
    rewrite Q'_Plus_Commutation,Q'_Plus_Property; auto. }
  rewrite H36,H34,H29 in H35. destruct H35.
  rewrite H35 in H33. elim (Q'_Ord_irReflex F0 dw dw); auto.
  apply (Q'_Ord_Trans F0 dw) in H35; auto.
  elim (Q'_Ord_irReflex F0 dw dw); auto.
  apply Q'_N_properSubset_Q'_Z,Q'0_in_Q'_N; auto.
* elim H11. rewrite <-H29; auto.
Close Scope q'_scope.
Qed.
```

定理 4.21 设 **R** 由某一主超滤 F_n 生成, 则 **Q** = **R**.

```
Theorem Q_Fn_Equ_R : ∀ n, n ∈ ω -> Q (F n) = R (F n).
Proof.
intros. pose proof H. apply FT10 in H0.
apply AxiomI; split; intros.
- apply AxiomII in H1 as [H1[x[]]]. pose proof H0.
  rewrite Q'_Q_Fn_Equ_Q'< in H2; auto.
  rewrite H3. apply R_Corollary2; auto.
- pose proof H1. inR H1 x. apply AxiomII; split; eauto.
  exists x. rewrite Q'_Q_Fn_Equ_Q'<; auto.
Qed.
```

定理 4.21 表明, 利用等价分类的思想, 主超滤至多扩充到一般的有理数集, 无法构造所有实数. 从有理数集扩充到实数集 (即实数完备化的过程) 的传统方法可见文献 [104, 145, 148, 173]. 关于非主算术超滤能否确保 **R** 是我们想要的实数集, 将在 4.5 节从实数完备性的角度予以说明.

4.4.4 Archimedes 性与稠密性

定理 4.22 任意算术超滤生成的 **R** 都满足 Archimedes 性:

$$\forall r \in \mathbf{R}, \ \exists n \in \mathbf{N}, |r| = n \lor |r| < n.$$

```
Theorem Archimedes:
  ∀ F0 r, Arithmetical_ultraFilter F0 -> r ∈ (R F0)
 -> ∃ n, n ∈ (N F0) /\ (|r|_F0 = n \/ |r|_F0 <_F0 n).
Proof.
  assert (∀ F0 r, Arithmetical_ultraFilter F0 -> r ∈ (R F0)
   -> (R0 F0) <_F0 r -> ∃ n, n ∈ (N F0)
      /\ (|r|_F0 = n \/ |r|_F0 <_F0 n)).
 { intros. pose proof H0. inR H2 q'. pose proof H1.
   rewrite H4 in H5. apply R_Ord_Corollary in H5 as [];
   auto with Q'. pose proof H2. apply AxiomII in H7 as[_[H7[n[]]]].
   apply mt_R0_RAbs in H1; apply mt_Q'0_Q'Abs in H5; auto.
   rewrite H1,H5 in *. set (m := \[n\]_F0).
   assert (m ∈ (R F0)).
   { apply R_Corollary2; auto.
     apply Q'_N_properSubset_Q'_<; auto. }
   exists m. split. apply AxiomII; split; eauto. destruct H9.
   - left. unfold m. rewrite H4,H9; auto.
   - apply Q'_Ord_to_R_Ord in H9; auto. rewrite H4; auto.
     apply Q'_N_properSubset_Q'_<; auto. }
  intros. pose proof H0. apply R0_in_R in H2.
  assert (r ∈ (R F0) /\ (R0 F0) ∈ (R F0)) as []; auto.
  apply (R_Ord_Connect F0 H0 r (R0 F0)) in H3 as [H3|[]];
  auto; clear H4.
  - apply R_Plus_PrOrder_Corollary in H3 as [r0[[H3[]]_]]; auto.
    assert (|r|_F0 = |r0|_F0). { apply neg_RAbs_equ; auto. }
    rewrite H6. apply H; auto.
  - exists (R0 F0). split. apply R0_in_N; auto.
    left. apply eq_R0_RAbs; auto.
Qed.
```

定理 4.23　　任意算术超滤生成的 **Q** 和 **R**, **Q** 在 **R** 中稠密:

$$\forall u, v \in \mathbf{R}, \ u < v \Longrightarrow \exists q \in \mathbf{Q}, u < q < v.$$

```
Lemma Q_Density_Lemma : ∀ F0 r, Arithmetical_ultraFilter F0
 -> r ∈ (R F0) -> (R0 F0) <_F0 r -> ∃ n, n ∈ (N F0) /\ r <_F0 n
    /\ (n = r +_F0 (R1 F0) \/ n <_F0 (r +_F0 (R1 F0)))).
Proof.
  intros. set (A := \{ λ u, u ∈ (N F0) /\ r <_F0 u \}).
  assert (A <> 0).
 { apply NEexE. apply mt_R0_RAbs in H1; auto.
   pose proof H0. apply Archimedes in H2 as [n[H2[]]]; auto.
   - pose proof H. apply R1_in_N in H4. exists (n +_F0 (R1 F0)).
     pose proof H. apply (N_Plus_in_N F0 n (R1 F0)) in H5; auto.
     apply AxiomII; repeat split; eauto. pose proof H.
     apply R0_lt_R1,(R_Plus_PrOrder F0 _ _ r) in H6;
     try apply R0_in_R; try apply R1_in_R; auto.
     rewrite R_Plus_Property in H6; auto. rewrite <-H3,H1; auto.
   - exists n. apply AxiomII; repeat split; eauto.
     rewrite <-H1; auto. }
  pose proof H. apply R_Ord_WellOrder_N in H3 as [_ H3].
  assert (A ⊂ (N F0) /\ A <> 0) as [].
 { split; auto. unfold Included; intros.
   apply AxiomII in H4; tauto. }
  apply H3 in H4; auto; clear H5. destruct H4 as [n[]]. exists n.
  apply AxiomII in H4 as [H4[]]. repeat split; auto.
  pose proof H6. apply N_properSubset_R in H8; auto.
```

```
pose proof H. apply R1_in_R in H9. pose proof H.
apply (R_Plus_in_R F0 r (R1 F0)) in H10; auto.
assert (n ∈ (R F0) /\ (r +_F0 (R1 F0)) ∈ (R F0)) as []; auto.
apply (R_Ord_Connect F0 H n (r +_F0 (R1 F0))) in H11
as [H11|[]]; auto; clear H12. set (n1 := n -_F0 (R1 F0)).
assert (n1 ∈ (N F0)).
{ assert (n1 ∈ (R F0)). { apply R_Minus_in_R; auto. }
  assert ((R1 F0) +_F0 n1 = n). { apply R_Minus_Corollary; auto. }
  assert ((R0 F0) ∈ (R F0)). { apply R0_in_R; auto. }
  assert ((R0 F0) <_F0 n1).
  { apply (R_Ord_Trans F0 _ r); auto.
    apply (R_Plus_PrOrder F0 _ _ (R1 F0)); auto;
    rewrite H13,R_Plus_Commutation; auto. }
  rewrite N_Equ_Z_me_R0; auto. apply AxiomII; repeat split; eauto.
  apply Z_Minus_in_Z; auto. apply N_properSubset_Z; auto.
  apply R1_in_Z; auto. }
pose proof H12. apply N_properSubset_R in H13; auto.
assert (n1 ∈ A).
{ apply AxiomII; repeat split; eauto.
  apply (R_Plus_PrOrder F0 _ _ (R1 F0)); auto.
  rewrite R_Plus_Commutation; auto. unfold n1.
  rewrite <-R_Mix_Association1,(R_Plus_Commutation F0 _ n),
  R_Mix_Association1,R_Minus_Property1,R_Plus_Property; auto. }
apply H5 in H14. elim H14. unfold n1.
apply (R_Plus_PrOrder F0 _ _ (R1 F0)); auto.
rewrite <-R_Mix_Association1,(R_Plus_Commutation F0 _ n),
R_Mix_Association1,R_Minus_Property1; auto.
apply R_Plus_PrOrder; auto. apply R0_in_R; auto.
apply R0_lt_R1; auto.
Qed.

(* 正有理数的稠密性 *)

Lemma Q_Density_Weak : ∀ F0 u v, Arithmetical_ultraFilter F0
  -> u ∈ (R F0) -> v ∈ (R F0) -> (R0 F0) <_F0 u -> u <_F0 v
  -> ∃ w, w ∈ (Q F0) /\ u <_F0 w /\ w <_F0 v.
Proof.
  intros. set (vju := v -_F0 u).
  assert (vju ∈ (R F0)). { apply R_Minus_in_R; auto. }
  pose proof H3.
  apply R_Plus_PrOrder_Corollary in H5 as [a[[H5[]]_]]; auto.
  assert (vju = a). { apply R_Minus_Corollary; auto. }
  assert (a <> R0 F0).
  { intro. rewrite <-H9 in H6. elim (R_Ord_irReflex F0 a a); auto. }
  pose proof H5. apply R_inv in H10 as [a1[[H10[]]_]]; auto.
  assert ((R0 F0) <_F0 a1).
  { apply (R_Mult_PrOrder F0 _ _ a); auto. apply R0_in_R; auto.
    rewrite R_Mult_Property1,H12; auto. apply R0_lt_R1; auto. }
  pose proof H10. apply Archimedes in H14 as [n[]]; auto.
  set (n1 := n +_F0 (R1 F0)).
  assert (n1 ∈ (N F0)).
  { apply N_Plus_in_N; try apply R1_in_N; auto. }
  assert (a1 <_F0 n1).
  { pose proof H13. apply mt_R0_RAbs in H17; auto.
    rewrite H17 in H15. assert (n <_F0 n1).
    { pose proof H. apply R0_lt_R1 in H18.
      apply (R_Plus_PrOrder F0 _ _ n) in H18;
      try apply R0_in_R; try apply R1_in_R; auto.
      rewrite R_Plus_Property in H18; auto.
```

```
    apply N_properSubset_R; auto. apply N_properSubset_R; auto. }
  destruct H15. rewrite H15; auto. apply (R_Ord_Trans F0 _ n);
  auto; try apply N_properSubset_R; auto. } clear H14 H15.
set (n1v := n1 ·F0 v). set (n1u := (n1 ·F0 u) +F0 (R1 F0)).
assert (n1u ∈ (R F0) /\ n1v ∈ (R F0)) as [].
{ split; try apply R_Plus_in_R; try apply R_Mult_in_R; auto;
  try apply R1_in_R; try apply N_properSubset_R; auto. }
pose proof H16. apply N_properSubset_R in H18; auto.
assert (n1u <F0 n1v).
{ apply (R_Mult_PrOrder F0 _ _ a) in H17; auto.
  rewrite H12,R_Mult_Commutation,<-H8 in H17.
  unfold vju in H17. rewrite R_Mult_Distribution_Minus in H17;
  auto. apply (R_Plus_PrOrder F0 _ _ (n1 ·F0 u)) in H17; auto;
  try apply R_Minus_in_R; try apply R_Mult_in_R;
  try apply R1_in_R; auto. rewrite <-R_Mix_Association1,
  (R_Plus_Commutation F0 _ (n1 ·F0 v)),R_Mix_Association1,
  R_Minus_Property1,R_Plus_Property in H17;
  try apply R_Mult_in_R; auto. }
assert ((n1 ·F0 u) ∈ (R F0)). { apply R_Mult_in_R; auto. }
assert ((R0 F0) <F0 (n1 ·F0 u)).
{ apply (R_Mult_PrOrder F0 _ _ n1) in H2; auto with R.
  rewrite R_Mult_Property1 in H2; auto.
  apply (R_Ord_Trans F0 _ a1); auto. apply R0_in_R; auto. }
pose proof H20. apply Q_Density_Lemma in H22 as [m[H22[]]]; auto.
assert (m <F0 (n1 ·F0 v)).
{ destruct H24. rewrite H24; auto. apply (R_Ord_Trans F0 _ n1u);
  auto. apply N_properSubset_R; auto. } clear H24.
assert ((R0 F0) <F0 n1).
{ apply (R_Ord_Trans F0 _ a1); auto. apply R0_in_R; auto. }
assert (n1 <> R0 F0).
{ intro. rewrite <-H26 in H24.
  elim (R_Ord_irReflex F0 n1 n1); auto. }
pose proof H18. apply R_inv in H27 as [n1'[[H27[]]_]]; auto.
pose proof H22. apply N_properSubset_R in H30; auto.
set (q := m ·F0 n1').
assert (q ∈ (R F0)). { apply R_Mult_in_R; auto. }
assert (q ∈ (Q F0)).
{ rewrite Q_Equ_Z_Div; auto. apply AxiomII; repeat split; eauto.
  exists m,n1. repeat split. apply N_properSubset_Z; auto.
  apply MKT4'; split. apply N_properSubset_Z; auto.
  apply AxiomII; split; eauto. intro. pose proof H.
  apply R0_in_Q in H33. apply MKT41 in H32; eauto.
  unfold q. symmetry. apply R_Divide_Corollary; auto.
  rewrite R_Mult_Commutation,R_Mult_Association,
  (R_Mult_Commutation F0 n1'),H29,R_Mult_Property2; auto. }
assert ((n1 ·F0 q) = m).
{ unfold q. rewrite (R_Mult_Commutation F0 m),
  <-R_Mult_Association,H29,(R_Mult_Commutation F0 _ m),
  R_Mult_Property2; auto. apply R1_in_R; auto. }
exists q. repeat split; auto; apply (R_Mult_PrOrder F0 _ _ n1);
auto; rewrite H33; auto.
Qed.

(* 全体有理数的稠密性 *)

Theorem Q_Density : ∀ F0 u v, Arithmetical_ultraFilter F0
  -> u ∈ (R F0) -> v ∈ (R F0) -> u <F0 v
  -> ∃ q, q ∈ (Q F0) /\ u <F0 q /\ q <F0 v.
Proof.
```

```
intros. pose proof H. apply R0_in_R in H3.
assert ((R0 F0) ∈ (R F0) /\ u ∈ (R F0)) as []; auto.
apply (R_Ord_Connect F0 H _ u) in H4 as []; auto; clear H5.
- apply Q_Density_Weak; auto.
- assert (∃ n, n ∈ (N F0) /\ (R0 F0) <_F0 (u +_F0 n)) as [n[]].
  { destruct H4.
    - pose proof H4. apply R_Plus_PrOrder_Corollary in H5
      as [u0[[H5[]]_]]; auto.
      pose proof H6. apply mt_R0_RAbs in H8; auto.
      pose proof H5. apply Q_Density_Lemma in H9
      as [m[H9[H10 _]]]; auto. exists m. split.
      pose proof H9. apply N_properSubset_R in H11; auto.
      apply (R_Plus_PrOrder F0 _ _ u0); auto.
      apply R_Plus_in_R; auto.
      rewrite R_Plus_Property,<-R_Plus_Association,
      (R_Plus_Commutation F0 u0),H7,R_Plus_Commutation,
      R_Plus_Property; auto.
    - pose proof H. apply R1_in_N in H5. exists (R1 F0).
      split; auto. pose proof H. apply R1_in_R in H6.
      rewrite R_Plus_Commutation,<-H4,R_Plus_Property; auto.
      apply R0_lt_R1; auto. }
  pose proof H5. apply N_properSubset_R in H7; auto.
  pose proof H2. apply (R_Plus_PrOrder F0 _ _ n) in H8; auto.
  pose proof H8. apply Q_Density_Weak in H9 as [q[H9[]]];
  try apply R_Plus_in_R; try rewrite R_Plus_Commutation; auto.
  set (q1 := q -_F0 n). assert (q1 ∈ (Q F0)).
  { apply Q_Minus_in_Q; auto.
    apply Z_properSubset_Q,N_properSubset_Z; auto. }
  assert (n +_F0 q1 = q).
  { apply R_Minus_Corollary; auto; apply Q_Subset_R; auto. }
  exists q1. pose proof H12. apply Q_Subset_R in H14; auto.
  repeat split; auto; apply (R_Plus_PrOrder F0 _ _ n);
  try rewrite H13; auto.
Qed.
```

4.5　数列和完备性

我们知道, 任意一个实数列实际上是一个以非负整数集为定义域, 取值为实数的函数. 本书在构造超有理数的过程中, 已引入了含有无穷大的非负整数集 *N, 这可使数列无穷项的描述变得简洁、直观. 为此, 将通常意义下数列的定义域扩展到 *N 上[①], 可保持原数列的诸多性质.

实数的完备性可以从数列的角度描述, 一旦证明了 **R** 的完备性, 也就确保了 **R** 就是通常的标准实数集.

4.5.1　ω 上的数列及其延伸

定理 4.24 (定义 4.7) (ω 上的数列及其延伸)　$\forall f \in \omega^\omega$ 就是 ω 上的一个数列. 设 *N 由算术超滤 $F0$ 生成[②], 下面的类:

[①] 这等同于将数列的项数延伸至实无穷.

[②] 主超滤生成的 *N 不含有无穷大数, 这时 f 在 *N 上的延伸数列就是其本身; 对于非主算术超滤生成的 *N, f 在 *N 上得以真正延伸.

$$\{(u, v) : u \in {}^*\mathbf{N} \wedge v = f\langle u\rangle\}$$

是一个以 $^*\mathbf{N}$ 为定义域, 值域包含于 $^*\mathbf{N}$ 的函数, 称为数列 f 在 $^*\mathbf{N}$ 上的**延伸数列**.

```
(** sequence_and_completeness *)

Require Export N_Z_Q_in_R.

Definition ω_Seq f := Function f /\ dom(f) = ω /\ ran(f) ⊂ ω.

Definition N'_extSeq F0 f := \{\ λ u v, u ∈ (N' F0)
  /\ v = f⟨u⟩ \}\.

(* 延伸数列是定义域为*N 的 1-1 函数 *)

Corollary N'_extSeq_is_Function : ∀ F0 f, Function (N'_extSeq F0 f)
  /\ dom(N'_extSeq F0 f) = (N' F0).
Proof.
  repeat split; intros.
  - unfold Relation; intros.
    apply AxiomII in H as [_[x[y[]]]]; eauto.
  - apply AxiomII' in H as [_[]].
    apply AxiomII' in H0 as [_[]]. rewrite H1,H2; auto.
  - apply AxiomI; split; intros. apply AxiomII in H as [H[]].
    apply AxiomII' in H0; tauto. apply AxiomII; split; eauto.
    exists f⟨z⟩. apply AxiomII'; split; auto. apply MKT49a; eauto.
    apply (MKT33 pow(ω)). apply MKT38a. pose proof MKT138. eauto.
    unfold Included; intros. apply AxiomII in H0 as [H0[]].
    apply AxiomII; auto.
Qed.

Lemma N'_extSeq_ran_Lemma: ∀ f g, Function f -> Function g
  -> dom(f) = ω -> dom(g) = ω -> ran(f) ⊂ ω -> ran(g) ⊂ ω
  -> Function (f ○ g) /\ dom(f ○ g) = ω /\ ran(f ○ g) ⊂ ω.
Proof.
  intros. assert (Function (f ○ g)). { apply MKT64; auto. }
  split; auto. split. apply AxiomI; split; intros.
  - apply AxiomII in H6 as [H6[y]].
    apply AxiomII' in H7 as [H7[y1[]]].
    apply Property_dom in H8. rewrite <-H2; auto.
  - apply AxiomII; split; eauto. exists (f[g[z]]).
    assert (g[z] ∈ ω).
    { rewrite <-H2 in H6.
      apply Property_Value,Property_ran,H4 in H6; auto. }
    assert (f[g[z]] ∈ ω).
    { rewrite <-H1 in H7.
      apply Property_Value,Property_ran,H3 in H7; auto. }
    apply AxiomII'; split. apply MKT49a; eauto.
    exists (g[z]). rewrite <-H2 in H6.
    apply Property_Value in H6; auto. split; auto.
    rewrite <-H1 in H7. apply Property_Value in H7; auto.
  - unfold Included; intros. apply AxiomII in H6 as [H6[]].
    apply AxiomII' in H7 as [H7[y[]]].
    apply Property_ran,H3 in H9; auto.
Qed.

(* 延伸数列的值域包含于*N *)

Corollary N'_extSeq_ran : ∀ F0 f, Arithmetical_ultraFilter F0
```

```
  -> ω_Seq f -> ran(N'_extSeq F0 f) ⊂ (N' F0).
Proof.
  unfold Included; intros. apply AxiomII in H1 as [H1[]].
  apply AxiomII' in H2 as [H2[]]. destruct H0 as [H0[]].
  apply AxiomII in H3 as [H3[f1[H7[H8[]]]]].
  rewrite H10,FT11_Lemma3 in H4; auto.
  pose proof H0. apply (N'_extSeq_ran_Lemma f f1) in H11
  as [H11[]]; auto. apply AxiomII; split; eauto.
  destruct H; auto.
Qed.
```

　　根据以上定义, 可以得到一个简单且保证了定义合理性的结论: 对任意算术超滤生成的 *$\mathbf{N}$, 设 f 为 ω 上的数列, f_∞ 为 f 在 *$\mathbf{N}$ 上的延伸数列, 则

$$\forall m \in \omega, \quad F_{f(m)} = f_\infty(F_m),$$

即 ω 上数列与其延伸数列的有限部分保持一致, 这里 $F_{f(m)}$ 和 F_m 分别是 $f(m)$ 和 m 对应的主超滤. 基于此结论, f_∞ 与 f 有如下对应关系:

$$\forall n \in {}^*\mathbf{N}, \quad f_\infty(n) = f\langle n \rangle.$$

```
(* 定义的合理性 *)

Fact ω_Seq_Equ_finite_extSeq :
  ∀ F0 f m, Arithmetical_ultraFilter F0 -> ω_Seq f
  -> m ∈ ω -> F f[m] = (N'_extSeq F0 f)[F m].
Proof.
  intros. destruct H0 as [H0[]].
  destruct (N'_extSeq_is_Function F0 f) as [].
  pose proof H1. rewrite <-H2 in H6. apply Property_Value,
  Property_ran in H6; auto. pose proof H1. apply (Fn_in_N' m F0)
  in H7; [ |destruct H]; auto. rewrite <-H5 in H7.
  apply Property_Value,AxiomII' in H7 as [_[]]; auto.
  rewrite H8. symmetry. apply FT6; auto.
Qed.

(* f∞ 与 f 的对应关系 *)

Fact N'_extSeq_Value : ∀ F0 f n, Arithmetical_ultraFilter F0
  -> ω_Seq f -> n ∈ (N' F0) -> (N'_extSeq F0 f)[n] = f⟨n⟩.
Proof.
  intros. destruct (N'_extSeq_is_Function F0 f). rewrite <-H3 in H1.
  apply Property_Value in H1; auto. apply AxiomII' in H1; tauto.
Qed.
```

　　定理 4.25　　设 f, g 是 ω 上的数列, f_∞ 和 g_∞ 分别为 f 和 g 各自在 *$\mathbf{N}$ 上的延伸数列, 则有以下性质.

　　1) 序保持: $\forall m \in \omega, f(m) < g(m) \implies \forall M \in {}^*\mathbf{N}, f_\infty(M) < g_\infty(M)$.

　　2) 单调性保持: $(\forall m, n \in \omega, m < n \implies f(m) < f(n)) \implies (\forall M, N \in {}^*\mathbf{N}, M < N \implies f_\infty(M) < f_\infty(N))$.

3) **取值合理性**: $\forall m \in \omega, (\forall n \in \omega, f(n) \neq m) \implies (\forall N \in {}^*\mathbf{N}, f_\infty(N) \neq F_m)$.

4) **"分数"列单调性保持**: $(\forall m, n \in \omega, m < n \implies f(m) \cdot g(n) < f(n) \cdot g(m)) \implies (\forall M, N \in {}^*\mathbf{N}, M < N \implies f_\infty(M) \cdot g_\infty(N) < f_\infty(N) \cdot g_\infty(M))$.

```
(* 序保持 *)

Fact N'_extSeq_Property1: ∀ F0 f g M, Arithmetical_ultraFilter F0
  -> ω_Seq f -> ω_Seq g -> (∀ m, m ∈ ω -> f[m] ∈ g[m])
  -> M ∈ (N' F0) -> ((N'_extSeq F0 f)[M] <F0 (N'_extSeq F0 g)[M])%n'.
Proof.
  intros. rewrite N'_extSeq_Value,N'_extSeq_Value; auto.
  destruct H0 as [H0[]]. destruct H1 as [H1[]].
  apply AxiomII in H3 as [H3[h[H9[H10[]]]]].
  assert (∀ n, n ∈ ω -> f[h[n]] ∈ g[h[n]]).
  { intros. rewrite <-H10 in H12.
    apply Property_Value,Property_ran,H8 in H12; auto. }
  assert (\{ λ u, (f ∘ h)[u] ∈ (g ∘ h)[u] \} = ω ).
  { apply AxiomI; split; intros. apply AxiomII in H13 as [].
    apply (N'_extSeq_ran_Lemma f h) in H0 as [H0[]]; auto.
    apply NNPP; intro. rewrite <-H15 in H17. apply MKT69a in H17.
    rewrite H17 in H14. elim MKT39. eauto. apply AxiomII;
    repeat split; eauto. rewrite FT11_Lemma1,FT11_Lemma1; auto. }
  rewrite H11,FT11_Lemma3,FT11_Lemma3; destruct H; auto.
  pose proof H0; pose proof H1.
  apply (N'_extSeq_ran_Lemma f h) in H15 as [H15[]]; auto.
  apply (N'_extSeq_ran_Lemma g h) in H16 as [H16[]]; auto.
  apply N'_Ord_Corollary; auto. split; auto. rewrite H13.
  apply AxiomII in H as [H[[_[_[]]]]]; auto.
Qed.

(* 单调性保持 *)

Fact N'_extSeq_Property2: ∀ F0 f M N, Arithmetical_ultraFilter F0
  -> ω_Seq f -> (∀ m n, m ∈ ω -> n ∈ ω -> m ∈ n -> f[m] ∈ f[n])
  -> M ∈ (N' F0) -> N ∈ (N' F0) -> (M <F0 N)%n'
  -> ((N'_extSeq F0 f)[M] <F0 (N'_extSeq F0 f)[N])%n'.
Proof.
  intros. rewrite N'_extSeq_Value,N'_extSeq_Value; auto.
  destruct H0 as [H0[]]. apply AxiomII' in H4 as [].
  apply AxiomII in H2 as [H2[h1[H8[H9[]]]]].
  apply AxiomII in H3 as [H3[h2[H12[H13[]]]]].
  pose proof H8. apply (H7 h1 h2) in H16; auto. clear H7.
  rewrite H11,H15,FT11_Lemma3,FT11_Lemma3; destruct H; auto.
  pose proof H0; pose proof H0.
  apply (N'_extSeq_ran_Lemma f h1) in H17 as [H17[]]; auto.
  apply (N'_extSeq_ran_Lemma f h2) in H18 as [H18[]]; auto.
  apply N'_Ord_Corollary; auto. split; auto.
  assert (\{ λ w, h1[w] ∈ h2[w] \}
    ⊂ \{ λ w, (f ∘ h1)[w] ∈ (f ∘ h2)[w] \}).
  { unfold Included; intros. apply AxiomII in H23 as [].
    assert (z ∈ ω).
    { apply NNPP; intro. rewrite <-H9 in H25. apply MKT69a in H25.
      rewrite H25 in H24. elim MKT39. eauto. }
    apply AxiomII; split; eauto.
    rewrite FT11_Lemma1,FT11_Lemma1; auto.
    apply H1; auto; [apply H10|apply H14];
    apply (@ Property_ran z),Property_Value; auto;
```

```
    [rewrite H9|rewrite H13]; auto. }
  apply AxiomII in H as [_[[_[_[_[]]]]]].
  apply (H24 (\{ λ w, h1[w] ∈ h2[w] \})); repeat split; auto.
  unfold Included; intros. apply AxiomII in H26 as [].
  apply NNPP; intro. rewrite <-H19 in H28. apply MKT69a in H28.
  rewrite H28 in H27. elim MKT39; eauto.
Qed.
```

(* 取值合理性 *)

```
Fact N'_extSeq_Property3: ∀ F0 f N m, Arithmetical_ultraFilter F0
  -> ω_Seq f -> (∀ n, f[n] <> m) -> (N'_extSeq F0 f)[N] <> F m.
Proof.
  intros. intro. assert (Ensemble (F m)).
  { destruct (classic (m ∈ ω)).
    - apply (Fn_in_N' _ F0) in H3; eauto. destruct H; auto.
    - apply Fn_Corollary1 in H3. pose proof in_ω_0.
      rewrite H3; eauto. }
  assert (N ∈ dom(N'_extSeq F0 f)).
  { apply NNPP; intro. apply MKT69a in H4.
    rewrite <-H2,H4 in H3. elim MKT39; auto. }
  destruct (N'_extSeq_is_Function F0 f). pose proof H.
  apply (N'_extSeq_ran _ f) in H7; auto.
  assert (m ∈ ω).
  { apply NNPP; intro. apply Fn_Corollary1 in H8.
    apply Property_Value,Property_ran,H7 in H4; auto.
    rewrite H2,H8 in H4. apply AxiomII in H4 as [_[f1[H4[H9[]]]]].
    destruct H. apply (FT5 F0 f1) in H; auto.
    rewrite <-H11 in H. apply AxiomII in H as [_[[_[_[]]]]].
    elim (@ MKT16 ω); auto. }
  pose proof H8. apply Constn_is_Function in H9 as [H9[]].
  assert (ran(Const m) ⊂ ω).
  { rewrite H11. intros z H12. apply MKT41 in H12; eauto.
    rewrite H12; auto. }
  pose proof H4. rewrite H6 in H13.
  apply AxiomII in H13 as [_[f1[H13[H14[]]]]].
  pose proof H4. apply Property_Value in H17; auto.
  apply AxiomII' in H17 as [_[_ ]]. rewrite H17 in H2. pose proof H.
  apply (FT11 _ f1) in H18; auto. rewrite <-H16 in H18.
  assert (∀ n, n ∈ ω -> (Const m)[n] = m).
  { intros. rewrite <-H10 in H19. apply Property_Value in H19; auto.
    apply AxiomII' in H19; tauto. }
  assert ((Const m)⟨N⟩ = F m).
  { apply FT7; auto. destruct H18; auto. }
  rewrite <-H20 in H2. destruct H0 as [H0[]].
  assert (NearlyEqual f N (Const m)).
  { destruct H18. apply H23 in H2; auto. }
  destruct H23 as [_[_[_[_[_[_[]]]]]]].
  assert (\{ λ u, u ∈ ω /\ f[u] = (Const m)[u] \} <> ∅).
  { intro. rewrite H25 in H24.
    apply AxiomII in H23 as [_[[_[]]]]; auto. }
  apply NEexE in H25 as [x]. apply AxiomII in H25 as [_[]].
  rewrite H19 in H26; auto. elim (H1 x); auto.
Qed.
```

(* ''分数'' 列单调性保持 *)

```
Fact N'_extSeq_Property4: ∀ F0 f g M N, Arithmetical_ultraFilter F0
  -> ω_Seq f -> ω_Seq g -> (∀ m n, m ∈ ω -> n ∈ ω -> m ∈ n
```

```
  -> (f[m] · g[n]) ∈ (f[n] · g[m]))
 -> M ∈ (N' FO) -> N ∈ (N' FO) -> (M <_FO N)%n'
 -> (((N'_extSeq FO f)[M] ·_FO (N'_extSeq FO g)[N])
    <_FO ((N'_extSeq FO f)[N] ·_FO (N'_extSeq FO g)[M]))%n'.
Proof.
  intros. rewrite N'_extSeq_Value,N'_extSeq_Value,
  N'_extSeq_Value,N'_extSeq_Value; auto.
  destruct H0 as [H0[]]. destruct H1 as [H1[]].
  apply AxiomII in H3 as [H3[h1[H10[H11[]]]]].
  apply AxiomII in H4 as [H4[h2[H14[H15[]]]]].
  pose proof H as [H18 _]. rewrite H13,H17,
  FT11_Lemma3,FT11_Lemma3,FT11_Lemma3,FT11_Lemma3; auto.
  pose proof H0; pose proof H0; pose proof H1; pose proof H1.
  apply (N'_extSeq_ran_Lemma f h1) in H19 as [H19[]];
  apply (N'_extSeq_ran_Lemma g h2) in H21 as [H21[]];
  apply (N'_extSeq_ran_Lemma f h2) in H20 as [H20[]];
  apply (N'_extSeq_ran_Lemma g h1) in H22 as [H22[]]; auto.
  rewrite N'_Mult_Corollary,N'_Mult_Corollary; auto.
  pose proof H21; pose proof H22.
  apply (Function_Mult_Corollary1 (f ∘ h1)) in H31 as [H31[]]; auto.
  apply (Function_Mult_Corollary1 (f ∘ h2)) in H32 as [H32[]]; auto.
  apply N'_Ord_Corollary; auto. apply AxiomII' in H5 as [].
  pose proof H10. apply (H37 h1 h2) in H38; auto. clear H37.
  set (A := \{ λ w, h1[w] ∈ h2[w] \}).
  set (B := (\{ λ w, ((f ∘ h1) · (g ∘ h2))[w]
    ∈ ((f ∘ h2) · (g ∘ h1))[w] \})%fu).
  assert (A ⊂ B).
  { unfold Included; intros. apply AxiomII in H37 as [].
    apply AxiomII; split; auto.
    assert (z ∈ ω).
    { apply NNPP; intro. rewrite <-H11 in H40.
      apply MKT69a in H40. rewrite H40 in H39. elim MKT39; eauto. }
    rewrite Function_Mult_Corollary2,FT11_Lemma1,
    FT11_Lemma1,Function_Mult_Corollary2,FT11_Lemma1,
    FT11_Lemma1; auto.
    assert (h1[z] ∈ ω /\ h2[z] ∈ ω) as [].
    { split; [apply H12|apply H16]; apply (@ Property_ran z),
      Property_Value; auto; [rewrite H11|rewrite H15]; auto. }
    apply H2; auto. }
  apply AxiomII in H18 as [_[[_[_[_[]]]]]].
  apply (H39 A); repeat split; auto. unfold Included; intros.
  apply AxiomII in H41 as []. apply NNPP; intro.
  rewrite <-H33 in H43. apply MKT69a in H43.
  rewrite H43 in H42. elim MKT39; eauto.
Qed.
```

4.5.2 *Q 上的数列及其延伸

定理 4.26 (定义 4.8) (*Q 上的非负整数列及其延伸) $\forall f \in {}^*\mathbf{Q_N}^\omega$ 就是 *Q 上的一个非负整数列. 可以证明, 若 f 是一个 *Q 上的非负整数列, 则

$$\varphi_4^{-1} \circ f$$

为一个 ω 上的数列, 其中 φ_4 为 4.1.1 节中用于得到 *Q_N 的保序、保运算的 1-1 函数, 其定义域为 ω, 值域为 *Q_N. 现设 $\varphi_4^{-1} \circ f$ 在 *N 上的延伸数列为 f_e, 则下

面的类:

$$\varphi_3 \circ f_e$$

是一个以 *N 为定义域, 值域包含于 $*Q_{*N}$ 的函数, 其中 φ_3 是定理 3.53 中用于将
*N 同构嵌入 *Q 的保序、保运算的 1-1 函数. $\varphi_3 \circ f_e$ 称为非负整数列 f 在 *Q 上
的延伸数列.

```
Open Scope q'_scope.

Definition Q'_NatSeq F0 f := Function f /\ dom(f) = ω /\ ran(f) ⊂ (Q'_N F0).

Corollary Q'_NatSeq_and_ω_Seq : ∀ F0 f, Arithmetical_ultraFilter F0
 -> Q'_NatSeq F0 f -> ω_Seq ((((φ4 F0)⁻¹) ∘ f).
Proof.
  intros F0 f H [H0[]]. pose proof H.
  apply φ4_is_Function in H3 as [[][]].
  assert (Function ((φ4 F0)⁻¹ ∘ f)). { apply MKT64; auto. }
  split; auto. split.
  - apply AxiomI; split; intros.
    + apply AxiomII in H8 as [H8[y]].
      apply AxiomII' in H9 as [H9[x[]]].
      apply Property_dom in H10. rewrite H1 in H10; auto.
    + apply AxiomII; split; eauto. pose proof H8.
      rewrite <-H1 in H9. apply Property_Value in H9; auto.
      pose proof H9. apply Property_ran,H2 in H10.
      replace (Q'_N F0) with (ran(φ4 F0)) in H10; auto.
      rewrite reqdi in H10. apply Property_Value in H10; auto.
      pose proof H10. apply Property_ran in H11.
      exists (((φ4 F0)⁻¹)[f[z]]). apply AxiomII'; split; eauto.
      apply MKT49a; eauto.
  - unfold Included; intros. apply AxiomII in H8 as [H8[]].
    apply AxiomII' in H9 as [H9[y[]]]. apply Property_ran in H11.
    rewrite <-deqri,H5 in H11; auto.
Qed.

Definition Q'_extNatSeq F0 f := (φ3 F0) ∘ (N'_extSeq F0 (((φ4 F0)⁻¹) ∘ f)).

(* 延伸数列是定义域为*N,值域包含于*Q_{*N}的 1-1 函数 *)

Corollary Q'_extNatSeq_is_Function :
 ∀ F0 f, Arithmetical_ultraFilter F0 -> Q'_NatSeq F0 f
 -> Function (Q'_extNatSeq F0 f) /\ dom(Q'_extNatSeq F0 f) = N' F0
  /\ ran(Q'_extNatSeq F0 f) ⊂ (Q'_N' F0).
Proof.
  intros. pose proof H0. apply Q'_NatSeq_and_ω_Seq in H1; auto.
  destruct (N'_extSeq_is_Function F0 ((φ4 F0)⁻¹ ∘ f)).
  pose proof H1. apply (N'_extSeq_ran F0) in H4; auto.
  pose proof H. apply φ3_is_Function in H5 as [[][]].
  assert (Function (Q'_extNatSeq F0 f)). { apply MKT64; auto. }
  split; auto. split; [(apply AxiomI; split)|unfold Included];
  intros.
  - apply AxiomII in H10 as [H10[]]. apply AxiomII' in H11
    as [H11[y[]]]. apply Property_dom in H12. rewrite <-H3; auto.
  - pose proof H10. rewrite <-H3 in H11. apply Property_Value
    in H11; auto. pose proof H11. apply Property_ran,H4 in H12.
    rewrite <-H7 in H12. apply Property_Value in H12; auto.
```

```
    pose proof H12. apply Property_ran in H13.
    apply AxiomII; split; eauto.
    exists ((φ3 F0)[(N'_extSeq F0 ((φ4 F0)⁻¹ ∘ f))[z]]).
    apply AxiomII'; split; eauto. apply MKT49a; eauto.
  - apply AxiomII in H10 as [H10[]].
    apply AxiomII' in H11 as [H11[y[]]].
    apply Property_ran in H13. rewrite φ3_ran in H13; auto.
Qed.
```

根据以上定义, 可以得到一个简单且保证了定义合理性的结论: 对任意算术超滤生成的 *$\mathbf{Q}$, 设 f 为 *$\mathbf{Q}$ 上的非负整数列, f_∞ 为 f 在 *$\mathbf{Q}$ 上的延伸数列, 则

$$\forall m \in \omega, \quad f(m) = f_\infty(F_m),$$

即非负整数列与其延伸数列的有限部分保持一致, 这里 F_m 是 m 对应的主超滤.

```
Fact Q'_NatSeq_Equ_finite_extNatSeq :
 ∀ F0 f m, Arithmetical_ultraFilter F0 -> Q'_NatSeq F0 f
 -> m ∈ ω -> f[m] = (Q'_extNatSeq F0 f)[F m].
Proof.
  intros. pose proof H. apply φ3_is_Function in H2 as [[][]].
  pose proof H0. apply Q'_NatSeq_and_ω_Seq in H6 as [H6[]]; auto.
  pose proof H0. apply Q'_extNatSeq_is_Function in H9 as [H9[]];
  auto. destruct (N'_extSeq_is_Function F0 ((φ4 F0)⁻¹ ∘ f)) as [].
  assert ((F m) ∈ N'_N). { apply Fn_in_N'_N; auto. }
  pose proof H14. apply (N'_N_Subset_N' F0) in H14; auto.
  unfold Q'_extNatSeq. rewrite Q'_N_properSubset_Q'_N'_Lemma,
  N'_extSeq_Value,FT6; auto; try split; auto.
  pose proof H. apply φ4_is_Function in H16 as [[][]].
  destruct φ_is_Function as [[][]]. destruct H0 as [H0[]].
  replace (F ((φ4 F0)⁻¹ ∘ f)[m]) with (φ[((φ4 F0)⁻¹ ∘ f)[m]]).
  rewrite Q'_N_properSubset_Q'_N'_Lemma,
  <-Q'_N_properSubset_Q'_N'_Lemma; auto. unfold φ3. rewrite MKT58.
  replace ((φ2 F0) ∘ ((φ1 F0) ∘ φ)) with (φ4 F0); auto.
  rewrite f11vi; auto. rewrite <-H24 in H1.
  apply Property_Value,Property_ran in H1; auto. rewrite <-H7 in H1.
  apply Property_Value,Property_ran,H8 in H1; auto.
  rewrite <-H22 in H1. apply Property_Value in H1; auto.
  apply AxiomII' in H1; tauto.
Qed.
```

定理 4.27　设 f, g 是 *$\mathbf{Q}$ 上的非负整数列, f_∞ 和 g_∞ 分别为 f 和 g 各自在 *$\mathbf{Q}$ 上的延伸数列, 则有以下性质.

1) 序保持: $\forall m \in \omega, f(m) < g(m) \implies \forall M \in \ ^*\mathbf{N}, f_\infty(M) < g_\infty(M)$.

2) 单调性保持: $(\forall m, n \in \omega, m < n \implies f(m) < f(n)) \implies (\forall M, N \in \ ^*\mathbf{N}, M < N \implies f_\infty(M) < f_\infty(N))$.

3) 取值合理性: $\forall m \in \ ^*\mathbf{Q}_{*\mathbf{N}}, (\forall n \in \omega, f(n) \neq m) \implies (\forall N \in \ ^*\mathbf{N}, f_\infty(N) \neq m)$.

4) "分数" 列单调性保持: $(\forall m, n \in \omega, m < n \implies f(m)/g(m) < f(n)/g(n)) \implies (\forall M, N \in \ ^*\mathbf{N}, M < N \implies f_\infty(M)/g_\infty(M) < f_\infty(N)/g_\infty(N))$.

5) "分数"列取值合理性: $\forall a, b \in {}^*\mathbf{Q_N}, b \neq {}^*\mathbf{Q_0}, (\forall n \in \omega, f(n)/g(n) < a/b) \implies (\forall N \in {}^*\mathbf{N}, f_\infty(N)/g_\infty(N) < a/b)$.

```
(* 序保持 *)
Fact Q'_extNatSeq_Property1:
 ∀ F0 f g M, Arithmetical_ultraFilter F0
 -> Q'_NatSeq F0 f -> Q'_NatSeq F0 g
 -> (∀ m, m ∈ ω -> f[m] <_F0 g[m]) -> M ∈ (N' F0)
 -> (Q'_extNatSeq F0 f)[M] <_F0 (Q'_extNatSeq F0 g)[M].
Proof.
  intros. pose proof H0; pose proof H1.
  apply Q'_NatSeq_and_ω_Seq in H4;
  apply Q'_NatSeq_and_ω_Seq in H5; auto.
  pose proof H; pose proof H.
  apply φ4_is_Function in H6 as [[][]].
  apply φ3_is_Function in H7 as [[][]].
  destruct φ_is_Function as [[][]].
  assert (∀ n, n ∈ ω -> ((φ4 F0)^-1 ∘ f)[n] ∈ ((φ4 F0)^-1 ∘ g)[n]).
  { intros. rewrite Q'_N_properSubset_Q'_N'_Lemma,
    Q'_N_properSubset_Q'_N'_Lemma; auto;
    [ |destruct H1|destruct H0]; auto.
    assert (f[n] ∈ ran(φ4 F0) /\ g[n] ∈ ran(φ4 F0)) as [].
    { destruct H0 as [H0[]]. destruct H1 as [H1[]].
      split; [apply H20|apply H22]; apply (@ Property_ran n),
      Property_Value; [|rewrite H19| |rewrite H21]; auto. }
    apply (φ4_PrOrder F0 ((φ4 F0)^-1)[f[n]] ((φ4 F0)^-1)[g[n]]);
    try rewrite <-H9,deqri;
    [ |apply (@Property_ran f[n])|apply (@ Property_ran g[n])|];
    try apply Property_Value; try rewrite <-reqdi; auto.
    rewrite f11vi,f11vi; auto. }
  apply (N'_extSeq_Property1 F0 _ _ M) in H18; auto.
  destruct (N'_extSeq_is_Function F0 ((φ4 F0)^-1 ∘ g)).
  destruct (N'_extSeq_is_Function F0 ((φ4 F0)^-1 ∘ f)).
  pose proof H4; pose proof H5.
  apply (N'_extSeq_ran F0) in H23; apply (N'_extSeq_ran F0) in H24;
  auto. apply φ3_PrOrder in H18; auto; [ |apply H23|apply H24];
  try apply (@ Property_ran M),Property_Value; auto;
  [ |rewrite H22|rewrite H20]; auto. unfold Q'_extNatSeq.
  rewrite Q'_N_properSubset_Q'_N'_Lemma,
  Q'_N_properSubset_Q'_N'_Lemma; auto.
Qed.

(* 单调性保持 *)
Fact Q'_extNatSeq_Property2:
 ∀ F0 f M N, Arithmetical_ultraFilter F0 -> Q'_NatSeq F0 f
 -> (∀ m n, m ∈ ω -> n ∈ ω -> m ∈ n -> f[m] <_F0 f[n])
 -> M ∈ (N' F0) -> N ∈ (N' F0) -> (M <_F0 N)%n'
 -> (Q'_extNatSeq F0 f)[M] <_F0 (Q'_extNatSeq F0 f)[N].
Proof.
  intros. pose proof H0. apply Q'_NatSeq_and_ω_Seq in H5; auto.
  pose proof H. apply φ4_is_Function in H6 as [[][]].
  pose proof H. apply φ3_is_Function in H10 as [[][]].
  destruct φ_is_Function as [[][]].
  assert (∀ m n, m ∈ ω -> n ∈ ω -> m ∈ n
    -> ((φ4 F0)^-1 ∘ f)[m] ∈ ((φ4 F0)^-1 ∘ f)[n]).
```

```
{ intros. rewrite Q'_N_properSubset_Q'_N'_Lemma,
  Q'_N_properSubset_Q'_N'_Lemma; auto;
  [ |destruct H0|destruct H0]; auto.
  assert (f[m] ∈ ran(φ4 F0) /\ f[n] ∈ ran(φ4 F0)) as [].
  { destruct H0 as [H0[]]. split; apply H22;
    [apply (@ Property_ran m)|apply (@ Property_ran n)];
    apply Property_Value; auto; rewrite H21; auto. }
  apply (φ4_PrOrder F0 ((φ4 F0)⁻¹)[f[m]] ((φ4 F0)⁻¹)[f[n]]);
  try rewrite <-H8,deqri;
  [ |apply (@ Property_ran f[m])|apply (@ Property_ran f[n])| ];
  try apply Property_Value; try rewrite <-reqdi; auto.
  rewrite f11vi,f11vi; auto. }
  apply (N'_extSeq_Property2 F0 _ M N) in H18; auto.
  destruct (N'_extSeq_is_Function F0 ((φ4 F0)⁻¹ ∘ f)).
  pose proof H5. apply (N'_extSeq_ran F0) in H21; auto.
  apply φ3_PrOrder in H18; auto; try apply H21;
  [ |apply (@ Property_ran M)|apply (@ Property_ran N)];
  try (apply Property_Value; auto; rewrite H20); auto.
  unfold Q'_extNatSeq. rewrite Q'_N_properSubset_Q'_N'_Lemma,
  Q'_N_properSubset_Q'_N'_Lemma; auto.
Qed.

(* 取值合理性 *)

Fact Q'_extNatSeq_Property3:
  ∀ F0 f N m, Arithmetical_ultraFilter F0
  -> Q'_NatSeq F0 f -> m ∈ (Q'_N F0) -> (∀ n, f[n] <> m)
  -> (Q'_extNatSeq F0 f)[N] <> m.
Proof.
  intros. intro. pose proof H0.
  apply Q'_NatSeq_and_ω_Seq in H4; auto.
  pose proof H. apply φ4_is_Function in H5 as [[][]].
  pose proof H. apply φ3_is_Function in H9 as [[][]].
  destruct φ_is_Function as [[][]].
  destruct (N'_extSeq_is_Function F0 ((φ4 F0)⁻¹ ∘ f)).
  pose proof H. pose proof H.
  apply (N'_extSeq_ran _ ((φ4 F0)⁻¹ ∘ f)) in H19; auto.
  apply (Q'_extNatSeq_is_Function F0 f) in H20 as [H20[]]; auto.
  assert ((φ3 F0)[F (((φ4 F0)⁻¹)[m])] = m) as Ha.
  { pose proof H1. unfold Q'_N in H23. rewrite reqdi in H23.
    apply Property_Value,Property_ran in H23; auto.
    rewrite <-deqri,H7 in H15 in H23.
    apply Property_Value,AxiomII' in H23 as [_[]]; auto.
    rewrite <-φ3_Lemma,<-H24,φ4_Lemma,f11vi; auto.
    apply Fn_in_N'; destruct H; auto. }
  assert (∀ n, ((φ4 F0)⁻¹ ∘ f)[n] <> ((φ4 F0)⁻¹)[m]).
  { intros. intro. assert ((φ4 F0)[((φ4 F0)⁻¹ ∘ f)[n]]
      = (φ4 F0)[((φ4 F0)⁻¹)[m]]). { rewrite H23; auto. }
    destruct H0 as [H0[]]. destruct (classic (n ∈ dom(f))).
    - rewrite f11vi,Q'_N_properSubset_Q'_N'_Lemma,f11vi in H24;
      auto. elim (H2 n); auto. apply Property_Value,Property_ran
      in H27; auto.
    - unfold Q'_N in H1. rewrite reqdi in H1. apply Property_Value,
      Property_ran in H1; auto. apply MKT69a in H27.
      rewrite Q'_N_properSubset_Q'_N'_Lemma in H23; auto.
      assert (~ 𝒰 ∈ dom((φ4 F0)⁻¹)). { intro. elim MKT39; eauto. }
      apply MKT69a in H28. rewrite <-H23,H27,H28 in H1.
      elim MKT39; eauto. }
```

```
apply (N'_extSeq_Property3 F0 _ N) in H23; auto.
unfold Q'_N in H1. rewrite reqdi in H1.
apply Property_Value,Property_ran in H1; auto.
rewrite <-deqri,H7 in H1. apply Fn_in_N'_N,(N'_N_Subset_N' F0)
in H1; auto. destruct (classic (N ∈ (N' F0))).
- unfold Q'_extNatSeq in H3.
  rewrite Q'_N_properSubset_Q'_N'_Lemma in H3; auto.
  assert (((φ3 F0)⁻¹)[(φ3 F0)[(N'_extSeq F0 ((φ4 F0)⁻¹ ∘ f))[N]]]
    = ((φ3 F0)⁻¹)[(φ3 F0)[F ((φ4 F0)⁻¹)[m]]]).
  { rewrite H3,Ha; auto. }
  rewrite f11iv,f11iv in H25; try rewrite H11; auto.
  apply H19,(@ Property_ran N),Property_Value; auto.
  rewrite H18; auto.
- rewrite <-H21 in H24. apply MKT69a in H24. rewrite <-H11 in H1.
  apply Property_Value,Property_ran in H1; auto.
  rewrite Ha,<-H3,H24 in H1. elim MKT39; eauto.
Qed.

(* ''分数'' 列单调性保持 *)

Fact Q'_extNatSeq_Property4:
 ∀ F0 f g M N, Arithmetical_ultraFilter F0
 -> Q'_NatSeq F0 f -> Q'_NatSeq F0 g -> (∀ n, g[n] <> Q'0 F0)
 -> (∀ m n, m ∈ ω -> n ∈ ω -> m ∈ n
    -> (f[m] /_F0 g[m]) <_F0 (f[n] /_F0 g[n]))
 -> M ∈ (N' F0) -> N ∈ (N' F0) -> (M <_F0 N)%n'
 -> ((Q'_extNatSeq F0 f)[M] /_F0 (Q'_extNatSeq F0 g)[M])
    <_F0 ((Q'_extNatSeq F0 f)[N] /_F0 (Q'_extNatSeq F0 g)[N]).
Proof.
  intros. pose proof H0; pose proof H1.
  apply Q'_NatSeq_and_ω_Seq in H7;
  apply Q'_NatSeq_and_ω_Seq in H8; auto.
  pose proof H. apply φ4_is_Function in H9 as [[][]].
  pose proof H. apply φ3_is_Function in H13 as [[][]].
  destruct φ_is_Function as [[][]].
  destruct (N'_extSeq_is_Function F0 ((φ4 F0)⁻¹ ∘ f)).
  destruct (N'_extSeq_is_Function F0 ((φ4 F0)⁻¹ ∘ g)).
  pose proof H; pose proof H.
  apply (N'_extSeq_ran _ ((φ4 F0)⁻¹ ∘ f)) in H25;
  apply (N'_extSeq_ran _ ((φ4 F0)⁻¹ ∘ g)) in H26; auto.
  pose proof H; pose proof H.
  apply (Q'_extNatSeq_is_Function F0 f) in H27 as [H27[]];
  apply (Q'_extNatSeq_is_Function F0 g) in H28 as [H28[]]; auto.
  assert (∀ M, (Q'_extNatSeq F0 g)[M] <> Q'0 F0).
  { intros. apply Q'_extNatSeq_Property3; auto.
    apply Q'0_in_Q'_N; auto. }
  assert ((N'_extSeq F0 ((φ4 F0)⁻¹ ∘ f))[N] ∈ (N' F0)
    /\ (N'_extSeq F0 ((φ4 F0)⁻¹ ∘ g))[M] ∈ (N' F0)
    /\ (N'_extSeq F0 ((φ4 F0)⁻¹ ∘ f))[M] ∈ (N' F0)
    /\ (N'_extSeq F0 ((φ4 F0)⁻¹ ∘ g))[N] ∈ (N' F0)) as [H34[H35[]]].
  { repeat split;
    [apply H25,(@ Property_ran N)|apply H26,(@ Property_ran M)|
     apply H25,(@ Property_ran M)|apply H26,(@ Property_ran N)];
    apply Property_Value; try rewrite H22; try rewrite H24; auto. }
  assert (((Q'_extNatSeq F0 f)[M] ·_F0 (Q'_extNatSeq F0 g)[N])
    <_F0 ((Q'_extNatSeq F0 f)[N] ·_F0 (Q'_extNatSeq F0 g)[M])).
  { unfold Q'_extNatSeq. rewrite Q'_N_properSubset_Q'_N'_Lemma,
    Q'_N_properSubset_Q'_N'_Lemma,Q'_N_properSubset_Q'_N'_Lemma,
```

```
Q'_N_properSubset_Q'_N'_Lemma; auto.
rewrite <-φ3_PrMult,<-φ3_PrMult; auto.
apply φ3_PrOrder; try apply N'_Mult_in_N'; auto.
apply N'_extSeq_Property4; auto. intros. pose proof H40.
apply H3 in H41; auto. rewrite Q'_N_properSubset_Q'_N'_Lemma,
Q'_N_properSubset_Q'_N'_Lemma,Q'_N_properSubset_Q'_N'_Lemma,
Q'_N_properSubset_Q'_N'_Lemma; auto;
[|destruct H1|destruct H0|destruct H1|destruct H0]; auto.
assert (f[m] ∈ (Q'_N F0) /\ g[n] ∈ (Q'_N F0)
  /\ f[n] ∈ (Q'_N F0) /\ g[m] ∈ (Q'_N F0)) as [H42[H43[]]].
{ destruct H0 as [H0[]]. destruct H1 as [H1[]]. repeat split;
  [apply H43,(@ Property_ran m)|apply H45,(@ Property_ran n)|
   apply H43,(@ Property_ran n)|apply H45,(@ Property_ran m)];
  apply Property_Value; try rewrite H42;
  try rewrite H44; auto. }
assert (((φ4 F0)⁻¹)[f[n]] ∈ ω /\ ((φ4 F0)⁻¹)[g[m]] ∈ ω
  /\ ((φ4 F0)⁻¹)[f[m]] ∈ ω /\ ((φ4 F0)⁻¹)[g[n]] ∈ ω)
as [H46[H47[]]].
{ repeat split; rewrite <-H11,deqri;
  [apply (@ Property_ran f[n])|apply (@ Property_ran g[m])|
   apply (@ Property_ran f[m])|apply (@ Property_ran g[n])];
  try apply Property_Value; try rewrite <-reqdi; auto. }
apply (φ4_PrOrder F0); try apply ω_Mult_in_ω; auto.
rewrite φ4_PrMult,φ4_PrMult,f11vi,f11vi,f11vi,f11vi; auto.
assert ((Q'0 F0) <_F0 g[m] /\ (Q'0 F0) <_F0 g[n]) as [].
{ pose proof H. apply Q'0_in_Q' in H50. split;
    apply Q'_N_Q'0_is_FirstMember; try (apply MKT4'; split); auto;
    apply AxiomII; split; eauto; intro; apply MKT41 in H51; eauto;
    [elim (H2 m)|elim (H2 n)]; auto. }
apply Q'_N_Subset_Q' in H42,H43,H44,H45; auto.
assert (g[m] <> (Q'0 F0) /\ g[n] <> (Q'0 F0)) as [].
{ split; intro; [rewrite H52 in H50|rewrite H52 in H51];
  elim (Q'_Ord_irReflex F0 (Q'0 F0) (Q'0 F0)); auto with Q'. }
apply (Q'_Mult_PrOrder F0 _ _ g[m]) in H41; auto with Q'.
rewrite Q'_Divide_Property3 in H41; auto.
apply (Q'_Mult_PrOrder F0 _ _ g[n]) in H41; auto with Q'.
rewrite <-Q'_Mult_Association,(Q'_Mult_Commutation F0 _ g[m]),
Q'_Mult_Association,Q'_Divide_Property3,Q'_Mult_Commutation,
(Q'_Mult_Commutation F0 g[m]) in H41; auto with Q'. }
assert ((Q'_extNatSeq F0 f)[M] ∈ (Q'_N' F0)
  /\ (Q'_extNatSeq F0 g)[N] ∈ (Q'_N' F0)
  /\ (Q'_extNatSeq F0 f)[N] ∈ (Q'_N' F0)
  /\ (Q'_extNatSeq F0 g)[M] ∈ (Q'_N' F0)) as [H39[H40[]]].
{ repeat split;
  [apply H30,(@ Property_ran M)|apply H32,(@ Property_ran N)|
   apply H30,(@ Property_ran N)|apply H32,(@ Property_ran M)];
  apply Property_Value; try rewrite H29; try rewrite H31; auto. }
pose proof H40; pose proof H42.
apply Q'_N'_properSubset_Q'_Z',Q'_Z'_properSubset_Q' in H39; auto.
apply Q'_N'_properSubset_Q'_Z',Q'_Z'_properSubset_Q' in H40; auto.
apply Q'_N'_properSubset_Q'_Z',Q'_Z'_properSubset_Q' in H41; auto.
apply Q'_N'_properSubset_Q'_Z',Q'_Z'_properSubset_Q' in H42; auto.
apply Q'_N'_Q'0_is_FirstMember in H43; auto.
apply Q'_N'_Q'0_is_FirstMember in H44; auto.
assert ((Q'_extNatSeq F0 g)[M] <> (Q'0 F0)
  /\ (Q'_extNatSeq F0 g)[N] <> (Q'0 F0)) as [].
{ split; intro; [rewrite H45 in H44|rewrite H45 in H43];
  elim (Q'_Ord_irReflex F0 (Q'0 F0) (Q'0 F0)); auto with Q'. }
apply (Q'_Mult_PrOrder F0 _ _ (Q'_extNatSeq F0 g)[M]);
```

```
  auto with Q'. rewrite Q'_Divide_Property3; auto.
  apply (Q'_Mult_PrOrder F0 _ _ (Q'_extNatSeq F0 g)[N]);
  auto with Q'. rewrite <-Q'_Mult_Association,
  (Q'_Mult_Commutation F0 _ (Q'_extNatSeq F0 g)[M]),
  Q'_Mult_Association,Q'_Divide_Property3,Q'_Mult_Commutation,
  (Q'_Mult_Commutation F0 (Q'_extNatSeq F0 g)[M]); auto with Q'.
Qed.
```

(* ''分数'' 列取值合理性 *)

```
Lemma Q'_N_PreimageSet_N'_N : ∀ F0, Arithmetical_ultraFilter F0
  -> (φ3 F0)⁻¹⌈Q'_N F0⌋ = N'_N.
Proof.
  intros. pose proof H. apply φ3_is_Function in H0 as [[][]].
  pose proof H. apply φ4_is_Function in H4 as [[][]].
  destruct φ_is_Function as [[][]]. apply AxiomI; split; intros.
  - apply AxiomII in H12 as [H12[]]. unfold Q'_N in H14.
    pose proof H14. rewrite reqdi in H15.
    apply Property_Value,Property_ran in H15; auto.
    rewrite <-deqri in H15. pose proof H15.
    rewrite H6 in H15. rewrite H6,<-H10 in H16.
    apply Property_Value,Property_ran in H16; auto.
    unfold φ4 in H16. rewrite MKT62,MKT62,MKT58,<-MKT62 in H16.
    replace (((φ2 F0) o (φ1 F0))⁻¹) with ((φ3 F0)⁻¹) in H16; auto.
    rewrite Q'_N_properSubset_Q'_N'_Lemma,f11iv in H16; auto.
    apply NNPP; intro. rewrite <-H11,reqdi in H17.
    apply MKT69a in H17. assert ((φ⁻¹)[z] ∉ dom(φ)).
    { intro. rewrite H17 in H18. elim MKT39; eauto. }
    apply MKT69a in H18. rewrite H18 in H16. elim MKT39. eauto.
  - apply AxiomII; split; eauto. split. rewrite H2.
    apply N'_N_Subset_N'; auto. pose proof H12. rewrite <-H11,reqdi
    in H13. apply Property_Value,Property_ran in H13; auto.
    rewrite <-deqri,H10 in H13. pose proof H13. rewrite <-H6 in H14.
    apply Property_Value,Property_ran in H14; auto.
    rewrite <-φ4_Lemma,f11vi,φ3_Lemma in H14; auto.
    apply N'_N_Subset_N'; auto. rewrite H11; auto.
Qed.
```

```
Lemma Q'_extNatSeq_Property5_Lemma :
  ∀ F0 f g b N, Arithmetical_ultraFilter F0
  -> Q'_NatSeq F0 f -> Q'_NatSeq F0 g
  -> f = \{\ λ u v, u ∈ ω /\ v = b ·_F0 g[u] \}\
  -> b ∈ (Q'_N F0) -> N ∈ (N' F0) -> (Q'_extNatSeq F0 f)[N]
    = b ·_F0 (Q'_extNatSeq F0 g)[N].
Proof.
  intros. assert (∀ n, n ∈ ω -> g[n] ∈ (Q'_N F0)).
  { intros. destruct H1 as [H1[]]. rewrite <-H6 in H5.
    apply Property_Value,Property_ran,H7 in H5; auto. }
  pose proof H0. apply Q'_NatSeq_and_ω_Seq in H6; auto.
  pose proof H1. apply Q'_NatSeq_and_ω_Seq in H7; auto.
  pose proof H. apply φ3_is_Function in H8 as [[][]].
  pose proof H. apply φ3_ran in H12; auto.
  pose proof H. apply φ4_is_Function in H13 as [[][]].
  destruct φ_is_Function as [[][]].
  destruct (N'_extSeq_is_Function F0 ((φ4 F0)⁻¹ o f)). pose proof H.
  apply (N'_extSeq_ran _ ((φ4 F0)⁻¹ o f)) in H23; auto.
  destruct (N'_extSeq_is_Function F0 ((φ4 F0)⁻¹ o g)). pose proof H.
  apply (N'_extSeq_ran _ ((φ4 F0)⁻¹ o g)) in H26; auto.
```

```
unfold Q'_extNatSeq. rewrite Q'_N_properSubset_Q'_N'_Lemma,
Q'_N_properSubset_Q'_N'_Lemma; auto.
assert (b = (φ3 F0)[(φ3 F0)⁻¹[b]]).
{ rewrite f11vi; auto. rewrite H12.
  apply Q'_N_Subset_Q'_N'; auto. }
rewrite H27,<-φ3_PrMult; [ | |rewrite <-H10,deqri|apply H26];
try (apply (@ Property_ran N),Property_Value);
try (apply (@ Property_ran b),Property_Value);
try rewrite <-reqdi,H12; try rewrite H25; auto;
[ |apply Q'_N_Subset_Q'_N']; auto.
assert (((φ4 F0)⁻¹)[b] ∈ ω).
{ rewrite <-H15,deqri. apply (@ Property_ran b),
  Property_Value; auto. rewrite <-reqdi; auto. }
assert (((φ3 F0)⁻¹)[b] = F (((φ4 F0)⁻¹)[b])).
{ rewrite <-H19 in H28. apply Property_Value in H28; auto.
  apply AxiomII' in H28 as [_[]]. rewrite <-H29. unfold φ4.
  rewrite MKT62,MKT62,MKT58,<-MKT62.
  rewrite Q'_N_properSubset_Q'_N'_Lemma,f11vi; auto.
  unfold φ4 in H29. rewrite H20,<-(Q'_N_PreimageSet_N'_N F0);auto.
  pose proof H3. apply Q'_N_Subset_Q'_N' in H30; auto.
  rewrite <-H12 in H30. pose proof H30. rewrite reqdi in H31.
  apply Property_Value,Property_ran in H31; auto.
  rewrite <-deqri in H31. apply AxiomII; repeat split; eauto.
  rewrite f11vi; auto. }
assert ((N'_extSeq F0 ((φ4 F0)⁻¹ ∘ f))[N]
= ((φ3 F0)⁻¹)[b] ·_F0 (N'_extSeq F0 ((φ4 F0)⁻¹ ∘ g))[N])%n'.
{ rewrite N'_extSeq_Value,N'_extSeq_Value; auto. pose proof H28.
  apply Fn_in_N'_N,(N'_N_Subset_N' F0) in H30; auto.
  pose proof H28. apply Constn_is_Function in H31 as [H31[]].
  assert (ran(Const ((φ4 F0)⁻¹)[b]) ⊂ ω).
  { unfold Included; intros. rewrite H33 in H34.
    apply MKT41 in H34; eauto. rewrite H34; auto. }
  assert (∀ n, n ∈ ω
    -> (Const ((φ4 F0)⁻¹)[b])[n] = ((φ4 F0)⁻¹)[b]).
  { intros. rewrite <-H32 in H35. apply Property_Value
    in H35; auto. apply AxiomII' in H35; tauto. }
  pose proof H28. apply (F_Constn_Fn F0) in H36; [ |destruct H];
  auto. apply AxiomII in H4 as [H4[k[H37[H38[]]]]].
  destruct H6 as [H6[]]. destruct H7 as [H7[]].
  rewrite H29,<-H36,H40,FT11_Lemma3,FT11_Lemma3; auto;
  [ |destruct H|destruct H]; auto. pose proof H6.
  apply (N'_extSeq_ran_Lemma _ k) in H45 as [H45[]]; auto.
  pose proof H7.
  apply (N'_extSeq_ran_Lemma _ k) in H48 as [H48[]]; auto.
  rewrite N'_Mult_Corollary; auto. pose proof H31.
  apply (Function_Mult_Corollary1 _ (((φ4 F0)⁻¹ ∘ g) ∘ k))
  in H51 as [H51[]]; auto. apply FT9. split; auto. split; auto.
  repeat split; auto. destruct H; auto.
  assert (ω = \{ λ u, u ∈ ω /\ (((φ4 F0)⁻¹ ∘ f) ∘ k)[u]
    = ((Const ((φ4 F0)⁻¹)[b]) · (((φ4 F0)⁻¹ ∘ g) ∘ k))[u] \})%fu.
  { apply AxiomI; split; intros.
    - apply AxiomII; repeat split; eauto.
      rewrite Function_Mult_Corollary2,H35; auto.
      destruct H1 as [H1[]]. destruct H0 as [H0[]].
      rewrite Q'_N_properSubset_Q'_N'_Lemma,
      Q'_N_properSubset_Q'_N'_Lemma,Q'_N_properSubset_Q'_N'_Lemma,
      Q'_N_properSubset_Q'_N'_Lemma; auto.
      assert (k[z] ∈ ω).
```

```
        { apply H39,(@ Property_ran z),Property_Value;
          try rewrite H38; auto. }
        rewrite <-H57 in H59. apply Property_Value in H59; auto.
        rewrite H2 in H59. apply AxiomII' in H59 as [_[]]; auto.
        assert ((φ4 F0)[((φ4 F0)⁻¹)[f[k[z]]]]
          = (φ4 F0)[((φ4 F0)⁻¹)[b] · ((φ4 F0)⁻¹)[g[k[z]]]]).
        { rewrite f11vi,φ4_PrMult,f11vi,f11vi; auto.
          rewrite H2; auto. rewrite <-H55 in H59.
          apply Property_Value,Property_ran,H56 in H59; auto.
          unfold Q'_N in H59. rewrite reqdi in H59.
          apply Property_Value,Property_ran in H59; auto.
          rewrite <-deqri,H15 in H59; auto. rewrite <-H57 in H59.
          apply Property_Value,Property_ran,H58 in H59; auto. }
        assert (((φ4 F0)⁻¹)[(φ4 F0)[((φ4 F0)⁻¹)[f[k[z]]]]]
          = ((φ4 F0)⁻¹)[(φ4 F0)[((φ4 F0)⁻¹)[b]
            · ((φ4 F0)⁻¹)[g[k[z]]]]]). { rewrite H61; auto. }
        rewrite f11iv,f11iv in H62; auto; rewrite H15.
        apply ω_Mult_in_ω. rewrite <-H15,deqri.
        apply (@ Property_ran b),Property_Value; auto.
        rewrite <-reqdi; auto. rewrite <-H15,deqri.
        apply (@ Property_ran g[k[z]]),Property_Value; auto.
        rewrite <-reqdi. apply H56,(@ Property_ran k[z]),
        Property_Value; try rewrite H55; auto. rewrite <-H15,deqri.
        apply (@ Property_ran f[k[z]]),Property_Value; auto.
        rewrite <-reqdi. apply H58,(@ Property_ran k[z]),
        Property_Value; try rewrite H57; auto.
      - apply AxiomII in H54; tauto. }
    rewrite <-H54. destruct H as [H _].
    apply AxiomII in H as [_[[_[_[]]]]]; auto. }
  rewrite H30; auto.
Qed.

Fact Q'_extNatSeq_Property5:
  ∀ F0 f g N a b, Arithmetical_ultraFilter F0
  -> Q'_NatSeq F0 f -> Q'_NatSeq F0 g -> (∀ n, g[n] <> Q'0 F0)
  -> N ∈ (N' F0) -> a ∈ (Q'_N F0) -> b ∈ (Q'_N F0) -> b <> Q'0 F0
  -> (∀ n, n ∈ ω -> (f[n] /_F0 g[n]) <_F0 (a /_F0 b))
  -> ((Q'_extNatSeq F0 f)[N] /_F0 (Q'_extNatSeq F0 g)[N]) <_F0 (a /_F0 b).
Proof.
  intros. pose proof H. apply φ4_is_Function in H8 as [[][]].
  assert (∀ M, (Q'_extNatSeq F0 g)[M] <> Q'0 F0).
  { intros. apply Q'_extNatSeq_Property3; auto.
    apply Q'0_in_Q'_N; auto. }
  assert (∀ n, n ∈ ω -> g[n] ∈ (Q'_N F0)).
  { intros. destruct H1 as [H1[]]. rewrite <-H14 in H13.
    apply Property_Value,Property_ran,H15 in H13; auto. }
  assert (∀ n, n ∈ ω -> f[n] ∈ (Q'_N F0)).
  { intros. destruct H0 as [H0[]]. rewrite <-H15 in H14.
    apply Property_Value,Property_ran,H16 in H14; auto. }
  assert (∀ n, n ∈ ω -> (Q'0 F0) <_F0 g[n]).
  { intros. apply Q'_N_Q'0_is_FirstMember; auto.
    apply MKT4'; split; auto. apply AxiomII; split; eauto.
    intro. pose proof H. apply Q'0_in_Q' in H17.
    apply MKT41 in H16; eauto. elim (H2 n); auto. }
  pose proof H.
  apply (Q'_extNatSeq_is_Function F0 f) in H16 as [H16[]]; auto.
  pose proof H.
  apply (Q'_extNatSeq_is_Function F0 g) in H19 as [H19[]]; auto.
  assert (∀ N, N ∈ (N' F0)
```

```
  -> (Q'0 F0) <_F0 (Q'_extNatSeq F0 g)[N]).
{ intros. apply Q'_N'_Q'0_is_FirstMember; auto. apply H21,
  (@ Property_ran N0),Property_Value; auto. rewrite H20; auto. }
assert ((Q'0 F0) <_F0 b).
{ apply Q'_N_Q'0_is_FirstMember; auto. apply MKT4'; split; auto.
  apply AxiomII; split; eauto. intro. pose proof H.
  apply Q'0_in_Q' in H24. apply MKT41 in H23; eauto. }
set (h := \{\ λ u v, u ∈ ω /\ v = a ·_F0 g[u] \}\).
assert (Q'_NatSeq F0 h).
{ assert (Function h).
  { split; unfold Relation; intros. apply AxiomII in H24
    as [_[x[y[]]]]; eauto. apply AxiomII' in H24 as [_[]].
    apply AxiomII' in H25 as [_[]]. rewrite H27,H26; auto. }
  split; auto. split. apply AxiomI; split; intros.
  apply AxiomII in H25 as [H25[]]. apply AxiomII' in H26; tauto.
  apply AxiomII; split; eauto. exists (a ·_F0 g[z]).
  apply AxiomII'; split; auto. pose proof H4.
  apply (Q'_N_Mult_in_Q'_N F0 a g[z]) in H26; auto.
  apply MKT49a; eauto. unfold Included; intros.
  apply AxiomII in H25 as [H25[]]. apply AxiomII' in H26
  as [H26[]]. rewrite H28. apply Q'_N_Mult_in_Q'_N; auto. }
set (k := \{\ λ u v, u ∈ ω /\ v = b ·_F0 f[u] \}\).
assert (Q'_NatSeq F0 k).
{ assert (Function k).
  { split; unfold Relation; intros. apply AxiomII in H25
    as [_[x[y[]]]]; eauto. apply AxiomII' in H25 as [_[]].
    apply AxiomII' in H26 as [_[]]. rewrite H28,H27; auto. }
  split; auto. split. apply AxiomI; split; intros.
  apply AxiomII in H26 as [H26[]]. apply AxiomII' in H27; tauto.
  apply AxiomII; split; eauto. exists (b ·_F0 f[z]).
  apply AxiomII'; split; auto. pose proof H5.
  apply (Q'_N_Mult_in_Q'_N F0 b f[z]) in H27; auto.
  apply MKT49a; eauto. unfold Included; intros.
  apply AxiomII in H26 as [H26[]]. apply AxiomII' in H27
  as [H27[]]. rewrite H29. apply Q'_N_Mult_in_Q'_N; auto. }
assert (∀ n, n ∈ ω -> h[n] ∈ (Q'_N F0)).
{ intros. destruct H24 as [H24[]]. rewrite <-H27 in H26.
  apply Property_Value,Property_ran,H28 in H26; auto. }
assert (∀ n, n ∈ ω -> k[n] ∈ (Q'_N F0)).
{ intros. destruct H25 as [H25[]]. rewrite <-H28 in H27.
  apply Property_Value,Property_ran,H29 in H27; auto. }
assert (∀ n, n ∈ ω -> k[n] <_F0 h[n]).
{ intros. destruct H24 as [H24[]]. destruct H25 as [H25[]].
  rewrite <-H29 in H28. apply Property_Value,AxiomII' in H28
  as [_[]]; auto. rewrite <-H31 in H28.
  apply Property_Value,AxiomII' in H28 as [_[]]; auto.
  pose proof H28. apply H7,(Q'_Mult_PrOrder F0 _ _ g[n]) in H28;
  auto with Q'. rewrite Q'_Divide_Property3,
  Q'_Mix_Association2,Q'_Mult_Commutation,<-H33 in H28; auto.
  apply (Q'_Mult_PrOrder F0 _ _ b) in H28; auto with Q'.
  rewrite <-H34,Q'_Divide_Property3 in H28; auto. }
apply (Q'_extNatSeq_Property1 F0 _ _ N) in H28; auto.
assert ((Q'_extNatSeq F0 g)[N] ∈ (Q'_N' F0)).
{ apply H21,(@ Property_ran N),Property_Value;
  try rewrite H20; auto. }
assert ((Q'_extNatSeq F0 f)[N] ∈ (Q'_N' F0)).
{ apply H18,(@ Property_ran N),Property_Value;
  try rewrite H17; auto. }
assert ((Q'0 F0) <_F0 (Q'_extNatSeq F0 g)[N]).
```

```
{ apply Q'_N'_Q'0_is_FirstMember; auto. }
apply Q'_N'_properSubset_Q'_Z',Q'_Z'_properSubset_Q' in H29; auto.
apply Q'_N'_properSubset_Q'_Z',Q'_Z'_properSubset_Q' in H30; auto.
assert ((Q'_extNatSeq F0 h)[N] = a ·_F0 ((Q'_extNatSeq F0 g)[N])
  /\ (Q'_extNatSeq F0 k)[N] = b ·_F0 ((Q'_extNatSeq F0 f)[N]))
as []. { split; apply Q'_extNatSeq_Property5_Lemma; auto. }
rewrite H32,H33 in H28. apply (Q'_Mult_PrOrder F0 _ _
(Q'_extNatSeq F0 g)[N]); try apply Q'_Divide_in_Q'; auto.
rewrite Q'_Divide_Property3,Q'_Mult_Commutation; auto with Q'.
apply (Q'_Mult_PrOrder F0 _ _ b); auto with Q'.
rewrite <-Q'_Mult_Association,Q'_Divide_Property3; auto with Q'.
Qed.
```

定义 4.9 (*$\mathbf{Q}$ 上的有理数列)　$\forall f \in {}^*\mathbf{Q_Q}{}^{\omega}$ 就是 *$\mathbf{Q}$ 上的一个**有理数列**.

```
Definition Q'_RatSeq F0 f := Function f /\ dom(f) = ω /\ ran(f) ⊂ (Q'_Q F0).
```

对任意一个 *$\mathbf{Q}$ 上的正有理数列 f, 即 $\forall n \in \omega, {}^*\mathbf{Q_0} < f(n)$, 存在两个非负整数列 h_1, h_2 使得 $\forall n \in \omega, f(n) = h_1(n)/h_2(n)$.

```
Lemma RatSeq_and_NatSeq_Lemma : ∀ F0 q, Arithmetical_ultraFilter F0
 -> q ∈ (Q'_Q F0) -> (Q'0 F0) <_F0 q
 -> exists ! b, (b ·_F0 q) ∈ (Q'_N F0)
  /\ FirstMember b (Q'_Ord F0) (\{ λ u, u ∈ (Q'_N F0)
  /\ u <> Q'0 F0 /\ ∃ a, a ∈ (Q'_N F0) /\ q = a /_F0 u \}).
Proof.
  intros. pose proof H. apply Q'_Ord_WellOrder_Q'_N in H2 as [_ ].
  set (A := \{ λ u, u ∈ (Q'_N F0) /\ u <> Q'0 F0
  /\ ∃ a, a ∈ (Q'_N F0) /\ q = a /_F0 u \}).
  assert (A ⊂ Q'_N F0 /\ A <> 0).
  { split; unfold Included; intros. apply AxiomII in H3; tauto.
   rewrite Q'_Q_Equ_Q'_Z_Div in H0; auto. apply AxiomII in H0
   as [H0[H3[a[b[H4[]]]]]]. apply MKT4' in H5 as []. 
   assert (b <> Q'0 F0).
   { intro. apply AxiomII in H7 as []. elim H9. pose proof H.
     apply Q'0_in_Q' in H10. apply MKT41; eauto. }
   pose proof H4. apply Q'_Z_Subset_Q' in H9; auto.
   pose proof H5. apply Q'_Z_Subset_Q' in H10; auto.
   pose proof H. apply Q'0_in_Q' in H11; auto. pose proof H.
   apply Q'0_in_Q'_N,Q'_N_properSubset_Q'_Z in H12; auto.
   assert ((Q'_Abs F0)[a] ∈ (Q'_Z F0)).
   { assert (a ∈ (Q' F0) /\ (Q'0 F0) ∈ (Q' F0)) as []; auto.
     apply (Q'_Ord_Connect F0 H a (Q'0 F0)) in H13 as [H13|[]];
     [apply lt_Q'0_Q'Abs in H13|apply mt_Q'0_Q'Abs in H13|
      apply eq_Q'0_Q'Abs in H13| ]; try rewrite H13;
     try apply Q'_Z_Minus_in_Q'_Z; auto. }
   assert ((Q'_Abs F0)[b] ∈ (Q'_Z F0)).
   { assert (b ∈ (Q' F0) /\ (Q'0 F0) ∈ (Q' F0)) as []; auto.
     apply (Q'_Ord_Connect F0 H b (Q'0 F0)) in H14 as [H14|[]];
     [apply lt_Q'0_Q'Abs in H14|apply mt_Q'0_Q'Abs in H14|
      apply eq_Q'0_Q'Abs in H14| ]; try rewrite H14;
     try apply Q'_Z_Minus_in_Q'_Z; auto. }
   assert ((Q'_Abs F0)[a] ∈ (Q'_N F0)).
   { rewrite Q'_N_Equ_Q'_Z_me_Q'0; auto.
     apply AxiomII; repeat split; eauto.
     apply Q'0_le_Q'Abs in H9 as [_[]]; auto. }
   assert ((Q'_Abs F0)[b] ∈ (Q'_N F0)).
   { rewrite Q'_N_Equ_Q'_Z_me_Q'0; auto.
     apply AxiomII; repeat split; eauto.
```

```
    apply Q'0_le_Q'Abs in H10 as [_[]]; auto. }
  pose proof H13. apply Q'_Z_Subset_Q' in H17; auto.
  pose proof H14. apply Q'_Z_Subset_Q' in H18; auto.
  assert ((Q'_Abs F0)[b] <> Q'0 F0).
  { intro. apply (eq_Q'0_Q'Abs _ b) in H19; auto. }
  assert ((Q'_Abs F0)[a] = (Q'_Abs F0)[b] ·F0 q).
  { apply mt_Q'0_Q'Abs in H1; auto.
    symmetry in H6. apply Q'_Divide_Corollary in H6; auto.
    rewrite <-H1,<-Q'Abs_PrMult,H6; auto. }
  symmetry in H20. apply Q'_Divide_Corollary in H20; auto.
  assert ((Q'_Abs F0)[b] ∈ A).
  { apply AxiomII; repeat split; eauto. }
  intro. rewrite H22 in H21.
  elim (@ MKT16 (Q'_Abs F0)[b]); auto. }
  destruct H3. apply H2 in H3; auto. destruct H3 as [b]. clear H4.
  exists b. pose proof H3 as []. apply AxiomII in H4
  as [H4[H6[H7[a]]]]]. pose proof H0.
  apply Q'_Q_Subset_Q' in H10; auto. pose proof H6; pose proof H8.
  apply Q'_N_properSubset_Q'_Z,Q'_Z_Subset_Q' in H11;
  apply Q'_N_properSubset_Q'_Z,Q'_Z_Subset_Q' in H12; auto.
  symmetry in H9. apply Q'_Divide_Corollary in H9; auto.
  repeat split; auto; [rewrite H9|destruct H3| ]; auto. intros x [].
  assert (b ∈ (Q' F0) /\ x ∈ (Q' F0)) as [].
  { destruct H14. apply AxiomII in H14 as [_[]].
    apply Q'_N_properSubset_Q'_Z, Q'_Z_Subset_Q' in H14; auto. }
  apply (Q'_Ord_Connect F0 H b x) in H15 as [H15|[]]; auto;
  clear H16; destruct H3,H14; [elim (H17 b)|elim (H5 x)]; auto.
Qed.

Fact RatSeq_and_NatSeq : ∀ F0 f, Arithmetical_ultraFilter F0
  -> Q'_RatSeq F0 f -> (∀ n, n ∈ ω -> (Q'0 F0) <F0 f[n])
  -> exists h1 h2, Q'_NatSeq F0 h1 /\ Q'_NatSeq F0 h2
  /\ (∀ n, h1[n] <> Q'0 F0 /\ h2[n] <> Q'0 F0)
  /\ (∀ n, n ∈ ω -> f[n] = h1[n] /F0 h2[n]).
Proof.
  intros. destruct H0 as [H0[]].
  assert (∀ n, n ∈ ω -> f[n] ∈ (Q'_Q F0)).
  { intros. rewrite <-H2 in H4.
    apply Property_Value,Property_ran,H3 in H4; auto. }
  set (A n := \{ λ u, u ∈ (Q'_N F0) /\ u <> Q'0 F0
  /\ ∃ a, (a ∈ (Q'_N F0) /\ f[n] = a /F0 u) \}).
  set (h2 := \{\ λ u v, u ∈ ω
  /\ v = ∩(\{ λ w, (w ·F0 f[u]) ∈ (Q'_N F0)
  /\ FirstMember w (Q'_Ord F0) (A u) \}) \}\).
  set (h1 := \{\ λ u v, u ∈ ω /\ v = h2[u] ·F0 f[u] \}\).
  assert (∀ n, n ∈ ω -> ∃ b, Ensemble b
  /\ \{ λ w, (w ·F0 f[n]) ∈ (Q'_N F0)
  /\ FirstMember w (Q'_Ord F0) (A n) \} = [b]).
  { intros. pose proof H5. apply H4,RatSeq_and_NatSeq_Lemma
    in H5 as [b[[]]]; auto. exists b.
    assert (Ensemble b). { destruct H7. eauto. }
    split; auto. apply AxiomI; split; intros. apply AxiomII in H10
    as [H10[]]. apply MKT41; auto. symmetry. apply H8; auto.
    apply MKT41 in H10; auto. rewrite H10. apply AxiomII; auto. }
  assert (Q'_NatSeq F0 h2).
  { assert (Function h2).
    { split; unfold Relation; intros. apply AxiomII in H6
      as [_[x[y[]]]]; eauto. apply AxiomII' in H6 as [H6[]].
      apply AxiomII' in H7 as [H7[]]. rewrite H9,H11; auto. }
```

```
  split; auto. split; [(apply AxiomI; split)|
  unfold Included]; intros.
  - apply AxiomII in H7 as [H7[]]. apply AxiomII' in H8; tauto.
  - apply AxiomII; split; eauto. pose proof H7. apply H5 in H8
    as [b[]]. exists b. apply AxiomII'; repeat split; auto.
    apply MKT49a; eauto. rewrite H9. symmetry. apply MKT44; auto.
  - apply AxiomII in H7 as [H7[]]. apply AxiomII' in H8 as [H8[]].
    pose proof H9. apply H5 in H11 as [b[]]. rewrite H12 in H10.
    apply MKT44 in H11 as [H11 _]. rewrite H11 in H10.
    assert (z ∈ [b]). { rewrite <-H10. apply MKT41; auto. }
    rewrite <-H12 in H13. apply AxiomII in H13 as [H13[_[]]].
    apply AxiomII in H14; tauto. }
assert (∀ n, n ∈ ω -> h2[n] ∈ (Q'_N F0) /\ h2[n] <> Q'0 F0
  /\ (h2[n] ·F0 f[n]) ∈ (Q'_N F0)).
{ intros. destruct H6 as [H6[]]. rewrite <-H8 in H7.
  apply Property_Value in H7; auto. apply AxiomII' in H7
  as [H7[]]. pose proof H10. apply H5 in H12 as [b[]].
  rewrite H13 in H11. assert (b ∈ [b]). { apply MKT41; auto. }
  rewrite <-H13 in H14. apply AxiomII in H14 as [_[]].
  destruct H15. apply AxiomII in H15 as [_[H15[]]].
  apply MKT44 in H12 as [H12 _]. rewrite H11,H12; auto. }
assert (Q'_NatSeq F0 h1).
{ assert (Function h1).
  { split; unfold Relation; intros. apply AxiomII in H8
    as [_[x[y[]]]]; eauto. apply AxiomII' in H8 as [H8[]].
    apply AxiomII' in H9 as [H9[]]. rewrite H11,H13; auto. }
  split; auto. split; [(apply AxiomI; split)|
  unfold Included]; intros.
  - apply AxiomII in H9 as [H9[]]. apply AxiomII' in H10; tauto.
  - apply AxiomII; split; eauto. exists (h2[z] ·F0 f[z]).
    apply AxiomII'; split; auto. pose proof H9.
    apply H7 in H10 as [_[]]. apply MKT49a; eauto.
  - apply AxiomII in H9 as [H9[]]. apply AxiomII' in H10
    as [H10[]]. apply H7 in H11 as [_[]]. rewrite H12; auto. }
assert (∀ n, n ∈ ω -> h1[n] ∈ (Q'_N F0) /\ h1[n] <> Q'0 F0).
{ intros. destruct H8 as [H8[]]. rewrite <-H10 in H9.
  apply Property_Value in H9; auto. apply AxiomII' in H9
  as [H9[]]. pose proof H12. apply H7 in H12 as [H12[]]. split.
  rewrite H13; auto. intro. rewrite H17 in H13. symmetry in H13.
  apply Q'_Mult_Property3 in H13 as []; auto;
  [ |apply Q'_Z_Subset_Q',Q'_N_properSubset_Q'_Z|
    apply Q'_Q_Subset_Q',H4]; auto. pose proof (H1 n).
  rewrite H13 in H18. elim (Q'_Ord_irReflex F0 (Q'0 F0) (Q'0 F0));
  try apply Q'0_in_Q'; auto. }
exists h1,h2. split; auto. split; auto. split; intros.
- destruct (classic (n ∈ ω)).
  + pose proof H10. apply H7 in H10 as [H10[]];
    apply H9 in H11 as []; auto.
  + destruct H6 as [_[]]. destruct H8 as [_[]]. pose proof H10.
    rewrite <-H6 in H10. rewrite <-H8 in H13.
    apply MKT69a in H10; apply MKT69a in H13; auto.
    rewrite H10,H13. pose proof H. apply Q'0_in_Q' in H14.
    split; intro; elim MKT39; rewrite H15; eauto.
- pose proof H10. pose proof H10.
  apply H7 in H10 as [H10[]]. apply H9 in H11 as [].
  apply Q'_N_properSubset_Q'_Z,Q'_Z_Subset_Q' in H10;
  apply Q'_N_properSubset_Q'_Z,Q'_Z_Subset_Q' in H11; auto.
  destruct H8 as [H8[]]. rewrite <-H16 in H12.
  apply Property_Value,AxiomII' in H12 as [H12[]]; auto.
```

```
   apply H4,Q'_Q_Subset_Q' in H18; auto. symmetry in H19.
   apply Q'_Divide_Corollary in H19; auto.
Qed.
```

4.5.3　R 上的数列

定义 4.10 (**R** 上的有理数列)　$\forall f \in \mathbf{Q}^\omega$ 就是 **R** 上的一个**有理数列**.

```
Open Scope r_scope.
```

```
Definition R_RatSeq F0 f := Function f /\ dom(f) = ω /\ ran(f) ⊂ (Q F0).
```

　　*$\mathbf{Q}$ 上的有理数列与 **R** 上的有理数列关系紧密. 设 f 为 **R** 上的有理数列, 存在 *$\mathbf{Q}$ 上的有理数列 h, 使得 $\forall n \in \omega, f(n) = [h(n)]$, 即 $f(n)$ 为 $h(n)$ 的等价类.

```
Lemma Q'_RatSeq_and_R_RatSeq_Lemma :
 ∀ F0 q, Arithmetical_ultraFilter F0 -> q ∈ (Q F0)
 -> exists ! q', q' ∈ (Q'_Q F0) /\ q = (\[q'\]_F0).
Proof.
  intros. pose proof H0. apply AxiomII in H1 as [H1[x[]]]. exists x.
  split; auto. intros x' []. destruct (classic (x=x')); auto.
  rewrite H3 in H5. pose proof H2; pose proof H4.
  apply Q'_Q_Subset_Q'_< in H7; apply Q'_Q_Subset_Q'_< in H8; auto.
  apply R_Q'_Corollary in H5; auto. pose proof H2; pose proof H4.
  apply Q'_Q_Subset_Q' in H9; apply Q'_Q_Subset_Q' in H10; auto.
  set (a := (x -F0 x')%q').
  assert (a ∈ (Q'_Q F0)). { apply Q'_Q_Minus_in_Q'_Q; auto. }
  pose proof H11. apply Q'_Q_Subset_Q' in H12; auto.
  assert (a <> Q'0 F0).
  { intro. pose proof H. apply Q'0_in_Q' in H14.
    apply Q'_Minus_Corollary in H13; auto.
    rewrite Q'_Plus_Property in H13; auto. }
  pose proof H12. apply Q'_inv in H14 as [a'[[H14[]]_]]; auto.
  pose proof H. apply Q'0_in_Q' in H17.
  pose proof H. apply Q'1_in_Q' in H18.
  pose proof H11. rewrite Q'_Q_Equ_Q'_Z_Div in H19; auto.
  apply AxiomII in H19 as [_[H19[u[v[H20[]]]]]].
  apply MKT4' in H21 as []. apply AxiomII in H23 as [_ ].
  assert (v <> Q'0 F0). { intro. elim H23. apply MKT41; eauto. }
  pose proof H20; pose proof H21. apply Q'_Z_Subset_Q' in H25;
  apply Q'_Z_Subset_Q' in H26; auto. symmetry in H22.
  assert (u <> Q'0 F0).
  { intro. rewrite H27 in H22. apply Q'_Divide_Corollary,
    Q'_Mult_Property3 in H22 as []; auto. }
  assert (a' ∈ (Q'_Q F0)).
  { rewrite Q'_Q_Equ_Q'_Z_Div; auto. apply AxiomII; repeat split;
    eauto. exists v,u. repeat split; auto. apply MKT4'; split; auto.
    apply AxiomII; split; eauto. intro. apply MKT41 in H28; eauto.
    apply Q'_Divide_Corollary in H22; auto.
    symmetry. apply (Q'_Divide_Corollary F0 _ a'); auto.
    rewrite <-H22,Q'_Mult_Association,H16,Q'_Mult_Property2; auto. }
  destruct (classic (∀ m, F0 <> F m)).
  - apply I_inv_Property1 in H16; auto. apply MKT4' in H16 as [].
    apply AxiomII in H30 as []. elim H31. apply Q'_Q_Subset_Q'_<;
    auto. apply MKT4'; split; auto. apply AxiomII; split; eauto.
    intro. apply MKT41 in H30; auto.
  - assert (∃ m, F0 = F m) as [m].
    { apply NNPP; intro. elim H29. intros; intro. elim H30; eauto. }
    destruct (classic (m ∈ ω)).
```

```
    + rewrite H30 in *. rewrite I_Fn_Equ_Q'O_Singleton in H5; auto.
      apply MKT41 in H5; eauto. rewrite <-H30 in *. contradiction.
    + apply Fn_Corollary1 in H31. rewrite H30,H31 in H. destruct H.
      apply AxiomII in H as [_[[_[_[]]]]]. elim (@ MKT16 ω); auto.
Qed.

Fact Q'_RatSeq_and_R_RatSeq : ∀ F0 f, Arithmetical_ultraFilter F0
 -> R_RatSeq F0 f -> ∃ h, Q'_RatSeq F0 h /\ (∀ n, n ∈ ω -> f[n] = \[h[n]\]_F0).
Proof.
  intros. destruct H0 as [H0[]].
  set (h := \{\ λ u v, u ∈ ω /\ v = ⋂(\{ λ w, w ∈ (Q'_Q F0)
    /\ f[u] = \[w\]_F0 \}) \}\).
  assert (∀ n, n ∈ ω -> ∃ q, Ensemble q /\ \{ λ w, w ∈ (Q'_Q F0)
    /\ f[n] = \[w\]_F0 \} = [q]).
  { intros. rewrite <-H1 in H3.
    apply Property_Value,Property_ran,H2 in H3; auto. pose proof H3.
    apply Q'_RatSeq_and_R_RatSeq_Lemma in H4 as [x[[]]]; auto.
    exists x. split; eauto. apply AxiomI; split; intros.
    apply AxiomII in H7 as [H7[]]. apply MKT41; eauto. symmetry.
    apply H6; auto. apply MKT41 in H7; eauto. rewrite H7.
    apply AxiomII; split; eauto. } exists h.
  assert (Q'_RatSeq F0 h) as [H4[]].
  { assert (Function h).
    { split; unfold Relation; intros. apply AxiomII in H4
      as [_[x[y[]]]]; eauto. apply AxiomII' in H4 as [_[]].
      apply AxiomII' in H5 as [_[]]. rewrite H6,H7; auto. }
    split; auto. split; [(apply AxiomI; split)|
    unfold Included]; intros.
    - apply AxiomII in H5 as [H5[]]. apply AxiomII' in H6; tauto.
    - apply AxiomII; split; eauto. pose proof H5.
      apply H3 in H6 as [q[]]. exists (⋂[q]).
      apply AxiomII'; split; [ |rewrite H7]; auto. pose proof H6.
      apply MKT44 in H6 as [H6 _]. rewrite H6. apply MKT49a; eauto.
    - apply AxiomII in H5 as [H5[]]. apply AxiomII' in H6 as [H6[]].
      pose proof H7. apply H3 in H9 as [q[]]. rewrite H10 in H8.
      pose proof H9. apply MKT44 in H9 as [H9 _]. rewrite H8,H9.
      assert (q ∈ [q]). { apply MKT41; eauto. }
      rewrite <-H10 in H12. apply AxiomII in H12; tauto. }
    split; intros. split; auto. rewrite <-H5 in H7.
    apply Property_Value in H7; auto. apply AxiomII' in H7 as [H7[]].
    pose proof H8. apply H3 in H10 as [q[]].
    pose proof H10. apply MKT44 in H12 as [H12 _].
    assert (q ∈ [q]). { apply MKT41; eauto. }
    rewrite H11,H12 in H9. rewrite <-H11 in H13.
    rewrite H9. apply AxiomII in H13; tauto.
Qed.
```

定理 4.28 (定义 4.11) (实数列和子列) $\forall f \in \mathbf{R}^{\omega}$ 就是一个**实数列**. 若存在一个 $g \in \omega^{\omega}$ 满足

$$\forall m, n \in \omega, \ m < n \Longrightarrow g(m) < g(n),$$

则下面的类:

$$h = \{(u, v) : u \in \omega \wedge v = f(g(n))\}$$

是一个实数列, 称 h 是 f 的**子列**.

Definition R_Seq F0 f := Function f /\ dom(f) = ω /\ ran(f) ⊂ (R F0).

Definition R_subSeq F0 h f := R_Seq F0 f /\ ∃ g, ω_Seq g
 /\ (∀ m n, m ∈ ω -> n ∈ ω -> m ∈ n -> g[m] ∈ g[n])
 /\ h = \{\ λ u v, u ∈ ω /\ v = f[g[u]] \}\.

(* 实数列的子列也是一个实数列 *)

Corollary R_subSeq_Corollary : ∀ F0 h f, R_subSeq F0 h f -> R_Seq F0 h.
Proof.
  intros. destruct H as [[H[]][g[[H2[]][]]]].
  assert (Function h).
  { rewrite H6. split; unfold Relation; intros.
    apply AxiomII in H7 as [_[x[y[]]]]; eauto.
    apply AxiomII' in H7 as [H7[]].
    apply AxiomII' in H8 as [H8[]]. rewrite H10,H12; auto. }
  split; auto. split; [(apply AxiomI; split)|
  unfold Included]; intros.
  - apply AxiomII in H8 as [H8[]]. rewrite H6 in H9.
    apply AxiomII' in H9; tauto.
  - apply AxiomII; split; eauto. exists (f[g[z]]).
    rewrite H6. apply AxiomII'; split; auto. pose proof H8.
    rewrite <-H3 in H8. apply Property_Value,Property_ran,H4 in H8;
    auto. rewrite <-H0 in H8. apply Property_Value,Property_ran
    in H8; auto. apply MKT49a; eauto.
  - apply AxiomII in H8 as [H8[]]. rewrite H6 in H9.
    apply AxiomII' in H9 as [H9[]]. rewrite <-H3 in H10.
    apply Property_Value,Property_ran,H4 in H10; auto.
    rewrite <-H0 in H10. apply Property_Value,Property_ran,H1
    in H10; auto. rewrite H11; auto.
Qed.

定理 4.29　　设 f 是一个实数列, h 为 f 的子列, 则有

$$\forall n \in \omega, \exists m, w \in \omega, n < m \wedge f(m) = h(w),$$

其中 $h(w)$ 为子列 h 的某一项.

Theorem R_Seq_Property1 : ∀ F0 h f n, R_subSeq F0 h f -> n ∈ ω
 -> ∃ m w, m ∈ ω /\ w ∈ ω /\ n ∈ m /\ f[m] = h[w].
Proof.
  intros. pose proof H. apply R_subSeq_Corollary in H1 as [H1[]].
  destruct H as [[H[]][g[[H6[]][]]]].
  assert (∀ n, n ∈ ω -> g[n] ∈ ω).
  { intros. rewrite <-H7 in H11.
    apply Property_Value,Property_ran,H8 in H11; auto. }
  assert (∀ n, n ∈ ω -> f[n] ∈ (R F0)).
  { intros. rewrite <-H4 in H12.
    apply Property_Value,Property_ran,H5 in H12; auto. }
  assert (∀ n, n ∈ ω -> h[n] ∈ (R F0)).
  { intros. rewrite <-H2 in H13.
    apply Property_Value,Property_ran,H3 in H13; auto. }
  assert (∀ n, n ∈ ω -> h[n] = f[g[n]]).
  { intros. rewrite <-H2 in H14. apply Property_Value in H14; auto.
    rewrite H10 in H14. apply AxiomII' in H14 as [_[]].
    rewrite H10; auto. }
  destruct (classic (n ∈ ran(g))).
  - apply AxiomII in H15 as [H15[]]. pose proof H16.

```
    rewrite MKT70 in H16; auto. apply AxiomII' in H16 as [].
    apply Property_dom in H17. rewrite H7 in H17. pose proof H17.
    apply MKT134 in H17. assert (x ∈ (PlusOne x)).
    { apply MKT4; right. apply MKT41; eauto. }
    apply H9 in H20; auto. exists (g[PlusOne x]),(PlusOne x).
    repeat split; auto. rewrite H18; auto. rewrite H14; auto.
  - assert ((∃ a, a ∈ ω /\ a ∈ n /\ a ∈ ran(g))
      \/ (∃ b, b ∈ ω /\ n ∈ b /\ b ∈ ran(g)))
    as [[a[H16[]]]|[b[H16[]]]].
    { apply NNPP; intro. assert (∀ m, m ∈ ω -> ∼ m ∈ ran(g)).
      { intros. assert (Ordinal m /\ Ordinal n) as [].
        { apply AxiomII in H0 as [_[]].
          apply AxiomII in H17 as [_[]]; auto. }
        apply (@ MKT110 m n) in H18 as [H18|[]];
        try rewrite H18; auto; intro; elim H16; eauto. }
      assert (ran(g) = 0).
      { apply AxiomI; split; intro; elim (@ MKT16 z); auto.
        pose proof H18. apply H8 in H18. elim (H17 z); auto. }
      rewrite <-H7 in H0. apply Property_Value,Property_ran
      in H0; auto. rewrite H18 in H0. elim (@ MKT16 g[n]); auto. }
  + set (A := \{ λ u, u ∈ ω /\ u ∈ n /\ u ∈ ran(g) \}).
    assert (WellOrdered E⁻¹ A).
    { assert (A ⊂ n).
      { unfold Included; intros. apply AxiomII in H19; tauto. }
      apply (wosub n); auto. apply AxiomII in H0 as [_[]]; auto. }
    assert (A ⊂ A /\ A <> 0).
    { split; unfold Included; auto. intro.
      assert (a ∈ A). { apply AxiomII; split; eauto. }
      rewrite H20 in H21. elim (@ MKT16 a); auto. }
    destruct H19. destruct H20. apply H21 in H20 as []; auto.
    clear dependent a. clear H22. destruct H20.
    apply AxiomII in H16 as [_[H16[]]].
    apply AxiomII in H20 as [_[]]. pose proof H20.
    rewrite MKT70 in H20; auto. apply AxiomII' in H20 as [].
    apply Property_dom in H22. rewrite H7 in H22.
    pose proof H22. apply MKT134 in H22.
    assert (n ∈ g[PlusOne x0]).
    { assert (Ordinal n /\ Ordinal (g[PlusOne x0])) as [].
      { apply AxiomII in H0 as [_[]].
        apply H11,AxiomII in H22 as [_[]]; auto. }
      apply (@ MKT110 n g[PlusOne x0]) in H25 as [H25|[]];
      auto; clear H26.
      - assert (g[PlusOne x0] ∈ A).
        { apply AxiomII; repeat split; eauto. rewrite <-H7 in H22.
          apply Property_Value,Property_ran in H22; auto. }
        apply H17 in H26. elim H26. apply AxiomII'; split.
        apply MKT49a; eauto. apply AxiomII'; split.
        apply MKT49a; eauto. rewrite H23. apply H9; auto.
        apply MKT4; right. apply MKT41; eauto.
      - rewrite <-H7 in H22. apply Property_Value,Property_ran
        in H22; auto. elim H15. rewrite H25; auto. }
    exists (g[PlusOne x0]),(PlusOne x0).
    repeat split; auto. rewrite H14; auto.
  + apply AxiomII in H18 as [_[]]. pose proof H18.
    rewrite MKT70 in H18; auto. apply AxiomII' in H18 as [].
    apply Property_dom in H19. rewrite H7 in H19. exists b,x.
    repeat split; auto. rewrite H14; auto. rewrite H20; auto.
Qed.
```

定义 4.12 (单调递增数列)　　若实数列 f 满足

$$\forall m, n \in \omega, m < n \Longrightarrow f(m) = f(n) \vee f(m) < f(n),$$

则 f 是**单调递增**的. 若满足

$$\forall m, n \in \omega, m < n \Longrightarrow f(m) < f(n),$$

则 f 是**严格单调递增**的.

```
Definition R_monoIncrease F0 f := ∀ m n, m ∈ ω -> n ∈ ω
 -> m ∈ n -> f[m] = f[n] \/ f[m] <F0 f[n].

Definition R_strictly_monoIncrease F0 f := ∀ m n, m ∈ ω
 -> n ∈ ω -> m ∈ n -> f[m] <F0 f[n].
```

定理 4.30　　设 f 是一个单调递增的实数列, 则 f 满足以下情形之一.

1) f 从某项起恒为常数: $\exists n \in \omega, r \in \mathbf{R}, \forall m \in \omega, n < m \Longrightarrow f(m) = r$.

2) 存在 f 的严格单调递增的子列.

```
Theorem R_Seq_Property2 : ∀ F0 f, Arithmetical_ultraFilter F0
 -> R_Seq F0 f -> R_monoIncrease F0 f
 -> (∃ n r, n ∈ ω /\ r ∈ (R F0)
  /\ (∀ m, m ∈ ω -> n ∈ m -> f[m] = r))
 \/ (∃ h, R_subSeq F0 h f /\ R_strictly_monoIncrease F0 h).
Proof.
 intros. destruct (classic (∃n r, n ∈ ω /\ r ∈ (R F0)
  /\ (∀ m, m ∈ ω -> n ∈ m -> f [m] = r))); auto.
 destruct H0 as [H0[]]. assert (∀ m, m ∈ ω -> f[m] ∈ (R F0)).
 { intros. rewrite <-H3 in H5.
  apply Property_Value,Property_ran,H4 in H5; auto. }
 assert (∀ n, n ∈ ω -> ∃ m, m ∈ ω /\ n ∈ m /\ f[n] <F0 f[m]).
 { intros. apply NNPP; intro. elim H2. exists n,f[n].
  repeat split; auto. intros. pose proof H9.
  apply H1 in H9 as []; auto. elim H7; eauto. }
 clear H2. set (A w := \{ λ u, u ∈ ω /\ f[u] = w \}).
 set (B := \{ λ u, ∃ w, w ∈ ran(f) /\ FirstMember u E (A w) \}).
 set (f1 := Restriction f B). assert (Function1_1 f1).
 { split. apply MKT126a; auto. split; unfold Relation; intros.
  apply AxiomII in H2 as [_[x[y[]]]]; eauto.
  apply AxiomII' in H2 as []. apply AxiomII' in H7 as [].
  apply MKT4' in H8 as []. apply MKT4' in H9 as [].
  apply AxiomII' in H10 as [H10[]]. apply AxiomII' in H11
  as [H11[]]. apply AxiomII in H12 as [H12[w1[H17[]]]].
  apply AxiomII in H14 as [H14[w2[H19[]]]].
  apply AxiomII in H16 as [_[]]. apply AxiomII in H20 as [_[]].
  pose proof H8. pose proof H9. apply Property_dom,Property_Value
  in H24; apply Property_dom,Property_Value in H25; auto.
  assert (f[y] = x /\ f[z] = x) as [].
  { destruct H0. split; [apply (H26 y)|apply (H26 z)]; auto. }
  assert (w1 = w2). { rewrite H27,<-H26,H22 in H23; auto. }
  assert (Ordinal y /\ Ordinal z) as [].
  { apply AxiomII in H16 as [_[]].
   apply AxiomII in H20 as [_[]]. auto. }
  apply (@ MKT110 y z) in H29 as [H29|[]]; auto; clear H30.
```

```
  assert (y ∈ (A w2)). { rewrite <-H28. apply AxiomII; auto. }
  apply H21 in H30. elim H30. apply AxiomII'; split;
  try apply MKT49; auto.
  assert (z ∈ (A w1)). { rewrite H28. apply AxiomII; auto. }
  apply H18 in H30. elim H30. apply AxiomII'; split;
  try apply MKT49; auto. }
assert (dom(f1) = B /\ ran(f1) = ran(f)) as [].
{ pose proof H0. apply (MKT126a f B) in H0.
  pose proof H7. apply (MKT126b f B) in H8.
  assert (∀ y, y ∈ dom(Restriction f B)
    -> (Restriction f B)[y] = f[y]).
  { apply (MKT126c f B); auto. }
  assert (B ∩ dom(f) = B).
  { apply AxiomI; split; intros. apply MKT4' in H10; tauto.
    apply MKT4'; split; auto. apply AxiomII in H10
    as [H10[w[H11[]]]]. apply AxiomII in H12 as [H12[]].
    rewrite H3; auto. }
  assert (dom(f1) = B). { rewrite <-H10; auto. }
  split; auto. apply AxiomI; split; intros.
  - apply AxiomII in H12 as [H12[]]. assert (z = f1[x]).
    { pose proof H13. apply Property_dom,Property_Value in H14;
      auto. destruct H2 as [[]]. apply (H15 x); auto. }
    apply Property_dom in H13. pose proof H13. apply H9 in H13.
    unfold f1 in H14. rewrite H14,H13. rewrite H11,<-H10 in H15.
    apply MKT4' in H15 as []. apply Property_Value,Property_ran
    in H16; auto.
  - apply AxiomII in H12 as [H12[]]. assert (z = f[x]).
    { destruct H7. apply (H14 x); auto. apply Property_dom in H13.
      apply Property_Value; [(split)| ]; auto. }
    assert (Ensemble x). { apply Property_dom in H13; eauto. }
    assert (x ∈ (A z)).
    { apply AxiomII; repeat split; auto.
      apply Property_dom in H13. rewrite <-H3; auto. }
    assert (WellOrdered E (A z)) as [_ H17].
    { apply (wosub ω); auto. apply MKT107. pose proof MKT138.
      apply AxiomII in H17; tauto. unfold Included; intros.
      apply AxiomII in H17; tauto. }
    assert ((A z) ⊂ (A z) /\ A z <> 0).
    { split; unfold Included; auto; intro.
      rewrite H18 in H16. elim (@ MKT16 x); auto. }
    destruct H18. apply H17 in H18; auto; clear H19.
    destruct H18 as [a].
    assert (Ensemble a). { destruct H18; eauto. }
    assert (a ∈ B).
    { apply AxiomII; split; auto. exists z. split; auto.
      apply Property_ran in H13; auto. }
    rewrite <-H11 in H20. pose proof H20. destruct H2.
    apply H9 in H20. apply Property_Value,Property_ran in H21;
    auto. destruct H18. apply AxiomII in H18 as [_[]].
    rewrite <-H24,<-H20; auto. }
assert (∀u v, u ∈ dom(f1) -> v ∈ dom(f1) -> Rrelation u E v
  -> f1[u] <_{F0} f1[v]).
{ intros. pose proof H0. apply (MKT126a f B) in H0.
  pose proof H12. apply (MKT126b f B) in H13.
  assert (∀ y, y ∈ dom(Restriction f B)
    -> (Restriction f B)[y] = f[y]).
  { apply (MKT126c f B); auto. }
  pose proof H9; pose proof H10. apply H14 in H15; apply H14
  in H16. pose proof H9; pose proof H10. rewrite H7 in H17,H18.
```

```
apply AxiomII in H17 as [_[x[H17[]]]].
apply AxiomII in H18 as [_[y[H18[]]]].
apply AxiomII in H19 as [_[]]. apply AxiomII in H21 as [_[]].
apply AxiomII' in H11 as [_ H11]. unfold f1. rewrite H15,H16.
pose proof H11. apply H1 in H11 as []; auto.
assert (u = v).
{ assert (f1⁻¹[f1[u]] = f1⁻¹[f1[v]]).
  { unfold f1. rewrite H15,H16,H11; auto. }
  destruct H2. rewrite f11iv,f11iv in H26; auto. }
rewrite H26 in H25. elim (MKT101 v); auto. }
assert (B ⊂ ω).
{ unfold Included; intros. apply AxiomII in H10 as [_[a[_[]]]].
  apply AxiomII in H10; tauto. }
assert (WellOrdered E ω /\ WellOrdered E B).
{ pose proof MKT138. apply AxiomII in H11 as [].
  apply MKT107 in H12. split; auto. apply (wosub ω); auto. }
destruct H11. apply (@ MKT99 E E ω B) in H11; auto; clear H12.
destruct H11 as [g[H11[]]].
assert (dom(g) = ω /\ ran(g) = B) as [].
{ destruct H12 as [H12[H14[H15[]]]]. destruct H13; split; auto.
  - apply NNPP; intro.
    assert (rSection ran(g) E B /\ ran(g) <> B); auto.
    destruct H19. apply MKT91 in H19; auto; clear H20.
    destruct H19 as [x[]].
    assert (ran(g) ⊂ x /\ ran(g) <> 0).
    { split; unfold Included; intros. rewrite H20 in H21.
      apply AxiomII in H21 as [_[]]. apply AxiomII' in H22; tauto.
      intro. pose proof in_ω_0. rewrite <-H13 in H22.
      apply Property_Value,Property_ran in H22; auto.
      rewrite H21 in H22. elim (@ MKT16 g[0]); auto. }
    pose proof H19. apply H10,AxiomII in H22 as [_[H22[]]].
    destruct H21. apply H24 in H21; auto. clear H25.
    destruct H21 as [a]. assert (Function1_1 g) as [_ H25].
    { apply (MKT96 g E E); auto. }
    destruct H21. pose proof H21. rewrite reqdi in H21.
    apply Property_Value,Property_ran in H21; auto. rewrite
    <-deqri,H13 in H21. pose proof H21. apply MKT134 in H28.
    assert ((g⁻¹)[a] ∈ (PlusOne (g⁻¹)[a])).
    { apply MKT4; right. apply MKT41; eauto. }
    destruct H15 as [_[_[]]].
    assert (Rrelation g[(g⁻¹)[a]] E g[(PlusOne (g⁻¹)[a])]).
    { apply H30; try rewrite H13; auto.
      apply AxiomII'; split; try apply MKT49a; eauto. }
    rewrite f11vi in H31; auto. apply AxiomII' in H31 as [].
    apply MKT49b in H31 as []. rewrite <-H13 in H28.
    apply Property_Value,Property_ran in H28; auto.
    apply H26 in H28. elim H28. apply AxiomII'; split;
    [apply MKT49a| ]; auto. apply AxiomII'; split; auto.
  - apply NNPP; intro.
    assert (rSection dom(g) E ω /\ dom(g) <> ω) as []; auto.
    apply MKT91 in H19; auto; clear H20. destruct H19 as [x[]].
    assert (dom(g) = x).
    { rewrite H20. apply AxiomI; split; intros.
      apply AxiomII in H21 as [_[]]. apply AxiomII' in H22; tauto.
      pose proof MKT138. apply AxiomII in H22 as [_[]].
      apply AxiomII; repeat split; [eauto|eapply H23| ]; eauto.
      apply AxiomII'; split; try apply MKT49a; eauto. } clear H20.
    pose proof H19. apply AxiomII in H20 as [_[_[]]].
    assert (x ⊂ x /\ x <> 0) as [].
```

```
{ split; unfold Included; auto; intro. rewrite <-H21 in H23.
  assert (ran(g) = 0).
  { apply NNPP; intro. apply NEexE in H24 as [z].
    apply AxiomII in H24 as [_[]]. apply Property_dom in H24.
    rewrite H23 in H24. elim (@ MKT16 x0); auto. }
  rewrite H13,<-H7 in H24. assert (ran(f1) = 0).
  { apply NNPP; intro. apply NEexE in H25 as [z].
    apply AxiomII in H25 as [_[]]. apply Property_dom in H25.
    rewrite H24 in H25. elim (@ MKT16 x0); auto. }
  rewrite H8 in H25. assert (dom(f) = 0).
  { apply NNPP; intro. apply NEexE in H26 as [z].
    apply AxiomII in H26 as [_[]]. apply Property_ran in H26.
    rewrite H25 in H26. elim (@ MKT16 x0); auto. }
  rewrite H3 in H26. pose proof in_$\omega$_0.
  rewrite H26 in H27. elim (@ MKT16 0); auto. }
apply H22 in H23; auto; clear H24. destruct H23 as [a].
assert (FirstMember g[a] E$^{-1}$ B).
{ rewrite <-H13. destruct H23. rewrite <-H21 in H23.
  pose proof H23. apply Property_Value,Property_ran in H23;
  auto. split; intros; auto. intro. apply AxiomII' in H27
  as []. apply AxiomII' in H28 as []. rewrite H21 in H25.
  assert (Function1_1 g) as [_ H30].
  { apply (MKT96 g E E); auto. }
  rewrite reqdi in H26. pose proof H26.
  apply Property_Value,Property_ran in H26; auto.
  rewrite <-deqri,H21 in H26. pose proof H26.
  apply H24 in H32. elim H32. apply AxiomII'; split.
  apply MKT49a; eauto. apply AxiomII'; split.
  apply MKT49a; eauto. apply MKT96b in H15 as [_[_[]]].
  assert (Rrelation (g$^{-1}$)[g[a]] E (g$^{-1}$)[y]).
  { apply H33; auto. rewrite <-H21 in H25.
    apply Property_Value,Property_ran in H25; auto.
    rewrite reqdi in H25; auto. apply AxiomII'; auto. }
  rewrite f11iv in H34; auto. apply AxiomII' in H34; tauto.
  rewrite H21; auto. }
assert (∀ n, n ∈ dom(f1) -> ∃ m, m ∈ dom(f1)
  /\ n ∈ m /\ f1[n] $<_{F0}$ f1[m]).
{ intros. pose proof H25. rewrite H7 in H26. pose proof H26.
  apply H10 in H27. apply H6 in H27 as [x0[H27[]]].
  pose proof H0. apply (MKT126a f B) in H30.
  pose proof H0. apply (MKT126b f B) in H31.
  assert (∀ y, y ∈ dom(Restriction f B)
    -> (Restriction f B)[y] = f[y]). { apply MKT126c; auto. }
  assert (f[x0] ∈ ran(f)).
  { apply (@ Property_ran x0),Property_Value; auto.
    rewrite H3; auto. }
  assert (WellOrdered E (A f[x0])).
  { apply (wosub $\omega$); auto. unfold Included; intros.
    apply AxiomII in H34; tauto. }
  assert ((A f[x0]) ⊂ (A f[x0]) /\ (A f[x0]) <> 0).
  { split; unfold Included; auto; intro.
    assert (x0 ∈ (A f[x0])). { apply AxiomII; split; eauto. }
    rewrite H35 in H36. elim (@ MKT16 x0); auto. }
  destruct H34,H35. apply H36 in H35; auto; clear H37.
  destruct H35 as []. assert (f[x0] = f[x1]).
  { destruct H35. apply AxiomII in H35 as [H35[]]; auto. }
  assert (x1 ∈ dom(f1)).
  { unfold f1. rewrite H31,H3. pose proof H35. destruct H35.
    apply AxiomII in H35 as [H35[]]. apply MKT4'; split; auto.
```

```
      apply AxiomII; split; eauto. }
   pose proof H38. apply H32 in H39. pose proof H25.
   apply H32 in H25. rewrite <-H25,H37,<-H39 in H29. exists x1.
   repeat split; auto. pose proof H38. unfold f1 in H38.
   rewrite H31 in H38. apply MKT4' in H38 as [].
   apply H10 in H26; apply H10 in H38.
   assert (Ordinal n /\ Ordinal x1) as [].
   { apply AxiomII in H26 as [H26[]].
     apply AxiomII in H38 as [H38[]]; auto. }
   apply (@ MKT110 n x1) in H43 as [H43|[]]; auto; clear H44.
   - assert (Rrelation x1 E n).
     { apply AxiomII'; split; auto. apply MKT49a; eauto. }
     apply H9 in H44; auto. unfold f1 in H44.
     rewrite H25,H39 in H29,H44. apply (R_Ord_Trans F0 f[n])
     in H44; auto. elim (R_Ord_irReflex F0 f[n] f[n]); auto.
   - rewrite H25,H39,H43 in H29.
     elim (R_Ord_irReflex F0 f[x1] f[x1]); auto. }
  destruct H24. pose proof H24. rewrite <-H7 in H27.
  apply H25 in H27 as [x0[H27[]]]. rewrite H7 in H27.
  pose proof H27. apply H26 in H27. elim H27.
  apply AxiomII'; split. apply MKT49a; eauto.
  apply AxiomII'; split; auto. apply MKT49a; eauto. } clear H13.
set (h := \{\ λ u v, u ∈ ω /\ v = f[g[u]] \}\).
right. exists h. split.
- split. split; auto. exists g. split. rewrite <-H15 in H10.
  split; auto. split; auto. intros. destruct H12 as [_[_[]]].
  destruct H12 as [_[_[]]]. assert (Rrelation g[m] E g[n]).
  { apply H19; try rewrite H14; auto.
    apply AxiomII'; split; auto. apply MKT49a; eauto. }
  apply AxiomII' in H20; tauto.
- unfold R_strictly_monoIncrease; intros.
  assert (Function h).
  { split; unfold Relation; intros. apply AxiomII in H18
    as [_[x[y[]]]]; eauto. apply AxiomII' in H18 as [H18[]].
    apply AxiomII' in H19 as [H19[]]. rewrite H21,H23; auto. }
  assert (dom(h) = ω).
  { apply AxiomI; split; intros.
    - apply AxiomII in H19 as [H19[]].
      apply AxiomII' in H20; tauto.
    - apply AxiomII; split; eauto. exists f[g[z]].
      apply AxiomII'; split; auto. pose proof H19.
      rewrite <-H14 in H20. apply Property_Value,Property_ran
      in H20; auto. rewrite H15,<-H7 in H20. pose proof H0.
      apply (MKT126a f B) in H0. pose proof H21.
      apply (MKT126b f B) in H21.
      assert (∀ y, y ∈ dom(Restriction f B)
        -> (Restriction f B)[y] = f[y]). { apply MKT126c; auto. }
      pose proof H20. apply H23 in H20. destruct H2.
      apply Property_Value,Property_ran in H24; auto.
      rewrite <-H20. apply MKT49a; eauto. }
  rewrite <-H19 in H13,H16. apply Property_Value,AxiomII' in H13
  as [H13[]]; apply Property_Value,AxiomII' in H16 as [H16[]];
  auto. rewrite <-H14 in H20,H22. pose proof H20; pose proof H22.
  apply Property_Value,Property_ran in H20;
  apply Property_Value,Property_ran in H22; auto.
  rewrite H15,<-H7 in H20,H22. pose proof H0.
  apply (MKT126a f B) in H0. pose proof H26.
  apply (MKT126b f B) in H26.
  assert (∀ y, y ∈ dom(Restriction f B)
```

```
        -> (Restriction f B)[y] = f[y]). { apply MKT126c; auto. }
  pose proof H20; pose proof H22. apply H28 in H20;
  apply H28 in H22. rewrite H21,H23,<-H20,<-H22. apply H9; auto.
  destruct H12 as [_[_[]]]. destruct H12 as [_[_[]]].
  apply H32; auto. apply AxiomII'; split; try apply MKT49a; eauto.
Qed.
```

4.5.4 实数完备性

定义 4.13 (数列上界) 若实数列 f 和实数 $r \in \mathbf{R}$ 满足

$$\forall n \in \omega, \quad f(n) = r \lor f(n) < r,$$

则称 r 为 f 的**上界**. 若 f 的上界 r 满足

$$\forall r_1 \in \mathbf{R}, \ r_1 < r \implies \exists n \in \omega, r_1 < f(n),$$

则称 r 为 f 的**最小上界**, 也称为**上确界**.

```
Definition R_UP F0 f r := r ∈ (R F0) /\ (∀ n, n ∈ ω -> f[n] = r \/ f[n] <_F0 r).

Definition R_miniUP F0 f r := R_UP F0 f r
 /\ (∀ r1, r1 ∈ (R F0) -> r1 <_F0 r -> ∃ n, n ∈ ω /\ r1 <_F0 f[n]).
```

定理 4.31 (**R** 的完备性) 当 **R** 由非主算术超滤生成时, 单调递增且有上界的实数列必有上确界.

注意, 上述定理中若 **R** 由主超滤生成, 则 $\mathbf{R} = \mathbf{Q}$, 从 4.6 节内容可知, 完备性在有理数集中不成立.

```
(* 引理: 严格单增有上界的正有理数列有最小上界 *)

Lemma R_Complete_Lemma1 : ∀ F0 f r, Arithmetical_ultraFilter F0
  -> (∀ m, F0 <> F m) -> R_RatSeq F0 f
  -> (∀ n, n ∈ ω -> (R0 F0) <_F0 f[n])
  -> R_strictly_monoIncrease F0 f -> R_UP F0 f r
  -> ∃ r1, R_miniUP F0 f r1.
Proof.
  Open Scope q'_scope.
  intros. pose proof H1. apply Q'_RatSeq_and_R_RatSeq in H5
  as [h[]]; auto. pose proof H. apply Q'0_in_Q'< in H7.
  assert (∀ n, n ∈ ω -> h[n] ∈ (Q'_Q F0)).
  { intros. destruct H5 as [H5[]]. rewrite <-H9 in H8.
    apply Property_Value,Property_ran,H10 in H8; auto. }
  assert (∀ n, n ∈ ω -> h[n] ∈ (Q'< F0)).
  { intros. apply Q'_Q_Subset_Q'<; auto. }
  assert (∀ n, n ∈ ω -> (Q'0 F0) <_F0 h[n]).
  { intros. pose proof H10. apply H2 in H10. unfold R0 in H10.
    rewrite H6 in H10; auto. apply R_Ord_Corollary in H10 as [];
    auto. } pose proof H5.
  apply RatSeq_and_NatSeq in H11 as [A[B[H11[H12[]]]]]; auto.
  assert (∀ n, n ∈ ω -> f[n] ∈ (Q F0)).
  { destruct H1 as [H1[]]. intros. rewrite <-H15 in H17.
```

```
    apply Property_Value,Property_ran,H16 in H17; auto. }
assert (∀ n, n ∈ ω -> f[n] ∈ (R F0)).
{ intros. apply Q_Subset_R; auto. }
destruct H4. pose proof H. apply R0_in_R in H19.
assert ((R0 F0) <F0 r)%r.
{ pose proof in_ω_0. pose proof H20. apply H2 in H20.
  pose proof H21. apply H17 in H21 as []. rewrite H21 in H20; auto.
  apply (R_Ord_Trans F0 _ f[0]); auto. }
apply Q_Density_Lemma in H18 as [x[H18[H21 _]]]; auto.
pose proof H18. apply N_properSubset_R in H22; auto.
assert (∀ n, n ∈ ω -> f[n] <F0 x)%r.
{ intros. pose proof H23. apply H17 in H23 as [];
  [rewrite H23|apply (R_Ord_Trans F0 _ r)]; auto. }
pose proof H18. apply AxiomII in H24 as [_[x0[]]].
pose proof H24. apply Q'_N_properSubset_Q'< in H26; auto.
assert (∀ n, n ∈ ω -> h[n] <F0 x0).
{ intros. pose proof H27. apply H23 in H27.
  rewrite H6,H25 in H27; auto.
  apply R_Ord_Corollary in H27 as []; auto. }
pose proof H. apply Q'1_in_Q' in H28.
assert (x0 /F0 (Q'1 F0) = x0).
{ pose proof H. apply Q'0_isn't_Q'1 in H29.
  apply (Q'_Mult_Cancellation F0 (Q'1 F0) (x0 /F0 (Q'1 F0)));
  auto; try apply Q'_Divide_in_Q'; auto;
  try apply Q'_Z_Subset_Q',Q'_N_properSubset_Q'_Z; auto.
  rewrite Q'_Divide_Property3,Q'_Mult_Commutation,
  Q'_Mult_Property2; auto; try apply Q'_N_Subset_Q'; auto. }
pose proof H. apply Q'1_in_Q'_N in H30.
pose proof H. apply Q'0_isn't_Q'1 in H31; auto.
assert (∀ n, n ∈ ω
  -> (A[n] /F0 B[n]) <F0 (x0 /F0 (Q'1 F0))).
{ intros. rewrite <-H14,H29; auto. }
assert (N∞ F0 <> 0).
{ pose proof H. apply N'_N_properSubset_N' in H33 as []; auto.
  intro. elim H34. apply AxiomI; split; intros; auto.
  apply NNPP; intro. assert (z ∈ (N∞ F0)).
  { apply MKT4'; split; [ |apply AxiomII; split]; eauto. }
  rewrite H35 in H38. elim (@ MKT16 z); auto. }
apply NEexE in H33 as [N0]. pose proof H33.
apply MKT4' in H34 as []. apply AxiomII in H35 as [].
apply (Q'_extNatSeq_Property5 F0 _ _ N0) in H32;
auto; [ |apply H13]; auto.
set (a0 := ((Q'_extNatSeq F0 A)[N0] /F0 (Q'_extNatSeq F0 B)[N0])).
assert (∀ n, n ∈ ω -> h[n] <F0 a0).
{ intros. rewrite H14; auto.
  rewrite (Q'_NatSeq_Equ_finite_extNatSeq F0),
  (Q'_NatSeq_Equ_finite_extNatSeq F0 B); auto.
  apply Q'_extNatSeq_Property4; auto. apply H13; auto. intros.
  rewrite <-H14,<-H14; auto. apply H3 in H40; auto.
  rewrite H6,H6 in H40; auto. apply R_Ord_Corollary in H40 as [];
  auto. apply Fn_in_N'; destruct H; auto. apply FT12; auto. }
pose proof H11; pose proof H12.
apply Q'_extNatSeq_is_Function in H38 as [H38[]];
apply Q'_extNatSeq_is_Function in H39 as [H39[]]; auto.
assert ((Q'_extNatSeq F0 A)[N0] ∈ (Q' F0)).
{ apply Q'_Z'_properSubset_Q',Q'_N'_properSubset_Q'_Z',H41,
  (@ Property_ran N0),Property_Value; auto. rewrite H40; auto. }
assert ((Q'_extNatSeq F0 B)[N0] ∈ (Q' F0)).
{ apply Q'_Z'_properSubset_Q',Q'_N'_properSubset_Q'_Z',H43,
```

```
      (@ Property_ran N0),Property_Value; auto. rewrite H42; auto. }
    assert (a0 ∈ (Q' F0)).
    { apply Q'_Divide_in_Q'; auto. apply Q'_extNatSeq_Property3; auto.
      apply Q'O_in_Q'_N; auto. apply H13; auto. }
    assert ((Q'0 F0) <_F0 a0).
    { pose proof in_ω_0. pose proof H47. apply H10 in H47.
      apply H37 in H48. apply (Q'_Ord_Trans F0 _ h[0]); auto.
      apply Q'0_in_Q'; auto. apply Q'_Q_Subset_Q',H8; auto. }
    assert (a0 ∈ (Q'_< F0)).
    { apply AxiomII; repeat split; eauto. exists x0.
      apply mt_Q'0_Q'Abs in H47; auto. rewrite H47.
      rewrite H29 in H32. split; auto. }
    set (a := (\[a0\]_F0)%r).
    assert (a ∈ (R F0)). { apply R_Corollary2; auto. }
    exists a. repeat split; intros; auto.
    - pose proof H50. apply H37 in H50.
      apply Q'_Ord_to_R_Ord in H50; auto. rewrite <-H6 in H50; auto.
    - apply NNPP; intro. apply Q_Density in H51 as [q[H51[]]]; auto.
      assert (∀ n, n ∈ ω -> f[n] <_F0 q)%r.
      { intros. assert (f[n] ∈ (R F0) /\ r1 ∈ (R F0)) as []; auto.
        apply (R_Ord_Connect F0 H _ r1) in H56 as [H56|[]];
        try rewrite H56; auto. apply (R_Ord_Trans F0 _ r1); auto.
        apply Q_Subset_R; auto. elim H52; eauto. }
      assert ((R0 F0) <_F0 q)%r.
      { pose proof in_ω_0. pose proof H56. apply H2 in H56.
        pose proof H57. apply H55 in H57.
        apply (R_Ord_Trans F0 _ f[0]); auto. apply Q_Subset_R; auto. }
      pose proof H51. apply AxiomII in H57 as [H57[q0[]]].
      assert ((Q'0 F0) <_F0 q0).
      { rewrite H59 in H56. apply R_Ord_Corollary in H56 as []; auto.
        apply Q'_Q_Subset_Q'_<; auto. }
      pose proof H58. apply RatSeq_and_NatSeq_Lemma in H61
      as [d[[_[H61 _]]_]]; auto.
      apply AxiomII in H61 as [H61[H62[H63[c[]]]]].
      assert ((∀ n, n ∈ ω -> (A[n] /_F0 B[n]) <_F0 (c /_F0 d))).
      { intros. pose proof H66. apply H55 in H66. rewrite H6,H59
        in H66; auto. apply R_Ord_Corollary in H66 as [H66 _]; auto;
        try apply Q'_Q_Subset_Q'_<; auto. rewrite <-H14,<-H65; auto. }
      apply (Q'_extNatSeq_Property5 F0 A B N0 c d) in H66; auto;
      [ |apply H13]; auto. rewrite <-H65 in H66.
      replace ((Q'_extNatSeq F0 A)[N0] /_F0 (Q'_extNatSeq F0 B)[N0])
      with a0 in H66; auto. apply Q'_Ord_to_R_Ord in H66; auto;
      [ |apply Q'_Q_Subset_Q'_<]; auto. rewrite <-H59 in H66.
      replace (\[a0\]_F0)%r with a in H66; auto.
      apply Q_Subset_R in H51; auto. elim (R_Ord_irReflex F0 q q);
      auto. destruct H66. rewrite H66 in H54; auto.
      apply (R_Ord_Trans F0 _ a); auto.
  Close Scope q'_scope.
Qed.

(* 引理: 严格单增有上界的有理数列有最小上界 *)

Lemma R_Complete_Lemma2 : ∀ F0 f r, Arithmetical_ultraFilter F0
  -> (∀ m, F0 <> F m) -> R_RatSeq F0 f
  -> R_strictly_monoIncrease F0 f -> R_UP F0 f r
  -> ∃ r1, R_miniUP F0 f r1.
Proof.
  intros. destruct H1 as [H1[]].
    assert (∀ n, n ∈ ω -> f[n] ∈ (Q F0)).
```

```
{ intros. rewrite <-H4 in H6.
  apply Property_Value,Property_ran in H6; auto. }
assert (∀ n, n ∈ ω -> f[n] ∈ (R F0)).
{ intros. apply Q_Subset_R; auto. }
pose proof in_ω_0. apply H7 in H8.
pose proof H. apply R0_in_R in H9.
assert ((R0 F0) ∈ (R F0) /\ f[0] ∈ (R F0)) as []; auto.
apply (R_Ord_Connect F0 H _ f[0]) in H10 as []; auto; clear H11.
- assert (∀ n, n ∈ ω -> (R0 F0) <F0 f[n]).
  { intros. pose proof in_ω_0.
    assert (Ordinal 0 /\ Ordinal n) as [].
    { apply AxiomII in H11 as [H11[]].
      apply AxiomII in H12 as [H12[]]; auto. }
    apply (@ MKT110 0 n) in H13 as [H13|[]];
    try rewrite <-H13; auto; clear H14.
    - apply H2 in H13; auto. apply (R_Ord_Trans F0 _ f[0]); auto.
    - elim (@ MKT16 n); auto. }
  apply (R_Complete_Lemma1 F0 f r); auto. split; auto.
- set (a := f[0] +F0 (R_Abs F0)[f[0]]).
  assert (a ∈ (R F0)).
  { apply R_Plus_in_R; [ | |apply RAbs_in_R]; auto. }
  assert (R0 F0 = a).
  { destruct H10. apply lt_R0_RAbs in H10; auto.
    unfold a. rewrite H10. symmetry. apply R_Minus_Corollary; auto.
    apply R_Minus_in_R; auto. symmetry in H10. pose proof H10.
    apply eq_R0_RAbs in H10; auto. unfold a.
    rewrite H10,H12,R_Plus_Property; auto. }
  set (b := (R_Abs F0)[f[0]] +F0 (R1 F0)).
  pose proof H. apply R1_in_R in H13.
  pose proof H. apply R0_lt_R1 in H14.
  assert (b ∈ (R F0)).
  { apply R_Plus_in_R; [ |apply RAbs_in_R| ]; auto. }
  set (h := \{\ λ u v, u ∈ ω /\ v = f[u] +F0 b \}\).
  assert (R_RatSeq F0 h) as [H16[]].
  { assert (Function h).
    { split; unfold Relation; intros. apply AxiomII in H16
      as [_[x[y[]]]]; eauto. apply AxiomII' in H16 as [_[]].
      apply AxiomII' in H17 as [_[]]. rewrite H18,H19; auto. }
    split; auto. split; [(apply AxiomI; split)|
    unfold Included]; intros.
    - apply AxiomII in H17 as [_[]]. apply AxiomII' in H17; tauto.
    - apply AxiomII; split; eauto. exists (f[z] +F0 b).
      pose proof H15. apply (R_Plus_in_R F0 f[z] b) in H18; auto.
      apply AxiomII'; split; [apply MKT49a| ]; eauto.
    - apply AxiomII in H17 as [H17[]]. apply AxiomII' in H18
      as [_[]]. rewrite H19. apply Q_Plus_in_Q; auto. pose proof H.
      apply R1_in_Q in H20. apply Q_Plus_in_Q; auto. destruct H10.
      apply lt_R0_RAbs in H10; auto. rewrite H10.
      apply Q_Minus_in_Q; auto. apply R0_in_Q; auto.
      pose proof in_ω_0; auto. symmetry in H10.
      apply eq_R0_RAbs in H10; auto. rewrite H10.
      apply R0_in_Q; auto. }
  assert (∀ n, n ∈ ω -> h[n] = f[n] +F0 b).
  { intros. rewrite <-H17 in H19.
    apply Property_Value,AxiomII' in H19 as [_[]]; auto. }
  assert (R_strictly_monoIncrease F0 h).
  { unfold R_strictly_monoIncrease. intros. rewrite H19,H19; auto.
    rewrite R_Plus_Commutation,(R_Plus_Commutation F0 _ b); auto.
    apply R_Plus_PrOrder; auto. }
```

```
assert (∀ n, n ∈ ω -> h[n] ∈ (Q F0)).
{ intros. rewrite <-H17 in H21.
  apply Property_Value,Property_ran,H18 in H21; auto. }
assert (∀ n, n ∈ ω -> h[n] ∈ (R F0)).
{ intros. apply Q_Subset_R; auto. }
assert ((R0 F0) <_F0 h[0]).
{ pose proof in_ω_0. rewrite H19; auto. unfold b.
  rewrite <-R_Plus_Association; try apply RAbs_in_R; auto.
  replace (f[0] +_F0 (R_Abs F0)[f[0]]) with a; auto.
  rewrite <-H12,R_Plus_Commutation,R_Plus_Property; auto. }
assert (∀ n, n ∈ ω -> (R0 F0) <_F0 h[n]).
{ intros. pose proof in_ω_0.
  assert (Ordinal 0 /\ Ordinal n) as [].
  { apply AxiomII in H24 as [_[]].
    apply AxiomII in H25 as [_[]]; auto. }
  apply (@ MKT110 0 n) in H26 as [H26|[]]; try rewrite <-H26;
  auto; clear H27. apply H20 in H26; auto.
  apply (R_Ord_Trans F0 _ h[0]); auto. elim (@ MKT16 n); auto. }
set (r1 := r +_F0 b). assert (r1 ∈ (R F0)).
{ destruct H3. apply R_Plus_in_R; auto. }
assert (R_UP F0 h r1).
{ split; intros; auto. rewrite H19; auto. pose proof H26.
  destruct H3. apply H28 in H26 as []. rewrite H26; auto.
  right. unfold r1. rewrite R_Plus_Commutation,
  (R_Plus_Commutation F0 _ b); auto.
  apply R_Plus_PrOrder; auto. }
assert (∃ r2, R_miniUP F0 h r2) as [r2[[]]].
{ apply (R_Complete_Lemma1 F0 h r1); auto. split; auto. }
set (r3 := r2 -_F0 b). assert (r3 ∈ (R F0)).
{ apply R_Minus_in_R; auto. }
exists r3. repeat split; intros; auto.
+ pose proof H31. apply H28 in H31. rewrite H19 in H31; auto.
  destruct H31. rewrite R_Plus_Commutation in H31; auto.
  apply R_Minus_Corollary in H31; auto. right.
  apply (R_Plus_PrOrder F0 _ _ b); auto.
  rewrite R_Plus_Commutation; auto.
  assert (b +_F0 r3 = r2). { apply R_Minus_Corollary; auto. }
  rewrite H33.
+ assert (b +_F0 r3 = r2). { apply R_Minus_Corollary; auto. }
  apply (R_Plus_PrOrder F0 _ _ b) in H32; auto.
  rewrite H33 in H32. apply H29 in H32 as [x[]];
  try apply R_Plus_in_R; auto. rewrite H19 in H34; auto.
  rewrite (R_Plus_Commutation F0 _ b) in H34; auto.
  apply R_Plus_PrOrder in H34; eauto.
Qed.

(* 实数的完备性 *)

Theorem R_Completeness : ∀ F0 f r, Arithmetical_ultraFilter F0
  -> (∀ m, F0 <> F m) -> R_Seq F0 f -> R_monoIncrease F0 f
  -> R_UP F0 f r -> ∃ r1, R_miniUP F0 f r1.
Proof.
  intros. pose proof H1. destruct H1 as [H1[]].
  assert (∀ n, n ∈ ω -> f[n] ∈ (R F0)).
  { intros. rewrite <-H5 in H7.
    apply Property_Value,Property_ran,H6 in H7; auto. }
  apply R_Seq_Property2 in H4 as [[x[r1[H4[]]]]|[h[]]]; auto.
  - exists r1. assert (f[x] = r1 \/ f[x] <_F0 r1).
    { pose proof H4. apply MKT134 in H10.
```

```
  assert (x ∈ (PlusOne x)).
  { apply MKT4; right. apply MKT41; eauto. }
  pose proof H11. apply H9 in H11; auto.
  apply H2 in H12; auto. rewrite H11 in H12; auto. }
repeat split; intros; auto.
+ assert (Ordinal x /\ Ordinal n) as [].
  { apply AxiomII in H4 as [_[]].
    apply AxiomII in H11 as [_[]]; auto. }
  apply (@ MKT110 x n) in H12 as [H12|[]]; auto; clear H13.
  apply H2 in H12; auto. destruct H10,H12; try rewrite H12; auto.
  rewrite <-H10; auto. right. apply (R_Ord_Trans _ _ f[x]); auto.
  rewrite <-H12; auto.
+ exists (PlusOne x). pose proof H4. apply MKT134 in H13.
  assert (x ∈ (PlusOne x)).
  { apply MKT4; right. apply MKT41; eauto. }
  apply H9 in H14; auto. rewrite H14; auto.
- pose proof H4. apply R_subSeq_Corollary in H9; auto.
  destruct H4 as [H4[g0[H10[]]]]. destruct H10 as [H10[]].
  destruct H9 as [H9[]].
  assert (∀ n, n ∈ ω -> h[n] ∈ (R F0)).
  { intros. rewrite <-H15 in H17.
    apply Property_Value,Property_ran,H16 in H17; auto. }
  assert (∀ n, n ∈ ω -> h[n] = f[g0[n]]).
  { intros. rewrite <-H15 in H18.
    apply Property_Value in H18; auto. rewrite H12 in H18.
    apply AxiomII' in H18 as [_[]]. rewrite <-H12 in H19; auto. }
  assert (∀ n, n ∈ ω -> g0[n] ∈ ω).
  { intros. rewrite <-H13 in H19.
    apply Property_Value,Property_ran,H14 in H19; auto. }
  assert (R_UP F0 h r).
  { destruct H3. split; auto. intros. rewrite H18; auto. }
  set (A n := \{ λ u, u ∈ (Q F0) /\ h[n] <F0 u
  /\ u <F0 h[PlusOne n] \}).
  pose proof AxiomIX as [c[[]]].
  assert (∀ n, n ∈ ω -> (A n) ∈ dom(c)).
  { intros. pose proof H24. apply MKT134 in H25.
    assert (n ∈ (PlusOne n)).
    { apply MKT4; right. apply MKT41; eauto. }
    apply H8 in H26; auto. apply Q_Density in H26
    as [q[H26[]]]; auto. rewrite H23.
    assert (Ensemble (A n)).
    { apply (MKT33 (R F0)); auto. apply R_is_Set; destruct H; auto.
      unfold Included; intros. apply AxiomII in H29 as [_[]].
      apply Q_Subset_R; auto. }
    apply MKT4'; split. apply MKT19; auto. apply AxiomII; split;
    auto. intro. pose proof in_ω_0. apply MKT41 in H30; eauto.
    assert (q ∈ (A n)). { apply AxiomII; split; eauto. }
    rewrite H30 in H32. elim (@ MKT16 q); auto. }
  set (k := \{\ λ u v, u ∈ ω /\ v = c[A u] \}\).
  assert (R_RatSeq F0 k).
  { assert (Function k).
    { split; unfold Relation; intros. apply AxiomII in H25
      as [_[x[y[]]]]; eauto. apply AxiomII' in H25 as [_[]].
      apply AxiomII' in H26 as [_[]]. rewrite H27,H28; auto. }
    split; auto. split; [(apply AxiomI; split)|
    unfold Included]; intros.
    - apply AxiomII in H26 as [_[]]. apply AxiomII' in H26; tauto.
    - apply AxiomII; split; eauto. exists (c[A z]).
      apply AxiomII'; split; [apply MKT49a| ]; eauto.
```

```
    - apply AxiomII in H26 as [H26[]].
      apply AxiomII' in H27 as [_[]]. rewrite H28.
      apply H24,H22 in H27. apply AxiomII in H27; tauto. }
destruct H25 as [H25[]].
assert (∀ n, n ∈ ω -> k[n] ∈ (R F0)).
{ intros. rewrite <-H26 in H28. apply Property_Value,
  Property_ran,H27,Q_Subset_R in H28; auto. }
assert (∀ n, n ∈ ω -> k[n] = c[A n]).
{ intros. rewrite <-H26 in H29.
  apply Property_Value,AxiomII' in H29; tauto. }
assert (∀ n, n ∈ ω -> h[n] <_F0 k[n]
/\ k[n] <_F0 h[PlusOne n]).
{ intros. pose proof H30. apply H24,H22 in H30. rewrite <-H29
  in H30; auto. apply AxiomII in H30 as [_[]]; auto. }
assert (R_strictly_monoIncrease F0 k).
{ unfold R_strictly_monoIncrease; intros. pose proof H31;
  pose proof H32. apply H30 in H34 as [_]. apply H30 in H35
  as [H35 _]. pose proof H31. apply MKT134 in H36.
  assert (PlusOne m = n \/ (PlusOne m) ∈ n) as [].
  { assert (Ordinal (PlusOne m) /\ Ordinal n) as [].
    { apply AxiomII in H36 as [_[]];
      apply AxiomII in H32 as [_[]]; auto. }
    apply (@ MKT110 _ n) in H37 as [H37|[]]; auto; clear H38.
    apply MKT4 in H37 as []. elim (MKT102 m n); auto.
    apply MKT41 in H37; eauto. rewrite H37 in H33.
    elim (MKT101 m); auto. }
  apply (R_Ord_Trans F0 _ h[n]); auto. rewrite <-H37; auto.
  assert (k[m] <_F0 h[n]).
  { apply (R_Ord_Trans F0 _ h[PlusOne m]); auto. }
  apply (R_Ord_Trans F0 _ h[n]); auto. }
assert (R_UP F0 k r).
{ destruct H20. split; intros; auto. pose proof H33.
  apply H30 in H33 as []. pose proof H34.
  apply MKT134,H32 in H34 as []. rewrite <-H34; auto.
  pose proof H36. apply MKT134 in H36. right.
  apply (R_Ord_Trans F0 _ h[PlusOne n]); auto. }
assert (∃ r1, R_miniUP F0 k r1) as [a[[]]].
{ apply (R_Complete_Lemma2 F0 k r); auto. split; auto. }
assert (R_miniUP F0 h a) as [[]].
{ repeat split; auto; intros.
  - pose proof H36. apply H30 in H36 as [H36 _]. pose proof H37.
    apply H34 in H37 as []. rewrite <-H37; auto. right.
    apply (R_Ord_Trans F0 _ k[n]); auto.
  - apply H35 in H37 as [n[]]; auto. pose proof H37.
    apply H30 in H37 as [_]. pose proof H39.
    apply MKT134 in H39. exists (PlusOne n). split; auto.
    apply (R_Ord_Trans F0 _ k[n]); auto. }
clear H33 H34 H35 H21 H22 H23 H24. clear dependent k.
assert (∀ n, n ∈ ω -> ∃ m w, m ∈ ω
/\ w ∈ ω /\ n ∈ m /\ f[m] = h[w]).
{ intros. apply (R_Seq_Property1 F0); auto.
  split; auto. exists g0. split; auto. split; auto. }
exists a. repeat split; auto; intros.
+ pose proof H22. apply H21 in H22 as [x[y[H22[H24[]]]]].
  apply H2 in H25; auto. pose proof H24. apply H37 in H27.
  rewrite H26 in H25. destruct H25,H27; try rewrite H25; auto.
  rewrite <-H27; auto. right.
  apply (R_Ord_Trans F0 _ h[y]); auto.
+ apply H38 in H23 as [m[]]; auto. rewrite H18 in H24; eauto.
```

Qed.

4.6　无理数的存在性

本节将以 $\sqrt{2}$ 为例, 验证非主算术超滤生成的实数集 **R** 中无理数的存在性. 在定义算术平方根的过程中, 数列及其延伸起到至关重要的作用.

4.6.1　数列和运算的补充性质

为方便后面证明代码的编写, 需要补充一些数列、延伸数列以及运算和序关系的性质.

设 f, g 是 ω 上的数列, f_∞ 和 g_∞ 分别为 f 和 g 各自在 $^*\mathbf{N}$ 上的延伸数列, 则有以下性质.

1) $\forall m \in \omega,\ (\forall n \in \omega, f(n) = g(n) + m) \implies (\forall N \in {}^*\mathbf{N}, f_\infty(N) = g_\infty(N) + F_m)$.

2) $(\forall n \in \omega,\ f(n) = g(n) \cdot g(n)) \implies (\forall N \in {}^*\mathbf{N}, f_\infty(N) = g_\infty(N) \cdot g_\infty(N))$.

3) $\forall m \in \omega,\ (\forall n \in \omega, f(n) = n + m) \implies (\forall N \in {}^*\mathbf{N}, f_\infty(N) = N + F_m)$.

```
(** square_root *)

Require Export sequence_and_completeness.

(* 引理: ω 上函数的复合仍是 ω 上的函数 *)

Lemma N'_extSeq_Property5_Lemma : ∀f g, Function f -> Function g
  -> dom(f) = ω -> dom(g) = ω -> ran(f) ⊂ ω -> ran(g) ⊂ ω
  -> Function (f ∘ g) /\ dom(f ∘ g) = ω /\ ran(f ∘ g) ⊂ ω.
Proof.
  intros. repeat split; intros.
  - unfold Relation; intros.
    apply AxiomII in H5 as [_[x[y[]]]]; eauto.
  - apply AxiomII' in H5 as [_[x0[]]].
    apply AxiomII' in H6 as [_[x1[]]].
    apply Property_Fun in H5,H6,H7,H8; auto.
    rewrite H7,H8,H5,H6; auto.
  - apply AxiomI; split; intros. apply AxiomII in H5 as [_[]].
    apply AxiomII' in H5 as [_[x0[]]]. apply Property_dom in H5.
    rewrite <-H2; auto. apply AxiomII; split; eauto.
    exists (f[g[z]]). rewrite <-H2 in H5. apply Property_Value
    in H5; auto. pose proof H5. apply Property_ran in H6.
    pose proof H6. apply H4 in H7. rewrite <-H1 in H7.
    apply Property_Value in H7; auto. apply AxiomII'; split; eauto.
    apply Property_dom in H5. apply Property_ran in H7.
    apply MKT49a; eauto.
  - unfold Included; intros. apply AxiomII in H5 as [H5[]].
    apply AxiomII' in H6 as [_[x0[]]].
    apply Property_ran in H7; auto.
Qed.

Fact N'_extSeq_Property5 : ∀ F0 f g m N,
  Arithmetical_ultraFilter F0 -> ω_Seq f -> ω_Seq g -> m ∈ ω
  -> (∀ n, n ∈ ω -> f[n] = g[n] + m) -> N ∈ (N' F0)
```

```
-> (N'_extSeq F0 f)[N] = ((N'_extSeq F0 g)[N] +F0 (F m))%n'.
Proof.
  intros. rewrite N'_extSeq_Value,N'_extSeq_Value; auto.
  pose proof H2. apply Constn_is_Function in H5 as [H5[]].
  assert (ran(Const m) ⊂ ω).
  { unfold Included; intros. rewrite H7 in H8. apply MKT41 in H8;
    eauto. rewrite H8; auto. }
  assert (∀ n, n ∈ ω -> (Const m)[n] = m).
  { intros. rewrite <-H6 in H9. apply Property_Value,Property_ran
    in H9; auto. rewrite H7 in H9. apply MKT41 in H9; eauto. }
  pose proof H4. apply AxiomII in H10 as [_[h[H10[H11[]]]]].
  destruct H0 as [H0[]]. destruct H1 as [H1[]].
  rewrite H13,FT11_Lemma3,FT11_Lemma3; auto;
  [ |destruct H|destruct H]; auto. pose proof H2.
  apply (F_Constn_Fn F0) in H18; [ |destruct H]; auto.
  rewrite <-H18. rewrite N'_Plus_Corollary;
  try apply N'_extSeq_Property5_Lemma; auto. apply FT9.
  split. apply N'_extSeq_Property5_Lemma; auto.
  split. apply Function_Plus_Corollary1;
  try apply N'_extSeq_Property5_Lemma; auto. repeat split;
  try apply Function_Plus_Corollary1;
  try apply N'_extSeq_Property5_Lemma; auto. destruct H; auto.
  assert (\{ λ u, u ∈ ω /\ (f ∘ h)[u]
    = (((g ∘ h) + (Const m))[u])%fu \} = ω).
  { apply AxiomI; split; intros. apply AxiomII in H19; tauto.
    apply AxiomII; repeat split; eauto.
    rewrite Function_Plus_Corollary2;
    try apply N'_extSeq_Property5_Lemma; auto.
    rewrite FT11_Lemma1,FT11_Lemma1,H9; auto.
    apply H3. rewrite <-H11 in H19.
    apply Property_Value,Property_ran in H19; auto. }
  rewrite H19. destruct H. apply AxiomII in H as [_[[]_]]; tauto.
Qed.

Fact N'_extSeq_Property6: ∀ F0 f g N, Arithmetical_ultraFilter F0
  -> ω_Seq f -> ω_Seq g -> (∀ n, n ∈ ω -> f[n] = g[n] · g[n])
  -> N ∈ (N' F0) -> (N'_extSeq F0 f)[N]
  = ((N'_extSeq F0 g)[N] ·F0 (N'_extSeq F0 g)[N])%n'.
Proof.
  intros. rewrite N'_extSeq_Value,N'_extSeq_Value; auto.
  apply AxiomII in H3 as [_[h[H3[H4[]]]]].
  destruct H0 as [H0[]]. destruct H1 as [H1[]].
  rewrite H6,FT11_Lemma3,FT11_Lemma3; auto;
  [ |destruct H|destruct H]; auto.
  rewrite N'_Mult_Corollary; try apply Function_Mult_Corollary1;
  try apply N'_extSeq_Property5_Lemma; auto. apply FT9.
  split. apply N'_extSeq_Property5_Lemma; auto.
  split. apply Function_Mult_Corollary1;
  apply N'_extSeq_Property5_Lemma; auto.
  repeat split; try apply Function_Mult_Corollary1;
  try apply N'_extSeq_Property5_Lemma; auto. destruct H; auto.
  assert (\{ λ u, u ∈ ω /\ (f ∘ h)[u]
    = (((g ∘ h) · (g ∘ h))[u])%fu \} = ω).
  { apply AxiomI; split; intros. apply AxiomII in H11; tauto.
    apply AxiomII; repeat split; eauto.
    rewrite Function_Mult_Corollary2;
    try apply N'_extSeq_Property5_Lemma; auto.
    rewrite FT11_Lemma1,FT11_Lemma1; auto. apply H2.
    rewrite <-H4 in H11. apply Property_Value,Property_ran
```

```
    in H11; auto. }
  rewrite H11. destruct H. apply AxiomII in H as [_[[]_]]; tauto.
Qed.

Fact N'_extSeq_Property7: ∀ F0 f m N, Arithmetical_ultraFilter F0
  -> ω_Seq f -> m ∈ ω -> (∀ n, n ∈ ω -> f[n] = n + m)
  -> N ∈ (N' F0) -> (N'_extSeq F0 f)[N] = (N +_F0 (F m))%n'.
Proof.
  intros. rewrite N'_extSeq_Value; auto. destruct H0 as [H0[]].
  apply AxiomII in H3 as [_[h[H3[H6[]]]]].
  rewrite H8,FT11_Lemma3; auto; [ |destruct H]; auto.
  pose proof H1. apply (F_Constn_Fn F0) in H9; [ |destruct H]; auto.
  pose proof H1. apply Constn_is_Function in H10 as [H10[]].
  assert (∀ n, n ∈ ω -> (Const m)[n] = m).
  { intros. rewrite <-H11 in H13. apply Property_Value,Property_ran
    in H13; auto. rewrite H12 in H13. apply MKT41 in H13; eauto. }
  assert (ran(Const m) ⊂ ω).
  { unfold Included; intros. rewrite H12 in H14.
    apply MKT41 in H14; eauto. rewrite H14; auto. }
  rewrite <-H9,N'_Plus_Corollary; auto. apply FT9.
  split. apply N'_extSeq_Property5_Lemma; auto.
  split. apply Function_Plus_Corollary1; auto.
  repeat split; try apply N'_extSeq_Property5_Lemma;
  try apply Function_Plus_Corollary1; auto. destruct H; auto.
  assert (\{ λ u, u ∈ ω
  /\ (f o h)[u] = ((h + Const m)[u])%fu \} = ω).
  { apply AxiomI; split; intros. apply AxiomII in H15; tauto.
    apply AxiomII; repeat split; eauto.
    rewrite FT11_Lemma1,Function_Plus_Corollary2; auto.
    rewrite H2,H13; auto. rewrite <-H6 in H15.
    apply Property_Value,Property_ran in H15; auto. }
  rewrite H15. destruct H. apply AxiomII in H as [_[[]_]]; tauto.
Qed.
```

设 f, g 是 $^*\mathbf{Q}$ 上的非负整数列, f_∞ 和 g_∞ 分别为 f 和 g 在 $^*\mathbf{Q}$ 上的延伸数列, 则有以下性质:

1) $\forall m \in {}^*\mathbf{Q_N}$, $(\forall n \in \omega, f(n) = g(n) + m) \implies (\forall N \in {}^*\mathbf{N}, f_\infty(N) = g_\infty(N) + m)$.

2) $(\forall n \in \omega, f(n) = g(n) \cdot g(n)) \implies (\forall N \in {}^*\mathbf{N}, f_\infty(N) = g_\infty(N) \cdot g_\infty(N))$.

3) $\forall m \in {}^*\mathbf{Q_N}$, $(\forall n \in \omega, f(n) = \varphi_4(n) + m) \implies (\forall N \in {}^*\mathbf{N}, f_\infty(N) = \varphi_3(N) + m)$.

4) $\forall q \in \mathbf{Q_<}$, $(\forall n \in \omega, f(n)/g(n) < q) \implies (\forall N \in {}^*\mathbf{N}, f_\infty(N)/g_\infty(N) \in \mathbf{Q_<})$.

5) $\forall q \in \mathbf{Q_<}$, $(\forall n \in \omega, f(n)/g(n) < q) \implies (\forall N \in {}^*\mathbf{N}, [f_\infty(N)/g_\infty(N)] = [q] \vee [f_\infty(N)/g_\infty(N)] < [q])$.

6) $\forall a, b \in {}^*\mathbf{Q_N}$, $b \neq {}^*Q_0$, $(\forall n \in \omega, a/b < f(n)/g(n)) \implies (\forall N \in {}^*\mathbf{N}, a/b < f_\infty(N)/g_\infty(N))$.

7) $\forall q, q_m \in \mathbf{Q_<}$, $(\forall n \in \omega, q < f(n)/g(n) < q_m) \implies (\forall N \in {}^*\mathbf{N}, [q] = [f_\infty(N)/g_\infty(N)] \vee [q] < [f_\infty(N)/g_\infty(N)])$.

```
Open Scope q'_scope.
```

```
Fact Q'_extNatSeq_Property6 :
  ∀ F0 f g m N, Arithmetical_ultraFilter F0
  -> Q'_NatSeq F0 f -> Q'_NatSeq F0 g -> m ∈ (Q'_N F0)
  -> (∀ n, n ∈ ω -> f[n] = g[n] +_F0 m) -> N ∈ (N' F0)
  -> (Q'_extNatSeq F0 f)[N] = (Q'_extNatSeq F0 g)[N] +_F0 m.
Proof.
  intros. unfold Q'_extNatSeq.
  pose proof H0. apply Q'_NatSeq_and_ω_Seq in H5; auto.
  pose proof H1. apply Q'_NatSeq_and_ω_Seq in H6; auto.
  destruct (N'_extSeq_is_Function F0 ((φ4 F0)⁻¹ ∘ f)).
  pose proof H5. apply (N'_extSeq_ran F0) in H9; auto.
  destruct (N'_extSeq_is_Function F0 ((φ4 F0)⁻¹ ∘ g)).
  pose proof H6. apply (N'_extSeq_ran F0) in H12; auto.
  assert (∀ n, n ∈ ω
    -> ((φ4 F0)⁻¹ ∘ f)[n] = ((φ4 F0)⁻¹ ∘ g)[n] + ((φ4 F0)⁻¹)[m]).
  { intros. pose proof H13. apply H3 in H14.
    pose proof H. apply φ4_is_Function in H15 as [[][]].
    assert (f[n] ∈ ran(φ4 F0) /\ g[n] ∈ ran(φ4 F0)) as [].
    { destruct H0 as [H0[]]. destruct H1 as [H1[]].
      split; [apply H20|apply H22]; apply (@ Property_ran n),
      Property_Value; auto; [rewrite H19|rewrite H21]; auto. }
    assert (∀ m, m ∈ (Q'_N F0) -> ((φ4 F0) ¹)[m] ∈ ω).
    { intros. unfold Q'_N in H21. rewrite reqdi in H21.
      apply Property_Value,Property_ran in H21; auto.
      rewrite <-deqri,H17 in H21; auto. }
    destruct H0 as [H0[]]. destruct H1 as [H1[]].
    rewrite <-(f11vi (φ4 F0) (f[n])),<-(f11vi (φ4 F0) (g[n])),
    <-(f11vi (φ4 F0) m),<-φ4_PrPlus,
    <-(Q'_N_properSubset_Q'_N'_Lemma _ f),
    <-(Q'_N_properSubset_Q'_N'_Lemma _ g) in H14; auto.
    destruct H5 as [H5[]]. destruct H6 as [H6[]].
    apply f11inj in H14; auto;
    rewrite H17,Q'_N_properSubset_Q'_N'_Lemma; auto.
    apply ω_Plus_in_ω; auto. }
  assert (((φ4 F0)⁻¹)[m] ∈ ω).
  { pose proof H. apply φ4_is_Function in H14 as [[][]].
    unfold Q'_N in H2. rewrite reqdi in H2.
    apply Property_Value,Property_ran in H2; auto.
    rewrite <-deqri,H16 in H2; auto. }
  apply (N'_extSeq_Property5 F0 _ _ _ N) in H13; auto.
  pose proof H. apply φ3_is_Function in H15 as [[][]].
  rewrite Q'_N_properSubset_Q'_N'_Lemma,
  Q'_N_properSubset_Q'_N'_Lemma,H13,φ3_PrPlus; auto.
  - replace ((φ3 F0)[F ((φ4 F0)⁻¹)[m]]) with m; auto.
    destruct φ_is_Function as [[][]]. pose proof H14.
    rewrite <-H21 in H23. apply Property_Value,AxiomII' in H23
    as [_[_]]; auto. rewrite <-H23. unfold φ4.
    rewrite MKT62,MKT62,MKT58,<-MKT62.
    replace ((φ2 F0) ∘ (φ1 F0)) with (φ3 F0); auto.
    assert (m ∈ ran(φ3 F0)).
    { pose proof H. apply φ3_ran in H24. rewrite H24.
      apply Q'_N_Subset_Q'_N'; auto. }
    rewrite Q'_N_properSubset_Q'_N'_Lemma,f11vi,f11vi; auto.
    rewrite H22,<-(Q'_N_PreimageSet_N'_N F0); auto.
    pose proof H24. rewrite reqdi in H24.
    apply Property_Value,Property_ran in H24; auto.
    rewrite <-deqri in H24. apply AxiomII; repeat split; eauto.
```

```
      rewrite f11vi; auto.
    - rewrite <-H11 in H4. apply Property_Value,Property_ran in H4;
      auto.
    - apply Fn_in_N'; auto. destruct H; auto.
Qed.

Fact Q'_extNatSeq_Property7 :
  ∀ F0 f g N, Arithmetical_ultraFilter F0
  -> Q'_NatSeq F0 f -> Q'_NatSeq F0 g
  -> (∀ n, n ∈ ω -> f[n] = g[n] ·_F0 g[n])
  -> N ∈ (N' F0) -> (Q'_extNatSeq F0 f)[N]
    = (Q'_extNatSeq F0 g)[N] ·_F0 (Q'_extNatSeq F0 g)[N].
Proof.
  intros. unfold Q'_extNatSeq.
  pose proof H0. apply Q'_NatSeq_and_ω_Seq in H4; auto.
  pose proof H1. apply Q'_NatSeq_and_ω_Seq in H5; auto.
  destruct (N'_extSeq_is_Function F0 ((φ4 F0)⁻¹ ∘ f)).
  pose proof H4. apply (N'_extSeq_ran F0) in H8; auto.
  destruct (N'_extSeq_is_Function F0 ((φ4 F0)⁻¹ ∘ g)).
  pose proof H5. apply (N'_extSeq_ran F0) in H11; auto.
  assert (∀ n, n ∈ ω -> ((φ4 F0)⁻¹ ∘ f)[n]
    = ((φ4 F0)⁻¹ ∘ g)[n] · ((φ4 F0)⁻¹ ∘ g)[n]).
  { intros. pose proof H12. apply H2 in H13.
    pose proof H. apply φ4_is_Function in H14 as [[][]].
    assert (f[n] ∈ ran(φ4 F0) ∧ g[n] ∈ ran(φ4 F0)) as [].
    { destruct H0 as [H0[]]. destruct H1 as [H1[]].
      split; [apply H19|apply H21]; apply (@ Property_ran n),
      Property_Value; auto; [rewrite H18|rewrite H20]; auto. }
    assert (∀ m, m ∈ (Q'_N F0) -> ((φ4 F0)⁻¹)[m] ∈ ω).
    { intros. unfold Q'_N in H20. rewrite reqdi in H20.
      apply Property_Value,Property_ran in H20; auto.
      rewrite <-deqri,H16 in H20; auto. }
    destruct H0 as [H0[]]. destruct H1 as [H1[]].
    rewrite <-(f11vi (φ4 F0) (f[n])),<-(f11vi (φ4 F0) (g[n])),
    <-φ4_PrMult,<-(Q'_N_properSubset_Q'_N'_Lemma _ f),
    <-(Q'_N_properSubset_Q'_N'_Lemma _ g) in H13; auto.
    destruct H4 as [H4[]]. destruct H5 as [H5[]].
    apply f11inj in H13; auto; rewrite H16; try apply ω_Mult_in_ω;
    try rewrite Q'_N_properSubset_Q'_N'_Lemma; auto. }
  apply (N'_extSeq_Property6 F0 _ _ N) in H12; auto.
  pose proof H. apply φ3_is_Function in H13 as [[][]].
  rewrite Q'_N_properSubset_Q'_N'_Lemma,
  Q'_N_properSubset_Q'_N'_Lemma,H12,φ3_PrMult; auto;
  rewrite <-H10 in H3; apply Property_Value,Property_ran in H3; auto.
Qed.

Fact Q'_extNatSeq_Property8 :
  ∀ F0 f m N, Arithmetical_ultraFilter F0 -> Q'_NatSeq F0 f
  -> m ∈ (Q'_N F0) -> (∀ n, n ∈ ω -> f[n] = (φ4 F0)[n] +_F0 m)
  -> N ∈ (N' F0) -> (Q'_extNatSeq F0 f)[N] = (φ3 F0)[N] +_F0 m.
Proof.
  intros. unfold Q'_extNatSeq.
  pose proof H0. apply Q'_NatSeq_and_ω_Seq in H4; auto.
  destruct (N'_extSeq_is_Function F0 ((φ4 F0)⁻¹ ∘ f)).
  pose proof H4. apply (N'_extSeq_ran F0) in H7; auto.
  pose proof H. apply φ4_is_Function in H8 as [[][]].
  assert ((φ4 F0)⁻¹[m] ∈ ω).
  { unfold Q'_N in H1. rewrite reqdi in H1.
```

```
    apply Property_Value,Property_ran in H1; auto.
    rewrite <-deqri,H10 in H1; auto. }
  pose proof H4. apply (N'_extSeq_Property7 F0 _ ((φ4 F0)⁻¹[m]) N)
  in H13; auto.
  - pose proof H. apply φ3_is_Function in H14 as [[][]].
    rewrite Q'_N_properSubset_Q'_N'_Lemma,H13; auto.
    destruct φ_is_Function as [[][]]. rewrite <-H20 in H12.
    apply Property_Value,AxiomII' in H12 as [_[]]; auto.
    rewrite <-H22. unfold φ4. rewrite MKT62,MKT62,MKT58,<-MKT62.
    replace ((φ2 F0) ∘ (φ1 F0)) with (φ3 F0); auto.
    assert (m ∈ ran(φ3 F0)).
    { pose proof H. apply φ3_ran in H23. rewrite H23.
      apply Q'_N_Subset_Q'_N'; auto. }
    assert ((φ3 F0)⁻¹[m] ∈ ran(φ)).
    { rewrite H21,<-(Q'_N_PreimageSet_N'_N F0); auto.
      pose proof H23. rewrite reqdi in H24.
      apply Property_Value,Property_ran in H24; auto.
      rewrite <-deqri in H24. apply AxiomII; repeat split; eauto.
      rewrite f11vi; auto. }
    rewrite Q'_N_properSubset_Q'_N'_Lemma,f11vi; auto.
    rewrite φ3_PrPlus,f11vi; auto. rewrite H21 in H24.
    apply N'_N_Subset_N'; auto.
  - intros. destruct H0 as [H0[]].
    rewrite Q'_N_properSubset_Q'_N'_Lemma,H2; auto.
    assert ((φ4 F0)[n] +_F0 m = (φ4 F0)[n + (φ4 F0)⁻¹[m]]).
    { rewrite φ4_PrPlus,f11vi; auto. }
    rewrite H17,f11iv; auto. rewrite H10. apply ω_Plus_in_ω; auto.
Qed.

Fact Q'_extNatSeq_Property9 :
  ∀ F0 f g q N, Arithmetical_ultraFilter F0
  -> Q'_NatSeq F0 f -> Q'_NatSeq F0 g -> (∀ n, g[n] <> Q'0 F0)
  -> q ∈ (Q'< F0) -> (∀ n, n ∈ ω -> (f[n] /_F0 g[n]) <_F0 q)
  -> N ∈ (N' F0) -> ((Q'_extNatSeq F0 f)[N]
    /_F0 (Q'_extNatSeq F0 g)[N]) ∈ (Q'< F0).
Proof.
  intros. set (B := (Q'_extNatSeq F0 f)[N]
    /_F0 (Q'_extNatSeq F0 g)[N]).
  assert (B ∈ (Q' F0)).
  { pose proof H0. pose proof H1.
    apply Q'_extNatSeq_is_Function in H6 as [H6[]]; auto.
    apply Q'_extNatSeq_is_Function in H7 as [H7[]]; auto.
    pose proof H5; pose proof H5. rewrite <-H8 in H12.
    rewrite <-H10 in H13. apply Property_Value,Property_ran
    in H12,H13; auto. apply Q'_Divide_in_Q'; auto;
    try apply Q'_N'_properSubset_Q'; auto.
    apply Q'_extNatSeq_Property3; auto. apply Q'0_in_Q'_N; auto. }
  assert (∀ n, n ∈ ω -> (f[n] /_F0 g[n]) ∈ (Q' F0)).
  { intros. destruct H0 as [H0[]]. destruct H1 as [H1[]].
    pose proof H7. rewrite <-H8 in H7. rewrite <-H10 in H12.
    apply Property_Value,Property_ran in H7,H12; auto.
    apply Q'_Divide_in_Q'; try apply Q'_N_Subset_Q'; auto. }
  pose proof H3. apply AxiomII in H8 as [_[H8[k[]]]].
  assert (∀ n, n ∈ ω -> (f[n] /_F0 g[n]) <_F0 k).
  { pose proof H8. apply Self_le_Q'Abs in H11; auto.
    destruct H10,H11; intros. rewrite <-H10,<-H11; auto.
    rewrite <-H10. apply (Q'_Ord_Trans F0 _ q); auto with Q'.
    rewrite <-H11 in H10. apply (Q'_Ord_Trans F0 _ q); auto.
    apply Q'_N_Subset_Q'; auto. apply (Q'_Ord_Trans F0 q)
```

```
    in H10; auto with Q'. apply (Q'_Ord_Trans F0 _ q); auto.
      apply Q'_N_Subset_Q'; auto. apply Q'_N_Subset_Q'; auto. }
    assert (k = k /F0 (Q'1 F0)).
    { rewrite Q'_Divide_Property2; try apply Q'_N_Subset_Q'; auto. }
    rewrite H12 in H11. apply (Q'_extNatSeq_Property5 F0 f g N)
    in H11; try apply Q'1_in_Q'_N;
    try (intro; apply (Q'0_isn't_Q'1 F0)); auto.
    rewrite <-H12 in H11. apply AxiomII; repeat split; eauto.
    assert ((Q'_extNatSeq F0 g)[N] ∈ (Q'_N' F0)).
    { pose proof H1. apply Q'_extNatSeq_is_Function in H1 as [H1[]];
      auto. pose proof H5. rewrite <-H14 in H16.
      apply Property_Value,Property_ran,H15 in H16; auto. }
    assert ((Q'_extNatSeq F0 g)[N] <> (Q'0 F0)).
    { apply Q'_extNatSeq_Property3; auto. apply Q'0_in_Q'_N; auto. }
    pose proof H13. apply Q'_N'_properSubset_Q' in H13; auto.
    apply Q'_N'_Q'0_is_FirstMember in H15; auto.
    assert ((Q'_extNatSeq F0 f)[N] ∈ (Q'_N' F0)).
    { pose proof H0. apply Q'_extNatSeq_is_Function in H0 as [H0[]];
      auto. pose proof H5. rewrite <-H17 in H19.
      apply Property_Value,Property_ran,H18 in H19; auto. }
    exists k. destruct (classic ((Q'_extNatSeq F0 f)[N] = Q'0 F0)).
    - assert (B = Q'0 F0).
      { unfold B. rewrite H17.
        apply (Q'_Mult_Cancellation F0 (Q'_extNatSeq F0 g)[N]);
        auto with Q'. rewrite Q'_Divide_Property3,
        Q'_Mult_Property1; auto with Q'. }
      unfold B in H18. rewrite H18 in H11. apply eq_Q'0_Q'Abs in H18;
      auto. unfold B. rewrite H18; auto.
    - pose proof H16. apply Q'_N'_properSubset_Q' in H16; auto.
      apply Q'_N'_Q'0_is_FirstMember in H18; auto.
      assert ((Q'0 F0) <F0 B).
      { apply (Q'_Mult_PrOrder F0 _ _ (Q'_extNatSeq F0 g)[N]);
        auto with Q'. unfold B. rewrite Q'_Mult_Property1,
        Q'_Divide_Property3; auto. }
      apply mt_Q'0_Q'Abs in H19; auto. rewrite H19; auto.
Qed.


Fact Q'_extNatSeq_Property10 :
  ∀ F0 f g q N, Arithmetical_ultraFilter F0
  -> Q'_NatSeq F0 f -> Q'_NatSeq F0 g -> (∀ n, g[n] <> Q'0 F0)
  -> q ∈ (Q'_< F0) -> (∀ n, n ∈ ω -> (f[n] /F0 g[n]) <F0 q)
  -> N ∈ (N' F0) -> (\[((Q'_extNatSeq F0 f)[N]
    /F0 (Q'_extNatSeq F0 g)[N])%q'\]F0 = \[q\]F0
  \/ \[((Q'_extNatSeq F0 f)[N] /F0 (Q'_extNatSeq F0 g)[N])%q'\]F0 <F0 \[q\]F0)%r.
Proof.
  intros. set (B := (Q'_extNatSeq F0 f)[N]
    /F0 (Q'_extNatSeq F0 g)[N]).
  assert (B ∈ (Q'_< F0)).
  { eapply Q'_extNatSeq_Property9; eauto. }
  pose proof H6. apply Q'_<_Subset_Q' in H7; auto.
  set (Br := (\[B\]F0)%r). set (qr := (\[q\]F0)%r).
  assert (Br ∈ (R F0) /\ qr ∈ (R F0)) as [].
  { split; apply R_Corollary2; auto. }
  destruct (R_Ord_Connect F0 H Br qr) as [H10|[|]]; auto.
  apply Q_Density in H10 as [xr[H10[]]]; auto.
  apply AxiomII in H10 as [_[x[]]]. pose proof H10.
  apply Q'_Q_Subset_Q'_< in H14; auto. rewrite H13 in H11,H12.
  apply R_Ord_Corollary in H11 as [H11 _]; auto.
  apply R_Ord_Corollary in H12 as [H12 _]; auto.
```

```
assert (∀ n, n ∈ ω -> (f[n] /F0 g[n]) ∈ (Q' F0)).
{ intros. destruct H0 as [H0[]]. destruct H1 as [H1[]].
  pose proof H15. rewrite <-H16 in H15. rewrite <-H18 in H20.
  apply Property_Value,Property_ran in H15,H20; auto.
  apply Q'_Divide_in_Q'; try apply Q'_N_Subset_Q'; auto. }
assert (∀ n, n ∈ ω -> (f[n] /F0 g[n]) <F0 x).
{ intros. apply (Q'_Ord_Trans F0 _ q); auto;
  apply Q'<_Subset_Q'; auto. }
assert (∀ n, n ∈ ω -> (Q'0 F0) = (f[n] /F0 g[n])
\/ (Q'0 F0) <F0 (f[n] /F0 g[n])).
{ intros. destruct H0 as [H0[]]. destruct H1 as [H1[]].
  pose proof H17. rewrite <-H18 in H17. rewrite <-H20 in H22.
  apply Property_Value,Property_ran in H17,H22; auto.
  apply H19 in H17; apply H21 in H22. pose proof H17;
  pose proof H22. apply Q'_N_Subset_Q' in H23,H24; auto.
  destruct (classic (f[n] = Q'0 F0)).
  - left. rewrite H25. apply (Q'_Mult_Cancellation F0 g[n]);
    auto with Q'. rewrite Q'_Mult_Property1,Q'_Divide_Property3;
    auto with Q'.
  - assert (f[n] ∈ ((Q'_N F0) ~ [Q'0 F0])).
    { apply MKT4'; split; auto. apply AxiomII; split; eauto.
      intro. apply MKT41 in H26; eauto with Q'. }
    assert (g[n] ∈ ((Q'_N F0) ~ [Q'0 F0])).
    { apply MKT4'; split; auto. apply AxiomII; split; eauto.
      intro. apply MKT41 in H27; eauto with Q'.
      elim (H2 n); auto. }
    apply Q'_N_Q'0_is_FirstMember in H26,H27; auto. right.
    apply (Q'_Mult_PrOrder F0 _ _ g[n]); auto with Q'.
    rewrite Q'_Mult_Property1,Q'_Divide_Property3; auto. }
assert ((Q'0 F0) <F0 x).
{ pose proof in_ω_0. pose proof H18. apply H16 in H18.
  pose proof H17. apply H17 in H19 as []. rewrite H19; auto.
  apply (Q'_Ord_Trans F0 (Q'0 F0)) in H18; auto with Q'.
  apply Q'_Q_Subset_Q'; auto. }
pose proof H10. apply RatSeq_and_NatSeq_Lemma in H19
as [b[[H19[H20 _]]_]]; auto. apply AxiomII in H20
as [_[H20[H21[a[]]]]]. rewrite H23 in H16.
apply (Q'_extNatSeq_Property5 F0 f g N) in H16; auto.
rewrite <-H23 in H16. apply (Q'_Ord_Trans F0 x) in H16; auto;
try apply Q'_Q_Subset_Q'; auto.
elim (Q'_Ord_irReflex F0 x x); auto; apply Q'_Q_Subset_Q'; auto.
Qed.

Fact Q'_extNatSeq_Property11 :
  ∀ F0 f g N a b, Arithmetical_ultraFilter F0
  -> Q'_NatSeq F0 f -> Q'_NatSeq F0 g -> (∀ n, g[n] <> Q'0 F0)
  -> N ∈ (N' F0) -> a ∈ (Q'_N F0) -> b ∈ (Q'_N F0) -> b <> Q'0 F0
  -> (∀ n, n ∈ ω -> (a /F0 b) <F0 (f[n] /F0 g[n]))
  -> (a /F0 b) <F0 ((Q'_extNatSeq F0 f)[N] /F0 (Q'_extNatSeq F0 g)[N]).
Proof.
  intros. pose proof H. apply φ4_is_Function in H8 as [[][]].
  assert (∀ M, (Q'_extNatSeq F0 g)[M] <> Q'0 F0).
  { intros. apply Q'_extNatSeq_Property3; auto.
    apply Q'0_in_Q'_N; auto. }
  assert (∀ n, n ∈ ω -> g[n] ∈ (Q'_N F0)).
  { intros. destruct H1 as [H1[]]. rewrite <-H14 in H13.
    apply Property_Value,Property_ran,H15 in H13; auto. }
  assert (∀ n, n ∈ ω -> f[n] ∈ (Q'_N F0)).
  { intros. destruct H0 as [H0[]]. rewrite <-H15 in H14.
```

```
  apply Property_Value,Property_ran,H16 in H14; auto. }
assert (∀ n, n ∈ ω -> (Q'O FO) <_FO g[n]).
{ intros. apply Q'_N_Q'O_is_FirstMember; auto.
  apply MKT4'; split; auto. apply AxiomII; split; eauto.
  intro. pose proof H. apply Q'O_in_Q' in H17.
  apply MKT41 in H16; eauto. elim (H2 n); auto. }
pose proof H.
apply (Q'_extNatSeq_is_Function FO f) in H16 as [H16[]]; auto.
pose proof H.
apply (Q'_extNatSeq_is_Function FO g) in H19 as [H19[]]; auto.
assert (∀ N, N ∈ (N' FO)
  -> (Q'O FO) <_FO (Q'_extNatSeq FO g)[N]).
{ intros. apply Q'_N'_Q'O_is_FirstMember; auto. apply H21,
  (@ Property_ran NO),Property_Value; auto. rewrite H20; auto. }
assert ((Q'O FO) <_FO b).
{ apply Q'_N_Q'O_is_FirstMember; auto. apply MKT4'; split; auto.
  apply AxiomII; split; eauto. intro. pose proof H.
  apply Q'O_in_Q' in H24. apply MKT41 in H23; eauto. }
set (h := \{\ λ u v, u ∈ ω /\ v = a ·_FO g[u] \}\).
assert (Q'_NatSeq FO h).
{ assert (Function h).
  { split; unfold Relation; intros. apply AxiomII in H24
    as [_[x[y[]]]]; eauto. apply AxiomII' in H24 as [_[]].
    apply AxiomII' in H25 as [_[]]. rewrite H27,H26; auto. }
  split; auto. split. apply AxiomI; split; intros.
  apply AxiomII in H25 as [H25[]]. apply AxiomII' in H26; tauto.
  apply AxiomII; split; eauto. exists (a ·_FO g[z]).
  apply AxiomII'; split; auto. pose proof H4.
  apply (Q'_N_Mult_in_Q'_N FO a g[z]) in H26; auto.
  apply MKT49a; eauto. unfold Included; intros.
  apply AxiomII in H25 as [H25[]]. apply AxiomII' in H26
  as [H26[]]. rewrite H28. apply Q'_N_Mult_in_Q'_N; auto. }
set (k := \{\ λ u v, u ∈ ω /\ v = b ·_FO f[u] \}\).
assert (Q'_NatSeq FO k).
{ assert (Function k).
  { split; unfold Relation; intros. apply AxiomII in H25
    as [_[x[y[]]]]; eauto. apply AxiomII' in H25 as [_[]].
    apply AxiomII' in H26 as [_[]]. rewrite H28,H27; auto. }
  split; auto. split. apply AxiomI; split; intros.
  apply AxiomII in H26 as [H26[]]. apply AxiomII' in H27; tauto.
  apply AxiomII; split; eauto. exists (b ·_FO f[z]).
  apply AxiomII'; split; auto. pose proof H5.
  apply (Q'_N_Mult_in_Q'_N FO b f[z]) in H27; auto.
  apply MKT49a; eauto. unfold Included; intros.
  apply AxiomII in H26 as [H26[]]. apply AxiomII' in H27
  as [H27[]]. rewrite H29. apply Q'_N_Mult_in_Q'_N; auto. }
assert (∀ n, n ∈ ω -> h[n] ∈ (Q'_N FO)).
{ intros. destruct H24 as [H24[]]. rewrite <-H27 in H26.
  apply Property_Value,Property_ran,H28 in H26; auto. }
assert (∀ n, n ∈ ω -> k[n] ∈ (Q'_N FO)).
{ intros. destruct H25 as [H25[]]. rewrite <-H28 in H27.
  apply Property_Value,Property_ran,H29 in H27; auto. }
assert (∀ n, n ∈ ω -> h[n] <_FO k[n]).
{ intros. destruct H24 as [H24[]]. destruct H25 as [H25[]].
  rewrite <-H29 in H28. apply Property_Value,AxiomII' in H28
  as [_[]]; auto. rewrite <-H31 in H28.
  apply Property_Value,AxiomII' in H28 as [_[]]; auto.
  pose proof H28. apply H7,(Q'_Mult_PrOrder FO _ _ g[n]) in H28;
  auto with Q'. rewrite Q'_Divide_Property3,
```

```
    Q'_Mix_Association2,Q'_Mult_Commutation,<-H33 in H28; auto. }
    apply (Q'_Mult_PrOrder F0 _ _ b) in H28; auto with Q'.
    rewrite <-H34,Q'_Divide_Property3 in H28; auto. }
  apply (Q'_extNatSeq_Property1 F0 _ _ N) in H28; auto.
  assert ((Q'_extNatSeq F0 g)[N] ∈ (Q'_N' F0)).
  { apply H21,(@ Property_ran N),Property_Value;
    try rewrite H20; auto. }
  assert ((Q'_extNatSeq F0 f)[N] ∈ (Q'_N' F0)).
  { apply H18,(@ Property_ran N),Property_Value;
    try rewrite H17; auto. }
  assert ((Q'0 F0) <_{F0} (Q'_extNatSeq F0 g)[N]).
  { apply Q'_N'_Q'0_is_FirstMember; auto. }
  apply Q'_N'_properSubset_Q'_Z',Q'_Z'_properSubset_Q' in H29; auto.
  apply Q'_N'_properSubset_Q'_Z',Q'_Z'_properSubset_Q' in H30; auto.
  assert ((Q'_extNatSeq F0 h)[N] = a ·_{F0} ((Q'_extNatSeq F0 g)[N])
    /\ (Q'_extNatSeq F0 k)[N] = b ·_{F0} ((Q'_extNatSeq F0 f)[N]))
  as []. { split; apply Q'_extNatSeq_Property5_Lemma; auto. }
  rewrite H32,H33 in H28. apply (Q'_Mult_PrOrder F0 _ _
  (Q'_extNatSeq F0 g)[N]); try apply Q'_Divide_in_Q'; auto.
  rewrite Q'_Divide_Property3,Q'_Mult_Commutation; auto with Q'.
  apply (Q'_Mult_PrOrder F0 _ _ b); auto with Q'.
  rewrite <-Q'_Mult_Association,Q'_Divide_Property3; auto with Q'.
Qed.

Fact Q'_extNatSeq_Property12:
  ∀ F0 f g q qm N, Arithmetical_ultraFilter F0
  -> Q'_NatSeq F0 f -> Q'_NatSeq F0 g -> (∀ n, g[n] <> Q'0 F0)
  -> q ∈ (Q'_< F0) -> qm ∈ (Q'_< F0)
  -> (∀ n, n ∈ ω -> q <_{F0} (f[n] /_{F0} g[n]))
  -> (∀ n, n ∈ ω -> (f[n] /_{F0} g[n]) <_{F0} qm)
  -> N ∈ (N' F0) -> (\[q\]_{F0} = \[((Q'_extNatSeq F0 f)[N]
    /_{F0} (Q'_extNatSeq F0 g)[N])%q'\]_{F0} \/ \[q\]_{F0} <_{F0}
    \[((Q'_extNatSeq F0 f)[N] /_{F0} (Q'_extNatSeq F0 g)[N])%q'\]_{F0})%r.
Proof.
  intros. set (B := (Q'_extNatSeq F0 f)[N]
    /_{F0} (Q'_extNatSeq F0 g)[N]).
  assert (B ∈ (Q'_< F0)).
  { eapply Q'_extNatSeq_Property9; eauto. }
  pose proof H8. apply Q'_<_Subset_Q' in H9; auto.
  set (Br := (\[B\]_{F0})%r). set (qr := (\[q\]_{F0})%r).
  assert (Br ∈ (R F0) /\ qr ∈ (R F0)) as [].
  { split; apply R_Corollary2; auto. }
  destruct (R_Ord_Connect F0 H Br qr) as [H12|[|]]; auto.
  apply Q_Density in H12 as [xr[H12[]]]; auto.
  apply AxiomII in H12 as [_[x[]]]. pose proof H12.
  apply Q'_Q_Subset_Q'_< in H16; auto. rewrite H15 in H13,H14.
  apply R_Ord_Corollary in H13 as [H13 _]; auto.
  apply R_Ord_Corollary in H14 as [H14 _]; auto.
  assert (∀ n, n ∈ ω -> (f[n] /_{F0} g[n]) ∈ (Q' F0)).
  { intros. destruct H0 as [H0[]]. destruct H1 as [H1[]].
    pose proof H17. rewrite <-H18 in H17. rewrite <-H20 in H22.
    apply Property_Value,Property_ran in H17,H22.
    apply Q'_Divide_in_Q'; try apply Q'_N_Subset_Q'; auto. }
  assert (∀ n, n ∈ ω -> x <_{F0} (f[n] /_{F0} g[n])).
  { intros. apply (Q'_Ord_Trans F0 _ q); auto;
    apply Q'_<_Subset_Q'; auto. }
  assert (∀ n, n ∈ ω -> (Q'0 F0) = (f[n] /_{F0} g[n])
    \/ (Q'0 F0) <_{F0} (f[n] /_{F0} g[n])).
  { intros. destruct H0 as [H0[]]. destruct H1 as [H1[]].
```

```
      pose proof H19. rewrite <-H20 in H19. rewrite <-H22 in H24.
      apply Property_Value,Property_ran in H19,H24; auto.
      apply H21 in H19; apply H23 in H24. pose proof H19;
      pose proof H24. apply Q'_N_Subset_Q' in H25,H26; auto.
      destruct (classic (f[n] = Q'0 F0)).
      - left. rewrite H27. apply (Q'_Mult_Cancellation F0 g[n]);
        auto with Q'. rewrite Q'_Mult_Property1,Q'_Divide_Property3;
        auto with Q'.
      - assert (f[n] ∈ ((Q'_N F0) ~ [Q'0 F0])).
        { apply MKT4'; split; auto. apply AxiomII; split; eauto.
          intro. apply MKT41 in H28; eauto with Q'. }
        assert (g[n] ∈ ((Q'_N F0) ~ [Q'0 F0])).
        { apply MKT4'; split; auto. apply AxiomII; split; eauto.
          intro. apply MKT41 in H29; eauto with Q'.
          elim (H2 n); auto. }
        apply Q'_N_Q'0_is_FirstMember in H28,H29; auto. right.
        apply (Q'_Mult_PrOrder F0 _ _ g[n]); auto with Q'.
        rewrite Q'_Mult_Property1,Q'_Divide_Property3; auto. }
    apply Q'_<_Subset_Q' in H16; auto. destruct
    (Q'_Ord_Connect F0 H (Q'0 F0) x) as []; auto with Q'.
    - apply RatSeq_and_NatSeq_Lemma in H12 as [b[[H12[H21 _]]_];
      auto. apply AxiomII in H21 as [_[H21[H22[a[]]]]].
      rewrite H24 in H18. apply (Q'_extNatSeq_Property11 F0 f g N)
      in H18; auto. rewrite <-H24 in H18.
      apply (Q'_Ord_Trans F0 x) in H13; auto.
      elim (Q'_Ord_irReflex F0 x x); auto.
    - pose proof H0; pose proof H1.
      apply Q'_extNatSeq_is_Function in H21 as [H21[]]; auto.
      apply Q'_extNatSeq_is_Function in H22 as [H22[]]; auto.
      pose proof H7; pose proof H7.
      rewrite <-H23 in H27; rewrite <-H25 in H28.
      apply Property_Value,Property_ran in H27,H28; auto.
      apply H24 in H27; apply H26 in H28.
      apply (Q'_extNatSeq_Property3 F0 g N) in H2;
      try apply Q'0_in_Q'_N; auto. pose proof H27; pose proof H28.
      apply Q'_N'_properSubset_Q' in H27,H28; auto.
      apply Q'_N'_Q'0_is_FirstMember in H30.
      destruct (classic ((Q'_extNatSeq F0 f)[N] = Q'0 F0)).
      + assert (Q'0 F0 = B).
        { apply (Q'_Mult_Cancellation F0 (Q'_extNatSeq F0 g)[N]);
          auto with Q'. unfold B. rewrite Q'_Mult_Property1,
          Q'_Divide_Property3; auto. }
        rewrite H32 in H20. destruct H20;
        [apply (Q'_Ord_Trans F0 x) in H13|rewrite H20 in H13]; auto;
        elim (Q'_Ord_irReflex F0 x x); auto.
      + apply Q'_N'_Q'0_is_FirstMember in H31; auto.
        assert ((Q'0 F0) <_F0 B).
        { apply (Q'_Mult_PrOrder F0 _ _ (Q'_extNatSeq F0 g)[N]);
          auto with Q'. unfold B. rewrite Q'_Mult_Property1,
          Q'_Divide_Property3; auto. }
        assert (x <_F0 B).
        { destruct H20; [apply (Q'_Ord_Trans F0 _ (Q'0 F0))|
          rewrite <-H20]; auto with Q'. }
        apply (Q'_Ord_Trans F0 x) in H13; auto.
        elim (Q'_Ord_irReflex F0 x x); auto.
Qed.
```

对任意算术超滤生成的 $^*\mathbf{Q}$ 和 $\mathbf{R}$, 关于其上的运算和序关系有以下性质:

1) $\forall u, v \in {}^*\mathbf{Q_Z}, \ u < v \implies u + {}^*\mathbf{Q}_1 = v \lor \ u + {}^*\mathbf{Q}_1 < v$.

2) $\forall A(\neq \emptyset) \subset {}^*\mathbf{Q_N}, (\exists q \in {}^*\mathbf{Q_<}, (\forall a \in A, a = q \vee a < q)) \implies (\exists! m \in A, (\forall a \in A, a = m \vee a < m))$.

3) $\forall n \in {}^*\mathbf{Q_N}, q \in {}^*\mathbf{Q}, n \cdot n = q \vee n \cdot n < q \implies n = q \vee n < q$.

4) $\forall u, v \in {}^*\mathbf{Q}, ({}^*Q_0 = u \vee {}^*Q_0 < u) \wedge u < v \implies u \cdot u < v \cdot v$.

5) $\forall u, q \in {}^*\mathbf{Q}, u \cdot u < q \wedge ({}^*Q_0 = u \vee {}^*Q_0 < u) \implies (q < {}^*Q_1 \wedge u < {}^*Q_1) \vee (({}^*Q_1 = q \vee {}^*Q_1 < q) \wedge u < q)$.

6) $\forall u, v \in \mathbf{R}, (u = v \vee u < v) \wedge (v = u \vee v < u) \iff u = v$.

7) $\forall k \in \omega, \varphi_4(k) \in {}^*\mathbf{Q_N}$.

```
Lemma Square_Root_Lemma1 : ∀ F0 u v, Arithmetical_ultraFilter F0
 -> u ∈ (Q'_Z F0) -> v ∈ (Q'_Z F0) -> u <_F0 v
 -> (u +_F0 (Q'1 F0)) <_F0 v \/ u +_F0 (Q'1 F0) = v.
Proof.
  intros. pose proof H0; pose proof H1.
  apply Q'_Z_Subset_Q' in H3,H4; auto.
  pose proof H4. apply (Q'_Ord_Connect F0 H (u +_F0 (Q'1 F0)))
  in H5 as [H5|[|]]; auto with Q'.
  assert ((v -_F0 u) <_F0 (Q'1 F0)).
  { apply (Q'_Plus_PrOrder F0 _ _ u); auto with Q'.
    rewrite <-Q'_Mix_Association1,(Q'_Plus_Commutation F0 u),
    Q'_Mix_Association1,Q'_Minus_Property1,Q'_Plus_Property; auto. }
  assert ((Q'0 F0) <_F0 (v -_F0 u)).
  { apply (Q'_Plus_PrOrder F0 _ _ u); auto with Q'.
    rewrite Q'_Plus_Property,<-Q'_Mix_Association1,
    (Q'_Plus_Commutation F0 u),Q'_Mix_Association1,
    Q'_Minus_Property1,Q'_Plus_Property; auto. }
  assert ((v -_F0 u) ∈ (Q'_Z F0)).
  { apply Q'_Z_Minus_in_Q'_Z; auto. }
  rewrite Q'_Z_Corollary in H8; auto. apply AxiomII in H8
  as [H8[z[]]]. rewrite H10 in H6,H7.
  rewrite Q'1_Corollary in H6; auto. rewrite Q'0_Corollary in H7;
  auto. pose proof H9. apply Z'_Z_Subset_Z' in H11; auto.
  apply Q'_Ord_Corollary in H6,H7; auto with Z'.
  rewrite Z'_Mult_Property2,Z'_Mult_Property2 in H6; auto with Z'.
  rewrite Z'_Mult_Property2,Z'_Mult_Commutation,Z'_Mult_Property2
  in H7; auto with Z'. pose proof H7. apply Z'_add_Property7 in H7
  as []; auto.
  - apply (Z'_Ord_Trans F0 z) in H7; auto with Z'.
    elim (Z'_Ord_irReflex F0 z z); auto.
  - rewrite H7 in H6. elim (Z'_Ord_irReflex F0 z z); auto.
Qed.

Lemma Square_Root_Lemma2 :
 ∀ F0 A, Arithmetical_ultraFilter F0 -> A <> ∅ -> A ⊂ (Q'_N F0)
 -> (∃ q, q ∈ (Q'_< F0) /\ (∀ a, a ∈ A -> a = q \/ a <_F0 q))
 -> (exists ! m, m ∈ A /\ (∀ a, a ∈ A -> a = m \/ a <_F0 m)).
Proof.
  intros. destruct H2 as [q[]]. apply NEexE in H0 as [].
  set (D := \{ λ u, u ∈ (Q'_N F0) /\ (∀ a, a ∈ A -> a <_F0 u) \}).
  assert (D <> ∅).
  { assert ((Q'0 F0) = q \/ (Q'0 F0) <_ F0 q).
    { pose proof H0. apply H3 in H4. destruct (classic (x = Q'0 F0)).
      rewrite <-H5; auto. assert (x ∈ ((Q'_N F0) ~ [Q'0 F0])).
      { apply MKT4'; split; auto. apply AxiomII; split; eauto.
        intro. apply MKT41 in H6; eauto with Q'. }
```

```
  apply Q'_N_Q'O_is_FirstMember in H6; auto.
  destruct H4. rewrite <-H4; auto. apply (Q'_Ord_Trans F0 _ _ q)
  in H6; auto with Q'. apply Q'_N_Subset_Q'; auto.
  apply Q'<_Subset_Q'; auto. }
assert (|q|_F0 = q).
{ destruct H4. rewrite <-H4. apply eq_Q'O_Q'Abs; auto with Q'.
  apply mt_Q'O_Q'Abs; auto. apply Q'<_Subset_Q'; auto. }
pose proof H2. apply AxiomII in H6 as [_[H6[n[]]]].
pose proof H7. apply Q'_N_Subset_Q' in H9; auto.
rewrite H5 in H8.
assert (q <_F0 (n +_F0 (Q'1 F0))).
{ replace q with (q +_F0 (Q'O F0)). destruct H8.
  rewrite <-H8. apply Q'_Plus_PrOrder; auto with Q'.
  apply (Q'_Ord_Trans F0 _ (n +_F0 (Q'O F0))); auto with Q'.
  rewrite Q'_Plus_Property,Q'_Plus_Property; auto. apply
  Q'_Plus_PrOrder; auto with Q'. apply Q'_Plus_Property; auto. }
assert ((n +_F0 (Q'1 F0)) ∈ D).
{ apply AxiomII; repeat split; eauto with Q'. apply
  Q'_N_Plus_in_Q'_N; auto. apply Q'1_in_Q'_N; auto. intros.
  pose proof H11. apply H3 in H11 as []. rewrite H11; auto.
  apply (Q'_Ord_Trans F0 a q); auto with Q'.
  apply H1,Q'_N_Subset_Q' in H12; auto. } intro.
  rewrite H12 in H11. elim (@ MKT16 (n +_F0 (Q'1 F0))); auto. }
assert (D ⊂ (Q'_N F0)).
{ unfold Included; intros. apply AxiomII in H5; tauto. }
pose proof H4. apply (wosub (Q'_N F0) (Q'_Ord F0) D) in H6
as [d[]]; try apply Q'_Ord_WellOrder_Q'_N; auto. pose proof H6.
apply AxiomII in H8 as [_[]].
assert ((d -_F0 (Q'1 F0)) ∈ (Q'_Z F0)).
{ apply Q'_Z_Minus_in_Q'_Z; auto. apply Q'_N_properSubset_Q'_Z;
  auto. apply Q'1_in_Q'_Z; auto. }
pose proof H10. apply Q'_Z_Subset_Q' in H11; auto.
pose proof H8. apply Q'_N_Subset_Q' in H12; auto.
assert ((d -_F0 (Q'1 F0)) ∉ D).
{ intro. apply H7 in H13. elim H13.
  apply (Q'_Plus_PrOrder F0 _ _ (Q'1 F0)); auto with Q'.
  rewrite <-Q'_Mix_Association1,(Q'_Plus_Commutation F0 _ d),
  Q'_Mix_Association1,Q'_Minus_Property1; auto with Q'.
  apply Q'_Plus_PrOrder; auto with Q'. }
assert (∃ a, a ∈ A /\ ((d -_F0 (Q'1 F0)) = a
\/ (d -_F0 (Q'1 F0)) <_F0 a)) as [a[]].
{ apply NNPP; intro. elim H13. apply AxiomII; split; eauto.
  split; intros.
  - rewrite Q'_N_Equ_Q'_Z_me_Q'O; auto. apply AxiomII;
    repeat split; eauto. assert ((Q'O F0) <_F0 d).
    { destruct (classic (x = Q'O F0)). apply H9. rewrite <-H15;
      auto. assert (x ∈ ((Q'_N F0) ∼ [Q'O F0])).
      { apply MKT4'; split; auto. apply AxiomII; split; eauto.
        intro. apply MKT41 in H16; eauto with Q'. }
      apply Q'_N_Q'O_is_FirstMember in H16; auto.
      apply (Q'_Ord_Trans F0 _ x); auto with Q'.
      apply Q'_N_Subset_Q'; auto. }
    apply Square_Root_Lemma1 in H15; auto. rewrite
    Q'_Plus_Commutation,Q'_Plus_Property in H15; auto with Q'.
    destruct H15; [(right)|left].
  + apply (Q'_Plus_PrOrder F0 _ _ (Q'1 F0)); auto with Q'.
    rewrite Q'_Plus_Property,<-Q'_Mix_Association1,
    (Q'_Plus_Commutation F0 _ d),Q'_Mix_Association1,
    Q'_Minus_Property1,Q'_Plus_Property; auto with Q'.
```

```
      + rewrite H15,Q'_Minus_Property1; auto.
      + apply Q'0_in_Q'_Z; auto.
      + apply Q'_N_properSubset_Q'_Z; auto.
    - pose proof H15. apply H1,Q'_N_Subset_Q' in H16; auto.
      pose proof H11. apply (Q'_Ord_Connect F0 H a) in H17
      as [H17|[|]]; auto; elim H14; eauto. }
  exists (d -_F0 (Q'1 F0)).
  assert ((d -_F0 (Q'1 F0)) ∈ A /\ (∀ a0, a0 ∈ A
    -> a0 = (d -_F0 (Q'1 F0)) \/ a0 <_F0 (d -_F0 (Q'1 F0)))) as [].
  { split; intros.
    - destruct H15. rewrite H15; auto. pose proof H14.
      apply H9 in H16. apply H1,Q'_N_properSubset_Q'_Z in H14; auto.
      pose proof H14. apply Q'_Z_Subset_Q' in H17; auto.
      apply Square_Root_Lemma1 in H15; auto.
      rewrite Q'_Plus_Commutation,<-Q'_Mix_Association1,
      (Q'_Plus_Commutation F0 _ d),Q'_Mix_Association1,
      Q'_Minus_Property1,Q'_Plus_Property in H15; auto with Q'.
      destruct H15; [apply (Q'_Ord_Trans F0 d) in H16; auto|
      rewrite <-H15 in H16]; elim (Q'_Ord_irReflex F0 d d); auto.
    - pose proof H16. apply H1,Q'_N_properSubset_Q'_Z in H16; auto.
      pose proof H16. apply Q'_Z_Subset_Q' in H18; auto.
      apply Q'_N_properSubset_Q'_Z in H8; auto.
      apply H9,Square_Root_Lemma1 in H17 as []; auto; [(right)|left].
      + apply (Q'_Plus_PrOrder F0 _ _ (Q'1 F0)); auto with Q'.
        rewrite <-Q'_Mix_Association1,(Q'_Plus_Commutation F0 _ d),
        Q'_Mix_Association1,Q'_Minus_Property1,Q'_Plus_Property,
        Q'_Plus_Commutation; auto with Q'.
      + rewrite <-H17. rewrite Q'_Mix_Association1,
        Q'_Minus_Property1,Q'_Plus_Property; auto with Q'. }
  split; auto. intros m []. pose proof H18.
  apply H1,Q'_N_Subset_Q' in H20; auto. pose proof H20.
  apply (Q'_Ord_Connect F0 H (d -_F0 (Q'1 F0))) in H21
  as [H21|[|]]; auto.
  - apply H17 in H18 as []; auto. apply (Q'_Ord_Trans F0 m) in H21;
    auto. elim (Q'_Ord_irReflex F0 m m); auto.
  - apply H19 in H16 as []; auto. apply (Q'_Ord_Trans F0 m) in H16;
    auto. elim (Q'_Ord_irReflex F0 m m); auto.
Qed.


Lemma Square_Root_Lemma3 :
  ∀ F0 n q, Arithmetical_ultraFilter F0 -> n ∈ (Q'_N F0)
  -> q ∈ (Q' F0) -> (n ·_F0 n = q \/ (n ·_F0 n) <_F0 q) -> (n = q \/ n <_F0 q).
Proof.
  intros. destruct (classic (n = Q'0 F0)).
  - rewrite H3 in *. rewrite Q'_Mult_Property1 in H2; auto with Q'.
  - assert (n ∈ ((Q'_N F0) ~ [Q'0 F0])).
    { apply MKT4'; split; auto. apply AxiomII; split; eauto.
      intro. apply MKT41 in H4; eauto with Q'. }
    apply Q'_N_Q'0_is_FirstMember in H4; auto.
    pose proof H4. apply Square_Root_Lemma1 in H4; auto;
    [ |apply Q'0_in_Q'_Z|apply Q'_N_properSubset_Q'_Z]; auto.
    rewrite Q'_Plus_Commutation,Q'_Plus_Property in H4; auto with Q'.
    destruct H4.
    + destruct (Q'_Ord_Connect F0 H n q) as [H6|[|]]; auto.
      apply Q'_N_Subset_Q'; auto. assert ((Q'0 F0) <_F0 (n ·_F0 n)).
      { replace (Q'0 F0) with (n ·_F0 (Q'0 F0)).
        apply Q'_Mult_PrOrder; auto with Q'; apply Q'_N_Subset_Q';
        auto. rewrite Q'_Mult_Property1; auto.
        apply Q'_N_Subset_Q'; auto. }
```

```
      assert ((Q'0 F0) <_F0 q).
      { destruct H2. rewrite <-H2; auto. apply Q'_N_Subset_Q'
        in H0; auto. apply (Q'_Ord_Trans F0 _ (n ·_F0 n));
        auto with Q'. }
      apply Q'_N_Subset_Q' in H0; auto.
      apply (Q'_Mult_PrOrder F0 _ _ n) in H6; auto.
      apply (Q'_Mult_PrOrder F0 _ _ q) in H4; auto with Q'.
      rewrite Q'_Mult_Property2 in H4; auto.
      rewrite Q'_Mult_Commutation in H6; auto.
      apply (Q'_Ord_Trans F0 q) in H6; auto with Q'.
      destruct H2. rewrite H2 in H6.
      elim (Q'_Ord_irReflex F0 q q); auto.
      apply (Q'_Ord_Trans F0 q) in H2; auto with Q'.
      elim (Q'_Ord_irReflex F0 q q); auto.
    + rewrite <-H4 in *.
      rewrite Q'_Mult_Property2 in H2; auto with Q'.
Qed.

Lemma Square_Root_Lemma4 : ∀ F0 u v, Arithmetical_ultraFilter F0
  -> u ∈ (Q' F0) -> v ∈ (Q' F0) -> (Q'0 F0) = u \/ (Q'0 F0) <_F0 u
  -> u <_F0 v -> (u ·_F0 u) <_F0 (v ·_F0 v).
Proof.
  intros. destruct H2. rewrite <-H2 in H3.
  rewrite <-H2,Q'_Mult_Property1; auto with Q'. pose proof H3.
  apply (Q'_Mult_PrOrder F0 (Q'0 F0) v v) in H3; auto with Q'.
  apply H3 in H4. rewrite Q'_Mult_Property1 in H4; auto.
  pose proof H3. apply (Q'_Ord_Trans F0 (Q'0 F0)) in H3;
  auto with Q'. pose proof H4. apply (Q'_Mult_PrOrder F0 _ _ u)
  in H4; auto. apply (Q'_Mult_PrOrder F0 _ _ v) in H5; auto.
  rewrite Q'_Mult_Commutation in H5; auto.
  apply (Q'_Ord_Trans F0 (u ·_F0 u)) in H5; auto with Q'.
Qed.

Lemma Square_Root_Lemma5 : ∀ F0 u q, Arithmetical_ultraFilter F0
  -> u ∈ (Q' F0) -> q ∈ (Q' F0) -> (u ·_F0 u) <_F0 q
  -> (Q'0 F0) = u \/ (Q'0 F0) <_F0 u
  -> (q <_F0 (Q'1 F0) /\ u <_F0 (Q'1 F0))
    \/ (((Q'1 F0) = q \/ (Q'1 F0) <_F0 q) /\ u <_F0 q).
Proof.
  intros. destruct (Q'_Ord_Connect F0 H q (Q'1 F0)); auto with Q'.
  - left. split; auto. destruct (Q'_Ord_Connect F0 H u (Q'1 F0))
    as [H5|[|]]; auto with Q'. apply Square_Root_Lemma4 in H5;
    auto with Q'. rewrite Q'_Mult_Property2 in H5; auto with Q'.
    apply (Q'_Ord_Trans F0 (Q'1 F0)) in H2; auto with Q'.
    apply (Q'_Ord_Trans F0 q) in H2; auto with Q'.
    elim (Q'_Ord_irReflex F0 q q); auto.
    rewrite H5,Q'_Mult_Property2 in H2; auto with Q'.
    apply (Q'_Ord_Trans F0 q) in H2; auto with Q'.
    elim (Q'_Ord_irReflex F0 q q); auto.
  - right. split. destruct H4; auto.
    assert ((Q'0 F0) <_F0 q).
    { destruct H4; [apply (Q'_Ord_Trans F0 _ (Q'1 F0))|rewrite H4];
      auto with Q'. }
    destruct (Q'_Ord_Connect F0 H u q) as [H6|[|]]; auto.
    + apply Square_Root_Lemma4 in H6; auto.
      apply (Q'_Ord_Trans F0 _ _ (q ·_F0 (Q'1 F0))) in H6;
      auto with Q'. apply Q'_Mult_PrOrder in H6; auto with Q'.
      destruct H4; [apply (Q'_Ord_Trans F0 q) in H4; auto with Q'|
      rewrite <-H4 in H6]; elim (Q'_Ord_irReflex F0 q q); auto.
```

```
      rewrite Q'_Mult_Property2; auto.
    + replace q with (q ·_F0 (Q'1 F0)) in H2.
      rewrite H6 in H2. apply Q'_Mult_PrOrder in H2; auto with Q'.
      destruct H4; [apply (Q'_Ord_Trans F0 q) in H4; auto with Q'|
      rewrite <-H4 in H2]; elim (Q'_Ord_irReflex F0 q q); auto.
      rewrite Q'_Mult_Property2; auto.
Qed.

Lemma Square_Root_Lemma6 :
  ∀ F0 u v, Arithmetical_ultraFilter F0 -> u ∈ (R F0) -> v ∈ (R F0)
  -> ((u = v \/ u <_F0 v) /\ (v = u \/ v <_F0 u))%r <-> u = v.
Proof.
  split; intros; auto. destruct H2 as [[][]]; auto.
  apply (R_Ord_Trans F0 u) in H3; auto.
  elim (R_Ord_irReflex F0 u u); auto.
Qed.

Lemma Square_Root_Lemma7 : ∀ F0 k, Arithmetical_ultraFilter F0
  -> k ∈ ω -> (φ4 F0)[k] ∈ (Q'_N F0).
Proof.
  intros. pose proof H. apply φ4_is_Function in H1 as [[]].
  rewrite <-H3 in H0. apply Property_Value,Property_ran in H0; auto.
Qed.

Global Hint Resolve Square_Root_Lemma7 : Q'.
```

4.6.2 一些具体数列

在描述算术平方根相关的定义及性质时还需要用到一些具体的数列, 现对这些具体数列进行描述. 为防止这些具体数列的名称与证明代码中的临时变量名发生冲突, 这里单独开启一个模块 (Module) 进行描述.

数列 $g_1 = \{(u,v) : u \in \omega \wedge v = \varphi_4(u) + {}^*Q_1\}$ 是 ${}^*\mathbf{Q}$ 中的非负整数列, 且满足

$$\forall n \in \omega, \ g_1(n) = \varphi_4(n) + {}^*Q_1 \wedge {}^*Q_0 < g_1(n).$$

```
Module square_root_arguments.

Definition g1 F0 := \{\ λ u v, u ∈ ω /\ v = (φ4 F0)[u] +_F0 (Q'1 F0) \}\.

Fact g1_Fact1 : ∀ F0, Arithmetical_ultraFilter F0
  -> (Q'_NatSeq F0 (g1 F0)) /\ (∀ n, n ∈ ω
    -> (g1 F0)[n] = (φ4 F0)[n] +_F0 (Q'1 F0)).
Proof.
  intros. assert (Q'_NatSeq F0 (g1 F0)).
  { repeat split; intros.
    - unfold Relation; intros.
      apply AxiomII in H0 as [_[x[y[]]]]; eauto.
    - apply AxiomII' in H0 as [_[]]. apply AxiomII' in H1 as [_[]].
      rewrite H2,H3; auto.
    - apply AxiomI; split; intros. apply AxiomII in H0 as [_[]].
      apply AxiomII' in H0; tauto. apply AxiomII; split; eauto.
      exists ((φ4 F0)[z] +_F0 (Q'1 F0)).
      apply AxiomII'; split; auto. apply MKT49a; eauto.
      assert (((φ4 F0)[z] +_F0 (Q'1 F0)) ∈ (Q'_N F0)).
      { apply Q'_N_Plus_in_Q'_N; auto with Q'.
```

```
      apply Q'1_in_Q'_N; auto. } eauto.
    - unfold Included; intros. apply AxiomII in H0 as [_[]].
      apply AxiomII' in H0 as [_[]]. rewrite H1.
      apply Q'_N_Plus_in_Q'_N; auto with Q'.
      apply Q'1_in_Q'_N; auto. } split; auto.
  destruct H0 as [H0[]]. intros. rewrite <-H1 in H3.
  apply Property_Value,AxiomII' in H3; tauto.
Qed.
```

Fact g1_Fact2 : ∀ F0 n, Arithmetical_ultraFilter F0
 -> n ∈ ω -> (Q'0 F0) <_{F0} (g1 F0)[n].
Proof.
```
  intros. pose proof H. apply g1_Fact1 in H1 as [_].
  pose proof H0. apply H1 in H2.
  destruct (classic ((φ4 F0)[n] = (Q'0 F0))).
  - rewrite H3,Q'_Plus_Commutation,Q'_Plus_Property in H2;
    auto with Q'. rewrite H2; auto with Q'.
  - assert ((φ4 F0)[n] ∈ ((Q'_N F0) ~ [Q'0 F0])).
    { apply MKT4'; split; auto with Q'. apply AxiomII; split;
      eauto with Q'. intro. apply MKT41 in H4; eauto with Q'. }
    apply Q'_N_Q'0_is_FirstMember in H4; auto.
    pose proof H. apply Q'_N_Subset_Q' in H5.
    apply (Q'_Ord_Trans F0 _ (Q'1 F0)); auto with Q'.
    rewrite H2; auto with Q'.
    replace (Q'1 F0) with ((Q'1 F0) +_{F0} (Q'0 F0)).
    rewrite H2,(Q'_Plus_Commutation F0 _ (Q'1 F0)); auto with Q'.
    apply Q'_Plus_PrOrder; auto with Q'.
    rewrite Q'_Plus_Property; auto with Q'.
Qed.
```

数列 $g_2 = \{(u,v) : u \in \omega \wedge v = g_1(u) \cdot g_1(u)\}$ 是 ***Q** 中的非负整数列, 且满足

$$\forall n \in \omega, \quad g_2(n) = g_1(n) \cdot g_1(n) \wedge {}^*Q_0 < g_2(n).$$

Definition g2 F0 := \{\ λ u v, u ∈ ω /\ v = (g1 F0)[u] ·_{F0} (g1 F0)[u] \}\.

Fact g2_Fact1 : ∀ F0, Arithmetical_ultraFilter F0
 -> (Q'_NatSeq F0 (g2 F0)) /\ (∀ n, n ∈ ω
 -> (g2 F0)[n] = (g1 F0)[n] ·_{F0} (g1 F0)[n]).
Proof.
```
  intros. assert (Q'_NatSeq F0 (g2 F0)).
  { repeat split; intros.
    - unfold Relation; intros.
      apply AxiomII in H0 as [_[x[y[]]]]; eauto.
    - apply AxiomII' in H0 as [_[]]. apply AxiomII' in H1 as [_[]].
      rewrite H2,H3; auto.
    - apply AxiomI; split; intros. apply AxiomII in H0 as [_[]].
      apply AxiomII' in H0; tauto. apply AxiomII; split; eauto.
      exists ((g1 F0)[z] ·_{F0} (g1 F0)[z]).
      apply AxiomII'; split; auto. apply MKT49a; eauto.
      assert (((g1 F0)[z] ·_{F0} (g1 F0)[z]) ∈ (Q'_N F0)).
      { pose proof H. apply g1_Fact1 in H1 as [[H1[]]_].
        rewrite <-H2 in H0. apply Property_Value,Property_ran
        in H0; auto. apply Q'_N_Mult_in_Q'_N; auto. } eauto.
    - unfold Included; intros. apply AxiomII in H0 as [_[]].
      apply AxiomII' in H0 as [_[]]. rewrite H1. pose proof H.
      apply g1_Fact1 in H2 as [[H2[]]_]. rewrite <-H3 in H0.
      apply Property_Value,Property_ran in H0; auto.
```

```
    apply Q'_N_Mult_in_Q'_N; auto. } split; auto.
  destruct H0 as [H0[]]. intros. rewrite <-H1 in H3.
  apply Property_Value,AxiomII' in H3; tauto.
Qed.

Fact g2_Fact2 : ∀ F0 n, Arithmetical_ultraFilter F0
  -> n ∈ ω -> (Q'0 F0) <_F0 (g2 F0)[n].
Proof.
  intros. pose proof H. apply g2_Fact1 in H1 as [[H1[]]].
  pose proof H. apply g1_Fact1 in H5 as [[H5[]]_].
  pose proof H. apply (g1_Fact2 F0 n) in H8; auto.
  pose proof H0. rewrite <-H6 in H9.
  apply Property_Value,Property_ran,H7,Q'_N_Subset_Q' in H9; auto.
  rewrite H4; auto. replace (Q'0 F0) with ((g1 F0)[n] ·_F0 (Q'0 F0)).
  apply Q'_Mult_PrOrder; auto with Q'.
  rewrite Q'_Mult_Property1; auto.
Qed.
```

在给出数列 g_3 之前, 首先构造一个依赖参数的类. 对于给定的 n ($\in \omega$) 和 q ($\in {}^*\mathbf{Q}$), 可构造类:

$$\{u : u \in {}^*\mathbf{Q_N} \land u \cdot u < q \cdot g_2(n)\},$$

不妨将该类设为 $A_{n,q}$, 其中 n, q 均为实际使用中需要的参数. $A_{n,q}$ 满足

1) $\forall n \in \omega$, $q \in {}^*\mathbf{Q}$, ${}^*\mathbf{Q}_0 < q \implies {}^*\mathbf{Q}_0 \in A_{n,q}$.

2) $\forall n \in \omega$, $q \in \mathbf{Q}_<$, $(\exists m \in \mathbf{Q}_<, (\forall a \in A_{n,q}, a = m \lor a < m))$.

```
Definition A F0 n q := \{ λ u, u ∈ (Q'_N F0) /\ (u ·_F0 u) <_F0 (q ·_F0 (g2 F0)[n]) \}.

Fact A_Fact1 : ∀ F0 n q, Arithmetical_ultraFilter F0 -> n ∈ ω
  -> q ∈ (Q' F0) -> (Q'0 F0) <_F0 q -> (Q'0 F0) ∈ (A F0 n q).
Proof.
  intros. apply AxiomII; repeat split; eauto with Q'.
  apply Q'0_in_Q'_N; auto. rewrite Q'_Mult_Property1; auto with Q'.
  replace (Q'0 F0) with (q ·_F0 (Q'0 F0)).
  pose proof H. apply g2_Fact1 in H3 as [[H3[]]_].
  pose proof H. apply (g2_Fact2 F0 n) in H6; auto.
  apply Q'_Mult_PrOrder; auto with Q'. rewrite <-H4 in H0.
  apply Property_Value,Property_ran in H0; auto.
  apply Q'_N_Subset_Q'; auto. rewrite Q'_Mult_Property1; auto.
Qed.

Fact A_Fact2 : ∀ F0 n q, Arithmetical_ultraFilter F0 -> n ∈ ω
  -> q ∈ (Q'_< F0) -> (∃ m, m ∈ (Q'_< F0)
  /\ (∀ a, a ∈ (A F0 n q) -> a = m \/ a <_F0 m)).
Proof.
  intros. assert ((q ·_F0 (g2 F0)[n]) ∈ (Q'_< F0)).
  { apply Q'_<_Mult_in_Q'_<; auto. pose proof H.
    apply g2_Fact1 in H2 as [[H2[]]_]. rewrite <-H3 in H0.
    apply Property_Value,Property_ran in H0; auto.
    apply Q'_N_properSubset_Q'_<; auto. }
  exists (q ·_F0 (g2 F0)[n]). split; auto. intros.
  apply AxiomII in H3 as [_[]]. apply Square_Root_Lemma3; auto.
  apply Q'_<_Subset_Q'; auto.
Qed.
```

接下来的数列 g_3, g_4, g_5, g_6 均依赖于某个给定的参数 q ($\in \mathbf{Q}_< \wedge {}^*Q_0 < q$).

数列 $g_3 = \{(u,v) : u \in \omega \wedge v \in A_{u,q} \wedge (\forall a \in A_{u,q}, a = v \vee a < v)\}$ 是 ${}^*\mathbf{Q}$ 中的非负整数列.

```
Definition g3 F0 q := \{\ λ u v, u ∈ ω /\ v ∈ (A F0 u q)
 /\ (∀ a, a ∈ (A F0 u q) -> a = v \/ a <_F0 v) \}\.

Fact g3_Fact : ∀ F0 q, Arithmetical_ultraFilter F0
 -> q ∈ (Q'_< F0) -> (Q'0 F0) <_F0 q -> Q'_NatSeq F0 (g3 F0 q).
Proof.
  intros. repeat split; intros.
  - unfold Relation; intros.
    apply AxiomII in H2 as [_[x[y[]]]]; eauto.
  - apply AxiomII' in H2 as [_[H2[]]].
    apply AxiomII' in H3 as [_[H3[]]].
    assert ((A F0 x q) ⊂ (Q' F0)).
    { unfold Included; intros. apply AxiomII in H8 as [_[]].
      apply Q'_N_Subset_Q'; auto. }
    destruct (Q'_Ord_Connect F0 H y z) as [H9|[|]]; auto.
    + pose proof H6. apply H5 in H10 as []; auto.
      apply (Q'_Ord_Trans F0 y) in H10; auto.
      elim (Q'_Ord_irReflex F0 y y); auto.
    + pose proof H4. apply H7 in H10 as []; auto.
      apply (Q'_Ord_Trans F0 z) in H10; auto.
      elim (Q'_Ord_irReflex F0 z z); auto.
  - apply AxiomI; split; intros. apply AxiomII in H2 as [_[]].
    apply AxiomII' in H2; tauto. apply AxiomII; split; eauto.
    assert ((A F0 z q) ⊂ (Q'_N F0)).
    { unfold Included; intros. apply AxiomII in H3; tauto. }
    apply Square_Root_Lemma2 in H3 as [x[[]_]]; auto.
    exists x. apply AxiomII'; split; auto. apply MKT49a; eauto.
    apply NEexE; eauto. exists (Q'0 F0). apply A_Fact1; auto.
    apply Q'_<_Subset_Q'; auto. apply A_Fact2; auto.
  - unfold Included; intros. apply AxiomII in H2 as [H2[]].
    apply AxiomII' in H3 as [_[H3[]]]. apply AxiomII in H4; tauto.
Qed.
```

数列 $g_4 = \{(u,v) : u \in \omega \wedge v = g_3(u) \cdot g_3(u)\}$ 是 ${}^*\mathbf{Q}$ 中的非负整数列, 且满足

$$\forall n \in \omega, \quad g_4(n) = g_3(n) \cdot g_3(n).$$

```
Definition g4 F0 q := \{\ λ u v, u ∈ ω /\ v = (g3 F0 q)[u] ·_F0 (g3 F0 q)[u] \}\.

Fact g4_Fact : ∀ F0 q, Arithmetical_ultraFilter F0
 -> q ∈ (Q'_< F0) -> (Q'0 F0) <_F0 q -> (Q'_NatSeq F0 (g4 F0 q))
 /\ (∀ n, n ∈ ω -> (g4 F0 q)[n] = (g3 F0 q)[n] ·_F0 (g3 F0 q)[n]).
Proof.
  intros. assert (Q'_NatSeq F0 (g4 F0 q)).
  { repeat split; intros.
    - unfold Relation; intros.
      apply AxiomII in H2 as [_[x[y[]]]]; eauto.
    - apply AxiomII' in H2 as [_[]]. apply AxiomII' in H3 as [_[]].
      rewrite H4,H5; auto.
    - apply AxiomI; split; intros. apply AxiomII in H2 as [_[]].
      apply AxiomII' in H2; tauto. apply AxiomII; split; eauto.
      exists ((g3 F0 q)[z] ·_F0 (g3 F0 q)[z]).
```

```
  apply AxiomII'; split; auto. apply MKT49a; eauto.
  assert ((((g3 F0 q)[z]) ·_F0 (g3 F0 q)[z]) ∈ (Q'_N F0)).
  { pose proof H. apply (g3_Fact F0 q) in H3 as [H3[]]; auto.
    rewrite <-H4 in H2. apply Property_Value,Property_ran
    in H2; auto. apply Q'_N_Mult_in_Q'_N; auto. } eauto.
 - unfold Included; intros. apply AxiomII in H2 as [_[]].
   apply AxiomII' in H2 as [_[]]. rewrite H3. pose proof H.
   apply (g3_Fact F0 q) in H4 as [H4[]]; auto. rewrite <-H5 in H2.
   apply Property_Value,Property_ran in H2; auto.
   apply Q'_N_Mult_in_Q'_N; auto. } split; auto.
destruct H2 as [H2[]]. intros. rewrite <-H3 in H5.
 apply Property_Value,AxiomII' in H5; tauto.
Qed.
```

数列 $g_5 = \{(u,v) : u \in \omega \wedge v = g_3(u) + ({}^*Q_1 + {}^*Q_1)\}$ 是 *Q 中的非负整数列,
且满足

$$\forall n \in \omega, \quad g_1(n) = g_3(n) + ({}^*Q_1 + {}^*Q_1).$$

```
Definition g5 F0 q := \{\ λ u v, u ∈ ω
/\ v = (g3 F0 q)[u] +_F0 ((Q'1 F0) +_F0 (Q'1 F0)) \}\.

Fact g5_Fact : ∀ F0 q, Arithmetical_ultraFilter F0 -> q ∈ (Q'_< F0)
-> (Q'0 F0) <_F0 q -> (Q'_NatSeq F0 (g5 F0 q)) /\ (∀ n, n ∈ ω
  -> (g5 F0 q)[n] = (g3 F0 q)[n] +_F0 ((Q'1 F0) +_F0 (Q'1 F0))).
Proof.
 intros. assert (Q'_NatSeq F0 (g5 F0 q)).
 { repeat split; intros.
   - unfold Relation; intros.
     apply AxiomII in H2 as [_[x[y[]]]]; eauto.
   - apply AxiomII' in H2 as [_[]]. apply AxiomII' in H3 as [_[]].
     rewrite H4,H5; auto.
   - apply AxiomI; split; intros. apply AxiomII in H2 as [_[]].
     apply AxiomII' in H2; tauto. apply AxiomII; split; eauto.
     exists ((g3 F0 q)[z] +_F0 ((Q'1 F0) +_F0 (Q'1 F0))).
     apply AxiomII'; split; auto. apply MKT49a; eauto.
     assert ((((g3 F0 q)[z] +_F0 ((Q'1 F0) +_F0 (Q'1 F0)))
        ∈ (Q'_N F0)).
     { pose proof H. apply (g3_Fact F0 q) in H3 as [H3[]]; auto.
       rewrite <-H4 in H2. apply Property_Value,Property_ran
       in H2; auto. apply Q'_N_Plus_in_Q'_N; auto. apply
       Q'_N_Plus_in_Q'_N; try apply Q'1_in_Q'_N; auto. } eauto.
   - unfold Included; intros. apply AxiomII in H2 as [_[]].
     apply AxiomII' in H2 as [_[]]. rewrite H3. pose proof H.
     apply (g3_Fact F0 q) in H4 as [H4[]]; auto. rewrite <-H5 in H2.
     apply Property_Value,Property_ran in H2; auto.
     apply Q'_N_Plus_in_Q'_N; auto. apply Q'_N_Plus_in_Q'_N;
     try apply Q'1_in_Q'_N; auto. } split; auto.
 destruct H2 as [H2[]]. intros. rewrite <-H3 in H5.
  apply Property_Value,AxiomII' in H5; tauto.
Qed.
```

数列 $g_6 = \{(u,v) : u \in \omega \wedge v = g_5(u) \cdot g_5(u)\}$ 是 *Q 中的非负整数列, 且满足

$$\forall n \in \omega, \quad g_6(n) = g_5(n) \cdot g_5(n).$$

```
Definition g6 F0 q := \{\ λ u v, u ∈ ω /\ v = (g5 F0 q)[u] ·_F0 (g5 F0 q)[u] \}\.
```

```
Fact g6_Fact : ∀ F0 q, Arithmetical_ultraFilter F0 -> q ∈ (Q'_< F0)
  -> (Q'0 F0) <_F0 q -> (Q'_NatSeq F0 (g6 F0 q)) /\ (∀ n, n ∈ ω
  -> (g6 F0 q)[n] = (g5 F0 q)[n] ·_F0 (g5 F0 q)[n]).
Proof.
  intros. assert (Q'_NatSeq F0 (g6 F0 q)).
  { repeat split; intros.
    - unfold Relation; intros.
      apply AxiomII in H2 as [_[x[y[]]]]; eauto.
    - apply AxiomII' in H2 as [_[]]. apply AxiomII' in H3 as [_[]].
      rewrite H4,H5; auto.
    - apply AxiomI; split; intros. apply AxiomII in H2 as [_[]].
      apply AxiomII' in H2; tauto. apply AxiomII; split; eauto.
      exists ((g5 F0 q)[z] ·_F0 (g5 F0 q)[z]).
      apply AxiomII'; split; auto. apply MKT49a; eauto.
      assert (((g5 F0 q)[z] ·_F0 (g5 F0 q)[z]) ∈ (Q'_N F0)).
      { pose proof H. apply (g5_Fact F0 q) in H3 as [[H3[]]_]; auto.
        rewrite <-H4 in H2. apply Property_Value,Property_ran
        in H2; auto. apply Q'_N_Mult_in_Q'_N; auto. } eauto.
    - unfold Included; intros. apply AxiomII in H2 as [_[]].
      apply AxiomII' in H2 as [_[]]. rewrite H3. pose proof H.
      apply (g5_Fact F0 q) in H4 as [[H4[]]_]; auto.
      rewrite <-H5 in H2. apply Property_Value,Property_ran in H2;
      auto. apply Q'_N_Mult_in_Q'_N; auto. } split; auto.
  destruct H2 as [H2[]]. intros. rewrite <-H3 in H5.
  apply Property_Value,AxiomII' in H5; tauto.
Qed.
```

以下是上述各非负整数列间的关联性质:

1) $\exists q_m \in \mathbf{Q}_< \ (\forall n \in \omega, g_3(n)/g_1(n) < q_m)$.

2) $\exists q_m \in \mathbf{Q}_< \ (\forall n \in \omega, g_5(n)/g_1(n) < q_m)$.

3) $\forall n \in \omega, \ g_4(n)/g_2(n) < q \ (q \ 为 \ g_4 \ 的参数)$.

4) $\forall n \in \omega, \ q < g_6(n)/g_2(n) \ (q \ 为 \ g_4 \ 的参数)$.

5) $\exists q_m \in \mathbf{Q}_< \ (\forall n \in \omega, g_6(n)/g_2(n) < q_m)$.

6) 设 $g_{2\infty}, g_{4\infty}, g_{6\infty}$ 分别为 g_2, g_4, g_6 在 *$\mathbf{Q}$ 上的延伸数列, 并且 *$\mathbf{Q}$ 由非主算术超滤生成, 则有

$$\forall N \in \mathbf{N}_\infty, \quad [g_{4\infty}(N)/g_{2\infty}(N)] = [g_{6\infty}(N)/g_{2\infty}(N)].$$

```
Fact g3_g1_Fact : ∀ F0 q, Arithmetical_ultraFilter F0
  -> q ∈ (Q'_< F0) -> (Q'0 F0) <_F0 q -> ∃ qm, qm ∈ (Q'_< F0)
    /\ (∀ n, n ∈ ω -> ((g3 F0 q)[n] /_F0 (g1 F0)[n]) <_F0 qm).
Proof.
  intros. pose proof H. apply (g5_Fact F0 q) in H2 as [_]; auto.
  pose proof H. apply (g2_Fact1 F0) in H3 as [_]; auto.
  pose proof H. apply (g1_Fact1 F0) in H4 as [_]; auto.
  assert (∀ m, m ∈ ω -> (Q'0 F0) <_F0 (g1 F0)[m]).
  { intros. apply (g1_Fact2 F0 m) in H5; auto. }
  assert (∀ m, m ∈ ω -> (Q'0 F0) <_F0 (g2 F0)[m]).
  { intros. apply (g2_Fact2 F0 m) in H6; auto. }
  assert (∀ m, m ∈ ω -> (g1 F0)[m] ∈ (Q'_N F0)).
  { intros. pose proof H. apply g1_Fact1 in H8 as [[H8[]]_].
```

```
    rewrite <-H9 in H7. apply Property_Value,Property_ran in H7;
    auto. }
  assert (∀ m, m ∈ ω -> (g2 F0)[m] ∈ (Q'_N F0)).
  { intros. pose proof H. apply g2_Fact1 in H9 as [[H9[]]_].
    rewrite <-H10 in H8. apply Property_Value,Property_ran in H8;
    auto. }
  assert (∀ m, m ∈ ω -> (g3 F0 q)[m] ∈ (Q'_N F0)).
  { intros. pose proof H. apply (g3_Fact F0 q) in H10 as [H10[]];
    auto. rewrite <-H11 in H9. apply Property_Value,Property_ran
    in H9; auto. }
  pose proof H. apply Q'_N_Subset_Q' in H10; auto.
  pose proof H0. apply Q'_<_Subset_Q' in H11; auto.
  assert (∀ m, m ∈ ω -> (g1 F0)[m] <> (Q'0 F0)).
  { intros; intro. pose proof H12. apply H5 in H14.
    rewrite H13 in H14. elim (Q'_Ord_irReflex F0 (Q'0 F0) (Q'0 F0));
    auto with Q'. }
  assert (∀ m, m ∈ ω -> (g2 F0)[m] <> (Q'0 F0)).
  { intros; intro. pose proof H13. apply H6 in H15.
    rewrite H14 in H15. elim (Q'_Ord_irReflex F0 (Q'0 F0) (Q'0 F0));
    auto with Q'. }
  assert (∀ m, m ∈ ω -> Q'0 F0 = (g3 F0 q)[m] /_F0 (g1 F0)[m]
    \/ (Q'0 F0) <_F0 ((g3 F0 q)[m] /_F0 (g1 F0)[m])).
  { intros. destruct (classic ((g3 F0 q)[m] = Q'0 F0)).
    - left. rewrite H15. apply (Q'_Mult_Cancellation F0
      (g1 F0)[m]); auto with Q'. rewrite Q'_Mult_Property1,
      Q'_Divide_Property3; auto with Q'.
    - assert ((g3 F0 q)[m] ∈ ((Q'_N F0) ~ [Q'0 F0])).
      { apply MKT4'; split; auto. apply AxiomII; split; eauto.
        intro. elim H15. apply MKT41 in H16; eauto with Q'. }
      apply Q'_N_Q'0_is_FirstMember in H16; auto. right.
      apply (Q'_Mult_PrOrder F0 _ _ (g1 F0)[m]); auto with Q'.
      rewrite Q'_Mult_Property1,Q'_Divide_Property3; auto. }
  assert (∀ m, m ∈ ω -> (g3 F0 q)[m] /_F0 (g1 F0)[m] ∈ (Q' F0)).
  { intros. apply Q'_Divide_in_Q'; auto. }
  pose proof H. apply (g3_Fact F0 q) in H16 as [H16[]]; auto.
  assert (∀ m, m ∈ ω -> (((g3 F0 q)[m] ·_F0 (g3 F0 q)[m])
    /_F0 ((g1 F0)[m] ·_F0 (g1 F0)[m])) <_F0 q).
  { intros. rewrite <-H17 in H19. apply Property_Value,
    AxiomII' in H19 as [_[H19[]]]; auto.
    apply AxiomII in H20 as [_[_]]. rewrite <-H3; auto.
    apply (Q'_Mult_PrOrder F0 _ _ (g2 F0)[m]); auto.
    apply Q'_Divide_in_Q'; auto with Q'.
    rewrite Q'_Divide_Property3,(Q'_Mult_Commutation F0 _ q);
    auto with Q'. }
  destruct (Q'_Ord_Connect F0 H q (Q'1 F0)); auto with Q'.
  - exists (Q'1 F0). split. apply Q'1_in_Q'_<; auto.
    intros. pose proof H21. apply H19 in H21.
    rewrite Q'_Frac_Square in H21; auto.
    apply Square_Root_Lemma5 in H21 as [[]|[]]; auto.
    destruct H21; [rewrite H21 in H20|apply (Q'_Ord_Trans F0 q)
    in H21]; auto with Q'; elim (Q'_Ord_irReflex F0 q q); auto.
  - exists q. split; auto. intros. pose proof H21.
    apply H19 in H21. rewrite Q'_Frac_Square in H21; auto.
    apply Square_Root_Lemma5 in H21 as [[]|[]]; auto.
    destruct H20; [apply (Q'_Ord_Trans F0 q) in H20|
    rewrite <-H20 in H21]; auto with Q';
    elim (Q'_Ord_irReflex F0 q q); auto.
Qed.
```

```
Fact g5_g1_Fact : ∀ F0 q, Arithmetical_ultraFilter F0
 -> q ∈ (Q'_< F0) -> (Q'0 F0) <_F0 q -> ∃ qm, qm ∈ (Q'_< F0)
   /\ (∀ n, n ∈ ω -> ((g5 F0 q)[n] /_F0 (g1 F0)[n]) <_F0 qm).
Proof.
  intros. pose proof H. apply (g5_Fact F0 q) in H2 as [_]; auto.
  pose proof H. apply (g2_Fact1 F0) in H3 as [_]; auto.
  pose proof H. apply (g1_Fact1 F0) in H4 as [_]; auto.
  assert (∀ m, m ∈ ω -> (Q'0 F0) <_F0 (g1 F0)[m]).
  { intros. apply (g1_Fact2 F0 m) in H5; auto. }
  assert (∀ m, m ∈ ω -> (Q'0 F0) <_F0 (g2 F0)[m]).
  { intros. apply (g2_Fact2 F0 m) in H6; auto. }
  assert (∀ m, m ∈ ω -> (g1 F0)[m] ∈ (Q'_N F0)).
  { intros. pose proof H. apply g1_Fact1 in H8 as [[H8[]]_].
    rewrite <-H9 in H7. apply Property_Value,Property_ran in H7;
    auto. }
  assert (∀ m, m ∈ ω -> (g2 F0)[m] ∈ (Q'_N F0)).
  { intros. pose proof H. apply g2_Fact1 in H9 as [[H9[]]_].
    rewrite <-H10 in H8. apply Property_Value,Property_ran in H8;
    auto. }
  assert (∀ m, m ∈ ω -> (g3 F0 q)[m] ∈ (Q'_N F0)).
  { intros. pose proof H. apply (g3_Fact F0 q) in H10 as [H10[]];
    auto. rewrite <-H11 in H9. apply Property_Value,Property_ran
    in H9; auto. }
  pose proof H. apply Q'_N_Subset_Q' in H10; auto.
  pose proof H0. apply Q'_<_Subset_Q' in H11; auto.
  assert (∀ m, m ∈ ω -> (g1 F0)[m] <> (Q'0 F0)).
  { intros; intro. pose proof H12. apply H5 in H14.
    rewrite H13 in H14. elim (Q'_Ord_irReflex F0 (Q'0 F0) (Q'0 F0));
    auto with Q'. }
  assert (∀ m, m ∈ ω -> (g2 F0)[m] <> (Q'0 F0)).
  { intros; intro. pose proof H13. apply H6 in H15.
    rewrite H14 in H15. elim (Q'_Ord_irReflex F0 (Q'0 F0) (Q'0 F0));
    auto with Q'. }
  assert (∀ m, m ∈ ω -> Q'0 F0 = (g3 F0 q)[m] /_F0 (g1 F0)[m]
    \/ (Q'0 F0) <_F0 ((g3 F0 q)[m] /_F0 (g1 F0)[m])).
  { intros. destruct (classic ((g3 F0 q)[m] = Q'0 F0)).
    - left. rewrite H15. apply (Q'_Mult_Cancellation F0
      (g1 F0)[m]); auto with Q'. rewrite Q'_Mult_Property1,
      Q'_Divide_Property3; auto with Q'.
    - assert ((g3 F0 q)[m] ∈ ((Q'_N F0) ~ [Q'0 F0])).
      { apply MKT4'; split; auto. apply AxiomII; split; eauto.
        intro. elim H15. apply MKT41 in H16; eauto with Q'. }
      apply Q'_N_Q'0_is_FirstMember in H16; auto. right.
      apply (Q'_Mult_PrOrder F0 _ _ (g1 F0)[m]); auto with Q'.
      rewrite Q'_Mult_Property1,Q'_Divide_Property3; auto. }
  assert (∀ m, m ∈ ω -> (g3 F0 q)[m] /_F0 (g1 F0)[m] ∈ (Q' F0)).
  { intros. apply Q'_Divide_in_Q'; auto. }
  assert (∃ q1, q1 ∈ Q'_< F0 /\ (∀ m, m ∈ ω
    -> ((g3 F0 q)[m] /_F0 (g1 F0)[m]) <_F0 q1)) as [q1[]].
  { apply g3_g1_Fact; auto. }
  assert (∃ q2, q2 ∈ Q'_< F0 /\ ∀ m, m ∈ ω -> (((Q'1 F0)
    +_F0 (Q'1 F0)) /_F0 (g1 F0)[m]) <_ F0 q2) as [q2[]].
  { set (q2 := (Q'1 F0) +_F0 ((Q'1 F0) +_F0 (Q'1 F0))).
    assert (q2 ∈ (Q'_< F0)).
    { pose proof H. apply Q'1_in_Q'_< in H18; auto.
      apply Q'_<_Plus_in_Q'_<; auto with Q'. }
    exists q2. split; auto. intros. pose proof H18.
    apply Q'_<_Subset_Q' in H20; auto.
    apply (Q'_Mult_PrOrder F0 _ _ (g1 F0)[m]); auto with Q'.
```

```
  rewrite Q'_Divide_Property3,(Q'_Mult_Commutation F0 _ q2),H4;
  auto with Q'.
  assert ((φ4 F0)[m] ∈ (Q' F0) /\ ((Q'0 F0) = (φ4 F0)[m]
    \/ (Q'0 F0) <F0 (φ4 F0)[m])) as [].
  { pose proof H. apply φ4_is_Function in H21 as [[][]].
    rewrite <-H23 in H19. apply Property_Value,Property_ran
    in H19; auto. split. apply Q'_N_Subset_Q'; auto.
    destruct (classic (Q'0 F0 = (φ4 F0)[m])); auto.
    right. apply Q'_N_Q'0_is_FirstMember; auto.
    apply MKT4'; split; auto. apply AxiomII; split; eauto.
    intro. apply MKT41 in H26; eauto with Q'. }
  rewrite Q'_Mult_Distribution,Q'_Mult_Property2; auto with Q'.
  assert ((Q'0 F0) <F0 q2).
  { apply (Q'_Ord_Trans F0 _ (Q'1 F0)); auto with Q'.
    replace (Q'1 F0) with ((Q'1 F0) +F0 (Q'0 F0)).
    apply Q'_Plus_PrOrder; auto with Q'.
    apply (Q'_Ord_Trans F0 _ (Q'1 F0)); auto with Q'.
    assert (((Q'1 F0) +F0 (Q'0 F0)) <F0 ((Q'1 F0)
      +F0 (Q'1 F0))). { apply Q'_Plus_PrOrder; auto with Q'. }
    rewrite Q'_Plus_Property in H23; auto with Q'.
    rewrite Q'_Plus_Property; auto with Q'. }
  assert (Q'0 F0 = (q2 ·F0 (φ4 F0)[m])
    \/ (Q'0 F0) <F0 (q2 ·F0 (φ4 F0)[m])).
  { destruct H22. left. rewrite <-H22,Q'_Mult_Property1; auto.
    right. apply (Q'_Mult_PrOrder F0 _ _ q2) in H22; auto with Q'.
    rewrite Q'_Mult_Property1 in H22; auto. }
  assert ((Q'0 F0) <F0 ((q2 ·F0 (φ4 F0)[m]) +F0 (Q'1 F0))).
  { destruct H24. rewrite <-H24,Q'_Plus_Commutation,
    Q'_Plus_Property; auto with Q'.
    rewrite Q'_Plus_Commutation; auto with Q'.
    apply (Q'_Ord_Trans F0 _ (Q'1 F0)); auto with Q'.
    apply (Q'_Plus_PrOrder F0 _ _ (Q'1 F0)) in H24; auto with Q'.
    rewrite Q'_Plus_Property in H24; auto with Q'. }
  apply (Q'_Plus_PrOrder F0 _ _ ((Q'1 F0) +F0 (Q'1 F0))) in H25;
  auto with Q'. rewrite Q'_Plus_Property in H25; auto with Q'.
  rewrite (Q'_Plus_Commutation F0 ((Q'1 F0) +F0 (Q'1 F0))),
  (Q'_Plus_Association F0 _ (Q'1 F0)) in H25; auto with Q'. }
  exists (q1 +F0 q2). split; auto with Q'. intros.
  rewrite H2,Q'_Divide_Distribution; auto with Q'.
  pose proof H20. apply H19 in H21.
  apply Q'<_Subset_Q' in H16,H18; auto.
  apply (Q'_Plus_PrOrder F0 _ _ ((g3 F0 q)[n] /F0 (g1 F0)[n]))
  in H21; auto with Q'. pose proof H20. apply H17 in H22.
  apply (Q'_Plus_PrOrder F0 _ _ q2) in H22; auto with Q'.
  rewrite (Q'_Plus_Commutation F0 _ q1) in H22; auto.
  apply (Q'_Ord_Trans F0 _ (q2 +F0 ((g3 F0 q)[n]
  /F0 (g1 F0)[n]))); auto with Q'.
  rewrite (Q'_Plus_Commutation F0 q2); auto with Q'.
Qed.

Fact g4_g2_Fact : ∀ F0 q n, Arithmetical_ultraFilter F0
  -> q ∈ (Q'< F0) -> (Q'0 F0) <F0 q -> n ∈ ω
  -> ((g4 F0 q)[n] /F0 (g2 F0)[n]) <F0 q.
Proof.
  intros. pose proof H. apply g2_Fact1 in H3 as [[H3[]]_].
  pose proof H. apply (g2_Fact2 F0 n) in H6; auto.
  assert ((g2 F0)[n] <> (Q'0 F0)).
  { intro. rewrite H7 in H6.
    elim (Q'_Ord_irReflex F0 (Q'0 F0) (Q'0 F0)); auto with Q'. }
```

```
    pose proof H2. rewrite <-H4 in H8. apply Property_Value,
  Property_ran,H5,Q'_N_Subset_Q' in H8; auto. pose proof H0.
  apply Q'_<_Subset_Q' in H9; auto.
    pose proof H. apply (g4_Fact F0 q) in H10 as [[H10[]]]; auto.
    pose proof H2. rewrite <-H11 in H14. apply Property_Value,
  Property_ran,H12,Q'_N_Subset_Q' in H14; auto.
    apply (Q'_Mult_PrOrder F0 _ _ (g2 F0)[n]); auto with Q'.
  rewrite Q'_Divide_Property3; auto. rewrite H13; auto.
    pose proof H. apply (g3_Fact F0 q) in H15 as [H15[]]; auto.
  rewrite <-H16 in H2. apply Property_Value,AxiomII' in H2
  as [_[H2[H18 _]]]; auto. apply AxiomII in H18 as [_[]].
  rewrite (Q'_Mult_Commutation F0 _ q); auto.
Qed.

Fact g6_g2_Fact1 : ∀ F0 q n, Arithmetical_ultraFilter F0
  -> q ∈ (Q'_< F0) -> (Q'0 F0) <_F0 q -> n ∈ ω
  -> q <_F0 ((g6 F0 q)[n] /_F0 (g2 F0)[n]).
Proof.
    intros. pose proof H. apply g2_Fact1 in H3 as [[H3[]]]_].
    pose proof H. apply (g2_Fact2 F0 n) in H6; auto.
    assert ((g2 F0)[n] <> (Q'0 F0)).
    { intro. rewrite H7 in H6.
      elim (Q'_Ord_irReflex F0 (Q'0 F0) (Q'0 F0)); auto with Q'. }
    pose proof H2. rewrite <-H4 in H8. apply Property_Value,
  Property_ran,H5,Q'_N_Subset_Q' in H8; auto. pose proof H0.
  apply Q'_<_Subset_Q' in H9; auto.
    pose proof H. apply (g6_Fact F0 q) in H10 as [_]; auto.
  rewrite H10; auto. clear H10.
    pose proof H. apply (g5_Fact F0 q) in H10 as [_]; auto.
  rewrite H10; auto. clear H10.
    pose proof H. apply (g3_Fact F0 q) in H10 as [H10[]]; auto.
    pose proof H2. rewrite <-H11 in H13. apply Property_Value,
  AxiomII' in H13 as [_[_[]]]; auto. apply AxiomII in H13 as [_[]].
    pose proof H13. apply Q'_N_Subset_Q' in H16; auto.
    apply (Q'_Mult_PrOrder F0 _ _ (g2 F0)[n]); auto.
    apply Q'_Divide_in_Q'; auto with Q'. rewrite Q'_Divide_Property3;
  auto with Q'. rewrite (Q'_Mult_Commutation F0 _ q); auto.
    assert (((g3 F0 q)[n] +_F0 ((Q'1 F0) +_F0 (Q'1 F0)))
      ∈ (Q'_N F0)).
    { apply Q'_N_Plus_in_Q'_N; auto. apply Q'_N_Plus_in_Q'_N; auto;
      apply Q'1_in_Q'_N; auto. }
    assert (((g3 F0 q)[n] +_F0 (Q'1 F0)) ∈ (Q'_N F0)).
    { apply Q'_N_Plus_in_Q'_N; auto. apply Q'1_in_Q'_N; auto. }
    assert ((Q'0 F0) <_ F0 ((Q'1 F0) +_ F0 (Q'1 F0))).
    { apply (Q'_Ord_Trans F0 _ ((Q'1 F0) +_F0 (Q'0 F0))); auto with Q'.
      rewrite Q'_Plus_Property; auto with Q'.
      apply Q'_Plus_PrOrder; auto with Q'. }
    pose proof H17. pose proof H18. apply Q'_N_Subset_Q' in H20,H21;
    auto. destruct (Q'_Ord_Connect F0 H (q ·_F0 (g2 F0)[n])
  (((g3 F0 q)[n] +_F0 ((Q'1 F0) +_F0 (Q'1 F0))) ·_F0
  ((g3 F0 q)[n] +_F0 ((Q'1 F0) +_ F0 (Q'1 F0))))) as [H22|[|]];
  auto with Q'.
    - assert (((g3 F0 q)[n] +_F0 ((Q'1 F0) +_F0 (Q'1 F0)))
        ∈ (A F0 n q)). { apply AxiomII; repeat split; eauto. }
      apply H14 in H23 as [].
      + assert ((g3 F0 q)[n] +_F0 ((Q'1 F0) +_F0 (Q'1 F0))
          = (g3 F0 q)[n] +_F0 (Q'0 F0)).
        { rewrite Q'_Plus_Property; auto. }
        apply Q'_Plus_Cancellation in H24; auto with Q'.
```

```
  rewrite H24 in H19.
  elim (Q'_Ord_irReflex F0 (Q'0 F0) (Q'0 F0)); auto with Q'.
+ assert ((g3 F0 q)[n] +_F0 ((Q'1 F0) +_F0 (Q'1 F0))
      <_F0 ((g3 F0 q)[n] +_F0 (Q'0 F0))).
  { rewrite Q'_Plus_Property; auto. }
  apply Q'_Plus_PrOrder in H24; auto with Q'.
  apply (Q'_Ord_Trans F0 (Q'0 F0)) in H24; auto with Q'.
  elim (Q'_Ord_irReflex F0 (Q'0 F0) (Q'0 F0)); auto with Q'.
- assert (((g3 F0 q)[n] +_F0 (Q'1 F0)) ∈ (A F0 n q)).
 { apply AxiomII; repeat split; eauto. rewrite H22.
   apply Square_Root_Lemma4; auto.
   destruct (classic ((g3 F0 q)[n] = Q'0 F0)).
   - rewrite H23,Q'_Plus_Commutation,Q'_Plus_Property;
     auto with Q'.
   - assert ((g3 F0 q)[n] ∈ ((Q'_N F0) ~ [Q'0 F0])).
     { apply MKT4'; split; auto. apply AxiomII; split; eauto.
       intro. apply MKT41 in H24; eauto with Q'. }
     apply Q'_N_Q'0_is_FirstMember in H24; auto.
     apply (Q'_Plus_PrOrder F0 _ _ (Q'1 F0)) in H24; auto with Q'.
     rewrite Q'_Plus_Property in H24; auto with Q'.
     right. apply (Q'_Ord_Trans F0 _ (Q'1 F0)); auto with Q'.
     rewrite Q'_Plus_Commutation; auto with Q'.
   - apply Q'_Plus_PrOrder; auto with Q'.
     pose proof H. apply Q'0_lt_Q'1 in H23.
     apply (Q'_Plus_PrOrder F0 _ _ (Q'1 F0)) in H23; auto with Q'.
     rewrite Q'_Plus_Property in H23; auto with Q'. }
  apply H14 in H23 as [].
+ assert ((g3 F0 q)[n] +_F0 (Q'1 F0) = (g3 F0 q)[n]
      +_F0 (Q'0 F0)). { rewrite Q'_Plus_Property; auto. }
  apply Q'_Plus_Cancellation in H24; auto with Q'.
  elim (Q'0_isn't_Q'1 F0); auto.
+ assert (((g3 F0 q)[n] +_F0 (Q'1 F0)) <_F0 ((g3 F0 q)[n]
      +_F0 (Q'0 F0))). { rewrite Q'_Plus_Property; auto. }
  apply Q'_Plus_PrOrder in H24; auto with Q'.
  apply (Q'_Ord_Trans F0 (Q'0 F0)) in H24; auto with Q'.
  elim (Q'_Ord_irReflex F0 (Q'0 F0) (Q'0 F0)); auto with Q'.
Qed.

Fact g6_g2_Fact2 : ∀ F0 q, Arithmetical_ultraFilter F0
  -> q ∈ (Q'_< F0) -> (Q'0 F0) <_F0 q -> ∃ qm, qm ∈ (Q'_< F0)
   /\ (∀ n, n ∈ ω -> ((g6 F0 q)[n] /_F0 (g2 F0)[n]) <_F0 qm).
Proof.
  intros. pose proof H. apply (g6_Fact F0 q) in H2 as [_]; auto.
  pose proof H. apply g2_Fact1 in H3 as [_]; auto.
  assert (∀ n, n ∈ ω -> (g5 F0 q)[n] ∈ (Q'_N F0)).
  { intros. pose proof H. apply (g5_Fact F0 q) in H5 as [[H5[]]_];
    auto. rewrite <-H6 in H4. apply Property_Value,Property_ran
    in H4; auto. }
  assert (∀ n, n ∈ ω -> (g1 F0)[n] ∈ (Q'_N F0)).
  { intros. pose proof H. apply g1_Fact1 in H6 as [[H6[]]_]; auto.
    rewrite <-H7 in H5. apply Property_Value,Property_ran
    in H5; auto. }
  assert (∀ n, n ∈ ω -> (Q'0 F0) <_F0 (g1 F0)[n]).
  { intros. apply g1_Fact2; auto. }
  assert (∀ n, n ∈ ω -> (g1 F0)[n] <> (Q'0 F0)).
  { intros. intro. pose proof (H6 n H7). rewrite H8 in H9.
    elim (Q'_Ord_irReflex F0 (Q'0 F0) (Q'0 F0)); auto with Q'. }
  pose proof H. apply Q'_N_Subset_Q' in H8.
  assert (∀ n, n ∈ ω -> (Q'0 F0) = ((g5 F0 q)[n] /_F0 (g1 F0)[n])
```

```
    \/ (Q'0 F0) <_F0 ((g5 F0 q)[n] /_F0 (g1 F0)[n])).
  { intros. destruct (classic ((g5 F0 q)[n] = Q'0 F0)).
    - left. rewrite H10.
      apply (Q'_Mult_Cancellation F0 (g1 F0)[n]); auto with Q'.
      rewrite Q'_Mult_Property1,Q'_Divide_Property3; auto with Q'.
    - assert ((g5 F0 q)[n] ∈ ((Q'_N F0) ~ [Q'0 F0])).
      { apply MKT4'; split; auto. apply AxiomII; split; eauto.
        intro. apply MKT41 in H11; eauto with Q'. }
      apply Q'_N_Q'0_is_FirstMember in H11; auto. right.
      apply (Q'_Mult_PrOrder F0 _ _ (g1 F0)[n]); auto with Q'.
      rewrite Q'_Mult_Property1,Q'_Divide_Property3; auto. }
  pose proof H. apply (g5_g1_Fact F0 q) in H10 as [q1[]]; auto.
  exists (q1 ·_F0 q1). split. auto with Q'. intros.
  rewrite H2,H3,Q'_Frac_Square; auto.
  apply Square_Root_Lemma4; auto with Q'.
  apply Q'_<_Subset_Q'; auto.
Qed.

Fact g4_g2_and_g6_g2 : ∀ F0 q N, Arithmetical_ultraFilter F0
  -> (∀ n, F0 <> F n) -> q ∈ (Q'_< F0) -> (Q'0 F0) <_F0 q -> N ∈ (N_∞ F0)
  -> (\[((Q'_extNatSeq F0 (g4 F0 q))[N] /_F0 (Q'_extNatSeq F0 (g2 F0))[N])%q'\]_F0
  = \[((Q'_extNatSeq F0 (g6 F0 q))[N] /_F0 (Q'_extNatSeq F0 (g2 F0))[N])%q'\]_F0)%r.
Proof.
  intros. pose proof H3. apply MKT4' in H4 as [H4 _].
  pose proof H. apply g1_Fact1 in H5 as [].
  assert (Q'_NatSeq F0 (φ4 F0)).
  { apply φ4_is_Function in H as [[][]]. split; auto. }
  pose proof H. apply g2_Fact1 in H8 as [].
  pose proof H. apply (g3_Fact F0 q) in H10; auto.
  pose proof H. apply (g4_Fact F0 q) in H11 as []; auto.
  pose proof H. apply (g5_Fact F0 q) in H13 as []; auto.
  pose proof H. apply (g6_Fact F0 q) in H15 as []; auto.
  rewrite (Q'_extNatSeq_Property7 F0 (g4 F0 q) (g3 F0 q)); auto.
  rewrite (Q'_extNatSeq_Property7 F0 (g6 F0 q) (g5 F0 q)); auto.
  rewrite (Q'_extNatSeq_Property7 F0 (g2 F0) (g1 F0)); auto.
  assert ((Q'_extNatSeq F0 (g1 F0))[N] ∈ (Q' F0)
    /\ (Q'_extNatSeq F0 (g3 F0 q))[N] ∈ (Q' F0)
    /\ (Q'_extNatSeq F0 (g5 F0 q))[N] ∈ (Q' F0)) as [H17[]].
  { apply Q'_extNatSeq_is_Function in H5 as [H5[]]; auto.
    apply Q'_extNatSeq_is_Function in H10 as [H10[]]; auto.
    apply Q'_extNatSeq_is_Function in H13 as [H13[]]; auto.
    repeat split; apply Q'_N'_properSubset_Q'; auto;
    [apply H18|apply H20|apply H22]; apply (@ Property_ran N),
    Property_Value; auto; [rewrite H17|rewrite H19|rewrite H21];
    auto. }
  assert (∀ n, (g1 F0)[n] <> (Q'0 F0)).
  { intros. destruct (classic (n ∈ ω)).
    - apply (g1_Fact2 F0 n) in H20; auto. intro. rewrite H21 in H20.
      elim (Q'_Ord_irReflex F0 (Q'0 F0) (Q'0 F0)); auto with Q'.
    - destruct H5 as [H5[]]. rewrite <-H21 in H20.
      apply MKT69a in H20. intro. pose proof H.
      elim MKT39. rewrite <-H20,H23; eauto with Q'. }
  assert ((Q'_extNatSeq F0 (g1 F0))[N] <> (Q'0 F0)).
  { apply Q'_extNatSeq_Property3; auto. apply Q'0_in_Q'_N; auto. }
  rewrite Q'_Frac_Square,Q'_Frac_Square; auto.
  assert (((Q'_extNatSeq F0 (g3 F0 q))[N]
    /_F0 (Q'_extNatSeq F0 (g1 F0))[N]) ∈ (Q'_< F0)
    /\ ((Q'_extNatSeq F0 (g5 F0 q))[N]
    /_F0 (Q'_extNatSeq F0 (g1 F0))[N]) ∈ (Q'_< F0)) as [].
```

```
{ pose proof H. apply (g3_g1_Fact F0 q) in H22 as [q1[]]; auto.
  pose proof H. apply (g5_g1_Fact F0 q) in H24 as [q2[]]; auto.
  split; [apply (Q'_extNatSeq_Property9 F0 _ _ q1)|
  apply (Q'_extNatSeq_Property9 F0 _ _ q2)]; auto. }
pose proof H. apply Q'_N_Subset_Q' in H24; auto.
assert (\[ ((Q'_extNatSeq F0 (g3 F0 q))[N]
  /_{F0} (Q'_extNatSeq F0 (g1 F0))[N])%q' \]_{F0}
  = \[ ((Q'_extNatSeq F0 (g5 F0 q))[N]
  /_{F0} (Q'_extNatSeq F0 (g1 F0))[N])%q' \]_{F0})%r.
{ symmetry. apply R_Q'_Corollary; auto.
  assert (((Q'1 F0) +_{F0} (Q'1 F0)) ∈ (Q'_N F0)).
  { apply Q'_N_Plus_in_Q'_N; auto; apply Q'1_in_Q'_N; auto. }
  rewrite (Q'_extNatSeq_Property6 F0 (g5 F0 q) (g3 F0 q)
    ((Q'1 F0) +_{F0} (Q'1 F0))),Q'_Divide_Distribution,
  Q'_Plus_Commutation,Q'_Mix_Association1,Q'_Minus_Property1,
  Q'_Plus_Property; auto with Q'.
  assert (((Q'1 F0) /_{F0} (Q'_extNatSeq F0 (g1 F0))[N]) ∈ (I F0)).
  { pose proof H. apply Q'1_in_Q'_N in H26; auto.
    rewrite (Q'_extNatSeq_Property8 F0 (g1 F0) (Q'1 F0) N); auto.
    pose proof H. apply φ3_is_Function in H27 as [[][]].
    pose proof H. apply φ3_ran in H31; auto.
    pose proof H4. rewrite <-H29 in H32.
    apply Property_Value,Property_ran in H32; auto.
    assert ((Q'0 F0) <_{F0} ((φ3 F0)[N] +_{F0} (Q'1 F0))).
    { destruct (classic ((φ3 F0)[N] = Q'0 F0)).
      - rewrite Q'_Plus_Commutation,H33,Q'_Plus_Property;
        auto with Q'.
      - apply Q'_N'_Q'0_is_FirstMember in H33; auto.
        rewrite Q'_Plus_Commutation; auto.
        apply (Q'_Ord_Trans F0 _ ((Q'1 F0) +_{F0} (Q'0 F0)));
        auto with Q'. rewrite Q'_Plus_Property; auto with Q'.
        apply Q'_Plus_PrOrder; auto with Q'.
        rewrite <-H31; auto. }
    assert (((φ3 F0)[N] +_{F0} (Q'1 F0)) <> (Q'0 F0)).
    { intro. rewrite H34 in H33.
      elim (Q'_Ord_irRefl F0 (Q'0 F0) (Q'0 F0)); auto with Q'. }
    assert (((φ3 F0)[N] +_{F0} (Q'1 F0))
      ·_{F0} ((Q'1 F0) /_{F0} ((φ3 F0)[N] +_{F0} (Q'1 F0))) = Q'1 F0).
    { rewrite Q'_Divide_Property3; auto with Q'. }
    apply I_inv_Property2 in H35; auto with Q'.
    apply MKT4' in H35; tauto. apply MKT4'; split; auto with Q'.
    apply AxiomII; split. apply H30 in H32. eauto with Q'.
    intro. assert ((φ3 F0)[N] ∈ (Q'_< F0)).
    { apply NNPP; intro.
      assert ((φ3 F0)[N] ∈ ((Q' F0) ~ (Q'_< F0))).
      { apply MKT4'; split; auto. apply AxiomII; split; eauto. }
      apply (infinity_Plus_finity F0 _ (Q'1 F0)) in H38; auto.
      apply MKT4' in H38 as []. apply AxiomII in H39 as []; auto.
      apply Q'1_in_Q'_<; auto. }
    assert (|(φ3 F0)[N]|_{F0} = (φ3 F0)[N]).
    { destruct (classic ((φ3 F0)[N] = Q'0 F0)).
      - rewrite H38. apply eq_Q'0_Q'Abs; auto with Q'.
      - apply Q'_N'_Q'0_is_FirstMember in H38; auto.
        apply mt_Q'0_Q'Abs in H38; auto. rewrite <-H31; auto. }
    apply AxiomII in H37 as [_[_[k[]]]].
    assert ((φ3 F0)^{-1}[k] ∈ N'_N).
    { rewrite <-(Q'_N_PreimageSet_N'_N F0); auto.
      pose proof H37. apply Q'_N_Subset_Q'_N' in H40; auto.
      rewrite <-H31,reqdi in H40. apply Property_Value,
```

```
      Property_ran in H40; auto. rewrite <-deqri in H40.
       apply AxiomII; repeat split; eauto. rewrite f11vi; auto.
       rewrite H31. apply Q'_N_Subset_Q'_N'; auto. }
     pose proof H40. apply AxiomII in H41 as [_[a[]]].
     apply (FT12 F0 N) in H41; auto. rewrite <-H42 in H41.
     apply φ3_PrOrder in H41; auto; [ |apply N'_N_Subset_N'];
     auto. rewrite f11vi in H41; auto; [ |rewrite H31;
     apply Q'_N_Subset_Q'_N']; auto. rewrite H38 in H39.
     destruct H39; [rewrite H39 in H41|apply (Q'_Ord_Trans F0 k)
     in H39]; auto; elim (Q'_Ord_irReflex F0 k k); auto. }
   rewrite Q'_Divide_Distribution; auto with Q'. }
 rewrite <-R_Mult_Corollary,<-R_Mult_Corollary,H25; auto.
Qed.

End square_root_arguments.
```

4.6.3　算术平方根和无理数

定理 4.32　当 **R** 由非主算术超滤生成时, 对任意 $r\,(\in \mathbf{R})$ 并且 $R_0 < r$, 存在 $r_1\,(\in \mathbf{R})$ 并且满足 $R_0 < r_1 \wedge r = r_1 \cdot r_1$.

```
Import square_root_arguments.

Lemma Square_Root_T1_Lemma : ∀ F0 r, Arithmetical_ultraFilter F0
 -> (∀ n, F0 <> F n) -> r ∈ (R F0) -> ((R0 F0) <_F0 r)%r
 -> ∃ r1, r1 ∈ (R F0) /\ (r = r1 ·_F0 r1)%r.
Proof.
 intros. pose proof H1. inR H3 q.
 assert ((Q'0 F0) <_ F0 q).
 { rewrite H5 in H2. apply R_Ord_Corollary in H2 as []; auto.
   apply Q'0_in_Q'<; auto. }
 assert ((N∞ F0) <> ∅).
 { intro. unfold N∞ in H7. pose proof H.
   apply N'_N_properSubset_N' in H8 as [_]; auto. elim H8.
   apply AxiomI; split; intros. apply N'_N_Subset_N'; auto.
   apply NNPP; intro. elim (@ MKT16 z); auto. rewrite <-H7.
   apply MKT4'; split; auto. apply AxiomII; split; eauto. }
 apply NEexE in H7 as [N]. pose proof H.
 assert (∀ m, m ∈ ω -> ((g4 F0 q)[m] /_F0 (g2 F0)[m]) <_F0 q).
 { intros. apply g4_g2_Fact; auto. }
 assert (∀ m, m ∈ ω -> q <_F0 ((g6 F0 q)[m] /_F0 (g2 F0)[m])).
 { intros. apply g6_g2_Fact1; auto. }
 pose proof H. apply (g6_g2_Fact2 F0 q) in H11 as [q1[]]; auto.
 pose proof H7. apply MKT4' in H13 as [H13 _].
 pose proof H. apply g2_Fact1 in H14 as [H14 _].
 pose proof H. apply (g4_Fact F0 q) in H15 as [H15 _]; auto.
 pose proof H. apply (g6_Fact F0 q) in H16 as [H16 _]; auto.
 assert (∀ m, m ∈ ω -> (Q'0 F0) <_F0 (g2 F0)[m]).
 { intros. apply g2_Fact2; auto. }
 assert (∀ m, (g2 F0)[m] <> (Q'0 F0)).
 { intros. destruct (classic (m ∈ ω)). intro.
   pose proof (H17 m H18). rewrite H19 in H20.
   elim (Q'_Ord_irReflex F0 (Q'0 F0) (Q'0 F0)); auto with Q'.
   intro. destruct H14 as [H14[]]. rewrite <-H20 in H18.
   apply MKT69a in H18. elim MKT39.
   rewrite <-H18,H19; eauto with Q'. }
 apply (Q'_extNatSeq_Property10 F0 _ _ q N) in H9; auto.
 apply (Q'_extNatSeq_Property12 F0 _ _ q q1 N) in H10; auto.
 rewrite g4_g2_and_g6_g2 in H9; auto.
```

```
assert ((\[ ((Q'_extNatSeq F0 (g6 F0 q))[N]
  /F0 (Q'_extNatSeq F0 (g2 F0))[N])%q' \]F0) ∈ (R F0))%r.
{ apply R_Corollary2; auto.
  apply (Q'_extNatSeq_Property9 F0 _ _ q1); auto. }
assert (\[q\]F0 = \[ ((Q'_extNatSeq F0 (g6 F0 q))[N]
  /F0 (Q'_extNatSeq F0 (g2 F0))[N])%q' \]F0)%r.
{ apply (Square_Root_Lemma6 F0); auto. rewrite <-H5; auto. }
pose proof H. apply (g6_Fact F0 q) in H21 as [_]; auto.
pose proof H. apply g2_Fact1 in H22 as [_]; auto.
pose proof H. apply g1_Fact1 in H23 as [H23 _]; auto.
pose proof H. apply (g5_Fact F0 q) in H24 as [H24 _]; auto.
rewrite (Q'_extNatSeq_Property7 F0 (g6 F0 q) (g5 F0 q) N)
in H20; auto.
rewrite (Q'_extNatSeq_Property7 F0 (g2 F0) (g1 F0) N)
in H20; auto.
assert ((Q'_extNatSeq F0 (g5 F0 q))[N] ∈ (Q' F0)
  /\ (Q'_extNatSeq F0 (g1 F0))[N] ∈ (Q' F0)) as [].
{ apply Q'_extNatSeq_is_Function in H23 as [H23[]]; auto.
  apply Q'_extNatSeq_is_Function in H24 as [H24[]]; auto.
  split; apply Q'_N'_properSubset_Q'; auto;
  [apply H28|apply H26]; apply (@ Property_ran N),Property_Value;
  auto; [rewrite H27|rewrite H25]; auto. }
assert (∀ n, (g1 F0)[n] <> (Q'0 F0)).
{ intros. destruct H23 as [H23[]]. destruct (classic (n ∈ ω)).
  - apply (g1_Fact2 F0) in H29; auto. intro. rewrite H30 in H29.
    elim (Q'_Ord_irReflex F0 (Q'0 F0) (Q'0 F0)); auto with Q'.
  - rewrite <-H27 in H29. apply MKT69a in H29. intro.
    elim MKT39. rewrite <-H29,H30; eauto with Q'. }
assert ((Q'_extNatSeq F0 (g1 F0))[N] <> (Q'0 F0)).
{ apply Q'_extNatSeq_Property3; auto. apply Q'0_in_Q'_N; auto. }
rewrite Q'_Frac_Square in H20; auto.
exists (\[ ((Q'_extNatSeq F0 (g5 F0 q))[N]
  /F0 (Q'_extNatSeq F0 (g1 F0))[N])%q' \]F0)%r.
assert (((Q'_extNatSeq F0 (g5 F0 q))[N]
  /F0 (Q'_extNatSeq F0 (g1 F0))[N]) ∈ (Q'< F0)).
{ pose proof H. apply (g5_g1_Fact F0 q) in H29 as [q2[]]; auto.
  apply (Q'_extNatSeq_Property9 F0 _ _ q2); auto. }
split. apply R_Corollary2; auto.
rewrite R_Mult_Corollary,H5; auto.
Qed.

Open Scope r_scope.

Theorem Square_Root_T1 : ∀ F0 r, Arithmetical_ultraFilter F0
  -> (∀ n, F0 <> F n) -> r ∈ (R F0) -> (R0 F0) <F0 r
  -> ∃ r1, r1 ∈ (R F0) /\ (R0 F0) <F0 r1 /\ r = r1 ·F0 r1.
Proof.
  intros. pose proof H2. apply Square_Root_T1_Lemma in H3 as [r1[]];
  auto. destruct (R_Ord_Connect F0 H (R0 F0) r1) as [H5|[|]];
  auto with R. eauto.
  - apply R_Plus_PrOrder_Corollary in H5 as [r1'[[H5[]]_]];
    auto with R. exists r1'. repeat split; auto.
    apply R_Minus_Corollary in H7; auto with R.
    rewrite <-H7,R_Mult_Distribution_Minus,R_Mult_Commutation,
    R_Mult_Distribution_Minus,R_Mult_Property1,R_Mult_Commutation,
    R_Mult_Property1,R_Minus_Property2,R_Mult_Commutation,
    R_Mult_Distribution_Minus,R_Mult_Property1,<-H4; auto with R.
    symmetry. apply R_Minus_Corollary; auto with R.
    rewrite R_Plus_Commutation,<-R_Mix_Association1,
```

```
    R_Plus_Property,R_Minus_Property1; auto with R.
  - rewrite H4,<-H5,R_Mult_Property1,H5 in H2; auto with R.
    elim (R_Ord_irReflex F0 r1 r1); auto.
Qed.
```

更精确地, 上述定理中 r_1 的存在具有唯一性, 这保证了即将给出的算术平方根定义的合理性.

```
Theorem Square_Root_T2 : ∀ F0 r, Arithmetical_ultraFilter F0
  -> (∀ n, F0 <> F n) -> r ∈ (R F0) -> (R0 F0) <_F0 r
  -> exists ! r1, r1 ∈ (R F0) /\ (R0 F0) <_F0 r1 /\ r = r1 ·_F0 r1.
Proof.
  intros. pose proof H2. apply Square_Root_T1 in H3 as [r1[H3[]]];
  auto. exists r1. split; auto. intros r2 [H6[]].
  assert (r1 <> (R0 F0) /\ r2 <> (R0 F0)) as [].
  { split; intro; [rewrite H9 in H4|rewrite H9 in H7];
    elim (R_Ord_irReflex F0 (R0 F0) (R0 F0)); auto with R. }
  destruct (R_Ord_Connect F0 H r1 r2) as [H11|[|]]; auto.
  - pose proof H11. apply (R_Mult_PrOrder F0 _ _ r1) in H11; auto.
    apply (R_Mult_PrOrder F0 _ _ r2) in H12; auto.
    rewrite <-H5,R_Mult_Commutation in H11; auto.
    rewrite <-H8 in H12. apply (R_Ord_Trans F0 r) in H12;
    auto with R. elim (R_Ord_irReflex F0 r r); auto.
  - pose proof H11. apply (R_Mult_PrOrder F0 _ _ r1) in H11; auto.
    apply (R_Mult_PrOrder F0 _ _ r2) in H12; auto.
    rewrite <-H5,R_Mult_Commutation in H11; auto.
    rewrite <-H8 in H12. apply (R_Ord_Trans F0 r) in H11;
    auto with R. elim (R_Ord_irReflex F0 r r); auto.
Qed.
```

定义 4.14 (算术平方根)　**R** 由非主算术超滤生成, 对任意 $r(\in \mathbf{R})$ 并且 $R_0 < r$, 记

$$\sqrt{r} = \bigcap\{u : u \in \mathbf{R} \wedge R_0 < u \wedge u \cdot u = r\}$$

为 r 的算术平方根.

```
Definition Square_Root F0 r := ∩(\{ λ u, u ∈ (R F0) /\ (R0 F0) <_F0 u /\ u ·_F0 u = r \}).

Notation "√_F0 r" := (Square_Root F0 r)(at level 5, F0 at level 4) : r_scope.
```

按上述定义, $\sqrt{r} \in \mathbf{R} \wedge R_0 < \sqrt{r} \ \wedge \ \sqrt{r} \cdot \sqrt{r} = r$.

```
Corollary Square_Root_Corollary :
  ∀ F0 r, Arithmetical_ultraFilter F0 -> (∀ n, F0 <> F n)
  -> r ∈ (R F0) -> (R0 F0) <_F0 r -> (√_F0 r) ∈ (R F0)
  /\ (R0 F0) <_F0 (√_F0 r) /\ (√_F0 r) ·_F0 (√_F0 r) = r.
Proof.
  intros. pose proof H1.
  apply Square_Root_T2 in H3 as [r1[[H3[]]]]; auto.
  assert (\{ λ u, u ∈ (R F0) /\ (R0 F0) <_F0 u
  /\ u ·_F0 u = r \} = [r1]).
  { apply AxiomI; split; intros. apply AxiomII in H7 as [H7[H8[]]].
    apply MKT41; eauto. symmetry. apply H6; auto.
    apply MKT41 in H7; eauto. rewrite H7.
    apply AxiomII; split; eauto. }
  assert (Ensemble r1); eauto. apply MKT44 in H8 as [].
  unfold Square_Root. rewrite H7,H8; auto.
Qed.
```

$\mathbf{R}$ 中的 "2" (记为 R_2) 可以按通常熟知的方式定义为 "$1+1$", 显然 2 是非负整数 $(2 \in \mathbf{N})$ 且大于 0 $(0 < 2)$.

```
Definition R2 F0 := (R1 F0) +F0 (R1 F0).

Corollary R2_Corollary : ∀ F0, Arithmetical_ultraFilter F0
 -> (R2 F0) ∈ (N F0) /\ (R0 F0) <F0 (R2 F0).
Proof.
  intros. split. unfold R2. auto with R.
  apply (R_Ord_Trans F0 _ (R1 F0)); auto with R;
  [unfold R2; auto with R| ].
  replace (R1 F0) with ((R1 F0) +F0 (R0 F0)).
  apply R_Plus_PrOrder; auto with R.
  rewrite R_Plus_Property; auto with R.
Qed.
```

由于 $\sqrt{2}$ 是无理数的证明需要偶数和奇数的相关性质, 这里补充 $\mathbf{R}$ 中偶数和奇数的定义及性质. 本书 3.1 节中, 已有对 ω 上偶数和奇数的描述, 借助同构嵌入的方式, 即可轻松描述 $\mathbf{R}$ 中的偶数和奇数.

我们已经利用 φ_4 将 ω 同构嵌入 *$\mathbf{Q}$ 得到 *$\mathbf{Q_N}$ (见 4.1 节), 又利用 φ_n 将 *$\mathbf{Q_N}$ 同构嵌入 $\mathbf{R}$ (见 4.4 节), 于是, 利用 φ_4 和 φ_n 的复合

$$\varphi_\omega = \varphi_n \circ \varphi_4,$$

即可将 ω 直接同构嵌入 $\mathbf{R}$.

```
Definition φω F0 := (φn F0) o (φ4 F0).
```

利用 φ_ω 将 ω 同构嵌入 $\mathbf{R}$ 就是说, φ_ω 是一个定义域为 ω, 值域为 $\mathbf{N}$ 的 1-1 函数且满足如下性质.

1) 序保持: $u < v \Longleftrightarrow \varphi_\omega(u) < \varphi_\omega(v)$.

2) 加法保持: $\varphi_\omega(u + v) = \varphi_\omega(u) + \varphi_\omega(v)$.

3) 乘法保持: $\varphi_\omega(u \cdot v) = \varphi_\omega(u) \cdot \varphi_\omega(v)$.

4) $\varphi_\omega(0) = \mathrm{R}_0 \wedge \varphi_\omega(1) = \mathrm{R}_1 \wedge \varphi_\omega(2) = \mathrm{R}_2$,

其中 $u, v \in \omega$.

```
(* φω 是定义域为ω,值域为 N 的 1-1 函数 *)

Corollary φω_is_Function : ∀ F0, Arithmetical_ultraFilter F0
 -> Function1_1 (φω F0) /\ dom(φω F0) = ω /\ ran(φω F0) = N F0.
Proof.
  intros. pose proof H. apply φ4_is_Function in H0 as [[][]].
  pose proof H. apply φn_is_Function in H4 as [[][]].
  unfold Q'_N in H6. split. split. apply MKT64; auto. unfold φω.
  rewrite MKT62. apply MKT64; auto.
  split; apply AxiomI; split; intros.
  - apply AxiomII in H8 as [_[]]. apply AxiomII' in H8 as [_[x0[]]].
    apply Property_dom in H8. rewrite H2 in H8; auto.
  - apply AxiomII; split; eauto. rewrite <-H2 in H8.
    apply Property_Value in H8; auto. pose proof H8.
```

```
      apply Property_ran in H9. rewrite <-H6 in H9.
      apply Property_Value in H9; auto. exists (φn F0)[(φ4 F0)[z]].
      apply AxiomII'; split; eauto. apply Property_dom in H8.
      apply Property_ran in H9. apply MKT49a; eauto.
    - apply AxiomII in H8 as [_[]]. apply AxiomII' in H8 as [_[x0[]]].
      apply Property_ran in H9. rewrite H7 in H9; auto.
    - apply AxiomII; split; eauto. rewrite <-H7 in H8.
      apply AxiomII in H8 as [_[]]; auto. pose proof H8.
      apply Property_dom in H9. rewrite H6 in H9.
      apply AxiomII in H9 as [_[]]. exists x0.
      apply AxiomII'; split; eauto. apply Property_ran in H8.
      apply Property_dom in H9. apply MKT49a; eauto.
Qed.

Lemma φω_Lemma : ∀ F0 m, Arithmetical_ultraFilter F0
  -> m ∈ ω -> (φn F0)[(φ4 F0)[m]] = (φω F0)[m].
Proof.
   intros. pose proof H. apply φ4_is_Function in H1 as [[]].
   pose proof H. apply φn_is_Function in H5 as [[]].
   unfold Q'_N in H7. pose proof H0. rewrite <-H3 in H9.
   apply Property_Value in H9; auto. pose proof H9.
   apply Property_ran in H10. rewrite <-H7 in H10.
   apply Property_Value in H10; auto.
   assert ([m,(φn F0)[(φ4 F0)[m]]] ∈ (φω F0)).
   { apply AxiomII'; split; eauto. apply Property_ran in H10.
     apply MKT49a; eauto. }
   pose proof H. apply φω_is_Function in H12 as [[]].
   pose proof H0. rewrite <-H14 in H16.
   apply Property_Value in H16; auto.
   destruct H12. apply (H17 m); auto.
Qed.

(* φω 对序保持 *)

Corollary φω_PrOrder : ∀ F0 u v, Arithmetical_ultraFilter F0
  -> u ∈ ω -> v ∈ ω -> u ∈ v <-> (φω F0)[u] <_F0 (φω F0)[v].
Proof.
   intros. pose proof H. apply φ4_is_Function in H2 as [[]].
   pose proof H. apply φn_is_Function in H6 as [[]].
   pose proof H0. rewrite <-H4 in H10.
   apply Property_Value,Property_ran in H10; auto.
   pose proof H1. rewrite <-H4 in H11.
   apply Property_Value,Property_ran in H11; auto.
   split; intros. rewrite <-φω_Lemma,<-φω_Lemma; auto.
   apply φn_PrOrder,φ4_PrOrder; auto.
   rewrite <-φω_Lemma,<-φω_Lemma in H12; auto.
   apply φn_PrOrder,φ4_PrOrder in H12; auto.
Qed.

(* φω 对加法保持 *)

Corollary φω_PrPlus : ∀ F0 u v, Arithmetical_ultraFilter F0
  -> u ∈ ω -> v ∈ ω -> (φω F0)[u + v] = (φω F0)[u] +_F0 (φω F0)[v].
Proof.
   intros. pose proof H. apply φ4_is_Function in H2 as [[]].
   pose proof H. apply φn_is_Function in H6 as [[]].
   rewrite <-φω_Lemma; auto; [ |apply ω_Plus_in_ω; auto].
   rewrite φ4_PrPlus; auto. pose proof H0. pose proof H1.
   rewrite <-H4 in H10,H11. apply Property_Value,Property_ran
```

```
      in H10,H11; auto. rewrite φn_PrPlus,φω_Lemma,φω_Lemma; auto.
Qed.

(* φω 对乘法保持 *)

Corollary φω_PrMult : ∀ F0 u v, Arithmetical_ultraFilter F0
  -> u ∈ ω -> v ∈ ω -> (φω F0)[u · v] = (φω F0)[u] ·_F0 (φω F0)[v].
Proof.
   intros. pose proof H. apply φ4_is_Function in H2 as [[][]].
   pose proof H. apply φn_is_Function in H6 as [[][]].
   rewrite <-φω_Lemma; auto; [ |apply ω_Mult_in_ω; auto].
   rewrite φ4_PrMult; auto. pose proof H0. pose proof H1.
   rewrite <-H4 in H10,H11. apply Property_Value,Property_ran
   in H10,H11; auto. rewrite φn_PrMult,φω_Lemma,φω_Lemma; auto.
Qed.

Corollary φω_0 : ∀ F0, Arithmetical_ultraFilter F0 -> (φω F0)[0] = R0 F0.
Proof.
   intros. rewrite <-φω_Lemma,φ4_0,φn_Q'0; auto.
Qed.

Corollary φω_1 : ∀ F0, Arithmetical_ultraFilter F0 -> (φω F0)[1] = R1 F0.
Proof.
   intros. rewrite <-φω_Lemma,φ4_1,φn_Q'1; auto. apply in_ω_1.
Qed.

Corollary φω_2 : ∀ F0, Arithmetical_ultraFilter F0 -> (φω F0)[2] = R2 F0.
Proof.
   intros. rewrite <-φω_Lemma; auto; [ |apply in_ω_2].
   replace 2 with (1 + 1). rewrite φ4_PrPlus,φ4_1,φn_PrPlus,
   φn_Q'1; try apply Q'1_in_Q'_N; auto; apply in_ω_1.
   assert (1 + (PlusOne 0) = 2).
   { rewrite Plus_Property2_a,Plus_Property1_a; auto; apply in_ω_1.}
   replace (PlusOne 0) with 1 in H0; auto.
   unfold PlusOne. rewrite MKT17; auto.
Qed.
```

定义 4.15 (R 中的偶数) $r(\in \mathbf{R})$ 是偶数 $\iff \exists n,\ n \in \mathbf{Z} \wedge r = \mathrm{R}_2 \cdot n.$

```
Definition R_Even F0 r := ∃ n, n ∈ (Z F0) /\ r = (R2 F0) ·_F0 n.
```

定义 4.16 (R 中的奇数) $r(\in \mathbf{R})$ 是奇数 $\iff \exists n,\ n \in \mathbf{Z} \wedge r = \mathrm{R}_2 \cdot n + \mathrm{R}_1.$

```
Definition R_Odd F0 r := ∃ n, n ∈ (Z F0)
   /\ r = ((R2 F0) ·_F0 n) +_F0 (R1 F0).
```

与 ω 中的非负偶数和奇数稍有不同, $\mathbf{R}$ 中的偶数和奇数是针对整数集 $\mathbf{Z}$ 定义的.

```
Corollary R_Even_Corollary : ∀ F0 r, Arithmetical_ultraFilter F0
  -> R_Even F0 r -> r ∈ (Z F0).
Proof.
   intros. destruct H0 as [n[]]. rewrite H1. apply Z_Mult_in_Z; auto.
   apply N_properSubset_Z,R2_Corollary; auto.
Qed.

Corollary R_Odd_Corollary : ∀ F0 r, Arithmetical_ultraFilter F0
  -> R_Odd F0 r -> r ∈ (Z F0).
Proof.
   intros. destruct H0 as [n[]]. rewrite H1.
```

```
apply Z_Plus_in_Z; auto. apply R_Even_Corollary; auto.
unfold R_Even; eauto. apply R1_in_Z; auto.
Qed.
```

　　这里给出如下四条需要用到的 **R** 中偶数和奇数性质:

1) $\forall r \in \mathbf{Z}, r$ 或是偶数或是奇数.

2) $\forall r \in \mathbf{Z}, r$ 不能同时为偶数和奇数.

3) 偶数与偶数相乘仍为偶数.

4) 奇数与奇数相乘仍为奇数.

```
Fact R_Even_Odd_Property1 : ∀ F0 r, Arithmetical_ultraFilter F0
-> r ∈ (Z F0) -> R_Even F0 r \/ R_Odd F0 r.
Proof.
  intros. pose proof H. apply φω_is_Function in H1 as [[][]].
  set (r1 := |r|_F0). assert (r1 ∈ (N F0)).
  { rewrite N_Equ_Z_me_R0; auto. pose proof H0.
    apply Z_properSubset_R,RAbs_in_R in H5; auto.
    pose proof H0. apply Z_properSubset_R in H6; auto.
    apply AxiomII; repeat split; eauto.
    pose proof H6. apply (R_Ord_Connect F0 H r (R0 F0)) in H7
    as [H7|[|]]; auto with R. apply lt_R0_RAbs in H7; auto.
    unfold r1. rewrite H7. apply Z_Minus_in_Z; auto with R.
    apply mt_R0_RAbs in H7; auto. unfold r1. rewrite H7; auto.
    apply eq_R0_RAbs in H7; auto. unfold r1. rewrite H7;
    auto with R. apply R0_le_RAbs in H6 as [_[]]; auto. }
  assert (R_Even F0 r1 \/ R_Odd F0 r1).
  { rewrite <-H4 in H5. apply Einr in H5 as [x[]]; auto.
    rewrite H3 in H5. destruct (classic (x ∈ ω_E)).
    apply AxiomII in H7 as [_[n[]]]. rewrite H8,φω_PrMult,φω_2
    in H6; auto; [ |apply in_ω_2]. left. exists (φω F0)[n].
    rewrite <-H3 in H7. apply Property_Value,Property_ran
    in H7; auto. rewrite H4 in H7.
    apply N_properSubset_Z in H7; auto.
    assert (x ∈ ω_O).
    { rewrite <-ω_E_Union_ω_O in H5.
      apply MKT4 in H5 as []; auto. elim H7; auto. }
    apply AxiomII in H8 as [_[n[]]]. rewrite H9,φω_PrPlus,φω_1,
    φω_PrMult,φω_2 in H6; try apply ω_Mult_in_ω; auto;
    try apply in_ω_2; try apply in_ω_1. right. exists (φω F0)[n].
    rewrite <-H3 in H8. apply Property_Value,Property_ran
    in H8; auto. rewrite H4 in H8.
    apply N_properSubset_Z in H8; auto. }
  pose proof H0. apply Z_properSubset_R in H7; auto.
  pose proof H7. apply (R_Ord_Connect F0 H (R0 F0)) in H8
  as [H8|[|]]; auto with R. apply mt_R0_RAbs in H8; auto.
  rewrite <-H8; auto. apply lt_R0_RAbs in H8; auto.
  destruct H6 as [[m[]]|[m[]]]. left. exists ((R0 F0) −_F0 m).
  split. apply Z_Minus_in_Z; auto with R. unfold r1.
  rewrite R_Mult_Distribution_Minus,R_Mult_Property1; auto with R;
  try apply N_properSubset_R,R2_Corollary; auto;
  try apply Z_properSubset_R; auto. rewrite <-H9.
  unfold r1. rewrite H8. symmetry. apply R_Minus_Corollary;
  auto with R. rewrite R_Plus_Commutation; auto with R.
  apply R_Minus_Corollary; auto with R. right.
  exists ((R0 F0) −_F0 (m +_F0 (R1 F0))). split. auto with R.
  pose proof H6. apply Z_properSubset_R in H10; auto.
  rewrite R_Mult_Distribution_Minus,R_Mult_Property1,
```

```
R_Mult_Distribution,R_Mult_Property2; auto with R;
try apply N_properSubset_R,R2_Corollary; auto.
assert ((R2 F0) ∈ (R F0)).
{ apply N_properSubset_R,R2_Corollary; auto. }
rewrite R_Plus_Commutation,<-R_Mix_Association1,R_Plus_Property;
auto with R. symmetry in H9.
assert (r1 ∈ (R F0)). { apply N_properSubset_R; auto. }
replace (((R2 F0) ·_F0 m) +_F0 (R2 F0)) with
((((R2 F0) ·_F0 m) +_F0 (R1 F0)) +_F0 (R1 F0)).
rewrite H9. unfold r1. rewrite H8. symmetry.
apply R_Minus_Corollary; auto with R. rewrite R_Plus_Association,
(R_Plus_Commutation F0 _ r),<-(R_Plus_Association),
(R_Plus_Commutation F0 _ r),<-R_Mix_Association1,
R_Plus_Property,R_Minus_Property1,R_Plus_Commutation,
R_Plus_Property; auto with R.
rewrite R_Plus_Association; auto with R. rewrite <-H8.
left. exists (R0 F0). rewrite R_Mult_Property1; auto with R.
apply N_properSubset_R,R2_Corollary; auto.
Qed.

Fact R_Even_Odd_Property2 : ∀ F0 r, Arithmetical_ultraFilter F0
-> r ∈ (Z F0) -> ~ (R_Even F0 r /\ R_Odd F0 r).
Proof.
intros. intro. destruct H1 as [[m[]][n[]]]. rewrite H2 in H4.
pose proof H. apply R2_Corollary in H5 as []. 
assert ((R2 F0) ∈ (R F0) /\ (R2 F0) <> (R0 F0)) as [].
{ split. apply N_properSubset_R; auto. intro. rewrite H7 in H6.
  elim (R_Ord_irReflex F0 (R0 F0) (R0 F0)); auto. }
pose proof H1. pose proof H3. apply Z_properSubset_R in H9,H10;
auto. assert (m = n +_F0 ((R1 F0) /_F0 (R2 F0))).
{ apply (R_Mult_Cancellation F0 (R2 F0)); auto with R.
  rewrite R_Mult_Distribution,R_Divide_Property3; auto with R. }
symmetry in H11. apply R_Minus_Corollary in H11; auto with R.
assert (((R1 F0) /_F0 (R2 F0)) ∈ (Z F0)).
{ rewrite <-H11. apply Z_Minus_in_Z; auto. }
assert ((R0 F0) <_F0 ((R1 F0) /_F0 (R2 F0))).
{ apply (R_Mult_PrOrder F0 _ _ (R2 F0)); auto with R.
  rewrite R_Mult_Property1,R_Divide_Property3; auto with R. }
assert (((R1 F0) /_F0 (R2 F0)) <_F0 (R1 F0)).
{ apply (R_Mult_PrOrder F0 _ _ (R2 F0)); auto with R.
  rewrite R_Mult_Property2,R_Divide_Property3; auto with R.
  replace (R1 F0) with ((R1 F0) +_F0 (R0 F0)).
  apply R_Plus_PrOrder; auto with R.
  rewrite R_Plus_Property; auto with R. }
assert ((R1 F0) <_F0 ((R1 F0) /_F0 (R2 F0))
\/ (R1 F0) = ((R1 F0) /_F0 (R2 F0))).
{ pose proof H12. apply AxiomII in H15 as [_[z[]]].
  rewrite H16 in H13. apply R_Ord_Corollary in H13 as []; auto;
  try apply Q'_Z_properSubset_Q'_<; try apply Q'0_in_Q'_Z; auto.
  apply Square_Root_Lemma1 in H13; auto; [ |apply Q'0_in_Q'_Z;
  auto]. rewrite Q'_Plus_Commutation,Q'_Plus_Property in H13;
  auto with Q'. destruct H13. apply Q'_Ord_to_R_Ord in H13; auto;
  try apply Q'_Z_properSubset_Q'_<; try apply Q'1_in_Q'_Z; auto.
  rewrite H16; destruct H13; auto. right.
  rewrite H16,<-H13; auto. } destruct H15;
[apply (R_Ord_Trans F0 (R1 F0)) in H14|rewrite <-H15 in H14];
auto with R; elim (R_Ord_irReflex F0 (R1 F0) (R1 F0)); auto.
Qed.
```

```
Fact R_Even_Odd_Property3 : ∀ F0 r1 r2, Arithmetical_ultraFilter F0
 -> R_Even F0 r1 -> R_Even F0 r2 -> R_Even F0 (r1 ·_F0 r2).
Proof.
  intros. destruct H0 as [m[]]. exists (m ·_F0 r2).
  apply R_Even_Corollary in H1; auto. split.
  auto with R. rewrite <-R_Mult_Association; auto;
  try (apply N_properSubset_R,R2_Corollary);
  try apply Z_properSubset_R; auto. rewrite <-H2; auto.
Qed.

Fact R_Even_Odd_Property4 : ∀ F0 r1 r2, Arithmetical_ultraFilter F0
 -> R_Odd F0 r1 -> R_Odd F0 r2 -> R_Odd F0 (r1 ·_F0 r2).
Proof.
  intros. destruct H0 as [m[]]. destruct H1 as [n[]].
  assert (m ∈ (R F0) /\ n ∈ (R F0)) as [].
  { split; apply Z_properSubset_R; auto. }
  assert ((R2 F0) ∈ (R F0)).
  { apply N_properSubset_R,R2_Corollary; auto. }
  rewrite H2,H3,R_Mult_Distribution,
  (R_Mult_Commutation F0 _ ((R2 F0) ·_F0 n)),R_Mult_Distribution,
  R_Mult_Property2,R_Mult_Association,<-R_Mult_Distribution,
  (R_Mult_Commutation F0 _ (R1 F0)),
  (R_Mult_Distribution F0 (R1 F0)),R_Mult_Property2,
  (R_Mult_Commutation F0 (R1 F0)),R_Mult_Property2,
  <-R_Plus_Association,<-R_Mult_Distribution; auto with R.
  assert ((R2 F0) ∈ (Z F0)).
  { apply N_properSubset_Z,R2_Corollary; auto. }
  exists (((n ·_F0 ((R2 F0) ·_F0 m)) +_F0 n) +_F0 m); split;
  auto with R.
Qed.
```

定理 4.33   对于非主算术超滤生成的 **R**, $\sqrt{2} \in (\mathbf{R} \sim \mathbf{Q})$.

```
Lemma Existence_of_irRational_Numbers_Lemma :
 ∀ F0 q, Arithmetical_ultraFilter F0 -> q ∈ (Q F0)
 -> (R0 F0) <_F0 q -> ∃ m, (m ·_F0 q) ∈ (N F0)
   /\ FirstMember m (R_Ord F0) (\{ λ u, u ∈ (N F0)
   /\ u <> (R0 F0) /\ ∃ a, a ∈ (N F0) /\ q = a /_F0 u \}).
Proof.
  intros. pose proof H0. apply AxiomII in H2 as [_[q1[]]].
  pose proof H1. rewrite H3 in H4. apply R_Ord_Corollary
  in H4 as []; try apply Q'_Q_Subset_Q'_<; try apply Q'0_in_Q'_Q;
  auto. pose proof H2. apply RatSeq_and_NatSeq_Lemma in H6
  as [m1[[H6[]]_]]; auto. apply AxiomII in H7 as [_[H7[H9[n1[]]]]].
  exists (\[m1\]_F0). split. rewrite H3,R_Mult_Corollary,H11,
  Q'_Divide_Property3; auto; try apply Q'_N_Subset_Q'; auto;
  [ |apply Q'_N_properSubset_Q'_< |apply Q'_Q_Subset_Q'_<]; auto.
  apply AxiomII; split; eauto.
  assert ((\[n1\]_F0) ∈ (R F0)).
  { apply R_Corollary2; [ |apply Q'_N_properSubset_Q'_<]; auto. }
  eauto. assert ((\[m1\]_F0) ∈ (R F0)).
  { apply R_Corollary2; [ |apply Q'_N_properSubset_Q'_<]; auto. }
  assert ((\[m1\]_F0) <> (R0 F0)).
  { assert (R0 F0 <> R1 F0).
    { intro. pose proof H. apply R0_lt_R1 in H14. rewrite H13
      in H14. elim (R_Ord_irReflex F0 (R1 F0) (R1 F0));
      auto with R. }
    assert (m1 ∈ ((Q'_N F0) ~ [Q'0 F0])).
    { apply MKT4'; split; auto. apply AxiomII; split; eauto. intro.
      apply MKT41 in H14; eauto with Q'. }
```

```
    apply Q'_N_Q'O_is_FirstMember,Square_Root_Lemma1 in H14; auto;
    try apply Q'_N_properSubset_Q'_Z; try apply Q'O_in_Q'_N; auto.
    rewrite Q'_Plus_Commutation,Q'_Plus_Property in H14;
    auto with Q'. assert (R0 F0 <> R1 F0).
    { intro. pose proof H. apply R0_lt_R1 in H16.
      rewrite H15 in H16. elim (R_Ord_irReflex F0 (R1 F0) (R1 F0));
      auto with R. }
    destruct H14. apply Q'_Ord_to_R_Ord in H14;
    try apply Q'_N_properSubset_Q'_<; try apply Q'1_in_Q'_N; auto.
    destruct H14. rewrite <-H14; auto. intro. rewrite H16 in H14.
    replace (\[(Q'1 F0)\]_F0) with (R1 F0) in H14; auto.
    apply (R_Ord_Trans F0 (R0 F0)) in H14; auto with R.
    elim (R_Ord_irReflex F0 (R0 F0) (R0 F0)); auto with R.
    rewrite <-H14; auto. }
  split. apply AxiomII; repeat split; eauto. apply AxiomII;
  split; eauto. exists (\[(m1 ·_F0 q1)%q'\]_F0).
  assert ((\[(m1 ·_F0 q1)%q'\]_F0) ∈ (R F0)).
  { apply R_Corollary2; try apply Q'_N_properSubset_Q'_<; auto. }
  split. apply AxiomII; split; eauto. symmetry.
  apply R_Divide_Corollary; auto. apply Q_Subset_R; auto.
  rewrite H3,R_Mult_Corollary; auto. apply Q'_N_properSubset_Q'_<;
  auto. apply Q'_Q_Subset_Q'_<; auto. intros.
  apply AxiomII in H14 as [_[H14[H15[x[]]]]].
  pose proof H14. apply AxiomII in H18 as [_[y1[]]]. intro.
  apply (H8 y1). apply AxiomII; repeat split; eauto. intro.
  rewrite H21 in H19; auto. pose proof H16.
  apply AxiomII in H21 as [_[x1[]]]. exists x1. split; auto.
  assert (q = \[(x1 /_F0 y1)%q'\]_F0).
  { symmetry in H17. apply R_Divide_Corollary in H17;
    try apply Q_Subset_R; auto; try apply Z_properSubset_Q,
    N_properSubset_Z; auto. rewrite H19,H3,H22,R_Mult_Corollary
    in H17; auto; [ |apply Q'_N_properSubset_Q'_< |
    apply Q'_Q_Subset_Q'_<]; auto.
    apply (R_Mult_Cancellation F0 y); auto.
    apply N_properSubset_R; auto. apply Q_Subset_R; auto.
    apply R_Corollary2; auto. apply Q'_Q_Subset_Q'_<; auto.
    apply Q'_Z_Divide_in_Q'_Q; auto;
    try apply Q'_N_properSubset_Q'_Z; auto. intro.
    rewrite H23 in H19; auto. rewrite H3,H19,R_Mult_Corollary,
    R_Mult_Corollary; auto. rewrite Q'_Divide_Property3; auto;
    try apply Q'_N_Subset_Q'; auto. intro. rewrite H23 in H19; auto.
    apply Q'_N_properSubset_Q'_<; auto.
    apply Q'_Q_Subset_Q'_<,Q'_Z_Divide_in_Q'_Q; auto;
    try apply Q'_N_properSubset_Q'_Z; auto.
    intro. rewrite H23 in H19; auto.
    apply Q'_N_properSubset_Q'_<; auto.
    apply Q'_Q_Subset_Q'_<; auto. }
  pose proof H0. apply Q'_RatSeq_and_R_RatSeq_Lemma in H24
  as [q0[[]]]; auto. replace q1 with q0. apply H26. split; auto.
  apply Q'_Z_Divide_in_Q'_Q; auto;
  try apply Q'_N_properSubset_Q'_Z; auto. intro.
  rewrite H27 in H19; auto. apply H26; auto. rewrite H19 in H20.
  apply R_Ord_Corollary in H20 as []; auto;
  apply Q'_N_properSubset_Q'_<; auto.
Qed.

Theorem Existence_of_irRational_Numbers :
  ∀ F0, Arithmetical_ultraFilter F0 -> (∀ n, F0 <> F n)
  -> (√_F0 (R2 F0)) ∈ ((R F0) ~ (Q F0))).
```

```
Proof.
   intros. pose proof H. apply R2_Corollary in H1 as [].
   pose proof H1. apply N_properSubset_R in H3; auto.
   pose proof H3. apply Square_Root_Corollary in H4 as [H4[]]; auto.
   apply MKT4'; split; auto. apply AxiomII; split; eauto. intro.
   apply Existence_of_irRational_Numbers_Lemma in H7 as [x[]]; auto.
   destruct H8. apply AxiomII in H8 as [_[H8[H10[y[]]]]].
   pose proof H8. pose proof H11. apply N_properSubset_R in H13,H14;
   auto. symmetry in H12. apply R_Divide_Corollary in H12.
   pose proof H8. pose proof H11. apply N_properSubset_Z in H15,H16;
   auto. assert ((R2 F0) ·_{F0} (x ·_{F0} x) = (y ·_{F0} y)).
   { rewrite <-H6,R_Mult_Association,<-(R_Mult_Association F0 _ x x),
     (R_Mult_Commutation F0 (√_{F0} (R2 F0)) x),H12,
     R_Mult_Commutation,R_Mult_Association,H12; auto with R. }
   assert (R_Even F0 (y ·_{F0} y)).
   { exists (x ·_{F0} x). split; auto with R. }
   assert (R_Even F0 y).
   { pose proof H16. apply R_Even_Odd_Property1 in H19 as []; auto.
     elim (R_Even_Odd_Property2 F0 (y ·_{F0} y)); auto with R.
     split; auto. apply R_Even_Odd_Property4; auto. }
   destruct H19 as [m[]]. pose proof H19. apply Z_properSubset_R
   in H21; auto. rewrite H20,R_Mult_Association in H17; auto with R.
   assert (R2 F0 <> R0 F0).
   { intro. rewrite H22 in H2.
     elim (R_Ord_irReflex F0 (R0 F0) (R0 F0)); auto. }
   apply R_Mult_Cancellation in H17; auto with R.
   rewrite (R_Mult_Commutation F0 m),R_Mult_Association in H17;
   auto with R. assert (R_Even F0 (x ·_{F0} x)).
   { exists (m ·_{F0} m). split; auto with R. }
   assert (R_Even F0 x).
   { pose proof H15. apply R_Even_Odd_Property1 in H24 as []; auto.
     elim (R_Even_Odd_Property2 F0 (x ·_{F0} x)); auto with R.
     split; auto. apply R_Even_Odd_Property4; auto. }
   destruct H24 as [n[]]. assert (n <> R0 F0).
   { intro. rewrite H26,R_Mult_Property1 in H25; auto. }
   assert (√_{F0} (R2 F0) = m /_{F0} n).
   { apply R_Divide_Corollary in H12; auto. rewrite <-H12,H20,H25.
     apply Z_properSubset_R in H19,H24; auto.
     apply R_Divide_Corollary; auto with R. intro.
     apply R_Mult_Property3 in H27 as []; auto.
     rewrite R_Mult_Association; auto with R.
     rewrite R_Divide_Property3; auto. }
   assert (n ∈ (N F0)).
   { rewrite N_Equ_Z_me_R0; auto. apply AxiomII; repeat split; eauto.
     assert ((R0 F0) <_{F0} x). { apply N_R0_is_FirstMember; auto. }
     replace (R0 F0) with ((R2 F0) ·_{F0} (R0 F0)) in H28.
     rewrite H25 in H28. apply R_Mult_PrOrder in H28; auto with R.
     apply Z_properSubset_R; auto. rewrite R_Mult_Property1; auto. }
   assert (m ∈ (N F0)).
   { rewrite N_Equ_Z_me_R0; auto. apply AxiomII; repeat split; eauto.
     destruct (classic (y = (R0 F0))). left. rewrite H20 in H29.
     apply R_Mult_Property3 in H29 as []; auto. rewrite H29 in H2.
     elim (R_Ord_irReflex F0 (R0 F0) (R0 F0)); auto.
     assert ((R0 F0) <_{F0} y). { apply N_R0_is_FirstMember; auto. }
     replace (R0 F0) with ((R2 F0) ·_{F0} (R0 F0)) in H30.
     rewrite H20 in H30. apply R_Mult_PrOrder in H30; auto with R.
     rewrite R_Mult_Property1; auto. }
   assert (n <_{F0} x).
   { pose proof H24. apply Z_properSubset_R in H30; auto.
```

```
    replace n with (n +_F0 (R0 F0)).
    rewrite H25,R_Mult_Commutation; auto. unfold R2.
    rewrite R_Mult_Distribution,R_Mult_Property2; auto with R.
    apply R_Plus_PrOrder; auto with R.
    apply N_RO_is_FirstMember; auto.
    rewrite R_Plus_Property; auto. }
  apply (H9 n); auto. apply AxiomII; repeat split; eauto.
Qed.
```

4.7 实数是什么

从任意一个非主算术超滤出发, 可将集合论中的非负整数集 ω 扩充成为含有无穷大数的非负整数集 *N; 再利用等价分类的思想, 可将 *N 扩充成为含有无穷大的整数集 *Z 和同时含有无穷大与无穷小的超有理数集 *Q, 进而对 *Q 的子集 $\mathbf{Q}_<$ 再进行等价分类, 得到的商集是一个标准的实数模型. 第 3 章和第 4 章完成的是 "算术超滤分数构造实数" 的形式化全过程. 表 4.1 总结了该过程中使用的各种符号.

表 4.1 数系扩充符号汇集

结构	符号	含义
超非负整数 (含无穷大)	*N	含无穷大数的非负整数集
	$*N_N$	*N 中的标准非负整数集
	N_∞	*N 中的无穷大数集
	F_0	*N 中的 0 元
	F_1	*N 中的 1 元
超整数 (含正负无穷大)	*Z	含无穷大数的整数集
	$*Z_{*N}$	*Z 中含无穷大数的非负整数集
	$*Z_Z$	*Z 中的标准整数集
	$*Z_0$	*Z 中的 0 元
	$*Z_1$	*Z 中的 1 元
超有理数 (含无穷大和无穷小)	*Q	含无穷的超有理数集
	$*Q_{*N}$	*Q 中含无穷大数的非负整数集
	$*Q_{*Z}$	*Q 中含无穷大数的整数集
	I	无穷小集
	$Q_<$	具备 Archimedes 性的 *Q 子集
	$*Q_N$	*Q 中的标准非负整数集
	$*Q_Z$	*Q 中的标准整数集
	$*Q_Q$	*Q 中的标准有理数集
	$*Q_0$	*Q 中的 0 元
	$*Q_1$	*Q 中的 1 元
实数	R	实数集
	N	非负整数集
	Z	整数集
	Q	有理数集
	R_0	R 中的 0 元
	R_1	R 中的 1 元

利用算术超滤分数构造实数, 首先得到的是超有理数结构 *$\mathbf{Q}$, 该过程是分步实现的. 图 4.1 示意了从 ω 扩充至 *$\mathbf{Q}$ 过程.

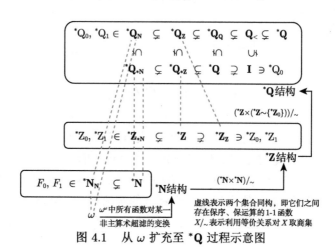

图 4.1   从 ω 扩充至 *$\mathbf{Q}$ 过程示意图

关于 *$\mathbf{Q}$ 的运算及序有如下性质.

(I) 加法性质.

1_{+}. $u + {}^{*}Q_0 = u$.

2_{+}. 存在负元: 存在唯一 u_0 使得 $u + u_0 = {}^{*}Q_0$.

3_{+}. 结合律: $(u + v) + w = u + (v + w)$.

4_{+}. 交换律: $u + v = v + u$.

(II) 乘法性质.

$1_{\cdot}$. $u \cdot {}^{*}Q_1 = u$.

$2_{\cdot}$. 存在逆元: $u \neq {}^{*}Q_0$, 存在唯一 u_1 使得 $u \cdot u_1 = {}^{*}Q_1$.

$3_{\cdot}$. 结合律: $(u \cdot v) \cdot w = u \cdot (v \cdot w)$.

$4_{\cdot}$. 交换律: $u \cdot v = v \cdot u$.

(I, II) 加法与乘法的联系   乘法对加法有分配性, 即 $u \cdot (v + w) = u \cdot v + u \cdot w$.

(III) 序性质.

$1_{<}$. ${}^{*}Q_0 < {}^{*}Q_1$.

$2_{<}$. 反自反性: $\sim u < u$.

$3_{<}$. 传递性: $u < v \wedge v < w \implies u < w$.

$4_{<}$. 三分律: $u < v \vee v < u \vee u = v$.

(I, III) $\mathcal{R}$ 中的加法与序关系的联系 $u < v \iff (w + u) < (w + v)$.

(II, III) $\mathcal{R}$ 中的乘法与序关系的联系 $u < v \iff (w \cdot u) < (w \cdot v)$, 其中 ${}^{*}Q_0 < w$.

上述性质称为 "**序域性质**", *$\mathbf{Q}$ 和 *$\mathbf{Q_Q}$ 都满足序域性质, 是两个具体的序域结构.

实数集不仅要求是一个序域结构, 还需满足

(IV) **完备 (连续) 性**　单调递增且有上界的实数列必有上确界.

满足完备性的序域结构称为完备序域, 分析数学所需要的实数即是完备序域.

实数还具备一个重要性质, Archimedes 性:

$$\forall r \in \mathbf{R}, \ \exists k \in \mathbf{N}, \ |r| = k \vee |r| < k.$$

这一性质意味着量的有限可测量性. *$\mathbf{Q}$ 并不具备这一性质. *$\mathbf{Q}$ 的子集 $\mathbf{Q}_<$ 虽然具备 Archimedes 性, 但不具备完整的序域性质 (定理 4.7), 是一个非序域结构. 不过, 我们仍可从 $\mathbf{Q}_<$ 通过等价分类方法得到具有 Archimedes 性的完备序域结构 $\mathbf{R}$.

在 $\mathbf{Q}_<$ 中定义二元关系 R:

$$xRy \iff (x - y) \in \mathbf{I},$$

R 是 $\mathbf{Q}_<$ 上的等价关系. 将 $\mathbf{Q}_<$ 关于 R 的商集 $(\mathbf{Q}_</R)$ 记为 $\mathbf{R}$.

实数集 $\mathbf{R}$ 是继 *$\mathbf{Q}$ 和 *$\mathbf{Q_Q}$ 后的第三个序域, 并且是一个完备序域. $\mathbf{R}$ 的子集 $\mathbf{Q}$ 也满足序域性质, 但不具备完备性. 这是有理数域与实数域的本质区别.

本书 4.3 节验证了 $\mathbf{R}$ 的全部序域性质, $\mathbf{R}$ 的 Archimedes 性 (定理 4.22)、完备性 (定理 4.31) 以及 $\mathbf{R}$ 中无理数的存在性 (定理 4.33) 也均得到了严格机器证明. 其中, $\mathbf{N}, \mathbf{Z}$ 和 $\mathbf{Q}$ 作为 $\mathbf{R}$ 的子集, 自然具有 Archimedes 性.

图 4.2 展示了 *$\mathbf{Q}$ 结构和 $\mathbf{R}$ 结构之间的关系:

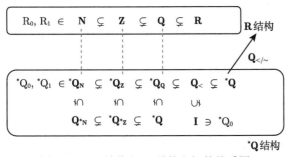

图 4.2　*$\mathbf{Q}$ 结构与 $\mathbf{R}$ 结构之间的关系图

可以看到, 采用实数的算术超滤分数构造法, 可遵循整数分数构造有理数的思路, 从含有无穷大数的整数结构 *$\mathbf{Z}$ 直接得到兼具无穷大和无穷小的超有理数

结构 *Q, 进而对 *Q 的子集 Q$_<$ 再进行等价分类, 得到的商集即是一个标准的实数模型. 该方法直接、简洁, 让 "无穷大数" 以算术超滤身份直接进入了数学, 而且这一构造方法与古典分析中从整数到有理数的扩充方法达到了完全统一!

至此我们完整建立了利用非主算术超滤构造实数的形式化系统.

人类数学对无限的认识是没有止境的, 是不会停步不前的. 无穷大数以算术超滤的身份进入数学, 是很自然的一步[148].

现今我们已经有了多种实数理论, 例如, Dedekind 分割法[104,172-173], Cantor 的 Cauchy 有理数基本数列构造法[173]、实数公理系统[172,185] 等, 以及这里的算术超滤分数构造法. 几种不同的方法建立起来的满足 Archimedes 性的完备序域 (实数域) 虽形式不同, 但互相同构[172,185]. 不管使用哪种方法, 过程中遇到的困难相同, 都必须引入某种形式的实无限. 这里使用的算术超滤法, 引入了 "无穷大数". 我们对这种数的认识, 才刚刚开始[148].

第 5 章 非主算术超滤的存在性

滤子构造实数的方法有一个重要前提, 即非主算术超滤必须存在. 2003 年, 国外有学者曾宣布, 仅用通常公理集合论不能证明非主算术超滤存在, 尽管这一结论的宣布后来因证明中有误而收回, 但一般估计该结论可能还是正确的[10,150]. 非主算术超滤存在性的证明需使用新的集合论假设.

目前, 所有可以推出非主算术超滤存在的集合论假设中[149], 连续统假设 (CH) 无疑是广为熟知且安全的[14,34]. 本章将形式化验证 CH 下非主算术超滤存在性, 从而保证实数的滤子构造法在 MK + CH 下的合理性.

5.1 滤子扩张原则

滤子扩张原则是选择公理的具体应用, 它首先保证了非主超滤 (也即自由超滤) 的存在, 有了非主超滤, 才可能进一步讨论非主算术超滤.

定理 5.1(滤子扩张原则) 对任意 ω 上的滤子 F, 存在 ω 上的超滤 G 并且 $F \subset G$, 即任意一个滤子都可以扩张成为一个超滤.

```
(** expansion_of_filters *)

Require Export ultrafilter_conversion.

Theorem Principle_of_Filter_Expansion1 : ∀ F, Filter_On_ω F
 -> ∃ G, F ⊂ G /\ ultraFilter_On_ω G.
Proof.
 intros. set (P := \{ λ u, F ⊂ u /\ Filter_On_ω u \}).
 assert (Ensemble P).
 { assert (Ensemble ω). pose proof MKT138. eauto.
   apply MKT38a,MKT38a in H0. apply (MKT33 (pow(pow(ω)))); auto.
   unfold Included; intros. apply AxiomII in H1 as [H1[H2[]]].
   apply AxiomII; split; auto. }
 pose proof H0. apply MKT143 in H1 as [M[[]]].
 assert (Ensemble M). { apply MKT33 in H2; auto. }
 assert (∀ p, p ∈ P -> (∀ m, m ∈ M -> m ⊂ p) -> p ∈ M).
 { intros. apply NNPP; intro.
   assert (Nest (M ∪ [p])).
   { unfold Nest. intros. apply MKT4 in H8 as [],H9 as []; auto;
     try apply MKT41 in H8; try apply MKT41 in H9; eauto;
     [rewrite H9|rewrite H8|rewrite H8,H9]; auto. }
   assert (M ⊂ (M ∪ [p])).
   { unfold Included; intros. apply MKT4; auto. }
   apply H3 in H9; auto. elim H7. rewrite <-H9. apply MKT4; right.
   apply MKT41; eauto. unfold Included; intros. apply MKT4 in H10
   as []; auto. apply MKT41 in H10; eauto. rewrite H10; auto. }
```

```
apply AxiomVI in H4. exists (⋃M).
assert (F ∈ M).
{ pose proof H. apply Filter_is_Set in H6.
  intros. apply NNPP; intro.
  assert (Nest (M ∪ [F])).
  { unfold Nest. intros. apply MKT4 in H8 as [],H9 as []; auto;
    try apply MKT41 in H8; try apply MKT41 in H9; eauto.
    apply H2,AxiomII in H8 as [_[]]; rewrite H9; auto.
    apply H2,AxiomII in H9 as [_[]]; rewrite H8; auto.
    rewrite H8,H9; auto. }
  assert (M ⊂ (M ∪ [F])).
  { unfold Included; intros. apply MKT4; auto. }
  apply H3 in H9; auto. elim H7. rewrite <-H9. apply MKT4; right.
  apply MKT41; eauto. unfold Included; intros. apply MKT4 in H10
  as []; auto. apply MKT41 in H10; eauto. rewrite H10.
  apply AxiomII; auto. }
assert (Filter_On_ω (⋃M)).
{ repeat split; intros.
  - unfold Included; intros. apply AxiomII in H7 as [H7[x[]]].
    apply H2,AxiomII in H9 as [_[_[]]]; auto.
  - intro. apply AxiomII in H7 as [_[x[]]].
    apply H2,AxiomII in H8 as [_[_[_[]]]]; auto.
  - pose proof MKT138. apply AxiomII; split; eauto. exists F.
    destruct H as [_[_[]]]; auto.
  - apply AxiomII in H7 as [H7[x[]]].
    apply AxiomII in H8 as [H8[y[]]].
    assert (x ⊂ y ⋁ y ⊂ x). { apply H1; auto. }
    pose proof H10; pose proof H12.
    apply H2,AxiomII in H10 as [_[_[_[_[H10 _]]]]],
    H12 as [_[_[_[_[H12 _]]]]].
    apply AxiomII; split. apply (MKT33 (a)); eauto.
    unfold Included; intros. apply MKT4' in H16; tauto.
    destruct H13; eauto.
  - assert (Ensemble b).
    { pose proof MKT138. apply (MKT33 ω); eauto. }
    apply AxiomII in H9 as [_[x[]]]. pose proof H11.
    apply H2,AxiomII in H12 as [_[_[_[_[_[]]]]]].
    apply AxiomII; split; eauto. }
assert (F ⊂ ⋃M).
{unfold Included; intros. apply AxiomII; split; eauto. }
split; auto. apply ultraFilter_Equ_maxFilter; split; auto. intros.
assert (∀ m, m ∈ M -> m ⊂ ⋃M).
{ intros. unfold Included; intros. apply AxiomII; split; eauto. }
assert (⋃M ∈ P). { apply AxiomII; auto. }
assert (G ∈ P).
{ apply AxiomII; split. apply Filter_is_Set; auto.
  split; auto. eapply MKT28; eauto. }
assert (G ∈ M).
{ apply H5; auto. intros. apply H11 in H14. eapply MKT28; eauto. }
apply H11 in H14. apply AxiomI; split; auto.
Qed.
```

定理 5.2　非主超滤 (即自由超滤) 存在.

```
Theorem Existence_of_free_ultraFilter : ∃ F, free_ultraFilter_On_ω F.
Proof.
  destruct Fσ_is_just_Filter as [H[]].
  apply Principle_of_Filter_Expansion1 in H as [F[]].
  exists F. apply FT2; auto.
Qed.
```

以上两个定理是滤子扩张原则的核心. 对于 ω 的子集族来说, 能够扩张成为超滤的也可以不是滤子, 这极大丰富了超滤的构造思路.

定义 5.1(有限交性) A 具有 "有限交性质" 是指 A 中任意有限个元素的交都不是空集:

$$\forall a_1, \cdots, a_n \in A, \quad a_1 \cap \cdots \cap a_n \neq \emptyset.$$

```
Definition Finite_Intersection G := ∀ A, A ⊂ G -> Finite A -> ⋂A <> ∅.
```

可以证明: 假定 A 是一个套 (定义 2.141), A 的每个元是 ω 幂集 (2^ω) 的子集且具有有限交性, 则 A 的元的并 ($\bigcup A$) 也具有有限交性.

```
Proposition Finite_Intersection_Property1 : ∀ A, Nest A
 -> (∀ a, a ∈ A -> a ⊂ pow(ω) /\ Finite_Intersection a)
 -> (⋃A) ⊂ pow(ω) /\ Finite_Intersection (⋃A).
Proof.
intros. split.
- unfold Included; intros. apply AxiomII in H1 as [H1[x[]]].
  apply H0 in H3 as []; auto.
- unfold Finite_Intersection; intros.
  destruct (classic (A0 = ∅)).
  + rewrite H3,MKT24. intro. elim MKT39.
    rewrite H4. destruct MKT135. eauto.
  + set (p := (fun n => ∀ B, B ⊂ (⋃A) -> B <> 0 -> P[B] = n
    -> ∃ Ai, Ai ∈ A /\ (∀ b, b ∈ B -> b ∈ Ai))).
    assert (∀ n, n ∈ ω -> p n).
    { apply Mathematical_Induction; unfold p; intros.
      - apply carE in H6; auto. elim H5; auto.
      - assert (Ensemble B).
        { apply Property_Finite. unfold Finite.
          rewrite H8. apply MKT134; auto. }
        apply FT1_Corollary_Lemma in H8 as [B1[b[H8[]]]]; auto.
        assert (Ensemble B1).
        { apply Property_Finite. rewrite <-H8 in H4; auto. }
        assert (Ensemble b).
        { apply NNPP; intro. apply MKT43 in H13.
          rewrite H11,H13,MKT20 in H9. elim MKT39; auto. }
        destruct (classic (B1 = ∅)).
        + rewrite H14,MKT17 in H11.
          assert (b ∈ [b]). { apply MKT41; auto. }
          rewrite <-H11 in H15. apply H6,AxiomII in H15
          as [_[x[]]]. exists x. split; auto; intros.
          rewrite H11 in H17. apply MKT41 in H17; auto.
          rewrite H17; auto.
        + apply H5 in H14 as [Ai[]]; auto.
          assert (b ∈ B).
          { rewrite H11. apply MKT4; right. apply MKT41; auto. }
          apply H6,AxiomII in H16 as [_[x[]]]. exists (Ai ∪ x).
          pose proof H14. apply (H x) in H18 as []; auto;
          apply MKT29 in H18. rewrite MKT6,H18. split; auto.
          intros. rewrite H11 in H19. apply MKT4 in H19 as [];
          auto. apply MKT41 in H19; auto. rewrite H19.
          rewrite <-H18. apply MKT4; auto. rewrite H18.
          split; auto. intros. rewrite H11 in H19. rewrite <-H18.
          apply MKT4. apply MKT4 in H19 as []; auto.
          apply MKT41 in H19; auto. rewrite H19; auto.
          unfold Included; intros. apply H6. rewrite H11.
```

```
          apply MKT4; auto. }
       assert (P[A0] = P[A0]); auto. apply H4 in H5 as [A1[]]; auto.
       pose proof H5. apply H0 in H7 as []. apply H8; auto.
Qed.
```

定义 5.2(滤基)   设 ω 的非空子集族 $B \subset 2^\omega\,(= \{y : y \subset \omega\})$ 满足下面的条件:

1) $\emptyset \notin B$.

2) 若 $a, b \in B$, 则 $a \cap b \in B$ (对交封闭).

B 叫做 ω 上的滤基.

```
Definition FilterBase_On_ω B := B <> ∅ ∧ B ⊂ pow(ω)
 ∧ ∅ ∉ B ∧ (∀ a b, a ∈ B -> b ∈ B -> (a ∩ b) ∈ B).
```

```
(* ω 上的滤基是集 *)
```

```
Corollary FilterBase_is_Set : ∀ B, FilterBase_On_ω B -> Ensemble B.
Proof.
  intros. destruct H as [H[]]. apply (MKT33 pow(ω)); auto.
  apply MKT38a. pose proof MKT138; eauto.
Qed.
```

这里给出下面两条将会用到的 ω 上滤基的性质:

1) ω 上的滤基具有有限交性.

2) A 是一个套, 且 A 的每个元都是 ω 上的滤基, 则 $\bigcup A$ 也是 ω 上的滤基.

```
Proposition FilterBase_Property1 : ∀ B, FilterBase_On_ω B -> Finite_Intersection B.
Proof.
  intros. destruct H as [H[H0[]]].
  unfold Finite_Intersection; intros.
  destruct (classic (A = ∅)). rewrite H5,MKT24. intro.
  destruct MKT135. elim MKT39. rewrite H6. eauto.
  set (p := fun n => (∀ X, X ⊂ B -> X <> ∅ -> P[X] = n -> ⋂X ∈ B)).
  assert (∀ n, n ∈ ω -> p n).
  { apply Mathematical_Induction; unfold p; intros.
    - apply carE in H8. elim H7; auto.
    - apply FT1_Corollary_Lemma in H10 as [Y[b[H10[]]]]; auto.
      assert (Ensemble b).
      { apply NNPP; intro. apply MKT43 in H13.
        rewrite H12,H13,MKT20 in H8. assert (B = 𝒰).
        { apply AxiomI; split; intros; auto. apply MKT19; eauto. }
          elim MKT39. rewrite <-H14. apply (MKT33 (pow(ω))); auto.
          apply MKT38a. pose proof MKT138; eauto. }
      destruct (classic (Y = ∅)).
      + rewrite H14,MKT17 in H12. pose proof H13.
        apply MKT44 in H15 as []. rewrite H12,H15.
        apply H8. rewrite H12. apply MKT41; auto.
      + assert (⋂Y ∈ B).
        { apply H7; auto. unfold Included; intros.
          apply H8. rewrite H12. apply MKT4; auto. }
        assert (⋂X = (⋂Y) ∩ b).
        { apply AxiomI; split; intros.
          - apply AxiomII in H16 as []. apply MKT4'; split.
            apply AxiomII; split; intros; auto. apply H17.
            rewrite H12. apply MKT4; auto. apply H17. rewrite H12.
            apply MKT4; right. apply MKT41; auto.
```

```
      - apply MKT4' in H16 as []. apply AxiomII; split; eauto.
        intros. apply AxiomII in H16 as [_]. rewrite H12 in H18.
        apply MKT4 in H18 as []; auto. apply MKT41 in H18; auto.
        rewrite H18; auto. }
      rewrite H16. apply H2; auto. apply H8. rewrite H12.
    apply MKT4; right. apply MKT41; auto. }
  apply H6 in H4. assert (⋂A ∈ B). { apply H4; auto. }
  intro. rewrite H8 in H7; auto.
Qed.

Proposition FilterBase_Property2 : ∀ A, Nest A -> A <> ∅
  -> (∀ a, a ∈ A -> FilterBase_On_ω a) -> FilterBase_On_ω (⋃A).
Proof.
  intros. repeat split; intros.
  - apply NEexE. apply NEexE in H0 as [a].
    assert (a <> ∅). { apply H1 in H0 as []; auto. }
    apply NEexE in H2 as [x]. exists x. apply AxiomII; split; eauto.
  - unfold Included; intros. apply AxiomII in H2 as [H2[x[]]].
    apply H1 in H4 as [_[]]; auto.
  - intro. apply AxiomII in H2 as [H2[x[]]].
    apply H1 in H4 as [_[_[]]]; auto.
  - apply AxiomII in H2 as [H2[X[]]].
    apply AxiomII in H3 as [H3[Y[]]].
    pose proof H7. apply (H X Y) in H8 as []; auto.
    + pose proof H7. apply H1 in H7 as [_[_[]]].
      assert ((a ∩ b) ∈ Y); auto. apply AxiomII; split; eauto.
    + pose proof H5. apply H1 in H5 as [_[_[]]].
      assert ((a ∩ b) ∈ X); auto. apply AxiomII; split; eauto.
Qed.
```

定理 5.3 任何具有有限交性的 ω 上的子集族 $G\ (\subset 2^\omega)$, 可以按如下方式扩张成为 ω 上的滤基:

$$\langle G\rangle_b = \{u : \exists 有限集 A,\ A \subset G \wedge u = \bigcap A\},$$

称 $\langle G\rangle_b$ 为 G 生成的滤基 (显然有 $G \subset \langle G\rangle_b$).

```
Definition FilterBase_from G := \{ λ u, ∃ A, A ⊂ G /\ Finite A /\ u = ⋂A \}.

Notation "⟨ G ⟩b" := (FilterBase_from G) : filter_scope.

Corollary FilterBase_from_Corollary : ∀ G, G ⊂ (⟨G⟩b).
Proof.
  unfold Included; intros. apply AxiomII; split; eauto.
  exists [z]. split. unfold Included; intros.
  apply MKT41 in H0; eauto. rewrite H0; auto.
  assert (Ensemble z). eauto. split. apply finsin; auto.
  apply MKT44 in H0 as [H0 _]. rewrite H0; auto.
Qed.

Theorem Principle_of_Filter_Expansion2 : ∀ G, G <> ∅ -> G ⊂ pow(ω)
  -> Finite_Intersection G -> G ⊂ (⟨G⟩b) /\ FilterBase_On_ω (⟨G⟩b).
Proof.
  intros. repeat split; intros.
  - unfold Included; intros. apply AxiomII; split; eauto.
    exists [z]. split. unfold Included; intros. apply MKT41 in H3;
    eauto. rewrite H3; auto. assert (Ensemble z). eauto. split.
```

```
     apply finsin; auto. apply MKT44 in H3 as [H3 _].
     rewrite H3; auto.
   - apply NEexE in H as [a]. assert (a ∈ (⟨G⟩_b)).
     { apply AxiomII; split; eauto. assert (Ensemble a); eauto.
       exists [a]. repeat split. unfold Included; intros.
       apply MKT41 in H3; auto. rewrite H3; auto. apply finsin; auto.
       apply MKT44 in H2 as []; auto. }
     intro. rewrite H3 in H2. elim (@ MKT16 a); auto.
   - unfold Included; intros. apply AxiomII in H2 as [H2[A[H3[]]]].
     apply AxiomII; split; auto. destruct (classic (A = ∅)).
     rewrite H5,H6,MKT24 in H2. elim MKT39; auto.
     apply NEexE in H6 as []. pose proof H6.
     apply H3,H0,AxiomII in H6 as []. unfold Included; intros.
     rewrite H5 in H9. apply AxiomII in H9 as [_].
     apply H9 in H7; auto.
   - intro. apply AxiomII in H2 as [_[A[H2[]]]].
     apply H1 in H3; auto.
   - apply AxiomII in H2 as [H2[A[H4[]]]].
     apply AxiomII in H3 as [H3[B[H7[]]]].
     assert (Ensemble (a ∩ b)).
     { apply (MKT33 a); eauto. unfold Included; intros.
       apply MKT4' in H10 as []; auto. }
     apply AxiomII; split; auto. exists (A ∪ B).
     repeat split; unfold Included; intros.
     apply AxiomII in H11 as [_[|]]; auto. apply MKT168; auto.
     rewrite H6,H9. apply AxiomI; split; intros.
     + apply MKT4' in H11 as []. apply AxiomII in H11 as [].
       apply AxiomII in H12 as []. apply AxiomII; split; auto.
       intros. apply MKT4 in H15 as []; auto.
     + apply AxiomII in H11 as []. apply MKT4'; split;
       apply AxiomII; split; auto; intros; apply H12;
       apply MKT4; auto.
Qed.
```

定理 5.4　任何具有有限交性的 ω 上的子集族 $G\ (\subset 2^\omega)$，可以按如下方式扩张成为 ω 上的滤子：

$$\langle G \rangle_f = \{u : u \in \omega \wedge (\exists \text{有限集} A,\ A \subset G \wedge \bigcap A \subset u)\},$$

称 $\langle G \rangle_f$ 为 G 生成的滤子（显然有 $G \subset \langle G \rangle_f$）。

```
Definition Filter_from G := \{ λ u, u ⊂ ω /\ ∃ A, A ⊂ G /\ Finite A /\ ∩A ⊂ u \}.

Notation "⟨ G ⟩_f" := (Filter_from G) : filter_scope.

Theorem Principle_of_Filter_Expansion3 : ∀ G, G <> ∅ -> G ⊂ pow(ω)
  -> Finite_Intersection G -> G ⊂ (⟨G⟩_f) /\ Filter_On_ω (⟨G⟩_f).
Proof.
  repeat split; intros.
  - unfold Included; intros. apply AxiomII; repeat split. eauto.
    apply H0,AxiomII in H2 as []; auto. exists [z]. split.
    unfold Included; intros. apply MKT41 in H3; eauto.
    rewrite H3; auto. assert (Ensemble z). eauto. split.
    apply finsin; auto. apply MKT44 in H3 as [H3 _].
    rewrite H3; auto.
  - unfold Included; intros. apply AxiomII in H2 as [H2[H3[A[]]]].
    apply AxiomII; auto.
```

```
    - intro. apply AxiomII in H2 as [_[H2[A[H3[]]]]].
      apply H1 in H4; auto. elim H4. apply AxiomI; split; intros; auto.
      elim (@ MKT16 z); auto.
    - assert (Ensemble ω). { pose proof MKT138. eauto. }
      apply AxiomII; repeat split; auto. apply NEexE in H as [a].
      exists [a]. repeat split. unfold Included; intros.
      apply MKT41 in H3; eauto. rewrite H3; auto.
      apply finsin; eauto. assert (Ensemble a); eauto.
      apply MKT44 in H3 as [H3 _]. rewrite H3. unfold Included; intros.
      apply H0,AxiomII in H as []; auto.
    - assert (Ensemble (a ∩ b)).
      { apply (MKT33 a); eauto. unfold Included; intros.
        apply MKT4' in H4 as []; auto. }
      apply AxiomII in H2 as [_[H2[a1[H5[]]]]].
      apply AxiomII in H3 as [_[H3[b1[H8[]]]]].
      apply AxiomII; split; auto. split. unfold Included; intros.
      apply MKT4' in H11 as []; auto. exists (a1 ∪ b1).
      repeat split; unfold Included; intros.
      apply AxiomII in H11 as [_[|]]; auto. apply MKT168; auto.
      apply MKT4'; split; [apply H7|apply H10];
      apply AxiomII in H11 as []; apply AxiomII;
      split; intros; auto; apply H12,MKT4; auto.
    - apply AxiomII in H4 as [H4[H5[A[H6[]]]]].
      assert (Ensemble b).
      { apply (MKT33 ω); auto. pose proof MKT138. eauto. }
      apply AxiomII; repeat split; auto. exists A. repeat split; auto.
      unfold Included; intros; auto.
Qed.
```

5.2 一些引理

非主算术超滤存在性的形式化证明较为烦琐, 本节证明后面将要用到的一些引理. 这些引理都可从 Morse-Kelley 公理化集合论直接推出.

引理 5.1 设 $F0 \in \beta\omega$, $f, g \in \omega^\omega$, 当 $f\langle F0 \rangle$ 或 $g\langle F0 \rangle$ 是主超滤时, 有

$$f\langle F0 \rangle = g\langle F0 \rangle \Longrightarrow f =_{F0} g.$$

```
(** existence_of_nonprincipal_arithmetical_ultrafilters *)

Require Export expansion_of_filters.

Lemma Existence_of_NPAUF_Lemma1 :
  ∀ F0 f g, F0 ∈ βω -> Function f -> Function g
  -> dom(f) = ω -> dom(g) = ω -> ran(f) ⊂ ω -> ran(g) ⊂ ω
  -> (∃ n, n ∈ ω /\ (f⟨F0⟩ = F n \/ g⟨F0⟩ = F n))
  -> f⟨F0⟩ = g⟨F0⟩ -> f =_{F0} g.
Proof.
  assert (∀ F0 f g, F0 ∈ βω -> Function f -> Function g
    -> dom(f) = ω -> dom(g) = ω -> ran(f) ⊂ ω -> ran(g) ⊂ ω
    -> (∃ n, n ∈ ω /\ g⟨F0⟩ = F n) -> f⟨F0⟩ = g⟨F0⟩ -> f =_{F0} g).
  { intros. destruct H6 as [n[]]. rewrite H8 in H7.
    assert ([n] ∈ f⟨F0⟩).
    { rewrite H7. apply AxiomII; repeat split; eauto.
      unfold Included; intros. apply MKT41 in H9; eauto.
      rewrite H9; auto. }
```

```
    pose proof H9. rewrite H7,<-H8 in H10.
    apply AxiomII in H9 as [_[_]]. unfold PreimageSet in H9.
    apply AxiomII in H10 as [_[_]]. unfold PreimageSet in H10.
    assert ((\{ λ u, u ∈ dom(f) /\ f[u] ∈ [n] \}
      ∩ \{ λ u, u ∈ dom(g) /\ g[u] ∈ [n] \})
      ⊂ \{ λ u, u ∈ ω /\ f[u] = g[u] \}).
    { pose proof H6. apply Constn_is_Function in H11 as [H11[]].
      assert (ran(Const n) ⊂ ω).
      { unfold Included; intros. rewrite H13 in H14.
        apply MKT41 in H14; eauto. rewrite H14; auto. }
      assert (∀ m, m ∈ ω -> (Const n)[m] = n).
      { intros. rewrite <-H12 in H15.
        apply Property_Value,Property_ran in H15; auto.
        rewrite H13 in H15. apply MKT41 in H15; eauto. }
      unfold Included; intros. apply MKT4' in H16 as [].
      apply AxiomII in H16 as [_[]]. apply AxiomII in H17 as [_[]].
      apply MKT41 in H18,H19; eauto. rewrite H2 in H16.
      apply AxiomII; repeat split; eauto. rewrite H18,H19; auto. }
    assert (\{ λ u, u ∈ ω /\ f[u] = g[u] \} ∈ F0).
    { apply AxiomII in H as [_[[_[_[_[]]]]_]].
      apply H12 in H11; auto. unfold Included; intros.
      apply AxiomII in H13; tauto. }
    destruct H0,H1. repeat split; auto. }
  intros. destruct H7 as [n[H7[]]]; eauto. rewrite H8 in H9; eauto.
Qed.
```

引理 5.2　设 $F0 \in \beta\omega$, $f, g \in \omega^{\omega}$, 若存在 ω 的有限子集 A, 且 $f^{-1}\lceil g\lceil A\rfloor\rfloor \in F0$ 或 $g^{-1}\lceil f\lceil A\rfloor\rfloor \in F0$, 则

$$f\langle F0\rangle = g\langle F0\rangle \Longrightarrow f =_{F0} g.$$

```
Lemma Existence_of_NPAUF_Lemma2 :
  ∀ F0 f g, F0 ∈ βω -> Function f -> Function g
  -> dom(f) = ω -> dom(g) = ω -> ran(f) ⊂ ω -> ran(g) ⊂ ω
  -> (∃ A, A ⊂ ω /\ Finite A /\ (f^{-1}⌈g⌈A⌋⌋ ∈ F0
    \/ g^{-1}⌈f⌈A⌋⌋ ∈ F0)) -> f⟨F0⟩ = g⟨F0⟩ -> f =_{F0} g.
Proof.
  assert (∀ F0 f g, F0 ∈ βω -> Function f -> Function g
    -> dom(f) = ω -> dom(g) = ω -> ran(f) ⊂ ω -> ran(g) ⊂ ω
    -> (∃ A, A ⊂ ω /\ Finite A /\ f^{-1}⌈g⌈A⌋⌋ ∈ F0)
    -> f⟨F0⟩ = g⟨F0⟩ -> f =_{F0} g).
  { intros. destruct H6 as [A[H6[]]].
    assert (g⌈A⌋ ∈ f⟨F0⟩).
    { assert (g⌈A⌋ ⊂ ω).
      { unfold Included; intros. apply AxiomII in H10 as [_[x[]]].
        apply H6 in H11. rewrite <-H3 in H11. apply Property_Value,
        Property_ran in H11; auto. rewrite H10; auto. }
      apply AxiomII; split; auto. apply (MKT33 ω); auto.
      pose proof MKT138; eauto. }
    assert (Finite (g⌈A⌋)).
    { assert (Function (g|(A)) /\ dom(g|(A)) = A
      /\ ran(g|(A)) = g⌈A⌋) as [H11[]].
      { pose proof H1. apply (MKT126a g A) in H11.
        pose proof H1. apply (MKT126b g A) in H12.
        split; auto. apply MKT30 in H6. rewrite H3,H6 in H12.
        split; auto. apply AxiomI; split; intros.
```

```
      - apply AxiomII; split; eauto. apply Einr in H13 as [x[]];
        auto. pose proof H13. rewrite H12 in H13.
        apply MKT126c in H15; auto. rewrite H15 in H14. eauto.
      - apply AxiomII in H13 as [H13[x[]]]. rewrite <-H12 in H15.
        pose proof H15. apply Property_Value,Property_ran in H15;
        auto. rewrite MKT126c in H15; auto. rewrite H14; auto. }
    apply MKT160 in H11. rewrite H12,H13 in H11. destruct H11.
    pose proof MKT138. apply AxiomII in H14 as [_[_]].
    eapply H14; eauto. unfold Finite. rewrite H11; auto.
    apply (MKT33 g). apply MKT75; auto. rewrite H3.
    pose proof MKT138; eauto. unfold Included; intros.
    apply MKT4' in H14; tauto. }
  assert (f⟨F0⟩ ∈ βω). { apply FT5; auto. }
  assert (~ free_ultraFilter_On_ω (f⟨F0⟩)).
  { intro. apply (free_ultraFilter_infinite (f⟨F0⟩)) in H10;
    auto. }
  apply FT3_b in H13 as [n[]]. apply Existence_of_NPAUF_Lemma1;
  eauto. apply AxiomII in H12; tauto. }
intros. destruct H7 as [A[H7[H9[]]]]; eauto. symmetry in H8.
apply H in H8; eauto. destruct H8 as [_[_[_[_[_[_[_]]]]]]].
split; auto. split; auto. repeat split; auto.
assert (\{ λ u, u ∈ ω /\ g[u] = f[u] \}
= \{ λ u, u ∈ ω /\ f[u] = g[u] \}).
{ apply AxiomI; split; intros; apply AxiomII in H11 as [H11[]];
  apply AxiomII; repeat split; eauto. }
rewrite <-H11; auto.
Qed.
```

引理 5.3 设 $F0 \in \beta\omega$, $f, g \in \omega^{\omega}$, 若存在 $A \in F0$, $f\lceil A\rfloor \cap g\lceil A\rfloor = \emptyset$, 则

$$f\langle F0 \rangle = g\langle F0 \rangle \Longrightarrow f =_{F0} g.$$

```
Lemma Existence_of_NPAUF_Lemma3 :
  ∀ F0 f g, F0 ∈ βω -> Function f -> Function g
  -> dom(f) = ω -> dom(g) = ω -> ran(f) ⊂ ω -> ran(g) ⊂ ω
  -> (∃ A, A ∈ F0 /\ f⌈A⌋ ∩ g⌈A⌋ = ∅) -> f⟨F0⟩ <> g⟨F0⟩.
Proof.
  intros. destruct H6 as [A[]]. intro.
  assert (A ⊂ ω).
  { apply AxiomII in H as [_[[]_]]. apply H,AxiomII in H6; tauto. }
  assert (f⌈A⌋ ⊂ ω /\ g⌈A⌋ ⊂ ω) as [].
  { split; unfold Included; intros; apply AxiomII in H10 as [_[x[]]];
    apply H9 in H11; [rewrite <-H2 in H11|rewrite <-H3 in H11];
    apply Property_Value,Property_ran in H11; auto; rewrite <-H10
    in H11; auto. }
  assert (Ensemble (f⌈A⌋) /\ Ensemble (g⌈A⌋)) as [].
  { pose proof MKT138. split; apply (MKT33 ω); eauto. }
  assert (f⌈A⌋ ∈ f⟨F0⟩ /\ g⌈A⌋ ∈ g⟨F0⟩) as [].
  { apply AxiomII in H as [_[[_[_[]]]]_]].
    split; apply AxiomII; repeat split; auto. rewrite <-H2 in H9.
    pose proof H9. apply ImageSet_Property6 in H14. apply H in H14;
    auto. unfold Included; intros. apply AxiomII in H15 as [_[]].
    rewrite <-H2; auto. rewrite <-H3 in H9. pose proof H9.
    apply ImageSet_Property6 in H14. apply H in H14; auto.
    unfold Included; intros. apply AxiomII in H15 as [_[]].
    rewrite <-H3; auto. }
  assert (g⟨F0⟩ ∈ βω). { apply FT5; auto. }
  apply AxiomII in H16 as [_[[_[H16[_]]]]_]]. elim H16.
```

```
    rewrite H8 in H14. rewrite <-H7; auto.
Qed.
```

引理 5.4　对于每个类 g, 若满足条件:

　　*) 对任意定义域是序的函数 h, 满足 $\forall z \in \mathrm{dom}(h), h(z) = g((z, h|(z)))$, 且
$\forall x, y,\ x \in y,\ g((y, h|(y)))$ 是集, 则 $g((x, h|(x)))$ 也是集. 则存在定义域为序的函数 f, 对任意序数 x 都有 $f(x) = g((x, f|(x)))$.

```
Lemma Existence_of_NPAUF_Lemma4a :
  ∀ f h g, Function f -> Ordinal dom(f)
  -> (∀ u, u ∈ dom(f) -> f[u] = g[[u,f|(u)]])
  -> Function h -> Ordinal dom(h)
  -> (∀ u, u ∈ dom(h) -> h[u] = g[[u,h|(u)]])
  -> h ⊂ f \/ f ⊂ h.
Proof.
  intros. TF (∀ a, a ∈ (dom(f) ∩ dom(h)) -> f[a] = h[a]).
  - destruct (MKT109 H3 H0); apply Lemma97b in H6; auto.
    rewrite MKT6'; auto; intros. symmetry; auto.
  - assert (∃ u, FirstMember u E \{λ a, a ∈ (dom(f) ∩ dom(h))
    /\ f[a] <> h[a]\}).
    { apply (MKT107 MKT113a); red; intros.
      - appA2H H6. destruct H7. deHin. appA2G. eapply MKT111; eauto.
      - intro. apply H5; intros. Absurd. feine a.
        rewrite <-H6; appA2G. }
    destruct H6 as [u []]. appA2H H6. destruct H8. deHin. elim H9.
    assert (f|(u) = h|(u)).
    { eqext; appA2H H11; destruct H12.
      - appA2G; split; auto; rewrite MKT70 in H12; auto.
        PP H12 a b. rewrite MKT70; auto. appoA2G. Absurd.
        appoA2H H13. destruct H15. elim (H7 a); try appoA2G.
        appA2G; split; auto. deGin; [eapply H0|eapply H3]; eauto.
      - appA2G; split; auto; rewrite MKT70 in H12; auto.
        PP H12 a b. rewrite MKT70; auto. appoA2G. Absurd.
        appoA2H H13. destruct H15. elim (H7 a); try appoA2G.
        appA2G; split; auto. deGin; [eapply H0|eapply H3]; eauto. }
    rewrite H1,H4,H11; auto.
Qed.


Lemma Existence_of_NPAUF_Lemma4b : ∀ g,
  (∀ h x y, Function h -> Ordinal dom(h) -> x ∈ y
  -> (∀ z, z ∈ dom(h) -> h[z] = g[[z,h|(z)]])
  -> Ensemble g[[y,h|(y)]] -> Ensemble g[[x,h|(x)]])
  -> ∃ f, Function f /\ Ordinal dom(f)
    /\ (∀ x, x ∈ R -> f[x] = g[[x,f|(x)]]).
Proof.
  intros g Ha. set (f := \{\ λ u v, u ∈ R
    /\ (∃ h, Function h /\ Ordinal dom(h)
    /\ (∀ z, z ∈ dom(h) -> h[z] = g[[z,h|(z)]])
    /\ [u,v] ∈ h ) \}\).
  assert (Function f).
  { split; [unfold f; auto|]; intros. appoA2H H. appoA2H H0.
    destruct H1 as [? [h1]], H2 as [? [h2]]. deand.
    destruct (Existence_of_NPAUF_Lemma4a h1 h2 g); auto;
    [eapply H3|eapply H4]; eauto. }
  assert (Ordinal dom(f)).
  { apply MKT114; unfold rSection; deandG; intros.
    - red; intros. appA2H H0. destruct H1. appoA2H H1; tauto.
    - apply MKT107,MKT113a.
```

```
  - appA2H H1. destruct H3. appoA2H H3. destruct H4 as [? [h]].
    deand. apply Property_dom in H8. appoA2H H2.
    eapply H6 in H9; eauto. apply Property_Value in H9; auto.
    appA2G. exists h[u]. appoA2G. split; eauto. }
assert (K1: ∀ x, x ∈ dom(f) -> f[x] = g[[x,f|(x)]]); intros.
{ appA2H H1. destruct H2. appoA2H H2.
  destruct H3 as [? [h]]. deand.
  assert (h ⊂ f); try red; intros.
  { New H8. rewrite MKT70 in H8; auto. PP H8 a b. New H9.
    apply Property_dom in H9. apply MKT111 in H9; auto.
    appoA2G; split; [appA2G;ope|eauto]. }
  apply Property_dom in H7. rewrite <-(subval H8),H6; auto.
  f_equal. apply MKT55; auto. apply MKT75. apply MKT126a; auto.
  rewrite MKT126b; auto. apply (MKT33 x); auto. unfold Included;
  intros. apply MKT4' in H9; tauto. split; auto.
  eqext; appA2H H9; destruct H10; appA2G; split; auto.
  New H10. apply H in H10 as [? []]. subst. appoA2H H11.
  destruct H11. eapply H5 in H11; tauto.
  rewrite MKT70 in H12; auto. appoA2H H12. subst.
  erewrite <-subval; eauto. apply Property_Value; auto. }
exists f. deandG; auto. intros. TF(x ∈ dom(f)); auto.
assert (∃ y, FirstMember y E (R ~ dom(f))) as [y[]].
{ apply (MKT107 MKT113a); red; intros. appA2H H3; tauto.
  intro. feine x. rewrite <-H3. apply MKT4'; split; auto.
  apply AxiomII; split; eauto. }
pose proof H2. apply MKT69a in H5. rewrite H5. symmetry.
apply MKT69a. intro. apply MKT69b,MKT19 in H6.
assert (Ensemble g[[y,f|(y)]]).
{ assert (Ordinal x /\ Ordinal y) as [].
  { apply MKT4' in H3 as []. apply AxiomII in H1 as [_].
    apply AxiomII in H3 as [_]; auto. }
  pose proof H7. apply (@ MKT110 y) in H9 as [H9|[|]]; auto.
  apply (Ha f) in H9; auto. assert (x ∈ (R ~ dom(f))).
  { apply MKT4'; split; auto. apply AxiomII; split; eauto. }
  apply H4 in H10. elim H10. apply AxiomII'; split; auto.
  apply MKT49a; eauto. rewrite H9; auto. }
set (h := f ∪ [[y,g[[y,f|(y)]]]]).
assert (Function h).
{ split; unfold Relation; intros. apply MKT4 in H8 as [].
  apply AxiomII in H8 as [H8[x0[y0[]]]]; eauto.
  apply MKT41 in H8; eauto. apply MKT4 in H8,H9.
  destruct H8,H9. destruct H. apply (H10 x0); auto.
  apply Property_dom in H8. assert (Ensemble ([x0,z])); eauto.
  apply MKT41 in H9; eauto. apply MKT55 in H9 as []; eauto.
  rewrite H9 in H8. apply MKT4' in H3 as []. apply AxiomII
  in H12 as []. elim H13; auto. apply MKT49b in H10;
  assert (Ensemble ([x0,y0])); eauto. apply MKT41 in H8; eauto.
  apply MKT49b in H10 as []. apply MKT55 in H8 as []; auto.
  apply Property_dom in H9. rewrite H8 in H9. apply MKT4' in H3
  as []. apply AxiomII in H13 as []. elim H14; auto.
  assert (Ensemble ([x0,y0]) /\ Ensemble ([x0,z])). split; eauto.
  destruct H10. apply MKT49b in H10,H11. destruct H10,H11.
  apply MKT41 in H8,H9; eauto. apply MKT55 in H8,H9; auto.
  destruct H8,H9. rewrite H14,H15; auto. }
assert (dom(h) = dom(f) ∪ [y]).
{ apply AxiomI; split; intros.
  - apply AxiomII in H9 as [H9[]]. apply MKT4. apply MKT4 in H10
    as []. apply Property_dom in H10; auto.
    assert (Ensemble ([z,x0])); eauto. apply MKT49b in H11 as [_].
```

```
      apply MKT41 in H10; eauto. apply MKT55 in H10 as []; auto.
      right. rewrite H10. apply MKT41; eauto.
    - apply MKT4 in H9 as []. apply AxiomII in H9 as [H9[]].
      apply AxiomII; split; auto. apply MKT4; auto.
      apply MKT41 in H9; eauto. rewrite H9. apply AxiomII; split.
      eauto. exists (g[[y,f|(y)]]). apply MKT4; right.
      apply MKT41; eauto. }
assert (dom(f) ∈ y \/ dom(f) = y).
{ apply MKT4' in H3 as []. apply AxiomII in H10 as [].
  apply AxiomII in H3 as [_]. apply (@ MKT110 y) in H0
  as [H0|[|]]; auto. elim H11; auto. }
assert (Ordinal dom(h)).
{ assert (Ordinal y).
  { apply MKT4' in H3 as []. apply AxiomII in H3; tauto. }
  split; unfold Connect; unfold Full; intros.
  - assert (Ordinal u /\ Ordinal v) as [].
    { rewrite H9 in H12,H13. apply MKT4 in H12,H13.
      destruct H12,H13. apply MKT111 in H12,H13; auto.
      apply MKT111 in H12; auto. apply MKT41 in H13; eauto.
      rewrite H13; auto. apply MKT111 in H13; auto.
      apply MKT41 in H12; eauto. rewrite H12; auto.
      apply MKT41 in H12,H13; eauto. rewrite H12,H13; auto. }
    apply (@ MKT110 u) in H15 as [H15|[|]]; auto.
    left. apply AxiomII'; split; auto. apply MKT49a; eauto.
    right; left. apply AxiomII'; split; auto. apply MKT49a; eauto.
  - unfold Included; intros. rewrite H9 in *. apply MKT4 in H12
    as []. destruct H0. apply H14 in H12. apply MKT4; auto.
    apply MKT41 in H12; eauto. rewrite H12 in H13.
    apply MKT4; left. apply NNPP; intro.
    assert (z ∈ (R ~ dom(f))).
    { apply MKT4'; split. apply AxiomII; split; eauto.
      apply MKT111 in H13; auto. apply AxiomII; split; eauto. }
    apply H4 in H15. elim H15. apply AxiomII'; split; auto.
    apply MKT49a; eauto. }
assert (∀ x, x ∈ dom(h) -> h[x] = g[[x,h|(x)]]).
{ intros. rewrite H9 in H12.
  assert (h|(x0) = f|(x0)).
  { apply AxiomI; split; intros.
    - apply MKT4' in H13 as []. apply MKT4 in H13 as [].
      apply MKT4'; auto. apply MKT41 in H13; eauto.
      rewrite H13 in H14. apply AxiomII' in H14 as [_[]].
      apply MKT4 in H12 as []. destruct H0. apply H16 in H12.
      apply H12 in H14. apply MKT4' in H3 as [_].
      apply AxiomII in H3 as [_]. elim H3; auto.
      apply MKT41 in H12; eauto. rewrite H12 in H14.
      elim (MKT101 y); auto.
    - apply MKT4' in H13 as []. apply MKT4'; split; auto.
      apply MKT4; auto. }
  apply MKT4 in H12 as []. pose proof H12.
  apply Property_Value in H12; auto.
  assert ([x0,f[x0]] ∈ h). { apply MKT4; auto. }
  apply Property_Fun in H15; auto. rewrite <-H15,H13; auto.
  apply MKT41 in H12; eauto.
  assert ([y,g[[y,f|(y)]]] ∈ h).
  { apply MKT4; right. apply MKT41; eauto. }
  apply Property_Fun in H14; auto. rewrite H13,H12; auto. }
assert (h ⊂ f).
{ unfold Included; intros. apply AxiomII; split; eauto.
  pose proof H13. rewrite MKT70 in H13; auto.
```

```
    apply AxiomII in H13 as [_[x0[y0[]]]]. rewrite H13 in H14.
    exists x0,y0. repeat split; eauto. apply Property_dom in H14.
    pose proof H14. apply MKT111 in H14; auto.
    apply AxiomII; split; eauto. }
  assert ([y,g[[y,f|(y)]]] ∈ h).
  { apply MKT4; right. apply MKT41; eauto. }
  apply H13,Property_dom in H14. apply MKT4' in H3 as [_].
  apply AxiomII in H3 as []; auto.
Qed.
```

引理 5.5 对任意 A, 若 A 对交封闭:

$$\forall a, b \in A, \quad a \cap b \in A,$$

则 A 对有限交封闭:

$$\forall a_1, \cdots, a_n \in A, \quad a_1 \cap \cdots \cap a_n \in A.$$

```
Lemma Existence_of_NPAUF_Lemma5 : ∀ A B, (∀ a b, a ∈ A -> b ∈ A -> (a ∩ b) ∈ A)
  -> B ⊂ A -> Finite B -> B <> ∅ -> ⋂B ∈ A.
Proof.
  intros. set (p := fun n => ∀ B, B ⊂ A -> B <> ∅ -> P[B] = n
    -> ⋂B ∈ A).
  assert (∀ n, n ∈ ω -> p n).
  { apply Mathematical_Induction; unfold p; intros.
    - apply carE in H5. elim H4; auto.
    - assert (Finite B0).
      { unfold Finite. rewrite H7. apply MKT134; auto. }
      apply Property_Finite in H8.
      apply FT1_Corollary_Lemma in H7 as [B1[b[H7[]]]]; auto.
      assert (Ensemble b).
      { apply NNPP; intro. apply MKT43 in H11.
        rewrite H11,MKT20 in H10. elim MKT39. rewrite <-H10; auto. }
      assert (⋂B0 = (⋂B1) ∩ b).
      { apply AxiomI; split; intros. apply AxiomII in H12 as [].
        apply MKT4'; split; [apply AxiomII; split; auto; intros| ];
        apply H13; rewrite H10; apply MKT4;
        apply MKT4' in H12 as []. apply AxiomII in H12 as [].
        apply AxiomII; split; auto; intros. rewrite H10 in H15.
        apply MKT4 in H15 as []. apply H14; auto.
        apply MKT41 in H15; auto. rewrite H15; auto. }
      assert (b ∈ A).
      { apply H5. rewrite H10. apply MKT4; auto. }
      destruct (classic (B1 = ∅)). rewrite H14,MKT24,MKT6',MKT20'
      in H12. rewrite H12; auto. rewrite H12. apply H; auto.
      apply H4; auto. unfold Included; intros.
      apply H5. rewrite H10; apply MKT4; auto. }
  apply H3 in H1. apply H1; auto.
Qed.
```

引理 5.6 设 A 为一个序, B 为 A 的非空有限子集, 则存在 B 的 E 末元.

```
Lemma Existence_of_NPAUF_Lemma6 : ∀ A B, Ordinal A -> B ⊂ A
  -> Finite B -> B <> ∅ -> ∃ y, LastMember y E B.
Proof.
  intros. set (p := fun n => ∀ B, B ⊂ A -> P[B] = n -> B <> ∅
    -> ∃ y, LastMember y E B).
  assert (∀ n, n ∈ ω -> p n).
```

```
{ apply Mathematical_Induction; unfold p; intros.
  - apply carE in H4. elim H5; auto.
  - assert (Finite B0).
    { unfold Finite. rewrite H6. apply MKT134; auto. }
    apply Property_Finite in H8.
    apply FT1_Corollary_Lemma in H6 as [B1[b[H6[]]]]; auto.
    assert (Ensemble b).
    { apply NNPP; intro. apply MKT43 in H11.
      rewrite H11,MKT20 in H10. elim MKT39. rewrite <-H10; auto. }
    destruct (classic (B1 = ∅)).
    + rewrite H12,MKT17 in H10. exists b. rewrite H10.
      split; auto. intros. apply MKT41 in H13; auto.
      intro. apply AxiomII' in H14 as []. apply AxiomII' in H15
      as []. rewrite H13 in H16. elim (MKT101 b); auto.
    + assert (B1 ⊂ A).
      { unfold Included; intros. apply H5.
        rewrite H10. apply MKT4; auto. }
      apply H4 in H6 as [y[]]; auto.
      assert (Ordinal y /\ Ordinal b) as [].
      { assert (b ∈ B0). { rewrite H10. apply MKT4; auto. }
        apply H5 in H15. apply H13 in H6.
        apply MKT111 in H6,H15; auto. }
      apply (@ MKT110 b) in H15 as [H15|[|]]; auto; clear H16.
      * exists y. split. rewrite H10. apply MKT4; auto.
        intros. intro. rewrite H10 in H16.
        apply MKT4 in H16 as []. apply H14 in H16; auto.
        apply MKT41 in H16; auto. apply AxiomII' in H17 as [_].
        apply AxiomII' in H17 as [_]. rewrite H16 in H17.
        elim (@ MKT102 y b); auto.
      * exists b. split; intros. rewrite H10. apply MKT4; auto.
        intro. rewrite H10 in H16. apply MKT4 in H16 as [].
        apply AxiomII' in H17 as [_]. apply AxiomII' in H17 as [_].
        assert (Ordinal y0). { apply H13,MKT111 in H16; auto. }
        destruct H18. apply H19 in H17. apply H17 in H15.
        pose proof H16. apply H14 in H20. elim H20.
        apply AxiomII'; split. apply MKT49a; eauto.
        apply AxiomII'; split; auto. apply MKT49a; eauto.
        apply MKT41 in H16; auto. apply AxiomII' in H17 as [_].
        apply AxiomII' in H17 as [_]. rewrite H16 in H17.
        elim (@ MKT101 b); auto.
      * elim H9. rewrite H15; auto. }
  apply H3 in H1. apply H1; auto.
Qed.
```

引理 5.7　设 B 为包含 Fréchet 滤子的滤基 $(F_\sigma \subset B)$, $P(B) \leqslant \omega$ (即 B 的势小于或等于 ω: $P(B) \in \omega \vee P(B) = \omega$), $f, g \in \omega^\omega$, 满足

$$\{u : u \in \omega \wedge f(u) \neq g(u)\} \in \langle B \rangle_f,$$

且对任意 ω 的有限子集 D 都有

$$f^{-1}\lceil g\lceil D\rfloor\rfloor \cup g^{-1}\lceil f\lceil D\rfloor\rfloor \notin \langle B \rangle_f,$$

则存在 $a \subset \omega$ 使 $B \cup \{a\}$ 具有有限交性, 且 $f\lceil a\rfloor \cap g\lceil a\rfloor = 0$.

```
Lemma Existence_of_NPAUF_Lemma7 : ∀ B f g, P[B] ∈ ω \/ P[B] = ω
  -> FilterBase_On_ω B -> F_σ ⊂ B -> Function f -> Function g
```

```
-> dom(f) = ω -> dom(g) = ω -> ran(f) ⊂ ω -> ran(g) ⊂ ω
-> \{ λ u, u ∈ ω /\ f[u] <> g[u] \} ∈ ⟨B⟩_f) -> (∀ D, D ⊂ ω
  -> Finite D -> (f⁻¹⌈g⌈D⌋⌋ ∪ g⁻¹⌈f⌈D⌋⌋) ∉ ⟨B⟩_f))
-> (∃ a, a ⊂ ω /\ Finite_Intersection (B ∪ [a]) /\ f⌈a⌋ ∩ g⌈a⌋ = ∅).
Proof.
  intros. pose proof MKT138. assert (Ensemble B).
  { destruct H0 as [_[]]. apply (MKT33 pow(ω)); auto.
    apply MKT38a; eauto. }
  assert (P[B] ≈ B). { apply MKT153; auto. }
  destruct H12 as [b[[][]]].
  assert (Ordinal dom(b)) as Hb.
  { rewrite H14. destruct H. apply AxiomII in H as [_[]]; auto.
    rewrite H. apply AxiomII in H10 as []; auto. }
  destruct AxiomIX as [c[]].
  set (p u v := ((⋂(ran(b|(PlusOne u)))) ∩ (ω ~ ran(v))
    ∩ \{ λ u, u ∈ ω /\ f[u] <> g[u] \})
    ~ (f⁻¹⌈g⌈ran(v)⌋⌋ ∪ g⁻¹⌈f⌈ran(v)⌋⌋)).
  assert (∀ u v, Ensemble (p u v)) as Hp.
  { intros. apply (MKT33 ω); eauto. unfold Included; intros.
    apply MKT4' in H18 as [H18 _]. apply MKT4' in H18 as [_].
    apply MKT4' in H18 as [H18 _]. apply MKT4' in H18; tauto. }
  assert (∀ u v, Finite (ran(b|(PlusOne u))) -> Finite ran(v)
    -> ran(b|(PlusOne u)) <> ∅ -> ran(v) ⊂ ω -> (p u v) <> ∅).
  { intros. intro. assert (((⋂(ran(b|(PlusOne u)))) ∩ (ω ~ ran(v))
      ∩ \{ λ u, u ∈ ω /\ f[u] <> g[u] \}) ⊂ (f⁻¹⌈g⌈ran(v)⌋⌋
      ∪ g⁻¹⌈f⌈ran(v)⌋⌋)).
    { unfold Included; intros. apply NNPP; intro. elim (@ MKT16 z).
      rewrite <-H22. apply MKT4'; split; auto.
      apply AxiomII; split; eauto. }
    pose proof H0. destruct H0 as [H0[]].
    apply FilterBase_Property1 in H24. pose proof H24.
    apply Principle_of_Filter_Expansion3 in H27 as []; auto.
    destruct H28 as [_[_[H28[]]]]. apply H30 in H23.
    apply H9 in H19; auto. unfold Included; intros.
    apply MKT4 in H31 as []; apply AxiomII in H31 as [_[]];
    [rewrite <-H4|rewrite <-H5]; auto.
    apply H29; [ |apply H29; auto].
    assert (ran(b|(PlusOne u)) ⊂ ⟨B⟩_f).
    { unfold Included; intros. apply H27. rewrite <-H15.
      apply AxiomII in H31 as [H31[]]. apply MKT4' in H32 as [].
      apply Property_ran in H32; auto. }
    apply Existence_of_NPAUF_Lemma5; auto.
    assert ((ω ~ ran(v)) ⊂ ω).
    { unfold Included; intros. apply MKT4' in H31; tauto. }
    apply H27,H1. apply AxiomII; repeat split; auto.
    apply (MKT33 ω); eauto. assert (ω ~ (ω ~ ran(v)) = ran(v)).
    { apply AxiomI; split; intros. apply MKT4' in H32 as [].
      apply AxiomII in H33 as []. apply NNPP; intro. elim H34.
      apply MKT4'; split; auto. apply AxiomII; split; eauto.
      apply MKT4'; split; auto. apply AxiomII; split; eauto.
      intro. apply MKT4' in H33 as [].
      apply AxiomII in H34 as []; auto. } rewrite H32; auto. }
  assert (∀ u, u ∈ dom(b) -> Finite ran(b|(PlusOne u))
    /\ ran(b|(PlusOne u)) <> ∅).
  { intros. assert (dom(b|(PlusOne u)) ⊂ (PlusOne u)).
    { unfold Included; intros. apply AxiomII in H20 as [H20[]].
      apply MKT4' in H21 as []. apply AxiomII' in H22; tauto. }
    assert (Function (b|(PlusOne u))). { apply MKT126a; auto. }
    assert (Ensemble (b|(PlusOne u))).
```

```
  { apply (MKT33 b). apply MKT75; auto. apply Property_PClass
    in H11. rewrite H14; eauto. unfold Included; intros.
    apply MKT4' in H22; tauto. }
  apply MKT160 in H21; auto. apply MKT158 in H20.
  assert (u ∈ ω).
  { rewrite H14 in H19. destruct H. apply AxiomII in H10 as [_[]].
    eapply H23; eauto. rewrite <-H; auto. }
  apply MKT134 in H23. pose proof H23. apply MKT164 in H24.
  apply MKT156 in H24 as [_]. rewrite H24 in H20.
  apply AxiomII in H10 as [_[]].
  assert (P[dom(b|(PlusOne u))] ∈ ω).
  { destruct H20. eapply H25; eauto. rewrite H20; auto. }
  split. destruct H21. eapply H25; eauto. unfold Finite.
  rewrite H21; auto. apply Property_Value in H19; auto.
  assert ([u,b[u]] ∈ (b|(PlusOne u))).
  { apply MKT4'; split; auto. apply AxiomII'; repeat split;
    eauto. apply Property_dom in H19. apply MKT4; eauto.
    apply Property_ran in H19. apply MKT19; eauto. }
  intro. elim (@ MKT16 b[u]). rewrite <-H28.
  apply Property_ran in H27; auto. }
set (k := \{\ λ u v, ∃ i j, u = [i,j] /\ i ∈ dom(b)
/\ v = c[p i j] \}\).
set (dk := dom(b) × \{ λ u, Finite ran(u) /\ ran(u) ⊂ ω \}).
assert (Function k /\ dk ⊂ dom(k)) as [].
{ repeat split; unfold Included; unfold Relation; intros.
 - apply AxiomII in H20 as [_[x[y[]]]]; eauto.
 - apply AxiomII' in H20 as [H20[i1[j1[H22[]]]]].
   apply AxiomII' in H21 as [H21[i2[j2[H25[]]]]].
   rewrite H22 in H25. apply MKT49b in H20 as [].
   rewrite H22 in H20. apply MKT49b in H20 as [].
   apply MKT55 in H25 as []; auto. rewrite H24,H27,H25,H30; auto.
 - apply AxiomII in H20 as [H20[x[y[H21[]]]]].
   apply AxiomII in H23 as [H23[]]. apply AxiomII; split; auto.
   exists c[p x y]. apply AxiomII; split.
   assert ((p x y) ∈ dom(c)).
   { rewrite H17. apply MKT4'; split. apply MKT19; auto.
     apply AxiomII; split; auto. intro. apply MKT41 in H26; auto.
     apply H18 in H26; auto; apply H19; auto. }
   apply H16 in H26. apply MKT49a; eauto.
   exists z,c[p x y]. split; eauto. }
assert (∀ u v, [u,v] ∈ dom(k) -> k[[u,v]] = c[p u v]).
{ intros. apply Property_Value,AxiomII' in H22
  as [H22[x[y[H23[]]]]]; auto. apply MKT49b in H22 as [H22 _].
  apply MKT49b in H22 as []. apply MKT55 in H23 as []; auto.
  rewrite H25,H23,H27; auto. }
assert (∀ u v, [u,v] ∈ dom(k) -> k[[u,v]] ∈ (p u v)).
{ intros. rewrite H22; auto. pose proof H23. apply MKT69b in H23.
  apply H22 in H24. rewrite H24 in H23. apply MKT69b' in H23.
  apply H16; auto. }
assert (∀ h, Function h -> Ordinal dom(h)
 -> (∀ x, x ∈ dom(h) -> h[x] = k[[x,h|(x)]])
 -> ran(h) ⊂ ω /\ (∀ x, x ∈ dom(b) -> [x,h|(x)] ∈ dk)).
{ intros. assert (ran(h) ⊂ ω).
  { unfold Included; intros. apply Einr in H27 as [x[]]; auto.
    pose proof H27. apply H26 in H29. apply MKT69b in H27.
    rewrite H29 in H27. apply MKT69b',H23,AxiomII in H27 as [_[]].
    apply MKT4' in H27 as [_]. apply MKT4' in H27 as [H27 _].
    apply MKT4' in H27 as []. rewrite H28,H29; auto. }
  split; auto. intros. assert (dom(h|(x)) ⊂ x).
```

```
  { unfold Included; intros. apply AxiomII in H29 as [_[]].
    apply MKT4' in H29 as []. apply AxiomII' in H30; tauto. }
  assert (Ensemble (h|(x))).
  { apply MKT75. apply MKT126a; auto. apply (MKT33 x); eauto. }
  apply AxiomII'; repeat split; auto. apply MKT49a; eauto.
  apply AxiomII; split; auto. apply MKT158 in H29.
  pose proof H10. apply AxiomII in H31 as [_[_]].
  assert (x ∈ ω).
  { rewrite H14 in H28. destruct H. eapply H31; eauto.
    rewrite <-H; auto. }
  assert (P[dom(h|(x))] ∈ ω).
  { pose proof H32. apply MKT164,MKT156 in H32 as [].
    rewrite H34 in H29. destruct H29. eapply H31; eauto.
    rewrite H29; auto. }
  split. apply (MKT126a h x),MKT160 in H24 as []; auto.
  eapply H31; eauto. rewrite <-H24 in H33; auto.
  assert (ran(h|(x)) ⊂ ran(h)).
  { unfold Included; intros. apply Einr in H34 as [x1[]].
    rewrite MKT126c in H35; auto. rewrite H35.
    apply (@ Property_ran x1),Property_Value; auto.
    apply AxiomII in H34 as [_[]]. apply MKT4' in H34 as [].
    apply Property_dom in H34; auto. apply MKT126a; auto. }
  unfold Included; auto. }
assert (∀ h x y, Function h -> Ordinal dom(h) -> x ∈ y
  -> (∀ z, z ∈ dom(h) -> h[z] = k[[z,h|(z)]])
  -> Ensemble (k[[y,h|(y)]]) -> Ensemble (k[[x,h|(x)]])).
{ intros. pose proof H25. apply H24 in H30 as []; auto.
  assert (y ∈ dom(b)).
  { apply MKT19,MKT69b',Property_Value,AxiomII' in H29
    as [H29[x0[y0[H32[]]]]]; auto. apply MKT49b in H29 as [];
    auto. apply MKT49b in H29 as []; auto.
    apply MKT55 in H32 as []; auto. rewrite H32; auto. }
  assert (x ∈ dom(b)). { destruct Hb. apply H34 in H32; auto. }
  apply H31,H21,H23 in H33; eauto. }
apply (Existence_of_NPAUF_Lemma4b k) in H25 as [h[H25[]]].
assert (ran(h) ⊂ ω /\ (∀ x, x ∈ dom(b) -> [x,h|(x)] ∈ dk)) as [].
{ apply H24; auto. intros. apply H27. apply AxiomII; split; eauto.
  apply MKT111 in H28; auto. }
assert (dom(b) ⊂ dom(h)).
{ unfold Included; intros. apply NNPP; intro.
  assert (z ∈ R).
  { apply AxiomII; split; eauto. apply MKT111 in H30; auto. }
  apply H27 in H32. apply H29,H21,H23 in H30.
  apply MKT69a in H31. elim MKT39. rewrite <-H31,H32; eauto. }
assert (∀ x, x ∈ dom(b) -> h[x] ∈ (p x (h|(x)))).
{ intros. rewrite H27; auto. apply AxiomII; split; eauto.
  apply MKT111 in H31; auto. }
assert (∀ x, x ∈ dom(h) -> h[x] ∈ (p x (h|(x)))).
{ intros. assert (x ∈ R).
  { apply AxiomII; split; eauto. apply MKT111 in H32; auto. }
  apply H27 in H33. apply MKT69b in H32. rewrite H33 in H32.
  apply MKT69b',H23 in H32. rewrite H33; auto. }
exists ran(h). repeat split; auto.
- unfold Finite_Intersection; intros.
  destruct (classic (ran(h) ∈ A)).
  assert ((A ∼ [ran(h)]) ⊂ A).
  { unfold Included; intros. apply MKT4' in H36; tauto. }
  assert ((A ∼ [ran(h)]) ⊂ B).
  { unfold Included; intros. apply MKT4' in H37 as [].
```

```
  apply H33,MKT4 in H37 as []; auto. apply MKT41 in H37; eauto.
  apply AxiomII in H38 as []. elim H39. apply MKT41; eauto. }
assert (Finite (A ~ [ran(h)])). { apply finsub in H36; auto. }
assert (b⁻¹⌈A ~ [ran(h)]⌋ ⊂ dom(b)).
{ unfold Included; intros. apply AxiomII in H39; tauto. }
assert ((b⁻¹⌈A ~ [ran(h)]⌋) ≈ (A ~ [ran(h)])).
{ exists (b|(b⁻¹⌈A ~ [ran(h)]⌋)). split. split.
  apply MKT126a; auto. split; unfold Relation; intros.
  apply AxiomII in H40 as [_[x0[y0[]]]]; eauto.
  apply AxiomII' in H40 as [_]. apply AxiomII' in H41 as [_].
  apply MKT4' in H40 as [H40 _]. apply MKT4' in H41 as [H41 _].
  pose proof H40; pose proof H41. apply Property_dom in H42,H43.
  apply Property_Fun in H40,H41; auto. rewrite H40 in H41.
  apply f11inj in H41; auto. split. rewrite MKT126b; auto.
  apply MKT30 in H39. rewrite H39; auto.
  apply AxiomI; split; intros. apply AxiomII in H40 as [H40[]].
  apply MKT4' in H41 as []. apply AxiomII' in H42 as [H42[]].
  apply AxiomII in H43 as [H43[]]. apply Property_Fun in H41;
  auto. rewrite H41; auto. apply AxiomII; split; eauto.
  pose proof H40. apply H37 in H41. rewrite <-H15 in H41.
  apply Einr in H41 as [x[]]; auto. exists x. apply MKT4';
  split. apply Property_Value in H41; auto. rewrite H42; auto.
  apply AxiomII'; repeat split; eauto. apply MKT49a; eauto.
  apply AxiomII; repeat split; eauto. rewrite <-H42; auto. }
assert (Ensemble (b⁻¹⌈A ~ [ran(h)]⌋)
/\ Ensemble (A ~ [ran(h)])) as [].
{ split; [apply (MKT33 dom(b))|apply (MKT33 B)]; auto.
  rewrite H14. destruct H; eauto. }
apply MKT154 in H40; auto.
destruct (classic (A ~ [ran(h)] = ∅)).
assert (A = [ran(h)]).
{ apply AxiomI; split; intros. apply NNPP; intro.
  elim (@ MKT16 z). rewrite <-H43. apply MKT4'; split; auto.
  apply AxiomII; split; eauto. apply MKT41 in H44; eauto.
  rewrite H44; auto. }
assert (Ensemble ran(h)); eauto. apply MKT44 in H45 as [H45 _].
rewrite H44,H45. destruct H0 as [H0 _]. rewrite <-H15 in H0.
apply NEexE in H0 as [z]. apply Einr in H0 as [x[]]; auto.
apply H30,Property_Value,Property_ran in H0; auto.
apply NEexE; eauto.
assert (b⁻¹⌈A ~ [ran(h)]⌋ <> ∅).
{ apply NEexE in H43 as [y]. pose proof H43. apply H37 in H44.
  rewrite <-H15 in H44. apply Einr in H44 as [x[]]; auto.
  assert (x ∈ b⁻¹⌈A ~ [ran(h)]⌋).
  { rewrite H45 in H43. apply AxiomII; split; eauto. }
  apply NEexE; eauto. } clear H43.
assert (∃ y, LastMember y E (b⁻¹⌈A ~ [ran(h)]⌋)).
{ apply Existence_of_NPAUF_Lemma6 in H39; auto.
  unfold Finite. rewrite H40; auto. }
clear H44. destruct H43 as [y[]].
assert ((A ~ [ran(h)]) ⊂ ran(b|(PlusOne y))).
{ unfold Included; intros. apply AxiomII; split; eauto.
  pose proof H45. apply H37 in H46. rewrite <-H15 in H46.
  apply Einr in H46 as [x[]]; auto.
  assert (x ∈ b⁻¹⌈A ~ [ran(h)]⌋).
  { apply AxiomII; repeat split; eauto. rewrite <-H47; auto. }
  exists x. apply MKT4'; split. apply Property_Value in H46;
  auto. rewrite H47; auto. apply AxiomII'; split.
```

```
    apply MKT49a; eauto. split; eauto. pose proof H43.
    apply AxiomII in H49 as [_[H49 _]].
    assert (Ordinal x /\ Ordinal y) as [].
    { apply MKT111 in H46,H49; auto. }
    apply (@ MKT110 x) in H51 as [H51|[|]]; auto. apply MKT4;
    auto. apply H44 in H48. elim H48. apply AxiomII'; split.
    apply MKT49a; eauto. apply AxiomII'; split; auto.
    apply MKT49a; eauto. apply MKT4; right. apply MKT41; eauto. }
  apply MKT31 in H45 as [_].
  assert (∩A = (∩(A ~ [ran(h)])) ∩ (ran(h))).
  { apply AxiomI; split; intros. apply AxiomII in H46 as [].
    apply MKT4'; split. apply AxiomII; split; intros; auto.
    apply H47; auto. apply MKT4' in H46 as [].
    apply AxiomII in H46 as []. apply AxiomII; split; auto;
    intros. destruct (classic (y0 = ran(h))). rewrite H50; auto.
    apply H48. apply MKT4'; split; auto. apply AxiomII; split;
    eauto. intro. apply MKT41 in H51; eauto. }
  assert (h[y] ∈ ∩A).
  { rewrite H46. apply MKT4'; split. apply H39,H31,MKT4' in H43
    as [H43 _]. apply MKT4' in H43 as [H43 _]; auto.
    apply H39,H30,Property_Value,Property_ran in H43; auto. }
  apply NEexE; eauto. assert (A ⊂ B).
  { unfold Included; intros. pose proof H36.
    apply H33,MKT4 in H36 as []; auto. apply MKT41 in H36.
    rewrite H36 in H37. elim H35; auto. apply (MKT33 ω); eauto. }
  apply FilterBase_Property1 in H0. apply H0 in H36; auto.
- apply AxiomI; split; intros; elim (@ MKT16 z); auto.
  apply MKT4' in H33 as []. apply AxiomII in H33 as [H33[x1[]]].
  apply AxiomII in H34 as [H34[x2[]]].
  apply Einr in H36 as [u1[]]; auto.
  apply Einr in H38 as [u2[]]; auto.
  pose proof H36; pose proof H38. apply H32 in H41,H42.
  apply MKT4' in H41 as []. apply MKT4' in H41 as [_].
  apply MKT4' in H41 as [_]. apply AxiomII in H43 as [_].
  apply MKT4' in H42 as []. apply MKT4' in H42 as [_].
  apply MKT4' in H42 as [_]. apply AxiomII in H44 as [_].
  apply AxiomII in H41 as [_[]]. apply AxiomII in H42 as [_[]].
  assert (x1 ∈ dom(f) /\ x2 ∈ dom(g)) as [].
  { split; apply NNPP; intro; apply MKT69a in H47;
    elim MKT39; [rewrite <-H47,<-H35|rewrite <-H47,<-H37]; auto. }
  assert (Ordinal u1 /\ Ordinal u2) as [].
  { apply MKT111 in H36,H38; auto. }
  apply (@ MKT110 u2) in H49 as [H49|[|]]; auto; clear H50.
+ elim H43. apply MKT4; left. rewrite <-H39.
  apply AxiomII; repeat split; auto. rewrite <-H35.
  apply AxiomII; split; auto. exists x2. split; auto.
  apply (@ Property_ran u2). apply MKT4'; split.
  rewrite H40. apply Property_Value; auto.
  apply AxiomII'; repeat split; eauto. apply MKT49a; eauto.
+ elim H44. apply MKT4; right. rewrite <-H40.
  apply AxiomII; repeat split; eauto. rewrite <-H37.
  apply AxiomII; split; auto. exists x1. split; auto.
  apply (@ Property_ran u1). apply MKT4'; split.
  rewrite H39. apply Property_Value; auto.
  apply AxiomII'; repeat split; eauto. apply MKT49a; eauto.
+ rewrite <-H49,<-H40 in H39. rewrite H35,<-H39 in H37.
  elim H45. rewrite <-H49,<-H40,<-H39; auto.
Qed.
```

引理 5.8　对任意集 a,

$$2^a \approx \{0,1\}^a \ (= \{f : f \text{ 是定义域为} a \text{值域包含于} \{0,1\} \text{的函数}\}).$$

```
Lemma Existence_of_NPAUF_Lemma8 : ∀ a, Ensemble a
 -> pow(a) ≈ \{ λ f, Function f /\ dom(f) = a /\ ran(f) ⊂ [0|1] \}.
Proof.
  intros. set (h b := \{\ λ u v, (u ∈ b /\ v = 1)
  \/ (u ∈ a ~ b /\ v = 0) \}\).
  pose proof in_ω_0; pose proof in_ω_1.
  assert (∀ b, b ⊂ a -> Function (h b) /\ dom(h b) = a
  /\ ran(h b) ⊂ [0|1]).
  { intros. repeat split; unfold Relation; unfold Included; intros.
    - apply AxiomII in H3 as [_[x[y[]]]]; eauto.
    - apply AxiomII' in H3 as [_]. apply AxiomII' in H4 as [_].
      destruct H3 as [[]|[]]; destruct H4 as [[]|[]];
      rewrite H5,H6; auto; [apply MKT4' in H4 as []|
      apply MKT4' in H3 as []]; apply AxiomII in H7 as [];
      contradiction.
    - apply AxiomI; split; intros. apply AxiomII in H3 as [H3[]].
      apply AxiomII' in H4 as [_[[]|[]]]; auto.
      apply MKT4' in H4; tauto. apply AxiomII; split; eauto.
      destruct (classic (z ∈ b)). exists 1.
      apply AxiomII'; split; auto. apply MKT49a; eauto.
      exists 0. apply AxiomII'; split; auto. apply MKT49a; eauto.
    - apply AxiomII in H3 as [H3[]].
      apply AxiomII' in H4 as [_[[]|[]]];
      apply AxiomII; split; auto; [right|left]; apply MKT41; auto. }
  assert (∀ b, b ⊂ a -> Ensemble (h b)).
  { intros. apply H2 in H3 as [H3[]]. apply MKT75; auto.
    rewrite H4; auto. }
  set (g := \{\ λ u v, u ∈ pow(a) /\ v = (h u) \}\).
  exists g. repeat split; unfold Relation; unfold Included; intros.
  - apply AxiomII in H4 as [_[x[y[]]]]; eauto.
  - apply AxiomII' in H4 as [_[]]. apply AxiomII' in H5 as [_[]].
    rewrite H6,H7; auto.
  - apply AxiomII in H4 as [_[x[y[]]]]; eauto.
  - apply AxiomII' in H4 as []. apply AxiomII' in H6 as [H6[]].
    apply AxiomII' in H5 as []. apply AxiomII' in H9 as [H9[]].
    apply NNPP; intro. assert ((y ~ z) <> ∅ \/ (z ~ y) <> ∅).
    { apply NNPP; intro. apply notandor in H13 as [].
      apply ->NNPP in H13. apply ->NNPP in H14. elim H12.
      apply AxiomI; split; intros; apply NNPP; intro;
      elim (@ MKT16 z0); [rewrite <-H13|rewrite <-H14];
      apply MKT4'; split; auto; apply AxiomII; split; eauto. }
    apply AxiomII in H7 as []. apply AxiomII in H10 as [].
    destruct H13; apply NEexE in H13 as [].
    + assert ([x0,1] ∈ (h y)).
      { apply AxiomII'; split. apply MKT49a; eauto.
        apply MKT4' in H13 as []; auto. }
      assert ([x0,0] ∈ (h z)).
      { apply AxiomII'; split. apply MKT49a; eauto. right.
        split; auto. apply MKT4' in H13 as []. apply MKT4'; auto. }
      assert (0 = 1).
      { apply H2 in H14 as [[]]. apply (H18 x0); auto.
        rewrite <-H8,H11; auto. }
      assert (0 ∈ 1). { apply MKT41; auto. }
      elim (@ MKT16 0). rewrite <-H18 in H19; auto.
    + assert ([x0,1] ∈ (h z)).
```

```
    { apply AxiomII'; split. apply MKT49a; eauto.
      apply MKT4' in H13 as []; auto. }
    assert ([x0,0] ∈ (h y)).
    { apply AxiomII'; split. apply MKT49a; eauto. right.
      split; auto. apply MKT4' in H13 as []. apply MKT4'; auto. }
    assert (0 = 1).
    { apply H2 in H14 as [[]]. apply (H18 x0); auto.
      rewrite <-H8,H11; auto. }
    assert (0 ∈ 1). { apply MKT41; auto. }
    elim (@ MKT16 0). rewrite <-H18 in H19; auto.
  - apply AxiomI; split; intros. apply AxiomII in H4 as [_[]].
    apply AxiomII' in H4 as [_[]]; auto. apply AxiomII; split;
    eauto. exists (h z). apply AxiomII'; split; auto.
    apply MKT49a; eauto. apply H3. apply AxiomII in H4 as []; auto.
  - apply AxiomI; split; intros. apply AxiomII in H4 as [H4[]].
    apply AxiomII; split; eauto. apply AxiomII' in H5 as [_[]].
    apply AxiomII in H5 as []. apply H2 in H7. rewrite H6; auto.
    apply AxiomII in H4 as [H4[H5[]]]. apply AxiomII; split; auto.
    exists (z⁻¹⌈[1]⌋). apply AxiomII'.
    assert (z⁻¹⌈[1]⌋ ⊂ a).
    { unfold Included; intros. apply AxiomII in H8 as [_[]].
      rewrite H6 in H8; auto. }
    assert (z⁻¹⌈[1]⌋ ∈ pow(a)).
    { apply AxiomII; split; auto. apply (MKT33 a); auto. }
    repeat split; eauto. apply MKT71; auto. apply H2; auto.
    intros. pose proof H8. apply H2 in H10 as [H10[]].
    destruct (classic (x ∈ a)).
    + destruct (classic (x ∈ z⁻¹⌈[1]⌋)).
      * rewrite <-H11 in H13. apply Property_Value in H13; auto.
        apply AxiomII' in H13 as [_[[]|[]]]. apply AxiomII in H14
        as [_[]]. apply MKT41 in H16; auto. rewrite H15,H16; auto.
        apply MKT4' in H13 as []. apply AxiomII in H16 as [].
        elim H17; auto.
      * rewrite <-H11 in H13. apply Property_Value in H13; auto.
        apply AxiomII' in H13 as [_[[]|[]]]. elim H14; auto.
        clear H14. pose proof H13. apply MKT4' in H14 as [H14 _].
        rewrite <-H6 in H14. apply Property_Value,Property_ran,H7
        in H14; auto. apply AxiomII in H14 as [_[]].
        apply MKT41 in H14; auto. rewrite H14,H15; auto.
        apply MKT4' in H13 as []. apply AxiomII in H16 as [].
        elim H17. rewrite <-H6 in H13. apply AxiomII; auto.
    + pose proof H13. rewrite <-H6 in H13. rewrite <-H11 in H14.
      apply MKT69a in H13,H14. rewrite H13,H14; auto.
Qed.
```

引理 5.9 对任意 $x, y, x \approx y$, 若 x 是集, 则 $2^x \approx 2^y$.

```
Lemma Existence_of_NPAUF_Lemma9 : ∀ x y, x ≈ y -> Ensemble x -> pow(x) ≈ pow(y).
Proof.
  intros. pose proof H. apply MKT146,eqvp in H; auto.
  destruct H1 as [f[[][]]].
  set (h := \{\ λ u v, u ∈ pow(x) /\ v = f⌈u⌋ \}\).
  exists h. repeat split; unfold Relation; intros.
  - apply AxiomII in H5 as [_[a[b[]]]]; eauto.
  - apply AxiomII' in H5 as [_[]]. apply AxiomII' in H6 as [_[]].
    rewrite H7,H8; auto.
  - apply AxiomII in H5 as [_[a[b[]]]]; eauto.
  - apply AxiomII' in H5 as []. apply AxiomII' in H7 as [H7[]].
    apply AxiomII' in H6 as []. apply AxiomII' in H10 as [H10[]].
```

```
    apply AxiomII in H8 as []. apply AxiomII in H11 as [].
    assert (f⁻¹⌈f⌈y0⌋⌋ = f⁻¹⌈f⌈z⌋⌋).
    { rewrite <-H9,<-H12; auto. }
    rewrite <-ImageSet_Property7,<-ImageSet_Property7 in H15;
    try rewrite H3; auto; split; auto.
  - apply AxiomI; split; intros. apply AxiomII in H5 as [H5[]].
    apply AxiomII' in H6; tauto. apply AxiomII; split; eauto.
    exists (f⌈z⌋). apply AxiomII'; split; auto.
    apply MKT49a; eauto. apply (MKT33 y); auto.
    unfold Included; intros. apply AxiomII in H6 as [_[x0[]]].
    apply AxiomII in H5 as []. rewrite <-H3 in H8.
    apply H8,Property_Value,Property_ran in H7; auto.
    rewrite H4,<-H6 in H7; auto.
  - apply AxiomI; split; intros. apply AxiomII in H5 as [H5[]].
    apply AxiomII' in H6 as [_[]]. apply AxiomII; split; auto.
    unfold Included; intros. rewrite H7 in H8.
    apply AxiomII in H8 as [_[x1[]]]. apply AxiomII in H6 as [_].
    rewrite <-H3 in H6. apply H6,Property_Value,Property_ran in H9;
    auto. rewrite <-H8,H4 in H9. apply AxiomII in H5 as [].
    apply AxiomII; split; eauto. exists (f⁻¹⌈z⌋).
    assert (f⁻¹⌈z⌋⊂ x).
    { unfold Included; intros. apply AxiomII in H7 as [_[]].
      rewrite H3 in H7; auto. }
    assert (f⁻¹⌈z⌋∈ pow(x)).
    { apply AxiomII; split; auto. apply (MKT33 x); auto. }
    apply AxiomII'; repeat split; auto. apply MKT49a; eauto.
    rewrite ImageSet_Property8_b; auto. rewrite H4; auto.
Qed.
```

引理 5.10　$\omega^\omega \approx 2^\omega$.

```
Lemma Existence_of_NPAUF_Lemma10 : \{λ f, Function f /\ dom(f)=ω /\ ran(f) ⊂ ω\} ≈ pow(ω).
Proof.
  assert (Ensemble ω). { pose proof MKT165. eauto. }
  assert (Ensemble (ω × ω)). { apply MKT74; auto. }
  assert (Ensemble (pow(ω))). { apply MKT38a; auto. }
  assert (\{ λ f, Function f /\ dom(f) = ω /\ ran(f) ⊂ [0|1] \}
    ⊂ \{ λ f, Function f /\ dom(f) = ω /\ ran(f) ⊂ ω \}).
  { unfold Included; intros. apply AxiomII in H2 as [H2[H3[]]].
    apply AxiomII; repeat split; destruct H3; auto.
    intros. apply H5 in H7. apply AxiomII in H7 as [_[]];
    apply MKT41 in H7; auto; rewrite H7; auto. apply in_ω_1. }
  assert (\{ λ f, Function f /\ dom(f) = ω /\ ran(f) ⊂ ω \}
    ⊂ pow(ω × ω)).
  { unfold Included; intros. apply AxiomII in H3 as [H3[H4[]]].
    apply AxiomII; split; auto. unfold Included; intros.
    pose proof H7. rewrite MKT70 in H7; auto.
    apply AxiomII in H7 as [H7[x[y[H9 _]]]].
    rewrite H9 in H8. pose proof H8. apply Property_dom in H8.
    apply Property_ran,H6 in H10. rewrite H5 in H8.
    rewrite H9 in *. apply AxiomII'; auto. }
  assert (pow(ω × ω) ≈ pow(ω)).
  { apply Existence_of_NPAUF_Lemma9; auto. apply MKT154; auto.
    pose proof MKT165. apply MKT156 in H4 as [].
    rewrite H5. apply MKT179. apply MKT4'; split.
    apply MKT165. apply AxiomII; split; auto. apply MKT101. }
  assert (Ensemble (pow(ω × ω))). { apply eqvp in H4; auto. }
  pose proof H. apply Existence_of_NPAUF_Lemma8,MKT146 in H6.
  assert (Ensemble (\{ λ f, Function f /\ dom(f) = ω
```

```
    /\ ran(f) ⊂ [0|1] \})). { apply eqvp in H6; auto. }
  assert (Ensemble (\{ λ f, Function f /\ dom(f) = ω
    /\ ran(f) ⊂ ω \})). { apply (MKT33 (pow(ω × ω))); auto. }
  apply MKT158 in H2,H3. apply MKT154 in H4,H6; auto.
  rewrite H6 in H2. rewrite H4 in H3. apply MKT154; auto.
  destruct H2,H3; try rewrite H2; try rewrite H3; auto.
  elim (MKT102 P[pow(ω)]) (P[\{ λ f, Function f /\ dom(f) = ω
    /\ ran(f) ⊂ ω \}])); auto.
Qed.
```

引理 5.11　　$\omega^{\omega} \times \omega^{\omega} \approx 2^{\omega}$.

```
Lemma Existence_of_NPAUF_Lemma11 :
  \{ λ f, Function f /\ dom(f) = ω /\ ran(f) ⊂ ω \}
    × \{ λ f, Function f /\ dom(f) = ω /\ ran(f) ⊂ ω \} ≈ pow(ω).
Proof.
  pose proof Existence_of_NPAUF_Lemma10.
  assert (Ensemble (pow(ω))).
  { apply MKT38a. pose proof MKT165. eauto. }
  pose proof H. apply eqvp in H1; auto.
  assert (P[pow(ω)] ∈ (C ∼ ω)).
  { assert (P[pow(ω)] ∈ C). { apply Property_PClass; auto. }
    apply MKT4'; split; auto. apply AxiomII; split; eauto.
    intro. assert (Ensemble ω). { pose proof MKT165; eauto. }
    apply MKT161 in H4. pose proof MKT165. apply MKT156 in H5 as [].
    rewrite H6 in H4. elim (MKT102 P[pow(ω)] ω); auto. }
  apply MKT179 in H2. apply MKT154 in H; auto.
  rewrite <-H,<-Lemma179a,H in H2; auto.
  apply MKT154; auto. apply MKT74; auto.
Qed.
```

引理 5.12　　任意序数 n 是其后继序数 $n+1$ 的 E 末元.

```
Lemma Existence_of_NPAUF_Lemma12 : ∀ n, n ∈ R -> LastMember n E (PlusOne n).
Proof.
  intros. split. apply MKT4; right. apply MKT41; eauto.
  intros. intro. apply AxiomII' in H1 as [].
  apply AxiomII' in H2 as []. apply MKT4 in H0 as [].
  elim (MKT102 n y); auto. apply MKT41 in H0; eauto.
  rewrite H0 in H3. elim (MKT101 n); auto.
Qed.
```

引理 5.13　　对任意 n, 若 $n \in P(2^{\omega})$, 则 $n+1 \in P(2^{\omega})$.

```
Lemma Existence_of_NPAUF_Lemma13 : ∀ n, n ∈ P[pow(ω)] -> (PlusOne n) ∈ P[pow(ω)].
Proof.
  intros. pose proof MKT165.
  assert (Ensemble pow(ω)). { apply MKT38a; eauto. }
  pose proof H1. apply Property_PClass in H2.
  pose proof H2. apply AxiomII in H3 as [_[H3 _]].
  apply AxiomII in H3 as []. pose proof H. apply MKT111 in H5; auto.
  assert ((PlusOne n) ∈ R).
  { assert (n ∈ R). { apply AxiomII; split; eauto. }
    apply MKT123 in H6 as []. apply AxiomII in H6; tauto. }
  apply AxiomII in H6 as []. pose proof H7.
  apply (@ MKT110 P[pow(ω)]) in H8 as [H8|[|]]; auto.
  - apply MKT4 in H8 as []. elim (MKT102 n P[pow(ω)]); auto.
    apply MKT41 in H8; eauto. rewrite H8 in H.
    elim (MKT101 n); auto.
  - pose proof H0. apply AxiomII in H9 as [H9 _].
    apply MKT161 in H9. pose proof H0. apply MKT156 in H10 as [_].
```

```
    rewrite H10,H8 in H9. apply MKT4 in H9.
    assert (n ∈ (R ∼ ω)).
    { apply MKT4'; split. apply AxiomII; split; eauto.
      apply AxiomII; split; eauto. intro. destruct H9.
      elim (MKT102 n ω); auto. apply MKT41 in H9; eauto.
      rewrite H9 in H11. elim (MKT101 n); auto. }
    apply MKT174 in H11. pose proof H2. rewrite H8 in H12.
    apply MKT156 in H12 as [_]. rewrite <-H12,H11 in H8.
    apply MKT154 in H8; eauto. apply MKT153,(MKT147 _ _ n) in H1;
    auto. apply AxiomII in H2 as [_[]]. apply H13 in H.
    elim H; auto. apply AxiomII; split; eauto.
Qed.
```

引理 5.14　对任意 A, 若 $P(A) = \omega$, 并且 $\forall a \in A, P(a) = \omega$, 则 $P(\bigcup A) = \omega$.

```
Lemma Existence_of_NPAUF_Lemma14 : ∀ A, P[A] = ω
 -> (∀ a, a ∈ A -> P[a] = ω) -> P[⋃A] = ω.
Proof.
  intros. assert (Ensemble ω). { pose proof MKT138; eauto. }
  assert (Ensemble A).
  { apply MKT19. apply NNPP; intro. rewrite <-MKT152b in H2.
    apply MKT69a in H2. rewrite <-H,H2 in H1. elim MKT39; auto. }
  pose proof MKT165. apply MKT156 in H3 as [_].
  assert (ω ≈ A). { apply MKT154; auto. rewrite H3; auto. }
  destruct H4 as [fA[[][]]].
  assert (∀ n, n ∈ ω -> ω ≈ fA[n]).
  { intros. rewrite <-H6 in H8. apply Property_Value,Property_ran
    in H8; auto. rewrite H7 in H8. pose proof H8. apply H0 in H9.
    rewrite <-H3 in H9. symmetry in H9. apply MKT154 in H9; eauto. }
  destruct AxiomIX as [c[]].
  set (g n := c[\{ λ f, Function1_1 f /\ dom(f) = ω
  /\ ran(f) = fA[n] \}]).
  assert (∀ n, n ∈ ω -> Function1_1 (g n) /\ dom(g n) = ω
  /\ ran(g n) = fA[n]).
  { intros. assert (\{ λ f, Function1_1 f /\ dom(f) = ω
    /\ ran(f) = fA[n] \} ∈ dom(c)).
    { assert (Ensemble (\{ λ f, Function1_1 f /\ dom(f) = ω
      /\ ran(f) = fA[n] \})).
      { apply (MKT33 (pow(ω × (fA[n])))). apply MKT38a.
        apply MKT74; auto. rewrite <-H6 in H11.
        apply Property_Value,Property_ran in H11; eauto.
        unfold Included; intros. apply AxiomII; split; eauto.
        apply AxiomII in H12 as [H12[H13[]]]. rewrite <-H14,<-H15.
        unfold Included; intros. pose proof H16.
        rewrite MKT70 in H17. apply AxiomII in H17
        as [H17[x[y[]]]]. rewrite H18 in *.
        apply AxiomII'; repeat split; auto.
        apply Property_dom in H16; auto.
        apply Property_ran in H16; auto. destruct H13; auto. }
      rewrite H10. apply MKT4'; split. apply MKT19; auto.
      apply AxiomII; split; auto. intro. apply MKT41 in H13; auto.
      apply H8 in H11 as [f[H11[]]]. elim (@ MKT16 f).
      rewrite <-H13. apply AxiomII; split; auto.
      apply MKT75. destruct H11; auto. rewrite H14; auto. }
    apply H9,AxiomII in H12 as []; auto. }
  set (A1 := \{\ λ u v, u ∈ ω /\ v ∈ fA[u] \}\).
  assert ((ω × ω) ≈ A1).
  { set (h := \{\ λ u v, u ∈ (ω × ω)
    /\ v = [(First u),(g (First u))[Second u]] \}\).
    exists h. repeat split; unfold Relation; intros.
```

```
- apply AxiomII in H12 as [_[x[y[]]]]; eauto.
- apply AxiomII' in H12 as [_[]].
  apply AxiomII' in H13 as [_[]]. rewrite H14,H15; auto.
- apply AxiomII in H12 as [_[x[y[]]]]; eauto.
- apply AxiomII' in H12 as []. apply AxiomII' in H13 as [].
  apply AxiomII' in H14 as [H14[]].
  apply AxiomII' in H15 as [H15[]].
  apply AxiomII in H16 as [H16[y1[y2[H20[]]]]].
  apply AxiomII in H18 as [H18[z1[z2[H23[]]]]].
  assert (First y = y1 /\ First z = z1) as [].
  { rewrite H20,H23. split; apply MKT54a; eauto. }
  assert (Second y = y2 /\ Second z = z2) as [].
  { rewrite H20,H23. split; apply MKT54b; eauto. }
  rewrite H26,H28 in H17. rewrite H27,H29 in H19.
  assert (Ensemble x). { apply MKT49b in H12; tauto. }
  rewrite H17 in H19. rewrite H17 in H30.
  apply MKT49b in H30 as []. apply MKT55 in H19 as []; auto.
  rewrite H19 in H32. apply H11 in H24 as [[][]].
  apply f11inj in H32; auto; try rewrite H34; auto.
  rewrite H20,H23,H19,H32; auto.
- apply AxiomI; split; intros. apply AxiomII in H12 as [_[]].
  apply AxiomII' in H12 as [_[]]; auto.
  apply AxiomII; split; eauto. pose proof H12.
  apply AxiomII in H13 as [H13[z1[z2[H14[]]]]].
  assert (First z = z1 /\ Second z = z2) as [].
  { rewrite H14; split; [rewrite MKT54a|rewrite MKT54b];
    eauto. }
  exists ([z1,(g z1)[z2]]). apply AxiomII'; rewrite H17,H18;
  split; auto. apply MKT49a; auto. apply MKT49a; eauto.
  apply H11 in H15 as [[][]]. rewrite <-H20 in H16.
  apply Property_Value,Property_ran in H16; eauto.
- apply AxiomI; split; intros. apply AxiomII in H12 as [H12[]].
  apply AxiomII' in H13 as [H13[]].
  apply AxiomII in H14 as [H14[x1[x2[H16[]]]]].
  assert (First x = x1 /\ Second x = x2) as [].
  { rewrite H16; split; [rewrite MKT54a|rewrite MKT54b];
    eauto. }
  rewrite H19,H20 in H15. pose proof H17.
  apply H11 in H21 as [[][]]. rewrite <-H23 in H18.
  apply Property_Value,Property_ran in H18; auto.
  rewrite H24 in H18. rewrite H15. apply AxiomII'; split; auto.
  apply MKT49a; eauto.
  apply AxiomII in H12 as [H12[z1[z2[H13[]]]]].
  pose proof H14. apply H11 in H16 as [[][]].
  rewrite <-H19 in H15. apply Einr in H15 as [x[]]; auto.
  apply AxiomII; split; auto. rewrite H18 in H15.
  exists [z1,x]. apply AxiomII'; split. apply MKT49a; auto.
  apply MKT49a; eauto. split. apply AxiomII'; split; auto.
  apply MKT49a; eauto.
  assert (First ([z1,x]) = z1 /\ Second ([z1,x]) = x) as [].
  { split; [rewrite MKT54a|rewrite MKT54b]; eauto. }
  rewrite H21,H22. rewrite <-H20; auto. }
assert (Ensemble (ω × ω)). { apply MKT74; auto. }
assert (Ensemble A1). { apply MKT146,eqvp in H12; auto. }
apply MKT154 in H12; auto.
assert (P[ω × ω] = ω).
{ apply MKT179. apply MKT4'; split. apply MKT165.
  apply AxiomII; split; auto. apply MKT101. }
set (h := \{\ λ u v, u ∈ A1 /\ v = (Second u) \}\).
```

```
assert (Function h /\ dom(h) = A1 /\ ran(h) = ⋃A) as [H16[]].
{ repeat split; unfold Relation; intros.
  - apply AxiomII in H16 as [_[x[y[]]]]; eauto.
  - apply AxiomII' in H16 as [_[]].
    apply AxiomII' in H17 as [_[]]. rewrite H18,H19; auto.
  - apply AxiomI; split; intros. apply AxiomII in H16 as [_[]].
    apply AxiomII' in H16 as [_[]]; auto. pose proof H16.
    apply AxiomII in H17 as [H17[z1[z2[H18[]]]]].
    apply AxiomII; split; auto. exists z2.
    apply AxiomII'; split. apply MKT49a; eauto. split; auto.
    rewrite H18,MKT54b; eauto.
  - apply AxiomI; split; intros. apply AxiomII in H16 as [H16[]].
    apply AxiomII' in H17 as [H17[]]. apply AxiomII in H18
    as [H18[x1[x2[H20[]]]]]. apply AxiomII; split; auto.
    exists fA[x1]. split. rewrite H19,H20,MKT54b; eauto.
    rewrite <-H6 in H21. apply Property_Value,Property_ran
    in H21; auto. rewrite H7 in H21; auto.
    apply AxiomII in H16 as [H16[x[]]].
    apply AxiomII; split; auto. rewrite <-H7 in H18.
    apply Einr in H18 as [x0[]]; auto. rewrite H6 in H18.
    exists [x0,z]. apply AxiomII'; split. apply MKT49a; auto.
    apply MKT49a; eauto. split. apply AxiomII'; split.
    apply MKT49a; eauto. rewrite <-H19; auto.
    rewrite MKT54b; eauto. }
assert (Ensemble h). { apply MKT75; auto. rewrite H17; auto. }
pose proof H16. apply MKT160 in H20; auto.
rewrite H17,H18,<-H12,H15 in H20. pose proof in_ω_0.
rewrite <-H6 in H21. apply Property_Value,Property_ran in H21;
auto. rewrite H7 in H21. pose proof H21. apply H0 in H21.
assert (fA[0] ⊂ (⋃A)).
{ unfold Included; intros. apply AxiomII; split; eauto. }
apply MKT158 in H23. rewrite H21 in H23. destruct H20,H23; auto.
elim (MKT102 P[⋃A] ω); auto.
Qed.
```

引理 5.15　对任意 A, B, 若 $P(A) = \omega, P(B) \leqslant \omega$, 则 $P(A \cup B) = \omega$.

```
Lemma Existence_of_NPAUF_Lemma15 : ∀ A B, P[A] = ω -> P[B] ⪯ ω -> P[A ∪ B] = ω.
Proof.
  intros. destruct H0.
  - set (p := fun n => (∀ B0, P[B0] = n -> P[A ∪ B0] = ω)).
    assert (∀ n, n ∈ ω -> p n).
    { apply Mathematical_Induction; unfold p; intros.
      apply carE in H1. rewrite H1,MKT6,MKT17; auto. pose proof H3.
      apply FT1_Corollary_Lemma in H4 as [B1[b[H4[]]]]; auto.
      assert (Ensemble b).
      { apply NNPP; intro. apply MKT43 in H7.
        rewrite H6,H7,MKT20 in H3.
        assert (𝒰 ∉ dom(P)). { intro. elim MKT39; eauto. }
        apply MKT69a in H8. apply MKT134 in H1.
        rewrite <-H3,H8 in H1. elim MKT39; eauto. }
      destruct (classic (b ∈ A)).
      assert (A ∪ B0 = A ∪ B1).
      { apply AxiomI; split; intros. apply MKT4. apply MKT4 in H9
        as []; auto. rewrite H6 in H9. apply MKT4 in H9 as []; auto.
        apply MKT41 in H9; auto. rewrite H9; auto. apply MKT4.
        apply MKT4 in H9 as []; auto. right. rewrite H6.
        apply MKT4; auto. }
      rewrite H9. apply H2; auto. rewrite H6,<-MKT7.
      pose proof H4. apply H2 in H9.
```

```
assert (Ensemble (A ∪ B1)).
{ apply MKT19. apply NNPP; intro. rewrite <-MKT152b in H10.
  apply MKT69a in H10. pose proof MKT138.
  rewrite <-H9,H10 in H11. elim MKT39; eauto. }
pose proof MKT165. apply MKT156 in H11 as [].
rewrite <-H12 in H9. symmetry in H9. apply MKT154 in H9; auto.
destruct H9 as [f[[][]]].
assert ((PlusOne ω) ≈ (A ∪ B1) ∪ [b]).
{ exists (f ∪ [[ω,b]]). split. split. apply fupf; auto.
  rewrite H14. apply MKT101. rewrite uiv,siv; auto.
  apply fupf; auto. rewrite <-reqdi,H15. intro.
  apply MKT4 in H16 as []; auto.
  split; apply AxiomI; split; intros.
  - apply AxiomII in H16 as [H16[x]]. apply MKT4 in H17 as [].
    apply Property_dom in H17. rewrite H14 in H17.
    apply MKT4; auto. pose proof H17. apply MKT41 in H18;
    auto. apply MKT55 in H18 as []; auto. apply MKT4; right.
    apply MKT41; auto. assert (Ensemble ([z,x])); eauto.
    apply MKT49b in H20; tauto.
  - apply AxiomII; split; eauto. apply MKT4 in H16 as [].
    rewrite <-H14 in H16. apply Property_Value in H16; auto.
    exists f[z]. apply MKT4; auto. pose proof H16.
    apply MKT41 in H17; auto. exists b. apply MKT4; right.
    rewrite H17. apply MKT41; auto.
  - apply AxiomII in H16 as [H16[x]]. apply MKT4 in H17 as [].
    apply Property_ran in H17. rewrite H15 in H17. apply MKT4;
    auto. apply MKT4; right. apply MKT41; auto.
    assert (Ensemble x). { apply Property_dom in H17; eauto. }
    apply MKT41 in H17; auto. apply MKT55 in H17; tauto.
  - apply AxiomII; split; eauto. apply MKT4 in H16 as [].
    rewrite <-H15 in H16. apply AxiomII in H16 as [H16[x]].
    exists x. apply MKT4; auto. apply MKT41 in H16; auto.
    exists ω. apply MKT4; right. rewrite H16.
    apply MKT41; auto. }
apply MKT154 in H16; try apply AxiomIV; auto.
assert (P[PlusOne ω] = P[ω]).
{ apply MKT174. apply MKT4'; split. apply MKT138.
  apply AxiomII; split; auto. apply MKT101. }
rewrite <-H16,H17; auto. }
apply H1 in H0; auto.
- pose proof MKT165. apply MKT156 in H1 as [].
assert (Ensemble A /\ Ensemble B) as [].
{ split; apply MKT19,NNPP; intro;
  rewrite <-MKT152b in H3; apply MKT69a in H3;
  elim MKT39; [rewrite <-H3,H|rewrite <-H3,H0]; auto. }
assert (ω_E ≈ A /\ ω_O ≈ B) as [[f[[][]]][g[[][]]]].
{ split; apply (MKT147 ω). apply ω_E_Equivalent_ω.
  apply MKT154; auto. rewrite H2; auto. apply ω_O_Equivalent_ω.
  apply MKT154; auto. rewrite H2; auto. }
assert (Function (f ∪ g) /\ dom(f ∪ g) = ω
/\ ran(f ∪ g) = A ∪ B) as [H13[]].
{ rewrite <-ω_E_Union_ω_O,undom,H7,H11,unran,H8,H12.
  split; auto. split; unfold Relation; intros.
  apply MKT4 in H13 as []; rewrite MKT70 in H13; auto;
  apply AxiomII in H13 as [_[x[y[]]]]; eauto.
  apply MKT4 in H13 as [], H14 as []. destruct H5.
  apply (H15 x); auto. apply Property_dom in H13,H14.
  rewrite H7 in H13. rewrite H11 in H14. elim (@ MKT16 x).
  rewrite <-ω_E_Intersection_ω_O. apply MKT4'; auto.
```

```
    apply Property_dom in H13,H14. rewrite H7 in H14.
    rewrite H11 in H13. elim (@ MKT16 x).
    rewrite <-ω_E_Intersection_ω_0. apply MKT4'; auto.
    destruct H9. apply (H15 x); auto. }
  apply MKT160 in H13; [ |apply AxiomIV; apply MKT75; auto;
  [rewrite H7; apply ω_E_is_Set|rewrite H11; apply ω_0_is_Set]].
  rewrite H14,H15,H2 in H13.
  assert (A ⊂ (A ∪ B)).
  { unfold Included; intros. apply MKT4; auto. }
  apply MKT158 in H16. rewrite H in H16. destruct H13,H16; auto.
  elim (MKT102 ω P[A ∪ B]); auto.
Qed.
```

引理 5.16　对任意 A, 若 $P(A) = \omega$, 并且 $\forall a \in A, P(a) \leqslant \omega$, 则 $P(\bigcup A) \leqslant \omega$.

```
Lemma Existence_of_NPAUF_Lemma16: ∀ A, P[A]=ω -> (∀ a, a ∈ A -> P[a] ⪯ ω) -> P[⋃A] ⪯ ω.
Proof.
  intros. set (A1 := \{ λ u, ∃ a, a ∈ A /\ u = ω ∪ ([0] × a) \}).
  set (g := \{\ λ u v, u ∈ ((⋃A1) ~ ω) /\ v = Second u \}\).
  assert (Function g /\ dom(g) = (⋃A1) ~ ω /\ ran(g) = ⋃A).
  { repeat split; unfold Relation; try (apply AxiomI; split);
    intros.
    - apply AxiomII in H1 as [_[x[y[]]]]; eauto.
    - apply AxiomII' in H1 as [_[]]. apply AxiomII' in H2 as [_[]].
      rewrite H3,H4; auto.
    - apply AxiomII in H1 as [_[]]. apply AxiomII' in H1; tauto.
    - apply AxiomII; split; eauto. pose proof H1.
      apply MKT4' in H2 as []. apply AxiomII in H2 as [_[y[]]].
      apply AxiomII in H4 as [H4[x[]]]. rewrite H6 in H2.
      apply MKT4 in H2 as []. apply AxiomII in H3 as [_].
      elim H3; auto. apply AxiomII in H2 as [H2[z1[z2[H7[]]]]].
      exists z2. apply AxiomII'; split. apply MKT49a; eauto.
      split; auto. rewrite H7,MKT54b; eauto.
    - apply AxiomII in H1 as [H1[]]. apply AxiomII' in H2
      as [H2[]]. apply AxiomII; split; auto.
      apply MKT4' in H3 as []. apply AxiomII in H3 as [H3[x0[]]].
      apply AxiomII in H7 as [H7[x1[]]]. exists x1. split; auto.
      rewrite H9 in H6. apply MKT4 in H6 as [].
      apply AxiomII in H5 as []. elim H10; auto.
      apply AxiomII in H6 as [H6[x2[x3[H10[]]]]].
      rewrite H4,H10,MKT54b; eauto.
    - apply AxiomII in H1 as [H1[x[]]].
      assert ([0,z] ∈ ((⋃A1) ~ ω)).
      { pose proof in_ω_0. apply MKT4'; split.
        apply AxiomII; split; eauto. exists (ω ∪ ([0] × x)).
        split. apply MKT4; right. apply AxiomII'; split; auto.
        apply AxiomII; split; eauto. pose proof MKT138.
        apply AxiomIV; eauto. apply MKT74; eauto.
        apply AxiomII; split; auto. intro.
        assert ([0] ∈ [0,z]). { apply AxiomII; split; auto. }
        assert (Ordinal 0 /\ Ordinal ([0,z])) as [].
        { apply AxiomII in H4 as [_[]].
          apply AxiomII in H5 as [_[]]; auto. }
        apply (@ MKT110 0) in H8 as [H8|[]]; auto.
        apply AxiomII in H8 as [_[]]. apply MKT41 in H8; auto.
        assert (0 ∈ 1); auto. rewrite <-H8 in H9.
        apply MKT101 in H9; auto. apply MKT41 in H8; auto.
        assert (0 ∈ [0|z]). { apply AxiomII; auto. }
        rewrite <-H8 in H9. apply MKT101 in H9; auto.
        apply MKT16 in H8; auto. rewrite <-H8 in H6.
```

```
     apply MKT16 in H6; auto. }
   apply AxiomII; split; eauto. exists [0,z].
   apply AxiomII'; repeat split; auto. rewrite MKT54b; auto. }
destruct H1 as [H1[]]. assert (((⋃A1) ~ ω) ⊂ (⋃A1)).
{ unfold Included; intros. apply MKT4' in H4 as []; auto. }
assert (∀ a, a ∈ A1 -> P[a] = ω).
{ intros. apply AxiomII in H5 as [H5[x[]]].
  rewrite H7. apply Existence_of_NPAUF_Lemma15.
  apply MKT156,MKT165. pose proof H6. apply H0 in H8 as [].
  left. apply MKT170; auto. apply finsin; auto.
  rewrite <-(@ MKT179 ω),Lemma179a,H8; eauto. apply MKT158.
  pose proof in_ω_1. apply MKT164,MKT156 in H9 as [].
  rewrite H10. unfold Included; intros.
  apply AxiomII in H11 as [H11[z1[z2[H12[]]]]]. rewrite H12 in *.
  apply AxiomII'; repeat split; auto. apply MKT41 in H13; auto.
  rewrite H13; auto. pose proof MKT165. apply MKT4'; split; auto.
  apply AxiomII; split; eauto. apply MKT101. }
assert (A ≈ A1).
{ set (f := \{\ λ u v, u ∈ A /\ v = ω ∪ ([0] × u) \}\).
  exists f. repeat split; unfold Relation.
  try (apply AxiomI; split); intros.
  - apply AxiomII in H6 as [_[x[y[]]]]; eauto.
  - apply AxiomII' in H6 as [_[]]. apply AxiomII' in H7 as [_[]].
    rewrite H8,H9; auto.
  - apply AxiomII in H6 as [_[x[y[]]]]; eauto.
  - apply AxiomII' in H6 as [_]. apply AxiomII' in H7 as [_].
    apply AxiomII' in H6 as [H6[]]. apply AxiomII' in H7
    as [H7[]].
    assert (∀ u, Ensemble u -> (ω ∪ (1 × u)) ~ ω = 1 × u).
    { intros. apply AxiomI; split; intros.
      apply MKT4' in H13 as []. apply MKT4 in H13 as []; auto.
      apply AxiomII in H14 as [_]. elim H14; auto.
      apply MKT4'; split. apply MKT4; auto.
      apply AxiomII; split; eauto. intro.
      apply AxiomII in H13 as [H13[x1[x2[H15[]]]]].
      assert (Ordinal 0 /\ Ordinal ([x1,x2])) as [].
      { rewrite <-H15. apply AxiomII in H14 as [_[]].
        pose proof in_ω_0. apply AxiomII in H19 as [_[]]; auto. }
      apply (@ MKT110 0) in H19 as [H19|[|]]; auto.
      apply AxiomII in H19 as [_[]]. apply MKT41 in H19; eauto.
      assert (x1 ∈ [x1]); eauto. rewrite <-H19 in H20.
      apply MKT16 in H20; auto. apply MKT41 in H19.
      assert (x1 ∈ [x1|x2]). { apply AxiomII; split; eauto. }
      rewrite <-H19 in H20. apply MKT16 in H20; auto.
      apply MKT46a; eauto. apply MKT16 in H19; auto.
      assert ([x1] ∈ [x1,x2]).
      { apply AxiomII; split; eauto. left.
        apply MKT41; eauto. }
      rewrite <-H19 in H20. apply MKT16 in H20; auto. }
    assert (Ensemble y /\ Ensemble z) as []. split; eauto.
    apply H12 in H13,H14.
    assert (∀ u, ran(1 × u) = u).
    { intros. apply AxiomI; split; intros.
      apply AxiomII in H15 as [H15[]]. apply AxiomII' in H16;
      tauto. apply AxiomII; split; eauto. exists 0.
      apply AxiomII'; split; auto. apply MKT49a; eauto. }
    rewrite <-H11,H9,H13 in H14.
    rewrite <-(H15 y),<-H15,H14; auto.
  - apply AxiomII in H6 as [H6[]]. apply AxiomII' in H7; tauto.
```

```
   - apply AxiomII; split; eauto. exists (ω ∪ (1 × z)).
     apply AxiomII'; split; auto. apply MKT49a; eauto.
     pose proof MKT138. apply AxiomIV; eauto. apply MKT74; eauto.
   - apply AxiomII in H6 as [H6[]]. apply AxiomII' in H7
     as [H7[]]. apply AxiomII; split; eauto.
   - apply AxiomII in H6 as [H6[x[]]].
     apply AxiomII; split; auto. exists x.
     apply AxiomII'; split; auto. apply MKT49a; eauto. }
 assert (Ensemble A).
 { apply MKT19. apply NNPP; intro. rewrite <-MKT152b in H7.
   apply MKT69a in H7. pose proof MKT138. rewrite <-H,H7 in H8.
   elim MKT39; eauto. }
 pose proof H6. apply MKT146,eqvp in H8; auto.
 pose proof H8. apply AxiomVI in H9.
 pose proof H4. apply MKT33 in H10; auto.
 pose proof H10. rewrite <-H2 in H11. apply MKT75 in H11; auto.
 pose proof H1. apply MKT160 in H12; auto.
 apply MKT154 in H6; auto. apply MKT158 in H4.
 rewrite H in H6. apply Existence_of_NPAUF_Lemma14 in H5; auto.
 rewrite H2,H3 in H12. rewrite H5 in H4.
 destruct H4,H12; unfold LessEqual.
 pose proof MKT138. apply AxiomII in H13 as [_[]].
 apply H14 in H4; auto. rewrite <-H12 in H4; auto.
 rewrite H4 in H12; auto. rewrite H12; auto.
Qed.
```

引理 5.17 对任意非空有限的类 A, 若 $\forall a \in A, P(a) = \omega$, 则 $P(\bigcup A) = \omega$.

```
Lemma Existence_of_NPAUF_Lemma17 : ∀ A, Finite A -> A <> ∅
 -> (∀ a, a ∈ A -> P[a] = ω) -> P[⋃A] = ω.
Proof.
  intros. set (p n := ∀ A0, P[A0] = n -> A0 <> ∅
   -> (∀ a, a ∈ A0 -> P[a] = ω) -> P[⋃A0] = ω).
  assert (∀ n, n ∈ ω -> p n).
  { apply Mathematical_Induction; unfold p; intros.
    apply carE in H2. elim H3; auto.
    assert (Ensemble A0).
    { apply MKT19,NNPP; intro. rewrite <-MKT152b in H7.
      apply MKT69a in H7. apply MKT134 in H2.
      rewrite <-H4,H7 in H2. elim MKT39; eauto. }
    apply FT1_Corollary_Lemma in H4 as [B[b[H4[]]]]; auto.
    assert (Ensemble b).
    { apply NNPP; intro. apply MKT43 in H10.
      rewrite H9,H10,MKT20 in H7. elim MKT39; auto. }
    destruct (classic (B = ∅)). rewrite H11,MKT17 in H9.
    pose proof H10. apply MKT44 in H12 as [_].
    assert (b ∈ A0). { rewrite H9. apply MKT41; auto. }
    rewrite H9,H12; auto. pose proof H10. apply MKT44 in H12 as [_].
    assert (⋃A0 = (⋃B) ∪ b). { rewrite H9,Lemma169,H12; auto. }
    assert (P[⋃B] = ω).
    { apply H3; auto. intros. apply H6. rewrite H9.
      apply MKT4; auto. }
    assert (P[b] = ω).
    { apply H6. rewrite H9. apply MKT4; right. apply MKT41; auto. }
    rewrite H13. apply Existence_of_NPAUF_Lemma15; auto.
    right; auto. }
  apply H2 in H; auto.
Qed.
```

引理 5.18 对任意 A, 若 $P(A) \leqslant \omega$, 并且 $\forall a \in A, P(a) \leqslant \omega$, 则 $P(\bigcup A) \leqslant \omega$.

```
Lemma Existence_of_NPAUF_Lemma18 : ∀ A, P[A] ≼ ω
 -> (∀ a, a ∈ A -> P[a] ≼ ω) -> P[⋃A] ≼ ω.
Proof.
  intros. destruct H; [ |apply Existence_of_NPAUF_Lemma16; auto].
  set (A1 := \{ λ u, u ∈ A /\ P[u] = ω \}).
  set (A2 := \{ λ u, u ∈ A /\ P[u] ∈ ω \}).
  assert (A = A1 ∪ A2).
  { apply AxiomI; split; intros. pose proof H1. apply MKT4.
    apply H0 in H1 as []. right. apply AxiomII; split; eauto.
    left. apply AxiomII; split; eauto. apply MKT4 in H1 as [];
    apply AxiomII in H1; tauto. }
  pose proof MKT138. apply AxiomII in H2 as [H2[_]].
  pose proof MKT165. apply MKT156 in H4 as [_].
  assert (A1 ⊂ A /\ A2 ⊂ A) as [].
  { rewrite H1; split; unfold Included; intros; apply MKT4; auto. }
  assert (P[A1] ∈ ω /\ P[A2] ∈ ω) as [].
  { apply MKT158 in H5 as [], H6 as []; try rewrite H5;
    try rewrite H6; split; auto; apply H3 in H; auto. }
  assert (⋃A = (⋃A1) ∪ (⋃A2)). { rewrite <-Lemma169,H1; auto. }
  assert (P[⋃A2] ∈ ω).
  { apply MKT169; auto. intros. apply AxiomII in H10; tauto. }
  destruct (classic (A1 = ∅)). rewrite H11,MKT24',MKT17 in H9.
  rewrite H9. left; auto.
  assert (P[⋃A1] = ω).
  { apply Existence_of_NPAUF_Lemma17; auto. intros.
    apply AxiomII in H12; tauto. }
  rewrite H9. right. apply Existence_of_NPAUF_Lemma15; auto.
  left; auto.
Qed.
```

引理 5.19 ω 的有限子集组成的类的势为 ω，即 $P(\{u : u \subset \omega \wedge u$ 有限 $\}) = \omega$.

```
Lemma Existence_of_NPAUF_Lemma19 : P[\{ λ u, u ⊂ ω /\ Finite u \}] = ω.
Proof.
  set (A1 := \{ λ u, ∃ n, n ∈ ω /\ u = pow(n) \}).
  assert (\{ λ u, u ⊂ ω /\ Finite u \} = ⋃A1).
  { pose proof MKT138. apply AxiomII in H as [H[_]].
    apply AxiomI; split; intros.
    - apply AxiomII in H1 as [H1[]]. apply AxiomII; split; auto.
      pose proof H1. apply MKT153 in H4 as [g[[][]]].
      pose proof H3. destruct (classic (z = 0)). rewrite H9.
      exists pow(1). split; auto. apply AxiomII; split; auto.
      apply AxiomII; split. apply MKT38a; auto. exists 1.
      split; auto. apply in_ω_1; auto. pose proof H8.
      apply (Existence_of_NPAUF_Lemma6 ω z) in H10 as [z1[]]; auto.
      pose proof H10. apply H2,MKT134 in H12.
      exists pow(PlusOne z1). split. apply AxiomII; split; auto.
      unfold Included; intros. apply MKT4.
      assert (Ordinal z0 /\ Ordinal z1) as [].
      { apply H2,AxiomII in H10 as [_[]], H13 as [_[]]; auto. }
      apply (@ MKT110 z0) in H15 as [H15|[|]]; auto. pose proof H13.
      apply H11 in H13. elim H13. apply AxiomII'; split.
      apply MKT49a; eauto. apply AxiomII'; split; auto.
      apply MKT49a; eauto. right. apply MKT41; eauto.
      apply AxiomII; split; eauto. apply MKT38a; auto.
    - apply AxiomII in H1 as [H1[x[]]]. apply AxiomII in H3
      as [H3[n[]]]. apply AxiomII; split; auto. rewrite H5 in H2.
      apply AxiomII in H2 as []. split. apply H0 in H4.
```

```
    unfold Included; intros; auto. apply MKT158 in H6.
    pose proof H4. apply MKT164,MKT156 in H7 as [].
    rewrite H8 in H6. destruct H6. apply H0 in H4.
    apply H4; auto. rewrite <-H6 in H4; auto. }
assert (∀ a, a ∈ A1 -> Finite a).
{ intros. apply AxiomII in H0 as [H0[x[]]]. rewrite H2.
  apply MKT171. pose proof H1. apply MKT164,MKT156 in H3 as [].
  rewrite <-H4 in H1; auto. }
assert (ω ≈ A1).
{ set (g := \{\ λ u v, u ∈ ω /\ v = pow(u) \}\).
  exists g. repeat split; unfold Relation;
  try (apply AxiomI; split); intros.
  - apply AxiomII in H1 as [_[x[y[]]]]; eauto.
  - apply AxiomII' in H1 as [_[]]. apply AxiomII' in H2 as [_[]].
    rewrite H3,H4; auto.
  - apply AxiomII in H1 as [_[x[y[]]]]; eauto.
  - apply AxiomII' in H1 as [_]. apply AxiomII' in H2 as [_].
    apply AxiomII' in H1 as [_[]]. apply AxiomII' in H2 as [_[]].
    assert (y ∈ pow(y) /\ z ∈ pow(z)) as []. 
    { split; apply AxiomII; split; eauto. }
    rewrite <-H3,H4 in H5. rewrite <-H4,H3 in H6.
    apply AxiomII in H5 as []. apply AxiomII in H6 as [].
    apply MKT27; auto.
  - apply AxiomII in H1 as [H1[]]. apply AxiomII' in H2; tauto.
  - apply AxiomII; split; eauto. exists pow(z).
    apply AxiomII'; split; auto. apply MKT49a; eauto.
    apply MKT38a; eauto.
  - apply AxiomII in H1 as [H1[]]. apply AxiomII' in H2 as [H2[]].
    apply AxiomII; split; eauto.
  - apply AxiomII in H1 as [H1[x[]]]. apply AxiomII; split; auto.
    exists x. apply AxiomII'; split; auto. apply MKT49a; eauto. }
pose proof MKT165. apply MKT156 in H2 as [].
pose proof H1. apply MKT146,eqvp in H4; auto.
apply MKT154 in H1; auto. rewrite H3 in H1. symmetry in H1.
apply Existence_of_NPAUF_Lemma16 in H1;
[ |intros; left; apply H0; auto]. rewrite <-H in H1.
set (A2 := \{ λ u, ∃ n, n ∈ ω /\ u = [n] \}).
assert (A2 ⊂ \{ λ u, u ⊂ ω /\ Finite u \}).
{ unfold Included; intros. apply AxiomII in H5 as [H5[x[]]].
  apply AxiomII; split; auto. rewrite H7.
  unfold Included; intros. apply MKT41 in H8; eauto.
  rewrite H8; auto. apply finsin; eauto. }
assert (ω ≈ A2).
{ set (g := \{\ λ u v, u ∈ ω /\ v = [u] \}\).
  exists g. repeat split; unfold Relation;
  try (apply AxiomI; split); intros.
  - apply AxiomII in H6 as [_[x[y[]]]]; eauto.
  - apply AxiomII' in H6 as [_[]]. apply AxiomII' in H7 as [_[]].
    rewrite H8,H9; auto.
  - apply AxiomII in H6 as [_[x[y[]]]]; eauto.
  - apply AxiomII' in H6 as [_]. apply AxiomII' in H7 as [_].
    apply AxiomII' in H6 as [_[]]. apply AxiomII' in H7 as [_[]].
    assert (Ensemble y /\ Ensemble z) as []. split; eauto.
    apply MKT44 in H10 as [H10 _]. apply MKT44 in H11 as [H11 _].
    rewrite <-H10,<-H11,<-H8,<-H9; auto.
  - apply AxiomII in H6 as [H6[]]. apply AxiomII' in H7; tauto.
  - apply AxiomII; split; eauto. exists [z].
    apply AxiomII'; split; auto. apply MKT49a; eauto.
  - apply AxiomII in H6 as [H6[]].
```

```
      apply AxiomII' in H7 as [H7[]]. apply AxiomII; split; eauto.
    - apply AxiomII in H6 as [H6[x[]]]. apply AxiomII; split; auto.
      exists x. apply AxiomII'; split; auto. apply MKT49a; eauto. }
  pose proof H6. apply MKT146,eqvp in H7; auto.
  apply MKT154 in H6; auto. apply MKT158 in H5.
  rewrite <-H6,H3 in H5. destruct H1,H5; auto.
  rewrite H in *. elim (MKT102 P[⋃A1] ω); auto.
Qed.
```

引理 5.20   若 $P(A) = \omega$，则 $P(\{u : u \subset A \wedge u\ 有限\ \}) = \omega$.

```
Lemma Existence_of_NPAUF_Lemma20 : ∀ A, P[A] = ω
-> P[\{ λ u, u ⊂ A /\ Finite u \}] = ω.
Proof.
  intros. pose proof MKT165. apply MKT156 in H0 as [].
  assert (Ensemble A).
  { apply MKT19,NNPP; intro. rewrite <-MKT152b in H2.
    apply MKT69a in H2. rewrite <-H,H2 in H0. elim MKT39; auto. }
  pose proof H. rewrite <-H1 in H3. symmetry in H3.
  apply MKT154 in H3 as [f[[][]]]; auto.
  set (A1 := \{ λ u, u ⊂ ω /\ Finite u \}).
  set (A2 := \{ λ u, u ⊂ A /\ Finite u \}).
  set (g := \{\ λ u v, u ∈ A1 /\ v = f⌈u⌋ \}\).
  assert (Function1_1 g /\ dom(g) = A1 /\ ran(g) = A2) as [H7[]].
  { repeat split; unfold Relation;
    try (apply AxiomI; split); intros.
    - apply AxiomII in H7 as [_[x[y[]]]]; eauto.
    - apply AxiomII' in H7 as [_[]]. apply AxiomII' in H8 as [_[]].
      rewrite H9,H10; auto.
    - apply AxiomII in H7 as [_[x[y[]]]]; eauto.
    - apply AxiomII' in H7 as [_]. apply AxiomII' in H8 as [_].
      apply AxiomII' in H7 as [_[]]. apply AxiomII' in H8 as [_[]].
      assert (f⁻¹⌈f⌈y⌋⌋ = f⁻¹⌈f⌈z⌋⌋).
      { rewrite <-H9,<-H10; auto. }
      apply AxiomII in H7 as [_[H7 _]], H8 as [_[H8 _]].
      rewrite <-(ImageSet_Property7 f y),<-(ImageSet_Property7 f z)
      in H11; try rewrite H5; try split; auto.
    - apply AxiomII in H7 as [_[]]. apply AxiomII' in H7; tauto.
    - apply AxiomII; split; eauto. exists f⌈z⌋.
      apply AxiomII'; split; auto. apply MKT49a; eauto.
      apply (MKT33 A); auto. unfold Included; intros.
      apply AxiomII in H8 as [_[x[]]]. apply AxiomII in H7 as [_[]].
      apply H7 in H9. rewrite <-H5 in H9.
      apply Property_Value,Property_ran in H9; auto.
      rewrite <-H6,H8; auto.
    - apply AxiomII in H7 as [H7[]]. apply AxiomII' in H8 as [H8[]].
      apply AxiomII in H9 as [H9[]].
      assert (z ⊂ A).
      { unfold Included; intros. rewrite H10 in H13.
        apply AxiomII in H13 as [H13[x0[]]]. apply H11 in H15.
        rewrite <-H5 in H15. apply Property_Value,Property_ran
        in H15; auto. rewrite <-H14 in H15. rewrite <-H6; auto. }
      assert (x ≈ z).
      { exists (f|(x)). split. split. apply MKT126a; auto.
        split; unfold Relation; intros.
        apply AxiomII in H14 as [_[u[v[]]]]; eauto.
        apply AxiomII' in H14 as [], H15 as [].
        apply MKT4' in H16 as [H16 _], H17 as [H17 _].
        destruct H4. apply (H18 x0); auto; apply AxiomII'; auto.
        assert (dom(f|(x)) = x).
```

```
      { rewrite MKT126b; auto. rewrite H5.
        apply MKT30 in H11; auto. }
      split; auto. apply AxiomI; split; intros. pose proof H15.
      apply Einr in H16 as [x0[]]. rewrite H10.
      apply AxiomII; split; eauto. exists x0. rewrite <-H14.
      split; auto. rewrite MKT126c in H17; auto.
      apply MKT126a; auto. rewrite H10 in H15.
      apply AxiomII in H15 as [H15[x0[]]]. pose proof H17.
      rewrite <-H14 in H18. apply Property_Value,Property_ran
      in H18. rewrite MKT126c in H18; auto. rewrite H16; auto.
      rewrite H14; auto. apply MKT126a; auto.
    pose proof H14. apply MKT146,eqvp in H14; auto.
    apply MKT154 in H15; auto. apply AxiomII; repeat split; auto.
    unfold Finite. rewrite <-H15; auto.
  - apply AxiomII in H7 as [H7[]]. apply AxiomII; split; auto.
    assert (f⁻¹⌈z⌋ ⊂ ω).
    { unfold Included; intros. apply AxiomII in H10 as [_[]].
      rewrite H5 in H10; auto. }
    assert (Ensemble (f⁻¹⌈z⌋)). { apply (MKT33 ω); auto. }
    exists f⁻¹⌈z⌋. apply AxiomII'; split. apply MKT49a; auto.
    split; [ |rewrite ImageSet_Property8_b; auto;
    rewrite H6; auto]. apply AxiomII; repeat split; auto.
    assert (z ≈ f⁻¹⌈z⌋).
    { exists (f⁻¹|(z)). pose proof H4. apply (MKT126a _ z) in H12.
      split. split; auto. split; unfold Relation; intros.
      apply AxiomII in H13 as [_[u[v[]]]]; eauto.
      apply AxiomII' in H13 as [_], H14 as [_].
      apply MKT4' in H13 as [H13 _], H14 as [H14 _].
      apply AxiomII' in H13 as [_], H14 as [_].
      destruct H3. apply (H15 x); auto.
      assert (dom(f⁻¹|(z)) = z).
      { rewrite MKT126b; auto. rewrite <-reqdi,H6.
        apply MKT30 in H8; auto. } split; auto.
      apply AxiomI; split; intros. apply AxiomII; split; eauto.
      apply Einr in H14 as [x[]]; auto. rewrite MKT126c in H15;
      auto. rewrite MKT126b in H14; auto. apply MKT4' in H14
      as []. split. rewrite H15. rewrite deqri.
      apply (@ Property_ran x),Property_Value; auto.
      rewrite H15,f11vi; auto. rewrite reqdi; auto.
      apply AxiomII in H14 as [H14[]]. apply AxiomII; split; auto.
      exists f[z0]. apply MKT4'; split; [ |apply AxiomII'; split;
      [apply MKT49a; eauto|split; auto]]. apply AxiomII'; split.
      apply MKT49a; eauto. apply Property_Value in H15; auto. }
    apply MKT154 in H12; auto. unfold Finite.
    rewrite <-H12; auto. }
  assert (A1 ≈ A2). { exists g; auto. }
  assert (Ensemble A1).
  { apply (MKT33 pow(ω)). apply MKT38a; auto.
    unfold Included; intros. apply AxiomII in H11 as [H11[]].
    apply AxiomII; auto. }
  pose proof H10. apply MKT146,eqvp in H12; auto.
  apply MKT154 in H10; auto. rewrite <-H10.
  apply Existence_of_NPAUF_Lemma19.
Qed.
```

引理 5.21 Fréchet 滤子的势为 ω, 即 $P(F_\sigma) = \omega$.

```
Lemma Existence_of_NPAUF_Lemma21 : P[F_σ] = ω.
Proof.
```

```
set (A := \{ λ u, u ⊂ ω /\ Finite u \}).
set (f := \{\ λ u v, u ∈ A /\ v = ω ∼ u \}\).
assert (A ≈ F_σ).
{ exists f. repeat split; unfold Relation;
  try (apply AxiomI; split); intros.
  - apply AxiomII in H as [_[x[y[]]]]; eauto.
  - apply AxiomII' in H as [_[]]. apply AxiomII' in H0 as [_[]].
    rewrite H1,H2; auto.
  - apply AxiomII in H as [_[x[y[]]]]; eauto.
  - apply AxiomII' in H as [_]. apply AxiomII' in H0 as [_].
    apply AxiomII' in H as [_[]]. apply AxiomII' in H0 as [_[]].
    apply AxiomII in H as [H[]]. apply AxiomII in H0 as [H0[]].
    assert (y = ω ∼ x).
    { apply AxiomI; split; intros. apply MKT4'; split; auto.
      apply AxiomII; split; eauto. intro. rewrite H1 in H8.
      apply MKT4' in H8 as [_]. apply AxiomII in H8 as []; auto.
      apply NNPP; intro. apply MKT4' in H7 as [].
      apply AxiomII in H9 as []. elim H10. rewrite H1.
      apply MKT4'; split; auto. apply AxiomII; auto. }
    assert (z = ω ∼ x).
    { apply AxiomI; split; intros. apply MKT4'; split; auto.
      apply AxiomII; split; eauto. intro. rewrite H2 in H9.
      apply MKT4' in H9 as [_]. apply AxiomII in H9 as []; auto.
      apply NNPP; intro. apply MKT4' in H8 as [].
      apply AxiomII in H10 as []. elim H11. rewrite H2.
      apply MKT4'; split; auto. apply AxiomII; auto. }
    rewrite H7,H8; auto.
  - apply AxiomII in H as [H[y]]. apply AxiomII' in H0; tauto.
  - apply AxiomII; split; eauto. exists (ω ∼ z).
    apply AxiomII'; split; auto. apply MKT49a; eauto.
    apply (MKT33 ω). pose proof MKT138.
    unfold Included; intros. apply MKT4' in H0; tauto.
  - apply AxiomII in H as [H[]]. apply AxiomII' in H0 as [H0[]].
    apply AxiomII in H1 as [H1[]]. apply AxiomII; split; auto.
    split. rewrite H2. unfold Included; intros.
    apply MKT4' in H5; tauto. rewrite H2.
    replace (ω ∼ (ω ∼ x)) with x; auto.
    apply AxiomI; split; intros. apply MKT4'; split; auto.
    apply AxiomII; split; eauto. intro. apply MKT4' in H6 as [].
    apply AxiomII in H7 as []; auto. apply MKT4' in H5 as [].
    apply AxiomII in H6 as []. apply NNPP; intro. elim H7.
    apply MKT4'; split; auto. apply AxiomII; auto.
  - apply AxiomII in H as [H[]]. apply AxiomII; split; auto.
    exists (ω ∼ z). pose proof H1. apply Property_Finite in H2.
    apply AxiomII'; split. apply MKT49a; auto. split.
    apply AxiomII; repeat split; auto. unfold Included; intros.
    apply MKT4' in H3; tauto. apply AxiomI; split; intros.
    apply MKT4'; split; auto. apply AxiomII; split; eauto.
    intro. apply MKT4' in H4 as []. apply AxiomII in H5 as [];
    auto. apply MKT4' in H3 as []. apply AxiomII in H4 as [].
    apply NNPP; intro. elim H5. apply MKT4'; split; auto.
    apply AxiomII; auto. }
destruct F_σ_is_just_Filter as [H0 _]. pose proof H.
apply Filter_is_Set in H0. apply eqvp in H1; auto.
apply MKT154 in H; auto. rewrite <-H.
apply Existence_of_NPAUF_Lemma19.
Qed.
```

引理 5.22 对任意一个类 G, 若 $P(G) = \omega$, 则 $P(\langle G \rangle_b) = \omega$, 这里

$$\langle G \rangle_b = \{u : \exists\,有限集 A,\ A \subset G \wedge u = \bigcap A\}.$$

注意, 当 G 是具有有限交性的 ω 上的子集族时, $\langle G \rangle_b$ 是 ω 上的滤基 (定理 5.3).

```
Lemma Existence_of_NPAUF_Lemma22 : ∀ G, P[G] = ω -> P[⟨G⟩_b] = ω.
Proof.
  intros. pose proof MKT165. apply MKT156 in H0 as [].
  assert (Ensemble G).
  { apply MKT19,NNPP; intro. rewrite <-MKT152b in H2.
    apply MKT69a in H2. elim MKT39. rewrite <-H2,H; auto. }
  set (B n := \{ λ u, ∃ A, A ⊂ G /\ P[A] = n /\ u = ⋂A \}).
  assert (B ∅ = ∅).
  { apply AxiomI; split; intros; elim (@ MKT16 z); auto.
    apply AxiomII in H3 as [H3[x[H4[]]]]. apply carE in H5.
    rewrite H6,H5,MKT24 in H3. elim MKT39; auto. }
  set (A n := \{ λ u, u ⊂ G /\ P[u] = n \}).
  set (f n := \{\ λ u v, u ∈ (A n) /\ v = ⋂u\}\).
  assert (∀ n, n ∈ (ω ~ [0]) -> Function (f n) /\ dom(f n) = A n
    /\ ran(f n) = B n ).
  { intros. repeat split; unfold Relation;
    try (apply AxiomI; split); intros.
    - apply AxiomII in H5 as [_[x[y[]]]]; eauto.
    - apply AxiomII' in H5 as [_[]]. apply AxiomII' in H6 as [_[]].
      rewrite H7,H8; auto.
    - apply AxiomII in H5 as [_[]]. apply AxiomII' in H5; tauto.
    - pose proof H5. apply AxiomII in H6 as [H6[]].
      apply AxiomII; split; auto. exists (⋂z).
      apply AxiomII'; split; auto. apply MKT49a; auto.
      assert (z <> 0).
      { intro. rewrite H9 in H8. pose proof in_ω_0.
        apply MKT164,MKT156 in H10 as [].
        apply MKT4' in H4 as [_]. apply AxiomII in H4 as [].
        elim H12. rewrite <-H8,H11; auto. }
      apply NEexE in H9 as [z0]. apply (MKT33 z0); eauto.
      unfold Included; intros. apply AxiomII in H10 as []; auto.
    - apply AxiomII in H5 as [H5[]].
      apply AxiomII' in H6 as [H6[]]. apply AxiomII; split; auto.
      apply AxiomII in H7 as [H7[]]. eauto.
    - pose proof H5. apply AxiomII in H6 as [H6[x[H7[]]]].
      apply AxiomII; split; auto. exists x.
      assert (Ensemble x).
      { apply MKT19,NNPP; intro. rewrite <-MKT152b in H10.
        apply MKT69a in H10. rewrite <-H8,H10 in H4.
        elim MKT39; eauto. }
      apply AxiomII'; repeat split; auto. apply AxiomII; auto. }
  assert (∀ n, n ∈ ω -> Ensemble (A n) /\ P[A n] ≼ ω).
  { intros. assert ((A n) ⊂ \{ λ u, u ⊂ G /\ Finite u \}).
    { unfold Included; intros. apply AxiomII in H6 as [H6[]].
      apply AxiomII; repeat split; auto. rewrite <-H8 in H5; auto. }
    split. apply (MKT33 pow(G)). apply MKT38a; auto.
    unfold Included; intros. apply AxiomII in H7 as [H7[]].
    apply AxiomII; auto. apply MKT158 in H6.
    rewrite Existence_of_NPAUF_Lemma20 in H6; auto. }
  assert (∀ n, n ∈ ω -> Ensemble (B n) /\ P[B n] ≼ ω).
```

```
{ intros. destruct (classic (n = 0)).
  rewrite H7,H3. split; auto. rewrite H7 in H6.
  apply MKT164,MKT156 in H6 as []. rewrite H8. left; auto.
  assert (n ∈ (ω ~ [0])).
  { apply MKT4'; split; auto. apply AxiomII; split; eauto.
    intro. apply MKT41 in H8; auto. }
  apply H4 in H8 as [H8[]]. apply MKT160 in H8;
  [ |apply MKT75; auto; rewrite H9; apply H5]; auto.
  rewrite H9,H10 in H8. apply H5 in H6 as [].
  split. apply MKT19,NNPP; intro. rewrite <-MKT152b in H12.
  apply MKT69a in H12. rewrite H12 in H8. elim MKT39.
  destruct H8; [ |rewrite H8]; eauto. destruct H11,H8;
  try rewrite <-H11; try rewrite H8; unfold LessEqual; auto.
  pose proof MKT138. apply AxiomII in H12 as [_[]].
  apply H13 in H11; auto. }
set (D := \{ λ u, ∃ n, n ∈ ω /\ u = B n \}).
assert (⟨G⟩_b = ⋃D).
{ apply AxiomI; split; intros.
  - apply AxiomII in H7 as [H7[x[H8[]]]]. apply AxiomII; split;
    auto. exists (B P[x]). split. apply AxiomII; split; eauto.
    apply AxiomII; split; eauto. apply H6; auto.
  - apply AxiomII in H7 as [H7[x[]]].
    apply AxiomII in H9 as [H9[x0[]]]. rewrite H11 in H8.
    apply AxiomII in H8 as [_[x1[H8[]]]]. rewrite <-H12 in H10.
    apply AxiomII; split; eauto. }
assert (∀ a, a ∈ D -> P[a] ≼ ω).
{ intros. apply AxiomII in H8 as [H8[x[]]].
  rewrite H10. apply H6; auto. }
set (g := \{\ λ u v, u ∈ ω /\ v = B u \}\).
assert (Function g /\ dom(g) = ω /\ ran(g) = D) as [H9[]].
{ repeat split; unfold Relation;
  try (apply AxiomI; split); intros.
  - apply AxiomII in H9 as [_[x[y[]]]]; eauto.
  - apply AxiomII' in H9 as [_[_]].
    apply AxiomII' in H10 as [_[_]]. rewrite H9,H10; auto.
  - apply AxiomII in H9 as [_[]]. apply AxiomII' in H9; tauto.
  - apply AxiomII; split; eauto. exists (B z).
    apply AxiomII'; split; auto. apply MKT49a; eauto.
    apply H6; auto.
  - apply AxiomII in H9 as [H9[]]. apply AxiomII' in H10 as [_[]].
    apply AxiomII; split; eauto.
  - apply AxiomII in H9 as [H9[x[]]]. apply AxiomII; split; auto.
    exists x. apply AxiomII'; split; auto. apply MKT49a; eauto. }
apply MKT160 in H9; [ |apply MKT75; auto; rewrite H10; auto].
rewrite H10,H11,H1 in H9.
apply Existence_of_NPAUF_Lemma18 in H9; auto. rewrite <-H7 in H9.
pose proof (FilterBase_from_Corollary G).
apply MKT158 in H12. rewrite H in H12. destruct H9,H12; auto.
elim (MKT102 P[⟨G⟩_b] ω); auto.
Qed.
```

5.3　连续统假设蕴含非主算术超滤存在

本节将利用连续统假设 (Continuum Hypothesis) 证明非主算术超滤存在. 回顾本书第 2 章, 关于连续统假设是这样描述的: $P(2^ω) = \aleph_1$, 其中 $\aleph_1$ 表示紧接 $ω$ 的下一个基数. 这表明, 不存在一种势, 它比 $ω$ 的势大, 而比 $2^ω$ 的势小. 连续统假

设的人工及代码描述如下:

连续统假设 CH　对任意基数 c, 若 $\omega < c$, 则 $P(2^\omega) \leqslant c$.

`Axiom CH : ∀ c, c ∈ C -> ω ≺ c -> P[pow(ω)] ≼ c.`

在证明非主算术超滤存在之前, 先回顾一下算术超滤的概念: 设 $f, g \in \omega^\omega$, 如果 $F \in \beta\omega$ 满足以下条件:

$$f\langle F\rangle = g\langle F\rangle \implies f =_F g,$$

则称 F 为 ω 上的算术超滤.

`Definition Arithmetical_ultraFilter F0 := F0 ∈ βω`
`  /\ ∀ f g, Function f -> Function g -> dom(f) = ω -> dom(g) = ω`
`  -> ran(f) ⊂ ω -> ran(g) ⊂ ω -> f⟨F0⟩ = g⟨F0⟩ -> f =_F0 g.`

定理 3.18 表明任何主超滤都是算术超滤. 下面的定理断言连续统假设蕴含非主算术超滤存在.

定理 5.5　非主算术超滤存在, 即存在 $F0$, $F0$ 是算术超滤, 并且 $F0$ 不等于任何主超滤 F_n.

注意, 这里我们用 $F0$ 表示一个非主算术超滤, 不要与主超滤 F_0 混淆.

`Theorem Existence_of_NPAUF : ∃ F0, Arithmetical_ultraFilter F0 /\ (∀ n, F0 <> F n).`
`Proof.`
`  assert (Ensemble ω). { pose proof MKT165. eauto. }`
`  assert (Ensemble (pow(ω))). { apply MKT38a; auto. }`
`  pose proof Existence_of_NPAUF_Lemma11.`
`  assert (pow(ω) ≈ P[pow(ω)]). { apply MKT146,MKT153; auto. }`
`  apply (MKT147 _ _ P[pow(ω)]),MKT146 in H1; auto. clear H2.`
`  assert (P[pow(ω)] ∈ C). { apply Property_PClass; auto. }`
`  pose proof H2. apply AxiomII in H3 as [_[H3 _]].`
`  apply AxiomII in H3 as [_]. destruct H1 as [g[[][]]].`
`  assert ((∀ n, n ∈ P[pow(ω)] -> Function (First g[n])`
`  /\ dom(First g[n]) = ω /\ ran(First g[n]) ⊂ ω)`
`  /\ (∀ n, n ∈ P[pow(ω)] -> Function (Second g[n])`
`  /\ dom(Second g[n]) = ω /\ ran(Second g[n]) ⊂ ω)) as [].`
`  { split; intros; rewrite <-H5 in H7; apply Property_Value,`
`  Property_ran in H7; auto; rewrite H6 in H7;`
`  apply AxiomII in H7 as [H7[x[y[H8]]]]; rewrite H8;`
`  apply AxiomII in H9 as []; apply AxiomII in H10 as [];`
`  [rewrite MKT54a|rewrite MKT54b]; auto. }`
`  set (e := \{\ λ u v, u ∈ P[pow(ω)] /\ v = \{ λ m, m ∈ ω`
`  /\ (First g[u])[m] = (Second g[u])[m] \} \}\).`
`  assert (Function e /\ dom(e) = P[pow(ω)]) as [H9a H9b].`
`  { repeat split; unfold Relation; intros. apply AxiomII in H9`
`  as [_[x[y[]]]]; eauto. apply AxiomII in H9 as [_[]].`
`  apply AxiomII' in H10 as [_[]]. rewrite H11,H12; auto.`
`  apply AxiomI; split; intros. apply AxiomII in H9 as [_[]].`
`  apply AxiomII' in H9; tauto. apply AxiomII; split; eauto.`
`  exists (\{ λ m, m ∈ ω /\ (First g[z])[m] = (Second g[z])[m] \}).`
`  apply AxiomII'; split; auto. apply MKT49a; eauto.`
`  apply (MKT33 ω); auto. unfold Included; intros.`
`  apply AxiomII in H10; tauto. }`
`  assert (∀ n, n ∈ P[pow(ω)] -> e[n] = \{ λ m, m ∈ ω`
`  /\ (First g[n])[m] = (Second g[n])[m] \}).`

```
{ intros. rewrite <-H9b in H9. apply Property_Value,AxiomII'
  in H9 as [_[]]; auto. }
destruct AxiomIX as [c[]].
set (h := \{\ λ u v, Ordinal dom(u) /\ ((dom(u) = 0 /\ v = F_σ)
  \/ (dom(u) <> 0 /\ ((∃ m, LastMember m E dom(u))
  /\ ((Finite_Intersection (u[m] ∪ [e[m]]))
  /\ v = ⟨(u[m] ∪ [e[m]])⟩_b)
  \/ (~ Finite_Intersection (u[m] ∪ [e[m]]) /\ ((∃ b, Finite b
    /\ b ⊂ ω /\ ((First g[m])⁻¹⌈(Second g[m])⌈b⌋⌋
    ∪ (Second g[m])⁻¹⌈(First g[m])⌈b⌋⌋) ∈ ⟨u[m]⟩_f /\ v = u[m])
  \/ ((∀ b, Finite b -> b ⊂ ω -> ((First g[m])⁻¹⌈(Second g[m])⌈b⌋⌋
    ∪ (Second g[m])⁻¹⌈(First g[m])⌈b⌋⌋) ∉ ⟨u[m]⟩_f)
  /\ v = ⟨u[m] ∪ [c[\{ λ w, w ⊂ ω
    /\ Finite_Intersection (u[m] ∪ [w])
    /\ (First g[m])⌈w⌋ ∩ (Second g[m])⌈w⌋ = ∅\}]]⟩_b)))))
  \/ (~ (∃ m, LastMember m E dom(u)) /\ v = ⋃(ran(u))))) \}\).
assert (Function h).
{ split; unfold Relation; intros. apply AxiomII in H12
  as [_[x[y[]]]]. eauto. apply AxiomII' in H12 as [_[]].
  apply AxiomII' in H13 as [_[]]. destruct H14,H15;
  destruct H14,H15. rewrite H16,H17; auto. elim H15; auto.
  elim H14; auto. clear H14 H15. destruct H16,H17.
  destruct H14 as [m1[]]. destruct H15 as [m2[]].
  assert (m1 = m2).
  { clear H16 H17. destruct H14,H15.
    assert (Ordinal m1 /\ Ordinal m2) as [].
    { split; [apply MKT111 in H14|apply MKT111 in H15]; auto. }
    apply (@ MKT110 m1 m2) in H19 as [H19|[|]]; auto.
    pose proof H15. apply H16 in H20. elim H20.
    apply AxiomII'; split. apply MKT49a; eauto.
    apply AxiomII'; split; auto. apply MKT49a; eauto.
    pose proof H14. apply H17 in H20. elim H20.
    apply AxiomII'; split. apply MKT49a; eauto.
    apply AxiomII'; split; auto. apply MKT49a; eauto. }
  destruct H16,H17; destruct H16,H17. rewrite H19,H20,H18; auto.
  elim H17. rewrite <-H18; auto. elim H16. rewrite H18; auto.
  destruct H19,H20. destruct H19 as [b1[H19[H21[]]]].
  destruct H20 as [b2[H20[H24[]]]]. rewrite H23,H26,H18; auto.
  destruct H19 as [b[H19[H21[]]]]. destruct H20.
  apply H20 in H19; auto. elim H19. rewrite <-H18; auto.
  destruct H20 as [b[H20[H21[]]]]. destruct H19.
  apply H19 in H20; auto. elim H20. rewrite H18; auto.
  destruct H19,H20. rewrite H21,H22,H18; auto.
  destruct H14 as [m[]]. destruct H15. elim H15; eauto.
  destruct H15 as [m[]]. destruct H14. elim H14; eauto.
  destruct H14,H15. rewrite H16,H17; auto. }
destruct (MKT128a h) as [f[H13[]]].
assert (∀ x, x ∈ R -> Ensemble (f|(x))).
{ intros. apply MKT75. apply MKT126a; auto. rewrite MKT126b;
  auto. apply (MKT33 x); eauto. unfold Included; intros.
  apply AxiomII in H17; tauto. }
assert (f[0] = F_σ).
{ pose proof in_ω_0. apply AxiomII in H17 as [H17[H18 _]].
  assert (dom(f|(0)) = 0). { rewrite MKT126b,MKT17'; auto. }
  assert ([f|(0),F_σ] ∈ h).
  { apply AxiomII'. rewrite H19. split; auto. apply MKT49a.
    apply H16,AxiomII; auto. destruct F_σ_is_just_Filter.
    apply Filter_is_Set; auto. }
  apply Property_Fun in H20; auto. rewrite H15; auto.
```

```
    apply AxiomII; auto. }
assert (∀ m n, m ∈ n -> f[m] ⊂ f[n]).
{ intros. destruct (classic (m ∈ dom(f))).
  destruct (classic (n ∈ dom(f))). apply NNPP; intro.
  set (A := \{ λ u, u ∈ dom(f)
    /\ (∃ v, v ∈ u /\ ~ f[v] ⊂ f [u]) \}).
  assert (A ⊂ R /\ A <> ∅) as [].
  { split. unfold Included; intros. apply AxiomII in H22
    as [H22[]]. apply MKT111 in H23; auto. apply AxiomII; auto.
    apply NEexE. exists n. apply AxiomII; split; eauto. }
  assert (WellOrdered E R).
  { pose proof MKT113a. apply MKT107 in H24; auto. }
  destruct H24. apply H25 in H22 as []; auto. clear H23 H24 H25.
  destruct H22. apply AxiomII in H22 as [_[H22[x0[]]]].
  assert (∀ u v, u ∈ x -> v ∈ x -> u ∈ v -> f[u] ⊂ f[v]).
  { intros. apply NNPP; intro. assert (v ∈ A).
    { apply AxiomII; repeat split; eauto.
      destruct H14. apply H30 in H22; auto. }
    apply H23 in H30. elim H30. apply AxiomII'; split; auto.
    apply MKT49a; eauto. }
  destruct (classic (x = 0)). rewrite H27 in H24.
  elim (@ MKT16 x0); auto.
  assert (x ∈ R).
  { apply AxiomII; split; eauto. apply MKT111 in H22; auto. }
  apply H15 in H28. assert (f|(x) ∈ dom(h)).
  { apply NNPP; intro. apply MKT69a in H29. apply MKT69b in H22.
    rewrite H28,H29 in H22. elim MKT39; eauto. }
  assert (dom(f|(x)) = x).
  { rewrite MKT126b; auto. destruct H14.
    apply H30,MKT30 in H22; auto. }
  apply Property_Value,AxiomII' in H29 as [H29[H31[]]]; auto.
  destruct H32. rewrite H30 in H32; auto. destruct H32 as [H32[]].
  destruct H33 as [x1[]]. assert ((f|(x))[x1] = f[x1]).
  { apply MKT126c; auto. destruct H33; auto. }
  assert (f[x1] ⊂ f[x]).
  { destruct H34. destruct H34. rewrite H36,H35 in H28.
    assert ((f[x1] ∪ [e[x1]]) ⊂ f[x]).
    { rewrite H28. apply FilterBase_from_Corollary. }
    unfold Included; intros. apply H37. apply MKT4; auto.
    destruct H34 as [H34[]]. destruct H36 as [b[H36[_[]]]].
    rewrite H38,H35 in H28. rewrite H28; auto.
    destruct H36. rewrite H37,H35 in H28.
    assert ((f[x1] ∪ [c[\{ λ w, w ⊂ ω
      /\ Finite_Intersection (f[x1] ∪ [w])
      /\ (First g[x1])⌈w⌋ ∩ (Second g[x1])⌈w⌋ = ∅ \}]]) ⊂ f[x]).
    { rewrite H28. apply FilterBase_from_Corollary. }
    unfold Included; intros. apply H38. apply MKT4; auto. }
  elim H25. rewrite H30 in H33. pose proof H33.
  apply MKT133 in H37. pose proof H24. rewrite H37 in H38.
  apply MKT4 in H38 as []. apply H26 in H38; auto.
  unfold Included; intros. apply H38 in H39; auto.
  destruct H33; auto. apply MKT41 in H38. rewrite H38; auto.
  destruct H33; eauto. pose proof H22. apply MKT111 in H38; auto.
  apply AxiomII; split; eauto. destruct H33.
  pose proof H24. rewrite <-H30 in H35.
  pose proof H35. apply Property_Value,Property_ran in H36.
  elim H25. unfold Included; intros. rewrite H28,H34.
  apply AxiomII; split; eauto. exists (f[x0]). split; auto.
  rewrite MKT126c in H36; auto. apply MKT126a; auto.
```

```
apply MKT69a in H20. rewrite H20. unfold Included; intros.
apply MKT19; eauto. apply MKT69a in H19.
destruct (classic (n ∈ dom(f))).
assert (m ∈ dom(f)). { destruct H14. apply H21 in H20; auto. }
apply MKT69b in H21. rewrite H19 in H21. elim MKT39; eauto.
apply MKT69a in H20. rewrite H19,H20; auto. }
assert (∀ n, n ∈ dom(f) -> FilterBase_On_ω f[n]).
{ intros. apply NNPP; intro.
  set (A := \{ λ u, u ∈ dom(f) /\ ∼ FilterBase_On_ω f[u] \}).
  assert (A ⊂ R /\ A <> ∅) as [].
  { split. unfold Included; intros. apply AxiomII in H21
    as [H21[]]. apply MKT111 in H22; auto. apply AxiomII; auto.
    apply NEexE. exists n. apply AxiomII; split; eauto. }
  assert (WellOrdered E R).
  { pose proof MKT113a. apply MKT107 in H23; auto. }
  destruct H23. apply H24 in H21 as []; auto. clear H22 H23 H24.
  destruct H21. apply AxiomII in H21 as [_[]].
  assert (∀ u, u ∈ x -> FilterBase_On_ω f[u]).
  { intros. apply NNPP; intro. assert (u ∈ A).
    { apply AxiomII; repeat split; eauto.
      destruct H14. apply H26 in H21; auto. }
    apply H22 in H26. elim H26. apply AxiomII'; split; auto.
    apply MKT49a; eauto. }
  destruct (classic (x = 0)). rewrite H25,H17 in H23.
  elim H23. destruct F_σ_is_just_Filter as [[H26[H27[H28[]]]]].
  repeat split; auto. apply NEexE; eauto.
  assert (x ∈ R).
  { apply AxiomII; split; eauto. apply MKT111 in H21; auto. }
  pose proof H26. apply H15 in H27. assert (f|(x) ∈ dom(h)).
  { apply NNPP; intro. apply MKT69a in H28. apply MKT69b in H21.
    rewrite H27,H28 in H21. elim MKT39; eauto. }
  assert (dom(f|(x)) = x).
  { rewrite MKT126b; auto. destruct H14.
    apply H29,MKT30 in H21; auto. }
  apply Property_Value,AxiomII' in H28 as [H28[H30[]]]; auto.
  destruct H31. rewrite H29 in H31; auto. destruct H31 as [H31[]].
  destruct H32 as [x1[]]. assert ((f|(x))[x1] = f[x1]).
  { apply MKT126c; auto. destruct H32; auto. }
  rewrite H34,<-H27 in H33. rewrite H29 in H32.
  destruct H33; destruct H33. assert (x1 ∈ dom(e)).
  { apply NNPP; intro. apply MKT69a in H36. pose proof MKT39.
    apply MKT43 in H37. rewrite H36,H37,MKT20 in H33.
    assert (2 ⊂ 𝒰).
    { unfold Included; intros. apply MKT19; eauto. }
    pose proof in_ω_2. pose proof H39. apply MKT164,MKT156 in H40
    as []. rewrite <-H41 in H39. rewrite H39 in H39; auto.
    elim H39. apply AxiomI; split; intros; elim (@ MKT16 z); auto.
    apply AxiomII in H42 as []. apply H43. apply MKT4; auto. }
  elim H23. rewrite H35. apply Principle_of_Filter_Expansion2;
  auto. destruct H32. apply H24 in H32 as [H32 _].
  apply NEexE in H32 as []. apply NEexE. exists x0.
  apply MKT4; auto. pose proof H36. apply MKT69b in H36.
  rewrite H9b in H37. apply H9 in H37. apply MKT19 in H36.
  destruct H32. apply H24 in H32 as [_[H32 _]].
  unfold Included; intros. apply MKT4 in H39 as []; auto.
  apply MKT41 in H39; auto. rewrite H39. apply AxiomII; split;
  auto. unfold Included; intros. rewrite H37 in H40.
  apply AxiomII in H40; tauto. destruct H35.
  destruct H35 as [b[H35[_[]]]]. elim H23. rewrite H37.
```

```
apply H24. destruct H32; auto. destruct H35.
destruct (classic (\{ λ w, w ⊂ ω
 /\ Finite_Intersection (f[x1] ∪ [w])
 /\ (First g[x1])⌈w⌉ ∩ (Second g[x1])⌈w⌉ = ∅ \} ∈ dom(c))).
apply H10,AxiomII in H37 as [H38[H39[H40 _]]]. elim H23.
rewrite H36. apply Principle_of_Filter_Expansion2; auto.
destruct H32. apply H24 in H32 as [H32 _].
apply NEexE in H32 as []. apply NEexE. exists x0.
apply MKT4; auto. unfold Included; intros.
apply MKT4 in H37 as []. destruct H32.
apply H24 in H32 as [_[]]; auto. apply MKT41 in H37; auto.
apply AxiomII. rewrite H37; auto. apply MKT69a in H37.
rewrite H37 in H36. pose proof MKT39. apply MKT43 in H38.
rewrite H38,MKT20 in H36.
pose proof (FilterBase_from_Corollary 𝒰).
assert (𝒰 = ⟨𝒰⟩_b).
{ apply AxiomI; split; intros; auto. apply MKT19; eauto. }
rewrite <-H40 in H36. apply MKT69b in H21. rewrite H36 in H21.
elim MKT39; eauto. destruct H32. rewrite H33 in H27.
elim H23. rewrite H27. apply FilterBase_Property2.
unfold Nest; intros v1 v2 H34 H35.
assert (Function (f|(x))). { apply MKT126a; auto. }
apply Einr in H34 as [u1[]]; auto. apply Einr in H35 as [u2[]];
auto. rewrite MKT126c in H37,H38; auto. rewrite H29 in H34,H35.
assert (Ordinal u1 /\ Ordinal u2) as [].
{ apply AxiomII in H26 as []. split; apply (MKT111 x); auto. }
rewrite H37,H38. apply (@ MKT110 u1 u2) in H40 as [H40|[|]];
try apply H18 in H40; auto. rewrite H40; auto.
pose proof in_ω_0. pose proof H34. apply AxiomII in H35
as [_[H35 _]]. apply AxiomII in H26 as [].
apply (@ MKT110 x) in H35 as [H35|[|]]; auto.
elim (@ MKT16 x); auto. rewrite <-H29 in H35.
apply Property_Value,Property_ran in H35; auto.
apply NEexE; eauto. apply MKT126a; auto. intros.
apply Einr in H34 as [x0[]]. rewrite MKT126c in H35; auto.
rewrite H29 in H34. apply H24 in H34. rewrite H35; auto.
apply MKT126a; auto. }
assert (∀ n, n ∈ dom(f) -> n ∈ P[pow(ω)] -> P[f[n]] = ω) as Hk.
{ intros. apply NNPP; intro.
  set (A := \{ λ u, u ∈ dom(f) /\ u ∈ P[pow(ω)]
   /\ P[f[u]] <> ω \}).
  assert (A ⊂ R /\ A <> ∅) as [].
  { split. unfold Included; intros. apply AxiomII in H23
    as [H23[]]. apply MKT111 in H24; auto. apply AxiomII; auto.
    apply NEexE. exists n. apply AxiomII; split; eauto. }
  pose proof MKT113a. apply MKT107 in H25 as [_].
  apply H25 in H23 as []; auto. clear H24 H25.
  destruct H23 as []. apply AxiomII in H23 as [H23[H25[H25']]].
  assert (∀ u, u ∈ x -> P[f[u]] = ω).
  { intros. apply NNPP; intro. assert (u ∈ A).
    { apply AxiomII; repeat split; eauto. destruct H14.
      apply H29 in H25; auto. apply Property_PClass in H0.
      apply AxiomII in H0 as [_[]]. apply AxiomII in H0 as [_[]].
      apply H30 in H25'; auto. }
    apply H24 in H29. elim H29. apply AxiomII'; split; auto.
    apply MKT49a; eauto. }
  assert (dom(f|(x)) = x).
  { destruct H14. apply H28,MKT30 in H25. rewrite MKT126b; auto. }
  assert (∀ u, u ∈ x -> f|(x)[u] = f[u]).
```

```
{ intros. rewrite MKT126c; auto. rewrite H28; auto. }
assert ((f|(x)) ∈ dom(h)).
{ apply NNPP; intro. apply MKT69a in H30.
  assert (x ∈ R).
  { apply MKT111 in H25; auto. apply AxiomII; auto. }
  apply H15 in H31. apply Property_Value,Property_ran in H25;
  auto. elim MKT39. rewrite <-H30,<-H31; eauto. }
apply Property_Value,AxiomII' in H30 as []; auto.
rewrite H28 in H31. destruct H31. rewrite <-H15 in H32;
[ |apply AxiomII; auto]. destruct H32 as [[]|[]].
elim H26. rewrite H33. apply Existence_of_NPAUF_Lemma21.
destruct H33 as [[x0[]]|[]]. rewrite H29 in H34;
[ |destruct H33]; auto. assert (P[f[x0]] = ω).
{ apply H27; destruct H33; auto. }
destruct H34 as [[]|[H34[[b[H36[H37[]]]]|[]]]].
assert (Ensemble e[x0]).
{ apply NNPP; intro. apply MKT43 in H37.
  rewrite H37,MKT20 in H36.
  assert (f[x] = U).
  { rewrite H36. apply AxiomI; split; intros. apply MKT19;
    eauto. apply FilterBase_from_Corollary; auto. }
  apply MKT69b in H25. elim MKT39. rewrite <-H38; auto. }
elim H26. rewrite H36. apply Existence_of_NPAUF_Lemma22.
apply Existence_of_NPAUF_Lemma15; auto.
apply finsin; auto. rewrite <-H39 in H35; auto.
assert (Ensemble c[\{ λ w, w ⊂ ω /\ Finite_Intersection (f[x0]
   ∪ [w]) /\ (First g[x0]⌈w⌋ ∩ (Second g[x0]⌈w⌋ = 0 \}]).
{ apply NNPP; intro. apply MKT43 in H36.
  rewrite H36,MKT20 in H39.
  assert (f[x] = U).
  { rewrite H39. apply AxiomI; split; intros. apply MKT19;
    eauto. apply FilterBase_from_Corollary; auto. }
  apply MKT69b in H25. elim MKT39. rewrite <-H37; auto. }
elim H26. rewrite H39. apply Existence_of_NPAUF_Lemma22.
apply Existence_of_NPAUF_Lemma15; auto. left.
apply finsin; auto.
assert (Function (f|(x))). { apply MKT126a; auto. }
apply MKT160 in H35; [ |apply MKT75; auto; rewrite H28; auto].
rewrite H28 in H35. assert (P[x] ⪯ x).
{ apply MKT157; auto. apply MKT111 in H25; auto.
  apply AxiomII; auto. }
assert (P[ran(f|(x))] ⪯ x).
{ destruct H35,H36; unfold LessEqual; try rewrite H35; auto.
  destruct H31. apply H37 in H36; auto.
  rewrite H36 in H35; auto. }
assert (P[ran(f|(x))] ∈ P[pow(ω)]).
{ destruct H37; try rewrite H37; auto. apply Property_PClass,
  AxiomII in H0 as [_[H0 _]]. apply AxiomII in H0 as [_[_]].
  apply H0 in H25'; auto. }
assert (P[ran(f|(x))] ⪯ ω).
{ assert (P[ran(f|(x))] ∈ C).
  { apply Property_PClass,AxiomV;
    [apply MKT126a|rewrite H28]; auto. }
  assert (Ordinal ω /\ Ordinal P[ran(f|(x))]) as [].
  { pose proof MKT138. apply AxiomII in H39 as [_[H39 _]].
    apply AxiomII in H39 as [_]. apply AxiomII in H40; tauto. }
  apply (@ MKT110 ω) in H41 as [H41|[|]]; unfold LessEqual;
  auto. apply CH in H41 as []; auto.
  elim (MKT102 P[pow(ω)] P[ran(f|(x))]); auto.
```

```
    rewrite <-H41 in H38. elim (MKT101 P[pow(ω)]); auto. }
  assert (∀ a, a ∈ ran(f|(x)) -> P[a] = ω).
  { intros. apply Einr in H40 as [u[]]; [ |apply MKT126a; auto].
  rewrite MKT126c in H41; auto. rewrite H41. apply H27.
  rewrite MKT126b in H40; auto. apply MKT4' in H40; tauto. }
  elim H26. rewrite H34. destruct H39.
  apply Existence_of_NPAUF_Lemma17; auto. apply NEexE in H32
  as []. apply NEexE. exists f[x0]. rewrite <-(MKT126c _ x);
  [ | |rewrite H28]; auto. apply (@ Property_ran x0),
  Property_Value; auto. apply MKT126a; auto. rewrite H28; auto.
  apply Existence_of_NPAUF_Lemma14; auto. }
assert (P[pow(ω)] ⊂ dom(f)).
{ pose proof H3. apply (@ MKT109 dom(f)) in H20 as []; auto.
 destruct (classic (dom(f) = 0)). pose proof (@ MKT16 0).
 rewrite <-H21 in H22. apply MKT69a in H22.
 rewrite H21,H17 in H22. destruct F_σ_is_just_Filter.
 apply Filter_is_Set in H23. rewrite H22 in H23.
 elim MKT39; eauto.
 assert (dom(f) ∈ R).
 { apply AxiomII; split; auto. apply MKT33 in H20; eauto. }
 assert (dom(f|(dom(f))) = dom(f)).
 { rewrite MKT126b; auto. rewrite MKT5'; auto. }
 pose proof H22. apply H15 in H24. pose proof (MKT101 dom(f)).
 apply MKT69a in H25.
 destruct (classic (∃ x, LastMember x E dom(f))) as [[x]|].
 assert (x ∈ P[pow(ω)]). { destruct H26; auto. }
 assert ((f|(dom(f)))[x] = f[x]).
 { apply MKT126c; auto. rewrite H23. destruct H26; auto. }
 pose proof H27. apply H9 in H29. pose proof H27.
 apply H7 in H30 as [H30[]]. pose proof H27.
 apply H8 in H33 as [H33[]]. pose proof H27.
 rewrite <-H9b in H36. apply MKT69b,MKT19 in H36.
 destruct (classic (Finite_Intersection (f[x] ∪ [e[x]]))).
 assert (FilterBase_On_ω (⟨f[x] ∪ [e[x]]⟩_b)).
 { apply Principle_of_Filter_Expansion2; auto. destruct H26.
   apply H19 in H26 as []. apply NEexE in H26 as [].
   apply NEexE. exists x0. apply MKT4; auto. destruct H26.
   apply H19 in H26 as [_[H26 _]]. unfold Included; intros.
   apply MKT4 in H39 as []; auto. apply MKT41 in H39; auto.
   rewrite H39. apply AxiomII; split; auto. rewrite H29.
   unfold Included; intros. apply AxiomII in H40; tauto. }
 pose proof H38. apply FilterBase_is_Set in H39.
 assert ([f|(dom(f)),⟨f[x] ∪ [e[x]]⟩_b] ∈ h).
 { apply AxiomII'; split. apply MKT49a; auto. rewrite H23.
   split; auto. right. split; auto. left. exists x.
   split; auto. left. rewrite H28; auto. }
 apply Property_dom,MKT69b in H40. rewrite <-H24,H25 in H40.
 elim MKT39; eauto. destruct (classic (∃ b, Finite b
   ∧ b ⊂ ω ∧ (First g[x])⁻¹⌈(Second g[x])⌈b⌉⌋
   ∪ (Second g[x])⁻¹⌈(First g[x])⌈b⌉⌋ ∈ ⟨f[x]⟩_f)).
 assert ([f|(dom(f)),f[x]] ∈ h).
 { apply AxiomII'; split. apply MKT49a; auto. destruct H26.
   apply MKT69b in H26; auto. rewrite H23. split; auto. right.
   split; auto. left. exists x. split; auto. right. rewrite H28.
   split; auto. left. destruct H38 as [b[H38[]]]. eauto. }
 apply Property_Fun in H39; auto. rewrite <-H24,H25 in H39.
 destruct H26. apply MKT69b in H26. rewrite H39 in H26.
 elim MKT39; eauto.
 assert (∀ b, Finite b -> b ⊂ ω
```

```
    -> ((First g[x])⁻¹⌈(Second g[x])⌈b⌋⌋
      ∪ (Second g[x])⁻¹⌈(First g[x])⌈b⌋⌋) ∉ ⟨f[x]⟩_f).
{ intros. intro. elim H38; eauto. } clear H38.
destruct H26. pose proof H26. apply H19 in H40.
pose proof H40. apply FilterBase_Property1 in H41.
pose proof H41. apply Principle_of_Filter_Expansion3 in H42
as []; [ |destruct H40|destruct H40 as [H40[]]]; auto.
assert (∃ a, a ∈ f[x] /\ a ∩ e[x] = ∅) as [a[]].
{ apply NNPP; intro. assert (∀ a, a ∈ f[x] -> a ∩ e[x] <> ∅).
  { intros; intro. elim H44; eauto. }
  elim H37. unfold Finite_Intersection; intros.
  destruct (classic (e[x] ∈ A)).
  assert (⋂A = (⋂(A ∼ [e[x]])) ∩ e[x]).
  { apply AxiomI; split; intros. apply AxiomII in H49 as [].
    apply MKT4'; split. apply AxiomII; split; auto; intros.
    apply H50. apply MKT4' in H51; tauto. apply H50; auto.
    apply MKT4' in H49 as []. apply AxiomII in H49 as [].
    apply AxiomII; split; auto; intros.
    destruct (classic (y = e[x])). rewrite H53; auto.
    apply H51. apply MKT4'; split; auto. apply AxiomII; split;
    eauto. intro. apply MKT41 in H54; auto. }
  assert ((A ∼ [e[x]]) ⊂ f[x]).
  { unfold Included; intros. apply MKT4' in H50 as [].
    apply H46,MKT4 in H50 as []; auto.
    apply AxiomII in H51 as []. elim H52; auto. }
  assert (Finite (A ∼ [e[x]])).
  { assert ((A ∼ [e[x]]) ⊂ A).
    { unfold Included; intros. apply MKT4' in H51; tauto. }
    apply MKT158 in H51 as []. pose proof MKT138.
    apply AxiomII in H52 as [_[]]. apply H53 in H47.
    apply H47; auto. unfold Finite. rewrite H51; auto. }
  destruct (classic ((A ∼ [e[x]]) = ∅)).
  rewrite H52,MKT24,MKT6',MKT20' in H49. destruct H40.
  apply NEexE in H40 as []. apply H45 in H40. intro.
  elim H40. rewrite <-H49,H54,MKT6',MKT17'; auto.
  rewrite H49. apply H45,Existence_of_NPAUF_Lemma5; auto.
  destruct H40 as [_[_[]]]; auto.
  assert (A ⊂ f[x]).
  { unfold Included; intros. pose proof H49. apply H46,MKT4
    in H49 as []; auto. apply MKT41 in H49; auto.
    rewrite H49 in H50. elim H48; auto. }
  apply H41; auto. }
assert (a ⊂ \{ λ u, u ∈ ω
/\ (First g[x])[u] <> (Second g[x])[u] \}).
{ unfold Included; intros. apply NNPP; intro.
  elim (@ MKT16 z). rewrite <-H45. apply MKT4'; split; auto.
  assert (z ∈ ω).
  { apply H42 in H44. destruct H43 as [H43 _].
    apply H43,AxiomII in H44 as []; auto. }
  rewrite H29. apply AxiomII; repeat split; eauto.
  apply NNPP; intro. elim H47. apply AxiomII; split; eauto. }
assert (\{ λ u, u ∈ ω /\ (First g[x])[u] <> (Second g[x])[u] \}
  ∈ ⟨f[x]⟩_f).
{ destruct H43 as [H43[_[_[]]]]. apply H48 in H46; auto.
  unfold Included; intros. apply AxiomII in H49; tauto. }
apply Existence_of_NPAUF_Lemma7 in H47 as [b[H47[]]]; auto.
assert (\{ λ w, w ⊂ ω /\ Finite_Intersection (f[x] ∪ [w])
  /\ (First g[x])⌈w⌋ ∩ (Second g[x])⌈w⌋ = ∅ \} ∈ dom(c)).
{ assert (Ensemble (\{ λ w, w ⊂ ω
```

```
      /\ Finite_Intersection (f[x] ∪ [w])
      /\ (First g[x])⌈w⌋ ∩ (Second g[x])⌈w⌋ = ∅ \}).
   { apply (MKT33 pow(ω)); auto. unfold Included; intros.
     apply AxiomII in H50 as [H50[]]. apply AxiomII; auto. }
   rewrite H11. apply MKT4'; split. apply MKT19; auto.
   apply AxiomII; split; auto. intro. apply MKT41 in H51; auto.
   elim (@ MKT16 b). rewrite <-H51. apply AxiomII; split; auto.
   apply (MKT33 ω); auto. }
 apply H10,AxiomII in H50 as [H50[H51[H52 _]]].
 apply Principle_of_Filter_Expansion2 in H52 as []; auto.
 apply FilterBase_is_Set in H53.
 assert ([f|(dom(f)),⟨f[x] ∪ [c[\{ λ w, w ⊂ ω
     /\ Finite_Intersection (f[x] ∪ [w])
     /\ (First g[x])⌈w⌋ ∩ (Second g[x])⌈w⌋ = ∅ \}]]⟩_b] ∈ h).
 { apply AxiomII'; split. apply MKT49a; auto. rewrite H23.
   split; auto. right. split; auto. left. exists x. split.
   split; auto. right. rewrite H28. split; auto. }
 apply Property_Fun in H54; auto. rewrite H54,<-H24,H25 in H53.
 elim MKT39; auto. apply NEexE. exists a. apply MKT4; auto.
 unfold Included; intros. apply AxiomII; split; eauto.
 destruct H40 as [_[]]. apply MKT4 in H53 as [].
 apply H40,AxiomII in H53 as []; auto. apply MKT41 in H53; auto.
 rewrite H53; auto.
- assert (Ordinal 0 /\ Ordinal x) as [].
  { apply MKT111 in H27; auto. pose proof in_ω_0.
    apply AxiomII in H48 as [_[]]; auto. }
  rewrite <-H17. apply (@ MKT110 0) in H49 as [H49|[|]]; auto.
  elim (@ MKT16 x); auto. rewrite H49; auto.
  assert (Ensemble (⋃ran(f|(dom(f))))).
  { apply AxiomVI,AxiomV. apply MKT126a; auto.
    rewrite H23; eauto. }
  assert ([f|(dom(f)),(⋃ran(f|(dom(f))))] ∈ h).
  { apply AxiomII'; split; auto. rewrite H23. split; auto. }
  apply Property_Fun in H28; auto. rewrite H28,<-H24,H25 in H27.
  elim MKT39; auto. }
assert (Function (f|(P[pow(ω)]))). { apply MKT126a; auto. }
assert (dom(f|(P[pow(ω)])) = P[pow(ω)]).
{ rewrite MKT126b; auto. apply MKT30; auto. }
assert (FilterBase_On_ω (⋃ran(f|(P[pow(ω)])))).
{ apply FilterBase_Property2. unfold Nest; intros.
  apply Einr in H23 as [x0[]]; auto.
  apply Einr in H24 as [y0[]]; auto.
  rewrite MKT126c in H25,H26; auto. rewrite H22 in H23,H24.
  assert (Ordinal x0 /\ Ordinal y0) as [].
  { apply MKT111 in H23,H24; auto. }
  rewrite H25,H26. apply (@ MKT110 x0) in H28 as [H28|[|]]; auto.
  rewrite H28; auto. apply NEexE. exists f[0].
  assert (0 ∈ dom(f|(P[pow(ω)]))).
  { rewrite H22. pose proof H. apply MKT161 in H23.
    destruct H3. apply H24 in H23. apply H23. pose proof MKT165.
    apply MKT156 in H25 as []. rewrite H26; auto. }
  rewrite <-(MKT126c f (P[pow(ω)])); auto.
  apply (@ Property_ran 0),Property_Value; auto.
  intros. apply Einr in H23 as [x[]]; auto. rewrite H24,MKT126c;
  auto. apply H19. rewrite H22 in H23; auto. }
pose proof H23. destruct H24 as [H24[]].
apply FilterBase_Property1,Principle_of_Filter_Expansion3 in H23
as []; auto. clear H24 H25 H26.
apply Principle_of_Filter_Expansion1 in H27 as [F0[]]; auto.
```

```
assert (∀ n, F0 <> F n).
{ intros. destruct (classic (n ∈ ω)). apply FT3_a in H26 as [_].
  intro. elim H26. rewrite <-H27. apply FT2; auto.
  unfold Included; intros. apply H24,H23. apply AxiomII;
  split; eauto. exists F_σ. split; auto. rewrite <-H17.
  assert (0 ∈ dom(f|(P[pow(ω)]))).
  { rewrite H22. pose proof H. apply MKT161 in H29.
    destruct H3. apply H30 in H29. apply H29. pose proof MKT165.
    apply MKT156 in H31 as []. rewrite H32; auto. }
  rewrite <-(MKT126c f (P[pow(ω)])); auto.
  apply (@ Property_ran 0),Property_Value; auto.
  apply Fn_Corollary1 in H26. intro. rewrite H27,H26 in H25.
  destruct H25 as [[_[_[]]]]. elim (@ MKT16 ω); auto. }
exists F0. split; auto. clear H26.
assert (∀ n, n ∈ P[pow(ω)] -> f[n] ⊂ F0).
{ intros. rewrite <-H22 in H26. unfold Included; intros.
  apply H24,H23. apply AxiomII; split; eauto. exists f[n].
  split; auto. rewrite <-(MKT126c f (P[pow(ω)])); auto.
  apply (@ Property_ran n),Property_Value; auto. }
split; intros. apply βω_Corollary; auto.
assert (Ensemble f0 /\ Ensemble g0) as [].
{ split; apply MKT75; auto; [rewrite H29|rewrite H30]; auto. }
assert ([f0,g0] ∈ ran(g)).
{ rewrite H6. apply AxiomII'; split; auto.
  split; apply AxiomII; auto. } apply Einr in H36 as [n[]]; auto.
assert (First g[n] = f0 /\ Second g[n] = g0) as [].
{ rewrite <-H37; split; [rewrite MKT54a|rewrite MKT54b]; auto. }
split; auto. split; auto. repeat split; auto.
apply βω_Corollary; auto. pose proof H36. rewrite H5 in H40.
pose proof H40. apply H9 in H41. rewrite <-H38,<-H39,<-H41.
pose proof H40. rewrite <-H9b in H42. apply MKT69b,MKT19 in H42.
pose proof H40. apply Existence_of_NPAUF_Lemma13 in H43.
assert (Ordinal (PlusOne n)). { apply MKT111 in H43; auto. }
assert (dom(f|(PlusOne n)) = PlusOne n).
{ rewrite MKT126b; auto. apply MKT30. destruct H14.
  apply H45; auto. }
assert ((f|(PlusOne n))[n] = f[n]).
{ apply MKT126c; auto. rewrite H45. apply MKT4; right.
  apply MKT41; eauto. }
assert (LastMember n E (PlusOne n)).
{ apply Existence_of_NPAUF_Lemma12. apply AxiomII; split; eauto.
  apply MKT111 in H40; auto. }
assert ((PlusOne n) ∈ R). { apply AxiomII; split; eauto. }
apply H15 in H48. assert ((f|(PlusOne n)) ∈ dom(h)).
{ apply NNPP; intro. apply MKT69a in H49. apply H20,MKT69b in H43.
  rewrite H48,H49 in H43. elim MKT39; auto. }
apply Property_Value,AxiomII' in H49 as [_[_[]]]; auto.
destruct H49. rewrite H45 in H49. elim (@ MKT16 n).
rewrite <-H49. apply MKT4; right. apply AxiomII; split; eauto.
destruct H49 as [_[[m]|]]. rewrite H45 in H49. destruct H49.
assert (m = n).
{ destruct H47,H49. assert (Ordinal m /\ Ordinal n) as [].
  { apply MKT111 in H47,H49; auto. }
  apply (@ MKT110 m) in H54 as [H54|[]]; auto.
  apply H52 in H47. elim H47. apply AxiomII'; split.
  apply MKT49a; eauto. apply AxiomII'; split; auto.
  apply MKT49a; eauto. pose proof H49. apply H51 in H49.
  elim H49. apply AxiomII'; split. apply MKT49a; eauto.
  apply AxiomII'; split; auto. apply MKT49a; eauto. }
```

```
rewrite H51 in *. clear dependent m.
rewrite H46,<-H48,H38,H39 in H50. destruct H50 as [[]|[]].
apply (H26 (PlusOne n)); auto. rewrite H51.
apply FilterBase_from_Corollary. apply MKT4; auto.
destruct H51 as [[b[H51[H52[]]]]|[]]. pose proof H40.
apply H20,H19 in H55. pose proof H55.
destruct H56 as [H56[H57[]]].
apply FilterBase_Property1,Principle_of_Filter_Expansion3
in H55 as []; auto. pose proof H53.
apply AxiomII in H61 as [_[H61[A[H62[]]]]].
assert (⋂A ∈ f[n]).
{ apply Existence_of_NPAUF_Lemma5; auto. intro.
  rewrite H65,MKT24 in H64. assert (ω = 𝒰).
  { apply AxiomI; split; intros; auto. apply MKT19; eauto. }
  elim MKT39. rewrite <-H66; auto. }
assert ((f0⁻¹⌈g0⌈b⌋⌋ ∪ g0⁻¹⌈f0⌈b⌋⌋) ∈ F0).
{ destruct H25 as [[_[_[_[_]]]]_]. apply (H25 (⋂A)); auto.
  apply (H26 n); auto. }
apply FT1 in H66; auto. apply Existence_of_NPAUF_Lemma2 in H33;
eauto. destruct H33 as [_[_[_[_[_[_[_]]]]]]].
rewrite H41,H38,H39; auto. apply βω_Corollary; auto.
assert (\{ λ w, w ⊂ ω /\ Finite_Intersection (f[n] ∪ [w])
/\ f0⌈w⌋ ∩ g0⌈w⌋ = ∅ \} ∈ dom(c)).
{ apply NNPP; intro. apply MKT69a in H53. pose proof MKT39.
  apply MKT43 in H54. rewrite H53,H54,MKT20 in H52.
  pose proof (FilterBase_from_Corollary 𝒰).
  assert (⟨𝒰⟩ᵦ = 𝒰).
  { apply AxiomI; split; intros; auto. apply MKT19; eauto. }
  apply H20,MKT69b in H43. rewrite H52,H56 in H43.
  elim MKT39; eauto. }
apply H10,AxiomII in H53 as [H53[H54[]]].
apply Existence_of_NPAUF_Lemma3 in H33; auto. destruct H33.
apply βω_Corollary; auto. exists (c[\{ λ w, w ⊂ ω
/\ Finite_Intersection (f[n] ∪ [w]) /\ f0⌈w⌋ ∩ g0⌈w⌋ = 0 \}]).
split; auto. apply (H26 (PlusOne n)); auto. rewrite H52.
apply FilterBase_from_Corollary,MKT4; auto. destruct H49.
elim H49. rewrite H45; eauto.
Qed.
```

　　上面定理的证明中用到了连续统假设. 应该指出, 非主算术超滤的存在性, 也可由一些比连续统假设更弱的集合论假设得到, 关于这部分内容可参见文献 [149]. 形式化描述这些更弱的集合论假设, 并由此验证非主算术超滤的存在性是可行的, 我们不再展开了, 感兴趣的读者可基于本系统尝试开发.

第 6 章 结论与注记

数系的扩充始终贯穿于数学理论的发展之中. 本书利用交互式定理证明工具 Coq, 在 Morse-Kelley 公理化集合论形式化系统下, 给出中国科学技术大学汪芳庭教授在其《数学基础》中采用算术超滤分数构造实数的机器证明系统, 包括超滤空间与算术超滤的基本概念、超滤变换以及用算术超滤构造算术模型的形式化实现, 完成实数模型的形式化构建, 并且给出滤子扩张原则和连续统假设蕴含非主算术超滤存在的形式化验证. 在我们开发的系统中, 全部定理无例外地给出 Coq 的机器证明代码, 所有形式化过程已被 Coq 验证, 并在计算机上运行通过, 充分体现了基于 Coq 的数学定理机器证明具有可读性、交互性和智能性的特点, 其证明过程规范、严谨、可靠. 该系统可以方便地应用于非标准分析理论的形式化构建.

其中 Morse-Kelley 公理化集合论形式化系统, 是作者团队《公理化集合论机器证明系统》的修订版, 在这一版中, 对 Coq 代码进行了系统的优化, 代码较原先减少了一半以上, 整个形式化系统工作代码仅 3000 余行, 包括对该体系中 8 个公理 (含选择公理) 和 1 个公理图式以及全部 181 条定义或定理的 Coq 描述, 其中构造了序数和基数, 定义了非负整数, 把 Peano 公设当作定理, 可以迅速而自然地给出一个数学基础, 摆脱了明显的悖论. 在此基础上, 实现了汪芳庭《数学基础》中用算术超滤分数构造实数的形式化构建.

在我们开发的系统中, 全部定理无例外地给出 Coq 的机器证明代码, 所有形式化过程已被 Coq 8.13.2 验证, 并在计算机上运行通过. 需要说明的是, 在本书给出代码的过程中, 为了加强可读性, 将一些非纯文本表示的数学字符, 用一些标准的数学字符替换了. 我们的完整代码, 读者可通过扫描本书封底的二维码下载.

表 6.1 至表 6.4 分别提供了 Morse-Kelley 公理化集合论、超滤空间与超滤变换、算术超滤分数构造实数以及非主算术超滤存在性形式化系统相关文件的简要说明和统计数据. 表中标注了每个文件所对应的章节, 并从规范说明和证明两方面统计了每个文件的代码行数.

表 6.1   公理化集合论形式化系统代码量统计

文件	对应章节	规范	证明
Pre_MK_Logic.v (基本逻辑)	1.2 节	36	12
MK_All.v (公理化集合论系统)	第 2 章	649	2496

表 6.2　滤子构造超有理数形式化系统代码量统计

文件	对应章节	规范	证明
alge_operation.v (Peano 算术展开)	3.1 节	89	821
filter.v (滤子与超滤)	3.2 节	38	818
ultrafilter_conversion.v (超滤变换)	3.3 节	54	328
arithmetical_ultrafilter.v (算术超滤)	3.4 节	189	1903
N'_to_Z'.v (*N 到 *Z)	3.5 节	299	1808
Z'_to_Q'.v (*Z 到 *Q)	3.6 节	374	1712

表 6.3　实数形式化系统代码量统计

文件	对应章节	规范	证明
N_Z_Q_in_Q'.v (*Q 中整数和有理数)	4.1 节	104	1079
finity_and_infinity_in_Q'.v (*Q 中的无穷)	4.2 节	93	1441
Q'_to_R.v (实数)	4.3 节	230	1598
N_Z_Q_in_R.v (R 中整数和有理数)	4.4 节	183	1645
sequence_and_completeness.v (数列和完备性)	4.5 节	141	1692
square_root.v (无理数的存在性)	4.6 节	214	1832

表 6.4　非主算术超滤存在性形式化系统代码量统计

文件	对应章节	规范	证明
expansion_of_filters.v (滤子扩张原则)	5.1 节	27	265
existence_of_NPAUF.v (非主算术超滤的存在性)	5.2—5.3 节	74	2219

几点注记如下:

• Coq 定理的描述接近自然数学语言, 可以看成一种 "翻译", 当然, 这种 "翻译" 是建立在严格、准确的形式化系统基础上的. Coq 定理的证明过程具有规范性、严谨性和可靠性的特点. Coq 中所有的证明程序都严格按照已给出的定义、公理及已完成证明的定理形式化地进行.

• Coq 证明具有智能性的特点, Coq 内核较小, 运行速度快, 除具有高效搜索和自动匹配等功能外, 通过优化证明策略, 可以呈现更简明甚至结构化的证明代码.

• Coq 证明体现交互性, 如图 6.1 所示, 证明过程中我们在 Coq 软件平台的左侧编写证明, 在右侧上方实时地显示证明条件和证明目标, 充分体现 Coq 证明的可读性. 右侧下方实时显示证明是否成功, 若失败还能显示具体错误, 具有纠错能力.

图 6.1　实数完备性的证明截图

　　本书中给出的代码都是完整的. 在我们完成代码的过程中, 可以很自然地发现人工描述中的一些忽略的条件及打印错误, 定理 2.61、定理 2.160 和定理 2.180 的证明即是明显的例子. 读者在计算机运行我们代码的过程中完全可以中断命令、逐条验证定理证明过程的每一细节 (当然可以对照人工证明), 包括人工证明省略的部分, 从而既学习理解相关数学理论, 又实践提高计算机 Coq 技术, 将人的智慧与机器的智能结合起来, 充分体会基于 Coq 的数学定理机器证明的可读性和交互性的特点, 以及证明过程的规范性、严谨性和可靠性. 本书相关工作已获国家计算机软件著作权登记 (图 6.2).

　　正如著名数学家和计算机专家 Wiedijk 指出, 当前正在进行的形式化数学是一次数学革命[29,159]. 当今数学论证变得如此复杂, 而计算机软件能够检查卷帙浩繁的数学证明的正确性, 人类的大脑无法跟上数学不断增长的复杂性, 计算机检验将是唯一的解决方案[144-145].

　　2021 年 6 月, 2018 年菲尔兹奖获得者、德国著名数学家 Scholze 宣布, 专用计算机软件帮助他成功检验了其 "凝聚态数学" (Condensed Mathematics) 理论证明的核心部分[27]. 最近, 著名美籍华裔数学家、加利福尼亚大学圣塔芭芭拉分校张益唐教授宣布对数论中的 Landau-Siegel 零点问题的研究取得重要进展[187], 人工验证工作尚在进行中, 希望不久的将来, 可以看到计算机形式化工具对验证此类问题发挥切实的作用! 这是完全可以办到的, 尽管前期可能需要完成大量的基础性工作! 2023 年 12 月, 由 Tao 发起的对多项式 Freiman-Ruzsa 猜想的形式化证明项目取得了成功[139].

图 6.2　计算机软件著作权登记证书

2022 年国际数学家大会一小时特邀报告人、英国帝国理工学院的数学教授 Buzzard 在剑桥举办的一次研讨会上表示: 证明是一种很高的标准, 我们不需要数学家像机器一样工作, 而是可以要他们去使用机器. 今后, 每一本严谨的数学专著, 甚至每一篇数学论文, 都可由计算机检验其细节的正确性, 这正发展为一种趋势. 一直以来, 常有人声称攻克了某个著名的数学难题, 引起媒体和学术界关注和争议. 其实, 声称者若能够提供一份形式化验证代码的话, 其正确与否便可容易得到同行专家的检验. 由于机器证明的严谨性和可靠性, 计算机检验数学理论已是一个极有前景的发展方向, 这也充分体现了业界常常倡导的 "Talk is cheap, show me the code!" 的理念.

需要说明的是, 本书中各定理给出的证明策略可能不是最优的, 证明代码也有进一步简化的余地, 读者完全可以根据自己的证明思路, 在我们代码的基础上, 充分利用 Coq 的智能性, 采用更为优化的策略, 写出更加可读、简明, 甚至具有结构化[12] 的证明代码. 这当然要求读者既有对于数学思想的深刻理解, 又有对于 Coq 的熟练使用技巧, 这也是一种艺术, 需要长期实践积累, 也是今后努力的方向.

2015 年以来, 本书作者团队在北京邮电大学一直致力于数学理论形式化系统的研发工作, 对布尔巴基数学学派强调的现代数学三大母结构形式化系统的机器实现进行了有意义的探索, 取得了一定的成果[52-56,133-137,170-171,174-176,178]. 在一定程度上, 实现了读者跟随计算机学习、理解、构建、教育乃至发展现代数学的尝试.

在完成本书的过程中, 课题组年轻的研究生们付出了艰辛的努力, 他们也充分感受到了使用 Coq 的乐趣, 提高了进一步认识数学、感受数学和欣赏数学的素养. 曾有研究生反馈说, "老师, 这两天通过证得的几个定理, 终于体会到您之前说的, 借助计算机可以更好地理解课本上的证明思路. 直接看课本遇到的障碍, 通过读代码却是另一种豁然开朗的景象了". 这也是我们真诚希望读者能体会到的境界. 清华大学郑建华教授计划编一套可以较好测试学生自主学习效果的方案, 我们认为, 用 Coq 形式化完成数学定理的证明可以验证学生对数学理论的理解和掌握!

证明助手一直都不乏拥护者. 帝国理工学院的数学家 Buzzard 参与检验了 Scholze 等的最新研究结果, 他非常肯定地说: "证明助手能否处理复杂的数学问题? 我们证明了它们可以!" Scholze 则写道: "这简直不可思议, 交互式证明助手现在已经达到了如此的高度: 它能在合理时间内逻辑完备地验证复杂的原创研究."[27]

图 6.3 是用户基于证明助手包 Lean 中已有的较简单命题和概念, 输入数学命题. 在检验 Scholze 等的工作中, Lean 输出的一个复杂的网络. 图中各个命题被标注了不同的颜色并按照数学中的子领域分组[27].

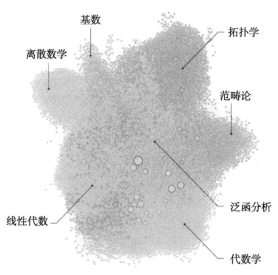

图 6.3　Lean 验证数学定理输出的命题和概念网络[27]

图 6.4 是 Tao 成功形式化验证多项式 Freiman-Ruzsa 猜想后, Lean 输出的 Blueprint 图[139].

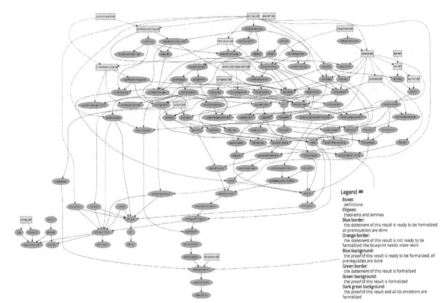

图 6.4   Lean 验证多项式 Freiman-Ruzsa 猜想输出的 Blueprint 图[139]

　　卡内基梅隆大学的认知科学家 DeDeo 教授, 最近, 他和就读于斯坦福大学的计算机科学家 Viteri 一起, 对一些著名的规范证明和几十个机器生成的证明进行了逆向工程, 使用 Coq 定理推理器编写, 以寻找共性. 他们发现, 机器证明的网络化结构与人做的证明的结构非常相似. 他说, 这种共同的特征可能会帮助研究人员找到一种方法, 让证明助手在某种意义上解释自己. "机器证明可能并不像它们看起来那么神秘."[121]

　　麻省理工学院的计算机科学家 Chlipala 认为: "你可以用一种工具对任何一种数学论证进行编码, 并将你的论证连接在一起, 以创建安全证明."[121]

　　定理证明器可以成为有用的教学工具, 无论是在计算机科学还是数学领域. 约翰霍普金斯大学的 Riehl 教授是试用过证明助手的数学家之一, 她开发了一些课程, 让学生使用定理证明器写证明. "以前我觉得证明和构建是两码事, 但现在我认为它们是一样的."[27] "这迫使你非常有条理, 思维清晰," "第一次写证明的学生可能会有困难, 不知道自己需要什么, 也不了解逻辑结构," "但使用证明助手改变了我写证明的思维方式."[121]

　　剑桥大学数学家、菲尔兹奖章获得者 Gowers 想得更远. 他设想未来定理证明器将取代主要期刊的审稿人. "我可以看到它成为标准做法, 如果你想让你的论文被接受, 你必须让它通过自动检查器."[121]

　　定理证明器还是极好的校验能手. 1999 年, 俄裔美国数学家 Voevodsky 利用机器在他的一个证明中发现了一个错误. 从那时起, 直到他于 2017 年去世, 他一直是使用计算机检查证明的积极支持者.[121]

　　尽管当今人工智能学科的发展如火如荼, 但 Coq 重视人机交互技术, 充分发挥人的主观能动性, 倡导将人的智慧与机器的智能结合起来, 促进人工智能基础理论的发展. 正如 Hamilton 20 世纪 70 年代在文献 [82] 中所说: "哪怕最终计算机遍布世界, 它们也绝不能代替数学家."①

　　形式化数学与计算机工具的结合, 前景大有可为! 让我们在数学与信息科学的交叉领域里充分感受类似西方哥特式建筑所具有的崇高、庄严、神圣、清峻和终极的美吧!

---

　　① 最近引起广泛关注的 ChatGPT(Chat Generative Pre-trained Transformer) 表现出了一定的智能性. 我们初步尝试了结合 Coq 让 ChatGPT 做可靠的数学, 有一定的成效. ChatGPT 在一定程度上还可以帮助研究人员理解 Coq 代码. 但在人机交互的过程中, 人的主观能动性更为重要. 我们仍然认同 Hamilton 的观点!

参 考 文 献

[1]   Aleksandrov A D, Kolmogorov A N, Lavrent'ev M A. Mathematics: Its Content, Methods and Meaning. Massachusetts: MIT Press, 1963.

[2]   Appel A W, Dockins R, Hobor A, et al. Program Logics for Certified Compilers. New York: Cambridge University Press, 2014.

[3]   Appel A K, Haken W. Every planar map is four colorable. Bulletin of the American Mathematical Society, 1976, 82(5): 711-712.

[4]   Appel A K, Haken W. Every planar map is four colorable. Part I: Discharging. Illinois Journal of Mathematics, 1977, 21(3): 429-490.

[5]   Appel A K, Haken W, Koch J. Every planar map is four colorable. Part II: Reducibility. Illinois Journal of Mathematics, 1977, 21(3): 491-567.

[6]   Avigad J. Oplnion the mechenization of mathematics. Notices of the American Mathematical Society, 2018, 65(6): 681-690.

[7]   Avigad J, Harrison J. Formally verified mathematics. Communications of the ACM, 2014, 57(4): 66-75.

[8]   Avigad J, de Leonardo M, Kong S. Theorem Proving in Lean (Release 3.23.0). 2021(see: https://leanprover.github.io/theorem_proving_in_lean/).

[9]   Barras B. Sets in coq, coq in sets. Journal of Formalized Reasoning, 2010, 3(1): 29-48.

[10]   Bartoszynski T, Shelah S. There may be no Hausdorff ultrafilters, 2003. DOI: 10.48550/arXiv.math/0311064.

[11]   Beeson M. The mechanization of mathematics// Teuschen C, ed. Alan Turing: Life and Legacy of a Great Thinker. Berlin: Springer, 2004: 77-134.

[12]   Beeson M. Mixing computations and proofs. Journal of Formalized Reasoning, 2016, 9(1): 71-99.

[13]   Belinfante J G F. On computer-assisted proofs in ordinal number theory. Journal of Automated Reasoning, 1999, 22(3): 341-378.

[14]   Bell J L. Set Theory: Boolean-Valued Models and Independence Proofs (Oxford Logic Guides 47). 3rd ed. Oxford: Clarendon Press, 2005.

[15]   本书编写组. 新一代人工智能发展规划. 北京: 人民出版社, 2017.

[16]   van Benthem Jutting L S. Checking Landau's "Grundlagen" in the AUTOMATH System. Amsterdam: North-Holland, 1979.

[17]   Bernays P, Fraenkel A A. Axiomatic Set Theory. Amsterdam: North Holland Publishing Company, 1958.

[18]   Bertot Y, Castéran P. Interactive Theorem Proving and Program Development – Coq'Art: The Calculus of Interactive Constructions. Berlin: Spring-Verlag, 2004. (中

译本, Bertot Y, Castéran P. 交互式定理证明与程序开发——Coq 归纳构造演算的艺术. 顾明, 等译. 北京: 清华大学出版社, 2010.)

[19]   Booker A R. Turing and the Riemann hypothesis. Notice of the American Mathematical Society, 2006, 53(10): 1208-1211.

[20]   Bourbaki N. The architecture of mathematics. American Mathematical Monthly, 1950, 57(4): 221-232. (中文编译本, 布尔马基. 数学的建筑. 胡作玄, 译. 大连: 大连理工大学出版社, 2014.)

[21]   Bourbaki N. Elements of Mathematics: Algebra I. Berlin: Spring-Verlag, 1989.

[22]   Bourbaki N. Elements of Mathematics: General Topology, Part 1. Berlin: Spring-Verlag, 1995.

[23]   Bourbaki N. Elements of Mathematics: Theory of Sets. Berlin: Spring-Verlag, 2004.

[24]   Brown C E. Faithful reproductions of the automath Landau formalization. 2011(see: https://www.ps.uni-saarland.de/Publications/documents/Brown2011b.pdf).

[25]   de Bruijn N G. Checking mathematics with computer assistance. Notices of the American Mathematical Society, 1991, 38(1): 8-15.

[26]   Cantor G. Contributions to the Founding of the Theory of Transfinite Numbers. New York: Dover Publications, 1915.

[27]   Castelvecchi D. Mathematicians welcome computer-assisted proof in "grand unification" theory. Nature, 2021, 595: 18-19.

[28]   程麒. 数学分析理论基础. 长沙: 湖南教育出版社, 1989.

[29]   陈钢. 形式化数学和证明工程. 中国计算机学会通讯, 2016, 12(9): 40-44.

[30]   Chlipala A. Certified Programming with Dependent Types. Massachusetts: MIT Press, 2013.

[31]   Chirimar J, Howe D J. Implementing constructive real analysis: Preliminary report. Constructivity in Computer Science, Summer Symposium, 1992: 165-178.

[32]   Ciaffaglione A, Di Gianantonio P. A co-inductive approach to real numbers//Goos G, Hartmanis J, van Leeuwen J, eds. Selected Papers from the International Workshop on Types for Proofs and Programs. TYPES 1999, LNCS, 1956: 114-130.

[33]   Constable R L, Allen S F, Bromley H M, et al. Implementing Mathematics with the Nuprl Proof Development System. Ithaca: Cornell University, 1985.

[34]   Cohen P J. Set Theory and the Continuum Hypothesis. New York: W. A. Benjamin, INC, 1966.

[35]   The Coq Development Team. The Coq Proof Assistant Reference Manual (Version 8.9.0). 2019(see: https://coq.inria.fr/distrib/current/refman).

[36]   Courant R, Robbins H. What is Mathematics. New York: Oxford University, 1996.

[37]   Dauben J W. Abraham Robinson: The Creation of Nonstandard Analysis, A Personal and Mathematical Odyssey. Princeton: Princeton University Press, 1995. (中译本, 道本周. 鲁滨逊: 非标准分析创始人. 王前, 等译. 北京: 科学出版社, 2004.)

[38]   Davis M. Applied Nonstandard Analysis. New York, London: John Wiley & Sons, Inc, 1977.

[39] Davis M. Engines of Logic, Mathematicians and the Origin of the Computer. New York, London: W. W. Norton & Company, 2000.

[40] Davis M. The Universal Computer, The Road From Leibniz to Turing. London, New York: Taylor & Francis Group, LLC CRC Press, 2018.

[41] Dechesne F, Nederpelt R. N. G. de Bruijn (1918—2012) and his road to Automath, the earliest proof checker. The Mathematical Intelligencer, 2012, 34(4): 4-11.

[42] Devlin K. The Joy of Sets: Fundamentals of Contemporary Set Theory. 2nd ed. New York: Springer-Verlag, 1992.

[43] Dieudonné J. Foundations of Modern Analysis. New York: Academic Press Inc, 1960.

[44] Enderton H B. Elements of Set Theory. New York: Springer, 1977.

[45] Ewald W. From Kant to Hilbert: A Source Book in the Foundations of Mathematics. Oxford: Clarendon Press, 2005.

[46] 范一凡. 基于 Coq 的 "模" 观点下线性代数机器证明系统. 北京: 北京邮电大学, 2020.

[47] Feferman S. The Number Systems: Foundations of Algebra and Analysis. London: Addison-Wesley Publishing Company, 1964.

[48] 菲赫金哥尔茨. 微积分学教程. 一卷. 8 版. 杨弢亮, 叶彦谦, 译. 北京: 高等教育出版社, 2006.

[49] 冯琦. 集合论导引 (第 3 卷: 高阶无穷). 北京: 科学出版社, 2019.

[50] Fraenkel A A. Abstract Set Theory. 3rd ed. Amsterdam: North Holland Publishing Company, 1966.

[51] Fraenkel A A, Bar-Hillel Y, Levy A. Foundations of Set Theory. 2nd ed. Amsterdam: Elsevier, 1973.

[52] 付尧顺. 分析学机器证明系统. 北京: 北京邮电大学, 2022.

[53] Fu Y S, Yu W S. A formalization of properties of continuous functions on closed intervals//Bigatti A M, et al., ed. ICMS 2020, 12097: 272-280.

[54] Fu Y S, Yu W S. Formalization of the equivalence among completeness theorems of real number in coq. Mathematics, 2021, 9(1): 38.

[55] Fu Y S, Yu W S. Formalizing calculus without limit theory in coq. Mathematics, 2021, 9(12): 1377.

[56] Fu Y S, Yu W S. Formalizing equivalence between real number completeness and intermediate value theorem. China Automation Congress, 2021: 5337-5340.

[57] 高小山, 王定康, 裘宗燕, 等. 方程求解与机器证明——基于 MMP 的问题求解. 北京: 科学出版社, 2006.

[58] Geuvers H, Niqui M. Constructive reals in Coq: Axioms and categoricity//Goos G, Hartmanis J, van Leeuwen J, ed. Selected Papers from the International Workshop on Types for Proofs and Programs, TYPES 2000, LNCS, 2002, 2277: 79-95.

[59] Gödel K. Consistency-proof for the generalized continuum-hypothesis. Proceedings of the National Academy of Sciences, 1939, 25(4): 220-224.

[60] Gödel K. The Consistency of the Axiom of Choice and of the Generalized Continuum Hypothesis with the Axioms of Set Theory. Princeton: Princeton University Press,

1940.

[61] Godement R. Algebra. Paris: Hermann, 1968. (中译本, 戈德门特·R. 代数学教程. 王耀东, 译. 北京: 高等教育出版社, 2013.)

[62] Godement R. Analysis. New York: Springer-Verlag, 2004.

[63] Gonthier G. Formal proof: The four color theorem. Notices of the American Mathematical Society, 2008, 55(11): 1382-1393.

[64] Gonthier G. Feit thomson proved in coq. 2012 (see: http://www.msr-inria.fr/news/feit-thomson-proved-in-coq/).

[65] Gonthier G, Asperti A, Avigad J, et al. Machine-checked proof of the Odd Order Theorem//Blazy S, Paulin-Mohring C, Picharidie D, ed. Proceedings of the Interactive Theorem. Proving 2013, LNCS, 2013, 7998: 163-179.

[66] Gordon M J C, Melham T F. Introduction to HOL: A Theorem Proving Environment for Higher Order Logic. Cambridge: Cambridge University Press, 1993.

[67] Gowers W T. Rough Structure and Classification. Visions in Mathematics, GAFA Geometric and Functional Analysis, Special Volum-GAFA2000, 2000: 79-117.

[68] Gowers W T. The Princeton Companion to Mathematics. Princeton: Princeton University Press, 2008.

[69] Grattan-Guinness I. Companion Encyclopedia of the History and Philosophy of the Mathematical Sciences. London: Routledge, 1994.

[70] Grattan-Guinness I. From the Calculus to Set Theory, 1630—1910, An Introductory History. Princeton: Princeton University Press, 2000.

[71] Grattan-Guinness I. The Search for Mathematical Roots, 1870—1940, logics, Set Theories and the Foundations of Mathematics from Cantor through Russell to Gödel. Princeton: Princeton University Press, 2000.

[72] Grimm J. Implementation of Bourbaki's mathematics in Coq: part two, ordered sets, cardinals, integers. Research Report RR-7150, INRIA, 2009 (见: http://hal.inria.fr/inria-00440786/en/).

[73] Grimm J. Implementation of Bourbaki's mathematics in Coq: part one, theory of sets. Journal of Formalized Reasoning, 2010, 3(1): 79-126.

[74] Grimm J. Implementation of Bourbaki's mathematics in Coq: part two, from natural to real numbers. Journal of Formalized Reasoning, 2016, 9(2): 1-52.

[75] 郭达凯, 冷姝锟, 窦国威, 等. 基于 MK 的实数公理系统相容性和范畴性的 Coq 形式化 (待发表). 2023.

[76] 郭礼权. 基于 Coq 的第三代微积分机器证明系统. 北京: 北京邮电大学, 2020.

[77] 郭礼权, 付尧顺, 郁文生. 基于 Coq 的第三代微积分机器证明系统. 中国科学: 数学, 2021, A-51(1): 115-136.

[78] Hales T C. A proof of the Kepler conjecture. Annals of Mathematics, 2005, 162(3): 1065-1185.

[79] Hales T C. Formal proof. Notices of the American Mathematical Society, 2008, 55(11): 1370-1380.

[80]   Hales T, Adams M, Bauer G, et al. A formal proof of the Kepler conjecture. 2015
        (see: http://arxiv.org/pdf/1501.02155.pdf).

[81]   Halmos P R. Naive Set Theory. New York: Springer-Verlag, 1974.

[82]   Hamilton A G. Logic for Mathematicians. London: Cambridge University Press, 1978.

[83]   郝兆宽, 杨跃. 集合论: 对无穷概念的探索. 上海: 复旦大学出版社, 2014.

[84]   Hardy R H. A Course of Pure Mathematics. London: Cambridge University Press,
        1921.

[85]   Harrison J. Constructing the real numbers in HOL. Formal Methods in System Design,
        1994, 5(1): 35-59.

[86]   Harrison J. Theorem Proving with the Real Numbers. New York: Springer-Verlag,
        1998.

[87]   Harrison J. Formal proof——Theory and practice. Notices of the American Mathe-
        matical Society, 2008, 55(11): 1395-1406.

[88]   Harrison J, Urban J, Wiedijk F. History of interactive theorem proving. Handbook
        of the History of Logic, 2014, 9: 135-214.

[89]   Hatcher W S. The Logical Foundations of Mathematics. Oxford: Pergamon Press,
        1982.

[90]   Heijenoort J V. From Frege To Gödel: A Source Book in Mathematical Logic, 1879-
        1931. Cambridge: Harvard University Press, 1967.

[91]   Heyting A. Intuitionism——An Introduction. Amsterdam: North-Holland Pub. Co.,
        1971.

[92]   Hilbert D. Mathematical problems. Bull. Amer. Math. Soc, 1902, 8(10): 437-479. (中
        文编译本, 希尔伯特. 数学问题. 2 版. 李文林, 袁向东, 译. 大连: 大连理工大学出版社,
        2022.)

[93]   Hilbert D. The Foundations of Geometry. Chicago: The Open Court Publishing Com-
        pany, 1902.

[94]   Hilbert D. Die grundlagen der mathematik. Abhandlungen Aus Dem Mathematischen
        Seminar Der Universität Hamburg, 1928, 6(1): 65-85.

[95]   Holden H, Piene R. The Abel Prize 2003—2007: The First Five Years. New York:
        Springer-Verlag, 2010.

[96]   Hornung C. Constructing Number Systems in Coq. Saarbrücken: Saarland University,
        2011.

[97]   Huet G, Kahn G, Paulin-Mohring C. The Coq Proof Assistant: A Tutorial (Version
        8.5). Technical Report 178, INRIA 2016(see: https://coq.inria.fr/tutorial/).

[98]   Huntington E V, Cantor G. The Continuum, and Other Types of Serial Order :
        With an Introduction to Cantor's Transfinite Numbers. 2nd ed. New York: Dover
        Publications, 2003.

[99]   Jech T. The Axiom of Choice. Amsterdam: North Holland Publishing Company,
        1973.

[100]   Jech T. Set Theory. 3rd ed. Berlin: Springer-Verlag, 2003.

[101] 江南, 李清安, 汪吕蒙, 等. 机械化定理证明研究综述. 软件学报, 2020, 31(1): 82-112.

[102] Katz V J. A History of Mathematics: An Introduction. 3rd ed. Boston: Addison-Wesley, 2009.

[103] Kelley J L. General Topology. New York: Springer-Verlag, 1955.

[104] Kennedy H C. Selected Works of Giuseppe Peano Translated. London: George Allen and Unwin, Ltd., 1973.

[105] Kline M. Mathematical Thought from Ancient to Modern Times. Oxford: Oxford University Press, 1972.

[106] Landau E. Foundations of Analysis: The Arithmetic of Whole, Rational, Irrational, and Complex Numbers. 3rd ed. New York: Chelsea Publishing Company, 1966. (中译本, 艾·阑道. 分析基础: 整数、有理数、无理数、复数的运算 (微积分补充教材). 刘绂堂译. 北京: 高等教育出版社, 1958.)

[107] 李邦河. 非标准分析基础. 上海: 上海科学技术出版社, 1987.

[108] 李文林. 笛卡尔之梦. 北京: 高等教育出版社, 2013.

[109] Lin Q. Free Calculus: A Liberation from Concepts and Proofs. Singapore: World Scientific Publishing Company, 2008.

[110] 刘太平, 叶永南. 有朋自远方来——专访 Ronald Graham 教授. 数学传播, 2019, 43(2): 3-14.

[111] 刘雅静. 基于交互式定理证明工具 Coq 的群论体系形式化. 北京: 北京邮电大学, 2020.

[112] 陆汝钤. 人工智能 (上). 北京: 科学出版社, 1988.

[113] 陆汝钤. 数学·计算·逻辑. 北京: 科学出版社, 1988.

[114] 陆汝钤. 计算系统的形式语义. 北京: 清华大学出版社, 2017.

[115] McCarthy J. Computer programs for checking mathematical proofs. Recursive Function Theory, Proc. of Symposia in Pure Mathematics, 1962, 5: 219-227.

[116] Mendelson E. Introduction to Mathematical Logic. 4th ed. London: Chapman and Hall, 1997.

[117] Monk J D. Introduction to Set Theory. New York: McGraw-Hill, 1969.

[118] Morse A P. A Theory of Sets. New York: Academic Press, 1965.

[119] Nederpelt R P, Geuvers J H, de Vrijer R C. Selected Papers on Automath (Studies in Logic and the Foundations of Mathematics 133). New York: North-Holland, 1994.

[120] Nipow T, Paulson L C, Wenzel M. Isabelle/HOL: A Proof Assistant for Higher-Order Logic. Berlin: Springer-Verlag, 2002.

[121] Ornes S. How close are computers to automating mathematical reasoning? Artificial Intelligence(Quantamagazine), 2020, (8): 1-10. (中文编译本, 计算机距离数学推理自动化有多近? See: https://baijiahao.baidu.com/s?id=1676521403412019523&wfr=spider&for=pc, 2020.)

[122] Pierce B C, de Amorim A A, Casinghino C, et al. Software Foundation. 2017(see: http://softwarefoundations.cis.upenn.edu/).

[123] 戚征. 选择公理与连续统假设. 数学进展, 1984, 13(1): 4-22.

[124] Robinson A. Non-standard Analysis. revised ed. Amsterdam: North Holland Publish-

ing Company, 1974. (中译本, 鲁滨逊. 非标准分析. 申又根, 王世强, 张锦文, 等译. 北京: 科学出版社, 1980; 鲁滨逊. 非标准分析. 陆传务, 余明曦, 马继芳, 等译. 武汉: 华中工学院出版社, 1976)

[125] Rubin H, Rubin J E. Equivalents of the Axiom of Choice. Amsterdam: North Holland Publishing Company, 1963.

[126] Rubin H, Rubin J E. Equivalents of the Axiom of Choice, II. Amsterdam: North Holland Publishing Company, 1985.

[127] Rubin J E. Set Theory for the Mathematician. San Francisco: Holden Day, 1967.

[128] Rudin W. Principles of Mathematical Analysis. New York: McGraw-Hill, 1976.

[129] Ruelle D. The Mathematician's Brain. Princeton and Oxford: Princeton University Press, 2007.

[130] Shen A, Vereshchagin N K. Basic Set Theory (Student Mathematical Library, Volume 17). American Mathematical Society, 2002.

[131] Stillwell J. The Real Numbers: An Introduction to Set Theory and Analysis. New York: Springer, 2013.

[132] 孙广润. 非标准分析概论. 北京: 科学出版社, 1995.

[133] 孙天宇. 基于定理证明器 Coq 的公理化集合论形式化系统及其应用研究. 北京: 北京邮电大学, 2020.

[134] Sun T Y, Yu W S. Machine proving system for mathematical theorems in Coq - Machine proving of Hausdorff Maximal Principle and Zermelo Postulate. Proceedings of the 36th Chinese Control Conference, 2017: 9871-9878.

[135] 孙天宇, 郁文生. 基于 Coq 的选择公理及其等价命题的机器实现. 2017 中国智能物联系统会议, 2017.

[136] 孙天宇, 郁文生. 选择公理与 Tukey 引理等价性的机器证明. 北京邮电大学学报, 2019, 42(5): 1-7.

[137] Sun T Y, Yu W S. A formal system of axiomatic set theory in Coq. IEEE Access, 2020, 8: 21510-21523.

[138] Takeuti G, Zaring W M. Axiomatic Set Theory. New York: Springer-Verlag, 1973.

[139] Tao T. Formalizing the proof of PFR in Lean4 using Blueprint: a short tour. (see: https://terrytao.wordpress.com/2023/11/18/formalizing-the-proof-of-pfr-in-lean4-using-blueprint-a-short-tour/or https://cloud.tencent.com/developer/article/2369851)

[140] Tarski A. Introduction to Logic and to the Methodology of the Deductive Sciences. New York: Oxford University Press, 1994.

[141] Thurston W P. On proof and progress in mathematics. Bulletin (New Series) of the American Mathematical Society, 1994, 30(2): 161-177.

[142] Tukey J W. Convergence and Uniformity in Topology (Annals of Mathematics Studies 2). Princeton: Princeton University Press, 1940.

[143] Vaught R L. Set Theory: An Introduction. 2nd ed. Boston: Birkhäuser, 2001.

[144] Vivant C. Thèoréme Vivamt. Prais: Bernard Grasset, 2012. (中译本, 塞德里克 • 维

拉尼. 一个定理的诞生. 马跃, 杨苑艺, 译. 北京: 人民邮电出版社, 2016.)

[145] Voevodsky V. Univalent foundations of mathematics. Proceedings of the 18th international workshop on logic, language, information and computation (Beklemishev L, De Queiroz R ed. WoLLIC 2011, Philadelphia, PA, USA). LNAI 6642: 4, 2011.

[146] 汪芳庭. 公理集论. 合肥: 中国科学技术大学出版社, 1995.

[147] 汪芳庭. 数学基础. 北京: 科学出版社, 2001.

[148] 汪芳庭. 数理逻辑. 2 版. 合肥: 中国科学技术大学出版社, 2010.

[149] 汪芳庭. 算术超滤——自然数的紧化延伸. 合肥: 中国科学技术大学出版社, 2016.

[150] 汪芳庭. 数学基础. 修订本. 北京: 高等教育出版社, 2018.

[151] Wang H. On Zermelo's and Von Neumann's axioms for set theory. Proc. Natl. Acad. Sci., 1949, 35(3): 150-155.

[152] Wang H. Toward mechanical mathematics. IBM Journal of Research and Development, 1960, 4(1): 2-22.

[153] 王昆扬. 实数的十进表示. 北京: 科学出版社, 2011.

[154] Wang S Y. FormalMath: A side project about formalization of mathematics (Topology). 2022(see: https://github.com/txyyss/FormalMath/tree/master/Topology (accessed on 16 January 2022))

[155] 文兰. 悖论的消解. 北京: 科学出版社, 2018.

[156] Werner B. Sets in types, types in sets. Proceedings of TACS, 1997: 530-546.

[157] Whitehead A N, Russell B. Principia Mathematica. 2nd ed. Cambridge: Cambridge University Press, 1963.

[158] Wiedijk F. A new implementation of Automath. Mechanizing and automating mathematics: in honor of N. G. de Bruijn. Journal of Automated Reasoning, 2002, 29(3-4): 365-387.

[159] Wiedijk F. Formal proof——getting started. Notices of the American Mathematical Society, 2008, 55(11): 1408-1414.

[160] Wu W T. Mechanical Theorem Proving in Geometries: Basic Principles//Jin X F, Wang D M, ed. New York: Springer-Verlag, 1994.

[161] Wu W T. Mathematics Mechanization: Mechanical Geometry Theorem-Proving, Mechanical Geometry Problem-Solving, and Polynomial Equations-Solving (Mathematics and Its Applications, Volume 489, Hazewinkel M, ed). Beijing: Science Press; Dordrecht: Kluwer Academic Publishers, 2000.

[162] 吴文俊. 数学机械化研究回顾与展望. 系统科学与数学, 2008, 28(8): 898-904.

[163] 席文琦. 基于 Coq 的环和域理论基本框架形式化. 北京: 北京邮电大学, 2020.

[164] Xia B C, Yang L. Automated Inequality Proving and Discovering. Singapore: World Scientific Publishing Company, 2016.

[165] 夏基松, 郑毓信. 西方数学哲学. 北京: 人民出版社, 1986.

[166] 萧文灿. 集合论初步. 上海: 商务印书馆, 1950.

[167] 谢邦杰. 超穷数与超穷论法. 长春: 吉林人民出版社, 1979.

[168] 熊金城. 点集拓扑讲义. 3 版. 北京: 高等教育出版社, 2003.

[169] 徐利治, 孙广润, 董加礼. 现代无穷小分析导引. 大连: 大连理工大学出版社, 1990.

[170] Yan S, Fu Y S, Guo D K, et al. A Formalization of Topological Spaces in Coq. 8th Annual International Conference on Information Technology and Applications, 2021.

[171] 严升, 郁文生, 付尧顺. 基于 Coq 的杨忠道定理形式化证明. 软件学报, 2022, 33(6): 2208-2223.

[172] 杨路, 夏壁灿. 不等式机器证明与自动发现. 北京: 科学出版社, 2008.

[173] 杨路, 郁文生. 常用基本不等式的机器证明. 智能系统学报, 2011, 6(5): 377-390.

[174] 郁文生, 陈思, 窦国威, 等. 基于 Coq 的公理化集合论和分析基础的机器证明系统 (待出版). 2023.

[175] 郁文生, 付尧顺, 郭礼权. 分析基础机器证明系统. 北京: 科学出版社, 2022.

[176] 郁文生, 孙天宇, 付尧顺. 公理化集合论机器证明系统. 北京: 科学出版社, 2020.

[177] Yuan J, Yu W S. Formalization of modern algebra theory in Coq - Formal proof of the Rank-nulity theorem. Proceedings of 2018 China Intelligent Network of Things System Conference, 2018.

[178] Zao X Y, Sun T Y, Fu Y S, et al. Formalization of general topology in Coq - A formal proof of Tychonoff's theorem. Proceedings of the 38th Chinese Control Conference, 2019: 2685-2691.

[179] Zermelo E. Collected Works(Volume I: Set Theory)//von Herausgegeben, Ebbinghaus H D, Kanamori A, ed. Volume I: Set Theory Berlin: Springer-Verlag, 2010.

[180] 张德学. 一般拓扑学基础. 北京: 科学出版社, 2012.

[181] 张禾瑞, 赫鈵新. 高等代数. 5 版. 北京: 高等教育出版社, 2007.

[182] 张锦文. 公理集合论导引. 北京: 科学出版社, 1991.

[183] 张景中, 曹培生. 从数学教育到教育数学. 武汉: 湖北科学技术出版社, 2017.

[184] 张景中, 冯勇. 微积分基础的新视角. 中国科学 A 辑, 2009, 39(2): 247-256.

[185] 张景中, 李永彬. 几何定理机器证明三十年. 系统科学与数学, 2009, 29(9): 1155-1168.

[186] Zhang Q P. Set-Theory: Coq encoding of ZFC and formalization of the textbook elements of set theory. 2021(see: https://github.com/choukh/Set-Theory (accessed on 30 September 2021))

[187] Zhang Y T. Discrete mean estimates and the Landau-Siegel zero. 2022(see: https://arxiv.org/pdf/2211.02515.pdf).

[188] Zorich V A. Mathematical Analysis. New York: Springer-Verlag, 2004.

[189] Zorn M. A remark on method in transfinite algebra. Bulletin of the American Mathematical Society, 1935, 41: 667-670.

附录一　Coq 指令说明

　　为方便读者, 本附录给出本书中涉及的所有 Coq 基本指令与术语的简要说明, 各指令的详细功能可参阅 [18, 35, 97, 122].

A.1　Coq 专用术语

Argument	参数
Axiom	公理
Close	关闭辖域
Coercion	强制转换
Corollary	推论
Declare	声明辖域
Defined	定义结束
Definition	定义
Delimit	界定辖域
End	模块结束
Example	例
Export	导入多个库文件
Fact	事实
Fixpoint	定义递归函数
Global	全局
Hint	证明策略管理命令
Hypothesis	假设
Immediate	存储定理到库中
Implicit	声明隐式参数
Import	加载一个指定模块或库
Inductive	定义归纳类型
Lemma	引理
Let	局部定义
Ltac	集成策略命令

Module	开启一个模块
Notation	声明新符号
Open	打开辖域
Parameter	声明全局变量
Proposition	命题
Record	记录类型
Require	加载模块或库
Resolve	存储定理到库中
Rewrite	存储等式到库中
Scope	解释辖域
Search	搜索定理
SearchAbout	更精确的搜索模式
Section	模块
Set	设定
Theorem	定理
Unfold	存储定义到库中
Variable	局部变量

Prop	Prop 基本类型
Set	Set 基本类型
Type	Type 基本类型

| Proof | 开始证明 |
| Qed | 证毕 |

A.2   Coq 证明指令

absurd	将子目标转为证明某命题及其否命题均成立
apply	应用一个假设或定理
assert	声明一个新的子目标, 先证明后使用
associativity	声明符号的结合方向
assumption	遍历上下文寻找与结论一致的假设
auto	自动重复执行 intros, apply, assumption 等策略
autorewrite	根据重写库反复重写

binder	将变量绑定在函数表达式中
case	分情况讨论
clear	清除指定假设
compute	对表达式进行计算
constructor	寻找可以应用到解决当前目标的构造子
contradiction	寻找与 False 等价的假设, 并推出目标
cut	声明一个新的子目标, 先使用后证明
dependent	依赖参数
destruct	展开归纳类型定义或实例化存在量词
discriminate	通过矛盾式证明目标
eapply	不指定中间变量来完成 apply 功能
eauto	通过上下文推出目标中未指定的变量并完成 auto 功能
econstructor	不指定中间变量来完成 constructor 功能
elim	展开归纳类型定义或实例化存在量词, 放到目标的前提中
end	匹配模式结束
exists	存在量词
filed	求解域上的等式
forall	任意量词
format	声明符号表达式的格式
fun	函数
f_equal	对等式两边对应位置变量进行替换
generalize	引入上下文中的假设到目标中
goal	目标
ident	标识符
idtac	无操作策略
induction	对表达式或变量进行归纳
intro	引入一个新的假设
intros	intro 的变体, 引入多个新的假设
inversion	推出假设中的矛盾式或得到该假设的单射构造子
left	当目标是析取式时, 得到析取式左边的目标
let	设定
level	优先级
match	模式匹配
omega	对整数和自然数上的等式和不等式进行求解
pattern	选中被替换子项的位置集和要替换的子项

pose proof	将已经证明的命题放进假设中
proj1_sig	从依赖积中得出左投影
red	打开定义
reflexivity	对等式进行验证的自反策略
rename	对指定参数重新命名
repeat	无限重复一个策略直到失败或完全成功
rewrite	重写证明策略, 用等式的一边代替另一边
ring	求解环或半环上多项式之间的等式
right	当目标是析取式时, 得到析取式右边的目标
set	给出某个命题或函数的代称, 等同于数学证明中的 "令"
simpl	对假设或目标进行规约化简
specialize	对假设中任意量词进行实例化
split	对目标中的并结构进行拆分
subst	寻找含有指定参数的等式, 将出现该参数的地方替换
symmetry	对等式左右两边的顺序进行调换
tauto	处理由合取、析取、否定和蕴含构成的直觉逻辑公式的自动证明策略
trivial	只需一步可以实现的自动证明策略
try	尝试使用某种策略, 若不成功不做更改
type_scope	Type 类型辖域
unfold	展开一个定义

| @ | 定理名之前使用, 将该定理所有变量列出 |
| % | 辖域名之前使用, 指定辖域 |

as
at
by
do
in
into
now
with

A.3 集 成 策 略

```
(** 初等逻辑模块 *)

Ltac New H := pose proof H.
Ltac TF P := destruct (classic P).
Ltac Absurd := apply peirce; intros.
Ltac deand :=
  match goal with
  | H: ?a /\ ?b |- _ => destruct H; deand
  | _ => idtac
  end.
Ltac deor :=
  match goal with
  | H: ?a \/ ?b |- _ => destruct H; deor
  | _ => idtac
  end.
Ltac deandG :=
  match goal with
  |- ?a /\ ?b => split; deandG
  | _ => idtac
  end.


(** 分类公理图式 *)

Ltac eqext := apply AxiomI; split; intros.


(** 分类公理图 (续) *)

Ltac appA2G := apply AxiomII; split; eauto.
Ltac appA2H H := apply AxiomII in H as [].


(** 类的初等代数 *)

Ltac deHun :=
  match goal with
  | H: ?c ∈ ?a∪?b
    |- _ => apply MKT4 in H as []; deHun
  | _ => idtac
  end.
Ltac deGun :=
  match goal with
  | |- ?c ∈ ?a∪?b => apply MKT4; deGun
  | _ => idtac
  end.
Ltac deHin :=
  match goal with
  | H: ?c ∈ ?a∩?b
```

```
    |- _ => apply MKT4' in H as []; deHin
  | _ => idtac
  end.
Ltac deGin :=
  match goal with
   | |- ?c ∈ ?a∩?b => apply MKT4'; split; deGin
   | _ => idtac
  end.
Ltac emf :=
  match goal with
   H: ?a ∈ ∅
   |- _ => destruct (MKT16 H)
  end.
Ltac eqE := eqext; try emf; auto.
Ltac feine z := destruct (@ MKT16 z).
```

(** 集的存在性 *)

```
Ltac NEele H := apply NEexE in H as [].
Ltac eins H := apply MKT41 in H; subst; eauto.
```

(** 序偶: 关系 *)

```
Ltac ope1 :=
  match goal with
   H: Ensemble [?x,?y]
   |- Ensemble ?x => eapply MKT49c1; eauto
  end.
Ltac ope2 :=
  match goal with
   H: Ensemble [?x,?y]
   |- Ensemble ?y => eapply MKT49c2; eauto
  end.
Ltac ope3 :=
  match goal with
   H: [?x,?y] ∈ ?z
   |- Ensemble ?x => eapply MKT49c1; eauto
  end.
Ltac ope4 :=
  match goal with
   H: [?x,?y] ∈ ?z
   |- Ensemble ?y => eapply MKT49c2; eauto
  end.
Ltac ope := try ope1; try ope2; try ope3; try ope4.
Ltac pins H := apply Pins in H as []; subst; eauto.
Ltac pinfus H := apply Pinfus in H as [?|[]]; subst; eauto.
Ltac eincus H := apply AxiomII in H as [_ [H|H]]; try eins H; auto.
Ltac PP H a b := apply AxiomII in H as [? [a [b []]]]; subst.
Ltac appoA2G := apply AxiomII'; split; eauto.
Ltac appoA2H H := apply AxiomII' in H as [].
```

(** 函数 *)

```
Ltac einr H := New H; apply Einr in H as [? []]; subst; auto.
Ltac xo :=
  match goal with
    |- Ensemble ([?a, ?b]) => try apply MKT49a
  end.
Ltac rxo := eauto; repeat xo; eauto.
```

(** 非负整数 *)

```
Ltac MI x := apply Mathematical_Induction with (n:=x); auto; intros.
```

(** *N 扩张到*Z *)

```
Ltac inZ' H m n := apply Z'_Corollary1 in H as [m[n[?[]]]]; auto.
```

(** *Z 扩张到*Q *)

```
Ltac Z'split H := pose proof H as HH;
  apply Z'split_Lemma in HH as []; auto.
Ltac Z'split1 H H1 := pose proof H as H1;
  apply Z'split1_Lemma in H1; auto; Z'split H1.
Ltac inQ' H a b := apply Q'_Corollary1 in H
  as [a[b[?[?[?[]]]]]]; auto.
Ltac Q'altH H a b x := try rewrite (Q'_equClass_alter _ a b x)
  in H; auto with Z'.
Ltac Q'alt a b x := try rewrite (Q'_equClass_alter _ a b x);
  auto with Z'.
```

(** 实数集 R *)

```
Ltac inR H x := apply R_Corollary1 in H as [x[?[]]]; auto.
```

附录二 公理化集合论与实数公理化的结构性呈现

在本书正文中, 我们严格按照 Kelley 文献 [103] 和汪芳庭文献 [150] 的结构, 完成了基于 Coq 的 Morse-Kelley 公理化集合论和实数理论的完整形式化系统实现. 而在文献 [174] 中, 又根据 Zorich 文献 [188], 给出了基于 Morse-Kelley 公理化集合论的实数公理化形式化系统, 这样的安排对于初学者是方便的.

为方便应用和推广我们的形式化系统, 本附录给出公理化集合论与实数公理化的结构性呈现的一个版本[75], 主要包括 6 个 v 文件, 这里仅给出它们的 Coq 规范代码描述, 而将所有相应的证明代码均省略了. 读者可通过扫描本书封底的二维码下载完整的证明代码进行验证.

几点注记如下:

• MK_Structure1 文件以结构化的方式给出 Morse-Kelley 公理化集合论系统中涉及的所有定义和公理. 该文件中读入的基本逻辑 Pre_MK_Logic.v 文件与正文中的相应文件完全相同 (主要是为了引入 "排中律". 当然也可以通过调用 Coq 标准逻辑库中的 "Classical" 引入 "排中律"). 对于资深 Coq 用户来讲, 这种结构化描述简洁、清晰、规范 (无任何多余的假设), 而且便于推广, 例如, 只需对于类型作适当的调整, 本系统可方便地转换为 ZFC 系统.

• MK_Theorems1 文件集中给出 Morse-Kelley 公理化集合论系统中的所有定理.

• Real_Axioms 文件以结构化的方式给出实数公理化系统的定义、性质及推论, 为实数模型同构唯一性的验证提供方便.

• Real_Uniqueness 文件给出实数模型同构唯一性的结论.

• exponentiation1 文件是为进一步讨论实数模型的实例化而补充的有关自然数指数运算的一些简单性质. 该文件中读入的实数理论部分的 v 文件与正文中的相应文件几乎完全相同 (区别仅在正文中调用的是 MK_All.v, 而这里调用的是 MK_Theorems1.v 文件, 二者依据的结构稍有不同).

• Real_instantiate_HR 文件给出实数模型的实例化. 该文件给出了实数公理化系统的一个具体模型 HR0 (即本书正文中给出的实数结构), 进而根据实数模型同构唯一性, 所有实数模型均同构于 HR0, 同时也说明了实数公理化系统的诸公理均可由 Morse-Kelley 公理化集合论系统推出, 亦即实数公理系统是相容的 (无矛盾的).

Library MK_Structure1

MK_Structure1

Require Export Pre_MK_Logic.

Parameter Class : Type.

Parameter In : Class -> Class -> Prop.
Notation "x ∈ y" := (In x y) (at level 70).

Parameter Classifier : (Class -> Prop) -> Class.
Notation "\{ P \}" := (Classifier P) (at level 0).

Definition Ensemble x := ∃ y, x ∈ y.

Global Hint Unfold Ensemble : core.

Definition Union x y := \{ λ z, z ∈ x \/ z ∈ y \}.

Notation "x ∪ y" := (Union x y) (at level 65, right associativity).

Definition Intersection x y := \{ λ z, z ∈ x /\ z ∈ y \}.

Notation "x ∩ y" := (Intersection x y) (at level 60, right associativity).

Definition NotIn x y := ~ (x ∈ y).

Notation "x ∉ y" := (NotIn x y) (at level 10).

Definition Complement x := \{λ y, y ∉ x \}.

Notation "¬ x" := (Complement x) (at level 5, right associativity).

Definition Setminus x y := x ∩ (¬ y).

Notation "x ~ y" := (Setminus x y) (at level 50, left associativity).

Notation "x ≠ y" := (~ (x = y)) (at level 70).

Definition Φ := \{ λ x, x ≠ x \}.

Definition μ := \{ λ x, x = x \}.

Definition Element_I x := \{ λ z, ∀ y, y ∈ x -> z ∈ y \}.

Notation "∩ x" := (Element_I x) (at level 66).

Definition Element_U x := \{ λ z, ∃ y, z ∈ y /\ y ∈ x \}.

Notation "∪ x" := (Element_U x) (at level 66).

Definition Included x y := ∀ z, z ∈ x -> z ∈ y.

Notation "x ⊂ y" := (Included x y) (at level 70).

Definition PowerClass x := \{ λ y, y ⊂ x \}.

Notation ″pow(x)″ := (PowerClass x)
　　(at level 0, right associativity).

Definition Singleton x := \{ λ z, x ∈ μ -> z = x \}.

Notation ″[x]″ := (Singleton x) (at level 0, right associativity).

Definition Unordered x y := [x] ∪ [y].

Notation ″[x | y]″ := (Unordered x y) (at level 0).

Definition Ordered x y := [[x] | [x|y]].

Notation ″[x , y]″ := (Ordered x y) (at level 0).

Definition First z := ∩ ∩z.

Definition Second z := (∩ ∪z) ∪ (∪ ∪z) ~ (∪ ∩z).

Definition Relation r := ∀ z, z ∈ r -> ∃ x y, z = [x, y].

Notation ″\{\ P \}\″ :=
　　(\{ λ z, ∃ x y, z = [x, y] /\ P x y \}) (at level 0).

Definition Composition r s :=
　　\{\ λ x z, ∃ y, [x, y] ∈ s /\ [y, z] ∈ r \}\.

Notation ″r ∘ s″ := (Composition r s) (at level 50).

Definition Inverse r := \{\ λ x y, [y, x] ∈ r \}\.

Notation ″r ⁻¹″ := (Inverse r) (at level 5).

Definition Function f :=
　　Relation f /\ (∀ x y z, [x, y] ∈ f -> [x, z] ∈ f -> y = z).

Definition Domain f := \{ λ x, ∃ y, [x, y] ∈ f \}.

Notation ″dom(f)″ := (Domain f) (at level 5).

Definition Range f := \{ λ y, ∃ x, [x, y] ∈ f \}.

Notation ″ran(f)″ := (Range f) (at level 5).

Definition Value f x := ∩ (\{ λ y, [x, y] ∈ f \}).

Notation ″f [x]″ := (Value f x) (at level 5).

Definition Cartesian x y := \{\ λ u v, u ∈ x /\ v ∈ y \}\.

Notation ″x × y″ := (Cartesian x y) (at level 2, right associativity).

Definition Exponent y x :=
　　\{ λ f, Function f /\ dom(f) = x /\ ran(f) ⊂ y \}.

Definition On f x := Function f /\ dom(f) = x.

Definition To f y := Function f /\ ran(f) ⊂ y.

Definition Onto f y := Function f /\ ran(f) = y.

Definition Rrelation x r y := [x, y] ∈ r.

Definition Connect r x := ∀ u v, u ∈ x -> v ∈ x

-> (Rrelation u r v) \/ (Rrelation v r u) \/ (u = v).

Definition Transitive r x := ∀ u v w, u ∈ x -> v ∈ x -> w ∈ x
  -> Rrelation u r v -> Rrelation v r w -> Rrelation u r w.

Definition Asymmetric r x := ∀ u v, u ∈ x -> v ∈ x
  -> Rrelation u r v -> ~ Rrelation v r u.

Definition FirstMember z r x :=
  z ∈ x /\ (∀ y, y ∈ x -> ~ Rrelation y r z).

Definition WellOrdered r x :=
  Connect r x /\ (∀ y, y ⊂ x -> y ≠ Φ -> ∃ z, FirstMember z r y).

Definition rSection y r x := y ⊂ x /\ WellOrdered r x
  /\ (∀ u v, u ∈ x -> v ∈ y -> Rrelation u r v -> u ∈ y).

Definition Order_Pr f r s := Function f
  /\ WellOrdered r dom(f) /\ WellOrdered s ran(f)
  /\ (∀ u v, u ∈ dom(f) -> v ∈ dom(f) -> Rrelation u r v
    -> Rrelation f[u] s f[v]).

Definition Function1_1 f := Function f /\ Function (f⁻¹).

Definition Order_PXY f x y r s := WellOrdered r x /\ WellOrdered s y
  /\ Order_Pr f r s /\ rSection dom(f) r x /\ rSection ran(f) s y.

Definition E := \{\ λ x y, x ∈ y \}\.

Definition Full x := ∀ m, m ∈ x -> m ⊂ x.

Definition Ordinal x := Connect E x /\ Full x.

Definition R := \{ λ x, Ordinal x \}.

Definition Ordinal_Number x := x ∈ R.

Definition Less x y := x ∈ y.

Notation "x ≺ y" := (Less x y) (at level 67, left associativity).

Definition LessEqual (x y: Class) := x ∈ y \/ x = y.

Notation "x ≼ y" := (LessEqual x y) (at level 67, left associativity).

Definition PlusOne x := x ∪ [x].

Definition Restriction f x := f ∩ (x × μ).

Notation "f | (x)" := (Restriction f x) (at level 30).

Definition Integer x := Ordinal x /\ WellOrdered (E⁻¹) x.

Definition LastMember x E y := FirstMember x (E⁻¹) y.

Definition ω := \{ λ x, Integer x \}.

Definition ChoiceFunction c :=
  Function c /\ (∀ x, x ∈ dom(c) -> c[x] ∈ x).

Definition Nest n := ∀ x y, x ∈ n -> y ∈ n -> x ⊂ y \/ y ⊂ x.

Definition Equivalent x y :=
  ∃ f, Function1_1 f /\ dom(f) = x /\ ran(f) = y.

Notation "x ≈ y" := (Equivalent x y) (at level 70).

Definition Cardinal_Number x :=
　　Ordinal_Number x /\ (∀ y, y ∈ R -> y ≺ x -> ~ (x ≈ y)).

Definition C := \{ λ x, Cardinal_Number x \}.

Definition P := \{\ λ x y, x ≈ y /\ y ∈ C \}\.

Definition Finite x := P[x] ∈ ω.

Definition Max x y := x ∪ y.

Definition LessLess := \{\ λ a b, ∃ u v x y, a = [u,v]
　　/\ b = [x,y] /\ [u,v] ∈ (R × R) /\ [x,y] ∈ (R × R)
　　/\ ((Max u v ≺ Max x y) \/ (Max u v = Max x y /\ u ≺ x)
　　　　\/ (Max u v = Max x y /\ u = x /\ v ≺ y)) \}\.

Notation "≪" := (LessLess) (at level 0, no associativity).

Class MK_Axioms :Prop:= {
　　A_I : ∀ x y, x = y <-> (∀ z, z ∈ x <-> z ∈ y);
　　A_II : ∀ b P, b ∈ \{ P \} <-> Ensemble b /\ (P b);
　　A_III : ∀ {x}, Ensemble x -> ∃ y, Ensemble y /\ (∀ z, z ⊂ x -> z ∈ y);
　　A_IV : ∀ {x y}, Ensemble x -> Ensemble y -> Ensemble (x ∪ y);
　　A_V : ∀ {f}, Function f -> Ensemble dom(f) -> Ensemble ran(f);
　　A_VI : ∀ x, Ensemble x -> Ensemble (∪x);
　　A_VII : ∀ x, x ≠ Φ -> ∃ y, y ∈ x /\ x ∩ y = Φ;
　　A_VIII : ∃ y, Ensemble y /\ Φ ∈ y /\ (∀ x, x ∈ y -> (x ∪ [x]) ∈ y); }.

Parameter MK_Axiom : MK_Axioms.

Notation AxiomI := (@ A_I MK_Axiom).
Notation AxiomII := (@ A_II MK_Axiom).
Notation AxiomIII := (@ A_III MK_Axiom).
Notation AxiomIV := (@ A_IV MK_Axiom).
Notation AxiomV := (@ A_V MK_Axiom).
Notation AxiomVI := (@ A_VI MK_Axiom).
Notation AxiomVII := (@ A_VII MK_Axiom).
Notation AxiomVIII := (@ A_VIII MK_Axiom).

Parameter AxiomIX : ∃ c, ChoiceFunction c /\ dom(c) = μ ~ [Φ].

Ltac eqext := apply AxiomI; split; intros.

Ltac appA2G := apply AxiomII; split; eauto.

Ltac appA2H H := apply AxiomII in H as [].

Library MK_Theorems1

MK_Theorems1

Require Export MK_Structure1.

Theorem MKT4 : ∀ x y z, z ∈ x \/ z ∈ y <-> z ∈ (x ∪ y).

Theorem MKT4' : ∀ x y z, z ∈ x /\ z ∈ y <-> z ∈ (x ∩ y).

```
Ltac deHun :=
    match goal with
    | H: ?c ∈ ?a∪?b
        |- _ => apply MKT4 in H as [] ; deHun
    | _ => idtac
    end.
```

```
Ltac deGun :=
    match goal with
    | |- ?c ∈ ?a∪?b => apply MKT4 ; deGun
    | _ => idtac
    end.
```

```
Ltac deHin :=
    match goal with
    | H: ?c ∈ ?a∩?b
        |- _ => apply MKT4' in H as []; deHin
    | _ => idtac
    end.
```

```
Ltac deGin :=
    match goal with
    | |- ?c ∈ ?a∩?b => apply MKT4'; split; deGin
    | _ => idtac
    end.
```

Theorem MKT5 : ∀ x, x ∪ x = x.

Theorem MKT5' : ∀ x, x ∩ x = x.

Theorem MKT6 : ∀ x y, x ∪ y = y ∪ x.

Theorem MKT6' : ∀ x y, x ∩ y = y ∩ x.

Theorem MKT7 : ∀ x y z, (x ∪ y) ∪ z = x ∪ (y ∪ z).

Theorem MKT7' : ∀ x y z, (x ∩ y) ∩ z = x ∩ (y ∩ z).

Theorem MKT8 : ∀ x y z, x ∩ (y ∪ z) = (x ∩ y) ∪ (x ∩ z).

Theorem MKT8' : ∀ x y z, x ∪ (y ∩ z) = (x ∪ y) ∩ (x ∪ z).

Theorem MKT11: ∀ x, ¬ (¬ x) = x.

Theorem MKT12: ∀ x y, ¬ (x ∪ y) = (¬ x) ∩ (¬ y).

Theorem MKT12' : ∀ x y, ¬ (x ∩ y) = (¬ x) ∪ (¬ y).

Fact setminP : ∀ z x y, z ∈ x -> ~ z ∈ y -> z ∈ (x ~ y).

Global Hint Resolve setminP : core.

Fact setminp : ∀ z x y, z ∈ (x ~ y) -> z ∈ x /\ ~ z ∈ y.

Theorem MKT14 : ∀ x y z, x ∩ (y ~ z) = (x ∩ y) ~ z.

Theorem MKT16 : ∀ {x}, x ∉ Φ.

```
Ltac emf :=
    match goal with
        H: ?a ∈ Φ
        |- _ => destruct (MKT16 H)
    end.
```

Ltac eqE := eqext; try emf; auto.

Ltac feine z := destruct (@ MKT16 z).

Theorem MKT17 : ∀ x, Φ ∪ x = x.

Theorem MKT17' : ∀ x, Φ ∩ x = Φ.

Theorem MKT19 : ∀ x, x ∈ μ <-> Ensemble x.

Theorem MKT19a : ∀ x, x ∈ μ -> Ensemble x.

Theorem MKT19b : ∀ x, Ensemble x -> x ∈ μ.

Global Hint Resolve MKT19a MKT19b : core.

Theorem MKT20 : ∀ x, x ∪ μ = μ.

Theorem MKT20' : ∀ x, x ∩ μ = x.

Theorem MKT21 : ¬ Φ = μ.

Theorem MKT21' : ¬ μ = Φ.

```
Ltac deHex1 :=
    match goal with
        H: ∃ x, ?P
        |- _ => destruct H as []
    end.
```

Ltac rdeHex := repeat deHex1; deand.

Theorem MKT24 : ∩ Φ = μ.

Theorem MKT24' : ∪ Φ = Φ.

Theorem MKT26 : ∀ x, Φ ⊂ x.

Theorem MKT26' : ∀ x, x ⊂ μ.

Theorem MKT26a : ∀ x, x ⊂ x.

Global Hint Resolve MKT26 MKT26' MKT26a : core.

Fact ssubs : ∀ {a b z}, z ⊂ (a ~ b) -> z ⊂ a.

Global Hint Immediate ssubs : core.

Fact esube : ∀ {z}, z ⊂ Φ -> z = Φ.

Theorem MKT27 : ∀ x y, (x ⊂ y /\ y ⊂ x) <-> x = y.

Theorem MKT28 : ∀ {x y z}, x ⊂ y -> y ⊂ z -> x ⊂ z.

Theorem MKT29 : ∀ x y, x ∪ y = y <-> x ⊂ y.

Theorem MKT30 : ∀ x y, x ∩ y = x <-> x ⊂ y.

Theorem MKT31 : ∀ x y, x ⊂ y -> (∪x ⊂ ∪y) /\ (∩y ⊂ ∩x).

Theorem MKT32 : ∀ x y, x ∈ y -> (x ⊂ ∪y) /\ (∩y ⊂ x).

Theorem MKT33 : ∀ x z, Ensemble x -> z ⊂ x -> Ensemble z.

Theorem MKT34 : Φ = ∩ μ.

Theorem MKT34' : μ = ∪ μ.

Lemma NEexE : ∀ x, x ≠ Φ <-> ∃ z, z∈x.

Ltac NEele H := apply NEexE in H as [].

Theorem MKT35 : ∀ x, x ≠ Φ -> Ensemble (∩x).

Theorem MKT37 : μ = pow(μ).

Ltac New H := pose proof H.

Theorem MKT38a : ∀ {x}, Ensemble x -> Ensemble pow(x).

Theorem MKT38b : ∀ {x}, Ensemble x -> (∀ y, y ⊂ x <-> y ∈ pow(x)).

Lemma Lemma_N : ~ Ensemble \{ λ x, x ∉ x \}.

Theorem MKT39 : ~ Ensemble μ.

Fact singlex : ∀ x, Ensemble x -> x ∈ [x].

Global Hint Resolve singlex : core.

Theorem MKT41 : ∀ x, Ensemble x -> (∀ y, y ∈ [x] <-> y = x).

Ltac eins H := apply MKT41 in H; subst; eauto.

Theorem MKT42 : ∀ x, Ensemble x -> Ensemble ([x]).

Global Hint Resolve MKT42 : core.

Theorem MKT43 : ∀ x, [x] = μ <-> ~ Ensemble x.

Theorem MKT42' : ∀ x, Ensemble ([x]) -> Ensemble x.

Theorem MKT44 : ∀ {x}, Ensemble x -> ∩[x] = x /\ ∪[x] = x.

Theorem MKT44' : ∀ x, ~ Ensemble x -> ∩[x] = Φ /\ ∪[x] = μ.

Corollary AxiomIV' : ∀ x y, Ensemble (x ∪ y)
    -> Ensemble x /\ Ensemble y.

Theorem MKT46a : ∀ {x y}, Ensemble x -> Ensemble y
    -> Ensemble ([x|y]).

```
Global Hint Resolve MKT46a : core.

Theorem MKT46b : ∀ {x y}, Ensemble x -> Ensemble y
    -> (∀ z, z ∈ [x|y] <-> (z = x \/ z = y)).

Theorem MKT46' : ∀ x y, [x|y] = μ <-> ~ Ensemble x \/ ~ Ensemble y.

Theorem MKT47a : ∀ x y, Ensemble x -> Ensemble y -> ∩[x|y] = x ∩ y.

Theorem MKT47b : ∀ x y, Ensemble x -> Ensemble y
    -> ∪[x|y] = x ∪ y.

Theorem MKT47' : ∀ x y, ~ Ensemble x \/ ~ Ensemble y
    -> (∩[x|y] = Φ) /\ (∪[x|y] = μ).


Theorem MKT49a : ∀ {x y}, Ensemble x -> Ensemble y
    -> Ensemble ([x,y]).

Global Hint Resolve MKT49a : core.

Theorem MKT49b : ∀ x y, Ensemble ([x,y]) -> Ensemble x /\ Ensemble y.

Theorem MKT49c1 : ∀ {x y}, Ensemble ([x,y]) -> Ensemble x.

Theorem MKT49c2 : ∀ {x y}, Ensemble ([x,y]) -> Ensemble y.

Ltac ope1 :=
    match goal with
        H: Ensemble ([?x,?y])
        |- Ensemble ?x => eapply MKT49c1; eauto
    end.

Ltac ope2 :=
    match goal with
        H: Ensemble ([?x,?y])
        |- Ensemble ?y => eapply MKT49c2; eauto
    end.

Ltac ope3 :=
    match goal with
        H: [?x,?y] ∈ ?z
        |- Ensemble ?x => eapply MKT49c1; eauto
    end.

Ltac ope4 :=
    match goal with
        H: [?x,?y] ∈ ?z
        |- Ensemble ?y => eapply MKT49c2; eauto
    end.

Ltac ope := try ope1; try ope2; try ope3; try ope4.

Theorem MKT49' : ∀ x y, ~ Ensemble ([x,y]) -> [x,y] = μ.

Fact subcp1 : ∀ x y, x ⊂ (x ∪ y).

Global Hint Resolve subcp1 : core.

Lemma Lemma50a : ∀ x y, Ensemble x -> Ensemble y -> ∪[x,y] = [x|y].

Lemma Lemma50b : ∀ x y, Ensemble x -> Ensemble y -> ∩[x,y] = [x].

Theorem MKT50 : ∀ {x y}, Ensemble x -> Ensemble y
    -> (∪[x,y] = [x|y]) /\ (∩[x,y] = [x]) /\ (∪(∩[x,y]) = x)
```

$\bigwedge$ $(\cap(\cap[x,y]) = x)$ $\bigwedge$ $(\cup(\cup[x,y]) = x\cup y)$ $\bigwedge$ $(\cap(\cup[x,y]) = x\cap y)$.

Lemma Lemma50' : $\forall$ (x y: Class), $^{\sim}$ Ensemble x $\bigvee$ $^{\sim}$ Ensemble y
$\rightarrow$ $^{\sim}$ Ensemble ([x]) $\bigvee$ $^{\sim}$ Ensemble ([x | y]).

Theorem MKT50' : $\forall$ {x y}, $^{\sim}$ Ensemble x $\bigvee$ $^{\sim}$ Ensemble y
$\rightarrow$ $(\cup(\cap[x,y]) = \Phi)$ $\bigwedge$ $(\cap(\cap[x,y]) = \mu)$ $\bigwedge$ $(\cup(\cup[x,y]) = \mu)$
$\bigwedge$ $(\cap(\cup[x,y]) = \Phi)$.

Definition First z := $\cap(\cap z)$.

Definition Second z := $(\cap \cup z) \cup ((\cup(\cup z)) ^{\sim} (\cup(\cap z)))$.

Theorem MKT53 : Second μ = μ.

Theorem MKT54a : $\forall$ x y, Ensemble x $\rightarrow$ Ensemble y
$\rightarrow$ First ([x,y]) = x.

Theorem MKT54b : $\forall$ x y, Ensemble x $\rightarrow$ Ensemble y
$\rightarrow$ Second ([x,y]) = y.

Theorem MKT54' : $\forall$ x y, $^{\sim}$ Ensemble x $\bigvee$ $^{\sim}$ Ensemble y
$\rightarrow$ First ([x,y]) = μ $\bigwedge$ Second ([x,y]) = μ.

Theorem MKT55 : $\forall$ x y u v, Ensemble x $\rightarrow$ Ensemble y
$\rightarrow$ ([x,y] = [u,v] $\Longleftrightarrow$ x = u $\bigwedge$ y = v).

Fact Pins : $\forall$ a b c d, Ensemble c $\rightarrow$ Ensemble d
$\rightarrow$ [a,b] $\in$ [[c,d]] $\rightarrow$ a = c $\bigwedge$ b = d.

Ltac pins H := apply Pins in H as []; subst; eauto.

Fact Pinfus : $\forall$ a b f x y, Ensemble x $\rightarrow$ Ensemble y
$\rightarrow$ [a,b] $\in$ (f $\cup$ [[x,y]]) $\rightarrow$ [a,b] $\in$ f $\bigvee$ (a = x $\bigwedge$ b = y).

Ltac pinfus H := apply Pinfus in H as [?|[]]; subst; eauto.

Ltac eincus H := apply AxiomII in H as [_ [H|H]]; try eins H; auto.

Ltac PP H a b := apply AxiomII in H as [? [a [b []]]]; subst.

Fact AxiomII' : $\forall$ a b P,
[a,b] $\in$ \{\ P \}\ $\Longleftrightarrow$ Ensemble ([a,b]) $\bigwedge$ (P a b).

Ltac appoA2G := apply AxiomII'; split; eauto.

Ltac appoA2H H := apply AxiomII' in H as [].

Theorem MKT58 : $\forall$ r s t, (r $\circ$ s) $\circ$ t = r $\circ$ (s $\circ$ t).

Theorem MKT59 : $\forall$ r s t, Relation r $\rightarrow$ Relation s
$\rightarrow$ r $\circ$ (s $\cup$ t) = (r $\circ$ s) $\cup$ (r $\circ$ t)
$\bigwedge$ r $\circ$ (s $\cap$ t) $\subset$ (r $\circ$ s) $\cap$ (r $\circ$ t).

Fact invp1 : $\forall$ a b f, [b,a] $\in$ f^{-1} $\Longleftrightarrow$ [a,b] $\in$ f.

Fact uiv : $\forall$ a b, (a $\cup$ b)$^{-1}$ = a^{-1} $\cup$ b^{-1}.

Fact iiv : $\forall$ a b, (a $\cap$ b)$^{-1}$ = a^{-1} $\cap$ b^{-1}.

Fact siv : $\forall$ a b, Ensemble a $\rightarrow$ Ensemble b $\rightarrow$ [[a,b]]$^{-1}$ = [[b,a]].

Theorem MKT61 : $\forall$ r, Relation r $\rightarrow$ (r^{-1})$^{-1}$ = r.

Theorem MKT62 : $\forall$ r s, (r $\circ$ s)$^{-1}$ = (s^{-1}) $\circ$ (r^{-1}).

```
Fact opisf : ∀ a b, Ensemble a -> Ensemble b -> Function ([[a,b]]).

Fact PisRel : ∀ P, Relation \{\ P \}\.

Global Hint Resolve PisRel : core.

Theorem MKT64 : ∀ f g, Function f -> Function g -> Function (f ∘ g).

Corollary Property_dom : ∀ {x y f}, [x,y] ∈ f -> x ∈ dom(f).

Corollary Property_ran : ∀ {x y f}, [x,y] ∈ f -> y ∈ ran(f).

Fact deqri : ∀ f, dom(f) = ran(f⁻¹).

Fact reqdi : ∀ f, ran(f) = dom(f⁻¹).

Fact subdom : ∀ {x y}, x ⊂ y -> dom(x) ⊂ dom(y).

Fact undom : ∀ f g, dom(f ∪ g) = dom(f) ∪ dom(g).

Fact unran : ∀ f g, ran(f ∪ g) = ran(f) ∪ ran(g).

Fact domor : ∀ u v, Ensemble u -> Ensemble v -> dom([[u,v]]) = [u].

Fact ranor : ∀ u v, Ensemble u -> Ensemble v -> ran([[u,v]]) = [v].

Fact fupf : ∀ f x y, Function f -> Ensemble x -> Ensemble y
    -> ~ x ∈ dom(f) -> Function (f ∪ [[x,y]]).

Fact dos1 : ∀ {f x} y, Function f -> [x,y] ∈ f
    -> dom(f ~ [[x,y]]) = dom(f) ~ [x].

Fact ros1 : ∀ {f x y}, Function f⁻¹ -> [x,y] ∈ f
    -> ran(f ~ [[x,y]]) = ran(f) ~ [y].

Theorem MKT67a: dom(μ) = μ.

Theorem MKT67b: ran(μ) = μ.

Theorem MKT69a : ∀ {x f}, x ∉ dom(f) -> f[x] = μ.

Theorem MKT69b : ∀ {x f}, x ∈ dom(f) -> f[x] ∈ μ.

Theorem MKT69a' : ∀ {x f}, f[x] = μ -> x ∉ dom(f).

Theorem MKT69b' : ∀ {x f}, f[x] ∈ μ -> x ∈ dom(f).

Corollary Property_Fun : ∀ y f x, Function f
    -> [x,y] ∈ f -> y = f[x].

Lemma uvinf : ∀ z a b f, ~ a ∈ dom(f) -> Ensemble a -> Ensemble b
    -> (z ∈ dom(f) -> (f ∪ [[a,b]])[z] = f[z]).

Lemma uvinp : ∀ a b f, ~ a ∈ dom(f) -> Ensemble a -> Ensemble b
    -> (f ∪ [[a,b]])[a] = b.

Fact Einr : ∀ {f z}, Function f -> z ∈ ran(f)
    -> ∃ x, x ∈ dom(f) /\ z = f[x].

Ltac einr H := New H; apply Einr in H as [? []]; subst; auto.

Theorem MKT70 : ∀ f, Function f -> f = \{\ λ x y, y = f[x] \}\.
```

Corollary Property_Value : ∀ {f x}, Function f -> x ∈ dom(f)
　-> [x,f[x]] ∈ f.

Fact subval : ∀ {f g}, f ⊂ g -> Function f -> Function g
　-> ∀ u, u ∈ dom(f) -> f[u] = g[u].

Corollary Property_Value' : ∀ f x, Function f -> f[x] ∈ ran(f)
　-> [x,f[x]] ∈ f.

Corollary Property_dm : ∀ {f x}, Function f -> x ∈ dom(f)
　-> f[x] ∈ ran(f).

Theorem MKT71 : ∀ f g, Function f -> Function g
　-> (f = g <-> ∀ x, f[x] = g[x]).

Ltac xo :=
　match goal with
　　|- Ensemble ([?a, ?b]) => try apply MKT49a
　end.

Ltac rxo := eauto; repeat xo; eauto.

Lemma Ex_Lemma73 : ∀ {u y}, Ensemble u -> Ensemble y
　-> let f:= \{\ λ w z, w ∈ y /\ z = [u,w] \}\ in
　　Function f /\ dom(f) = y /\ ran(f) = [u] × y.

Theorem MKT73 : ∀ u y, Ensemble u -> Ensemble y
　-> Ensemble ([u] × y).

Lemma Ex_Lemma74 : ∀ {x y}, Ensemble x -> Ensemble y
　-> let f := \{\ λ u z, u ∈ x /\ z = [u] × y \}\ in
　　Function f /\ dom(f) = x
　　/\ ran(f) = \{ λ z, ∃ u, u ∈ x /\ z = [u] × y \}.

Lemma Lemma74 : ∀ {x y}, Ensemble x -> Ensemble y
　-> ∪(\{ λ z, ∃ u, u ∈ x /\ z = [u] × y \}) = x × y.

Theorem MKT74 : ∀ {x y}, Ensemble x -> Ensemble y
　-> Ensemble (x × y).

Theorem MKT75 : ∀ f, Function f -> Ensemble dom(f) -> Ensemble f.

Fact fdme : ∀ {f}, Function f -> Ensemble f -> Ensemble dom(f).

Fact frne : ∀ {f}, Function f -> Ensemble f -> Ensemble ran(f).

Theorem MKT77 : ∀ x y, Ensemble x -> Ensemble y
　-> Ensemble (Exponent y x).

Fact Property_Asy : ∀ {r x u}, Asymmetric r x -> u ∈ x
　-> ~ Rrelation u r u.

Corollary wosub : ∀ x r y, WellOrdered r x -> y ⊂ x
　-> WellOrdered r y.

Theorem MKT88a : ∀ {r x}, WellOrdered r x -> Asymmetric r x.

Theorem MKT88b : ∀ r x, WellOrdered r x -> Transitive r x.

Theorem MKT90 : ∀ n x r, n ≠ Φ -> (∀ y, y ∈ n -> rSection y r x)
　-> rSection (∩n) r x /\ rSection (∪n) r x.

Theorem MKT91 : ∀ {x y r}, rSection y r x -> y <> x
　-> (∃ v, v ∈ x /\ y = \{ λ u, u ∈ x /\ Rrelation u r v \}).

Theorem MKT92 : ∀ {x y z r}, rSection x r z -> rSection y r z
    -> x ⊂ y ⋁ y ⊂ x.

Theorem MKT94 : ∀ {x r y f}, rSection x r y -> Order_Pr f r r
    -> On f x -> To f y -> (∀ u, u ∈ x -> ~ Rrelation f[u] r u).

Lemma f11vi : ∀ f u, Function f -> Function f⁻¹ -> u ∈ ran(f)
    -> f[(f⁻¹)[u]] = u.

Lemma f11inj : ∀ f a b, Function f -> Function f⁻¹
    -> a ∈ dom(f) -> b ∈ dom(f) -> f[a] = f[b] -> a = b.

Lemma f11iv : ∀ f u, Function f -> Function f⁻¹ -> u ∈ dom(f)
    -> (f⁻¹)[f[u]] = u.

Fact f11pa : ∀ {f x y}, Function1_1 f -> [x, y] ∈ f
    -> Function1_1 (f ~ [[x, y]]).

Fact f11pb : ∀ f x y, Function1_1 f -> Ensemble x -> Ensemble y
    -> ~ x ∈ dom(f) -> ~ y ∈ ran(f) -> Function1_1 (f ∪ [[x, y]]).

Theorem MKT96a : ∀ {f r s}, Order_Pr f r s -> Function1_1 f.

Theorem MKT96b : ∀ {f r s}, Order_Pr f r s -> Order_Pr (f⁻¹) s r.

Theorem MKT96 : ∀ f r s, Order_Pr f r s
    -> Function1_1 f ⋀ Order_Pr (f⁻¹) s r.

Lemma lem97a : ∀ f g u r s x y, Order_Pr f r s -> Order_Pr g r s
    -> rSection dom(f) r x -> rSection dom(g) r x
    -> rSection ran(f) s y -> rSection ran(g) s y
    -> FirstMember u r (\{ λ a, a ∈ (dom(f) ∩ dom(g))
        ⋀ f [a] <> g [a] \}) -> Rrelation f[u] s g[u] -> False.

Lemma le97 : ∀ f g, Function f -> Function g
    -> (∀ a, a ∈ (dom(f) ∩ dom(g)) -> f[a] = g[a])
    -> dom(f) ⊂ dom(g) -> f ⊂ g.

Theorem MKT97 : ∀ {f g r s x y}, Order_Pr f r s -> Order_Pr g r s
    -> rSection dom(f) r x -> rSection dom(g) r x
    -> rSection ran(f) s y -> rSection ran(g) s y -> f ⊂ g ⋁ g ⊂ f.

Lemma Lemma99c : ∀ y r x a b, rSection y r x -> a ∈ y -> ~ b ∈ y
    -> b ∈ x -> Rrelation a r b.

Ltac RN a b := rename a into b.

Theorem MKT99 : ∀ {r s x y}, WellOrdered r x -> WellOrdered s y
    -> ∃ f, Function f ⋀ Order_PXY f x y r s
        ⋀(dom(f) = x ⋁ ran(f) = y).

Theorem MKT100 : ∀ {r s x y}, WellOrdered r x -> WellOrdered s y
    -> Ensemble x -> ~ Ensemble y -> ∃ f, Function f
        ⋀ Order_PXY f x y r s ⋀ dom(f) = x.

Theorem MKT100' : ∀ r s x y, WellOrdered r x ⋀ WellOrdered s y
    -> Ensemble x -> ~ Ensemble y
    -> ∀ f, Function f ⋀ Order_PXY f x y r s ⋀ dom(f) = x
    -> ∀ g, Function g ⋀ Order_PXY g x y r s ⋀ dom(g) = x
    -> f = g.

Theorem MKT101 : ∀ x, x ∉ x.

Theorem MKT102 : ∀ x y, x ∈ y -> y ∈ x -> False.

Lemma cirin3f : ∀ x y z, x ∈ y -> y ∈ z -> z ∈ x -> False.

Theorem MKT104 : ~ Ensemble E.

Theorem MKT107 : ∀ {x}, Ordinal x -> WellOrdered E x.

Theorem MKT108 : ∀ x y, Ordinal x -> y ⊂ x -> y <> x -> Full y
　 -> y ∈ x.

Lemma Lemma109 : ∀ {x y}, Ordinal x -> Ordinal y
　 -> ((x ∩ y) = x) \/ ((x ∩ y) ∈ x).

Theorem MKT109 : ∀ {x y}, Ordinal x -> Ordinal y
　 -> x ⊂ y \/ y ⊂ x.

Theorem MKT110 : ∀ {x y}, Ordinal x -> Ordinal y
　 -> x ∈ y \/ y ∈ x \/ x = y.

Corollary Th110ano : ∀ {x y}, Ordinal x -> Ordinal y
　 -> x ∈ y \/ y ⊂ x.

Theorem MKT111 : ∀ x y, Ordinal x -> y ∈ x -> Ordinal y.

Lemma Lemma113 :∀ u v, Ensemble u -> Ensemble v -> Ordinal u
　 -> Ordinal v -> (Rrelation u E v \/ Rrelation v E u \/ u = v).

Theorem MKT113a : Ordinal R.

Theorem MKT113b : ~ Ensemble R.

Global Hint Resolve MKT113a MKT113b : core.

Theorem MKT114 : ∀ x, rSection x E R -> Ordinal x.

Corollary Property114 : ∀ x, Ordinal x -> rSection x E R.

Theorem MKT118 : ∀ x y, Ordinal x -> Ordinal y
　 -> (x ⊂ y <-> x ≼ y).

Theorem MKT119 : ∀ x, Ordinal x
　 -> x = \{ λ y, (y ∈ R /\ Less y x) \}.

Theorem MKT120 : ∀ x, x ⊂ R -> Ordinal (∪x).

Lemma Lemma121 : ∀ x, x ⊂ R -> x <> Φ -> FirstMember (∩x) E x.

Theorem MKT121 : ∀ x, x ⊂ R -> x <> Φ -> (∩x) ∈ x.

Lemma Lem123 : ∀ x, x ∈ R -> (PlusOne x) ∈ R.

Global Hint Resolve Lem123 : core.

Theorem MKT123 : ∀ x, x ∈ R
　 -> FirstMember (PlusOne x) E (\{ λ y, (y ∈ R /\ Less x y) \}).

Theorem MKT124 : ∀ x, x ∈ R -> ∪(PlusOne x) = x.

Theorem MKT126a : ∀ f x, Function f -> Function (f|(x)).

Theorem MKT126b : ∀ f x, Function f -> dom(f|(x)) = x ∩ dom(f).

Theorem MKT126c : ∀ f x, Function f
　 -> (∀ y, y ∈ dom(f|(x)) -> (f|(x))[y] = f[y]).

Corollary frebig : ∀ f x, Function f -> dom(f) ⊂ x -> f|(x) = f.

Corollary fresub : ∀ f h, Function f -> Function h -> h ⊂ f
　　-> f|(dom(h)) = h.

Corollary fuprv : ∀ f x y z, Ensemble x -> Ensemble y
　　-> ~ x ∈ z -> (f ∪ [[x,y]])|(z) = f|(z).

Theorem MKT127 : ∀ {f h g}, Function f -> Ordinal dom(f)
　　-> (∀ u, u ∈ dom(f) -> f[u] = g[f|(u)]) -> Function h
　　-> Ordinal dom(h) -> (∀ u, u ∈ dom(h) -> h[u] = g[h|(u)])
　　-> h ⊂ f \/ f ⊂ h.

Theorem MKT128a : ∀ g, ∃ f, Function f /\ Ordinal dom(f)
　　/\ (∀ x, Ordinal_Number x -> f[x] = g[f|(x)]).

Lemma lem128 : ∀ {f g h}, Function f -> Function h
　　-> Ordinal dom(f) -> Ordinal dom(h)
　　-> (∀ x, Ordinal_Number x -> f[x] = g [f|(x)])
　　-> (∀ x, Ordinal_Number x -> h[x] = g [h|(x)])
　　-> h ⊂ f -> h = f.

Theorem MKT128b : ∀ g, ∀ f, Function f /\ Ordinal dom(f)
　　　　/\ (∀ x, Ordinal_Number x -> f[x] = g[f|(x)])
　　-> ∀ h, Function h /\ Ordinal dom(h)
　　　　/\ (∀ x, Ordinal_Number x -> h[x] = g[h|(x)]) -> f = h.

Fact EnEm : Ensemble Φ.

Global Hint Resolve EnEm : core.

Fact powEm : pow(Φ) = [Φ].

Theorem MKT132 : ∀ x y, Integer x -> y ∈ x -> Integer y.

Theorem MKT133 : ∀ {x y}, y ∈ R -> LastMember x E y
　　-> y = PlusOne x.

Theorem MKT134 : ∀ {x}, x ∈ ω -> (PlusOne x) ∈ ω.

Global Hint Resolve MKT134 : core.

Theorem MKT135 : Φ ∈ ω /\ (∀ x, x ∈ ω -> Φ ≠ PlusOne x).

Theorem MKT135a : Φ ∈ ω.

Global Hint Resolve MKT135a : core.

Theorem MKT135b : ∀ x, x ∈ ω -> Φ ≠ PlusOne x.

Theorem MKT136 : ∀ x y, x ∈ ω -> y ∈ ω -> PlusOne x = PlusOne y
　　-> x = y.

Corollary Property_W : Ordinal ω.

Global Hint Resolve Property_W : core.

Theorem MKT137 : ∀ x, x ⊂ ω -> Φ ∈ x
　　-> (∀ u, u ∈ x -> (PlusOne u) ∈ x) -> x = ω.

Theorem MKT138 : ω ∈ R.

Theorem MiniMember_Principle : ∀ S, S ⊂ ω -> S ≠ Φ

```
   -> ∃ a, a ∈ S /\ (∀ c, c ∈ S -> a ≼ c).

Theorem Mathematical_Induction : ∀ (P :Class -> Prop), P Φ
   -> (∀ k, k ∈ ω -> P k -> P (PlusOne k)) -> (∀ n, n ∈ ω -> P n).

Ltac MI x := apply Mathematical_Induction with (n:=x); auto; intros.

Fact caseint : ∀ {x}, x ∈ ω
   -> x = Φ \/ (∃ v, v ∈ ω /\ x = PlusOne v).

Theorem The_Second_Mathematical_Induction : ∀ (P: Class -> Prop),
   P Φ -> (∀ k, k ∈ ω -> (∀ m, m ≺ k -> P m) -> P k)
   -> (∀ n, n ∈ ω -> P n).


Fact f2Pf : ∀ {f} P, let g := \{\ λ u v, v = f[P u] \}\ in
   Function f -> (∀ h, Ensemble h -> g[h] = f[P h]).

Fact c2fp : ∀ {x c g P f}, Ensemble x -> dom(c) = μ ~ [Φ]
   -> (∀ x, x ∈ dom(c) -> c[x] ∈ x)
   -> (∀ h, Ensemble h -> g[h] = c[P h])
   -> (∀ x, Ordinal_Number x -> f[x] = g[f|(x)])
   -> Function f -> Ordinal dom(f)
   -> (∀ u, u ∈ dom(f) -> Ensemble (P (f|(u)))
      -> f[u] ∈ (P (f|(u)))).

Theorem MKT140 : ∀ x, Ensemble x
   -> ∃ f, Function1_1 f /\ ran(f) = x /\ Ordinal_Number dom(f).

Theorem MKT142 : ∀ n, Nest n -> (∀ m, m ∈ n -> Nest m)
   -> Nest (∪n).

Theorem MKT143 : ∀ x, Ensemble x -> ∃ n, (Nest n /\ n ⊂ x)
   /\ (∀ m, Nest m -> m ⊂ x -> n ⊂ m -> m = n).


Fact eqvp : ∀ {x y}, Ensemble y -> x ≈ y -> Ensemble x.

Theorem MKT145 : ∀ x, x ≈ x.

Global Hint Resolve MKT145 : core.

Theorem MKT146 : ∀ {x y}, x ≈ y -> y ≈ x.

Theorem MKT147 : ∀ y x z, x ≈ y -> y ≈ z -> x ≈ z.

Theorem MKT150 : WellOrdered E C.

Theorem MKT152a : Function P.

Global Hint Resolve MKT152a : core.

Theorem MKT152b : dom(P) = μ.

Theorem MKT152c : ran(P) = C.

Corollary Property_PClass : ∀ {x}, Ensemble x -> P [x] ∈ C.

Global Hint Resolve Property_PClass : core.

Theorem MKT153 : ∀ {x}, Ensemble x -> P[x] ≈ x.

Global Hint Resolve MKT153 : core.

Fact pveqv : ∀ x y, Ensemble y -> P[x] = y -> x ≈ y.
```

Fact carE : ∀ {x}, P[x] = Φ -> x = Φ.

Theorem MKT154 : ∀ x y, Ensemble x -> Ensemble y
  -> (P[x] = P[y] <-> x ≈ y).

Theorem MKT155 : ∀ x, P[P[x]] = P[x].

Theorem MKT156 : ∀ x, (Ensemble x /\ P[x] = x) <-> x ∈ C. '

Theorem MKT157 : ∀ x y, y ∈ R -> x ⊂ y -> P[x] ≼ y.

Theorem MKT158 : ∀ {x y}, x ⊂ y -> P[x] ≼ P[y].

Theorem MKT159 : ∀ x y u v, Ensemble x -> Ensemble y
  -> u ⊂ x -> v ⊂ y -> x ≈ v -> y ≈ u -> x ≈ y.

Theorem MKT160 : ∀ {f}, Function f -> Ensemble f
  -> P[ran(f)] ≼ P[dom(f)].

Theorem MKT161 : ∀ {x}, Ensemble x -> P[x] ≺ P[pow(x)].

Theorem MKT162 : ˜ Ensemble C.

Lemma Lemma163a : ∀ {x y}, Ensemble x -> ˜ x ∈ y
  -> y = (y ∪ [x]) ˜ [x].

Lemma Lemma163b : ∀ {x y}, x ∈ y -> y = (y ˜ [x]) ∪ [x].

Lemma Lemma163c : ∀ {x y z}, x ˜ y ˜ z = x ˜ z ˜ y.

Theorem MKT163 : ∀ x y, x ∈ ω -> y ∈ ω -> (PlusOne x) ≈ (PlusOne y)
  -> x ≈ y.

Theorem MKT164 : ω ⊂ C.
Theorem MKT165 : ω ∈ C.

Corollary Property_Finite : ∀ {x}, Finite x -> Ensemble x.

Lemma finsub : ∀ {A B}, Finite A -> B ⊂ A -> Finite B.

Lemma finsin : ∀ z, Ensemble z -> Finite ([z]).

Lemma finue : ∀ {x z}, Finite x -> Ensemble z -> ˜ z ∈ x
  -> P[x ∪ [z]] = PlusOne P[x].

Fact finse : ∀ f {y u z}, P[y] = PlusOne u -> u ∈ ω -> Function f
  -> Function f⁻¹ -> dom(f) = y -> ran(f) = PlusOne u -> z ∈ y
  -> P[y ˜ [z]] = u.

Lemma lem167a : ∀ r x f, WellOrdered r P[x] -> Function1_1 f
  -> dom(f) = x -> ran(f) = P[x]
  -> WellOrdered \{\ λ u v, Rrelation f[u] r f[v] \}\ x.

Lemma lem167b : ∀ {f r}, ω ⊂ ran(f) -> WellOrdered r⁻¹ dom(f)
  -> Order_Pr f r E -> False.

Theorem MKT167 : ∀ x, Finite x <-> ∃ r, WellOrdered r x
  /\ WellOrdered (r⁻¹) x.

Lemma lem168 : ∀ {x y r s}, WellOrdered r x -> WellOrdered s y
  -> WellOrdered \{\ λ u v, (u ∈ x /\ v ∈ x /\ Rrelation u r v)
      \/ (u ∈ (y ˜ x) /\ v ∈ (y ˜ x) /\ Rrelation u s v)
      \/ (u ∈ x /\ v ∈ (y ˜ x)) \}\ (x ∪ y).

Theorem MKT168 : ∀ x y, Finite x -> Finite y -> Finite (x ∪ y).

Lemma Lemma169 : ∀ x y, ∪(x ∪ y) = (∪x) ∪ (∪y).

Theorem MKT169 : ∀ x, Finite x -> (∀ z, z ∈ x -> Finite z)
　　-> Finite (∪ x).

Theorem MKT170 : ∀ x y, Finite x -> Finite y -> Finite (x × y).

Lemma lem171 : ∀ {x y}, y ∈ x
　　-> pow(x) = pow(x ~ [y]) ∪ \{ λ z, z ⊂ x /\ y ∈ z \}.

Theorem MKT171 : ∀ x, Finite x -> Finite pow(x).

Theorem MKT172 : ∀ x y, Finite x -> y ⊂ x -> P[y] = P[x] -> x = y.

Theorem MKT173 : ∀ x, Ensemble x -> ~ Finite x
　　-> ∃ y, y ⊂ x /\ y <> x /\ x ≈ y.

Theorem MKT174 : ∀ x, x ∈ (R ~ ω) -> P[PlusOne x] = P[x].

Lemma lem177a : ∀ {a b}, a ∈ R -> b ∈ R
　　-> Max a b = a \/ Max a b = b.

Lemma lem177b : ∀ {a b}, a ∈ R -> b ∈ R -> Max a b ∈ R.

Lemma lem177c : ∀ P a b c d, Ensemble ([a,b]) -> Ensemble ([c,d])
　　-> Rrelation ([a,b]) \{\ λ a b, ∃ u v x y, a = [u,v]
　　　/\ b = [x,y] /\ P u v x y \}\ ([c,d]) <-> P a b c d.

Theorem MKT177 : WellOrdered ≪ (R × R).

Lemma lem178a : ∀ {a b}, a ∈ R -> b ∈ R
　　-> a ∈ (PlusOne (Max a b)).

Lemma lem178b : ∀ u v x y, u ∈ R -> v ∈ R -> x ∈ R -> y ∈ R
　　-> Max u v < Max x y \/ Max u v = Max x y
　　-> PlusOne (Max u v) ⊂ PlusOne (Max x y).

Theorem MKT178 : ∀ u v x y, Rrelation ([u,v]) ≪ ([x,y])
　　-> [u,v] ∈ ((PlusOne (Max x y)) × (PlusOne (Max x y))).

Fact le179 : ∀ x, x ∈ R -> P[x] ∈ ω -> P[x] = x.

Fact t69r : ∀ f x, Function f -> Ensemble f[x] -> f[x] ∈ ran(f).

Fact CsubR : C ⊂ R.

Global Hint Resolve CsubR : core.

Fact plusoneEns : ∀ z, Ensemble z -> Ensemble (PlusOne z).

Global Hint Resolve plusoneEns : core.

Fact pclec : ∀ {x}, x ∈ R -> P[x] ≼ x.

Lemma lem179a : ∀ x y, Ensemble x -> Ensemble y
　　-> P[x×y] = P[(P[x]) × (P[y])].

Lemma lem179b : ∀ z x, x ∈ C -> z ∈ R -> P[z] ∈ x -> z ∈ x.

Theorem MKT179 : ∀ {x}, x ∈ (C ~ ω) -> P[x × x] = x.

Fact wh1 : ∀ {x y}, Ensemble x -> y <> Φ -> P[y] ⊂ P[x]

-> P[x] ≤ P[y×x].

Fact wh2 : ∀ x y, x ⊂ y -> (x × y) ⊂ (y × y).

Fact wh3 : ∀ x y, Ensemble x -> Ensemble y -> P[x × y] = P[y × x].

Theorem MKT180a : ∀ x y, x ∈ C -> y ∈ C -> y ∉ ω -> x ≠ Φ
　　-> P[x] ⊂ P[y] -> P[x × y] = Max P[x] P[y].

Theorem MKT180b : ∀ x y, x ∈ C -> y ∈ C -> y ∉ ω -> x ≠ Φ -> y ≠ Φ
　　-> P[x × y] = Max P[x] P[y].

Theorem MKT180 : ∀ x y, x ∈ C -> y ∈ C -> x ∉ ω \/ y ∉ ω -> x ≠ Φ
　　-> y ≠ Φ -> P[x × y] = Max P[x] P[y].

Fact wh4 : ∀ x y, x ⊂ y -> (y ~ x) ∪ x = y.

Theorem MKT181a : ∃ f, Order_Pr f E E /\ dom(f) = R
　　/\ ran(f) = C ~ ω.

Theorem MKT181b : ∀ f g, Order_Pr f E E -> Order_Pr g E E
　　-> dom(f) = R -> dom(g) = R -> ran(f) = C ~ ω
　　-> ran(g) = C ~ ω -> f = g.

Library Real_Axioms

Real_Axioms

```
Require Export MK_Theorems1.

Delimit Scope RR_scope with Rr.
Open Scope RR_scope.

Class Real_struct := {
    R : Class;
    fp : Class;
    zeroR : Class;
    fm : Class;
    oneR : Class;
    Leq : Class; }.

Notation "x + y" := fp[[x, y]].
Notation "0" := zeroR.
Notation "x • y" := fm[[x, y]](at level 40).
Notation "1" := oneR.
Notation "x ≤ y" := ([x, y] ∈ Leq)(at level 77).
Notation "- a" := (∩(\{ λ u, u ∈ R /\ u + a = 0 \})).
Notation "x - y" := (x + (-y)).
Notation "a ⁻" := (∩(\{ λ u, u ∈ (R ~ [0]) /\ u • a = 1 \}))(at level 5).
Notation "m / n" := (m • (n⁻)).

Definition lt {a:Real_struct} (x y:Class) := x ≤ y /\ x <> y.

Notation "x < y" := (@lt _ x y).

Class Real_axioms (RR : Real_struct):= {
    Ensemble_R : Ensemble R;
    PlusR : (Function fp) /\ (dom(fp) = R × R) /\ (ran(fp) ⊂ R);
    zero_in_R : 0 ∈ R;
    Plus_P1 : ∀ x, x ∈ R -> x + 0 = x;
    Plus_P2 : ∀ x, x ∈ R -> ∃ y, y ∈ R /\ x + y = 0;
    Plus_P3 : ∀ x y z, x ∈ R -> y ∈ R -> z ∈ R -> x + (y + z) = (x + y) + z;
    Plus_P4 : ∀ x y, x ∈ R -> y ∈ R -> x + y = y + x;
    MultR : (Function fm) /\ (dom(fm) = R × R) /\ (ran(fm) ⊂ R);
    one_in_R : 1 ∈ (R ~ [0]);
    Mult_P1 : ∀ x, x ∈ R -> x • 1 = x;
    Mult_P2 : ∀ x, x ∈ (R ~ [0]) -> ∃ y, y ∈ (R ~ [0]) /\ x • y = 1;
    Mult_P3 : ∀ x y z, x ∈ R -> y ∈ R -> z ∈ R -> x • (y • z) = (x • y) • z;
    Mult_P4 : ∀ x y, x ∈ R -> y ∈ R -> x • y = y • x;
    Mult_P5 : ∀ x y z, x ∈ R -> y ∈ R -> z ∈ R
        -> (x + y) • z = (x • z) + (y • z);
    LeqR : Leq ⊂ R × R;
    Leq_P1 : ∀ x, x ∈ R -> x ≤ x;
    Leq_P2 : ∀ x y, x ∈ R -> y ∈ R -> x ≤ y -> y ≤ x -> x = y;
    Leq_P3 : ∀ x y z, x ∈ R -> y ∈ R -> z ∈ R -> x ≤ y -> y ≤ z -> x ≤ z;
    Leq_P4 : ∀ x y, x ∈ R -> y ∈ R -> x ≤ y \/ y ≤ x;
    Plus_Leq : ∀ x y z, x ∈ R -> y ∈ R -> z ∈ R -> x ≤ y -> x + z ≤ y + z;
    Mult_Leq : ∀ x y, x ∈ R -> y ∈ R -> 0 ≤ x -> 0 ≤ y -> 0 ≤ x • y;
    Completeness : ∀ X Y, X ⊂ R -> Y ⊂ R -> X <> Φ -> Y <> Φ
        -> (∀ x y, x ∈ X -> y ∈ Y -> x ≤ y) -> ∃ c, c ∈ R
        /\ (∀ x y, x ∈ X -> y ∈ Y -> (x ≤ c /\ c ≤ y)); }.

Section R1_reals.
```

```
Variable RR : Real_struct.
Variable R1 : Real_axioms RR.

Local Hint Resolve zero_in_R one_in_R : real.

Corollary Plus_close : ∀ x y, x ∈ R -> y ∈ R -> (x + y) ∈ R.

Local Hint Resolve Plus_close : real.

Corollary Mult_close : ∀ x y, x ∈ R -> y ∈ R -> (x · y) ∈ R.

Local Hint Resolve Mult_close : real.

Corollary one_in_R_Co : 1 ∈ R.

Local Hint Resolve one_in_R one_in_R_Co : real.

Corollary Plus_Co1 : ∀ x, x ∈ R -> (∀ y, y ∈ R -> y + x = y) -> x = 0.

Corollary Plus_Co2 : ∀ x, x ∈ R -> (exists ! x0, x0 ∈ R /\ x + x0 = 0).

Corollary Plus_neg1a : ∀ a, a ∈ R -> (-a) ∈ R.

Corollary Plus_neg1b : ∀ a, (-a) ∈ R -> a ∈ R.

Corollary Plus_neg2 : ∀ a, a ∈ R -> a + (-a) = 0.

Corollary Minus_P1 : ∀ a, a ∈ R -> a - a = 0.

Corollary Minus_P2 : ∀ a, a ∈ R -> a - 0 = a.

Local Hint Resolve Plus_neg1a Plus_neg1b Plus_neg2 Minus_P1 Minus_P2 : real.

Corollary Plus_Co3 : ∀ a x b, a ∈ R -> x ∈ R -> b ∈ R -> a + x = b
   -> x = b + (-a).

Corollary Mult_Co1 : ∀ x, x ∈ (R ~ [0]) -> (∀ y, y ∈ R -> y · x = y) -> x = 1.

Corollary Mult_Co2 : ∀ x, x ∈ (R ~ [0])
   -> (exists ! x0, x0 ∈ (R ~ [0]) /\ x · x0 = 1).

Corollary Mult_inv1 : ∀ a, a ∈ (R ~ [0]) -> (a⁻) ∈ (R ~ [0]).

Corollary Mult_inv2 : ∀ a, a ∈ (R ~ [0]) -> a · (a⁻) = 1.

Corollary Divide_P1 : ∀ a, a ∈ (R ~ [0]) -> a / a = 1.

Corollary Divide_P2 : ∀ a, a ∈ R -> a / 1 = a.

Local Hint Resolve Mult_inv1 Mult_inv2 Divide_P1 Divide_P2 : real.

Corollary Mult_Co3 : ∀ a x b, a ∈ (R ~ [0]) -> x ∈ R -> b ∈ R
   -> a · x = b -> x = b · (a⁻).

Corollary PlusMult_Co1 : ∀ x, x ∈ R -> x · 0 = 0.

Corollary PlusMult_Co2 : ∀ x y, x ∈ R -> y ∈ R -> x · y = 0 -> x = 0 \/ y = 0.

Corollary PlusMult_Co3 : ∀ x, x ∈ R -> -x = (-(1)) · x.

Corollary PlusMult_Co4 : ∀ x, x ∈ R -> (-(1)) · (-x) = x.

Corollary PlusMult_Co5 : ∀ x, x ∈ R -> (-x) · (-x) = x · x.
```

Corollary PlusMult_Co6 : ∀ x, x ∈ (R ~ [0]) <-> (x⁻) ∈ (R ~ [0]).

Corollary Order_Co1 : ∀ x y, x ∈ R -> y ∈ R -> x < y ∨ y < x ∨ x = y.

Corollary Order_Co2 : ∀ x y z, x ∈ R -> y ∈ R -> z ∈ R
  -> (x < y ∧ y ≤ z) ∨ (x ≤ y ∧ y < z) -> x < z.

Corollary OrderPM_Co1 : ∀ x y z, x ∈ R -> y ∈ R -> z ∈ R
  -> x < y -> x + z < y + z.

Corollary OrderPM_Co2a : ∀ x, x ∈ R -> 0 < x -> (-x) < 0.

Corollary OrderPM_Co2b : ∀ x, x ∈ R -> 0 ≤ x -> (-x) ≤ 0.
Corollary OrderPM_Co3 : ∀ x y z w, x ∈ R -> y ∈ R -> z ∈ R
  -> w ∈ R -> x ≤ y -> z ≤ w -> x + z ≤ y + w.

Corollary OrderPM_Co4 : ∀ x y z w, x ∈ R -> y ∈ R -> z ∈ R
  -> w ∈ R -> x ≤ y -> z < w -> x + z < y + w.

Corollary OrderPM_Co5 : ∀ x y, x ∈ R -> y ∈ R
  -> (0 < x ∧ 0 < y) ∨ (x < 0 ∧ y < 0) -> 0 < x · y.

Corollary OrderPM_Co6 : ∀ x y, x ∈ R -> y ∈ R -> x < 0 -> 0 < y -> x · y < 0.

Corollary OrderPM_Co7a : ∀ x y z, x ∈ R -> y ∈ R -> z ∈ R -> x < y
  -> 0 < z -> x · z < y · z.

Corollary OrderPM_Co7b : ∀ x y z, x ∈ R -> y ∈ R -> z ∈ R -> x ≤ y
  -> 0 ≤ z -> x · z ≤ y · z.

Corollary OrderPM_Co8a : ∀ x y z, x ∈ R -> y ∈ R -> z ∈ R -> x < y
  -> z < 0 -> y · z < x · z.

Corollary OrderPM_Co8b : ∀ x y z, x ∈ R -> y ∈ R -> z ∈ R -> x ≤ y
  -> z ≤ 0 -> y · z ≤ x · z.

Corollary OrderPM_Co9 : 0 < 1.

Local Hint Resolve OrderPM_Co9 : real.

Corollary OrderPM_Co10 : ∀ x, x ∈ R -> 0 < x -> 0 < (x⁻).

Corollary OrderPM_Co11 : ∀ x y, x ∈ R -> y ∈ R -> 0 < x -> x < y
  -> 0 < (y⁻) ∧ (y⁻) < (x⁻).

Definition Upper X c := X ⊂ R ∧ c ∈ R ∧ (∀ x, x ∈ X -> x ≤ c).

Definition Lower X c := X ⊂ R ∧ c ∈ R ∧ (∀ x, x ∈ X -> c ≤ x).

Definition Bounded X := ∃ c1 c2, Upper X c1 ∧ Lower X c2.

Definition Max X c := X ⊂ R ∧ c ∈ X ∧ (∀ x, x ∈ X -> x ≤ c).

Definition Min X c := X ⊂ R ∧ c ∈ X ∧ (∀ x, x ∈ X -> c ≤ x).

Corollary Max_Corollary : ∀ X c1 c2, Max X c1 -> Max X c2 -> c1 = c2.

Corollary Min_Corollary : ∀ X c1 c2, Min X c1 -> Min X c2 -> c1 = c2.

Definition Sup1 X s := Upper X s ∧ (∀ s1, s1 ∈ R -> s1 < s
  -> (∃ x1, x1 ∈ X ∧ s1 < x1)).

Definition Sup2 X s := Min (\{ λ u, Upper X u \}) s.

Corollary Sup_Corollary : ∀ X s, Sup1 X s <-> Sup2 X s.

Definition Inf1 X i := Lower X i /\ (∀ i1, i1 ∈ R -> i < i1
　　-> (∃ x1, x1 ∈ X /\ x1 < i1)).

Definition Inf2 X i := Max (\{ λ u, Lower X u \}) i.

Corollary Inf_Corollary : ∀ X i, Inf1 X i <-> Inf2 X i.

Theorem SupT : ∀ X, X ⊂ R -> X <> Φ -> (∃ c, Upper X c)
　　-> exists ! s, Sup1 X s.

Theorem InfT : ∀ X, X ⊂ R -> X <> Φ -> (∃ c, Lower X c)
　　-> exists ! i, Inf1 X i.

Definition IndSet X := X ⊂ R /\ (∀ x, x ∈ X -> (x + 1) ∈ X).

Proposition IndSet_P1 : ∀ X, X <> Φ -> (∀ x, x ∈ X -> IndSet x)
　　-> IndSet (∩X).

Definition N := ∩(\{ λ u, IndSet u /\ 1 ∈ u \}).

Corollary N_Subset_R : N ⊂ R.

Corollary one_in_N : 1 ∈ N.

Corollary zero_not_in_N : 0 ∉ N.

Corollary IndSet_N : IndSet N.

Local Hint Resolve N_Subset_R one_in_N : real.

Theorem MathInd : ∀ E, E ⊂ N -> 1 ∈ E -> (∀ x, x ∈ E -> (x + 1) ∈ E)
　　-> E = N.

Proposition Nat_P1a : ∀ m n, m ∈ N -> n ∈ N -> (m + n) ∈ N.

Proposition Nat_P1b : ∀ m n, m ∈ N -> n ∈ N -> (m · n) ∈ N.

Local Hint Resolve Nat_P1a Nat_P1b : real.

Proposition Nat_P2 : ∀ n, n ∈ N -> n <> 1 -> (n - 1) ∈ N.

Proposition Nat_P3 : ∀ n, n ∈ N -> Min (\{ λ u, u ∈ N /\ n < u \}) (n + 1).

Proposition Nat_P4 : ∀ m n, m ∈ N -> n ∈ N -> n < m -> (n + 1) ≤ m.

Proposition Nat_P5 : ∀ n, n ∈ N -> ~ (∃ x, x ∈ N /\ n < x /\ x < (n + 1)).

Proposition Nat_P6 : ∀ n, n ∈ N -> n <> 1
　　-> ~ (∃ x, x ∈ N /\ (n - 1) < x /\ x < n).

Lemma one_is_min_in_N : Min N 1.

Proposition Nat_P7 : ∀ E, E ⊂ N -> E <> Φ -> ∃ n, Min E n.

Definition Z := N ∪ \{ λ u, (-u) ∈ N \} ∪ [0].

Corollary N_Subset_Z : N ⊂ Z.

Corollary Z_Subset_R : Z ⊂ R.

Lemma Int_P1_Lemma : ∀ m n, m ∈ N -> n ∈ N -> m < n -> (n - m) ∈ N.

Proposition Int_P1a : ∀ m n, m ∈ Z -> n ∈ Z -> (m + n) ∈ Z.

Proposition Int_P1b : ∀ m n, m ∈ Z -> n ∈ Z -> (m · n) ∈ Z.

Local Hint Resolve N_Subset_Z Z_Subset_R Int_P1a Int_P1b : real.

Proposition Int_P2 : ∀ n, n ∈ Z -> n + 0 = n /\ 0 + n = n.

Proposition Int_P3 : ∀ n, n ∈ Z -> (-n) ∈ Z /\ n + (-n) = 0 /\ (-n) + n = 0.

Proposition Int_P4 : ∀ m n k, m ∈ Z -> n ∈ Z -> k ∈ Z
  -> m + (n + k) = (m + n) + k.

Proposition Int_P5 : ∀ m n, m ∈ Z -> n ∈ Z -> m + n = n + m.

Definition Q := \{ λ u, ∃ m n, m ∈ Z /\ n ∈ (Z ~ [0]) /\ u = m / n \}.

Corollary Z_Subset_Q : Z ⊂ Q.

Corollary Q_Subset_R : Q ⊂ R.

Proposition Frac_P1 : ∀ m n k, m ∈ R -> n ∈ (R ~ [0])
  -> k ∈ (R ~ [0]) -> m / n = (m · k) / (n · k).

Proposition Frac_P2 : ∀ m n k t, m ∈ R -> n ∈ (R ~ [0])
  -> k ∈ R -> t ∈ (R ~ [0]) -> (m / n) · (k / t) = (m · k) / (n · t).

Proposition Rat_P1a : ∀ x y, x ∈ Q -> y ∈ Q > (x + y) ⊢ Q.

Proposition Rat_P1b : ∀ x y, x ∈ Q -> y ∈ Q -> (x · y) ∈ Q.

Local Hint Resolve Z_Subset_Q Q_Subset_R Rat_P1a Rat_P1b : real.

Proposition Rat_P2 : ∀ x, x ∈ Q -> x + 0 = x /\ 0 + x = x.

Proposition Rat_P3 : ∀ n, n ∈ Q -> (-n) ∈ Q /\ n + (-n) = 0 /\ (-n) + n = 0.

Proposition Rat_P4 : ∀ x y z, x ∈ Q -> y ∈ Q -> z ∈ Q
  -> x + (y + z) = (x + y) + z.

Proposition Rat_P5 : ∀ x y, x ∈ Q -> y ∈ Q -> x + y = y + x.

Proposition Rat_P6 : ∀ x, x ∈ Q -> x · 1 = x /\ 1 · x = x.

Proposition Rat_P7 : ∀ x, x ∈ (Q ~ [0]) -> (x⁻) ∈ Q /\ x · (x⁻) = 1.

Proposition Rat_P8 : ∀ x y z, x ∈ Q -> y ∈ Q -> z ∈ Q
  -> x · (y · z) = (x · y) · z.

Proposition Rat_P9 : ∀ x y, x ∈ Q -> y ∈ Q -> x · y = y · x.

Proposition Rat_P10 : ∀ x y z, x ∈ Q -> y ∈ Q -> z ∈ Q
  -> (x + y) · z = (x · z) + (y · z).

Definition Even n := ∃ k, k ∈ Z /\ n = (1 + 1) · k.

Definition Odd n := ∃ k, k ∈ Z /\ n = (1 + 1) · k + 1.

Proposition Even_and_Odd_P1 : ∀ n, n ∈ N -> Even n \/ Odd n.

Lemma Even_and_Odd_P2_Lemma : ∀ m n, m ∈ Z -> n ∈ Z -> n < m -> (n + 1) ≤ m.

Proposition Even_and_Odd_P2 : ∀ n, n ∈ Z -> ~ (Even n /\ Odd n).

Proposition Even_and_Odd_P3 : ∀ r, r ∈ N -> Even (r · r) -> Even r.

Lemma Existence_of_irRational_Number_Lemma1 : ∀ a b, a ∈ R -> b ∈ R

-> a <> b -> (((b • b) - (a • a)) < ((1 + 1) • b • (b - a))).

Lemma Existence_of_irRational_Number_Lemma2 : ∀ x y, x ∈ R -> y ∈ R -> x < y
  -> ∃ r, r ∈ R /\ x < r /\ r < y.

Lemma Existence_of_irRational_Number_Lemma3 : ∀ x y, x ∈ R -> y ∈ R -> 0 < y
  -> (y • y) < x -> ∃ r, r ∈ R /\ y < r /\ 0 < r /\ (r • r) < x.

Lemma Existence_of_irRational_Number_Lemma4 : ∀ x y, x ∈ R -> y ∈ R -> 0 < y
  -> 0 < x -> x < (y • y) -> ∃ r, r ∈ R /\ r < y /\ 0 < r /\ x < (r • r).

Lemma Existence_of_irRational_Number_Lemma5 : ∀ r, r ∈ R -> 0 < r
  -> (∃ x, x ∈ R /\ 0 < x /\ x • x = r).

Lemma Existence_of_irRational_Number_Lemma6 : ∀ r, r ∈ Q -> 0 < r
  -> ∃ a b, a ∈ N /\ b ∈ N /\ r = a / b.

Theorem Existence_of_irRational_Number : (R ~ Q) <> Φ.

Proposition Arch_P1 : ∀ E, E ⊂ N -> E <> Φ -> Bounded E -> ∃ n, Max E n.

Proposition Arch_P2 : ~ ∃ n, Upper N n.

Lemma Arch_P3_Lemma : ∀ m n, m ∈ Z -> n ∈ Z -> n < m -> (n + 1) ≤ m.

Proposition Arch_P3a : ∀ E, E ⊂ Z -> E <> Φ -> (∃ x, Upper E x)
  -> ∃ n, Max E n.

Proposition Arch_P3b : ∀ E, E ⊂ Z -> E <> Φ -> (∃ x, Lower E x)
  -> ∃ n, Min E n.

Proposition Arch_P4 : ∀ E, E ⊂ N -> E <> Φ -> Bounded E -> ∃ n, Min E n.

Proposition Arch_P5 : ~ (∃ n, Lower Z n) /\ ~ (∃ n, Upper Z n).

Proposition Arch_P6 : ∀ h x, h ∈ R -> 0 < h -> x ∈ R
  -> (exists ! k, k ∈ Z /\ (k - 1) • h ≤ x /\ x < k • h).

Proposition Arch_P7 : ∀ x, x ∈ R -> 0 < x
  -> (∃ n, n ∈ N /\ 0 < 1 / n /\ 1 / n < x).

Proposition Arch_P8 : ∀ x, x ∈ R -> 0 ≤ x -> (∀ n, n ∈ N -> x < 1 / n)
  -> x = 0.

Proposition Arch_P9 : ∀ a b, a ∈ R -> b ∈ R -> a < b
  -> (∃ r, r ∈ Q /\ a < r /\ r < b).

Proposition Arch_P10 : ∀ x, x ∈ R
  -> (exists ! k, k ∈ Z /\ k ≤ x /\ x < k + 1).

Notation "] a , b [" := (\{ λ x, x ∈ R /\ a < x /\ x < b \})
  (at level 5, a at level 0, b at level 0).

Notation "[a , b]" := (\{ λ x, x ∈ R /\ a ≤ x /\ x ≤ b \})
  (at level 5, a at level 0, b at level 0).

Notation "] a , b]" := (\{ λ x, x ∈ R /\ a < x /\ x ≤ b \})
  (at level 5, a at level 0, b at level 0).

Notation "[a , b [" := (\{ λ x, x ∈ R /\ a ≤ x /\ x < b \})
  (at level 5, a at level 0, b at level 0).

Notation "] a , +∞ [" := (\{ λ x, x ∈ R /\ a < x \})
  (at level 5, a at level 0).

Notation ″[a , +∞ [″ := (\{ λ x, x ∈ R /\ a ⩽ x \})
　　(at level 5, a at level 0).

Notation ″] -∞ , b] ″ := (\{ λ x, x ∈ R /\ x ⩽ b \})
　　(at level 5, b at level 0).

Notation ″] -∞ , b [″ := (\{ λ x, x ∈ R /\ x < b \})
　　(at level 5, b at level 0).

Notation ″]-∞ , +∞[″ := (R) (at level 0).

Definition Neighbourhood x δ := x ∈ R /\ δ ∈ R /\ x ∈] (x − δ), (x + δ) [.

Definition Abs := \{\ λ u v, u ∈ R
　/\ ((0 ⩽ u /\ v = u) \/ (u < 0 /\ v = (−u))) \}\.

Corollary Abs_is_Function : Function Abs /\ dom(Abs) = R
　/\ ran(Abs) = \{ λ x, x ∈ R /\ 0 ⩽ x \}.

Corollary Abs_in_R : ∀ x, x ∈ R −> Abs[x] ∈ R.

Local Hint Resolve Abs_in_R : real.

Notation ″| x |″ := (Abs[x]) (at level 5, x at level 0).

Definition Distance x y := | (x − y) |.

Proposition me_zero_Abs : ∀ x, x ∈ R −> 0 ⩽ x −> | x | = x.

Proposition le_zero_Abs : ∀ x, x ∈ R −> x ⩽ 0 −> | x | = -x.

Proposition Abs_P1 : ∀ x, x ∈ R −> 0 ⩽ | x | /\ (| x | = 0 <−> x = 0).

Proposition Abs_P2 : ∀ x, x ∈ R −> | x | = | (−x) | /\ −| x | ⩽ x /\ x ⩽ | x |.

Proposition Abs_P3 : ∀ x y, x ∈ R −> y ∈ R −> | (x • y) | = | x | • | y |.

Proposition Abs_P4 : ∀ x y, x ∈ R −> y ∈ R −> 0 ⩽ y
　−> | x | ⩽ y <−> (−y ⩽ x /\ x ⩽ y).

Proposition Abs_P5 : ∀ x y, x ∈ R −> y ∈ R −> | (x + y) | ⩽ | x | + | y |
　/\ | (x − y) | ⩽ | x | + | y | /\ | (| x | − | y |) | ⩽ | (x − y) |.

Proposition Abs_P6 : ∀ x y, x ∈ R −> y ∈ R −> | (x − y) | = 0 <−> x = y.

Proposition Abs_P7 : ∀ x y, x ∈ R −> y ∈ R −> | (x − y) | = | (y − x) |.

Proposition Abs_P8 : ∀ x y z, x ∈ R −> y ∈ R −> z ∈ R
　−> | (x − y) | ⩽ | (x − z) | + | (z − y) |.

End R1_reals.

Library Real_uniqueness

Real_uniqueness

Require Export Real_Axioms.

Section R_Uniqueness.

Variable R1 : Real_struct.
Variable RA1 : Real_axioms R1.
Variable R2 : Real_struct.
Variable RA2 : Real_axioms R2.

Let R' := @R R2.
Let R := @R R1.
Let N' := @N R2.
Let N := @N R1.
Let Z' := @Z R2.
Let Z := @Z R1.
Let Q' := @Q R2.
Let Q := @Q R1.
Let Sup1' := @Sup1 R2.
Let Sup1 := @Sup1 R1.

Delimit Scope R1_scope with r.
Delimit Scope R2_scope with r'.
Open Scope R1_scope.

Notation "0" := (@zeroR R1):R1_scope.
Notation "1" := (@oneR R1):R1_scope.
Notation "0 '" := (@zeroR R2).
Notation "1 '" := (@oneR R2).
Notation "x + y" := (@fp R1) [[x, y]]:R1_scope.
Notation "x • y" := (@fm R1)[[x, y]]:R1_scope.
Notation "x ≤ y" := ([x, y] ∈ (@Leq R1)):R1_scope.
Notation "- a" := (∩(\{ λ u, u ∈ R /\ u + a = 0 \})):R1_scope.
Notation "x - y" := (x + (-y))%r:R1_scope.
Notation "a ⁻" := (∩(\{ λ u, u ∈ (R ~ [0]) /\ u • a = 1 \})):R1_scope.
Notation "m / n" := (m • (n⁻))%r:R1_scope.
Notation "x < y" := (@lt R1 x y):R1_scope.

Open Scope R2_scope.

Notation "x + y" := (@fp R2) [[x, y]]:R2_scope.
Notation "x • y" := (@fm R2)[[x, y]]:R2_scope.
Notation "x ≤ y" := ([x, y] ∈ (@Leq R2)):R2_scope.
Notation "- a" := (∩(\{ λ u, u ∈ R' /\ u + a = 0' \})):R2_scope.
Notation "x - y" := (x + (-y)):R2_scope.
Notation "a ⁻" := (∩(\{ λ u, u ∈ (R' ~ [0']) /\ u • a = 1' \})):R2_scope.
Notation "m / n" := (m • (n⁻)):R2_scope.
Notation "x < y" := (@lt R2 x y):R2_scope.

Local Hint Resolve PlusR zero_in_R MultR Plus_close Mult_close
　　one_in_R one_in_R_Co Plus_neg1a Plus_neg1b Plus_neg2 Minus_P1 Minus_P2
　　Mult_inv1 Mult_inv2 Divide_P1 Divide_P2 OrderPM_Co9 N_Subset_R one_in_N
　　Nat_P1a Nat_P1b N_Subset_Z Z_Subset_R Int_P1a Int_P1b Z_Subset_Q
　　Q_Subset_R Rat_P1a Rat_P1b Abs_in_R : real.

Ltac autoR := match goal with

```
  |  |- 0 ∈ R => apply zero_in_R
  |  |- 1 ∈ R => apply one_in_R_Co; autoR
  |  |- 1 ∈ N => apply one_in_N; autoR
  |  |- 0' ∈ R' => apply zero_in_R
  |  |- 1' ∈ R' => apply one_in_R_Co; autoR
  |  |- 1' ∈ N' => apply one_in_N; autoR
  |  |- (?x + ?y) ∈ R => apply Plus_close; autoR
  |  |- _ => eauto with real
  end.
Let PlusMult_Co5' := @PlusMult_Co5 R2 RA2.
Let PlusMult_Co5 := @PlusMult_Co5 R1 RA1.
Let Sup2' := @Sup2 R2.
Let Sup2 := @Sup2 R1.
Let SupT' := @SupT R2 RA2.
Let SupT := @SupT R1 RA1.
Let OrderPM_Co3' := @OrderPM_Co3 R2 RA2.
Let OrderPM_Co3 := @OrderPM_Co3 R1 RA1.
Let OrderPM_Co4' := @OrderPM_Co4 R2 RA2.
Let OrderPM_Co4 := @OrderPM_Co4 R1 RA1.
Let OrderPM_Co7b' := @OrderPM_Co7b R2 RA2.
Let OrderPM_Co7b := @OrderPM_Co7b R1 RA1.
Let Leq_P3' := @Leq_P3 R2 RA2.
Let Leq_P3 := @Leq_P3 R1 RA1.
Let OrderPM_Co7a' := @OrderPM_Co7a R2 RA2.
Let OrderPM_Co7a := @OrderPM_Co7a R1 RA1.
Let Frac_P1' := @Frac_P1 R2 RA2.
Let Frac_P1 := @Frac_P1 R1 RA1.
Let Frac_P2' := @Frac_P2 R2 RA2.
Let Frac_P2 := @Frac_P2 R1 RA1.
Let zero_not_in_N' := @zero_not_in_N R2 RA2.
Let zero_not_in_N := @zero_not_in_N R1 RA1.
Let Mult_P3' := @Mult_P3 R2 RA2.
Let Mult_P3 := @Mult_P3 R1 RA1.
Let Nat_P4' := @Nat_P4 R2 RA2.
Let Nat_P4 := @Nat_P4 R1 RA1.
Let Nat_P2' := @Nat_P2 R2 RA2.
Let Nat_P2 := @Nat_P2 R1 RA1.
Let Mult_P5' := @Mult_P5 R2 RA2.
Let Mult_P5 := @Mult_P5 R1 RA1.
Let Nat_P7' := @Nat_P7 R2 RA2.
Let Nat_P7 := @Nat_P7 R1 RA1.
Let Arch_P3a' := @Arch_P3a R2 RA2.
Let Arch_P3a := @Arch_P3a R1 RA1.
Let Arch_P2' := @Arch_P2 R2 RA2.
Let Arch_P2 := @Arch_P2 R1 RA1.
Let Upper' := @Upper R2.
Let Upper := @Upper R1.
Let Arch_P10' := @Arch_P10 R2 RA2.
Let Arch_P10 := @Arch_P10 R1 RA1.
Let Sup_Corollary' := @Sup_Corollary R2 RA2.
Let Sup_Corollary := @Sup_Corollary R1 RA1.
Let Min_Corollary' := @Min_Corollary R2 RA2.
Let Min_Corollary := @Min_Corollary R2 RA2.
Let Arch_P9' := @Arch_P9 R2 RA2.
Let Arch_P9 := @Arch_P9 R1 RA1.
Let Order_Co1' := @Order_Co1 R2 RA2.
Let Order_Co1 := @Order_Co1 R1 RA1.
Let Mult_P1' := @Mult_P1 R2 RA2.
Let Mult_P1 := @Mult_P1 R1 RA1.
Let OrderPM_Co5' := @OrderPM_Co5 R2 RA2.
Let OrderPM_Co5 := @OrderPM_Co5 R1 RA1.
Let OrderPM_Co10' := @OrderPM_Co10 R2 RA2.
Let OrderPM_Co10 := @OrderPM_Co10 R1 RA1.
Let Plus_Co3' := @Plus_Co3 R2 RA2.
```

```
Let Plus_Co3 := @Plus_Co3 R1 RA1.
Let PlusMult_Co1' := @PlusMult_Co1 R2 RA2.
Let PlusMult_Co1 := @PlusMult_Co1 R1 RA1.
Let Mult_Co3' := @Mult_Co3 R2 RA2.
Let Mult_Co3 := @Mult_Co3 R1 RA1.
Let Plus_P4' := @Plus_P4 R2 RA2.
Let Plus_P4 := @Plus_P4 R1 RA1.
Let Plus_P1' := @Plus_P1 R2 RA2.
Let Plus_P1 := @Plus_P1 R1 RA1.
Let PlusMult_Co3' := @PlusMult_Co3 R2 RA2.
Let PlusMult_Co3 := @PlusMult_Co3 R1 RA1.
Let Mult_P4' := @Mult_P4 R2 RA2.
Let Mult_P4 := @Mult_P4 R1 RA1.
Let one_is_min_in_N' := @one_is_min_in_N R2 RA2.
Let one_is_min_in_N := @one_is_min_in_N R1 RA1.
Let Order_Co2' := @Order_Co2 R2 RA2.
Let Order_Co2 := @Order_Co2 R1 RA1.
Let OrderPM_Co2a' := @OrderPM_Co2a R2 RA2.
Let OrderPM_Co2a := @OrderPM_Co2a R1 RA1.
Let Leq_P2' := @Leq_P2 R2 RA2.
Let Leq_P2 := @Leq_P2 R1 RA1.
Let MathInd' := @MathInd R2 RA2.
Let MathInd := @MathInd R1 RA1.
Let PlusMult_Co4' := @PlusMult_Co4 R2 RA2.
Let PlusMult_Co4 := @PlusMult_Co4 R1 RA1.
Let Int_P3' := @Int_P3 R2 RA2.
Let Int_P3 := @Int_P3 R1 RA1.
Let Leq_P1' := @Leq_P1 R2 RA2.
Let Leq_P1 := @Leq_P1 R1 RA1.
Let OrderPM_Co1' := @OrderPM_Co1 R2 RA2.
Let OrderPM_Co1 := @OrderPM_Co1 R1 RA1.
Let Plus_P3' := @Plus_P3 R2 RA2.
Let Plus_P3 := @Plus_P3 R1 RA1.

Let Plus_close' := @Plus_close R2 RA2.
Let zero_in_R' := @zero_in_R R2 RA2.
Let Mult_close' := @Mult_close R2 RA2.
Let one_in_R' := @one_in_R R2 RA2.
Let one_in_R_Co' := @one_in_R_Co R2 RA2.
Let Plus_neg1a' := @Plus_neg1a R2 RA2.
Let Plus_neg1b' := @Plus_neg1b R2 RA2.
Let Plus_neg2' := @Plus_neg2 R2 RA2.
Let Minus_P1' := @Minus_P1 R2 RA2.
Let Minus_P2' := @Minus_P2 R2 RA2.
Let Mult_inv1' := @Mult_inv1 R2 RA2.
Let Mult_inv2' := @Mult_inv2 R2 RA2.
Let Divide_P1' := @Divide_P1 R2 RA2.
Let Divide_P2' := @Divide_P2 R2 RA2.
Let OrderPM_Co9' := @OrderPM_Co9 R2 RA2.
Let N_Subset_R' := @N_Subset_R R2 RA2.
Let one_in_N' := @one_in_N R2 RA2.
Let Nat_P1a' := @Nat_P1a R2 RA2.
Let Nat_P1b' := @Nat_P1b R2 RA2.
Let N_Subset_Z' := @N_Subset_Z R2.
Let Z_Subset_R' := @Z_Subset_R R2 RA2.
Let Int_P1a' := @Int_P1a R2 RA2.
Let Int_P1b' := @Int_P1b R2 RA2.
Let Z_Subset_Q' := @Z_Subset_Q R2 RA2.
Let Q_Subset_R' := @Q_Subset_R R2 RA2.
Let Rat_P1a' := @Rat_P1a R2 RA2.
Let Rat_P1b' := @Rat_P1b R2 RA2.
Let Abs_in_R' := @Abs_in_R R2 RA2.

Let Plus_close := @Plus_close R1 RA1.
Let zero_in_R := @zero_in_R R1 RA1.
```

```
Let Mult_close := @Mult_close R1 RA1.
Let one_in_R := @one_in_R R1 RA1.
Let one_in_R_Co := @one_in_R_Co R1 RA1.
Let Plus_neg1a := @Plus_neg1a R1 RA1.
Let Plus_neg1b := @Plus_neg1b R1 RA1.
Let Plus_neg2 := @Plus_neg2 R1 RA1.
Let Minus_P1 := @Minus_P1 R1 RA1.
Let Minus_P2 := @Minus_P2 R1 RA1.
Let Mult_inv1 := @Mult_inv1 R1 RA1.
Let Mult_inv2 := @Mult_inv2 R1 RA1.
Let Divide_P1 := @Divide_P1 R1 RA1.
Let Divide_P2 := @Divide_P2 R1 RA1.
Let OrderPM_Co9 := @OrderPM_Co9 R1 RA1.
Let N_Subset_R := @N_Subset_R R1 RA1.
Let one_in_N := @one_in_N R1 RA1.
Let Nat_P1a := @Nat_P1a R1 RA1.
Let Nat_P1b := @Nat_P1b R1 RA1.
Let N_Subset_Z := @N_Subset_Z R1.
Let Z_Subset_R := @Z_Subset_R R1 RA1.
Let Int_P1a := @Int_P1a R1 RA1.
Let Int_P1b := @Int_P1b R1 RA1.
Let Z_Subset_Q := @Z_Subset_Q R1 RA1.
Let Q_Subset_R := @Q_Subset_R R1 RA1.
Let Rat_P1a := @Rat_P1a R1 RA1.
Let Rat_P1b := @Rat_P1b R1 RA1.
Let Abs_in_R := @Abs_in_R R1 RA1.

Local Hint Resolve Plus_close zero_in_R Mult_close one_in_R one_in_R_Co
    Plus_neg1a Plus_neg1b Plus_neg2 Minus_P1 Minus_P2
    Mult_inv1 Mult_inv2 Divide_P1 Divide_P2 OrderPM_Co9
    N_Subset_R one_in_N Nat_P1a Nat_P1b
    N_Subset_Z Z_Subset_R Int_P1a Int_P1b
    Z_Subset_Q Q_Subset_R Rat_P1a Rat_P1b Abs_in_R : real.

Local Hint Resolve Plus_close' zero_in_R' Mult_close' one_in_R' one_in_R_Co'
    Plus_neg1a' Plus_neg1b' Plus_neg2' Minus_P1' Minus_P2'
    Mult_inv1' Mult_inv2' Divide_P1' Divide_P2' OrderPM_Co9'
    N_Subset_R' one_in_N' Nat_P1a' Nat_P1b'
    N_Subset_Z' Z_Subset_R' Int_P1a' Int_P1b'
    Z_Subset_Q' Q_Subset_R' Rat_P1a' Rat_P1b' Abs_in_R' : real'.

Theorem UniqueT1 : (∀ f, Function f -> dom(f) = R -> ran(f) ⊂ R'
    -> (∀ x y, x ∈ R -> y ∈ R -> f[(x + y)%r] = (f[x] + f[y])%r'
    /\ f[(x · y)%r] = (f[x] · f[y])%r')
    -> f[0] = 0' /\ (ran(f) <> [0'] -> f[1] = 1')).

Lemma UniqueT2_Lemma1 :
    (∀ f, Function f -> dom(f) = R -> ran(f) ⊂ R'
    -> (∀ x y, x ∈ R -> y ∈ R -> f[(x + y)%r] = (f[x] + f[y])%r'
    /\ f[(x · y)%r] = (f[x] · f[y])%r') -> ran(f) <> [0']
    -> (∀ m, m ∈ N -> f[m] ∈ N')).

Lemma UniqueT2_Lemma2 : (∀ f, Function f -> dom(f) = R -> ran(f) ⊂ R'
    -> (∀ x y, x ∈ R -> y ∈ R -> f[(x + y)%r] = (f[x] + f[y])%r'
    /\ f[(x · y)%r] = (f[x] · f[y])%r') -> ran(f) <> [0']
    -> f[(-(1))%r] = -f[1]).

Lemma UniqueT2_Lemma3 : (∀ f, Function f -> dom(f) = R -> ran(f) ⊂ R'
    -> (∀ x y, x ∈ R -> y ∈ R -> f[(x + y)%r] = (f[x] + f[y])%r'
    /\ f[(x · y)%r] = (f[x] · f[y])%r') -> ran(f) <> [0']
    -> (∀ r, r ∈ R -> f[(-r)%r] = -f[r])).

Lemma UniqueT2_Lemma4 : (∀ f, Function f -> dom(f) = R -> ran(f) ⊂ R'
    -> (∀ x y, x ∈ R -> y ∈ R -> f[(x + y)%r] = (f[x] + f[y])%r'
    /\ f[(x · y)%r] = (f[x] · f[y])%r') -> ran(f) <> [0']
```

```
   -> (∀ m, m ∈ R -> m <> 0 -> f[m] <> 0')).

Lemma UniqueT2_Lemma5 : ∀ n, n ∈ Z -> (0 < n)%r -> n ∈ N.

Theorem UniqueT2 : (∀ f, Function f -> dom(f) = R -> ran(f) ⊂ R'
   -> (∀ x y, x ∈ R -> y ∈ R -> f[(x + y)%r] = (f[x] + f[y])%r'
      /\ f[(x · y)%r] = (f[x] · f[y])%r')
   -> ran(f) <> [0'] -> (∀ m, m ∈ Z -> f[m] ∈ Z'
         /\ Function1_1 (f|(Z)) /\ dom(f|(Z)) = Z /\ ran(f|(Z)) = Z'
         /\ (∀ x y, x ∈ Z -> y ∈ Z -> (x ≤ y)%r -> (f[x] ≤ f[y])%r')).

Lemma UniqueT3_Lemma1 : (∀ f, Function f -> dom(f) = R -> ran(f) ⊂ R'
   -> (∀ x y, x ∈ R -> y ∈ R -> f[(x + y)%r] = (f[x] + f[y])%r'
      /\ f[(x · y)%r] = (f[x] · f[y])%r') -> ran(f) <> [0']
   -> (∀ r, r ∈ (R ~ [0]) -> f[(r⁻)%r] = ((f[r])⁻)%r')).

Lemma UniqueT3_Lemma2 : (∀ f, Function f -> dom(f) = R -> ran(f) ⊂ R'
   -> (∀ x y, x ∈ R -> y ∈ R -> f[(x + y)%r] = (f[x] + f[y])%r'
      /\ f[(x · y)%r] = (f[x] · f[y])%r') -> ran(f) <> [0']
   -> (∀ r, r ∈ Q -> (0 < r)%r -> (0' < f[r])%r')).

Theorem UniqueT3 : (∀ f, Function f -> dom(f) = R -> ran(f) ⊂ R'
   -> (∀ x y, x ∈ R -> y ∈ R -> f[(x + y)%r] = (f[x] + f[y])%r'
      /\ f[(x · y)%r] = (f[x] · f[y])%r') -> ran(f) <> [0']
   -> (∀ m n, m ∈ Z -> n ∈ (Z ~ [0]) -> f[(m/n)%r] = (f[m] / f[n])%r')
         /\ Function1_1 (f|(Q)) /\ dom(f|(Q)) = Q /\ ran(f|(Q)) = Q'
         /\ (∀ x y, x ∈ Q -> y ∈ Q -> (x ≤ y)%r -> (f[x] ≤ f[y])%r')).

Lemma UniqueT4_Lemma1 : ∀ r, r ∈ R' -> Sup1' \{ λ u, u ∈ Q' /\ u ≤ r \} r.

Lemma UniqueT4_Lemma2 : (∀ f, Function f -> dom(f) = R -> ran(f) ⊂ R'
   -> (∀ x y, x ∈ R -> y ∈ R -> f[(x + y)%r] = (f[x] + f[y])%r'
      /\ f[(x · y)%r] = (f[x] · f[y])%r') -> ran(f) <> [0']
   -> (∀ x y, x ∈ R -> y ∈ R -> (x < y)%r <-> (f[x] < f[y])%r')).

Lemma UniqueT4_Lemma3 : (∀ f, Function f -> dom(f) = R -> ran(f) ⊂ R'
   -> (∀ x y, x ∈ R -> y ∈ R -> f[(x + y)%r] = (f[x] + f[y])%r'
      /\ f[(x · y)%r] = (f[x] · f[y])%r') -> ran(f) <> [0']
   -> (∀ A r, A ⊂ Q -> r ∈ R -> Sup1 A r -> Sup1' ran(f|(A)) f[r])).

Theorem UniqueT4 : (∀ f, Function f -> dom(f) = R -> ran(f) ⊂ R'
   -> (∀ x y, x ∈ R -> y ∈ R -> f[(x + y)%r] = (f[x] + f[y])%r'
      /\ f[(x · y)%r] = (f[x] · f[y])%r') -> ran(f) <> [0']
   -> Function1_1 f /\ dom(f) = R /\ ran(f) = R'
         /\ (∀ x y, x ∈ R -> y ∈ R -> (x ≤ y)%r -> (f[x] ≤ f[y])%r')).

Lemma UniqueT5_Lemma1 : ∃ f, Function1_1 f /\ dom(f) = N
   /\ ran(f) = N' /\ (∀ m n, m ∈ N -> n ∈ N
      -> (m < n)%r <-> f[m] < f[n]).

Lemma UniqueT5_Lemma2 : ∀ f, Function1_1 f -> dom(f) = N -> ran(f) = N'
   -> (∀ m n, m ∈ N -> n ∈ N -> (m < n)%r <-> f[m] < f[n])
   -> (∀ m n, m ∈ N -> n ∈ N -> f[(m + n)%r] = f[m] + f[n]
      /\ f[(m · n)%r] = f[m] · f[n] /\ ((m < n)%r
         -> f[(n - m)%r] = f[n] - f[m])) /\ f[1] = 1'.

Lemma UniqueT5_Lemma3 : ∃ f, Function f /\ dom(f) = Z
   /\ ran(f) ⊂ Z' /\ f[0] = 0' /\ f[1] = 1'
   /\ (∀ m n, m ∈ Z -> n ∈ Z -> f[(m + n)%r] = f[m] + f[n]
      /\ f[(m · n)%r] = f[m] · f[n])
   /\ (∀ m, m ∈ Z -> m <> 0 -> f[m] <> 0')
   /\ (∀ m, m ∈ Z -> (0 < m)%r -> 0' < f[m]).

Lemma UniqueT5_Lemma4 : ∃ f, Function f /\ dom(f) = Q
   /\ ran(f) ⊂ Q' /\ f[0] = 0' /\ f[1] = 1'
```

```
    /\ (∀ a b, a ∈ Q -> b ∈ Q -> f[(a + b)%r] = f[a] + f[b]
        /\ f[(a · b)%r] = f[a] · f[b])
    /\ (∀ a b, a ∈ Q -> b ∈ Q -> (a < b)%r -> f[a] < f[b]).

Open Scope R1_scope.

Lemma UniqueT5_Lemma5a : ∀ a b c, a ∈ Q -> b ∈ R -> c ∈ R
    -> 0 < a -> 0 < b -> 0 < c -> a < (b + c)
    -> ∃ a1 a2, a1 ∈ Q /\ a2 ∈ Q /\ 0 < a1 /\ a1 < b
        /\ 0 < a2 /\ a2 < c /\ a1 + a2 = a.

Open Scope R2_scope.

Lemma UniqueT5_Lemma5b : ∀ a b c, a ∈ R' -> b ∈ R' -> c ∈ R'
    -> 0' < a -> 0' < b -> 0' < c -> a < (b + c)
    -> ∃ a1 a2, a1 ∈ R' /\ a2 ∈ R' /\ 0' < a1 /\ a1 < b
        /\ 0' < a2 /\ a2 < c /\ a1 + a2 = a.

Open Scope R1_scope.

Lemma UniqueT5_Lemma6a : ∀ a b c, a ∈ Q -> b ∈ R -> c ∈ R
    -> 0 < a -> 0 < b -> 0 < c -> a < (b · c)
    -> ∃ a1 a2, a1 ∈ Q /\ a2 ∈ Q /\ 0 < a1 /\ a1 < b
        /\ 0 < a2 /\ a2 < c /\ a1 · a2 = a.

Open Scope R2_scope.

Lemma UniqueT5_Lemma6b : ∀ a b c, a ∈ R' -> b ∈ R' -> c ∈ R'
    -> 0' < a -> 0' < b -> 0' < c -> a < (b · c)
    -> ∃ a1 a2, a1 ∈ R' /\ a2 ∈ R' /\ 0' < a1 /\ a1 < b
        /\ 0' < a2 /\ a2 < c /\ a1 · a2 = a.

Lemma UniqueT5_Lemma7 : ∃ f, Function f
    /\ dom(f) = \{ λ u, u ∈ R /\ (0 < u)%r \} /\ ran(f) ⊂ R'
    /\ (∀ m n, m ∈ dom(f) -> n ∈ dom(f) -> f[(m + n)%r] = f[m] + f[n])
    /\ (∀ m n, m ∈ dom(f) -> n ∈ dom(f) -> f[(m · n)%r] = f[m] · f[n])
    /\ (∀ m n, m ∈ dom(f) -> n ∈ dom(f) -> (m < n)%r
        -> f[(n - m)%r] = f[n] - f[m]) /\ f[1] = 1'.

Lemma UniqueT5_Lemma8 : ∃ f, Function f
    /\ dom(f) = R /\ ran(f) ⊂ R' /\ ran(f) <> [0']
    /\ (∀ m n, m ∈ dom(f) -> n ∈ dom(f) -> f[(m + n)%r] = f[m] + f[n])
    /\ (∀ m n, m ∈ dom(f) -> n ∈ dom(f) -> f[(m · n)%r] = f[m] · f[n]).

Definition reals_isomorphism := ∃ f, Function1_1 f /\ dom(f) = R /\ ran(f) = R'
    /\ (∀ x y, x ∈ R -> y ∈ R -> f[(x + y)%r] = (f[x] + f[y])%r'
        /\ f[(x · y)%r] = (f[x] · f[y])%r' /\ ((x ≤ y)%r <-> (f[x] ≤ f[y])%r')).

Theorem UniqueT5 : reals_isomorphism.

End R_Uniqueness.
Print Assumptions UniqueT5.
```

Library exponentiation1

exponentiation1

Require Export sequence_and_completeness1.

Definition R_monoDecrease F0 f := ∀ m n, m ∈ ω -> n ∈ ω
  -> m ∈ n -> f[n] = f[m] \/ f[n] <_F0 f[m].

Definition R_strictly_monoDecrease F0 f := ∀ m n, m ∈ ω
  -> n ∈ ω -> m ∈ n -> f[n] <_F0 f[m].

Definition R_LOW F0 f r := r ∈ (ℝ F0)
  /\ (∀ n, n ∈ ω -> r = f[n] \/ r <_F0 f[n]).

Definition R_maxLOW F0 f r := R_LOW F0 f r
  /\ (∀ r1, r1 ∈ (ℝ F0) -> r <_F0 r1 -> ∃ n, n ∈ ω /\ f[n] <_F0 r1).

Theorem R_Completeness1 : ∀ F0 f r, Arithmetical_ultraFilter F0
  -> (∀ m, F0 <> F m) -> R_Seq F0 f -> R_monoDecrease F0 f
  -> R_LOW F0 f r -> ∃ r1, R_maxLOW F0 f r1.

Open Scope ω_scope.

Theorem Pre_ExpFunction : ∀ m, m ∈ ω
  -> exists ! f, Function f /\ dom(f) = ω /\ ran(f) ⊂ ω
    /\ (f[0] = 1) /\ (∀ n, n ∈ ω -> f[PlusOne n] = (f[n]) • m).

Corollary ExpFunction_uni : ∀ m, m ∈ ω -> ∃ f, Ensemble f
  /\ (\{ λ f, Function f /\ dom(f) = ω /\ ran(f) ⊂ ω /\ m ∈ ω
    /\ f[0] = 1 /\ (∀ n, n ∈ ω -> f[PlusOne n] = f[n] • m) \}) = [f].

Definition ExpFunction m := ∩ (\{ λ f, Function f /\ dom(f) = ω /\ ran(f) ⊂ ω
  /\ m ∈ ω /\ f[0] = 1 /\ (∀ n, n ∈ ω -> f[PlusOne n] = f[n] • m) \}).

Definition Exp m n := (ExpFunction m)[n].

Notation "m ^ n" := (Exp m n) : ω_scope.

Proposition ω_Exp_in_ω : ∀ m n, m ∈ ω -> n ∈ ω -> (m ^ n) ∈ ω.

Proposition ω_Exp_Property1 : ∀ m, m ∈ ω -> m ^ 0 = 1.

Proposition ω_Exp_Property2 : ∀ m n, m ∈ ω -> n ∈ ω
  -> m ^ (n + 1) = (m ^ n) • m.

Proposition ω_Exp_Property3 : ∀ m n, m ∈ ω -> m <> 0 -> n ∈ ω -> 0 ∈ (m ^ n).

Proposition ω_Exp_Property4 : ∀ m, m ∈ ω -> ∃ n, n ∈ ω /\ m ∈ (2 ^ n).

Definition φω F0 := (φn F0) ∘ (φ4 F0).

Corollary φω_is_Function : ∀ F0, Arithmetical_ultraFilter F0
  -> Function1_1 (φω F0) /\ dom(φω F0) = ω /\ ran(φω F0) = N F0.

Lemma φω_Lemma : ∀ F0 m, Arithmetical_ultraFilter F0
  -> m ∈ ω -> (φn F0)[(φ4 F0)[m]] = (φω F0)[m].

Corollary φω_PrOrder : ∀ F0 u v, Arithmetical_ultraFilter F0

```
    -> u ∈ ω -> v ∈ ω -> u ∈ v <-> (φ ω F0)[u] <_F0 (φ ω F0)[v].
Corollary φ ω_PrPlus : ∀ F0 u v, Arithmetical_ultraFilter F0
    -> u ∈ ω -> v ∈ ω -> (φ ω F0)[u + v] = (φ ω F0)[u] +_F0 (φ ω F0)[v].

Corollary φ ω_PrMult : ∀ F0 u v, Arithmetical_ultraFilter F0
    -> u ∈ ω -> v ∈ ω -> (φ ω F0)[u • v] = (φ ω F0)[u] •_F0 (φ ω F0)[v].

Corollary φ ω_0 : ∀ F0, Arithmetical_ultraFilter F0 -> (φ ω F0)[0] = R0 F0.

Corollary φ ω_1 : ∀ F0, Arithmetical_ultraFilter F0 -> (φ ω F0)[1] = R1 F0.

Corollary φ ω_2 : ∀ F0, Arithmetical_ultraFilter F0
    -> (φ ω F0)[2] = (R1 F0) +_F0 (R1 F0).

Definition R_Exp F0 u v := (φ ω F0)[((φ ω F0)⁻¹[u]) ˆ ((φ ω F0)⁻¹[v])].

Notation "u ˆ_ F0 v" := (R_Exp F0 u v)(at level 10, F0 at level 9) : r_scope.

Fact φ ω_Fact1 : ∀ F0 u, Arithmetical_ultraFilter F0
    -> u ∈ ω -> (φ ω F0)[u] ∈ (N F0).

Fact φ ω_Fact2 : ∀ F0 u, Arithmetical_ultraFilter F0
    -> u ∈ (N F0) -> (φ ω F0)⁻¹[u] ∈ ω.

Proposition N_Exp_in_N : ∀ F0 u v, Arithmetical_ultraFilter F0
    -> u ∈ (N F0) -> v ∈ (N F0) -> (u ˆ_F0 v) ∈ (N F0).

Proposition N_Exp_Property1 : ∀ F0 u, Arithmetical_ultraFilter F0
    -> u ∈ (N F0) -> u ˆ_F0 (R0 F0) = R1 F0.

Proposition N_Exp_Property2 : ∀ F0 u v,
    Arithmetical_ultraFilter F0 -> u ∈ (N F0) -> v ∈ (N F0)
    -> u ˆ_F0 (v +_F0 (R1 F0)) = (u ˆ_F0 v) •_F0 u.

Proposition N_Exp_Property3 : ∀ F0 u v,
    Arithmetical_ultraFilter F0 -> u ∈ (N F0) -> u <> (R0 F0)
    -> v ∈ (N F0) -> (R0 F0) <_F0 (u ˆ_F0 v).

Proposition N_Exp_Property4 : ∀ F0 u, Arithmetical_ultraFilter F0
    -> u ∈ (N F0) -> ∃ v, v ∈ (N F0)
    /\ u <_F0 (((R1 F0) +_F0 (R1 F0)) ˆ_F0 v).

Section completeness_sup.

Open Scope r_scope.

Variable a0 b0 A F0 : Class.

Variable ExNPAUF_a : Arithmetical_ultraFilter F0.

Variable ExNPAUF_b : (∀ n, F0 <> F n).

Variable Ensemble_A : A ⊂ (ℝ F0).

Variable a0_in_A : a0 ∈ A.

Variable b0_in_R : b0 ∈ (ℝ F0).

Variable b0_up_A : ∀ x, x ∈ A -> x <_F0 b0.

Proposition b0_a0_P1 : (b0 -_F0 a0) ∈ (ℝ F0).

Proposition b0_a0_P2 : (R0 F0) <_F0 (b0 -_F0 a0).
```

Proposition b0_a0_P3 : (b0 -_F0 a0) <> (R0 F0).

Local Hint Resolve b0_a0_P1 b0_a0_P2 b0_a0_P3 : comp.

Let R2 := (R1 F0) +_F0 (R1 F0).

Proposition R2_P1 : R2 ∈ (N F0).

Proposition R2_P2 : R2 ∈ (ℝ F0).

Proposition R2_P3 : (R0 F0) <_F0 R2.

Proposition R2_P4 : R2 <> (R0 F0).

Local Hint Resolve R2_P1 R2_P2 R2_P3 R2_P4 : comp.

Proposition R2_P5 : (R0 F0) <_F0 ((R1 F0) /_F0 R2).

Local Hint Resolve R2_P5 : comp.

Let half u := ((First u) +_F0 (Second u)) /_F0 R2.

Proposition half_P1 : ∀ u, u ∈ ((ℝ F0) × (ℝ F0)) -> (half u) ∈ (ℝ F0).

Proposition half_P2 : ∀ u, u ∈ ((ℝ F0) × (ℝ F0)) -> (First u) ∈ (ℝ F0).

Proposition half_P3 : ∀ u, u ∈ ((ℝ F0) × (ℝ F0)) -> (Second u) ∈ (ℝ F0).

Local Hint Resolve half_P1 half_P2 half_P3 : comp.

Lemma half_P4_Lemma : ∀ a b c, a ∈ (ℝ F0) -> b ∈ (ℝ F0) -> c ∈ (ℝ F0)
　　 -> c <> (R0 F0) -> a •_F0 (b /_F0 c) = (a •_F0 b) /_F0 c.

Proposition half_P4 : ∀ u, u ∈ ((ℝ F0) × (ℝ F0))
　　 -> (First u) <_F0 (Second u) -> (First u) <_F0 (half u).

Proposition half_P5 : ∀ u, u ∈ ((ℝ F0) × (ℝ F0))
　　 -> (First u) <_F0 (Second u) -> (half u) <_ F0 (Second u).

Let h := \{\ λ u v, u ∈ ((ℝ F0) × (ℝ F0))
　　/\ (((∃ x, x ∈ A /\ (half u) <= x) /\ v = [(half u),(Second u)])
　　　\/ ((∀ x, x ∈ A -> x <_F0 (half u)) /\ v = [(First u),(half u)])) \}\.

Proposition h_is_Function : Function h /\ dom(h) = (ℝ F0) × (ℝ F0)
　　/\ ran(h) ⊂ ((ℝ F0) × (ℝ F0)).

Let g := ∩(\{ λ f, Function f /\ dom(f) = ω /\ ran(f) ⊂ ((ℝ F0) × (ℝ F0))
　　/\ f[0] = [a0,b0] /\ (∀ n, n ∈ ω -> f[PlusOne n] = h[(f[n])]) \}).

Proposition g_uni : ∃ u, Ensemble u
　　/\ \{ λ f, Function f /\ dom(f) = ω /\ ran(f) ⊂ ((ℝ F0) × (ℝ F0))
　　　/\ f[0] = [a0,b0] /\ (∀ n, n ∈ ω -> f[PlusOne n] = h[(f[n])]) \} = [u].

Proposition g_is_Function : Function g /\ dom(g) = ω
　　/\ ran(g) ⊂ ((ℝ F0) × (ℝ F0)) /\ g[0] = [a0,b0]
　　/\ (∀ n, n ∈ ω -> g[PlusOne n] = h[(g[n])]).

Let M := \{\ λ u v, u ∈ ω /\ v = First (g[u]) \}\.

Let N := \{\ λ u v, u ∈ ω /\ v = Second (g[u]) \}\.

Proposition M_is_Seq : R_Seq F0 M /\ (∀ x, x ∈ ω -> M[x] = First g[x])
　　/\ M[0] = a0.

Proposition N_is_Seq : R_Seq F0 N /\ (∀ x, x ∈ ω -> N[x] = Second g[x])
 /\ N[0] = b0.

Proposition M_lt_N : ∀ m, m ∈ ω -> M[m] <_F0 N[m].

Proposition M_le_A : ∀ m, m ∈ ω -> ∃ r, r ∈ A /\ M[m] <= r.

Proposition N_mt_A : ∀ m r, m ∈ ω -> r ∈ A -> r <_F0 N[m].

Proposition M_monoIncrease : R_monoIncrease F0 M.

Proposition N_monoDecrease : R_monoDecrease F0 N.

Proposition M_exists_UP : ∃ r, R_UP F0 M r.

Proposition N_exists_LOW : ∃ r, R_LOW F0 N r.

Proposition M_strictly_lt_N : ∀ m n, m ∈ ω -> n ∈ ω -> M[m] <_F0 N[n].

Lemma N_minus_M_Lemma1 : ∀ u, u ∈ (ℝ F0) × (ℝ F0)
 -> (Second u) -_F0 (half u) = ((Second u) -_F0 (First u)) /_F0 R2.

Lemma N_minus_M_Lemma2 : ∀ u, u ∈ (ℝ F0) × (ℝ F0)
 -> (half u) -_F0 (First u) = ((Second u) -_F0 (First u)) /_F0 R2.

Lemma N_minus_M_Lemma3 : ∀ x y z, x ∈ (ℝ F0) -> y ∈ (ℝ F0) -> z ∈ (ℝ F0)
 -> y <> (R0 F0) -> z <> (R0 F0) -> (x /_F0 y) /_F0 z = x /_F0 (y • _F0 z).

Proposition N_minus_M : ∀ n, n ∈ ω
 -> N[n] -_F0 M[n] = (b0 -_F0 a0) /_F0 (R2 ^_F0 (φ ω F0)[n]).

Let D := \{\ λ u v, u ∈ ω /\ v = N[u] -_F0 M[u] \}\.

Proposition D_is_Seq : R_Seq F0 D /\ (∀ x, x ∈ ω -> D[x] = N[x] -_F0 M[x]).

Proposition D_maxLOW_is_R0 : R_maxLOW F0 D (R0 F0).

Proposition N_Inf_eq_M_Sup : ∃ r, r ∈ (ℝ F0)
 /\ R_miniUP F0 M r /\ R_maxLOW F0 N r.

Proposition A_exists_Sup : ∃ r, r ∈ (ℝ F0) /\ (∀ x, x ∈ A -> x <= r)
 /\ (∀ x, x ∈ (ℝ F0) -> x <_F0 r -> (∃ y, y ∈ A /\ x <_F0 y)).

End completeness_sup.

Theorem Completeness_Supremum :
 ∀ F0 A, Arithmetical_ultraFilter F0 -> (∀ n, F0 <> F n) -> A ⊂ (ℝ F0)
 -> A <> Φ -> (∃ r, r ∈ (ℝ F0) /\ (∀ x, x ∈ A -> x <_F0 r \/ x = r))
 -> (∃ r, r ∈ (ℝ F0) /\ (∀ x, x ∈ A -> x <_F0 r \/ x = r)
 /\ (∀ x, x ∈ (ℝ F0) -> x <_F0 r -> (∃ y, y ∈ A /\ x <_F0 y))).

Theorem Dedekind_Theorem :
 ∀ F0 A B, Arithmetical_ultraFilter F0 -> (∀ n, F0 <> F n)
 -> A ⊂ (ℝ F0) -> B ⊂ (ℝ F0) -> A <> Φ -> B <> Φ
 -> (∀ a b, a ∈ A -> b ∈ B -> a <_F0 b \/ a = b)
 -> (∃ r, r ∈ (ℝ F0) /\ (∀ a b, a ∈ A -> b ∈ B
 -> (a <_F0 r \/ a = r) /\ (r <_F0 b \/ r = b))).

Library Real_instantiate_HR

Real_instantiate_HR

```
Require Export exponentiation1.
Require Import Real_Axioms.

Parameter F0 :Class.

Parameter ExistsNPAUF : Arithmetical_ultraFilter F0 /\ (∀ n, F0 <> F n).

Definition HR0 := {|
    R := (ℝ F0);
    fp := (\{\ λ u v, ∃ x y, x∈(ℝ F0) /\ y∈(ℝ F0) /\ u = [x,y]
        /\ x +_F0 y = v \}\);
    zeroR := (R0 F0);
    fm := (\{\ λ u v, ∃ x y, x∈(ℝ F0) /\ y∈(ℝ F0) /\ u = [x,y]
        /\ x •_F0 y = v \}\);
    oneR := (R1 F0);
    Leq := (\{\ λ u v, u∈(ℝ F0) /\ v∈(ℝ F0) /\ (u <_F0 v \/ u = v) \}\); |}.

Fact peqp : ∀ x y, x ∈ (ℝ F0) -> y ∈ (ℝ F0) -> (@ fp HR0)[[x,y]] = x +_F0 y.

Fact meqm : ∀ x y, x ∈ (ℝ F0) -> y ∈ (ℝ F0) -> (@ fm HR0)[[x,y]] = x •_F0 y.

Fact leql : ∀ x y, x ∈ (ℝ F0) -> y ∈ (ℝ F0)
    -> [x, y] ∈ (@ Leq HR0) <-> (x <_F0 y \/ x = y).

Program Instance RA_HR : Real_axioms HR0.
Obligation 1.
Obligation 22.

Require Import Real_uniqueness.
Print reals_isomorphism.
Theorem R0_uniqueness : forall (R1:Real_struct) (RA1:Real_axioms R1),
    reals_isomorphism HR0 R1.
Print Assumptions R0_uniqueness.
```

索　引